Handbuch Tiefe Geothermie

Mathias Bauer · Willi Freeden · Hans Jacobi ·
Thomas Neu
Herausgeber

Handbuch Tiefe Geothermie

Prospektion, Exploration, Realisierung, Nutzung

Springer Spektrum

Herausgeber

Prof. Dr.-Ing. habil. Dr. h.c. Mathias Bauer
Lehr- und Forschungsgebiet „Arbeits- und Gesundheitsschutz"
RWTH Aachen University
Aachen, Deutschland

Prof. Dr. Willi Freeden
Lehr- und Forschungsgebiet "Geomathematik"
TU Kaiserslautern
Kaiserslautern, Deutschland

Prof. Dr. Hans Jacobi
Jacobi & Partner Industrieberatung GmbH
Essen, Deutschland

Thomas Neu
Tiefe Geothermie Saar GmbH
Saarbrücken, Deutschland

ISBN 978-3-642-54510-8 ISBN 978-3-642-54511-5 (eBook)
DOI 10.1007/978-3-642-54511-5

Die Deutsche Nationalbibliothek verzeichnet diese Publikation in der Deutschen Nationalbibliografie; detaillierte bibliografische Daten sind im Internet über http://dnb.d-nb.de abrufbar.

Coverfoto mit freundlicher Genehmigung der Stadtwerke München GmbH und des Fotografen Marcus Schlaf

Springer Spektrum

Gedruckt auf säurefreiem und chlorfrei gebleichtem Papier.

Springer Spektrum ist eine Marke von Springer DE. Springer DE ist Teil der Fachverlagsgruppe Springer Science+Business Media
www.springer-spektrum.de

Vorwort

Der Bedarf an alternativen Energien wächst täglich. Er bestimmt immer mehr die heutige Wirtschaftslage und Entwicklung. Verursacht wird dies unter anderem durch das gestiegene Umweltbewusstsein aufgrund des Klimawandels und durch die einhergehende gewünschte Verdrängung der fossilen Brennstoffe. Einer der vielversprechendsten erneuerbaren Energielieferanten ist die Geothermie. Bei der Energiegewinnung mittels geothermischer Anlagen wird die im zugänglichen Teil der Erdkruste gespeicherte Wärme genutzt. Erdwärme ist ständig verfügbar, unterliegt keinen saisonalen oder täglichen Wetterschwankungen, besitzt einen nahezu unbegrenzten Energievorrat, ist regional aktivierbar und somit unabhängig von Rohstoffregionen und Zulieferländern. Insgesamt ist die Ressource „Geothermie" äußerst wertvoll und gilt als ein nicht zu unterschätzender Bestandteil zukünftiger Energieversorgung.

Eine besondere Rolle und Bedeutung kommt dabei der Tiefen Geothermie zu, die als Energiequelle einesteils zur direkten Nutzung im Wärmemarkt und anderenteils indirekt zur Stromversorgung dient. Die Energiegewinnung durch Tiefe Geothermie hat vor allem Vorteile und nur wenige Nachteile. Dabei darf allerdings nicht verschwiegen werden, dass trotz ihrer unbestreitbaren Potenziale sich die Tiefe Geothermie auch in vereinzelten Projekten einer zunehmend kritischen Öffentlichkeit gegenüber sieht.

Die verschiedenen Beiträge von unterschiedlichen Experten in dem vorliegenden Buch sollen dem interessierten Leser mehr Wissen vermitteln. Sie widmen sich sowohl den geowissenschaftlichen Aspekten eines tiefen Geothermiestandortes im Bereich Deutschlands, Österreichs und der Schweiz als auch der technischen, wirtschaftlichen und sicherheitlichen Beschäftigung mit Erdwärme. Angestrebt ist ein umfassender Überblick in der inhaltlich-kanonischen Abfolge eines Geothermieprojektes:

- Prospektion,
- Exploration,
- Realisierung,
- Nutzung,
- Perspektiven.

Wesentliches Ziel ist die wissenschafts- und technologiebasierte Information über geeignete Explorationsstrategien, Einschränkung des Fündigkeitsrisikos, technische Komplexität, wirtschaftliche Effizienz sowie Bewertung des Spannungsfeldes politischer, sozialer und arbeitsrechtlicher sowie öffentlichkeitswirksamer Einwirkungen.

Seiner Grundphilosophie nach erhebt das Werk keinen Anspruch auf eine umfassende inhaltliche Durchdringung des Gesamtkomplexes „Tiefe Geothermie" und seiner Subsysteme. Vielmehr soll es ein informativer und zuverlässiger Partner bei der Planung und Durchführung von Projekten in der Tiefen Geothermie sein und zu einem intensiverem und vertieften Verständnis beitragen.

Die Autoren und Herausgeber haben viel Zeit und Anstrengung investiert, um dieses Handbuch inhaltlich aktuell und hochwertig zu gestalten. Der Springer-Verlag zeigte sich allzeit offen für Anregungen und Wünsche. Besonderer Dank gebührt Herrn Clemens Heine, der wesentlich zum Gelingen beigetragen hat.

Wir würden uns freuen, wenn es dem Buch gelingen würde, den Bereich „Tiefe Geothermie" den Entscheidungsträgern in Wirtschaft, Politik und Gesellschaft näher zu bringen und einen Beitrag zur Versachlichung der Diskussion von Risiken und sozialer Akzeptanz zu leisten. Konstruktive Kritik, Kommentare und Anmerkungen sind jederzeit willkommen.

Im Juni 2014

M.J. Bauer
W. Freeden
H. Jacobi
T. Neu

Über die Herausgeber

Professor Mathias Bauer

- Rohstoff-Ingenieurstudium mit Zusatz Erdöl- und Erdgasgewinnung an der RWTH Aachen University 1980 bis 1985
- Promotion im Bereich Sicherheitstechnik
- Habilitation über das Thema „Integrierte Managementsysteme" (Entwicklung und Umsetzung Arbeitsschutzmanagementsystem)
- Buchautor mehrerer Fachbücher, Herausgeber der Buchreihe „Bexbacher/Aachener Beiträge für Consulting, Business und Management" und Autor von mehr als 80 wissenschaftlichen Fachbeiträgen zu Arbeits- und Gesundheitsschutz, Betriebsorganisation
- Mitglied in zahlreichen Fachgremien und Ausschüssen, u. a. 10 Jahre Bundesjury Jugend forscht, zuletzt als Sprecher der Jury
- 1992 Handlungsbevollmächtigter, stv. Hauptabteilungsleiter für Berufsbildung, Arbeits- und Umweltschutz, Arbeitsmedizin sowie Leiter des am freien Markt tätigen Service-Centers Arbeits- und Umweltschutz eines Großkonzerns
- 2004–2005 Prokurist, Hauptabteilungsleiter für Arbeits-, Gesundheits- und Umweltschutz in einem Energiekonzern

- 2005–2008 Mitglied der Werksleitung in einem Großbetrieb im Energiebereich
- von 1997 bis 2002 zusätzlich Privatdozent an der RWTH Aachen, Lehr- und Forschungsgebiet für Arbeits- und Gesundheitsschutz, seit 2003 apl. Univ.-Professor
- 1998–2003 zusätzlich Rektor der Fachhochschule für Bergbau, Rohstoffveredelung und Arbeitswissenschaften, Saarbrücken
- 2000 Gastdozent an der Universität Aurel Vlaicu in Rumänien und 2002 Verleihung der Ehrendoktorwürde
- 2000 Mitbegründer und Gesellschafter der CBM GmbH, seit 2009 Consultant

Professor Willi Freeden

Willi Freeden, Prof. Dr., Dipl.-Math., Studium in Mathematik, Geographie und Philosophie an der RWTH Aachen, 1971 Diplom in Mathematik, 1972 Staatsexamen in Mathematik und Geographie, 1975 Promotion in Mathematik, 1979 Habilitation in Mathematik an der RWTH Aachen, 1981/1982 Visiting Research Professor an der Ohio State University, Columbus (Department of Geodetic Science and Surveying), 1984 Professor in Mathematik an der RWTH Aachen (Institut für Reine und Angewandte Mathematik), 1989 Professor in Technomathematik (Industriemathematik), 1994 Leiter der Arbeitsgruppe Geomathematik, 2002–2006 Vizepräsident für Forschung und Technologie an der Universität Kaiserslautern, 2009 Editor in Chief des (Springer) „International Journal on Geomathematics (GEM)“, 2010 Editor des „Handbook of Geomathematics (HBGM)“, 2014 Zweite Edition des HBGM, Mitglied des Editorial Boards von neun internationalen Zeitschriften der Mathematik und den Geowissenschaften, 2014 Editor in Chief der (Springer) Book Series „Geosystems Mathematics“, seit 2005 Mitglied der Deutschen Geodätischen Kommission (DGK), Bayerische Akademie der Wissenschaften.

Professor Hans Jacobi

Studium Dipl.-Ing., später Dr. Ing., Berufsweg vom Schichtführer zum Vorstand, Mandate in Aufsichtsräten und Beiräten, Eigene Beratungsgesellschaft, Honorarprofessor an der RWTH Aachen

Präsident der GDMB, Präsident des ORC Fachverbandes

Herr Jacobi ist geschäftsführender Gesellschafter der Jacobi und Partner Industrieberatung GmbH. Er war viele Jahre in verantwortlichen Positionen im Bergbau, zuletzt als Vorstandsvorsitzender einer Aktiengesellschaft. Er war verantwortlich für Produktion, Restrukturierung von Bergwerken und Neubau von Anschlussbergwerken sowie Restrukturierung und Neubau von Kokereien. Er baute für den Konzern das internationale Geschäft auf, hat in eigener Verantwortung umfangreiche Veränderungsprozesse vorbereitet, moderiert und durchgeführt.

Als Präsident der GDMB, Gesellschaft der Metallurgen und Bergleute e. V. ist er für die Arbeit von Fachausschüssen der Metallurgie, und des Bergbaus, darunter ein Fachausschuss für Geothermie verantwortlich.

Der ORC Fachverband hat die Verbreitung einer Technologie zur Stromerzeugung auf niedrigem Temperaturniveau als Ziel.

Dipl.-Ing. Thomas Neu

- 1979 bis 1984 Bergbaustudium an der TU Clausthal, Studienschwerpunkt Rohstoffwirtschaft
- 1984 bis 1995 Saarbergwerke AG, verschiedene Aufgaben in Stab und Linie unter und über Tage, zuletzt Abteilungsleiter technisch-wirtschaftliche Planung und Umweltschutzbeauftragter des Bergwerkes Warndt/Luisenthal
- Bis Juli 2003 Technischer Geschäftsführer der SAARMontan Gesellschaft für bergbaubezogene Dienstleistungen mbH, Saarbrücken
- Bis Februar 2008 Geschäftsführender Gesellschafter der DRILLTHERM Gesellschaft für Erdwärmeanlagen, Brunnenbau und Bohrungen mbH, Saarbrücken, sowie der FORATHERM Eurl, St. Avold
- Bis Februar 2010 Geschäftsführender Direktor der ENRO Energie SE, Essen und Geschäftsführer von deren Tochtergesellschaften ENRO Geothermie GmbH, Essen, und ENRO Geothermie Entwicklung GmbH, Ludwigsfelde.
- Bis Mai 2013 Geschäftsführer der Geothermische Kraftwerksgesellschaft Traunreut GmbH, Traunreut
- Ab Juli 2011 Geschäftsführer der Tiefe Geothermie Saar GmbH und der Tiefe Geothermie Brandenburg GmbH, beide Saarbrücken
- Ab Juni 2012 Leiter des Fachhausschusses Geothermie der GDMB Gesellschaft der Metallurgen und Bergleute e. V., Clausthal-Zellerfeld
- Ab Juni 2013 geschäftsführender Gesellschafter der pro G.E.O Ingenieurgesellschaft mbH, Saarbrücken

Über die Autoren

Dr. Thorsten Agemar, Leibniz-Institut für Angewandte Geophysik (LIAG) Hannover Studium der Mineralogie und Geologie an der Universität Göttingen und an der University of California in Santa Barbara. Dissertation über stabile Isotope im Wasserkreislauf. Nach verschiedenen Stationen als wissenschaftlicher Mitarbeiter seit Anfang 2006 beim Leibniz-Institut für Angewandte Geophysik in Hannover in der Abteilung „Geothermik und Informationssysteme" und hat dort die Entwicklung des Geothermischen Informationssystems GeotIS maßgeblich mitgestaltet. Seit dem Wintersemester 2012/13 Vorlesungen an der Universität Göttingen zu „Deep Geothermics".

Dipl.-Geol. Wolfgang Alt, Büro für Geologie & Balneologie Geologie-Studium an den Universitäten Würzburg und Freiburg, danach bei der TABERG-Planungsbüro GmbH in Ballrechten-Dottingen beschäftigt. Übernahm 1991 die Leitung der TABERG-Niederlassung in Augsburg mit den vorrangigen Aufgabengebieten Steine-Erden-Prospektion und Exploration sowie Tiefbohrtechnik. Seit 2002 Inhaber des Büros für Geologie & Balneologie in Gessertshausen mit Schwerpunkt Planung und Umsetzung von Tiefen-Geothermievorhaben und Projekten der Kohlenwasserstoffindustrie sowie mit der Erschließung von Thermal-, Mineral- und Heilwasservorkommen.

Dipl. Geol. Silke Bißmann, DMT GmbH & Co. KG Sie begann nach den Studium 2003 bei der DMT GmbH & Co. KG als Strukturgeologin im Bereich Interpretation seismischer Daten und 3D Modellierung. Seit 2007 beschäftigte sie sich auch mit der Planung und Durchführung seismischer Messungen. Seit 2009 ist sie bei DMT Projektleiterin im Segment Tiefe Geothermie und dort auch verantwortlich für den Vertrieb im deutschsprachigen Raum.

Dr. Franz Böhm, Erdwerk GmbH ist Geologe und fing 2004 mit der Bohrkleinansprache der ersten geothermischen Bohrungen bei Erdwerk an. Er ist Initiator der lithofazielle Reservoircharakterisierung und des „Seismic to Production Workflows" in der Geothermie. Neben Planung und Umsetzung zahlreicher Bohrprojekte in den letzten Jahren leitet er die Gruppe „Geologie und Geologische Modelle" bei Erdwerk.

Prof. Dr.-Ing. Peter Böttcher, Hochschule für Technik und Wirtschaft des Saarlandes (htw saar) Leiter des Fachgebietes Baubetrieb und Baumanagement an der Hochschule für Technik und Wirtschaft des Saarlandes. Schwerpunkte in der Lehre und Forschung sind Projektmanagement, Baustellenlogistik, Kostenrechnung und virtuelle Realitäten.

Prof. Dr. Rolf Bracke, GZB – International Geothermal Centre, Bochum Diplom-Geologe; Vorsitzender des Vorstands des GZB – International Geothermal Centre, einer Verbundforschungseinrichtung von Wissenschaft und Wirtschaft; Direktor des Instituts für Angewandte Energiesystemtechnik Ruhr (ESYS); Professor für Umwelttechnik und Geothermie im Fachbereich Bauingenieurwesen der Hochschule Bochum; Mitglied des Board of Directors der International Geothermal Association (IGA).

Dipl. Geophys. Olaf Brenner, DMT GmbH & Co. KG Abschluss des Studiums im Jahr 2000 bei der DMT GmbH & Co. KG im Bereich der Ingenieur- und Explorationsgeophysik. Das Aufgabengebiet deckte die Planung, Durchführung und Auswertung von seismischen Messungen an der Oberfläche und in Bohrungen ab. Seit 2009 DMT Projektleiter für Seismik-Projekte im Bereich Tiefe Geothermie und Bergbau/Mineralien im internationalen Bereich und seit 2013 auch Hauptfachgebietsleiter bei DMT für diese Segmente.

Prof. Dr.-Ing. Dieter Brüggemann, Universität Bayreuth Direktor des Zentrums für Energietechnik (ZET) an der Universität Bayreuth; Ordinarius des Lehrstuhls für Technische Thermodynamik und Transportprozesse (LTTT) an der Universität Bayreuth; Mitglied des wissenschaftlichen Komitees des Knowledge Center Organic Rankine Cycle (KCORC); Mitglied des Präsidiums des ORC-Fachverbands

B.Sc. Angew. Geowiss. Lena Eggeling, Universität Göttingen Sie begann nach ihrem Studium der Angewandten Geowissenschaften 2010 bei der EnBW Energie Baden-Württemberg AG als Projektleiterin im Bereich Geothermie. Seit 2013 promoviert sie an der Universität Göttingen zum Thema Charakterisierung geothermischer Reservoire mittels Radionuklidanalytik.

Prof. Dr. Kord Ernstson, Universität Würzburg ist Geophysiker (Dr. rer. nat.) und Geologe (Dr. rer. nat. habil.); beratender Geophysiker und Geologe, Freiberufler mit eigenem Büro; Professur an der Universität Würzburg.

Prof. Dr. Gioia Falcone, TU Clausthal Leitet die 2011 aufgrund des erhöhten weltweiten Interesses an erneuerbaren Energiesystemen gegründete Abteilung ‚Geothermale Energiesysteme und optimierte Integration' an der TU Clausthal. Forschungsbereiche sind u. a. Bedeutung der geothermischen Ressourcen und ihres jeweiligen Standards, Minimierung der menschlichen und finanziellen Risiken, sowie der Gefahren für die Umwelt, Geothermische Produktion von ‚steam flooded', ‚water flooded', erschöpften und verlassenen Kohlenwasserstofffeldern, Rückgewinnung von ungenutzter Wärme, Kombination von Deep Heat Mining und CO_2 Endlagerung sowie Flusssicherung von geothermischen Anlagen

Dr.-Ing. Carsten David Fichter, HYDROSION Projektleitung der thermodynamischen Optimierung im Großkraftwerk Mannheim, Promotion an der TU Clausthal mit dem Titel „Systemanalyse und Optimierung tiefengeothermischer Kraftwerke". Im Anschluss Wechsel in die Betriebsführung Erneuerbare Energien (Wind- und Wasserkraft sowie Solar) und baut aktuell den Betrieb für den Offshore-Windpark Butendiek auf. Im Bereich der geothermischen Kraft- und Fernwärmeanlagen berät er Projektentwickler und Betreiber zur Werkstoffwahl und Werkstoffschädigung sowie für die Analyse und Umsetzung von Optimierungspotentialen.

Dr. Matthias Franz, Technische Universität Bergakademie Freiberg Nach seinem Studium der Geologie/Paläontologie an der Universität Leipzig wissenschaftlicher Mitarbeiter an der Martin-Luther-Universität Halle-Wittenberg. Doktorarbeit zum Thema: „Litho- und Leitflächenstratigraphie, Chronostratigraphie, Zyklo- und Sequenzstratigraphie des Keupers im östlichen Zentraleuropäischen Becken (Deutschland, Polen) und Dänischen Becken (Dänemark, Schweden)" als Teil des DFG SPP 1135 „Dynamik sedimentärer Systeme unter wechselnden Spannungsregimen am Beispiel des zentraleuropäischen Beckensystems". Seit 2008 wissenschaftlicher Mitarbeiter im Bereich der Professur für Allgemeine und Historische Geologie in Freiberg, leitet seit 2011 eine Forschungsgruppe, die sich mit den Ablagerungssystemen mesozoischer Sandsteine im Norddeutschen Becken befasst.

M.A. Markus Frey, CBM GmbH war nach dem Studium der Informationswissenschaft, Sprach- und Literaturwissenschaft seit 1991 in verantwortlichen Positionen als Leiter Kommunikation und Pressesprecher u. a. im Handelsbereich, im IT-Sektor sowie bei mehreren Energiekonzernen tätig. Im Rahmen des vom BMU geförderten Verbundforschungsprojektes TIGER (2012–2015, www.tiger-geothermie.de) ist er mitverantwortlich für die Entwicklung eines Konzeptes zur Akzeptanz und Kommunikation Tiefer Geothermie-Projekte.

Dr. Ralf Fritschen, DMT GmbH & Co. KG ist Geophysiker und befasst sich seit 1995 bei der DMT GmbH & Co. KG in Essen mit induzierten seismischen Ereignissen, derzeit als Leiter der Abteilung Ingenieurvermessung und Geomonitoring. Er ist öffentlich bestellter und vereidigter Sachverständiger für bergbaubedingte Erschütterungen.

Dipl.-Math. Hanns-Joachim Garms, Management-Consulting und Projektentwicklung, Essen ist als Unternehmensberater und Projektentwickler für Projekte im Bereich erneuerbare Energien tätig. Schwerpunkte sind dabei Strukturierung von Projekten für Sponsoren und Finanzierungspartner. Bis 2007 war er nach einigen Jahren in einer Unternehmensberatung fast 20 Jahre in leitenden Positionen in Unternehmen der Energiewirtschaft tätig und hat während dieser Zeit umfangreiche Erfahrungen in der Entwicklung und Finanzierung von Projekten gesammelt.

Prof. Dr. Johann Goldbrunner, Geoteam GmbH Promotion 1980, Universität Graz (Geologie, Paläontologie), 1988 Habilitation an der Technischen Universität Graz, 2001 tit.ao.Univ.-Prof. Technische Universität Graz; 1976–1993 Forschungsgesellschaft Joanneum (Joanneum Research) Graz, 1993 Gründung des Technischen Büros Geoteam (GmbH), seit 1993 Geschäftsführer

Jessica Grünitz, GEWI GmbH & Co. KG hat 2011 den Master of Arts im „Europäischen Verwaltungsmanagement" abgeschlossen und dann als Fördermittelberater für Deloitte und anschließend für GEWI tätig

Dr.-Ing. Florian Heberle, Universität Bayreuth Mitarbeiter am Zentrum für Energietechnik (ZET) an der Universität Bayreuth; Akademischer Rat am Lehrstuhl für Technische Thermodynamik und Transportprozesse (LTTT) an der Universität Bayreuth

Dipl. Geograph Hubert Hegele, gec-co GmbH hat nach seiner kaufmännischen Ausbildung das Studium der Humangeographie mit den Schwerpunkten erneuerbare Energien abgeschlossen. Seit 2011 ist er bei der Firma gec-co als wissenschaftlicher Mitarbeiter tätig und seit 2012 für das Wirtschaftsforum Geothermie e. V. mit den Bereichen Politik und Öffentlichkeitsarbeit betraut.

Dipl. Geowi. Annalena Hesshaus, Bundesanstalt für Geowissenschaften und Rohstoffe (BGR) begann nach dem Studium 2009 bei der BGR. Beschäftigt sich dort mit der Geo- und Hydrochemie im Bereich Tiefe Geothermie. Ist verantwortlich für die geochemische Betreuung der BGR-eigenen Geothermiebohrung, sowie für die Analyse, die Interpretation und die thermodynamische Modellierung von Tiefenwässern.

Dipl.-Ing. (FH) Peter Iberl, Friedrich-Alexander-Universität Erlangen-Nürnberg hat nach der Ausbildung zum Technischen Zeichner das Studium des Maschinenbaus mit Schwerpunkt Mechatronik. Anschließend folgten 1,5 Jahre Projektingenieur mit dem Aufgabengebiet Numerische Strömungssimulationen bei Schuck – Ingenieurbüro für Strömungsmechanik. Seit Januar 2011 wissenschaftlicher Mitarbeiter am Lehrstuhl für Prozessmaschinen und Anlagentechnik der Friedrich-Alexander-Universität Erlangen-Nürnberg und mit der Entwicklung eines untertägigen Druckhalteventils für den Thermalwasserkreislauf zur Vermeidung oder Verminderung von Ausgasungen und Ablagerungen betraut.

Dr. René Kahnt, G.E.O.S. Ingenieurgesellschaft mbH Verantwortlich bei G.E.O.S für den Bereich Geothermie. Arbeitsschwerpunkte sind die Erstellung von Machbarkeitsstudien und komplette Planungs- und Überwachungsleistungen im Bereich der geothermischen Nutzung von Heißwasseraquiferen bei Tiefer Geothermie, oberflächennahen Geothermie (Sole-Wasser und Wasser-Wasser) und der geothermischen Nutzung von gefluteten Gruben.

Dr. Erwin Knapek, Geothermische Vereinigung hat in seiner Zeit als Bürgermeister der Gemeinde Unterhaching federführend als Vorsitzender des Aufsichtsrates zur Planung und Errichtung des Geothermiekraftwerkes Unterhaching beigetragen. Im Anschluss zu seiner beruflichen Tätigkeit hat er folgende Ämter seit 2006 Vorsitzender des Wirtschaftsforums Geothermie e. V. (WFG), seit 2012 Vizepräsident beim Bundesverband Erneuerbare Energien (BEE) und seit 2013 Präsident der Geothermischen Vereinigung (GtV-BV) inne.

Prof. Dr. Jochen Kubiniok, Universität des Saarlandes ist seit 1995 Lehrstuhlinhaber für Physische Geographie und Umweltforschung an der Universität des Saarlandes. Seine Forschungsschwerpunkte liegen auf dem Gebiet der Landschaftsökologie, insbesondere Geomorphologie, Bodenkunde und Gewässerschutz. In diesem Kontext wurden von ihm zahlreiche Forschungsprojekte initiiert und betreut.

Dipl. Ing. (FH) SFI Ulrich Martin, gec-co GmbH arbeitete jahrelang im Kraftwerksbau in den Bereichen des Engineerings, der Konstruktion und der Fertigung bis er im Jahr 2011 zur Tiefen Geothermie kam. Bei der Fa. gec-co beschäftigt er sich mit dem Engineering, der Fertigung und 3-D Planung von Geothermiekraftwerken weltweit.

Dr. Helga Nutz, Universität Kaiserslautern Studium Technomathematik an der Universität Kaiserslautern, 2002 Promotion in Mathematik. 2002–2003 Forschungsreferentin der Universität Kaiserslautern, seit 2006 Mitarbeiterin der AG Geomathematik (Leiter: Prof. W. Freeden) der TU Kaiserslautern, Koordinatorin im PtJ-Projekt „GEOFUND".

Stefan Rothörl, Erdwärme Grünwald GmbH Verwaltungsfachwirt und Stadtplaner, ist seit 2002 Leiter des Bauamtes Grünwald, seit August 2008 zudem Geschäftsführer der Erdwärme Grünwald GmbH.

Dipl. Geophys. Achim Rübel, DMT GmbH & Co. KG begann nach dem Studium 1981 bei der WBK, einer Vorgängerorganisation der DMT, als Geophysiker in einer Arbeitsgruppe, die die ersten digitalen, akustischen Scanner entwickelte. Aus dem weltweiten Verkauf und „Training on the job" dieser Systeme baute er als Projektleiter und Senior Geophysicist das Segment Bohrlochmessung der DMT auf. Seit 2000 Projektleiter und Supervisor in Großprojekten tätig. Daneben entwickelt er weiter Borlochsonden für spezielle Anwendungen, z. B. in der flachen Geothermie.

Prof. Dr. Horst Rüter, HarourDom GmbH ist hauptamtlich geschäftsführender Gesellschafter der HarbourDom GmbH. Er ist ehrenamtlich Vizepräsident des GtV-Bundesverbandes Geothermie, Direktor der International Geothermal Association und Geschäftsführer der IGA Service GmbH.

Marietta Sander, International Geothermal Association arbeitet als Executive Director in der International Geothermal Association (IGA). Vor ihrer IGA-Tätigkeit war sie in der Bundesanstalt für Geowissenschaften und Rohstoffe für das GEOTHERM Vorhaben in Ostafrika zuständig und arbeitete im Rahmen der Internationalen Entwicklungszusammenarbeit in Vietnam, Südafrika, Lesotho und Peru.

Alexandros Savvatis, Erdwerk GmbH ist Geologe und seit 2005 bei Erdwerk. Zunächst verantwortlich für die Planung, Umsetzung und Auswertung von hydraulischen Tests hat er im Zuge seiner Arbeit das weite Feld des Reservoir Engineerings aus den Vorlagen der Erdölindustrie in die Geothermie übersetzt. Heute leitet er bei Erdwerk die „Reservoir Engineering" Gruppe, damit fallen auch die wirtschaftsgeologischen und statistische Themen bei Erdwerk in sein Aufgabengebiet.

Dr. Jochen Schneider, Hydrosion Nach seinem Studium der Geologie promovierte er an der Universität Heidelberg. 2007 gründete er zusammen mit Marcus Brian die PR- und Veranstaltungs-Agentur Enerchange und 2012 die Beratungsfirma Hydrosion, die sich schwerpunktmäßig mit der Interpretation von Tiefengrundwasseranalysen, Wasser-Gas-Gesteinswechselwirkungen im Reservoir und die Auswirkungen auf den Betrieb von geothermischen Anlagen beschäftigt.

Dr. Achim Schubert, Erdwerk GmbH ist Geologe sowie Gründer und Geschäftsführer der Erdwerk GmbH seit 2002. Seit über 20 Jahren in der Tiefen Geothermie tätig besitzt er umfassendes Wissen und weitreichenden Erfahrung aus den verschiedensten Projekten. Dies bildet die Grundlage die komplexen Zusammenhänge aus Geologie, Bohrtechnik und der Finanzbranche so zu vereinen, dass geothermische Projekte umsetzbar werden.

Ulrich Steiner, Erdwerk GmbH ist Geologe und mit der strukturgeologischen Reservoircharakterisierung des Malm seit 2008 als wissenschaftlicher Mitarbeiter an der FU Berlin im Bereich der Geothermie aktiv. Bei Erdwerk ist er seit 2011 und neben der Strukturgeologie/Geomechanik auch verantwortlich für die Umsetzung von F&E Projekten sowie der Erschließung ausländischer Märkte.

Prof. Dr. Ingrid Stober, Karlsruher Institut für Technologie (KIT) Frau Prof. Dr. habil. Ingrid Stober ist am KIT am Institut für Angewandte Geowissenschaften (AGW) in der Geothermie in Lehre und Forschung beschäftigt. Sie übt eine weitere Lehrtätigkeit an der Universität Freiburg in den Geowissenschaften, der Hydrogeologie, aus.

Sonja Stockhausen, GEWI GmbH & Co. KG ist Geschäftsführerin und Inhaberin der GEWI GmbH & Co. KG, Erkrath. Sie hat das Unternehmen 2008 von ihrem Vater und Gründer der GEWI, Herr Günther Stockhausen, übernommen. GEWI wurde 1984 gegründet und ist eine der führenden Innovations- und Fördermittelberatungen in Europa.

Dr. Dr.-Ing. Catalin Teodoriu, TU Clausthal Leiter der Abteilung Bohrtechnik, Komplettierung und Workover am Institut für Erdöl- und Ergastechnik an der TU Clausthal. Seine Forschungsschwerpunkte sind Bohrtechnik, Ölfeldrohre, Zemente, Bohrspülung

Dipl. Ing. (FH) Andreas Utz, gec-co GmbH hat sein Studium der Umwelt und Verfahrenstechnik an der FH Augsburg abgeschlossen. Seit 2009 ist er bei der Fa. gec-co als Projektingenieur und Projektleiter für Planung, Auslegung und Abwicklung von Tiefen Geothermieprojekten zuständig.

Aike van Douwe, M.A., gec-co GmbH arbeitete nach seinem Studium der Geschichte und Politischen Wissenschaft an der Universität Erlangen-Nürnberg (FAU). Seit 2013 ist er bei der Fa. gec-co als Volontär für Presse- und Öffentlichkeitsarbeit tätig und ist insbesondere für den Bereich online zuständig.

Dipl.-Ing. Thorsten Weimann, MBA, gec-co GmbH zeichnet sich durch eine stetige technische und auch wirtschaftliche Komponente aus. Ob bei der Fa. Bauer oder später zur Gründung der Fa. Herrenknecht Vertical GmbH bis hin zur Gründung der gec-co Global Engineering and Consulting GmbH im Jahr 2007. Herr Weimann ist darüber hinaus beim Wirtschaftsform Geothermie e. V., dem führenden Verband der Tiefen Geothermie seit 2007 Geschäftsführer.

Dr. Markus Wolfgramm, Geothermie Neubrandenburg GmbH (GTN) Nach Abschluss seines Studiums 1997 Promotion zum Thema: „Fluidentwicklung und Diagenese im Norddeutschen Becken – Petrographie, Mikrothermometrie und Geochemie stabiler Isotope". Dies war ein Teilprojekt des DFG-Bündelprojektes „DEKORP NE-Deutschland". Im Anschluss folgte 2001 eine Beschäftigung in der Geothermiearbeitsgruppe des GFZ Potsdams. Seit 2003 Bereichsleiter für Geologie und Geochemie bei der Geothermie Neubrandenburg GmbH und somit für tiefengeothermische Projekte von der Machbarkeitsstudie über die Exploration bis hin zur Errichtung, Test und den Betrieb (Monitoring) geothermischer Anlagen im Inn- und Ausland verantwortlich.

Inhaltsverzeichnis

Thermisches Regime der Erde

1

Ingrid Stober

Inhaltsverzeichnis

Zusammenfassung

Die Erde ist schalenförmig aufgebaut. Im Inneren Erdkern rechnet man mit Temperaturen um 5000 °C, die mittlere Temperatur der Erdoberfläche beträgt 14 °C. Um die nicht einheitliche Temperaturverteilung im Erduntergrund zu bestimmen, werden Wärmestromdichte und Wärmeleitfähig der Gesteine herangezogen.

Neben dem Aufbau der Erde werden die thermischen Eigenschaften und das Energiedargebot der Erde betrachtet. Die wichtigsten thermischen Parameter, wie beispielsweise Wärmeleitfähigkeit oder Wärmekapazität, und ihre Bestimmungsmethoden sowie die gängisten Verfahren Temperaturen in Tiefbohrungen zu bestimmen. Gesetzmässigkeiten zum Wärmetransport werden im Detail beschrieben und es wird eine thermische Bilanzrechnung der Erde aufgestellt. In diesem Kapitel finden sich auch Grössenangaben zu den wichtigsten Parametern für verschiedene Gesteine und Stoffe.

Schlüsselwörter

Erdkern • Thermische Konvektionsströme • Wärmetransport • Wärmekapazität • Wärmeleitfähig von Gestein

Prof. Dr. Ingrid Stober (✉)
Institut für Angewandte Geowissenschaften, KIT Karlsruher Institut für Technologie, Karlsruhe, Deutschland
e-mail: ingrid.stober@kit.edu

M. Bauer et al. (Hrsg.), *Handbuch Tiefe Geothermie*, DOI 10.1007/978-3-642-54511-5_1,

Dieser Abschnitt entstammt in leicht geänderter Form dem Lehrbuch Geothermie von Stober & Bucher (2014)

1.1 Aufbau der Erde

Geothermie ist die in der Erde gespeicherte Wärmeenergie; Geothermie ist Erdwärme. 99 % der Erde sind heißer als 1000 °C; 0,1 % der Erde sind kälter als 100 °C. Die mittlere Temperatur an der Erdoberfläche beträgt 14 °C. Auf der Sonne sind es etwa 5800 °C, was in etwa der Temperatur im Erdkern entspricht (Abb. 1.1).

Unsere Erde ist schalenförmig aufgebaut (Abb. 1.1). Unter der sehr dünnen Erdkruste folgt der Erdmantel und im Zentrum unserer Erde befindet sich der Erdkern, der außen flüssig, innen aber fest ist. Das war nicht immer so. Ganz zu Beginn der Geschichte unseres Planeten bestand die Erde vermutlich durchgehend etwa aus demselben homo-

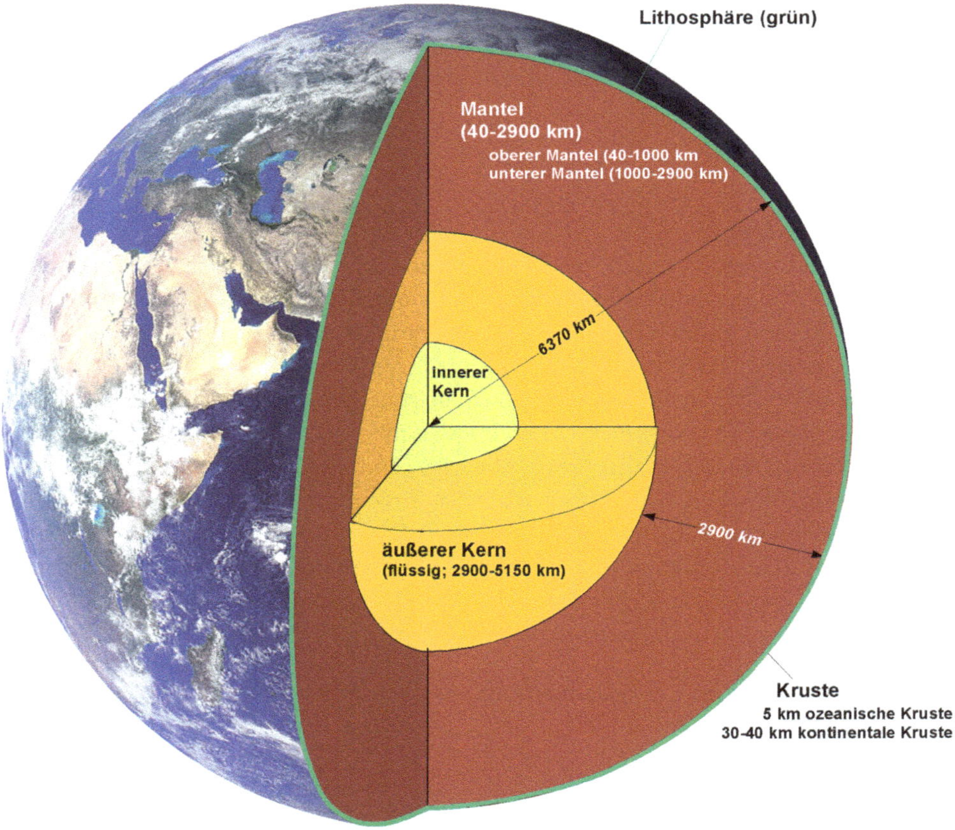

Abb. 1.1 Aufbau der Erde

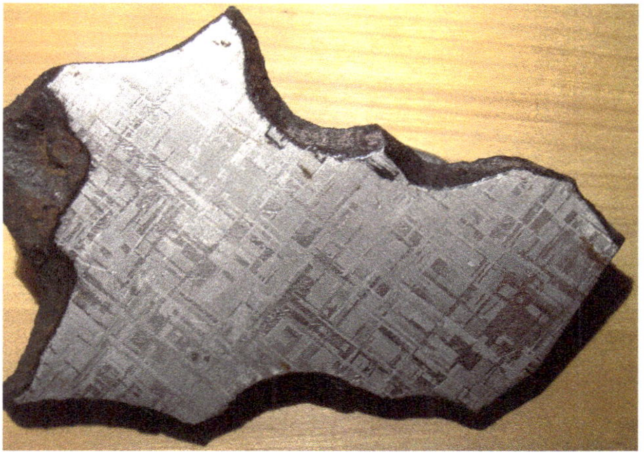

Abb. 1.2 Widmanstätten-Figuren in einem Eisenmeteoriten. Die Figuren werden von den beiden Mineralen Karnacit und Taenit hervorgerufen, die unterschiedliche Nickelgehalte besitzen

genen Material. Erst einige hundert Millionen Jahre später erfolgte während der weiteren Entstehungsgeschichte eine Reorganisation und Differentiation zu einem geschichteten, in einzelne radiale Zonen aufgebauten Körper.

Im Erdkern, dem Zentrum unseres Planeten, liegt das dichteste und damit schwerste Material; die Erdkruste besteht aus dem leichtesten Material, d. h. Materialien mit den geringsten Dichten. Der Erdmantel dazwischen besitzt eine mittlere Dichte. In Abb. 1.1 ist die jeweilige Dicke der einzelnen Schichten, die Schichtmächtigkeit, eingetragen. Die Abbildung zeigt, dass der Erdkern, mit etwa 2250 km außen und 1220 km innen, etwas mächtiger ist als der Erdmantel (2860 km) und sich über mehr als die Hälfte des Erdradius erstreckt. Am Gesamtvolumen der Erde macht der Erdkern jedoch nur etwa 16 % aus. Aufgrund der hohen Dichte verfügt er allerdings über fast 32 % der Erdmasse.

Im Inneren Erdkern in über 6000 km Tiefe rechnet man mit Temperaturen um 5000 °C und Drucken von bis zu 4 Millionen Bar. Der Innere Erdkern besteht aus einer festen Eisen-Nickel-Legierung, was uns an Eisen-Meteorite erinnern mag. Abbildung 1.2 zeigt einen aufgesägten Eisenmeteoriten. Auf der polierten, angeätzten Schliffläche sind die sog. Widmanstätten Figuren erkennbar, die durch unterschiedliche Nickelgehalte hervorgerufen werden.

Der Äußere Erdkern ist bei Temperaturen um 2900 °C und entsprechend niedrigeren Drucken im Prinzip eine flüssige Eisenschmelze und daher im Zusammenwirken mit der Erdrotation und seiner elektrischen Leitfähigkeit Ursache für das Magnetfeld der Erde. Die physische Bewegung von Ladungsträgern ist nichts anderes als ein elektrischer Strom, der wiederum das Magnetfeld unseres Planeten verursacht.

Der Übergang zwischen Erdkern und Erdmantel ist durch eine sprunghafte Dichteabnahme gekennzeichnet, die durch den Wechsel von Eisen zu verschiedenen leichteren Mineralen verursacht wird.

Der Obere Erdmantel beginnt unterhalb der Erdkruste und reicht bis in ca. 1000 km Tiefe. Innerhalb des Oberen Erdmantels befindet sich eine Schicht, die aus partiell auf-

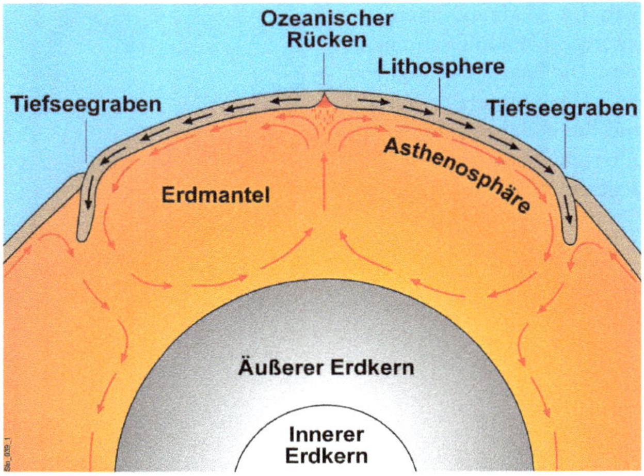

Abb. 1.3 Thermische Konvektionsströme für die Plattentektonik

geschmolzenem Gesteinsmaterial besteht und daher eine erhöhte Fließfähigkeit besitzt. Dadurch sind die darüber liegenden starren und spröden Platten der Erdkruste und des obersten Teils des Oberen Erdmantels beweglich. Im darunter liegenden Erdmantel gibt es riesige walzenförmige Fliessbewegungen, die bis zum Erdkern reichen, diesen aber nicht einbeziehen, denn der Erdkern ist die „Heizplatte“, er ist der eigentliche „Motor“ für die Konvektionsströme. Der sich langsam abkühlende Erdkern liefert genügend Kristallisationswärme, also Energie aufgrund der Änderung des Aggregatzustandes, um den darüber liegenden Erdmantel aufzuheizen. Der innere Motor der Erde, die Konvektionsbewegungen im Erdmantel, wird durch die Wärmequelle im Erdinneren seit der Entstehung der Erde angetrieben.

Durch die thermischen Konvektionsströme bewegen sich die Platten quasi schwimmend aufeinander zu oder voneinander weg, je nachdem, ob sie sich über absinkenden Strömungen oder über aufwärts gerichteten Strömungen befinden (Abb. 1.3). Im aufsteigenden Bereich von Mantelmaterial sind die Temperaturen im Oberen Erdmantel höher als im absteigenden Ast einer Konvektionszelle. Beim Aufeinanderzubewegen verschiedener Platten können durch Kollision riesige Gebirge, wie die Alpen oder der Himalaya, entstehen oder Tiefseegräben, wenn eine Platte bei der Kollision unter eine andere abtaucht. Auseinander driftende Platten dehnen die Erdkruste bzw. den obersten Teil des Oberen Mantels, erzeugen Gräben, wie den Oberrheingraben, bis hin zu groß angelegten Grabenstrukturen in Ozeanböden, wie den Mittelozeanischen Rücken mit aufsteigendem heißen Erdmantelgestein, Magma (Grotzinger et al. 2008; WM 2008).

Alle Plattengrenzen sind in unterschiedlichem Ausmaß durch Vulkanismus und Erdbeben geprägt. Da die Größe der Erdoberfläche weder zu- noch abnimmt, ist mit jedem Abtauchen einer Platten eine Neubildung an anderer Stelle, an einem ozeanischen Rücken, verbunden. An etlichen Stellen der Erde kommt die Natur auf diese Weise dem Menschen, der die Erdwärme nutzen möchte, weit entgegen. Das älteste und berühmteste Beispiel sind die Thermalquellen bei Larderello in der Toskana.

Im Nordatlantik hebt sich der Mittelozeanische Rücken an einem sogenannten Hot Spot über den Meeresspiegel. Er verläuft mitten durch Island. Hot Spot besagt, dass der Erdmantel an dieser Stelle besonders heiß ist, wahrscheinlich als Folge davon, dass dort Mantelmaterial aus größerer Tiefe nahe der Grenze zum Erdkern aufsteigt. Island ist also eine Insel vulkanischen Ursprungs und noch heute finden Vulkanausbrüche in schöner Regelmäßigkeit statt, wie auch jüngste Ereignisse durch den Ausbruch des Eyjafjallajokull im Frühjahr 2010 mit den Folgen der Stagnation des gesamten nordeuropäischen Flugraumes über mehrere Wochen hinweg eindrücklich belegte.

Die vulkanische Tätigkeit im Yellowstone Park basiert ebenfalls auf einen riesigen Hot Spot, der relativ betrachtet den Nordamerikanischen Kontinent quert. Zahlreiche heiße Quellen, kochende Schlamm-Poole, Kohlensäure-Exhalationen und Geysire sind im Park verteilt (Abb. 1.4). Etwa alle 600.000 Jahre wird dort ein sehr großer Ausbruch erwartet, dessen zerstörerische Reichweite bisher jeweils viele Kontinente erfasste und das Leben auf ihnen weitestgehend auslöschte. Zeitlich gesehen steht dort unmittelbar wieder ein Ausbruch bevor.

Zur Entstehung der Kanarischen Inseln gibt es verschiedene Hypothesen, die von der Theorie eines relativ zur Lage der Inseln von Osten nach Westen wandernden Hot Spot bis zur Theorie einer Vielzahl von „Mantel Plumes“ reichen. Alle diese Hypothesen zur Kanaren-Entstehung sind jedoch wenig gesichert und z. T. widersprüchlich. Abbildung 1.5 zeigt die vulkanische Landschaft Lanzarotes; einige hundert Krater prägen noch heute das Gesicht der Landschaft. Eine Vielfalt verschiedener Farben zeigen die Vulkanhügel dem Betrachter: von rot über orange, gelb, blau und Grautönen bis hin zu schwarz. An vielen Stellen auf der Insel ist das Gestein bereits direkt unter der Erdoberfläche noch so heiß, dass einsickerndes Oberflächenwasser spontan verdampft. Die letzten großen vulkanischen Ausbrüche wurden von der Besatzung der Santa Maria, dem Schiff von Christoph Columbus, als schlechtes Omen für die Fahrt nach Westen, der Entdeckung Amerikas, gedeutet.

Der Teide auf Teneriffa (Kanarische Inseln) ist mit über 3718 m der höchste Berg Spaniens und der dritthöchste Inselvulkan der Erde. Er erhebt sich aus einer riesigen eingebrochenen Magmakammer eines älteren Vulkans (Caldera), die einen Durchmesser von etwa 17 km hatte. Die Flanken des Teide sind mit Lavaströmen verschiedener Farbnuancen, einem Anzeichen für ihr jeweiliges Alter, bedeckt.

1.2 Energiedargebot der Erde

Die mittlere Temperatur der Erde an der Erdoberfläche liegt bei 14 °C, im Erdinneren bei 5000 °C. Da die Erde im Inneren sehr heiß, außen jedoch relativ kühl ist, strömt aus der Erde ein kontinuierlicher Strom von Wärme in Richtung Erdoberfläche. Der terrestrische Wärmestrom, also die von der Erde pro Quadratmeter abgegebene Leistung (**Wärmestromdichte**), beträgt durchschnittlich etwa 0,065 W/m^2 (65 mW/m^2). Die Erde verliert dadurch Wärme. Aber sie gewinnt auch wieder Wärme durch die Strahlung der Sonne. Sonnenlicht ist elektromagnetische Strahlung, die im Sonneninnern durch Kernfusion entsteht

Abb. 1.4 Beginn, Höhepunkt und Abklingen einer Eruption des Echinus Geysir im Norris Geyser Basin, Yellowstone Nationalpark, Wyoming, USA

und in den Weltraum abgestrahlt wird. Im Jahr trifft in Mitteleuropa eine Energiemenge von ca. 1000 kWh/m^2 auf die Erdoberfläche.

Die zur Erde kommende Sonnenenergie wird durch Wolken, Luft und Boden zu 30 % wieder in den Weltraum reflektiert. Die restlichen 70 % werden absorbiert: rund 20 % von der Atmosphäre und 50 % vom Erdboden. Letztere werden durch Wärmestrahlung und Konvektion wieder an die Lufthülle abgegeben. Die **globale Sonneneinstrahlung** liegt bei 174×10^{15} W. Davon werden etwa 89 10^{15} W von den Landmassen und Ozeanen absorbiert. Ein kleiner Bruchteil davon wird dazu benutzt, um die Erdoberfläche zu erwärmen, mit einer Eindringtiefe von einigen Dezimetern im Tagesgang und einigen 10er Metern im Jahreszyklus. Daher hat die solare Energie auf das thermische Regime der Erde nur einen kleinen Einfluss (Clauser 2009).

In der Erdkruste nimmt die Temperatur im Mittel um etwa 3 °C pro 100 m Tiefe zu. Der Wärmestrom aus der Erde, der an der Erdoberfläche gemessen wird, stammt nur zu einem

Abb. 1.5 Die vulkanische Landschaft Lanzarotes, Kanarische Inseln

kleinen Teil aus dem Erdmantel oder dem Erdkern (Abb. 1.1). Über 70 % werden in der relativ dünnen Erdkruste „gebildet" und nur knapp 30 % dieses Wärmestromes kommen aus dem Erdkern und dem Erdmantel. Der über die gesamte Erdoberfläche integrierte Erdwärmestrom ergibt die eindrückliche thermische Leistung von 40 Millionen Megawatt. Der Erdwärmestrom wird durch die inneren Wärmequellen der Erde gespeist: ein grosser Beitrag stammt aus dem radioaktiven Zerfall der natürlichen Radioisotope Uran (^{238}U, ^{235}U), Thorium (^{232}Th) und Kalium (^{40}K) in der Erdkruste, nämlich ~ 900 EJ/a. Bei diesem Zerfall entsteht Wärme. Diese Wärme wird in der Erdkruste kontinuierlich neu gebildet. Der kleinere Beitrag stammt aus dem Erdkern: ~ 300 EJ/a. Zusammen sind das ~ 1200 EJ/a, die der Erde pro Jahr entströmen. Der größte Teil dieser Wärme wird in der Erdkruste kontinuierlich neu gebildet.

Die **Wärmeproduktion** wird in Energie pro Zeit und Volumen (J/s m^3) angegeben. Die Erdkruste ist unterschiedlich dick und stofflich sehr unterschiedlich zusammengesetzt. Die kontinentale Erdkruste besteht aus sauren Gesteinen und ist deutlich dicker als die aus basischem Material aufgebaute ozeanische Erdkruste. In sauren Gesteinen (z. B. Granit) ist die Wärmeproduktion deutlich höher als in basischen Gesteinen (z. B. Gabbro). Die Wärmeproduktion von Granit kann beispielsweise um ein Vielfaches so groß sein wie die von einem Gabbro (Tab. 1.1). Die produzierte Wärmeenergie kann somit innerhalb der Erdkruste sehr stark differieren. Die ständige, globale Wärmeproduktion der Erde durch radioaktiven Zerfall ist in Ahrens (1995) mit 27,5 10^{12} W angegeben.

Tab. 1.1 Typische radiogene Wärmeproduktion ausgewählter Gesteine (nach Kappelmeyer und Haenel 1974; Rybach 1976)

Gestein/Fluide	Wärmeleitfähigkeit λ (J s^{-1} m^{-1} K^{-1})	spez. Wärmekapazität c (kJ kg^{-1} K^{-1})
Kies, Sand, trocken	0,3–0,8	0,50–0,59
Kies, Sand, nass	1,7–5,0	0,85–1,90
Ton, Lehm, feucht	0,9–2,3	0,80–2,30
Kalkstein	2,5–4,0	0,80–1,00
Dolomit	1,6–5,5	0,92–1,06
Marmor	1,6–4,0	0,86–0,92
Sandstein	1,3–5,1	0,82–1,00
Tonstein	0,6–4,0	0,82–1,18
Granit	2,1–4,1	0,75–1,22
Gneis	1,9–4,0	0,75–0,90
Basalt	1,3–2,3	0,72–1,00
Quarzit	3,6–6,6	0,78–0,92
Steinsalz	5,4	0,84
Luft	0,02	1,0054
Wasser	0,59	4,12

Der Wärmestrom wird an der Erdoberfläche als **Wärmestromdichte** (q [J/sm^2]) gemessen. Die Wärmestromdichte setzt sich somit aus einem quasi konstanten Strom aus dem Erdkern und Erdmantel sowie einem nicht konstanten Wärmestrom aus der Erdkruste zusammen. Die Wärmestromdichte kann sehr unterschiedlich sein; man spricht auch hier von Anomalien. Große Anomalien treten sowohl auf den Kontinenten als auch unter den Ozeanen auf, insbesondere dort, wo die Wärme nicht nur thermisch durch das Gestein geleitet wird, sondern zusätzlich durch aufsteigende Fluide transportiert wird. Besonders große Anomalien hat es daher beispielsweise entlang des Mittelozeanischen Rückens oder in Vulkangebieten. Die mittlere Wärmestromdichte aus den Kontinenten und Ozeanen beträgt jeweils 65 mW/m^2 und 101 mW/m^2. Das gewichtete Mittel berechnet sich daraus zu 87 mW/m^2 und entspricht einem globalen **Wärmeverlust der Erde** von 44,2 10^{12} W (Pollack et al. 1993). Demgegenüber steht die ständige Wärmeproduktion der Erde durch radioaktiven Zerfall, durch Reibungswärme u. a.. Netto verliert die Erde Wärme in einer Größenordnung von etwa 1,4 10^{12} W (Clauser 2009). Der Abkühlungsprozess der Erde ist jedoch sehr langsam, denn Berechnungen ergaben, dass die Temperatur im Erdmantel in den letzten drei Milliarden Jahren sich nicht mehr als um 300–350 °C abgekühlt hat.

Verglichen mit der Größe der solaren Einstrahlung oder dem von den Landmassen und Ozeanen absorbierten Anteil der solaren Einstrahlung ist der Wärmeverlust der Erde durch die Wärmestromdichte mit 44,2 10^{12} W sehr gering. Die solare Einstrahlung ist etwa um den Faktor 4000 größer und der Anteil der Absorption etwa um den Faktor 2000.

Der gesamte Wärmeinhalt der Erde beträgt nach Armstead (1983) ca. 12,6 10^{24} MJ. Die geothermische Ressourcenbasis der Erde ist demnach riesig und omnipräsent. Sie wird jedoch kaum genutzt. Geothermische Energie ist fast überall verfügbar und gewinnbar. Die Nutzung von Geothermie ist umweltfreundlich, und geothermische Energie ist grundlastfähig.

1.3 Wärmetransport und thermische Parameter

Informationen zu den physikalischen Eigenschaften der Gesteine bilden eine wichtige Grundlage für die Konzeption von Anlagen zur geothermischen Energiegewinnung. Dies gilt sowohl für die Planung oberflächennaher Installationen als auch für die Erschließung tiefer Reservoire zur Wärme- und Stromerzeugung. Von besonderem Interesse sind hier Gesteinseigenschaften, die den Transport und die Speicherung von Wärme und Fluiden im Untergrund bestimmen. Hierzu gehören die thermischen Eigenschaften wie Wärmeleitfähigkeit, Wärmekapazität und Wärmeproduktion und die hydraulischen Eigenschaften wie Porosität und Permeabilität. Zu den wichtigsten physikalischen Eigenschaften der Tiefenwässer gehören die Dichte, die Viskosität sowie die Kompressibilität.

Erdwärme kann auf zweierlei Weise transportiert werden: einmal **konvektiv**, sozusagen mit dem fließenden Grundwasser, bzw. allgemein mit Flüssigkeiten (oder Gasen) oder **konduktiv** durch das Gestein. Der konduktive Transport von Erdwärme aus der Tiefe an die Erdoberfläche wird durch die Fähigkeit der Gesteine, Wärme zu transportieren, d. h. zu leiten, ermöglicht. Die **Wärmeleitfähigkeit** der Gesteine (λ [J s^{-1} m^{-1} K^{-1}]) ist nicht konstant sondern unterschiedlich. So können Kristalline Gesteine, wie Granite oder Gneise, die Wärme um den Faktor 2–3 besser leiten als Lockergesteine (Kiese, Sande). Dennoch schwanken die Angaben für die einzelnen Gesteine oftmals in weiten Grenzen (Tab. 1.2), was vielfach auf einer Varianz in der mineralogischen Zusammensetzung oder einem unterschiedlichen Kompaktions- oder Alterationsgrad beruht, oder aber auf eine Schichtung des Gesteins, d. h. auf Anisotropie, zurückgeführt werden kann.

Tab. 1.2 Wärmeleitfähigkeit und spezifische Wärmekapazität unter Normalbedingungen (VDI 4640, Schön 2004; Kappelmeyer und Haenel 1974; Landolt-Börnstein 1992)

Gestein	Wärmeproduktion A (μJ s^{-1} m^{-3})
Granit	3,0
Gabbro	0,46
Diorit	1,1
Gneis	2,4
Sandstein	0,34–1,0
Tonschiefer	1,8

Bei manchen Gesteinen ist die Fähigkeit, Wärme zu leiten, nicht in alle Richtungen gleichgroß entwickelt, sie ist richtungsabhängig, anisotrop. In Tonen kann bspw. die Wärmeleitfähigkeit senkrecht zur Schichtung teilweise nur ein Drittel oder sogar weniger betragen als parallel dazu. Mächtige Tonabfolgen können daher den vertikal nach oben gerichteten Wärmeabfluss aus dem Erdinneren an die Erdoberfläche stark hemmen und haben damit bis zu einem gewissen Grad quasi eine isolierende Wirkung. Die positive Wärmeanomalie Bad Urach – Bad Boll in Südwestdeutschland wird ursächlich auf in dieser Region besonders mächtige Tonsteinserien zurückgeführt (Schädel und Stober 1984a). Auf den Wärmeentzug von einzelnen Erdwärmesonden hat dieser Anisotropieeffekt bei horizontaler Schichtlagerung jedoch kaum Auswirkungen.

Alle Gesteine verfügen über einen gewissen Hohlraumgehalt, eine Porosität oder Klüftigkeit. Für den Wärmetransport ist es entscheidend, ob diese Hohlräume mit Wasser oder Luft ausgefüllt sind, also ob der Grundwasserstand hoch oder sehr niedrig ist. Luft ist nahezu ein Isolator. Die Wärmeleitfähigkeit von Luft ist etwa um den Faktor 100 geringer als die von Gesteinen, während der Unterschied von Gestein zu Wasser nur bei einem Faktor von 2–5 liegt (Tab. 1.2). Die Wärmeleitfähigkeit trockener Kiese oder Sande liegt daher bei $\lambda = 0{,}4\ \mathrm{J\ s^{-1}\ m^{-1}\ K^{-1}}$; sind die Kiese nass kann die Wärmeleitfähigkeit auf etwa $\lambda = 2{,}1\ \mathrm{J\ s^{-1}\ m^{-1}\ K^{-1}}$ ansteigen (Tab. 1.2). Für die Ermittlung der Wärmeentzugsleistung einer Erdwärmesonde ist daher insbesondere bei starker Verkarstung des Untergrundes mit großen Hohlräumen die Tiefenlage des Grundwasserspiegels von entscheidender Bedeutung.

Während also die Wärmeleitfähigkeit den Nachschub an Wärme, d. h. an thermischer Energie reguliert, bestimmt die **Wärmekapazität (C)** wie viel Wärme im Untergrund gespeichert werden kann. Sie gibt an, wie viel thermische Energie ΔQ (J) ein Körper pro Temperaturänderung ΔT (K) speichern kann:

$$C = \Delta Q/\Delta T \quad (\mathrm{J\,K^{-1}}) \tag{1.1a}$$

Die **spezifische Wärmekapazität (c)** oder kurz **spezifische Wärme** eines Stoffes ist die Wärmekapazität bezogen auf eine bestimmte Masse dieses Stoffes. Sie bezeichnet die Wärmemenge (ΔQ), die benötigt wird, um die Temperatur pro Masse (m) eines Körpers um ΔT anzuheben (1.1b).

$$c = \Delta Q/(m.\Delta T) \quad (\mathrm{J\,kg^{-1}\,K^{-1}}) \tag{1.1b}$$

Wird die Wärmekapazität auf das Volumen eines Stoffes bezogen, so wird sie **Wärmespeicherzahl (s)** genannt (1.1c).

$$s = \Delta Q/(V.\Delta T) \quad (\mathrm{J\,m^{-3}\,K^{-}1}) \tag{1.1c}$$

Beide Parameter, spezifische Wärmekapazität und Wärmespeicherzahl, stehen über die Dichte (ρ) miteinander in Beziehung ($c = s/\rho$). Sowohl Wärmeleitfähigkeit als auch Wärmekapazität der Gesteine sind von Druck und Temperatur abhängig. Beide Parameter nehmen mit zunehmender Tiefe in der Erdkruste ab. Bei gleichen Untergrundverhältnissen nimmt dadurch die Temperatur mit der Tiefe immer weniger stark zu.

In Tab. 1.2 sind die spezifischen Wärmekapazitäten der wichtigsten Gesteine zusammengestellt. Für Festgesteine liegen sie meist zwischen $c = 0{,}75$ und $c = 1{,}00\,\text{kJ kg}^{-1}.\text{K}^{-1}$. Wasser hat mit $c = 4{,}19\,\text{kJ kg}^{-1}.\text{K}^{-1}$ im Vergleich zu Festgesteinen eine um den Faktor 4–6 höhere spezifische Wärmekapazität. Wasser kann also um ein Vielfaches mehr Wärme speichern. Bezogen auf das Volumen, d.h auf die Wärmespeicherzahl, kann Wasser jedoch nur etwa doppelt so viel Wärme speichern wie Festgesteine. Das bedeutet aber auch, dass gut durchlässige Aquifere mit einem großen Hohlraumanteil relativ mehr Wärme gespeichert haben als gering durchlässige Grundwasserleiter mit einer niedrigen Porosität.

Wärmestromdichte (q) und Wärmeleitfähigkeit (λ) geben Auskunft über die Temperaturverteilung mit zunehmender Tiefe, d. h. über die Temperaturzunahme pro Tiefenabschnitt, den sog. Temperaturgradienten (gradT [K/m]):

$$q = \lambda \text{ grad } T \quad (\text{J s}^{-1}\,\text{m}^{-2}) \tag{1.2}$$

Der **Temperaturgradient**, also der Temperaturunterschied zwischen zwei Punkten, ist der eigentliche Antrieb für den Wärmestrom aus der Tiefe an die Erdoberfläche. Die Temperatur nimmt beispielsweise in Mitteleuropa im Mittel um etwa gradT = 2,8–3,0 °C/100 m mit der Tiefe zu, so dass aus der kontinentalen Erdkruste, verursacht durch die „mittleren Wärmeleitfähigkeiten" der Gesteine, eine Wärmestromdichte von durchschnittlich etwa 65 $10^{-3}\,\text{J/sm}^2$ registriert wird.

Die Temperaturverteilung im Untergrund ist jedoch nicht einheitlich. So können sowohl Temperaturgradient als auch Wärmestromdichte in gewissen Gebieten höher sein und in anderen Gebieten niedriger als der Mittelwert. Man spricht in derartigen Fällen von positiven und negativen **Temperatur- bzw. Wärmeanomalien**. Die Ursachen für positive Anomalien sind vielfältig. Positive Anomalien infolge Vulkanismus sind beispielsweise aus Island oder Norditalien bekannt. Positive Anomalien können jedoch auch aufgrund aufsteigender Tiefenwässer entstehen. Aufsteigende, heiße Tiefenwässer (hydrothermale Systeme) sind an tiefreichende, durchlässige Strukturen oder an tektonische Graben- und Beckenstrukturen (z. B. Oberrheingraben, Molassebecken, Pannonisches Becken) gebunden. Die Ursachen positiver Anomalien können jedoch auch auf Gesteinsschichten mit erhöhter Wärmeleitfähigkeit (z. B. Salzdiapire), die dadurch quasi einen „Kamineffekt" bewirken, aber auch auf Staueffekten infolge verminderter Wärmeleitfähigkeit von Gesteinsverbänden (z. B. mächtige Tonsteinabfolgen mit hoher Anisotropie) oder auf erhöhter geo-, oder biochemischer Wärmeproduktion beruhen. Für die geothermische Nutzung sind besonders Gebiete mit deutlich höheren Temperaturen, also Anomalien, interessant, da geringere Bohrtiefen erforderlich sind.

In allen Gesteinen ist eine mehr oder weniger hohe Konzentration an radioaktiven Elementen feststellbar. Die beim Kernzerfall entstehende Strahlungsenergie wird durch Absorption in Wärme umgesetzt. Als Wärmeproduzenten sind im Prinzip nur die Beträge der ^{238}U-, ^{235}U- und ^{232}Th-Zerfallsreihen sowie des Isotops ^{40}K im natürlich vorkommenden Kalium signifikant. Die radioaktive **Wärmeproduktion** eines Gesteins errechnet sich nach den Konzentrationen von Uran c_U (ppm), Thorium c_{Th} (ppm) und Kalium c_K (%) zu

(Landolt-Börnstein 1992):

$$A = 10^{-5}\rho(9{,}52\ c_U + 2{,}56\ c_{Th} + 3{,}48\ c_K) \quad (\mu J\,s^{-1}\,m^{-3}) \tag{1.3}$$

mit ρ Dichte des Gesteins. Tabelle 1.1 zeigt typische Wärmeproduktionen ausgewählter Gesteine.

Grundsätzlich fällt auf, dass der Gehalt an Uran, Thorium und Kalium mit zusätzlichem Kieselsäuregehalt der Gesteine zunimmt und damit die radiogene Wärmeproduktion. Diese drei radioaktiven Elemente sind in Gesteinen unterschiedlich gebunden. Der lösliche Anteil der radioaktiven Elemente nimmt in der Regel mit ihrem Gesamtgehalt zu und wird mobil, sobald Wasser durch das Gestein migriert.

Die **Wärmetransportgleichung** beschreibt den Transport von Wärme im Gestein (Carlslaw und Jaeger 1959). Sie beschreibt den zeitlichen und räumlichen Temperaturverlauf in einem Medium. Die Differentialgleichung der dreidimensionalen temperaturabhängigen Wärmetransportgleichung lautet:

$$\delta(\rho cT)/\delta t = \nabla(\lambda\nabla T) + A - v\nabla T + \alpha gT/c \tag{1.4}$$

Der erste Term auf der rechten Seite von (1.4) beschreibt die Wärmeleitung, der zweite Term die Wärmeproduktion, der dritte Term den Wärmetransport durch Massentransport und der vierte Term die Druckabhängigkeit. In (1.4) ist ρ die Dichte (kg m^{-3}), A die radiogene Wärmeproduktion (tiefen- und materialabhängig) (J s^{-1} m^{-3}), v die Geschwindigkeit (m s^{-1}), g die Erdbeschleunigung (m s^{-2}) und α (K^{-1}) der volumetrische, lineare **thermische Ausdehnungskoeffizient** ($\alpha = \delta V\ \delta T/V$). Für Gesteine liegt der Ausdehnungskoeffizient bei $\alpha = 5 - 25\ \mu K^{-1}$.

Die eindimensionale analytische Lösung der Differentialgleichung für den Wärmetransport (1.4) bei konstanter Wärmeleitfähigkeit (λ) und konstanter radiogener Wärmeproduktion (A) für eine homogene, isotrope Schicht ohne Wärmetransport durch Massentransport und ohne Druckabhängigkeit lautet:

$$T = T_0 + 1/\lambda q_0 x - A/(2\lambda)x^2 \tag{1.5a}$$

In (1.5a) ist T_0 die Temperatur an der Schichtobergrenze, q_0 der Beitrag der Wärmeflussdichte durch diese obere Grenzfläche und x die Schichtdicke. Sind die Wärmeleitfähigkeit und die radiogene Wärmeproduktion tiefenabhängige Größen, so berechnet sich die Temperatur in Abhängigkeit von der Tiefe zu:

$$T(z) = T_0 + \int_0^H \cdot\lambda(z)^{-1} \cdot \left[q_0 - \int_0^H \cdot A(z)\cdot dz\right] \cdot dz \tag{1.5b}$$

Mit (1.5b) kann die rein konduktiv bedingte Temperaturzunahme in der Erdkruste von Schicht zu Schicht, d. h. differentiell, konstruiert werden (Schädel und Stober 1984b).

1.4 Kurzer Abriss von Methoden zur Bestimmung thermischer Parameter

Die Wärmeleitfähigkeit eines Gesteins wird im Labor an Bohrproben gemessen. Sie kann dort mit einem sogenannten „Optischen Thermoscanner“ ermittelt werden (Popov et al. 1999). Die Messung basiert auf dem „Scannen“ einer Probenoberfläche mit einer fokussierten Wärmequelle und der kontaktlosen Temperaturmessung mittels Infrarot-Thermosensoren. Hierfür wird die Strahler- und Messeinheit an der Probe entlang bewegt. Die emittierte Licht- und Wärmestrahlung wird auf die Oberfläche der Probe fokussiert, wodurch die Probe aufgeheizt wird. In einem festen Abstand zum Strahler befinden sich Infrarot-Temperatursensoren, welche die Temperatur der Probe vor und nach dem Erhitzen messen. Für die Größe der Wärmeleitfähigkeit ist entscheidend, ob die Messungen an trockenen oder feuchten Bohrkernen durchgeführt wurden. Bei anisotrop ausgebildeten Gesteinen muss die Messung natürlich in verschiedenen Raumrichtungen durchgeführt werden (Popov et al. 1999; PK Tiefe Geothermie 2008).

Die Wärmekapazität eines Stoffes wird mit Hilfe von Kalorimetern bestimmt. Man unterscheidet Kalorimeter nach Betriebsarten (adiabatisch, isotherm) sowie nach dem Messprinzip. Bei einer kalorimetrischen Messung wird in den meisten Fällen dem Kalorimeter Wärme zugeführt oder entzogen und dabei die Temperaturänderung beobachtet. Der Wärmeaustausch kann beispielsweise mit einer Flüssigkeit oder mit einem Metall erfolgen. Bei anderen Kalorimetern wird die Wärmemenge von bestimmten Substanzen abgenommen, die dabei eine Phasenänderung erleiden, d. h. die Temperaturen bleiben dann bei diesem Messprinzip konstant.

Die Bestimmung der Dichte an Kernstücken erfolgt nach dem „Archimedischen Prinzip“. Das Kernstück wird zweimal gewogen; zuerst erfolgt die Trockenwägung. Nach Bestimmung der Trockenmasse wird mit Hilfe einer Wasserwanne das Tauchgewicht bestimmt. Aus dem Tauchgewicht und der Dichte des Wassers lässt sich das Volumen des Kernstückes V bestimmen, was dann mit der Masse m zur Berechnung der Gesteinsdichte ρ dient. Die Dichtebestimmung an Bohrklein erfolgt mit Pyknometern, einem Messgerät zur Bestimmung der Dichte von Festkörpern oder Flüssigkeiten. Das Volumen des Bohrkleins muss genau bekannt sein. Das Pyknometer wird einmal mit der trockenen Bohrkleinprobe und einmal mit einem Gemisch aus der Bohrkleinprobe und Wasser gewogen. Aus den gemessenen Massen und der Dichte des Wassers lässt sich die Dichte des Bohrkleins bestimmen. Zur Vermeidung von Luftbläschen im Pyknometer, die das Volumen verfälschen können, wird das mit Wasser gefüllte Pyknometer jeweils mit einer Wasserstrahlpumpe evakuiert.

1.5 Temperaturmessungen

Für die Prognose eines geothermischen Projektes ist es ganz entscheidend, ob es im Umfeld bereits Temperaturmessungen in Altbohrungen gibt, wie verlässlich diese Daten sind und aus welchen Tiefen die Messungen vorliegen. Normalerweise nimmt die Temperatur in Mitteleuropa mit der Tiefe um etwa 2,8–3,0 °C pro 100 m zu (**normaler Temperaturgradient**). Jedoch gibt es positive aber auch negative Abweichungen hierzu, und Abweichungen, die sich nur über bestimmte Tiefenabschnitte erstrecken. Verantwortlich dafür ist die Vielfalt der hydraulischen und thermischen Eigenschaften des geologischen Untergrundes, zumal Erdwärme auf zweierlei Weise transportiert werden kann: einmal konduktiv durch das Gestein aber auch konvektiv, sozusagen mit dem fließenden Grundwasser (oder anderen Fluiden). Auswirkungen auf den Temperaturgradienten hat daneben auch das Relief. Je größer der Reliefunterschied ist, desto größer ist der Temperaturgradient in Tallage und desto kleiner ist er unterhalb der Höhenzüge.

Die SI-Einheit der Temperatur ist das Kelvin (K). In Deutschland, Österreich und der Schweiz wird die Einheit Celsius (°C) benutzt, im Angloamerikanischen Raum Fahrenheit (°F) und Rankine (°R). Die entsprechenden Umrechnungen lauten:

$$T_K = T_C + 273{,}15 \quad (1.6a)$$

$$T_F = 1{,}8T_C + 32 \quad (1.6b)$$

$$T_R = 1{,}8T_C + 491{,}67 \quad (1.6c)$$

In Tiefbohrungen wird die Temperatur der in der Bohrung stehenden Flüssigkeit i. d. R. indirekt mittels eines temperaturabhängigen Widerstands (Ohm) gemessen, der anhand einer Kalibrierkurve automatisch in die Temperatur umgerechnet wird. Die Messsonden müssen alle paar Monate neu kalibriert werden. Früher erfolgten BHT-Messungen (s. u.) als Mindesttemperatur auch auf der Basis von Temperaturmessfarben mit einem Farbumschlag bei einer bestimmten Temperatur.

Bei Temperaturmessungen in Bohrungen wird unterschieden zwischen:

- Temperatur-Logs
- Lagerstättentemperaturen oder Bottom Hole Temperatures (BHT)
- Temperaturmessungen bei Fördertests

Temperatur-Logs sind kontinuierliche Temperaturmessungen entlang der Bohrlochachse. Bei einem Temperatur-Log ist darauf zu achten, ob die Messung während des Förderbetriebs durchgeführt wurde, kurz danach oder aber im Anschluss an eine längere Stillstandzeit (Abb. 1.6). Dem Ruhetemperatur-Log kommt hierbei die höchste Güte zu. Bei Temperatur-Logs, die vom Förderbetrieb beeinflusst sind, können häufig nur die Temperaturangaben im Bereich der Wasserzutrittsstelle weiterverwendet werden.

Daneben können Temperatur-Logs Hinweise auf Wasserzutritts- oder austrittsstellen, Undichtigkeiten von Verrohrungen oder vertikale Bewegungen von Fluiden geben. In der Hydraulik werden gezielt Temperaturmessungen während Tests dazu benutzt, um beispielsweise die vertikale Verteilung der Durchlässigkeit zu ermitteln.

BHT-Messungen werden in fast allen Industriebohrungen im Bohrlochtiefsten, unmittelbar nach Einstellen der Bohrarbeiten, ausgeführt und sind durch den Bohrvorgang

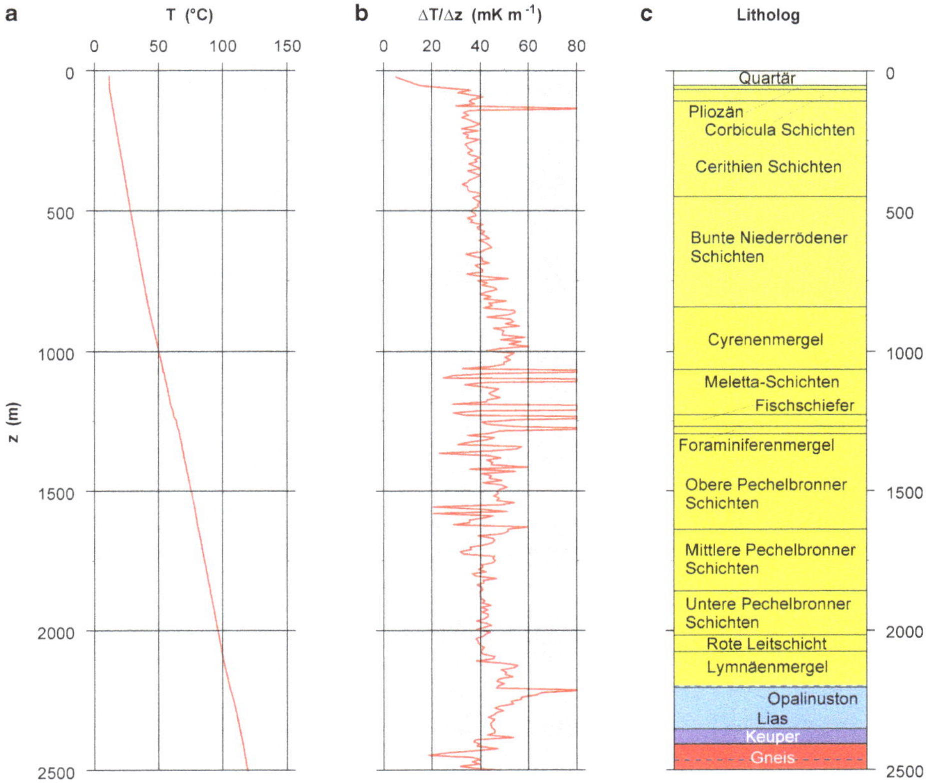

Abb. 1.6 Beispiel für ein Temperaturruhe-Log in der Tiefbohrung Bühl, Oberrheingraben. Von links nach rechts sind dargestellt der vertikale Verlauf der Temperatur, der Temperaturgradient ($\Delta T/\Delta z$) und die Lithologie (Schellschmidt und Stober 2008)

(Reibung, Spülungsumlauf) thermisch gestört. Eine Korrektur dieser BHT-Werte auf ungestörte Temperaturen ist möglich, zumal im Bohrlochtiefsten der störende Einfluss des Spülungsumlaufs auf das Temperaturfeld am geringsten ist. Meistens liegen für eine Bohrung mehrere BHT-Werte manchmal auch für unterschiedliche Tiefen vor.

In Abhängigkeit von der Stillstandzeit nach Bohrende, der Spülungsdauer (Spülungsumlauf) und der Anzahl der für jede Tiefe zur Verfügung stehenden Temperaturwerte können unterschiedliche Extrapolationsverfahren angewendet werden (Schulz und Schellschmidt 1991; Schulz et al. 1990):

- „Explosionszylinderquellenansatz“ (Leblanc et al. 1982)
- Annahme einer „kontinuierlichen Linienquelle“ (Horner 1951)
- „Explosionslinienquelle“ (Lachenbruch und Brewer 1959)
- „Zylinderquellenansatz“ (Middleton 1982) mit statistischen Parametern

Bei der Extrapolation von zeitlich nur einfach belegten BHT-Werten auf die ungestörte Temperatur müssen aus umgebenden Messungen mit höherem Informationsgehalt statistische Parameter ermittelt werden, um über die Güte des vorliegenden Messwertes zu entscheiden (Schellschmidt und Stober 2008).

Wird **während eines Fördertests** die Temperaturmesssonde in einer bestimmten Tiefe abgehängt, so kann aus dem Temperaturverhalten in Analogie zu hydraulischen Tests die Wärmeleitfähigkeit des Gebirges ermittelt werden. Die Extrapolation der Messwerte während der Temperatur-Angleichphase mit dem sogenannten Horner-Plot (Horner 1951) gestattet Rückschlüsse auf die Ruhetemperatur in der Tiefe, in der die Messsonde abgehängt ist.

Zur Erstellung von **Temperaturkarten** in bestimmten Tiefenlagen müssen die Temperaturdaten horizontal und vertikal interpoliert werden, meistens zunächst auf vorgegebene Tiefenhorizonte und anschließend lateral in die Fläche. Für dieses Vorgehen stehen verschiedene Interpolationsverfahren zur Verfügung, wie z. B. der Gridding-Algorithmus von Smith und Wessel (1990).

Für die Erstellung eines **3D-Temperatur-Modells** ist zudem die Kenntnis der Temperatur in der obersten Bodenschicht als obere Modellbegrenzung erforderlich. Für ihre Bestimmung können langjährige Mittelwerte der Lufttemperatur herangezogen werden, die beispielsweise von den lokalen Wetterdiensten erstellt werden oder durch die World Meterological Organization (NCDC 2002). Die durchschnittliche bodennahe Lufttemperatur entspricht in etwa der Bodentemperatur in 13 m Tiefe. In dieser Tiefe sind nur noch geringe jahreszeitliche Schwankungen feststellbar. Zur Interpolation kann die 3D-Universal-Kriging-Methode verwendet werden. Die detaillierte Vorgehensweise ist beispielsweise in Agemar et al. (2013) beschrieben.

Hinweis: Dieser Beitrag ist dem Buch Stober/Bucher: Geothermie, 2. Auflage 2014, Springer Spektrum ISBN 978-3-642-24330-1 entnommen.

Literatur

Agemar, T., Brunken, J., Jodocy, M., Schellschmidt, R., Schulz, R., Stober, I.: Untergrundtemperaturen in Baden-Württemberg. Z. Dt. Ges. Geowiss **164** (1), p. 49–62 (2013). doi:10.1127/1860-1804/2013/0010

Ahrens, T.J.: Global Earth Physics – a Handbook of Physical Constants. Am. Geophys. Union, Washington D.C. (1995)

Armstead, H.C.H.: Geothermal Energy. E. & F. N. Spon, London (1983). 404 p

Carslaw, H.S., Jaeger, J.C.: Conduction of Heat in Solids, 2. Aufl. Oxford at the Clarendon Press, Oxford (1959). 342 p.

Clauser, C.: Heat Transport Processes in the Earth's Crust. Surveys in Geophysics **30**, 163–191 (2009)

Grotzinger, J., Jordan, T.H., Press, F., Siever, R.: Press/Siever Allgemeine Geologie, 5. Aufl. Springer Spektrum Akademischere Verlag, Berlin Heidelberg (2008). 735 S

Horner, D.R.: Pressure Build-up in Wells. In: Proc. 3rd World Petrol. Congr, S. 503–521. Brill, E.J., Leiden/Netherlands (1951). Sect. II, E.J. Bull

Kappelmeyer, O., Haenel, R.: Geothermics with special reference to application. E. Schweizerbart science publishers, Stuttgart (1974). 238 p

Lachenbruch, A.H., Brewer, M.C.: Dissipation of the temperature effect of drilling a well in Arctic Alaska. Geological Survey Bulletin **1083-C**, 73–109 (1959). Washington

Landolt-Börnstein: Physical Properties of Rocks Numerical Data and Funktional Relationships in Science and Technology, Bd. 1. Springer-Verlag, Berlin-Heidelberg-New York (1992)

Leblanc, Y., Lam, H.-L., Pascoe, L. J., Johnes, F. W.: A comparison of two methods of estimating static formation temperature from well logs. Geophys. Prosp. **30**, 348–357 (1982)

Middleton, M.F.: Bottom-hole temperature stabilization with continued circulation of drilling mud. Geophysics **47**, 1716–1723 (1982)

NCDC: WMO Global Standard Normals (DSI-9641 A). Nat. Climatic Data Center, Asheville (USA) (2002)

PK Tiefe Geothermie: Nutzungen der Geothermischen Energie aus dem tiefen Untergrund (Tiefe Geothermie). Arbeitshilfe für Geologische Dienste-, Internetseite der Staatlich Geologischen Dienste (2008). 36 S.

Pollack, H.N., Hurter, S.J., Johnson, J.R.: Heat Flow from the Earth's Interior: Analysis of the Global Data Set. Rev. Geophys. **31**(3), 267–280 (1993). doi:10.1029/93RG01249.

Popov, Y.A., Pribnow, D., Sass, J., Williams, C., Burkhardt, H.: Characterisation of rock thermal conductivity by high-resolution optical scanning. Geothermics **28**(276), 253 (1999)

Rybach, L.: Radioactive heat production in rocks and its relation to other petrophysical parameters. Pageoph **114**, 309–317 (1976)

Schädel, K., Stober, I.: Die Wärmeanomalie Urach aus geologischer Sicht. Jh. geol. Landesamt Baden-Württemberg, Freiburg i.Br, S. 19–25 (1984a). H. 26

Schädel, K., Stober, I.: Gibt es thermische Stabilitätsgrenzen der Erdkruste? Jh. geol. Landesamt Baden-Württemberg, Freiburg i.Br, S. 7–18 (1984b). 3 Abb., 1 Tab

Schellschmidt, R., Stober, I.: Untergrundtemperaturen in Baden-Württemberg. LGRB-Fachbericht, **2**. Regierungspräsidium Freiburg, Freiburg i. Br (2008). 28 S

Schön, J.: Physical properties of rocks. Elsevier, Leiden, Netherlands (2004). 600 pp

Schulz, R., Schellschmidt, R.: Das Temperaturfeld im südlichen Oberrheingraben Geol. Jb, Bd. E48. Schweizerbart'sche Verlagsbuchhandlung, Hannover, S. 153–165 (1991)

Schulz, R., Haenel, R., Werner, K.H.: Geothermische Ressourcen und Reserven: Weiterführung und Verbesserung der Temperaturdatensammlung. - Report EUR 11998 DE. Office for Official Publications of the European Communities, Luxembourg (1990). 75 pp

Smith, W.H.F., Wessel, P.: Gridding with continuous curvature splines in tension. Geophysics **55**, 293–305 (1990)

Stober, I., Bucher, K.: Geothermie, 2. Aufl. Springer Spektrum, Berlin Heidelberg (2014). 290 S

VDI 4640: Thermische Nutzung des Untergrundes, Erdgekoppelte Wärmepumpenanlagen VDI-Richtlinie 4640, Bd. Blatt 2. Beuth Verlag, Berlin (2001). 43 S

VDI 4640: Thermische Nutzung des Untergrundes – Direkte Nutzungen VDI-Richtlinie 4640, Bd. Blatt 4. Beuth-Verlag, Berlin (2004). 40 S

Wirtschaftsministerium Baden-Württemberg: Wärme ist unter uns, Geothermie in Baden-Württemberg, Ausarbeitung: Stober, I., Lorinser, B., 131 S., Stuttgart, 2. Aufl. (2008)

Geologische und geophysikalische Untersuchungen

2

Kord Ernstson

Inhaltsverzeichnis

Kord Ernstson (✉)
Höchberg, Deutschland
e-mail: kernstson@ernstson.de

M. Bauer et al. (Hrsg.), *Handbuch Tiefe Geothermie*, DOI 10.1007/978-3-642-54511-5_2,

Zusammenfassung

Bei Projekten der Tiefen Geothermie und in Erschließungskonzepten für zugeteilte Erlaubnisfelder spielen geologische und geophysikalische Untersuchungen eine wesentliche Rolle. Ausgehend vom Konzept der geothermischen Energie als Lagerstätte, die mit Tiefbohrungen im Rahmen einer hydrothermalen oder petrothermalen (EGS, *hot dry rock*) Geothermie zu erschließen ist, werden die wichtigsten geologischen und geophysikalischen Grundlagen mit vielfachem Bezug zu analogen Szenarien in der Kohlenwasserstoff-Exploration zusammengestellt. Die Situation in Deutschland steht dabei im Fokus. Die Erörterung betrifft lithofazielle und strukturelle Gegebenheiten und betont die Bedeutung der Untersuchung nicht nur des Reservoirs selbst sondern auch der hangenden Schichten entlang der geplanten Bohrpfade einschließlich möglicher oberflächennaher kritischer geologischer und anthropogener Konstellationen im Bereich der Bohransatzpunkte. Einer knappen Erläuterung der wichtigsten geophysikalischen Verfahren aus Seismik, Gravimetrie, Geomagnetik und Geoelektrik sowie der für die geothermalen Reservoirs wichtigsten petrophysikalischen Parameter folgen Hinweise, wie bereits existierende geophysikalische Daten für eine Projektstudie genutzt werden können. Bei der Diskussion von Neuerkundungen für ein Erlaubnisfeld werden mit starkem Blick auf internationale Verhältnisse die Verfahren der Refraktionsseismik, Gravimetrie, Geomagnetik und Geoelektrik als unerlässliche Ergänzungen der in Deutschland dominierenden Reflexionsseismik gegenübergestellt und die Vorzüge insbesondere der Gravimetrie und der Tiefengeoelektrik in Form der Magnetotellurik betont. Die Einbeziehung der standortspezifischen Geologie und Geophysik für Lösungsansätze bei der Unterscheidung verschiedener Arten der Seismizität, sowie die Verknüpfung von Messungen in Bohrungen mit Messungen der Oberflächengeophysik als Folgemöglichkeit einer bereits niedergebrachten Bohrung, z. B. in einer Geothermie-Dublette, sollten bereits in einer Projektstudie bedacht werden. Der Beitrag ist ein Plädoyer für eine größere, vielfach vermisste Harmonie zwischen Geologie und Geophysik, was der Exploration der Tiefen Geothermie nutzen würde.

Schlüsselwörter

hydrothermal-petrothermal exploration • geologic-geophysical reservoir models • interdisciplinary seismics • gravimetry • geomagnetics • geoelectrics • reservoir petrophysical parameters

2.1 Einführung

Geothermie bezeichnet ganz allgemein die geowissenschaftliche Untersuchung der thermischen Verhältnisse im Erdkörper. Dazu gehören die Temperaturverteilung sowie Prozesse des Wärmetransportes wie Wärmeleitung, Wärmestrahlung und Wärmekonvektion in den Gesteinen als ein wichtiges Teilgebiet der Geophysik. Im engeren Sinn versteht man heute vielfach primär unter Geothermie die gespeicherte Wärmeenergie, die den Gesteinen entzogen und genutzt werden kann. Auf diesem Gebiet vermittelt der Begriff Geothermie vor allem auch die ingenieurtechnischen Belange der Wärmenutzung. Die vorbereitenden Untersuchungen und Messungen der Geologie und Geophysik in diesem engeren Kontext der Geothermie sind Gegenstand der nachfolgenden Ausführungen, die sich wiederum im Rahmen dieses Handbuches auf die sogenannte „Tiefe Geothermie" beschränken werden. In Deutschland wird gemeinhin ein Unterschied zwischen der oberflächennahen und der Tiefen Geothermie gemacht, wobei etwas willkürlich eine Grenze der Nutzung der Erdwärme bei 400 m Tiefe gezogen wird, was bei einer Oberflächentemperatur von 10 °C und bei einem Temperaturgradienten von 3 °C/100 m ganz grob einer Temperatur von 20 °C in dieser Tiefe gleichkommt. Die „Tiefe Geothermie", von der hier die Rede sein wird, überschreitet diese Tiefe und diese Temperatur bei weitem und ist eher im Bereich einige 1000 m Tiefe und Temperaturen der Größenordnung 100 °C und höher angesiedelt.

Bei der Erörterung der geologischen und geophysikalischen Vorerkundungen erscheint es sinnvoll und für das Verständnis hilfreich, die gespeicherte Wärmeenergie als eine Lagerstätte zu betrachten, die ähnlich Kohlenwasserstoff-Lagerstätten (Erdöl, Erdgas), Erzlagerstätten oder Kohlelagerstätten ausgebeutet werden soll. Vielfach steckt die Ausbeutung der tiefen Erdwärme noch in den Kinderschuhen, was sich immer wieder in teilweise unzweckmäßigen Erschließungskonzepten und -realisierungen ausdrückt. Manches von den seit langen Zeiten etablierten Untersuchungs- und Fördermethoden bei anderen Lagerstätten kann übertragen werden, was nicht nur die technischen Aspekte im Zusammenhang mit ultratiefen Bohrungen sondern insbesondere auch die geologische und geophysikalische Herausforderung betrifft.

Für manche Leser mag es ungewohnt erscheinen, Geologie und Geophysik gemeinsam und eng verknüpft in einem Handbuch anzutreffen. Dem Verf. erschien dieser Aspekt besonders wichtig und vordringlich, weil er immer wieder feststellen muss, gerade auch auf dem Gebiet der Geothermie, wie weit Geologen und Geophysiker vielfach noch voneinander entfernt sind, die jeweils andere Sprache nur unvollkommen beherrschen und häufig nur rohe Vorstellung von der jeweils anderen Materie besitzen. Bei der Planung und dem Ansatz von ultratiefen Bohrungen mit Kosten durchaus mal im zweistelligen Millionenbetrag sollte man sich solche Hemmnisse nicht leisten. Gemäß dieser Sicht der gemeinsam geologisch-geophysikalischen Geothermie-Erschließung werden die Ausführungen den Schwerpunkt auf die diesbezüglichen Aspekte von Machbarkeitsstudien/Projektstudien und auf die spezifischen Messmethoden der Geophysik und ihre Bedeutung für die geologische Erkundung im Rahmen der Geothermie legen. Dabei wird es sich nicht vermeiden lassen, was dem Leser aber vielleicht sogar entgegenkommt, dass manche Aspekte in verschiedenen Abschnitten erneut und in unterschiedlicher Beleuchtung aufgegriffen werden. Einer besonderen Fokussierung auf die wichtige Reflexionsseismik und die Bohrlochgeophysik widmen sich andere Kapitel dieses Handbuches.

2.2 Geothermische Energie als Lagerstätte

Bei der Nutzung geothermischer Energie gibt es grundsätzlich zwei Arten von Lagerstätten, die der hydrothermalen und der petrothermalen Geothermie zugeordnet werden. Die hydrothermale Lagerstätte besteht aus dem mit heißem Wasser gefüllten Porenraum im tiefliegenden Gestein und hat Verwandtschaft zu den Kohlenwasserstoff(KWST)-Lagerstätten von Erdgas und Erdöl, die den Porenraum im Gestein ausfüllen und von dort extrahiert werden. Bei den KWST-Lagerstätten spricht der Geologe von Fallen, tektonischen oder faziellen Strukturen, in denen sich der Bodenschatz bevorzugt angereichert hat. Der Geophysiker untersucht mit seinen Messmethoden die Strukturen und die Fazies dieser Fallen, um dann nach geologisch-geophysikalischer Interpretation die Erschließungsbohrungen optimal anzusetzen. In der hydrothermalen Geothermie kann man genauso gut von Fallen sprechen, in denen das heiße Wasser im Porenraum „gefangen" ist, der im Festgestein als Poren- oder Kluftgrundwasserleiter fungiert, wobei Verkarstungsstrukturen im Karbonatgestein vielfach eine besondere Rolle zukommt. Geologische Betrachtungsweisen und geophysikalische Messmethodik haben dabei viel gemeinsam mit der KWST-Exploration. Das gilt auch für das Erschließungsrisiko und einzukalkulierende Fehlbohrungen, die sowohl bei der KWST-Exploration als auch der der tiefen Erdwärme unvermeidbar sind. Im ersteren Fall ist das Verhältnis fündige Bohrung zu Misserfolg durch kontinuierlich verbesserte Geophysik und geologische Betrachtungsweise immer größer geworden. Aus manchen Gebieten der Erdöl-/Erdgasförderung ist berichtet worden, dass vor dem „Zeitalter" der 3D-Seismik nur etwa jede zehnte Bohrung erfolgreich niedergebracht wurde, nach Einführung der 3D-Seismik der Anteil auf z. T. über 50 % angestiegen war. Bei der Lagerstätte der Tiefen Geothermie sollten verbesserte geologische und geophysikalische Untersuchungen ebenfalls Früchte tragen.

Strukturelle Fallen in der hydrothermalen Geothermie sind allgemein tektonische Störungen mit Verwerfungen und Bruchzonen, in denen eine erhöhte Wasserwegsamkeit erwartet werden kann und die die Geophysik aufzuzeigen hat. Der gegenteilige Effekt durch Kompression im Gesteinsuntergrund, Kluftverheilung und Plombierung des Porenraums an tektonischen Bewegungsbahnen erfordert geologische Überlegungen und Abschätzungen.

Fazielle Fallen der hydrothermalen Geothermie betreffen die Beschaffenheit des Porenraums bestimmter Gesteinseinheiten und damit deren Speichervolumen und Durchlässigkeit (Permeabilität) für das heiße Wasser und später für das abgekühlte Wasser bei der Infiltration ins Gebirge. Porosität, Korngrößenverteilungen und Zementation spielen eine wichtige Rolle. Generelle Unterschiede stellen sich bei silikatischen und karbonatischen Aquiferen. Im Bereich des Oberrheintalgrabens, aber auch im Norddeutschen Becken (Abb. 2.1, 2.2 und 2.4) sind es die permo-triassischen Sandsteine und Konglomerate mit dem Anteil intergranularer Porosität, aber auch Hohlräume bildende Vulkanite des Rotliegenden, die vor allem zu erörtern sind.

In Kalksteinen neigt eine Schichtfazies (z. B. Platten- und Bankkalke des Oberen Jura) zu geringerer Verkarstung als es bei Massenkalksteinen (Riff-Fazies) der Fall ist, die mit

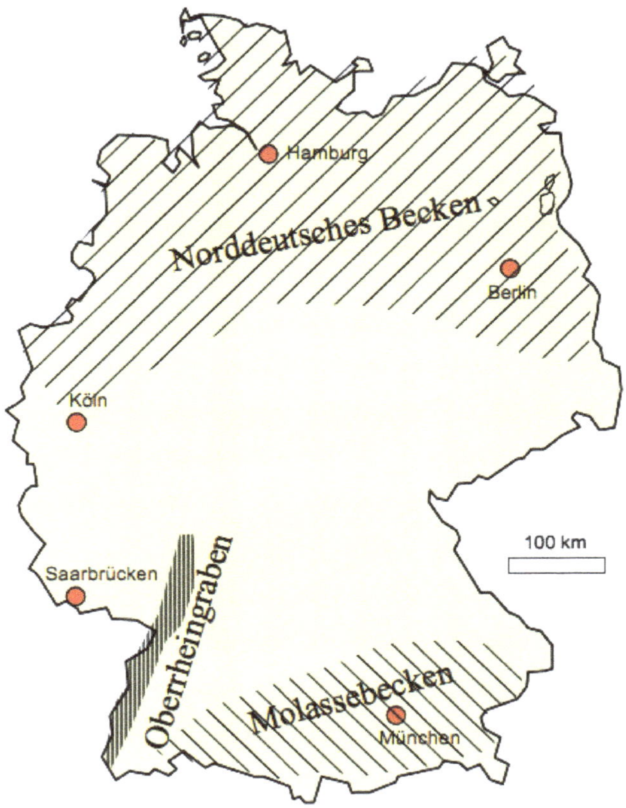

Abb. 2.1 Die Hauptregionen mit einem hohen hydrothermalen Potential. Stark vereinfachte geologische Schnitte durch die Regionen mit den bevorzugten Aquiferen der hydrothermalen Geothermie zeigen die Abb. 2.2, 2.3 und 2.4

teilweise enormen Hohlraumbildungen zu den großen Schüttungsmengen in der hydrothermalen Geothermie führen können. Dieser Fall ist insbesondere im voralpinen Molassebecken (Abb. 2.1 und 2.3) mit seinen in Richtung Alpen stark abgesenkten Schichten des Malm gegeben. Dort ist aber auch die Frage einer Dolomitisierung, d. h. die Mineralumwandlung des Calcits in Dolomit mit möglicher Kornvergröberung und einhergehen-

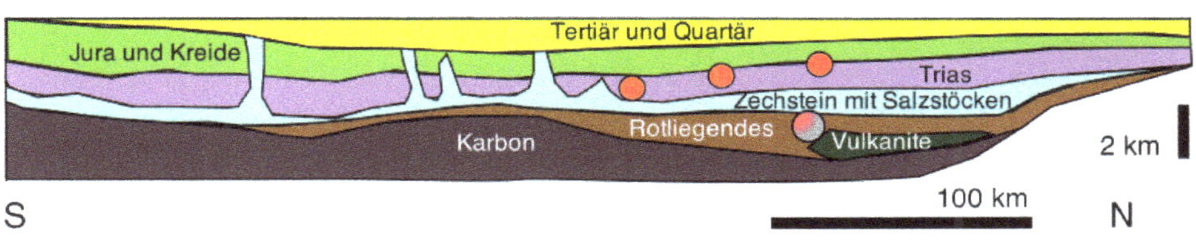

Abb. 2.2 Stark schematisierter geologischer Schnitt (ohne Verwerfungen) durch das Norddeutsche Becken mit Aquiferen für hydrothermale Geothermie im Jura, in der Trias und mit Perspektiven im Rotliegenden mit seinen Vulkaniten. Die *roten* Markierungen verweisen auf die wesentlichen Erschließungsziele in der Stratigraphie, was auch für die Abb. 2.3 und 2.4 gilt

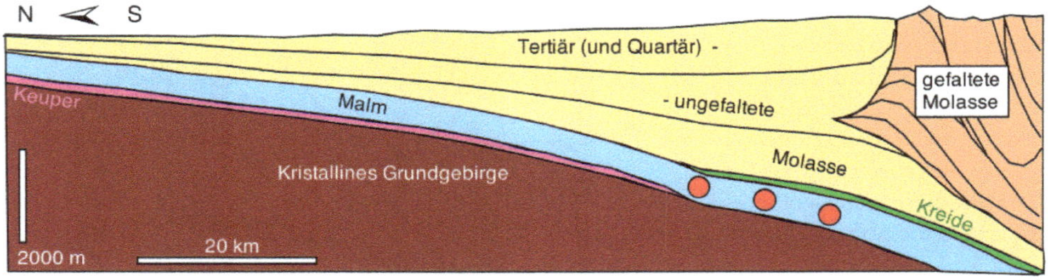

Abb. 2.3 Stark schematisierter geologischer Schnitt (ohne Verwerfungen) durch den voralpinen Molassetrog mit dem Aquifer für hydrothermale Geothermie im Oberen Jura (*Malm*)

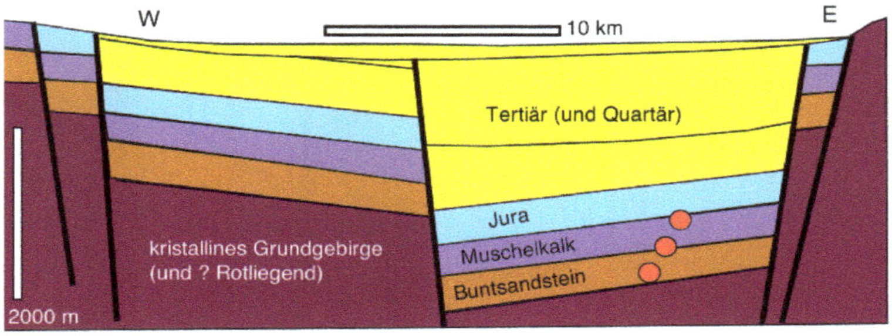

Abb. 2.4 Stark schematisierter geologischer Schnitt mit den Haupt-Randverwerfungen durch den südlichen Oberrheingraben mit Aquiferen für hydrothermale Geothermie im Muschelkalk und Buntsandstein, bedingt im Jura

der Zunahme der Porosität, Gegenstand einer kontrovers geführten Diskussion. Hier stellt sich die wichtige Frage an die Geophysik, wieweit sie außer der im Vordergrund stehenden Strukturerkundung auch Aussagen zu Fazieswechseln z. T. in mehreren 1000 m Tiefe machen kann, was im Bereich der Reflexionsseismik mit dem Begriff der Attributanalyse verknüpft ist. Auswahl von Bohrpfaden und Zielpunkten der Geothermie-Tiefbohrungen können davon mitbestimmt werden und auch über Erfolg und Misserfolg bei den erzielten Schüttungsmengen entscheiden.

In Deutschland sind schätzungsweise nur etwa 1 % des Gesteinsvolumens, das tiefenmäßig mit heutiger Erschließungstechnik erreichbar ist, der hydrothermalen Geothermie in den drei Regionen Bayerische Molasse, Oberrheintalgraben und Norddeutsches Becken zuzuordnen. 95 % des geothermischen Energiepotentials haben standortunabhängig petrothermalen Charakter (bei 4 % ausnutzbaren standortabhängigen Störungszonen) mit der Aussicht, dass die petrothermale Geothermie – gegenwärtig gegenüber der hydrothermalen Geothermie noch völlig im Hintertreffen – an Bedeutung erheblich zunehmen wird.

Die Lagerstätte der petrothermalen Geothermie (oder auch *enhanced geothermal system*, EGS, bzw. *hot-dry-rock* Geothermie) hat einen völlig anderen Charakter, den man mit dem Begriff der aktiven Geothermie im Gegensatz zur passiven hydrothermalen Geothermie benennen mag. Während in der hydrothermalen Geothermie beides, Schüttungsmenge und Temperatur den Nutzeffekt bestimmen, ist in der petrothermalen Geothermie die Temperatur der maßgebliche Parameter, der bestimmt, wie stark das in existierende oder künstlich erzeugte Kluftsysteme injizierte kalte Wasser aufgeheizt wird; und je tiefer an einer Stelle gebohrt wird, desto heißer wird es im allgemeinen. Gegenwärtig kommen Erschließungstiefen von 3000–6000 m in Betracht, was bei normalen Gradienten ganz grob 100–200 °C Gesteinstemperatur entspricht.

Es leuchtet ein, dass möglichst hohe Temperaturen in möglichst geringer Tiefe angetroffen werden sollen, und hier ist es ähnlich wie bei allen anderen Lagerstätten, dass die Erschließung auf anomale Anreicherung des Bodenschatzes abzielt. Mit der Temperatur in der Erdkruste ist es nicht anders. Sie kann sehr unterschiedlich verteilt sein, und das Aufsuchen und Auffinden sogenannter Hotspots ist ein wichtiger Gesichtspunkt bei der petrothermalen Geothermie.

Ursprünglich waren die „heißen Flecken" eine Modellvorstellung der Geodynamik, die Erdmanteldiapire (sogenannte *plumes*) als Ursache für lokal begrenzten Wärmefluss und Intraplattenvulkanismus postulierte. Heute zählt man auch die Eifel zu den Hotspots, und jüngere Untersuchungen in einem seismologischen Eifel-Plume Forschungsprojekt haben auch Relevanz für eine Tiefe Geothermie, obwohl bisherige Erkundungen des Temperaturfeldes z. B. mit der 750 m tiefen Bohrung Ochtendung (Kappelmeyer 1977) eher enttäuschend verliefen. Hotspots können anscheinend auch viel kleiner dimensioniert und nicht unbedingt an der Erdoberfläche zu erkennen sein. Ein aufschlussreiches Beispiel dafür ist die Bohrung für das Freizeit- und Thermalbad der Stadt Tuttlingen am Rande des Schwarzwaldes, die 1998 überraschenderweise ein knapp 50 °C heißes fossiles (ca. 10.000 Jahre altes) Wasser aus den Keuper-Schichten in nur 640 m Tiefe förderte. Eine geophysikalische Untersuchung (Gravimetrie) im Umfeld der Bohrung konnte keinen Hinweis auf einen magmatischen Pfropfen als „Ofen" für das heiße Wasser erbringen, und weitere geologische Überlegungen zur Stellung dieser außergewöhnlichen Wärmeanomalie innerhalb der mesozoischen Sedimentite sind offenbar unterblieben. Hinweise auf kleinere, weniger spektakuläre Hotspots in geodynamisch „unverdächtigen" Gebieten gibt es immer wieder mit unerklärlich höheren Temperaturen auch in weniger tiefen Bohrungen, die als „Tracer" für eine tiefe petrothermale Geothermie durchaus in Frage kommen und geologisch-geophysikalisch studiert werden sollten.

Grundsätzlich liegt die Lagerstätte der petrothermalen Geothermie dann aber tatsächlich in 3000–6000 m Tiefe und damit in weiten Teilen Deutschlands im kristallinen Grundgebirge. Für die Geophysik, insbesondere für die Seismik stellt dies wegen der komplexen internen Strukturen im Kristallin eine besondere Herausforderung dar, aber auch die Geologie ist hier mit besonderer erdgeschichtlicher Entwicklung unter Verzicht auf eine mehr oder weniger gewohnte Stratigraphie konfrontiert. Immerhin müssen die Tiefbohrungen der petrothermalen Geothermie aber auch das teilweise mehrere 1000 m mächtige Deckgebirge durchteufen, und für die Bohrpfadplanungen sind genaue Untersuchungen der Geologie und Geophysik unverzichtbar.

2.3 Geologie und Geophysik in der Projektstudie: Stichhaltigkeit und Überprüfung

Geologie und Geophysik bestreiten einen wesentlichen Teil einer Projektstudie in der Tiefen Geothermie, da sie Ressourcen und Verfügbarkeit prüfen und damit zu diesem Entscheidungsinstrument für die Projektentwicklung beitragen. Im privatwirtschaftlichen Bereich werden solche Studien in aller Regel von Ingenieurbüros oder Geologiebüros erstellt. Hier muss vermieden werden, dass die Projektaussichten rosiger geschildert werden als sie aufgrund der existierenden Daten tatsächlich sind. Zu erwartende höhere Temperaturen und ergiebigere Schüttungen sind einleuchtender Weise die kritischen Parameter, aber auch auf Grund geologischer Konstellationen eventuell sehr schwierige Bohrpfade (z. B. komplexe Tektonik, Gaszutritte) sollten klar artikuliert werden, um Projektleitung, Investoren und Versicherungen eine sichere Basis an die Hand zu geben. So hat es sich als probat erwiesen, Projektstudien von fachkundiger dritter, unabhängiger Seite begutachten zu lassen. Hier sind die geologischen Vorarbeiten mit ihrer Interpretation zu prüfen, aber auch die Relevanz früherer geophysikalischer, meist seismischer Daten nebst Prozessing und Interpretation sowie ihre Einsetzung in das geologische Konzept kritisch zu hinterfragen. Das betrifft gleichermaßen eine gegebenenfalls in der Studie vorgeschlagene Präzisierung von Ansatzpunkten, Bohrpfaden und Zielpunkten sowie den Vorschlag zu Lage und Umfang einer detaillierten Seismik. Führt die Projektstudie letztlich zu einer Realisierung des Geothermieprojektes, wird in aller Regel über eine 3D-Seismik, seltener mit einer reinen 2D-Seismik oder mit zusätzlich anderen Verfahren der Geophysik (Gravimetrie, Geomagnetik, Tiefengeoelektrik) der komplette Bohrpfad vorgezeichnet. Auch an dieser Stelle sollte die Stimme eines unabhängigen Gutachters gehört werden, der die Geophysik und ihre Interpretation auf Schlüssigkeit überprüft hat. Auch die anspruchsvollste 3D-Seismik und das ausgeklügeltste Datenprozessing führen gar nicht selten zu widersprüchlichen Ansichten zum stratigraphischen und strukturellen Bau, und es sind Bohrungen der Tiefen Geothermie vorgekommen, bei denen wegen Interpretationsunverträglichkeiten im Zuge der Überprüfung der 3D-Seismik ein ursprüngliches geologisch-strukturelles Konzept noch über den Haufen geworfen wurde.

2.4 Geologische Befunde und Modelle

Am Anfang eines Geothermie-Projektes steht ein bergrechtlich zugeteiltes Erlaubnisfeld, dessen flächige Ausdehnung entsprechend einer zu erwartenden geothermischen Höffigkeit (Temperatur, Schüttung) und hinsichtlich konkurrierender Nutzung und Umweltschutzbelangen ausgewählt wurde. Für Geologen und Geophysiker, die hier Untersuchungen vor Augen haben, sind 50–100 km^2 ganz rohe Anhaltswerte. An dieser Stelle ist der großräumige geologische und gegebenenfalls hydrogeologische Rahmen bekannt, der im allgemeinen aus der Literatur in die Projektstudie übernommen wird. Entscheidend für den nächsten Schritt sind die regionalen und lokalen geologischen Verhältnisse des

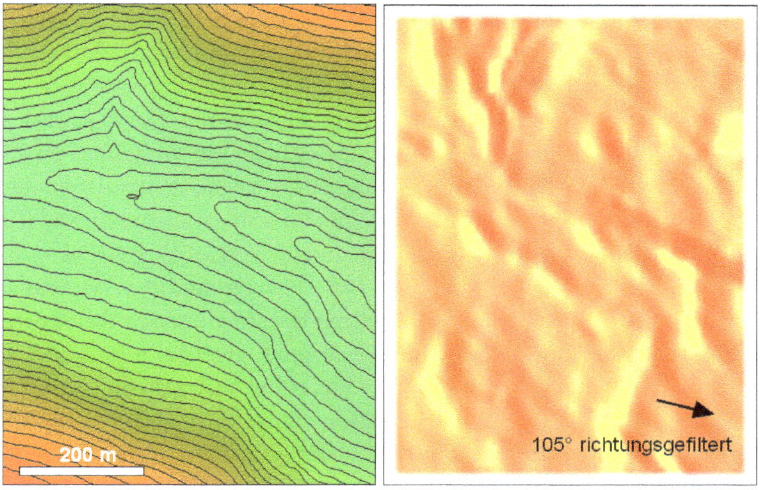

Abb. 2.5 Topographische Karte (Digitales Geländemodell DGM1, Abstand der Höhenlinien 5 m) und Feld des richtungsabhängig berechneten Horizontalgradienten. In dem Gebiet mit dem generell schwierig zu kartierenden Mittleren Buntsandstein prägen wegen der wechselvollen Stratigraphie aus kompetenten und inkompetenten Schichten tektonische Strukturen auch sehr deutlich die Morphologie

Untergrundes, die in vielen Fällen relativ gut, in anderen weniger gut bekannt sind, wobei mit zunehmender Tiefe die Kenntnisse im allgemeinen lückenhafter werden und es in den sehr großen Tiefen vor allem der petrothermalen Geothermie geologisch noch sehr duster aussieht. An der Erdoberfläche beginnt die Erkundung mit Lineationsanalysen von Satelliten- und Luftbildmaterial und der Analyse digitaler Geländemodelle (Abb. 2.5), wobei die enormen Möglichkeiten des LIDAR (*Light Detection and Ranging*) noch keineswegs ausgeschöpft werden. Datenfelder dieser hochauflösenden Vermessung zu erschwinglichen Preisen erlauben die Anwendung von Filterverfahren (Richtungsfilter, Gradientenbildungen) mit der Erstellung speziell abgeleiteter Karten, in denen sich vielfach bereits geologische Strukturen abzeichnen können.

Geologische Karten liegen größtenteils im Maßstab 1 : 25.000 vor. Die Güte und Verlässlichkeit der Kartierung ist sehr unterschiedlich; manchmal existiert sie bei den Ämtern nur als Entwurfszeichnung. Und es gibt immer wieder „weiße" Blätter, auf denen die beste geologische Information nur im Maßstab 1 : 200.000 erhältlich ist. Oberflächig kartierte ausstreichende Schichten und kartierte Verwerfungen extrapoliert der Geologe in die Tiefe und erstellt dreidimensionale Strukturmodelle mit Schichtlagerung, Stratigraphie und Tektonik, die je nach Verfügbarkeit von zusätzlichen Tiefenaufschlüssen (Bohrungen, Schächte des Bergbaus) auch eine mehr oder weniger gute Vorgabe für die Tiefengeothermie sind.

In bisherigen Projekten der Tiefengeothermie und den dazu erstellten Projektstudien ist immer wieder festzustellen, dass der Geologie der höheren Stockwerke bis hin zur kartierten Erdoberfläche wenig oder gar keine Aufmerksamkeit geschenkt wird. Dabei wird nicht bedacht, dass die Tiefbohrungen der Geothermie auf dem Weg zum Zielpunkt häufig einen sehr komplexen Untergrund durchteufen müssen und technische Probleme nicht selten auf ein Unvorbereitetsein zurückgeführt werden müssen, die bei besserer geologischer Kenntnis auch weniger tiefer Bereiche vermeidbar wären. Geologisch und mit der Geologie in Verbindung stehend sind im Zusammenhang mit vorhandenem Altbergbau Hohlraumortung und generell Eruierung von alten Bergbautätigkeiten zu nennen. Beispiele sind das Penzberger Kohlerevier in Südbayern mit intensivem altem Bergbau teilweise bis in über 1000 m Tiefe und vielfach nur grob bekanntem Verlauf alter Grubengebäude, das Erzgebirge und Nordbayern mit untertägigen Erz-Abbauten und das Saarland mit einem geradezu durchlöcherten Untergrund des Kohlereviers, wovon noch die Rede sein wird. Auf dem Steine-Erden-Sektor sind es z. B. der Tonabbau Klingenberg/Main oder der Abbau von Keupersandstein im Nürnberger Land, wo auch eine Vielzahl von oberflächennahen Lagerkellern bzw. Brauereikellern mit z. T. unbekanntem Ausmaß existiert. Zum Thema zählen bis 100 m tief reichende intensive Verkarstung im Bereich der Frankenalb sowie Auswirkungen von Salzlösungsprozessen im Untergrund (z. B. Bad Dürrheim, Bad Rappenau, Rheinfelden, Bad Wimpfen mit dem Salinar des Mittleren Muschelkalk, aber auch Zechstein-Salinar in Mittel- und Norddeutschland). Hier kommen noch Auflockerungstendenzen des überlagernden Deckgebirges durch Setzungsabläufe infolge der Salzlösung hinzu. All diese geologisch einschlägigen Konstellationen sind wichtig für die Bohrkonzeption und Bohrpfadplanung, aber auch für die Bohrplatzherrichtung (z. B. Fundamentierung).

Für die tieferen Bereiche werden dann immer mehr die Aufschlüsse bereits vorhandener Tiefbohrungen wichtig. Dazu gehören Forschungsbohrungen, aber auch Tiefbohrungen der Trink-, Mineral- und Thermalwassererschließung und natürlich Tiefbohrungen bereits existierender Projekte der Tiefengeothermie. Interessant sind vor allem aber Erkundungs- und Förderbohrungen in den KWST-Lagerstätten, mit einer Häufung in den Becken- und Grabenstrukturen Norddeutschlands, der alpinen Molasse und des Oberrheins, die auch das Hauptziel der hydrothermalen Geothermie darstellen. Unglücklicherweise sind die Daten aus diesen Bohrungen häufig für die Geothermie nicht nutzbar weil nicht zugänglich. Erkundungsbohrungen und Schächte auf bzw. durch andere Lagerstätten können ebenfalls nützliche Informationen liefern; so wurde die Bohrung Saar 1 bei Neunkirchen im Saargebiet bis auf 5800 m abgeteuft, eine für die petrothermale Geothermie höffige Tiefe. Bei Schneeberg im Erzgebirge ist das tektonische Störungssystem in den Metamorphiten und Graniten durch den Bergbau bis in eine Tiefe von 2,5 km gut bekannt, sodass eine mögliche Kontinuität bis in eine Tiefe von 5 km eine gute Voraussetzung für eine petrothermale Geothermie mit einem natürlichen Wärmetauscher offener Klüfte liefern würde: typischer Gegenstand einer Projektstudie und geophysikalischer Erkundung.

In der hydrothermalen Geothermie rückt dann der tiefliegende Aquifer selbst in den Vordergrund der Betrachtungen. Angaben zu Tiefenlagen, Mächtigkeiten und Mächtigkeitsveränderungen kann eine vorhandene Seismik z. B. der KWST-Exploration liefern. Zu bedenken ist, dass die Geothermie vielfach in Tiefen vordringt, die für die Erdöl-/Erdgas-Industrie nicht mehr interessant waren mit der Konsequenz, dass Daten aus diesen größeren Tiefen wenn überhaupt dann nur als seismisches Rohmaterial vorliegen oder sich später für ein Reprozessing als unbrauchbar erweisen. Vielfach bleibt nur die Möglichkeit, Kenntnisse der Aquifer-Stratigraphie aus höheren Stockwerken in die Tiefe zu extrapolieren, was mit sehr großen Unsicherheiten behaftet sein kann. Dasselbe gilt für Überlegungen zur Fazies (Kalkstein- oder Dolomitfazies; Sandstein-, Tonstein- oder konglomeratische Fazies; Porosität, Permeabilität), wobei die seismische Attributanalyse in den großen Tiefen der Geothermie gegenwärtig nur beschränkte Hilfestellung geben kann und sich leicht Diskussionen über probate Bohrpfade entzünden. Eine charakteristische Konstellation ist hier die Beurteilung der karbonatischen Fazies im Malm-Aquifer des voralpinen Molassebeckens, wo in jüngster Zeit Bohrpfade und Zielpunkte eine Favorisierung der Dolomitfazies für postulierte erhöhte Permeabilitäten bei einer Abkehr von der Bruchtektonik als Erschließungsziel erlebten. Nach einigen positiven Erfahrungen im Raum München zeigten Folgebohrungen durch den Malm eine völlige Unergiebigkeit der Dolomitfazies. Eine allein auf die Fazies abgezielte Bohrung erwies sich als Fehlschlag mit dem Ergebnis, dass der bewährten tektonischen Strategie wieder mehr Vertrauen geschenkt wird und Zielpunkte der hydrothermalen Geothermie bei den Unsicherheiten der korrekten Ansprache von faziellen Fallen vorzugsweise weiterhin in tektonisch beanspruchte Aquifere mit Bruchzonen und Verwerfungen gesetzt werden.

Auch in der petrothermalen Geothermie spielen offene Klüfte dann eine wichtige Rolle, wenn im kristallinen Grundgebirge größere zusammenhängende Kluftsysteme als natürliche Wärmetauscher fungieren sollen. Aber auch bei der petrothermalen Geothermie, bei der künstlich Risssysteme in der Tiefe erzeugt werden, spielen stets auch die natürlich vorhandenen Klüfte mit möglicher Wasserführung eine Rolle. Eine grundsätzliche Frage stellt sich sofort, wieweit Risse im Einflussbereich von Verwerfungen oder in Bruchzonen tatsächlich reichen bzw. in welchem Maße sie offen sind und hydraulisch genutzt werden können, beispielsweise in der hydraulischen Verbindung eines versetzten Aquifers über eine größere Verwerfung hinweg.

In der KWST-Exploration hat das zu ganz neuen Überlegungen und Modellvorstellungen geführt, bei denen geologische Parameter und mathematische Algorithmen neue Größen definieren, die ihrerseits in sedimentären Speichergesteinen Wegsamkeiten an Verwerfungen charakterisieren sollen. In jüngster Zeit haben solche Größen gelegentlich Eingang in Projekte zur Tiefen Geothermie gefunden. Allerdings erscheint gegenwärtig ihr praktischer Nutzen mit dem Suggerieren einer exakten Quantifizierung geologisch meist sehr komplexer Gegebenheiten noch sehr fraglich, obwohl solche Ansätze durchaus weiter verfolgt werden sollten und in Zukunft bei mehr Erfahrungen mit sehr tiefliegenden sedimentären Aquiferen sinnvoll genutzt werden könnten.

Basis solcher neuen mathematischen Ansätze sind Modelle von Verwerfungen (Abb. 2.6), an denen es um die Frage geht, ob sie durchlässig oder zugeschmiert und gegebenenfalls in welchem Maße sie plombiert sind. Eingang in die Berechnung und Definition der Verwerfungsversiegelung (*Fault Seal Potential*) primär für Sandstein-Tonstein-Folgen finden Schichtmächtigkeiten, Tongehalt unterschiedlicher Definition, Sprunghöhe der Verwerfung und die Gebirgsmächtigkeit, wobei verschiedene Autoren zu unterschied-

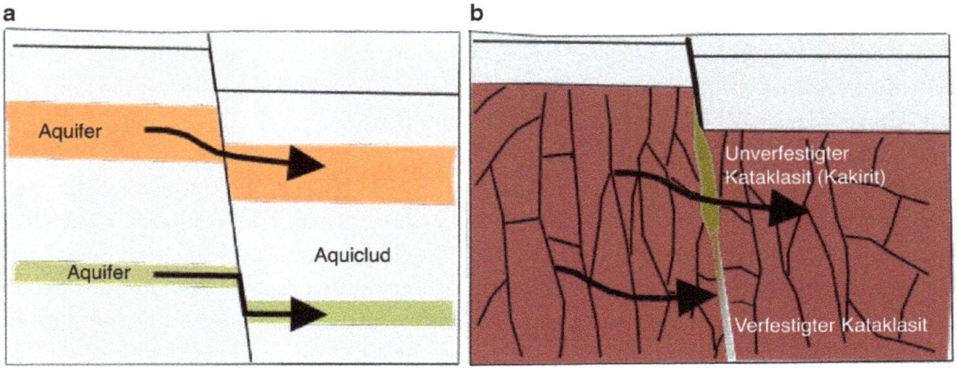

Abb. 2.6 Modelle von Verwerfungen und Bruchzonen in Sedimentgesteinen (**a**) und Kristallingesteinen (**b**) und ihre Bedeutung in hydraulischen Modellen und für die geothermale Nutzung

lichen Ansätzen mit Begriffen kommen wie *Shale Gouge Ratio* (*SGR*), *Clay Smear Potential* (*CSP*) oder *Shale Smear Factor* (*SSF*).

Geomechanisch-mathematische Modellierungen von Verwerfungen und ihre Eigenschaften zum Fluid- und Gastransport in Abhängigkeit tektonischer Spannungen haben ebenfalls eine Bedeutung in der KWST-Exploration, neuerdings auch im Zuge von CO_2-Injektionen, erlangt (z. B. Ferrill und Morris 2003) und werden bereits auf ihre Eignung für die Tiefe Geothermie getestet (Moeck et al. 2009). Es leuchtet ein, dass im Rahmen der Geothermie der Öffnungscharakter für Fluidtransport entlang einer Verwerfung auch durch Scherspannungen bzw. Zugspannungen, generell von der Verteilung der Hauptnormalspannungen, bei Scherung auch von Reibungswiderstand und Poreninnendruck bestimmt wird. Demgemäß wird von *Fault Slip and Dilation Tendency* (Verwerfungs-Gleit- und Weitungstendenz) mit den Parametern *Slip Tendency* und *Dilation Tendency* gesprochen. Analysen zur Verwerfungs-Gleit- und Weitungstendenz spielen auch eine Rolle bei der Reaktivierung von Verwerfungen durch die Stimulation eines *hydraulic fracturing* im EGS/*hot-dry-rock*-Verfahren, bei dem verschiedene Gesteine, beispielsweise Sedimentite oder Vulkanite ganz unterschiedlich reagieren können.

Im Festgestein, insbesondere aber im kristallinen Grundgebirge stellt sich bei der geothermalen Nutzung die wichtige Frage nach der Öffnung von Klüften und ihrer Plombierung in Bruch- und Verwerfungszonen (Abb. 2.6). Im Bereich tektonischer Bewegungsbahnen kann sich stark zerstörtes Gesteinsmaterial als Brekzie, Ruscheln oder Gesteinsmehl ablagern, was zu Vergriesung und Mörteltextur, ganz allgemein zu Kataklasiten einer Dislokationsmetamorphose führen kann. In höheren Stockwerken bei niedrigen Temperaturen und Drücken können sich unverfestigte Kataklasite (Name gelegentlich auch Kakirit) bilden. In für die Geothermie wichtigen größeren Tiefen bei erhöhten Temperaturen kommen plastische, duktile Deformationen mit dynamischer Rekristallisation hinzu, was zu verfestigten Kataklasiten führt. Für die petrothermale Geothermie mit natürlichen Kluftsystemen als Wärmetauscher sind das ungünstige Verhältnisse, es sei denn sie sind in geologisch jüngeren Zeiten und bei rezent aktiver Tektonik wieder aufgebrochen worden. Ähnliche Überlegungen gelten auch für ursprünglich unverfestigte Kataklasite, die durch migrierende Wässer oder hydrothermale Lösungen mit karbonatischen, Mineral- oder Erz-Abscheidungen zementiert und hydraulisch unwegsam werden. In feldspatreichen Kristallin- und Sedimentgesteinen kann die Verwitterung, die in größeren Tiefen bei hohen Temperaturen verstärkt angreift, zu vermehrter Tonmineralbildung führen, was wiederum Plombierung und Verschmierung von Klüften und Bewegungsbahnen fördert. Verallgemeinern lassen sich solche Gegebenheiten nicht, und Vorstellungen über mit der Tiefe allgemein zunehmendes Schließen von Klüften sind im Einzelfall immer zu hinterfragen. Erinnert in dem Zusammenhang wird an die Beobachtung in der über 9000 m tiefen KTB-Tiefbohrung Windischeschenbach und an die überraschend und absolut unerwartet hohe Durchlässigkeit der kristallinen Gesteine auch noch in sehr großen Tiefen. An die Geophysik stellt sich hier die wichtige Frage, wieweit ihren Messergebnissen Angaben zu Klüftigkeit, Durchlässigkeit und Fazies vor allem auch im Kristallin entnommen werden können. Aufschlussreich in dem Zusammenhang sind die Untersuchungen am Geothermie-Standort Soultz-sous-Forêts mit der Entwicklung eines 3D-Modells zur Klüftigkeit im Granit, bei dem sich zeigt, wie komplex Korrelation und Interpretation von kleinräumigen Bohrlochdaten auf der einen und der kilometergroßen Seismik auf der anderen Seite ist (Sausse et al. 2010). Ausführungen zu Strömungsmodellen und den hydraulischen Verhältnissen generell bei der Tiefen Geothermie bringen andere Buchkapitel.

Wenn es in Projektstudien um den generellen tektonischen Bau und die Fokussierung auf höffige Bereiche in einem Geothermie-Erlaubnisfeld geht, werden gelegentlich auch großräumigere Modellvorstellungen zur Ausbildung und Entwicklung tektonischer Strukturen, insbesondere zu Verwerfungen bemüht. Die Strukturgeologie ist voll von solchen Modellen, und im „*Glossary of normal faults*" (Peacock et al. 2000) werden in einer hübschen Darstellung an die 30 verschiedene Abschiebungs-Konstellationen gezeigt. Vielfach finden die Modelle mit Namen wie Akkommodationszone und Transferzone (die manchmal dasselbe, dann aber auch wieder etwas Unterschiedliches bedeuten) oder Blumenstrukturen (*negative and positive flower structures*) bei Riftzonen und Blattverschiebungstektonik Anwendung. Es mag verführerisch sein, bei der Tiefen Geothermie in der aktiven Riftzone des Oberrheingrabens mit solchen Modellen zu operieren; ein belegter Nutzen mit sinnvollen Ergebnissen ist bisher nicht erkennbar.

Zu bedenken bei der Übertragung solcher Modelle aus der KWST-Exploration (z. B. Morley et al. 1990) in die Tiefe Geothermie ist insbesondere folgendes: In einer tektonischen Transferzone werden nach entsprechenden Vorstellungen Versätze und Verschiebungsbeträge von Verwerfung zu Verwerfung sozusagen weitergereicht (transferiert), was modellhaft mit Verbiegungen oder/und Querstörungen verknüpft ist (Abb. 2.7). Was für die KWST-Exploration mit reiner Extraktion in mancherlei Hinsicht als positiv (produktiv!) zu werten ist, kann für die hydrothermale Geothermie mit Extraktion des heißen und Injektion des kalten Wassers geradezu kontraproduktiv sein. Für eine auf lange Zeit

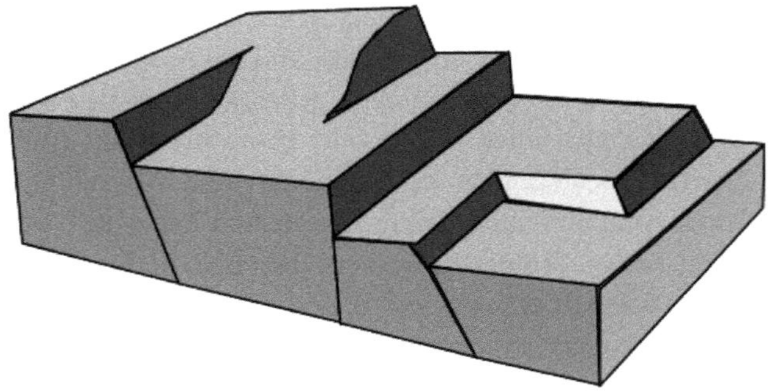

Abb. 2.7 Modellhafte Verhältnisse in Akkomodations-/ Transferzonen

ausgelegte Balance im Wärmeaustausch im Bereich einer Dublette sind die Wärmetransportverhältnisse und damit letztlich die hydraulischen Gegebenheiten des Untergrundes essentiell. Transferzonen also als optimale Erschließungsstrukturen in den Vordergrund einer Platzierung hydrothermaler Dubletten zu bringen, birgt die enorme Gefahr zweier geradezu diametraler Komponenten. Transferzone bedeutet geologisch eine Über- und Weiterleitung von Gesteinsbeanspruchungen mit möglicherweise deutlich erhöhten Wasserwegsamkeiten und einem zugehörigen konvektiven Wärmetransfer, der nun aber ausgesprochen kontraproduktiv für das Betreiben einer Dublette in einer Transferzone ist. Eine Transferzone muss nicht zwangsläufig nur negative Seiten haben, wenn in einer Verbiegungsvariante mit auslaufenden Störungsversätzen die Dublette auf die getrennten Äste gesetzt wird. Dazu ist es aber unabdingbar, dass diese Strukturkonstellation auch zweifelsfrei mit der Seismik erkannt und in Lage und Ausbildung präzisiert wird. Werden entsprechende Vorschläge aufgrund einer ausgewerteten älteren 2D-Seismik unterbreitet, sind deren bekannte und noch anzusprechenden Schwächen zu bedenken. Vor allen Dingen sollten Versuche vermieden werden, die „vorgefertigten" Modelle wie Transferzonen und Blumenstrukturen in einer unvollkommenen Seismik wiederzuerkennen, anstatt die tatsächliche Beobachtung (die Seismik!) vor eine Modellentwicklung der Untergrundgeologie zu setzen.

2.5 Die für die Geothermie wichtigen geophysikalischen Verfahren

Geophysik in der Tiefen Geothermie betrachtet geothermische Ressourcen, hat sich Gedanken zu produktiven Feldern zu machen, Aquifere zu lokalisieren und ihre strukturelle und fazielle Kontrolle zu beleuchten sowie die physikalischen Parameter des geothermischen Systems (u. a. Temperatur, Porosität, Permeabilität, Salinität von Fluiden) zu beschreiben. Dabei wird die Frage an die Geophysik gestellt, wieweit ihre Messergebnisse über die strukturelle Exploration hinaus direkt und interpretierbar von diesen Parametern beeinflusst werden. Stratigraphische Vorgaben von der Geophysik werden auch für die Planung des Bohrpfades und technische Belange der Bohrung selbst erwartet. Existiert bereits eine Bohrung, z. B. als Teil einer Dublette, stellen sich mit der Praktizierung einer

Bohrlochgeophysik andere Fragen als bei Messungen an der Erdoberfläche, was in einem Extrakapitel *Bohrlochgeophysik* des Buches erörtert wird.

An dieser Stelle erfolgt bei den Verfahren jeweils nur eine verhältnismäßig kurze Beschreibung mit der Nennung der wichtigsten einschlägigen Begriffe, und der Leser, der sich mehr Information mit dazugehörigen Bildern dazu aneignen möchte, wird ausdrücklich auf die meist allgemeinverständlichen Ausführungen in den verschiedenen Internet-Enzyklopädien verwiesen. Welche Rolle diese Verfahren bei den Erkundungen zur Tiefen Geothermie dann tatsächlich einnehmen, beschreiben die Abschn. 2.6 und 2.7 ausführlicher.

Seismik Seismische Messungen mit den beiden Methoden der Refraktions- und Reflexionsseismik gehören zu den Laufzeitverfahren. Seismische Signale von in der Regel großen Vibratoren, selten noch von Sprengungen, werden in den Untergrund abgestrahlt, an geologischen, lithofaziellen Grenzen gebrochen und reflektiert und – an die Oberfläche zurückgekehrt – mit Seismometern (Geophonen) wieder aufgenommen und in Seismogrammen als ein Abbild von Untergrundstrukturen dargestellt. Gemessen wird die Laufzeit, die bei bekannten Laufwegen der Wellen (die sich bei der Refraktionsseismik und der Reflexionsseismik charakteristisch unterscheiden) und bei bekannten Wellengeschwindigkeiten im Prinzip sehr einfach in Tiefen umgerechnet werden kann. Die historisch ältere Refraktionsseismik ist heute weitgehend von der die Untergrundstrukturen besser auflösenden Reflexionsseismik verdrängt worden, kann aber bei bestimmten Konstellationen durchaus auch heute noch, auch in der Tiefen Geothermie, Sinn machen, worauf noch eingegangen wird. Eine Verfeinerung bedeutet die refraktionsseismische Tomographie (SRT) mit spezielleren Aufstellungen im Gelände und erweiterten Möglichkeiten der Modellierung von Geschwindigkeiten und Strukturen.

Ein wichtiger Punkt der Reflexionsseismik bei einer teufengenauen Wiedergabe ist, dass die Laufgeschwindigkeiten in den Gesteinen *a priori* nicht bekannt sind. Wenn möglich bestimmt man sie über spezielle seismische Messungen in vorhandenen Bohrlöchern der Nachbarschaft (siehe Kapitel Bohrlochgeophysik) oder aus den Messungen und den Seismogrammen selbst. Fehler in den Geschwindigkeitsbestimmungen gehen als Fehler in die Teufenbestimmungen ein, die auch heute noch bei der Reflexionsseismik gelegentlich erheblich sein können. Auf der anderen Seite sind die seismischen Geschwindigkeiten auch ein lithologisch charakterisierendes Merkmal der durchlaufenen Schichten. Ihre Analyse und die der registrierten seismischen Wellenform bezüglich Amplitude und Frequenz erlaubt weitergehende lithostratigraphische und lagerstättenkundliche Aussagen. Der Seismiker spricht von der Attributanalyse als zusätzlicher Information zur Strukturanalyse. Gesteinsgruppen mit charakteristisch unterschiedlichen seismischen Geschwindigkeiten im Erkundungsbereich der Geothermie sind Kristallingesteine und dichte, geringporöse Sedimentgesteine mit relativ hohen Geschwindigkeiten auf der einen und lockere, poröse Sedimentgesteine mit niedrigeren Geschwindigkeiten auf der anderen Seite. Für dichte Granite oder Basalte kann man grob ähnliche Werte wie für Stahl ansetzen: 5000–6000 m/s für die Kompressionswellen.

Ein Extrakapitel des Buches ist der für die geothermische Tiefenerkundung so wichtigen Reflexionsseismik gewidmet.

Gravimetrie Grundsätzlich anders als die Seismik ist die Gravimetrie ein sogenanntes Potentialverfahren, was sich auf den physikalischen Begriff des Gravitationspotentials der klassischen Mechanik bezieht. In der Geophysik lässt sich mit seiner Hilfe das Gravitations- oder Schwerefeld der Erde beschreiben, in dem ein Probekörper beschleunigt wird. In der Gravimetrie befindet sich der Probekörper in einem dafür geeigneten Messinstrument, dem Gravimeter, das in der meist angewandten Form im Prinzip eine extrem empfindliche Federwaage ist. Gemessen werden Schwerkraft- bzw. Schwereänderungen, die die Massenverteilung im Untergrund widerspiegeln. Zuvor müssen die gemessenen Werte um die Einflüsse von sichtbaren Massenunregelmäßigkeiten, von der Lage der Messstation bezüglich Höhe und geographischer Breite sowie von zeitlichen Änderungen (Erdgezeiten!) bereinigt werden. Diese Reduktionen haben je nach Umfang Namen wie Freiluft- oder wie in der Praxis üblich BOUGUER-Reduktion mit der zu interpretierenden BOUGUER-Schwere. Die geophysikalisch gebräuchliche Einheit ist das Milligal (100 Gal = 1 m/s^2; 1 mGal entspricht rund 10^{-6} der mittleren Erdschwere von 9,81 m/s^2); die empfindlichsten Gravimeter besitzen eine Auflösung von 0,001 mGal. Der bestimmende petrophysikalische Parameter ist die Gesteinsdichte. Die Dichte der Gesteine steht in einer groben empirischen Beziehung zur seismischen Geschwindigkeit – höhere seismische Geschwindigkeiten korrespondieren mit höheren Dichten – so dass vielfach seismische Strukturen Ähnlichkeiten mit gravimetrischen Strukturen aufweisen. Ein wesentlicher Ausdruck des Unterschieds von seismischem Laufzeit- und gravimetrischem Potentialverfahren ist, dass letzteres keine Information über einem Untergrund mit horizontal gleichbleibender Dichte liefert. Ein Gravimeterprofil über einem solchen Untergrund liefert immer denselben relativen Wert. Typische geologisch bedeutsame gravimetrische Strukturen sind ins kristalline Grundgebirge eingesenkte Sedimentbecken, Verwerfungen, Erzkörper mit hoher und Salzstöcke mit niedrigerer Dichte.

Geomagnetik Das Potentialverfahren der Geomagnetik hat viel mit der Gravimetrie gemeinsam, was beides, den physikalischen Hintergrund und die Messmethodik betrifft. Das globale Schwerefeld finden wir ersetzt durch das globale Erdmagnetfeld, und wie die Dichteänderungen im Untergrund messbare Änderungen des Schwerefeldes verursachen, führen Veränderungen des Gesteinsmagnetismus im Untergrund zu messbaren Anomalien des Erdmagnetfeldes in Form seiner Komponenten wie z. B. der Totalintensität, der Vertikalintensität und der Gradienten dieser Größen. Messinstrumente beruhen auf unterschiedlichen physikalischen Prinzipien, die die Feld-Magnetometer der Gruppe der optisch pumpenden (z. B. Cäsium-Magnetometer), der Fluxgate- und der Protonenpräzessions-Magnetometer zuordnen. Die von ihnen angezeigten Messgrößen haben die in der Geophysik gebräuchliche Einheit des Nanotesla (nT); die Totalfeldstärke in mittleren Breitengraden liegt bei ganz grob 50.000 nT. Hochempfindliche Magnetometer für den Feldeinsatz besitzen eine Auflösung bis zu 0,01 nT. Anwendungen in der angewandten Geophysik und Geologie beruhen auf unterschiedlichen Gehalten magnetischer Minerale in den Gesteinen, die gegeneinander abgegrenzt und speziell bei Anreicherung in Form von Erzen geomagnetisch prospektiert werden können. Grundsätzlich gestalten sich Magnetfeldmessungen und deren Auswertung und Interpretation wesentlich komplexer als die der Gravimetrie, was ausführlicher im Abschn. 2.8.4 erläutert wird.

Geoelektrik Die unzähligen Verfahren der Geoelektrik nehmen bezüglich der Physik eine Zwischenstellung von Seismik und Gravimetrie/Geomagnetik ein. Sie beziehen sich auf elektrische und magnetische Potentiale, können aber auch wie die Seismik einen geschichteten Untergrund untersuchen. Man unterscheidet zwischen Verfahren, die galvanisch mit Gleichstrom arbeiten (Widerstandsverfahren) und solchen, die mit Wechselstrom- bzw. Impulsen arbeiten (Induktionsverfahren), was keine sehr sinnvolle Namensgebung ist, da letztlich mit allen Verfahren die elektrische Leitfähigkeit bzw. deren Kehrwert, der spezifische Widerstand der Gesteine gemessen wird. Die Gleichstromgeoelektrik verlangt im Gelände nach langen Kabelauslagen zur Stromzuführung in verschiedenen Konfigurationen, in denen die Anordnung von Strom- und Spannungserdern mit Namen wie Schlumberger, Wenner und Dipol-Dipol verknüpft ist. Moderne Verfahren messen statt mit Gleichstrom mit niederfrequentem Wechselstrom und erfassen dabei synchron den spezifischen Widerstand und die sogenannte induzierte Polarisation (IP), die ebenfalls ein die Gesteine charakterisierender und differenzierender elektrischer Parameter ist. Als spektrale induzierte Polarisation (SIP) und Messung mit einem kompletten Frequenzspektrum sind heute erweiterte fazielle Ansprachen bei vielfach deutlich erhöhter Auflösung von Untergrundstrukturen zu nennen. Bei der Induktionsgeoelektrik unterscheidet man vor allem Verfahren, die natürliche elektromagnetische Felder registrieren und solche, die der Geophysiker selbst aktiv erzeugt. Bei den Verfahren der Magnetotellurik (die eigentliche Magnetotellurik, MT, und die Audiomagnetotellurik, AMT) sind es natürliche elektromagnetische Felder, die, erdumspannend, aus Quellen in der Ionosphäre und in den circum-äquatorialen Gewittergürteln der Tropen gespeist werden und bei denen synchron gemessene elektrische und magnetische Feldkomponenten und deren Phasenbeziehungen die Modellierung von Widerstandsverteilungen ermöglichen. Wegen der langperiodischen Schwankungen dieser Felder sind große Eindringtiefen bis tief in die Erdkruste und den oberen Erdmantel erzielbar (Skineffekt!). Die kostengünstige Magnetotellurik wird heute weltweit in allen Bereichen der geophysikalischen Untergrunderkundung eingesetzt.

Gewisse Nachteile dieser unkontrolliert schwankenden natürlichen Felder vermeidet man mit einer Simulation der natürlich ablaufenden Prozesse und der Praktizierung einer aktiven, kontrollierten Magnetotellurik, die unter dem englischen Begriff der CSAMT, *controlled source audio magnetotellurics*, bekannt ist und Tiefenbereiche von mehreren 100 m bis zu einigen Kilometern erreicht. Für geringere Untersuchungstiefen eingesetzte aktive Induktionsverfahren, die mit großen, am Boden ausgelegten Induktionsschleifen und sowohl mit sinusförmigen Wechselströmen als auch mit Impulsen arbeiten, ist letztlich auch die Verteilung der elektrischen Gesteinswiderstände mit ihrer geologischen Interpretation maßgeblich.

Der Vollständigkeit halber werden hier die geoelektrische Eigenpotentialmethode (SP-Methode, SP für *self potential* oder *spontaneous potential*) und die *mise-à-la-masse*-Methode genannt, die zwar nur sporadisch aber doch immer wieder mit Erkundungen zur Geothermie in Verbindung gebracht und auch gelegentlich praktiziert werden. Der physikalische Hintergrund nennt bei der SP-Methode natürliche elektrische Gleichfelder, die durch Wärmestrom (thermoelektrische Potentiale), vor allem aber durch im Gesteinsporenraum fließende Wässer erzeugt werden und mit Begriffen wie elektrokinetische oder Filtrations-Potentiale verknüpft sind. Die natürlichen Quellen der SP-Methode haben in der *mise-à-la-masse*-Methode ein Äquivalent in Form einer künstlichen Quelle, die in einer elektrischen Anregung des geothermalen Speichers über eine bereits existierende Bohrung mit Kabelzuführung besteht.

Thermische Verfahren Eine zweifellos direkte Beziehung zur geothermischen Exploration haben thermische Verfahren. Zu ihnen gehören die direkte Messung der Temperatur an der Erdoberfläche oder in meist relativ flachen Bohrungen, untergeordnet die Bestimmung von Wärmeleitfähigkeit der Gesteine bei stationären und der Temperaturleitfähigkeit bei instationären Prozessen. Sie sind die Grundlagen für die Ermittlung von Karten zu Temperaturverteilungen und generell zum Wärmehaushalt in größeren Tiefen mit der sehr großen Unsicherheit einer Extrapolation, wenn allenfalls nur einzelne Tiefbohrungen einbezogen werden können.

2.6 Petrophysikalische Grundlagen der Geologie und Geophysik in der Geothermie

Seismik Der wichtigste Parameter ist die seismische (Schall-)Geschwindigkeit in den Gesteinen. In der Refraktionsseismik bestimmt sie die speziellen Laufwege der seismischen Wellen entlang von Schichtgrenzen oder beim Eintauchen in die Schichten. Bei der Reflexionsseismik kommt die Gesteinsdichte hinzu, die zusammen mit der Geschwindigkeit das Reflexionsverhalten an Schichtgrenzen bestimmt. Das schlägt sich wiederum in den Amplituden der an der Erdoberfläche registrierten seismischen Wellen nieder, was im Sinne einer Attributanalyse faziell interpretiert werden kann. Von den Hauptwellenarten der Kompressions-(Longitudinal-, P-)Wellen, der Scher-(Transversal-, S-)Wellen und Oberflächenwellen werden in der Regel nur die P-Wellen analysiert. Modellierung der Entstehung von Wechselwellen, also z. B. die Umwandlung von P- in S-Wellen, zeigt darüber hinaus die Möglichkeit auf, in geothermalen Reservoirs die Existenz von Verwerfungen und Bruchzonen anzuzeigen (Gritto und Majer 2003). Geothermale Reservoirs können sich zudem generell durch eine Erniedrigung der seismischen P- und S-Wellengeschwindigkeiten auszeichnen. Dabei spielen sowohl Porosität/Klüftigkeit als auch die Temperatur selbst die Hauptrolle. Im Vergleich zum dichten Gestein können schon geringe Porositätswerte die Longitudinalwellengeschwindigkeit erheblich senken. In grobkörnigen Graniten kann sich z. B. durch 2 % Porosität die P-Wellengeschwindigkeit von 6000 auf 5000 m/s reduzieren (Schön 1983). In sedimentären Festgesteinen hat innerhalb einer Gesteinsart die Porosität den maßgeblichen Einfluss auf die Geschwindigkeit, die bei zunehmenden Porositätswerten deutlich abnehmen kann. Der Einfluss der Temperatur bewirkt mit einer Zunahme ebenfalls eine Geschwindigkeitsabnahme. Faktoren sind dabei unter anderem die Entstehung von Dampfphasen des Porenwassers und Veränderungen der Kornkontakte durch unterschiedliche thermische Ausdehnung. Ansätze, in der petrothermalen Geothermie Zonen erniedrigter seismischer Geschwindigkeit direkt dem geothermalen Reservoir zuzuordnen, haben im Geothermiefeld Soultz-sous-Forts zu vielversprechenden Resultaten geführt (Calò et al. 2013). Hier wurde ein in der Explorationsseismik unüblicher Weg eingeschlagen, indem die natürliche seismische Bodenunruhe über einen monatelangen Zeitraum registriert und dann in ein 3D-Model für die S-Wellengeschwindigkeit überführt wurde. Geschwindigkeitsanomalien bis in über 5 km Tiefe konnten dabei mit geothermischen Indikationen früherer Untersuchungen korreliert werden.

Außer der Porosität und der Temperatur sind in Sedimentiten auch die Zementation und die mineralische Matrixsubstanz wesentliche Einflussgrößen. In dichten Karbonatgesteinen verändern sich z. B. die Geschwindigkeiten gemäß dem Verhältnis von Dolomit und Kalkstein: Im Dolomit Abnahme mit wachsendem Kalkgehalt, in Kalkstein Zunahme mit wachsendem Dolomitgehalt. In allen Fällen führen tonige Anteile zu einer Geschwindigkeitsreduzierung.

Nicht nur die Geschwindigkeit der seismischen Wellen sondern auch deren Verformung beim Durchlaufen der verschiedenen Gesteinseinheiten kann charakteristische fazielle Informationen zur Erdoberfläche transportieren, was mit den wellentypischen Begriffen der Amplitude und Frequenz verknüpft und bei den inelastischen Eigenschaften der Gesteine, mit anderen Worten bei der Absorption elastischer Wellen angesiedelt ist. Dabei ist nicht nur gefühlsmäßig die Absorption mit einer Amplitudenreduzierung in lockeren, unverfestigten Sedimentgesteinen viel größer als in festen magmatischen und metamorphen Gesteinen. Die Absorption steigt auch – wie bei allen Wellenvorgängen – mit zunehmender Schwingungsfrequenz. Das hat zur Folge, dass aus dem seismisch abgestrahlten Frequenzgemisch mit zunehmendem Laufweg immer mehr die höheren Frequenzen nach Art eines Tiefpasses herausgefiltert werden. Für die Tiefenerkundung bedeutet das, dass auch – wiederum wie bei allen Wellenvorgängen – das Auflösungsvermögen für Schichten und Strukturen zurückgeht. Andererseits kann dieses Tiefpassverhalten auch für eine Attributanalyse in der Geothermie genutzt werden, zumal ähnlich wie bei der Geschwindigkeit diese Effekte der Absorption von Dichte, Porosität, Poreninhalt, Korngröße und Temperatur der Gesteine abhängen.

So sehr all diese Zusammenhänge bekannt und durch Experimente belegt sind, eine praktische Umsetzung in seismische Fazies- bzw. Attributanalysen bei Projekten der Tiefen Geothermie stößt auch heute noch auf beachtliche Probleme, und verschiedene Bearbeiter kommen nicht selten zu völlig unterschiedlichen Einschätzungen bei der Analyse der Seismogramme. Es sind meist zu viele Faktoren, die ineinander greifen und die seismischen Geschwindigkeiten und die Absorption beeinflussen, wobei allein schon die Ermittlung korrekter seismischer Geschwindigkeiten für die Wandlung von seismischen Zeit- in Tiefenschnitte vielfach Probleme bereitet.

Gravimetrie Die Gravimetrie kann an die Seismik insofern anknüpfen, als es empirische Beziehungen zwischen der seismischen Geschwindigkeit und der Dichte der Gesteine gibt. Früh publizierten Beziehungen (Nafe und Drake 1957; Ludwig et al. 1970) folgte dann eine in der KWST-Exploration sehr populäre Beziehung, die sogenannte Gardner-Gleichung (Gardner et al. 1974)

$$\sigma = \alpha \times {V_P}^{\beta} \ ,$$

die Dichte σ mit der Geschwindigkeit V_P über Faktor α und Exponent β für verschiedene Lithologien empirisch verbindet. Dabei werden α und β wenn möglich über Bohrlochgeophysik kalibriert, und wenn das nicht möglich ist, werden auch mit Standardzahlen gute Näherungswerte erzielt. In der Folgezeit hat es Abwandlungen und Verfeinerungen gegeben (Lindseth 1979; Wang 2000), darunter auch solche, die beides, P- und S-Wellengeschwindigkeit für die Beziehung nutzen (Dey und Stewart 1997; Potter und Stewart 1998, Quijada und Stewart 2007). In den in der KWST-Exploration hauptsächlich interessierenden Sedimentiten werden die Formeln z. B. genutzt, um aus seismischen Intervallgeschwindigkeiten Hinweise zur Fazies zu bekommen, aber auch um Modellierungen der Gravimetrie mit vernünftigen Dichtewerten zu versorgen. In der Tiefen Geothermie scheint es solche Anwendungen offenbar noch nicht zu geben, in der petrothermalen Geothermie vor allem wohl auch aus Mangel an Daten für die Parameter α und β für Kristallingesteine, obgleich die Gardner-Formel auch schon für Kristallingesteine (Basalt, Gabbro) getestet wurde (Brocher und Christensen 2001). Andere Dichte-Geschwindigkeitsbeziehungen existieren auch für Kristallingesteine der Lithosphäre (z. B. Kozlovskaya et al. 2004), wobei meist weit hinaus über die mit der Geothermie erschließbaren Tiefen operiert wird.

Der Grund, auf diese Beziehungen näher einzugehen, ist einfach. Anders als bei der seismischen Geschwindigkeit kann die Dichte niemals aus der Schweremessung selbst abgeleitet werden. In der Seismik wird die Geschwindigkeit benötigt, um die gemessenen Laufzeiten in Tiefen umzurechnen, und sowohl bei der Refraktionsseismik als auch bei der Reflexionsseismik können Geschwindigkeitswerte durch die Messungen selbst geliefert werden. Messungen der Gravimetrie haben dagegen von vornherein mit der Unsicherheit unbekannter Dichten zu leben. Ein kleiner Körper mit hoher Dichte kann dieselbe Schwereanomalie erzeugen wie ein großer Körper mit geringerer Dichte. Am einfachsten ist der Fall bei homogenen Kugeln unterschiedlicher Größe, die bei identischer Masse und derselben Mittelpunktstiefe alle exakt dieselbe Schwereverteilung an der Erdoberfläche liefern. Bei Verwerfungen (Abb. 2.16) hängt die aus der Gravimetrie abgeleitete Sprunghöhe linear von der Dichtedifferenz der beteiligten, versetzten Körper ab. Eine Dichtedifferenz von nur 0,1 g/cm^3 in Abb. 2.16 modelliert die Sprunghöhe zu 600 m. In der Praxis ist diese Unsicherheit viel weniger dramatisch, da die Dichte der Gesteine nicht beliebig groß oder klein sein kann und sogar für bestimmte Lithologien relativ enge Grenzen existieren, innerhalb derer dann vor allem die Porosität und der Poreninhalt (Flüssigkeit oder

Gas) Einfluss haben. Beispiele: Bei massiven Basalten oder Diabasen liegen die Dichten zwischen 2,9 und 3,2 g/cm^3; sie sinken mit zunehmenden Blasenanteilen. Quarzporphyre liegen zwischen 2,55 und 2,65, Granite bei 2,6 bis 2,7, Gabbros zwischen 2,85 und 3,0 und alle Metamorphite der Regionalmetamorphose zwischen etwa 2,6 und 3,0 (alle Zahlen in g/cm^3; Daten nach Militzer und Lindner (1979)). Die Schwankungsbreite bei Sedimentiten ist im allgemeinen sehr viel größer, was eine Folge der stärker variierenden Porositäten und der viel stärkeren Einflüsse von sekundären Umwandlungen durch beispielsweise Überlagerungsdruck, Zementation und Drucklösung ist. Bei Dolomiten und Kalksteinen kann der Schwankungsbereich zwischen etwa 2,0 und 3,0 g/cm^3 betragen, bei Sandsteinen zwischen etwa 1,8 und 2,8 g/cm^3. Im konkreten Fall einer gravimetrischen Vermessung sind die Dichtebereiche für Modellierungen meist sehr viel enger gefasst, obgleich heute im Zuge der verfeinerten Berechnung von 3D-Modellen auch verbesserte Dichtewerte wünschenswert sein können.

Dichte- und Porositätsbestimmungen aus geophysikalischen Bohrlochmessungen haben schon immer eine wichtige Rolle in der KWST-Exploration gespielt, was vor allem indirekt über kernphysikalische Verfahren (z. B. Neutron-Logs) erfolgte. Bereits vor 50 Jahren wurden darüber hinaus von Erdölfirmen halbroutinemäßig Bohrloch-Gravimeter eingesetzt, die die Dichte der durchfahrenen Gesteinsschichten recht genau bestimmen konnten (Goodell und Fay 1964; Howell et al. 1966). Heute ist die Bohrloch-Gravimetrie, teilweise mit dem Einsatz von Gravimeter-Gradiometern, Routine geworden, und bei einer vertikalen Intervallmessung von 3 m und höher ist die Auflösung besser als 0,01 g/cm^3. Der enorme Vorteil solcher gravimetrischen Dichtemessung (implizite Porositätsmessung) ist, dass sie praktisch unbeeinflusst von Faktoren wie Verrohrung, Zementation, Auswaschen und Fluideinbrüchen ist, denen die nuklearen Verfahren unterliegen. Da die Gesteinsdichte auch in die Reflexionsstärke (den Reflexionskoeffizienten) seismischer Wellen eingeht, profitiert auch die Seismik letztlich von dieser Güte der Dichtemessung, was sich in verbesserten Faziesansprachen in der Attributanalyse niederschlagen kann.

Geomagnetik Der zur Dichte korrespondierende aber weitaus komplexere Parameter ist die Magnetisierung der Gesteine. Anders als die Dichte als skalare Größe ist die Magnetisierung ein Vektor, der beliebige Orientierung im Körper haben kann. Deshalb können geometrisch identische Körper ganz unterschiedliche magnetische Anomalien zeigen. Zwei Faktoren sind maßgeblich: die Lage und Orientierung des Körpers in unterschiedlichen Breiten und die remanente (bleibende) Magnetisierung. Unterschiedliche Breite bedeutet unterschiedliche Richtung und Stärke des induzierenden Erdmagnetfeldes, die den Vektor der *induzierten Magnetisierung* im Gestein festlegen. Dem überlagert sich der Vektor der *remanenten Magnetisierung*, der, beliebig orientiert, fest im Gestein fixiert ist und die Vorgeschichte des Gesteins mit physikalischen, chemischen und sedimentären Prozessen unterschiedlichster Art widerspiegelt. Anders als die Dichte ist also die Magnetisierung (Einheit das Ampère/Meter, A/m) keine Materialkonstante. Eine solche ist die magnetische Suszeptibilität (dimensionslose Angabe in SI-Einheiten), die, stark vereinfacht gesagt, angibt, wie viel magnetisches Material einer bestimmten Art in der Volumeneinheit steckt.

Dabei kann es zu der paradoxen Situation kommen, dass ein Gesteinskörper mit reichlichem Gehalt an stark magnetischem Material trotzdem in manchen Fällen für ein Magnetometer-Messgerät unentdeckt bleibt, wenn die Vektoren der induzierten und remanenten Magnetisierung im Gestein etwa gleich stark entgegengesetzt orientiert sind.

Wird die remanente Magnetisierung außer Acht gelassen, ist der Magnetismus der Gesteine mit dem Magnetismus der gesteinsbildenden Minerale verknüpft. Diamagnetische Minerale wie Quarz und Calcit haben negative Suszeptibilitäten der Größenordnung 10^{-5} SI. Minerale wie die Feldspäte und Glimmer sind paramagnetisch und haben höhere (positive) Suszeptibilitäten (10^{-4}–10^{-2}). Die Suszeptibilität ferrimagnetischer Minerale (Titanomagnetite, Magnetit) ist nochmals um Größenordnungen höher (bis zu 10) und im allgemeinen am wichtigsten für die Magnetisierung der Gesteine. Ganz grob ergibt sich damit eine Reihenfolge der Gesteinssuszeptibilitäten (von ungefähr 0,00001 bis 0,1 SI): Sedimentite – Metamorphite – saure Vulkanite und Plutonite – basische Plutonite – basische Vulkanite, mit allen nur denkbaren Überschneidungen und „Ausreißern". Eine starke remanente Magnetisierung wird häufig bei jungen Vulkaniten beobachtet, während sie in Sedimentiten und Metamorphiten meist viel kleiner als die induzierte Magnetisierung ist. Der pauschale Kontrast zwischen Sedimentiten und Kristallingesteinen ist die Basis für Anwendungen der Geomagnetik bei Übersichtsvermessungen in der KWST-Exploration, aber auch der Geothermie, zur Kartierung von Strukturen des kristallinen Grundgebirges. Wegen der komplexen geomagnetischen Petrophysik soll aber schon hier deutlich werden, dass auch im Bereich der Geothermie die Geomagnetik mit ihren Messungen ein merklich schwierigeres Kapitel ist, was im Abschn. 2.8.4 weiter erörtert wird.

Geoelektrik Die geoelektrischen Gesteinsparameter haben die Besonderheit, dass sich der spezifische Widerstand von Mineralen über einen Bereich von rund 20 Zehnerpotenzen erstrecken und bei den Gesteinen immerhin noch über eine Spanne von 8 Zehnerpotenzen variieren kann, wobei die Eigenschaften von Erzen hier außen vor bleiben sollen. In Kristallingesteinen und Sedimentiten ist der *spezifische Widerstand* (der in der Geoelektrik gegenüber dem in der Hydrogeologe gebräuchlichen Kehrwert *elektrische Leitfähigkeit* bevorzugt wird) praktisch allein vom Porenraum – Porosität, Klüftigkeit – und dessen Inhalt abhängig, da die Minerale der Gesteinsmatrix praktisch als Nichtleiter zu gelten haben, wobei die tonhaltigen Gesteine noch eine Sonderrolle spielen. Als Ionenleiter gilt für tonfreie, wassergesättigte Gesteine, dass ihr spezifischer Widerstand ρ_G proportional dem spezifischen Widerstand des Porenwassers ρ_W und in guter Näherung umgekehrt proportional dem Quadrat der Porosität Φ ist. Diesen etwa quadratischen Einfluss hat auch die Wassersättigung S_W im Porenraum. Allgemeiner zusammengefasst leiten sich daraus empirische Formeln der Art

$$\rho_G = a/\Phi^m \times \rho_W \times 1/S_{W^n}$$

ab, die je nach Wahl der Größen a, m und n nach Archie und Dachnov (und anderen) benannt werden und eine wichtige Beziehung in der Bohrlochgeophysik bei der Erkundung von KWST-Lagerstätten bedeuten. Die variierenden Größen a und m sind vielfach charakteristisch lithofaziell bezogen, was zur Benennung der Größe $F = a/\Phi^m$ als Formationsfaktor geführt hat. Auch hat sich gezeigt, dass die Einflussgrößen Porosität, Porenlösung und Grad der Wassersättigung gleichermaßen für klüftige Magmatite und Metamorphite maßgeblich sind. Nicht gültig ist der Zusammenhang für ton- und stark schluffhaltige Gesteine. Sie sind besonders gutleitend, was nicht nur eine Folge der hohen Porosität ist, sondern damit zusammenhängt, dass auch die Matrix der Tonminerale durch Adsorption von Ionen aus dem Porenelektrolyten in erheblichem Maße zum Leitungsmechanismus beiträgt. Sehr gründliche Ausführungen zu diesem ganzen Komplex der elektrischen Leitfähigkeit der Gesteine bringt das Buch von Schön (1983).

Aus den vorstehenden Ausführungen wird klar, das der spezifische Widerstand (in der Geoelektrik allgemein angegeben in der Einheit Ohm × m [auch Ωm]) innerhalb der einzelnen lithologischen Gruppen stark schwanken kann. Grobe Wertebereiche (in Ohm × m) sind: Tonsteine 1–10; Sandsteine 100–500, abnehmend mit zunehmendem Tongehalt; Mergelsteine, Kalksteine, Dolomite 100–1000; frische Kristallingesteine > 1000.

Für Belange der Tiefen Geothermie und bei Messungen der Tiefengeoelektrik insbesondere für die petrothermale Geothermie sind die Kenntnisse zu den Widerstandsverhältnisse im kristallinen Grundgebirge besonders wichtig, und mittlerweile hat sich an vielen Stellen die Erkenntnis durchgesetzt, dass der spezifische Widerstand der nützlichste geophysikalische Parameter bei der Exploration auf geothermale Ressourcen sein kann. Dabei zeigt sich vielfach, dass charakteristische Unterschiede zwischen den geothermalen Reservoiren und den begleitenden Gesteinskomplexen bestehen (Ussher et al. 2000). Während sich die Zonen unmittelbar über dem Reservoir durch z. T. extrem niedrige Widerstände auszeichnen mit Werten von z. T. unter 10 Ohm × m, herrschen darunter in den heißeren Reservoiren selbst wieder erhöhte Widerstände. Hier spielen Faktoren wie Verwitterung durch hydrothermale Fluide mit der die Leitfähigkeit erhöhenden Tonmineralbildung sowie der direkte Einfluss der Temperatur die wichtigste Rolle. Die Widerstands-Temperaturabhängigkeit eines Elektrolyten und damit eines elektrolytisch leitenden Gesteins verhält sich bis 200 °C grob exponentiell und bedeutet, dass eine Temperaturerhöhung um 40 °C den spezifischen Widerstand auf die Hälfte reduziert. In Experimenten an Vulkaniten konnten Temperaturerhöhungen von 30 °C auf 120 °C Widerstandserniedrigungen um den Faktor 5–40 bewirken, und bei Graniten zeigten sich bereits ab 50 °C abnorme Widerstandserniedrigungen, was möglicherweise mit der Entstehung von Mikrorissen zu verbinden ist (Llera et al. 1990). Im Abschn. 2.8.5 wird beschrieben, wie sich die geothermische Exploration dieser Zusammenhänge im Rahmen geoelektrischer Messungen bedienen kann.

Für die Tiefe Geothermie ohne Bedeutung, aber für die Geoelektrik der Untersuchung der höheren Stockwerke mit galvanischen Verfahren der direkten Stromzufuhr zunehmend interessanter ist die Frequenzabhängigkeit des spezifischen Widerstandes, die das Verfahren der induzierten Polarisation (IP) begründet. Ursprünglich *das* erfolgreiche geoelektrische Verfahren in der Erzexploration hat die IP vermehrt Bedeutung für hydrogeologische und Umwelt-Belange gewonnen. IP im Frequenzbereich messen heißt den *komplexen Widerstand* der Gesteine erfassen. Das gibt Sinn, weil sich Gesteine wie eine Impedanz, also wie ein Wechselstromwiderstand verhalten, der frequenzabhängig ist und eine Phasenverschiebung zwischen Spannung und Strom bewirkt. Wie in der Elektrotechnik kann dann in einer komplexen Ebene mit Realteil und 90°- (imaginärer) Komponente operiert werden. Die Frequenzabhängigkeit ist besonders ausgeprägt bei sehr niedrigen Frequenzen, aber moderne Apparaturen nutzen häufig im Rahmen einer spektralen induzierten Polarisation (SIP) komplette Frequenzspektren von 0,01–100 Hz. Messgrößen sind die reelle, ohmsche Komponente des Widerstandes und die Phasenverschiebung bei einer oder mehreren Frequenzen oder die Verhältnisse der Realteile bei zwei oder mehr Frequenzen. Die IP als petrophysikalischer Parameter erzfreier Sedimentite ist vor allem im Kontaktbereich fluide Phase – Gesteinsmatrix angesiedelt und maßgeblich vom Tongehalt beeinflusst. Als synchron zum ohmschen Widerstand zusätzlich gewonnener geoelektrischer Parameter erlaubt die IP in der Regel weitergehende fazielle Aussagen mit häufig sehr viel schärferer Auflösung geologischer Strukturen.

Geothermische Parameter Die für geothermale Prozesse entscheidenden gesteinsphysikalischen Parameter sind die Wärmeleitfähigkeit λ und die Temperaturleitfähigkeit a der Gesteine. λ ist maßgeblich für die Wärmeübertragung durch Wärmeleitung und kontrolliert – wie die elektrische Leitfähigkeit den elektrischen Strom – den Wärmestrom, der bei Temperaturgradienten fließt. λ von Gesteinen gewinnt man in Bohrungen aus Temperaturmessungen und an Bohrkernen über ein künstlich erzeugtes Temperaturgefälle. Die Schwankungen der Wärmeleitfähigkeit der Gesteine bewegen sich innerhalb einer Zehnerpotenz in Abhängigkeit vom Mineralbestand, Porenraum und Poreninhalt. Die Temperaturleitfähigkeit $a = \lambda \times \sigma^{-1} \times c^{-1}$ (σ Dichte, c spezifische Wärme) ist der Parameter für instationäre thermische Prozesse, wenn es um Aufheizung und Abkühlung im Untergrund geht. Im Rahmen der geologischen und geophysikalischen Erkundung bei der Tiefen Geothermie haben die Parameter Wärmeleitfähigkeit und Temperaturleitfähigkeit keine praktische Bedeutung. Bei generellen Überlegungen zum Wärmehaushalt in der tieferen Erdkruste und im oberen Erdmantel ist die Wärmeleitfähigkeit aber eine wichtige Größe (z. B. Lotz 2004).

2.7 Existierende geophysikalische Daten

2.7.1 Gravimetrie und Geomagnetik

Liegt ein Erlaubnisfeld fest, wird im Rahmen der Projektstudie vor allem nach bereits existierenden seismischen Linien früherer KWST-Exploration recherchiert. Dabei wird oft übersehen, dass andere wichtige geophysikalische Informationen in leicht zugänglichem Kartenmaterial der Gravimetrie und Geomagnetik vorliegen. Davon wird meist immer noch zu wenig Gebrauch gemacht, und wenn, dann geschieht es vielfach in oberflächlicher und unkundiger Sichtweise. Das reflektiert noch immer den unsichtbaren Graben zwischen Geologie und Geophysik, über den es offensichtlich fast nur die Brücke der Seismik gibt.

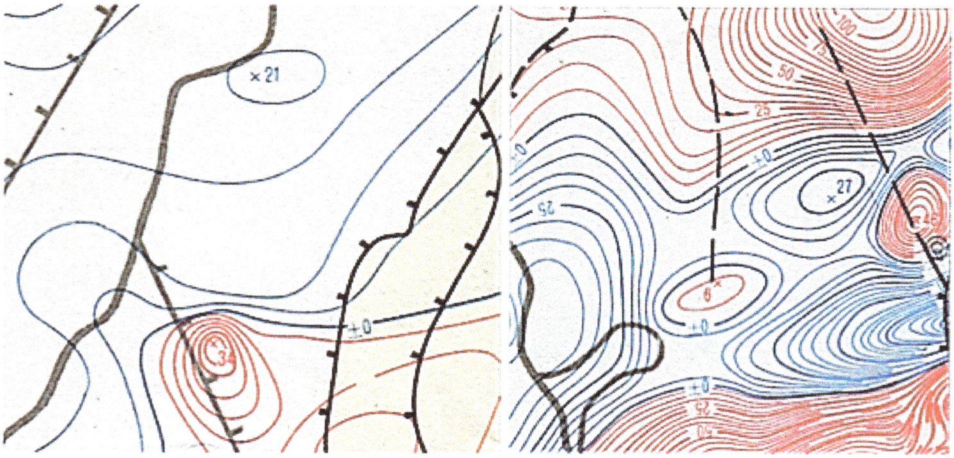

Abb. 2.8 Ausschnitte ca. 20 km × 20 km aus der aeromagnetischen Karte 1 : 500.000, Totalintensität, Blatt Süd (leicht verändert nach BGR 1976) mit stark unterschiedlicher geomagnetischer Signatur. *Blau*: negative Anomalien, *rot*: positive Anomalien; Abstand der Isanomalen 5 nT. *Rechts*: Anomalien im nördlichen Oberrheingraben westlich von Darmstadt; *links*: Anomalien im südlichen Oberrheingraben nördlich vom Kaiserstuhl-Vulkan. Die lokale positive Anomalie am südlichen Bildrand dürfte zu einem in der tertiären Grabenfüllung steckengebliebenen Vulkanit gehören

Für ganz Deutschland existieren die Karten 1 : 1 Mill. für das erdmagnetische Totalfeld in einer Bezugshöhe von 1000 m NN (LIAG 2008a) sowie für die gravimetrische Bouguer-Schwere (LIAG 2008b). Für das Gebiet der alten Bundesländer sind die Vermessungen der Aeromagnetik im Karten-Maßstab 1 : 500.000 (Abb. 2.8) und die der Bouguer-Schwere ebenfalls im Maßstab 1 : 500.000 (Abb. 2.9) erhältlich. Eine Schwerekarte 1 : 500.000 der Länder der ehemaligen DDR wurde ergänzend zusammengestellt (Conrad 1994). Regional gibt es inzwischen detailliertere Karten der Gravimetrie und Geomagnetik. Genannt werden für Hessen die bereits recht detailreichen Karten 1 : 300 000 des Hessischen Landesamtes für Umwelt und Geologie für die Anomalien des erdmagnetischen Totalfeldes und der gravimetrischen Bouguer-Schwere. Für den Freistaat Sachsen existieren die gravimetrische Übersichtskarte 1 : 400.000 und die geomagnetische Übersichtskarte (Totalintensität) im selben Maßstab. Sachsen-Anhalt publiziert im Internet ebenfalls digitale Karten der Gravimetrie und Geomagnetik im Maßstab 1 : 400.000 für das ganze Land. Für das Saarland befindet sich eine flächendeckende Schwerevermessung vor dem Abschluss.

Zwar sind Karten im Maßstab 1 : 300.000 bis 1 : 1.000.000 noch recht grob (der Schwerekarte 1 : 1 Mill. wurden ca. 270.000 Gravimeterpunkte zugrunde gelegt, was bei einer Fläche von knapp 360.000 km^2 im Mittel weniger als ein Messpunkt pro Quadratkilometer bedeutet), aber da geologische Strukturen in aller Regel nicht auf das Erlaubnisfeld beschränkt sind, gehören fachkundige Analysen der Gravimetrie und Geomagnetik grundsätzlich in eine Projektstudie hinein, zumal sie bei geplanten neuen seismischen Messungen wichtige

Abb. 2.9 Ausschnitte ca. 20 km × 20 km aus der Schwerekarte 1 : 500.000 von Deutschland, Blätter Nord und Mitte (leicht verändert nach Plaumann 1983, 1991) mit stark unterschiedlicher Schweresignatur. Abstand der Isogammen 1 mGal. Linker Ausschnitt im Emsland bei Meppen, rechter Ausschnitt nördlich von Marburg

Vorgaben machen können. In vielen Fällen existieren auch regional bis lokal angesiedelte Vermessungen der Gravimetrie und Geomagnetik, deren Ergebnisse zum Teil publiziert sind, als Dissertationen vorliegen oder bei Ämtern archiviert, vielfach aber kaum bekannt sind. Als Beispiele seien die z. T. schon recht alten geomagnetischen Untersuchungen in der Eifel (Reich 1931), die erdmagnetischen Untersuchungen auf der Schwäbischen Alb von Mäussnest (1956) im Kirchheim-Uracher Vulkangebiet sowie die Geomagnetik längs Profilen im gesamten nördlichen Alpenvorland (Abb. 2.10; Angenheister 1963) genannt, desgleichen Beispiele zur Gravimetrie mit Untersuchungen an der mächtigen Frankenwald-Randstörung (Fuchs und Soffel 1981; Ernstson 1982) und im nördlichen Saale-Becken (Sachsen-Anhalt, Rappsilber 2003), wobei letztere Arbeit insbesondere auch durch die gründliche interdisziplinäre Verknüpfung von Geologie und Geophysik besticht. Mehr über neu durchzuführende Gravimetrie und Geomagnetik im Rahmen der Vorerkundung zur Tiefen Geothermie steht in den Abschn. 2.7.3 und 2.7.4.

2.7.2 Reflexionsseismik

Bei der Eruierung früherer Seismik für eine Machbarkeitsstudie gibt es grundsätzlich zwei Fälle. Fall 1: Aus früheren Kampagnen insbesondere einer KWST-Exploration existieren bereits mehr oder weniger umfangreiche Daten der Seismik. Das ist in den genannten hydrothermal besonders höffigen Gebieten häufig der Fall. Ein Problem ist, dass die alten Daten im allgemeinen nicht zur Verfügung stehen und deren Nutzungsrechte notfalls ge-

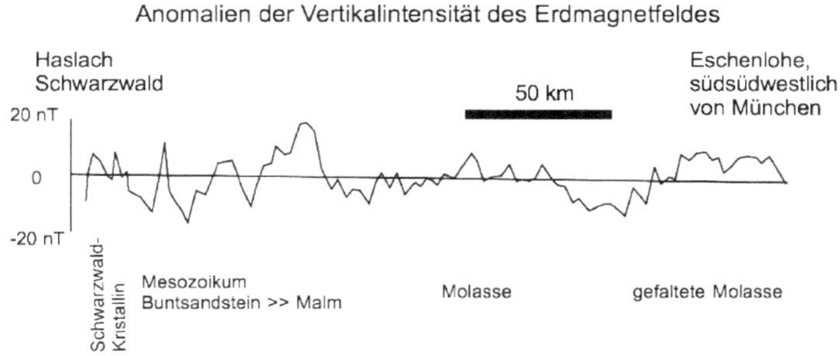

Abb. 2.10 Auch heute noch gültig: Beispiel-Profil der geomagnetischen Vermessung des nördlichen Alpenvorlandes um 1960 (verändert aus Angenheister 1963)

kauft werden müssen, damit eine Neuauswertung mit einem heute im allgemeinen weitaus besseren Prozessing erfolgen kann. Die wichtige Frage stellt sich: *Welche* Profile sollen mit Blick auf die Geothermie-Erschließung gekauft werden, um gegebenenfalls anschließend sinnvoll mit eigener neuer Feld-Seismik weitermachen zu können?

Fall 2: Es existiert keine frühere Seismik. Eine mögliche Lösung besteht darin, im Rahmen der Machbarkeitsstudien zur Vorerkundung eine grobe Übersichtsvermessung mit einigen Profilen einer 2D-Seismik vorzunehmen. Die wichtigen Fragen stellen sich: Wie viele Profile welcher Länge sind zu messen? *Wo* werden die Messstrecken gelegt, damit anschließend mit einer eigenen neuen Feld-Seismik weitergemacht werden kann, gegebenenfalls bis hin zur finalen 3D-Seismik zur Vorbereitung der Bohrung(en)?

In beiden Fällen sind Effektivität auf der einen Seite und Kosten auf der anderen Seite zu optimieren. Dabei ist insbesondere der Charakter der 2D-Seismik im Auge zu behalten. Die meisten seismischen Messungen früherer Zeiten, die heute einem Neuprozessing unterzogen werden, waren eine 2D-Seismik. Bei dieser Art Seismik, und das gilt auch für alle „modernen" Einsätze der 2D-Seismik, werden die Messungen mit Aufstellungen von Signalquellen und seismischen Aufnehmern auf grob geradlinigen Profilstrecken vorgenommen, und auch die Auswertung und Interpretation erfolgt in 2D-Tiefenschnitten, was zu ernsten Problemen und häufigen Fehlansprachen führen kann. Nicht selten führt ein Neuprozessing zu nun erst erkannten Ungereimtheiten im strukturellen Bau, der eine Neubeurteilung erfordert. Mehr zu diesen Problemen und solchen einer ergänzenden 2D-Reflexions-Seismik in der Vorerkundung steht im Abschn. 2.8.1.

2.7.3 Refraktionsseismik

Um einen Datenbestand anderer Tiefengeophysik ist es eher spärlich bestellt. Die ursprünglich in der Exploration eingesetzte Refraktionsseismik hat sehr viel Material hinterlassen, das z. T. noch aus Zeiten vor dem zweiten Weltkrieg stammt und genutzt werden kann. Hintergrund ist, dass ab 1934 das Reichsgebiet im Rahmen einer Rohstoffsicherung geomagnetisch, gravimetrisch und refraktionsseismisch vermessen wurde (geophysikalische Reichsaufnahme (Closs 1974)). Aber auch in der Nachkriegszeit bis in die fünfziger und frühen sechziger Jahre dominierte in Deutschland noch die Refraktionsseismik (ehe sie zunehmend durch die Reflexionsseismik ersetzt wurde), deren Datenmaterial im Prinzip einer Neubearbeitung zugänglich ist. Zu bedenken für den heutigen Verfasser einer Projektstudie ist hierbei, dass seismische Unterlagen aus diesen Zeiten in Form von Seismogrammen auf Papierschrieben vorliegen und statt der heute gewohnten, bereits strukturgeprägten Reflexionsseismogramme Einsätze auf Wellenzügen sowie Laufzeitkurven zu analysieren sind. Die damaligen seismischen Aufzeichnungsmöglichkeiten waren verständlicherweise auch sehr viel anfälliger für fehlerhafte Auswertungen und Fehldeutungen, was bei heutiger Nutzung solcher Daten zu bedenken ist. Ein charakteristisches Beispiel einer solchen fehlerhaften Auswertung mit Konsequenzen für die Tiefe Geothermie ist die aufgrund einer Refraktionsseismik aus den fünfziger Jahren postulierte Erweiterung des Kraichgau-Saale-Rotliegend-Troges bei Bad Windsheim im bayerischen Mittelfranken, die nachfolgend in die geologische Literatur eingegangen ist. Eine aus dieser Refraktionsseismik abgeleitete Verwerfung mit einem Versatz der Kristallinoberfläche von 500 m als neue Ostbegrenzung des Troges (Abb. 2.11) wurde Anfang des neuen Jahrtausends zu einem interessanten Ziel einer Tiefen Geothermie-Bohrung. Doch bevor eine aufwendige Reflexionsseismik zur Festlegung von Bohrpunkt und Bohrpfad in Angriff genommen wurde, schlug das betreuende Büro erst einmal eine Sichtung des alten seismischen Materials mit einem möglichen Neuprozessing vor. Das führte zur Entdeckung eines schwerwiegenden Fehlers in der damaligen Auswertung, von dem vermutet wurde, dass er die 500 m-Verwerfung und die Trogerweiterung zu einem seismischen Artefakt gemacht hatte. Voll bestätigt wurde die Nichtexistenz der Verwerfung und des Troges durch eine rasche gravimetrische Vermessung (Abb. 2.11; Ernstson und Diele 2003), und kostenintensive seismische Messungen konnten abgeblasen und dortige Geothermie-Hoffnungen begraben werden.

2.7.4 Tiefengeoelektrik

Tiefengeoelektrische Sondierungen in Form der Magnetotellurik, der Audiomagnetotellurik und der aktiven Magnetotellurik CSAMT mit einem Schwerpunkt der Erkundungstiefen von einigen 100 m bis zu mehreren Kilometern werden international standardmäßig bei der KWST-Exploration als weitere geophysikalische Messmethode zur Erfassung der elektrischen Leitfähigkeitsstrukturen eingesetzt und beginnen, auch bei der Tiefengeothermie eine Rolle zu spielen (z. B. Geiermann und Schill 2010). In Deutschland wurden die Messverfahren bisher im allgemeinen nur bei wissenschaftlichen Projekten eingesetzt, aber das Interesse für den systematischen Einsatz bei der Tiefenerkundung für die Geothermie nimmt zu, was vor allem vom Geoforschungszentrum (GFZ) Potsdam vorangetrieben wird (z. B. Ritter et al. 2012; Muñoz et al. 2010). Nutzbare Daten der Tiefengeoelektrik für neue Projekte und Machbarkeitsstudien der Geothermie stehen kaum zur Verfügung.

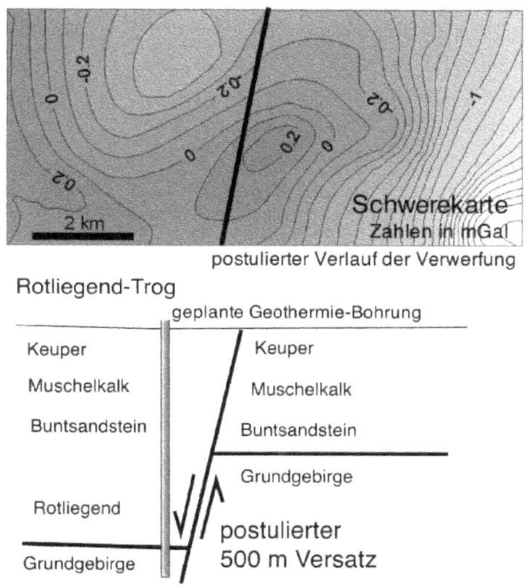

Abb. 2.11 Der angebliche Rotliegend-Trog mit der nach der Refraktionsseismik postulierten 500 m Verwerfung hätte bei plausiblen Dichtedifferenzen eine Schwereveränderung von über 4 mGal beim Queren der Störung erzeugen müssen. Die Gravimetrie lässt in der Schwerekarte nichts davon erkennen

2.7.5 Geothermische Untersuchungen

Nahezu zwangsläufig sind bei der Recherche für eine Geothermie-Projektstudie existierende geophysikalische Daten zur Temperaturverteilung, zur Verteilung der Wärmestromdichte (z. B. Lotz 2004) und allgemein zum Wärmehaushalt des Untergrundes zu analysieren. Basis sind Temperaturmessungen in Tiefbohrungen und tiefen Schächten des Bergbaus, aus denen Karten der Temperaturverteilungen für verschiedene Tiefen erstellt wurden (z. B. Bayerischer Geothermieatlas 2010). Verständlicherweise ist die Aussagekraft solcher Karten von sehr unterschiedlicher Güte, was mit der Dichte verfügbarer Bohrungen und deren Bohrtiefen zusammenhängt. Eine Extrapolation der Temperaturen über den in einer Bohrung gemessenen Gradienten ist problematisch und kann allenfalls zu sehr groben Abschätzungen für größere Tiefen führen, was vor allem mit möglichen starken Störungen einer homogenen Temperaturzunahme mit der Tiefe durch konvektiven Wärmetransport zusammenhängt. Auch scheinen nicht alle gemessenen Temperaturen in Tiefbohrungen fehlerfrei die dortige Gebirgstemperatur im thermischen Gleichgewicht wiederzugeben, da nach Abschluss der Bohrarbeiten, die zu merklichen Temperaturveränderungen durch die Bohrspülung führen, zu früh gemessen wurde. Karten der Temperaturverteilungen in der Region sollen durchaus genutzt werden, aber darauf aufbauende Temperaturprognosen sind mit gebührender Zurückhaltung abzugeben. Wieweit indirekte Geothermometer über Messungen mit der geoelektrischen Magnetotellurik (Abschn. 2.7.5) eine allgemeine Anwendungsreife erhalten, bleibt abzuwarten.

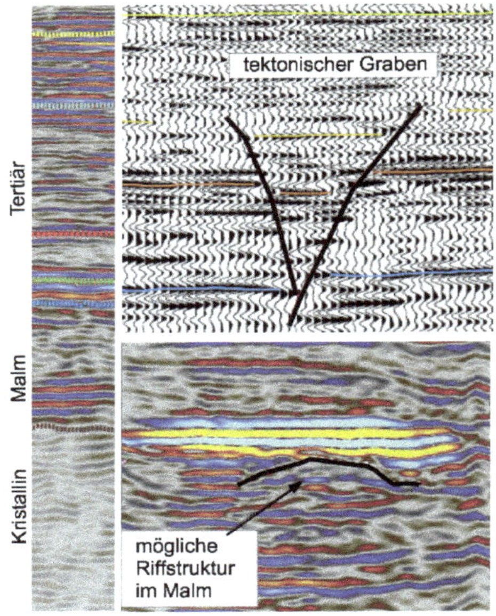

Abb. 2.12 Drei Ausschnitte aus Reflexionsseismogrammen mit den wesentlichen seismischen Informationen zu Stratigraphie, Tektonik und lithofaziellen Attributen (hier: mögliche Rifffazies). Die Stratigraphie ist nur ganz pauschal dargestellt und vermittelt, dass im kristallinen Grundgebirge die Reflexionsseismik rasch ausdruckslos wird

2.8 Neue Messungen der Geophysik in der Vorerkundung

2.8.1 2D- und 3D-Reflexions-Seismik

Ziel der Reflexionsseismik, die in einem Extrakapitel des Buches gründlich behandelt wird, ist die stratigraphische, strukturelle und lithofazielle Erkundung des Untergrundes (Abb. 2.12). Der Schwerpunkt liegt im sedimentären Deckgebirge, während im kristallinen Grundgebirge der petrothermalen Geothermie die Aussagemöglichkeiten stark reduziert sind.

Wie im Abschn. 2.6 bereits ausgeführt, wird in einer Projektstudie der Tiefen Geothermie vielfach auf Daten einer älteren 2D-Seimik meist aus der KWST-Prospektion zugegriffen, um sie einem Neuprozessing mit verbesserter Interpretation zuzuführen. Reicht das Datenmaterial nicht aus, können Überlegungen angestellt werden, eine ergänzende 2D-seismische Übersichtsvermessung durchzuführen. Existiert eine solche ältere Seismik gar nicht oder wird sie als für die Tiefe Geothermie untauglich eingeschätzt, ist es dann in der Regel unumgänglich, zumindest mit einigen Profilstrecken das soweit bekannte tektonische und stratigraphische Inventar in seiner Aussagekraft zu präzisieren.

An dieser Stelle ist es angebracht, die grundsätzlichen Unzulänglichkeiten der 2D-Seismik im Vergleich mit einer 3D-Seismik aufzuzeigen (Abb. 2.13), was dem Geologen, der die Interpretation in seine Machbarkeitsstudie einarbeiten soll, nicht immer bewusst sein dürfte. Bei dieser Art Seismik werden die Messungen mit Aufstellungen von Signalquellen und seismischen Aufnehmern (Geophonen) auf grob geradlinigen Profilstrecken vorge-

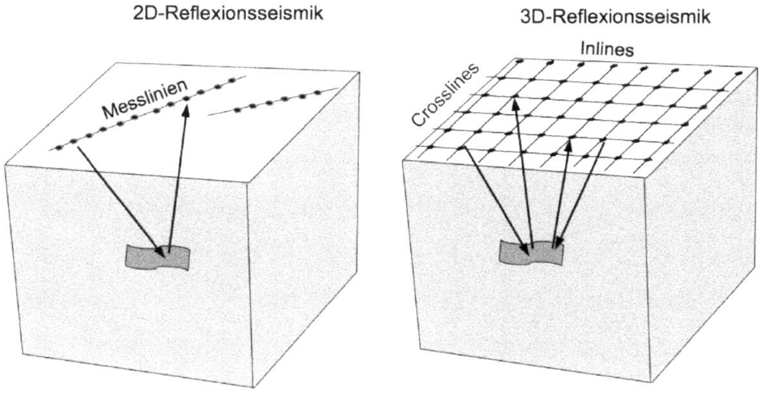

Abb. 2.13 2D- und 3D-Reflexionsseismik. Die enge Vergitterung der Messlinien bei der – allerdings sehr aufwendigen und teuren – 3D-Seismik erlaubt es, die im Untergrund „angeschossenen" Elemente und damit die geologischen Strukturen räumlich richtig zu platzieren. Ausführlicheres zur Reflexionsseismik steht in einem Spezialkapitel des Buches

nommen (Abb. 2.13), und auch die Auswertung und Interpretation erfolgt in 2D-Tiefenschnitten (Abb. 2.14).

Das grundsätzliche Problem ist die Frage, ob die Reflexionen, die im Seismogramm identifiziert werden, von unten, von der Seite rechts oder von der Seite links kommen (Abb. 2.14a). In jedem Fall werden die abgeleiteten geologischen Strukturen in einen Vertikalschnitt unter die Profilstrecke projiziert, obgleich sie dort vielleicht gar nicht liegen. Für die auch in der Geothermie wichtigen tektonischen Störungen heißt es genauso unsicher: Wie sieht die Streichrichtung der Verwerfung aus (Abb. 2.14b)? Auch wenn, wie es in der Regel erfolgt, mehrere parallele Profile in meist größeren Abständen geschossen werden, bleibt die große Unsicherheit, wie es zwischen den Profilen aussieht. Es geschieht das, was der Geologe auch bei zwei Bohrungen macht: Er zieht definierte Horizonte mit dem Lineal von der einen zur anderen Bohrung, ohne zu wissen, was dazwischen geologisch passiert (Abb. 2.15). Genauso macht es der Seismiker z. B. mit erkannten Verwerfungen und „klassischen" Fehldeutungen (Abb. 2.16), wenn er profil-parallele Strukturen nicht erkennen kann.

Das heißt in beiden Fällen, Auswahl und Kauf einer alten Seismik oder Planung und Durchführung einer neuen Übersichtsseismik, bleibt das Dilemma der letztlich unzureichenden 2D-Seismik. Bei der Auswahl und dem Kauf alter Seismik werden u. U. völlig ungeeignete 2D-Daten erworben, und wenn man sich heute in einem Vergleich Störungsverläufe aus alter 2D-Seismik und moderner 3D-Seismik anschaut, wird man sich mitunter durchaus die Frage stellen können, ob das wirklich dasselbe Untersuchungsgebiet ist. Selbst ein Neuprozessing einer älteren 2D-Seismik hat in vielen Fällen gezeigt, dass die Neuinterpretation mit vielen Fragezeichen in Bezug auf die geologischen Strukturen zu versehen ist. Nicht viel anders ist es, wenn bei einer 2D-seismischen übersichtsmäßigen Vorerkundung

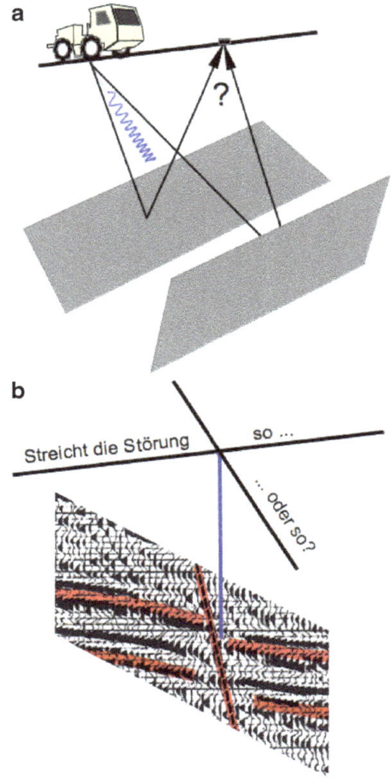

Abb. 2.14 Probleme einer 2D-Seismik. **a** Kommen die Reflexionen des Vibroseis-Signals von unten, rechts oder links? **b** Eine Verwerfung im Seismogramm: Aber wie streicht die Verwerfung?

mit weitabständigen Profilen wesentliche strukturelle Elemente und Besonderheiten übersehen werden, mit der Konsequenz, dass der nächste Schritt, Auswahl der Detailfläche für eine 3D-Seismik, u. U. in die falsche Richtung führt. Ein Ausweg würde darin bestehen, das gesamte Erlaubnisfeld mit einer engen, vergitterten 3D-Seismik zu überdecken (Abb. 2.13). Für Seismik-Firmen wäre das erstrebenswert, für den Auftraggeber finanziell nicht tragbar. In der KWST-Exploration ist es gang und gäbe, zuvor oder/und begleitend eine Gravimetrie durchzuführen (Abschn. 2.7.3). Auch in der Tiefen Geothermie ist das die sinnvolle, bisher in Deutschland allerdings nur wenig praktizierte Lösung.

2.8.2 Refraktionsseismik

Die Refraktionsseismik ist heute durch die Reflexionsseismik weitgehend verdrängt worden und für die geologische Tiefenerkundung fast schon in Vergessenheit geraten. Allenfalls ist ihr Einsatz bei den seismischen Nahlinien für die statischen Korrekturen der Reflexionsseismik und generell in der Ingenieurseismik noch vertraut. Der Nicht-Geophysiker wird beide Verfahren, die sich methodisch prinzipiell und vor allen durch die

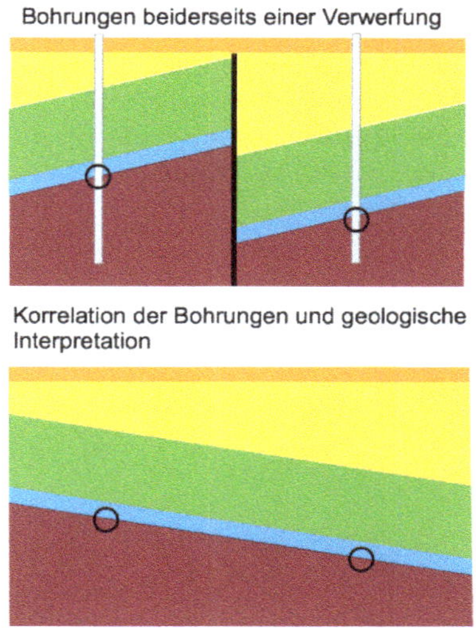

Abb. 2.15 Geologische Fehldeutung von Bohrergebnissen als Modell für Fehldeutungen in der 2D-Seismik

unterschiedlichen Laufwege der seismischen Wellen unterscheiden, leicht in einen gemeinsamen Topf *Seismik* werfen. Dass die Refraktionsseismik bei der Tiefererkundung nicht überflüssig geworden ist, zeigen Einsätze im In- und Ausland (z. B. Puzyrev 2004; Yan et al. 2005; Bauer et al. 2006) und z. B. auch neuere Arbeiten zum Datenprozessing in der Refraktionsseismik (z. B. Gawlas 2002). Im Zuge vermehrter petrothermaler Geothermie mit Erschließungszielen im tiefen kristallinen Grundgebirge könnte die Refraktionsseismik, vor allem auch in Form der refraktionsseismischen Tomographie, durchaus eine Wiederbelebung erfahren, wenn es weniger um die hohe Auflösung der Reflexionsseismik in der sedimentären Stratigraphie geht, sondern Geschwindigkeitsanalysen mit lithologischen Informationen, steilstehende Bruchzonen oder einfach nur das Relief der Kristallinoberkante Bedeutung haben. Im sächsischen Geothermieprojekt Schneeberg im Kristallin des Erzgebirges stellen steilstehende Bruchzonen im Kristallin ein wesentliches Problem für die dort durchgeführte Vibroseis-3D-Reflexionsseismik dar, sodass ein Experiment mit einer Sprengseismik und deutlich größeren Schusspunkt – Geophonabständen praktiziert wurde, was möglicherweise Elemente einer Refraktionsseismik trägt. Ergebnisse zu diesem Experiment liegen gegenwärtig nicht vor. Im Norddeutschen Becken (Geothermie-Areal Groß Schönebeck) wurden refraktionsseismische Untersuchungen zur Erkundung der Beziehungen zwischen tiefliegenden vulkanischen Strukturen und der Rotliegend-Stratigraphie vorgenommen (Bauer et al. 2010). Auch in Gebieten mit sehr intensivem alten Bergbau bis in größere Tiefen hinab mit extrem gestörtem Schichtaufbau stößt die Reflexionsseismik an ihre Grenzen. Im Saargebiet beispielsweise wurde die Steinkohle mittels Streb- und Bruchbau gewonnen mit dem Resultat einer großvolumigen Zerrüttung, Auflockerung und Hohlraumbildung. Hinzu kommen weitere anthropogene Einwirkungen wie weitverbreitete alte Schachtanlagen, und insgesamt scheint eine Reflexionsseismik im früheren Steinkohlebergbau nicht sinnvoll durchführbar zu sein. Außer dem vermehrten

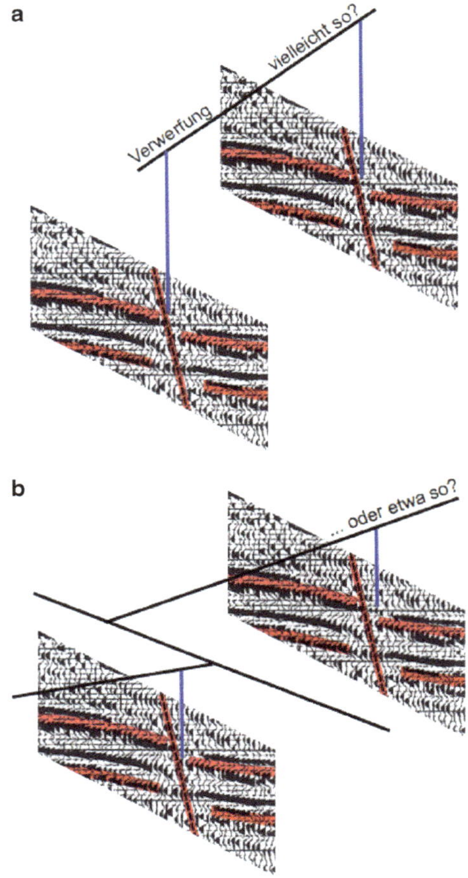

Abb. 2.16 Probleme einer 2D-Seismik, **a** die übliche Praxis der Auswertung, **b** die tatsächlichen Verwerfungsstrukturen werden mit der 2D-Seismik nicht erkannt

Einsatz der geophysikalischen Potentialverfahren der Gravimetrie und Geomagnetik mag sich hier eine Neubewertung von Refraktionsseismik mit ihren ganz anderen Laufwegen der seismischen Wellen als vielversprechend erweisen. Nicht zuletzt können auch die deutlich geringeren Kosten einer Refraktionsseismik im Vergleich zur 3D-Reflexionsseismik eine Rolle spielen.

2.8.3 Gravimetrie

Gravimetrie hat international gesehen ihren festen Stellenwert in der geophysikalischen und geologischen Vorerkundung der Tiefen Geothermie, und gemeinsames Modellieren von Gravimetrie und Geologie für die Erstellung von 3D-geologischen Modellen ist Praxis geworden (z. B. Guglielmetti et al. 2013), wobei Zonen reduzierter Dichte in Verbindung mit Verwerfungen und tiefreichenden Bruchzonen vielfach im Vordergrund stehen (z. B.

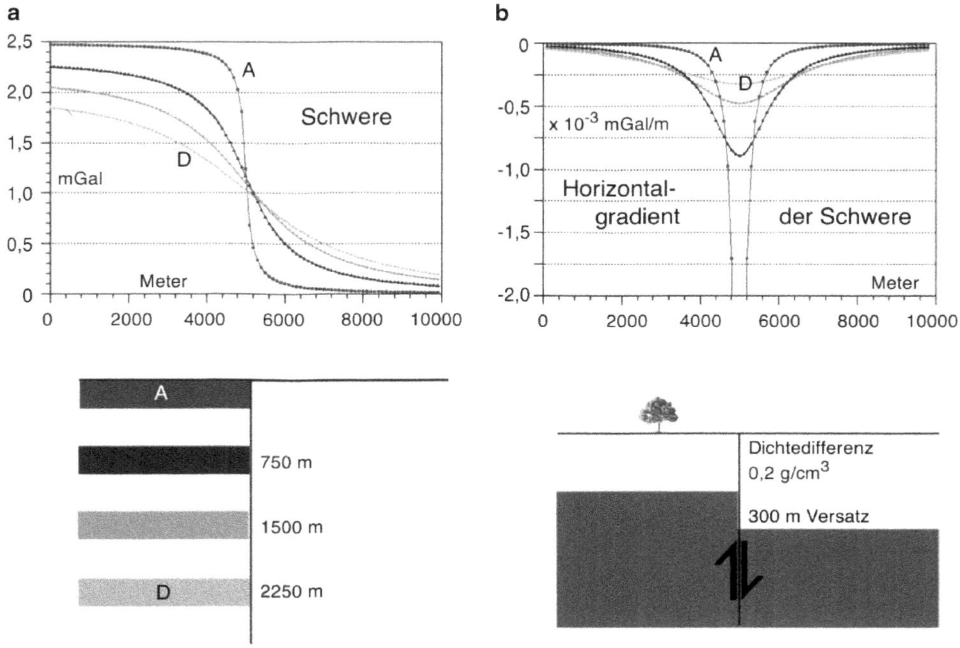

Abb. 2.17 Berechnete Schwereprofile über einer Verwerfung in unterschiedlicher Tiefenlage (**a**) und berechnete Profile des Horizontalgradienten (**b**). Unabhängig von der Tiefenlage ist der Schwereunterschied über der Verwerfung immer derselbe, nur müssen die Profile immer länger werden, um den gesamten Verlauf auszumessen. Der aus dem Schwereverlauf berechnete Horizontalgradient fokussiert die Verwerfung viel engräumiger. Auch in der Seismik müssen die Profilstrecken für tiefere Erkundungsbereiche immer länger werden

Salem et al. 2005). In Deutschland begegnet die Gravimetrie immer wieder einer Fehleinschätzung trotz ihrer allgemeinen Akzeptanz und verbreiteten Praktizierung in der KWST-Exploration, was im allgemeinen auf Unkenntnis und Missverständnisse zurückzuführen ist (Ernstson und Alt 2013). Das Argument, das gegen die Gravimetrie ins Feld geführt wird, lautet meist, dass mit der Gravimetrie in der Tiefe keine Strukturen mehr aufgelöst werden. Mit der Physik mag dagegen argumentiert werden, dass das Schwerepotential nicht in irgendeiner Tiefe sondern erst im Unendlichen zu Null wird. Das Auflösungsvermögen nimmt in der Tat in der Tiefe stark ab, aber die Verwerfung in der Rechnung der Abb. 2.17 ist in jeder Tiefe immer noch da und kann durch Auswerteprozeduren schärfer herausgearbeitet werden.

Der entscheidende und meist übersehene Punkt ist jedoch, dass die Gravimetrie nicht mit der Seismik konkurrieren und sie eventuell sogar ersetzen soll. Seismik und Gravimetrie sind als Laufzeit- und Potentialverfahren zwei methodisch völlig unterschiedliche Komplexe. Die Gravimetrie kann den generellen tektonischen Bau, wesentliche Störungen und ihre Streichrichtung sowie Auflockerungszonen erniedrigter Dichte hervorragend

Abb. 2.18 Modernes Gravimeter im Geländeeinsatz

aufzeigen. Mit der Gravimetrie lassen sich geologische Strukturen modellieren und Tiefenabschätzungen vornehmen. In günstigen Fällen kann auf eine 3D-Seismik ganz verzichtet oder ihr Umfang als Ergänzung zu einer 2D-Seismik stark reduziert werden. Ein unschätzbarer Vorteil einer gravimetrischen Übersichts- und Detailmessung ist, dass sie ohne große Genehmigungsverfahren überall durchgeführt werden kann (Abb. 2.18): mitten durch enge Straßen einer Stadt, inmitten sensibler Industrieanlagen, durch Krankenhausanlagen und Naturschutzgebiete. Es kann darüber hinaus durchaus Sinn ergeben, Gravimetrie nach einer (vor allem älteren) Seismik durchzuführen. Häufig gelingt es, Ungereimtheiten einer früheren 2D-Seismik-Auswertung (die immer wieder zu konstatieren sind) zu klären. In der bayerischen Molasse konnte z. B. mit Messungen der Gravimetrie gezeigt werden, dass eins der gekauften alten 2D-Profile mehr oder weniger genau auf einer markanten tektonischen Störung lag (was auch erkennbar Probleme beim Reprozessing bereitete) – und damit ein Fehleinkauf war.

Moderne Auswerte- und Darstellungsverfahren in der Gravimetrie machen in den meisten Fällen den Einblick in den geologischen Untergrund recht anschaulich und verdeutlichen die vielfach unterschätzten Möglichkeiten der Gravimetrie. Die verschiedensten Filterverfahren, die sich den Schwingungscharakter von Schwereanomalien zunutze machen, können mit eigens konstruierten, auf die Messdaten angewandten digitalen Hoch-, Tief-

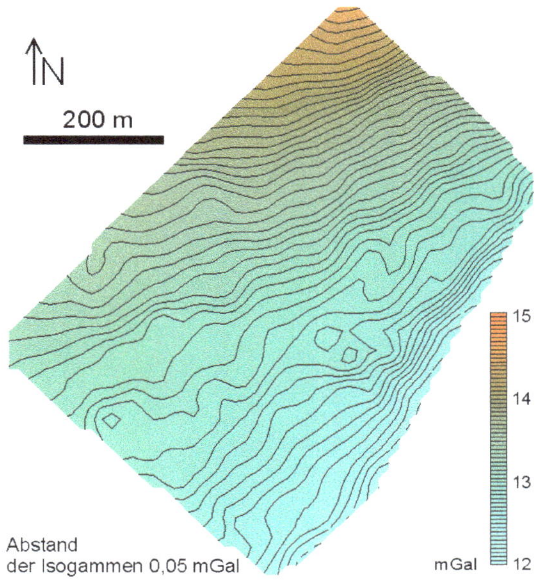

Abb. 2.19 Relativ kleinräumige Gravimetrie im südlichen Schwarzwald mit engem Messpunktabstand (Abb. 2.20). Langwellige Hauptstrukturen und kurzwellige Strukturen weniger tiefer Dichteänderungen werden durch Tiefpass- (Abb. 2.20) und Hochpassfilterung (Abb. 2.21) betont. Geologie: Buntsandstein und Muschelkalk-Reste über Kristallin

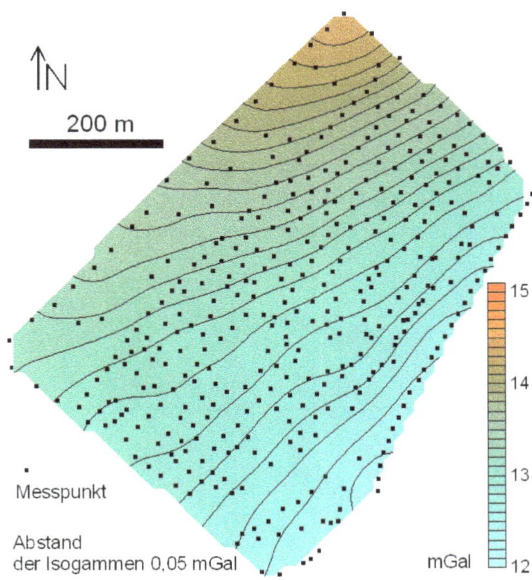

Abb. 2.20 Tiefpass-gefiltertes Feld von Abb. 2.19 mit Messpunktraster betont den generellen Schwereabfall nach Südosten, der mit dem Abtauchen des Kristallins zusammenhängt

und Bandpässen bestimmte Tiefenbereiche bevorzugt ansprechen (Abb. 2.19, 2.20 und 2.21). Berechnete Gradientenfelder machen Dichtekontraste besser sichtbar und erlauben, richtungsabhängig ermittelt, das gezielte Herauspräparieren von geologischen Strukturen bestimmter Streichrichtungen (Abb. 2.22).

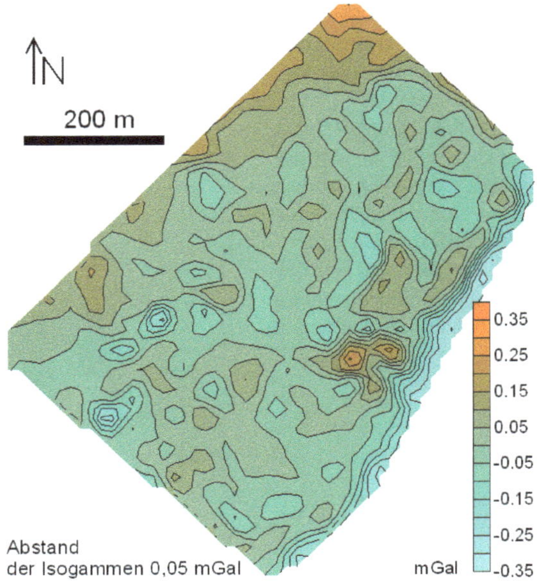

Abb. 2.21 Hochpass-gefiltertes Feld von Abb. 2.19 betont lithofazielle und strukturelle Änderungen im mesozoischen Oberbau

Ein weiteres Beispiel einer Vorerkundung der Tiefen Geothermie bringt die Schwereverteilung in einer Reliefkarte aus dem Oberrheingraben (Abb. 2.23). Eine Darstellung dieser Art gibt deshalb anschaulich Sinn, weil hier die maßgeblichen Schwereunterschiede aus der jungen tertiären Grabenfüllung im Kontrast zu den alten Schichten, vor allem des kristallinen Grundgebirges resultieren. Die gravimetrische Reliefkarte ist deshalb in erster Näherung ein geometrisches Abbild der Grabenstruktur. Sie vermittelt dabei einen

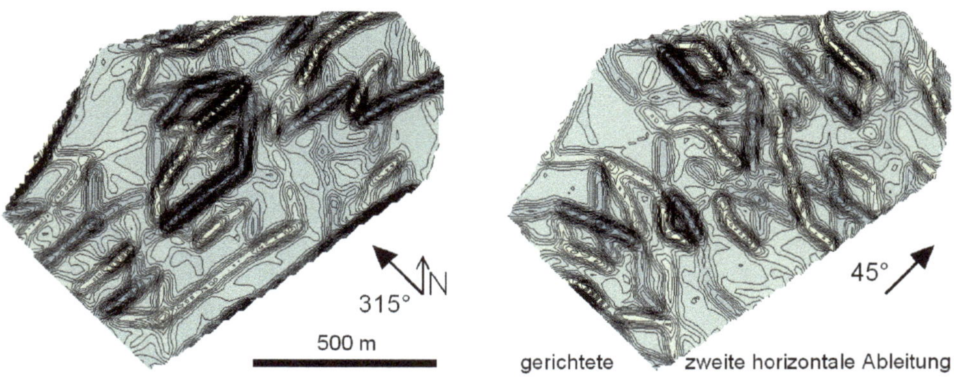

Abb. 2.22 Gravimetrische Detailerkundung für eine Bohrung der Tiefen Geothermie: Der berechnete Horizontalgradient (gerichtete 2. Ableitung) der BOUGUER-Schwere präpariert die wesentlichen tektonischen Elemente heraus. Geologie des Bohransatzpunktes: Unterer Jura der mittleren schwäbischen Alb

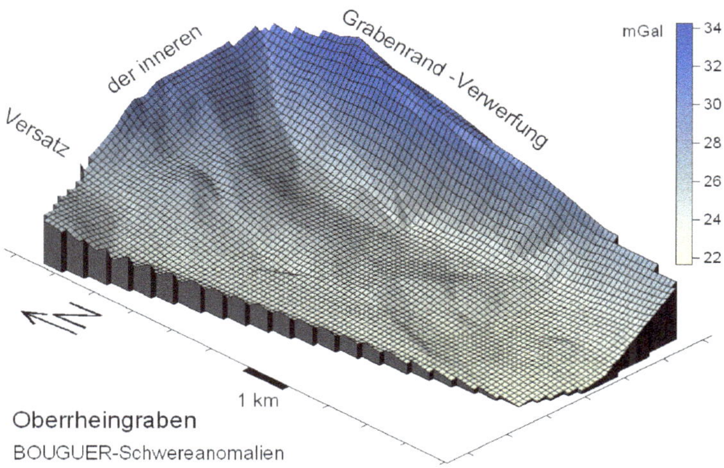

Abb. 2.23 Geothermische Exploration im Oberrheintalgraben. Das Schwerefeld der Gravimetrie in einer Reliefdarstellung korrespondiert näherungsweise mit der Geometrie der Grabenstruktur. Das plötzliche Abknicken der inneren Grabenrandverwerfung war vor der Gravimetrie nicht bekannt (Ernstson und Alt 2013)

Befund, der bisher nicht bekannt war, und das ist das abrupte Abknicken der inneren Süd – Nord streichenden Grabenrandverwerfung unmittelbar vor dem Kaiserstuhl nach Westen und Nordwesten. Nach den bisherigen geologischen Vorstellungen sollte sie in nördlicher Richtung weiterlaufen. Aber auch das komplexe System weiterer tektonischer Störungen wird durch den Schattenwurf der Beleuchtung gut sichtbar.

Ein vor allem auch geologisch interessantes Beispiel zeigt Abb. 2.24 mit einer sonst eher unüblichen Darstellung von Schwerefeldern. Es geht um zwei Geothermie-Erlaubnisfelder in der ungefalteten Vorlandmolasse der Alpen, die in einem Abstand von 10 km ausgewiesen wurden und für die in einer geophysikalischen Vorerkundung ein Raster von Schweremessungen vorgenommen wurde. In Abb. 2.24 sind die Felder der BOUGUER-Schwere in einer Vektordarstellung gezeigt. Jeder Vektor steht für einen Punkt im Interpolationsraster der Schweremessungen. Seine Richtung weist in die der jeweils stärksten Schwereabnahme, und seine Länge entspricht der Amplitude der Abnahme. Obgleich nur 10 km voneinander entfernt, haben die beiden Erlaubnisfelder offensichtlich einen signifikant unterschiedlichen strukturellen Bau. Das östliche Feld weist einen recht einheitlichen Trend der Schwereabnahme nach Südosten in Richtung Alpen auf, dem durchaus Auswirkungen tektonischer Elemente überlagert sind. Ganz anders das westliche Feld: Es zeigt sich eine starke Schollengliederung mit ausgeprägten Schollengrenzen und klaren Hinweisen auf Schollenkippungen und -rotationen.

Wie bei der Seismik wird man auch bei der Gravimetrie nach Aufwand und Umfang der Messstationen und damit nach den Kosten fragen, und wie bei der Seismik hängt es davon ab, ob zunächst eine grobe Übersichtsvermessung (mit beispielsweise einem Punkt-

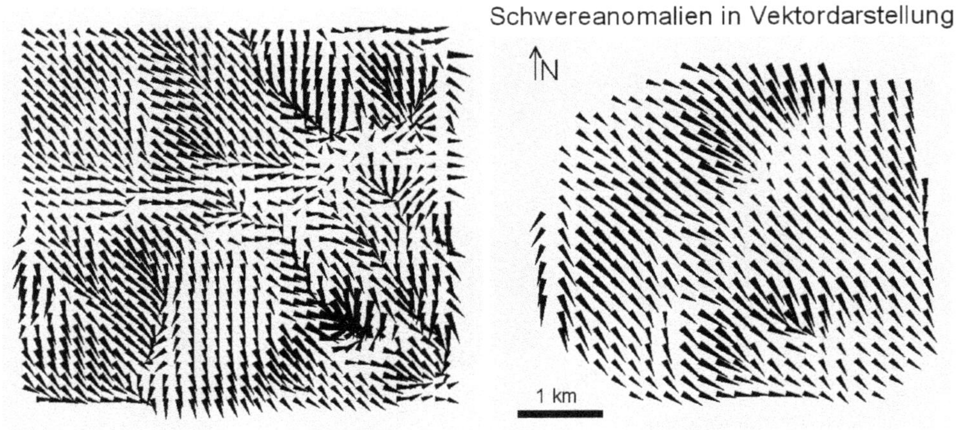

Abb. 2.24 Schwerefelder der Gravimetrie in Vektordarstellung. Die beiden Erlaubnisfelder der Geothermie im Alpenvorland liegen nur 10 km auseinander, vermitteln aber einen signifikant unterschiedlichen tektonischen Bau

raster von 500 m) vorgesehen ist oder eine Detailmessungen (mit einem Punktraster von 50–100 m) als sinnvoll erachtet wird. Im ersten Fall addieren sich in einem Erlaubnisfeld von 100 km^2 die Stationen zu etwa 400, und bei einer Detailfläche von 500 × 500 m und einem 50 m-Raster sind es gerade mal 120 Messpunkte. Geht es um Hohlraumerkundung im Bereich eines geplanten Fundamentes für eine Tiefe Geothermie-Bohrung mit Verdacht auf Verkarstung oder alten Bergbau, kann bei nochmal reduzierter Untersuchungsfläche ein noch engeres Raster gewählt werden. In solchen Fällen hat sich der Begriff der Mikrogravimetrie eingebürgert, da es hier in der Regel um extrem geringe Schwereunterschiede geht, für deren Messung Gravimeter höchster Empfindlichkeit eingesetzt werden. Unpassend wird heute auch vielfach der Begriff der Mikrogravimetrie für die „ganz normale" Gravimetrie benutzt, was offensichtlich einzelnen Firmen den Ruf verleihen soll, besonders genau und aussagekräftig zu messen. Eine solche Abgrenzung gibt es nicht, und die Frage ist dabei nur, ob ein Gravimeter älterer Bauart mit einer Auflösung von 0,01 mGal oder eines der neueren Generation mit der Auflösung 0,001 mGal verwendet wird. In den wirklich allermeisten Fällen, selbst vielfach bei der Hohlraumortung, ist diese höchste Genauigkeit überhaupt nicht auszuschöpfen, weil die Massenreduktion nahegelegener Geländeunregelmäßigkeiten und oberflächennahe merkliche Dichteänderungen in der Verwitterungszone weitaus stärkere, nichterfasste Schwankungen der Schwere verursachen.

Unabhängig von solchen Detailfragen, auch solchen zu konventioneller oder GPS-gestützter Einmessung der Gravimeterpunkte sowie solchen des jeweiligen Datenprozessing, bleibt die Feststellung, dass auch in der Tiefen Geothermie die Gravimetrie als Vorbereitung und Ergänzung zur Seismik, sehr häufig mittlerweile auch in Kombination mit tiefengeoelektrischen Verfahren (Schill et al. 2010; Guglielmetti et al. 2011; Gabtni und Gouasmia 2013) in der Regel verbesserte Resultate bei erheblicher Kostenersparnis liefert.

Kosten/Nutzen-Überlegungen stellen sich auch auf anderer Ebene. In der KWST-, Kohle- und Erz-Exploration hat sich die gravimetrische Vermessung vom Flugzeug oder Hubschrauber aus (Airborne-Gravimetrie) einen gewissen Platz erobert, nachdem es in der letzten Dekade gelungen ist, die rund 1000fach größeren Beschleunigungen der Flugbewegung mit Hilfe präziser GPS-Navigation von der interessierenden gravimetrischen Erdbeschleunigung zu trennen. Für große, schwierig zugängliche Gebiete, nicht nur im Offshore-Bereich, sind erfolgreiche Kampagnen bekannt geworden, und eine Airborne-Gravimetrie ist z. B. von der deutschen Bundesanstalt für Geowissenschaften und Rohstoffe (BGR) in der Antarktis getestet worden. Für eine geologisch großstrukturierte Dichteverteilung ist eine heute erreichbare Genauigkeit der Airborne-Gravimetrie von ca. 1 mGal bereits beachtlich; für die eher kleinräumige Geologie der Tiefen Geothermie mit dem Wunsch nach deutlich höherer Auflösung bleibt abzuwarten, ob die Airborne-Gravimetrie einmal interessant wird.

Ein Stockwerk noch deutlich höher ist die Satellitengravimetrie angesiedelt, die in Projekten wie GRACE oder GOCE mit spezieller Gradienten-Messtechnik weltumspannend Schweredaten liefert. Bei einer Genauigkeit von etwa 1 mGal liegt die räumliche Auflösung heute bei 70–80 km und wird sicherlich in Zukunft weiter verbessert, und erste Anwendungen für Beckenanalyse und generelle geodynamische Modelle im Rahmen der KWST-Exploration gibt es bereits z. B. für die arabische Halbinsel. Geologische Strukturen der Größenordnung einige 100 m oder wenige Kilometer, wie sie für die Tiefe Geothermie wichtig sind, lassen sich damit nicht beschreiben, aber der Sinn einer Satelliten-Gravimetrie auch für Zwecke der Geothermie sind Beiträge zum geodynamischen Verständnis und zum Wärmehaushalt in Erdkruste und Erdmantel in Verbindung mit den eingangs erwähnten Hotspots. Bedeutsam ist auch der Prozess der Transformation des globalen Gravitationspotentials in lokale Maßstäbe mit der Einbindung von Messdaten aus terrestrischer und Airborne-Gravimetrie (Freeden und Nutz 2011).

Generell sind in der letzten Dekade enorme Fortschritte in der Geophysik der Potentialfelder gemacht worden, und Begriffe wie *wavelet analysis* oder *continuous wavelet transform* werden in Zukunft bei der Interpretation von Potentialfeldern mit der Lokalisierung und Beschreibung ihrer Quellen vermehrt zu lesen sein (z. B. Boukerbout und Gibert 2006; Sailhac et al. 2009). Das betrifft auch Messungen der Geomagnetik (Abschn. 2.7.4) und des Eigenpotentials (Abschn. 2.8.6). Seit einiger Zeit in Gebrauch und inzwischen weiter verbessert sind interaktive dreidimensionale (3D-) Modellierungsprogramme (z. B. IGMAS+, Götze et al. 2010) für gemeinsame Auswertung und Interpretation von Gravimetrie und Geomagnetik. Verbessertes Modellieren geht allerdings vermehrt auf Kosten einer geologischen Anschaulichkeit der Darstellungen, was insbesondere auch bei Graphiken der Reflexionsseismik zu konstatieren und manchmal durchaus zu bemängeln ist.

2.8.4 Geomagnetik

Anwendungen der Geomagnetik bei Projekten der Tiefen Geothermie mit Übersichts- und Detailvermessung betreffen im wesentlichen drei Komplexe. Der erste Komplex, der auch bei der geophysikalischen Vorerkundung in der KWST-Exploration im Vordergrund steht, ist die großräumige Kartierung des kristallinen Untergrundes, in den auch strukturelle Verhältnisse eingeprägt sind. Sie können sich weiter nach oben in die Sedimentite durchpausen, müssen es aber nicht. Petrophysikalisch resultiert der Kontrast des Kristallins zum sedimentären Deckgebirge daraus, dass Kristallingesteine vielfach, aber keineswegs immer, stärker magnetisch sind (mit höherer magnetischer Suszeptibilität bzw. Magnetisierung) als die Sedimentgesteine. Innerhalb der Sedimentgesteine sind Tonsteine meist messbar magnetischer als Sandsteine, was für einfache Kartierungen genutzt werden kann. Desgleichen resultieren magnetische Strukturen aus dem kristallinen Untergrund, die auch für die petrothermale Geothermie bedeutsam sein können, auch einfach aus den Änderungen der Gesteinsarten. Pauschal – und das gilt für Plutonite, Vulkanite und Metamorphite gleichermaßen – sind basische Gesteine (z. B. Gabbro, Serpentinit, Amphibolit, Diabas, Basalt) stärker magnetisch als saure oder intermediäre Gesteine (z. B. Granit, Diorit, Rhyolith, Trachyt, viele Gneise). Im Einzelfall können erhebliche Abweichungen auftreten, wenn höhere Gehalte stark magnetischer Minerale (z. B. Magnetit oder Maghemit) den magnetischen Charakter eines Gesteins bestimmen. Ein auffälliges Phänomen sind die verbreitet stärker magnetischen Überdeckungslehme auf der Schwäbischen und vor allem auf der Fränkischen Alb, in denen der Magnetismus an einen Magnetitgehalt von Verkieselungen in den Lehmen gebunden ist, dessen Ursprung noch ungeklärt ist. Da die Lehme mit Ihren Mächtigkeitsschwankungen auch die Verkarstung und damit indirekt vielfach eine Tektonik nachzeichnen, ist eine geomagnetische Vermessung ein probates Mittel einer generellen strukturellen Vorerkundung mit dem Begleiteffekt einer Baugrund-Untersuchung.

Der zweite Komplex ist viel spezifischer und betrifft die häufig signifikant magnetischen Vulkanite, insbesondere die tertiären Basaltgesteine, die im Bereich der deutschen Geothermie-Exploration vor allem im Oberrheingraben existieren und dort, oberflächig unerkannt, in der mächtigen tertiären Grabenfüllung stecken können (Abb. 2.25 und 2.26). Ihre geophysikalische Lokalisierung kann verhindern, dass eine Geothermie-Tiefbohrung unglücklicherweise direkt über einem hochreichenden Basalt abgeteuft wird. Sie kann aber auch bei der seismischen Auswertung und Interpretation helfen: Nach früherer Seismik als vermutete Salzdiapire angesprochene Strukturen haben sich z. B. bei einer späteren Geomagnetik als im Sediment steckende Basaltstöcke entpuppt.

Der dritte Komplex hat eher peripheren Charakter und ist nur in speziellen Situationen wie bei der Lokalisierung unterirdischer Bauten mit eisenmetallischen Bestandteilen, die bei Tiefbohrungen unangenehm stören könnten, als einfache Messmethode in Betracht zu ziehen.

Bezüglich der großräumigen Vorerkundung des erstgenannten Komplexes hat die Geomagnetik Ähnliches zum Ziel wie die Gravimetrie (und wird vielfach auch mit ihr zusammen modelliert (z. B. Skalbeck et al. 2002; Schwering und Karlin 2013)), muss methodisch

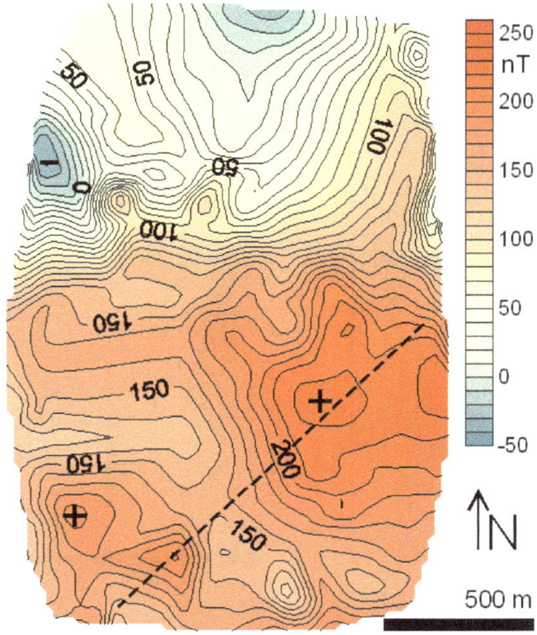

Abb. 2.25 Magnetfeld-Vermessung (Totalintensität) im südlichen Oberrheingraben. Die Magnetfeld-Anomalien mit Schwankungen bis zu 300 nT und ausgeprägter Gliederung sind auf Vulkanite zurückzuführen, die, an der Erdoberfläche nicht sichtbar, in der tertiären Grabenfüllung stecken und nach Modellierungen ab 100–200 m Tiefe angetroffen werden (Abb. 2.26)

aber anders beurteilt werden. Dazu gehört der Umstand, dass Magnetfelder von Störkörpern mit der Entfernung rascher als Schwerefelder abklingen. Unzweifelhaft lassen sich Magnetfeldmessungen wesentlich rascher als die Gravimetrie durchführen. In jüngster Zeit ist das sozusagen auf die Spitze getrieben worden, als in einem Testprogramm aeromagnetische Messungen mit einem Ultraleichtflugzeug im Rahmen der Tiefengeothermie des Oberrheingrabens vorgenommen wurden. Medienberichte klingen vielversprechend bis euphorisch mit einem Tenor, dass die Aeromagnetik in Zukunft eine wesentliche Rolle bei der Reduzierung seismischer Messungen spielen könnte. Die Gründe, warum keine Euphorie, selbst nicht mal eine erhöhte Erwartungshaltung bei der Aeromagnetik im Vergleich mit der Airborne-Gravimetrie (siehe Abschn. 2.8.3) angebracht ist, liegen auf der Hand und sind in dem physikalischen Unterschied der beiden Verfahren angesiedelt. Das Potentialverfahren der Geomagnetik hat zweifelsohne viel mit der Gravimetrie gemeinsam, was beides, den physikalischen Hintergrund und die Messmethodik betrifft, was im Abschn. 2.5 bereits kurz beleuchtet wurde. Das globale Schwerefeld finden wir ersetzt durch das globale Erdmagnetfeld, und wie die Dichteänderungen im Untergrund messbare Änderungen des Schwerefeldes verursachen, führen Veränderungen des Gesteinsmagnetismus im Untergrund zu messbaren Anomalien des Erdmagnetfeldes. Zwei Gegebenheiten haben zur Folge, dass Magnetfeldmessungen und deren Auswertung und Interpretation sich wesentlich komplexer gestalten. Zum einen ist die zur Dichte korrespondierende Magnetisierung eines Gesteins eine Vektorgröße, was zu typisch anderen, in aller Regel komplexeren Anomalien führt (Abb. 2.27).

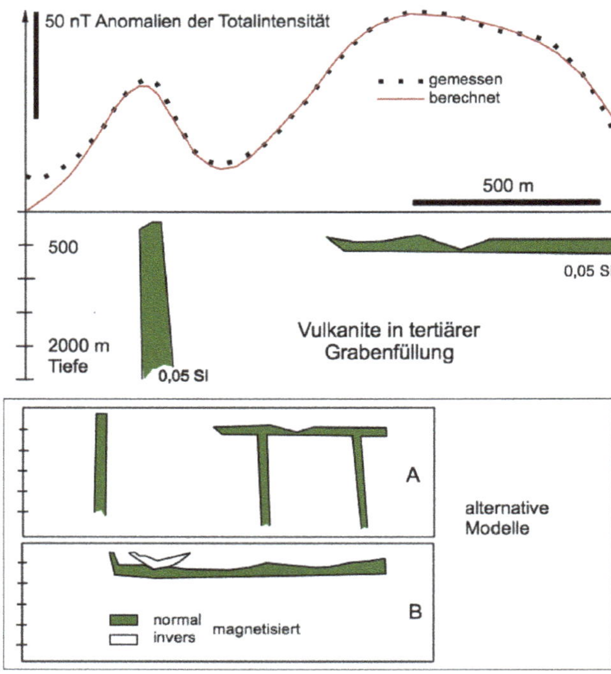

Abb. 2.26 Modellierung der magnetischen Anomalien auf dem Profil der Abb. 2.25. Gleichgute Anpassung lässt sich mit sehr unterschiedlichen Modellen erzielen. Im Modell *A* besitzt der plattige Störkörper aus der oberen Modellierung noch vertikale Stränge einer Intrusion, und im Modell *B* kann die gemessene Anomalie allein durch plattige Störköper erklärt werden, wenn zusätzlich ein kleinerer Körper mit inverser remanenter Magnetisierung zugelassen wird. Das vermittelt zweierlei Dinge. In die Tiefe greifende Strukturen werden schlecht aufgelöst, und die Auswertung und Interpretation wird vieldeutig, wenn bei ausgedehnten, wechselvollen Anomalien kein eindeutiges Nullniveau festgelegt werden kann, was hier bei der beschränkten Messfläche der Fall ist. 0,05 SI ist die bei der Modellierung verwendete magnetische Suszeptibilität des Vulkanits

Darüber hinaus kann die Magnetisierung selbst gesteinsphysikalisch ungemein variabel sein. Ein und derselbe geologische Körper kann extrem unterschiedliche Magnetfelder erzeugen (Stichwörter: induzierte und remanente Magnetisierung, normale und inverse Magnetisierung, Streichrichtung Ost-West oder Nord-Süd, Messung in hohen oder niedrigen Breitengraden); in der Gravimetrie gibt es nur ein einziges Schwerefeld dazu, bei dem sich allein die Amplitude proportional zur Dichte ändert. Umgekehrt kann eine einzige gemessene magnetische Anomalie durch geologische Körper extrem unterschiedlicher Geometrie erklärt werden, was das Beispiel in Abb. 2.28 vermittelt.

Am Beispiel der Abb. 2.28 wird auch noch einmal klar, dass es illusorisch ist, der Geomagnetik *auf Kosten der Seismik* eine größere Bedeutung bei der geothermalen Exploration beizumessen. Reflexions- und Refraktionsseismik können sehr wohl die beiden Fälle un-

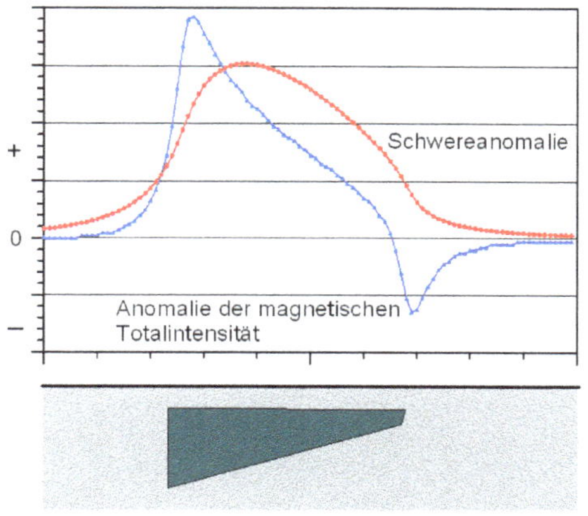

Abb. 2.27 Berechnete, charakteristisch unterschiedliche Anomalien der Gravimetrie und der Geomagnetik über einem lang gestreckten, Ost-West streichenden geologischen Modellkörper erhöhter Suszeptibilität und erhöhter Dichte; S-N-Profil in mittleren Breiten. Während einzelne Körper in der Gravimetrie stets nur eine positive oder nur eine negative Anomalie erzeugen, bestehen Magnetfeldanomalien immer aus einer Kombination von positiven und negativen Anteilen, was mit dem Vektorcharakter der Magnetisierung und, vereinfacht ausgedrückt, mit dem Konzept von Nord- und Südpol eines Magneten zusammenhängt

terscheiden, wobei sie dann durchaus eine sinnvolle Ergänzung durch die Geomagnetik in einer Komplexinterpretation erfahren können. Ebenfalls wird deutlich, dass die diskutierte Möglichkeit, geothermische Aktivität über eine daraus resultierende Reduktion der Gesteinsmagnetisierung nachzuweisen, praktisch an einer generellen Vieldeutigkeit geomagnetischer Vermessungen scheitert. Ohnehin wird in dieser Hinsicht das Ziel, die sogenannte *Tiefe der Curie-Temperatur* zu identifizieren zumindest bei der hiesigen Geothermie in aller Regel verfehlt. Bei der Curie-Temperatur verwandeln sich ferrimagnetische Gesteine in nur noch schwach magnetisches, paramagnetisches Material, und diese Curie-Temperatur liegt für die üblichen titanomagnetithaltigen Gesteine bei immerhin 200–580 °C.

Ein wesentliches Handicap aller Magnetfeldmessungen, seien es solche am Boden oder in der Luft, ist ihre große Empfindlichkeit gegenüber menschlichen Konstrukten (Bebauung jeglicher Art, Leitungen usw.). Messungen in oder über solchen Arealen, in denen die Gravimetrie keinerlei Probleme hat, fallen für die Geomagnetik in aller Regel aus. Manches kann durch spezielle Filterverfahren bei der Datenbearbeitung abgeschwächt werden, aber sie können auch auf mathematischem Wege Strukturen produzieren, die in der Natur gar nicht existieren. Obgleich Magnetfeldmessungen ohne Zweifel das Potential haben, zu einer größerflächigen Vorerkundung beizutragen, werden ihre Möglichkeiten im Rahmen der meist kleinräumigen Tiefen Geothermie und deren Fokussierung in der Nähe störender Bebauung sehr zurückhaltend beurteilt. Sie kann zwar rasch und relativ kostengünstig Daten beibringen, die aber bei weitem nicht so belastbar sind wie die der Gra-

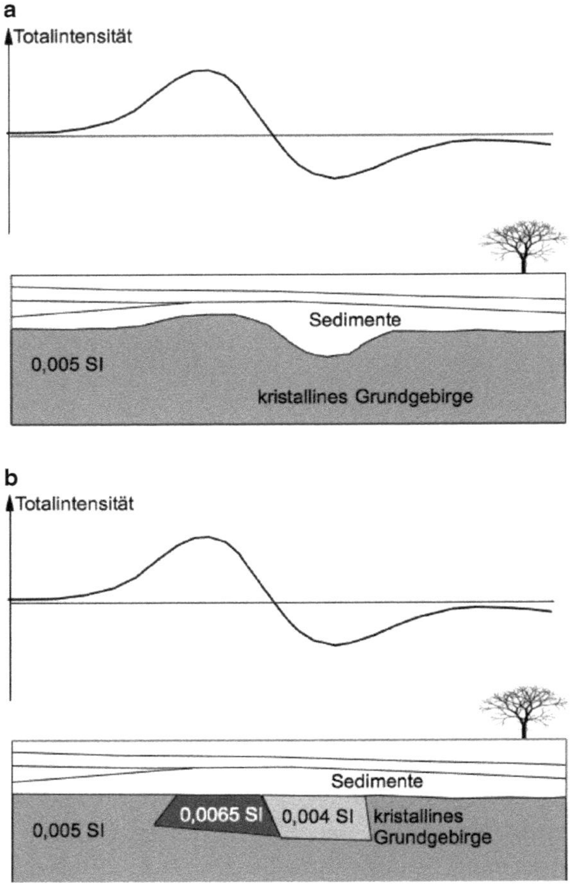

Abb. 2.28 Zwei ganz unterschiedliche Strukturen des kristallinen Grundgebirges, die exakt dieselbe geomagnetische Signatur haben. Ähnliche Konstellationen können im Prinzip auch bei der Gravimetrie auftreten, wenn z. B. wie im unteren Beispiel bei ebener Kristallinoberfläche eingelagerte Gesteinskomplexe höherer und geringerer Dichte relativ positive und negative Anomalien erzeugen. Erfahrungsgemäß sind aber die Dichteschwankungen im Kristallin und der Dichtekontrast zum sedimentären Deckgebirge viel homogener ausgeprägt

vimetrie. So attraktiv eine Aeromagnetik zunächst erscheint – zumal sich heute mit dem Einsatz unbemannter, magnetometer-bestückter Drohnen ganz neue Perspektiven eröffnen (Abb. 2.29) – sie sollte nur in genau überlegten Fällen ins Auge gefasst werden. Ein notwendiger Einsatz der Geomagnetik-Erkundung von jungen Vulkaniten und ihr Einsatz bei der Lokalisierung störender anthropogener Strukturen bleiben unbestritten.

2.8.5 Verfahren der Geoelektrik

Die Aufgaben einer die Tiefe Geothermie vorbereitenden und begleitenden Geoelektrik lassen sich in zwei Komplexe gliedern. Der erste Komplex betrifft die Lagerstätte selbst, die mit ihren besonderen Eigenschaften der heißen Fluide insbesondere im Kristallin der petrothermalen, aber auch der hydrothermalen Geothermie prädestiniert für eine die Seismik ergänzende Geoelektrik mit den Methoden der Magnetotellurik ist. In der KWST-Explo-

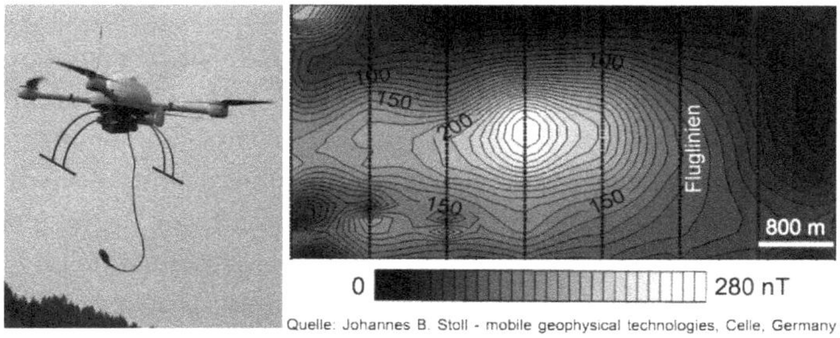

Abb. 2.29 Moderne Geomagnetik mit UAV (*unmanned aerial vehicle*; Drohne). Mit einem von der Drohne getragenen Dreiachs-Fluxgate-Magnetometer wird die Totalintensität des Erdmagnetfeldes erfasst. Die Karte zeigt die derart gemessene magnetische Anomalie über einem bis zur Erdoberfläche aufgedrungenen Vulkanit

ration werden zudem mit wachsendem Erfolg geoelektrische Verfahren dann eingesetzt, wenn seismische Verfahren generell Probleme bekommen, was in schwierigen Gebieten und vielfach bei tiefliegenden KWST-Lagerstätten im Kristallin der Fall ist (z. B. He et al. 2010). Der zweite Komplex sieht die Geoelektrik vor allem im Einsatz bei der geologischen und geotechnischen Erkundung der vorgesehenen Bohrpfade, beginnend an der Erdoberfläche mit der Fundamentgründung für den Bohrturm bis in Tiefen, die einerseits sinnvoll mit den geoelektrischen Messmethoden erreichbar sind und andererseits für die Bohrung geologisch kritische Zonen beleuchten können.

Anders als Seismik, Gravimetrie und Geomagnetik bietet die Geoelektrik eine Fülle methodisch sehr unterschiedlicher Verfahren. Das Ziel der Hauptgruppe ist die Ermittlung der räumlichen Verteilung der spezifischen elektrischen Widerstände (bzw. der elektrischen Leitfähigkeiten als Kehrwert) der Gesteine. In der Geothermie, insbesondere in der Tiefen Geothermie wird ihr in Deutschland bisher relativ wenig Beachtung geschenkt, was – ähnlich wie bei der Gravimetrie und Geomagnetik – mit der starken Fokussierung auf die Seismik zusammenhängt. Dabei sind geoelektrische Widerstandsmessungen *a priori* zielgerichtet mit der hydrothermalen und der petrothermalen Geothermie verknüpft. Mit ihnen wird ein petrophysikalischer Parameter untersucht, der – wie die Seismik – eine Quantifizierung horizontaler und vertikaler geologischer Strukturen ermöglicht. Geoelektrik kann aber zudem viel stärker als die anderen Verfahren lithofaziell differenzieren und spricht direkt die Fluide in den Gesteinen an. Lithologische Differenzierung betrifft ganz pauschal elektrisch schlechtleitende (Sandsteine, Kalksteine, Dolomite, Kristallingesteine) und gutleitende Gesteine (Tonsteine, Mergelsteine, Elektronenleiter wie Erze oder Graphit). Die Fluide sind Ionenleiter und prägen vornehmlich über Ionengehalt zusammen mit Porosität (Kluftporosität, intergranulare Porosität, Hohlraumporosität) und Wassersättigung den Widerstand fast aller Gesteine. Das gilt auch für die Kristallingesteine in den großen Tiefen der petrothermalen Geothermie. Widerstandsmessungen der Geoelektrik in der Tiefen Geothermie zielen deshalb vor allem auf den Fluidgehalt des Porenraums in Verbindung mit Störungszonen und verwerfungsbegleitenden Bruchzonen, in denen es –

gesteinsabhängig – auch vermehrt zu Verwitterungsbildungen (Feldspat-Verwitterung!) mit weiterer Reduzierung der Widerstände kommen kann. Auch die Temperatur hat merklichen Einfluss. Die elektrische Leitfähigkeit nimmt grob exponentiell mit ihr zu; eine Erhöhung um 40 °C erniedrigt den Widerstand auf etwa die Hälfte. Wieweit diese direkte Temperaturabhängigkeit eine tiefe geothermische Lagerstätte geophysikalisch auszeichnen kann (Stichworte Hotspot, *mantle plume*), ist wenig betrachtet worden. Signifikante Unterschiede scheinen zwischen dem Umfeld eines geothermalen Reservoirs im Kristallin und dem Reservoir selbst zu bestehen. Bereits bei relativ niedrigen Temperaturen um 50–100 °C kann der Temperatureinfluss auf den spezifischen Widerstand bereits enorm sein (Llera et al. 1990), wobei neben der direkten Temperatureinwirkung auch eine Mikrorissbildung mit Porositätszunahme eine Rolle spielen könnte. Solche Einflüsse zusammen mit verstärkter Verwitterung und Tonmineralbildung durch hydrothermale Fluide können in der Zone direkt über dem Reservoir zu extrem niedrigen Widerständen führen, während im Reservoir trotz zunehmender Temperaturen die Widerstände wieder ansteigen (Ussher et al. 2000). Ähnliche Erfahren machte Beamish (1990), als mit magnetotellurischen Messungen für ein hot-dry-rock-Projekt in Graniten von Südengland trotz eines hohen geothermalen Gradienten die erwartete Widerstandserniedrigung mit zunehmender Temperatur nicht gemessen wurde, was er mit zunehmendem Schließen von Klüften und Rissen im Gestein erklärte. Auch die geoelektrischen Untersuchungen von Uchida (2005) in Japan und Uchida et al. (2005) in Korea belegen, dass in diesem Befund eine gewisse Gesetzmäßigkeit bestehen könnte.

Für die Messung der Widerstandsverteilung kommen Verfahren mit künstlich erzeugten elektrischen und elektromagnetischen Feldern und Verfahren mit der Ausnutzung natürlicher elektromagnetischer Felder zum Einsatz. Die klassische Methode der Gleichstrom-Widerstandsmessung ist im Prinzip auf keinen Tiefenbereich beschränkt, und ultratiefe Widerstandssondierungen mit Eindringtiefen teilweise bis in den Obersten Erdmantel wurden in Südafrika, Australien und selbst im Oberrheingraben durchgeführt. Die notwendige Stromzuführung über Kabel verlangt dabei Auslagen der Größenordnung 10 x Untersuchungstiefe, was im Oberrheingraben bei Eindringtiefen über die Grabenfüllung von grob 3 km hinaus 30 km und mehr Kabelauslage erforderte. Tatsächlich hat man bei all diesen ultratiefen Sondierungen neu installierte Hochspannungs- und Telefonleitungen kurz vor ihrer Inbetriebnahme ausgenutzt. In Ausnahmefällen sind größere Eindringtiefen auch mit konventioneller Kabelauslage am Boden und speziellen Dipolanordnungen erzielbar, wie das Beispiel der Abb. 2.30 mit der Messung einer Sondierungskurve hoher Qualität und Widerstandsmodellierung bis in viele 100 m Tiefe vermittelt. Die Untersuchung noch größerer Tiefen mit der Gleichstrom-Widerstandsmethode in besiedelten Gebieten wird dann immer schwieriger, zumal das Auflösungsvermögen immer stärker abnimmt. Dennoch haben die geoelektrischen Gleichstrom-Widerstandsverfahren seit Beginn der Erkundung geothermaler Reservoirs mit dem Ziel der Erfassung von Zonen erniedrigter Widerstände immer eine gewisse Rolle gespielt (Alfano et al. 1982; Thanassoulas et al. 1987; Çağlar und Demirörer 1999; Rajver und Ravnik 2003; El-Qady et al. 2005; Tamburriello et al. 2008, und viele andere).

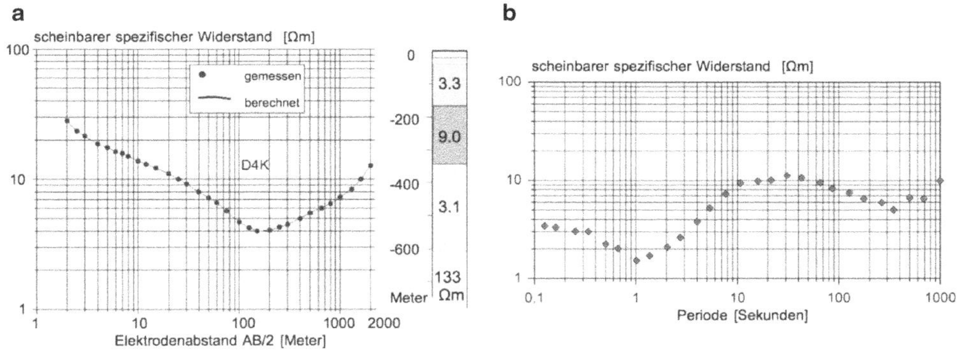

Abb. 2.30 Geoelektrische Tiefensondierungen, **a** Widerstandstiefensondierung (kombiniert Schlumberger- und Dipol-Dipol-Anordnung) der Gleichstromgeoelektrik; Nördlinger Ries, **b** Magnetotellurische Sondierungskurve Soultz-sous-Forêts (stark vereinfacht nach Schill et al. 2010). Gemessen wird in beiden Fällen ein *scheinbarer* spezifischer Widerstand, der sich mit zunehmenden Abständen der stromeinspeisenden Elektroden bzw. mit zunehmender Periode der registrierten zeitlichen Variationen ändert und dabei zunehmend von den Widerständen der tieferen Schichten beeinflusst wird. Die Kurven können mit Widerstandsschichtungen modelliert werden, was bei der Gleichstrom-Kurve für einen Siebenschichtenfall gezeigt ist

Mit der Zeit hat aber die Gruppe der magnetotellurischen Verfahren (Chave und Jones 2012) nach dem physikalischen Prinzip der elektromagnetischen Induktion, bei der die elektrischen und magnetischen Komponenten zeitlich schwankender Stromsysteme im Untergrund gemessen und in Widerstandswerte der Gesteinsfolgen überführt werden, in der Geothermie immer mehr an Bedeutung gewonnen (Galanopoulos et al. 1998; Spichak 2005; Tamburriello et al. 2008; Waibel et al. 2013, und viele andere). Die Verfahren sind mittlerweile weltweit Standard vor allem auch in der KWST-Exploration, was sich unerklärlicherweise nicht der hiesigen Tiefen Geothermie mitgeteilt hat, obgleich immer wieder hervorgehoben wird, wie kostengünstig die Magnetotellurik ist. Gemäß den langperiodischen Schwankungen sind die Untersuchungstiefen bei der eigentlichen Magnetotellurik (MT) und der Audiomagnetotellurik (AMT) enorm und überdecken leicht den für die Tiefe Geothermie bedeutsamen Bereich. Im Oberrheingraben bekannt geworden sind Messungen der Magnetotellurik im Areal des geothermischen Kraftwerkes Soultz-sous-Forêts (Geiermann und Schill 2010), wo darüber hinaus Messdaten der Magnetotellurik und Gravimetrie im Rahmen eines geologischen 3D-Modells gemeinsam interpretiert wurden (Schill et al. 2010).

Als Teil einer umfassenderen Studie (Spichak und Zakharova 2012) hat es ebenfalls in Soultz-sous-Forêts interessante Ansätze für die Nutzung magnetotellurischer Messungen für die Tiefe Geothermie in Bezug auf die Extrapolation von Bohrlochtemperaturen in noch größere Tiefen gegeben (indirektes elektromagnetisches Geothermometer; Spichak et al. (2010)). Perspektiven ergeben sich für die Beurteilung des Wärmetransports (Wärmeleitung oder Wärmekonvektion) und Wegsamkeiten für Fluide, für verbesserte Ansatz-

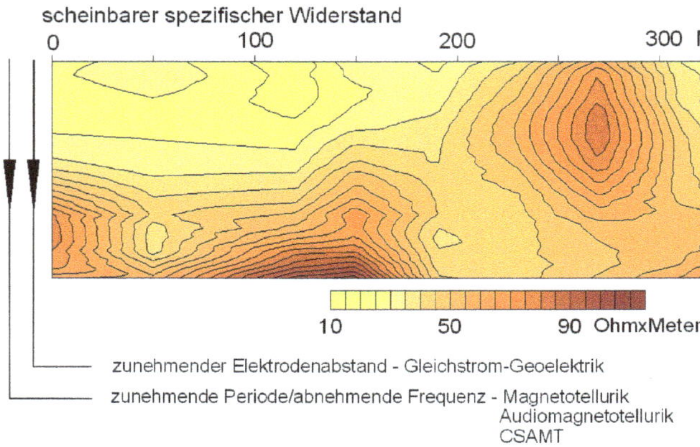

Abb. 2.31 Allgemeine Darstellung einer Pseudosektion für die Verteilung des scheinbaren spezifischen Widerstandes längs einer Profilstrecke mit vielen Messstationen. Bei den MT-Verfahren verändert sich der scheinbare spezifische Widerstand in Abhängigkeit von den registrierten Perioden der elektromagnetischen Signale

punkte für neue Tiefbohrungen und ein Monitoring im Zuge der Ausbeutung der geothermalen Lagerstätte.

Simuliert wird die Physik der MT und AMT in einem Verfahren, bei der die elektromagnetische Induktion künstlich mit starken Generatoren und Wechselstromeinspeisung variierender Frequenzen über lange Kabelauslagen erfolgt. Mit dieser Methode des CSAMT (*controlled source audiomagnetotellurics*) werden auch für die Geothermie interessierende Tiefen bis zu mehreren Kilometern erzielt, und die Erkundung geothermal bedeutsamer Bruchzonen steht vielfach im Vordergrund (z. B. Tagamori et al. 2005; Di et al. 2006). Di et al. (2006) heben hervor, dass selbst in Stadtgebieten erfolgreich mit CSAMT gearbeitet werden konnte und dass dort heißwassergefüllte Bruchzonen präzise noch bis in über 2000 m Tiefe nachgewiesen wurden.

In allen Fällen der Magnetotellurik lassen sich analog der Gleichstromgeoelektrik Sondierungskurven registrieren (Abb. 2.30), die mit vertikalen Widerstandsschichtungen für eine Messstation modelliert werden. Viele Sondierungen, auf einem Profil aneinandergereiht, können dann zu einer Widerstands-Pseudosektion zusammengestellt werden, die in 2D-Widerstandsmodelle für eine geologische Interpretation überführt werden können (Abb. 2.31). In der Geothermie-Exploration spielen aber auch 3D-magnetotellurische Untersuchungen eine zunehmend wichtige Rolle, um komplexe hydrothermale Systeme zu charakterisieren und zur Bohrstandort-Optimierung beizutragen (z. B. Newman et al. 2005).

Ebenfalls auf dem Induktionsprinzip beruhend, aber auf weniger große Untersuchungstiefen beschränkt sind aktive geoelektrische Verfahren, die über große Induktionsschleifen mit Impulsen (TDEM, *time domain electromagnetics*) oder sinusförmigen Wechselströmen (FEM, *frequency electromagnetics*) elektrische Felder im Untergrund aufbauen. Gemessen und modelliert werden ebenfalls die räumlichen Widerstandsverteilungen, die letztlich geologisch zu interpretieren sind. Solche Verfahren können, zusammen mit der Gleichstromgeoelektrik, vor allem sinnvoll eingesetzt werden, um die oberen Bereiche eines geplanten Geothermie-Standortes auf natürliche oder anthropogene Problembereiche hin zu erkunden. Direkte Anwendungen bei der Erkundung geothermaler Reservoirs, meist in Verbindung mit der Magnetotellurik und Gleichstromgeoelektrik, sind aber auch bekannt geworden (Schaumann 2007).

Messungen der *Induzierten Polarisation (IP)* (siehe Abschn. 2.6) als Bestandteil einer komplexen Widerstandsmessung scheinen bisher wenig Eingang in die geothermale Prospektion gefunden zu haben, obgleich über Einsätze in geothermalen Arealen berichtet worden ist (z. B. Tezel et al. 2010) und die Eignung für eine verbesserte Ansprache von Bruchzonen durchaus Potential hat. Einen weit umfassenderen Ansatz machen Quilty et al. (2010), indem sie für ein geothermales Reservoir Daten einer spektralen induzierten Polarisation (SIP) und Gleichstrom-Geoelektrik mit Temperaturen und Temperaturgradienten sowie mit geologischen Kenntnissen in einem geologischen Modell kombinieren. Das wird solange variiert, bis es alle geologischen und geophysikalischen Felddaten befriedigt, mit dem Ziel, die Risiken der geothermalen Prospektion zu reduzieren.

2.8.6 Eigenpotentialmethode und mise-à-la-masse-Methode

Beide Verfahren zählen auch in den Bereich der Geoelektrik, haben aber eine methodische Sonderstellung, weshalb ihnen ein eigener Abschnitt gewidmet wird. Gemeinsam ist ihnen ihr Ursprung in der Erzexploration, die Methodik der Potentialmessung und vieles beim Daten-Prozessing.

Eigenpotentialmethode Viele unterschiedliche Prozesse elektrochemischer, elektrophysikalischer und bioelektrischer Natur führen zur Ausbildung von elektrischen Gleichfeldern im Untergrund und ihrer Messung an der Erdoberfläche und in Bohrungen. Sie begründen die Eigenpotentialmethode, die zu den frühesten Methoden in der angewandten Geophysik mit dem Einsatz bei der Erzexploration gehörte. Heute liegen die Schwerpunkte des auch als SP-Methode (SP für *self potential* oder *spontaneous potential*) bezeichneten Verfahrens in der Hydrogeologie und bei Anwendungen in der Geothermie, die sich allein auf den Aspekt der Strömungspotentiale (elektrokinetische Potentiale, Filtrationspotentiale) fokussieren. Strömungspotentiale mit gut zu messenden Spannungen bis zu mehreren 100 Millivolt und teilweise mehr entstehen immer dann, wenn sich ein Elektrolyt (einschlägig konkret das Grundwasser) in einem porösen Medium (einschlägig konkret im Gesteinsporenraum) bewegt. Die kontrollierenden Parameter sind die elektrischen Eigenschaften des Porenelektrolyten im Kontakt mit der Gesteinsmatrix und insbesondere der hydraulische Druckabfall, der durch Permeabilität und Fließgeschwindigkeit ersetzt werden kann. Mathematisch stellt sich heraus, dass das elektrokinetische Potential ähnlich dem hydraulischen Potential konfiguriert ist, was zu Anwendungen der SP-Methode bei der Beschreibung hydraulischer Verhältnisse geführt hat. Der einfachste Zusammenhang ist, dass infiltrierende Wässer relativ negative, aufsteigende Wässer aber relativ positive SP-Anomalien erzeugen. Untersuchungen und Messungen mit dem Ziel, die SP-Methode auch für die Tiefe Geothermie zu nutzen, reichen über 30 Jahre zurück (Corvin und Hoover 1979), und auch in der Folgezeit und bis heute gibt es immer wieder neue Ansätze dazu (z. B. Yasukawa 1993; Ishido et al. 2010). So interessant der geothermische Aspekt der SP-Methode ist, was sowohl für die hydrothermale als auch für die petrothermale Geothermie gilt, so problematisch ist in vielen Fällen die praktische Umsetzung. Anomalien der elektrischen Potentiale haben größenordnungsmäßig eine Ausdehnung vergleichbar der Tiefenlage der elektrokinetischen Quelle, was bei Aquiferen der hydrothermalen Geothermie und bei Erschließungszielen der petrothermalen Energie kilometerlange, mit einem Kabel und Erdungspunkten zu überbrückende Messstrecken erfordert. Dabei ist es weniger die Geometrie der großen Auslage (auch die Seismik benötigt kilometerlange Auslagen) als die vielfältigen elektrischen Störsignale, die sich in industrialisierten und dicht bebauten Regionen dem SP-Nutzsignal überlagern. In Gebirgsregionen mit verbreitet Erzvorkommen (z. B. im Erzgebirge) oder Graphitlagerstätten (z. B. Bayerischer Wald) können sich auch die charakteristischen Mineralisationspotentiale, aber auch allein durch die Topographie hervorgerufene Potentiale überlagern und zu schwer zu interpretierenden SP-Anomalien tiefliegender elektrokinetischer Quellen führen. Eine Routinemessung in der Geothermie stellt die SP-Methode nicht dar; in Forschungsvorhaben und Pilotstudien zur Geothermie sollte man sie nicht aus den Augen verlieren. Das gilt auch für die

Mise-à-la-masse-Methode Anders als bei der SP-Methode wird eine elektrische Potentialanomalie an der Erdoberfläche durch eine künstliche Quelle in der Tiefe erzeugt. In der Erzexploration geschieht das durch Anbohren des meist sehr tief liegenden Erzköpers, der über eine Gleichstromzuführung und Kontaktierung zu einer Art ausgedehnter Elektrode wird. Das dadurch an der Erdoberfläche entstehende und zu messende Potentialfeld spiegelt dann Ausdehnung und Form des Körpers wider. In der Tiefen Geothermie wird das dahingehend kopiert, dass über eine existierende Tiefbohrung und ein Kabel (manchmal auch über die Stahlverrohrung der Bohrung selbst) Strom in den heißen Aquifer, der als der zum Erz äquivalente gute Leiter fungiert, geleitet wird. Ziel ist, aus der gemessenen Potentialverteilung an der Erdoberfläche Hinweise auf die Ausbildung des geothermalen Speichers und von Kluftsystemen für die Bewegung heißer Fluide (laterale Ausdehnung, Streichrichtung, Tiefenerstreckung) zu erhalten sowie das Verfahren auch zu einem Monitoring zu verwenden. Wie die SP-Methode zählt auch die *mise-à-la-masse*-Methode keineswegs zu den gebräuchlichen Verfahren bei der geothermalen Exploration, wird aber immer wieder als anscheinend erfolgreiche Methode für spezielle Gegebenheiten vorgestellt (z. B. Sumintadireja et al. 2000; Supriyanto et al. 2005).

2.9 Seismizität und geologisch-geophysikalische Untersuchungen

Im Zusammenhang mit den Tiefbohrungen der Geothermie ganz allgemein und speziell mit der künstlichen Risserzeugung im Rahmen der petrothermalen Geothermie ist die Frage einer induzierten Seismizität in den Vordergrund gerückt, was hier nicht erörtert werden soll und in einem weiteren Buchbeitrag behandelt wird. Hier wird diejenige Geologie und Geophysik angesprochen, die ohnehin in der Vorerkundung als existierendes Material beigebracht wird bzw. neu beizubringen ist. Vor allem geht es um eine Unterscheidung von induzierter, getriggerter und natürlicher Seismizität und dafür allgemein akzeptierte Verfahren, die es bisher nicht gibt. Außer den seismologischen Parametern der jeweiligen Ereignisse ist es vor allem die standortspezifische Geologie, die zu Lösungsansätzen benötigt wird, und als wichtige Größen werden die Tektonik und ihr Verwerfungs- und Bruchzoneninventar, die lithofazielle Stratigraphie, die Grundgebirgstiefe sowie die hydraulischen Eigenschaften und Fließvorgänge genannt. In den Projektstudien zur Geothermie wird dieser Aspekt bisher im allgemeinen nicht beachtet und allenfalls die natürliche Erdbebenaktivität mit ihren Herdlösungen und den Beziehungen zum großräumigen Spannungsfeld rezenter tektonischer Aktivität herangezogen. Auch wird mittlerweile bei Tiefen Geothermiebohrungen bohrbegleitend ein seismisches Monitoring mit hochempfindlichen Erschütterungsmessern praktiziert. Aber hier geht es mehr noch darum, in geothermischen Projektstudien von vornherein solche Überlegungen zum geologischen Inventar einzubeziehen und gegebenenfalls geophysikalische Messungen auch im Hinblick auf die Unterscheidung von induzierter, getriggerter und natürlicher Seismizität auszuwerten und zu interpretieren. Es versteht sich, dass auch in dieser Hinsicht von der reinen Fokussierung auf die Reflexionsseismik abgegangen wird und die anderen hier genannten Verfahren, die Potentialverfahren Gravimetrie und Geomagnetik sowie die Geoelektrik, ebenfalls sinnvoll einbezogen werden.

2.10 Bohrungsbegleitende Geophysik

Mit zunehmender Entfernung der geophysikalischen Messung vom geologischen Untersuchungsobjekt nehmen Auflösungsvermögen und generell Aussagekraft ab, bei einigen Verfahren rascher, bei anderen langsamer. Die Bohrlochgeophysik überkommt dieses Manko und ergänzt die Oberflächengeophysik, indem sie mit ihrem Instrumentarium in der Bohrung in die Tiefe wandert und die Lagerstätte im unmittelbaren Kontakt zum Bohrloch untersucht. In der KWST-Exploration ist das bis zur Perfektion getrieben worden, um Stratigraphie und die verschiedenen Lagerstättenparameter ziemlich präzise anzusprechen und darüber hinaus alle wesentlichen technischen Vorgänge beim Abteufen der Bohrung zu überwachen. In den Bohrungen der Tiefen Geothermie ist die Bohrlochgeophysik ebenfalls nicht wegzudenken, worüber in einem Extrakapitel des Buches ausführlich berichtet wird. Hier soll in Erinnerung gerufen werden, dass auch die nichtseismische Feldgeophysik an der Erdoberfläche von der Bohrlochgeophysik profitieren kann. Das ist vor allen Dingen dann angesagt, wenn das geothermale Reservoir mit einer Dublette oder mit mehreren Bohrungen angebohrt werden soll. Geschwindigkeitsdaten und stratigraphische Informationen aus der Bohrlochgeophysik der ersten Bohrung werden logischerweise benutzt, um die Reflexionsseismik der weiteren Bohrstandorte zu korrigieren. Was logisch erscheint, sollte genauso selbstverständlich für die anderen Verfahren der Geophysik gelten, und die in der ersten Bohrung mit der Bohrlochgeophysik gewonnenen petrophysikalischen Parameter sollten Gravimetrie, Geomagnetik und Geoelektrik für Korrekturen an bestehenden Messdaten und für ergänzende Messungen im Rahmen der Folgebohrungen zur Verfügung gestellt werden.

Ein Mittelding zwischen der klassischen Bohrlochgeophysik und der Feldgeophysik stellen geophysikalische Verfahren dar, die mit Messinstrumenten oder einem Teil des Equipments im Bohrloch in die Tiefe wandern, aber das Gesteinsvolumen auch in größerer horizontaler Entfernung vom Bohrloch ansprechen wollen. Dazu gehört das wichtige seismische Verfahren des *vertical seismic profiling* (VSP), bei dem die normal horizontale Auslage der seismischen Aufnehmer als Kette ins tiefe Bohrloch versenkt wird, um dort die Signale von der an der Oberfläche bewegten Vibroseis-Quelle zu empfangen. Darüber berichtet das besondere Kapitel über die Reflexionsseismik.

Ähnliche Verfahren, mit Hilfe des existierenden Bohrlochs näher an Teile der existierenden Lagerstätte und deren Umfeld heranzukommen, lassen sich auch mit der Gravimetrie, der Geomagnetik und der Geoelektrik praktizieren. Bohrlochgravimeter und Bohrlochgravimeter-Gradiometer messen nicht nur hochpräzise die Dichte der durchfahrenen Gesteine (siehe Abschn. 2.6) sondern reagieren auch auf anomale Massen abseits der Bohrung, die modelliert werden können (Liu und Zhdanov 2011). Moderne Bohrlochgravimeter (Seigel et al. 2009) haben Auflösungen im Mikrogal-Bereich und arbeiten je nach Ausführung bis in Tiefen von 2500–3000 m und bei Bohrlochneigungen bis zu 30–60° (Firmenmitteilung Micro-g LaCoste – Scintrex Ltd). Eine Kombination der Bohrlochgravimetrie mit Schweremessungen an der Erdoberfläche erlaubt weitergehende Aussagen, wie ein Beispiel mit Bezug zur Tiefen Geothermie zeigt (Kasameyer und Hearst 1988). Eine direkte Anwendung in der Geothermie mit vertiefter Erkundung des erbohrten geothermalen Reservoirs und seines Umfeldes – eventuell in Kombination mit dem VSP – könnte analog der KWST-Prospektion in der Zukunft Perspektiven haben.

Anders als bei der Gravimetrie ist die Bohrloch-Geomagnetik auf unverrohrte Bohrlochabschnitte beschränkt, wobei Suszeptibilitätssonden für Temperaturen bis zu 150 °C und Einsatztiefen bis zu 6000 m entwickelt wurden. Die Schichtauflösung liegt bei 2 cm und kann heute zunehmend als wichtiges Werkzeug in einer Magnetostratigraphie der Sedimentite angesehen werden. Zusätzlich in Sonden mitgeführte Bohrlochmagnetometer für die Messung der Totalintensität können dann wie beim Bohrlochgravimeter weit über das Bohrloch hinausschauen, was im Rahmen der hydrothermalen Geothermie in vulkanitgeprägten Reservoiren (tertiäre Vulkanite im Oberrheingraben, Rotliegend-Vulkanite im Norddeutschen Becken und im Oberrheingraben) und bei den Kristallingesteinen der petrothermalen Lagerstätten ganz allgemein als wichtige Ergänzung zur Oberflächen-Geomagnetik in Betracht zu ziehen ist. Auch hier ist eine gemeinsame Auswertung und

Interpretation von Bohrloch- und Oberflächenmagnetik interessant, wenn z. B. durch die Bohrlochmagnetik die Tiefenlage magnetisierter Störkörper fixiert wird, die dann in eine gemeinsame Inversion von Bohrloch- und Oberflächendaten eingeht (Li und Oldenburg 2000).

Eine Bohrloch-Oberflächen-Geoelektrik mit einer Fokussierung auf elektromagnetische Verfahren ist als aktives Geophysikverfahren wieder näher bei der Seismik angesiedelt, wobei das Ziel dasselbe ist: Ein Teil des Equipments (Sender oder Empfänger) ist über die Versenkung im Bohrloch näher an die Lagerstätte und ihr Umfeld gerückt und erlaubt eine höhere Auflösung der zu erkundenden Strukturen. In der KWST- und Erzexploration praktiziert und bewährt, sind BSEM- (*borehole to surface electromagnetics*) Verfahren in der Tiefen Geothermie bisher kaum beachtet worden, obgleich – wie bereits bei der Oberflächengeoelektrik (Abschn. 2.8.5) und bei der Erörterung der petrophysikalischen Parameter (Abschn. 2.6) betont – die geoelektrischen Parameter des geothermalen Reservoirs so signifikant sind. Die Möglichkeiten sind sehr variabel dadurch, dass sowohl der elektromagnetische Sender in der Bohrung als auch an der Erdoberfläche platziert werden kann und sowohl in der Tiefe als auch oben die elektrischen und magnetischen Feldkomponenten registriert werden können, letzteres z. B. in Form einer aktiven Magnetotellurik (CSAMT). Konfigurationen von Sender und Empfänger mit großem Abstand in nur einem Bohrloch und – sofern vorhanden – getrennt (*cross-hole*) in zwei oder mehr Bohrungen sind ebenfalls gebräuchlich. Einflüsse einer Stahlverrohrung müssen allerdings beachtet, können aber berücksichtigt werden (Cuevas 2012).

2.11 Schlussbemerkungen

Eine moderne geologisch-geophysikalische Erkundung und Interpretation der Entwicklung von Lagerstätten und ihrer Strukturen erfordert ein interdisziplinäres Vorgehen mit der Einbeziehung der verfügbaren und gewinnbaren Daten aus Seismik, Gravimetrie, Geomagnetik, Geoelektrik und Geothermie zusammen mit Daten aus Geologie und Petrologie, um letztlich zu einem dreidimensionalen Modell zu gelangen. Wie bei anderen Lagerstätten ist es auch in der Tiefengeothermie anzustreben, ein solches 3D-Modell für optimale Ansatzpunkte, Pfade und Zielpunkte von Tiefbohrungen vorzugeben. Die dazu existierenden Möglichkeiten werden zur Zeit, zumindest in Deutschland, nicht ausgeschöpft, was mit einer zu starken Fokussierung auf die Reflexionsseismik zusammenhängt.

Trotzdem soll hier die klare Position bezogen werden, dass an der Notwendigkeit einer detaillierten Seismik als das unbestritten aussagekräftigste geophysikalische Verfahren bei der Tiefenexploration der Geothermie überhaupt nicht zu rütteln ist. Aber da Seismik ein sehr teures Verfahren und nicht überall problemlos zu praktizieren ist, ferner keineswegs alle strukturellen und petrophysikalischen Parameter zu liefern vermag und in bestimmten Bereichen die Segel streichen muss, steht hier das grundsätzliche Plädoyer für ergänzend einzusetzende geophysikalische Messverfahren. Dabei ist es müßig, die Verfahren gegeneinander abzuwägen oder sogar auszuspielen, weil Seismik auf der einen Seite und Gravimetrie/Magnetik/Geoelektrik auf der anderen Seite einen grundsätzlich unterschiedlichen methodischen Ansatz haben.

Gravimetrie/Magnetik/Geoelektrik sind kostengünstige Verfahren der Vorerkundung, generell des strukturellen Baus, von Hauptstörungen, Streichrichtungen und lithofaziellen Änderungen. Sie dienen dazu, eine sinnvolle Auswahl geeigneter Profile einer alten 2D-Seismik sowie eine Auswahl geeigneter Profile für eine neue 2D-Seismik zu treffen. Mit einer Detailerkundung können sie helfen, eine 3D-Seismik vorzubereiten und gegebenenfalls deren Umfang zu reduzieren. Ganz in den Vordergrund zu stellen ist der Vorteil der Gravimetrie, dass sie überall und ohne große Genehmigungsverfahren durchgeführt werden kann. Das gilt in vielen Fällen auch für die kostengünstigen geoelektrischen Verfahren der Magnetotellurik und der Audiomagnetotellurik. Mit ihnen können zudem Eigenschaften der geothermalen Lagerstätte in Form heißer Fluide auch in tiefliegenden Bruchzonen erkundet werden. National bisher sträflich vernachlässigt erscheint hier generell die Tiefengeoelektrik, wenn einerseits heftig um Porosität und Permeabilität im Zusammenhang mit der Dolomitfazies im geothermalen Speichergestein gestritten wird, die geophysikalische Attributanalyse aber allein auf die Reflexionsseismik gestützt wird. Letztlich kann durch ein multidisziplinäres Vorgehen dem Investor, dem Auftraggeber und der Versicherung ein kostensparendes Vorgehen und gegebenenfalls eine höhere Erfolgswahrscheinlichkeit angeboten werden. Dazu gehört verständlicherweise die jeweilige Erörterung, in welchem Umfang oder ob überhaupt der Einsatz der „anderen“ Geophysik Sinn gibt. Sie löst nicht alle und überall die Probleme, und von einem standardisierten Vorgeben ist ohnehin abzuraten, dagegen auf in der Geophysik unabdingbare Erfahrung zu setzen. Ob und in welchem Maße Potentialverfahren z. B. bei Aquiferteufen von 5000 m sinnvoll sind, hängt von den speziellen Fragestellungen insbesondere auch von denen zum geologischen Oberbau ab.

Stichwort Oberbau: Manchen Kummer beim Niederbringen der Geothermie-Tiefbohrungen könnte man sich ersparen, wenn auch dem geologischen (und anthropogenen) Inventar im Bereich der Bohransatzpunkte und in den höheren Schichten entlang der Bohrpfade mehr Aufmerksamkeit geschenkt würde, was bei der genannten Fokussierung auf die Reflexionsseismik mit der Erfassung der tieferen Horizonte leicht vergessen wird, wobei auch hier das Plädoyer für eine die Seismik ergänzende „andere“ Geophysik zu erneuern ist.

Die Beiträge der Geologie zu umfassenden interdisziplinären 3D-Modellen sind genauso wichtig, gegenwärtig aber immer noch stark auf unsichere Extrapolationen aus höheren sedimentären Stockwerken in die Tiefe angewiesen und im tiefen Kristallin der petrothermalen Geothermie immer noch mit sehr viel Ungewissheit konfrontiert. Neue, aus der KWST-Exploration entlehnte Methoden, mit geologischen Parametern und mathematischen Algorithmen neue Größen für Wegsamkeiten im Bereich von Verwerfungen und Bruchzonen zu definieren, haben Potential für die Zukunft, sind aber gegenwärtig nicht in der Lage, verlässliche, belastbare Aussagen zu treffen. Der Grund ist sehr einfach. In der KWST-Exploration sind die Lagerstättenparameter wie Stratigraphie und Petrophysik aus Bohrprofilen und Bohrlochgeophysik meist bis ins kleinste Detail bekannt, was in der

Tiefen Geothermie auch nicht annähernd der Fall ist. Tiefe Geothermie und KWST-Exploration: Hier ist noch allzu oft eine tiefe Kluft zu konstatieren, obwohl die Projekte so sehr vieles gemeinsam haben wie Untersuchungstiefen, Untersuchungsmethodik von Geologie und Geophysik und nicht zuletzt auch die teilweise enormen Kosten von kilometertief reichenden Bohrungen mit der Vermeidung zu vieler Fehlbohrungen.

Wünschenswert ist letztlich, als Ergebnis der geologischen und geophysikalischen Vorerkundung unter Einbeziehung sämtlicher zur Verfügung stehender Bohr- und Bergbau-Aufschlüsse ein strukturelles, stratigraphisches und lithofazielles 3D-Bild, in das keine unnötigen Spekulationen Eingang gefunden haben, als eine wichtige Basis für Entscheidungen über die Machbarkeit eines Geothermieprojektes vorzulegen.

Literatur

Alfano, L., Carrara, G., Pascale, G., Rapolla, A., Roberti, N.: Analysis procedure and equipment for deep geoelectrical soundings in noisy areas. Geothermics **11**(4), 269–280 (1982)

Angenheister, G.: Vermessung des Erdmagnetischen Feldes längs Profilen im nördlichen Alpenvorland und in den Alpen (ΔZ, ΔT), 1958–1962. Teil 1. Geophys. Observ. Fürstenfeldbruck, Serie B, No 3) (1963)

Bauer, K., Moeck, I., Norden, B., Schulze, A., Weber, M., Wirth, H.: Tomographic P wave velocity and vertical velocity gradient structure across the geothermal site Groß Schönebeck (NE German Basin): Relationship to lithology, salt tectonics, and thermal regime. J. Geophys. Res. **115**(B8), B08312 (2010)

Bauer, K., Schulze, A., Weber, M., Moeck, I.: Combining Refraction Seismic Tomography and Analysis of Wide-Angle Reflections in Geothermal Exploration. – AGU, Fall Meeting, Abstract #NS22A-02 (2006)

Bayerischer Geothermieatlas: Bayerisches Staatsministerium für Wirtschaft, Infrastruktur, Verkehr und Technologie, Hrsg. (2010)

Beamish, D.: A deep geoelectric survey of the Carnmenellis granite. Geophys. J. Int. **102**(3), 679–693 (1990)

BGR: Südblatt der Karte der Anomalien der Totalintensität des erdmagnetischen Feldes in der Bundesrepublik Deutschland 1 : 500 000. Bundesanstalt für Geowissenschaften und Rohstoffe, Hannover (1976)

Boukerbout, H., Gibert, D.: Identification of sources of potential fields with the continuous wavelet transform: Two-dimensional ridgelet analysis. J. Geophys. Res. **111**, B07104 (2006). doi:10.1029/2005JB004078.

Brocher, T.M., Christensen, N.I.: Density and velocity relationships for digital sonic and density logs from coastal Washington and laboratory measurements of Olympic Peninsula mafic rocks and greywackes USGS Open-File Report, Bd. 01-264. (2001). 39 S

Çağlar, İ., Demirörer, M.: Geothermal exploration using geoelectric methods in Kestanbol, Turkey. Geothermics **28**, 803–819 (1999)

Calò, M., Kinnaert, X., Dorbath, C.: Procedure to construct three-dimensional models of geothermal areas using seismic noise cross-correlations: application to the Soultz-sous-Forêts enhanced geothermal site. Geophys. J. Int. **194**(3), 1893–1899 (2013)

Chave, A.D., Jones, G. (Hrsg.): The Magnetotelluric Method. Theory and Practice. Cambridge University Press, New York (2012). 570 S

Closs, H.: Die geophysikalische Reichsaufnahme und ihre Vorgeschichte. In: Birett, H., Helbig, K., Kertz, W., Schmucker, U. (Hrsg.) Zur Geschichte der Geophysik. Springer, Berlin-Heidelberg-New York (1974). 288 S

Conrad, W.: Schwerekarte der Länder Brandenburg, Mecklenburg-Vorpommern, Sachsen, Sachsen-Anhalt und Thüringen. Landesvermessungsamt Sachsen, Dresden (1994)

Corvin, R.F., Hoover, D.: The self-potential method in geothermal exploration. Geophysics **44**, 226–245 (1979)

Cuevas, N.: Casing effect in borehole-surface (surface-borehole) EM Fields 74th EAGE Conference & Exhibition. (2012)

Dey, A.K., Stewart, R.R.: Predicting density using Vs and Gardner's relationship CREWES Research Report, Bd. 9., S. 6.1–6.9 (1997)

Di, Q., Shi, K., Li, Y., Wang, R., Fu, C., An, Z.: Successful Applications of CSAMT For Deep Geothermal Exploration In Urban Areas SEG Annual Meeting, New Orleans, Louisiana. SEG Technical Program Expanded Abstracts 2006., S. 820–824 (2006)

El-Qady, G., Salem, A., Essam Aboud, E., Ahmed Khalil, A., Keisuke Ushijima, K.: Geothermal Reconnaissance Study for Sinai Peninsula, Egypt Proc. World Geothermal Congress, Antalya, Turkey, 24-29 April 2005. (2005)

Ernstson, K.: Ergebnisse von Schweremessungen auf drei Profilen über die Frankenwald – Verwerfung. N. Jb. Geol. Paläont. Mh. 1982 (2), 65–72 (1982). Stuttgart

Ernstson, K., Alt, W.: Gravity and geomagnetic methods in geothermal exploration: understanding and misunderstanding. - World of Mining. Surface & Underground **65**(2), 115–122 (2013)

Ernstson, K., Diele, L.: Zur Rotliegend-Verbreitung in Süddeutschland: Schweremessungen bei Bad Windsheim, Mittelfranken. Geologica Bavarica **108**, 111–118 (2003)

Ferrill, D.A., Morris, A.P.: Dilational normal faults. J. Struct. Geol. **25**, 183–196 (2003)

Freeden, W., Nutz, H.: Satellite gravity gradiometry as tensorial inverse problem. GEM. Int. J. Geomathematics **2**(2), 177–218 (2011)

Fuchs, H.K., Soffel, H.: Untersuchungen am Westabbruch der Böhmischen Einheit im oberfränkisch-oberpfälzischen Bruchschollenland mit Hilfe der Gravimetrie. N. Jb. Geol. Paläont. Mh. **1981**(4), 193–210 (1981)

Gabriel, G., LIAG, et al.: Anomalien des erdmagnetischen Totalfeldes der Bundesrepublik Deutschland 1 : 1.000.000 (2008a)

Gabtni, H., Gouasmia, M.: Joint evaluation of gravity, electrical and magnetotelluric methods for geothermal potential of fractured Aptian reefal carbonates in the Hmaima–El Gara area (Oued Serrat basin, Central–Western Tunisia). Arabian J. Geosci. **6**(5), 1569–1579 (2013)

Galanopoulos, D., Lagios, E., Dawes, G.J.K., Hobbs, B.A.: Geoelectric structure of Sousaki geothermal area (Greece) deduced from two dimensional magnetotelluric studies. J. Balkan Geophys. Soc. **1**(4), 60–74 (1998)

Gardner, G.H.F., Gardner, L.W., Gregory, A.R.: Formation velocity and density – the diagnostic basics for stratigraphic traps. Geophysics **39**, 770–780 (1974)

Gawlas, P.F.: Möglichkeiten eines DMO-Prozesses in der CMP-Refraktionsseismik. Diss., LMU München (2002). 154 S

Geiermann, J., Schill, E.: 2-D Magnetotellurics at the geothermal site at Soultz-sous-Forêts: Resistivity distribution to about 3000 m depth. Comptes Rendus Geoscience **342**(7–8), 587–599 (2010)

Goodell, R.R., Fay, C.H.: Borehole gravity meter and its application. Geophysics **29**(5), 774–782 (1964)

Götze, H.J., Schmidt, S., Fichler, C., Planka, C.: IGMAS+ a new 3D Gravity, FTG and Magnetic Modeling Software. Geophysical Research Abstracts **12**, EGU2010-1306 (2010)

Gritto, R., Majer, E.L.: Seismic methods for resource exploration in enhanced geothermal systems. In: Transactions Geothermal Resources Council **27**, 223–226, Geothermal Resources Council annual meeting (2003)

Guglielmetti, L., Comina, C. Abdelfettah, Y. Schill, E., Mandrone, G.: Integration of 3D geological modeling and gravity surveys for geothermal prospection in an Alpine region. Tectonophysics online Juli 2013 (2013)

Guglielmetti, L., Mandrone, G., Schill, E., Manzella, A., Botteghi, S., Ungarelli, C., Abdelfettah, Y., Comina, C.: Passive geophysical methods for geothermal exploration in the External Crystalline Argentera Massif of the Western Italian Alps: Gravity and Magnetotelluric. Geophysical Research Abstracts **13**, EGU2011-8557-1 (2011)

He, Z., Hu, W., Dong, W.: Petroleum Electromagnetic Prospecting Advances and Case Studies in China. Surv. Geophys. **31**, 207–224 (2010)

Hill, P.H.: Structure of Long Valley Caldera, California, from a seismic refraction experiment. J. Geophys. Res. **81**(5), 745–753 (2012)

Howell, L.G., Heintz, K.O., Barry, A.: The development and use of a high-precision downhole gravity meter. Geophysics **31**(4), 764–772 (1966)

Ishido, T., Nishi, Y., Pritchett, J.W.: Application of self-potential measurements to geothermal reservoir engineering: characterization of fractured reservoirs Proc., 35th Workshop on Geothermal Reservoir Engineering, Stanford University, Stanford, California, February 1-3, 2010. Engineering, Stanford (2010). SGP-TR-188

Kappelmeyer, O.: Erkundung des Temperaturfeldes in der Eifel mit einer Forschungsbohrung bei Ochtendung BGR-Bericht. Hannover (1977). 21 S

Kasameyer, P.W., Hearst, J.R.: Borehole Gravity Measurements in the Salton Sea Scientific Drilling Project Well State. J. Geophys. Res. **93**(B11), 13037–13045 (1988)

Kozlovskaya, E., Janik, T., Yliniemi, J., Karatayev, G., Grad, M.: Density-velocity relationship in the upper lithosphere obtained from P- and S-wave velocity models along the Eurobridge'97 seismic profile and gravity data. Acta Geophysica Polonica **52**(4), 397–424 (2004)

Li, Y., Oldenburg, D.: Joint inversion of surface and three-component borehole magnetic data. Geophysics **65**(2), 540–552 (2000)

Lindseth, R.O.: Synthetic sonic logs – a process for stratigraphic interpretation. Geophysics **44**, 3–26 (1979)

Liu, X., Zhdanov, M.: 3D imaging of gravity gradiometry data from a single borehole using potential field migration SEG Technical Program Expanded Abstracts., S. 815–819 (2011)

Llera, F., Sato, M., Nakatsuka, K., Yokoyama, H.: Temperature dependence of the electrical resistivity of water-saturated rocks. Geophysics **55**(5), 576–585 (1990)

Lotz, B.: Neubewertung des rezenten Wärmestroms im Norddeutschen Becken. Diss. FU Berlin (2004). 226 S.

Ludwig, W.J., Nafe, J.E., Drake, C.L.: Seismic refraction. In: Maxwell, A.E. (Hrsg.) The Sea, Vol. 4, Wiley-Interscience, New York, 53–84 (1970)

Mäussnest, O.: Untersuchungen im Kirchheim-Uracher Vulkangebiet. Jahresber. Mitt. Oberrh. Geol. Ver. **38**, 23–54 (1956)

Militzer, H., Lindner, H.: Grundlagen der angewandten Gravimetrie. Freiberger Forschungshefte, C339, 195 S., Leipzig (1979)

Moeck, I., Kwiatek, G., Zimmermann, G.: Slip tendency analysis, fault reactivation potential and induced seismicity in a deep geothermal reservoir. J. Struct. Geol. **31**(10), 1174–1182 (2009)

Morley, C.K., Nelson, R.A., Patton, T.L., Munn, S.G.: Transfer Zones in the East African Rift System and Their Relevance to Hydrocarbon Exploration in Rifts (1). AAPG Bulletin **74**(8), 1234–1253 (1990)

Muñoz, G., Ritter, O., Moeck, I.: A target-oriented magnetotelluric inversion approach for characterizing the low enthalpy Groß Schönebeck geothermal reservoir. Geophys. J. Intern. **183**(3), 1199–1215 (2010)

Nafe, J.E., Drake, C.L.:Variation with depth in shallow and deep water marine sediments of porosity, density and the velocities of compressional and shear waves, Geophysics **22**, 523–552 (1957)

Newman, G.A., Hoversten, M., Gasperikova, E., Wannamaker, P.E.: 3D magnetotelluric characterization of the Coso geothermal field 30th Workshop on Geothermal Reservoir Engineering, Stanford University, Stanford, California, January 31-February 2, 2005. (2005). SGP-TR-176

Peacock, D.C.P., Knipe, R.J., Sanderson, D.J.: Glossary of normal faults. J. Struct. Geol. **22**, 291–305 (2000)

Plaumann, S.: Die Schwerekarte 1 : 500 000 der Bundesrepublik Deutschland (Bouguer-Anomalien), Blatt Nord. Geol. Jb. **Reihe E**(27), 3–16 (1983)

Plaumann, S.: Die Schwerekarte 1 : 500 000 der Bundesrepublik Deutschland (Bouguer-Anomalien), Blatt Mitte. Geol. Jb. **Reihe E**(46), 3–16 (1991)

Potter, C.C., Stewart, R.R.: Density predictions using VP and VS sonic logs CREWES 1998 Research Report, Bd. 10. (1998)

Puzyrev, N.N.: Seismic exploration by refracted waves in petroleum prospecting. Russian Geol. Geophys. **45**(11), 1355–1357 (2004)

Quijada, M.F., Stewart, R.R.: Density estimations using density-velocity relations and seismic inversion CREWES Research Report, Bd. 19., S. 1–20 (2007)

Quilty, J., Cox, L.H., Elkins, B.: Finite Element Modeling for Geothermal Resource Exploration American Geophysical Union, Fall Meeting 2010. (2010). abstract #NS41B-1518

Rajver, D., Ravnik, D.: Geothermal characteristics of the Krško basin, Slovenia, based on geophysical research. Physics and Chemistry of the Earth **28**, 443–455 (2003)

Rappsilber, I.: Struktur und Entwicklung des nördlichen Saale-Beckens (Sachsen- Anhalt): Geophysik und Geologie. Dissertation Martin-Luther-Universität Halle-Wittenberg (2003). 118 S.

Reich, E.: Ergebnisse regional-magnetischer Forschung in der Eifel. Z. dt. geol. Ges., **83**, 646–653 (1931)

Ritter, O., Weckmann, U., Muñoz, G.: Die elektrisch leitfähige Erde. System Erde **2**(2), 38–43 (2012)

Sailhac, P., Gibert, D., Boukerbout, H.: The theory of the continuous wavelet transform in the interpretation of potential fields: a review. Geophysical Prospecting **57**, 517–525 (2009)

Salem, A., Furuya, S., Aboud, E., Elawadi, E., Jotaki, H., Ushijima, K.: Subsurface Structural Mapping Using Gravity Data of Hohi Geothermal Area, Central Kyushu, Japan Proc. World Geothermal Congress 2005, Antalya, Turkey, 24-29 April 2005. (2005)

Sausse, J., Dezayes, C., Dorbath, L., Genter, A., Place, J.: 3D model of fracture zones at Soultz-sous-Forêts based on geological data, image logs, induced microseismicity and vertical seismic profiles. Comptes Rendus Geoscience **342**(7-8), 531–545 (2010)

Schaumann, G.: Application of Transient Electromagnetics for the Investigation of a Geothermal Site in Tanzania. In: Ritter, O., Brasse, H. (Hrsg.) Protokoll zum 22. Kolloquium „Elektromagnetische Tiefenforschung", S. 181–189. Deutsche Geophysikalische Gesellschaft DGG, ISSN 0946-7467 (2007)

Schill, E., Geiermann, J., Kümmritz, J.: 2-D Magnetotellurics and Gravity at the Geothermal Site at Soultz-sous-Forêts Proc. World Geothermal Congress 2010, Bali, Indonesia, 25-29 April 2010. (2010)

Schön, J.: Petrophysik. Physikalische Eigenschaften von Gesteinen und Mineralen. Ferdinand Enke, Stuttgart (1983). 405 S.

Schwering, P.C., Karlin, R.E.: Structural Interpretation of the Dixie Meadows Geothermal Prospect using Joint Modeling of Gravity and Magnetic Data SPE Western Regional/Pacific Section AAPG Joint Technical Conference, 2013. (2013)

Seigel, H.O., Nind, C.J.M., Milanovic, A., MacQueen, J.: Results from the initial field trials of a borehole gravity meter for mining and geotechnical applications 11th SAGA Biennial Technical Meeting and Exhibition, 2009. (2009)

Skalbeck, J.D., Karlin, R.E., Shevenell, L., Widmer, M.C.: Geothermal Reservoir Volume Estimation from Gravity and Aeromagnetic Modeling of the Steamboat Hills Geothermal Area, Reno, Nevada. Trans. Geothermal Resources Council **26**, 443–448 (2002)

Skiba, P., LIAG, et al.: Schwerekarte der Bundesrepublik Deutschland 1 : 1.000.000 (2008b)

Spichak, V., Geiermann, J., Zakharova, O., Calcagno, P., Genter, A., Schill, E.: Deep temperature extrapolation in the Soultz-sous-Forêts geothermal area using magnetotelluric data Proc., 35th Workshop on Geothermal Reservoir Engineering, Stanford University, Stanford, California, February 1-3, 2010. (2010). SGP-TR-188

Spichak, V., Zakharova, O.: The subsurface temperature assessment by means of an indirect electromagnetic geothermometer. Geophysics **77**(4), WB179–WB 190 (2012)

Spichak, V.V.: Three-Dimensional Resistivity Structure of the Minamikayabe Geothermal Zone Revealed by Bayesian Inversion of MT Data. In: Proc. World Geothermal Congress 2005 Antalya, Turkey, 24-29 April 2005. (2005)

Sumintadireja, P., Sudarman, S., Mizunaga, H., Shijima, K.: Mise-á-la-masse and gravity data surveys at the Kamojang geothermal field. In: Proc. World Geothermal Congr. 2000 Kyushu-Tohuku, Japan, May 28-June 10, 2000. (2000)

Supriyanto, S., Daud, Y., Sudarman, S., Ushijima, K.: Use of a mise-à-la-masse survey to determine new production targets in Sibayak field, Indonesia. In: Proc. World Geothermal Congr. 2005 Antalya, Turkey, 24-29 April 2005. (2005)

Tagomori, K., Mustopa, E., Jotaki, H., Mizunaga, H., Ushijima, K.: Imaging geothermal fractures by CSAMT method at Takigami area in Japan. In: Proc 30th Workshop on Geothermal Reservoir Engineering Stanford University, Stanford, California, January 31-February 2, 2005. (2005). SGP-TR-176

Tamburriello, G., Balasco, M., Rizzo, E., Harabaglia, P., Lapenna, V., Siniscalchi, A.: Deep electrical resistivity tomography and geothermal analysis of Bradano foredeep deposits in Venosa area (Southern Italy): preliminary results. Annals of Geophysics **51**(1), 203–212 (2008)

Tezel, O., Hoşgörmez, H., Alp Hakan, H.: The Time Domain IP Method In Geothermal Exploration: Balikesir(Gure) In Turkey. In: Proc. World Geothermal Congress 2010 Bali, Indonesia, 25-29 April. (2010)

Thanassoulas, C., Tselentis, G.-A., Kolios, N.: Geothermal prospecting by geoelectric soundings in NE Greece. Geophys. Prospecting **35**(1), 83–97 (1987)

Uchida, T.: Three-dimensional magnetotelluric investigation in geothermal fields in Japan and Indonesia. In: Proc. World Geothermal Congress, 2005 Antalya, Turkey, 24-29 April 2005. (2005)

Uchida, T., Song, Y., Lee, T.J., Mitsuhata, Y., Lim, S.-K., Lee, S.K.: Magnetotelluric Survey in an Extremely Noisy Environment at the Pohang Low-Enthalpy Geothermal Area, Korea. In: Proc. World Geothermal Congress 2005 Antalya, Turkey, 24-29 April 2005. (2005)

Ussher, G., Harvey, C., Johnstone, R., Anderson, E.: Understanding the resistivities observed in geothermal systems. In: Proc. World Geothermal Congress 2000 Kyushu - Tohoku, Japan, May 28 - June 10, 2000. (2000)

Waibel, A., Beard, L., Oppliger, G.: The evolving role of MT in geothermal exploration at Newberry volcano, Oregon. In: Proc 38th Workshop on Geothermal Reservoir Engineering, Stanford University, Stanford, California, February 11-13, 2013. (2013). SGP-TR-198

Wang, Z.: Velocity-density relationships in sedimentary rocks. - In: Seismic and acoustic velocities in reservoir rocks, Vol. 3, Recent developments. Soc. Expl. Geophys., Geophysics Reprint Series (2000)

Yan, Z., Clayton, R.W., Saleeby, J.: Seismic refraction evidence of steep faults cutting highly attenuated continental basement in the central Transverse ranges, California. Geophys. J. Int. **160**, 651–666 (2005)

Yasukawa, K.: A Coupled Self Potential (SP), Fluid and Heat Flow Model for Subsurface Fluid Flow Systems. University of California, Berkeley (1993). 240 S

Reflexionsseismische Exploration

3

Silke Bißmann und René Kahnt

Inhaltsverzeichnis

Dipl. Geol. Silke Bißmann (✉)
Exploration & Geosurvey, DMT GmbH & Co. KG, Am Technologiepark 1,
45307 Essen, Deutschland
e-mail: silke.bissmann@dmt.de

Dr. René Kahnt
G.E.O.S. Ingenieurgesellschaft mbH, Gewerbepark „Schwarze Kiefern",
09633 Halsbrücke, Deutschland
e-mail: r.kahnt@geosfreiberg.de

M. Bauer et al. (Hrsg.), *Handbuch Tiefe Geothermie*, DOI 10.1007/978-3-642-54511-5_3,

Zusammenfassung

Plant man den Standort einer Geothermieanlage, ist die Voruntersuchung des Untergrundes ein essentiell wichtiger Schritt. Geowissenschaftler sind auf diesem Gebiet die Profis. Sie sind schon während der Genehmigungsphase aktiv, erbringen aber während der Erkundungsphase den Hauptteil der hier vorgestellten Wertschöpfungskette, nämlich die geophysikalische Tiefenerkundung, die geologische 3D-Modellierung, die Reservoirmodellierung und die Strömungssimulation. Mit Hilfe der Ergebnisse dieser Untersuchungen können Risiken beim Abteufen der Bohrung vermieden werden, Alternativszenarien geplant werden und beispielsweise die Nutzung, sowie der Abkühlprozess eines Reservoirs im Vorfeld des Betriebes einer Anlage simuliert werden. Mögliche Risiken können so im Voraus erkannt werden, und die Planung kann rechtzeitig angepasst werden. Im Ergebnis der geohydraulischen und der geothermischen Simulationen, die auf den bei den Testarbeiten bestimmten Parametern beruhen, können die Auswirkungen des Dublettenbetriebes prognostiziert werden. Dies wird im Wärmebergbaugutachten, welches aus der Sicht des Wasserrechts die Grundlage für den Dublettenbetrieb darstellt, systematisch dargestellt.

Schlüsselwörter

Seismik • Reflexionsseismik • Exploration • Geophysik • Untergrundmodel • geologisches Modell • Risikominimierung • Erkundung • Vorerkundung • Standortsuche

3.1 Methodik der seismischen Messung

Die Seismik ist ein Teilgebiet der angewandten Geophysik und beinhaltet Verfahren, welche den Untergrund mittels seismischer Wellen abbilden. Zu diesem Zwecke werden seismischen Wellen durch künstliche Erschütterungen, z. B. durch Vibrationsfahrzeuge (auch Vibratoren oder Vibros genannt) oder Sprengungen erzeugt. Man unterscheidet zwischen Landseismik auf dem Festland und Seeseismik, die an der Wasseroberfläche betrieben wird. Zudem unterscheidet man zwischen verschiedenen Methoden: Reflexionsseismik, Refraktionsseismik und Oberflächenwellenseismik. Zur Erkundung des tiefen Untergrundes wird

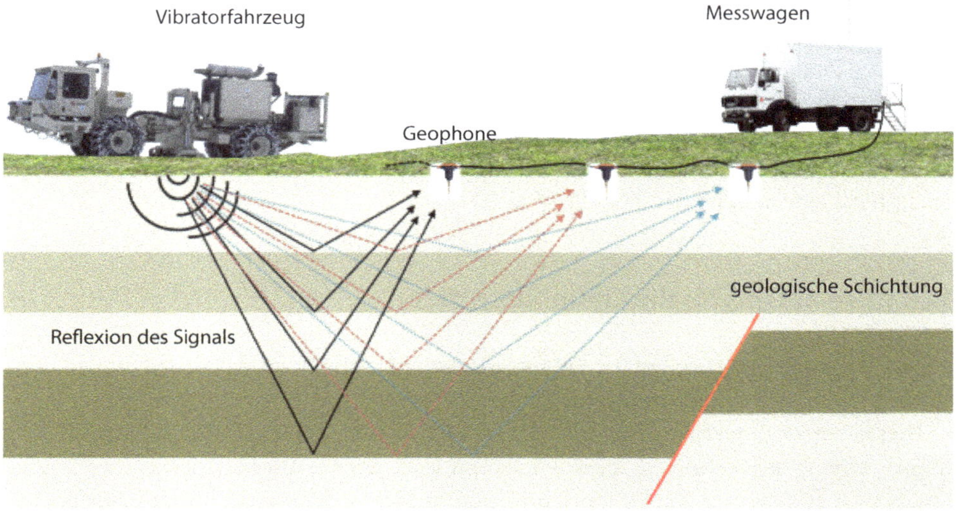

Abb. 3.1 Prinzip der seismischen Erkundung (vgl. auch Freeden und Nutz)

nahezu ausschließlich die Reflexionsseismik angewendet. Dabei werden die an Schichtgrenzen im Untergrund entstehenden Reflexionen der erzeugten Wellen mit sogenannten Geophonen, die entlang einer Linie gesteckt sind, aufgenommen. Die Geophone funktionieren dabei wie hochempfindliche Mikrofone, die das reflektierte Schallsignal aus dem Untergrund registrieren und die entsprechende Laufzeit messen (Abb. 3.1).

Diese Erkundung kann entlang von einzelnen Linien (2D) oder flächenhaft (3D) erfolgen. Im Falle der 2D-Seismik erhält man einzelne Tiefenschnitte, die man miteinander kombinieren kann. Die Ergebnisse der 3D-Seismik geben ein dreidimensionales Abbild des Untergrundes wieder.

3.2 Erkundungsziele

Zur Erkundung von tiefen geothermalen Reservoiren werden die unterschiedlichsten geowissenschaftlichen Verfahren verwendet. Welche Verfahren bei den Untersuchungen eingesetzt werden, hängt jeweils von den geologischen Voraussetzungen am Standort eines geothermalen Reservoirs ab. Geophysikalische Messtechniken werden insbesondere zur Bestimmung der Ausdehnung eines Reservoirs, sowie zur Bohrpfadplanung und zur Riskoabschätzung und -minimierung eingesetzt.

Durch eine genaue Kenntnis der geologischen Verhältnisse im Bereich eines geplanten Geothermiestandortes kann das Fündigkeitsrisiko, also die Gefahr, dass die geologischen Anforderungen, die an einen Standort gestellt werden, nicht gegeben sind, erheblich vermindert werden. Dementsprechend sind umfangreiche geophysikalische wie auch geologische Voruntersuchungen notwendig.

Zur Untersuchung der lokalen geologischen Verhältnisse ist insbesondere die Seismik geeignet (Thomas et al. 2010; Lüschen et al. 2011), vor allem wenn im Untergrund sedimentäre Gesteine überwiegen. Die Ergebnisse aus seismischen Untersuchungen können mit den Resultaten aus anderen geophysikalischen Messungen direkt verknüpft werden. Insbesondere ist dies dann notwendig, wenn Porosität, Permeabilität oder auch Flüssigkeitsgehalte eine entscheidende Rolle spielen.

3.2.1 Projektspezifische Erkundungsziele

In der „Tiefen-Geothermie" ist das übergeordnete Ziel definiert als das sichere und ökonomisch rentable Betreiben eines Geothermiekraftwerkes.

Dies gilt erst einmal für alle Projekte. In der Einzelbetrachtung jedes Projektes, stellt sich zunächst die Frage, welche „Etappen-Ziele" mit Hilfe der Geowissenschaften (hier insbesondere der seismischen Exploration) bei Geothermieprojekten erreicht werden sollen.

Typische „Etappen-Ziele" im Projekt sind:

- Auffinden eines geothermischen Reservoirs
- Erstellen eines geologischen 3D-Modells
- Abschätzung der Ausdehnung eines Reservoirs sowie seiner Nutzbarkeit zur Gewinnung von geothermischer Energie
- Bohrpfadplanung
- Niederbringen der Bohrungen
- Kraftwerksplanung und Bau
- Überwachung einer geothermischen Anlage und Optimierung der Energieausbeute im Betrieb

Für jedes einzelne „Etappen-Ziel" muss im Projekt definiert werden, welche Leistungen, bzw. welche Leistungsketten notwendig sind, um diese Ziele zu erreichen, und wie diese Leistungen zeitlich hintereinander geschaltet werden können.

Hierbei ist beispielsweise zu diskutieren, ob 2D oder 3D Seismik für die Auffindung des Reservoirs im Projekt sinnvoll ist, wie groß die Erkundungsfläche gewählt werden soll, wie viele und welche Informationen aus Alt-Bohrungen zugekauft werden, etc.

Solche Entscheidungen sind immer sehr projektspezifisch wie auch kostenrelevant, und müssen daher im Einzelfall getroffen werden. Hier kann eine Beratung durch externe und erfahrene Projektplaner für den Investor sehr hilfreich sein.

3.3 Planung einer Oberflächenseismik

Entscheidet man sich für die seismische Exploration, muss abgewogen werden, ob 2D oder 3D Seismik durchgeführt werden soll um die vorher definierten „Etappen" zu erreichen. Gründe für und gegen die eine oder andere Methode gibt es viele. Hier sollen stellvertretend nur ein paar Beispiele erwähnt sein. Zum Beispiel spricht für die 3D Seismik die deutlich bessere, interpolationsfreie und lagerichtige Abbildung des Untergrundes und die damit verbundene höhere Genauigkeit des resultierenden Modells. Eine 2D Seismik kann beispielsweise für eine erste Übersichtskartierung in einem sehr großen Konzessionsgebiet sehr sinnvoll sein. Auch die Neubearbeitung von älteren seismischen Daten z. B. aus der Kohlenwasserstoffexploration, kann eine kostengünstige Übersicht geben.

Ist der obertägige Standort der Bohrungen allerdings schon recht gut umrissen oder ist die Konzession klein und soll flächendeckend erkundet werden, ist die 3D Seismik zu empfehlen. Soll die geplante Bohrung später versicherbar sein, ist 3D Seismik zwingend erforderlich.

Zur Vorbereitungsphase und Planung der Messung gehört zunächst die Begutachtung des Messgebietes durch eine Ortsbegehung, das sogenannte Scouting. Hierbei werden erste Eindrücke darüber gewonnen, in welcher Weise eine Messung überhaupt durchgeführt werden kann, an welcher Stelle z. B. Messlinien verlegt und Fahrzeuge und Vibrationsfahrzeuge eingesetzt werden können. Auf Basis dieser Informationen wird das entsprechende Kartenmaterial für das Messgebiet erstellt, mit dessen Hilfe ein vorläufiges Messprogramm entwickelt wird.

Das erstellte Messprogramm besteht aus der zeitlichen Abfolge der notwendigen Leistungen (Ablaufplan) und aus den theoretisch berechneten idealen Messparametern. Hierbei sind physikalische Grenzen in die Planungen mit einzubeziehen, um den Aufwand bei den Feldmessungen nicht unnötigerweise zu groß zu wählen.

3.3.1 Survey Design

Ein Mittel, um die geplanten Messparameter in der Theorie zu testen ist das sogenannte Überdeckungsschema, mit dessen Hilfe man beurteilen kann, wie gut das Messgebiet mit den gewählten Messparametern „überdeckt" wird, d. h. wie gut die zu erkundenden Tiefenbereiche des Untergrundes mit dem geplanten Messprogramm abgebildet werden.

Die Auslegung der Messung orientiert sich an den geophysikalische Eckdaten der Erkundung und den Projektzielen. Die wichtigsten Parameter sind:

- Quellenergie (Anzahl und Gewicht der Vibratoren, Sprengstoffmenge),
- Punktdichte der Abtastung (Quell- und Empfängerpunktabstand, Linienabstand bei 3D),
- Maximaler Abstand Quelle-Empfänger (Offset).

Diese Größen bestimmen zusammen mit dem Gesamtvolumen (Linienlänge bzw. Erkundungsfläche) wesentlich den apparativen Aufwand und damit die Kosten der Messung.

Ihre Bestimmung erfolgt in der Regel in einer eigenen Studie, in der auf der Grundlage von Erfahrungswerten und geophysikalischen Grundlagen die erforderlichen Werte berechnet bzw. abgeschätzt werden. So hat beispielsweise die Tiefe des Untersuchungsziels Einfluss auf das erforderliche Maximaloffset und auf die nötige Quellenergie, die Neigung der Schichten hat Einfluss auf die Punktdichte sowie ebenfalls auf das Maximaloffset.

In der Regel werden anschließend mehrere Varianten von Parametern ausgewählt, die zur Erreichung der Erkundungsziele geeignet sind, und in erste Planungen der Quell- und Empfängerpunkte umgesetzt. Diese geplanten Varianten werden im Hinblick auf die Durchführungskosten und die Zielerreichung bewertet und führen schließlich zur letztendlich verwendeten Messkonfiguration.

3.3.2 Anpassung der Planung an die Realbedingungen

Mit Hilfe der Ergebnisse des Scoutings wird anschließend die ursprüngliche Planung der Quell- und Empfängerpunkte an die vorgefundenen Bedingungen angepasst. Dazu werden z. B. Vibratorpunkte auf befahrbare Straßen verlegt, Landschaftsschutzgebiete umgangen, etc. Unter Umständen zeigt sich auch auf der Grundlage der Scoutingergebnisse, dass grundlegende Designmerkmale wie z. B. der Linienabstand einer 3D Messung modifiziert werden müssen, um das Erreichen der Untersuchungsziele nicht zu gefährden.

3.3.3 Planung der Zeitachse

Aus den zuvor beschreibenden Randbedingungen ist der zeitliche Ablauf der Messungen abzuleiten. Es können finanzielle Synergieeffekte auftreten, wenn mehrere Messungen mit Konzessionsnachbarn zusammengelegt werden. Absprachen in der gleichen Region können daher genauso hilfreich sein, wie eine generelle Flexibilität in der zeitlichen Ausführung der Messung.

Ist das Zeitfenster bestimmt, sind der Personal- und der Materialeinsatz abzustimmen.

3.3.4 Öffentlichkeitsarbeit

Die Messdurchführung selbst weckt stark das öffentliche Interesse. Trotzdem, oder gerade deswegen, sollte die Öffentlichkeitsarbeit schon weit im Vorfeld der eigentlichen Messung starten. In den letzten Jahren ist dies immer wichtiger geworden, da die Sensibilität der Bürger deutlich gestiegen ist. Die Außen-Kommunikation sollte in jedem Fall von Profis begleitet werden, da es immer wieder auch zu Einschränkungen (kurzzeitige Lärmbelästigung, Straßensperrungen, kleinere Staus, Parkverbote, Umleitungen, etc.) im öffentlichen Leben kommen kann.

Diese möglichen Auswirkungen sollten im Vorfeld der Mobilisation des Messtrupps bei Pressekonferenzen, Bürgerveranstaltungen oder anderen Informationsveranstaltungen vorgestellt werden. Darüber hinaus ist das Erstellen und Verteilen von Handzetteln an die betroffenen Bürger hilfreich, um für Verständnis für die durchzuführenden Arbeiten zu werben (siehe auch Kap. 24).

3.4 Durchführung der Messungen

Der optimale Bohrplatz an der Oberfläche sollte sich in erster Linie nach den Strukturen im Untergrund richten, um das Risiko der Bohrung nicht durch unnötig lange und stark abgelenkte Bohrpfade zu erhöhen.

Daher sollte die seismische Erkundung idealer Weise in der Frühphase des Geothermieprojektes durchgeführt werden. Die Sichtung der bekannten geologischen Daten und die Einsichtnahme in vielleicht schon vorhandene ältere seismische Daten sollte im Rahmen der Vorplanung der Messung erfolgt sein.

3.4.1 Permit

Für den reibungslosen Ablauf der seismischen Messungen ist eine umfassende und regelmäßige Kommunikation mit allen beteiligten Ämtern und Personen erforderlich. Hierfür ist im Wesentlichen der Permitter zuständig. Er holt die behördlichen Genehmigungen und alle sogenannte Betretungserlaubnisse von Grundstückseigentümern ein.

Bei 2D seismischen Messungen ist dies meist unkompliziert, da hierbei die Messprofile überwiegend entlang von Straßen und Wegen geführt werden können und Privatgrundstücke nur in einem sehr geringen Maße betroffen sind. Komplizierter sind diese Arbeiten bei 3D-seismischen Messungen, da man hierfür über komplette Flächen hinweg die Betretungen und Befahrungen vornehmen muss und die Genehmigungsverfahren entsprechend aufwendiger sind. Bereits in dieser Phase des Projektes wird ein großer Unterschied beim Arbeitsaufwand zwischen der 2D und 3D Seismik erkennbar.

Diese sogenannten Prepermitarbeiten sind der sensibelste Teil des Permittings. Die Dauer sowie der Permiterfolg können nicht vorhergesagt werden, so dass geplante Messzeiträume auf Grund ausstehender Genehmigungen von Behörden oder Privatpersonen im schlimmsten Fall nicht eingehalten werden können bzw. Wartezeiten in Kauf genommen werden müssen.

Wird das Prepermit erfolgreich abgeschlossen, kann die geodätische Vermessung der Messpunkte beginnen, und das Prepermitting geht dann in die sogenannte Permit-on-Line Phase über.

Abschließend und im Nachgang zur eigentlichen seismischen Messung wird dann auch die Entschädigung von dem Permitter durchgeführt.

Die drei Phasen des Permittings in Stichpunkten:

Prepermit

- Benachrichtigung und Aufnahme aller betroffenen Grundstückseigentümer und deren Pächter vor Ort gemäß BBergG § 39
- Planung von Anregungspunkten in sensiblen Bereichen in Abstimmung mit den einzelnen Behörden, dem Messtrupp und dem Auftraggeber
- Benachrichtigung und Information der Behörden
- Einholen der entsprechenden Genehmigungen (Landkreise, Gemeinden, Bundes- und Bezirksforste, Wasserbehörden, Wasserverbände, Denkmalbehörden, Amt für Abfallwirtschaft, Straßenbauämter, Staatshochbauämter, Bauämter, Tiefbauämter, Straßenmeistereien, Straßenverkehrsämter, Autobahnmeistereien, Kreisstraßenmeistereien, Wasser- und Schifffahrtsämter, Kirchenkreisämter und Kirchengemeinden)
- Einholen von Leitungsplänen bei Strom-, Telefon-, Gas-, Wasserversorgungsunternehmen etc. der verschiedenen Versorgungsunternehmen
- Einpflegen aller Informationen in die Karten des Messgebietes

Permit on Line

- Kontrolle der Absprachen mit Grundeigentümern (z. B. Betretungsverbote)
- Sofortige Aufnahme von Flurschäden
- Beschaffung von Schlüsseln z. B. für Weidetore etc.
- Koordinierung der Feldarbeiten von Landwirten mit dem Messtrupp
- sofortiges Beheben von auftretenden Permit-Problemen z. B. zwischen den Landwirten und dem Messtrupp während der Messung

Durchführung der Entschädigung

- Schäden, die durch die seismische Messung unvermeidlich verursacht werden (z. B. Fahrspuren in Feldern oder auf Waldwegen), werden dokumentiert, aufgenommen und zur Regulierung vorbereitet

3.4.2 Vermessung

Die Vermessung der seismischen Anregungs- und Empfängerpunkte erfolgt größtenteils durch „Echtzeit Differential GPS" (RTK-GPS). GPS ist ein globales Satellitennavigationssystem zur Positionierung im Meterbereich. Die Genauigkeiten lassen sich durch Differenzmethoden (Differential-GPS) in der Umgebung einer Referenzstation oder durch Nutzen nationaler Referenzdienste wie SAPOS/APOS auf Werte im Zentimeterbereich steigern. In Bereichen ohne Satellitenempfang werden zum Teil konventionelle Vermessungsmethoden unterstützend eingesetzt.

Die Abweichung der abzusteckenden Punkte zu den vorgegebenen theoretischen Positionen soll so gering wie möglich ausfallen.

Hierzu werden alle Raster- und Vektordaten des Projektes in einem GIS System verwaltet und bearbeitet. Das GIS ermöglicht eine vielfältige räumliche und attributive Selektion sämtlicher Geodaten wie z. B. Sicherheitsabstände zu Gebäuden und Leitungen. So können der Vermessungsfortschritt und ggf. wichtige (Änderungs-)Informationen schnell weitergegeben werden. Auf dieser Basis werden die Anregungs- und Empfängerpunkte im Feld ausgepflockt und farblich markiert.

3.4.3 2D/3D Reflexionsseismik

Sind die Vermessungsarbeiten im Gelände so weit vorangeschritten, dass die seismische Messung beginnen kann, erfolgt die Mobilisation der Messcrew. Diese beinhaltet nicht nur die Anreise des Personals und den Transport der Geräte, sondern auch die Vorbereitung und Tests der erforderlichen Messgeräte vor der Messung. Es ist darauf zu achten, dass ein Messtrupp sowohl personell als auch messtechnisch entsprechend gut ausgerüstet und organisiert ist.

Zusätzlich muss vor Beginn der eigentlichen Messdatenerfassung (Produktion) ein Konzept zum Einhalten von Sicherheitsbestimmungen, gesundheitsrelevanten Themen und Umweltschutzbestimmungen vorgelegt werden. Insbesondere sind dabei Arbeitsrisiken abzuschätzen, die sich durch das Messgebiet selbst ergeben (etwa bei der Durchquerung eines Waldgebietes, oder bei der Überwindung von Zäunen und Flüssen, etc). Dafür ist ein entsprechendes Sicherheitskonzept zu erarbeiten, damit Maßnahmen zur Risikominimierung eingeleitet werden können.

Ist der Messtrupp vollständig mobilisiert, und ist die Infrastruktur im Truppbüro vor Ort installiert, werden zuerst die Geophonstationen im Gelände an den markierten Positionen ausgelegt und untereinander und mit den Messwagen verbunden (Abb. 3.2). Ist die Geophon-Auslage angeschlossen und funktionstüchtig getestet, kann mit der Produktion begonnen werden.

Am ersten Produktionstag wird mit den Feld- und Signalparametertests gestartet. Hierzu wird auf einem Teilbereich der späteren Messauslage eine Datenregistrierung durchgeführt, bei der unterschiedliche Messparameter wie z. B. die Signalart, Anzahl und Signalstärke (Sweep), sowie die Fahrzeugabstände (Pattern), usw. variiert werden, um, bei einer anschließenden Analyse der Tests, die für das aktuelle Messgebiet optimalen Messparameter zu ermitteln, mit denen dann die Produktion erfolgen soll.

Sind die Messparameter festgelegt, werden die Vibrationsfahrzeuge auf die erste Anregungsposition gefahren. Im Messwagen wird die Funktion der angeschlossenen Geophonstationen überwacht und die Auslage vor jeder Anregung freigegeben (Abb. 3.3).

Abb. 3.2 **a** Die Kabel-Crew legt die Geophon-Gruppen (Stationen) an den ausgepflockten Markierungen aus, **b** einzelnes Geophon

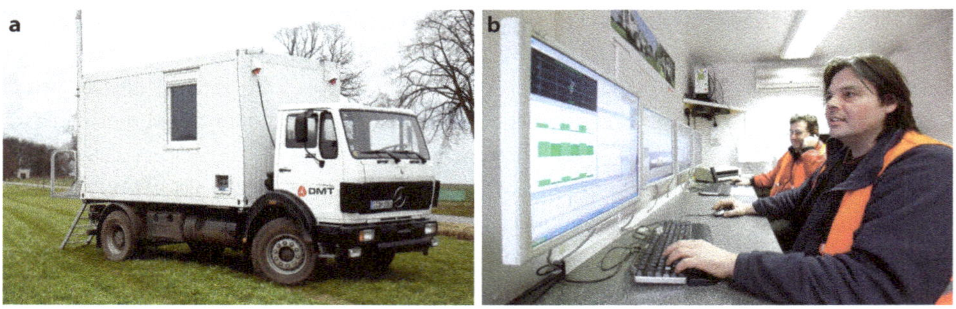

Abb. 3.3 **a** Der Messwagen steht an zentraler Stelle im Messgebiet, **b** (Innenansicht) hier wird die Messung überwacht und es laufen alle Daten zusammen, die Steuerung der Anregung erfolgt auch von hier aus

Die verschiedenen Vibratortypen werden je nach Erkundungstiefe, Geländebegehbarkeit und gewünschter Anregungsleistung eingesetzt. Die Hauptunterscheidungsmerkmale sind das Gesamtgewicht und die maximale Kraft, die angeregt werden kann. Hier reicht die Spanne etwa von Minivibratoren die 4500 kg wiegen und etwa 30.000 N (6750 lbs) maximale Kraft leisten und vierachsigen Großvibratoren mit 38.500 kg Gewicht und 356.000 N (80.000 lbs) maximaler Anregungskraft.

Abb. 3.4 **a** Die Vibratoren werden auf Straßen von Sicherungsfahrzeugen begleitet, **b** Vibrator-Platte beim absetzen

Je nach Aufgabenstellung und Messgebiet werden sie einzeln oder in Gruppen von zwei bis fünf Fahrzeugen eingesetzt (Abb. 3.4a).

Das Abfahren der Messstrecken im Gelände erfolgt dann in Begleitung von Sicherheitsfahrzeugen von und hinter der Gruppe, ggf. auch zusätzlich der Polizei. Ein sogenannter „Vibpusher" ist immer in der Nähe der Vibratoren. Er ist Verantwortlich dafür, dass die Fahrzeuge sicher an die Messpunkte eingewiesen werden. Besonders das exakte Absetzen der Vibrator-Platte (Abb. 3.4b) an den markierten Punkten ist auf Sicht, von der Fahrerkabine aus, nur schwer möglich.

Steht die Gruppe an der richtigen Position, wird die Vibrations-Anregung, der sogenannte sweep, per Funk aus dem Messwagen gestartet. Je nach Messparameter werden dann mehrere sweeps an einem Messpunkt registriert, bevor die Gruppe sich zum nächsten Messpunkt weiterbewegt. Diese Durchführungsart nennt sich Mehrfach-Stapelung des Quellsignals.

Neben der reflexionsseismischen Messung werden zusätzlich weitere Messungen, wie Refraktionsseismik und Erschütterungsmessungen parallel durchgeführt.

Refraktionsseismische Messungen (LVL)

Die refraktionsseismischen Messungen, auch Nahlinien oder LVL (low velocity layer) Messung genannt, werden zur Erkundung der oberflächennahen Strukturen bis ca. 50 m Tiefe durchgeführt. Dies ist wichtig, da die eigentliche reflexionsseismische Messung für die großen Tiefenbereiche ausgerichtet ist und die geologischen Strukturen in geringen Tiefen durch sie nicht detailliert genug abgebildet werden.

Diese Nahlinien sind also die Reflexionsseismik begleitende Messungen, die entlang von Kurzprofilen (zwischen etwa 100 m und 200 m Länge) mit vergleichsweise geringen Messpunktabständen durchgeführt werden. Als seismische Quelle werden hierfür in der Regel beschleunigte Fallgewichte verwendet. Nahlinienpositionen werden im Messgebiet gleichmäßig verteilt. Der Abstand der Nahlinien untereinander ist abhängig von den räumlichen Variationen der Geschwindigkeiten und Mächtigkeiten der Verwitterungsschichten. In den meisten Regionen wird für 3D Seismik etwa eine Nahlinie pro km^2 geplant.

Die Ergebnisse der Nahlinien werden bei der Datenbearbeitung der 2D- oder 3D-seismischen Hauptmessung benötigt, um mit Hilfe von oberflächennahen Geschwindigkeitswerten sogenannte statische Korrekturen (geländebedingte Korrekturen der Messdaten) durchführen zu können.

Erschütterungsmessungen (PPV)

Erschütterungsmessungen, auch PPV (peak particle velocity) Messungen genannt, werden im Bereich von sensiblen Gebäuden oder Versorgungsleitungen durchgeführt, um mögliche Erschütterungen zu vermeiden, beziehungsweise die maximalen Schwinggeschwindigkeiten zu messen, welche durch die Vibrofahrzeuge oder durch Sprenganregungen generiert werden. Ziel dabei ist es, die Überschreitung bestimmter Richtwerte auszuschließen. Werden diese Richtwerte (DIN 4150-Teil 3) bei der Signalgenerierung annähernd erreicht, so werden die Anregungskräfte der Vibratoren oder die Ladungsmengen bei der Sprengseismik entsprechend verringert, um mögliche negative Beeinflussungen zu vermeiden. Die Messungen werden von speziell ausgebildetem Personal mit geeichten Geräten durchgeführt.

Feldprocessing/Qualitätskontrolle (QC)

Zur Überprüfung aller gemessenen Daten, erfolgt eine intensive Qualitätskontrolle der am Vortag registrierten Aufzeichnungen im Truppbüro, das in unmittelbarer Nähe zum Untersuchungsgebiet eingerichtet wird. So wird sichergestellt, dass die „Qualität der reflexionsseismischen Aufzeichnungen" in Ordnung ist und die Vermessungsarbeiten korrekt ausgeführt wurden, damit das gewünschte Erkundungsziel erreicht wird.

Die gemessenen seismischen Spuren und die Geometrieinformationen werden auf Vollständigkeit und Korrektheit überprüft und dokumentiert. Auch der Zustand des Equipments, insbesondere der seismischen Quellen und Empfänger, wird regelmäßig überprüft und die Übereinstimmung mit den geforderten Spezifikationen dokumentiert.

Zusätzlich wird das Erreichen der Untersuchungsziele fortlaufend überprüft, indem eine vorläufige Datenbearbeitung im Feldbüro durchgeführt wird. Dazu wird ein Teil der verfügbaren Bearbeitungsprozesse verwendet, so dass am Ende zeitnah, z. B. unmittelbar nach Abschluss der Registrierung auf einem 2D Profil, eine gestapelte oder migrierte Sektion vorliegt. Anhand der Qualität dieses Ergebnisses im Hinblick auf die Abbildung des Untersuchungsziels können dann gegebenenfalls erforderliche Korrekturen der Parameter der Messung vorgenommen werden.

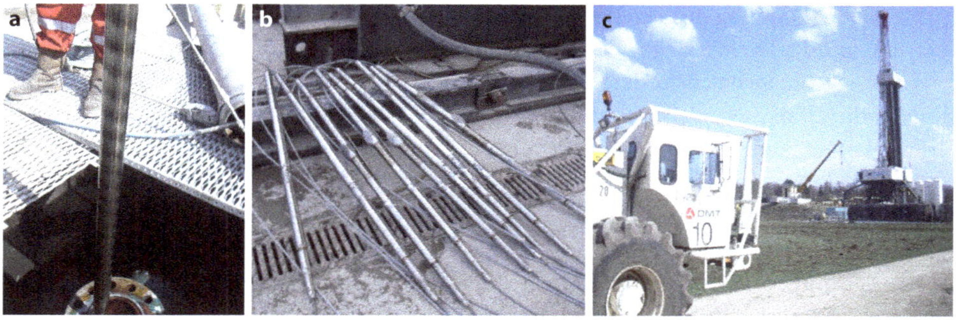

Abb. 3.5 Messequipment im Einsatz bei VSP-Messungen, **a** Vorbereitung der Bohrung, **b** Geophonkette bestehend aus mehreren Geophonsonden die in die Tiefbohrung eingebracht werden, **c** Seismischer Vibrator während einer VSP-Messung

3.4.4 Bohrlochseismik (VSP, WSP, etc.)

Die VSP (Vertical seismic profiling) -Technik ist ein geophysikalisches Bohrlochverfahren, bei dem seismische Empfänger (Geophonketten, Hydrophone, etc.) in eine Bohrung auf zuvor definierte Positionen eingebracht werden. In der Bohrung werden die Empfänger mechanisch oder hydraulisch an die Bohrlochwand angekoppelt. Anschließend werden seismische Signale von einer Quelle (Vibrator, Sprengstoff, beschleunigte Fallgewichte, etc.) an der Erdoberfläche generiert (Abb. 3.5).

Bei Multi-Offset VSP-Messungen (MOVSP), oder auch Walkaway-VSP-Messungen genannt, werden Signale an einer Vielzahl von Quellorten an der Erdoberfläche generiert (z. B. entlang einer oder mehrerer Linien), in deren Mitte in der Regel die Bohrung liegt.

Die VSP-Ergebnisse können mit den weiträumigeren 2D oder 3D-seismischen Daten verknüpft werden. Dabei werden die seismischen 2D/3D Daten mit den lokal aus den Bohrungen gewonnen Informationen kalibriert. Insbesondere wird das Geschwindigkeitstiefenabbild, das für die Auswertung der reflexionsseismischen Messdaten von großer Bedeutung ist, am Ort der Bohrung exakt ermittelt und so die Zeit-Tiefen-Konvertierung, und damit die genaue Tiefenlage der Zielhorizonte, abgesichert.

Zur besseren Vergleichbarkeit ist es ratsam beide Messungen mit den gleichen Signal-Parametern und Quellen durchzuführen (zum Beispiel durch Benutzung derselben Vibratoren mit denselben Frequenzparametern).

3.5 Processing (Datenbearbeitung)

Die aufgezeichneten Felddaten werden im Anschluss an die Messung für die Interpretation aufbereitet. Ziel der Datenbearbeitung ist es, die Reflexionsamplituden möglichst lagerichtig und amplitudengetreu an ihrem Ursprungsort im Untergrund abzubilden.

Da diese Abbildung mit einer Vielzahl von Bearbeitungsschritten verbunden ist, deren Auswahl und Parametrisierung erheblichen Einfluss auf den Charakter und die räumliche Lage der Ergebnisse hat, erfordert die Datenbearbeitung die genaue Kenntnis der Anforderungen, die an die seismische Erkundung gestellt werden. Auch wenn das Processing auf Grund der eingesetzten Computersoft- und -hardware und der erforderlichen Erfahrung in der Regel von spezialisierten Kontraktoren durchgeführt wird, sollte die Entwicklung des Workflows in enger Zusammenarbeit mit den Planern und interpretierenden Geologen erfolgen.

Die Zusammenstellung der Arbeitsschritte erfolgt individuell für jedes Projekt nach den speziellen Erfordernissen der Zielsetzung und der registrierten Daten. Die grundlegenden Aufgaben

- Geometrie,
- Statische Korrekturen,
- Wavelet-Bearbeitung,
- Amplituden-Bearbeitung,
- Signalverbesserung,
- Dynamische Korrekturen/Abbildung

sind jedoch jeder Datenbearbeitung gemeinsam und sollen im folgenden Abschnitt detaillierter betrachtet werden.

3.5.1 Arbeitsschritte

Geometrie

Die Felddaten werden in der Regel als getrennte Datensätze für die seismischen Spuren und die Geometrieinformationen der Quell- und Empfängerpunkte gespeichert, weil die Koordinaten der Messpunkte häufig erst nach der Registrierung der Spuren endgültig berechnet werden.

Der erste Schritt der Datenbearbeitung besteht also darin, die Koordinaten den korrekten Spuren zuzuordnen. In der Regel wird dazu innerhalb der Bearbeitungssoftware eine Datenbank verwendet, in der für Quell- und Empfängerpunkte – aber auch für andere Ordnungskriterien der Messung – Tabellen mit Rechts- und Hochwerten und zahlreichen weiteren Parametern angelegt sind.

Auf der Grundlage der Koordinaten wird auch festgelegt, unterhalb welcher Oberflächenpunkte das Ergebnis der Auswertung definiert sein wird. Aus historischen Gründen werden diese Punkte CDP (Common Depth Point) genannt. Im Fall einer zweidimensionalen Messung ergibt sich eine CDP-Linie mit einem Schnitt durch den Untergrund, für eine dreidimensionale Erkundung ist das Ergebnis auf einem Quader definiert, der an der Oberfläche durch das CDP-Gitter definiert wird (Abb. 3.6).

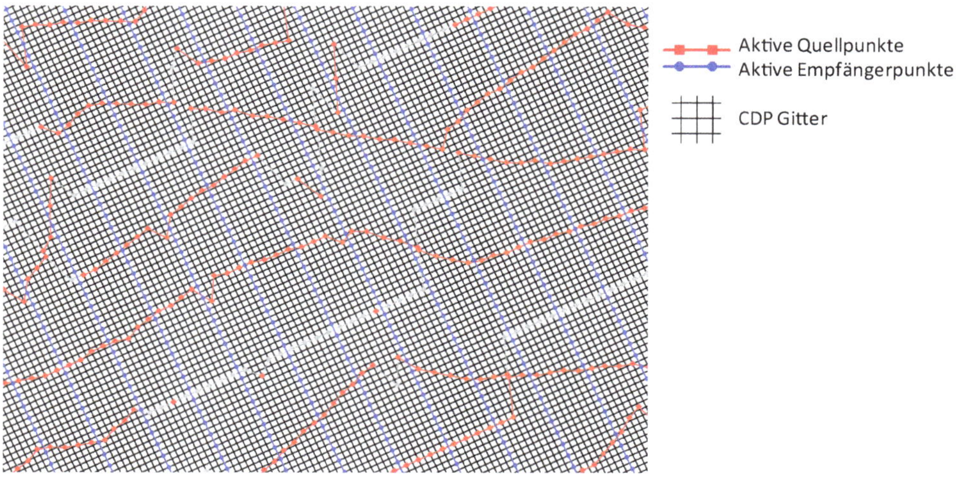

Abb. 3.6 CDP Gitter 3D

Im sogenannten Binning werden die Spuren anhand ihrer Mittelpunkte zwischen Quell- und Empfängerposition der jeweils nächstgelegten CDP-Position zugeordnet.

Statische Korrekturen

Diese Bezeichnung umfasst zwei Teilaufgaben: Zum Einen soll das Ergebnis bezogen auf eine konstante Ausgangshöhe, das sogenannte Datum oder Referenzniveau, dargestellt werden, obwohl die Quellen und Sensoren auf der Geländehöhe angeordnet sind. Zum Anderen sollen variable Laufzeiteinflüsse der oberflächennahen Verwitterungsschicht beseitigt werden, die die Abbildungsqualität beinträchtigen.

Die Bezeichnung „statische“ Korrekturen ergibt sich aus der Tatsache, dass im Unterschied zu den „dynamischen“ Korrekturen die gesamte seismische Spur um einen festen Korrekturwert nach oben oder unten verschoben wird.

Dieser Korrekturwert wird so bestimmt, das die betreffende Spur erscheint, als wäre sie mit Quelle und Empfänger auf dem Referenzniveau gemessen worden, und die Wellen hätten sich im oberflächennahen Bereich nicht durch die Verwitterungsschicht, sondern durch ein homogenes Material ausgebreitet.

Die Berechnung des Korrekturwertes erfordert neben den Geländehöhen auch Informationen über Ausbreitungsgeschwindigkeiten und Mächtigkeiten der Verwitterungsschicht, die in der Regel aus einem Modell entnommen werden. Dazu stehen für die Modellbildung unterschiedliche Informationsquellen zu Verfügung:

- Aufzeiten (bei Sprengmessungen),
- Ergebnisse von Refraktions-Nahlinien,
- Geologische Modelle der Verwitterungsschicht,
- Refraktionsauswertung der Messdaten.

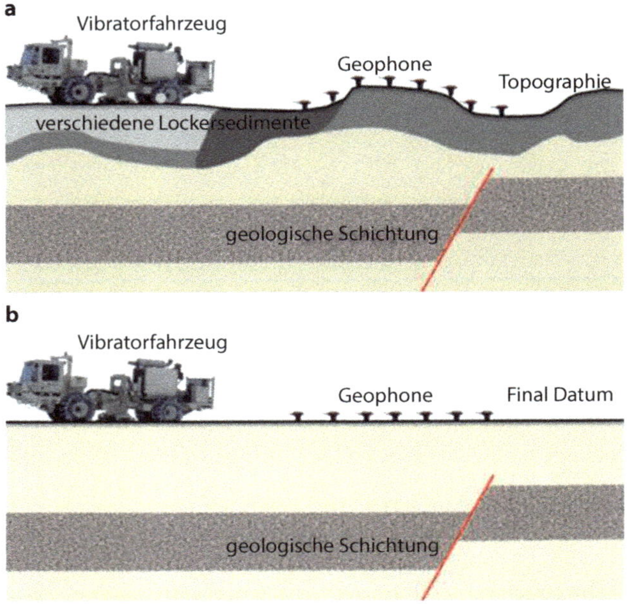

Abb. 3.7 **a** Reale Messsituation mit variabler Topographie und Verwitterungsschicht, **b** Ersatzmodell nach statischer Korrektur

Wenn die Korrekturen auf das endgültige Referenzniveau zu groß werden, weil z. B. die Geländehöhe weit über oder unter der Datumhöhe liegt, hat das negative Auswirkungen auf die Geschwindigkeitsbestimmung. In der Praxis wird daher die aus dem Geländemodell abgeleitete statische Korrektur in zwei Schritten angewandt. Im ersten Schritte werden die Spuren auf das sogenannte NMO- (normal move out) oder Floating-Datum korrigiert. Dieses wird so bestimmt, dass innerhalb eines CDPs die Korrekturwerte nicht zu groß werden, z. B. durch Glättung der Oberflächenhöhe. Die so korrigierten Spuren werden zur Geschwindigkeitsbestimmung verwendet und die dynamischen Korrekturen werden an ihnen vorgenommen. Anschließend wird in einem weiteren Schritt die verbleibende Korrektur vom NMO-Datum auf das endgültige Referenzniveau angebracht (Abb. 3.7).

Da das Modell in der Regel nur eine begrenzte horizontale Auflösung bietet, werden verbleibende Korrekturen in einem weiteren Schritt durch einen automatisierten Vergleich der Reflexionslaufzeiten benachbarter Spuren ermittelt. Man spricht daher auch von automatischer Statik oder Reststatik. Für die Berechnung ist die Kenntnis der Geschwindigkeitsverteilung erforderlich, da die Spuren vor dem Vergleich NMO-korrigiert werden müssen. Für eine möglichst genaue Bestimmung der Geschwindigkeiten ist wiederum die statische Korrektur Voraussetzung. Daher werden Reststatik und Geschwindigkeiten in der Regel in einem iterativen Prozess verbessert.

Allen statischen Korrekturen liegt die Annahme zu Grunde, dass die Wellen die oberflächennahen Schichten auf dem Weg zum Reflektor bzw. zum Empfänger senkrecht durchlaufen. Mit zunehmendem Abstand Quell-Empfänger und abnehmender Tiefe des Reflektors nimmt die Abweichung von dieser Annahme immer weiter zu. Im Extremfall ist die

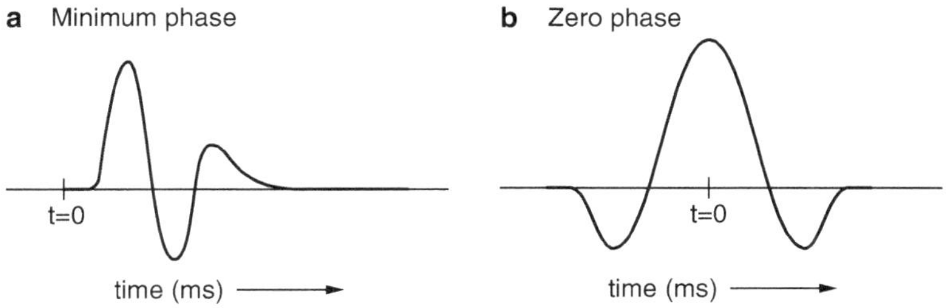

Abb. 3.8 **a** Minimum Phase Wavelet, **b** Nullphasiges Wavelet

Anwendung statischer Korrekturen nicht mehr ausreichend und die Einflüsse der Verwitterungsschicht müssen mit Hilfe dynamischer Korrekturen ausgeglichen werden, bei denen Strahlverläufe und Beugungseffekte berücksichtigt werden können.

Wavelet-Bearbeitung

Das ideale Quellsignal zur Untersuchung des Untergrundes wäre ein einzelner Impuls beliebig kurzer Dauer. Reale seismische Quellen liefern ein zeitlich ausgedehntes Quellsignal – auch Wavelet genannt – das zusätzlich im Laufe seiner Ausbreitung zum Reflektor und zurück zur Oberfläche verändert wird. Das Ziel der Prozesse der Wavelet-Bearbeitung liegt darin, das Signal soweit wie möglich an die ideale Impulsform anzunähern.

Zunächst haben die Quellsignale von Impulsquellen (z. B. Sprengung) und der korrelierte Sweep des Vibratorsignals unterschiedliche Eigenschaften, was die Lage des Amplitudenmaximums zur Startzeit der Registrierung betrifft (Abb. 3.8).

Die unterschiedlichen Signalformen werden durch Korrekturfilter aneinander angepasst: Für Sprengdaten ist der Einfluss der Messapparatur zu beseitigen, Vibratordaten werden in minimalphasige Signale umgewandelt.

Um dem Ideal des kurzen Impulses möglichst nahe zu kommen, wird das Signal im Bearbeitungsschritte der Dekonvolution durch sog. inverse Filterung verkürzt. Da die Hauptursachen der Verlängerung des Signals in den oberflächennahen Bereichen und den Eigenschaften von Quelle und Empfänger vorliegen, hat es sich bewährt, jeweils für jeden Quellpunkt und jeden Empfängerpunkt einen inversen Filter zu bestimmen. Man spricht dann von oberflächenkonsistenter Dekonvolution.

Da für die Interpretation ein nullphasiges Signal vorteilhaft ist, bei dem die Maximalamplitude des Wavelets der Position des Impedanzkontrastes entspricht, werden die Spuren am Ende der Bearbeitung meist durch einen weiteren Filter entsprechend angepasst.

Amplituden-Bearbeitung

Neben der strukturellen Interpretation kann auch die Auswertung der Reflexionsamplituden weitergehende Informationen über das Untersuchungsziel bieten. Dazu ist es erforderlich, möglichst alle anderen Amplitudeneinflüsse auf die seismischen Spuren zu eliminieren.

In einem ersten Schritt wird dazu die Amplitudenabnahme auf Grund der Ausbreitung der Quellenergie im Raum, auch als sphärische Divergenz bezeichnet, berechnet und ausgeglichen. Verluste durch Absorption und Streuung werden in der Regel empirisch bestimmt und durch eine zeitabhängige Funktion korrigiert.

Ein großer Teil der beobachteten Amplitudenschwankungen beruht auf Unterschieden in der Energie der seismischen Quelle und der Empfängerankopplung. Durch statistische Auswertung der Spuramplituden können diese Einflüsse ermittelt und ausgeglichen werden. In der Praxis kann diese sog. oberflächenkonsistente Amplitudenkorrektur durch räumlich variable Störamplituden negativ beeinflusst werden. Gelingt es nicht, diese Störamplituden vor der Berechnung zu beseitigen, kann eine Einzelspurnormierung oder eine zeitvariable Amplitudenkorrektur (z. B. Automatic Gain Control (AGC)) erforderlich sein, so dass die amplitudenerhaltende Bearbeitung nicht mehr gegeben ist.

Signalverbesserung

Die von der Quelle erzeugten seismischen Wellen breiten sich im Untergrund auf unterschiedlichen Wegen und in verschiedenen Ausprägungen aus. Für die reflexionsseismische Auswertung werden in der Regel nur die reflektierte P-Welle und, seltener, die reflektierte S-Welle herangezogen. Alle anderen Ausbreitungsformen tauchen in den Spuren als Störsignale auf, teilweise mit erheblich größeren Amplituden als das reflektierte Signal. Diese quellinduzierten Störungen können – im Gegensatz zum Umgebungsrauschen – nicht durch Erhöhung der Quellenergie unterdrückt werden.

Sie werden daher unter Ausnutzung ihrer von den reflektierten Wellen abweichenden Eigenschaften, z. B. Ausbreitungsgeschwindigkeit, Auftauchwinkel, Polarisation oder Frequenz, möglichst weitgehend unterdrückt (Abb. 3.9).

Eine weitere Kategorie von quellinduzierten Störungen bilden die Mehrfachreflexionen, auch Multiple genannt. Diese sind vor ihrer Registrierung nicht nur einmal, sondern mehrfach auf- und abgelaufen. Da sie sich in ihren Eigenschaften teils nur wenig von einfach reflektierten Wellen unterscheiden, ist zu ihrer Eliminierung eine aufwändige Modellbildung notwendig, mittels derer eine Vorhersage des mehrfach reflektierten Wellenfeldes berechnet werden kann. Dies wird dann von den gemessenen Spuren abgezogen.

Insbesondere in oftmals dicht besiedelten Messgebieten in Mitteleuropa sind auch externe Störquellen von großer Bedeutung. Neben der natürlich verursachten Bodenunruhe durch z. B. Wind und Regen spielen hier vor allem Fahrzeug- und Anlagengeräusche eine Rolle. Zur Unterdrückung von solchen zufälligen Störamplituden stehen zahlreiche spurübergreifende Prozesse zur Verfügung, die meist darauf abzielen, die Ähnlichkeit räumlich benachbarter Reflexionsamplituden hervorzuheben. Als Beispiel sei hier die FX-Dekonvolution (F = Frequenz, X = Strecke/Distanz) genannt.

Eine Sonderstellung unter den Prozessen zur Verbesserung des Signal/Rausch-Verhältnisses nimmt die Common Reflection Surface Methode (CRS) ein, bei der aus den Daten ein Modell sogenannter kinematischer Parameter abgeleitet wird. Dieses Modell wird anschließend genutzt, um Reflexionsamplituden aus einem lateralen Bereich zu sammeln, der über die Fläche des ursprünglichen CDP Bins hinausgeht.

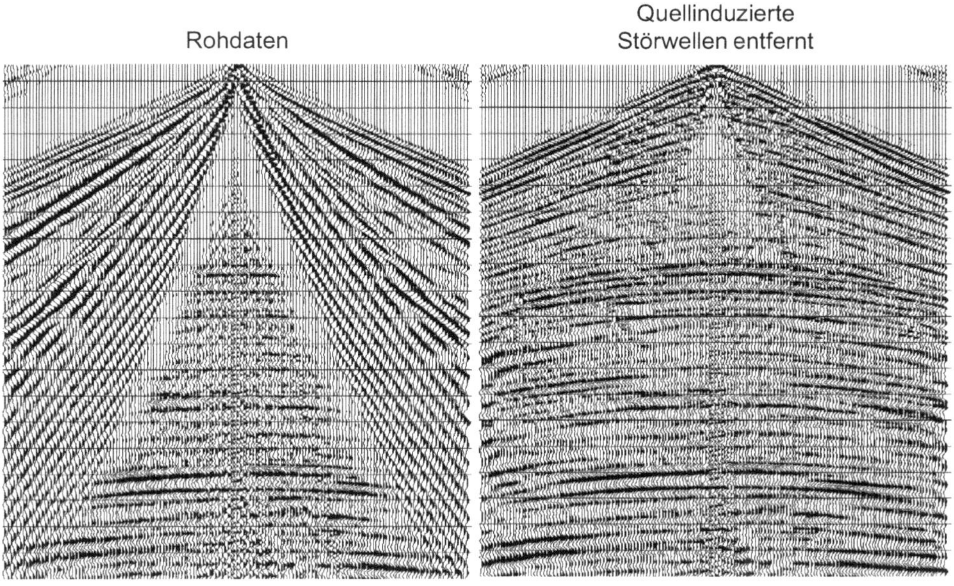

Abb. 3.9 Unterdrückung Quellinduzierter Störwellen

Dynamische Korrekturen/Abbildung

In den Messdaten treten die an einem bestimmten Untergrundpunkt reflektierten Amplituden in vielen registrierten Spuren zu unterschiedlichen Laufzeiten auf, die abhängig vom jeweiligen Strahlverlauf und den Intervallgeschwindigkeiten des durchlaufenen Materials sind. Das Ziel der Abbildung ist es, die Reflektionsamplitude des Untergrundpunkts aus dieser Vielzahl von Einzelamplituden aufzusummieren.

Je nach Komplexität des Untergrundes, und damit des Geschwindigkeitsverlaufs, kann diese Aufgabe durch unterschiedlich weit reichende Näherungen vereinfacht werden.

Die folgende Aufstellung zeigt die Abbildungsmethoden in der Reihenfolge steigenden Aufwandes:

- NMO-Stapelung mit anschließender Zeitmigration,
- NMO-DMO-Stapelung mit anschließender Zeitmigration,
- NMO-DMO-Stapelung mit anschließender Tiefenmigration,
- Zeitmigration vor der Stapelung,
- Tiefenmigration vor der Stapelung.

Die einfachste Methode der Normal Moveout Korrektur (NMO) nimmt eine söhlige Lagerung an und vernachlässigt Beugungseffekte komplett und dient dem Ausgleich der unterschiedlichen Offsetwerte der Spuren. Für die Berechnung werden die sogenannten Stapel- oder RMS-Geschwindigkeiten verwendet. Die NMO korrigierten Spuren werden je

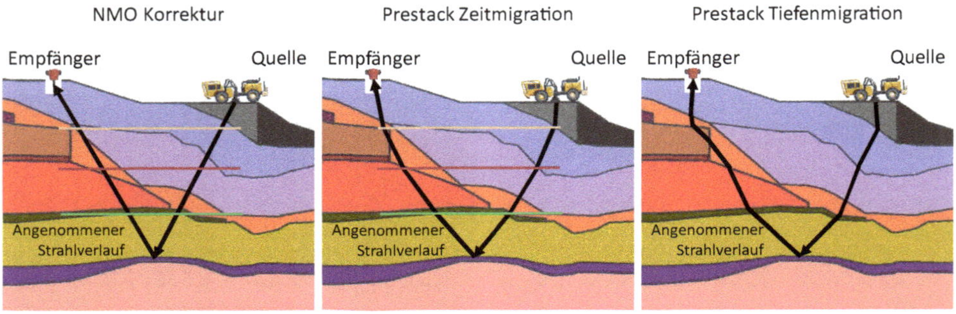

Abb. 3.10 Näherungen der Abbildungsverfahren

CDP summiert und ergeben die sog. Stapelung. Dieses Zwischenergebnis wird auch Zero-Offset-Sektion genannt. Durch die anschließende Zeitmigration werden die Reflexionsamplituden an ihre korrekte räumliche Position projiziert.

Einen Schritt weiter geht die Dip Moveout Korrektur (DMO), die nach der NMO angewandt wird und in gewissem Umfang die Neigungsabhängigkeit der Geschwindigkeitsmessung ausgleicht. Die weitere Bearbeitung mit Stapelung und Migration erfolgt wie nach der reinen NMO-Korrektur.

Beugungseffekte, die an Schichtgrenzen mit Geschwindigkeitsunterschieden auftreten, werden in der Berechnung der Zeitmigration vor der Stapelung berücksichtigt, wobei immer noch ein lokal horizontal geschichtetes Medium angenommen wird und weiterhin RMS-Geschwindigkeiten verwendet werden.

Die vollständige Verteilung der Intervallgeschwindigkeiten im Raum wird schließlich für die Berechnung der Tiefenmigration vor der Stapelung berücksichtigt. Neben dem erhöhten Rechenaufwand macht die erforderliche iterative Bestimmung der Geschwindigkeitsverteilung dieses Verfahren zum aufwändigsten. Neuere Migrationsalgorithmen sind in der Lage, bei entsprechendem Aufwand für die Modellbildung, zusätzliche Informationen wie Anisotropie, also richtungsabhängige Unterschiede in der Ausbreitungsgeschwindigkeit, sowie Mehrfachreflektionen zu berücksichtigen (Abb. 3.10).

3.5.2 Werkzeuge

Die reflexionsseismische Datenbearbeitung wird in der Regel in dedizierten Rechenzentren vorgenommen. Während die ersten Bearbeitungsschritte, bei denen meist nur einzelne Spuren bearbeitet werden, heute auch auf einfachen Personalcomputern durchgeführt werden können, ist für die Berechnung von Prestack Migrationen in der Regel ein Server oder Cluster mit mindestens 16 Kernen erforderlich. Typische Systeme für die Verarbeitung größerer 3D Messungen verfügen über mehrere hundert Rechenkerne.

Auf dem Markt sind Softwarelösungen für das seismische Processing in unterschiedlichen Größenordnungen verfügbar. Typische Programmpakete, mit denen der vollständige Arbeitsablauf durchgeführt werden kann sind Echos (Paradigm Ltd.) und SeisSpace (Halliburton/Landmark Software).

Spezielle Einzelaufgaben, wie z. B. die Bestimmung von statischen Korrekturen oder die Prestack Tiefenmigration werden zum Teil von spezialisierten Softwaresystemen ausgeführt, die eine verbesserte Effizienz oder Ergebnisqualität als die Vielzweckprogramme liefern können.

3.6 Interpretation und Modellierung

Aufgabe der geologischen Interpretation der gewonnen Messdaten ist es, ein möglichst umfassendes und genaues Untergrundmodell für den geothermischen Erkundungsbereich zu erstellen. Nach dem Processing, welches in Schritten durchgeführt wird, wobei unterschiedlichste Algorithmen genutzt werden, können die seismischen Daten drei-dimensional dargestellt werden.

Dieser 3D Daten-Volumenkörper zeigt die für Seismik typischen „Wellenlinien“ (Abb. 3.11). Diese zeigen Änderungen im Dichte- und Geschwindigkeitsverhalten der Gesteine an und bilden somit Grenzschichten ab. In Abhängigkeit des Kontrastes des Produktes von Dichte und Geschwindigkeit, dem sogenannten Reflexionskoeffizienten, sind die Grenzschichten als Amplitudenausschläge der seismischen Welle abgebildet (Reflektoren). In einfachen Lagerungsverhältnissen sind die Reflektoren lateral aushaltend entweder flach liegend oder einfallend. Abrupte vertikale Versätze der Reflektoren zeigen Störungen an.

Solche Änderungen des seismischen Signals können sowohl auf Variationen der petrophysikalischen Eigenschaften wie Elastizität, Porosität und Permeabilität oder ein Wechsel der Fazies oder der tektonischen Beanspruchung hinweisen. Um weitere Aussagen machen zu können, werden häufig neben der Amplitude weitere seismische Attribute analysiert.

Bei geeigneten geologischen Verhältnissen und guter Datenqualität lassen sich darüber hinaus aus der Geometrie und Abfolge der seismischen Reflektoren Sedimentationszyklen in Abhängigkeit vergangener Meeresspiegelschwankungen ermitteln (Sequenzstratigraphie).

Bei jeder Interpretation sollte die vorangegangene Datenbearbeitung bekannt sein. Wurde beispielsweise während der Datenbearbeitung ein sogenannter Amplitudenausgleich ausgeführt, ist eine korrekte Analyse der Signalamplituden nicht mehr möglich.

In eine Interpretation können auch konzeptionelle Gedanken mit einfließen. So hat beispielsweise die Kenntnis, in welchem tektonischen Regime (Dehnung, Kompression, strike-slip) man sich befindet und wann die Bewegungen stattfanden, Einfluss auf das zu erwartende tektonische Inventar eines Interpretationsgebietes.

Es ist heutiger Standard, dass die Interpretationen computergestützt durchgeführt werden. Interpretationssysteme wie Petrel (Schlumberger), Kingdom (IHS) oder OpendTect

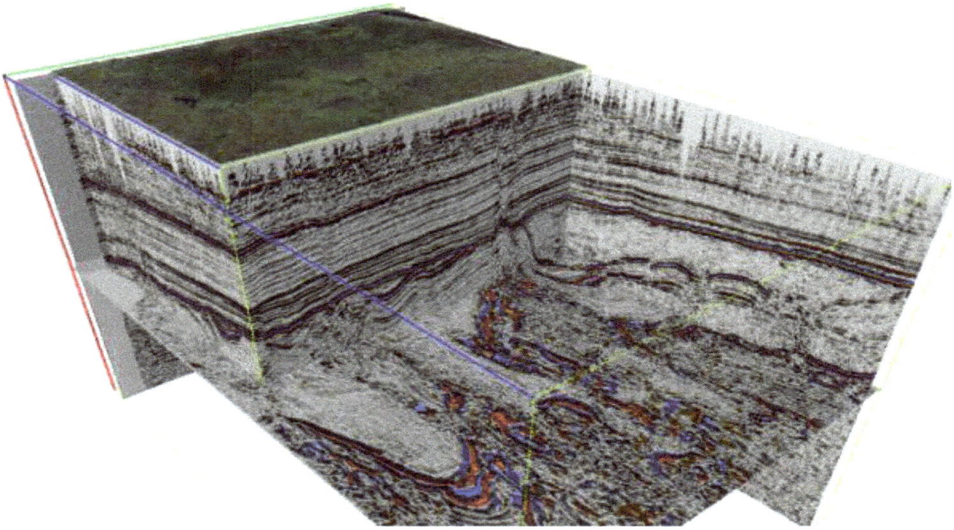

Abb. 3.11 3D-seismisches Volumen

kommen dabei zum Einsatz. Durch ihren dreidimensionalen Ansatz wird die räumliche Konsistenz des Interpretationsmodells gewährleistet. Dies war in der Vergangenheit nicht immer der Fall, als interpretierte Schnitte und Horizontkarten unabhängig und z. T. manuell erzeugt wurden. Interpretationsarbeiten umfassen im Wesentlichen die folgenden Schritte:

1. Zuordnung relevanter geologischen Grenzen zu seismischen Reflektoren (Einhängung von Bohrungsergebnissen),
2. Strukturelle Reflektor- und Störungsinterpretation,
3. Zeit-Tiefen Wandlung,
4. Erzeugung eines 3D Untergrundmodells (3D Zellen-Blockmodell).

3.6.1 Zuordnung wichtiger geologischen Grenzen zu seismischen Reflektoren (Einhängung von Bohrungsergebnissen)

Die Interpretation der der seismischen Messungen wird durch geologische und andere geophysikalische Informationen erweitert und überprüft. Dies sind in erster Linie Ergebnisse von Bohrungen aus dem Erkundungsgebiet oder benachbarter Gebiete. Die geologische Gesteinsansprache und die Zuordnung zu den entsprechenden lithologischen Einheiten ist in der Regel im Schichtenverzeichnis, das einen Bestandteil eines Bohrungsberichtes darstellt, oder in einem Mudlog oder Composite Log enthalten (Kap. 9, Bohrlogs).

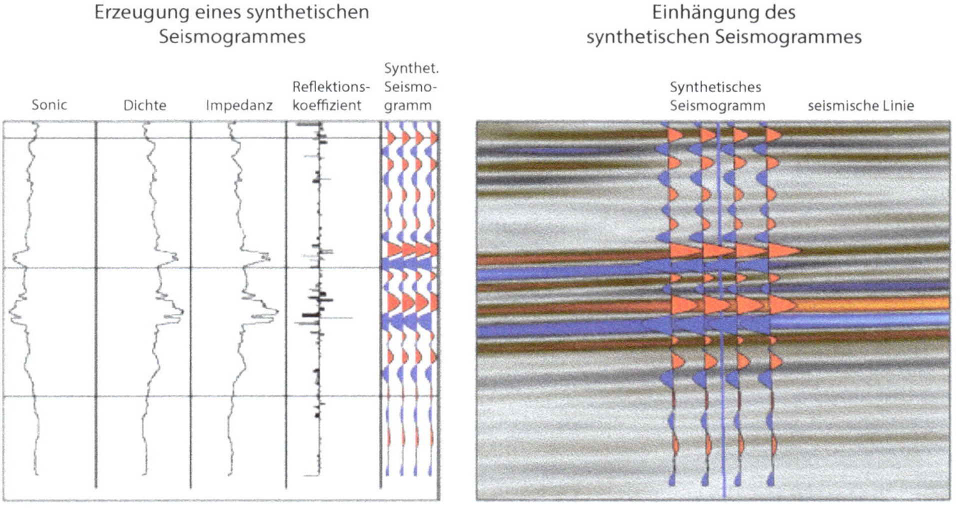

Abb. 3.12 Abbildung Synthetisches Seismogramm und Einhängung in die Seismik

Für den Abgleich dieses Schichtenverzeichnisses mit der Seismik sind geophysikalische Messdaten besonders nützlich. Hier sind zunächst Geschwindigkeitsmessungen im Bohrloch zu erwähnen, wozu Sonic Logs, Geophonversenkmessungen („Checkshots") und VSP-Messungen („Vertical Seismic Profiling") gehören. Durch diese Messungen kann eine Beziehung der seismischen Laufzeiten zu der Tiefe ermittelt werden und für eine Zeit-Tiefen Wandlung verwendet werden. Bei Vorliegen eines zusätzlichen Dichtelogs kann zwecks einer gesicherten Zuordnung der seismischen Reflektoren zu den geologischen Grenzschichten ein synthetisches Seismogramm erzeugt werden.

Bei einem synthetischen Seismogramm wird eine theoretische Seismikspur aus geophysikalischen Dichte- und Geschwindigkeitswerten von Bohrungsmessungen (Sonic, Dichte) und der verwendeten Schallanregungscharakteristik errechnet und mit dem gemessenen Muster aus der Reflexionsseismik verglichen. Vereinfacht kann gesagt werden, dass berechnet wird, wie sich das seismische Signal entlang der Bohrstrecke im Idealfall verhalten sollte (Abb. 3.12). Üblicherweise erfolgt dabei das vertikale Einhängen der synthetischen Seismogramme auf den seismischen Profilen (in der Zeitdomäne) auf Basis der durch eine VSP oder Geophonversenkmessung etablierten Laufzeiten. Dies ermöglicht in der Regel eine sichere Korrelation zwischen den Tiefenlagen von geologischen Grenzschichten aus Bohrungen und dem Reflexionsmuster aus der Seismik.

Bei Vorliegen einer komplett, z. B. mit Sonic Log, vermessenen Bohrung können die Laufzeiten auch darüber ermittelt werden. Dies ist jedoch wegen des Einflusses von Bohrlochbedingungen, Anisotropieeffekten und sich unterscheidender Frequenzen zwischen den seismischen Signalen und denen von Messsonde und Quelle die weniger zuverlässige Methode.

Fehlen die notwendigen Daten für die Erzeugung eines synthetischen Seismogramms, lässt sich die Reflektorzuordnung auch anhand von Schichtenverzeichnissen und Teil-Logs (also mehrere nicht zusammenhängende Logs aus jeweils kurzen Teilbereichen der Bohrung) vornehmen. Dieser Ansatz ist jedoch deutlich weniger präzise. Dabei wird grafisch die Bohrungsteufe gegen die gemessenen seismischen Laufzeiten aufgetragen und aus der sich ergebenen Funktion kann eine Reflektorlaufzeit für eine Schichttiefe abgelesen werden. Fehlen auch diese Messungen, muss konzeptionell vorgegangen werden. So ist z. B. bekannt, dass der Eozäne Lithothamnienkalk in seismischen Daten für die Bayerische Molasse fast immer die stärkste Amplitude erzeugt.

Strukturelle Reflektor- und Störungsinterpretation

Nachdem eine Reflektorzuordnung etabliert ist, werden die Lagerungsverhältnisse der Reflektoren und Störungsspuren erfasst. Häufig folgt die zu interpretierende Grenzschicht einer gleichbleibenden Amplitude, z. B. einer positiven Phase. Während früher zu Zeiten von Papierausdrucken (bis Mitte der 1980er Jahre) die Reflektoren mit Farbstiften angerissen wurden, bieten heute Interpretationssoftwarepakete vielfältige Möglichkeiten der Visualisierung und des Digitalisierens. So bietet die automatische Verfolgung eines Reflektors („Automatic Picking") eine beträchtliche Zeit- und Aufwandverminderung, was besonders bei einer 3D Seismik zum Tragen kommt. Hat zum Beispiel eine 10×10 km große Seismik einen Linienabstand von 25 m, so ergeben sich $400 \times 400 = 160.000$ seismische Profile (In- und Crosslines), die zu interpretieren sind. Ebenfalls von großem Vorteil bei einer computergestützten Interpretation ist, dass simultan eine Karten- oder 3D Darstellung der Interpretation geliefert wird. So ist eine iterative Vorgehensweise mit gleichzeitiger Plausibilitätsprüfung möglich.

Ein prinzipieller Unterschied besteht in den Interpretationsergebnissen zwischen einer 2D- und 3D-Seismik. Eine Tiefenstrukturkarte, die auf einer 2D-Seismik beruht, ist zum größten Teil das Resultat von Inter- und Extrapolation zwischen den Messlinien. Jeder dargestellte Teufenwert abseits der seismischen Messlinie ist das Ergebnis eines Interpolations-algorithmusses. Dagegen ist eine 3D-Seismikinterpretation praktisch interpolationsfrei (wenn man den Linienabstand zwischen den In- und Crosslines unberücksichtigt lässt).

Eine weitere Unsicherheit besteht bei einer 2D-Seismikinterpretation in der Korrelation von Störungselementen zwischen zwei oder mehreren Messlinien. Häufig bleiben als einziges Kriterium nur die Ähnlichkeit und die Abfolge (z. B. Graben-Horst-Graben) von Störungselementen. Es gibt eine Vielzahl von Fällen (Abb. 3.13), in denen ein nach einer 2D-Seismik kartiertem Störungsmuster nach Vorliegen einer 3D-Seismik im selben Gebiet vollständig revidiert werden musste. Zu Bedenken ist auch, dass bei einer 2D-Seismik nicht alle Reflexionen zwangsläufig genau unter der vertikalen Schnittebene liegen müssen, sondern bei geneigten Reflektoren durchaus von der Seite kommen können (sogenannte „Offline Reflections").

Die Interpretationen, insbesondere einer 3D-Seismik, können neben der Amplitudendarstellung durch weitere seismische Attribute unterstützt werden (Abb. 3.14).

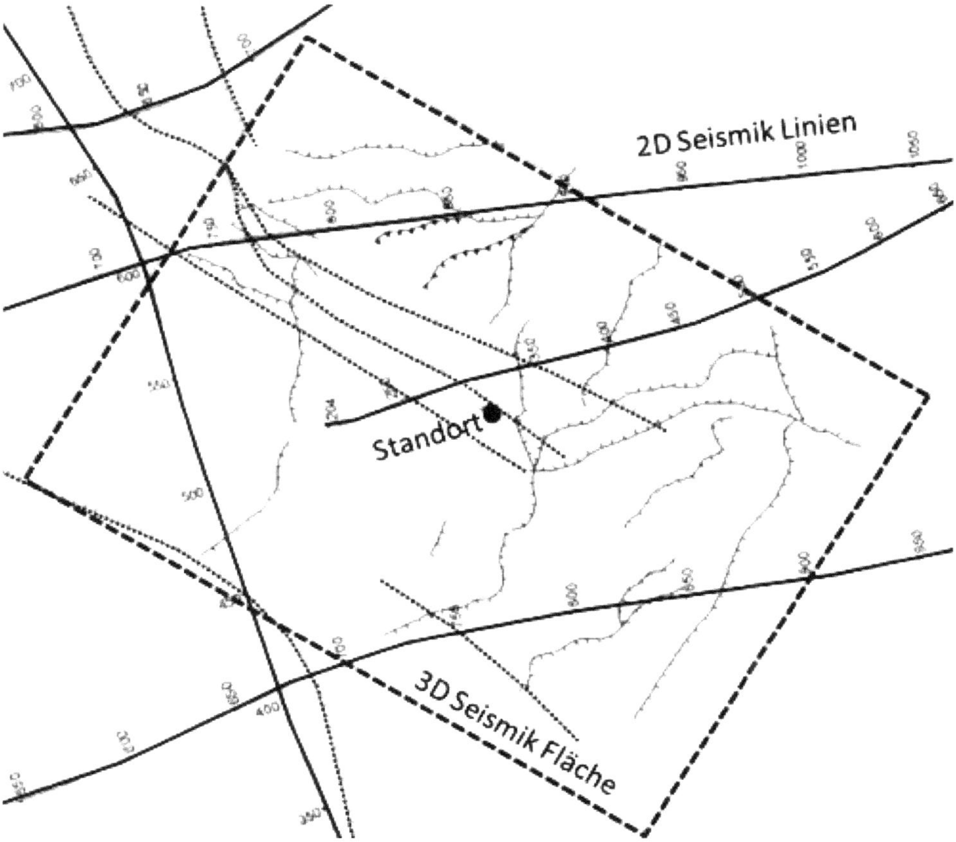

Abb. 3.13 Störungsinterpretation nach 2D und 3D Seismik. *Gepunktet* dargestellt ist die ursprüngliche Interpretation der Störungslinien nach 2D Seismik gezeigt. Die 3D zeigt ein wesentlich komplexeres Bild und eine abweichende vorherrschende Störungsrichtung (SSW-NNE gegenüber einer NW-SE Richtung aus der 2D Seismik)

In der Geothermie können, ohne Anspruch auf Vollständigkeit, folgende Attribute zur Anwendung kommen:

- 3D Flächenkrümmungen (3D Curvature)
- Cosinus der Phase (Cosine of Phase)
  auch als „Normalisierte Amplitude (Normalized Amplitude)" bezeichnet. Sie stellt das seismische Signal unabhängig von der Amplitudenstärke, aber phasenabhängig (positiv/negativ) dar. Sie verbessert die Identifikation von Reflektorunterbrechungen oder Diskonformitäten in amplitudenschwachen Bereichen.

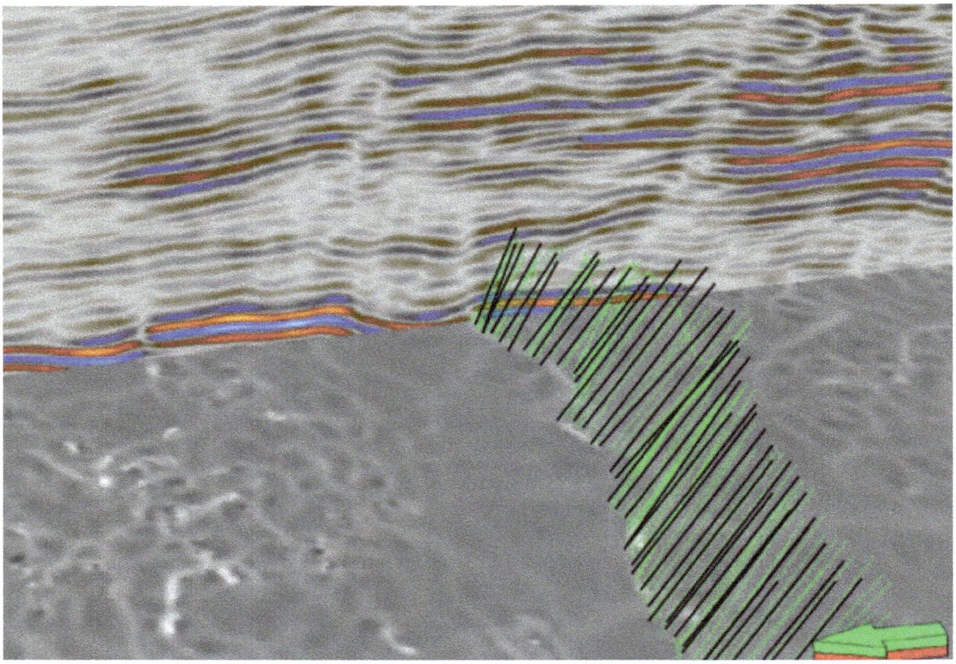

Abb. 3.14 Interpretation eines Störungsverlaufs mit der Software Petrel. Die Störungsinterpretation erfolgt hier in einem interaktiven 3D Fenster bei Darstellung einer Amplitudenseismik auf einer Inline und einer Zeitscheibe eines seismischen Attributes

- Reflektionsstärke (Envelope)
  ist die gesamte Energie des seismischen Signals unabhängig von der Phase. Auch als „Instantaneous Amplitude", „Magnitude" der „Reflection strength" bezeichnet.
- Varianz (Variance, auch: Choherenz)
  bezeichnet die dreidimensionale Variabilität der seismischen Spuren über ein zu definierendes Fenster. Sie bildet vertikale und vor allem laterale Änderungen der seismischen Impedanz ab. Ähnliche seismische Signale erzeugen geringe Varianzkoeffizienten, Diskontinuitäten hohe Koeffizienten. Tektonische Trennflächen oder scharfe lithologische Grenzen (z. B. Channels) zeigen deutliche Varianz.
- Sweetness
  ist ein kombiniertes Attribut des Verhältnisses von seismischer Amplitudenenergie zur Frequenz und kann vor allem Sedimentkörper (Geobodies) beschreiben.
- Vorherrschende Frequenz (Dominant Frequency)
- Chaos
  zeigt das Maß „fehlender Organisation" an.

- Reflexionsstärke (Reflection Intensity)
  Es wird die durchschnittliche Amplitude über ein definiertes Zeitfenster dargestellt. Dieses Attribut ist gut geeignet für die Definition von Sequenzgrenzen, Diskordanzen und größeren Lithologie- oder Faziesänderungen.
- Momentane Phase (Instantaneous Phase)
  Die Instantaneous Phase bezieht sich auf die Phasenkomponente (−180 bis +180°) des seismischen Signals und ist unabhängig von der Amplitudenstärke. Dadurch werden starke und schwache Reflexionen gleichermaßen aufgezeigt. Die Instantaneous Phase gilt als Indikator, um laterale Kontinuitäten und deren Unterbrechungen sowie detaillierte Schichtungsgeometrien anzuzeigen.
- Momentane Bandweite (Instantaneous Bandwidth)
  Die Momentane Bandweite zeigt die Varianz der einhüllenden Amplitude. Die Absorption und Änderung des seismischen Charakters tritt bei hoher Auflösung hervor. Störungsabrisse sind gut erkennbar und laterale Veränderungen der Reflektoren werden deutlich.
- Relative akustische Schallhärte (Relative Accoustic Impedance)
  Die Relative Akustische Schallhärte (Impedanz) ist der berechnete Vergleich des Integrals der Amplitudenstärke zwischen einzelnen Wavelets einer seismischen Spur. Durch dieses „glätten" lassen sich Horizonte besser lateral verfolgen.
- Momentane Frequenz (Instantaneous Frequency)
  Die Instantaneous Frequency beschreibt die Ableitung der Phase nach der Zeit. Sie wird auch die Phasenbeschleunigung genannt und ist unabhängig von der Frequenz des Wavelets. Das Attribut wird auch benutzt um die Seismische Dämpfung zu beschreiben. Es hilft die Zyklizität geologischer Intervalle zu messen und kann bei der Korrelation über Störungen hinweg hilfreich sein. In der Interpretation für Öl und Gas wird es zur Identifikation von Gas-Wasser und Öl-Gas Kontakten eingesetzt.
- t* Dämpfung (t* Attentuation)
  zeichnet den anteilsmäßigen Verlust von hohen Frequenzen zu niedrigen auf und wird zur Identifizierung von „Fracture Zones" und Kohlenwasserstoffen benutzt.

3.6.2 Zeit-Tiefen Wandlung

Für die Umrechnung von reflexionszeitbezogenen seismischen Daten in die Tiefe werden Geschwindigkeitsdaten benötigt. Wie schon oben im Zusammenhang mit der Verwendung synthetischer Seismogramme erläutert, liefern die aus Bohrungen durch Geophonversenkmessungen, VSPs oder Sonic-Logs ermittelten Geschwindigkeiten ein genaues vertikales Geschwindigkeitsprofil. Solche Messungen sind jedoch meist in zu geringer Zahl verfügbar, um alle lateralen Geschwindigkeitsvariationen zu beschreiben. Andererseits können die während der seismischen Datenbearbeitung in meist regelmäßigen Profilabständen ermittelten Stapelgeschwindigkeiten diese Genauigkeit nicht bieten, zeigen dafür aber laterale Variationen an.

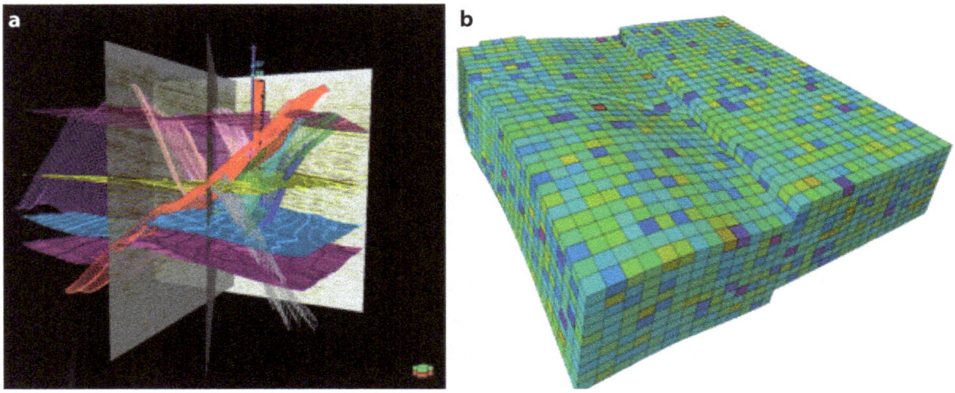

Abb. 3.15 3D Strukturmodell (**a**) und 3D Blockmodell (**b**)

Aus den verfügbaren Daten wird dann nach einer intensiven Qualitätsprüfung der Geschwindigkeitsdaten ein dreidimensionales Geschwindigkeitsmodell generiert. Dieses Modell hat an jeder Position im Raum eine definierte Zeit-Tiefen Beziehung und ermöglicht die Wandlung der Daten von der einen in die andere Domäne.

Zur Zeit-Tiefen Wandlung existiert eine sehr weitreichende Literatur, so dass hier darauf verzichtet wird, einzelne Methoden vorzustellen. Es soll bemerkt sein, dass jede Zeit-Tiefen-Wandlung eine Teufenprognose darstellt, die mit Unsicherheiten behaftet ist, welche umso größer ist, je weniger Datenpunkte zur Kalibrierung (Bohrungsinformationen) bereit stehen.

3.6.3 Erzeugung eines 3D Untergrundmodells (3D Zellen-Blockmodell)

Ein 3D Untergrundmodell wird schrittweise generiert. Zunächst werden aus den interpretierten Störungsanschnitten, die auf den seismischen Linien „gepickt" wurden, räumliche Trennflächen erzeugt. Ebenso werden unter Verwendung geeigneter Algorithmen aus den interpretierten Horizonten Schichtflächen generiert. Mit der exakten Verschneidung der Schicht- und Störungsflächen (auch y-Störungen, Zusammenlaufen von verschiedenen Störungen) wird eine dreidimensional konsistente und geometrisch-kinematisch richtige Störungs-zu-Horizont Beziehung beschrieben und dargestellt. Das so entstandene Modell ist ein 3D Flächenmodell bzw. Strukturmodell.

Um später z. B. eine hydrologische Simulation vornehmen zu können, oder Volumenberechnungen durchzuführen, ist ein 3D Blockmodell notwendig (Abb. 3.15).

Das heißt, es muss der bisher leere Raum zwischen den Schichtoberflächen mit definierten Zellen gefüllt werden. Die Größe und Form der Zellen wird während des Prozesses der Modellierung („Gridding") abhängig von der späteren Verwendung bestimmt (und ist zum Teil auch abhängig von der verwendeten Software). Es entsteht ein Volumenkörper in den

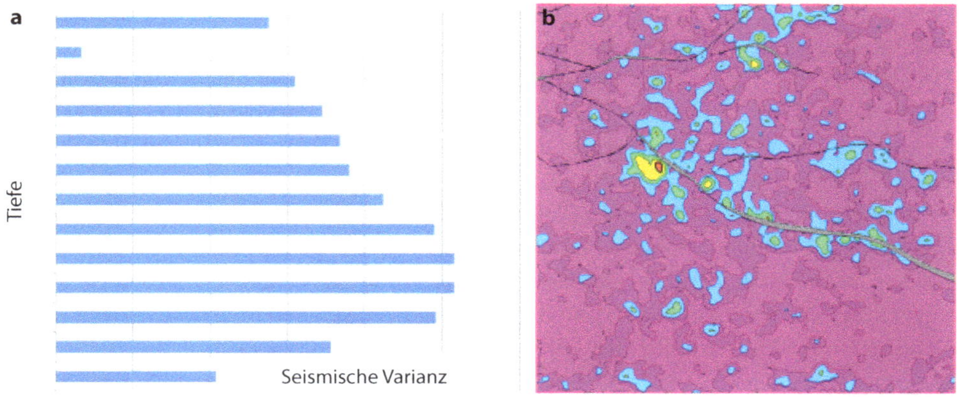

Abb. 3.16 Räumliche Analyse der seismischen Varianz. Das seismische Attribut der Varianz wurde zunächst in einem 3D Zellenmodell resampled. **a** Vertikale Verteilung, **b** Summenkarte

beispielsweise petrophysikalischen Eigenschaften integriert werden. Mit dem Vorliegen eines solchen Blockmodells können weitergehende quantitative Analysen wie Filterungen und geostatistische Untersuchungen sowie weitere Modellierung (z. B. von Porosität und Permeabilität) vorgenommen werden (Abb. 3.16).

Durch weiterführende Schritte wie unter anderem der sogenannte Upscaling Prozess, kann das statische Blockmodell dann in ein dynamisches Reservoir-Modell überführt werden.

3.7 Festlegung der Bohrtargets und der Bohrpfade

3.7.1 Zielstrukturen

Die Festlegung der Bohrtargets stellt einen entscheidenden und sehr komplexen Schritt in der Reservoirerschließung dar, wobei insbesondere die regionale Erfahrung des Planers eine entscheidende Rolle spielt. Dennoch wird nachfolgend versucht, einige allgemeine Grundsätze darzustellen.

Für die Festlegung des Bohrtargets sind sowohl die Eigenschaften des Reservoirs als auch die infrastrukturellen Gegebenheiten an der Erdoberfläche (Vorhandensein geeigneter Bohrplätze, Anbindung Fernwärme, Anbindung an das Stromnetz) sowie die zu erwartenden Bohrkosten (diese steigen überproportional zur Länge der Bohrung) wichtige Faktoren. Das bedeutet, dass meist ein Kompromiss gesucht werden muss. Bei diesem Kompromiss hat die Einschätzung der Reservoireigenschaften, die nachfolgend umrissen wird, eindeutig den Vorrang.

Im Ergebnis des vorangegangenen Arbeitsschrittes ist ein dreidimensionales geologisches Modell des Untergrundes entstanden. Dieses muss nunmehr aus reservoirmechanischer Sicht bewertet werden. Dabei erfolgt, zunächst auf qualitative Art und Weise, eine Einschätzung zu den hydraulischen Eigenschaften einzelner Elemente bzw. Bereiche des Zielhorizontes bzw. Reservoirs. Es werden solche Strukturen identifiziert, von denen eine erhöhte hydraulische Durchlässigkeit bzw. Permeabilität erwartet wird. Diese sind abhängig von der geologischen Formation, deren fazieller Ausprägung sowie strukturgeologischen Faktoren.

Insgesamt werden auf der Grundlage bisheriger Erfahrungen für den Malm folgende notwendige Voraussetzungen für ausreichende Schüttungen gesehen (erst im Bereich > 100 l/s ist ein wirtschaftlicher Betrieb von Geothermiekraftwerken zur Stromerzeugung möglich; bei Wärmekraftwerken können in Abhängigkeit von den Bohrkosten in der Regel Förderraten ab 50 l/s wirtschaftlich sein):

- Besonders gute Wasserwegsamkeiten sind an Störungszonen und deren Zerrüttungsbereich gebunden.
  → Bohrpfad sollte möglichst mehrere (≥ 2) tektonische Elemente innerhalb des Malms durchstoßen, um das Fündigkeitsrisiko zu minimieren.
- Der Spannungszustand sollte geeignet sein. Um dies einschätzen zu können, muss eine detaillierte Spannungsfeldanalyse durchgeführt werden.
  → Tektonische Elemente sollten sich möglichst im extensiven Regime befinden, nicht im kompressiven
- Die Fazielle Ausprägung sollte so sein, dass ausreichende Permeablität (Kluft- und Poren) im Gestein vorhanden ist. Die Matrixporosität und damit auch die Matrixpermeabilität müssen hoch genug sein, damit ein ausreichender Austausch zwischen den Zerrüttungsbereichen und der Matrix stattfinden kann. Die faziellen Ausprägungen können mit den derzeit verfügbaren Methoden nicht eindeutig aus der seismischen Interpretation abgeleitet werden, da die Ergebnisse einer Attributanalyse nicht immer eindeutig sind. Außerdem können solche Analysen sinnvoll nur an seismischen Daten durchgeführt werden, die amplitudenerhaltend processiert wurden. Dies ist aber bei der Standardbearbeitung meist nicht der Fall Deshalb müssen Attributanalysen immer anhand von Erfahrungen z. B. aus vorhandenen Erkundungen sowie aus der Genese der jeweiligen Struktur ergänzt, verifiziert und abgeleitet werden. Dazu gibt es eine Vielzahl von Publikationen. Ein zusammenfassender Überblick zum Zusammenhang ist u. a. in Wolfgramm et al. (2009), Schubert (2013) und Schulz et al. zu finden. Da die Matrixpermeabilität mit der Teufe im Malm variiert, sollten die Störungszonen in möglichst gut permeablen Schichten des Malm vom Bohrpfad durchstoßen werden.
  → Attributanalysen können Hinweise auf Riff- und Massenfazies liefern

Die Situation stellt sich für die Sandsteinformationen des Norddeutschen Beckens etwas anders dar. Dort kommt es vor allem auf die fazielle Ausprägung, insbesondere den Anteil toniger Bindemittel an. Das bedeutet, dass die Matrixpermeabilität in dieser Region der entscheidende Parameter für eine ausreichende Schüttung ist. Die Informationen dazu sind nicht aus seismischen Daten ableitbar. Vielmehr können Rückschlüsse nur aus vorhandenen Aufschlüssen und den regionalen Trends abgeleitet werden.

Als wesentliche Informationsquelle für alle Regionen sind die im Umfeld des Zielbereiches bzw. des Erlaubnisfeldes vorhandenen Aufschlüsse im Zielhorizont zu sehen. Besonders wertvoll sind die aus hydraulischen Tests gewonnenen Reservoirparameter, insbesondere der Zusammenhang zwischen Druckabsenkung und Schüttungsrate. Dabei ist eine sachgerechte Interpretation dieser Parameter entscheidend. Insbesondere ist es notwendig, die technisch bedingten Anteile des Druckverlustes von den Reservoiranteilen zu separieren (siehe Kap. 20, Hydraulische Untersuchungen).

Als wesentlich für die Festlegung der Bohrtargets ist zu berücksichtigen, dass ein nachhaltiger Betrieb der geothermischen Dublette sichergestellt sein muss. Dies bedeutet, dass im Rahmen einer üblichen Betriebszeit von 20–30 Jahren keine Temperaturbeeinflussung der Förderbohrung durch die Reinjektionsbohrung stattfindet. Deshalb sollten direkte hydraulische Kurzschlüsse zwischen beiden Bohrungen möglichst vermieden werden. Insbesondere bedeutet dies, dass die Bohrtargets nicht auf den gleichen tektonischen Elementen liegen sollten, da ansonsten hydraulische Kurzschlüsse nicht auszuschließen sind.

3.7.2 Festlegung der Bohrpfade

Die detaillierte Planung des Bohrpfades stellt einen sehr komplexen Prozess dar, in dem die geologischen, bohrtechnischen, infrastrukturellen und ökonomischen Aspekte aufeinander abgestimmt werden müssen. Da einige dieser Aspekte bereits in separaten Kapiteln ausführlicher behandelt werden, sollen die wesentlichen zu beachtenden Aspekte hier lediglich kurz umrissen werden, ohne auf Details einzugehen. Die Bohrpfadplanung erfolgt durch den Bohrplaner nach den Vorgaben des geologischen Fachplaners sowie der infrastrukturellen Rahmenbedingungen.

Die nachfolgenden, zum Großteil konkurrierenden Aspekte müssen in die Bohrpfadplanung eingehen:

- Bohrtarget im Reservoir (siehe oben); Da aufgrund der Zielstellung mindestens zwei Störungszonen durchteuft werden sollten, muss der Bohrpfad im Reservoir in der Regel geneigt sein.
- Minimierung der Länge des Bohrpfades (Minimierung der Kosten sowie Reduzierung der Hakenlasten)
- Nach Möglichkeit Abteufen beider Bohrungen von einem Bohrplatz aus. Dieser sollte geringe Entfernungen zum Anschluss an ein Fernwärmenetz sowie an das Stromnetz befinden.
- Vermeidung von Störungen im Bereich von Absetzteufen, insbesondere im Bereich des Purbeck, zur Verringerung der Gefahr von Totalspülungsverlusten.
- Abstimmung des Bohrpfades auf die Spannungsfeldanalyse zur Verringerung von Bohrlochausbrüchen und Instabilitäten.

Zusätzliche Aspekte der Bohrplanung, die bei vorgegebenem Bohrpfad zu beachten sind:

- Optimierung der Rohrtouren und Absetzteufen; dies stellt insbesondere im Zusammenhang mit Hochdruckzonen eine Herausforderung dar,
- Optimierung der Rohrdurchmesser: Maximierung zur Minimierung der Rohrreibungsverluste im Betrieb bzw. Minimierung zur Reduzierung der Bohrkosten.

In Abb. 3.17 wird der Bohrpfad entsprechend der Bohrplanung für eine Bohrung gemeinsam mit der interpretierten 3D-Seismik beispielhaft dargestellt.

3.8 Geohydraulische und geothermische Simulation

3.8.1 Zielstellungen der Reservoirsimulation in Abhängigkeit von der Projektphase

Das Ziel der geothermischen Simulation besteht darin, die hydraulischen und geothermischen Auswirkungen eines Dublettenbetriebes zu simulieren. Dabei sollen insbesondere die folgenden Fragen beantwortet werden:

- Wie groß ist die räumliche Ausdehnung des geohydraulisch beeinflussten Bereiches?
- Wie groß ist die gegenseitige hydraulische Beeinflussung der Bohrungen?
- Wie groß ist die gegenseitige Beeinflussung mit bereits bestehenden Bohrungen?
- Wie ist das zeitliche Verhalten der Fördertemperatur?
- Wie ist die räumliche Ausdehnung des thermisch beeinflussten Bereiches?

Es hat sich bewährt, bereits in einer sehr frühen Projektphase, d. h. im Rahmen der Machbarkeitsstudie mit der Reservoirsimulation zu beginnen und diese mit wachsendem Erkundungsstand kontinuierlich fortzuschreiben.

3.8.2 Verfügbare Simulatoren

Die heute für die Geothermie verfügbaren Reservoirsimulatoren kommen historisch aus unterschiedlichen Anwendungsgebieten, der klassischen Geohydraulik sowie aus dem Gebiet der Mehrphasenströmung im Bereich Erdöl/Erdgas.

Im Bereich der klassischen Geohydraulik wurden auf Basis von Finite Differenzen, Finite Elemente und Finite Volumen Konzepten eine Reihe von leistungsfähigen Simulatoren für die Grundwasserbewirtschafung und -sanierung entwickelt. Diese wurden um Algorithmen für den Wärmetransport erweitert. Eine Übersicht zu den Modellgrundlagen und

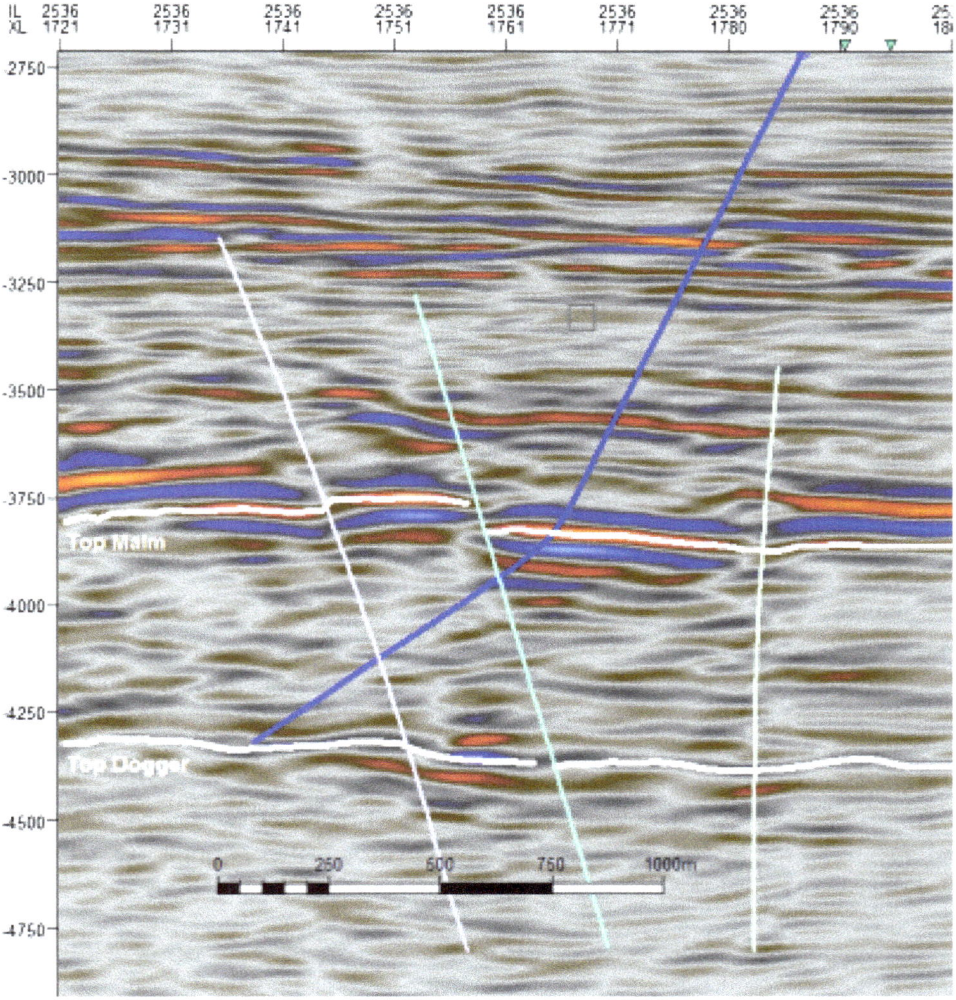

Abb. 3.17 Beispiel für einen Bohrpfad der zwei Störungszonen durchteuft. Die Ober- und Unterkanten des Malm sind als *weiße Linien* in den Schnitt durch die 3D-Seismik dargestellt. Dazu sind noch wesentliche Störungszonen dargestellt

den Lösungsalgorithmen findet sich u. a. in Augustin et al. (2013). Nachfolgend sollen beispielhaft ausgewählte Vertreter dieser Simulatoren genannt und kurz charakterisiert werden.

Der wesentliche Vorteil von Finite Elementen bzw. Finite Volumen Algorithmen gegenüber Finite Differenzen besteht in der Möglichkeit einer sehr flexiblen räumlichen Diskretisierung, die bei Bedarf beliebig verfeinert werden kann.

- FEFLOW
  Die Entwicklung von FEFLOW geht auf Arbeiten von Diersch (1985) zurück. Es wurde von vornherein angestrebt, die Grundwasserströmung, den Grundwasserstofftransport und den Wärmetransport konzeptionell in einem einheitlichen Ansatz zu beschreiben. Dieser wurde mittels eines Finite Elemente Ansatzes umgesetzt. FEFLOW hat sich international im Bereich der geohydraulischen Simulation als Referenz bei den Finite Elemente Simulatoren durchgesetzt.
- SPRING
  Auch hier handelt es sich um einen Finite Elemente Simulator, der auf dem Programm SICK 100 basiert und maßgeblich von Dr. König (delta-h GmbH) entwickelt wurde. Für eine Vielzahl von Anwendungsfällen wurden Spezialmodule entwickelt.
- MODFLOW
  Hierbei handelt es sich um einen Finite Differenzen Simulator der vom USGS entwickelt wurde. Das System ist modular aufgebaut, so dass das Programm je nach Fragestellung mit unterschiedlichen Modulen ausgeführt wird. Der eigentliche MODFLOW-Kern ist frei verfügbar, jedoch Kommandozeilen- basiert. Deshalb gibt es eine Reihe von kommerziellen grafischen Benutzeroberflächen wie VISUAL MODFLOW, PROCESSING MODFLOW und GMS.
- HEATFLOW3D
  Heatflow wurde ursprünglich für Fragen des Mehrmigranten- und Wärmetransportes in der Bergbauindustrie nach dem Verfahren der Volumenbilanzmethode Von Dr. Eckart für Fragen der Bergbausanierung (Wismut GmbH, RAG) entwickelt. Aufgrund der spezifischen Anforderungen stand zuächst die hohe räumliche Flexibilität des Diskretisierungsverfahrens und die Einbeziehung nichtlinearer Strömungsgesetze im Vordergrund. Diese hohe Flexibilität macht das Verfahren im Bereich der tiefen Geothermie besonders geeignet, störungsgebundene Strömungs- und Transportprozesse (z. B. Tiefengeothermie, CO_2-speicherung) abzubilden.

Die Simulatoren aus dem Bereich Mehrphasenströmung, insbesondere Erdöl/Erdgas sollten unterteilt werden in kommerzielle Simulatoren und Simulatoren aus dem Bereich Forschung. Als Referenz bzw. Marktführer im Bereich der kommerziellen Simulatoren ist die Software ECLIPSE der Firma Schlumberger anzusehen. Diese gibt es in unterschiedlichen Ausführungen ECLIPSE 100 und ECLIPSE 300. Grundsätzlich können geothermische Fragestellungen mit beiden simuliert werden, wobei allerdings ECLIPSE 300 noch besser geeignet ist. Zwar beruht ECLIPSE ebenfalls auf einem Finite Differenzen Ansatz, jedoch besteht hier analog zu Finite Elemente Verfahren ebenfalls beliebige Flexibilität zur lokalen Verfeinerung. Eine große Stärke von ECLIPSE besteht darin, dass diese Software direkt mit PETREL gekoppelt ist. Bei PETREL handelt es sich um eine 3D-Modellierungssoftware, welche sämtliche unterschiedliche Daten der Erkundung (Seismik, Well-logs, etc.) konsistent integrieren kann. Insbesondere erfolgt die Interpretation der 3D-Seismik sehr häufig direkt in PETREL.

Als Forschungscodes sind MUFTE (Universität Stuttgart) und TOUGH2 (Lawrence Berkeley National Laboratory) zu nennen. Diese besitzen eine vergleichbare Leistungsfähigkeit wie ECLIPSE, jedoch ist die Handhabung aufgrund der teilweise nicht vorhandenen grafischen Benutzeroberfläche sehr schwierig und erfordert eine lange Einarbeitungszeit.

Insgesamt ist festzustellen, dass die einzelnen Simulatoren jeweils bestimmte Stärken und Vorteile gegenüber anderen besitzen. Bei sachgerechter Handhabung liefern alle genannten Programme vergleichbare Ergebnisse, lediglich der Aufwand unterscheidet sich teilweise erheblich. Ein Unterschied zwischen den beiden oben genannten Gruppen besteht darin, dass sich die Eingangsparameter der Mehrphasenmodelle von denen der geohydraulischen Modelle unterscheiden. Während die Mehrphasenmodelle grundsätzlich auf der Permeabilität als Fluidunabhängigen Parameter beruht, basieren die geohydraulischen Programme meist auf der hydraulischen Durchlässigkeit bzw. der Transmissivität. Diese können mithilfe der Dichte und der Viskosität in eine Permeabilität umgerechnet werden. Allerdings ist hierbei die Abhängigkeit der Viskosität und der Dichte von Druck und Temperatur zu beachten. Während dies in ECLIPSE automatisch basiert, erfordert die sachgerechte Berücksichtigung dieser Abhängigkeiten in den geohydraulischen Modellen einen gewissen Mehraufwand.

Im Bereich der Tiefen Geothermie haben sich mittlerweile die Programme ECLIPSE (gekoppelt mit PTEREL) sowie FEFLOW weitestgehend durchgesetzt.

Die größte Herausforderung stellen jedoch die Unsicherheiten im Bereich der Eingangsparameter und der hydraulisch relevanten Strukturen dar.

3.8.3 Modellgebiet sowie Rand- und Anfangsbedingungen

Die Festlegung des Modellgebietes im Bereich der geothermischen Simulation stellt immer einen Kompromiss dar. Einerseits ist aus geohydraulischer und geothermischer Sicht zu fordern, dass das Modellgebiet stets so groß (lateral als auch in vertikal) gewählt wird, dass die Modellergebnisse nicht durch die Modellränder bzw. die dort angelegten Randbedingungen beeinflusst werden. Andererseits liegen ausreichend detaillierte Daten meist nur für das jeweilige Erlaubnisfeld, d. h. den zentralen Teil des Modellgebietes vor.

Nachfolgend soll die Ausdehnung des Modellgebietes zunächst in lateraler Richtung und im Anschluss in vertikaler Richtung diskutiert werden. Die Reichweite des Absenktrichters einer geothermischen Dublette kann durchaus 10 km bis 15 km betragen. Folglich muss das Modellgebiet eine Größe von mindestens 20 km bis 30 km in jeder Richtung haben, wenn sich die Dublette in etwa im Zentrum des Modellgebietes befindet. Die konkrete Reichweite ist natürlich stark abhängig von den hydraulischen Eigenschaften des Reservoirs. Auch hier kann der oben gewählte Ansatz verwendet werden der unterstellt, dass eine ausreichende Schüttung vorliegt und folglich eine Mindestpermeabilität vorhanden ist. Bei geringerer Permeabilität wäre die Absenkung langreichweitiger, jedoch würde das Projekt wahrscheinlich nicht umgesetzt, weil es nicht wirtschaftlich wäre. Nachfolgend (Abb. 3.18) ist beispielhaft ein Modellgebiet mit einer Ausdehnung von 20 km × 30 km dar-

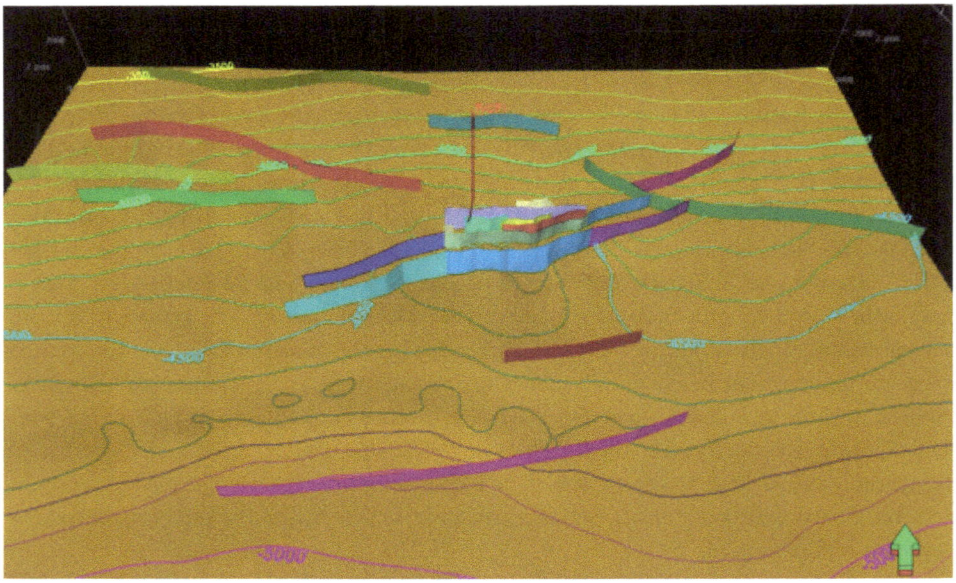

Abb. 3.18 Modellgebiet mit einer Ausdehnung von 20 km × 30 km dargestellt anhand der Malmbasis (mit Isolinien). Zusätzlich eingetragen sind relevante Störungen. Die geplante Dublette befindet sich in etwa im Zentrum des Modellgebietes

gestellt, bei dem sich die Bohrungen im Zentrum befinden. Zusätzlich dargestellt sind die im Modellgebiet vorhandenen Störungen sowie die Malmbasis. Der Verlauf der Störungen im Erlaubnisfeld beruht dabei auf der Auswertung von 2D- und 3D-Seismiken, während die Lage der Störungen außerhalb aus dem Geothermieatlas entnommen wurde. Für das Fernfeld ist diese Information völlig ausreichend. Wichtig ist nur, dass die Ränder weit genug von der Dublette entfernt sind.

Das geohydraulische Modell kann grundsätzlich auf die Reservoirschicht selbst beschränkt werden. Für das geothermische Modell werden noch hangende und liegende Schichten für die sachgerechte Definition von Randbedingungen benötigt. Die Reservoirschicht wird selbst wieder in einzelne Teilschichten zerlegt. Die Notwendigkeit Zerlegung kann zwei Gründe haben. Entweder liegen Informationen zu vertikal unterschiedlichen hydraulischen Eigenschaften vor oder aber eine feinere vertikale Diskretisierung ist aus numerischen Gründen notwendig.

Bei den Randbedingungen ist aus formal mathematischer Sicht zwischen drei Typen zu unterscheiden:

- Randbedingungen 1. Art: Vorgabe der Zielgröße (Temperatur, Potenzial, Druck) an einem äußeren oder inneren Rand,

- Randbedingungen 2. Art: Vorgabe der 1. Ableitung der Zielgröße (Temperaturgradient, Volumenstrom, Wärmefluss) an einem äußeren oder inneren Rand,
- Randbedingungen 3. Art: Kombination aus Randbedingung 1. und 2. Art.

Die Ränder des Modellgebietes können entweder mit Randbedingungen 1. Art oder 3. Art belegt werden. Dabei ist häufig der Verlauf des Ruhewasserspiegels im Reservoir unbekannt. Dies stellt insofern kein großes Problem dar, da durch den Dublettenbetrieb der natürliche Gradient stark überprägt wird. Falls aus Ermangelung von Bohrungen im Reservoir keine detaillierten Informationen zu den Isolinien des Ruhewasserspiegels vorliegen, ist es deshalb auch statthaft, an den Rändern ein einheitliches konstantes Potenzial anzusetzen. Die Wahl von Randbedingungen 3. Art bietet insofern Vorteile, dass damit die Absenkung realistischer nachgebildet werden kann. Grundsätzlich sind an den Modellrändern auch Randbedingungen 2. Art im Sinne eines dichten Randes denkbar. Dies stellt insbesondere für ausreichend große Modellgebiete eine Alternative dar. Insgesamt wird empfohlen, eine Sensitivitätsanalyse der Modellergebnisse gegenüber der Wahl der Randbedingungen durchzuführen, bspw. indem Randbedingungen 1. Art durch Randbedingungen 2. Art ersetzt werden. Wenn sich die Berechnungsergebnisse dabei wesentlich ändern, ist das Modellgebiet zu klein gewählt.

Neben den äußeren Randbedingungen sind auch innere Randbedingungen, d. h. die Förder- und die Reinjektionsbohrung sowie weitere Entnahmen bzw. Reinjektionen im Umfeld einzubeziehen. Dies erfolgt über Brunnenrandbedingungen. Diese sind Randbedingungen 2. Art.

Bezüglich der Temperatur besteht die Notwendigkeit, mindestens eine hangende und eine liegende Schicht im Modell einzubeziehen, da es ansonsten schwierig ist, die Randbedingungen sachgerecht zu definieren. Diese zusätzlichen Schichten sind in der Regel hydraulisch geringdurchlässig (sonst würden sie mit in das Reservoir einbezogen werden), so dass lediglich Wärmeleitung stattfinden kann. Die vertikalen Modellränder (einschließlich dieser Zusatzschichten) können nun mit Randbedingungen 3. Art belegt werden. Die anzusetzenden Temperaturen sowie die vertikalen Temperaturgradienten können anhand von bestehenden Bohrungen abgeleitet werden.

Die Anfangsbedingungen für die geothermische Simulation werden ermittelt, indem mit den Randbedingungen (ohne den Dublettenbetrieb) ein stationärer Anfangszustand berechnet wird. Dies gilt sowohl für die Berechnung des Potenzials bzw. des Druckes sowie auch für das initiale Temperaturfeld. Erst durch diese vorlaufende Berechnung wird sichergestellt, dass die Anfangsbedingungen und die Randbedingungen konsistent sind.

3.8.4 Parameterbelegung und Sensitivitätsanalyse

Wie oben dargestellt, wird empfohlen, mit der Reservoirsimulation bereits im Rahmen der Machbarkeitsstudie zu beginnen und diese kontinuierlich fortzuschreiben.

Dabei bestehen zu Beginn der Projektentwicklung, wenn noch keine Bohrung abgeteuft ist, noch erhebliche Unsicherheiten hinsichtlich der der hydraulischen Parameter. Deshalb müssen die Parameter im Rahmen von Sensitivitätsanalysen in entsprechenden Bandbreiten variiert werden.

Diese Parameterunsicherheiten können jedoch aufgrund der Zielstellungen des Projektes erheblich eingegrenzt werden. Da grundsätzlich davon auszugehen ist, dass die Projektzielstellungen erreicht werden, können daraus Vorgaben für die teufen-gemittelten Permeabilität abgeleitet werden. Diese resultieren aus dem Zusammenhang zwischen Förderrate und Absenkung. Üblicherweise sind Absenkungen von bis zu 300 m bis 400 m bei einer Zielförderrate die sich meist im Bereich von 130 l/s bis 150 l/s bewegt, akzeptabel. Daraus resultiert unter Berücksichtigung der Rohrreibungsverluste eine Vorgabe für die Vorgabe der Reservoirpermeabilität in Abhängigkeit von der effektiven Mächtigkeit des Reservoirs. Im Malm beträgt die vertikale Mächtigkeit des Reservoirs in der Regel zwischen 400 m und 500 m, während die Mächtigkeit der Sandsteinformationen im Norddeutschen Becken auch deutlich geringer sein kann. Da unter diesen Blickwinkel eine mittlere Mindestpermeabilität vorgegeben werden kann, besteht die Hauptunsicherheit noch im Kontrast zwischen der Permeabilität der Porenmatrix und der besser durchlässigen Wasserwegsamkeiten im Bereich von Störungszonen bzw. Riffstrukturen. Eine weitere Unsicherheit stellt die hydraulisch wirksame Breite von Störungs- bzw. Zerrüttungszonen dar.

Die Reservoirsimulation erreicht eine neue Qualität, wenn die erste Bohrung abgeteuft und die hydraulischen Tests durchgeführt und ausgewertet wurden. Mit diesen Daten können die Parameterunsicherheiten wesentlich reduziert werden. Dennoch müssen auch weiterhin eine Vielzahl von Sensitivitätsanalysen durchgeführt werden, da die hydraulischen Parameter auch über Entfernungen von wenigen Kilometern (Abstand der Bohrtargets) stark variieren können. Dies trifft insbesondere auf die hydraulischen Eigenschaften der Störungs- und Zerrüttungszonen zu.

Mit dem Abteufen und Testen der zweiten Bohrung und schließlich mit der Auswertung des Zirkulationstests bzw. eines Probebetriebes kann das geothermische Modell schließlich abschließend parametrisiert werden. Wie oben bereits erwähnt, ist es hierbei allerdings entscheidend, dass die Tests sachgerecht ausgewertet werden und der Reservoiranteil der Druckverluste vom Druckverlust in der Verrohrung separiert wird.

3.8.5 Modellkalibrierung

Sowohl im Bereich der Geohydraulik als auch im Bereich der Erdöl/Erdgas – Förderung stellt die Modellkalibrierung einen wesentlichen Arbeitsschritt dar. Im Bereich Erdöl/Erdgas wird dieser Schritt häufig auch als „history matching“ bezeichnet. Bei üblichen geohydraulischen Problemen im Bereich der oberflächennahen Hydrogeologie gibt es in der Regel eine Vielzahl von Beobachtungspunkten für den Wasserspiegel. Im Rahmen der Kalibrierung werden die Reservoirparameter variiert, bis die beobachtete Potenzialverteilung möglichst gut abgebildet wird. Wenn das Modell nach der Kalibrierung die

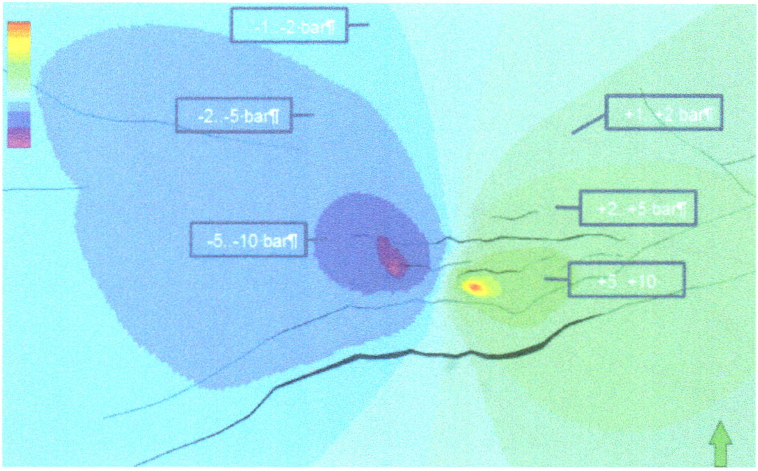

Abb. 3.19 Prognose der geohydraulische Auswirkungen des Dublettenbetriebs dargestellt in Druckabsenkungen bzw. Druckaufhöhungen gegenüber dem Ausgangszustand

beobachteten Zustände ausreichend gut abbildet, wird davon ausgegangen, dass es auch zukünftige Zustände mit geänderten Randbedingungen abbilden kann. Analog verhält es sich im Bereich Erdöl/Erdgas. Wenn der beobachtete Druckverlauf bzw. die historischen Förderraten ausreichend genau mit dem kalibrierten Modell abgebildet werden können, wird davon ausgegangen, dass das Modell auch in der Lage ist, Prognosen zur zukünftigen Entwicklung abzugeben.

Die Situation im Bereich der Tiefen Geothermie ist meist völlig anders. In der Regel liegen im Bereich des Erlaubnisfeldes keine oder nur ganz vereinzelte historische Informationen zum Potenzial bzw. zum Druck vor. Deshalb kann das Modell häufig nicht an historischen Daten kalibriert werden. Die einzige Möglichkeit besteht darin, die durchgeführten hydraulischen Tests mit dem Modell nachzurechnen und das Absenkverhalten der getesteten Bohrung sowie die Reaktion der bereits vorhandenen Bohrung der Dublette bzw. von außerhalb des Erlaubnisfeldes befindlichen Bohrungen nachzubilden. Hierbei ist zu beachten, dass der Reservoiranteil des Druckverlustes bzw. der Absenkung vom Anteil der Verrohrung separiert wird, da ansonsten eine falsche Parametrisierung erfolgen würde. Eine Ausnahme stellt hier ECLIPSE dar. Hier gibt es ein Modul, welches den Druckverlust in der Verrohrung gemeinsam mit berechnet.

Insgesamt bedeutet dies jedoch, dass hinsichtlich der Güte der gewählten Parameter auch nach den an beiden Bohrungen durchgeführten Tests und dem Zirkulationstest eine erhebliche Unsicherheit besteht. Diese bezieht sich insbesondere auf die Permeabilität von Störungszonen sowie die effektive Permeabilität in einiger Entfernung von der Dublette. Deshalb ist es hier zwingend erforderlich, eine Reihe von Sensitivitätsanalysen mit geän-

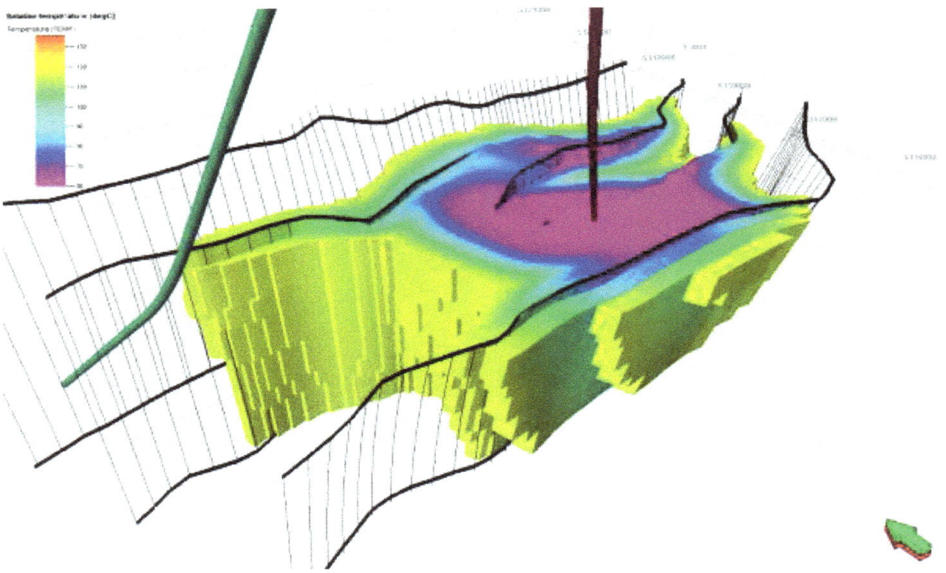

Abb. 3.20 Prognose des 120 °C Isokörpers infolge der Injektion des abgekühlten Thermalwassers nach einer Betriebszeit der Dublette von 50 Jahren

derten Parametern durchzuführen. Die Szenarien der Sensitivitätsanalysen müssen dabei so gewählt werden, dass der mögliche Parameterraum möglichst gut überdeckt wird.

3.8.6 Prognose und Wärmebergbaugutachten

Wie in Abschn. 3.8.1 dargestellt, sollen mit dem Modell Aussagen zur Beeinflussung der Geohydraulik sowie des Temperaturfeldes getroffen werden. Die Belastbarkeit der Modellaussagen ist dabei abhängig von der Projektphase. Zu Beginn, wenn noch keine Bohrung niedergebracht wurde, besteht eine sehr große Parameterspannbreite und damit eine große Variabilität in den Auswirkungen des Dublettenbetriebes. Diese Parameterspannbreite wird nach Vorliegen der Testergebnisse deutlich reduziert. Wie in Abschn. 3.8.5 dargestellt, kann die Unsicherheit anders als im Bereich der oberflächennahen Geohydraulik nicht vollständig beseitigt werden, so dass die Prognosen ebenfalls mit einer Bandbreite von Schlüsselparametern im Sinne von Sensitivitätsanalysen durchgeführt werden müssen.

Nachfolgend sollen beispielhaft die Ergebnisse der Prognose der hydraulischen Auswirkungen eines Dublettenbetriebes sowie der thermischen Auswirkungen dargestellt werden. In Abb. 3.19 sind die prognostizierten Druckabsenkungen bzw. Druckaufhöhungen infolge des Dublettenbetriebes gegenüber dem ungestörten Ausgangszustand für eine Parameter-

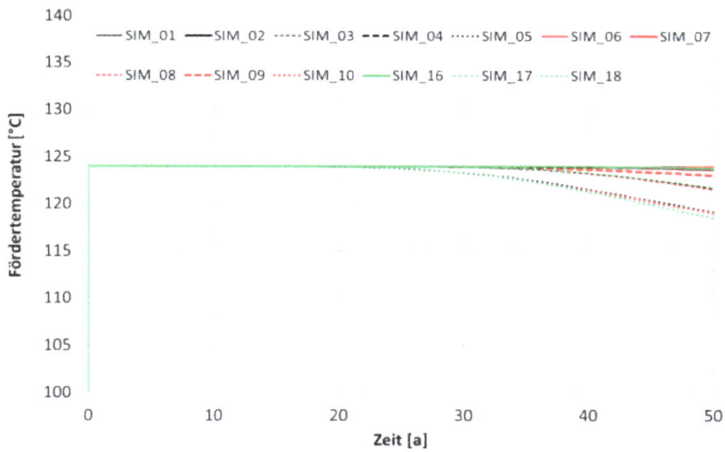

Abb. 3.21 Thermische Beeinflussung der Förderbohrung durch die Reinjektionsbohrung für alle Szenarien unter Berücksichtigung aller tatsächlich vorgefundenen Störungen

kombination dargestellt. Dabei handelt es sich um das Modellgebiet von Abb. 3.18 mit einer Ausdehnung von 20 km × 30 km.

Die Auswirkungen der Injektion des abgekühlten Thermalwassers auf das Temperaturfeld ist in Abb. 3.20 dargestellt. Zu sehen ist der 120 °C 3D-Isokörper bei einer Ausgangs-Reservoirtemperatur von 124 °C. Hierbei handelt es sich um eine beispielhafte Berechnung, bei der der Durchbruch der Kaltwasserfront in etwa nach 50 Jahren erfolgen würde.

Das Ergebnis der bereits mehrfach angesprochenen Sensitivitätsanalysen im Hinblick auf die Födertemperatur ist in Abb. 3.21 dargestellt. Hier wurden die folgenden Parameter systematisch variiert:

- Breite der hydraulisch wirksamen Störungszone,
- Vertikale Zonierung der Malmpermeabilität und
- Verhältnis von Störungspermeabilität und Matrixpermeabilität.

In Abb. 3.22 wurden weitere Szenarien berechnet, bei denen zusätzliche Querstörungen angenommen wurden, welche in der Seismik nicht nachgewiesen werden konnten, jedoch aus strukturgeologischer Sicht wahrscheinlich sind. Diese Querstörungen können bei der vorliegenden Tektonik zu hydraulischen Kurzschlüssen zwischen Injektions- und Förderbohrung führen.

Anhand der Modellergebnisse wird deutlich, dass selbst unter der Annahme von zusätzlichen hypothetischen Störungen nach 20 Jahren Betriebszeit lediglich eine Reduzierung der Födertemperatur von 4 K stattfinden wird. Die meisten Szenarien zeigen erst nach 30 Jahren eine Temperaturabsenkung von max. 1 K.

Die Ergebnisse der Auswertungen der Födertests, des Zirkulationstests und ggf. des Probebetriebes werden systematisch im Wärmebergbaugutachten analysiert und zusam-

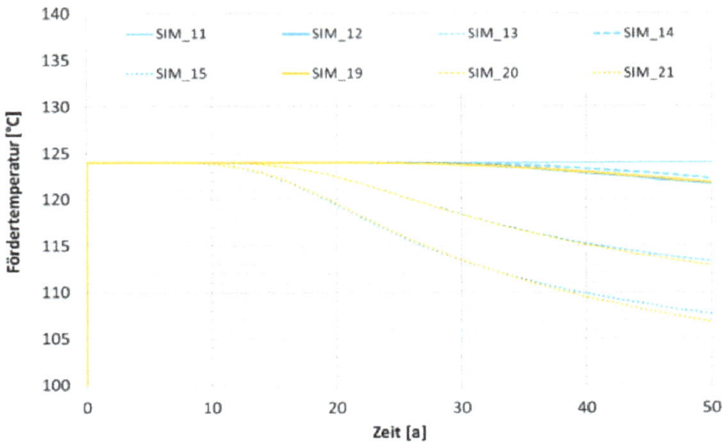

Abb. 3.22 Thermische Beeinflussung der Förderbohrung für alle Szenarien unter Berücksichtigung von hypothetischen Kurzschluss-Störungen

men mit den darauf beruhenden Prognosen für den Dublettenbetrieb, sowie die geohydraulischen und die geothermischen Auswirkungen des Dublettenbetriebes auf das Umfeld dargestellt.

Dieses Wärmebergbaugutachten stellt die Grundlage für die gehobene wasserrechtliche Erlaubnis dar, die neben der bergrechtlichen Bewilligung die rechtliche Grundlage für den Betrieb der geothermischen Dublette bildet.

Literatur

Augustin, M., Bauer, M., Blick, C., Eberle, S., Freeden, W., Gerhards, C., Ilyasov, M., Kahnt, R., Klug, M., Möhringer, S., Neu, T., Nutz, H., Ostermann, I., Punzi, A.: Modeling Deep Geothermal Reservoirs: Recent Advances and Future Perspectives. Springer, Heidelberg, New York (2013)

Diersch, H.J.: Modellierung und numerische Simulation geohydrodynamischer Transportprozesse. PhD thesis. Akademie der Wissenschaften der DDR (1985)

Lüschen, E., Dussel, M., Thomas, M., Schulz, R.: 3D seismic survey for geothermal exploration at Unterhaching, Munich, Germany, First Break **29**, 45–54 (2011)

Schubert, A.: [GGSC] Erfahrungsaustausch Kommunale Geothermieprojekte, Augsburg, 17.–18.04.2013

Schulz, R., Thomas, R., Lüschen, E., Dussel, M.: Geothermische Charakterisierung von karstig-klüftigen Aquiferen im Großraum München, Endbericht, Bundesministerium für Umwelt, Naturschutz und Reaktorsicherheit, Projektträger Jülich (PtJ-EEN), Förderkennzeichen: 0325013 A

Thomas, R., Lüschen, E., Schulz, R.: Seismic reflection exploration of Karst phenomena of a geothermal reservoir in Southern Germany, Proceedings, World Geothermal Congress, Bali (2010)

Wolfgramm, M., Obst, K., Beichel, K., Brandes, J., Koch, R., Rauppach, K., Thorwa, K.: Produktivitätsprognosen geothermischer Aquifere in Deutschland. Der Geothermiekongress, Bochum, Germany, 17–19 November 2009. Bochum (2009)

Mathematische Methoden

4

Willi Freeden und Helga Nutz

Inhaltsverzeichnis

Prof. Dr. Willi Freeden (✉) · Helga Nutz
Lehr- und Forschungsgebiet "Geomathematik", TU Kaiserslautern, Paul-Ehrlich-Straße 26, 67663 Kaiserslautern, Deutschland

M. Bauer et al. (Hrsg.), *Handbuch Tiefe Geothermie*, DOI 10.1007/978-3-642-54511-5_4,

Zusammenfassung
Aufgrund des gestiegenen Bedarfs an erneuerbaren Energien und den vielfältigen Produktionsmöglichkeiten ist die Modellierung von geothermischen Systemen ein zentrales Thema in der heutigen Ingenieurspraxis. Nach nunmehr bereits 40-jähriger Forschung wurden viele Modelle vorgeschlagen und weltweit an verschiedenen Standorten zum Einsatz gebracht. Inzwischen sind durch gestiegene Rechnerleistung und genauere Observations- und Messverfahren effizientere numerische Methoden und Simulationen realisierbar, die heutzutage wirklichkeitsnähere Modellumsetzungen als in der Vergangenheit ermöglichen.

Das Ziel des Beitrags ist es, die neuere Entwicklung im Bereich der Modellbildung für die Gebiete der Potentialmethoden, des seismischen Prozessing sowie der Simulation von Fluid- und Wärmeflüssen in porösen und geklüfteten unterirdischen Systemen darzustellen. Die üblicherweise im Bereich industrieller Energieexploration und -produktion eingesetzten Verfahren wie Gravimetrie, seismische Migration und Inversionsmethode in Kombination mit kontinuierlichen und diskreten Strömungsmodellen für die Kontrolle und das Management von Reservoiren werden aufgeführt und ihre Wirksamkeit in zwei- und dreidimensionalen Anwendungen erläutert. Darüber hinaus werden instruktive numerische Beispiele präsentiert, die auch Nichtmathematikern die große Bedeutung der Mathematik als eine Schlüsseltechnologie in der geothermischen Forschung vermitteln, ohne dass hierfür ein tieferes Verständnis des zugrunde liegenden mathematischen Apparates erforderlich ist. Abschließend werden zukünftige Forschungsfelder geothermischer Anwendung beschrieben sowie relevante Perspektiven und Herausforderungen diskutiert.

Schlüsselwörter
Gravimetrie • Geomagnetik • Seismik • Transportvorgänge • Spannungsfeld

4.1 Einleitung

Innovative Techniken bei der Exploration, der geothermischen Bohrung, der elektrischen Energiegewinnung, der Wärmepumpen usw. können neue Möglichkeiten der Minimierung des Fündigkeitsrisikos in der nahen Zukunft eröffnen und erlauben möglicherweise die Ausnutzung größerer Anteile der bisher nicht erschlossenen Quellen. In der Tat stellt die in der Erde vorhandene Wärme nicht das eigentliche Problem dar. Die Frage ist vielmehr, wieviel man davon entnehmen kann und mit welchem Aufwand sowie zu welchem Preis. In diesem Zusammenhang sind wir der Überzeugung, dass ein geowissenschaftliches Konsortium unter unabdingbarer Einbindung der Geomathematik als Schlüsseltechnologie einen wesentlichen Beitrag für eine zufriedenstellendere Antwort insbesondere für alle Arten der tiefen geothermischen Energiesysteme (vgl. Abb. 4.1) liefern kann und wird.

In der Tat führt die Komplexität der gesamten Energieproduktionskette dazu, dass die Modellierung geothermischer Reservoire eine große Herausforderung ist, die verschiedene

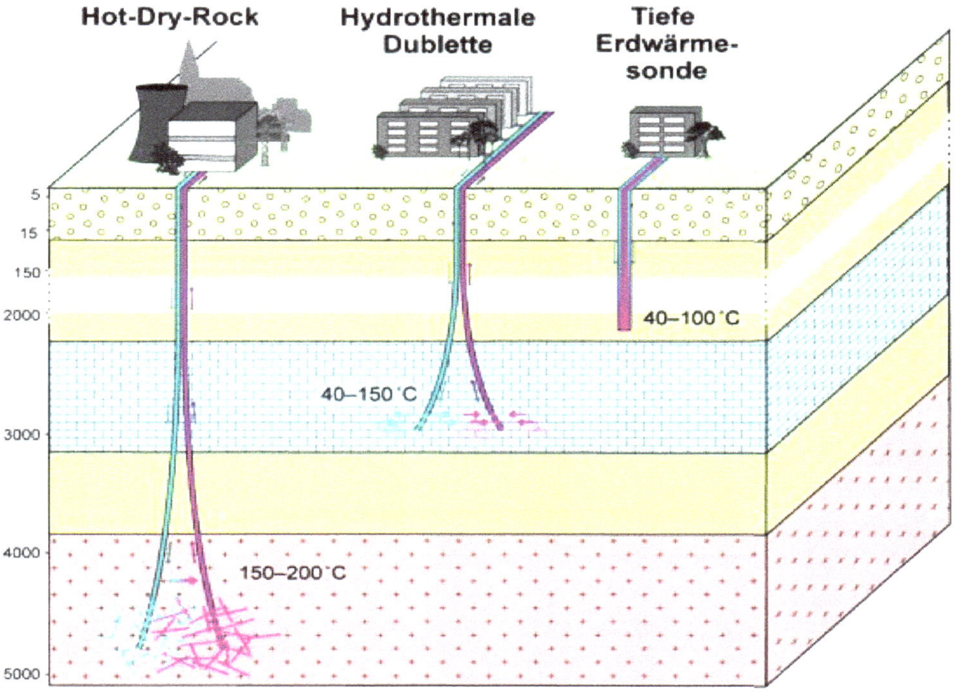

Abb. 4.1 Die Energieproduktionssysteme der Tiefen Geothermie

wissenschaftliche Disziplinen einschließt. Damit geothermische Energieproduktionssysteme effizient sind, ist es von entscheidender Wichtigkeit, nicht nur ein tiefes Verständnis der geologischen, thermischen und mechanischen Struktur des in Frage kommenden Standortes zu haben, sondern man muss auch in der Lage sein, die möglichen Folgen dieser invasiven Vorgehensweise vorherzusagen, die Erfüllbarkeit mathematischer Voraussetzungen zu garantieren und eine große Anzahl von numerischen Berechnungen und Tests durchzuführen. Aus diesem Grund müssen Geologen, Ingenieure, Physiker und eben auch Mathematiker ihre Kompetenz teilen und bündeln, um eine leistungsgerechte Lösung des ehrgeizigen Ziels „geothermische Energiegewinnung“ für die Zukunft zu gewährleisten.

Die gewonnene Energie kann dabei über Wärmetauscher direkt für die Wärmeversorgung genutzt werden oder indirekt über eine zwischengeschaltete Turbine zur Stromerzeugung verwendet werden. Länder mit aktivem Vulkanismus, wie z. B. Island, haben eine langjährige Tradition bei der industriellen Nutzung von geothermischer Energie, die aus Reservoiren mit hoher Enthalpie (>180 °C, vgl. Tab. 4.1), gewonnen wird und wegen ihrer oberflächennahen Lage leicht zugänglich ist (siehe Georgsson und Friedleifsson 2009). Allerdings schließt das Ausbleiben dieser Quellen bedeutende geothermische Potentiale in anderen Regionen und Ländern in Gestalt von tiefen Reservoiren mit niedriger Enthalpie (<180 °C), die in Sedimentbecken oder in der Nähe von Reservoiren mit hoher Enthalpie vorhanden sein können, nicht aus (siehe z. B. Jung (2007) und Schulz (2009) für eine detailliertere Darstellung des geothermischen Potentials in Deutschland).

Gemäß der Klassifizierung in Tab. 4.1 kann man alle geothermischen Reservoire basierend auf ihren natürlichen und geologischen Gegebenheiten grob in drei Kategorien unterteilen:

1. Vulkanische geothermische Systeme, die auf irgendeine Weise mit vulkanischer Aktivität assoziert sind, besitzen zentrale Bedeutung. Die Wärmequellen solcher Systeme sind heiße Intrusionen oder Magma. Sie liegen am häufigsten innerhalb oder in der Nähe von vulkanischen Gebieten, nahe bei Plattengrenzen oder in der Nachbarschaft von Plumes und Hotspots. Durchlässige Brüche und Verwerfungszonen ebenso wie durchlässige Schichten wie Sedimente, Ignimbrit oder Lava steuern den Fluss des Wassers in vulkanischen geothermischen Systemen.
2. In konvektiven Systemen ist die Wärmequelle die heiße Kruste der tektonisch aktiven Gebiete, vorzugsweise mit überdurchschnittlichem Wärmestrom. Hierbei zirkuliert das geothermische Wasser bis in beträchtliche Tiefe (>1 km), meist durch vertikale Brüche, um die Wärme aus dem Gestein zu gewinnen.
3. Sedimentäre geothermische Systeme sind wahrscheinlich die weltweit am weitesten verbreiteten. Die Systeme dieser Kategorie sind gekennzeichnet durch Reservoire mit mittlerer Temperatur und hoher Fließrate, gewöhnlich in großen Becken mit Sedimentablagerung.

Grundsätzlich gibt es drei verschiedene Methoden für die Energiegewinnung bei Tiefer Geothermie: Tiefe Erdwärmesonden, hydrothermale Systeme und petrothermale Systeme (vgl. Abb. 4.1). In einer tiefen Erdwärmesonde zirkuliert das Wärmeträgermedium in einem geschlossenen Kreislauf innerhalb eines U-Rohrs oder einer Koaxialsonde. Somit benötigt man nur ein Bohrloch. Obwohl diese Methode den Vorteil besitzt, dass das Wärmeträgermedium keinen Kontakt zum Grundwasser hat, führt die relativ geringe Produktivität dieser Reservoire dazu, dass die schon genannten Alternativen offener Systeme bevorzugt werden. Das Konzept bei einem hydrothermalen System besteht darin, dass man das thermische Wasser, das in tiefen Reservoiren gefunden wird, zwischen zwei oder drei Bohrlöchern, die durch das Aquifer, d. h. einer wasserführenden Schicht, laufen, zirkulieren lässt. Diese Reservoire bestehen typischerweise aus porösen Schichten, die von unten durch eine heiße Schicht aus undurchlässigem Material gewärmt werden. Im Gegensatz dazu verfügt ein petrothermales System (Hot-Dry-Rock System oder Enhanced Geothermal System (EGS)) zwar über heißes, geklüftetes Gestein, aber das notwendige Wärmeträgermedium muss künstlich eingebracht werden. Die Porösität des Gesteins kann durch hydraulische Stimulation erhöht werden.

In diesem Beitrag liegt der Schwerpunkt auf den hydro- und petrothermalen Systemen. Die Schlüsselfrage, mit der die Geomathematik sich auseinandersetzen muss, ist die Entdeckung potentieller Reservoire entlang der umliegenden Untergrundstruktur einschließlich Temperatur, Kapazität und hydraulischen Charakteristika des Grundwasserleiters und die

Tab. 4.1 Klassifizierung der geothermischen Systeme auf Basis von Temperatur, Enthalpie und Aggregatzustand (basierend auf den Arbeiten Axelsson und Gunnlaugsson (2000), Bödvarsson (1964) und Sanyal (2005))

Niedrig-Temperatur (LT) Systeme mit Reservoirtemperatur in 1 km Tiefe unter 150 °C. Oft gekennzeichnet durch heiße oder siedende Quellen.	**Niedrig-Enthalpy** Systeme mit einer Enthalpie des Fluids im Reservoir kleiner als 800 kJ/kg, was etwa einer Temperatur kleiner als 180 °C entspricht.	**Fluid-dominierte** geothermische Reservoire mit Wassertemperatur bei oder unter dem Siedepunkt beim vorherrschenden Druck. Die Wasserphase beherrscht den Druck im Reservoir. Etwas Dampf kann vorhanden sein.
Mittel-Temperatur (MT) Systeme mit Reservoirtemperatur in 1 km Tiefe zwischen 150–200 °C.		
Hoch-Temperatur (HT) Systeme mit Reservoirtemperatur in 1 km Tiefe über 200 °C. Charakterisiert durch Fumarole, Dampfschlote, Schlammlöcher und hochveränderliches Erdreich.	**Hoch-Enthalpy** Systeme mit einer Enthalpie des Fluids im Reservoir größer als 800 kJ/kg.	**Zwei-phasige** geothermische Reservoire bei denen Dampf und Wasser gleichzeitig vorhanden sind und Temperatur und Druck der Siedekurve folgen.
		Dampf-dominierte geothermische Systeme bei denen die Temperatur bei oder über dem Siedepunkt beim vorherrschenden Druck ist und die Dampfphase den Druck im Reservoir beherrscht. Etwas flüssiges Wasser kann vorhanden sein.

Entwicklung von umfassenden Modellen zur Beschreibung der Dynamik des Produktionsprozesses, inbesondere soweit die Strömung, Temperatur und Zusammensetzung des Fluids betroffen sind. Jüngste Ereignisse wie Erdbeben (vgl. Phillips et al. 2002) zeigen, dass ein weiteres fundamentales mathematisches Problem das Verständnis der inneren Spannungsbildung und -dynamik und die Seismizität ist.

Geothermische Explorationsmethoden schließen ein breites Spektrum geowissenschaftlicher Disziplinen ein: Geologie, Geophysik, Geochemie, Geodäsie, Geoingenieurwissenschaften und natürlich Geomathematik. Exploration bedeutet dabei nicht nur die Identifizierung von heißen geothermischen Gebieten, sondern auch von kosteneffizienten Bohrregionen. Entscheidend ist die Entdeckung von geologischen Formationen, insbesondere Fehlermustern, und der begleitenden Brüche im interessanten Bereich im tiefen Untergrund. Gravimetrische Untersuchungen verwenden Änderungen in der Dichte, um unterirdische Eigenschaften zu beschreiben. Insbesondere können Verwerfungslinien mit gravitativen Methoden identifiziert werden. Magnetotellurische Daten ermöglichen die Bestimmung von Anomalien des Widerstandes, die mit geothermischen Strukturen in Zusammenhang stehen, einschließlich Verwerfungen, und ermöglichen die Abschätzung der geothermischen Reservoirtemperaturen in verschiedenen Tiefen. Geomagnetik erlaubt die Identifizierung der Tiefe der Curie-Temperatur und stellt somit wertvolle Information zur zukünftigen Betriebsproduktivität bereit. Von besonderer Bedeutung ist die Migration seismischer Daten. Aufbauend auf den Kenntnissen, die man aus der seismischen Modellierung gewonnen hat (Lage, Orientierung, Rissöffnung), kann eine mathematische Beschreibung des Spannungsfeldes im Vorfeld der geplanten Produktion bereitgestellt werden. Angesichts der Gefahren von Fluidflüssen in einem System mit hohen Spannungen, ist es von entscheidender Bedeutung, die Entwicklung der Spannung während des Produktionsprozesses zu verstehen. Ein weiterer Kernpunkt ist die Modellierung der aktuellen Wasserflüsse im Untergrund, bei der eine große Anzahl von Faktoren berücksichtigt werden muss, wie z. B. Wärmefluss, chemischer Fluss, Entwicklung des Druckgradienten und mögliche Auswirkungen auf stark unter Spannung stehende Gesteinsformationen. Dies bedeutet, dass man gekoppelte Gleichungen für die Elastizität, für zwei- drei- oder mehrphasige Flüssigkeiten und für den Massenfluss in porösen und geklüfteten Medien lösen muss (siehe z. B. Pruess (1990) für Strömungsprobleme). Alles in allem bedeutet dies aus Sicht der Geomathematik, dass unter Verwendung der teils mangelhaften bzw. unvollständigen (Mess-)Daten sowohl die notwendigen (u. a. thermischen, mechanischen, hydraulischen) Parameter als auch die auftretenden Prozesse während der Explorations-, Bau- und Betriebsphase zu modellieren und zu simulieren sind.

In der AG Geomathematik der TU Kaiserslautern wurde in den letzten Jahren ein Säulenmodell zur Charakterisierung tiefer geothermischer Reservoire entwickelt (vgl. Abb. 4.2). Es besteht aus den folgenden vier Bereichen: Potentialmethoden (Gravimetrie/Geomagnetik), Seismische Erkundung (Migration, Postprozessing, Dekorrelation), Transportprozesse und Spannungsfeld mit vielen daran anknüpfenden Publikationen, z. B. Augustin (2012), Augustin et al. (2012, 2014), Freeden (2011), Freeden und Blick (2013), Freeden und Gerhards (2013), Freeden und Nutz (2011), Freeden und Schreiner (2006), Freeden und Wolf (2009), Freeden et al. (2003), Gerhards (2011), Ilyasov (2011), Luchko und Punzi (2011) und Ostermann (2011a, 2011b).

In diesem Artikel lehnen wir uns von der inhaltlichen Struktur her im Wesentlichen an das Kaiserslauterer Modell an. Dementsprechend beginnen wir mit mathematischen Aspekten der Gravimetrie und geomagnetischen Erkundung sowie ihren Anwendungen. Wir gehen dann zu einer mathematische Beschreibung der Gewinnung seismischer Daten und des (Post-)Prozessing des akustisch/elastisch generierten Geschwindigkeitsfeldes über. Nachfolgend werden die verschiedenen Arten geothermischer Reservoire behandelt, gefolgt von einer axiomatisch basierten Beschreibung der zugehörigen Transportprozesse sowie einer Behandlung der Simulation des Spannungsfeldes. Abschließend fassen wir die Rolle und die Aufgaben der Geomathematik als Schlüsseltechnologie in der Geothermie zusammen.

Abb. 4.2 Säulenmodell zur Charakterisierung tiefer geothermischer Systeme realisiert in der AG Geomathematik der TU Kaiserslautern

4.2 Potentialverfahren

Zur Minimierung des Fündigkeitsrisikos ist man in der Geothermie gut beraten vor einer ausgedehnten und kostenintensiveren Seismik Gravimeter- und/oder Magnetometerdaten hinzuzuziehen (im Einklang mit der ersten Säule des Kaiserslauterer Modells).

4.2.1 Klassisches Gravimetrieproblem

Die Inversion des Newtonschen Gravitationsgesetzes, d. h. die Bestimmung der Dichtefunktion im Newtonintegral aus Information des Gravitationsfeldes wird als *Gravimetrieproblem* bezeichnet.

Sei $\mathcal{B} \subset \mathbb{R}^3$ ein reguläres Teilgebiet der Erde und $\overline{\mathcal{B}} = \mathcal{B} \cup \partial\mathcal{B}$, wobei $\partial\mathcal{B}$ den Rand von $\mathcal{B}$ bezeichnet. Wir interessieren uns zunächst für das klassische Problem, die Dichtefunktion $\rho : \overline{\mathcal{B}} \to \mathbb{R}$ aus Informationen über das Gravitationspotential P in $\mathbb{R}^3 \backslash \mathcal{B}$ gemäß der Newtonschen Integraldarstellung

$$P(x) = T[\rho](x) = \int_{\mathcal{B}} \Phi(|x-y|)\, \rho(y)\, dV(y) \tag{4.1}$$

zu bestimmen, wobei dV das Volumenelement in $\mathbb{R}^3$ bezeichnet und die rotationssymmetrische Kernfunktion

$$\Phi(|x-y|) = \frac{1}{4\pi|x-y|}, \quad x, y \in \mathbb{R}^3, \quad x \neq y, \tag{4.2}$$

die Fundamentallösung des Laplace-Operators Δ in $\mathbb{R}^3$ (siehe z. B. Freeden und Gerhards (2013) für weitere Ausführungen).

Es ist bekannt, dass das Gravimetrieproblem der Bestimmung von ρ aus der Kenntnis von P in $\mathbb{R}^3\backslash\mathcal{B}$ alle Kriterien der Wohlgestelltheit im Sinne der Klassifikation nach Hadamard verletzt, d. h. Eindeutigkeit, Existenz und Stabilität, sogar wenn ρ als quadratintegrabel auf $\mathcal{B}$ vorausgesetzt wird (eine detaillierte Darstellung dieses Sachverhaltes findet sich z. B. in Freeden und Michel (2004), Michel (2002) und Michel und Fokas (2008)). Wir fassen kurz die wesentlichen Ergebnisse zusammen:

1. Das Potential P ist harmonisch in $\mathbb{R}^3\backslash\overline{\mathcal{B}}$. Gemäß der sogenannten Picard-Bedingung, die aus der Theorie der inversen Probleme bekannt ist (siehe z. B. Engl et al. 1996), existiert eine Lösung nur dann, wenn P zum Raum der harmonischen Funktionen in $\mathbb{R}^3\backslash\overline{\mathcal{B}}$ gehört (oder einem entsprechenden Teilraum). Allerdings sollte klargestellt werden, dass dies keine numerischen Schwierigkeiten verursacht, da in der Praxis die Information über P nur endlich-dimensional ist. Insbesondere ist eine Approximation durch eine passende harmonische Funktion ein selbstverständlicher Bestandteil jeder geophysikalischen Praxis.
2. Das schwerwiegendste Problem stellt die fehlende Eindeutigkeit der Lösung dar: Während sich ein Element des Raumes $L^2(\partial\mathcal{B})$ der auf $\partial\mathcal{B}$ quadratintegrablen Funktionen in der L^2-Metrik beliebig genau durch (homogene) harmonische Polynome annähern lässt, gelingt dies für ein Element aus $L^2(\mathcal{B})$ nicht mehr. $L^2(\mathcal{B})$ zerfällt orthogonal in die abgeschlossenen Teilräume der harmonischen Funktionen und der sogenannten anharmonischen Funktionen. Für eine quadratintegrable Dichte ρ bedeutet dies, dass sie anteilig in eine in $\mathcal{B}$ harmonische Funktion ρ_{harm} und einen anharmonischen Anteil ρ_{anharm} zerfällt. Für jeden Punkt $x \in \mathbb{R}^3\backslash\mathcal{B}$ steht ρ_{anharm} orthogonal zur harmonischen Funktion $\Phi(|x - \cdot|)$. Mit anderen Worten, der dem Gravimetrieproblem assoziierte Fredholmsche Integraloperator T von erster Art besitzt in diesem Fall einen Kern (Nullraum), der mit dem abgeschlossenen linearen Teilraum aller in $\mathcal{B}$ anharmonischen Funktionen zusammenfällt (vgl., z. B., Freeden und Gerhards 2013; Freeden und Michel 2004). Der Raum aller anharmonischen Funktionen auf $\mathcal{B}$ ist bekanntermaßen unendlich-dimensional. In der Konsequenz bedeutet dies, dass bei Vorgabe von $P(x)$ für Punkte $x \in \mathbb{R}^3\backslash\mathcal{B}$ nur die harmonische Dichte bestimmbar ist und ρ_{anharm} sich als „Geist (ghost)" des Gravimetrieproblems herausstellt.
3. Schränkt man nun den Operator auf harmonische Dichten ein, erhält man eine injektive Abbildung mit einer unbeschränkten Inversen und somit eine instabile Lösung. In der Tat wird die Schwierigkeit der Instabilität ausführlich in der Literatur diskutiert. Das Problem kann bewältigt werden, indem man einige sinnvolle zusätzliche Bedingungen an die Dichte stellt. Die näherungsweise Berechnung der harmonischen Dichte wurde bereits in mehreren Veröffentlichungen umgesetzt und behandelt, während das Problem der Bestimmung des anharmonischen Anteils nach wie vor eine große Herausforderung ist. Aufgrund der fehlenden angemessenen physikalischen Interpretation des harmonischen Anteils in der Dichte, wurden in der Literatur verschiedene alterna-

tive Varianten diskutiert (vgl. z. B. Michel und Fokas (2008) und die darin enthaltenen Referenzen). Im Allgemeinen liefern Gravitationsdaten des Außenraumes und der Erdoberfläche nur aussagekräftige Information von der obersten Schicht des Erdinneren, welche lateral inhomogen ist. Dies ist oftmals der Grund für massive Schwierigkeiten der klassischen Gravimetrie in der Praxis.

Die Geothermie steht nun vor der vorteilhafteren Situation, dass sich neben terrestrischen und Außenraumdaten (zumindest prinzipiell) Gravitationsdaten in Bohrlöchern gewinnen lassen. Information über P in $\mathcal{B}$ ändert die Rekonstruktion von ρ entscheidend. Dies ist darin begründet, dass das Newtonintegral (4.1) über eine Differentialgleichung in $\mathcal{B}$, nämlich die Poissongleichung, direkt mit der Dichte ρ verknüpft ist, zumindest wenn gewisse Glattheit, d. h. genauer gesagt Hölderstetigkeit, für $\rho : \overline{\mathcal{B}} \to \mathbb{R}$ angenommen wird (weitere Details finden sich z. B. in Freeden und Gerhards 2013):

$$\rho(x) = -\Delta_x P(x) = -\Delta_x \int_{\mathcal{B}} \Phi(|x-y|)\rho(y)dV(y). \tag{4.3}$$

Für Innenraumdaten bedeutet also die Inversion von P zu ρ schlicht die Berechnung der negativen Laplace-Ableitung $-\Delta P$.

Abgesehen von der Inversion des Newtonpotentials (siehe z. B. Ernstson und Alt (2013) für einen Überblick über die geophysikalisch gebräuchlichen Methoden) spielt die Dekorrelation von Merkmalen, die in der Dichtefunktion $\rho : \overline{\mathcal{B}} \to \mathbb{R}$ vorkommen, eine wichtige Rolle in der geothermischen Anwendung. Innerhalb einer Multiskalenzerlegung sind wir in der Lage, Detailinformationen, die hilfreich bei der Interpretation sind, herauszufiltern. Wie wir sehen werden, kann die hier vorgeschlagene resultierende Postprozessing-Methode entweder auf die (verfügbare) Dichtefunktion selbst angewendet werden oder – allerdings etwas mühsamer – auf Gravitationsdaten. In der Tat ermöglicht es die Poissonsche Differentialgleichung (4.3), bestimmte lokalisierende Wavelets sowohl für Postprozessing-Methoden aus der Dichtefunktion selbst als auch aus den Gravitationsdaten zu entwickeln.

4.2.2 Multiskalen Formulierung des Gravimetrieproblems

Um die Vorteile der Multiskalenmethode im Hinblick auf die gewünschten Dekorrelationseffekte eines gegebenen Signaltyps zu verstehen, werden wir zuerst die Eigenschaften der klassischen Wavelettransformation im Allgemeinen darstellen und anschließend die besondere Anwendung auf die bei geothermischer Forschung relevanten Wavelets diskutieren.

Allen modernen Multiskalenansätzen gemein ist eine Konzeption von Wavelets als erzeugende Basiskomponenten, die eine schnelle und effiziente Methode zur Dekorrelation eines gegebenen Datensatzes eines Signals ermöglicht. Insbesondere beinhaltet diese Charakterisierung drei wesentliche konstitutionierende Eigenschaften:

(i) Wavelets sind Basiskomponenten zur Approximation einer beliebigen Funktion (d. h. eines Signals). Im mathematischen Sinn drückt diese Formulierung aus, dass die Menge der Wavelets eine gewisse Basis bildet (die konventionsgemäß in der Regel als „Frame" bezeichnet wird). Für unseren Zugang bedeutet dies, dass jedes Element F einer Klasse von Funktionen, beispielsweise des Prä-Hilbertraumes $C^{(0)}(\overline{\mathcal{B}})$ der auf $\overline{\mathcal{B}}$ stetigen Funktionen oder des Hilbertraumes $L^2(\mathcal{B})$ der auf $\mathcal{B}$ quadratintegrablen Funktionen versehen mit dem üblichen inneren Produkt $(\cdot,\cdot)_{L^2(\mathcal{B})}$, als Linearkombination mittels dieser Waveletframes dargestellt werden kann.

(ii) Wavelets besitzen die Fähigkeit zur Dekorrelation des Signals F, d. h. zur Spezifikation gewisser intrinsischer Signaturen eines Signals. Dies bedeutet insbesondere, dass die Darstellung des Signals mittels Waveletkoeffizienten c_j eine „kompaktere" Form hat als die ursprüngliche Darstellung. Die Dekorrelation ermöglicht die Extraktion spezieller Information, die im Signal enthalten ist, durch eine kleinere geeignete Anzahl von Koeffizienten. Die meisten Signale in der geothermischen Praxis zeigen in der Regel eine Korrelation im Frequenz-(Momentum-) als auch im Ortsbereich. Signaleigenschaften (z. B. Salzstöcke, Aquifere) erscheinen oft in bestimmten Frequenzbändern. Um solche Signale zu analysieren und zu rekonstruieren, benötigen wir „Hilfsfunktionen", die gewisse Information sowohl im Orts- als auch im Frequenzbereich bereitstellen. Bei den Anwendungen wurden im Bereich der Signalanalyse vor dem Erscheinen der Wavelets verschiedene Ansätze verfolgt: Einerseits erlaubt die Fouriertheorie eine optimale Zerlegung in einzelne Frequenzen und die Approximation erfolgt durch Steigerung der Frequenzen (Oszillationen) bei gleichzeitiger Verringerung der Amplituden. Andererseits ermöglicht die Haartheorie die Zerlegung im Ortsbereich, wobei die Haar-Approximation durch Verkleinerung der Träger bei gleichzeitiger Steigerung der Maximalwerte der Haar-Kerne erfolgt. Die (Heisenbergsche) Unschärferelation (siehe Freeden und Schreiner (2006) und die darin enthaltenen Referenzen) zeigt, dass eine gleichzeitige scharfe Lokalisierung im Frequenz- und Ortsbereich sich gegenseitig ausschließt. Darüberhinaus kann der Anteil des Beitrags in Frequenz und Ort beim Einsatz von Testfunktionen in der Approximation eines Signals in quantitativer Weise spezifiziert werden. Diese Tatsache ist der Grund dafür, dass die Mitglieder eines Orthonormalsystem bei der Realisierung einer Fourierzerlegung keine Ortslokalisierung zeigen, während Haarfunktionen keine Lokalisierung in der Frequenz ermöglichen. Eine zu einer Multiresolution führende Skalierungsfunktion ist ein Kompromiss dahingehend, dass eine Balance zwischen Frequenz- und Ortslokalisierung im Sinne der Unschärferelation sichergestellt ist. Aus diesem Grund hängt jede Skalierungsfunktion von zwei Variablen ab, nämlich einem Verschiebungs- und einem Skalierungsparameter, die das Ausmaß der Ortslokalisierung auf Kosten der Frequenzlokalisierung und umgekehrt steuern. Jeder Skalierungsfunktion ist eine Waveletfunktion zugeordnet, die in der Regel die Differenz zweier aufeinanderfolgender Skalierungsfunktionen ist. Mit anderen Worten, die Filterung (Faltung) mit einer Skalierungsfunktion übernimmt die Rolle eines Tiefpassfilters. Eine Multiskalen- oder Waveletapproximation eines Signals ist nichts anderes als die aufeinanderfolgende Ausführung eines effizienten Auswerteverfahrens unter Verwendung von Testfunktionen, die immer mehr Ortslokalisierung auf Kosten der Frequenzlokalisierung zeigen (siehe Abb. 4.18). Infolgedessen ergibt sich jede Wavelettransformation (Faltung) als Differenz zweier Tiefpassfilter, d. h. die Wavelettransformation liefert Detailinformation in der Form eines Bandpassfilters und legt somit den Grundstein für die Dekorrelation eines Signals, d. h. die Spezifikation von Signaturen im Signal in bestimmten Frequenzbändern.

(iii) Wavelets besitzen effiziente Algorithmen. Die sukzessive Anwendung der Wavelets bietet effiziente und ökonomische Perspektiven für die numerische Berechnung. In der Tat kann die Multiskalenapproximation eines Signals mittels Wavelets durch ein effizientes Pyramidenschema in Baumstruktur durchgeführt werden. Die Verwendung der Detailinformation, die in den Waveletkoeffizienten gespeichert ist, führt zu einer Rekonstruktion von den groben Strukturen hin zu einer feinen Auflösung und zu einer Dekomposition von feiner hin zu grober Auflösung. Insbesondere ist der Zerlegungsalgorithmus (in Form eines Pyramidenschemas) ein ausgezeichnetes Werkzeug für das Postprozessing eines Signals in konstituierende Bausteine („constituting blocks").

Alles in allem sind die drei soeben erwähnten Eigenschaften (Basiseigenschaft, Dekorrelation und effizientes Pyramidenschema) allen klassischen Wavelets gemeinsam. In der Tat bilden diese Eigenschaften den Schlüssel für eine Vielzahl von Anwendungen, insbesondere für Signalrekonstruktion und -zerlegung, Thresholding, Datenkompression, Entrauschung usw.

Um die angekündigte Multiskalenzerlegung mittels Skalierungsfunktionen, die immer stärkere räumliche Lokalisierung aufweisen (d. h. ein „Zooming-in") sicherzustellen, muss man den singulären Kern der Fundamentallösung $\Phi(|x-y|)$ des Laplace-Operators durch eine Familie von regulären Kernen der Form $\{\Phi_\tau(|x-y|)\}_{\tau>0}$ ersetzen. Offensichtlich muss die Regularisierung der kanonischen Grenzrelation $\lim_{\tau\to 0}\Phi_\tau(|x-y|) = \Phi(|x-y|)$, $x \neq y$, in punktweisem Sinn genügen. Selbstverständlich existiert eine große Anzahl von Regularisierungen für die Kernfunktion (4.2). Beim effizienten Postprozessing der verfügbaren Informationen über die Dichte benutzen wir im Weiteren eine Regularisierungstechnik des Newtonpotentials (4.1), indem wir die Fundamentallösung $\Phi(|\cdot - \cdot|)$ durch eine (eindimensionale) lineare Taylorentwicklung $\Phi_\tau(|\cdot - \cdot|)$, die durch

$$\Phi_\tau(|x-y|) = \begin{cases} \frac{1}{4\pi}\frac{1}{|x-y|}, & |x-y| \geq \tau \\ \frac{1}{8\pi\tau}\left(3 - \frac{1}{\tau^2}|x-y|^2\right), & |x-y| < \tau, \end{cases} \tag{4.4}$$

gegeben ist, approximieren. Entsprechend der Konstruktion ist der regularisierte Kern

$$(x,y) \mapsto \Phi_\tau(|x-y|), \quad x,y \in \mathbb{R}^3, \tag{4.5}$$

stetig differenzierbar für jedes $x \in \mathbb{R}^3$ bei festem y und für jedes $y \in \mathbb{R}^3$ bei festem x. Darüberhinaus gilt offensichtlich

$$\Phi_\tau(|x-y|) = \Phi(|x-y|) \tag{4.6}$$

für alle $x, y \in \mathbb{R}^3$ mit $|x-y| \geq \tau$. Das Potential (4.1) lässt sich bei stetigem ρ in $\overline{\mathcal{B}}$ mittels (4.4) durch die Regularisierung

$$P_\tau(x) = \int_{\mathcal{B}} \Phi_\tau(|x-y|)\rho(y)\, dV(y) \tag{4.7}$$

in quadratischer Approximationsordnung annähern, d. h. es gilt $\sup_{x\in\overline{\mathcal{B}}} |P(x) - P_\tau(x)| = \mathcal{O}(\tau^2)$ für $\tau \to 0$. Unter der mathematischen Prämisse, dass ρ gleichmäßig beschränkt ist, erhält man

$$\Delta_x \int_{\mathcal{B}} \Phi_\tau(|x-y|)\rho(y)dV(y) = \int_{\mathcal{B}} \Delta_x \Phi_\tau(|x-y|)\rho(y)dV(y). \tag{4.8}$$

Eine einfache Rechnung unter Verwendung von (4.4) liefert

$$-\Delta_x \Phi_\tau(|x-y|) = H_\tau(|x-y|) = \begin{cases} 0, & |x-y| \geq \tau, \\ \frac{3}{4\pi\tau^3}, & |x-y| < \tau, \end{cases} \tag{4.9}$$

mit der sogenannten Haar-Skalierungsfunktion H_τ, die im Folgenden bei der Darstellung der diskreten Waveletmodellierung zum Einsatz kommt. Unter der Voraussetzung, dass ρ Hölder-stetig der Ordnung γ ist, d. h. $|\rho(x) - \rho(y)| \leq C|x-y|^\gamma$, $\gamma \in (0,1]$, für alle $x, y \in \overline{\mathcal{B}}$, erhält man weiterhin

$$-\Delta_x \int_{\mathcal{B}} \Phi(|x-y|)\rho(y)dV(y) = \alpha(x)\rho(x), \tag{4.10}$$

wobei $\alpha(x)$ den Raumwinkel in x bezüglich des Randes $\partial\mathcal{B}$ bezeichnet.

Die Familie $\{\Phi_\tau\}_{\tau>0}$ nennt man (skalenkontinuierliche) Skalierungsfunktion, wohingegen die Familie $\{W_\tau\}_{\tau>0}$, die durch die (skalenkontinuierliche) Differentialgleichung

$$W_\tau = -\tau \frac{d}{d\tau} \Phi_\tau \tag{4.11}$$

gegeben ist, (skalenkontinuierliche) Waveletfunktion genannt wird.

4.2.3 Skalendiskrete Waveletmodellierung des Gravimetrieproblems

Um von der skalenkontinuierlichen zu skalendiskreten Darstellung zu gelangen (siehe z. B. Freeden und Blick 2013; Freeden und Gerhards 2013; Freeden und Schreiner 2006), betrachten wir eine positive, monoton fallende Nullfolge $\{\tau_j\}_{j\in\mathbb{N}}$ von Skalenparametern mit

$\lim_{j\to\infty} \tau_j = 0$ (z. B. die dyadische Folge $\tau_j = 2^{-j}$, $j \in \mathbb{N}$). Dies führt uns auf eine diskrete Folge von Regularisierungen $\{\Phi_{\tau_j}\}$, $j \in \mathbb{N}$, für den Kern Φ gegeben durch

$$\Phi_{\tau_j}(|x-y|) = \begin{cases} \frac{1}{4\pi}\frac{1}{|x-y|}, & |x-y| > \tau_j, \\ \frac{1}{8\pi\tau_j}\left(3 - \frac{|x-y|^2}{\tau_j^2}\right), & |x-y| \le \tau_j. \end{cases} \tag{4.12}$$

Der Kern (4.12) lässt sich als Skalierungsfunktion mit $\lim_{j\to\infty} \Phi_{\tau_j}(|x-y|) = \Phi(|x-y|)$ auffassen. Es ist nicht schwer zu sehen, dass die Familie von (skalendiskreten) Waveletfunktionen $\{\Psi_{\tau_j}\}_{j\in\mathbb{N}}$, gegeben durch

$$\Psi_{\tau_j} = \int_{\tau_{j+1}}^{\tau_j} W_\tau \frac{1}{\tau} d\tau \tag{4.13}$$

die (skalendiskrete) Differenzengleichung

$$\Psi_{\tau_j} = \int_{\tau_{j+1}}^{\tau_j} \left(-\tau \frac{d}{d\tau}\Phi_\tau\right) \frac{1}{\tau} d\tau = \Phi_{\tau_{j+1}} - \Phi_{\tau_j}, \qquad j \in \mathbb{N}, \tag{4.14}$$

erfüllt. Offensichtlich gilt für $J > j$, $J \in \mathbb{N}$, weiterhin

$$P_{\tau_J}(x) = \int_{\mathcal{B}} \Phi_{\tau_j}(|x-y|)\rho(y)dV(y) + \sum_{l=j}^{J-1} \int_{\mathcal{B}} \Psi_{\tau_l}(|x-y|)\rho(y)\, dV(y) \tag{4.15}$$

mit

$$\lim_{J\to\infty} \sup_{x\in\overline{\mathcal{B}}} |P(x) - P_{\tau_J}(x)| = 0. \tag{4.16}$$

Es sollte darauf hingewiesen werden, dass alle Waveletfunktionen einen lokalen Träger haben, d. h. bei der Auswertung des Integrals kann man sich auf einen bestimmten Bereich, den Träger der Funktion, eingeschränken. Dies macht die Berechnung aus numerischer Sicht besonders effizient. Der Natur nach erzeugen wir mithilfe der Skalierungs- und Waveletfunktionen $\Phi_{\tau_j}(|\cdot - \cdot|)$ und $\Psi_{\tau_j}(|\cdot - \cdot|)$ tiefpass- bzw. bandpassgefilterte Versionen sowohl der Dichte ρ als auch des Potentials P in der Form

$$\begin{aligned} L_{\tau_j}[\rho](x) &= \rho_j(x) \\ &= -\Delta_x \int_{\mathcal{B}} \Phi_{\tau_j}(|x-y|)\, \rho(y)\, dV(y) \\ &= -\int_{\mathcal{B}} \Delta_x \Phi_{\tau_j}(|x-y|)\, \rho(y)\, dV(y) \end{aligned} \tag{4.17}$$

und

$$B_{\tau_j}[\rho](x) = -\int_{\mathcal{B}} \Delta_x \Psi_{\tau_j}(|x-y|)\, \rho(y)\, dV(y). \tag{4.18}$$

In Verbindung mit der Poissonschen Differentialgleichung

$$-\Delta_x \Phi_{\tau_j}(|x-y|) = H_{\tau_j}(|x-y|), \tag{4.19}$$

gelangen wir in der Tat zu bekannten Funktionen in der konstruktiven Approximation, nämlich zur Haar-Skalierungsfunktion $H_{\tau_j}(|\cdot - \cdot|)$ gegeben durch

$$H_{\tau_j}(|x-y|) = \begin{cases} 0, & |x-y| \geq \tau_j \\ \frac{3}{4\pi\tau_j^3}, & |x-y| < \tau_j, \end{cases} \tag{4.20}$$

und zur Haar-Waveletfunktion $K_{\tau_j}(|x-y|)$ definiert durch

$$K_{\tau_j}(|x-y|) = H_{\tau_{j+1}}(|x-y|) - H_{\tau_j}(|x-y|). \tag{4.21}$$

Taylorapproximationen höherer Ordnung der Fundamentallösung des Laplaceoperators und resultierende geglättete Haar-Kerne sind Teil der Dissertation Möhringer (2014).

Zusammenfassend beenden wir unsere Überlegungen mit der folgenden Aussage zur Dekorrelation von ρ für verschiedene Skalen j (in Beziehung zur gewählten Folge $\{\tau_j\}$): Sei ρ Hölder-stetig auf $\overline{\mathcal{B}}$, dann gilt

$$\lim_{J\to\infty} \int_{\mathcal{B}} H_{\tau_j}(|x-y|)\rho(y)\, dV(y) + \sum_{l=j}^{J-1} \int_{\mathcal{B}} K_{\tau_l}(|x-y|)\rho(y)\, dV(y) = \rho(x), j \in \mathbb{N}, \tag{4.22}$$

für alle $x \in \mathcal{B}$.

In einem Forschungsworkshop, der von der EAGE und der SEG mitgesponsort wurde, wurde die „2004 BP Velocity Benchmark" in einem Blindtest verwendet, um ein Geschwindigkeitsmodell und auch das zugehörige Dichtemodell ordnungsgemäß zu validieren und zu testen (siehe Abb. 4.3). Das 2D-BP-Dichtemodell wird hier in kanonischer Fortsetzung für die 3D-Multiskalen-Rekonstruktion der Dichte gemäß (4.22) verwendet. Abbildung 4.4 zeigt die Zerlegung des BP-Dichtemodells basierend auf (4.22) für die Skalen $j = 1$ bis $j = 7$, wobei der Skalenparameter τ_j auf die Ausdehnung des Modells angepasst wird (vgl. Möhringer (2014)). Die Detailinformation durch Bandpassfilterung zu den Skalen $j = 3{,}4$ zeigt deutlich alle wesentlichen Dichtegrenzen.

Bei der effizienten Multiskalenzerlegung der Informationen zur Dichte aus Gravitationsdaten (vgl. Freeden und Gerhards 2013), gehen wir zurück zu (4.17), wobei wir die (allgemeinere) Grenzrelation

$$\lim_{j\to\infty} \int_{\mathcal{B}} H_{\tau_j}(|x-y|)\, \rho(y)\, dV(y) = \alpha(x)\, \rho(x), \quad x \in \mathbb{R}^3, \tag{4.23}$$

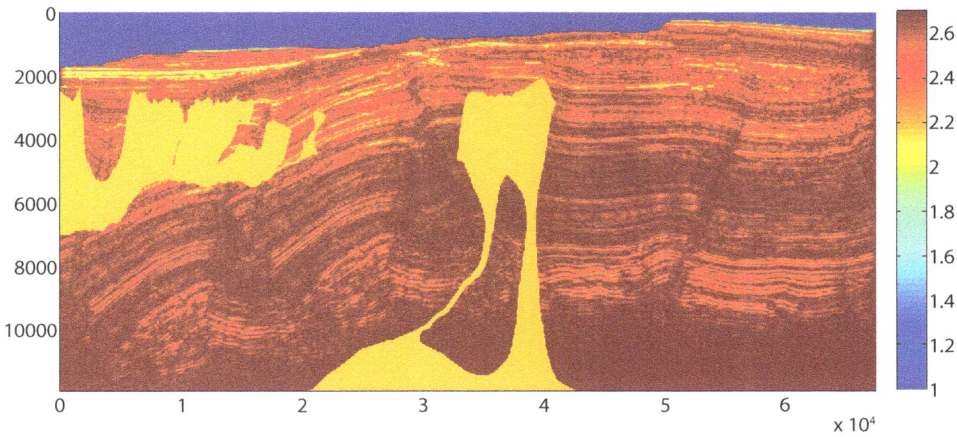

Abb. 4.3 Dichtekonturen des BP-Models gemäß Billette und Brandsberg-Dahl (2005)

die aus der Theorie der singulären Integrale im Euklidischen Raum $\mathbb{R}^3$ bekannt ist, betrachten. Dabei ist $\alpha(x)$ der Raumwinkel im Punkt $x \in \mathbb{R}^3$ bezüglich des Randes $\partial\mathcal{B}$. Mit anderen Worten kann die Regularisierung P_{τ_j} für ausreichend große Skalen j als Approximation des Newtonpotentials P mit vernachlässigbarem Fehler verstanden werden, d. h.

$$P(x) \simeq P_{\tau_j}(x) = \int_{\mathcal{B}} \Phi_{\tau_j}(|x - y|)\, \rho(y)\, dV(y), \quad x \in \overline{\mathcal{B}}. \tag{4.24}$$

Eine näherungsweise Integrationsformel über $\overline{\mathcal{B}}$ führt dann zu

$$P(x) \simeq \sum_{i=1}^{N_j} \Phi_{\tau_j}(|x - y_i^{N_j}|)\, w_i^{N_j}\, \rho(y_i^{N_j}), \tag{4.25}$$

wobei $w_i^{N_j}$, $y_i^{N_j}$, $i = 1, \ldots, N_j$, die bekannten Gewichte und Stützstellen sind. Wir nehmen an, dass die Koeffizienten

$$a_i^{N_j} = w_i^{N_j}\, \rho(y_i^{N_j}), \quad i = 1, \ldots, N_j, \tag{4.26}$$

beim Inversionsprozess der Dichtemodellierung unbekannt sind. Sie müssen also durch Lösung eines linearen Gleichungssystems der Art

$$P(x_k^{M_j}) = \sum_{i=1}^{N_j} \Phi_{\tau_j}(|x_k^{M_j} - y_i^{N_j}|) a_i^{N_j}, \quad k = 1, \ldots, M_j, \tag{4.27}$$

aus den bekannten Gravitationswerten $P(x_k^{M_j})$ an den Stützstellen $x_k^{M_j} \in \overline{\mathcal{B}}$, $k = 1, \ldots, M_j$, bestimmt werden. Da die Integrationsgewichte $w_i^{N_j}$ bekannt sind, erhält man die Dichte-

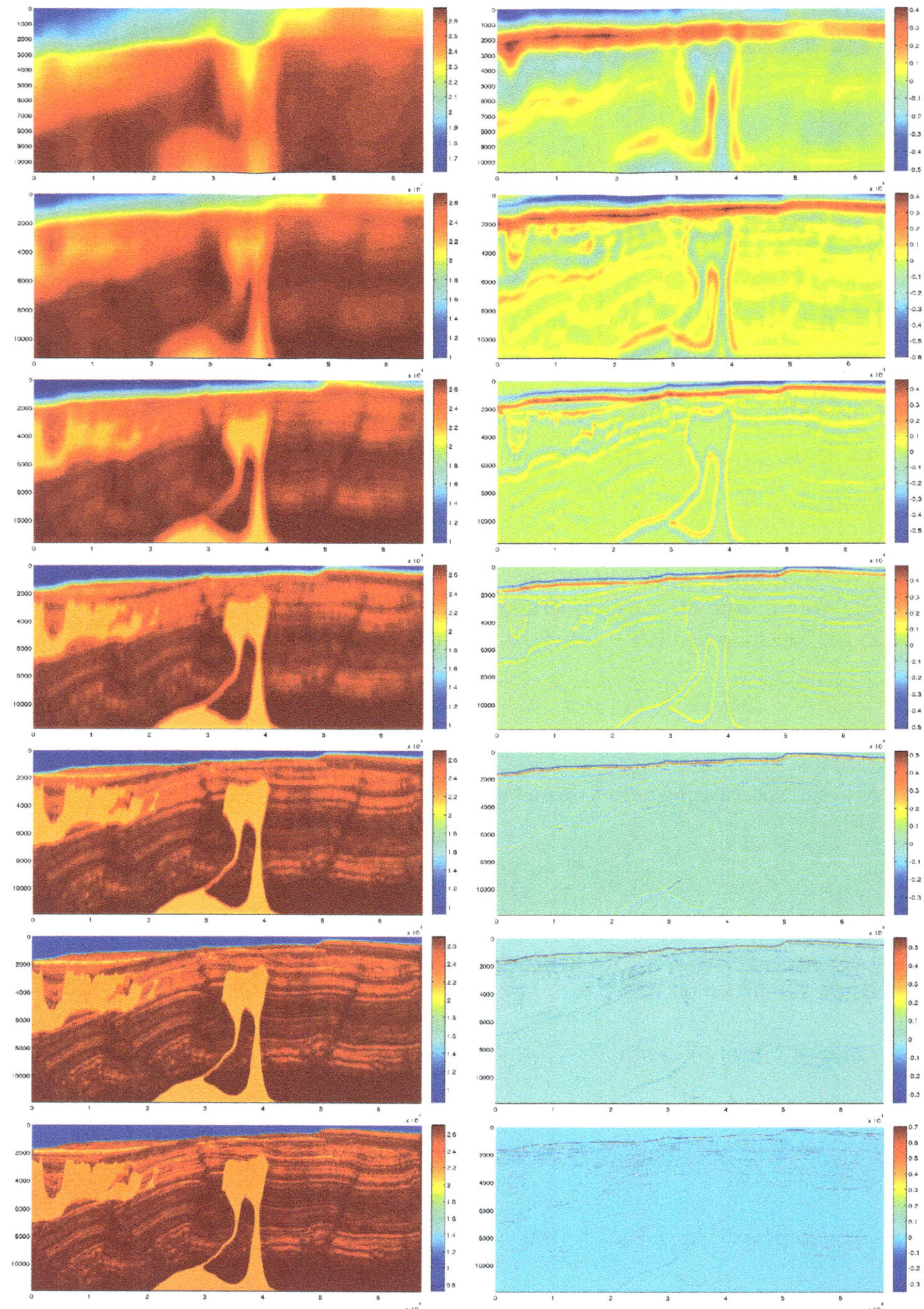

Abb. 4.4 Multiskalenzerlegung des BP-Dichtemodells zu den Skalen $j = 1$ bis $j = 7$ (*links* Tiefpassfilterung der Dichte, *rechts* Bandpassfilterung der Dichte) in $[\frac{\text{g}}{\text{cm}^3}]$ (nach Möhringer 2014))

werte $\rho(y_i^{N_j})$ sofort aus (4.26), so dass die Dichte ρ aus

$$\rho(x) \simeq \rho_j(x) = \sum_{i=1}^{N_j} H_{\tau_j}(|x - y_i^{N_j}|) w_i^{N_j} \rho(y_i^{N_j}), \quad x \in \mathcal{B}, \tag{4.28}$$

bestimmt werden kann. Selbstverständlich können zur Lösung der linearen Gleichungen auch kleinste Quadrate-Methoden oder auch variationelle Regularisierungsverfahren (vgl. z. B. Grasmair et al. 2010; Nolet 2008) herangezogen werden. Mit der Lösung des Gleichungssystems ist zugleich auch die Lösung des Problems der Bestimmung von (lokaler) Dichteinformation aus (lokalen) Potentialdaten gewährleistet.

4.2.4 Spline-Methodik zur Datenvervollständigung gravitativer Dateninformation

In der geothermischen Praxis steht man oftmals vor dem Problem, die Kenntnis gravitativer Dateninformation unter diskreter Kenntnis äußerer (durch Flugzeuge und Satelliten bereitgestellten), terrestrischer (an der Erdoberfläche gewonnenen) oder innerer (in Bohrlöchern ermittelten) Messdaten zu vervollständigen. Zur Erläuterung einer spezifisch für diesen Zweck angelegten Splinemethode kann man auf die in $\mathcal{B}$ gültige Poissonformel

$$\begin{aligned} P(x) &= -\Delta_x \int_{\mathcal{B}} \underbrace{\frac{1}{4\pi} \frac{1}{|x-y|}}_{=\Phi(|x-y|)} P(y) dV(y) \\ &= -\Delta_x \int_{\mathcal{B}} \underbrace{\int_{\mathcal{B}} \Phi(|x-y|)\Phi(|y-z|) dV(y)}_{=K_{\mathcal{H}}(x,z)} \rho(z) dV(z) \end{aligned} \tag{4.29}$$

zurückgreifen, wobei $K_{\mathcal{H}}(\cdot,\cdot)$ der eindeutig bestimmte reproduzierende Kern eines Hilbertraumes $\mathcal{H}$ (vom Sobolevschen Typ) ist (vgl. Freeden und Gerhards 2013). Das innere Produkt $(\cdot,\cdot)_{\mathcal{H}}$ ist dabei durch

$$\begin{aligned} (P_1, P_2)_{\mathcal{H}} &= \left(\int_{\mathcal{B}} \Phi(|\cdot - y|)\rho_1(y)\, dV(y), \int_{\mathcal{B}} \Phi(|\cdot - y|)\rho_2(y)\, dV(y) \right)_{\mathcal{H}} \\ &= \int_{\mathcal{B}} \left(-\Delta_x \int_{\mathcal{B}} \Phi(|x-y|)\rho_1(y)\, dV(y) \right) \left(-\Delta_x \int_{\mathcal{B}} \Phi(|x-y|)\rho_2(y)\, dV(y) \right) dV(x) \\ &= \int_{\mathcal{B}} \rho_1(x)\rho_2(x) dV(x) \\ &= (\rho_1, \rho_2)_{L^2(\mathcal{B})} \end{aligned} \tag{4.30}$$

gegeben. Mit anderen Worten, das innere Produkt wird von der Ebene der Dichtefunktionen $\rho_1, \rho_2 \in L^2(\mathcal{B})$ auf die Ebene Newtonscher Volumenpotentiale $P_1, P_2 \in \mathcal{H}$ „hochgezogen". Für jedes $x \in \mathbb{R}^3$ und jedes $P \in \mathcal{H}$ gilt die reproduzierende Eigenschaft

$$(K_{\mathcal{H}}(x,\cdot), P)_{\mathcal{H}} = P(x). \tag{4.31}$$

Diese Eigenschaft impliziert, dass genau eine Spline-Funktion $S \in \mathcal{H}$ existiert, die der Minimumnormeigenschaft

$$\|S\|_{\mathcal{H}} = \min_{P \in \mathcal{I}} \|P\|_{\mathcal{H}} \tag{4.32}$$

genügt, wobei $\mathcal{I}$ die Klasse aller Volumenpotentiale in $\mathcal{H}$ ausmacht, die den Interpolationsbedingungen

$$L_i S = L_i P = \alpha_i, \quad i = 1, \dots, N, \tag{4.33}$$

genügen. Dabei beschreiben L_i, $i = 1, \dots, N$, lineare beschränkte Funktionale auf $\mathcal{H}$, die messbare gravitative Observablen (z. B. Potentialwerte, Schwereanomalien) charakterisieren und α_i, $i = 1, \dots, N$, sind die verfügbaren gemessenen Messwerte (siehe Freeden 1981). Der Interpolationsspline $S \in \mathcal{H}$ hat dann die Gestalt

$$S(x) = \sum_{i=1}^{N} a_i L_i K_{\mathcal{H}}(x,\cdot), \quad x \in \mathbb{R}^3, \tag{4.34}$$

wobei die Koeffizienten a_i, $i = 1, \dots, N$, eindeutig zu den gegebenen Werten α_i, $i = 1, \dots, N$, über das lineare Gleichungssystem

$$\sum_{j=1}^{N} a_j L_i L_j K_{\mathcal{H}}(\cdot,\cdot) = \alpha_i, \quad i = 1, \dots, N, \tag{4.35}$$

bestimmt werden. Im Falle fehlerbehafteter Daten kann Interpolation durch eine Spline-Smoothing-Technik ersetzt werden (vgl. Freeden 1981).

Mehr noch, für hinreichend große J kann der Reprokern

$$K_{\mathcal{H}}(x,z) = \int_{\mathcal{B}} \Phi(|x-y|)\Phi(|y-z|)\, dV(y) \tag{4.36}$$

durch den regularisierten Kern (vgl. (4.4))

$$K_{\mathcal{H}}^{\tau_J}(x,z) = \int_{\mathcal{B}} \Phi_{\tau_J}(|x-y|)\Phi(|y-z|)\, dV(y) \tag{4.37}$$

ersetzt werden. Während die rechte Seite von (4.36) für $x, z \in \overline{\mathcal{B}}$ ein uneigentliches Integral im $\mathbb{R}^3$ darstellt, ist eine Approximation (4.37) auf jeden Fall ein reguläres Integral. Damit

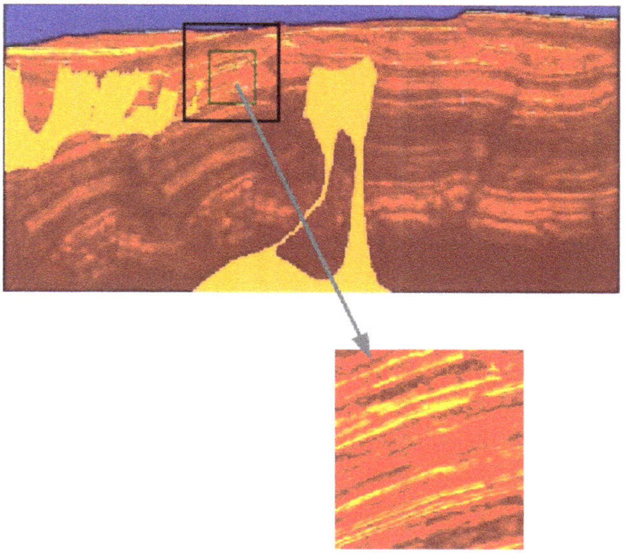

Abb. 4.5 Ausschnitt des BP-Dichtemodells für die Auswertung mit Splineinterpolation

gelingt es, aus der Kenntnis der Werte $L_i P = \alpha_i$, $i = 1, \ldots, N$, annähernd das Potential $S \in \mathcal{H}$ in der Form

$$\begin{aligned} S(x) &\simeq S_{\tau_J}(x) \\ &= \sum_{i=1}^{N} a_i L_i K_{\mathcal{H}}^{\tau_J}(x, \cdot), \\ &= \sum_{i=1}^{N} a_i L_i \int_{\mathcal{B}} \Phi_{\tau_J}(|x-y|) \Phi(|y - \cdot|)\, dV(y), \quad x \in \mathcal{B} \end{aligned} \tag{4.38}$$

und durch Differentiation (vgl. (4.19)) die korrespondierende Dichtefunktion in der Darstellung

$$\rho(x) \simeq \rho_{\tau_J}(x) = \sum_{i=1}^{N} a_i \int_{\mathcal{B}} H_{\tau_J}(|x-y|) L_i \Phi(|y - \cdot|) dV(y), \quad x \in \mathcal{B}, \tag{4.39}$$

zu gewinnen. Im Gegensatz zu S kann S_{τ_J} auch für auf $\mathcal{H}$ nicht beschränkte lineare Funktionale L_i zum Einsatz kommen, wie etwa schiefachsige Ableitungen in $\mathcal{B}$ (d. h. gravimetrische und/oder gradiometrische Innbohrlochdaten). Eine numerische Realisierung der hier beschriebenen Spline-Methode ist in Abb. 4.6 für den in Abb. 4.5 gezeigten Ausschnitt des BP-Dichtemodells graphisch illustriert (siehe Möhringer 2014). Selbstverständlich lässt sich für numerische Zwecke $\Phi(|y - \cdot|)$ durch $\Phi_{\tau_J}(|y - \cdot|)$ in (4.38) und (4.39) ersetzen, so dass wir vollständig regularisierte Versionen erhalten.

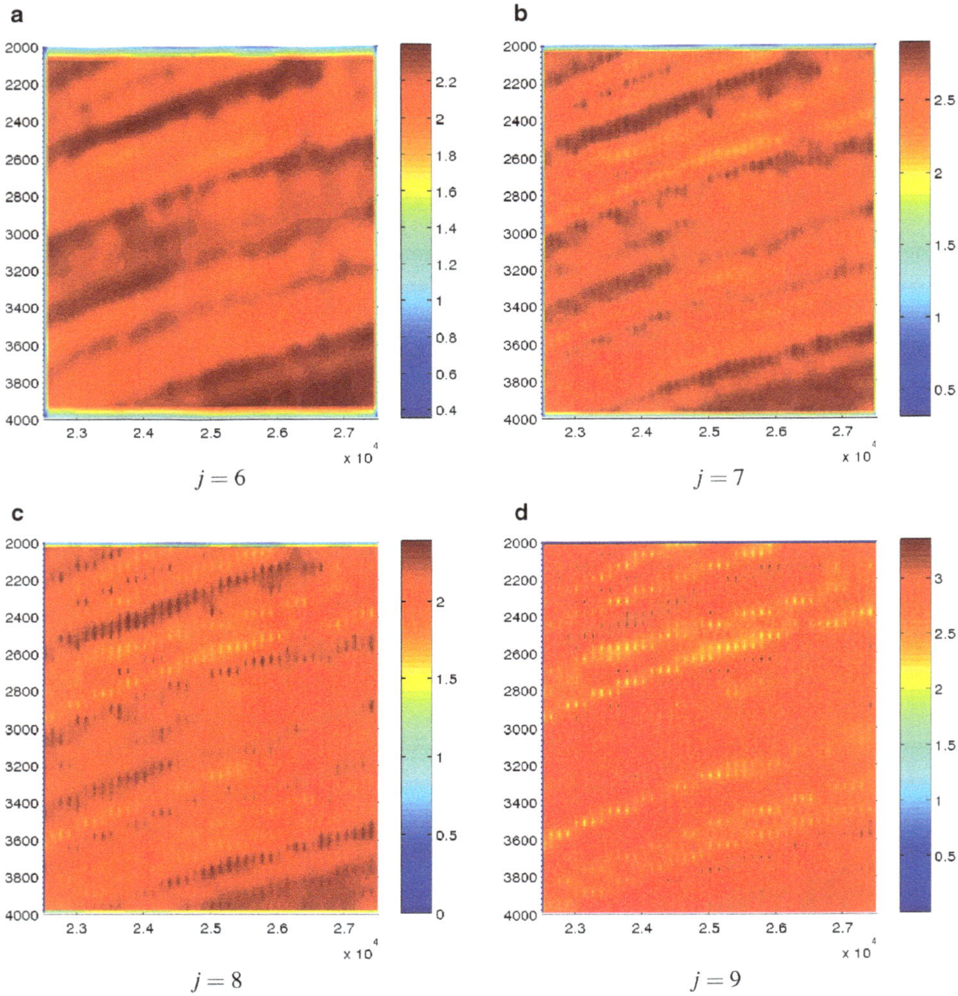

Abb. 4.6 Splineinterpolation der Dichte des BP-Modells in einem lokalen Bereich für verschiedene Skalen in $[\frac{g}{cm^3}]$ (nach Möhringer 2014)

4.2.5 Gravitationssignaturen von Hotspots/Mantelplumes

Wegen des unterschiedlichen Temperaturniveaus im Vergleich zur Umgebungstemperatur, spielt die Lage von Hotspots/Mantelplumes eine besondere Rolle in geothermischer Hinsicht, z. B. hinsichtlich der Erwartung von Wasser mit hoher Temperatur in moderater Tiefe. Im Weiteren folgen wir wesentlich der in der Monographie Freeden und Gerhards (2013) entwickelten Theorie zur Modellierung von Gravitationsanomalien, die durch Hotspots/Mantelplumes aufgrund ihrer horizontalen und vertikalen räumlichen Ausdehnung innerhalb der Erde verursacht werden.

Heutzutage ist das Konzept der Mantelplumes in der geowissenschaftlichen Gemeinschaft weitestgehend akzeptiert. Unter Mantelplumes versteht man ungefähr zylindrische Aufströmungen von heißem Material aus dem Erdmantel mit einem ungefähren Durchmesser von 100–200 km. Sie entstehen durch das Emporströmen von ungewöhnlich heißem Fels aus dem Erdmantel. Da die Köpfe der Mantelplumes teilweise schmelzen, wenn sie in die Nähe der Erdoberfläche kommen, vermutet man, dass sie der Grund für vulkanische Zentren sind, die man als Hotspots bezeichnet. Hotspots wurden zuerst von Wilson (1963) als langzeitige Quellen für Vulkanismus beschrieben. Gemäß Morgan (1971) entstehen charakteristische Anzeichen für Hotspots an der Oberfläche in der Folge des Aufsteigens und Schmelzens von heißen Plumes aus tieferen Schichten des Erdmantels. Es treten auch Spezialfälle auf, wie Inselketten vulkanischen Ursprungs, deren Alter mit zunehmender Entfernung vom Plume zunimmt, wie dies beispielsweise bei Hawaii der Fall ist. Diese sind das Ergebnis von Schmelzvorgängen zur Druckentlastung die nahe der tiefsten Regionen der Lithosphäre stattfinden und Magma erzeugen, welches aufgrund der Plattenbewegung relativ zum Plume an die Oberfläche steigt. Der Begriff „Hotspot" hat eine weitgefasste Bedeutung. Oft wird er in Zusammenhang mit langlebigen vulkanischen Zentren verwendet, die nicht Teil des globalen Netzes aus Rücken und Inselbögen sind, wie beispielsweise Hawaii, das hierfür als klassisches Beispiel dient. Anomalien in der Dicke der Erdkruste an Ozeanrücken werden ebenfalls als Hotspots angesehen, wie beispielsweise Island.

Die Multiskalenrekonstruktion und -zerlegung, die von Freeden (1999), Freeden und Gerhards (2013), Freeden und Schreiner (2006) und Freeden und Wolf (2009) und vorgeschlagen wird und die zur Modellierung von Schwereanomalien und/oder Lotabweichungen, die von Hotspots/Plumes verursacht werden, eingesetzt werden kann, besitzt zwei Merkmale: Erstens werden terrestrische Schwereanomalien und/oder Lotabweichungen als Inputdaten für die Gravitation verwendet. Zweitens sind wesentliche Werkzeuge für die Signalgewinnung Haarwavelets mit lokalem Träger bzw. deren geglättete Versionen (siehe z. B. Freeden et al. 1998). Selbstverständlich hängt die Größe des lokalen Trägers von der Skala des Wavelets ab, d. h. mit ansteigender Skala nimmt der Durchmesser proportional ab. Dies ist der Grund, warum das Waveletkonzept einen „Zooming-in"-Prozess für lokale (hochfrequente) Phänomene ermöglicht. Es stellt sich heraus, dass der Einsatz von (geglätteten) Haarwavelets eine leistungsfähige Approximationstechnik für die Untersuchung von beispielsweise lokalen, feinstrukturierten Signaturen darstellt. Die beigefügten Bilder (entnommen aus den Dissertationen der AG Geomathematik, TU Kaiserslautern, von Fehlinger (2009) und Wolf (2009), entsprechende Berechnungen in der Geomagnetik finden sich in der Dissertation Gerhards (2011)) zeigen, dass die vorgestellte Multiskalenzerlegung eine skalen- und raumabhängige Charakterisierung geophysikalisch begründeter Phänomene ermöglicht. Die Waveletkoeffizienten können als räumliches Maß für gewisse Frequenzbänder, die im Signal enthalten sind, interpretiert werden. Dadurch bietet die Wavelettheorie einen physikalisch begründeten Ansatz für die Detektierung und

Dekorrelation von Merkmalen der Hotspots/Plumes. Ein kritischer Punkt bei der numerischen Berechnung mit Haarwavelets ist, dass heutzutage nur terrestrische Gravitationsdaten mit begrenzter räumlicher Ausdehnung verfügbar sind. Dadurch entstehen numerische Instabilitäten (Oszillationen) an den Grenzen der betrachteten Testgebiete. Infolgedessen ist die Verknüpfung von global vorhandenen Satellitendaten (z. B. Gradiometerdaten) mit lokal verfügbaren terrestrischen Daten durch das Einbinden von lokalen Testgebieten in einem größeren, durch Satellitenmessungen bereitgestellten, regionalen Rahmen sowohl zur Verbesserung der Genauigkeit innerhalb des Modellierungsprozesses als auch zur Vermeidung künstlicher Phänomene, wie das Gibb's-Phänomen, eine doppelte Herausforderung für die zukünftige numerische Arbeit.

Die Hotspots-/Plumes-Testgebiete, die hier beispielhaft einer Multiskalendemonstration unterzogen werden, sind die Inseln von Hawaii und Island:

Hawaii Ritter und Christensen (2007) führen in ihren Untersuchungen an, dass ein stationärer Mantelplume, der sich unter den Hawaii-Inseln befindet, die Hawaii-Emperor Inselkette erzeugt hat, als die ozeanische Lithosphäre stetig darüber hinweg gezogen ist. Die Hawaii-Emperor Inselkette besteht aus ca. 100 vulkanischen Inseln, Atolls und unterseeischen Erhebungen, die sich von den aktiven vulkanischen Inseln von Hawaii bis zu den 75–80 Ma alten Emperor-Erhebungen nahe des Aleutengraben erstrecken. Mit fortschreitender süd-östlicher Richtung entlang der Inselkette nimmt das geologische Alter ab. Der interessante Bereich ist der relativ junge südöstliche Teil der Kette, der am Hawaiirücken liegt, einem 1200 km breiten anomalen Rückengebiet des Ozeanbodens, das sich von den Hawaii-Inseln bis zum Midway-Atoll erstreckt. Hier erscheinen ausgeprägte Schwereanomalien und Geoidanomalien, die ihr Maximum bei den jüngsten Inseln finden, was mit der Topologie übereinstimmt, und die beide in nordwestlicher Richtung abnehmen (vgl. Abb. 4.8). Der fortlaufende Abfall bezüglich des geologischen Alters ist vermutlich eine Folge der stetigen Bewegung der darunterliegenden Platte (vgl. Morgan 1971; Wilson 1963).

Mithilfe der seismischen Tomographie konnten verschiedene Merkmale der Hawaiischen Mantelplumes ermittelt werden (für mehr Information sei der Leser auf Ritter und Christensen (2007) und die darin enthaltenen Referenzen verwiesen). Zunächst existiert eine „Low Velocity Zone“ (LVZ) unterhalb der Lithosphäre, die in einer Tiefe von ca. 130–140 km beginnt, unterhalb des Zentrums der Hawaii-Inseln (vgl. Abb. 4.7). Bisher wurden Plumes als Anomalien mit niedriger seismischer Geschwindigkeit im oberen Mantel und der Transitionszone angesehen, wobei diese Erkenntnisse aus seismischer Tomographie gewonnen wurden, welche eine relativ neue Errungenschaft ist. Da Plumes im Verhältnis zu ihrem Durchmesser relativ schmal sind, können sie in globalen Tomographiemodellen oft schwer entdeckt werden. Daher gibt es trotz neuer Erkenntnisse keine allgemeingültige Übereinkunft hinsichtlich fundamentaler, die Mantelplumes betreffender Fragen, wie die Tiefe ihres Ursprungs, ihre Morphology, ihre Lebensdauer, und sogar die Frage nach ihrer Existenz wird kontrovers diskutiert. Die Ursache hierfür liegt in der Interpretation der geophysikalischen und geochemischen Beobachtungen, die durch unterschiedliche Plumemodelle und sogar durch Modelle, die keine Plumes einschließen

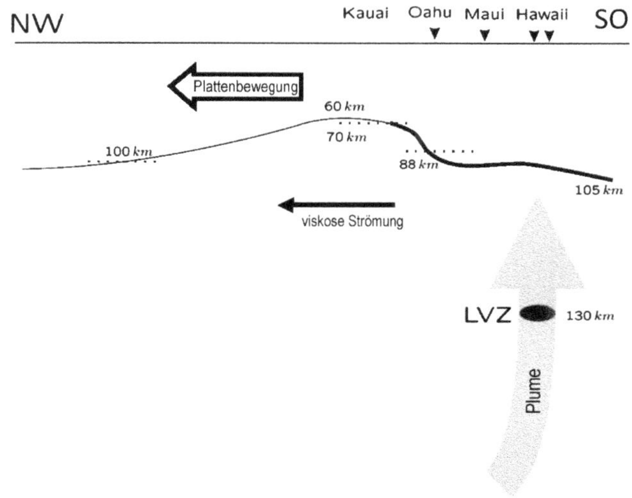

Abb. 4.7 Resultate der seismischen Tomographie von Hawaii in der Interpretation von Ritter und Christensen (2007) (Illustration in der Modifikation von Fehlinger (2009))

(z. B. Foulger et al. 2005), interpretiert werden können. Durch unsere ortslokalisierende Multiskalenmethode, bei der wir gravitative Bestandteile, genauer das Störpotential, z. B. aus Lotabweichungen erhalten, ergänzen wir die Diskussion um eine neue Komponente bei der Spezifizierung wesentlicher Merkmale der Plumes (vgl. Abb. 4.8). Aus der bandpassgefilterten Detailapproximation können wir z. B. schlussfolgern, dass der Hawaiiplume eine schräge Schichtstruktur hat. Wie man in den unteren Skalen, die größere Tiefen reflektieren, erkennen kann, befindet sich das stärkste Signal im Ozean in westlicher Richtung von Hawaii aus. Mit zunehmender Skala, d. h. geringeren Tiefen, bewegt es sich weiter in östlicher Richtung hin zum Big Island von Hawaii.

Island Der Plume unterhalb von Island ist ein typisches Beispiel eines rückenzentrierten Mantelplumes. Eine Interaktion zwischen dem Nordatlantischem Rücken und dem Mantelplume, die seit dem Abbrechen vom Kontinent im späten Paläozän und frühen Eozän zur Schmelzproduktion und Krustenerzeugung führt, ist vermutlich der Grund für die Existenz von Island. Allerdings gibt es keine übereinstimmende Meinung über die Lage des Plumes seit dem Rifting in östlicher Richtung. Es wird immer noch kontrovers diskutiert, ob er sich vor 62–64 Ma unterhalb von Zentral- oder Ostgrönland befand (siehe Schubert et al. (2001) und die darin enthaltenen Referenzen). Island selbst stellt die Spitze einer nahezu kreisförmigen Erhöhung der Topografie dar, deren Maximum etwa 2,8 km über dem umgebenden Meeresboden im Süden des Gletschers „Vatnajökull" ist. Unterhalb des Gletschers befinden sich einige aktive Vulkane, von denen man annimmt, dass sie einen Mantelplume im Sinne der bereits aufgeführten Definition darstellen. Die umgebende Ozeankruste besteht aus drei verschiedenen Arten und ist dreimal so dick wie durchschnittliche ozeanische Kruste. Seismische Tomographie erbringt den Nachweis der Existenz eines Mantelplumes unter Island, indem sie Zonen mit niedriger Geschwindigkeit

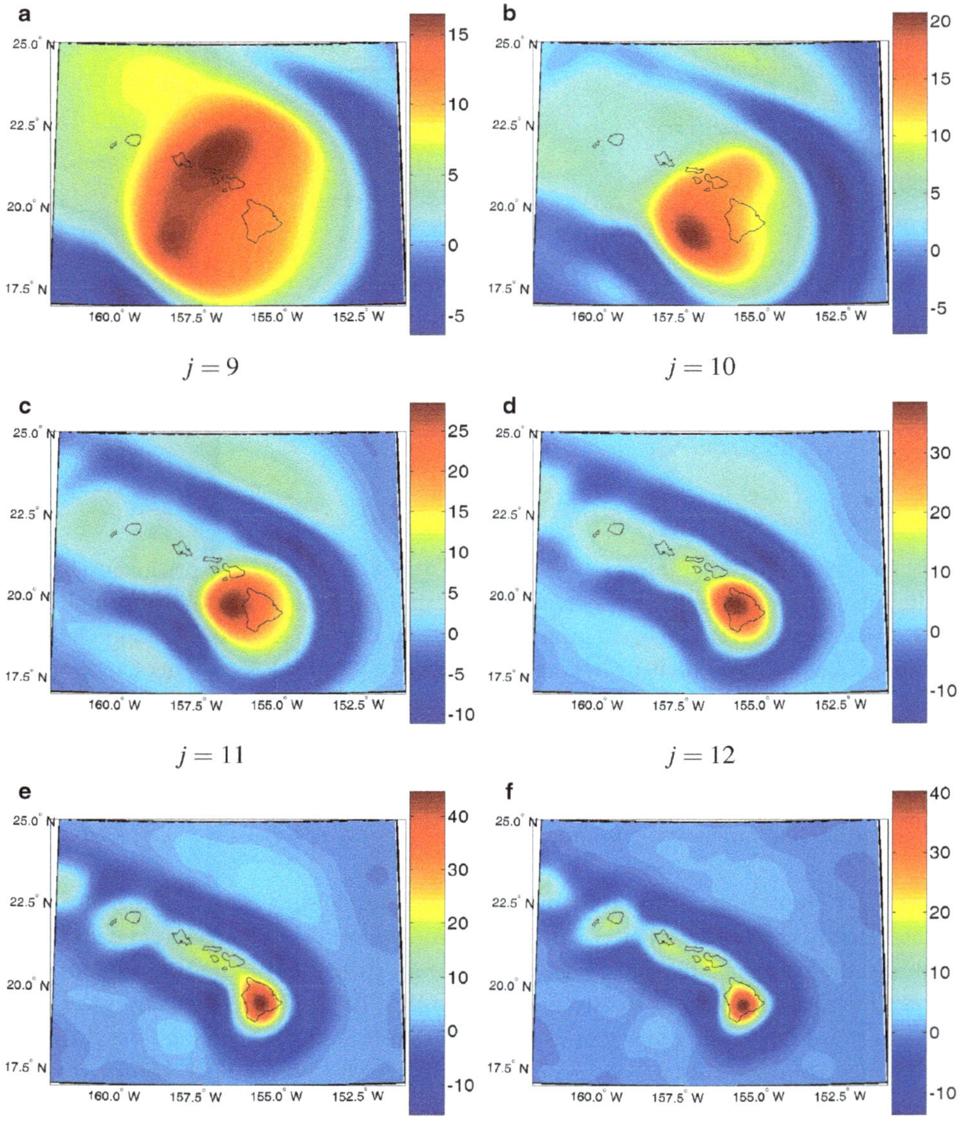

Abb. 4.8 Bandpassgefilterte Details des Störpotentials in $[\frac{m^2}{s^2}]$ aus den Gravitationsanomalien in der Region Hawaii unter Verwendung des diskreten (geglätteten) Haarwavelets für verschiedene Skalen (vgl. Freeden und Wolf (2009))

(low velocity zones) im oberen Mantel und in der Transitionszone aufzeigt, aber auch Hinweise für die Existenz von Anomalien im tieferen Mantel gibt. Die Anomalien mit niedriger Geschwindigkeit wurden in Tiefen entdeckt, die sich von mindestens 400 km bis ungefähr 150 km erstrecken. Oberhalb von 150 km wurden unklare seismische Geschwindigkeitsstrukturen gefunden, bei denen Gebiete mit niedrigen Geschwindigkeiten von solchen mit hohen Geschwindigkeiten überdeckt werden. Einen tieferen Einblick in die Theorie der Island Plumes findet der interessierte Leser in Ritter und Christensen (2007) und den darin enthaltenen Referenzen.

Mithilfe der Multiskalenrekonstruktion kann abgeleitet werden, dass sich die tieferen Teile der Mantelplumes im nördlichen Teil von Island befinden (vgl. tiefere Skalen in Abb. 4.9), während oberflächennahere Anteile sich weiter südlich finden (vgl. höhere Skalen in Abb. 4.9). Bemerkenswerterweise scheinen sich die Plumes ab Skala 13 in zwei Abschnitte zu teilen.

Während sich die Nordamerikanische Platte westlich bewegt und die Eurasische Platte östlich, wird in der Tat neue Kruste an beiden Seiten des mittelatlantischen Rückens erzeugt. Im Falle von Island, das auf dem mittelatlantischen Rücken liegt, sieht man die neovulkanischen Gebiete leicht in Abb. 4.10. In der Konsequenz hat sich auf Island die Stromerzeugung aus geothermischen Energieanlagen rasch entwickelt (siehe Georgsson und Friedleifsson 2009; Saemundsson 2009). Aufgrund der geologische Situation (siehe Abb. 4.11) ist Island ein einzigartiges Land im Hinblick auf die Verwendung von geothermischer Energie, wobei mehr als 50 % des Primärenergieverbrauchs von geothermischen Energieanlagen gedeckt wird.

Alles in allem können wir mithilfe der auf lokalkompakte Wavelets gestützten Multiskalentechnik, die durch Freeden und Schreiner (2006) für die Gravitationsfeldbestimmung und durch Freeden und Gerhards (2013) für die Geomagnetik eingeführt wurde, interpretierbare Ergebnisse für Hotspots/Mantelplumes erzielen. Insbesondere für Island kommen wir unter Zuhilfenahme geologischer Vorabinformation zu der Erkenntnis (siehe Abb. 4.10), dass sich dieses Land in drei Gebiete mit charakteristischem Alter des Basaltgesteins unterteilt. Tertiärer Flutbasalt füllt den größten Teil des nordwestlichen Gebietes. Die entstandene Lava muss von beachtlicher Dicke sein, vermutlich mehr als 3 km. Quartärer Flutbasalt befindet sich im Südwesten und im Südosten. Diese Gesteine werden von den neovulkanischen Gebieten mit aktivem Rifting durchschnitten. Tatsächlich überdeckt dieses Gebiet mehr als ein Drittel von Island. Allerdings sollte erwähnt werden, dass unsere Multiskalenmethode bessere Ergebnisse zum Spezifizieren der Hotspots/Mantelplumes im Hinblick auf ihre horizontale als auf ihre vertikale Lage liefert. Eine detailliertere Untersuchung ihrer Tiefe bleibt eine Herausforderung für zukünftige Arbeit. Eine mögliche Hilfe ist das künstliche Einbringen von vergrabenen Massepunkten, um das Verhalten von Anomalien in bekannter Tiefe in der Multiskalenzerlegung zu analysieren. Erste Versuche in dieser Richtung wurden in der Dissertation Fehlinger (2009) durchgeführt. Gerhards

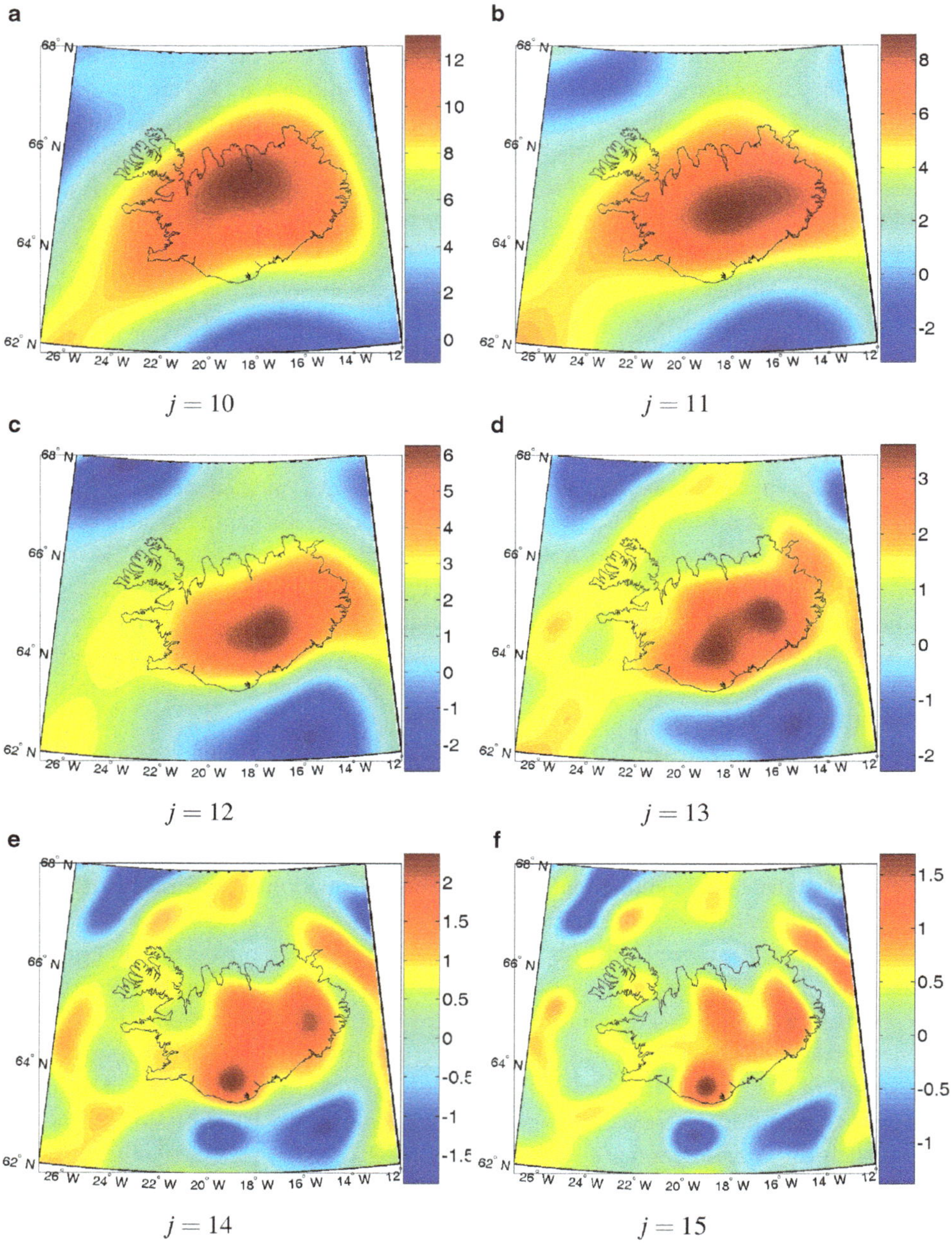

Abb. 4.9 Bandpassgefilterte Details des Störpotentials in $[\frac{m^2}{s^2}]$ aus den Gravitationsanomalien in der Region Island unter Verwendung des Haarwavelets für verschiedene Skalen (vgl. Freeden und Wolf (2009))

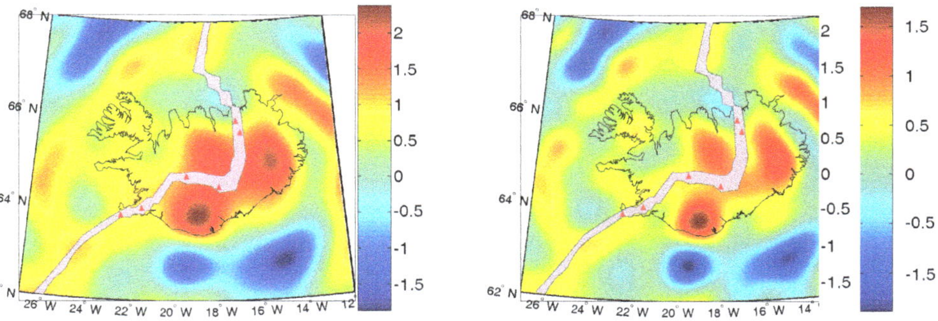

Abb. 4.10 Bandpassgefilterte Details des Störpotentials in $[\frac{m^2}{s^2}]$ aus den Gravitationsanomalien in der Region Island unter Verwendung des Haarwavelets für $j = 14$ (*links*), $j = 15$ (*rechts*) einschließlich des Mittelatlantischen Rückens (*grau*) (vgl. Freeden und Wolf (2009))

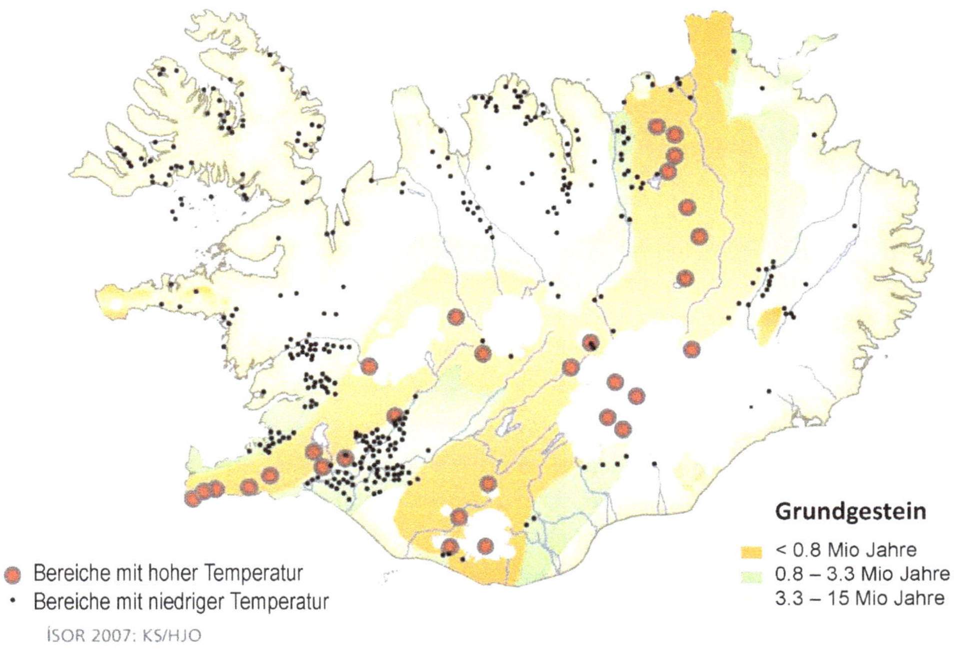

Abb. 4.11 Karte geothermischer Energieanlagen in Island (Modifizierte Illustration einer Kartendarstellung der International Energy Agency (2012))

(2014) und Freeden und Gerhards (2013) haben diese Technik für die Geomagnetik erschlossen. Tatsächlich ermöglicht ein solches Vorgehen das Abschätzen der Lage von aufsteigenden Gravitations- und Magnetfeldanomalien.

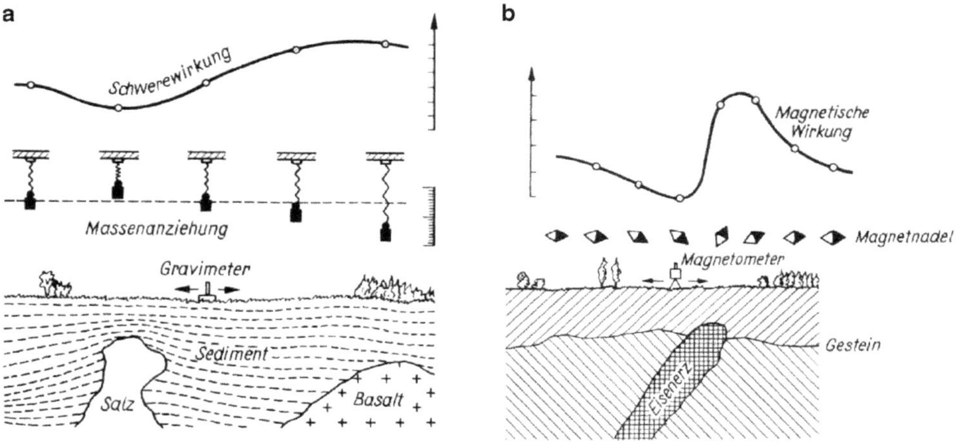

Abb. 4.12 Prinzip der Gravimetrie (*links*) bzw. der Geomagnetik (*rechts*) (unter freundlicher Erlaubnis des Teubner-Verlages entnommen aus Jacobs und Meyer (1992))

4.2.6 Gravito-Magneto kombinierte Inversion

Ähnlich große Schwierigkeiten wie bei der Inversion im Gravitationsfall über die Newton-Integralgleichung ergeben sich bei der Ermittlung der Magnetisierung m aus dem Magnetfeldpotential M über die Integralgleichung

$$M(x) = \frac{1}{4\pi} \int_{\mathcal{B}} m(y) \cdot \nabla_y \frac{1}{|x-y|} \, dV(y). \tag{4.40}$$

Eine Darstellung der beiden zugrundeliegenden Messtechniken findet sich in Abb. 4.12.

Einige Inversionstechniken sind bekannt (vgl. Blakely (1996), Freeden und Gerhards (2013) und Menke (1984), und die darin genannte Literatur), die sich zumeist der Ersetzung des Integrals durch eine geeignete (endliche) Summe unter anschließender Lösung der auftretenden linearen Gleichungssysteme bedienen.

Gewöhnlich werden in den Anwendungen Gravitations- und Magnetfeldinversion separat betrieben (siehe z. B. Turcotte und Schubert 2001), um Dichte und Magnetisierung unabhängig voneinander zu erhalten. Dabei zeigt die zuvorgenannte Poissonsche Relation (vgl. Blakely 1996), dass für jede Teilmenge $\mathcal{K}$ eines Körpers $\mathcal{B} \subset \mathbb{R}^3$ mit gleichförmiger Magnetisierung (d. h. $m(y) = m$, $y \in \overline{\mathcal{K}}$) sowie gleichförmiger Dichte (d. h. $\rho(y) = \rho$, $y \in \overline{\mathcal{K}}$)

$$\begin{aligned} M(x) &= \frac{1}{4\pi} m \cdot \int_{\mathcal{K}} \nabla_y \frac{1}{|x-y|} \, dV(y) = -\frac{1}{4\pi} m \cdot \int_{\mathcal{K}} \nabla_x \frac{1}{|x-y|} \, dV(y) \\ &= -\frac{1}{4\pi} \frac{m}{\rho} \cdot \int_{\mathcal{K}} \rho(y) \nabla_x \frac{1}{|x-y|} \, dV(y) = -\frac{m}{\rho} \cdot \nabla_x P(x) \end{aligned} \tag{4.41}$$

für alle $x \in \mathbb{R}^3 \setminus \overline{\mathcal{K}}$ gilt, wobei P das Gravitationspotential aus (4.1) ist. Mit anderen Worten, für einen Körper mit gleichförmiger Dichte als auch gleichförmiger Magnetisierung ist das magnetische Potential proportional zur Gravitationsfeldkomponente in Richtung der Magnetisierung. Dieser Sachverhalt lässt sich für eine Gravito-Magneto kombinierte Inversion nutzen, bei der z. B. als wesentliches Hilfsmittel auf die Eulersche Summationsformel zum Laplace-Operator Δ zur Randbedingung der Periodizität (vgl. Freeden 2011) zurückgriffen wird (weitere Details siehe Augustin 2012). Multiskalenmethoden, ähnlich denen die im vorherigen Abschnitt beschrieben wurden, können dann zur Quantifizierung von Abweichungen von der Gleichförmigkeit und somit zum Aufzeigen gravitativer und magnetischer Anomalien verwendet werden.

4.3 Seismische Erkundung

Wir setzten unsere Überlegungen nun mit der zweiten Spalte des Kaiserslauterer Modells fort (siehe Abb. 4.2), also der seismischen Erkundung. Zunächst geben wir einen Überblick über übliche akustische Datengewinnungsverfahren. Es sollte bemerkt werden, dass die realistischere elastisch basierte Datenerzeugung in methodischer Hinsicht der akustischen sehr ähnlich ist (vgl. Nolet 2008). Wegen des höheren technischen Aufwands und dem besseren Verständnis des zugrunde liegenden mathematischen Formelapparates beschränken wir uns hier jedoch auf den akustischen Fall. In diesem Kontext behandeln wir insbesondere neue Methoden zur Durchführung des seismischen Postprozessing mithilfe einer bestimmten Multiskalentechnik, nämlich der Regularisierung singulärer Integrale, wie sie in der Reflexionsseismik auftreten.

4.3.1 Seismische Aufzeichnung und Datengewinnung

Bei der seismischen Aufzeichnung wird eine Energiequelle (Vibroseis, Luftgewehr etc.) an der Oberfläche platziert. Während die Energiequelle einen Impuls erzeugt, zeichnen eine Anzahl von Empfängern (Geophone, Hydrophone), die entlang einer oder mehrerer meist paralleler Linien platziert sind, diese Impulse auf, nachdem sie durch das Erdinnere gewandert sind, an Stellen mit Impedanzänderungen (starken Änderungen bei Dichte oder Geschwindigkeit) reflektiert wurden und wieder zurück zur Oberfläche gewandert sind (vgl. Abb. 4.13). Die Messanordnung wandert dann in Richtung der seismischen Datenerfassung und der Vorgang wird wiederholt, so dass jeder Punkt im Untergrund aus für die weitere Datenanalyse benötigten Einfallswinkeln dargestellt wird. Andere Strategien zur Gewinnung seismischer Daten sind z. B. in Biondi (2006), Claerbout (2009) und Yilmaz (1987) dargestellt. Basierend auf vorgegebenen Parametern wie Wellenausbreitungsgeschwindigkeit oder Dichte des Untergrundes wird ein Bild der geologischen Struktur z. B. mithilfe einer Methode der seismischen Migration erstellt. Durch Migration der seismischen Daten werden somit die zeitlichen Amplituden im Seismogramm in die entsprechenden „wah-

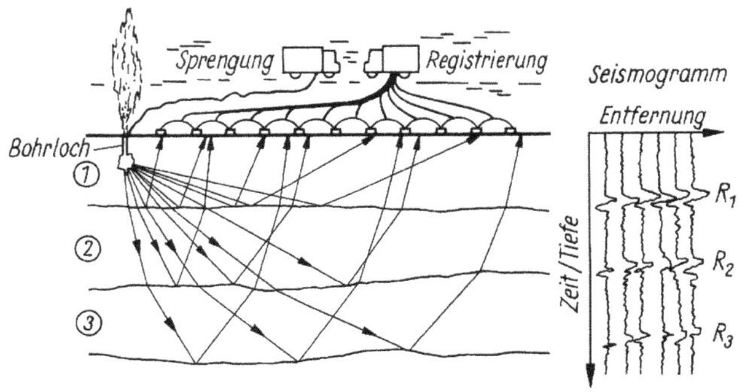

Abb. 4.13 Seismische Erkundung (unter freundlicher Erlaubnis des Teubner-Verlages entnommen aus Jacobs und Meyer (1992))

ren" Positionen in der Tiefe umgewandelt, so dass die Gestalt, die Position in der Tiefe und der Reflexionskoeffizient rekonstruiert werden können (genauere Details können z. B. Claerbout (2009) und Yilmaz (1987) und den darin enthaltenen Referenzen entnommen werden).

Alle Migrationsmethoden verwenden ein näherungsweises Geschwindigkeitsmodell, das durch eine „Migrationsgeschwindigkeitsanalyse" (z. B. Tomographie, vollständige Wellengleichung etc.) im Berechnungsprozess gewonnen wird (mehr Details liefern beispielsweise Biondi (2006) und die darin enthaltenen Referenzen). Darüberhinaus können Migrationsmethoden rekursiv angewandt werden, um das gegebene Geschwindigkeitsfeld zu verfeinern. Dabei wird die Migration mit einem Geschwindigkeitsfeld, das eine kleine Störung im Vergleich zum Ausgangszustand in einem lokalen Bereich hat, wiederholt. Am Ende wird das Geschwindigkeitsmodell mit dem „besten" Reflektorbild als endgültiges Modell ausgewählt (vgl. Abb. 4.14). Die bekannten Migrationsmethoden basieren im Wesentlichen auf der Approximation der akustischen Wellengleichung oder, allgemeiner, der elastodynamischen Wellengleichungen und können grob in die folgenden Gruppen unterteilt werden:

- Strahlenbasierte Verfahren, die normalerweise die hochfrequente asymptotische Lösung modellieren (siehe Bleistein et al. 2000), im Sinne von „Gaussian-Beam-Migration" (z. B. Popov 1982; Semtchenok et al. 2009) oder Kirchhoff-Migration auf Grundlage der Lösung der Eikonalgleichung (z. B. Buske 1994; Podvin und Lecomte 1991; Vidale 1988),
- Tiefenfortsetzung, die normalerweise auf der Einweg-Wellengleichung basiert und das Wellenfeld schrittweise für zunehmende Tiefenniveaus ermittelt (siehe z. B. Claerbout 2009; Deng und McMechan 2007; Xie und Wu 2006),
- Reverse Time Migration (RTM), die auf der vollen Wellengleichung basiert, wobei das aufgenommene Seismogramm rückwärts in der Zeit bis zum Startzeitpunkt verfolgt wird (siehe Baysal et al. 1983; Bording und Liner 1994; Haney et al. 2005; Symes 2007).

Die Algorithmen zur numerische Umsetzung der zuvor genannten Methoden können nach Yilmaz (1987) in drei große Klassen eingeteilt werden:

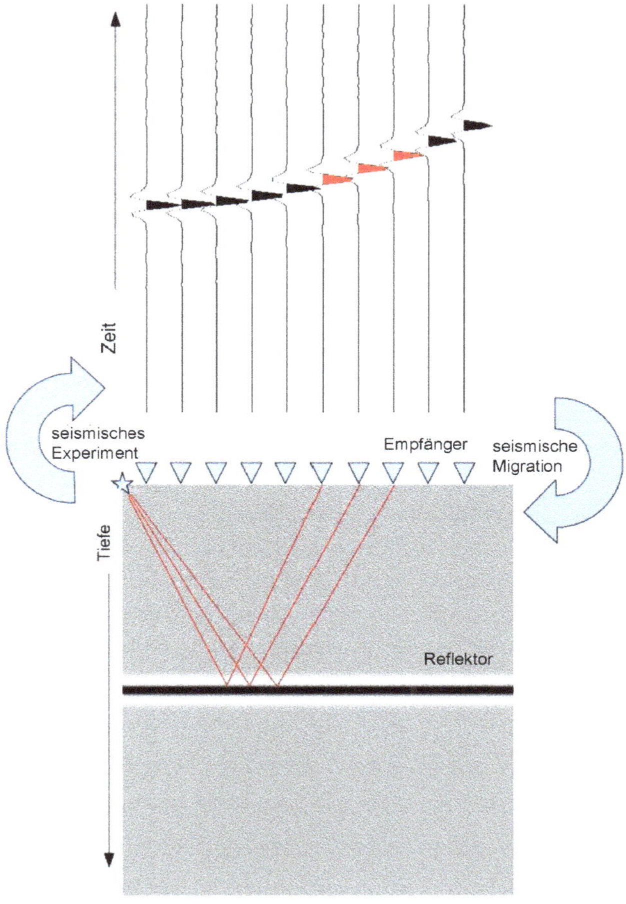

Abb. 4.14 Zusammenhang zwischen seismischem Experiment und Migration (nach Ilyasov 2011)

- Algorithmen, die auf der Integrallösung der akustischen und/oder elastischen Wellengleichung basieren (Bleistein 1987; Nolet 2008; Semtchenok et al. 2009; Symes 2003; Xie und Wu 2006 etc.),
- Algorithmen, die auf Finite-Differenzen-Lösungen basieren (Baysal et al. 1984; Du und Bancroft 2004; Jia und Hu 2006; Renaut und Fröhlich 1996 etc.),
- Algorithmen, die auf Frequenz-Wellenzahl-Implementierungen basieren (Bollhöfer et al. 2008; Bonomi und Pieroni 1998; Takenaka et al. 1999 etc.).

Um eine höhere Genauigkeit und Auflösung im resultierenden Bild zu erzielen, können moderne Migrationsverfahren eine beliebige Anzahl von Strategien kombinieren. Es resultieren insofern Algorithmen, die beispielsweise eine erste Näherung durch Finite-Elemente-Approximation der Wellengleichung berechnen (Wu et al. 2006) und ergänzend die Tiefenfortsetzung basierend auf Frequenz-Wellenzahl Implementierung durchführen.

4.3.2 Mathematische Grundlagen der Akustischen Wellenmodellierung

Wir beginnen unsere Überlegungungen mit der Darstellung eines einfachen physikalisch relevanten Modells der Wellenausbreitung in einem Medium (siehe z. B. Achenbach 1973; Aki und Paul 1980; Skudrzyk 1972). Unser Verständnis beruht auf einem Standardansatz zur akustischen Wellengleichung in der Physik, wobei wir ein kompressibles, nicht-viskoses (d. h. dämpfungsfreies) Medium ohne Scherspannung und im Gleichgewicht (d. h. keine inneren Kräfte) voraussetzen.

Modellierung der akustischen Wellenausbreitung Die Wellen, die durch eine Quelle erzeugt werden, wandern nach unten in das Medium. Gewöhnlich nimmt man an, dass es in der Welle keine Energieverluste aufgrund der Ausbreitung durch das Material gibt. Wie bereits zu Beginn erwähnt wurde, setzen wir voraus, dass es keine Scherspannung gibt, so dass die Welle durch Störungen im Volumen ohne Wirkung von Kräften durch das Medium wandern kann. Infolgedessen ist die Physik, die hinter der Wanderung der akustischen Welle steht, einfach zu erfassen: Nachdem es zu einer Druckänderung kommt, ändert sich das Volumen und die Energie wird in der Auslenkung gespeichert. Die Auslenkung selbst führt wiederum zu einer weiteren Druckänderung in der Nachbarschaft des Volumens. Dieser Vorgang führt zu einer sich ausbreitenden Welle.

Zum Zweck der Modellierung muss man nun die diesem Prozess zugrunde liegenden physikalischen Gesetze beschreiben. Es zeigt sich, dass dabei die folgenden Größen ins Spiel kommen:

$$\begin{aligned} P(x,t) &: \text{Druckänderung am Material im Punkt } x \text{ zum Zeitpunkt } t, \\ u(x,t) &: \text{Verschiebungsvektor im Punkt } x \text{ zum Zeitpunkt } t, \\ \rho(x) &: \text{Dichte des Materials im Punkt } x, \\ \kappa(x) &: \text{Kompressionsmodul des Materials im Punkt } x. \end{aligned}$$

Das *Hookesche Gesetz* für ein akustisches Medium sagt aus, das der Druck (bei kleinen Auslenkungen) proportional zur Dehnung ist. Es setzt somit die Druckänderung P mit der Volumenänderung V gemäß der Gleichung

$$P = C\,\frac{dV}{V}, \tag{4.42}$$

in Zusammenhang, wobei gemäß Konvention die Konstante C als negativ angenommen wird, da eine Vergrößerung des Volumens zu weniger Partikeln pro Volumeneinheit führt. Dies wird durch eine negative Richtung wiedergegeben, während eine Stauchung des Volumens zu einer positiven Druckänderung führt. In der Akustik (siehe z. B. Achenbach 1973; Skudrzyk 1972) nennt man die positive Konstante $-C$ den Kompressionsmodul κ, welcher reziprok zur Kompressibilität ist. Folglich ergibt sich aus dem Hookeschen Gesetz

$$P = -\kappa\,\frac{dV}{V}. \tag{4.43}$$

Unser Ziel ist es, die Volumenänderung in Relation zur Auslenkung zu setzen. Genauer gesagt weichen das Volumen $V = dx_1 dx_2 dx_3$ vor der Auslenkung und das Volumen $V' = dx_1' dx_2' dx_3'$ nach der Auslenkung um einen Verschiebungsvektor $\delta u = (\delta u_1, \delta u_2, \delta u_3)^T$ voneinander ab, so dass

$$dx_i' = dx_i + \delta u_i, \qquad i = 1, 2, 3, \tag{4.44}$$

gilt. Daraus ergibt sich nach leichter Rechnung mit $dV = V' - V$

$$\begin{aligned}
-\frac{dV}{V} &= \frac{V - V'}{V} \\
&= \frac{dx_1 dx_2 dx_3 - (dx_1 + \delta u_1)(dx_2 + \delta u_2)(dx_3 + \delta u_3)}{dx_1 dx_2 dx_3} \\
&= -\frac{dx_1 dx_3 \delta u_2 + dx_2 dx_3 \delta u_1 + dx_1 dx_2 \delta u_3}{dx_1 dx_2 dx_3} \\
&\quad - \frac{dx_1 \delta u_2 \delta u_3 + dx_2 \delta u_1 \delta u_3 + dx_3 \delta u_1 \delta u_2}{dx_1 dx_2 dx_3} - \frac{-\delta u_1 \delta u_2 \delta u_3}{dx_1 dx_2 dx_3} \\
&= -\left(\frac{\delta u_1}{dx_1} + \frac{\delta u_2}{dx_2} + \frac{\delta u_3}{dx_3}\right) + R \\
&= -\nabla \cdot u + R,
\end{aligned} \tag{4.45}$$

wobei der Restterm R aus Ausdrücken höherer Ordnung besteht, die bei kleinen Auslenkungen vernachlässigt werden. Schließlich erhalten wir aus (4.43), dass P und die Divergenz der Auslenkung $\nabla \cdot u$ zueinander proportional sind:

$$P = -\kappa \nabla \cdot u. \tag{4.46}$$

Allerdings gilt (4.46) nur für quellenfreies Material. Ist das Material nicht quellenfrei, so muss ein zusätzlicher Quellterm S addiert werden, so dass man

$$P = -\kappa \nabla \cdot u + S \tag{4.47}$$

erhält. Man beachte, dass der Druck direkt vom zusätzlichen Term S abhängt, da mehr Schall in direkter Weise mehr Druck erzeugt.

Das *2. Newtonsche Gesetz* setzt Masse und Beschleunigung in Relation zu den Kräften, die auf das Medium wirken, so dass die Kräfte aus dem Produkt aus Masse und Beschleunigung bestimmt werden können. In der Sprache der akustischen Wellen bedeutet dies, dass die Kraft, die auf ein infinitesimales Volumen in Richtung dx_i, $i = 1,2,3$, wirkt, als Differenz zwischen dem Druck an der Stelle x und $x + \delta x_i \epsilon^i$ dargestellt werden kann

$$P(x + \delta x_i \epsilon^i, t) - P(x, t) = -\rho(x) \delta x_i a_i, \qquad i = 1, 2, 3, \tag{4.48}$$

wobei $\epsilon^1, \epsilon^2, \epsilon^3$ das kanonische Orthonormalsystem im dreidimensionalen Euklidischen Raum $\mathbb{R}^3$ ist und die Beschleunigung $a = (a_1, a_2, a_3)^T$ die zweite zeitliche Ableitung des

Feldes der Auslenkungen u ist. Somit kann (4.48) in der Form

$$\frac{P(x + \delta x_i \epsilon^i, t) - P(x,t)}{\delta x_i} = -\rho(x) \frac{\partial^2}{\partial t^2} u_i(x,t), \qquad i = 1, 2, 3, \tag{4.49}$$

dargestellt werden. Indem man zum Grenzwert übergeht, erhält man

$$\frac{\partial}{\partial x_i} P(x,t) = -\rho(x) \frac{\partial^2}{\partial t^2} u_i(x,t), \qquad i = 1, 2, 3. \tag{4.50}$$

Insgesamt ergibt sich das Newtonsche Gesetz in der Form

$$\nabla_x P(x,t) = -\rho(x) \frac{\partial^2}{\partial t^2} u(x,t). \tag{4.51}$$

Unter der mathematischen Voraussetzung, dass alle Größen genügend oft differenzierbar sind, können wir die zweite Ableitung auf (4.47) anwenden, so dass

$$\frac{\partial^2}{\partial t^2} P(x,t) = -\kappa(x) \nabla_x \cdot \left(\frac{\partial^2}{\partial t^2} u(x,t) \right) + \frac{\partial^2}{\partial t^2} S(x,t) \tag{4.52}$$

gilt. Setzt man (4.51) in (4.52) ein, erhält man die Identität

$$\frac{\partial^2}{\partial t^2} P(x,t) = \kappa(x) \, \nabla_x \cdot \left(\frac{1}{\rho(x)} \nabla_x P(x,t) \right) + \frac{\partial^2}{\partial t^2} S(x,t). \tag{4.53}$$

Somit ergibt sich schließlich die *klassische Divergenzformel einer akustischen Wellengleichung*

$$\frac{\partial^2}{\partial t^2} P(x,t) - \kappa(x) \nabla_x \cdot \left(\frac{1}{\rho(x)} \nabla_x P(x,t) \right) = \frac{\partial^2}{\partial t^2} S(x,t). \tag{4.54}$$

Anwendung der Produktregel ergibt

$$\nabla_x \cdot \left(\frac{1}{\rho(x)} \nabla_x P(x,t) \right) = \frac{1}{\rho(x)} \left(\Delta_x P(x,t) \right) - \frac{1}{\rho(x)^2} \left(\nabla_x \rho(x,t) \right) \cdot \left(\nabla_x P(x,t) \right) \tag{4.55}$$

Nimmt man an, dass das Material homogen kompressibel ist, so gilt: $\kappa(x) = const. = 1$. Geht man von der Annahme aus, dass die Dichte hinreichend glatt und der Gradient vernachlässigbar klein sind, so kann man die akustische Wellengleichung in der divergenztermfreien Form mit dem Laplaceoperator Δ wie folgt darstellen:

$$\frac{\partial^2}{\partial t^2} P(x,t) - \frac{\kappa(x)}{\rho(x)} \Delta_x P(x,t) = \frac{\partial^2}{\partial t^2} S(x,t). \tag{4.56}$$

Das räumlich veränderliche akustische Profil $c = \sqrt{\kappa/\rho}$ nennt man die *Ausbreitungsgeschwindigkeit des Mediums*. Mit dieser Größe ergibt sich schließlich das mathematische Modell einer akustischen Welle durch

$$\left(\frac{1}{c^2(x)}\frac{\partial^2}{\partial t^2} - \Delta_x\right)P(x,t) = \frac{1}{c^2(x)}\frac{\partial^2}{\partial t^2}S(x,t). \tag{4.57}$$

Beispiel Marmousimodell Ein Prototyp für Untersuchungen in der Geoexploration ist das Marmousimodell (siehe Martin et al. 2002). Ein für den Marmousi-Fall angemessenes Geschwindigkeitsmodell ist in Abb. 4.15 illustriert. Das Wellenquellfeld aus dem Marmousimodell ist in Abb. 4.16 zu sehen, konkreter gesagt werden Snapshots des Durchgangs der Welle nach 0,6, 1,1, 1,6 und 2,1 Sekunden graphisch veranschaulicht (vgl. Ilyasov 2011).

Ein hilfreiches Ergebnis einer „Reverse-Time-Migration" (RT) im Zusammenhang mit einem Finite-Differenzen-Schema (FDS) angewandt auf den Marmousi-Datensatz unter Verwendung des Geschwindigkeitsmodells (Abb. 4.15) ist in Abb. 4.17 veranschaulicht (vgl. Ilyasov 2011).

Born Approximation (in der divergenztermfreien Formulierung) Der Schalldruck wird – wie bereits erwähnt – mit $P(x,t)$, $x \in \mathbb{R}^3$, $t \geq 0$, bezeichnet. Er erfüllt nach (4.56) die Wellengleichung

$$\frac{1}{c^2(x)}\frac{\partial^2}{\partial t^2}P(x,t) - \Delta_x P(x,t) = \frac{1}{c^2(x)}\frac{\partial^2}{\partial t^2}S(x,t) \tag{4.58}$$

mit der Ausbreitungsgeschwindigkeit $c(x)$. In der Diffraktionstomographie geht man gewöhnlich nicht von der (4.58) aus, sondern man beschränkt sich auf die Betrachtung einer bestimmten Zeitfrequenz. Um dies zu gewährleisten, führt man eine Fouriertransformation bezüglich der Zeit t durch und erhält

$$V(x)(=V(x,\omega)) = \frac{1}{\sqrt{2\pi}}\int_{\mathbb{R}} P(x,t)\exp(-i\omega t)dt, \tag{4.59}$$

$$W(x)(=W(x,\omega)) = -\frac{1}{\sqrt{2\pi}}\int_{\mathbb{R}} \frac{1}{c^2(x)}\frac{\partial^2}{\partial t^2}S(x,t)\exp(-i\omega t)dt. \tag{4.60}$$

Die Fouriertransformation wandelt eine Differentiation in der Zeit in eine Multiplikation mit dem Faktor $i\omega$ in der Frequenz um, d. h. $\frac{\partial^2}{\partial t^2}$ wird zu $-\omega^2$ transformiert und wir erhalten

$$\frac{\omega^2}{c^2(x)}V(x) + \Delta_x V(x) = W(x). \tag{4.61}$$

Daher gilt

$$\Delta_x V(x) + k^2(x)V(x) = W(x) \tag{4.62}$$

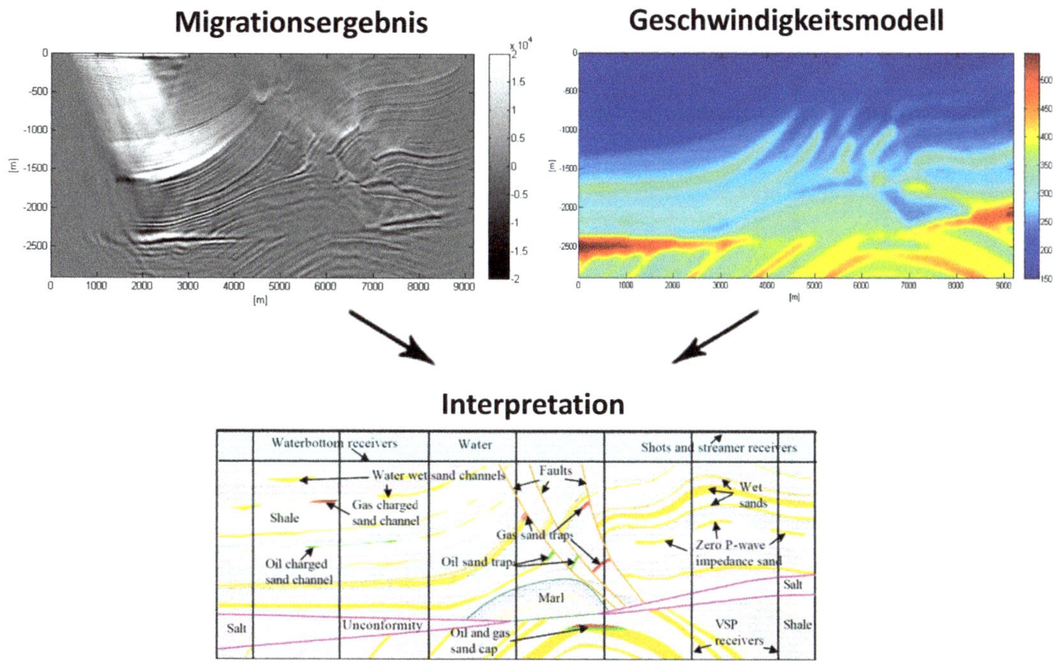

Abb. 4.15 Ergebnisse des seismischen Prozessing (Migrationsergebnis nach Ilyasov (2011), Geschwindigkeitsmodell und Interpretation nach Martin et al. (2002))

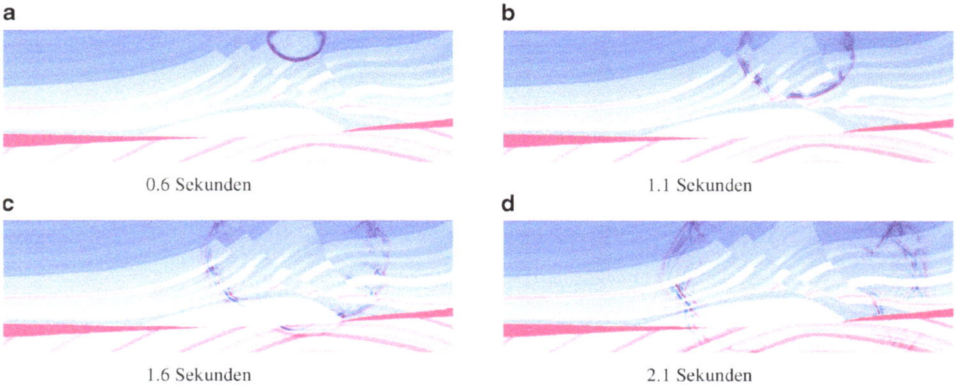

Abb. 4.16 Ergebnis der Wellenausbreitung im Marmousi-Geschwindigkeitsfeld (nach Ilyasov (2011))

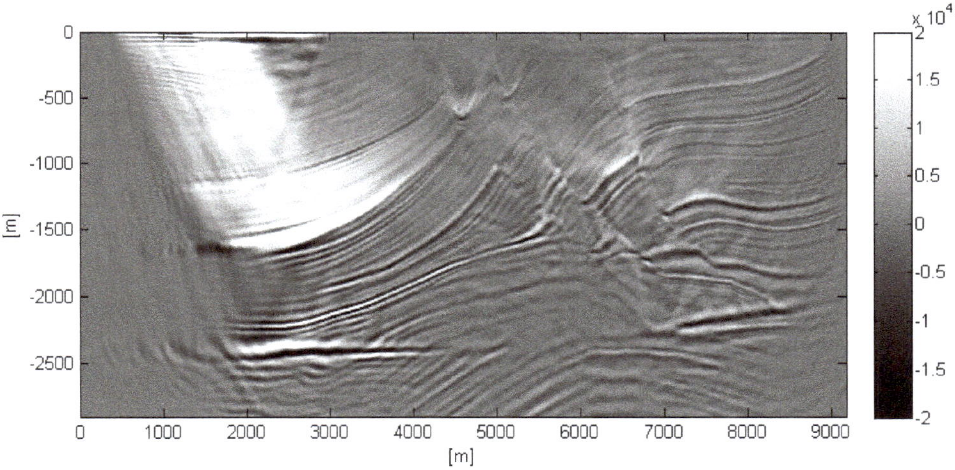

Abb. 4.17 Ein Migrationsergebnis des Marmousi-Modells mittels FDS (nach Ilyasov (2011))

mit der *Wellenzahl*

$$k(x) = \frac{\omega}{c(x)} = \frac{\omega}{c_0}\frac{c_0}{c(x)} = k_0 N(x) \tag{4.63}$$

und dem *Refraktionsindex*

$$N(x) = \frac{c_0}{c(x)}, \tag{4.64}$$

die das räumlich variierende akustische Profil mit der Ausbreitungsgeschwindigkeit c im Medium beschreibt, wobei c_0 eine geeignete konstante Referenzgeschwindigkeit ist und $k_0 = \frac{\omega}{c_0}$ (siehe Biondi 2006; Engl et al. 1996; Snieder 2002). Mit anderen Worten, das mathematische Modell für die Dichte einer Schallwelle ausgehend von der Wellengleichung (siehe z. B. Tarantola (1984) und Yilmaz (1987) und die darin enthaltenen Referenzen) ist gegeben durch

$$A_x V(x) = \left(\Delta_x + k_0^2 N^2(x)\right) V(x) = W(x), \quad x \in \mathbb{R}^3. \tag{4.65}$$

Folgt man dem üblichen Ansatz (siehe z. B. Biondi 2006; Engl et al. 1996; Snieder 2002), so setzt man

$$N^2(x) = 1 + n(x) \tag{4.66}$$

an, wobei n die Störungen in der Geschwindigkeit charakterisiert und erhält

$$k^2(x) = k_0^2(1 + n(x)), \tag{4.67}$$

Der Operator A kann zerlegt werden in einen Operator $A^{(0)}$, der sich auf ein geeignetes Referenzmedium mit konstanter Ausbreitungsgeschwindigkeit c_0 bezieht, für das die zugehörige partielle Differentialgleichung die Helmholtzgleichung mit Konstante k_0 ist, d. h.,

$$A^{(0)} = \Delta + k_0^2, \tag{4.68}$$

sowie in einen Anteil $A^{(1)}$, der kleine Störungen im Medium berücksichtigt

$$A^{(1)} = k_0^2 n(x), \tag{4.69}$$

so dass sich in Superposition

$$A = A^{(0)} + A^{(1)} \tag{4.70}$$

ergibt. Das Gebiet $\mathcal{B}$, in dem $n(x) \neq 0$ gilt, stellt den Streubereich dar, so dass man annehmen kann, dass die unbekannte Funktion n kompakten Träger hat. Das *einfallende Wellenfeld* (d. h. die sogenannte Inzidenzwelle) V_i beschreibt die Wellenausbreitung ohne Streuung. Das *gestreute Wellenfeld* V_s ergibt sich als die Differenz zwischen dem wirklich beobachteten und dem einfallenden Wellenfeld

$$V_s = V - V_i. \tag{4.71}$$

Das inverse Problem besteht in der Identifizierung der Funktion n mit kompaktem Träger unter Kenntnis des einfallenden Wellenfeldes V_i und den Messungen des gestreuten Wellenfeldes V_s. Zusammengefasst gesagt sind wir vor die Aufgabe gestellt, das Problem

$$A^{(0)} V_i = W, \tag{4.72}$$

$$A^{(0)} V_s = -A^{(1)} V \tag{4.73}$$

zu lösen. Da die Fundamentallösung der Helmholtzgleichung zum Operator $\Delta + k_0^2$ bekanntlich durch

$$G(\Delta + k_0^2; |x - y|) = \frac{1}{4\pi} \frac{e^{ik_0|x-y|}}{|x - y|}, \quad x \neq y, \tag{4.74}$$

gegeben ist (vergleiche z. B. Müller 1998), können wir V_s in der Form

$$V_s(x) = -k_0^2 \int_{\mathcal{B}} G(\Delta + k_0^2; |x - y|) n(y) V(y) \, dV(y), \tag{4.75}$$

darstellen, wobei dV das Volumenelement bezeichne und von nun an zur Abkürzung

$$F(y) = -k_0^2 \, n(y) V(y), \quad y \in \overline{\mathcal{B}}, \tag{4.76}$$

gesetzt sei. Eine direkte Berechnung von n aus (4.75) ist nur dann möglich, wenn V_i und V_s im kompakten Träger $\overline{\mathcal{B}} = \text{supp}(n)$ verfügbar sind, wenn also eine Helmholtzsche Differentiation von V_s möglich ist. Allerdings kann V_s normalerweise nur in einer gewissen Entfernung vom Träger $\overline{\mathcal{B}}$ von n gemessen werden.

Es sei hier noch angemerkt, dass das Problem der Bestimmung von n in (4.75) nichtlinear ist, obwohl die zugehörige Gleichung linear ist. Allerdings ist es in vielen Anwendungen sinnvoll anzunehmen, dass die gestreute Welle viel kleiner als die einfallende Welle ist. Diese Beobachtung führt zur sogenannten *Born-Approximation* mit

$$F(y) = -k_0^2 \, n(y) V_i(y), \quad y \in \overline{\mathcal{B}}, \tag{4.77}$$

(siehe z. B. Snieder 2002). Andere Approximationen der Wellengleichung (4.58) sind bekannt (vgl. z. B. Marks (2006) und die dort aufgeführte Literatur). Für die *Rytov-Approximation* setzt man

$$F(y) = -k_0^2 \, n(y) V_i(y) e^{H(y)}, \quad y \in \overline{\mathcal{B}}, \tag{4.78}$$

mit einer bestimmten Phasenfunktion H. Die hybride *Born-Rytov-Approximation* benutzt

$$F(y) = -k_0^2 \, n(y) V_i(y) \left(1 + \frac{H(y)}{m}\right)^m, \quad m \in \mathbb{N}_0, \quad y \in \overline{\mathcal{B}}, \tag{4.79}$$

(beachte $\lim_{m\to\infty} \left(1 + \frac{H(y)}{m}\right)^m = e^{H(y)}$).

4.3.3 Skalendiskrete Waveletmodellierung von Wellenfeldpotentialen und Geschwindigkeitsstörungen

Um in Analogie zum Gravimetriefall eine Multiskalenzerlegung mittels Skalierungsfunktion zu erhalten, muss man den singulären Kern der Fundamentallösung $G(\Delta + k_0^2; |x - y|)$ durch eine Familie von regulären Kernen der Form $\{G_{\tau_j}(\Delta + k_0^2; |x - y|)\}_{j\in\mathbb{N}}$ ersetzen. Im Falle der geothermischen Exploration beschränken wir unsere Betrachtung – wie auch beim Graviemetriefall – auf eine bestimmte Familie von Kernen $\{G_{\tau_j}(\Delta + k_0^2; |x-y|)\}_{\tau_j>0}$, die über eine lineare Taylorentwicklung (vgl. Freeden und Blick 2013) durch

$$G_{\tau_j}(\Delta + k_0^2; |x-y|) = \begin{cases} \frac{e^{ik_0|x-y|}}{4\pi|x-y|}, & |x-y| > \tau_j, \\ \frac{e^{ik_0|x-y|}}{8\pi\tau_j}\left(3 - \frac{|x-y|^2}{\tau_j^2}\right), & |x-y| \le \tau_j, \end{cases} \tag{4.80}$$

gegeben sind, wobei $\{\tau_j\}_{j\in\mathbb{N}}$ eine positive, monoton fallende Nullfolge ist (z. B., $\tau_j = 2^{-j}$, $j \in \mathbb{N}$). Eine einfache Rechnung unter Verwendung von (4.80) liefert

$$(\Delta_x + k_0^2)G_{\tau_j}(\Delta + k_0^2; |x-y|) = H_{\tau_j}(|x-y|)$$

$$= \begin{cases} 0, & |x-y| > \tau_j, \\ 3\frac{e^{ik_0|x-y|}}{4\pi|x-y|\tau_j^3}\left(ik_0\tau_j^2 - ik_0|x-y|^2 - |x-y|\right), & |x-y| \le \tau_j. \end{cases} \tag{4.81}$$

Darüberhinaus erhalten wir unter der Voraussetzung, dass F gleichmäßig in $\overline{\mathcal{B}}$ beschränkt ist (vgl. Freeden und Blick 2013), die Grenzrelation

$$\lim_{j\to\infty} \sup_{x\in\overline{\mathcal{B}}} \left| V_s(x) - \int_{\mathcal{B}} G_{\tau_j}(\Delta + k_0^2; |x-y|)F(y)\, dV(y) \right| = 0. \tag{4.82}$$

Wir befassen uns nun mit der Einführung einer Wavelettransformation, die beim Postprozessing von Integralausdrücken (4.82), wie sie bei der geothermischen Exploration vorkommen, verwendet werden kann.

Wavelet Postprozessing gestreuter Wellenfeldpotentiale: Ausgangspunkt für das Postprozessing von V_s ist die Annahme, dass ausreichend genaue Information zum Integranden F aus den Migrationsmethoden verfügbar ist. Unser Ziel ist die Zerlegung des Signals V_s in seine einzelnen Komponenten durch eine Multiskalenmethode, die auf (4.82) aufbaut, also eine effiziente Methode des Postprozessing zur Interpretation bekannter seismischer Daten zu gewährleisten. Dazu fassen wir die Faltung

$$S_{G_{\tau_j}(\Delta+k_0^2;\cdot)}[F](x) = \int_{\mathcal{B}} G_{\tau_j}(\Delta + k_0^2; |x-y|)F(y)dV(y), \quad F \in C^{(0)}(\overline{\mathcal{B}}), \tag{4.83}$$

als Tiefpassfilter zur Skala j relativ zur Position x mit Skalierungsfunktionen $G_{\tau_j}(\Delta + k_0^2; \cdot)$ auf (vgl. Freeden und Gerhards 2013; Freeden und Michel 2004). Aus (4.82) folgt, dass der Tiefpassfilter $S_{G_{\tau_j}(\Delta+k_0^2;\cdot)}[F](x)$ für jede Position x und mit steigender Skala j gleichmäßig gegen den Wert des gesuchten Signals V_s konvergiert. Die für die Multiskalenanalyse benötigten Differenzenwavelets zum Skalenparameter j ergeben sich zu (siehe Abb. 4.18)

$$\Psi_{\tau_j}(|x-y|) = G_{\tau_{j+1}}(\Delta + k_0^2; |x-y|) - G_{\tau_j}(\Delta + k_0^2; |x-y|), \quad j \in \mathbb{N}. \tag{4.84}$$

Die explizite Darstellung lautet

$$\Psi_{\tau_j}(|x-y|) = \begin{cases} 0, & |x-y| > \tau_j, \\ \frac{e^{ik_0|x-y|}}{8\pi\tau_j}\left(3 - \frac{|x-y|^2}{\tau_j^2}\right) - \frac{e^{ik_0|x-y|}}{4\pi|x-y|}, & \tau_{j+1} < |x-y| \le \tau_j, \\ \frac{e^{ik_0|x-y|}}{8\pi\tau_{j+1}}\left(3 - \frac{|x-y|^2}{\tau_{j+1}^2}\right) - \frac{e^{ik_0|x-y|}}{8\pi\tau_j}\left(3 - \frac{|x-y|^2}{\tau_j^2}\right), & |x-y| \le \tau_{j+1}. \end{cases} \tag{4.85}$$

Das Faltungsintegral

$$W_{G_{\tau_j}(\Delta+k_0^2;\cdot)}[F](x) = \int_{\mathcal{B}} \Psi_{\tau_j}(|x-y|)F(y)\,dV(y) \tag{4.86}$$

gibt die Differenz zwischen zwei aufeinanderfolgenden Tiefpassfiltern an, d. h. es stellt einen Bandpassfilter zur Skala j und zur Position x dar. $W_{G_{\tau_j}(\Delta+k_0^2;\cdot)}[F]$ schließt alle Detailinformationen ein, die in $S_{G_{\tau_{j+1}}(\Delta+k_0^2;\cdot)}[F]$ aber nicht in $S_{G_{\tau_j}(\Delta+k_0^2;\cdot)}[F]$ enthalten sind. Im Einklang mit unserer Konstruktion erhalten wir deswegen für jedes $N \in \mathbb{N}$

$$S_{G_{\tau_{j+N}}(\Delta+k_0^2;\cdot)}[F] = S_{G_{\tau_j}(\Delta+k_0^2;\cdot)}[F] + \sum_{n=j}^{j+N-1} W_{G_{\tau_n}(\Delta+k_0^2;\cdot)}[F]. \tag{4.87}$$

Die Formel (4.87) zeigt den Fortschritt im „Zooming-in-Prozess“ in der Feinstruktur, der mit steigender Skala j erzielt wird. Somit beschreibt die Identität (4.87) den Beitrag zur Verbesserung der Genauigkeit beim Übergang von Stufe j zur Stufe $j+N$. In der Tat folgt für jede Position x und für jede Skala j, dass

$$V_s(x) = S_{G_{\tau_j}(\Delta+k_0^2;\cdot)}[F](x) + \sum_{n=j}^{\infty} W_{G_{\tau_n}(\Delta+k_0^2;\cdot)}[F](x), \tag{4.88}$$

d. h. das Signal V_s besteht aus einem (groben) Tiefpassanteil und einer unendlichen Anzahl aufeinanderfolgender Bandpassanteile. Natürlich wird in der Praxis nur eine endliche Anzahl von Bandpassanteilen berechnet, um einer gewissen Fehlertoleranz zu genügen (mehr Information zur Multiskalenanalyse findet sich in Freeden und Gerhards (2013) und Freeden und Michel (2004)).

Anwendung auf das Marmousi-Modell Das Dekorrelationsverhalten von 3D-Wavelets soll mit Hilfe eines kanonisch auf drei Dimensionen erweiterten Marmousi-Modells (vgl. Martin et al. 2002) visualisiert werden. Zu diesem Zweck setzten wir das Migrationsergebnis aus Abb. 4.17 als Basis ein. Die geophysikalische Interpretation können wir Abb. 4.19 entnehmen. Wir beschränken unsere Untersuchungen auf Wellenzahlen k_0 aus einem Referenzintervall von $k_0 = 0{,}010$ bis $k_0 = 0{,}120$, wobei wir uns im folgenden zwei repräsentativen Wellenzahlen widmen, nämlich $k_0 = 0{,}047$ und $k_0 = 0{,}099$. Die Abb. 4.20 und

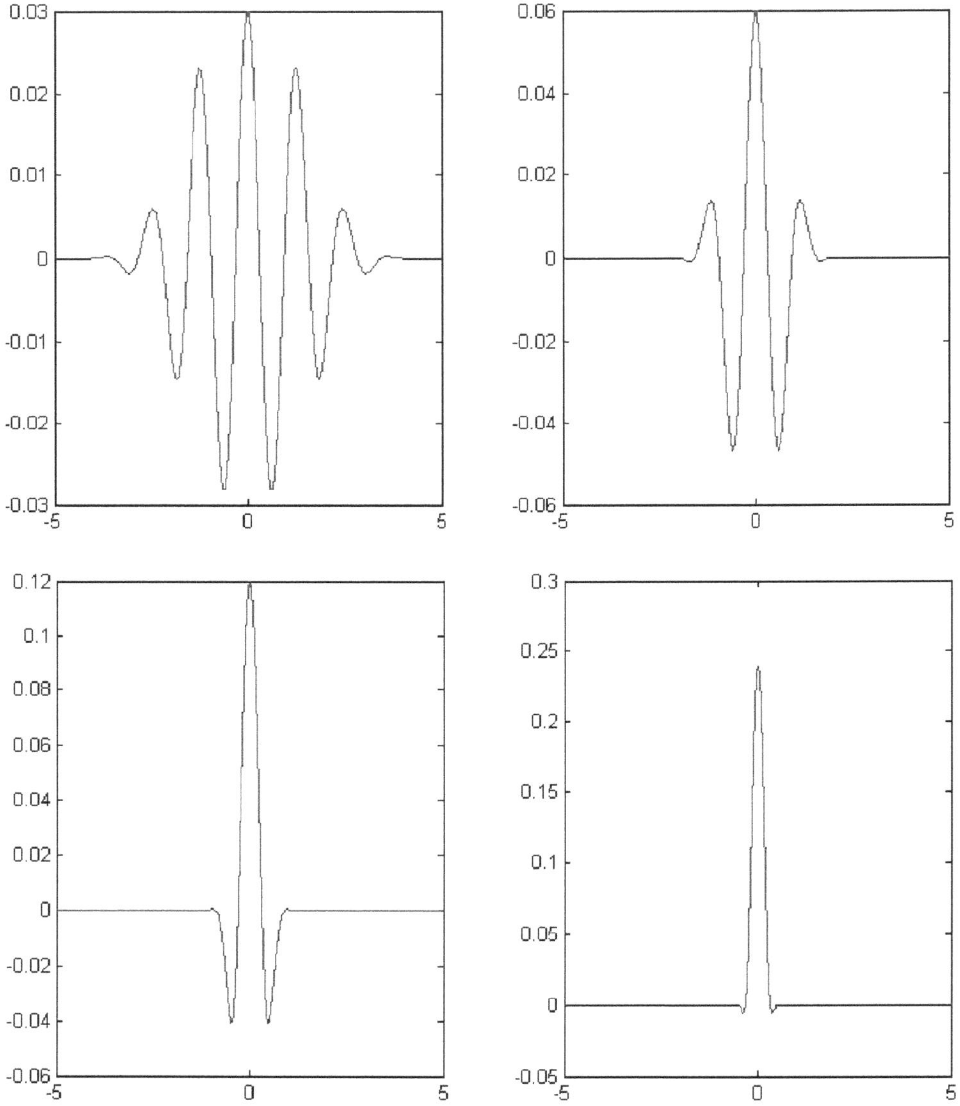

Abb. 4.18 Waveletfunktion Ψ_{τ_j} für $k_0 = 5$ und $\tau_j = \frac{8}{2^j}, j = 1, \ldots, 4$

4.21 zeigen die Detailanteile zur Skala $j = 1, \ldots, 6$ (entsprechend $\tau_j = 1500 \cdot 2^{-j} m$). Um Oszillationen durch das Gibb'sche Phänomen zu vermeiden, wird ein Rand der Breite τ_j bei den Abbildungen weggelassen.

Die Beurteilung der strukturellen Unterschiede zwischen den von der Skala abhängigen Waveletkomponenten des Migrationsergebnisses für beide Wellenzahlen zeigt, dass die für

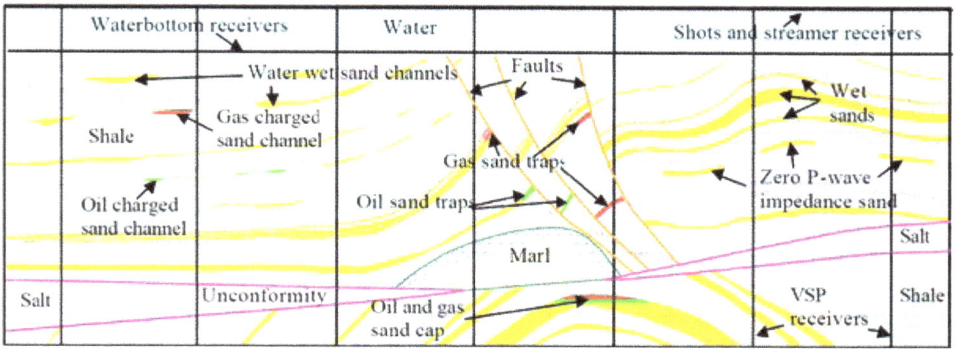

Abb. 4.19 Interpretation des Marmousi-Modells nach Martin et al. (2002)

die Dekorrelation relevanten Schlussfolgerungen aus den mittelskaligen Filterungen gezogen werden können, also den Skalen $j = 3, \ldots, 6$. In der Tat können wir zeigen, dass unsere Dekorrelationsmethode charakteristische Felsformationen aufzeigt. Indem man das Migrationsergebnis mit Wavelets filtert, kann man Salzstöcke hervorheben und außerdem Gesteinsformationen ebenso wie unerwünschtes Rauschen aufgrund fehlerhafter Migration dämpfen.

Wavelet Postprozessing der Geschwindigkeitsstörungen Bisher haben wir nur die Größe V_s mithilfe einer Multiskalentechnik unter Verwendung von konstituierenden Bausteinen rekonstruiert. Für praktische Zwecke kann sowohl die Zerlegung des Integranden F als auch des unbestimmten Integrals V_s von Interesse sein. Wieder existiert auch hier eine Vielzahl von Wavelettechniken, die diesen Zweck erfüllen. Ein einfaches Beispiel soll hier erwähnt werden, das allerdings den Nachteil hat, dass der Integrand F mittels einer stückweise stetigen Multiskalenkomponente dargestellt wird (ein Ausweg ist die Verwendung einer Taylorentwicklung höheren Grades (vgl. Freeden und Gerhards 2013), die aufgrund ihrer eher technischen Struktur aber hier nicht weiter diskutiert wird).

Die Haar-Approximation ergibt sich nach (4.81) aus der Multiskalenapproximation des gestreuten Wellenfeldes durch Anwendung des Helmholtzoperators

$$\int_{\mathcal{B}} (\Delta_x + k_0^2) G_{\tau_j}(\Delta + k_0^2; |x - y|) F(y) dV(y) = \int_{\mathcal{B}} H_{\tau_j}(|x - y|) F(y) dV(y). \qquad (4.89)$$

In der Tat basiert sie auf der Beobachtung, dass jeder Funktionswert der stetigen Funktion F durch ein Volumenintegral in der Form

$$F(x) = \lim_{j \to \infty} \int_{\mathcal{B}} H_{\tau_j}(|x - y|) F(y) dV(y) \qquad (4.90)$$

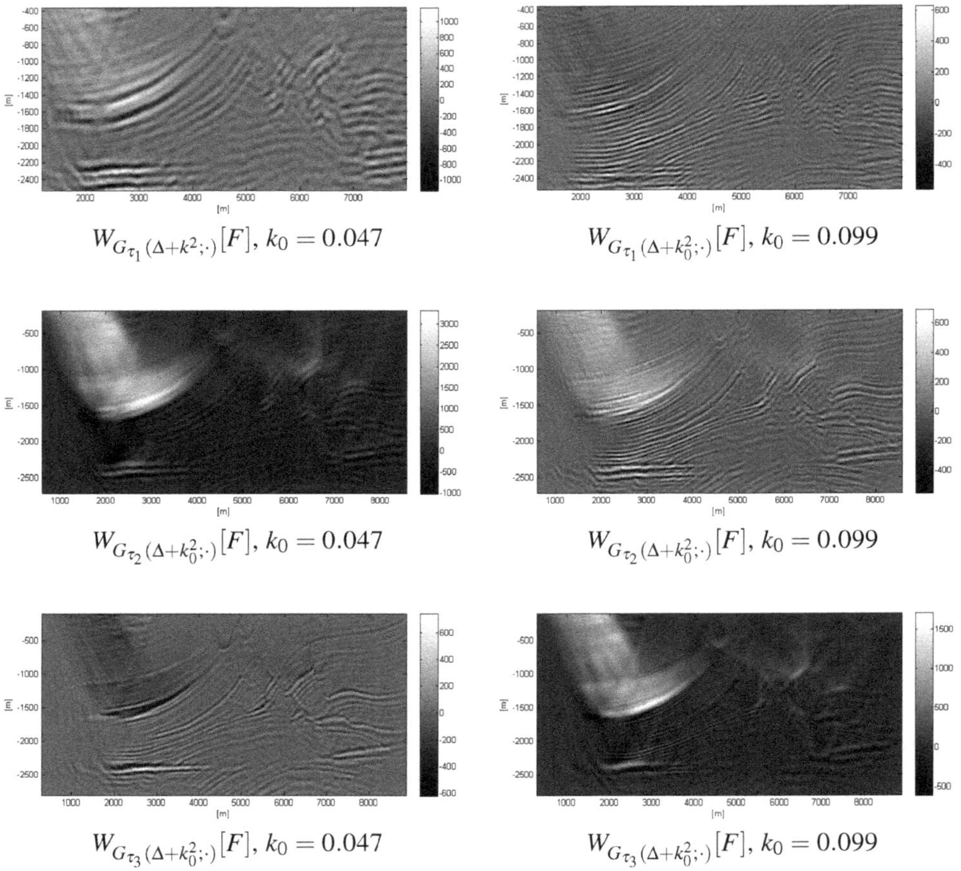

4.20 3D-Waveletzerlegung des Marmousi-Modells für die Skalen $j = 1, 2, 3$ (3D-Berechnung vom 2D-Modell in Abb. 4.17) (vgl. Freeden und Blick 2013)

approximiert werden kann mit (vgl. Abb. 4.22)

$$H_{\tau_j}(|x-y|) = \begin{cases} \frac{3e^{ik_0|x-y|}}{4\pi r \tau_j^3}\left(ik_0\tau_j^2 - |x-y| - ik_0|x-y|^2\right), & |x-y| \le \tau_j, \\ 0, & |x-y| > \tau_j, \end{cases} \tag{4.91}$$

und einer positiтve Nullfolge $\{\tau_j\}_{j\in\mathbb{N}}$ (man beachte, dass für $k_0 = 0$ der Kern (4.91) in der Tat mit der aus der konstruktiven Approximation bekannten Haar-Funktion übereinstimmt (Haar 1910)).

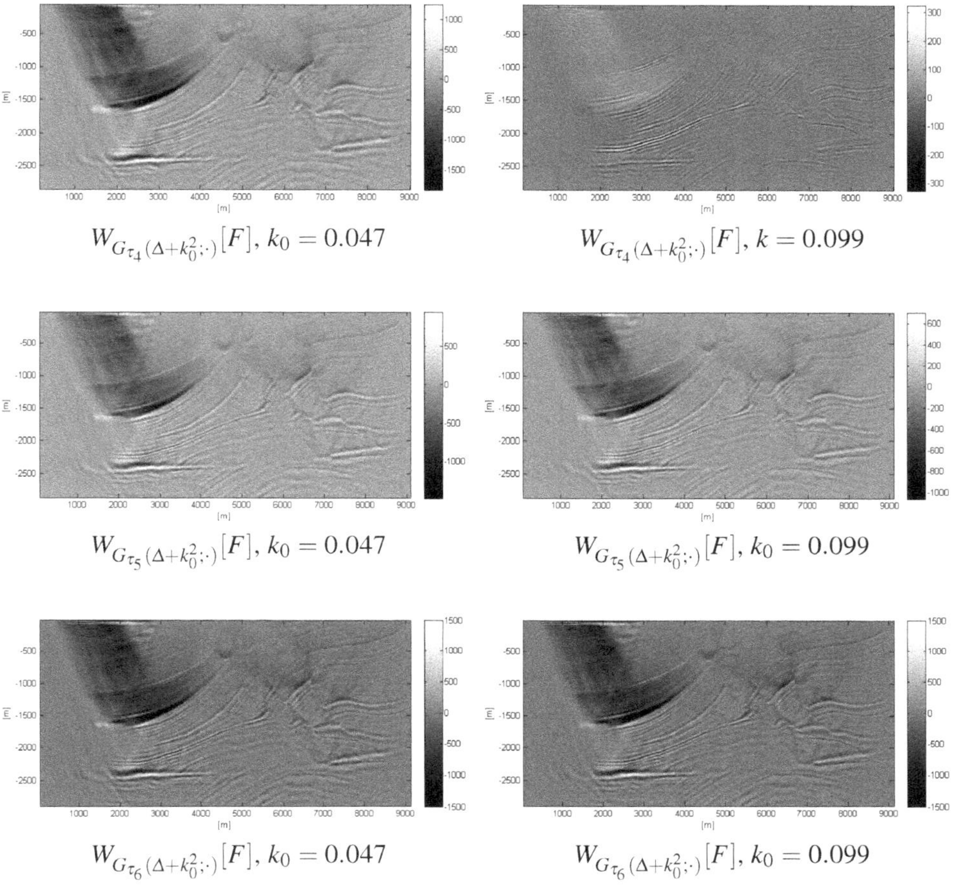

4.21 3D-Waveletzerlegung des Marmousi-Modells für die Skalen $j = 4, 5, 6$ (3D-Berechnung vom 2D-Modell in Abb. 4.17) (vgl. Freeden und Blick 2013)

Somit erhalten wir durch den gleichen Prozess wie in Abschn. 2.3 beschrieben die Multiskalenapproximation

$$F(x) = T_{H_{\tau_j}}[F](x) + \sum_{n=j}^{\infty} B_{K_{\tau_n}}[F](x), \tag{4.92}$$

wobei wir anstelle von (4.84)

$$K_{\tau_j}(|x-y|) = H_{\tau_{j+1}}(|x-y|) - H_{\tau_j}(|x-y|), \quad j \in \mathbb{N}, \tag{4.93}$$

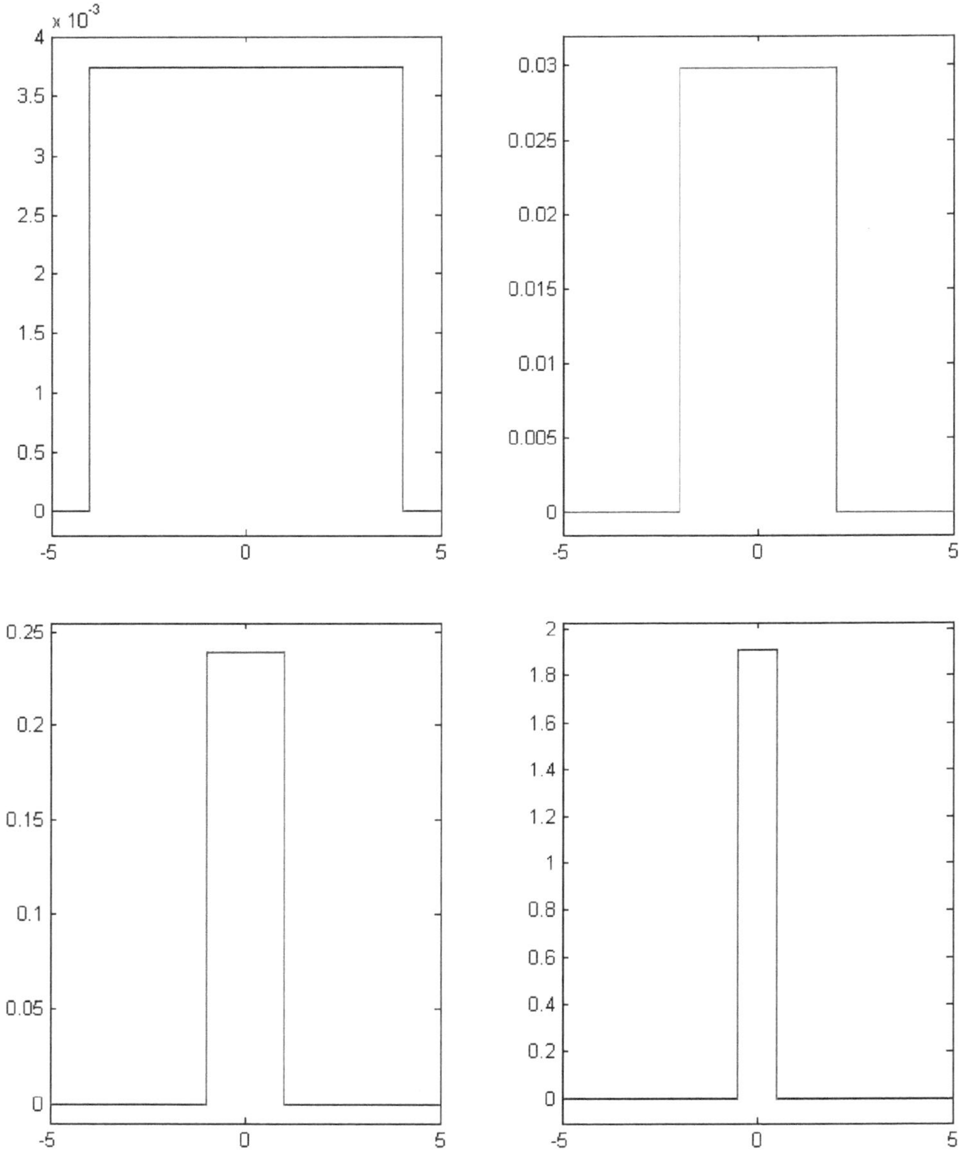

Abb. 4.22 Waveletfunktion $|H_{\tau_j}|$ für $k_0 = 0$ und $\tau_j = \frac{8}{2^j}$, $j = 1, \ldots, 4$.

und anstelle von (4.83) und (4.86)

$$T_{H_{\tau_j}}[F](x) = \int_{\mathcal{B}} H_{\tau_j}(|x-y|)F(y)dV(y), \quad j \in \mathbb{N}, \tag{4.94}$$

$$B_{K_{\tau_j}}[F](x) = \int_{\mathcal{B}} K_{\tau_j}(|x-y|)F(y)dV(y), \quad j \in \mathbb{N}, \tag{4.95}$$

setzen. Somit besteht die Folge von regularisierenden Skalierungsfunktionen $\{H_{\tau_j}(|x-y|)\}_{j\in\mathbb{N}}$ nur aus stückweise stetigen Kernen, die Wavelets $K_{\tau_j}(|x-y|)$ sind ebenfalls nur stückweise stetig (man beachte, dass Unstetigkeit im Hinblick auf seismische Modellierung nicht unbedingt unbrauchbare Resultate liefert).

Aus (4.82) erhalten wir sofort

$$V_s(x) = T_{\Sigma_{\tau_j}}[F](x) + \sum_{n=j}^{\infty} B_{\Xi_{\tau_j}}[F](x), \tag{4.96}$$

wobei die Kerne

$$\Sigma_{\tau_j}(|x-y|) = \int_{\mathcal{B}} H_{\tau_j}(|x-z|)G(\Delta + k_0^2; |z-y|)dV(z), \quad j \in \mathbb{N}, \tag{4.97}$$

$$\Xi_{\tau_j}(|x-y|) = \int_{\mathcal{B}} K_{\tau_j}(|x-z|)G(\Delta + k_0^2; |z-y|)dV(z), \quad j \in \mathbb{N}, \tag{4.98}$$

überall stetig sind und $T_{\Sigma_{\tau_j}}[F]$ and $B_{\Xi_{\tau_j}}[F]$ durch

$$T_{\Sigma_{\tau_j}}[F](x) = \int_{\mathcal{B}} \Sigma_{\tau_j}(|x-y|)F(y)\, dV(y) \simeq \sum_{n=1}^{L_j} \Sigma_{\tau_j}(|x-y_n^{L_j}|)\underbrace{w_n^{L_j} F(y_n^{L_j})}_{=a_n^{L_j}}, \tag{4.99}$$

$$B_{\Xi_{\tau_j}}[F](x) = \int_{\mathcal{B}} \Xi_{\tau_j}(|x-y|)F(y)\, dV(y) \simeq \sum_{n=1}^{L_j} \Xi_{\tau_j}(|x-y_n^{L_j}|)\underbrace{w_n^{L_j} F(y_n^{L_j})}_{=a_n^{L_j}}, \tag{4.100}$$

gegeben sind, wobei $w_n^{L_j}, y_n^{L_j}, n = 1, \ldots, L_j$, die Gewichte und Stützstellen der Integrationsformel sind. Dies führt uns zu folgenden Schemata:

Zerlegungschema

$$\begin{array}{ccccccccc}
F & \longrightarrow & a_n^{L_{j+N}} & \longrightarrow & a_n^{L_{j+N-1}} & \longrightarrow \ldots \longrightarrow & a_n^{L_j} & \longrightarrow & T_{\Sigma_{\tau_j}}[F] \\
 & & \downarrow & & \downarrow & & \downarrow & & \\
 & & B_{\Xi_{\tau_{j+N}}}[F] & & B_{\Xi_{\tau_{j+N-1}}}[F] & & B_{\Xi_{\tau_j}}[F] & &
\end{array}$$

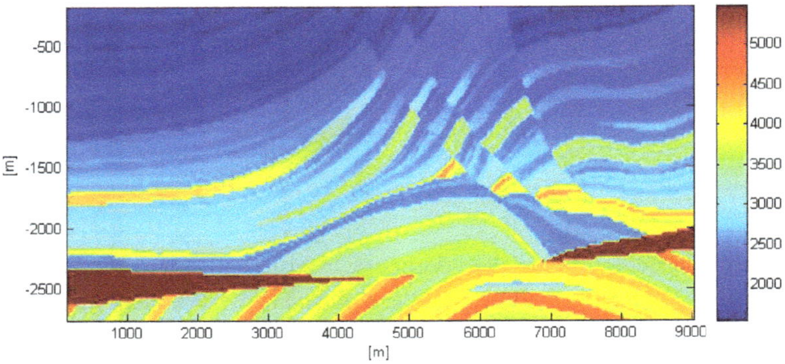

Abb. 4.23 Geschwindigkeitsfeld des Marmousi-Modells

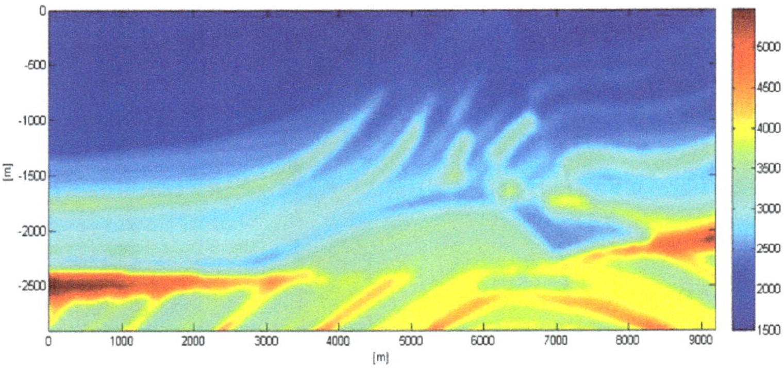

Abb. 4.24 Geglättetes Geschwindigkeitsfeld des Marmousi-Modells (vgl. Abb. 4.23)

Rekonstruktionsschema

$$
\begin{array}{ccccccccc}
a_n^{L_j} & & & & a_n^{L_{j+1}} & & & & \\
\downarrow & & & & \downarrow & & & & \\
B_{\Xi_{\tau_j}}[F] & \searrow & & & B_{\Xi_{\tau_{j+1}}}[F] & \searrow & & & \\
T_{\Sigma_{\tau_j}}[F] & \longrightarrow & + & \longrightarrow & T_{\Sigma_{\tau_{j+1}}}[F] & \longrightarrow & + & \longrightarrow & T_{\Sigma_{\tau_{j+N}}}[F]
\end{array}
$$

Wir wenden uns nun der numerischen Untersuchung der Dekorrelationseigenschaft der Multiskalenmethode zu, indem wir als Beispiel das geglättete Geschwindigkeitsfeld (wie in Abb. 4.24 gezeigt) des Marmousi-Datensatzes verwenden, dessen Daten auf der Darstellung in Abb. 4.19 beruhen.

Das Dekorrelationsverhalten wird in Abb. 4.25 für $\tau_j = 9192 \cdot 2^j m$, $j = 4, \ldots, 8$, gezeigt. Der Wert von 9192 m ergibt sich durch die Ausdehnung des verwendeten Datensatzes. Wir schneiden auch hier wieder einen Rand der Breite τ_j aufgrund der bereits erwähnten

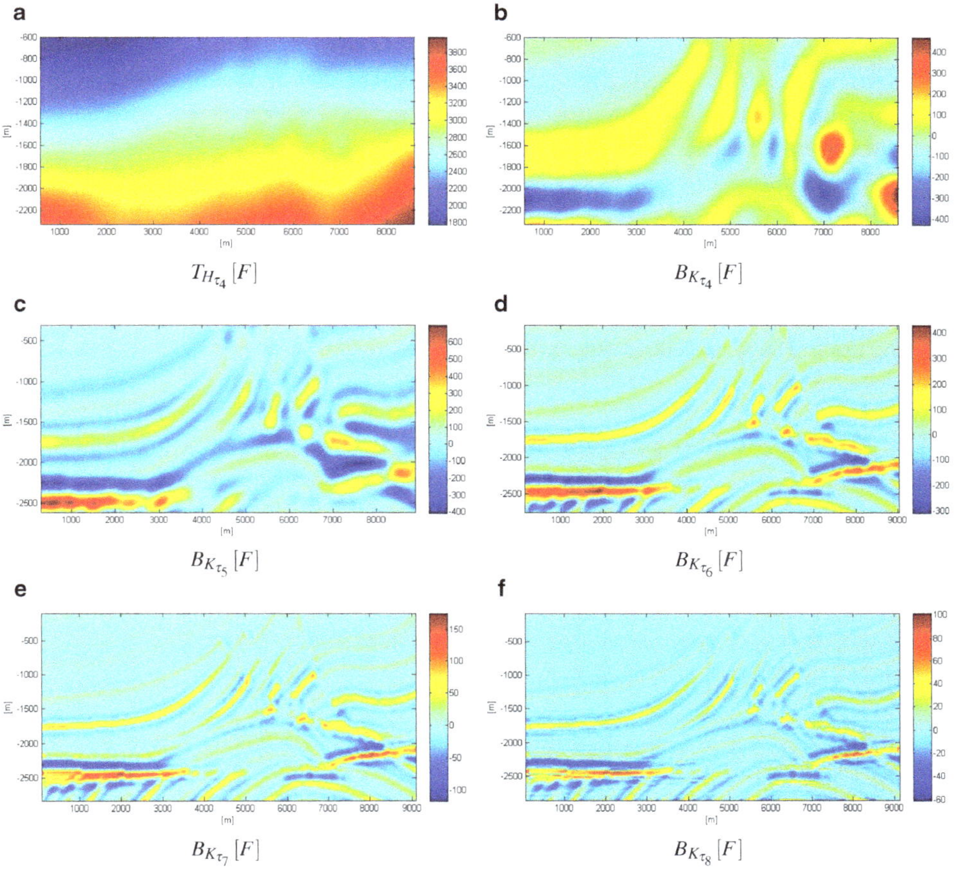

Abb. 4.25 Multiskalenzerlegung des geglätteten Geschwindigkeitsfeldes aus Abb. 4.24 (in [m/s]) (vgl. Freeden und Blick (2013))

Oszillationen ab. Die Berechnungen (vgl. Freeden und Blick 2013) zeigen, dass mit zunehmender Skala j feinere Strukturen offensichtlich werden. Eine Grenze in der Auflösung wird nur durch Datendichte gegeben.

Zusammenfassend lässt sich sagen, dass die Multiskalenapproximation bei adäquater Wahl der Wellenparameter in der Lage ist, die speziellen Ziele bei der Interpretation seismischer Signale zu gewährleisten, nämlich die Entdeckung von z. B. speziellen Fazies und Karstsystemen, die Spezifikation eines gewissen Wasseraufkommens in Hohlräumen und Störungen sowie die Unterdrückung von Fehlermustern und Artefakten in Migrationsergebnissen.

4.4 Transportvorgänge

Entsprechend der dritten Spalte des Säulenmodells machen wir nunmehr den Versuch, eine allgemeine und umfassende Beschreibung der für die Modellierung der pyhsikalischen Prozesse in den geothermischen Reservoiren zugrunde liegenden Gleichungen zu liefern, wobei wir von mikroskopischen Überlegungen ausgehen und eine Multiphasenzerlegung des porösen Mediums und des darin enthaltenen Fluids voraussetzen. Die theoretischen Grundlagen für diese Formulierung wurde in einer Anzahl von Publikationen in den 70ern und 80ern des letzten Jahrhunderts entwickelt, die beispielsweise in Diersch (1985) zusammengefasst werden. Der Überblick, den wir hier geben, basiert auf einer vereinfachten Fassung des in Diersch (2000) vorgestellten Ansatzes.

4.4.1 Grundlegender physikalischer Hintergrund

Wir betrachten ein dreidimensionales, reguläres Gebiet $\mathcal{B}$ und eine (skalare) Größe Ω, die durch dieses Medium transportiert wird. Üblicherweise definiert man eine Dichte ω, so dass $\Omega = \rho\omega$ mit der Massendichte ρ gilt. Die Summe der zeitlichen Änderungen von Ω innerhalb des Gebietes $\mathcal{B}$ sowie Zufluss und Abfluss von Ω aufgrund des Strömungsvektors j durch die Berandung $\partial\mathcal{B}$ ist gleich der Menge der Größe, die aufgrund von Quellen und Senken in $\mathcal{B}$ entsteht. In Formeln heißt dies

$$\frac{d}{dt}\left(\int_{\mathcal{B}} \rho(x,t)\omega(x,t)\,dV(x)\right) + \int_{\partial\mathcal{B}} j(x,t)\cdot n(x)\,dS(x) = \int_{\mathcal{B}} Q(x,t)\,dV(x), \quad (4.101)$$

wobei wir wie üblich die folgende Notation benutzen:

$$\frac{d}{dt} \quad \text{(totale) Ableitung (bzgl. der Zeit } t\text{)}, \qquad dV \quad \text{Volumenelement im } \mathbb{R}^3, \quad (4.102)$$

$$n \quad \text{äußere (Einheits-)Normale bzgl. } \partial\mathcal{B}, \qquad dS \quad \text{Flächenelement im } \mathbb{R}^3. \quad (4.103)$$

Wenn wir die (vektorielle) Geschwindigkeit $v(x,t) = \frac{\partial x}{\partial t}(x,t)$ einführen, kann (4.101) in der folgenden Weise umgeschrieben werden:

$$\begin{aligned} &\int_{\mathcal{B}} \left(\frac{\partial(\rho\omega)}{\partial t}(x,t) + \nabla_x \cdot (\rho\omega v)(x,t)\right) dV(x) \\ &+ \int_{\mathcal{B}} \nabla_x \cdot j(x,t)\,dV(x) = \int_{\mathcal{B}} Q(x,t)\,dV(x). \end{aligned} \quad (4.104)$$

Aus der Integraldarstellung (4.104) kann nach dem üblichen Vorgang der Mathematischen Physik die Differentialgleichung

$$\frac{\partial(\rho\omega)}{\partial t}(x,t) + \nabla_x \cdot (\rho\omega v)(x,t) + \nabla_x \cdot j(x,t) = Q(x,t). \quad (4.105)$$

abgeleitet werden. Wegen der besseren Lesbarkeit werden wir im Folgenden die Abhängigkeit von x und t weglassen.

In der Form (4.105) ist die Differentialgleichung nur für mikroskopische Mengen gültig, die sich aber in der Regel einer Messung entziehen. Um Gleichungen für makroskopische Mengen abzuleiten, müssen sowohl eine räumliche Mittelung über ein repräsentatives Elementarvolumen als auch weitere wohlüberlegte Vereinfachungen gemacht werden. Für ein System, das aus einem Fluid und einer festen Phase besteht, wie das im Falle einer Flüssigkeit in einem porösen Medium der Fall ist, wurde dies beispielsweise in Diersch (1985) durchgeführt und führt schließlich in einer vereinfachten Form zu (Diersch 2000)

$$\frac{\partial(\varepsilon\rho\omega)}{\partial t} + \nabla\cdot(\varepsilon\rho\omega v) + \nabla\cdot(\varepsilon j) = (\varepsilon Q) + j^{\text{inter}}, \tag{4.106}$$

wobei ϵ der Anteil des Fluids am Volumen ist. Wir nehmen hier an, dass das poröse Medium vollständig gesättigt mit Flüssigkeit ist, so dass ϵ gleich der Porösität λ ist. Im Fall eines freien Einkomponentenfluids haben wir speziell $\epsilon = 1$. Weiterhin enthält (4.106) den zusätzlichen Wechselwirkungsterm

$$j^{\text{inter}} = \frac{1}{\delta S}\int_{S^{\text{inter}}} (j + \rho\omega(v - w)) \cdot n^{\text{inter}}\, dS^{\text{inter}} \tag{4.107}$$

an den Grenzflächen der Phasen. Hierbei ist δS der Flächenanteil der Grenzoberfläche, v die Geschwindigkeit mit der Ω transportiert wird und w die Grenzflächengeschwindigkeit. j^{inter} bezeichnet eine skalare Größe, die für ein freies Einkomponentenfluid verschwindet.

Aus (4.106) können wir Bilanzgleichungen für Fluidmasse, Speziesmasse chemischer Materialien, Fluidimpulse und Energie ableiten. Es ist ebenso möglich, Gleichungen für das mechanische Spannungsfeld des porösen Mediums abzuleiten, indem man Massenbilanz oder Impulsbilanz des gesamten Systems an festen und flüssigen Komponenten betrachtet, aber eine solche Herleitung sprengt den Rahmen dieses Artikels. Der interessierte Leser sei hier beispielsweise auf Diersch (1985) verwiesen. Alle diese Gleichungen sind eng miteinander verbunden und lassen sich nur entkoppeln, wenn weitere Annahmen zu den gekoppelten Termen gemacht werden.

Setzen wir für die Dichte des Fluids $\rho_f = \Omega$, so führt (4.106) zur Massenerhaltungsgleichung, die in der Form

$$\frac{\partial(\lambda\rho_f)}{\partial t} + \nabla\cdot(\lambda\rho_f v_f) = \lambda\rho_f Q_{p,f}, \tag{4.108}$$

geschrieben werden kann, wobei v_f die Geschwindigkeit des Fluids ist. Die gesamte Masse fließt über die Grenzflächen, einschließlich der Grenzflächen zwischen den Phasen. Alle anderen Impulsquellen und -senken werden auf der rechten Seite im Term $\lambda\rho_f Q_{p,f}$ zusammengefasst.

Um die Speziesmassenbilanzgleichung herzuleiten, müssen wir die Massendichte des Fluids ρ_f durch die Konzentration der Spezies C ersetzen. Der Massenfluss wird in diesem Fall durch das *Ficksche Gesetz*

$$j_C = -\mathbf{D}\,(\nabla C) \tag{4.109}$$

mit dem Tensor der hydrodynamischen Dispersion $\mathbf{D}$ charakterisiert. Dieser Tensor kann in der Form

$$\mathbf{D} = D_d\mathbf{I} + \mathbf{D}_m \tag{4.110}$$

geschrieben werden, mit einem Diffusionsanteil $D_d\mathbf{I}$ und einem Anteil $\mathbf{D}_m$, der zur Einbeziehung der mechanischen Dispersion benötigt wird. Betrachtet man ein poröses Medium, kann letzterer Ausdruck mit Hilfe des Scheidegger-Bear Dispersionsgesetzes

$$(D_m)_{ij} = \beta_T|v_f|\delta_{ij} + (\beta_L - \beta_T)\,\frac{v_{f,i}v_{f,j}}{|v_f|} \tag{4.111}$$

ausgedrückt werden, wobei $|v_f|$ die Norm der Fluidgeschwindigkeit ist und β_T die transversale bzw. β_L die longitudinale Dispersivität sind. Zusätzlich muss der Quellen-Senken-Term auf der rechten Seite einen Term ϑC zur Integration der chemischen Reaktionen mit Abfallrate ϑ einschließen, sowie Sorptionseffekte müssen berücksichtigt werden, da es sich um ein poröses Medium handelt. Kombiniert man alle diese Effekte, so erhält man

$$\frac{\partial\,(\lambda R_d C)}{\partial t} + \nabla\cdot\left(\lambda C v_f\right) - \nabla\cdot(\lambda\mathbf{D}\,(\nabla C)) + \lambda R\vartheta C = \lambda Q_c \tag{4.112}$$

als Bilanzgleichung für die Konzentration chemischer Komponenten mit den sogenannten Retardierungen

$$R = 1 + \frac{1-\lambda}{\lambda}\chi(C), \tag{4.113}$$

$$R_d = 1 + \frac{1-\lambda}{\lambda}\frac{d}{dC}\,(\chi(C)\,C)\,. \tag{4.114}$$

Hierbei ist $\chi(C)$ eine Sorptionsfunktion, die durch empirische Materialbeziehungen ausgedrückt werden kann.

Für die Impulsbilanz des Fluids müssen wir beachten, dass der lineare Impuls eine vektorwertige Größe ist, während die obigen Überlegungen eine Schreibweise für die skalarwertige Größe Ω verwenden. Als Folge davon verwendet die Impulsbilanz den Spannungstensor $\boldsymbol{\sigma}$ anstelle des Fließvektors. Der Spannungstensor unterteilt sich normalerweise in einen isotropen Anteil, der den Druck beinhaltet und einen reduzierten Anteil $\boldsymbol{\sigma}'$, so dass

$$\boldsymbol{\sigma} = p\mathbf{I} - \boldsymbol{\sigma}'. \tag{4.115}$$

gilt. Um die Impulsbilanz darzustellen, benutzt man üblicherweise die Einsteinsche Summationskonvention und betrachtet die Impulskomponenten separat. Dies führt zu

$$\frac{\partial\left(\lambda\rho_f v_{f,k}\right)}{\partial t} + \frac{\partial}{\partial x_i}\left(\lambda\rho_f v_{f,k}v_{f,i}\right) + \frac{\partial}{\partial x_k}\,(\lambda p) - \frac{\partial}{\partial x_i}\,(\lambda\boldsymbol{\sigma}'_{ki}) = \lambda\rho_f g_j + (j_p^{\text{inter}})_k \tag{4.116}$$

mit der Kraftdichte des Fluids $\rho_f g$ und einem noch nicht näher spezifizierten Wechselwirkungsterm j_p^{inter}. Im Fall eines Newtonschen Fluids ist $\boldsymbol{\sigma}'$ gegeben durch

$$\sigma'_{ik} = \mu_f \left[\frac{\partial v_i}{\partial_{x_k}} + \frac{\partial v_k}{\partial_{x_i}} - \frac{2}{3} \frac{\partial v_i}{\partial_{x_i}} \delta_{ik} \right] \tag{4.117}$$

mit der Fluidviskosität μ_f. Mit den zusätzlichen Annahmen, dass das Fluid inkompressibel ist, d. h. sich die Massendichte also weder örtlich noch zeitlich ändert und dass die Divergenz des Geschwindigkeitsfeldes verschwindet, erhalten wir die *Navier-Stokes-Gleichung*

$$\lambda \rho_f \frac{\partial v_f}{\partial t} + \left(\lambda \rho_f v_f \cdot \nabla \right) v_f - \lambda \mu_f \nabla^2 v_f = -\lambda \nabla p + \lambda \rho_f g + j_p^{\text{inter}}. \tag{4.118}$$

Normalerweise ist die Fluidgeschwindigkeit in einem porösen Medium relativ klein, so dass wir kleine Reynoldszahlen haben. Als Folge davon können die zeitliche Ableitung und der konvektive Transportterm vernachlässigt werden, d. h. wir treffen die Vereinbarung

$$\frac{\partial v_f}{\partial t} \approx 0, \qquad \left(v_f \cdot \nabla \right) v_f \approx 0. \tag{4.119}$$

Somit reduziert sich die Impulsbilanz (4.118) zu

$$\nabla p - \rho_f g = \mu_f \nabla^2 v_f + \frac{1}{\lambda} j_p^{\text{inter}}. \tag{4.120}$$

Weiterhin ist die innere Reibung aufgrund der Viskosität deutlich kleiner als die Reibung zwischen Festkörper und Fluid, so dass $\mu_f \nabla^2 v_f \approx 0$ gilt. Der Wechselwirkungsterm zwischen Festkörper und Fluid kann durch

$$\frac{1}{\lambda} j_p^{\text{inter}} = -\mu_f \boldsymbol{\kappa}^{-1} v_f \tag{4.121}$$

modelliert werden, mit dem hydraulischen Permeabilitätstensor $\boldsymbol{\kappa}$. Daraus ergibt sich das *Darcy-Gesetz*

$$v_f = -\frac{1}{\mu_f} \boldsymbol{\kappa} \left(\nabla p - \rho_f g \right), \tag{4.122}$$

das von Darcy im 19ten Jahrhundert empirisch ermittelt wurde (Darcy 1856). Komplexere Herleitungen finden sich ebenfalls in der Literatur, beispielsweise durch die Homogenisierungsmethode, die z. B. in Ene und Poliševski (1987) beschrieben wird oder durch die „Volume Averaging Methode", die z. B. in Sahimi (1995) verfolgt wird. Weitere Details zu Transportprozessen in porösen Medien finden sich beispielsweise in Bear (1972) und de Boer (2000). Vom mathematischen Standpunkt aus betrachtet, wurde das Problem näher durch Ene und Poliševski (1987) diskutiert, die Existenz und Eindeutigkeit der Lösung für den Fall von inkompressiblen Fluiden, d. h. $\nabla \cdot v_f = 0$, sowohl für beschränkte als auch für unbeschränkte Gebiete bewiesen haben.

Bisher haben wir nur die flüssige Phase betrachtet, d. h. wir haben den Massenaustausch zwischen Fluid und Festkörper und die Impulsübertragung von Fluid zum Festkörper vernachlässigt. Dies entspricht der Annahme eines starren nichtdeformierbaren Festkörpers. Aber sogar in diesem Fall findet Energieübertragung zwischen Fluid und Festkörper statt. Deswegen müssen wir beide Phasen betrachten, um die Energiebilanz abzuleiten. Ab jetzt werden wir den Begriff „poröses Medium" für das gesamte System bestehend aus Fluid und Festkörper verwenden. Mit den Indizes „p", „f" und „s" bezeichnen wir jeweils die zugehörigen Größen des „porösen Mediums", der „Fluidphase" und der festen Phase („solid phase"). Als Folge davon müssen wir (4.105) separat für beide Phasen betrachten, bevor wir zur Durchschnittsbildung in (4.106) übergehen. Mit der Wärmekapazität c und der Temperatur T ist die innere (thermische) Energie durch

$$dE = c\,dT. \tag{4.123}$$

gegeben. Der Wärmefluss wird gesteuert durch das *Fouriersche Gesetz*

$$j_T = -\mathbf{k}\,(\nabla T) \tag{4.124}$$

mit dem Wärmekonduktivitätstensor $\mathbf{k}$ gegeben durch

$$\mathbf{k}_s = k_s \mathbf{I}, \tag{4.125}$$

$$\mathbf{k}_f = k_f \mathbf{I} + \rho_f c_f \mathbf{D}_m \tag{4.126}$$

für feste und flüssige Phase. Um beide Phasen zu kombinieren, treffen wir die folgenden Annahmen:

(1) Die Temperatur der festen Phase ist gleich der Temperatur der flüssigen Phase $T(= T_s = T_f)$ (*(lokales) thermodynamisches Gleichgewicht*).
(2) Es gibt nur Wärmequellen und -senken in der flüssigen Phase und keine in der festen Phase. Deswegen setzen wir einen steife und starre Gesteinsmatrix ohne Wärmequellen und -senken voraus. Dies schließt auch die Wärmeerzeugung durch mechanische Deformation des festen Mediums aus. Wir haben somit $Q_{T,s} = 0$. Der Term für die Wärmequellen und -senken im Fluid $Q_{T,f}$ verkörpert die Injektion und Extraktion von Wärme in das bzw. aus dem hydrothermalen Reservoir. Weiterhin soll es keine Änderungen in der Gesteinsmorphologie oder seismische Aktivität während des Produktionsprozesses geben, so dass $v_s = 0$ ist.
(3) Gewichtete Aufsummierung der festen und flüssigen Phase mit Porösität λ:

$$(c\rho)_p = \lambda c_f \rho_f + (1-\lambda) c_s \rho_s, \text{ volumetrische Wärmekapazität,} \tag{4.127}$$

$$\mathbf{k}_p = \lambda \mathbf{k}_f + (1-\lambda)\mathbf{k}_s, \text{ Wärmekonduktivität,} \tag{4.128}$$

$$Q_T = Q_{T,p} = \lambda Q_{T,f}, \text{ Wärmequellen und -senken,} \tag{4.129}$$

$$j_{T,p} = \lambda j_{T,f} + (1-\lambda) j_{T,s}, \text{ thermischer Fluss.} \tag{4.130}$$

Kombiniert man diese Annahmen, so erhält man

$$\frac{\partial\left((c\rho)_p T\right)}{\partial t} + \nabla \cdot \left(\lambda \rho_f c_f \mathbf{v}_f T\right) - \nabla \cdot \left(\mathbf{k}_p(\nabla T)\right) = Q_T. \tag{4.131}$$

Um das Fluid – und Wärmeflussproblem für ein poröses Medium, das ein geothermisches Reservoir repräsentiert, zu lösen, muss man dieses System von gekoppelten Gleichungen lösen. Numerische Lösungen basieren in der Regel auf finiten Elementen, finiten Volumen oder finiten Differenzen (z. B. Chen et al. 2006; O'Sullivan et al. 2001; Zhao et al. 1999; Zyvoloski 1983). Eine Lösungsmethode für advektiv-diffusiven Wärmetransport unter der Annahme einer bekannten Fluidgeschwindigkeit wird in Abschn. 4.4.7 behandelt.

4.4.2 Reservoir- und Strömungsmodelle

Geothermische Reservoire können durch unterschiedliche Eigenschaften wie Temperatur und Tiefe charakterisiert werden. Ein detaillierter Überblick über die Einteilung der Reservoire aufgrund ihrer Temperatur findet sich z. B. in Sanyal (2005). Weiterhin ist es wichtig, zwischen geschlossenen und offenen Systemen zu unterscheiden.

Reservoire mit Temperaturen über 180 °C, die sich oft nahe der Erdoberfläche in Gebieten mit aktivem Vulkanismus, z. B. in Island, befinden, nennt man bekanntlich Reservoire mit hoher Enthalpie (vgl. Tab. 4.1). Wie bereits erwähnt, findet sich ein solches Umfeld nur selten, aber auch andere Gebiete in Form von tiefen Reservoiren mit niedriger Enthalpie mit Temperaturen unter 180 °C können ein hohes geothermisches Potential bergen.

Das Problem des Fluidflusses in einem geothermischen Reservoir ist aus verschiedenen Gründen sehr komplex. In erster Linie sind die Daten, was ihre Geometrie und die Gestalt des Gebietes betrifft, mangelhaft oder unvollständig. Weiterhin ist die direkte Bewertung der physikalischen Situation, die man braucht, um theoretische Ergebnisse mit praktischen Messungen zu vergleichen, sehr schwierig. Und schließlich macht die große Anzahl an Parametern und gekoppelten Prozessen, die man berücksichtigen muss, die Entwicklung eines umfassenden Modells zu einer schwer zu lösenden Aufgabe.

Die drei wichtigsten Phänomene, die man modellieren muss, sind Fluidfluss, Wärmefluss und chemischer Fluss. Chemikalien können sich während des Zirkulierens des Fluids lösen und/oder ausfällen und dabei möglicherweise die Permeabilität des Mediums reduzieren und Auswirkungen auf den Fluss haben (siehe Cheng und Yeh (1998), Durst und Vuataz (2000), Jing et al. (2002), Kühn (2009) und Kühn und Stöfen (2005), und die darin enthaltenen Referenzen), aber der Einfluss dieses Prozesses auf den Wärmefluss ist sehr begrenzt, so dass die meisten der gekoppelten Modelle ihn einfach vernachlässigen. In Abhängigkeit von den physikalischen Bedingungen des Reservoirs unterscheiden sich die Probleme, die während der Modellierung der Fluidflusses und des Wärmeflusses auftreten.

4.4.3 Hydrothermale Reservoire

Wie bereits erwähnt, wird in einem hydrothermalen System in ein Aquifer, der normalerweise als poröses Medium modelliert wird, gebohrt. Die grundlegenden Gleichungen zur Modellierung des Fluidflusses und des Wärmeflusses in einem derartigen Reservoir sind in Abschn. 4.4.1 formuliert.

Normalerweise ist die vertikale Abmessung eines Aquifers viel kleiner als die horizontale Ausdehnung. Aus diesem Grund ist es üblich, eine Art vertikale Mittelung durchzuführen, die auch die Dimension des Problems reduziert. Gemäß Diersch (2000) betrachten wir ein kartesisches Gitter $x = (x_1, x_2, x_3)^{\mathrm{T}}$, wobei x_3 die vertikale Komponente ist. Die obere und untere Grenze des Aquifers sind durch $b^{\mathrm{up}}(x_1, x_2, t)$ und $b^{\mathrm{down}}(x_1, x_2)$ gegeben, d. h. wir nehmen an, dass sich die untere Grenze nicht mit der Zeit ändert. Die Dicke des Aquifers ist somit durch

$$B(x_1, x_2, t) = b^{\mathrm{up}}(x_1, x_2, t) - b^{\mathrm{down}}(x_1, x_2) \tag{4.132}$$

gegeben.

Eine weitere wichtige Größe ist die hydraulische Höhe h. Wir nehmen an, dass die einzige Kraft, die auf das Fluid wirkt, die Schwerkraft ist, so dass die Kraftdichte im Fluid durch $\rho_f g$ gegeben ist, wobei g die Schwerebeschleunigung ist, die vereinfachend durch $g = -|g| e^{(3)}$ mit dem Einheitsvektor in x_3-Richtung $e^{(3)}$ gegeben ist. Wählt man eine Referenzfluiddichte $\rho_{f,0}$, so ergibt sich die Druckhöhe h_p zu

$$h_p = \frac{p}{\rho_{f,0}|g|} \tag{4.133}$$

und die hydraulische Höhe zu

$$h = h_p + x_3. \tag{4.134}$$

Wenn wir annehmen, dass die obere Grenze des Aquifers durch die Druckhöhe gegeben ist, erhalten wir

$$B = h_p - b^{\mathrm{down}}. \tag{4.135}$$

Anders als im Abschn. 4.4.1 berücksichtigen wir nun den Fall, dass das poröse Medium nicht vollständig gesättigt ist, so dass $\varepsilon = s\lambda$ mit Sättigung s ist. Indem man (4.108) über die Tiefe B integriert, erhält man

$$\frac{\partial\left(Bs\lambda\rho_f\right)}{\partial t} + \nabla \cdot \left(Bs\lambda\rho_f v_f\right) = Bs\lambda\rho_f Q_{p,f}. \tag{4.136}$$

Um die hydraulische Höhe einzubinden, werfen wir einen genaueren Blick auf die zeitliche Ableitung und erhalten

$$\frac{\partial\left(Bs\lambda\rho_f\right)}{\partial t} = s\lambda\rho_f \frac{\partial B}{\partial t} + B\lambda\rho_f \frac{\partial s}{\partial t} + Bs\frac{\partial\left(\lambda\rho_f\right)}{\partial t}. \tag{4.137}$$

Der erste Summand ist über (4.135) direkt mit der Druckhöhe verknüpft, so dass wir

$$\frac{\partial B}{\partial t} = \frac{\partial h_p}{\partial t} = \frac{\partial h}{\partial t} \tag{4.138}$$

erhalten. Für den zweiten Summanden gewinnen wir

$$\frac{\partial s}{\partial t} = \frac{\partial s}{\partial h_p}\frac{\partial h_p}{\partial t} = \frac{\partial s}{\partial h_p}\underbrace{\frac{\partial h_p}{\partial h}}_{=1}\frac{\partial h}{\partial t} = C(h_p)\frac{\partial h}{\partial t} \tag{4.139}$$

mit der Feuchtigkeitskapazität $C(h_p)$.

Im Hinblick auf den dritten Summanden wollen wir erwähnen, dass Dichteänderungen mithilfe einer geeigneten Kompressibilität in Bezug zu Druckänderungen gesetzt werden können. Da Druck und hydraulische Höhe äquivalent sind, ist es ebenso möglich, Kompressibilität

$$S_0 = \lambda\gamma_f + (1-\lambda)\gamma_s \tag{4.140}$$

mittels Kompressibilität des Fluids γ_f und des Festkörpers γ_s zu definieren, so dass wir zu

$$Bs\frac{\partial(\lambda\rho_f)}{\partial t} = Bsh_pS_0\frac{\partial h}{\partial t} \tag{4.141}$$

gelangen. Unter Vernachlässigung von Effekten der Fluiddichte im Divergenzanteil der Boussinesq-Approximation und mit Hilfe der Definition

$$S = B\left(S_0 + \lambda Ch_p\right) + s\lambda, \tag{4.142}$$

kann die Massenbilanz in der Form

$$S\frac{\partial h}{\partial t} + \nabla\cdot\left(Bs\lambda v_f\right) = Bs\lambda Q_{p,f} \tag{4.143}$$

formuliert werden.

Das Darcy-Gesetz (4.122) kann auch unter Verwendung der hydraulischen Höhe anstelle des Drucks umgeschrieben werden:

$$\begin{aligned} v_f &= -\frac{1}{\mu_f}\boldsymbol{\kappa}\left(\nabla p - \rho_f g\right) \\ &= -\frac{1}{\mu_f}\boldsymbol{\kappa}\left(\nabla\left(\rho_{f,0}|g|(h-x_3)\right) + \rho_f|g|e^{(3)}\right) \\ &= -\frac{1}{\mu_f}\boldsymbol{\kappa}\left(\rho_{f,0}|g|\nabla h - \rho_{f,0}|g|e^{(3)} + \rho_f|g|e^{(3)}\right) \\ &= -\frac{1}{\mu_f}\boldsymbol{\kappa}\rho_{f,0}|g|\left(\nabla h + \frac{\rho_f - \rho_{f,0}}{\rho_{f,0}}|g|e^{(3)}\right). \end{aligned} \tag{4.144}$$

Kombiniert man (4.143) und (4.144) erhält man

$$S\frac{\partial h}{\partial t} - \nabla \cdot \left(\frac{Bs\lambda}{\mu_f} \boldsymbol{\kappa} \rho_{f,0} |g| \left(\nabla h + \frac{\rho_f - \rho_{f,0}}{\rho_{f,0}} |g| e^{(3)} \right) \right) = Bs\lambda Q_{p,f} \tag{4.145}$$

als eine Art Diffusionsgleichung für den hydraulischen Druck. Diese Gleichung ist nichtlinear aufgrund der Abhängigkeit der Koeffizienten von verschiedenen Größen, die in Beziehung zum hydraulischen Druck stehen.

4.4.4 Petrothermale Reservoire

In petrothermalen Systemen ist die erreichbare Effizienz für industrielle Zwecke zu niedrig. Aus diesem Grund ist es gängige Praxis, die Produktivität mit Hilfe von Flüssigkeitsdruck zu steigern, indem man dadurch sowohl die Rissöffnungen als auch ihre Konduktivität und somit die Permeabilität des Reservoire erhöht. Dadurch erhält man wie bereits erwähnt ein sogenanntes „Enhanced Geothermal System" (EGS). Wenn man hydraulische Stimulation anwendet (siehe beispielsweise Ghassemi 2003; Zubkov et al. 2007), breiten sich die Brüche in Richtung der maximalen Hauptspannung aus. Die Bruchfläche wird durch das momentane Spannungsfeld im Reservoir bestimmt, das an den Bruchspitzen einwirkt (siehe zum Beispiel Moeck et al. 2009). Die Hauptschwierigkeit bei den mechanischen Modellen, welche die Bruchausbreitung während des Stimulationsprozesses beschreiben, besteht oft darin, den angreifenden Druck des Fluids mit der Bruchöffnung und der Gesteinsspannung zu verbinden, da die Parameter, die diese Verknüpfung steuern (wie zum Beispiel Steifigkeit der Gesteins und Steifigkeit der Scherung), schwer festzustellen sind (siehe Hillis 2003). Bei allen Modellen, welche die Bruchausbreitung vorhersagen, ist die Kenntnis des Spannungsfeldes zu Beginn der Stimulation entscheidend.

Es gibt zwei grundlegende Modellkategorien für petrothermale Systeme mit geklüftetem Gestein: Kontinuumsmethoden und diskrete Methoden. Die Modelle der Kontinuumsmethode können weiter unterteilt werden in drei Methoden. Diese sind „Effective Continuum Method" (ECM), „Dual-Continuum" (DC) oder „Generalized Multiple-Continuum Model" (MINC, „Multiple INteracting Continua"), und schließlich das „Stochastic Continuum" (SC) Modell. Die Kontinuumsmethode ist ein einfacher Zugang, denn die komplexe Geometrie der geklüfteten Systeme bleibt unberücksichtigt und ihr Verhalten wird mit effektiven Parametern beschrieben. Jedoch ist es nicht sinnvoll, vertikale Mittelung wie bei den hydrothermalen Systemen durchzuführen. Im Gegensatz hierzu basiert der diskrete Ansatz auf der expliziten Beschreibung der Brüche. Deswegen wird eine genaue Kenntnis der Geometrie der Brüche benötigt. Es gibt zwei verschiedene Aufgabenstellungen, die mittels der diskreten Modelle gelöst werden sollen, und zwar die Modellierung des Flusses, wenn es nicht möglich ist, die Kontinuumsmethode anzuwenden und die Spezifizierung der effektiven Parameter, die im Kontinuummodell benötigt werden, wenn dieser Ansatz anwendbar ist. Die diskreten Modelle können in drei verschiedene Methoden unterteilt werden: „Single-Fracture" (SF) Modelle, „Discrete Fracture-Network" (DFN) Modelle,

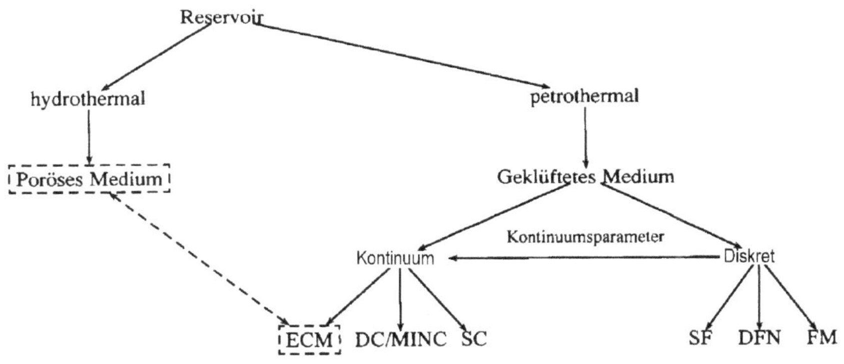

Abb. 4.26 Schema der geothermischen Reservoirmodelle zur Charakterisierung der gegenwärtigen Situation (vgl. Augustin et al. 2012)

„Fracture-Matrix" (FM) Modelle. Eine schematische Übersicht der vorgestellten Methoden zur Modellierung von geothermischen Reservoiren findet sich in Abb. 4.26.

Dieser Artikel kann nur eine Überblick über die verschiedenen Modelle geben, die bei der Reservoir- und Strömungsmodellierung zum Einsatz kommen. Für weitere Information zu (numerischen) Methoden, die sich mit Strömung und Transport durch geklüftete Medien beschäftigen, sei der Leser auch auf die Bewertungen durch Adler und Thovert (1999), Dietrich et al. (2005), Neuman (2005) und Sanyal et al. (2000) verwiesen.

4.4.5 Kontinuumsmodelle

Effective Continuum Method Wir stellen zunächst zwei grundlegende Modelle für die Bestimmung von effektiven Koeffizienten in geklüftetem Gestein dar, die durch Pruess et al. (1986) und Wu (2000) eingeführt wurden und die auf einem deterministischen Ansatz beruhen.

Pruess und seine Mitarbeiter (1986) haben ein semi-empirisches Modell zur Darstellung eines ungesättigten Bruch/Matrix-Systems als einfaches äquivalentes Kontinuum entwickelt, in dem sie eine einfache arithmetische Summe der Konduktivität der Gesteinsmatrix und des Bruchsystems als Approximation der ungesättigten Konduktivität des geklüfteten Gesteins verwenden:

$$\boldsymbol{\kappa}(p) = \boldsymbol{\kappa}_{\text{matrix}}(p) + \boldsymbol{\kappa}_{\text{fracture}}(p). \tag{4.146}$$

Eine ähnliche Approximation der isotropen Permeabilität des Bruch/Matrix-Systems wurde von Peters und Klavetter (1988) verwendet. Die Approximation (4.146) gründet sich auf der Annahme, dass lokales thermodynamisches Gleichgewicht zwischen einem geklüfteten System und Gesteinsmatrixblöcken im Falle von schnellen Stößen zusammenbricht.

Ein Beispiel, das den Transport gelöster Substanzen in den Modellen für geklüftete Medien einschließt, ist z. B. in Wu (2000) gegeben. Hier wird eine verallgemeinerte ECM-

Formulierung verwendet, um mehrphasige, nicht-isotherme Strömung und den Transport gelöster Substanzen zu modellieren. Die entscheidenden Gleichungen für kompositionellen Transport und Energieerhaltung beinhalten die wichtigsten effektiven Zusammenhänge wie Kapillardruck, relative Permeabilität, Dispersionstensor und thermische Konduktivität. Unter Einbindung einer kombinierten Bruch/Matrix-Kapillardruckkurve als Funktion einer effektiven Flüssigkeitssättigung, können die entsprechenden Sättigungen durch Inversion der Kapillardruckfunktionen für Bruch und Matrix bestimmt werden. Folglich kann die effektive relative Permeabilität der zugehörigen Fluidphase als gewichtete Summe (über die absolute Permeabilität des Bruchsystems und der Matrix) der relativen effektiven Permeabilitäten des Bruchsystems und der Matrix (ausgewertet für die jeweiligen Sättigungen) bestimmt werden. Auf die gleiche Weise kann die thermische Konduktivität bestimmt werden. Für die Bestimmung des Dispersionstensors benötigt man die Darcy-Geschwindigkeiten im Bruchsystem und in der Matrix zusätzlich zu den entsprechenden Sättigungen. Insbesondere ist die Approximation (4.146) im Modell für die effektive Kontinuumspermeabilität berücksichtigt worden.

Ein Versuch, die verschiedenen mathematischen Konzepte dieses Problems im Hinblick darauf zu kategorisieren, gute Abschätzungen für die matrixabhängigen effektiven Parameter zu finden, wird in Sahimi (1995) gemacht.

Im Allgemeinen ist allerdings nicht sichergestellt, dass ein Repräsentatives Elementar-Volumen (REV) für einen vorgegebenen Standort existiert (siehe Long et al. 1982) oder die Annahme des thermodynamischen Gleichgewichts zwischen Bruch und Matrix ist aufgrund von rascher Strömung und schnellen Transportprozessen verletzt. Aus diesem Grund benötigt man Alternativen.

Dual-Continuum und MINC Methoden Die Dual-Continuum Methode oder die allgemeinere Multiple Interacting Continua Methode (siehe Barenblatt et al. (1960); Kazemi (1969); Pruess und Narasimhan (1985); Warren und Root (1963); Wu und Qin (2009) und die darin genannten Referenzen) versucht, die Nachteile der ECM zu überwinden.

Die Dual-Porosity Methode als eine mögliche Form der Dual-Continuum Methode wurde zuerst von Barenblatt et al. (1960) eingeführt, wobei die Idee darin bestand, zwei separate aber sich überlappende Kontinua zu verwenden, eine zur Modellierung des Bruchsystems und die andere zur Modellierung des porösen Matrixblocks. Die Methode berücksichtigt nicht nur das Fluid innerhalb der Brüche wie beim allgemeinen Darcy-Modell, sondern auch den Fluidmassentransfer zwischen Brüchen und den Matrixblöcken. Typischerweise wird die Strömung zwischen dem Bruchsystem und der Matrix pseudostatisch modelliert, wobei man Druckgleichgewicht zwischen dem Bruchsystem und den Matrixblöcken und für die Dauer eines Zeitschrittes annimmt. Zwei Erhaltungssätze werden benötigt, einer für den Bruch und einer für die Gesteinsmatrixblöcke (siehe Barenblatt et al. 1960). Sie sind gegeben durch

$$0 = \frac{\partial(\lambda_1 \rho_f)}{\partial t} + \nabla \cdot (\lambda_1 \rho_f v_1) - Q^{\text{inter}}, \tag{4.147}$$

$$0 = \frac{\partial(\lambda_2 \rho_f)}{\partial t} + \nabla \cdot (\lambda_2 \rho_f v_2) + Q^{\text{inter}}. \tag{4.148}$$

Hierbei ist Q^{inter} die Masse des Fluids, die von der Gesteinsmatrix in die Brüche pro Zeiteinheit und Gesteinsvolumeneinheit fließt. Die Indizes 1 und 2 bezeichnen jeweils die Bruchphase und die Gesteinsmatrixphase. Es sei erwähnt, dass die (4.147) und (4.148) die gleiche Form haben wie (4.108) für ein einfaches poröses Medium.

Kombiniert man (4.147) mit dem Darcy-Gesetz und (4.148) mit der Annahme, dass die Porösität in der Gesteinsmatrix nur vom entsprechenden Druck in der Gesteinsmatrix abhängt, so ergibt sich

$$\frac{\partial p_1}{\partial t} - \eta \frac{\partial \Delta p_1}{\partial t} = \nu \Delta p_1, \tag{4.149}$$

und zwar unter den Voraussetzungen, dass das Medium homogen und das Fluid leicht kompressibel sind sowie unter Vernachlässigung von Termen höherer Ordnung. Hierbei ist p_1 der Druck in der Bruchphase, η und ν sind Konstanten, die vom System abhängen. Die erste numerische Implementierung eines finiten Differenzenschemas für mehrphasige, doppel-poröse Medien, einschließlich Gravitation und Imbibition wurde unseres Wissens von Kazemi et al. (1976) veröffentlicht. Es kann gezeigt werden (siehe Arbogast 1989), dass diese Modelle bei entsprechenden Rand- und Anfangsbedingungen gutgestellt sind. Die Herleitung eines Modells für doppelt-poröses Medium durch Homogenisierung wird in Arbogast et al. (1990) gezeigt.

Die Annahmen der Dual-Porosity Methode werden im Fall von großen Matrixblöcken, niedriger Permeabilität oder Silifizierung von Bruchflächen nicht erfüllt. Eine Erweiterung des Dual-Porosity Modells, die sogenannte „Multiple INteracting Continua" (MINC) Methode, wurde von Pruess und Narasimhan (1985) vorgeschlagen. Die zugrunde liegende Idee ist es, das Gebiet in Regionen zu unterteilen, in denen thermodynamisches Gleichgewicht angenommen werden kann und jeden Block der Gesteinsmatrix nicht wie im Fall der Dual-Porosity Methode als poröses Medium anzunehmen, sondern als eine Menge von unterschiedlichen porösen Medien mit unterschiedlichen Eigenschaften, die alle dem Darcy-Gesetz folgen. Dieser Zugang der vorübergehenden Wechselwirkung zwischen Matrix und Brüchen ist, wie gezeigt werden kann, realistischer. Eine stimmige Darstellung für den thermischen Fluss kann ebenfalls mithilfe der integrierten finiten Differenzen in das Modell einbezogen werden. Beispiele dafür, wie diese Methode an unterschiedliche Situationen angepasst werden kann, finden sich in Kimura et al. (1992) und Wu und Pruess (2005).

Weitere Informationen zur Multiphysik und zum Multiskalenansatz finden sich in Helmig et al. (2014) und den darin enthaltenen Referenzen. Weitere Modelle zum Bruch-Matrix-Zusammenspiel liefert Berkowitz (2002).

Stochastic-Continuum (SC) Methode Der Stochastic-Continuum Ansatz stellt das geklüftete Medium als einfaches Kontinuum dar, aber im Gegensatz zur ECM verwendet es geostatistische Parameter. Das Konzept wurde zunächst für geklüftete Medien von Neuman und Depner (1988) und Tsang et al. (1996) eingeführt. Die lageabhängigen hydraulischen Parameter, wie hydraulische Konduktivität, werden über stochastische Methoden als Zufallsvariable modelliert, wie zum Beispiel Monte-Carlo Simulation. Allerdings ist die Messung der hydraulischen Konduktivität in dieser Form problematisch, da sie ein skalenabhängiger Parameter ist, der normalerweise bei niedrigen Skalen höhere Varianzen aufweist, ein unterschiedliches Trägervolumen besitzt und aus Rohrtests stammt, deren Skala zur benötigten Supportskala des Modells passen muss (siehe beispielsweise Oden und Niemi 2006).

Die Pionierarbeit von Neuman und Depner (1988) verifiziert die Abhängigkeit der effektiven wesentlichen hydraulischen Konduktivität ausschließlich von Mittelwert, Varianz und wesentlichen Skalen der lokalen logarithmischen hydraulischen Konduktivitäten für ellipsoidische Kovarianzfunktionen. Die vorgeschlagene Methode setzt voraus, dass das Medium lokal isotrop ist und dass die Varianz klein ist.

Das Stochastic-Continuum Modell von Tsang et al. (1996) basiert auf einem parameterlosen Ansatz unter Einsatz der sequentiellen Indikatorsimulationsmethode. Daten der hydraulischen Konduktivität aus punktuellen Injektionstests dienen dem Zweck, den für diese Simulation benötigten Input zu bekommen, also die Schwellenwerte, die den Bereich der möglichen Werte der hydraulischen Konduktivität im Stochastic-Continuum Modell in Klassen unterteilen sowie die entsprechenden Anteile dieser Bereiche. Um die Brüche und die Gesteinsmatrix widerzuspiegeln, führen sie eine weitreichende Korrelation für die hohe hydraulische Konduktivität als Teil der Verteilung in den bevorzugten Ebenen der Brüche ein. Auf diese Weise tragen sowohl die Brüche als auch die Gesteinsmatrix zur hydraulischen Konduktivität bei, obwohl sie nicht als zwei verschiedene Kontinua wie im oben beschriebenen Dual-Continua Modell behandelt werden. Aufgrund der zum Modell gehörenden Einschränkungen und zur Verringerung der Ungenauigkeit schlagen sie vor, räumlich integrierte Größen zu verwenden, um Strömungs- und Transportprozesse in stark heterogenen Reservoiren zu beschreiben und die Vorteile des Kontinuums (räumliche Unveränderlichkeit) ihres Models wiederzugeben.

Auf Grundlage des Konzepts der stochastischen REV unter Verwendung von mehrfachen Realisierungen des stochastischen „Discrete Fracture Network" (DFN) (siehe unten) simuliert mit Hilfe der Monte Carlo Methode bestimmen Min et al. (2004) den gleichwertigen Permeabilitätstensor unter Einsatz des zweidimensionalen UDEC Codes von Itasca Consulting Group Inc (2000). Die zentrale Beziehung, die in diesem Code zum Einsatz kommt, ist ein verallgemeinertes Darcy-Gesetz für anisotrope und homogene poröse Medien (siehe auch Bear 1972)

$$v_i = F \sum_{j=1}^{2} \frac{\boldsymbol{\kappa}_{ij}}{\mu_f} \frac{\partial p}{\partial x_j}, \tag{4.150}$$

wobei F der Querschnittsbereich des DFN Modells ist. Einer der wichtigsten Schritte in der Analyse ist der Beweis der Existenz der resultierenden Permeabilität als Tensor, was durch Vergleich der erzielten Resultate mit der elliptischen Gleichung der Richtungspermeabilität erreicht wurde. Der zweite wichtige Schritt ist die Entscheidung, ob ein REV für einen bestimmten Standort durchgeführt werden kann oder nicht. Min et al. (2004)

stellen hierzu zwei Kriterien vor, nämlich „coefficient of variation" und „prediction error", um die Existenz des REV zu beweisen und seine Größe für den Standort Sellafield, UK, zu ermitteln.

4.4.6 Diskrete Modelle

Single-Fracture (SF) Modelle In einem „Single-Fracture" Modell wird nur ein Bruch betrachtet. Die Analyse eines korrekten Verhaltens eines einfachen Bruches ist wesentlich für das Verständnis von Situationen, in denen der größte Anteil der Strömung in wenigen dominierenden Pfaden erscheint. Es gibt verschiedene Realisierungen für dieses Konzept, sowohl deterministisch als auch stochastisch. Ein früher Ansatz, der bevorzugte Strömungspfade basierend auf Variationen der Bruchöffnung behandelt, findet sich in Tsang et al. (1996).

Die klassische Idee bei der Modellierung eines Gesteinsbruchs ist, ihn als ein Paar aus glatten parallelen Ebenen zu betrachten (siehe Lomize 1951; Tang et al. 1981). Diese Modelle sind aus mathematischer Sicht interessant, da sie oft eine analytische oder halbanalytische Lösung für die Strömung bieten (siehe Wu et al. 2005). In der Tat sind sie in Reservoirmodellen weit verbreitet, da sie hilfreich bei quantitativen Analysen sind. Leider sind sie weit von der Wirklichkeit entfernt.

In der Realität kann die Oberfläche eines Bruchs derart rau sein, dass die Strömung nicht mehr das kubische Gesetz (siehe Bear et al. 1993)

$$v = \frac{g}{12\mu_f} a_{\mathrm{p}}^3 \frac{\Delta h}{l}, \tag{4.151}$$

erfüllt, wobei v die Fließrate, g die Gravitationsbeschleunigung, a_p die Öffnung, Δh der Druckverlust und l die Bruchlänge ist. Einige Autoren haben versucht, diese Abweichung vom kubischen Gesetz mit fraktaler (z. B. Brown 1987; Fomin et al. 2003) und statistischer (z. B. Tsang und Tsang 1989) Modellierung der Bruchrauheit zu beschreiben. Es ist allgemein anerkannt, dass Brüche selbst zweidimensionale Netzwerke von variabler Öffnung sind. Meistens besteht der Trick darin, nicht jede einzelne Rauheit in der Oberfläche zu identifizieren (obwohl es eine Anzahl von technischen Möglichkeiten gibt, eine genaue profilometrische Analyse durchzuführen), sondern die Skala der Rauheit zu ermitteln, die einen wesentlichen Einfluss auf den Fluidfluss hat (siehe Berkowitz 2002).

In letzter Zeit wurde eine weitere Methode für die Darstellung der Unregelmäßigkeiten der Bruchoberfläche eingeführt, um (Navier-Stokes) Strömung durch einen einfachen Bruch zu modellieren, nämlich die Lattice-Boltzmann Methode (siehe z. B. Eker und Akin (2006) und Kim et al. (2003) und die darin enthaltenen Referenzen). Im Gegensatz zur traditionellen „top-down"-Methode unter Verwendung von partiellen Differentialgleichungen ist die Idee dieser „bottom-up"-Methode, einfache Regeln für die Darstellung des Fluidflusses zu verwenden, die auf der Boltzmanngleichung beruhen.

Zusätzlich zu den Problemen, die durch Rauheit verursacht werden, wird die Situation dadurch erschwert, dass auch der Einfluss von Deformationsprozessen aufgrund von Strömung und Druckgradienten bei dieser Skala berücksichtigt werden müssen (siehe z. B. Auradou 2009).

Für die Wärmeentnahme aus petrothermalen Systemen mit heißem, trockenem Gestein (Hot Dry Rock, HDR) entwickelten z. B. Ghassemi et al. (2003) und Heuer et al. (1991) ein mathematisches System für einen einfachen Bruch. Das wesentliche Merkmal des Ansatzes von Heuer et al. (1991) ist, das vorgestellte (eindimensionale) Modell mit analytischen Mitteln zu lösen. Darüberhinaus wird eine Verallgemeinerung auf eine unendliche Anzahl paralleler Brüche gemacht. Ein dreidimensionales Modell für den Wärmetransport in einem ebenen Bruch in einem unendlichen Reservoir wird von Ghassemi et al. (2003) präsentiert, wobei die Diskretisierung des geothermischen Reservoirs durch eine Formulierung mithilfe einer Integralgleichung unter Verwendung der Greenschen Funktion vermieden wird.

Discrete Fracture Network (DFN) Unter den Methoden zur Modellierung eines geothermischen Reservoirs ist der DFN-Ansatz einer der genauesten aber auch einer derer, die am schwierigsten zu implementieren sind. Dieses Modell schränkt Fluidfluss auf die Brüche ein und betrachtet das umgebende Gestein als undurchlässig (z. B. Dershowitz et al. 2004). Wie bei den Modellen mit einfachen Brüchen wird der größte Anteil des zeitlichen Fluidflusses durch die Brüche mit Strömung zwischen parallelen Platten mit glatten Wänden (Lee et al. 1999) oder mit Strömung durch Röhren (Konzept der Kanalströmung, siehe Tsang und Tsang 1987) modelliert. Im Gegensatz zum Dual-Porosity Modell wird der Fluidfluss im DFN-Modell durch das kubische Gesetz bestimmt. Basierend auf der Impulsgleichung und den Beziehungen im Kontinuum können unbekannte Drücke an Schnittkanten des Bruchnetzwerkes mit dem DFN-Modell bestimmt werden. Ein Vergleich der Dual-Porosity Methode und der DFN Methode findet sich in Lee et al. (1999). Hierbei wird herausgestellt, dass der wichtigste Parameter im Dual-Porosity Modell der Anteil des Bruchvolumens und im DFN-Modell die Öffnung ist. Weiterhin leiten sie eine eindimensionale analytische Lösung des Dual-Porosity Modells mit Hilfe der Fourier- und Laplacetransformation und basierend auf einer früheren Lösung von Ödner (1998) für ein beschränktes, geklüftetes Aquifer-Problem ab. Es wurden verschiedene Ansätze zur Charakterisierung eines Bruchnetzwerkes in einem Reservoir und der Strömung in einem solchen Netzwerk eingeführt, beispielsweise basierend auf stochastischen Modellen, fraktalen Modellen, Fuzzy Logic und Neural Networks (unter Einbeziehung von Felddaten), einer Kombination dieser Modelle oder Perkolationstheorie (siehe Jing et al. (2000), Maryška et al. (2004), Mo et al. (1998), Ouenes (2000), Tran und Rahman (2006) und Watanabe und Takahashi (1995) und die darin enthaltenen Referenzen). Die Perkolationstheorie kann auch eingesetzt werden, um die Konnektivität eines DFN oder seine effektive Permeabilität zu bestimmen (siehe Berkowitz 1995; Masahi et al. 2007; Mo et al. 1998). Analytische Modelle zur Bestimmung der Permeabilität eines anisotropen DFN werden in Chen et al. (1999) entwickelt.

Die Idee hinter den stochastischen Modellen ist, dass das gesamte Fracture Network nicht mithilfe seismischer und geologischer Mittelwerte bestimmt werden kann. Dashalb sind Brüche, die zu klein sind, um detektiert zu werden, durch die aber ein beträchtliches Aufkommen an Strömung auftreten kann, stochastisch erzeugt. Dabei muss Information über die Morphologie des Systems zuerst erhoben werden (über Monte Carlo Sampling oder geologische Analyse), um die richtige Wahrscheinlichkeitsverteilung zu bestimmen. Dann können realistische Fracture Networks erzeugt werden, die eine recht gute Approximation der realen Untergrundsituation darstellen. Die statistische Verteilung der Bruchorientierung wird oft als Fisher-Verteilung beschrieben (siehe Fisher et al. 1993), wohingegen die Bruchöffnung und -größe aus logarithmischer Normal- oder Gaußverteilung ermittelt werden kann. Weitere Details finden sich z. B. in Assteerawatt (2008).

Fracture-Matrix (FM) Modelle Der letzte Ansatz der diskreten Kategorie sind Fracture-Matrix Modelle, die man auch explizite Discrete-Fracture oder Matrix Methoden nennt (siehe Reichenberger et al. (2006), Snow (1965), Stothoff und Or (2000) und Sudicky und McLaren (1992) und die darin enthaltenen Referenzen). Diese Modelle sind eine Erweiterung des oben beschriebenen DFN Modells hinsichtlich der Betrachtung der Gesteinsmatrix als poröses Medium. Deswegen kann der Einfluss der Wechselwirkung zwischen Brüchen und umgebender Gesteinsmatrix auf den physikalischen Prozess während Fluid- und Wärmeströmung durch das Reservoir in einem realistischeren Grad erfasst und analysiert werden. Aus diesem Grund kann man diese Modelle auch verwenden, um die Parameter in den Kontinuumsmethoden zu bestimmen (siehe Lang 1995; Lang und Helmig 1995).

Obwohl die Fracture-Matrix Modelle es erlauben, einen Fluidpotentialgradienten und Strömungen zwischen Bruchsystem und Gesteinsmatrix auf einem physikalischen Level darzustellen, wird dieser Vorteil oft dadurch gemindert, dass diese Modelle auf vertikale oder horizontale Orientierung der Brüche eingeschränkt sind (z. B. Travis 1984) oder dass der Einfluss der realen Geometrie auf die Brüche wie ihre Turtuosität vernachlässigt werden. Da eine genaue Kenntnis der Eigenschaften der Matrixgeometrie schwer für einen gegebenen Standort zu bekommen ist und außerdem die Anwendung dieser Methode sehr rechenintensiv ist, sind in der Praxis die weniger aufwendige Dual-Continuum und die allgemeinere MINC Methode weiter verbreitet.

Trotzdem erlaubt der Technologiefortschritt den allmählichen Beginn von umfangreicheren Studien, die eine genauere Beschreibung des Bruchsystems mit einer durchlässigen Matrix verbinden. In der Konsequenz ist es nun möglich, eine sehr komplexes Bruchsystem zu modellieren, und dennoch die Tatsache zu berücksichtigen, dass jeder Bruch Fluid mit der umgebenden Gesteinsmatrix austauschen kann. Ein Versuch dieser Art der Untersuchung wurde erfolgreich von Reichenberger et al. (2006) gemacht. Die Hauptidee ist, dass der Kapillardruck und die Strömung stetig über die Bruchgrenzen verlaufen müssen, so dass genaue Bedingungen zur Beschreibung der Schnittstelle gegeben sein müssen. Diese Methode ist immer noch in einem frühen Stadium und kann bisher aufgrund der starken Abhängigkeit von einer präzisen und vollständigen Kenntnis der realen Bruch-Matrix-Konfiguration vor Ort kaum eingesetzt werden.

4.4.7 Wärmetransport im porösen Medium

Ziel ist es, den Wärmetransport in einem 2-phasigen porösen Medium, das aus einer festen und einer fluiden Phase besteht, zu simulieren. Ausgehend von (4.131) machen wir die folgenden zusätzlichen Annahmen:

(1) Das Fluid ist inkompressibel und die Divergenz des Geschwindigkeitsfeldes verschwindet.
(2) Die Hitze, die durch mechanische Dispersion erzeugt wird, ist vernachlässigbar, so dass $\mathbf{k}_f = k_f \mathbf{I}$.
(3) Alle Wärmekapazitäten und die Porosität sind konstant bezüglich Zeit und Raum.

Mit diesen einschränkenden Annahmen (1)–(3) erhalten wir die *transiente Advektions-Diffusion-Gleichung (transient advection diffusion equation, TADE) für das zwei-phasige poröse Medium* ($0 < t_{end} < \infty$):

$$(c\rho)_{\mathrm{p}} \frac{\partial T}{\partial t} = \nabla \cdot (k_{\mathrm{p}} \nabla T) - \lambda c_{\mathrm{f}} \rho_{\mathrm{f}} v_{\mathrm{f}} \cdot \nabla T + Q_T \quad \text{in} \quad \mathcal{B} \times (0, t_{\mathrm{end}}), \tag{4.152}$$

$$T(\cdot, 0) = T_0 \quad \text{in} \quad \mathcal{B}, \tag{4.153}$$

$$\frac{\partial T}{\partial n} = F \quad \text{auf} \quad \partial\mathcal{B} \times [0, t_{\mathrm{end}}]. \tag{4.154}$$

Aussagen zu Existenz, Eindeutigkeit und Stetigkeit der schwachen Lösung von Problem (4.152)–(4.154) werden in der Dissertation Ostermann (2011a), Arbeitsgruppe Geomathematik, TU Kaiserslautern, bewiesen.

Da die schwache Form des Problems (4.152)–(4.154) unendlich-dimensional ist, benötigt man zur numerischen Umsetzung die Restriktion auf ein endlich-dimensionales Problem, dessen Lösung eine Approximation der gesuchten Lösung liefert. Um dies zu erreichen, kann z. B. ein lineares Galerkin-Schema auf der Basis von skalaren Kernen und eines Gitters von J paarweise verschiedenen Punkten im Referenzgebiet $\mathcal{B}$ verwendet werden. Die approximative Galerkin-Lösung wird mit T_J bezeichnet. Eine Konvergenzaussage gegen die ursprüngliche Lösung wird in Ostermann (2011a, 2011b) verifiziert.

Geeignete Beispiele für ein Galerkin-Gitter und einen Galerkin-Kern sind z. B. tetragonale Gitter und der biharmonische Kern (der bekanntlich zu den radialen Basisfunktionen im Euklidischen Raum gehört, vgl. Buhmann 2003; Wendland 2005). Sie erfüllen die nötigen Bedingungen des Galerkin-Verfahrens (siehe Ostermann 2011a, 2011b). Die Ergebnisse eines numerischen Tests für den Kubus $(-1, 1)^3$ im Falle eines diffusionsdominanten Problems (mit Péclet-Zahl $Pe = 0{,}01$), einer konstanten Anfangsbedingung von $T_0 = 393{,}15$ K und einer (Punkt-)Injektion im Ursprung mit einer Injektionstemperatur von 343,15 K, sind in Abb. 4.27 und Abb. 4.28 zu sehen (vgl. Ostermann 2011a, 2011b). In den ersten beiden Spalten von Abb. 4.27 ist die zeitliche Entwicklung der Temperaturdifferenz $T_J(\cdot, t) - T_J(\cdot, 0)$ für ausgewählte Zeitpunkte zwischen 3 und 36 Monaten abgebildet.

Die globale Entwicklung zeigt eine eindeutige Abkühlung des Gebietes – wie zu erwarten aufgrund der niedrigen Injektionstemperatur im Vergleich zur Anfangstemperatur. Es ist zu beachten, dass die Farbskala immer auf das Intervall $[-50, 0]$ skaliert ist. In der dritten Spalte dieser Abbildung ist eine Detailansicht nach 6, 12 und 36 Monaten zu sehen. Die Größe $\text{detail}_J(t) = -\log_{10}(-(T_J(\cdot, t) - T_J(\cdot, 0)))$ ist für die jeweiligen Temperaturintervalle dargestellt. Zur Verdeutlichung der auftretenden Strukturen ist die Farbskala am oberen Ende verdichtet. Der Einfluss des Advektionsterms, der im betrachteten Fall relativ gering ist, lässt sich trotzdem deutlich zu erkennen. Die Kältefront, die sich ausgehend vom Injektionspunkt „kugelförmig" ausbreitet, wird in positiver x_2-Richtung gebremst, wohingegen sie in negativer x_2-Richtung beschleunigt wird. Dieses Verhalten kann auch in Abb. 4.28 beobachtet werden. Dort ist die Temperatur $T_J(\cdot, t)$ nach 36 Monaten sowohl in der x_1x_2-als auch in der x_2x_3-Ebene für eine angepasste Farbskala dargestellt.

Weitere Untersuchungen des vorgestellten Verfahrens – insbesondere im Falle von advektionsdominanten Problemen – sind nötig, da das verwendete Galerkin-Verfahren keinen Stabilisierungsterm beinhaltet. Dieser soll verhindern, dass für große Péclet-Zahlen starke Oszillationen auftreten (vgl. John et al. (2006) und John und Schmeyer (2008) für ähnliche Überlegungen).

4.4.8 Wärmetransport im geklüfteten Medium

Im Gegensatz zu dem im vorherigen Abschnitt betrachteten isotropen, porösen Medium sind geklüftete geothermische Systeme durch starke Heterogenitäten gekennzeichnet. Sie unterliegen internen und externen Kräften, die unterschiedliche Zeit- und Raumskalen aufweisen. Des Weiteren fließt das Wärmeträgermedium durch ein teilweise schlecht verbundenes Bruchnetzwerk entlang von Hindernissen verschiedenster Struktur und Proportion. Dies kann zu einem anomalen Verhalten des Wärmetransports (aber auch anderer Transportprozesse) führen, da sich die Bewegung der diffusiven Größe – hier Wärme – verlangsamt, weil sie eventuell an einem Ort für eine längere Zeitspanne verharrt. Wegen seiner breiten Anwendbarkeit findet das Konzept anomaler Transportvorgänge immer mehr Beachtung in den Naturwissenschaften (vgl. z. B. Luchko und Punzi (2011) und die darin aufgeführte Literatur sowie Luchko (2014)).

Um das anomale Verhalten der Diffusion der Wärme zu modellieren, kann der sogenannte „Continuous Time Random Walk" (CTRW) verwendet werden. Dabei wird die Wärme als eine Menge von Partikeln angesehen, die sich sprunghaft durch das heterogene Medium bewegen. Auf Basis von Abschätzungen der Sprungwahrscheinlichkeitsdichtefunktion der sich bewegenden Partikel erhält man ein kontinuierliches Wärmetransportmodell. Das anomale Verhalten kann man z. B. mithilfe der zeitlichen Entwicklung des Erwartungswerts der mittleren quadratischen Abweichung, d. h. der Varianz, eines sich bewegenden Partikels bewerten – und zwar in der Form

$$E((\delta x)^2) \sim t^\alpha. \tag{4.155}$$

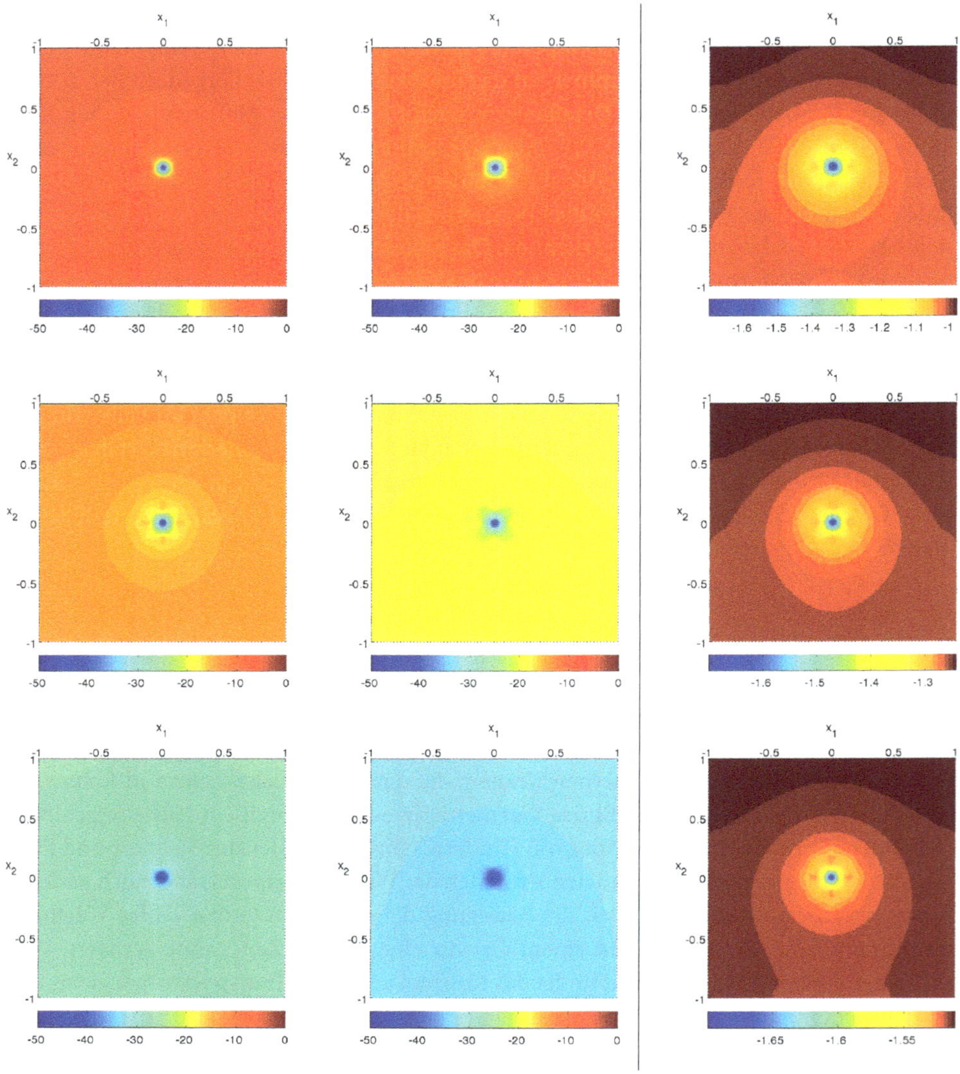

Abb. 4.27 Temperaturdifferenz $T_J(\cdot, t) - T_J(\cdot, 0)$ in [K] für die um eine Konstante erweiterte Galerkinentwicklung in der x_1x_2-Ebene nach 3, 6, 9, 12, 24, und 36 Monaten (in den ersten beiden Spalten von links nach rechts und von oben nach unten) und Detailansicht von $detail_J(t)$ in [K] nach 6, 12, und 36 Monaten (rechte Spalte von oben nach unten) für ein tetragonales Gitter mit Gitterweite $\frac{1}{9}$ und $Pe = 0{,}01$ (nach Ostermann (2011a))

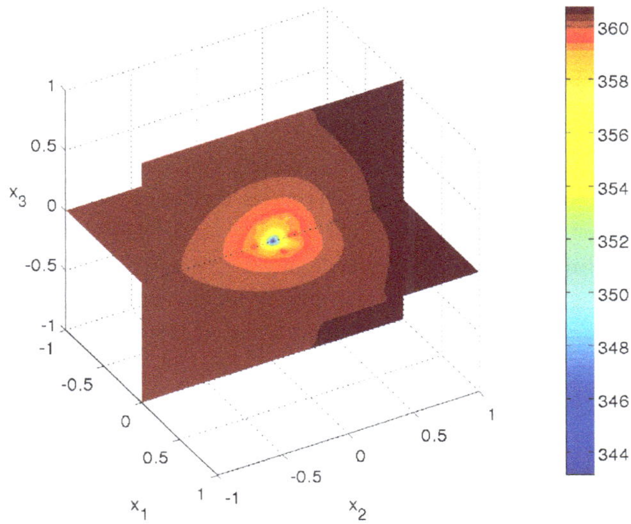

Abb. 4.28 Temperatur $T_J(\cdot, t)$ in [K] für die um eine Konstante erweiterte Galerkin-Entwicklung in der x_1x_2- und der x_2x_3-Ebene nach 36 Monaten für ein tetragonales Gitter mit Gitterweite $\frac{1}{9}$ und $Pe = 0{,}01$ (nach Luchko und Punzi (2011))

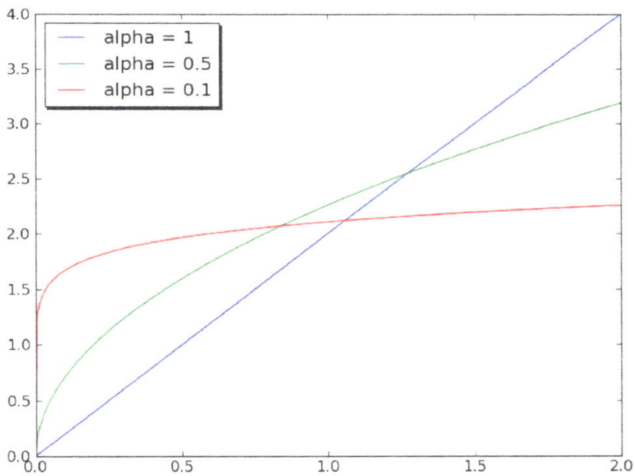

Abb. 4.29 Zeitliche Entwicklung der Varianz eines 1-dimensionalen CTRW ausgehend von einer Dirac-Verteilung für unterschiedliche α (nach Luchko und Punzi (2011))

Abhängig vom Parameter α unterscheidet man die folgenden vier Fälle: Subdiffusion für $0 < \alpha < 1$ und Standarddiffusion für $\alpha = 1$ (siehe Abb. 4.29), Superdiffusion für $1 < \alpha < 2$ und ballistische Diffusion für $\alpha = 2$. Im vorherigen Abschnitt zum Wärmetransport im porösen Medium haben wir Standarddiffusion angenommen.

Im Folgenden wird in Anlehnung an Luchko und Punzi (2011) der Fall der Subdiffusion betrachtet, d. h. $0 < \alpha < 1$. Wird beispielsweise eine Wahrscheinlichkeitsdichtefunktion ψ mit erstem Moment τ gewählt, deren Laplace-Transformation die Form

$$\psi(s) = 1 - (\tau s)^{\alpha} \tag{4.156}$$

für $s \to \infty$ hat, so erhält man aus dem CTRW-Ansatz die fraktionale Fokker-Planck-Gleichung

$$\frac{\partial T}{\partial t} = \frac{\partial^{1-\alpha}}{\partial t^{1-\alpha}}(\kappa \Delta T - v \cdot \nabla T), \quad T(\cdot, 0) = T_0. \tag{4.157}$$

Dabei bezeichnet $\frac{\partial^{1-\alpha}}{\partial t^{1-\alpha}}$ die fraktionale Zeitableitung der Ordnung $1 - \alpha$. Des Weiteren beschreibt κ die Diffusivität. Als problematisch sowohl bei theoretischen als auch numerischen Untersuchungen stellt sich die fraktionale Zeitableitung heraus. Unterschiedliche Definitionen sind im Gebiet des fraktionalen Kalküls bekannt. Werden reale Prozesse simuliert – wie derjenige, den wir hier modellieren – wird hauptsächlich die Caputo-Ableitung verwendet. Diese (vgl. z. B. Gorenflo und Mainardi 1997) ist definiert als

$$\frac{\partial^\beta}{\partial t^\beta} f(t) = \frac{1}{\Gamma(1-\beta)} \int_0^t \frac{1}{(t-\tau)^\beta} \frac{\partial}{\partial \tau} f(\tau)\, d\tau, \quad 0 < \beta < 1. \tag{4.158}$$

Die in (4.158) beschriebene Ableitung entspricht einem Integro-Differential-Operator vom Typ einer Faltung. Es liegt kein Markov-Prozess vor, da das Integral über alle vergangenen Zeitpunkte gebildet wird. Dies führt zu Problemen in der numerischen Umsetzung – insbesondere im Hinblick auf nötige Speicherkapazitäten.

Im Falle von Anfangs-Randwert-Problemen zu fraktionalen partiellen Differentialgleichungen besteht immer noch ein großer Forschungsbedarf im Bereich von Existenz- und Eindeutigkeitsaussagen bzgl. (schwacher) Lösungen. Oftmals können Methoden, die für klassische elliptische oder parabolische partielle Differentialgleichungen benutzt werden, nicht übertragen werden. Ein Beispiel, bei dem die Verallgemeinerung der bekannten Konzepte möglich ist, wurde in Luchko (2009, 2010, 2014) und Luchko und Punzi (2011) vorgestellt. Das (Dirichlet) Anfangs-Randwert-Problem mit $0 < \alpha \leq 1$ – hier kanonischerweise für den drei-dimensionalen Fall dargestellt – lautet

$$\frac{\partial^\alpha T}{\partial t^\alpha} = \nabla \cdot (\kappa \nabla T) - \eta T + Q_T \quad \text{in } \mathcal{B} \times (0, t_{end}), \tag{4.159}$$

$$T(\cdot, 0) = T_0 \quad \text{in } \overline{\mathcal{B}}, \tag{4.160}$$

$$T = F \quad \text{auf } \partial\mathcal{B} \times [0, t_{end}], \tag{4.161}$$

wobei die im vorherigen Paragraphen eingeführte Notation verwendet wird. Des Weiteren gelten für den sowohl raum- als auch zeitabhängigen Quellterm Q_T und für die raumabhängigen Parameter κ und η die Ungleichungen

$$Q_T(x, t) \leq 0 \quad \text{für } x \in \mathcal{B}, \ t \in (0, t_{end}), \tag{4.162}$$

$$\kappa \in C^{(1)}(\overline{\mathcal{B}}), \ \kappa(x) > 0 \quad \text{für } x \in \overline{\mathcal{B}}, \tag{4.163}$$

$$\eta \in C(\overline{\mathcal{B}}), \quad \eta(x) \geq 0 \quad \text{für } x \in \overline{\mathcal{B}}. \tag{4.164}$$

In Luchko (2009) ist mithilfe eines Maximumprinzips gezeigt, dass das Anfangs-Randwert-Problem (4.159)–(4.161) höchstens eine Lösung hat. Falls diese Lösung existiert, hängt sie stetig von den gegebenen Daten ab. Um die Existenz der Lösung nachzuweisen, wird in Luchko (2010) eine verallgemeinerte Lösung des Anfangs-Randwert-Problems im Sinne von Vladimirov eingeführt. Weitere Details können Luchko (2009, 2010, 2014), Luchko und Punzi (2011) und Augustin et al. (2014) entnommen werden.

Wie bereits zuvor erwähnt, ist die numerische Approximation der fraktionalen Zeitableitung problematisch, da Informationen über den Integranden zu allen vergangenen Zeitpunkten eingehen. Möglichkeiten zur Reduzierung des Speicherbedarfs bieten z. B. das „short memory principle" oder das „logarithmic memory principle" (siehe z. B. Ford und Simpson 2001). Im Bereich der Finiten-Differenzen-Verfahren ist die Standardapproximation die Grünwald-Letnikov Definition der fraktionalen Ableitung. Dieses Verfahren konvergiert linear in der Zeit (vgl. Blank 1996). Verfahren mit besseren Konvergenzraten sind in Luchko und Punzi (2011) beschrieben.

Zur Verdeutlichung des Einflusses der fraktionalen Diffusion im Vergleich zur Standarddiffusion wird gemäß Luchko und Punzi (2011) das folgende Anfangs-Randwert-Problem betrachtet:

$$\frac{\partial^\alpha T}{\partial t^\alpha} = -\Delta T \quad \text{in } \mathcal{B} \times (0, t_{end}), \tag{4.165}$$

$$T(\cdot, 0) = T_0 \quad \text{in } \mathcal{B}, \tag{4.166}$$

$$\frac{\partial T}{\partial n} = 0 \quad \text{auf } \partial\mathcal{B} \times [0, t_{end}], \tag{4.167}$$

wobei $\mathcal{B} = (0,1)^2$ das Einheitsquadrat im $\mathbb{R}^2$ darstellt und $t_{end} = 1s$ ist. Außerdem entspricht T_0 der charakteristischen Funktion der Menge

$$\{(x_1, x_2) \in \mathbb{R}^2 | (x_1 - 0{,}75)^2 + (x_2 - 0{,}25)^2 < 0{,}002\}. \tag{4.168}$$

Die numerische Lösung, die in Abb. 4.30 für $\alpha = 0.8$ (Subdiffusion) und $\alpha = 1$ (Standarddiffusion) illustriert ist, wurde unter Verwendung der in McLean und Mustapha (2009) vorgestellten Approximationsmethode erstellt – einer Kombination aus linearer Zeititeration und dem Discontinuous-Galerkin-Verfahren auf Basis einer Finite-Elemente-Triangulation (vgl. Luchko und Punzi (2011)). Es ist in der Abb. 4.30 zu erkennen, dass die Wärme im Falle der Subdiffusion (oben) langsamer diffundiert im Vergleich zum Verhalten bei Standarddiffusion (unten). Abweichungen von einem symmetrischen Ausbreitungsverhalten sind durch Randeffekte begründet.

4.5 Spannungsfeld/Poroelastizität

Die letzte Spalte des Säulenmodells widmet sich dem Spannungsfeld. Es ist offensichtlich, dass das Einpumpen eines zusammengepressten Fluids in eine Gesteinsformation

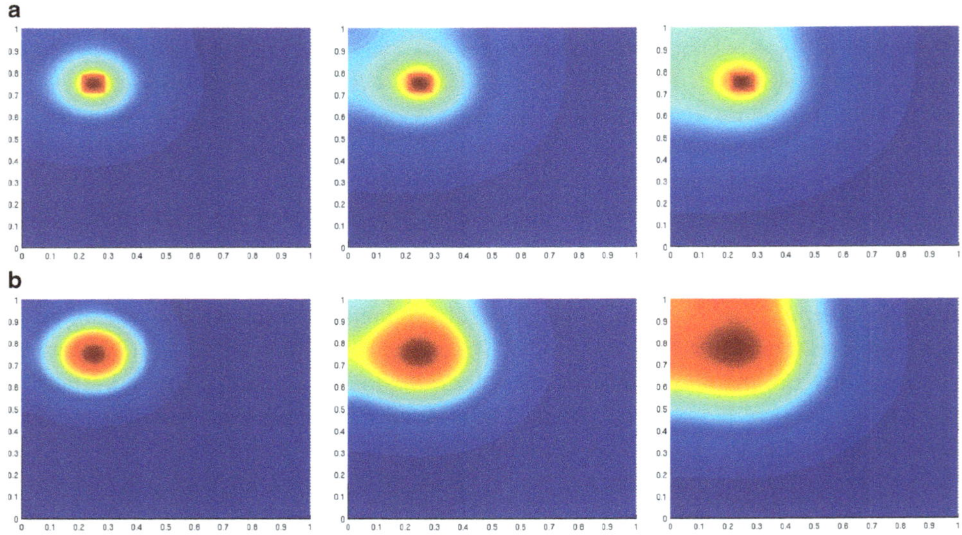

Abb. 4.30 Numerische Lösung des Problems (4.165)-(4.167) mittels 2-dimensionaler DG-FEM für $\alpha = 0{,}8$ (**a**) und $\alpha = 1$ (**b**) nach $t = 0{,}33$, 0,66 und 1,00 Sekunden (*von links nach rechts*) (nach Luchko und Punzi (2011))

die Spannungen innerhalb des Gesteins ändert, während das Fluid durch die Poren und Brüche fließt. Leak-off führt dazu, dass sich das umgebende Gestein ausdehnt (siehe Biot 1935, 1941, 1955; Rice und Cleary 1976). Dieser Zusammenhang zwischen Porendruck und Spannung (siehe z. B. Addis (1997), Engelder und Fischer (1994), Hillis (2000, 2001, 2003) und Zhou und Ghassemi (2009) und die darin enthaltenen Referenzen) ist bekannt als Poroelastizität. Dies kann zu Änderungen in der Permeabilität und Porosität führen, insbesondere wenn Brüche innerhalb eines petrothermalen Reservoirs stimuliert werden. Solche Brüche wachsen entlang der Achse der maximalen Hauptspannung, wobei sich ihre Richtung aus den Spannungen an den Bruchspitzen ergibt (siehe Moeck et al. 2009). Weiterhin führen poroelastische Effekte auch zu Veränderungen im Geschwindigkeitsregime seismischer Wellen, Mikroseismizität, Reaktivierung von Verwerfungen und Bruchlinien, Störung der Bohrlochstabilität und Änderungen des Fließweges des Fluids durch das Reservoir (siehe Altmann et al. 2008). Schließlich setzte das Auftreten leichter seismischer Stöße in der Umgebung von geothermischen Anlagen, z. B. in Basel, Schweiz (Dezember 2006 und Januar 2007) oder Landau, Deutschland (August 2009) eine Diskussion über die Sicherheit geothermischer Kraftwerke in Gang. Neben der Poroelastizität besteht die zweite bedeutende Ursache für Gesteinsverschiebungen auch nach der Beendigung der Injektion von Flüssigkeit in thermoelastischen Prozessen. In der Tat kühlt sich das heiße Gestein durch die Injektion von kalter Flüssigkeit ab und als Folge davon zieht sich das Gestein zusammen, was der Erweiterung durch den poroelastischen Effekt entgegenwirkt (vgl. Nakao und Ishido 1998). Bei kleinen Zeitskalen dominieren die mechanischen Effekte und die thermoelastischen Effekte können vernachlässigt werden, während sie bei einer langandauernden Simulation berücksichtigt werden müssen. Für eine eingehende Betrachtung dieser Probleme sei der Leser z. B. auf Ghassemi (2003) und Rutqvist und Stephansson (2003) verwiesen, sowie für eine umfassende Darstellung auch Evans et al. (1999) und Jing und Hudson (2002) und die darin enthaltenen Referenzen. Wir behandeln hier keine thermoelastischen Effekte, da diese eine Betrachtung von Strömungstransport, Wärmetransport und Deformationsprozesse als gekoppeltes System von Gleichungen (thermo-hydromechanische Modellierung) voraussetzt, was den Rahmen dieses Zugangs sprengt. Der Einfachheit halber beschränken wir uns hier auf poroelastische Effekte in Anlehnung an Überlegungen in Augustin (2012).

Zur Simulation des Spannungsfeldes in einem homogenen, isotropen Medium $\mathcal{B} \subset \mathbb{R}^3$ werden die sogenannten quasistatischen Gleichungen der Poroelastizität benutzt. Sie wurden zuerst in Biot (1935, 1941) beschrieben. Wir erläutern hier kurz die grundlegenden Beziehungen, die benutzt werden, um diese Gleichungen herzuleiten. Weitere Details finden sich in Auriault (1973), Jaeger et al. (2007), Lai et al. (2010), Landau et al. (1986), Phillips (2005), Phillips und Wheeler (2007) und Showalter (2000).

Betrachtet man ein dreidimensionales reguläres Gebiet $\mathcal{B} \subset \mathbb{R}^3$, einen Punkt x im Gebiet $\mathcal{B}$ und sein Bild x' nach einer kleinen Deformation, so ist konventionsgemäß der Verschiebungsvektor u als

$$u(x,t) = x'(t) - x(t) \tag{4.169}$$

definiert für ein $t \in [0, t_{\text{end}}]$. Er beschreibt Deformationen des festen porösen Mediums. Mit der üblichen Annahme der linearen Elastizität ist der Dehnungsstensor $\boldsymbol{\epsilon}$ gegeben durch

$$\boldsymbol{\epsilon}_{ij}(u) = \frac{1}{2}\left(\frac{\partial u_i}{\partial x_j}(x,t) + \frac{\partial u_j}{\partial x_i}(x,t)\right). \tag{4.170}$$

Im Fall eines isotropen, homogenen Mediums führt dies zum Spannungstensor $\boldsymbol{\sigma}$ gegeben durch

$$\boldsymbol{\sigma}_{ij}(x,t) = C_{ijkl}(x,t)\boldsymbol{\epsilon}_{kl}(u) = \lambda\boldsymbol{\epsilon}_{kk}(u)\delta_{ij} + 2\mu\boldsymbol{\epsilon}_{ij}(u). \tag{4.171}$$

Hierbei sind λ und μ die Lamè-Parameter des Systems. Weiterhin benutzen wir hier wie üblich die Einsteinsche Summationskonvention.

Da u das feste Medium beschreibt, benötigen wir eine weitere Größe zur Beschreibung des Verhaltens des Fluids. Wie bereits zuvor in Abschn. 4.4.2 gesagt wurde, kann der Fluidfluss in einem porösen Medium mit Darcys Gesetz (4.122) beschrieben werden. Da wir isotropes, homogenes Medium und Fluid annehmen, kann $\boldsymbol{\kappa}$ durch den Skalar κ ersetzt werden. Weiterhin setzen wir $k = \frac{\kappa}{\mu_f}$.

Als nächstes beschreiben wir die Wechselwirkung zwischen Fluid und Festkörper. Gemäß Biot (1935, 1941) gibt es zwei Größen, die berücksichtigt werden müssen. Die erste ist der poroelastische Spannungstensor $\boldsymbol{\sigma}^{\text{pe}}$, der durch

$$\boldsymbol{\sigma}^{\text{pe}}(x,t) = \boldsymbol{\sigma}(x,t) - \alpha\mathbf{I}p(x,t) \tag{4.172}$$

gegeben ist. Hierbei ist $\mathbf{I}$ der Einheitstensor vom Rang 2, α ist die sogenannte Biot-Willis-Konstante und p ist der Porendruck im Fluid. Die zweite Größe ist der sogenannte volumetrische Fluidgehalt

$$\zeta(x,t) = c_0 p(x,t) + \alpha \nabla \cdot u(x,t). \tag{4.173}$$

Er beschreibt den Teil der Volumenänderung des Fluids aufgrund der Änderungen im Massenfluss (siehe Jaeger et al. (2007) für eine detaillierte Herleitung). c_0 ist der spezifische Speicherkoeffizient.

Die Gln. (4.170)–(4.173) bilden eine vollständige Liste von konstituierenden Beziehungen zur Beschreibung der Wechselwirkung des Fluid-Festkörper-Systems. Das Verhalten des Systems wird bestimmt durch die üblichen Erhaltungssätze der Physik. In unserem Fall sind Impuls- und Massenerhaltung gegeben durch (vgl. z. B. Augustin 2012; Augustin et al. 2014)

$$\rho_s(x,t)\frac{\partial^2 u}{\partial t^2}(x,t) - \nabla \cdot \boldsymbol{\sigma}(x,t) = f(x,t) \quad \text{(lineare Impulserhaltung)}, \tag{4.174}$$

$$\frac{\partial \zeta}{\partial t}(x,t) + \nabla \cdot v_s(x,t) = h(x,t) \quad \text{(Massenerhaltung)} \tag{4.175}$$

mit Massendichte ρ_s des Festkörpers. Wir verzichten auf eine ausführliche Beschreibung der Herleitung dieser Differentialgleichungen aus den Intergralgleichungen

$$\frac{d}{dt}\int_{\mathcal{B}_t} \rho_s(x,t)v_s(x,t)\, dV(x) = \int_{\mathcal{B}_t} f(x,t)\, dV(x) + \int_{\partial\mathcal{B}_t} \boldsymbol{\sigma}(x,t)n(x,t)dS(x), \tag{4.176}$$

$$\frac{d}{dt}\int_{\mathcal{B}_t} \zeta(x,t)dV(x) = \int_{\mathcal{B}_t} h(x,t)\, dV(x). \tag{4.177}$$

Diese kann der interessierte Leser beispielsweise Jaeger et al. (2007) und Lai et al. (2010) und den darin angegebenen Referenzen entnehmen. Die Liste der hier auftretenden Größen, soweit nicht bereits eingeführt, beinhaltet

$$\mathcal{B}_t \subset \mathcal{B} \quad \text{Materialvolumen}, \tag{4.178}$$

$$v_s(x,t) \quad \text{Deformationsgeschwindigkeit des Festkörpers}, \tag{4.179}$$

$$f(x,t) \quad \text{Körperkraftdichte}, \tag{4.180}$$

$$h(x,t) \quad \text{Fluidquellen und -senken}. \tag{4.181}$$

Kombiniert man die Gln. (4.122) und (4.170)–(4.175), so erhält man gemäß Augustin et al. (2012)

$$\rho_s(x,t)\frac{\partial^2 u}{\partial t^2}(x,t) - (\lambda + \mu)\nabla(\nabla \cdot u(x,t)) - \mu\nabla^2 u(x,t) + \alpha\nabla p(x,t) = f(x,t), \tag{4.182}$$

$$\frac{\partial}{\partial t}\left(c_0 p(x,t) + \alpha\nabla\cdot u(x,t)\right) - \nabla\cdot\left(k\left(\nabla p(x,t) - \rho_f g(x,t)\right)\right) = h(x,t) \tag{4.183}$$

als beherrschende Gleichungen der Poroelastizität in einem homogenen, isotropen Medium.

Da wir nicht an Wellenphänomenen interessiert sind, sondern am Konsolidierungsprozess, erscheint es sinnvoll, die zweite zeitliche Ableitung in (4.182) zu vernachlässigen. Dies wird auch durch eine Entdimensionalisierung gerechtfertigt. Es seien x_0, t_0 die charakteristische Längenskala bzw. die charakteristische Zeitskala. Unter Vernachlässigung von Fluidkräften und unter Verwendung von

$$\widetilde{x} = \frac{x}{x_0}, \quad \widetilde{t} = \frac{t}{t_0}, \tag{4.184}$$

$$\widetilde{u} = \frac{u}{x_0}, \quad \widetilde{p} = \frac{p}{\mu}, \quad \widetilde{f} = \frac{x_0}{\mu} f, \quad \widetilde{h} = t_0 h \tag{4.185}$$

erhält man

$$\left[\frac{\rho_s x_0^2}{\mu t_0^2}\right]\frac{\partial^2\widetilde{u}}{\partial\widetilde{t}^2} - \left[\frac{\lambda+\mu}{\mu}\right]\widetilde{\nabla}\left(\widetilde{\nabla}\cdot\widetilde{u}\right) - \widetilde{\nabla}^2\widetilde{u} + \alpha\widetilde{\nabla}\widetilde{p} = \widetilde{f}, \tag{4.186}$$

$$\frac{\partial}{\partial\widetilde{t}}\left(c_0\mu\widetilde{p} + \alpha\left(\widetilde{\nabla}\cdot\widetilde{u}\right)\right) - \left[\frac{t_0 k\mu}{x_0^2}\right]\widetilde{\nabla}\cdot\left(\widetilde{\nabla}\widetilde{p}\right) = \widetilde{h}. \tag{4.187}$$

Die entdimensionalisierten Koeffizienten vor dem Diffusionsterm in (4.187) legen die Identität

$$t_0 = \frac{x_0^2}{k\mu} \tag{4.188}$$

nahe und führen somit zu

$$\left[\frac{\rho_s\mu k^2}{x_0^2}\right]\frac{\partial^2\widetilde{u}}{\partial\widetilde{t}^2} - \left[\frac{\lambda+\mu}{\mu}\right]\widetilde{\nabla}\left(\widetilde{\nabla}\cdot\widetilde{u}\right) - \widetilde{\nabla}^2\widetilde{u} + \alpha\widetilde{\nabla}\widetilde{p} = \widetilde{f}, \tag{4.189}$$

$$\frac{\partial}{\partial\widetilde{t}}\left(c_0\mu\widetilde{p} + \alpha\left(\widetilde{\nabla}\cdot\widetilde{u}\right)\right) - \widetilde{\nabla}^2\widetilde{p} = \widetilde{h}. \tag{4.190}$$

Für unseren Zweck kann angenommen werden, dass die charakteristische Längenskala x_0 von der Ordnung einiger hundert Meter oder einiger Kilometer ist. Zum Beispiel erhalten wir mit $x_0 = 100$ m und für Berea-Sandstein (vgl. Schanz 2001)

$$\frac{\rho_s\mu k^2}{x_0^2} \approx 5{,}3\cdot 10^{-11}, \tag{4.191}$$

was im Vergleich zu

$$\frac{\lambda+\mu}{\mu} = \frac{5}{3} \text{ und } \alpha = 0{,}867 \tag{4.192}$$

ziemlich klein ist. Deswegen kann der Term $\rho_s(x,t)\frac{\partial^2}{\partial t^2}u(x,t)$ in (4.182) als vernachlässigbar angesehen werden.

Somit können die quasistatischen Gleichungen der Porelastitzät in der Form

$$-(\lambda+\mu)\nabla(\nabla\cdot u)-\mu\Delta u+\alpha\nabla p=f \quad \text{in} \quad \mathcal{B}\times(0,t_{\text{end}}), \tag{4.193}$$

$$\frac{\partial}{\partial t}(c_0 p+\alpha\nabla\cdot u)-\nabla\cdot k\left(\nabla p-\rho_f g\right)=h \quad \text{in} \quad \mathcal{B}\times(0,t_{\text{end}}) \tag{4.194}$$

geschrieben werden. Um die Eindeutigkeit der Lösung zu garantieren, müssen diese Gleichungen mit Anfangs- und Randwertbedingungen versehen werden. Als mögliche Randbedingungen können

$$u=u_D \text{ auf } \Gamma_d\times[0,t_{\text{end}}],\ p=p_D \text{ auf } \Gamma_p\times[0,t_{\text{end}}], \tag{4.195}$$

$$(\boldsymbol{\sigma}-\alpha\mathbf{I}p)\,n=t_N \text{ auf } \Gamma_t\times[0,t_{\text{end}}],\ -k(\nabla p-g)\cdot n=q \text{ auf } \Gamma_f\times[0,t_{\text{end}}], \tag{4.196}$$

gelten. Hierbei erfüllen die verschiedenen Anteile des Randes die Bedingung $\Gamma_d\cap\Gamma_t=\emptyset=\Gamma_p\cap\Gamma_f$ und $\overline{\Gamma_d}\cup\overline{\Gamma_t}=\partial\mathcal{B}=\overline{\Gamma_p}\cup\overline{\Gamma_f}$. Die Indizes „$d$“, „$t$“, „$p$“ und „$f$“ stehen für „displacement“ (Verschiebung), „tension“ (Spannung), „pressure“ (Druck) und „flow“ (Fluss). Es zeigt sich, dass eine geeignete Anfangsbedingung durch die Beschreibung des Fluidgehaltes $\zeta=c_0p+\alpha\nabla\cdot u$ bei $t=0$ gegeben ist, so dass (nach Augustin 2012)

$$c_0p(\cdot,0)+\alpha\nabla\cdot u(\cdot,0)=\zeta(\cdot,0)=\zeta_0 \quad \text{in} \quad \mathcal{B}. \tag{4.197}$$

Es können beispielsweise Anfangsdruck $p_0 = p(\cdot,0)$, Anfangsvolumenkraftdichte $f_0=f(\cdot,0)$ und Randbedingungen an u für $t=0$ beschriebem werden, um $u(\cdot,0)$ und somit auch $\zeta_0=\zeta(\cdot,0)$ berechnet zu können.

Existenz- und Eindeutigkeitsergebnisse für eine Lösung des Anfangswertproblems (4.193)–(4.197) finden sich in den Untersuchungen von Augustin (2012) und in der Dissertation Augustin (2014). Ähnlich wie beim Wärmetransportproblem in porösen Medien stellt sich heraus, dass der Druck stetig ist.

Um die Gln. (4.193) und (4.194) im mathematischen Kontext zu diskutieren, erwähnen wir einige Zusammenhänge. Offensichtlich haben wir eine Beziehung zur Cauchy-Navier-Gleichung der Elastostatik

$$-(\lambda+\mu)\nabla(\nabla\cdot u)-\mu\Delta u=f. \tag{4.198}$$

Außerdem gibt es eine offensichtliche Beziehung zwischen Wärme- und Diffusionsgleichung

$$\frac{\partial}{\partial t}p-\Delta p=h, \tag{4.199}$$

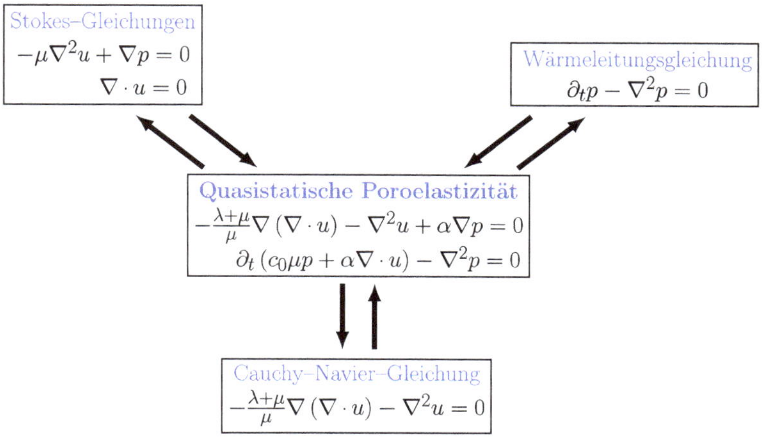

Abb. 4.31 Zusammenhang zwischen den Gleichungen der quasistatischen Poroelastizität und bekannten (Systemen von) Differentialgleichungen (nach Augustin (2014))

da dies ein Prototyp einer zeitabhängigen parabolischen Differentialgleichung ist. Weiterhin gibt es eine Relation zu den Stokes-Gleichungen

$$\begin{aligned} -\mu\Delta u + \nabla p &= 0, \\ \nabla \cdot u &= 0, \end{aligned} \tag{4.200}$$

dem möglicherweise einfachsten System von Gleichungen für eine vektorwertige Größe u und eine skalarwertigen Größe p (siehe Abb. 4.31).

Die oben angegebenen Beziehungen können auch verstanden werden, indem man Fundamentallösungen der quasistatischen Gleichungen der Poroelastizität betrachtet. Der Einfachheit halber betrachten wir die dimensionslosen Gleichungen (vgl. (4.186) und (4.187))

$$-\frac{\lambda+\mu}{\mu}\nabla(\nabla \cdot u) - \Delta u + \alpha\nabla p = 0, \tag{4.201}$$

$$\frac{\partial}{\partial t}\left(c_0\mu p + \alpha(\nabla \cdot u)\right) - \Delta p = 0. \tag{4.202}$$

Zur besseren Lesbarkeit verzichten wir hier auf die Darstellung mit ~. Mit den Abkürzungen

$$\begin{aligned} C_1 &= \frac{\alpha}{c_0(\lambda+2\mu)+\alpha^2}, \quad C_2 = \frac{\lambda+2\mu}{c_0\mu(\lambda+2\mu)+\mu\alpha^2}, \\ C_3 &= \frac{c_0(\lambda+3\mu)+\alpha^2}{2(c_0(\lambda+2\mu)+\alpha^2)}, \quad C_4 = \frac{c_0(\lambda+\mu)+\alpha^2}{c_0(\lambda+3\mu)+\alpha^2}, \end{aligned} \tag{4.203}$$

erhalten wir die Fundamentallösung (vgl. Augustin 2012)

$$p^{\mathrm{si}}(x,t) = C_2 G^{\mathrm{Heat}}(x,t), \tag{4.204}$$

$$u^{si}(x,t) = C_1 \left(\nabla_x \int_0^t C_2 G^{\text{Heat}}(x,\tau)\, d\tau + \nabla_x G^{\text{Harm}}(x) \right), \tag{4.205}$$

$$p^{Fi}(x,t) = C_1 \left(\nabla_x C_2 G^{\text{Heat}}(x,t) + \nabla_x G^{\text{Harm}}(x)\delta(t) \right), \tag{4.206}$$

$$\mathbf{u}^{Fi}(x,t) = C_1^2 \nabla_x \left(\nabla_x \int_0^t C_2 G^{\text{Heat}}(x,\tau)\, d\tau + \nabla_x G^{\text{Harm}}(x) \right) + \mathbf{u}^{CN}(x)\delta(t), \tag{4.207}$$

oder genauer

$$p^{si}(x,t) = C_2 \frac{1}{\sqrt{\pi}^3} \frac{1}{\sqrt{4C_2\, t}^3} \exp\left(-\frac{|x|^2}{4C_2\, t} \right), \tag{4.208}$$

$$u^{si}(x,t) = C_1 \frac{x}{4\pi |x|^3} \left(erf\left(\frac{|x|}{\sqrt{4C_2\, t}} \right) - \frac{2}{\sqrt{\pi}} \frac{|x|}{\sqrt{4C_2\, t}} \exp\left(-\frac{|x|^2}{4C_2\, t} \right) \right), \tag{4.209}$$

mit den Fundamentallösungen der Wärme-, Laplace- und Cauchy-Navier-Gleichung $G^{\text{Heat}}(\cdot,\cdot)$, $G^{\text{Harm}}(\cdot)$ und $u^{CN}(\cdot)$ und der Gausschen Fehlerfunktion $erf(\cdot)$ gegeben durch

$$erf(\xi) = \frac{2}{\sqrt{\pi}} \int_0^{\xi} \exp(-t^2)\, dt. \tag{4.210}$$

Zu beachten ist, dass die Fundamentallösung für den Druck in der Stokes-Gleichung (4.200) durch $\nabla_x G^{\text{Harm}}(x)$, also einem Teil des zweiten Summanden von p^{Fi}, gegeben ist.

Obwohl die Existenz einer Lösung durch gewisse Bedingungen garantiert ist, ist es in den meisten Fällen nicht möglich, eine solche Lösung analytisch zu berechnen. Stattdessen wird ein numerisches Lösungsverfahren benötigt, um eine adäquate approximative Lösung zu finden. Wir führen hier ein Lösungsverfahren ein, dass auf der Methode der Fundamentallösungen beruht.

Die Idee bei der Methode der Fundamentallösungen ist, ein System von Fundamentallösungen für eine gegebene Differentialgleichung auszuwählen, so dass deren Singularitäten nicht im betroffenen Gebiet enthalten sind. Jede endliche Linearkombination dieser Fundamentallösungen erfüllt die zugehörigen Differentialgleichungen mit verschwindender rechter Seite und ist somit ein geeigneter Ansatz für die Lösung eines entsprechenden Anfangswertproblems. Die Koeffizienten dieses Ansatzes können bestimmt werden, indem man verlangt, dass die vorgeschriebenen Anfangs- und Randwerte approximiert werden müssen, beispielsweise im Sinne eines Abgleichs der kleinsten Quadrate oder einer Kollokation. Die Grundlagen dieser Idee gehen zurück auf Runge (1885), Trefftz (1926) und Walsh (1929). Im Zusammenhang mit Elektrostatik ist diese Methode bekannt als Methode der Bildladungen (vgl. Jackson 1998). Ergebnisse in Zusammenhang mit Potentialtheorie, die auch eine Verbindung mit Grenz- und Sprungrelationen bei Schichtansätzen haben, finden sich in Freeden (1980, 1983) und Freeden und Michel (2004) und den darin enthaltenen Referenzen. Die wesentlichen Vorteile dieser Methode sind, dass sie gitterfrei, integrationsfrei und einfach zu implementieren sind (Smyrlis 2009a). Auf der anderen Seite gibt es keinen Hinweis darauf, wie man die genauen Positionen der Singularitäten wählen muss (Barnett und Betcke 2008; Katsurada und Okamoto 1996; Smyrlis und Karageorghis 2009). Die Wahl von geeigneten Punktmengen ist aber entscheidend für die Qualität der Approximation. Oft sind die auftretenden vollbesetzten linearen Gleichungssysteme schlecht konditioniert und müssen stabilisiert werden (vgl. z. B. Smyrlis 2009a). Allerdings ist das Gesamtaufkommen an Gleichungen moderat.

Es ist möglich zu zeigen, dass gewisse Systeme von Fundamentallösungen dichte Teilmengen des Lösungsraums einer gegebenen partiellen Differentialgleichung sind. Wir verweisen auf Freeden (1980, 1983), Freeden und Gerhards (2013) und Freeden und Kersten (1981) für Ergebnisse aus der Potentialtheorie, Müller und Kersten (1980) für Ergebnisse für die Helmholtz-Gleichung, Smyrlis (2009b) und Freeden und Reuter (1990) für Ergebnisse zur Cauchy-Navier-Gleichung, Mayer (2007) und Mayer und Freeden (2014) für Ergebnisse zur Stokes-Gleichung, Johansson und Lesnic (2008), Johansson et al. (2011) und Kupradze (1964) für Ergebnisse zur Wärmegleichung, und Browder (1962) und Smyrlis (2009a) für Ergebnisse zu elliptischen Operatoren. Konvergenzresultate zu erhalten ist deutlich schwieriger. Sie sind für die Laplacegleichung bekannt (Katsurada 1989; Li 2008a) und für eine (modifizierte) Helmholtz-Gleichung (Barnett und Betcke 2008; Li 2008b).

Für den Fall der quasistatischen Poroelastizität kann ein Ansatz, der auf der Methode der Fundamentallösungen basiert, in der Form

$$\begin{aligned} u_k(x,t) = \sum_{n=1}^{N}\Bigg(& \sum_{m=1}^{M}\left(\sum_{j=1}^{3} a_{nm}^{(j)}\mathbf{u}_{kj}^{\mathrm{fi}}(x-y_n,t-\tau_m) + b_{nm}u_k^{\mathrm{si}}(x-y_n,t-\tau_m)\right) \\ & + \sum_{j=1}^{3}\widetilde{a}_n^{(j)}(t)\mathbf{u}_{kj}^{\mathrm{CN}}(x-y_n)\Bigg), \end{aligned} \tag{4.211}$$

$$\begin{aligned} p(x,t) = \sum_{n=1}^{N}\Bigg(& \sum_{m=1}^{M}\left(\sum_{j=1}^{3} a_{nm}^{(j)}p_j^{\mathrm{fi}}(x-y_n,t-\tau_m) + b_{nm}p^{\mathrm{si}}(x-y_n,t-\tau_m)\right) \\ & + \sum_{j=1}^{3}\widetilde{a}_n^{(j)}(t)p_j^{\mathrm{St}}(x-y_n)\Bigg) \end{aligned} \tag{4.212}$$

mit

$$\mathbf{u}^{\mathrm{fi}}(x-y,t-\tau) = \mathbf{u}^{\mathrm{Fi}}(x-y,t-\tau) - \mathbf{u}^{\mathrm{CN}}(x-y)\delta(t-\tau), \tag{4.213}$$

$$p^{\mathrm{fi}}(x-y,t-\tau) = p^{\mathrm{Fi}}(x-y,t-\tau) - p^{\mathrm{St}}(x-y)\delta(t-\tau), \tag{4.214}$$

$$p^{\mathrm{St}}(x-y) = \nabla_x G^{\mathrm{Harm}}(x-y) \tag{4.215}$$

geschrieben werden. Für diesen Ansatz können Dichteresultate in einem gewissen Lösungsraum gezeigt werden (vgl. Augustin 2014).

Um die Methode der Fundamentallösungen für Probleme ohne verschwindende rechte Seite zu verwenden, muss diese mit anderen Methoden kombiniert werden. Eine mögliche

Erweiterung ist die „Dual Reciprocity Method“ (Golberg und Chen 1998). Ausgangspunkt ist die Tatsache, dass die Lösung einer linearen Differentialgleichung als Summe einer Lösung der homogenen Gleichung und einer speziellen Lösung der Gleichung im Falle nicht verschwindender rechter Seite berechnet werden kann. Angenommen, wir haben eine Differentialgleichung für die skalarwertige Funktion p mit rechter Seite h. Die Idee bei der „Dual Reciprocity Method“ ist es, ein System von radialen Basisfunktionen $\{p_i\}_{i=0}^N$ und $\{h_i\}_{i=0}^N$ zu finden, so dass für jedes i das entsprechende p_i eine Lösung der betrachteten Differentialgleichung mit rechter Seite h_i ist. Wenn solche Systeme existieren, kann eine Lösung mit beliebiger rechter Seite h gefunden werden, indem man h im Hinblick auf $\{h_i\}_{i=0}^N$ erweitert. Die Lösung p_{part} ergibt sich dann, indem man die Koeffizienten dieser Erweiterung in den Ansatz, der durch eine ähnliche Erweiterung basierend auf $\{p_i\}_{i=0}^N$ gegeben ist, einsetzt. Um Anfangs- und Randwerte zu erfüllen, muss man die gegebenen Anfangs- und Randwerte durch die Werte von p_{part} für $t = 0$ und am Rand anpassen und die Methode der Fundamentallösungen auf das neue Problem mit $h = 0$ und den angepassten Anfangs- und Randwertbedingungen anwenden, um p_{hom} zu erhalten.

Im Falle der quasistatischen Poroelastizität, muss das oben beschriebene Verfahren verallgemeinert werden. Es ist üblich, (4.193) und (4.194) als System von vier Gleichungen zu betrachten. Die rechte Seite dieses Systems ist ein Vektor mit vier Komponenten, f_1, f_2, f_3 und h. Wir benötigen also ein System $\{\mathbf{f}_i\}_{i=0}^N$ von radialen Basisfunktionen, die Werte im Raum der reell-wertigen 4×4-Tensoren annehmen. Dies wird klar, wenn man beachtet, dass man zur Darstellung eines beliebigen Vektors im $\mathbb{R}^4$ eine Basis von vier Vektoren benötigt. Deswegen sind die entsprechenden radialen Basisfunktionen $\{\mathbf{u}_i\}_{i=0}^N$ der Lösung ebenfalls tensorwertig. Davon abgesehen, bleibt das Verfahren zur Auffindung einer Lösung das gleiche wie beim oben dargestellen skalarwertigen Fall.

4.6 Geomathematik – Ihre Rolle und Ihre Aufgaben in der Tiefen Geothermie

Während der letzten Dekaden wurden die Geowissenschaften und das Geoingenieurwesen durch zwei wesentliche Szenarien beeinflusst: Zum einen hat der technologische Fortschritt vollständig die Beobachtungs- und Messtechniken verändert, zum andern gibt es ein wachsendes öffentliches Interesse an der Zukunft unseres Planeten, seines Klimas, seiner Umwelt und an dem erwarteten Energie- und Rohstoffmangel. Beide Aspekte führen zu einem starken Bedarf an neuen und innovativen mathematischen Strukturen, Hilfsmitteln und Methoden, d. h. Geomathematik. In der Tat durchzieht Mathematik als Querschnittswissenschaft heutzutage fast alle Bereiche unseres Lebens. Als Folge steht Mathematik in enger Wechselwirkung mit nahezu allen Wissenschaften bis hin zur Medizin und Teilen der Geisteswissenschaften (Mathematisierung der Wissenschaften). Der Einsatz des Computers befähigt zur Behandlung komplizierter Modelle zu realen Datensätzen. Modellierung, Berechnung und Visualisierung führen zu zuverlässigen Simulationen von Prozessen und Produkten. Mathematik ist dabei der „Rohstoff“ der Modelle und das Wesen jeder Computersimulation; sie bildet den Mittler (d. h. die Schlüsseltechnologie), um die Bilder der realen Welt in Modelle der virtuellen Welt umzusetzen und umgekehrt (für weitere Ausführungen sei z. B. auf Bach et al. (2004), Freeden (2009) und Pesch (2002) verwiesen).

Der vorliegende Beitrag stellt einen Versuch dar, Geomathematik in ihrer Rolle, ihren Aufgaben und ihrem Potenzial im Hinblick auf die Tiefe Geothermie zu beschreiben. Geomathematik in der Tiefen Geothermie hat als spezifische Aufgabe, eine Brücke zwischen der mathematischen Theorie und der geotechnischen Anwendung zu spannen. Der besondere Reiz begründet sich dabei im regen Gedankenaustausch zwischen der mehr an Modellbildung, theoretischer Fundierung und approximativer sowie numerischer Problembewältigung interessierten Gruppe angewandter Mathematiker und der mehr mit Messtechnik, Methodik der Datenanalyse, Implementation von Routinen und Software-Anwendung vertrauten Gruppe der Geoingenieure und -physiker. Eine Besonderheit mathematisch reflektierter geothermischer Forschung liegt darin, dass sie sich vornehmlich mit jenen Gebieten der Erde befasst, die für direkte Messungen nur unzureichend oder auch durch Fernerkungsmethoden nicht hinreichend zugänglich sind. Inverse Methoden zur mathematischen Auswertung sind dann unumgänglich. In der Tiefen Geothermie laufen sie meist darauf hinaus, dass eine geologische Struktur und/oder ein physikalisches Feld nahe der Erdoberfläche ausgemessen wird, um sie dann mit mathematischen Methoden in die interessierenden Tiefenbereiche fortzusetzen („downward continuation").

Die Querschnittseigenschaft zur Tiefen Geothermie impliziert auch den fachübergreifenden Charakter. Die wechselseitigen Problemfelder der Mathematik und des Geoingenieurwesen werden anschaulich, beobachtbar, visualisierbar. Dies gilt unzweifelhaft und selbstverständlich für das komplexe „System" Erdwärme.

Die mathematischen Methoden und Auswertungsverfahren in der Tiefen Geothermie variieren stark je nach der untersuchten Messgröße (Erdbeschleunigung, elektrische bzw. magnetische Feldstärke, Temperatur und Wärmefluss, Seismizität, etc.) und der dabei auftretenden grundlegenden „Feldcharakteristik" (Potentialfeld, Diffusionsfeld oder Wellenfeld, jeweils abhängig von den zugrunde liegenden Differentialgleichungen). Insbesondere hat die Differentialgleichung großen Einfluss auf die Auswertungsverfahren. Daher ist zur Beschreibung der Rolle der Mathematik in der Tiefen Geothermie die Auflistung der typischen Erkundungsverfahren nach der zutreffenden „Feldcharakteristik" – wie in den Geowissenschaften üblich – unabdingbar (vgl. Freeden 2009).

- Potentialverfahren (Potentialfelder, elliptische Differentialgleichungen) in Gravimetrie, Geomagnetik, Geoelektrik, ...
- Diffusionsverfahren (Diffusionfelder, parabolische Differentialgleichungen) in Wärmefluss, Geoelektromagnetik, ...
- Wellenverfahren (Wellenfelder, hyperbolische Differentialgleichungen) in Seismik, Georadar, ...

Die Vorgehensweise (d. h. der „Kreislauf") zur Lösung praktischer Probleme hat in der Regel folgende Komponenten (vgl. Bach et al. 2004):

- *Mathematische Modellbildung*: Das praktische Problem wird in die Sprache der Mathematik übersetzt. Dies erfordert die Zusammenarbeit zwischen Anwendern und Mathematikern.
- *Mathematische Analyse*: Die resultierende mathematische Aufgabe wird auf ihre „Wohlgestelltheit" (d. h. Existenz, Eindeutigkeit, Abhängigkeit von den Eingabedaten) überprüft.
- *Entwicklung und Ausführung eines mathematischen Lösungsverfahrens*: Geeignete analytische, algebraische und/oder numerische Methoden und Verfahren zur konkreten Lösung müssen der Aufgabenstellung angepasst oder gegebenenfalls neue Methoden entwickelt werden. Der Lösungsprozess wird durch Zerlegung in Einzeloperationen effizient und ökonomisch ausgeführt, gegebenenfalls auf Computern.
- *Rückübertragung aus der Sprache der Mathematik in die Anwendung*: Die Ergebnisse werden in geeigneter Weise illustriert, um ihre Beurteilung zu sichern. Das mathematische Modell wird an realen Daten validiert und gegebenenfalls modifiziert. Eine gute Übereinstimmung von Modell und Realität wird angestrebt.

Der Vorteil und der Nutzen dieser mathematischen Vorgehensweise, z. B. in der Tiefen Geothermie, bestehen in der besseren, schnelleren, billigeren und sichereren Problemlösung, und zwar mit den bereits genannten Mitteln der Simulation, der Visualisierung und der Reduktion von Datenfluten. Was erlaubt nun den Mathematikern die Brückenschläge zur Geothermie? Die Zahlen- und Formenwelt der Mathematik enthält sehr effiziente Kürzel, mit denen wir den regelhaften Aspekt realer Phänomene beschreiben können. Diese Beschreibung beinhaltet u. a. eine Vereinfachung durch Abstraktion: Wesentliche Eigenschaften eines Problems werden von unwichtigen getrennt und gehen in ein Lösungsschema ein. Der mathematische Blick für Gemeinsamkeiten erlaubt oft nachträglich zu erkennen, dass ein geeignet reduziertes Problem auch aus ganz anderen Zusammenhängen entstehen kann und entsprechend die entstehenden Lösungen bei angemessener Anpassung bzw. Konkretisierung vielseitig verwendbar werden. Ohne diesen zweiten Schritt bleibt die Abstraktion in ihrem Wesen leer (vgl. Bach et al. 2004; Freeden 2009). Dieses Wechselspiel zwischen Abstraktion und Konkretisierung kennzeichnet die Entstehungsgeschichte, aber auch die heutige rasante Weiterentwicklung der Mathematik als verbindende Sprache und als eigenständige Wissenschaft. Eine durch Abstraktion reduzierte Problemstellung wird selbst als neues „konkretes" zu lösendes Problem betrachtet und in einen allgemeinen Rahmen gestellt, innerhalb dessen eine eventuell gefundene Lösung Gültigkeit besitzt. Je mehr Beispiele man kennt, desto mehr erkennt man den ursächlichen Zusammenhang zwischen der Abstraktheit mathematischer Konzepte mit deren Schlag – und Querschnittskraft.

Selbstverständlich steht Geomathematik in enger Wechselbeziehung mit Geoinformatik, Geoingenieurwesen und Geophysik. Aber Geomathematik unterscheidet sich auch grundsätzlich von diesen Disziplinen (vgl. Kümmerer 2002). Ingenieure und Physiker benötigen die mathematische Sprache als Hilfsmittel und Werkzeug. Inhalt der Geomathematik ist aber auch die Fortentwicklung der Sprache selbst. Gegenstand der Geoinformatik ist Design und Architektur von Prozessoren und Computern, Datenbanken und Programmiersprachen usw. im georeflektierten Umfeld. Für Geomathematik sind Computer allerdings nicht Studienobjekte, sondern technische Hilfsmittel zum Lösen mathematischer Probleme der Georealität.

Halten wir fest: Die Erde ist ein dynamischer Planet, der sich angetrieben durch großräumige konvektive Stoff- und Energieumlagerungsvorgänge in seinem Innern und durch vielfältige Einwirkungen von Außen in einem ständigen Wandel befindet. Unser Lebensraum Erde ist nur zu verstehen, wenn wir die Erde als komplexes System im Zusammenwirken aller Komponenten betrachten (siehe Emmermann und Raiser 1997). Bezüglich der Erde ablaufende Prozesse sind miteinander gekoppelt und bilden verzweigte Ursache-Wirkung-Ketten, die durch den Eingriff des Menschen in die natürlichen Gleichgewichte und Kreisläufe zusätzlich beeinflusst werden. Dabei ist die Kenntnis der Ursache-Wirkung-Ketten heute noch weitgehend unvollständig. Speziell in der Tiefen Geothermie ist ein bestimmtes Restrisiko selbst bei noch so gewissenhaften Explorationsuntersuchungen kanonisch und unvermeidbar. Der Grund liegt im spezifischen Charakter inverser Probleme (wie etwa gravitativer und magnetischer Potentialverfahren, seismischer Tomographie), die den Schluss von indirekt gemessener Wirkung auf die geologisch reale Ursache für ein Innengebiet der Erde vollziehen müssen, das sich gänzlich der unmittelbaren Beobachtung entzieht. Dieser Umstand impliziert unabdingbar das „Auftreten methodisch bedingter Geister (ghosts)" bei der Lösung eines inversen Problems, die „Schrecken" jeglicher Explorationsbemühungen darstellen und selbst bei Kombination aller Explorationsmöglichkeiten niemals vollständig zu „verscheuchen" sind. Es kann daher nur das Ziel moderner geomathematischer Forschung sein, die aufgrund der Datenlage außerhalb der „Geisterareale" extrahierbare Information soweit als möglich zugänglich zu machen. Substantielle Verbesserungen lassen sich nur durch Ausbeutung neuer Mess- und Beobachtungsmethoden sowie innovative mathematische Konzepte des Modellierens und Simulierens (z. B. mit neuartigen lokalen Ansatzfunktionen unter Verwendung neuer Observablen) gewinnen. Für die inverse Datenauswertung ist festzuhalten, dass die überkommenen mathematischen Verfahren in Zukunft weder in Theorie noch in Numerik in der Lage sein werden, die neuen Datenmengen – insbesondere unter dem wichtigen Aspekt einer vertieften räumlich-zeitlich regionalisierenden Behandlung möglichst eingebettet in einem globalen Konzept – zu beherrschen. Gefordert ist vielmehr eine Aufbereitung der geowissenschaftlich relevanten Größen in konstituierende Bausteine, die durch drei wesentliche Merkmale charakterisiert ist: Gute Approximationseigenschaft, geeignetes Dekorrelationsvermögen und schnelle Algorithmen. Diese Eigenschaften sind der Schlüssel für eine Vielzahl von Fertigkeiten, insbesondere Datenkompression und -transmission, Entrauschung (Denoising) sowie selektive Multisresolution beispielsweise geologischer Strukturen.

Was ist schließlich die Rolle der Geomathematik perspektivisch für die nähere Zukunft? Geomathematik zusammen mit dem wissenschaftlichen Konsortium, das sich mit geothermischen Obliegenheiten sowie mit Erdwärmetechnik und Energieausbeutung beschäftigt, kann/wird helfen, die kritischen Momente geothermischer Projekte zu bewältigen, d. h. Risikominimierung durch verstärkte Gewinnung extrahierbarer Explorationsinformation,

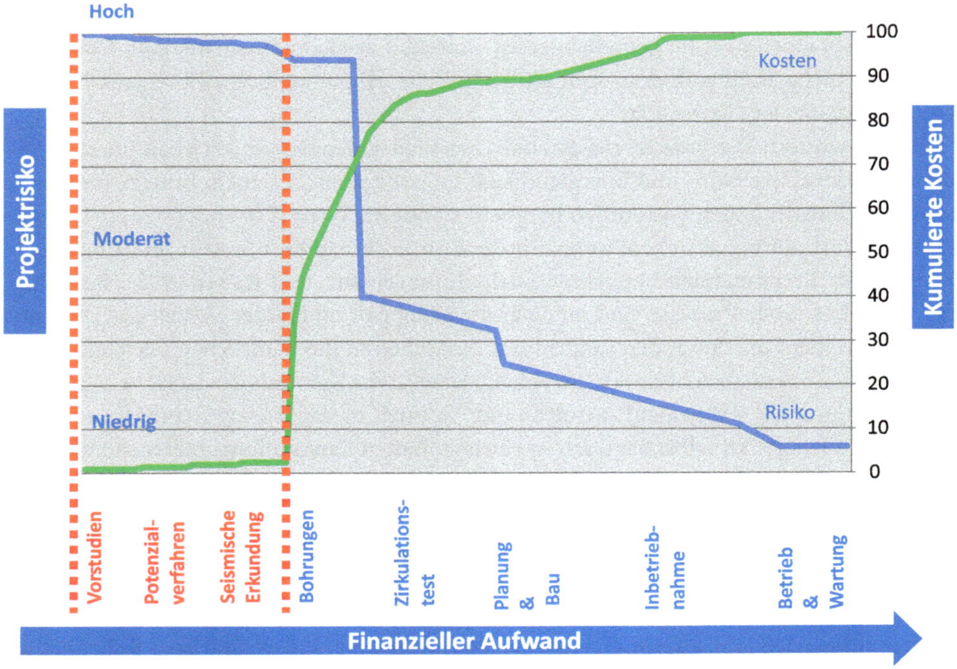

Abb. 4.32 Geomathematische Aufgaben (*rot*), geothermisches Projektrisiko (*blau*) und kumulative Kosten (*grün*) aus ESMAP-Sicht (2012)

wirtschaftliche Effizienz und – so ist zu hoffen auf der Basis von Wissenschaftlichkeit und verlässlicher Forschungsarbeit – auch sozio-politische Akzeptanz (vgl. Freeden 2013; Geothermal Energy Association 2011). Im Zusammenspiel von Risiko und Finanzierbarkeit (siehe Abb. 4.32 und 4.33) sind die Beiträge der Geomathematik innerhalb der beiden ersten Säulen (nämlich Vorstudien, Potentialverfahren und seismische Erkundung) von enormer Wichtigkeit bei gleichzeitig geringem Kostenaufkommen im Rahmen des Gesamtprojekts. Dies ist eine äußerst bemerkenswerte Beobachtung, welche die Rolle der Mathematik als Schlüsseltechnologie für die Tiefe Geothermie deutlich und nachhaltig unterstreicht. Dabei sind die Autoren dieses Beitrages überzeugt, dass die geomathematische Entwicklung der letzten Jahre bereits heute eine Verbesserung im geothermischen Gesamtkonzept ausgehend vom ESMAP-Modell (vgl. Gehringer und Loksha 2012) in Abb. 4.32 hin zu einer Durchgangsstufe einer in Abb. 4.33 illustrierten Konfiguration zeigt, was schon einen beträchtlichen Fortschritt bedeutet.

Danksagung: Die vorliegende Note über mathematische Methoden in der Tiefen Geothermie beinhaltet als wesentliche konstituierende Elemente die Ausführungen und Darstellungen der Veröffentlichungen Augustin (2012), Augustin et al. (2014) und Freeden und Blick (2013). Besonderer Dank gilt dem Bundesministerium für Umwelt, Naturschutz

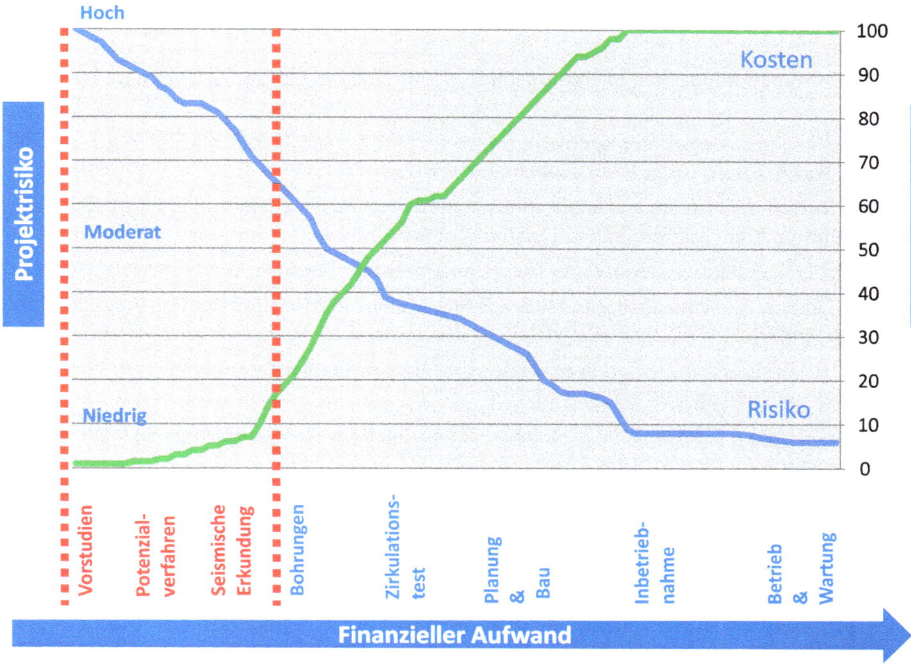

Abb. 4.33 Geomathematische Aufgaben (*rot*), geothermisches Projektrisiko (*blau*) und kumulative Kosten (*grün*) aus heutiger Sicht

und Reaktorsicherheit für die Unterstützung im Rahmen des „Verbundprojektes GEOFÜND: Charakterisierung und Weiterentwicklung integrativer Untersuchungsmethoden zur Quantifizierung des Fündigkeitsrisikos“ (PI: W. Freeden). Der wissenschaftliche Austausch mit CBMGmbH und G.E.O.S. Ingenieurgesellschaft hat die Darstellung dieses Kapitels entscheidend beeinflusst. Die Autoren danken allen Mitgliedern der AG Geomathematik, TU Kaiserslautern, die zum Gelingen des Kapitels beigetragen haben.

Literatur

Achenbach, J.: Wave poropagation in elastic soldids. North-Holland Publishing Company, New York (1973)

Addis, M.A.: The stress-depletion response of reservoirs SPE Annual Technical Conference and Exhibition, San Antonio, Texas, 5–8 October 1997 (1997)

Adler, P.M., Thovert, J.F.: Theory and applications in porous media Fractures and Fracture Networks, Bd. 15. Kluwer Academic Publishers, Dordrecht (1999)

Aki, K., Paul, G.: Quantitative seismology: Theory and methods. Freeman, San Francisco (1980)

Altmann, J., Dorner, A., Schoenball, M., Müller, B.I.R., Müller, T.: Modellierung von porendruckinduzierten Änderungen des Spannungsfeldes in Reservoiren. In: Kongressband Karlsruhe (2008)

Arbogast, T.: Analysis of the simulation of single phase flow through a naturally fractured reservoir. SIAM J Numer Anal **26**, 12–29 (1989)

Arbogast, T., Douglas, J., Hornung, U.: Derivaton of the double porosity model of single phase flow via homogenization theory. SIAM J Math Anal **21**, 823–836 (1990)

Assteerawatt, A.: Flow and transport modelling of fractured aquifers based on a geostatistical approach. Ph.D. thesis. Institute of Hydraulic Engineering, University of Stuttgart (2008)

Augustin, M.: On the role of poroelasticity for modeling of stress fields in geothermal reservoirs. Int J Geomath **3**, 67–93 (2012)

Augustin, M.: A method of fundamental solutions in poroelasticity to model the stress field in geothermal reservoirs. Ph.D. thesis. Geomathematics Group, University of Kaiserslautern (2014)

Augustin, M., Bauer, M., Blick, C., Eberle, S., Freeden, W., Gerhards, C., Ilyasov, M., Kahnt, R., Klug, M., Möhringer, S., Neu, T., Nutz, H., Ostermann, I., Punzi, A.: Modeling deep geothermal reservoirs: Recent advances and future perspectives. In: Freeden, W., Nashed, M.Z., Sonar, T. (Hrsg.) Handbook of Geomathematics, 2. Aufl. Springer, New York, Heidelberg (2014). Accepted for publication

Augustin, M., Freeden, W., Gerhards, C., Möhringer, S., Ostermann, I.: Mathematische Methoden in der Geothermie. Math Semesterber **59**, 1–28 (2012)

Auradou, H.: Influence of wall roughness on the geometrical, mechanical and transport properties of single fractures. J Phys D: Appl Phys **42**(214), 015 (2009)

Auriault, J.L.: Contribution à l'étude de la consolidation des sols. Ph.D. thesis. L'Université scientifique et médicale de Grenoble (1973)

Axelsson, G., Gunnlaugsson, E.: Long-term monitoring of high- and low-enthalpy fields under exploitation World Geothermal Congress 2000, Pre-Congress Course, Kokonoe, Japan (2000)

Bach, V., Fraunholz, W., Freeden, W., Hein, F., Müller, J., Müller, V., Stoll, H., von Weizsäcker, H., Fischer, H.: Curriculare Standards des Fachs Mathematik in Rheinland-Pfalz (Vorsitz: W. Freeden). Studie: Reform der Lehrerinnen- und Lehrerausbildung. MWWFK Rheinland-Pfalz, Mainz (2004)

Barenblatt, G.I., Zheltov, I.P., Kochina, I.N.: Basic concepts in the theory of seepage of homogeneous liquids in fissured rocks. PMM, Sov Appl Math Mech **24**, 852–864 (1960)

Barnett, A.H., Betcke, T.: Stability and convergence of the method of fundamental solutions for Helmholtz problems on analytic domains. J Comput Phys **227**, 7003–7026 (2008)

Baysal, E., Kosloff, D.D., Sherwood, J.W.C.: Reverse time migration. Geophysics **48**, 1514–1524 (1983)

Baysal, E., Kosloff, D.D., Sherwood, J.W.C.: A two-way nonreflecting wave equation. Geophysics **49**, 132–141 (1984)

Bear, J.: Dynamics of fluids in porous media. Elsevier, New York (1972)

Bear, J., Tsang, C.F., de Marsily, G.: Flow and contaminant transport in fractured rock. Academic Press Inc, San Diego (1993)

Berkowitz, B.: Analysis of fracture network connectivity using percolation theory. Math Geol **27**, 467–483 (1995)

Berkowitz, B.: Characterizing flow and transport in fractured geological media. A review. Adv Water Resour **25**, 852–864 (2002)

Billette, F., Brandsberg-Dahl, S.: The 2004 BP velocity benchmark. In: 67th Annual Internat. Mtg., EAGE, Expanded Abstracts. EAGE (2005)

Biondi, B.L.: Three-dimensional seismic imaging. Society of Exploration Geophysicists, Tulsa (2006)

Biot, M.A.: Le problème de la consolidation des matières argileuses sous une charge. Ann Soc Sci Bruxelles **B55**, 110–113 (1935)

Biot, M.A.: General theory of three-dimensional consolidation. J Appl Phys **12**, 151–164 (1941)

Biot, M.A.: Theory of elasticity and consolidation for a porous anisotropic solid. J Appl Phys **26**, 182–185 (1955)

Blakely, R.J.: Potential theory in gravity & magnetic application. Cambridge University Press, Cambridge (1996)

Blank, L.: Numerical treatment of differential equations of fractional order Tech. rep., Numercial Analysis Report. University of Manchester, Manchester (1996)

Bleistein, N.: On the imaging of reflectors in the earth. Geophysics **49**, 931–942 (1987)

Bleistein, N., Cohen, J.K., Stockwell, J.W.: Mathematics of multidimensional seismic imaging, migration, and inversion. Springer, New York (2000)

Bödvarsson, G.: Physical characteristics of natural heat sources in iceland. In: Proc. UN Conf. on New Sources of Energy, Bd. 2, United Nations, S. 82–89, New York (1964)

de Boer, R.: Theory of porous media – highlights in historical development and current state. Springer, Berlin (2000)

Bollhöfer, M., Grote, M.J., Schenk, O.: Algebraic multilevel preconditioner for the helmholtz equation in heterogeneous media. SIAM J Sci Comput **31**, 3781–3805 (2008)

Bonomi, E., Pieroni, E.: Energy-tuned absorbing boundary conditions. In: 4th SIAM Int. Conf. on Mathematical and Numerical Aspects of Wave Propagation. Colorado School of Mines, Denver (1998)

Bording, R.P., Liner, C.L.: Theory of 2.5-D reverse time migration. In: Proceedings, 64th Annual International Meeting: Society of Exploration Geophysicists (1994)

Browder, F.E.: Approximation by solutions of partial differential equations. Amer J Math **84**, 134–160 (1962)

Brown, S.R.: Fluid flow through rock joints: The effect of surface roughness. J Geophys Res **92**, 1337–1347 (1987)

Buhmann, M.D.: Radial basis functions: Theory and implementations Cambridge Monographs on Applied and Computational Mathematics, Bd. 12. Cambridge University Press, Cambridge (2003)

Buske, S.: Kirchhoff-Migration von Einzelschußdaten. Master thesis. Institut für Meterologie und Geophysik der Johann Wolfgang Goethe Universität, Frankfurt am Main (1994)

Chen, M., Bai, M., Roegiers, J.C.: Permeability tensors of anisotropic fracture networks. Math Geol **31**, 355–373 (1999)

Chen, Z., Huan, G., Ma, Y.: Computational methods for multiphase flows in porous media Computational Science & Engineering, Bd. 2. SIAM, Philadelphia (2006)

Cheng, H.P., Yeh, G.T.: Development and demonstrative application of a 3-d numerical model of subsurface flow, heat transfer, and reactive chemical transport: 3DHYDROGEOCHEM. J Contam Hydrol **34**, 47–83 (1998)

Claerbout, J.: Basic Earth imaging. Stanford University, Stanford (2009)

Darcy, H.P.G.: Les fontaines publiques de la ville de Dijon. Victor Dalmont, Paris (1856)

Deng, F., McMechan, G.A.: 3-D true amplitude prestack depth migration. In: Proceedings, SEG Annual Meeting San Antonio (2007)

Dershowitz, W.S., La Pointe, P.R., Doe, T.W.: Advances in discrete fracture network modeling. In: Proceedings, US EPA/NGWA Fractured Rock Conference Portland. S. 882–894 (2004)

Diersch, H.J.: Modellierung und numerische Simulation geohydrodynamischer Transportprozesse. Ph.D. thesis. Akademie der Wissenschaften der DDR, Berlin (1985)

Diersch, H.J.: Numerische Modellierung ober- und unterirdischer Strömungs- und Transportprozesse. In: Martin, H., Pohl, M. (Hrsg.) Technische Hydromechanik 4 – Hydraulische und numerische Modelle. Verlag Bauwesen, Berlin (2000)

Dietrich, P., Helmig, R., Sauter, M., Hötzl, H., Köngeter, J., Teutsch, G.: Flow and transport in fractured porous media. Springer, Berlin (2005)

Du, X., Bancroft, J.C.: 2-d wave equation modeling and migration by a new finite difference scheme based on the galerkin method Technical report, CREWES (2004)

Durst, P., Vuataz, F.D.: Fluid-rock interactions in hot dry rock reservoirs. a review of the HDR sites and detailed investigations of the Soultz-sous-Forets system. In: Proceedings of the World Geothermal Congess 2000 Kyushu-Tohoku, Japan (2000)

Eker, E., Akin, S.: Lattice Boltzmann simulation of fluid flow in synthetic fractures. Transp Porous Media **65**, 363–384 (2006)

Emmermann, R., Raiser, B.: Das System Erde-Forschungsgegenstand des GFZ. Vorwort des GFZ-Jahresberichts 1996/1997, V-X. GeoForschungsZentrum, Potsdam (1997)

Ene, H.I., Poliševski, D.: Thermal flow in porous media. D Reidel Publishing Company, Dordrecht (1987)

Engelder, T., Fischer, M.P.: Influence of poroelastic behaviour on the magnitude of minimum horizontal stress, S_h, in overpressured parts of sedimentary basins. Geology **22**, 949–952 (1994)

Engl, W., Hanke, M., Neubauer, A.: Regularization of inverse problems. Kluwer Academic Publisher, Dordrecht (1996)

Ernstson, K., Alt, W.: Gravity and geomagnetic methods in geothermal exploration: Understanding and misunderstanding. World of Mining **65**, 115–122 (2013)

Evans, K.F., Cornet, F.H., Hashida, T., Hayashi, K., Ito, T., Matsuki, K., Wallroth, T.: Stress and rock mechanics issues of relevance to HDR/HWR engineered geothermal systems: Review of developments during the past 15 years. Geothermics **28**, 455–474 (1999)

Fehlinger, T.: Multiscale formulations for the disturbing potential and the deflections of the vertical in locally reflected physical geodesy. Ph.D. thesis. Geomathematics Group, University of Kaiserslautern (2009)

Fisher, N., Lewis, T., Embleton, B.: Statistical analysis of spherical data. Cambridge University Press, Cambridge (1993)

Fomin, S., Hashida, T., Shimizu, A., Matsuki, K., Sakaguchi, K.: Fractal concept in numerical simulation of hydraulic fracturing of the hot dry rock geothermal reservoir. Hydrol Process **17**, 2975–2989 (2003)

Ford, N.J., Simpson, A.: The numerical solution of fractional differential equations: Speed versus accuracy. Numer Algorithms **26**, 333–346 (2001)

Foulger, G., Natland, J., Presnall, D., Anderson, D.: Plates, plumes, and paradigms. Geological Society of America, Boulder (2005)

Freeden, C.: The role and the potential of communication by analysing the social acceptance of the German deep geothermal energy market. Master thesis. University of Plymouth, England (2013)

Freeden, W.: On the approximation of external gravitational potential with closed systems of (trial) functions. Bull Geod **54**, 1–20 (1980)

Freeden, W.: On approximation by harmonic splines. Manuscr Geod **6**, 193–244 (1981)

Freeden, W.: Least squares approximation by linear combination of (multi-)poles Report. The Ohio State University, Departement of Geodetic Science and Surveying, Columbus (1983)

Freeden, W.: Multiscale modelling of spaceborne geodata. Teubner, Stuttgart (1999)

Freeden, W.: Geomathematik, was ist das überhaupt? Deutsche Mathematikervereinigung (DMV) Jahresbericht 111, 125–152 (2009)

Freeden, W.: Metaharmonic lattice point theory. CRC Press, Taylor & Francis, Boca Raton (2011)

Freeden, W., Blick, C.: Signal decorrelation by means of multiscale methods. World of Mining **65**, 304–317 (2013)

Freeden, W., Gerhards, C.: Geomathematically oriented potential theory. Chapman & Hall/CRC Press, Boca Raton (2013)

Freeden, W., Gervens, T., Schreiner, M.: Constructive approximation on the sphere (with applications to geomathematics). Oxford Science Publications, Clarendon Press, Oxford (1998)

Freeden, W., Kersten, H.: A constructive approximation theorem for the oblique derivative problem in potential theory. Math Meth Appl Sci **3**, 104–114 (1981)

Freeden, W., Mayer, C., Schreiner, M.: Tree algorithms in wavelet approximations by Helmholtz potential operators. Numer Funct Anal Optim **24**, 747–782 (2003)

Freeden, W., Michel, V.: Multiscale potential theory (with applications to geoscience). Birkhäuser, Boston (2004)

Freeden, W., Nutz, H.: Satellite gravity gradiometry as tensorial inverse problem. Int J Geomath **2**, 123–146 (2011)

Freeden, W., Reuter, R.: A constructive method for solving the displacement boundary-value problem of elastostatics by use of global basis systems. Math Meth Appl Sci **12**, 105–128 (1990)

Freeden, W., Schreiner, M.: Local multiscale modelling of geoid undulations from deflections of the vertical. J Geodesy **79**, 641–651 (2006)

Freeden, W., Wolf, K.: Klassische Erdschwerefeldbestimmung aus der Sicht moderner Geomathematik. Math Semesterber **56**, 53–77 (2009)

Gehringer, M., Loksha, V.: Handbook on planning and financing geothermal power generation. ESMAP (Energy Sector Management Assistence Programm), Main Findings and Recommandations. The International Bank for Reconstruction and Developement, Washington (2012)

Georgsson, L.S., Friedleifsson, I.B.: Geothermal energy in the world from energy perspective. In: Short Course IV on Exploration for Geothermal Resources, S. 1–22 (2009)

Geothermal Energy Association: Annual US geothermal power production and development report. Tech. rep. (2011)

Gerhards, C.: Spherical multiscale methods in terms of locally supported wavelets: Theory and application to geomagnetic modeling. Ph.D. thesis. Geomathematics Group, University of Kaiserslautern (2011)

Gerhards, C.: A multiscale power spectrum for the analysis of the lithospheric magnetic field. Int J Geomath **5**, 63–79 (2014)

Ghassemi, A.: A thermoelastic hydraulic fracture design tool for geothermal reservoir development. Tech. rep. Department of Geology & Geological Engineering, University of North Dakota (2003)

Ghassemi, A., Tarasovs, S., Cheng, A.H.D.: An integral equation solution for three-dimensional heat extraction from planar fracture in hot dry rock. Int J Numer Anal Meth Geomech **27**, 989–1004 (2003)

Golberg, M.A., Chen, C.S.: The method of fundamental solutions for potential, Helmholtz and diffusion problems. In: Golberg, M.A. (Hrsg.) Boundary Integral Methods – Numerical and Mathematical Aspects, S. 103–176. Computational Mechanics Publications, WIT Press, Southhampton (1998)

Gorenflo, R., Mainardi, F.: Fractional calculus: Integral and differential equations of fractional order. In: Carpinteri, A., Mainardi, F. (Hrsg.) Fractals and Fractional Calculus in Continuum Mechanics, S. 223–276. Springer, Wien (1997)

Grasmair, M., Haltmeier, M., Scherzer, O.: Sparsity in inverse geophysical problems. In: Freeden, W., Nashed, M.Z., Sonar, T. (Hrsg.) Handbook of Geomathematics, S. 763–784. Springer, Berlin Heidelberg (2010)

Haar, A.: Zur Theorie der orthogonalen Funktionsysteme. Math Ann **69**, 331–371 (1910)

Haney, M.M., Bartel, L.C., Aldridge, D.F., Symons, N.P.: Insight into the output of reverse-time migration: What do the amplitudes mean? In: Proceedings, SEG Annual Meeting. Internal Report, Houston (2005)

Helmig, R., Niessner, J., Flemisch, B., Wolff, M., Fritz, J.: Efficient modeling of flow and transport in porous media using multi-physics and multi-scale approaches. In: Freeden, W., Nashed, M.Z., Sonar, T. (Hrsg.) Handbook of Geomathematics, 2. Aufl. Springer, New York (2014). Accepted for publilcation

Heuer, N., Küpper, T., Windelberg, D.: Mathematical model of a hot dry rock system. Geophys J Int **105**, 659–664 (1991)

Hillis, R.R.: Pore pressure/stress coupling and its implications for seismicity. Explor Geophys **31**, 448–454 (2000)

Hillis, R.R.: Coupled changes in pore pressure and stress in oil fields and sedimentary basins. Pet Geosci **7**, 419–425 (2001)

Hillis, R.R.: Pore pressure/stress coupling and its implications for rock failure. In: Vanrensbergen, P., Hillis, R.R., Maltman, A.J., Morley, C.K. (Hrsg.) Subsurface Sediment Mobilization, S. 359–368. Geological Society of London, London (2003)

Ilyasov, M.: A tree algorithm for Helmholtz potential wavelets on non-smooth surfaces: Theoretical background and application to seismic data postprocessing. Ph.D. thesis. Geomathematics Group, University of Kaiserslautern (2011)

Jackson, J.D.: Classical electrodynamics. Wiley, New York (1998)

Jacobs, F., Meyer, H.: Geophysik – Signale aus der Erde. Teubner, Stuttgart (1992)

Jaeger, J.C., Cook, N.G.W., Zimmerman, R.W.: Fundamentals of rock mechanics. Blackwell Publishing, Malden (2007)

Jia, X., Hu, T.: Element-free precise integration method and its application in seismic modelling and imaging. Geophys J Int **166**, 349–372 (2006)

Jing, L., Hudson, J.A.: Numerical methods in rock mechanics. Int J Rock Mech Min Sci **39**, 409–427 (2002)

Jing, Z., Watanabe, K., Willis-Richards, J., Hashida, T.: A 3-d water/rock chemical interaction model for prediction of HDR/HWR geothermal reservoir performance. Geothermics **31**, 1–28 (2002)

Jing, Z., Willis-Richards, J., Watanabe, K., Hashida, T.: A three-dimensional stochastic rock mechanics model of engineered geothermal systems in fractured crystalline rock. J Geophys Res **105**(23), 663–623 (2000). 679

Johansson, B.T., Lesnic, D.: A method of fundamental solutions for transient heat conduction. Eng Anal Bound Elem **32**, 697–703 (2008)

Johansson, B.T., Lesnic, D., Reeve, T.: A method of fundamental solutions for two–dimensional heat conduction. Int J Comput Math **88**, 1697–1713 (2011)

John, V., Kaya, S., Layton, W.: A two-level variational multiscale method for convection-dominated convection-diffusion equations. Comput Meth Appl Mech Eng **195**, 4594–4603 (2006)

John, V., Schmeyer, E.: Finite element methods for time-dependent convection-diffusion-reaction equations with small diffusion. Comput Meth Appl Mech Eng **198**, 475–494 (2008)

Jung, R.: Stand und Aussichten der Tiefengeothermie in Deutschland. Erdöl, Erdgas, Kohle **123**, 1–7 (2007)

Katsurada, M.: A mathematical study of the charge simulation method II. Journal of the Faculty of Science University of Tokyo Section IA Mathematics **36**, 135–162 (1989)

Katsurada, M., Okamoto, H.: The collocation points of the fundamental solution method for the potential problem. Comput Math Appl **31**, 123–137 (1996)

Kazemi, H.: Pressure transient analysis of naturally fractured reservoirs with uniform fracture distribution. Soc Petrol Eng J **246**, 451–461 (1969)

Kazemi, H., Merril, L.S., Porterfield, K.L., Zeman, P.R.: Numerical simulation of water-oil flow in naturally fractured reservoirs. In: Proceedings, SPE-AIME 4th Symposium on Numerical Simulation of Reservoir Performance Los Angeles, California (1976). SPE 5719

Kim, I., Lindquist, W.B., Durham, W.B.: Fracture flow simulation using a finite-difference lattice Boltzmann method. Phys Rev E **67**(046), 708 (2003)

Kimura, S., Masuda, Y., Hayashi, K.: Efficient numerical method based on double porosity model to analyze heat and fluid flows in fractured rock formations. JSME Int J, Ser 2 **35**, 395–399 (1992)

Kühn, M.: Modelling feed-back of chemical reactions on flow fields in hydrothermal systems. Surv Geophys **30**, 233–251 (2009)

Kühn, M., Stöfen, H.: A reactive flow model of the geothermal reservoir Waiwera, New Zealand. Hydrogeol J **13**, 606–626 (2005)

Kümmerer, B.: Mathematik. Campus, Spektrum der Wissenschaftsverlagsgesellschaft, Heidelberg, S. 1–15 (2002)

Kupradze, V.D.: A method for the approximate solution of limiting problems in mathematical physics. USSR Comp Math Math Phys **4**, 199–205 (1964)

Lai, M., Krempl, E., Ruben, D.: Introduction to continuum mechanics. Butterworth-Heinemann, Burlington (2010)

Landau, L.D., Pitaevskii, L.P., Lifshitz, E.M., Kosevich, A.M.: Theory of elasticity, 3. Aufl. Theoretical Physics, Bd. 7. Butterworth-Heinemann, Oxford (1986)

Lang, U.: Simulation regionaler Strömungs- und Transportvorgänge in Karstaquifern mit Hilfe des Doppelkontinuum-Ansatzes: Methodenentwicklung und Parameteridentifikation. Ph.D. thesis. University of Stuttgart (1995)

Lang, U., Helmig, R.: Numerical modeling in fractured media – identification of measured field data. In: Herbert, M., Kovar, K. (Hrsg.) Groundwater Quality: Remediation and Protection, S. 203–212. IAHS and University Karlova, Prague (1995)

Lee, J., Choi, S.U., Cho, W.: A comparative study of dual-porosity model and discrete fracture network model. KSCE J Civ Eng **3**, 171–180 (1999)

Li, X.: Convergence of the method of fundamental solutions for Poisson's equation on the unit sphere. Adv Comput Math **28**, 269–282 (2008)

Li, X.: Rate of convergence of the method of fundamental solutions and hyperinterpolation for modified Helmholtz equations on the unit ball. Adv Comput Math **29**, 393–413 (2008)

Lomize, G.M.: Seepage in fissured rocks. State Press, Moscow (1951)

Long, J., Remer, J., Wilson, C., Witherspoon, P.: Porous media equivalents for networks of discontinuous fractures. Water Resour Res **18**, 645–658 (1982)

Luchko, Y.: Maximum principle for the generalized time-fractional diffusion equation. J Math Anal Appl **351**, 218–223 (2009)

Luchko, Y.: Some uniqueness and existence results for the initial-boundary-value problems for the generalized time-fractional diffusion equation. Comput Math Appl **59**, 1766–1772 (2010)

Luchko, Y.: Fractional diffusion and wave propagation. In: Freeden, W., Nashed, M.Z., Sonar, T. (Hrsg.) Handbook of Geomathematics, 2. Aufl. Springer, New York (2014). Accepted for publication

Luchko, Y., Punzi, A.: Modeling anomalous heat transport in geothermal reservoirs via fractional diffusion equations. Int J Geomath **1**, 257–276 (2011)

Marks, D.: A family of approximations spanning the born and rytov scattering series. Optics Express **14**, 8837–8848 (2006)

Martin, G.S., Marfurt, K.J., Larsen, S.: Marmousi-2: An updated model for the investigation of AVO in structurally complex areas. In: Proceedings, SEG Annual Meeting Salt Lake City (2002)

Maryška, J., Severýn, O., Vohralík, M.: Numerical simulation of fracture flow in mixed-hybrid FEM stochastic discrete fracture network model. Comput Geosci **8**, 217–234 (2004)

Masahi, M., King, P., Nurafza, P.: Fast estimation of connectivity in fractured reservoirs using percolation theory. SPE Journal **12**, 167–178 (2007)

Mayer, C.: A wavelet approach to the stokes problem. Habilitation thesis, University of Kaiserslautern, Geomathematics Group (2007)

Mayer, C., Freeden, W.: Stokes problem, layer potentials and regularizations, multiscale applications. In: Freeden, W., Nashed, Z., Sonar, T. (Hrsg.) Handbook of Geomathematics, 2. Aufl. Springer, New York (2014). Accepted for publication

McLean, W., Mustapha, K.: Convergence analysis of a discontinuous Galerkin method for a subdiffusion equation. Numer Algorithms **52**, 69–88 (2009)

Menke, W.: Geophysical data analysis: Discrete inverse theory. Academic Press, Orlando (1984)

Michel, V.: A multiscale approximation for operator equations in separable Hilbert spaces – case study: Reconstruction and description of the Earth's interior. Habilitation thesis, University of Kaiserslautern, Geomathematics Group (2002)

Michel, V., Fokas, A.S.: A unified approach to various techniques for the non-uniqueness of the inverse gravimetric problem and wavelet based methods. Inverse Problems **24** (2008). doi:10.1088/0266-5611/24/4/04519

Min, K.B., Jing, L., Stephansson, O.: Determining the equivalent permeability tensor for fractured rock masses using a stochastic REV approach: Method and application to the field data from Sellafield. UK. Hydrogeol J **12**, 497–510 (2004)

Mo, H., Bai, M., Lin, D., Roegiers, J.C.: Study of flow and transport in fracture network using percolation theory. Appl Math Model **22**, 277–291 (1998)

Moeck, I., Kwiatek, G., Zimmermann, G.: The in-situ stress field as a dey issue for geothermal field development – a case study from the NE German basin. In: Proceedings, 71st EAGE Conference & Exhibition Amsterdam (2009)

Möhringer, S.: Decorrelation of gravimetric data. Ph.D. thesis. AG Geomathematik, TU Kaiserslautern (2014)

Morgan, W.J.: Convective plumes in the lower mantle. Nature **230**, 42–43 (1971)

Müller, C.: Analysis of spherical symmetries in Euclidean spaces Applied Mathematical Sciences, Bd. 129. Springer, Berlin (1998)

Müller, C., Kersten, H.: Zwei Klassen vollständiger Funktionensysteme zur Behandlung der Randwertaufgaben der Schwingungsgleichung $\triangle U + k^2 U = 0$. Math Meth Appl Sci **2**, 48–67 (1980)

Nakao, S., Ishido, T.: Pressure-transient behavior during cold water injection into geothermal wells. Geothermics **27**, 401–413 (1998)

Neuman, S.: Trends, prospects and challenges in quantifying flow and transport through fractured rocks. Hydrogeol J **13**, 124–147 (2005)

Neuman, S., Depner, J.: Use of variable-scale pressure test data to estimate the log hydraulic conductivity covariance and dispersivity of fractured granites near Oracle. Arizona. J Hydrol **102**, 475–501 (1988)

Nolet, G.: A Breviary of Seismic tomography: Imaging the interior of the Earth and Sun. Cambridge University Press, New York (2008)

Oden, M., Niemi, A.: From well-test data to input to stochastic continuum models: Effect of the variable support scale of the hydraulic data. Hydrogeol J **14**, 1409–1422 (2006)

Ödner, H.: One-dimensional transient flow in a finite fractured aquifer system. Hydrol Sci J **43**, 243–265 (1998)

Ostermann, I.: Modeling heat transport in deep geothermal systems by radial basis functions. Ph.D. thesis. University of Kaiserslautern, Geomathematics Group (2011a)

Ostermann, I.: Three-dimensional modeling of heat transport in deep hydrothermal reservoirs. Int J Geomath **2**, 37–68 (2011b)

O'Sullivan, M.J., Pruess, K., Lippmann, M.J.: State of the art of geothermal reservoir simulation. Geothermics **30**, 395–429 (2001)

Ouenes, A.: Practical application of fuzzy logic and neural networks to fractured reservoir characterization. Computers and Geosciences **26**, 953–962 (2000)

Pesch, H.: Schlüsseltechnologie Mathematik. Teubner, Stuttgart, Leipzig, Wiesbaden (2002)

Peters, R.R., Klavetter, E.A.: A continuum model for water movement in an unsaturated fractured rock mass. Water Resour Res **24**, 416–430 (1988)

Phillips, P.J.: Finite element method in linear poroelasticity: Theoretical and computational results. Ph.D. thesis. University of Texas, Austin (2005)

Phillips, P.J., Wheeler, M.F.: A coupling of mixed and continuous Galerkin finite element methods for poroelasticity I: The continuous in time case. Comput Geosci **11**, 131–144 (2007)

Phillips, W.S., Rutledge, J.T., House, L.S., Fehler, M.C.: Induced microearthquake patterns in hydrocarbon and geothermal reservoirs: Six case studies. Pure Appl Geophys **159**, 345–369 (2002)

Podvin, P., Lecomte, I.: Finite difference computation of traveltimes in very contrasted velocity models: A massively parallel approach and its associated tools. Geophys J Int **105**, 271–284 (1991)

Popov, M.: A new method of computation of wave fields using Gaussian beams. Wave Motion **4**, 85–97 (1982)

Pruess, K.: Modelling of geothermal reservoirs: Fundamental processes, computer simulation and field applications. Geothermics **19**, 3–15 (1990)

Pruess, K., Narasimhan, T.N.: A practical method for modeling fluid and heat flow in fractured porous media. Soc Petrol Eng J **25**, 14–26 (1985)

Pruess, K., Wang, J.S.Y., Tsang, Y.W.: Effective continuum approximation for modeling fluid and heat flow in fractured porous stuff. Tech. rep. Sandia National Laboratories Report, Bd. SAND86-7000. Internal Report, Albuquerque, New Mexico (1986)

Reichenberger, V., Jakobs, H., Bastian, P., Helmig, R.: A mixed-dimensional finite volume method for two-phase flow in fractured porous media. Adv Water Resour **29**, 1020–1036 (2006)

Renaut, R., Fröhlich, J.: A pseudospectral chebychev method for 2d wave equation with domain stretching and absorbing boundary conditions. J Comput Phys **124**, 324–336 (1996)

Rice, J.R., Cleary, M.P.: Some basic stress diffusion solutions for fluid-saturated elastic porous media with compressible constituents. Rev Geophys Space Phys **14**, 227–241 (1976)

Ritter, J.R.R., Christensen, U.R.: Mantle plumes, a multidisciplinary approach. Springer, Berlin (2007)

Runge, C.: Zur Theorie der eindeutigen analytischen Funktionen. Acta Mathematica **6**, 229–234 (1885)

Rutqvist, J., Stephansson, O.: The role of hydromechanical coupling in fractured rock engineering. Hydrogeol J **11**, 7–40 (2003)

Saemundsson, K.: Geothermal systems in global perspective. In: Short Course IV on Exploration for Geothermal Resources. UNU-GTP, KenGen and GDC, Lake Naivasha, Kenya (2009)

Sahimi, M.: Flow and transport in porous media and fractured rock: From classical methods to modern approaches. VCH, Weinheim (1995)

Sanyal, S.K.: Classification of geothermal systems – a possible scheme. In: Proceedings, 30th Workshop on Geothermal Reservoir Engineering Stanford University, California. S. 85–92 (2005). SGP-TR-176

Sanyal, S.K., Butler, S.J., Swenson, D., Hardeman, B.: Review of the state-of-the-art of numerical simulation of enhanced geothermal systems. In: Proceedings, World Geothermal Congress Kyushu-Tohoku, Japan (2000)

Schanz, M.: Application of 3D time domain boundary element formulation to wave propagation in poroelastic solids. Eng Anal Bound Elem **25**, 363–376 (2001)

Schubert, G., Turcotte, D.L., Olson, P.: Mantle convection in the Earth and planets. Cambridge University Press, Cambridge (2001)

Schulz, R.: Aufbau eines geothermischen Informationssystems für Deutschland. Tech. rep. Leibniz-Institut für Angewandte Geophysik, Hannover (2009)

Semtchenok, N.M., Popov, M.M., Verdel, A.R.: Gaussian beam tomography. In: Extended Abstracts 71st EAGE Conference & Exhibition, Amsterdam (2009). U032

Showalter, R.E.: Diffusion in poro-elastic media. J Math Anal Appl **251**, 310–340 (2000)

Skudrzyk: The foundations of acoustics: Basic mathematics and basic acoustics. Springer, New York (1971)

Smyrlis, Y.S.: Applicability and applications of the method of fundamental solutions. Math Comput **78**, 1399–1434 (2009)

Smyrlis, Y.S.: Mathematical foundation of the MFS for certain elliptic systems in linear elasticity. Numer Math **112**, 319–340 (2009)

Smyrlis, Y.S., Karageorghis, A.: Efficient implementation of the MFS: The three scenarios. J Comput Appl Math **227**, 83–92 (2009)

Snieder, R.: The perturbation method in elastic wave scattering and inverse scattering in pure and applied science. In: General Theory of Elastic Wave, S. 528–542. Academic Press Inc, San Diego (2002)

Snow, D.T.: A parallel plate model of fractured permeable media. Ph.D. thesis. University of California, Berkeley (1965)

Stothoff, S., Or, D.: A discrete-fracture boundary integral approach to simulating coupled energy and moisture transport in a fractured porous medium. In: Faybishenko, B., Witherspoon, P.A., Benson, S.M. (Hrsg.) Dynamics of Fluids in Fractured Rocks, Concepts and Recent Advances AGU Geophysical Monograph, Bd. 122, S. 269–279. American Geophysical Union, Washington D.C. (2000)

Sudicky, E.A., McLaren, R.G.: The Laplace transform Galerkin technique for large-scale simulation of mass transport in discretely fractured porous formations. Water Resour Res **28**, 499–514 (1992)

Symes, W.W.: Kinematics of reverse time S-G migration. Technical report. Rice University, Houston (2003)

Symes, W.W.: Reverse time migration with optimal checkpointing. Geophysics **72**, SM213–SM221 (2007)

Takenaka, H., Wang, Y., Furumura, T.: An efficient approach of the pseudospectral method for modelling of geometrical symmetric seismic wavefields. Earth Planets Space **51**, 73–79 (1999)

Tang, D.H., Frind, E.O., Sudicky, E.A.: Contaminant transport in fractured porous media: Analytical solution for a single fracture. Water Resour Res **17**, 555–564 (1981)

Tarantola, A.: Inversion of seismic reflection data in the acoustic approximation. Geophysics **49**, 1259–1266 (1984)

Tran, N.H., Rahman, S.S.: Modelling discrete fracture networks using neuro-fractal-stochastic simulation. J Eng Applied Sci **1**, 154–160 (2006)

Travis, B.J.: A model of flow and transport in porous/fractured media. Tech. rep. Bd. LA-9667-MS. Los Alamos National Laboratory, Los Alamos, NM (1984)

Trefftz, E.: Ein Gegenstück zum Ritzschen Verfahren. In: Proc. 2nd. Int. Cong. Appl. Mech. Internal Report, Zürich (1926)

Tsang, Y., Tsang, C.: Chanel flow model through fractured media. Water Resour Res **23**, 467–479 (1987)

Tsang, Y., Tsang, C.: Flow chaneling in a single fracture as a two-dimensional strongly heterogeneous permeable medium. Water Resour Res **25**, 2076–2080 (1989)

Tsang, Y., Tsang, C., Hale, F., Dverstorp, B.: Tracer transport in a stochastic continuum model of fractured media. Water Resour Res **32**, 3077–3092 (1996)

Turcotte, D.L., Schubert, G.: Geodynamics. Cambridge University Press, Cambridge (2001)

Vidale, J.: Finite-difference calculation of travel times. Bull Seismol Soc Am **78**, 2062–2076 (1988)

Walsh, J.: The approximation of harmonic functions by harmonic polynomials and by harmonic rational functions. Bull Amer Math Soc **35**, 499–544 (1929)

Warren, J.E., Root, P.J.: The behaviour of naturally fractured reservoirs. Soc Petrol Eng J **228**, 245–255 (1963)

Watanabe, K., Takahashi, T.: Fractal geometry characterization of geothermal reservoir fracture networks. J Geophys Res **100**, 521–528 (1995)

Wendland, H.: Scattered data approximation Cambridge Monographs on Applied and Computational Mathematics, Bd. 17. Cambridge University Press, Cambridge (2005)

Wilson, J.T.: A possible origin of the Hawaiian island. Canad J Phys **41**, 863–868 (1963)

Wolf, K.: Multiscale modeling of classical boundary value problems in physical geodesy by locally supported wavelets. Ph.D. thesis. Geomathematics Group, University of Kaiserslautern (2009)

Wu, R.S., Xie, X.B., Wu, X.Y.: One-way and one-return approximations (de Wolf approximation) for fast elastic wave modeling in complex media. Adv Geophys **48**, 265–322 (2006)

Wu, X., Pope, G.A., Shook, G.M., Srinivasan, S.: A semi-analytical model to calculate energy production in single fracture geothermal reservoirs. Geothermal Resources Council Transactions **29**, 665–669 (2005)

Wu, Y.S.: On the effective continuum method for modeling multiphase flow, multicomponent transport and heat transfer in fractured rock. In: Faybishenko, B., Witherspoon, P.A., Benson, S.M. (Hrsg.) Dynamics of Fluids in Fractured Rocks, Concepts and Recent Advances, S. 299–312. American Geophysical Union, Washington D.C. (2000)

Wu, Y.S., Pruess, K.: A physically based numerical approach for modeling fracture-matrix interaction in fractured reservoirs. In: Proceedings, World Geothermal Congress. Antalya, Turkey (2005)

Wu, Y.S., Qin, G.: A generalized numerical approach for modeling multiphase flow and transport in fractured porous media. Comm Comput Phys **6**, 85–108 (2009)

Xie, X.B., Wu, R.S.: A depth migration method based on the full-wave reverse time calculation and local one-way propagation. In: Proceedings, SEG Annual Meeting. Internal Report, New Orleans (2006)

Yilmaz, O.: Seismic data analysis: Processing, inversion, and interpretation of seismic data. Society of Exploration Geophysicists, Tulsa (1987)

Zhao, C., Hobbs, B.E., Baxter, K., Mühlhaus, H.B., Ord, A.: A numerical study of pore-fluid, thermal and mass flow in fluid-saturated porous rock basins. Eng Comput **16**, 202–214 (1999)

Zhou, X.X., Ghassemi, A.: Three-dimensional poroelastic simulation of hydraulic and natural fractures using the displacement discontinuity method. In: Proceedings of the Thirty-Fourth Workshop on Geothermal Reservoir Engineering Stanford, California (2009)

Zubkov, V.V., Koshelev, V.F., Lin'kov, A.M.: Numerical modeling of hydraulic fracture initiation and development. J Min Sci **43**, 40–56 (2007)

Zyvoloski, G.: Finite element methods for geothermal reservoir simulation. Int J Numer Anal Meth Geomech **7**, 75–86 (1983)

Hydrothermale Nutzung

5

Johann Goldbrunner

Inhaltsverzeichnis

Zusammenfassung

Hydrothermale Nutzung erfolgt aus und in natürlichen Grundwasserleitern (Aquiferen), deren Durchlässigkeiten gegebenenfalls durch Stimulationen verbessert werden. In Deutschland und Österreich beschränkt sich die Erschließung derzeit auf Systeme mit niedriger Enthalpie. Entscheidend für die Wirtschaftlichkeit der Nutzungsanlagen ist neben dem Wärmeinhalt die Transmissivität des erschlossenen Aquifers. Als Untergrenze der Wirtschaftlichkeit ist eine Transmissivität von 2×10^{-4} m^2/s anzusehen, dies entspricht einer notwendigen Pumpenleistung für die Förderung bzw. die Reinjektion eines Volumenstromes von 80 l/s in der Größenordnung von 700 kWel.

Der Malmaquifer im Süddeutschen und Oberösterreichischen Molassebecken unterliegt im Umkreis von München und im niederbayerisch-oberösterreichischen Innviertel einer intensiven Nutzung bei hoher Anlagendichte. Der bewilligte kumulative Volumenstrom für Entnahme und Reinjektion der um die bayerische Landeshauptstadt gelegenen Projekte beträgt 1395 l/s. Dies entspricht bei einer einer Spreizung von 45 K einer thermischen Leistung von ca. 260 MW. Die hydraulisch-thermische Modellierung mit einem 3D-FE-Modell wies die Raumverträglichkeit der Nutzungen und eine nur ge-

Johann Goldbrunner (✉)
Graz, Österreich
e-mail: goldbrunner@geoteam.at

M. Bauer et al. (Hrsg.), *Handbuch Tiefe Geothermie*, DOI 10.1007/978-3-642-54511-5_5,

ringe gegenseitige Beeinflussung der Anlagen nach. Die thermischen Auswirkungen der Reinjektion beschränken sich auf die Nahreiche der jeweiligen Reinjektionsbohrlöcher.

Im niederbayerisch-oberösterreichischen Innviertel ist eine ähnlich hohe Konzentration von hydrothermalen Anlagen gegeben wie im Großraum München. Die Thermalwasserbilanz in diesem Raum wird durch die Nettoentnahme von ca. 50 l/s für balneologische Anlagen bestimmt. Die Druckentwicklung von den 1970er bis Ende der 1990er Jahren zeigt das Bild eines überbeanspruchten Aquifers. Mit dem Einsetzen der Reinjektion der Geothermischen Anlagen konnte eine Stabilisierung der Druckverhältnisse erreicht werden.

Die größte geothermische Anlage in Niederbayern/Oberösterreich ist Simbach-Braunau. Bei einem Anschlusswert des Fernwärmenetzes von 41,7 MW beträgt die Leistung der Geothermie 9,3 MW, der geothermische Anteil an der Jahresarbeit von ca. 62 GWh liegt jedoch zwischen 66 und über 70 %, was umso bemerkenswerter ist, da die Wellhead-Temperatur 80,5 °C, die Netztemperatur jedoch 110 °C. Dies zeigt die besondere Stärke der Geothermie durch ihre Grundlastfähigkeit.

Die möglichst umfassende Nutzung der Geothermie durch eine Kaskadennutzung ist ein wesentlicher Beitrag zur Hebung der Wirtschaftlichkeit einer geothermischen Anlage. In diesem Zusammenhang sind die Ergebnisse von hydraulisch-thermischen Modellrechnungen von Bedeutung, welche die geringe laterale Ausdehnung der sich um die Reinjektionsbohrung ausbildenden Abkühlungsfronten bei geringer Abhängigkeit von der Reinjektionstemperatur zeigen.

Beispiele von umgesetzten Kaskaden im Oberösterreichischen Molassbecken und dem Steirischen Becken zeigen die Machbarkeit dieser Ansätze bei unterschiedlichen Fördertemperaturen.

Schlüsselwörter

Grundwasserleiter • Aquifer • Hydrothermale Geothermie • Enthalpie • Verkarstung • Konvektion • Säurestimulation • Produktivität • Reinjektivität • Transmissivität • Produktivitätsindex • Injektivitätsindex • Reflexionsseismik • 3D Finite-Element-Modell (3D-FE-Modell) • Nettoentnahme • Fließdruck • Schließdruck • Geothermische Kaskade

5.1 Einleitung

Hydrothermale Nutzung erfolgt aus und in natürlichen Grundwasserleitern (Aquiferen), deren Durchlässigkeiten gegebenenfalls durch Stimulationen verbessert werden. Als wasserwirtschaftlicher Grundsatz gilt, dass eine Rückführung der thermisch abgearbeiteten Tiefengrundwässer in denselben Grundwasserkörper stattfindet. Ausgenommen von der Verpflichtung zur Reinjektion sind die balneologischen Nutzungen, obwohl in einzelnen

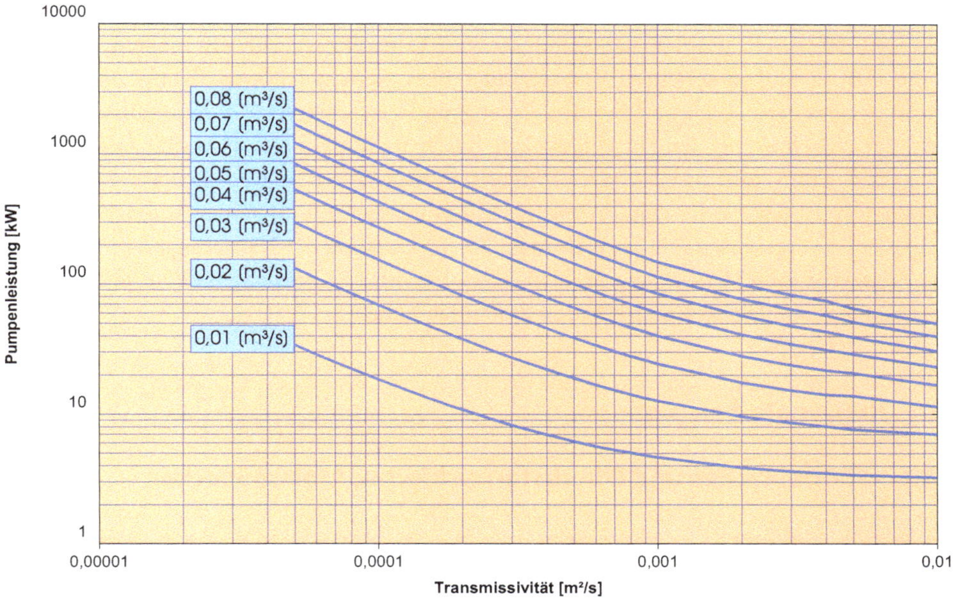

Abb. 5.1 Zusammenhang zwischen Pumpenleistung und Transmissivität für Volumenströme 0,01–0,08 m^3/s

Fällen erhebliche Mengen entnommen und durch die Nichtrückführung dem Tiefengrundwasserkreislauf entzogen werden.

Bei den hydrothermalen Systemen unterscheidet man jene mit niedriger und mit hoher Enthalpie (Wärmeinhalt). Letztere erlauben die Nutzung von Dampf- oder Zweiphasensystemen, in erster Linie für die Stromerzeugung. Sowohl in Deutschland als auch in Österreich sind Hochenthalpieysteme noch nicht erschlossen worden; sie sind aber z. B. im Wiener Becken aufgrund des Tiefganges der karbonatischen alpinen Serien mit Formationstemperaturen von über 200 °C zu erwarten (Wessely 2006).

Neben dem Wärmeinhalt des Systems, der Wärmeleitfähigkeit der Gesteine und ihre spezifische Wärmekapazität ist die Transmissivität (Produkt von Durchlässigkeit × Mächtigkeit) des Aquifers der entscheidende Faktor, welcher die Wirtschaftlichkeit der Nutzung der hydrothermalen Geothermie steuert, da zur Förderung und Rückführung (meist Verpressung) der Wässer elektrische Energie für den Antrieb der Pumpen aufgewendet werden muss.

Abbildung 5.1 zeigt die Abhängigkeit der notwendigen Pumpenleistung für die Förderung (bzw. Verpressung) für Volumenströme von 0,01 bis 0,08 m^3/s von der Transmissivität des Grundwasserleiters. Daraus ist erkennbar, dass bei Transmissivitäten von 1×10^{-4} m^2/s für die Förderung bzw. Verpressung eines Volumenstroms von 0,08 m^3/s (80 l/s) bereits eine Pumpenleistung von jeweils 1 MW erforderlich ist. Man wird daher die wirtschaftliche

Grenze für die hydrothermale Nutzung bei einer Transmissivität von mind. 2×10^{-4} m^2/s, entsprechend einer Pumpenleistung von ca. 700 kW für 80 l/s ansiedeln müssen.

Bei den Grundwasserleitern unterscheidet man zwischen Poren-, Kluft- und Karstgrundwasserleitern. Während bei den Porengrundwasserleitern mit zunehmender Tiefe eine Verschlechterung der Durchlässigkeit durch Reduktion der Porosität festzustellen ist, zeigen Kluft- und insbesondere Karstgrundwasserleiter in Karbonatgesteinen diese Abhängigkeit nicht, sodass bei diesen thermisch interessante Tiefenlagen mit hohen Ergiebigkeiten vergesellschaftet sein können. Die Verkarstung der Karbonatgesteine stammt aus Zeiten vor ihrer Versenkung und Überdeckung durch jüngere Sedimente, als sie unter dem Einfluss von Süßwasserzirkulation gestanden haben.

5.2 Regionale Beispiele

5.2.1 Süddeutsches und Oberösterreichisches Molassebecken

Ein hervorragendes Beispiel eines Kluft- und Karstwasserleiters ist der Malm im Süddeutschen Molassebecken und seine östlichen Fortsetzung, dem Oberösterreichische Molassebecken. Dieser Tiefengrundwasserkörper stellt den bedeutendsten thermalen Aquifer Mitteleuropas, sowohl für die Wärmebereitstellung als auch für die Stromerzeugung, dar (Schulz und Thomas 2012). Abbildung 5.2 zeigt die Lage der einzelnen Projekte im Molassebecken.

Die Fränkische Fazies des Malm, die im Raum München, der Ostmolasse und im Oberösterreichischen Molassebecken entwickelt ist, stellt eine Schelfentwicklung mit Becken- und Rifffazies dar. Während die gebankte Beckenfazies mit Dominieren von Kalksteinen von ihrer hydrogeologischen Wertigkeit als schlechter zu beurteilen ist, bietet die Riff- und Riffschuttfazies aufgrund ihrer hohen Matrixporosität gute Voraussetzungen für Dolomitisierung, welche auch für die Verkarstung eine wichtige Rolle spielt. Riff- und Riffschuttbereiche sind daher von besonderem Interesse für geothermale Projekte. Eine zweite wesentliche Voraussetzung für den Erfolg von Erschließungsprojekten stellt das Vorhandensein von Störungen und Brüchen dar.

Die nachfolgende Abbildung (Abb. 5.3) zeigen den direkten Nachweis von Verkarstung in der Bohrung Altdorf Th 1 (bei Landshut). Die Bohrung liegt an der Westflanke des Landshut-Neuöttinger Hochs im Bereich einer deutlich ausgeprägten thermischen Anomalie, die erstmals durch die Forschungsbohrung Altdorf FB1 nachgewiesen wurde (Wrobel et al. 2002). Durch Konvektion aufgrund des Aufstieges von Tiefengrundwässern aus der Wasserburger Senke beträgt der Geothermische Gradient im Raum Altdorf bis Top Malm (bei ca. 400 m unter Gelände) 12 K/100 m.

Altdorf Th 1 wurde an einer Nebenstörung des Landshut-Neuöttinger Abbruchs angesetzt. Das abgebildete Kaliberlog (Abb. 5.3) und die Fotos der Kamerabefahrung (Teufe: 482 m, 530 m und 538 m) zeigen deutlich die ausgeprägten Verkarstungen. In einem Pumpversuch wurde bei einem Volumenstrom von 88 l/s eine Absenkung von unter 1 m gefahren. Die Fördertemperatur betrug 66 °C.

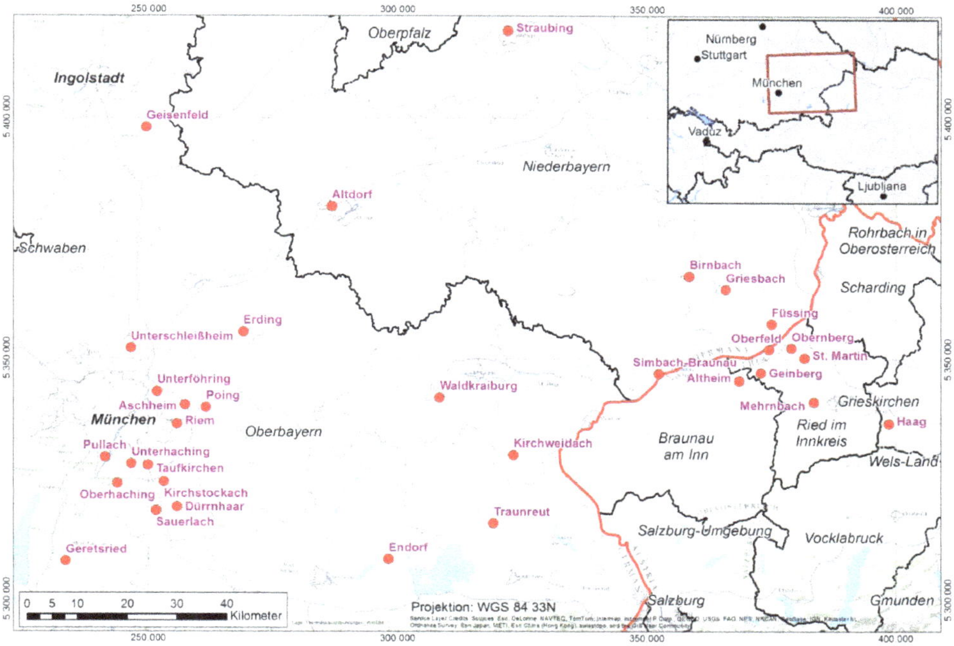

Abb. 5.2 Lage der Bohrungen und Projekte im Süddeutschen und Oberösterreichischen Molassebecken

In karbonatischen Grundwasserleitern (Kalken und Dolomiten) besteht die Möglichkeit, die natürlich vorhandenen Trennflächen bzw. Hohlräume durch Säurestimulationen zu erweitern und so die Produktivität und Reinjektivität von Bohrlöchern zu steigern. Säurestimulationen gehören zu den Standardprozeduren bei Projekten im Süddeutschen und Oberösterreichischen Molassebecken. Im Allgemeinen wird Salzsäure unterschiedlicher Konzentration (meist 7,5–20 Vol. %), vereinzelt auch mit Zumischung von Essigsäure und Zitronensäure verwendet; in jüngerer Zeit auch EDTA und andere Chelate (Lepage et al. 2009), welche den Vorteil der biologischen Abbaubarkeit haben. Es gibt auch Ansätze, durch Zugabe von Kohlenstoffdioxid im Betrieb die Reinjektivität von Rückgabebohrungen zu steigern (Matthes 2013).

Schumacher und Schulz (2013) haben eine Reihe von Säurestimulationen, die im Süddeutschen Molassebecken durchgeführt wurden, analysiert. Die Autoren kommen zum Schluss, dass die erste Stimulation den größten Effekt zeitigt, während die folgenden Behandlungen nur mehr geringfügige Verbesserungen der bohrlochnahen Durchlässigkeit zeitigen. Die höchste Steigerung der spezifischen Ergiebigkeit in den betrachteten 14 Bohrlöchern lag um den Faktor 10; in der Mehrzahl jedoch zwischen dem Faktor 2 und 3. Die Autoren führen aus, dass eine über 2 Stimulationen hinausgehende Anzahl von Behandlungen nicht nur keinen Zuwachs an spezifischer Ergiebigkeit, sondern sogar eine Abnahme derselben bewirkt.

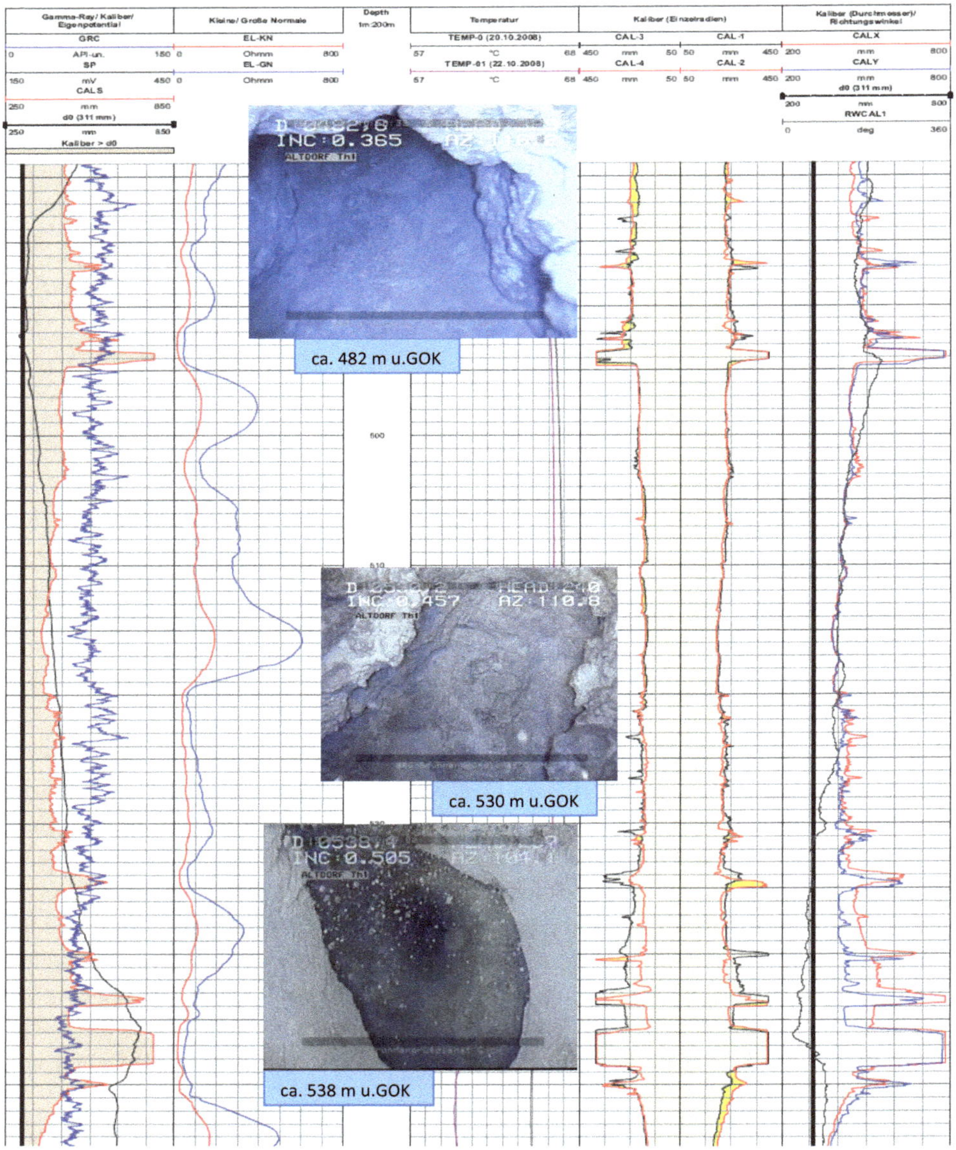

Abb. 5.3 Altdorf Th 1 (Bohrdurchmesser 12.1/4″); Geophysikalische Bohrlochmessungen – Ergebnisplot 12.1/4″ Bohrsektion (Malm) – Ausschnitt: 480–565 m

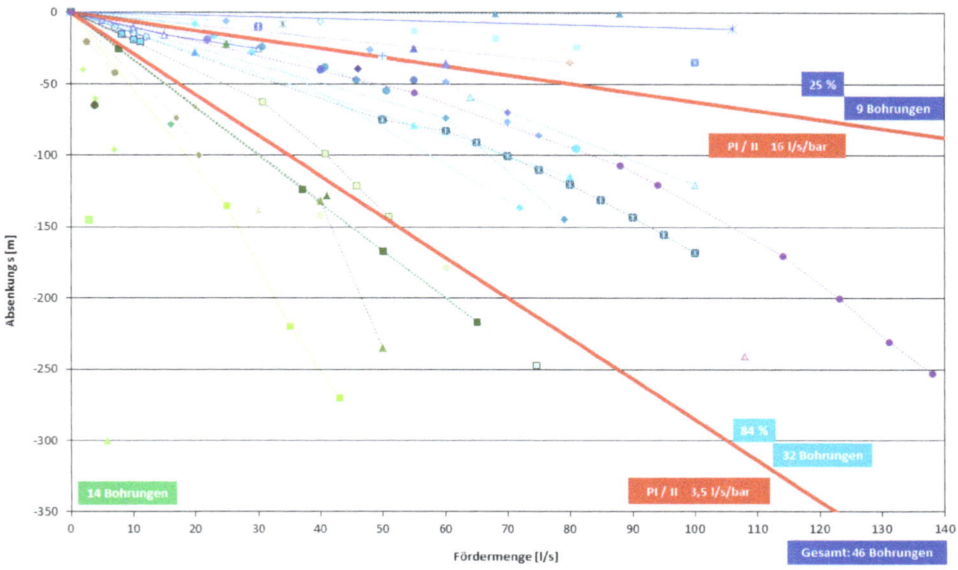

Abb. 5.4 Q-s Diagramm von Geothermie-Tiefbohrungen des Süddeutschen und Oberösterreichischen Molassebeckens

Im Allgemeinen unterscheidet sich die Produktivität und Injektivität eines Kluft- und Karstgrundwasserleiters nur unwesentlich, während bei Porengrundwasserleitern, insbesondere bei Sandsteinen, in Abhängigkeit von ihrem Schluff-Tonanteil erhebliche Differenzen bei den aufzuwendenden Drücken für die Förderung und Verpressung von Fluiden bestehen. Zu hohe Verpressdrücke haben zur Aufgabe von Projekten im Pariser Becken, im Pannonischen Becken und im Steirischen Becken geführt.

Als Maß für die Produktivität bzw. Injektivität eines Bohrloches wird der Produktiviätsindex (PI) bzw. der Injektivitätsindex (II) verwendet; er wird durch Pump- bzw. Reinjektionsversuche ermittelt und gibt den Volumenstrom pro normierter Druckeinheit an (z. B. m^3/h/MPa oder l/s/bar). Bei der Angabe dieser Kenngröße, die in der Praxis häufig für Wirtschaftlichkeitsberechnungen herangezogen wird, ist anzugeben, an welcher Position im oder am Bohrloch die Druckmessungen ausgeführt wurden. Bei einer Geothermie-Förderbohrung unterscheiden sich die am Top Aquifer, an der Förderhilfe (meist Tauchkreiselpumpe) und am Wellhead bestimmten PIs durch die dichtebedingte Längung der Wassersäule erheblich; dasselbe gilt für die Injektivitätsindices bei Versuchen mit Kühlung. Auch ist der Produktivitäts-/Injektivitätsindex keine konstante Größe, sodass Berechnungen von Druckdifferenzen von Volumenströmen, die sich stark von jenen unterscheiden, an denen sie bestimmt wurden, unzulässig sind.

Abbildung 5.4 zeigt das Q-s Diagramm von Bohrungen im Malmaquifer des Süddeutschen und Oberösterreichischen Molassebeckens. 84 % der untersuchten 46 Bohrungen liegen in einem Bereich eines PI von > 3,5 l/s/bar. Die im Diagramm ersichtlichen Unter-

Tab. 5.1 Volumenströme [l/s] an Dubletten- und Triplettenanlagen um München

Dublette/Triplette	Volumenstrom [l/s]
Aschheim	95
Dürnhaar	135
Erding	50
Garching	100
Kirchstockach	145
Oberhaching	140
Poing	100
Pullach	95
Riem	75
Sauerlach	120
Unterföhring	85
Unterhaching	150
Unterschleißheim	105
Summe	1395

schiede in der Ergiebigkeit der einzelnen Erschließungen sind Ausdruck der Transmassivitätsunterschiede im Malmkörper, die nach Birner et al. (2012) 7 Zehnerpotenzen betragen.

Die gegenseitige hydraulische und thermische Beeinflussung von geothermalen Anlagen ist besonders in Bereichen mit einer hohen Anlagendichte von wirtschaftlicher und rechtlicher Bedeutung.

Eine hohe Dichte von geothermischen Anlagen ist im Umkreis von München, insbesondere im Osten und Süden der bayerischen Landeshauptstadt (Abb. 5.5), und im niederbayerisch-oberösterreichischen Innviertel gegeben, wobei bei letzterem der wasserwirtschaftlich bedeutende Umstand hinzukommt, dass ein Nebeneinander von geothermischen und rein balneologischen Anlagen besteht.

Zum Schutz der Qualität und Quantität des gemeinsam genutzten Thermalwasserkörpers wurde von Bayern und Österreich das „Grundsatzpapier zur Thermalwassernutzung im niederbayerisch-oberösterreichischen Molassebecken" entwickelt (Expertengruppe 2012). Darin sind unter anderem der Informationsaustausch zwischen beiden Staaten und die Anforderungen an den Betrieb von Thermalwasser- und Geothermieananlagen und die Monitoringprogramme geregelt.

Die Anlagen im Umkreis von München (Dubletten und Tripletten, siehe Abb. 5.5) fördern und injizieren die in Tab. 5.1 zusammengestellten Volumenströme. Bei Annahme einer Temperaturdifferenz von 45 K resultiert aus dem kumulativen Volumenstrom von 1395 l/s eine thermische Leistung von ca. 260 MW.

Zur Quantifizierung des Ausmaßes einer möglichen gegenseitigen hydraulischen und thermischen Beeinflussung der in Tab. 5.1 genannten Anlagen wurde auf der Grundla-

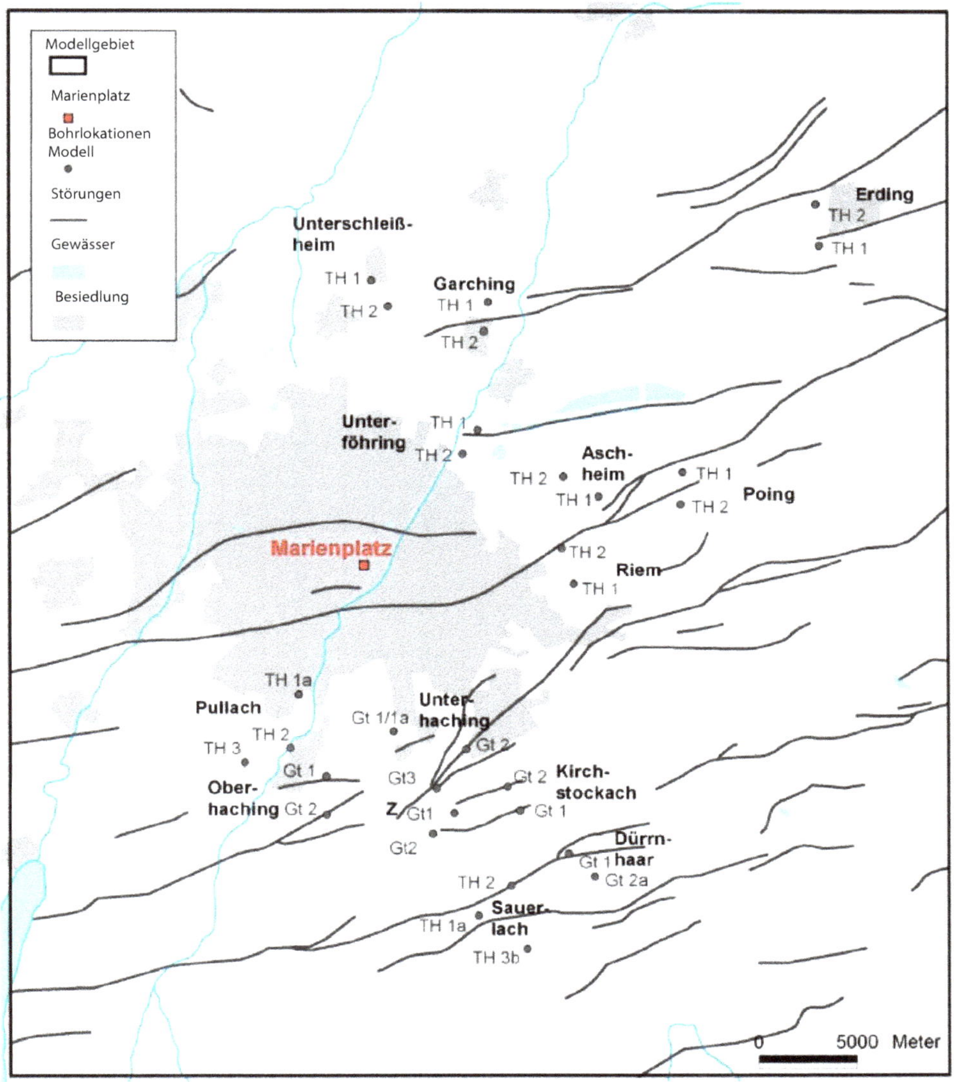

Abb. 5.5 Geothermische Dubletten- und Triplettenanlagen um München, Stand 2011 (Schulz und Thomas 2012)

ge eines regionalen geologischen 3D-Strukturmodells auf der Basis von reflexionsseismischen Untersuchungen, u. a. einer 3D-Seismik in der Umgebung der Bohrung Unterhaching Gt 2, und des entwickelten hydrogeologischen Modells ein numerisches thermisch-hydraulisches 3D-Modell für den Malm-Aquifer für den Großraum München mit dem Aussagegebiet Unterhaching erstellt (Schulz und Thomas 2012). Als Simulationssoftware

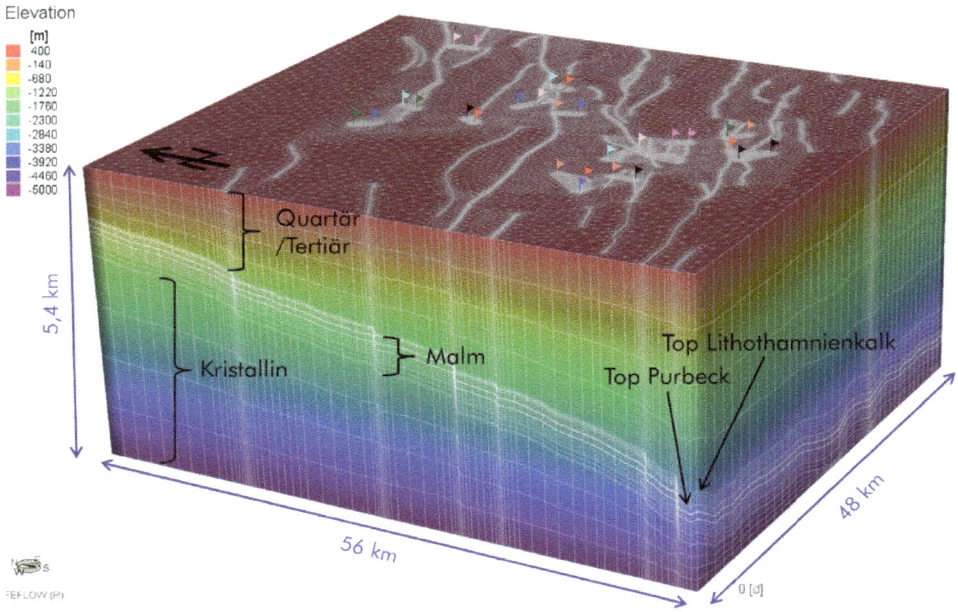

Abb. 5.6 3D-FE-Modell aus südwestlicher Richtung gesehen, Überhöhung 5-fach (Schulz und Thomas 2012)

wurde FEFLOW (Version 6.0) verwendet. Das 3D-Modell umfasste 34 Modellschichten mit 2,8 Mio. Elementen und 1,5 Mio. Knoten, der Flächenumgriff 56 × 48 km (Abb. 5.6).

Mit dem kalibrierten Modell wurden Betriebs- und Prognoseberechnungen durchgeführt, wobei die Betriebssimulation den Zeitraum 2002–2011 umfasste und auf der Grundlage der Betriebsdaten durchgeführt wurde. Den Prognoseszenarien für einen Zeitraum von 50 Jahren, d. h. bis 2061, wurden die bewilligten Förder- und Reinjektionsraten und Injektionstemperaturen zugrunde gelegt. Für ein weiteres Szenario wurde eine fiktive Dublette im Raum Taufkirchen (inzwischen realisiert) eingeführt.

Abbildung 5.7 zeigt die Prognose für den Zustand nach 50 Jahren unter Zugrundelegung der bewilligten Förder- und Reinjektionsraten. Im Raum Sauerlach – Oberhaching – Unterhaching bis in Richtung Unterföhring ist eine rund 5 km breite Zone mit Grundwasserabsenkung ausgebildet. Daran schließt, gesteuert durch die Reinjektionsbohrungen Unterhaching und Riem eine weitflächigen Zone der Grundwassererhöhung (im Maximum 30 m). Eine weitere Zone der Potenzialerhöhung ist um die Reinjektionen von Sauerlach und Dürrnhaar ausgebildet. Durch diese beiden Gebiete mit erhöhten Potenzialen bilden die einander gegenüberliegenden Förderbohrungen in den Feldern Dürrnhaar und Stockach nur ein begrenztes Absenkungsfeld aus. Wichtig für die wasserwirtschaftliche und rechtliche Beurteilung ist die ebenfalls in die Abb. 5.7 eingetragene 1 Bar-Isolinie, welche zeigt, dass die Anlagen ohne wesentliche gegenseitige Beeinflussungen betrieben werden können.

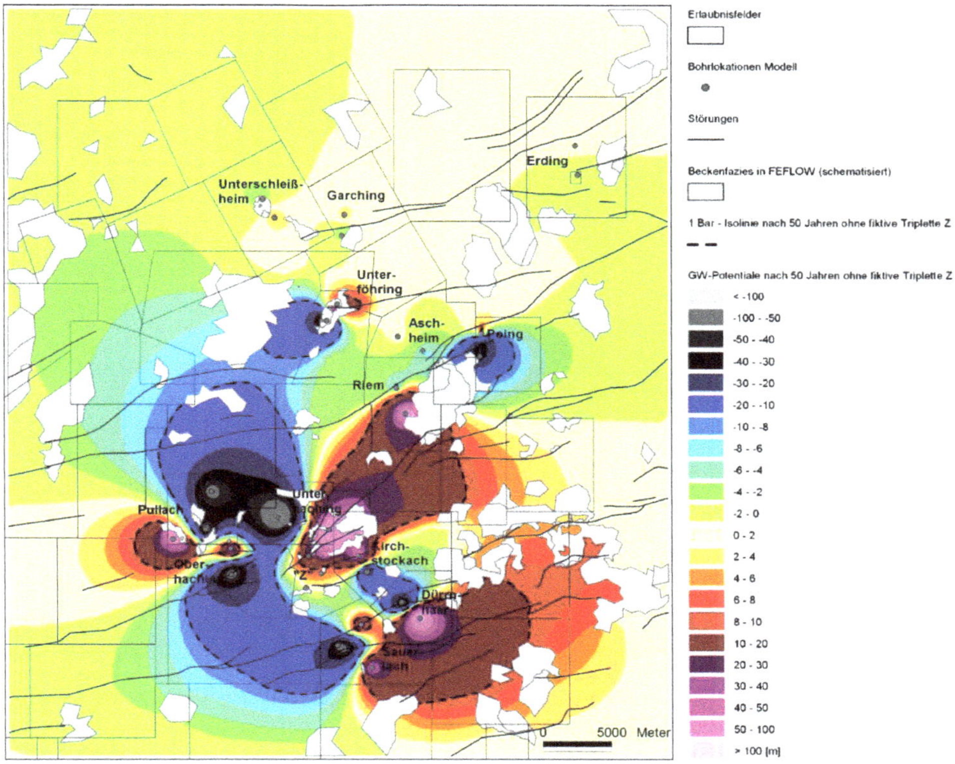

Abb. 5.7 Grundwasserpotenziale nach 50 Jahren im ersten Hauptzuflussbereich des Malmtiefengrundwasserkörpers (Schulz und Thomas 2012)

Von wesentlicher Bedeutung für die langfristige geothermische Nutzung ist auch die Aussage der Modellierung, dass sich die thermischen Auswirkungen der Reinjektionen auf die Nahbereiche der jeweiligen Reinjektionsbohrlöcher beschränken.

Im niederbayerisch-oberösterreichischen Abschnitt der Molassezone, d. h. östlich des Landhut-Neuöttinger Hochs und der Zentralen Schwellenzone ist im niederbayerisch-oberösterreichischen Innviertel eine ähnlich starke Konzentration von hydrothermalen Anlagen gegeben wie im Großraum München (Abb. 5.8). Die entnommenen Volumenströme und Angaben zur Nutzung gehen aus Tab. 5.2 hervor.

Der Malm (+ Purbeck) liegt hier in Tiefen von ca. 1000–2300 m, die Fördertemperaturen betragen zwischen 54 und 105 °C. Die Transmissivität des Malmaquifers bewegt sich zwischen 6×10^{-4} und $2{,}5 \times 10^{-2}$ m^2/s, die Speicherkoeffizienten zwischen 1 und 6×10^{-5}. Die Mächtigkeiten von Malm + Purbeck betragen 50 bis ca. 450 m. In Bereichen höherer Malmmächtigkeiten sind die oberen ca. 150 m hydraulisch aktiv.

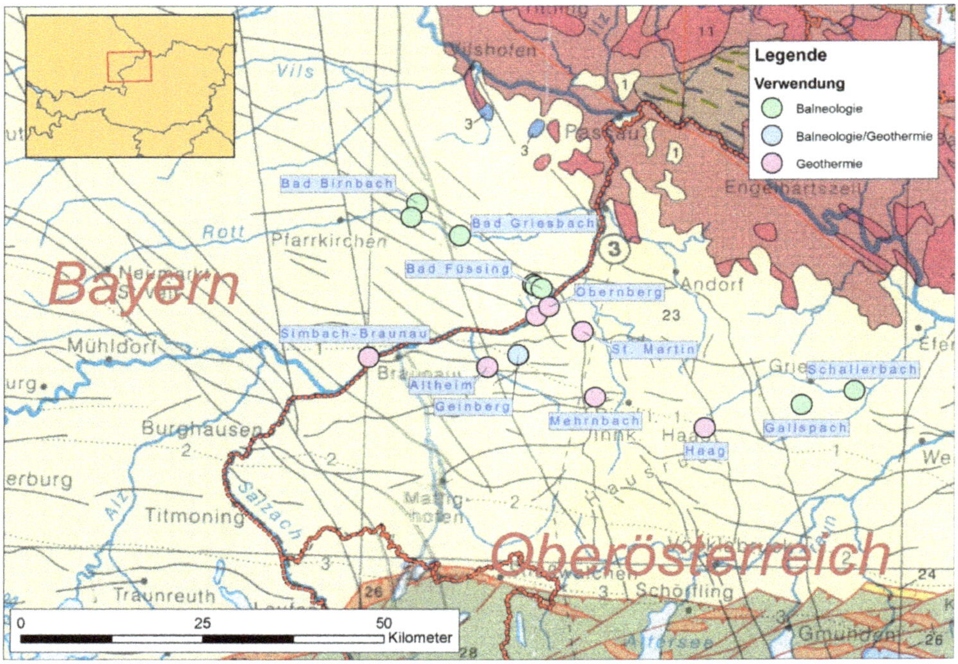

Abb. 5.8 Lageplan der geothermischen/balneologischen Anlagen im bayerisch-oberösterreichischen Innviertel (*grün*: Balneologie, *blau*: Balneologie/Geothermie, *rot*: Geothermie)

Der zeitliche Verlauf der Entnahmen in der Molassezone östlich des Landshut-Neuöttinger Hochs (Niederbayern und Oberösterreich) ab 1947 ist Abb. 5.9 zu entnehmen. Das Maximum der Nettoentnahmen (d. h. ohne Reinjektion) war mit über 130 l/s in den 1990er Jahren. Durch die Aufnahme der Reinjektionstätigkeit an den oberösterreichischen Geothermieanlagen reduzierte sich die Nettoentnahme im bayerisch-oberösterreichischen Innviertel (grüne Linie) aktuell auf ca. 50 l/s.

Die Entwicklung der Schließdrücke im Grenzgebiet Bayern/Oberösterreich, welche dokumentiert seit 1970 vorliegt (Abb. 5.10), spiegelt die Fördergeschichte wider. Im Dezennium 1971 bis 1980 war die beobachtete Druckabsenkung (ca. 1,6 bar im Schließdruck) fast ausschließlich auf die Entnahmen in Bad Füssing zurückzuführen. Durch Konsolidierung der Entnahmen trat in den 1980er Jahren eine annähernd konstante Druckentwicklung ein, die in den 1990er Jahren durch die anfangs ohne Reinjektion betriebenen oberösterreichischen Geothermieanlagen (Geinberg und Altheim) beendet wurde. Ende 1998 wurde das Druckminimum von 1,3 bar erreicht.

Mit der Umstellung der oberösterreichischen Geothermieanlagen in Altheim und Geinberg auf Reinjektionsbetrieb trat binnen 2 Jahren eine Druckerhöhung von ca. 0,8 bar ein. Trotz Inbetriebnahme weiterer Dubletten (Haag am Hausruck 1996, Obernberg 2000; Simbach-Braunau, 2002/03 und St. Martin im Innkreis 2002) war in den Jahren 2000 bis 2007

Tab. 5.2 Balneologische und geothermische Nutzungen im niederbayerisch-oberösterreichischen Innviertel

Anlage	Volumenstrom[a] [l/s]	Temperatur [°C]	Leistung [MW]	Art der Nutzung
BAYERN				
T3 („Chrysanti-Quelle“)	3,0	60,1	-	Balneologie
T4 („Konrad-Quelle“)	6,1	50,5	-	Balneologie
Summe Bad Birnbach	**9,1**			
Füssing Therme I	14,9	59,3	-	Balneologie
Füssing Therme II	9,5	53,1	-	Balneologie
Füssing Therme III	10,1	49,9	-	Balneologie
Summe Bad Füssing	**34,5**			
Therme 3 (Nikolausquelle)	3,6	58,0	-	Balneologie
Summe Bad Griesbach	3,6			
OBERÖSTERREICH				
Altheim	58,3	99,1	12	Geothermie Wärme & Strom
Geinberg	17,9[b] 29,3[c]	100[b] 100,3[c]	7,1	Geothermie & Balneologie Wärme, Therme Geinberg Glashaus
Haag am Hausruck	9,5[d]	84,5[d]	5	Geothermie & Balneologie Wärme Schaffelbad Gebotskirchen
Obernberg	7,4	78,2	5,3	Geothermie Wärme
Simbach-Braunau	63,9	80,2	9,3	Geothermie Wärme
St. Martin i. Innkreis	21,7	90	22	Geothermie Wärme

[a] Jahresdurchschnitt (2010, 2011 od. 2012),
[b] Dublette Geinberg: artesischer Überlauf (Jahresdurchschnitt 2010),
[c] Dublette Geinberg: Förderung mit Tauchkreiselpumpe (Durchschnitt II–IX.2013),
[d] Dublette Haag: Durchschnitt III–V.2013

eine leichte Druckerhöhung zu beobachten. Ab 2007 kam es durch eine Steigerung der balneologischen Entnahme zu erneuten Druckabsenkungen.

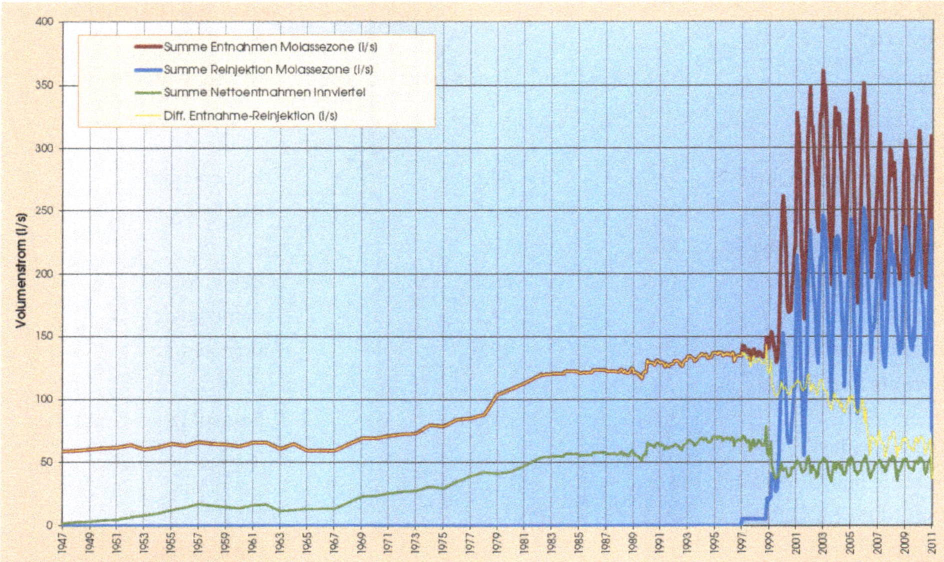

Abb. 5.9 Entnahmen und Reinjektion Molassezone östlich des Landshut-Neuöttinger Hochs und der Zentralen Schwellenzone

Zieht man den intialen Druckwert der Reichsbohrung in Safferstetten (der späteren Füssing Therme I) vom 5,2 bar im Jahr 1938 heran (Nathan 1949), so ergibt sich von 1939–1998 eine Druckabsenkung von 3,7 bar.

Ein Beispiel einer drastischen Druckabsenkung ist der Alb-Aquifer im Pariser Becken, der seit 1841 intensiv genutzt wird. Hier ist bis in die Gegenwart eine Druckdepression in der Größenordnung von 10 bar eingetreten (Contoux et al. 2013).

5.2.2 Beispiel für eine Nutzungsanlage: Geothermische Dublette Simbach-Braunau

Bei der geothermischen Dublette Simbach-Braunau handelt sich um eine grenzüberschreitende Geothermieanlage und um eines der größten Fernwärme-Projekte unter Einsatz der Geothermie in Europa. Die obertägigen Einrichtungen der Geothermieanlage Simbach-Braunau befinden sich in Simbach am Inn (Bayern), die Thermalwasserentnahme findet aus der nach Österreich abgelenkten Bohrung Simbach-Braunau Th 2 statt.

Beide Tiefbohrungen der Dublette – die abgelenkte Förderbohrung Simbach-Braunau Th 2 und die vertikale Reinjektionsbohrung Simbach-Braunau Th 1 – wurden 1999 von einem Sammelbohrplatz in Simbach am Inn (Bayern) abgeteuft. Bohrziele waren zwei jeweils E-W streichende, normal abschiebende Brüche. Die Simbach-Braunau Th 1 erreichte eine Endteufe von 1848 m, der Malmaquifer wurde ab 1737 m erschlossen. Die Endteufe

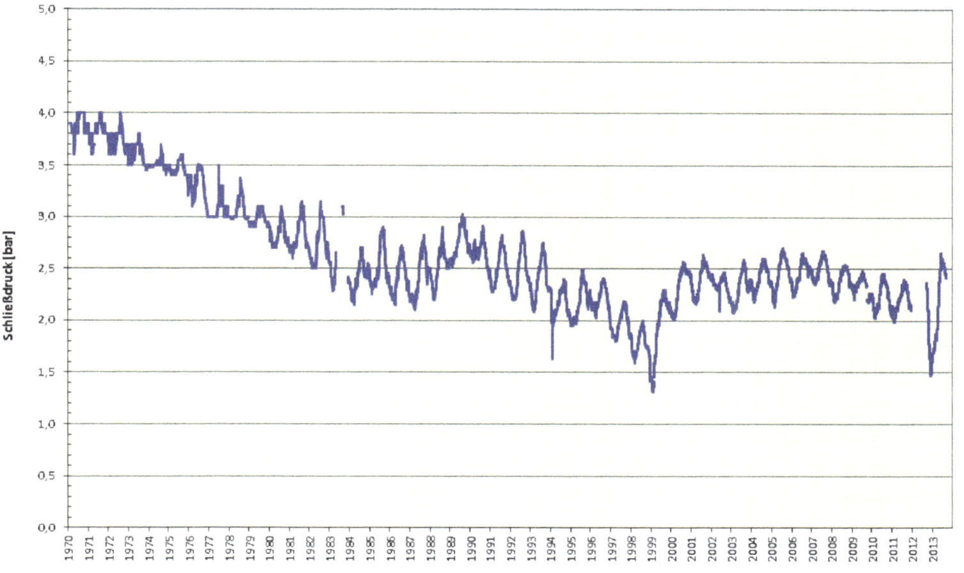

Abb. 5.10 Druckentwicklung im niederbayerisch-obersterreichischen Grenzraum (1970–2013)

der abgelenkte Entnahmebohrung Simbach-Braunau Th 2 beträgt 1942 m TVD (3.203 m MD), Top Malm wurde ab ca. 1898 m angetroffen. Die Entfernung der beiden Bohrungen bei Endteufe beträgt 2101,5 m.

Die anhand der geophysikalischen Bohrlochmessungen (Gamma Ray und Dual Laterolog) in der Malmstrecke der Bohrung Simbach-Braunau Th 1 ausgewiesenen Zuflussbereiche sind in Abb. 5.11 dargestellt.

Beide Bohrungen erschlossen Bereiche mit Transmissivitäten von $2{,}2–2{,}5 \times 10^{-2}$ m^2/s (Simbach-Braunau Th 1) bzw. $1–3{,}4 \times 10^{-3}$ m^2/s (Simbach-Braunau Th 2). Da die wasserwirtschaftlichen Daten (Versuchs- und Dauerbetrieb) der Dublette keine Druckzusammenhänge zwischen Produktion und Reinjektion zeigen, muss der dazwischenliegende Malmkörper deutlich niedrigere Transmissivitäten aufweisen. Die Differenz der initialen Schließdrücke zwischen den Bohrlöchern betrug ca. 1 bar bei einer Horizontalentfernung auf Höhe Top Malm von rund 2000 m.

Die Fernwärmenutzung der Geothermieanlage Simbach-Braunau erfolgt in beiden Grenzstädten Simbach am Inn (Bay) und Braunau am Inn (OÖ). Die Netzlänge liegt mittlerweile bei 40 km, insgesamt sind 726 Kunden mit einem Anschlusswert von insgesamt 41,7 MW angeschlossen (Stand: 31.12.2012). Zu den Wärmekunden zählen Haushalte, die Wohnungsbau-GmbH, Krankenhäuser, Schulen, Kirchen, gemeindeeigene Bauten, Gendarmerie, Rotes Kreuz und Freizeitzentren. Die Abgabe ins Netz lag 2012 bei 61,95 GWh, der Anteil an Geothermie betrug 45 GWh. Neben der hydrothermalen Wärmeerzeugung wurden dabei 671 MWh aus der Verbrennung des zu ca. 60 % aus Methan bestehenden Begleitgases gewonnen. Die Leistung der Geothermie beträgt 9,3 MW.

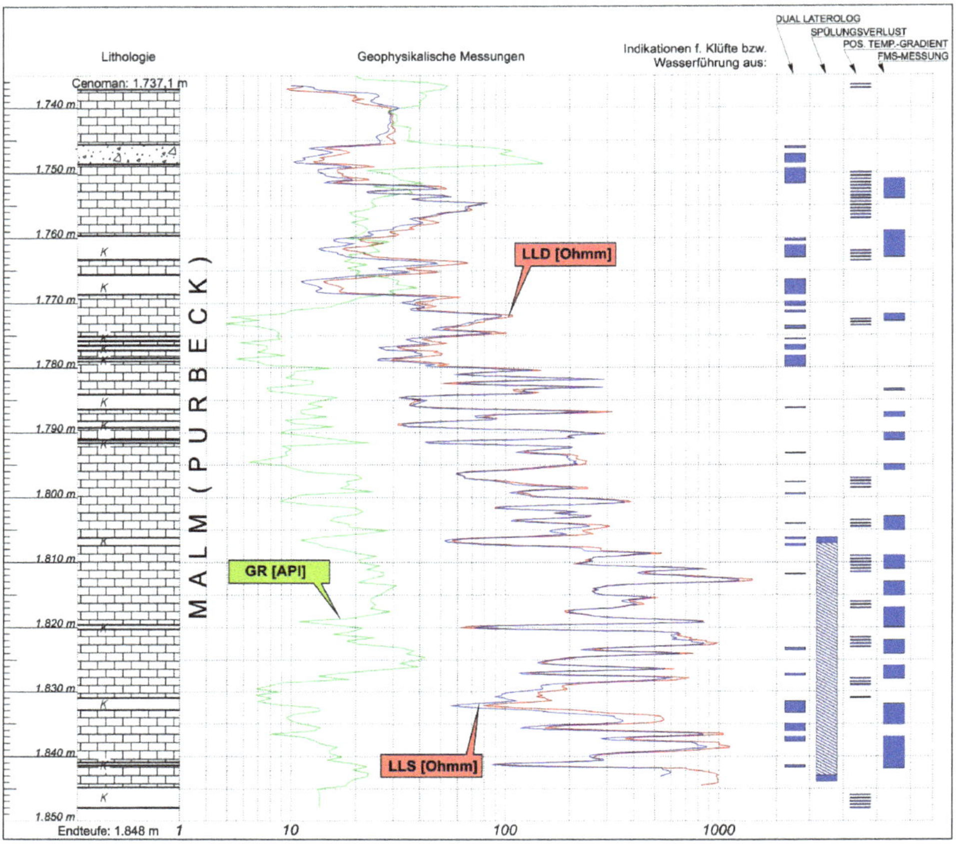

Abb. 5.11 Simbach-Braunau Th 1: Geophysikalische Bohrlochmessungen und Ihre Auswertung (Malm)

2009 wurde an der Dublette Simbach-Braunau im Rahmen des EU-Forschungs- und Demonstrationsvorhabens „LOW-BIN, Efficient low temperature geothermal binary power“ eine Niedrigtemperatur ORC-Anlage zur Stromerzeugung installiert. Diese Anlage wurde aufgrund von technischen Schwierigkeiten bei der Kühlung inzwischen stillgelegt.

Besonders hervorzuheben ist, dass trotz der Fördertemperatur von nur 80,5 °C und einer nutzungsseitig vorgegebenen Netztemperatur von 110 °C der Anteil der Geothermie an der Jahresarbeit außentemperaturabhängig zwischen 66 und über 70 % liegt. Dies demonstriert die besondere Eignung der Geothermie für die Abdeckung der Grundlast (Abb. 5.12); die Anlage kommt auf 4400 Volllaststunden. Die Spitzenlastabdeckung erfolgt mit Gas.

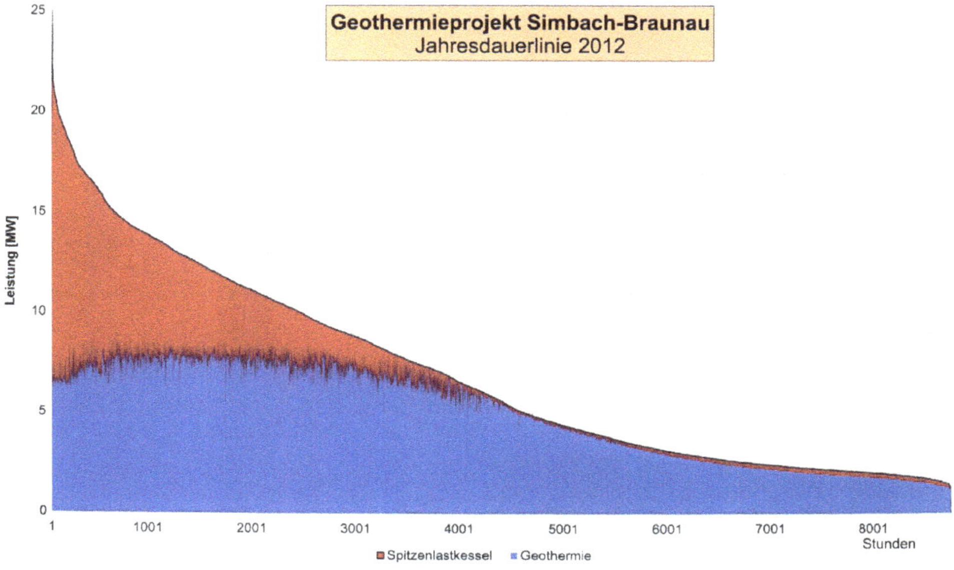

Abb. 5.12 Jahresdauerlinie 2012 der Geothermieanlage Simbach-Braunau (Energie AG Oberösterreich Wärme GmbH)

5.3 Bedeutung der Kaskadennutzung

Durch die ab 2005 einsetzende starke Erhöhung der Bohr- und Komplettierungskosten von Tiefbohrungen, die zum Teil auch den gestiegenen Umweltauflagen, insbesondere im Hinblick auf den Lärmschutz, geschuldet sind, sind die Kosten für die Nutzung der Geothermie enorm gestiegen. Es muss daher das vorrangige Bestreben bei der hydrothermalen Nutzung sein, eine möglichst große Temperaturspreizung zu erzielen. Eine effektive Nutzung ist über eine geothermische Kaskade, d. h. die Hintereinander- und/oder Parallelschaltung von unterschiedlichen Nutzungsstufen, möglich. Dies führt zur Frage der Reinjektionstemperatur und der regionalen thermisch/hydraulischen Beeinflussung durch die Rückführung stärker abgekühlter Fluide.

In Rahmen einer breit angelegten Untersuchung von thermischen Auswirkungen von Thermalwassernutzungen am Beispiel des oberösterreichisch-niederbayerischen Innviertels (Goldbrunner et al. 2007) wurde unter anderem die Variation der Reinjektionstemperatur mit einem kalibrierten thermisch-hydraulischen 3D-Modell (Programmpaket FRACTure) anhand von fiktiven Dubletten für unterschiedliche Lagekonfigurationen (Lage der Dublette auf ein- und derselben Störung, Lage auf parallelen Störungen bzw. auf sich kreuzenden Störungen) für unterschiedliche Bohrungsabstände und Volumenströme untersucht. Als Reinjektionstemperatur wurde im Minimum 15 °C zugrunde gelegt. Aus Abb. 5.13 gehen die für Top Malm berechneten Temperaturfelder nach 50 Betriebsjahren

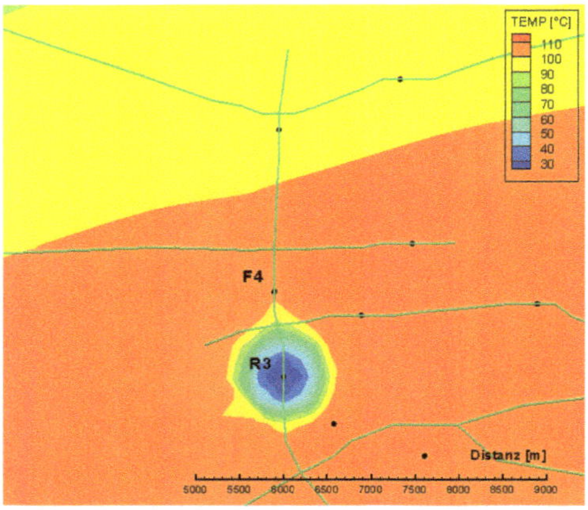

PF26, $Q_{Förderung}$=80 l/s, $Q_{Reinjektion}$ = 80 l/s; T=15 °C

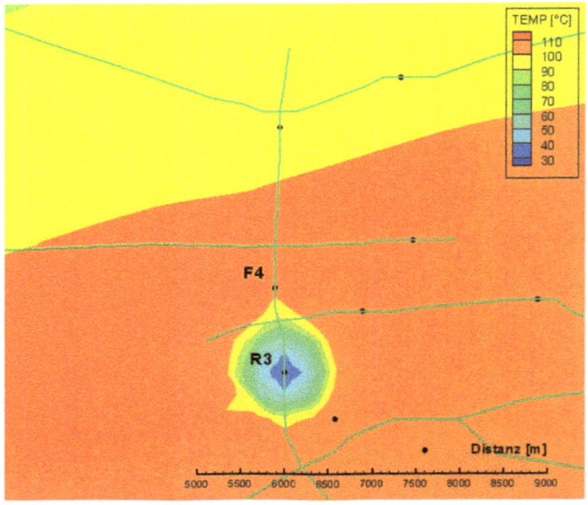

PF27, $Q_{Förderung}$=80 l/s, $Q_{Reinjektion}$ = 75 l/s; T=30 °C

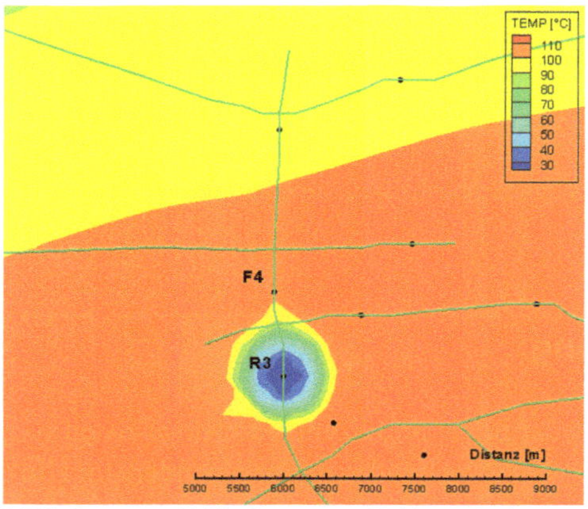

PF21, $Q_{Förderung}$=80 l/s, $Q_{Reinjektion}$ = 80 l/s; T=30 °C

Abb. 5.13 Vergleich der berechneten Temperaturfelder am Top Malm nach einem Betriebszeitraum von 50 Jahren für die Lastfälle *PF21*, *PF26* und *PF27*, Dauerbetrieb (Goldbrunner et al. 2007)

der Dublette bei einem ganzjährig entnommenen und reinjizierten Volumenstrom von 80 l/s (in einem Fall 75 l/s für die Rückgabe) für Reinjektionstemperaturen von 30 °C bzw. 15 °C hervor.

Die geringe regionale Auswirkung verdeutlicht die berechnete Temperaturverteilung auf der Verbindungslinie zwischen Förder- und Reinjektionsbohrung. Der thermisch beeinflusste Bereich erreicht im „inneren Bereich" (d.h zwischen der Förder- und Reinjektionsbohrung) eine Länge von 1000 m (und damit knapp bis zur Förderbohrung) und auf der abgewandten Seite 750 m (Abb. 5.14). Die Reduktion der Injektionstemperatur von 30 °C auf 15 °C bewirkt keine Vergrößerung des thermisch beeinflussten Bereichs.

Die geringe Auswirkung der Reinjektionstemperatur auf die Ausbreitung der Abkühlungsfront wurde bei allen untersuchten Fällen deutlich. Die niedrigeren Temperaturen

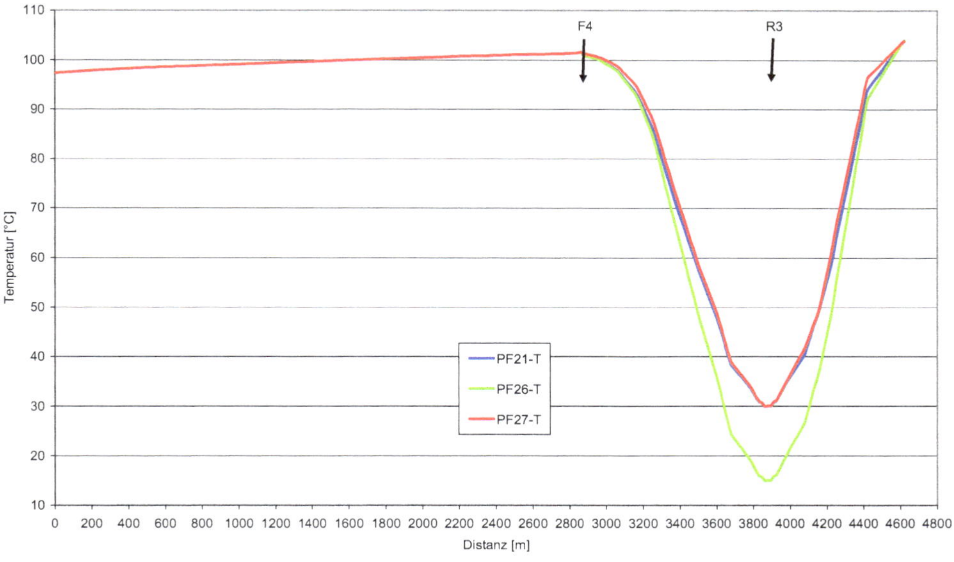

Abb. 5.14 Temperaturverteilung Top Malm entlang der Verbindungslinie zwischen Förder- und Reinjektionsbohrung für die Lastfälle *PF21*, *PF26* und *PF27* (Parameter siehe Abb. 5.11), Betriebszeitraum 50 Jahre (Goldbrunner et al. 2007)

bewirkten im Modell eine deutliche Erhöhung des Injektionspotenzials aufgrund der Zunahme der Viskosität. Das Monitoring von Geothermieanlagen zeigt jedoch, dass die höhere Dichte des abgekühlten Fluids einen stärkeren Einfluss auf die Reinjektionsdrücke ausübt als die Viskosität und zu einer Verringerung der Kopfdrücke führt.

Abbildung 5.15 zeigt das Anlagenschema der Geothermieanlage Geinberg (Oberösterreich, Nutzung aus dem Malmaquifer) als Beispiel einer Kaskadennutzung in Form von drei unterschiedlichen Nutzern: die erste Nutzungsstufe teilen sich die Wärmeversorgung des Ortes Geinberg und die Beheizung des Thermenzentrums Geinberg (Therme und Hotel, Thermeappartments), als weitere Nutzungsstufe ist die Wärmeversorgung von Glashäusern mit einer Fläche von ca. 2 ha nachgeschaltet. Durch die geothermische Kaskade ist eine Temperaturspreizung von max. 70 K möglich. Die installierte Leistung beträgt derzeit 9,3 MW. Ein derzeit noch brachliegendes Potenzial ist durch den über 60 °C liegenden Rücklauf des Thermenzentrums gegeben.

Bad Waltersdorf (Steirisches Becken, Oststeiermark) ist ein weiteres Beispiel einer thermischen Kaskade unter Einbeziehung der Balneologie (Abb. 5.16). Der Entnahmeaquifer liegt in geklüfteten und verkarsteten devonischen Dolomiten des Grazer Paläozoikums (Oberostalpin) unter neogener Bedeckung (Zötl und Goldbrunner 1993). Zwei Bohrlöcher mit Tiefen von 1553 m (Waltersdorf 1) und 1420 m (Waltersdorf 2a) werden abwechselnd für die Thermalwasserförderung im Ausmaß von 17 l/s (im Maximum 22 l/s) herangezogen. Die Temperatur am Wärmetauscher beträgt 62 °C. Als erste Nutzungsstufe erfolgt

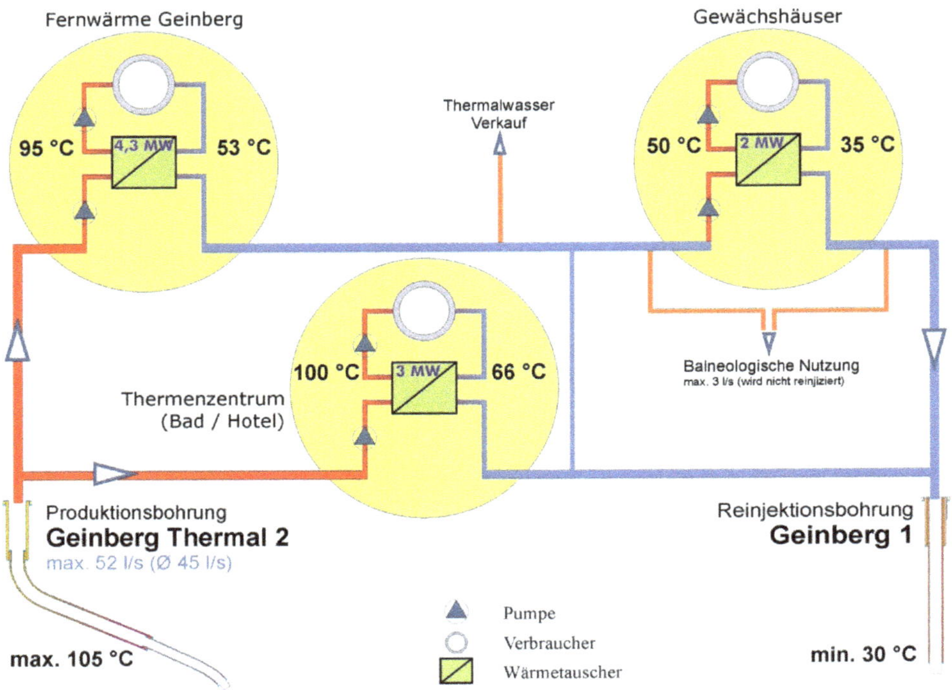

Abb. 5.15 Geothermische Dublette Geinberg: Schema der Kaskadennutzung

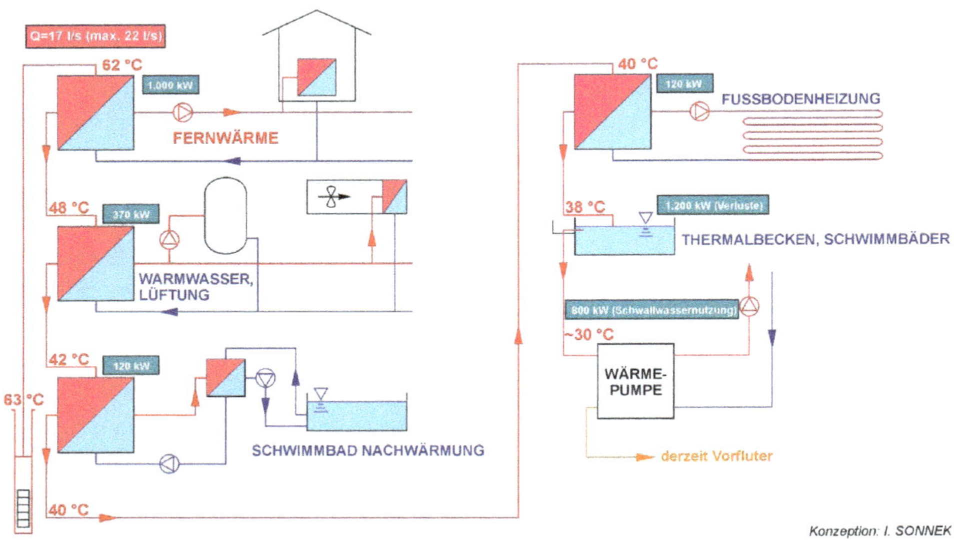

Abb. 5.16 Bad Waltersdorf: Schema der Kaskadennutzung (Konzeption Dipl.-Ing. Ingo Sonnek)

die Nahwärmeversorgung von öffentlichen Gebäuden (Schule, Kindergarten) und privaten Wohnhäusern mit einer thermischen Leistung von 1 MW. Diese Nutzungen datieren bereits aus 1978 und waren zu dieser Zeit die erste geothermische Anwendung in Österreich. Die Beheizung erfolgte über bestehende Heizungsradiatoren. Im Jahr 1984 wurde ein Thermalbad (Heiltherme Bad Waltersdorf) mit angeschlossenen Hotels errichtet. Dadurch ergaben sich weitere thermische Nutzungsmöglichkeiten. Die nächste Nutzungsstufe (370 kW) ist die Warmwasserbereitstellung und Lüftung (über Wärmetauscher) in der Heiltherme Bad Waltersdorf. Wasser mit einer Temperatur von 42 °C wird zur Schwimmbad-Nachwärmung mit einer thermischen Leistung von 120 kW verwendet. Ein weiterer Temperaturabbau erfolgt über eine Fußbodenheizung (ca. 120 kW über Wärmetauscher). Verluste über die Thermal- und Schwimmbecken (direkte Nutzung), insbesondere über die Außenanlagen entsprechen einer thermischen Leistung von 1200 kW. Die Nutzung des Schwallwassers der Becken über eine Wärmepumpe mit magnetgelagertem Turbokompressor (Vorlauftemperatur 55 °C) stellt eine thermische Leistung von 800 kW bereit. Das deutlich unter 30 °C entwärmte Wasser wird derzeit noch in den Vorfluter abgeleitet.

Literatur

Birner, J., Jodocy, T., Savvatis, M., Schneider, A., Stober, M.I.: Hydraulische Eigenschaften des Malmaquifers im Süddeutschen Molassebecken und ihre Bedeutung für die geothermische Erschließung. Zeitschrift für geologische Wissenschaften **40**, 133–156 (2012)

Contoux, C., Violette, S., Vivona, R., Goblet, P., Patriarchi, D.: How basin models results enable the study of multi-layer aquifer response to pumping; the Paris Basin, France. Hydrogeology Journal **21**, 545–557 (2013)

Expertengruppe „Tiefenwasser" im Auftrag der Ständigen Gewässer-Kommission nach dem Regensburger Vertrag: Grundsatzpapiere zur Thermalwassernutzung im niederbayerisch-oberösterreichischen Molassebecken (2012). 94 S.; Stand Juli 2012

Goldbrunner, J., Huber, B., Kohl, T., Baujard, C., Gold, M., Heiss, H.P., Shirbaz, A.: Thermische Auswirkungen von Thermalwassernutzungen im oberösterreichisch-niederbayerischen Innviertel. Endbericht. Zürich (2007). 291 S., 15 Beil., 2 DVDs

Goldbrunner, J., Shirbaz, A., Vasvari, V., Huber, B., Blaschke, A.P.: DATS Defizitanalyse für das 2D Thermalwasser Strömungsmodell zur Bilanzierung des Thermalwasservorkommens im niederbayerisch-oberösterreichischen Molassebecken Endbericht. Graz-Augsburg-Wien (2012). Unveröff. Ber., 121 S., 15 Beil., VII Anl.

Lepage, J.N., De Wolf, C.A., Bemelaar, J.H., Nasr-el-Din, H.A.: An Environmentally Friendly Stimulation Fluid for High Temperature Applications SPE Paper, Bd. 121709 (2009). 15 S

Matthes, L.: Möglichkeiten der Injektivitätsverbesserung von Geothermiebohrungen mittels CO_2 Vortrag gehalten am 2. Internationalen Geothermie-Kongress, St. Gallen, 22.–23. Mai 2013 (2013)

Nathan, H.: Geologische Ergebnisse der Erdölbohrungen im Bayerischen Innviertel Geologica Bavarica, Bd. 1. München (1949). 68 Seiten, 1 Tafel, 5 Abb.

Schulz, R., Thomas, R.: Geothermische Charakterisierung von karstig-klüftigen Aquiferen im Großraum-München Endbericht LIAG-Bericht, Bd. Archiv-Nr. 130 392. Hannover (2012). 98 S., 06.03.2012

Schumacher, S., Schulz, R.: Effectiviness of acidizing geothermal wells in the South German Molasse Basin. Geothermal Energy Science **1**, 1–11 (2013)

Wessely, G.: Geothermische Nutzung. In: Wessely, G. (Hrsg.) Niederösterreich, S. 307–310. Geologische Bundesanstalt, Wien (2006)

Wrobel, J.P., Fritzer, T., Mikulla, C., Schuldes, D., Suckow, A.: Forschungsbohrung Altdorf bei Landshut/Niederbayern – Erkundung einer geothermischen Anomalie im Bereich des Landshut-Neuöttinger Hochs. Grundwasser **7**(1), 14–24 (2002)

Zötl, J., Goldbrunner, J.E.: Die Mineral- und Heilwässer Österreichs. Geologische Grundlagen und Spurenelemente. Springer, Wien – New York (1993). 324 S.

Petrothermale Nutzung und Stimulationsoptionen

6

Rolf Bracke

Inhaltsverzeichnis

Zusammenfassung

Petrothermale Reservoirs machen den weitaus größten Teil aller geothermalen Lagerstätten weltweit aus. Sie können in sehr unterschiedliche geologischen Formationen im kristallinen Basement, in sedimentären Becken und in Orogenzonen vorkommen. Gebunden an hydraulisch dichte, kristalline und sedimentäre Speichergesteine überwiegt

Prof. Dr. Rolf Bracke (✉)
GZB – International Geothermal Centre, Bochum, Deutschland
e-mail: rolf.bracke@geothermie-zentrum.de

M. Bauer et al. (Hrsg.), *Handbuch Tiefe Geothermie*, DOI 10.1007/978-3-642-54511-5_6,

dort der konduktive gegenüber dem konvektiven Wärmeübertragungsanteil. Seit 40 Jahren wurden an verschiedenen Standorten weltweit unterschiedliche Erschließungskonzepte mit zunehmender Tiefe realisiert. Als Stimulationsverfahren dienten dabei hydraulische, chemische und Stützmittel-gebundene Technologien. Die Frack-Operationen und die dazu verwendeten Einsatzstoffe bei den EGS-Projekten in Soultz-sous-Forets, Groß-Schönebeck und GeneSys, sowie zum hydrothermalen EGS-Projekt in Landau werden quantifiziert. Druckwasser war dabei stets der Hauptträger des Stimulationsprozesses; daneben können Hilfschemikalien zum Einsatz kommen. Hierzu erfolgt eine Analyse der Umweltverträglichkeit, eine Abgrenzung zum Erdgasfracking und zur gesellschaftlichen Akzeptanz des Verfahrens.

Schlüsselwörter

Petrothermale Ressourcen • Hydraulische Stimulation • Chemische Stimulation • Stützmittelfrac • Fracking • Salzsäure • Organic Clay Acid • Regular Mud Acid • Nitrilotriessigsäure • Diethylhydroxylamin • Stützmittel • Proppant • HTU-Gel • Wassergefährdungsklasse • Wasserverbrauch

6.1 Geologische Charakterisierung

Die geologische Einordnung und Abgrenzung petrothermaler Nutzungen erfordert zunächst eine Klassifizierung der dem System zugrunde liegenden Wärmetransportmechanismen. Dabei ist zwischen einem konduktiven und einem konvektiven Anteil der Wärmeübertragung im Gestein zu unterscheiden. Die Konvektion ist an den Wärmetransport durch Fluide innerhalb der Geosphäre gebunden. Sie entspricht in aller Regel dem natürlichen hydraulischen Strömungsgradienten von Grundwässern in porösen oder geklüfteten Aquiferen. Hinzu kommen Transportphänomene die auf thermische oder auf Dichteunterschiede der Fluide zurückzuführen sind.

Geofluide sind damit Gemische aus lagerstättenabhängigen Anteilen von Wasser und gelösten Salzen; ihr *in-situ* Aggregatzustand variiert druck- und temperaturabhängig zwischen flüssig, flüssig-dampfförmig und überkritisch dampfförmig. Die Fluide stellen zugleich auch das technisch genutzte Arbeitsmedium eines geothermischen Systems dar. Ihr förderbarer Volumenstrom und ihre Temperatur bestimmen letztlich die Ergiebigkeit der Lagerstätte.

Zusammengenommen machen Konduktion und Konvektion den geogenen Wärmestrom von durchschnittlich 59 mW/m^2 aus; beide treten immer gemeinsam innerhalb eines geothermalen Systems auf (Ledru und Frottier 2010; Hochstein et al. 2013). Welche Art der Wärmeübertragung dabei jeweils überwiegt ist von der natürlichen Gebirgs- bzw. Formationspermeabilität und von der Art der Wärmequelle abhängig (Bogie et al. 2005).

Eine detaillierte Klassifizierung in konduktions- und konvektionsdominierte geothermale Ressourcen erfolgt durch Moeck (2014). Dort werden konvektionsdominierte Ressourcen aktiven vulkanischen Feldern („magmatischer Typus") sowie Provinzen mit ausgeprägter Extensionstektonik, z. B. in aktiven Riftzonen, bei Blattverschiebungen und in Kombination mit magmatischen Intrusionen zugeschrieben. Unterschieden wird nach:

- Magmatischer Typus: Achuachapan und Berlin/El Salvador, Miravalles/Costa Rica, Reykjanes/Island, Taupco Volcanic Zone/Neuseeland, The Geysirs/USA, Lardarello/Italien.
- Extensionstektonischer Typus: Kildizere/Türkei, Desert Peak/USA, Fang/Thailand; auch die in den Störungssystemen des Oberrheintalgrabens gelegenen Reservoirs sind diesem Typus zuzuordnen.

In diesen tektonisch aktiven, konvektionsdominierten Provinzen überwiegt eindeutig der hydrothermale Wärmetransport gegenüber den petrothermalen Anteilen. Ihr Alter liegt bei unter 1 Mio. Jahren und die Lagerstätten haben zumeist eine Tiefenlage von weniger als 2–3 km.

Zwar spielt Konvektion auch in petrothermalen Reservoirs eine untergeordnete Rolle – diese werden jedoch von der Wärmekonduktion dominiert. Sie sind weltweit weitaus verbreiteter und finden sich in Bereichen sedimentärer Becken, in Orogenzonen sowie in den kristallinen Basements der kontinentalen Kruste. Auch ihre Tiefenlage ist mit über 3 km zumeist größer als die der konvektiven Reservoirs. Zwar beherbergen diese Strukturen stratigraphisch bedingt lokale hydrothermal dominierte Formationen wie den Malmkarst-Horizont im süddeutschen Molassebecken (Schulz et al. 2012) oder die devonischen Massenkalke im rheinischen Schiefergebirge. In Ermangelung großräumig verbreiteter und ergiebiger wasserführender Schichten ist jedoch der überwiegende Lagerstättenanteil solcher geologischer Großstrukturen konduktionsbestimmt und damit den petrothermalen Systemen zuzuordnen.

Ergänzend gliedert Moeck (2014) die konduktionsdominierten Lagerstätten in:

- Intrakratonischer Sedimentbecken-Typus: hier werden die Gebirgspermeabilitäten durch Heterogenitäten in den Lithologien, deren diagenetische Verdichtungsgrade und die daraus resultierenden Porositäten sowie durch die regionalen Spannungsfelder mit ihren z. T. kleinräumigen Störungssystemen bestimmt. Hierzu gehören beispielsweise die Lagerstätten des Pariser Beckens und das norddeutsche Sedimentbecken mit seinen besonders gut wärmeleitenden Zechsteinsalinaren.
- Orogenetischer Typus: mit der Gebirgsbildung geht die Entwicklung von vorgelagerten Subsidenzbereichen und Saumsenken einher. Diese Tröge nehmen Schutt- und Sedimentmassen von mehreren Kilometern Mächtigkeit auf. Beispiele unterschiedlichen Alters hierfür sind die variszischen Formationen des Ruhrkarbons und die der alpidischen Orogenese zugehörigen bayerischen Molassesedimente. Mit zunehmendem Alter, Verdichtungsgrad und Tiefenlage überwiegt dabei der petrothermale Anteil.
- Kristalliner Basement Typus: vorwiegend granitische Gesteine mit niedrigen natürlichen Porositäten und Permeabilitäten charakterisieren diesen Typus. Diese Gesteine stellen keinen natürlichen Grundwasserleiter dar; ihre Wasserführung beschränkt sich auf wenige Kluft- und Bruchsysteme – aus diesem Grund wurden sie ursprünglich auch

als „Hot Dry Rock" bezeichnet. Als Typuslokalitäten gelten Soultz-sous-Forets im Elsass oder das Cooper Basin in Australien.

Petrologisch bestehen diese petrothermalen Lagerstätten in der Regel aus Kristallingesteinen, dichten klastischen Sedimentgesteinen unterschiedlicher Körnung oder aus Karbonatgesteinen. Aufgrund der geringen effektiven Porositäten der Speichergesteine zirkulieren die Geofluide in erster Linie auf offenen Klüften, Störungs- und Bruchzonen. Der geothermale Gradient liegt dabei häufig in einem mittleren Bereich von 3–4 °C/100 m. Zugleich ist die natürliche Gebirgspermeabilität in geologischen Formationen ohne ausgeprägte Extensionstektonik gering.

6.2 Entwicklung der petrothermalen Nutzungen

Der weitaus größte Teil der weltweit vorhandenen geothermalen Ressourcen ist konduktionsdominiert und kann nur über eine künstliche Stimulation der Lagerstätten genutzt werden (MIT 2006). Gemäß einer Potentialstudie des Technikausschusses des Deutschen Bundestages (Deutscher Bundestag 2003) sind dies in Deutschland 85–90 % aller geologischen Formationen.

Zur technischen Nutzbarmachung petrothermaler Lagerstätten werden die im Reservoirgestein auch in großer Tiefe noch natürlich vorhandenen Klüfte und Risse zunächst von Ablagerungen und mineralischen Ausfällungen freigespült und hydraulisch aktiviert. Zusätzlich können mit Druckwasser neue Risse hydraulisch erzeugt werden. Auf diese Weise wird die Durchlässigkeit des Gesteins künstlich erhöht und damit die Förderrate verbessert. Das Erschließungsverfahren wird als Enhanced oder Engineered Geothermal System (EGS) bezeichnet. Es lässt sich sowohl auf petrothermale Systeme als auch auf hydrothermale Systeme anwenden (Rohloff und Kather 2011), macht aber bei petrothermalen Lagerstätten in jedem Fall den Kern der Erschließungstechnologie aus.

Durch hydraulische Stimulationen können mikroseismische Aktivitäten ausgelöst werden. Darauf wird jedoch an anderer Stelle detailliert eingegangen, so dass hier auf eine tiefergehende Behandlung verzichtet werden kann.

Die hydraulische Systemergiebigkeit ist abhängig von der Anzahl der Bohrungen, der Fördertiefe und der Temperatur. Lag die größte Anzahl petrothermaler EGS-Bohrungen zu Beginn der Entwicklung in den 70er Jahren weltweit noch zwischen 250 m und 3500 m Tiefe, so erreichen neuere Projekte in Feldern niedriger bis mittlerer Enthalpie durchweg Fördertiefen von 3000 m bis 5000 m und Temperaturen von mindestens 150 °C. Dabei kommen Dubletten, bestehend aus einer Produktionsbohrung und einer Injektionsbohrung (Groß-Schönebeck, Basel), oder Tripletten mit zwei Förderbohrungen (Soultz-sous-Forets) zum Einsatz. Alleine die Genesys-Projekte mit Bohrungen in Horstberg (Jung et al. 2005) und Hannover beschränken sich bisher auf Ein-Bohrlochkonzepte zur hydraulischen Verbindung unterschiedlich tief gelagerter Formationen in dichten Sedimentgesteinen. Kommerzielle Projekte tendieren dagegen zu einer größeren Anzahl der

Bohrungen um etwaige Minderproduktionen einzelner Bohrungen ausgleichen zu können (Cooper Basin/Australien; Wyborne 2011).

Die ursprüngliche Bezeichnung für petrothermale EGS-Systeme ist Hot-Dry-Rock (HDR) (Tester et al. 1989; Duchane 1990). Das Konzept wurde erstmalig von den Los Alamos National Laboratories in den 70er Jahren in Fenton Hill, New Mexico/USA umgesetzt (Laney et al. 1981). Weitere Projekte folgten u. a. in Rosemanowes (UK, Parker 1989), Soultz-sous-Forets (FRA; Kappelmeyer et al. 1992), Habanero/Cooper Basin (AUS; Wyborne 2011) und Basel (CH, Häring et al. 2008).

Im Laufe der Zeit hatte sich die Erkenntnis durchgesetzt, dass es im tieferen Untergrund keine trockenen Gesteine im eigentlichen Sinne gibt. Vielmehr sind alle Risse zu einem gewissen Grad fluiderfüllt. Aus diesem Grund wurde zwischenzeitlich der Begriff HDR durch HFR (Hot-fractured Rock) und schließlich durch EGS abgelöst. Nahezu alle der in den vergangenen 40 Jahren weltweit umgesetzten petrothermalen EGS-Projekte dienten wissenschaftlichen Zwecken (Tab. 6.1). Die wenigen kommerziellen Ausnahmen sind Habanero, Basel, Landau und St. Gallen, wobei Landau und St. Gallen überwiegend hydrothermale Projekte mit EGS-Komponenten sind.

Bei den angeführten Projekten liegen die Abstände zwischen den Produktions- und den (Re-) Injektionsbohrungen zwischen 200 m und über 2000 m. Dieses führt zu einer Größe des benötigten geothermischen Feldes von wenigstens 10 km^2 und einem Volumen des stimulierten Reservoirbereichs zwischen 0,1 und 0,3 km^3. Um ein Dublettensystem wirtschaftlich betreiben zu können sollte ein Massenstrom des Geofluids von 50 bis 100 kg/s erreicht werden können.

Eine umfassende Beschreibung der gesteinsphysikalischen Charakteristika petrothermaler Schlüsselprojekte und der Ergebnisse der dabei durchgeführten Stimulations- und Zirkulationstests gibt Jung (2013). Darin wird ausgeführt, dass die Strömungsimpedanz des Bruchsystems (Differenz zwischen Einlass- und Auslassdruck geteilt durch den Auslass-Volumenstrom) leistungskritisch für das System ist. Dies wird auf hohe Strömungsgeschwindigkeiten in den Bruchstrukturen insbesondere in der Nähe der Bohrlochzu- und -austritte zurückgeführt. Aus energetischen Gründen sollte ein Wert von 0,1 MPa s/L nicht überschritten werden. Auch diskutiert der Autor kritisch die Entwicklungen der Erschließungskonzepte von den am Spannungsfeld orientierten Konzepten wie in Fenton Hill zu den eher auf bereits existierende Bruchzonen orientierten Erschließungen des kristallinen Basements wie in Soultz-sous-Forets, Habanero oder Basel. Bei letzteren konzentrierte sich die Erschließung vornehmlich auf die Öffnung natürlich vorhandener Klüfte und Störungen durch massive Wasserinjektionen, wobei die nachfolgenden Bohrungen anschließend gerichtet in die Zone der künstlich erhöhten Permeabilitäten gebohrt werden. Er propagiert die Rückkehr zu den sogenannten „Multi-Risskonzepten“, bei denen mehrere Bohrlöcher parallel zum Azimut der geringsten Hauptspannungsrichtung gebohrt und anschließend durch eine Abfolge künstlich erzeugter, quasi-paralleler Zugrisse miteinander verbunden werden. Diese Zugrisse entstehen rechtwinklig zur geringsten Hauptnormalspannung und entsprechen dem Konzept, welches heute die Kohlenwasserstoffindustrie häufig bei der Erschließung unkonventioneller Erdgasreservoire verfolgt.

Tab. 6.1 Übersicht weltweit realisierter petrothermaler EGS-Projekte

Projekt	Zeitraum	Reservoirtiefe [m]	Produktionstemperatur [°C]	Produktivität [l/s]	Reservoirgestein
Fenton Hill (New Mexico, USA)	1972–1996	3600	191	13	Granodiorit
Falkenberg (Deutschland)	1978–1985	250	13 (Reservoir)	keine Produktion	Granit
Rosemanowes (Cornwall, UK)	1978–1991	2200	70	16	Granit
Hachimantei (Japan)	1983–1988	400	60 (Reservoir)	keine Produktion	Granodiorit
Fjällbacka (Schweden)	1984–1989	500	15 (Reservoir)	Keine Produktion	Granit
Le Mayet (Frankreich)	1984–1994	800	22	5,2	Granit
Hijori (Japan)	1985–2002	2200	180	12,8	Tonalit
Ogachi (Japan)	1989–2001	1000	250 (Reservoir)	Keine Produktion	Tonalit
Soultz-sous-Forets (Frankreich; Phase 1; GPK1-2)	1987–1996	3600	135	21	Granit
Soultz-sous-Forets (Frankreich; Phase 2; GPK2-4)	1996–heute	5000	155	25	Granit
Habanero (Cooper Basin, Australien)	2003–heute	4250	212	30	Granit
Basel (Schweiz)	2006–2008	5000	200 (Reservoir)	Keine Produktion	Granit
Groß-Schönebeck (Deutschland)	2006–heute	4300	150	20	Sandsteine Konglomerate Vulkanite
Landau (Oberrheintalgraben, Deutschland)[a]	2005–heute	3000	160	76	Grabenrand-störungen
Horstberg (Genesys; Deutschland)	2003–2004	4100	158 (Reservoir)	8	Buntsandstein Oberer Muschelkalk
Hannover (Genesys; Deutschland)	2009–heute	3900	169	Keine Produktion	Sandstein

[a] überwiegend hydrothermales EGS-Projekt

6.3 Stimulationsoptionen

Grundsätzlich werden drei verschiedene Arten des Reservoiraufschlusses unterschieden (Blöcher et al. 2013):

- Hydraulische Stimulation: Wasser, evtl. mit geringen Mengen an Zusätzen versetzt, wird mit einem über dem Gebirgsdruck liegenden Druck in die Formation gepresst. Als Reservoir dienen überwiegend rigide, spröde reagierende Gesteine wie z. B. Kalkstein, Sandstein, Granite, Gneise, und Vulkanite. Dabei werden bereits vorhandene, z. T. durch Überlagerungsdruck und Mineralausfällungen verheilte Kluftsysteme wieder reaktiviert und die Anbindung der Klüfte an die Bohrung verbessert. Zudem können neue, lange Risse entstehen (z. T. mehrere hundert Meter; gesteinsabhängig). Dieses Verfahren wurde bei den in jüngster Zeit durchgeführten EGS-Projekten eingesetzt.
- Chemische Stimulation: dem Druckwasser werden Chemikalien beigemischt – z. B. verdünnte Salzsäure (HCl); dadurch werden Spülungsreste und mineralische Rückstände im Bohrloch oder im Bohrlochrandbereich der Formation aufgelöst. Auch natürliche Mineralisationen auf Kluftsystemen sollen durch die Behandlung verringert werden. Die Reichweite der chemischen Stimulation liegt um eine Größenordnung unter der hydraulischen Stimulation. Bei der weit verbreiteten Säuerung von Calcit-, d. h. $CaCO_3$-haltigen Formationen oder Ausfällungen, werden diese z. B. in CO_2, $CaCl_2$ und H_2O umgewandelt. Chemische Stimulationen mit Säure- oder Polymerzusätzen kommen sowohl bei petrothermalen, hydrothermalen Geothermiebohrungen als auch bei vielen Trinkwasserbrunnenprojekten standardmäßig zum Einsatz.
- Stützmittelfrac: die Operation basiert auf diversen Stützmitteln (Proppants) in Verbindung mit hochviskosen Gelen und der Injektion von Chemikalien, die Teile des Gesteins lösen und anschließend als sogenannter „Flow-Back" mit der Spülung an die Oberfläche befördert wird. Dieses Verfahren ist in der Kohlenwasserstoff-Industrie verbreitet und dient dort der Erschließung von z. T. plastisch reagierenden Tongesteinen ohne ausgeprägte natürliche Kluftsysteme sowie mit einem hohen Anteil an organischer Substanz. Stützmittelbasierte Fracoperationen wurden z. B. beim Forschungsprojekt in Groß Schönebeck des Helmholtz-Zentrums Potsdam – Deutsches Geoforschungszentrum (GFZ) durchgeführt.

Neben diesen verbreiten Stimulationsoperationen wurden in vereinzelten Forschungsprojekten auch thermisch- (GFZ-) und explosivstoffunterstütze (Rosemanowes) Verfahren untersucht. Sie haben sich in der Praxis jedoch nicht durchgesetzt.

Tab. 6.2 Übersicht der ersten Stimulationsmaßnahmen und Säuerungen in Soultz-sous-Forêts; erstellt nach: Tischner et al. (2006, 2007), Nami et al. (2008) und Schindler et al. (2008)

Bohrung	Maßnahme	Wasser [m³]	Säure (HCl) [kg]	Konzentration der Säure [%]	verdünnte Säure [m³]	max. Kopfdruck [bar]	Fließrate [l/s]
GPK 2 (5000 m)	Wasserfrac (2000)	23.400	–	–	–	150	51
	Säuerung (2003)	–	1400	0,18	650	70	30
		–		0,18	810	45	15
		–		0,09		65	30
GPK 3 (5000 m)	Wasserfrac (2003)	34.000	–	–	–	160	90
	Säuerung (2003)	–	3000	0,45	865	n/a	20
GPK 4 (5000 m)	Wasserfrac (2004)	9300	–	–	–	170	30
	Wasserfrac (2005)	12.300	–	–	–	180	45
	Säuerung (HCl, 2005)	–	11.000	0,2	4700	n/a	27,2
	vorherige Wasserinjektion	2000	–	–		50	28
	vorbereitende Spülung	–	25 (HCl)	15		70	22
	Hauptspülung	–	225 (RMA)	12 (HCl) 3 (HF)		60	22
	abschließende Spülung	2000	–	–		40	28

6.3.1 Soultz-sous-Forêts

Die Bohrungen GPK 2, 3 und 4 in Soultz-sous-Forêts wurden zunächst durch massive hydraulische Wasserfracs und später mehrfach chemisch stimuliert (Tab. 6.2). Die Operation diente der Erschließung von Graniten in Tiefen zwischen 3590 m und 5000 m.

Hydraulische Stimulation Bohrung GPK2 (2000) Ausgehend von einem Injektivitätsindex von < 0,1 l/(s × bar) wurden mit einer max. Injektionsrate von 51 l/s 23.400 m³ Wasser verpresst. Zusätzlich wurden zu Beginn der Stimulation ca. 800 m³ salzgesättigtes Wasser mit einer Dichte von 1,2 kg/l eingepresst, damit auch tiefere Reservoirbereiche erschlossen werden konnten. Der Injektivitätsindex konnte durch die hydraulische Stimulation auf ca. 0,4 l/(s × bar) um den Faktor 4–5 erheblich gesteigert werden.

Chemische Stimulation Produktionsbohrung GPK2 (2003) Bei der zweiten Fracoperation wurden insgesamt rund 1,4 Mg Salzsäure (HCl) verpresst, um die calcitgefüllten Klüfte ebenfalls nutzbar zu machen. Die Salzsäure wurde in zwei Intervallen mit Konzentrationen von 0,1 bis 0,2 % bei Fließraten von 15 bis 30 l/s in die Bohrung injiziert. Der Injektivitätsindex veränderte sich durch die Säuerung nur geringfügig. Beim Zirkulationstest Ende 2005 zwischen GPK2, 3 und 4 wurde aus GPK2 mit 12 l/s bzw. 0,8 l/(s × bar) gefördert.

Hydraulische und chemische Stimulation Injektionsbohrung GPK3 (2003) Die Initialisierung der Rissbildung erfolgte hier mit Natriumchlorid-(NaCl)-gesättigter Lauge und anschließend die Stimulation mit 34.000 m^3 Wasser. Die Operation endete mit einer Spülung mit 0,45 %-iger Salzsäure (Injektionsrate 20 l/s, 3 Mg Salzsäure). Um die Durchlässigkeit noch weiter zu steigern wurde eine erneute Säuerung mit Organic Clay Acid (OCA), bestehend aus 5–10 % Zitronensäure ($C_6H_8O_7$), 0,1–1 % Fluorwasserstoffsäure (HF), 0,5–1,5 % Tetrafluorborsäure (HBF_4) und 1–5 % Ammoniumchlorid (NH_4Cl) im Jahr 2007 durchgeführt. Der Injektivitätsindex veränderte sich durch die Stimulation nur unwesentlich bei 0,3 l/(s × bar).

Hydraulische und multiple chemische Stimulation Produktionsbohrung GPK4 (2005) Nachdem der erste Druckversuch 2004 mit 9300 m^3 Frischwasser bei 170 bar aufgrund von technischen Schwierigkeiten abgebrochen werden musste, startete 2005 ein zweiter Versuch: insgesamt 12.300 m^3 Wasser wurden bei 180 bar und mit einer Fließrate von 45 l/s eingepumpt und mit rund 11 Mg Salzsäure (HCl) mit einer Konzentration von 0,2 % ausgewaschen. Ein Jahr später wurden nach einer Wasser- und einer Säurespülung (15%ige Salzsäure) ca. 225 m^3 Regular Mud Acid (RMA) in das Bohrloch gepumpt und die Behandlung wieder mit einer Wasserspülung von 2000 m^3 beendet. Es folgten weitere Säurebehandlungen im Oktober 2006 mit dem Nitrilotriessigsäure ($C_6H_9NO_6$) und 2007 mit Organic Clay Acid (OCA). Der Injektivitätsindex ließ sich durch die Stimulation von < 0,1 l/(s × bar) auf ca. 0,4 l/(s × bar) steigern; beim Zirkulationsversuch steigerte sich auch der Produktivitätsindex von 0,2 l/(s × bar) auf über 0,5 l/(s × bar).

6.3.2 Groß Schönebeck

Das **in-situ** Forschungslabor in Groß Schönebeck besteht aus zwei Bohrungen mit Tiefen von 4309 m (E 3/90) und 4400 m (Gt 4/05) in Rotliegend-Sandsteine und unterlagernde Vulkanite. Deren Permeabilität liegt bei 16,5 mD und die Porosität bei 8–10 %. Bei der Stimulation der Bohrung Groß-Schönebeck Gt 4/05 wurden diverse Hilfs- und Zuschlagstoffe getestet (Huenges et al. 2004; Huenges und Winter 2005). So wurden z. B. Biozide eingesetzt, um die Bildung von Biofilmen zu verhindern, Reibungsminderer und sogenannte Breaker zur Reduzierung der Viskosität von Gelen und Fluiden durch das Aufbrechen von langen Molekülketten.

An dem ersten Bohrloch (4309 m) wurden 2002 zwei Stimulationen durchgeführt, bei welchen insgesamt 170 m^3 HTU-Gel – ein viskoses Stimulationsfluid (hauptsächlich Poly-(dimethyl-3,4-di-methylen-pyrrolidinium)-chlorid) – und ca. 12 Mg Stützmittel (Carbolite) verpumpt wurden. Im Jahr 2003 fand eine hydraulische Fracoperation mit über Salzsäure angesäuertem Wasser, angereichert mit Sauerstoff- und Korrosionsinhibitoren, statt. Über die Salzsäure sollte der pH-Wert der Lösung an das Umgebungsgestein angepasst werden, welches einen pH-Wert von 3 aufwies. Bei dem zweiten Wasserfrac kamen keine Inhibitoren zum Einsatz und die Salzsäure wurde durch Essigsäure ersetzt (pH-Wert 5).

Bei dem zweiten Bohrloch GT 4/05 erfolgten die Stimulationsexperimente (2007) in mehreren Einzelschritten (Appelhans 2011). Bei der Fracoperation #1 in der am tiefsten gelegenen Vulkanit-Formation wurde zur Anbindung an die überlagernden Rotliegendsandsteine 13.170 m^3 Wasser mit einer maximalen Pumprate von 150 l/s und ca. 24,4 Mg Quarzsand (SiO_2) mit einem Durchmesser zwischen 0,4 mm und 0,8 mm als Stützmittel zugefügt und der pH-Wert mittels Essigsäure (CH_3COOH) auf einen Wert von 5 eingestellt. Beim nachfolgenden Stützmittelfrac #2 wurden aus der Kohlenwasserstoffindustrie bekannte Substanzen (Appelhans 2011) sowie der Sauerstoffinhibitor Diethylhydroxylamin $(C_2H_5)2NOH$, 280 m^3 eines Gels und 95 Mg Stützmittel verwendet.

Im Schritt #3 wurden zur Stimulation des oberen Dethlingen-Sandsteins (4036–4122 m) 310 m^3 Gel und 113 Mg Stützmittel eingesetzt. Die Stützmittel waren teilweise mit Harz ummantelt, um eine verbesserte Bindung des Mittels zu erreichen. Ziel der Stützmittelfracs war die Verbesserung der hydraulischen Anbindung des unteren und des oberen Dethlingen-Sandsteins.

Diese drei Stimulationsmaßnahmen führten in der Bohrung E3/90 zu einer Steigerung der Produktivität von 0,03 l/(s × bar) auf 0,06 (Stützmittelfrac)/0,11 (Wasserfrac)/0,38 (Wasserfrac) l/(s × bar) und in der Bohrung Gt 4/05 zu einer Steigerung von 0,066 l/(s × bar) auf 0,28 (Wasserfrac)/0,36–0,41 (Stützmittelfrac) l/(s × bar).

Zum Abschluss der Stimulationsarbeiten wurde eine Säuerung der Bohrung durchgeführt, um den im Untergrund verbliebenen Bohrschlamm zu lösen und auszuspülen. Der aus Calcit ($CaCO_3$), Dolomit ($CaMg(CO_3)_2$) und Aragonit ($Ca[CO_3]$) bestehende Bohrschlamm wurde im Tiefenintervall zwischen 4100 und 4360 m durch Injektion von 10 m^3 Salzsäure (HCl, 7,5 %) über eine Dauer von 30 Minuten gelöst und anschließend mit Wasser ausgespült. Die Abb. 6.1 gibt eine Übersicht der in Groß-Schönebeck eingesetzten Stimulationssubstanzen; dies sind in erster Linie HTU-Gele und Stützmittel (Proppants).

6.3.3 Landau/Oberrheingraben

Bei den Untergrundstimulationen in Landau wurden Frischwasser, Formationswasser und verdünnte Salzsäure eingesetzt, die die Lösung auf einen gewünschten pH-Wert von 2 bringen soll. Salzsäure ist wasserlöslich und bildet in kalkhaltigem Gestein Zwischenprodukte aus, die in die Wassergefährdungsklasse 1 eingeordnet werden. Aufgrund des geringen Erfolges der Stützmittel-Fracs (Proppants) bei dem EGS-Projekt in Soultz-sous-Forets wur-

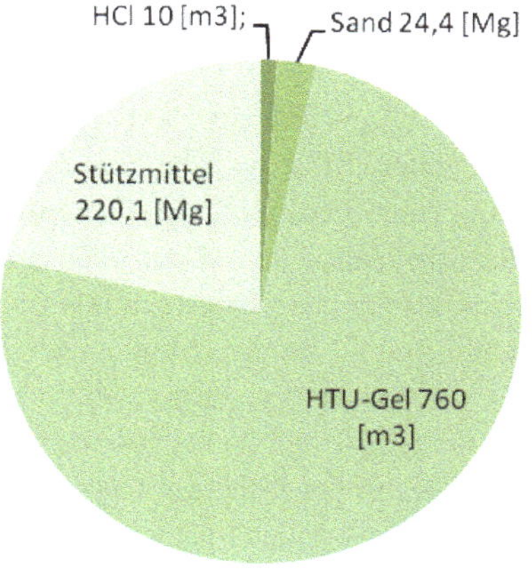

Abb. 6.1 Darstellung der in Groß Schönebeck eingesetzten wichtigsten Hilfsstoffe für die chemische Stimulation und Stützmittelfracs

den nach Baumgärtner (2013) in Landau keine Stützmittel eingesetzt. Die Verbesserung des Produktivitätsindexes ist danach primär auf die hydraulische Stimulations- und Spülmaßnahme sowie die damit verbundene Entfernung von einigen Dutzend Tonnen mineralischen Spülguts aus den Kluftsystemen der Formation zurückzuführen.

Folgende Stoffe wurden zur hydraulischen Stimulation des Reservoirs verwendet:

oberflächennahe Stimulation (bis 400 m)	Bentonit-Ätznatron-Spülung
Mitteltiefe Stimulation (bis 1000 m)	Kaliumchlorid-Polymer Spülung
Reservoirbereich	Wasser-Polymer Spülung

Die Beweggründe der Betreiber bei der Auswahl dieser Hilfs- und Zuschlagstoffe für die Stimulationsfluide sind nicht nur ökologische Fragestellungen, sondern auch die anschließende Entsorgung des Flow-Backs, die bei ökologisch verträglichen Spülschlämmen erheblich kostengünstiger ist. Die chemische und wasserwirtschaftliche Einordnung der hier verwendeten Stoffe nach Chemical Abstracts Service (CAS) und Wassergefährdungsklasse (WGK) ist:

	CAS-Nummer	Wassergefährdungsklasse (WGK)
Bentonit	85049-30-5	WGK 0[a]
Ätznatron (Natriumhydroxid)	1310-73-2	WGK 1
Kaliumchlorid	7447-40-7	WGK 1

[a] diese Einschätzung wurde von einem Hersteller selbst getroffen

6.3.4 GeneSys-Bohrungen in Horstberg und in Hannover

Bei dem Forschungsprojekt GeneSys mit den Bohrungen in Horstberg (bei Uelzen) und in Hannover (BGR) wurden ausschließlich Wasserstimulationen ohne die weitere Verwendung von Stützmitteln oder Chemikalien durchgeführt (Jung et al. 2005). Im Vordergrund der Stimulation stand das Ziel den Zugang zur Formation durch Reduktion des Fließwiderstandes zu verbessern. Da im Laufe des Projekts auch kleinere, vorbereitende Fracs („Minifracs") durchgeführt wurden, sind im Folgenden nur die Stimulationen aufgelistet, die einen Wasserverbrauch von mehr als 100 m^3 Wasser hatten.

Aufgrund der Annahme, dass der Fracdruck mit geringerer Tiefe sinkt, begann die Stimulation der Bohrung Horstberg Z1 in der am tiefsten gelegenen Formation, dem Volpriehausen-Sandstein im mittleren Buntsandstein. Dort wurde 10/2003 über einen Tag lang im Perforationsintervall von 3920 m bis 3926 m ein Wasserfrac durchgeführt. Da die Bohrung über die gesamte Bohrlänge verrohrt ist, wurde es notwendig, die jeweils zu stimulierenden Abschnitte vor der Stimulation auf einer Länge von vier bis sechs Metern zu perforieren (Jung et al. 2006).

Nach anfänglich geringen Fließraten von max. 0,2 l/s konnten durch die hydraulische Stimulation schließlich bei einem konstanten Kopfdruck von max. 470 bar Fließraten von bis zu 25 l/s erreicht werden (Orzol et al. 2005). Die 600 m^3 Wasser wurden dem oberflächennahen Grundwasser entzogen, sodass keine Filterung mehr erforderlich war. Das Wasser wurde anschließend partiell rückgefördert und durch den Ringraum der Bohrung in ca. 1200 m wieder in den Untergrund abgegeben.

Eine weitere Stimulation fand von Oktober bis November 2003 statt: über eine Dauer von 2 mal 2 Tagen wurden in eine Tiefe von 3787 m bis 3791 m insgesamt 20.000 m^3 Wasser mit einer Fliessrate von max. 50/s analog zur ersten Operation in den Boden (hier: Mittlerer Bundsandstein, Detfurth-Folge) gepresst. Der Druck betrug dabei allerdings nur 330 bar (mittlerer Druck) bzw. 340 bar (Maximalwert). Aus den Auswertungen der Druckverläufe im Stimulationshorizont wurde ersichtlich, dass sich durch den Fracvorgang ein Riss von ca. 180 m vertikaler Ausdehnung gebildet hat, der bis in höher gelegene Tonschichten reicht. Die mithilfe der Stimulation erzeugte Wärmeaustauschfläche wird auf mehr als 100.000 m^2 geschätzt. Die oberhalb des mittleren Buntsandsteines anschließende Muschelkalk-Formation wurde zwischen 3037 m und 3041 m perforiert. Im Gegensatz zu den Sandsteinen konnte hier jedoch keine Rissausbreitung festgestellt werden; der Wasserfrac zeigte keinen Erfolg (Orzol et al. 2005).

Die Formation des Solling-Sandsteins wurde in einem Tiefenintervall von 3664 m bis 3668 m mit ca. 1000 m^3 Wasser stimuliert. Aufgrund einer hohen natürlichen Permeabilität des Gesteines von ca. 1 mD konnte keine Rissbildung im eigentlichen Sinne erreicht werden. Neben den angesprochenen Sandsteinformationen, die den Produktionshorizont darstellen, wurde ebenfalls die zur Reinjektion vorgesehene Kalkarenitschicht (in ca. 1200 m Tiefe) behandelt. Hierbei betrug der gemessene Druck am Bohrlochkopf ungefähr 110 bar. Es wurden 110 m^3 Frischwasser zur Stimulation eingesetzt (Orzol et al. 2005).

Tab. 6.3 Einsatzstoffe zur chemischen Stimulation von petrothermalen Projekten in Mitteleuropa

	Soultz-sous-Forêts	Groß Schönebeck	GeneSys Horstberg	Hannover
HCl [m^3]	40,4	10	–	–
RMA [m^3]	225	–	–	–
NTA [m^3]	200	–	–	–
OCA [m^3]	450	–	–	–

Die Stimulationsmaßname des GeneSys-Projekts in Hannover erfolgte über 5 Tage 05/2011 in einer Tiefe von 3663 m bis 3669 m im Mittleren Buntsandstein, Volpriehausen-Folge. Im Gegensatz zu den bisherigen Stimulationen wurde hier Oberflächenwasser aus dem Mittellandkanal eingesetzt, der über eine Filterpresse mit Kieselgurzugabe gereinigt werden musste. Hier kamen 20.000 m^3 Wasser mit einem Druck von 450 bar (Mittelwert) bzw. 480 bar (Maximalwert) zum Einsatz.

6.4 Charakterisierung der zur Stimulation verwendeten Einsatzstoffe

6.4.1 Hydraulische Stimulation

Bei den in Mitteleuropa durchgeführten rein petrothermalen Projekten mit Einbohrloch-, Dubletten- und Tripletten-System war Wasser das weitaus wichtigste Stimulationsmittel. Dabei lag der für die Stimulation angefallene Wasserverbrauch im Mittel zwischen ca. 12.000 m^3 und 30.000 m^3 je Bohrung (Abb. 6.2).

Der mittlere Wasserverbrauch je Bohrung war in Groß-Schönebeck mit ca. 13.000 m^3/ Bohrung am geringsten; allerdings wurden aufgrund der dort umgesetzten Stützmittel-Fractechnik größere Volumina an Hilfsstoffen (Gel, Sand, Proppants) benötigt.

6.4.2 Chemische Stimulation

Eine chemische Stimulation der Bohrungen wurde am umfassendsten in Soultz-sous-Forets umgesetzt. Neben Salzsäure (HCl) kamen dort Regular Mud Acid (RMA), Nitrilotriessigsäure (NTA) und Organic Clay Acid (OCA) zum Einsatz (Tab. 6.3).

Die Charakterisierung der bei chemischen Stimulationen von petrothermalen Reservoirs eingesetzten Stoffe erfolgt nach Appelhans (2011).

Salzsäure (HCl) Salzsäure (auch Chlorwasserstoffsäure, HCl) ist nach Einteilung der Gefahrstoffverordnung (GefStoffV) vom 26.11.2010 eine ätzende Lösung mit Reizwirkung für die Haut, Augen und Atemwege. Sie fällt zudem laut dem „Global harmonisierten System

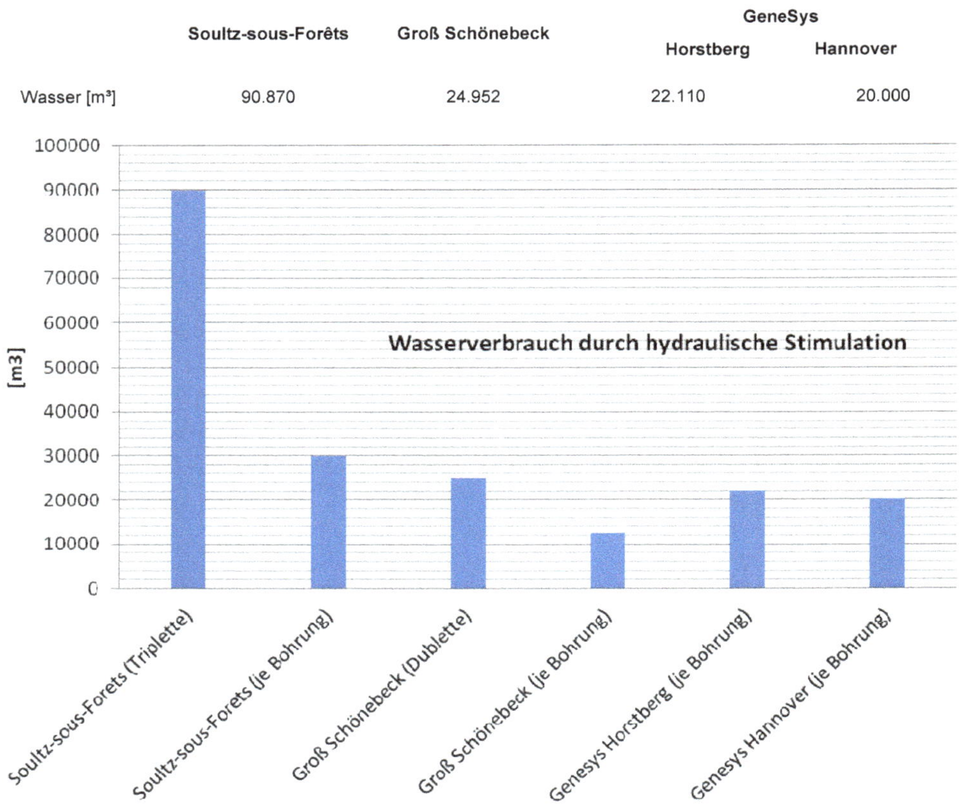

Abb. 6.2 Darstellung der zur hydraulischen Stimulation in Soultz-sous-Forêts (Triplette), Groß Schönebeck (Dublette) und im Projekt GeneSys (Einbohrloch-Systeme) eingesetzten Wassermengen

zur Einstufung und Kennzeichnung von Chemikalien" (GHS, Globally Harmonized System of Classification, Labelling and Packaging of Chemicals) in die GHS-Klassen GHS 05 (ätzend) und GHS 07 (gesundheitsschädlich).

Salzsäure ist in allen Mengenverhältnissen mit Wasser löslich. Entscheidend für den Einsatz bei einer Stimulierung des Untergrundes und die möglichen Umweltauswirkungen sind die Reaktionen der Säure mit dem anstehenden Gestein. In kalkhaltigen Gesteinen, also Gesteinen, die Calcit oder Aragonit (beide $Ca[CO_3]$) enthalten, reagiert die Säure unter Bildung von Kohlenstoffdioxid (CO_2) und Wasser (H_2O) zu Calciumchlorid ($CaCl_2$):

Reaktion Salzsäure mit kalkhaltigen Gesteinen (Calcit, Aragonit $Ca[CO_3]$):

$$2\,HCl + CaCO_3 \rightarrow CO_2 + CaCl_2 + H_2O$$

Calciumchlorid ist ein Salz des Erdalkalimetalls Calcium. Es ist ein Schwermetallsalz mit reizender Wirkung. In Verbindung mit Wasser wird Wärme freigesetzt, die Reaktion ist also exotherm:

Reaktion Calciumchlorid ($CaCl_2$) mit Wasser (exotherm):

$$CaCl_2 + 6\,H_2O \rightarrow CaCl_2 \cdot 6\,H_2O$$

Es bildet sich *Antarcticit*, ein Hexahydrat, also ein Hydrat mit sechs Wassermolekülen welche eine Hülle aus Wasser um die Kristallionen bildet. Durch deren Einfluss bleiben die Ionen im Wasser gelöst. Das Wasser wird bei der Reaktion in das Kristallgitter gebunden (*Kristallwasser*) und hält so das Calciumchlorid in Lösung. Erst bei hohen Temperaturen von 250 bis 300 °C kann die Molekülstruktur zerstört werden, sodass das Wasser wieder freigegeben wird. Da bei Tiefengeothermie-Projekten in Deutschland trotz großer Tiefen derartige Temperaturen nicht erreicht werden, bleibt beim Einsatz von Salzsäure in Kalksteinen bzw. kalkhaltigen Gesteinen die Hydratstruktur erhalten.

Antarcticit ist ein sehr gut wasserlösliches Mineral und kommt in bestimmten Gebieten der Erde (z. B. Antarktis) natürlich vor. Es fällt in die Wassergefährdungsklasse 1, ist damit also schwach wassergefährdend. Durch die hohe Wasserlöslichkeit wird im Falle eines Eintrages in das Grundwasser die Konzentration des Calciumchlorid-Hexahydrates schnell verdünnt. Es ist damit als nicht umweltgefährlich einzustufen und hat bei Kontakt mit (Tiefen-) Grundwasser keine schädlichen Auswirkungen. Daher ist ein Einsatz von Salzsäure bei der tiefengeothermischen Erschließung kalkhaltiger Horizonte durch Stimulation nicht umweltgefährlich und kann aus ökologischer Sicht bedenkenlos durchgeführt werden.

In Soultz-sous-Forêts wurde in kristallinem Grundgebirge (Granit) stimuliert. Aus Untersuchungen ging jedoch hervor, dass sich im Untergrund calcitgefüllte Klüfte befinden, sodass in Ergänzung zu einer hydraulischen Stimulation eine Säuerung der Bohrlöcher mit Salzsäure durchgeführt wurde. Da Granit aus Feldspat, Quarz und Glimmer besteht, hat die Salzsäure keinerlei Einfluss auf das Gestein, sodass nur der Calcit gelöst wurde und oben genannte Reaktionen stattfanden.

Eine ähnliche Situation findet sich in Groß Schönebeck. Hier bildet Sandstein das anstehende stimulierte Gestein, auf das Salzsäure keine Wirkung hat. Die Salzsäure kam zum Einsatz, um in den Bohrlöchern verbliebenen Bohrschlamm, bestehend aus Calcit ($Ca[CO_3]$), Dolomit ($CaMg(CO_3)_2$) und Aragonit ($Ca[CO_3]$) durch die o. g. Reaktionen zu lösen.

In Soultz-sous-Forêts und Groß Schönebeck sind die Bohrungen bis auf die unteren Sektionen verrohrt. Lediglich in den zu stimulierenden Tiefenintervallen wurde die Verrohrung perforiert. Daher sollte davon auszugehen sein, dass höher gelegene Horizonte, die z. T. oberflächennahes Grundwasser führen, nicht mit den Stimulationsmitteln und somit auch nicht mit der injizierten Salzsäure in Kontakt gekommen sind, so dass neben den angesprochenen Reaktionen keine schädlichen Umweltauswirkungen eintreten konnten. Zudem werden bei Tiefengeothermieprojekten nur vergleichsweise geringe Konzentrationen an Salzsäure verwendet, sodass selbst, wenn Salzsäure in das Grundwasser käme, die Verdünnung so stark wäre, dass keine Gefahr für die Gesundheit bestünde.

- CAS-Nummer Salzsäure: 7647-01-0 (Chlorwasserstoff)
- Wasserlöslich
- In kalkhaltigem Gestein erfolgt eine Reaktion zu Calciumchlorid ($CaCl_2$, Schwermetallsalz mit reizender Wirkung; CAS-Nummer: 10043-52-4). In Verbindung mit Wasser bildet sich aus diesem Zwischenprodukt Antarcticit, ein Mineral was sehr gut wasserlöslich ist, aber in die Wassergefährdungsklasse 1 eingeordnet wird und damit nicht umweltgefährdend ist.
- Auch bei direktem Eintrag in das Grundwasser besteht keine Gesundheitsgefahr, da sofort eine Verdünnung stattfindet.

Organic Clay Acid (OCA – Minerallöser, Chelatbildner) Organic Clay Acid ist eine Verbindung unterschiedlicher Säuren und bietet in Gesteinen, die auf einzelne Säuren wie Salzsäure (HCl), Fluorborsäure (HBF_4) oder Fluorwasserstoffsäure (HF) nicht, nur wenig oder unerwünscht reagieren, eine Alternative zu konventionellen Stimulationsmitteln. OCA verhindert die Ausfällung von Siliziumdioxid (SiO_2). Zudem unterdrückt sie Folgereaktionen, indem gelöste Ionen in Lösung gehalten werden und verhindert so, dass die durch die Stimulation erzeugten Risse nicht wieder durch diese verschlossen werden (Schlumberger 2001). Gerade für Gesteine, die einen hohen Anteil an Ton aufweisen, ist OCA ein geeignetes Stimulationsmittel, da sie den Ton stabilisiert und so unerwünschte Reaktionen mit anderen Stoffen vermeidet (Jaramillo et al. 2010).

Organic Clay Acid besteht aus unterschiedlichen Säuren. Die Zusammensetzung richtet sich nach den gegebenen geologischen Verhältnissen. Neben dem Gehalt an Ton ist die im Untergrund vorherrschende Temperatur von Bedeutung. Die Konditionierung der Säure wird vor allem durch die Konzentration an Fluorwasserstoffsäure (HF) beeinflusst. Bei einer zu geringen Konzentration an HF können Porenräume im Gestein durch feines Material verstopft werden. Ist der Anteil an HF dagegen zu hoch, kann dies zu Ausfällungen oder Aufspaltungen des Tons führen.

Die einzelnen Bestandteile der OCA sind alle als schwach wassergefährdend (WGK 1) eingestuft. Allerdings ist Fluorwasserstoffsäure akut gesundheitsgefährdend. Bei Kontakt mit der Haut kommt es zu schwerwiegenden Verätzungen. Ebenso wirkt Fluorwasserstoffsäure inhalativ toxisch [IFA GESTIS – HF]. Zudem weist HF eine hohe Persistenz auf, wird also nicht biologisch abgebaut.

Sollten genutzte Grundwasserleiter von einer OCA-Stimulation betroffen sein, wäre eine Gefährdung von Grundwasservorkommen, bedingt durch die Injektion von HF, nicht vollkommen auszuschließen, auch wenn die eingesetzten Konzentrationen an Fluorwasserstoff bei Stimulationen relativ gering sind.

- Alternative z. B. zu Salzsäure
- verhindert die Ausfällung von Siliziumdioxid (SiO_2) und die Verschließung von Rissen

- gut geeignet für Ton (wirken stabilisierend)
- Zusammensetzung ist standortabhängig, generell variiert vor allem der Anteil der Fluorwasserstoffsäure (HF) [CAS-Nummer: 7664-39-3]
- In Soultz-sous-Forêts: Konzentration der Fluorwasserstoffsäure (HF) 0,1–1 %, 5–10 % Zitronensäure ($C_6H_8O_7$) (CAS-Nummer: 77-92-9), 0,5–1,5 % Tetrafluorborsäure (HBF_4) (CAS-Nummer: 16872-11-0) und 1–5 % Ammoniumchlorid (NH_4Cl)(CAS-Nummer: 12125-02-9)
- Hohe Persistenz; Wassergefährungsklasse 1

Regular Mud Acid (RMA) Die folgenden Angaben basieren auf Liberty Pressure Pumping (2009).

Regular Mud Acid (RMA, auch Mud Dissolving Acid (MDA), HCl-HF) ist eine Verbindung aus Salzsäure (HCl) und Fluorwasserstoffsäure (HF). Hierbei variiert je nach Anwendung der Anteil an Salz- und Fluorwasserstoffsäure. RMA wird in der Kohlenwasserstoffindustrie und in der petrothermalen Geothermie zur Stimulierung des Untergrundes eingesetzt, um vor allem silikatisches Material zu lösen, was durch den alleinigen Einsatz von Salzsäure nicht gelöst wird. Für die silikatlösende Eigenschaft zeichnet sich die enthaltene Fluorwasserstoffsäure (HF) verantwortlich. Bei der Reaktion von HF mit Siliziumdioxid entsteht unter Wasserbildung Hexafluoridokieselsäure (H_2SiF_6), die sehr gut wasserlöslich ist.

Reaktion Fluorwasserstoffsäure mit Siliziumdioxid (SiO_2):

$$SiO_2 + 6\,HF \rightarrow 2\,H_2O + H_2SiF_6$$

RMA wird durch Zugabe von Ammonium-Bifluorid (NH_4HF) zu HCl gebildet. Für die Herstellung der in Soultz-sous-Forêts eingesetzten RMA mit Konzentrationen von 12 % HCl und 3 % HF sind ca. 50 kg Ammonium-Bifluorid pro Kubikmeter Salzsäure notwendig.

Bei der Verwendung von RMA ist zu beachten, dass bestimmte Untergrundverhältnisse ungünstige Reaktionen der Säure hervorrufen können, die sich negativ auf das Ziel der Stimulation, also die Erhöhung der Permeabilität des Gesteins, auswirken können. So muss der Kontakt von RMA mit Calciumchlorid ($CaCl_2$) vermieden werden, da die enthaltene Fluorwasserstoffsäure in Verbindung mit $CaCl_2$ unter Bildung von Salzsäure zu unlöslichem Calciumfluorid (CaF_2) reagiert. Dieses unterdrückt die weitere Reaktionsfähigkeit der HF mit Silikaten und führt zudem zu einer Verstopfung der Risse im Gestein. Natürlich vorkommend wird CaF_2 als Fluorit oder Flussspat bezeichnet.

Reaktion Fluorwasserstoffsäure mit Calciumchlorid ($CaCl_2$)

$$CaCl_2 + 2\,HF \rightarrow CaF_2 + 2\,HCl$$

Um diese Reaktion zu vermeiden, sollte in kalkhaltigen Gesteinen wie Kalkstein oder Dolomit eine Vorspülung mit Salzsäure erfolgen. In Gesteinen mit einem Kalkanteil von mehr als 20 % sollte RMA generell nicht angewandt werden.

Ebenso wie Organic Clay Acid enthält auch RMA nur geringe Konzentrationen an HF. Analog zu OCA lässt sich dennoch sagen, dass aufgrund der Persistenz der in RMA enthaltenen Fluorwasserstoffsäure eine Gefährdung von Grundwasservorkommen prinzipiell nicht auszuschließen ist und die Verwendung als Stimulationsmittel in genutzten Grundwasserleitern schädliche Umweltauswirkungen zur Folge haben kann.

- Verbindung aus Salzsäure (HCl) und Fluorwasserstoffsäure (HF), deren Anteile je nach Gestein variieren; lösen silikatische Gesteine
- mit Siliziumdioxid SiO_2 (14808-60-7 – Quarz) entsteht unter Wasserbildung Hexafluorido-kieselsäure (H_2SiF_6) (16961-83-4) (sehr gut wasserlöslich)
- Mit Calciumchlorid (10043-52-4) bildet sich unlösliches Calciumfluorid (CaF_2, Flussspat) (7789-75-5)
- Anwendung nur wenn der Kalkanteil < 20 % ist und anschließend mit HCl-Lösung gespült wird.

Nitrilotriessigsäure (NTA – Chelatbildner) Nitrilotriessigsäure (NTA – auch Tris(carboxymethyl)amin, $C_6H_9NO_6$) ist ein schwer wasserlöslicher Feststoff, der in farblosen Kristallen bzw. als weißes kristallines Pulver auftritt [IFA GESTIS – NTA]. Es ist zu 95 % biologisch abbaubar. NTA hat gute chelatbildende Eigenschaften. So bildet es in Verbindung mit Metallionen wie Calcium (Ca^{2+}), Kalium (K^+) oder Magnesium (Mg^{2+}) stabile wasserlösliche Komplexe. In Soultz-sous-Forêts wurde NTA in der Bohrung GPK 4 zur Stimulation eingesetzt, um mit freien Kationen Komplexe zu bilden. So sollten Reaktionen der Ionen mit dem umgebenden Gestein vermieden werden. Damit können die Minerale leichter aus dem Gestein gelöst werden, wodurch eine bessere Rissbildung erzielt wird.

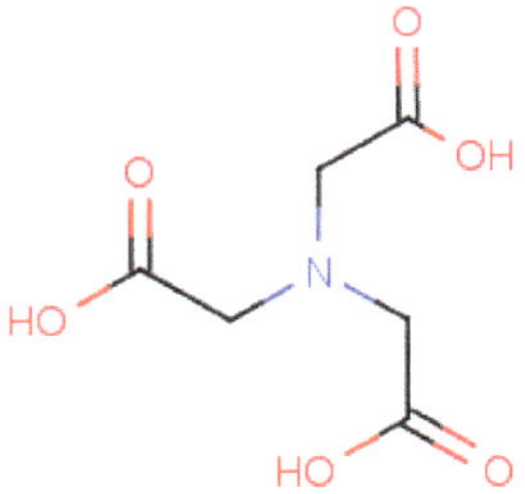

Strukturformel Nitrilotriessigsäure (NTA)

NTA wird aufgrund seiner komplexbildenden Eigenschaften auch zur Wasserenthärtung und in Waschmitteln eingesetzt. Der Einsatz in Waschmitteln wurde in Europa reduziert, da die schwermetalllösende Eigenschaft des Stoffes die Vermutung nahelegte, dass das NTA mit in Gewässersedimenten abgelagerten Schwermetallen Komplexe bildet und sie so erneut dem Wasserkreislauf zuführt. Dieser Punkt ist umstritten, da NTA in natürlichen Gewässern scheinbar in stabilen Calciumkomplexen vorliegt. Studien haben gezeigt, dass NTA in hohen Dosierungen potentiell mutagen und krebserregend ist (Carcinogenesis

1977). Daher wird der Stoff nach der Gefahrstoffverordnung (GefStoffV) als gesundheitsschädlich eingestuft. Des Weiteren gehört NTA der Wassergefährdungsklasse 2 an und ist damit zwar nicht stark wassergefährdend, aber dennoch wassergefährdend.

Da bei einer Stimulation in permeablen Horizonten der Kontakt zu möglichen Tiefengrundwasservorkommen nicht ausgeschlossen werden kann, stellt der Einsatz von Nitrilotriessigsäure damit eine potentielle schädliche Verunreinigung der Bohrlochumgebung dar. Entlang von Störungszonen kann sich die eingebrachte Säure ausbreiten und so in Grundwasservorkommen transportiert werden. Da NTA sich nur schlecht in Wasser löst, wird es nicht oder nur wenig verdünnt. Die potentielle Schadwirkung bleibt also erhalten, zumal NTA ein wassergefährdender Stoff ist.

Somit sollte im Vorfeld einer Stimulation das Risiko des Einsatzes eines umweltgefährdenden und gesundheitsschädlichen Stoffes wie Nitrilotriessigsäure gegen den Nutzen der Stimulation gründlich abgewogen werden. Entscheidend ist es, im Falle eines Einsatzes von NTA als Stimulationssubstanz, die Konzentration entsprechend so zu wählen, dass die Gefahr einer nicht umkehrbaren Verunreinigung des Grundwassers möglichst gering gehalten wird.

- CAS-Nummer: 139-13-9
- Chelatbildner
- In Soultz-sous-Forêts: 19 %-ige Na_3NTA in Verbindung mit Natriumhydroxid (NaOH)
- Schwer wasserlöslich und zu 95 % biologisch abbaubar
- Löst Ionen aus dem Gestein
- Potentiell mutagen und krebserregend
- Wassergefährdungsklasse 2 (wassergefährdend)

Diethylhydroxylamin (Sauerstoffinhibitor) Diethylhydroxylamin (DEHA – auch N,N-Diethylhydroxylamin, $(C_2H_5)_2NOH$) ist ein klares farbloses Fluid, dass mit Wasser mischbar ist. Es ist mutagen, wirkt sich also erbgutverändernd aus (Akron – DEHA). Zudem ist es potentiell cancerogen (krebserregend) und kann Folgen für die Fruchtbarkeit von Menschen und Tieren haben.

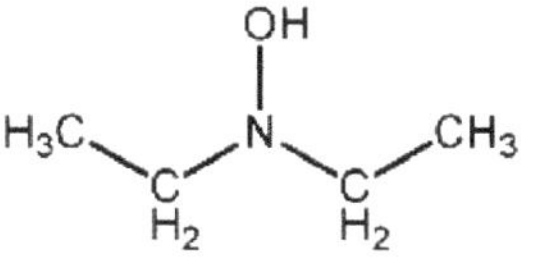

Strukturformel Diethylhydroxylamin (DEHA)

Bei einer Stimulation des Reservoirs dient es als Sauerstoffinhibitor. Das Diethylhydroxylamin soll mit vorhandenem Sauerstoff reagieren, um oxidative Reaktionen des Sauerstoffs mit anderen Stoffen zu unterdrücken und Korrosionen der Verrohrung zu vermeiden. Zu diesem Zweck kam es auch bei der hydraulischen Stimulation der Bohrung E 3/90 in Groß Schönebeck zum Einsatz (Huenges und Winter 2005). DEHA ist gesund-

Tab. 6.4 Einsatzstoffe für Stützmittelfracs bei der Stimulation von petrothermalen Projekten

	Soultz-sous-Forêts	Groß Schönebeck	GeneSys	
			Horstberg	Hannover
Sand [Mg]	–	24,4	–	–
HTU-Gel [m^3]	–	760	–	–
Stützmittel/Proppants [Mg]		220,1	–	–

heitsschädlich und führt bei Augen- oder Hautkontakt zu Reizungen. Die Substanz gehört zur Wassergefährdungsklasse 1 und wird dementsprechend als schwach wassergefährdend eingestuft. Sollte es mit tiefen oder oberflächennahen Grundwasservorkommen in Kontakt kommen ist somit keine schwerwiegende Verunreinigung des Wassers zu erwarten. Daher kann DEHA aus ökologischer Sicht prinzipiell auch in grundwasserführenden Schichten zur Stimulation eingesetzt werden.

- CAS-Nummer: 3710-84-7
- Sauerstoffinhibitor
- Erbgutverändernd und potentiell krebserregend
- Soll Korrosion und oxidative Reaktionen vermeiden
- Wassergefährdungsklasse 1 (schwach gefährdend)

6.4.3 Stimulation durch Stützmittelfracs

Eine Stimulation petrothermaler Reservoirs in Deutschland anhand von Stützmittelfracs ist bislang nur in Groß Schönenbeck durchgeführt worden. Folgende Mengen an Stützmitteln wurden dabei verwendet (Tab. 6.4).

HTU-Gel (Viskoses Stimulationsfluid) In Groß Schönebeck kam bei Stützmittelfracs HTU-Gel als Stimulationsmittel zum Einsatz, um die Viskosität des Stimulationsfluids zu erhöhen. HTU-Gel besteht überwiegend aus Poly-(dimethyl-3,4-di-methylen-pyrrolidinium)-chlorid und ist weder ein Gefahrgut noch giftig. Des Weiteren ist es kein wassergefährlicher oder umweltgefährdender Stoff, sodass sein Einsatz als Stimulationsmittel keine negativen ökologischen Folgen und damit auch keine Auswirkungen auf das Grundwasser zur Folge hat.

- Viskoses Stimulationsfluid
- besteht überwiegend aus Poly-(dimethyl-3,4-di-methylen-pyrrolidinium)-chlorid
- nicht giftig
- kein Gefährdungspotential

Tab. 6.5 Hilfsstoffe für Stützmittelfracs bei der Stimulation von petrothermalen Projekten

		CAS-Nummer	Wassergefährdungsklasse (WGK)
Reibungsminderer			
Mikrobiozide	Magnesiumnitrat	10377-60-3	
	Reaktionsgemisch	55965-84-9	WGK 2
Low Temperature Fiber	Synthetischer organischer Polymer		
Kaliumchlorid		10043-52-4	WGK 1
Crosslinker			
Crosslinker Delay Agent			
EB-CLEAN Breaker		7727-54-0	
Caustic Soda Flake	Natriumhydroxid (NaOH)	1310-73-2	WGK 1

Stützmittel (Proppants, z. B. Carbolite) In Groß Schönebeck wurden – analog zur Erschließung von Kohlenwasserstoff-Reservoirs – größere Mengen an Stützmitteln (Proppants) zur Offenhaltung der erzeugten Rissstrukturen mit Hilfe von HTU-Gelen und weiteren Zuschlagstoffen in das Reservoir verpresst.

Der Einsatz von Stützmitteln wurde in anderen petrothermalen Projekten nicht für nicht sinnvoll gehalten, da im Gegensatz zur Erdgas- und Erdölindustrie im Anschluss an die Stimulationsmaßnahme Wasser durch die Risse gepumpt wird. Die Gefahr des Auswaschens von Stützmitteln wurde hier größer angesehen als bei der Erdgasproduktion, zumal dort der zur Gasbewegung benötigte Fließraum erheblich kleiner ist. Auch können die vergleichsweise großen Mengen ein ernst zu nehmender Kostenfaktor sein.

Zur Durchführung von Stützmittelfrac-Operationen ist der Einsatz von Hilfsstoffen notwendig. Dazu gehören beispielsweise gelbrechende Substanzen. Gemäß den Angaben aus dem Schlumberger-Report zu den Stimulationsmaßnahmen von 2007 in der Bohrung GrSk4 wurden dazu die in Tab. 6.5 aufgelisteten Stoffe eingesetzt.

Einen zusammenfassenden Überblick der zuletzt bei petrothermalen Forschungsprojekten in Mitteleuropa eingesetzten Stoffe gibt Tab. 6.6.

6.5 Gesellschaftliche und politische Herausforderungen

Aufgrund der vermeintlichen technologischen Nähe zur Erschließung unkonventioneller Erdgaslagerstätten unterliegen petrothermale Projekte gegenwärtig in einigen Bundesländern einem politischen Moratorium; insbesondere der Grundwasserschutz steht dabei im Fokus. Hier bedarf es einer fachlichen Abgrenzung und einer fundierten Risikoanalyse. Fünf wesentliche Herausforderungen sind zu bewältigen, wenn es zu einem Ausbau petrothermaler Nutzungen in Mitteleuropa kommen soll:

Tab. 6.6 Einsatzstoffe für die chemische Stimulation und Stützmittelfracs bei petrothermalen Reservoirs

Name	Zusammensetzung	CAS-Nummer	Wassergefährdungsklasse (WGK)
Salzsäure		7647-01-0 (Chlorwasserstoff)	WGK 1 (Zwischenprodukt Antarcticit)
Organic Clay Acid (OCA)	Fluorwasserstoffsäure (HF)	7664-39-3	WGK 2
	Zitronensäure ($C_6H_8O_7$)	77-92-9	WGK 1
	Tetrafluorborsäure (HBF_4)	16872-11-0	WGK 1*
	Ammoniumchlorid (NH_4Cl)	12125-02-9	WGK 1
Regular Mud Acid	Salzsäure HCl	7647-01-0 (Chlorwasserstoff)	WGK 1
	Fluorwasserstoffsäure (HF)	7664-39-3	
Reaktionsprodukte/ Reaktionspartner	Siliziumdioxid SiO_2	14808-60-7 (Quarz)	Nicht wassergefährdend
	Hexafluoridokieselsäure (H_2SiF_6)	16961-83-4	WGK 2
	Calciumfluorid (CaF_2)	7789-75-5	WGK 1
	Calciumchlorid	10043-52-4	WGK 1
Nitrilotriessigsäure (NTA)		139-13-9	WGK 2
	Natriumhydroxid (NaOH)	1310-73-2	WGK 1
Diethylhydroxylamin		3710-84-7	WGK 1
HTU-Gel			
Bentonit		85049-30-5	Nicht wassergefährdend
Kaliumchlorid		7447-40-7	WGK 1

- Vorbeugender Grundwasserschutz
- Energiewirtschaftliche Verankerung
- Abgrenzung von der Erschließung unkonventioneller Kohlenwasserstofflagerstätten
- Technologieentwicklung
- Kommunikation von Risiken und Chancen

6.5.1 Schutz des genutzten Grundwassers bei Eingriffen in die Geosphäre

Das genutzte Grundwasser für die Trinkwasserversorgung, für die Bewässerung in der Landwirtschaft und für die Versorgung der Industrie mit Brauchwasser für Kühl- und Produktionszwecke gehört zu den wichtigsten natürlichen Gütern. Industrialisierung und unkontrollierter Umgang mit Schadstoffen haben im letzten Jahrhundert vielerorts zu Altlasten und Kontaminationen im Untergrund geführt; besonders stark betroffen ist davon das Grundwasser. In der Umwelttechnik arbeitet man sich seit über 30 Jahren an der Beseitigung dieser Altlasten in den genutzten Grundwasserleitern ab; das darf nicht durch die Entstehung von neuen Lasten aufgrund unsachgemäßer Eingriffe in den Untergrund wieder angefacht werden.

Allerdings wird genauso dringend eine emotionsfreie Diskussion und eine klare Differenzierung zwischen genutztem Grundwasser und nicht nutzbaren Geofluiden im tieferen Untergrund benötigt. Alleine im Steinkohlenbergbau des Ruhrgebiets werden – gesellschaftlich akzeptiert – jedes Jahr aus Tiefen zwischen 700 und 1200 m ca. 100 Mio m^3 Grubenwasser gehoben und über die Flüsse abgeleitet. Diese hochsalinaren Geofluide sind wasserwirtschaftlich nicht nutzbar. Im Gegenteil: sie sind sogar ausgesprochen schädlich für technische Anlagen und für den menschlichen Konsum.

Neben der geothermalen gibt es keine wasserwirtschaftliche Nutzung für Fluide aus der tiefen Geosphäre. Die Hebung und Aufbereitung zu Trinkwasserzwecken ist technisch und wirtschaftlich widersinnig. Eine Abgrenzung von für die Wasserversorgung nutzbarem Grundwasser von nicht nutzbaren Untergrundwässern ist deshalb bei diesem Abwägungsprozess unabdingbar. Im Rahmen der projektbezogenen Standortuntersuchungen muss zudem sichergestellt sein, dass es durch den Stimulationsvorgang im tiefliegenden petrothermalen Reservoir zu keiner Vermischung salinarer Geofluide hoher Dichte mit nutzbaren, oberflächennahen Grundwasserstockwerken kommen kann.

6.5.2 Petrothermale Nutzungen für die Energiewende auf dem Wärmemarkt

Wie bereits ausgeführt machen petrothermale Ressourcen in Deutschland ca. 85 % des theoretisch nutzbaren geothermischen Potentials aus. Aufgrund ihrer weiten regionalen Verbreitung und der erheblichen Bedarfsanforderungen auf dem Wärmesektor können petrothermale Nutzungen eine bedeutende Rolle beim Wandel der Energiesysteme einnehmen. Die Haushalte in Deutschland verbrauchen nur etwas mehr als 10 % der Nutzenergie auf dem Stromsektor für Beleuchtung, Kochen und Wäsche und zur Kommunikation; 85 % werden für die Wärmeerzeugung benötigt. Über alle Abnehmerstrukturen hinweg, d. h. Verkehr, Industrie, Gewerbe, Wohnen wird 40 % des Primärenergieeinsatzes in Deutschland für die Erzeugung von Nutzwärme unter 100 °C verwendet.

Auch die Fernwärmesysteme in den europäischen Ballungsräumen werden zu weitaus mehr als 90 % aus fossilen Quellen gespeist. Alleine die Metropole Ruhr benötigt gegenwärtig Fernwärme aus fossilen Quellen in einer Größenordnung von 23.500 PJ/Jahr – dagegen steht ein petrothermales Potential von 39.000 PJ/Jahr. Der aus Klimaschutzgründen diskutierte Ausstieg aus der Verstromung von Braun- und Steinkohle macht mittel- bis langfristig eine Kompensation aus erneuerbaren Quellen erforderlich. Die petrothermale Geothermie kann hier eine bedeutende Rolle einnehmen – sofern wissenschaftlich-technische Fragestellungen gelöst und politische Hürden überwunden werden. Andere Quellen zur Gewinnung von Wärme aus erneuerbaren Energieträgern sind – mit Ausnahme der anbauflächenseitig limitierten Biomasse und der rückläufigen Müllverbrennung aufgrund steigender Recyclingquoten – nicht ausreichend verfügbar.

Allerdings stehen hier viele Ballungsräume vor einem Dilemma. Neben vergleichsweise kleinräumig verbreiteten karbonatischen Nutzhorizonten, wie den bayerischen Malmkarst und wenigen tiefreichenden tektonischen Störungssystemen wie am Oberrheintalgraben existieren in den dicht besiedelten Regionen Nord-, Mittel- und Westdeutschlands nur wenige extensionstektonisch geklüftete Nutzhorizonte aus Sandsteinen, Quarziten, Mergelsteinen oder kristallinem Basement. In den meisten Fällen wird man zwangsläufig nicht um eine künstliche Reservoirstimulation umhinkommen – sofern die Geothermie den dringend benötigten Beitrag zu einer klimafreundlichen Wärmeversorgung liefern soll.

6.5.3 Abgrenzung zum Fracking für die Gewinnung unkonventioneller Kohlenwasserstoffe

Ohne eine deutliche Abgrenzung der Tiefen Geothermie von der Erschließung unkonventioneller Erdgaslagerstätten wird eine gesellschaftliche Akzeptanz der Technologie in Europa auf absehbare Zeit äußerst schwierig sein. Trotz einiger Gemeinsamkeiten zwischen Stützmittelfracs bei der petrothermalen Geothermie und den Frackingverfahren bei der unkonventionellen Erdgasgewinnung gibt es doch zentrale Unterschiede die es herauszustellen gilt. Diese liegen insbesondere im Bereich der hydraulischen und der chemischen Stimulation.

Themenkomplex	Fracking unkonventioneller Erdgaslagerstätten	Hydraulische und chemische Stimulation von petrothermalen Reservoiren
Lagerstätten	Kohleflözgas-/Schiefergasvorkommen in 2000 m, teilweise weniger als 1000 m; dichtes Reservoirgestein, i. d. R. plastische Tonsteine/-schiefer mit hohem Anteil organischer Inhaltsstoffe; Schaffung einer Vielzahl neuer Risse die als Wegsamkeiten für die Migration von Gasen dienen sollen.	Zielformationen in ca. 4000 bis 5000 m; i. d. R. harte, rigide Kalk-, Sandsteine, Quarzit-, Konglomerat-Horizonte mit geringem Anteil organischer Inhaltsstoffe; Aktivierung weniger, bereits vorhandener, z. T. „verheilter", Kluftsysteme im Gestein.

Themenkomplex	Fracking unkonventioneller Erdgaslagerstätten	Hydraulische und chemische Stimulation von petrothermalen Reservoiren
Abstand zum nutzbaren Grundwasser	Abstand zur Trinkwassernutzung oder Ökosystemen teilweise geringer als 1000 m.	Großer vertikaler Abstand vom Thermalwasserhorizont zu trinkwasserführenden Schichten oder Ökosystemen; häufig > 4000 m.
Gefährdungspotential Frack-Fluid	Gelfracs zum Einbringen von Stützmitteln (Proppants); anschließend gelbrechende Substanzen zum Herauslösen der Gels und Biozide zum Schutz der KW-Lagerstätte; Gefährdungspotential/WGK je nach eingesetzten Chemikalien und Mischungsverhältnis.	Verpressung von Oberflächenwasser, ggfs. Grundwasser zum Freispülen und/oder (Re-)Aktivieren von natürlichen Klüften oder neuen Zugrissen; Ggfs. auch chemische Stimulation, Säuerung wie bei Trinkwasserbrunnen; Unterschiede bei Volumenströmen, Pumpraten, Pumpdrücken (geringfügig über natürlicher Gebirgsspannung).
Gefährdungspotential Formationswasser	Formationswasser fällt als Wasser-Chemikaliengemisch bei der Erschließung an; je nach eingesetzten Frack-Fluid in Verbindung mit Formationswasser und Mischungsverhältnis.	Verpresstes Oberflächen-/Injektionswasser vermischt sich mit salzhaltigem Formationswasser und wird dabei i. d. R. mineralisiert und im Thermalwasserkreislauf zirkuliert.
Gefährdungspotential Flow-Back	Flow-Back verfahrensbedingt notwendig. Je nach eingesetzten Frack-Fluidkompositionen (Gelbildner, Stabilisatoren, Kettenbrecher, Vernetzungssubstanzen etc.) in Verbindung mit Formationswasser; Flow-back aus Freispül- bzw. Chemikalien-Lösungsprozess im Anschluss an die Stützmittel-(Proppant-)Verpressung.	Verfahrensbedingt kein Flow-Back von Chemikalien vorhanden. Injektionswasser aus hydraulischer Erschließung verbleibt i. d. R. weitestgehend innerhalb der Formation. Rückfluss besteht aus Gemischen von verpresstem Frischwasser, i. d. R. mit Formationswasser vermischt aus der Kreislaufführung des Thermalwassers. Das Thermalwasser wird nach Abkühlung wieder in die Injektionsbohrung zur Kreisaufführung gepumpt; Rückstände: ggf. gelöste und ausgefällte Mineralien. Durch die hydraulische Erschließung wird natürlicher Schlamm aus den Klüften gespült; Menge, Feststoffe, Qualität sind geologieabhängig.

Themenkomplex	Fracking unkonventioneller Erdgaslagerstätten	Hydraulische und chemische Stimulation von petrothermalen Reservoiren
Wegsamkeiten Rissausbreitung	Viele und neue Risse in plastisch reagierenden Formationen; näher an der Erdoberfläche: d. h. i. d. R. weniger trennende, abdichtende Formationen.	Großer vertikaler Abstand zwischen Thermalwasserhorizont und trinkwasserführenden Schichten; (teilw. größer als 4000 m). erschließt Klüfte in harten Gesteinsschichten (z. B. Sandstein); diese Klüfte setzen sich i. d. R. nicht in den liegenden und hangenden plastischen Schichten fort (Ausnahme: große Störungssysteme). Spannungsbarrieren mit großem vertikalem Abstand zwischen Thermalwasserhorizont und den oberflächennahen trinkwasserführenden Schichten.
Wegsamkeiten Grundwasser	Relevant wenn Störungen aus der Erdgaslagerstätte bis in das grundwasserführende Deckgebirge reichen.	Großer vertikaler Abstand zwischen Thermalwasserhorizont und trinkwasserführenden Schichten.
Wissensdefizite	Eingesetzte Chemikalien und deren Wechselwirkungen mit Gestein, Formationswasser, Degradations- und hydraulisches Verhalten.	Hydraulisches und mechanisches Verhalten der Gesteinsformationen nicht ausreichend bekannt; Vorerkundung und Begleituntersuchung mittels 2D/3D Seismik, Bohrlochgeophysik, Hydro-/Geochemie erforderlich.

6.5.4 Pilotprojekte zur weiteren Technologieentwicklung

Die vergleichsweise wenigen petrothermalen Standorte in Mitteleuropa sind nicht geeignet um von einer wirklichen Lernkurve bei der Technologieentwicklung zu sprechen. Vielmehr werden weitere Referenzstandorte für unterschiedliche Geologien benötigt in dem die Erschließungstechnologien für klastische Gesteine und für das kristalline Basement weiter erprobt werden können.

Schwerpunkte sollten hier die Entwicklung neuer Bohrtechniken für Explorations- und Hartgesteinsbohrungen, die Entwicklung umweltverträglicher Stimulationsverfahren sowie verbesserte, an das lokale Spannungsfeld angepasste Reservoirtechniken – wie z. B. die Multi-Rissverfahren (Jung 2013) – sein. Weitere wichtige Themen sind verbesserte Monitoringstrategien für die Gesteins-Fluid-Wechselwirkungen, Prognosemodelle für das Reservoirmanagement und die Entwicklung von Lernkurven. Auf der Nutzungsseite ist nicht zuletzt aus Akzeptanzgründen die Einbindung in kommunale Fernwärmeversorgungsstrukturen im Zuge der Systemkonversion von fossilen zu EE-Heizwerken notwendig.

6.5.5 Kommunikation und Information über Risiken und Chancen

Die Realisierung von petrothermalen Projekten in der Nähe von Ballungsräumen erfordert ein Höchstmaß an Information und Akzeptanz in der Öffentlichkeit. Zu groß ist das Risiko des Scheiterns von Infrastrukturprojekten wenn Chancen und Projektrisiken nicht allgemein verständlich und akzeptierbar kommuniziert werden. Die Schnelllebigkeit der Medien und der Informationsgesellschaft können ohne Zweifel die Entwicklung von „Not-in-my Backyard“ Bewegungen erheblich befeuern.

Allerdings steht Deutschland im Wandel aus dem fossilen Industriezeitalter in ein Zeitalter der Nachhaltigkeit. Nachhaltigkeit beim Umgang mit natürlichen Ressourcen, mit unserem Klima und unseren sozialen Gesellschaftsstrukturen. Das erfordert auch Technologiewandel auf allen Feldern. Jede neue Technologie löst eine alte Technologie ab. Und nach Möglichkeit soll der Nutzen der neuen Technologie größer sein und die Risiken geringer sein als bei der Verwendung der alten Technologie. Nachhaltigkeit bedeutet aber auch Lasten und den Umgang mit Risiken. Wir müssen die Risiken benennen und sie in Relation setzen zu unseren bekannten Risiken: den täglichen und zuweilen tödlichen Schadensrisiken im Verkehr, zuhause und auf der Arbeit.

Petrothermale Geothermieprojekte haben ein signifikantes Fündigkeits- und Wirtschaftlichkeitsrisiko. Mit der hydraulischen Stimulation sollen diese Risiken verringert werden. Dabei steigen zuweilen Risiken im Bereich der Mikroseismizität. Beispiele sind Soultz-sous-Forets, Basel, Landau und Sankt Gallen. Hierfür wurden mittlerweile vernünftige Mediations- und Handlungsansätze gefunden.

Ob es darüber hinaus Risiken für die Versorgung mit nutzbarem Grundwasser gibt, hängt von der Umweltverträglichkeit der eingesetzten Stimulationsmedien und der lokalen Standortgeologie ab. Verfahren der Druckwasser- und chemischen Stimulation, wie sie standardmäßig bei der Erstellung von Trinkwasserbrunnen eingesetzt werden, dürften in tiefliegenden Reservoirs wohl keinen Schaden anrichten. Dennoch sind diese Prozesse komplex. Es gibt vermutlich kein komplexeres System als die Erde mit ihren vielfältigen physikalischen und chemischen Reaktionen in der Geosphäre. Diese sind schwierig mit wenigen medienwirksamen Sätzen zu beschreiben. Gerade deshalb müssen die Medien und Meinungsmacher verantwortungsbewusst und mit Augenmaß recherchieren und informieren. Helfen wird nur fundierte Aufklärung. Für die Aufklärung werden alle benötigt: Geowissenschaftler, Ingenieure, Politiker und Medienvertreter haben die Aufgabe diese Prozesse zu erkunden, sie zu beschreiben und in verständlicher Form für die Kommunikation aufzubereiten.

Die größten Risiken bei der Stimulation von petrothermalen Reservoirs für geothermale Nutzungen liegen jedoch vermutlich weniger im technischen oder im geowissenschaftlichen Bereich. Das zweitgrößte Risiko liegt in einer mangelhaften Kommunikation und Information. Und das größte Risiko liegt darin, dass aufgrund einer mangelhaften Kommunikation die Ängste vor neuen Technologien so groß werden, dass die dringend benötigte Energiewende und Ziele des Klimaschutzes durch den Einsatz erneuerbarer Energieträger verfehlt werden.

Literatur

Akron – DEHA: Hardy Research Group, Department of Chemistry, The University of Akron, Chemical Database, Eintrag zu N,N-Diethylhydroxylamine. http://ull.chemistry.uakron.edu/erd/Chemicals/2000/1877.html.

Appelhans, K.: Bilanzierung der stofflichen Einträge bei der Stimulierung des Untergrundes zur Tiefengeothermischen Nutzung.- BSc.-Thesis. GZB – International Geothermal Centre und Hochschule Ostwestfalen-Lippe (2011)

Batchelor, A.S.: The creation of Hot Dry Rock systems by combined explosive and hydraulic fracturing proceedings of the International Conference on Geothermal Energy, Florence, Italy, May 1982. BHRA Fluid Eng. Bedford, S. 321–342 (1982)

Baumgärtner, J.: persönliche Mitteilung (2013)

Blöcher, G., Zimmermann, G., Regenspurg, S.: Stimulation geothermischer Reservoire in Deutschland. Geothermische Energie **75**, 8–9 (2013)

Bogie, I., Lawless, J.V., Rychagov, S., Belousov, V.: Magmatic-related hydrothermal systems: Classification of the types of geothermal systems and their ore mineralization. In: Geothermal and Mineral Resources of Modern Volcanism Areas, Proceedings of the International Kuril-Kamchatka Field Workshop July 16–August 6, 2005. (2005)

Carcinogenesis: National Cancer Institute, CARCINOGENESIS, Technical Report Series No. 6, January 1977: Bioassays of nitrilotriacetic acid (NTA) and nitrilotriacetic acid, trisodium salt, monohydrate ($Na_3NTA \cdot H_2O$) for possible carcinogenicity (1977)

Deutscher Bundestag: Drucksache 15/1835,15, Wahlperiode 24. 10. 2003, Bericht des Ausschusses für Bildung, Forschung und Technikfolgenabschätzung (17. Ausschuss) gemäß § 56a der Geschäftsordnung. Technikfolgenabschätzung hier: Monitoring – Möglichkeiten geothermischer Stromerzeugung in Deutschland (2003)

Duchane, D.: Hot Dry Rock – A realistic energy option. Geothermal Resources Council Bulletin (1990)

from the Los Alamos National Laboratory HDR Well EE-2, Fenton Hill, New Mexico. Los Alamos Scientific Lab., Los Alamos NM, USA.

Häring, M.O., Schanz Ladner, U., Dyer, F.B.C.: Characterization of the Basel1 Enhanced Geothermal System. Geothermics (2008). doi:10.1016/j.geothermics. 2008.06.002

Hochstein, M.P., Zheng, K., Pasvanoglu, P., Vivian-Neal, P.: Advective (heat sweep) geothermal systems. Proceedings 38th Workshop on Geothermal Reservoir Engineering, Stanford University, Stanford, CA, Feb 11-13. (2013). SGP-TR-198

Huenges, E., Holl, H.G., Legarth, B., Zimmermann, G., Saadat, A.: The stimulation of a sedimentary geothermal reservoir in the North German basin: case study Groß Schönebeck Proceedings Twenty-Ninth Workshop on Geothermal Reservoir Engineering, Stanford University, January 26-28 2004. Stanford, California (2004)

Huenges, E., Winter, H.: Experimente zur Produktivitätssteigerung in der Geothermie-Forschungsbohrung Groß Schönebeck Bericht, Bd. 3/90. (2005)

IFA GESTIS – HF GESTIS: Stoffdatenbank GESTIS – das Gefahrstoffinformationssystem der Deutschen Gesetzlichen Unfallversicherung.

Jaramillo, O.J., Romero, R., Ortega, A., Milne, A., Lastre, M.: Organic clay acid system sustains post-treatment production increases. World Oil **07**, 101–106 (2010)

Jung, R.: EGS – Goodbye or Back to the Future (2013). http://dx.doi.org/10.5772/56458

Jung, R., Orzol, R., Kehrer, P., Jatho, R.: Verbundprojekt Genesys, Vorstudie – Erprobung der Wasserfractechnik und des Einsonden-Zweischichtverfahrens für die Direktwärmenutzung aus gering permeablen Sedimentgesteinen Abschlussbericht zum Vorhaben FKZ 0327112 & 0327116. BMU, (2005)

Kappelmeyer, O., Gerard, A., Schloemer, W., Ferrandes, R., Rummel, F., Benderitter, Y.: European HDR Project at Soultz-sous-Forêts: General presentation. In: Bresee, J.C. (Hrsg.) Geothermal Energy in Europe. Gordon and Breach Science Publ. (1992)

Laney, R., Laughlin, A.W., Aldrich, M.J.: Geology and geochemistry of samples. (1981)

Ledru, P., Frottier, L.G.: Reservoir Definition. In: Huenges, E. (Hrsg.) Geothermal Energy Systems. Wiley-VCH, (2010)

Liberty Pressure Pumping: Mud Dissolving Acid (HCl/HF) MDA (2009). http://www.trican.us/pdf/FluidTechnology/AcidFluid/MDA%20HCl-HF.pdf

MIT: The Future of Geothermal Energy – Impact of Enhanced Geothermal systems (EGS) on the United States in the 21st CenturyIdaho Nat. Lab., Idaho US (2006). http://geothermal.inel.gov.

Moeck, I., et al.: Catalog of Geothermal Play types. In: Harvey, C. (Hrsg.) Revised Best Practice Guide for Geothermal Exploration. Report IGA Service GmbH und IFC. (2014)

Nami, P., Schellschmidt, R., Schindler, M., Tischner, T.: Chemical stimulation operations for reservoir development of the deep crystalline HDR/EGS System at Soultz-sous-Forêts (France)" Proceedings Thirty-Third Workshop on Geothermal Reservoir Engineering, Stanford University, January 28-30 2008. Stanford, California (2008)

Orzol, J., Jung, R., Jatho, R., Tischner, T., Kehrer, P.: The GeneSys- Project: Extraction of Geothermal Heat from Tight Sediments Proceedings World Geothermal Congress 2005. (2005)

Parker, R.H.: Hot Dry Rock geothermal energy, Phase 2B – Final report of the Camborne School of Mines Project (1989)

Rohloff, K., Kather, A.: Geothermische Stromerzeugung – Kraftwerkstechnologien und Technologien zur gekoppelten Erzeugung von Strom und Wärme. Bundesministerium für Umwelt, Naturschutz und Reaktorsicherheit (BMU), Berlin (2011)

Schindler, M., Nami, P., Schellschmidt, R., Teza, D., Tischner, T.: Summary of hydraulic stimulation operations in the 5 km deep crystalline HDR/EGS reservoir at Soultz-sous-Forêts. In: Proceedings Thirty-Third Workshop on Geothermal Reservoir Engineering, Stanford University, January 28-30 2008. Stanford, California (2008)

Schlumberger Limited: „OCA – High performance formation treatment" (2001). http://www.slb.com/~/media/Files/stimulation/brochures/oca.ashx

Schulz, R., Thomas, R., Dussel, M.: Geothermische Charakterisierung von karstig-klüftigen Aquiferen im Großraum München. Endbericht März 2012. FKZ, Bd. 0325013 A. Leibniz-Institut für Angewandte Geophysik, Hannover (2012). 99 S.

Tester, J.W., Brown, D.W., Potter, R.M.: Hot Dry Rock Geothermal Energy – A new Energy Agenda for the 21st Century Report MS, Bd. LA-11514. Los Alamos National Lab, S. 11514 (1989)

Tischner, T., Pfender, M., Teza, D.: Hot Dry Rock Projekt Soultz: Erste Phase der Erstellung einer wissenschaftlichen Pilotanlage.– Abschlussbericht (2006)

Tischner, T., Schindler, M., Jung, R., Nami, P.: HDR Project Soultz: Hydraulic and seismic observations during stimulation of the 3 deep wells by massive water injections Proceedings Thirty-Second Workshop on Geothermal Reservoir Engineering, Stanford University, January 22-24 2007. Stanford, California (2007)

Wyborne, D.: Hydraulic Stimulation of the Habanero Enhanced Geothermal System (EGS) 5th BC Unconventional Gas Technical Forum, April 2011. South Australia (2011)

Risikomanagement

7

Hans Jacobi und Thomas Neu

Inhaltsverzeichnis

Zusammenfassung

Jede wirtschaftliche Tätigkeit ist Risiken unterworfen, die dann zu unerwarteten Verlusten führen, wenn sie überraschend auftreten und diejenigen, die die wirtschaftliche Tätigkeit ausüben, unvorbereitet treffen. Das wohl gravierendste Risiko in der deutschen Geothermie ist das Fündigkeitsrisiko. Man geht davon aus, dass weltweit etwa 50 % aller Bohrungen zur Erschließung neuer Lagerstätten nicht fündig werden. Die „Fehlquote" bei Geothermiebohrungen in Deutschland wird mit 20 bis 30 % deutlich geringer eingeschätzt. Intensive Vorbereitung unter Ausnutzung aller zur Verfügung stehenden Methoden, gründliche Auswertung aller vorhandenen Daten und realistische Abschätzung möglicher Restrisiken können die „Fehlquote" weiter verringern. Gleichwohl bleibt ein

Hans Jacobi (✉)
Essen, Deutschland
e-mail: hans.jacobi@jacobi-partner.de

Thomas Neu
Saarbrücken, Deutschland
e-mail: thomas.neu@email.de

M. Bauer et al. (Hrsg.), *Handbuch Tiefe Geothermie*, DOI 10.1007/978-3-642-54511-5_7,

Restrisiko, das den Investor eines einzigen Geothermiekraftwerkes stärker treffen kann als den Investor mehrerer Kraftwerke.

Schlüsselwörter
Risiken beim Bau und Betrieb von Geothermiekraftwerken identifizieren • Risiken bewerten und in Kosten überführen • Strategien zur Risikovermeidung entwickeln • Strategien zur Schadensminimierung bei Risikoeintritt entwickeln

7.1 Einführung

Im Folgenden werden die **Risiken hydrothermaler Vorhaben** betrachtet, da für deutsche petrothermale Projekte die Datenbasis bei weitem nicht ausreichend ist.

Von aktuell 40 deutschen Tiefe Geothermieprojekten in Betrieb und in Bau, gelten zurzeit 2 als nichtfündig, bei 4 weiteren ist die Fündigkeit in Frage gestellt, bei weiteren 18 sind zum Teil erhebliche Probleme aufgetreten, die zu entsprechenden Mehraufwendungen geführt haben. Lediglich 50 % sind planmäßig oder nur mit geringen Planabweichungen gelaufen. Die eigene Befragung zahlreicher Projektentwickler und Experten deutet darauf hin, dass bei umfassender Nutzung aller zur Verfügung stehenden geophysikalischen Erkundungs- und Auswertemethoden ca. 20 % der problembehafteten Projekte erfolgreicher hätten sein können bzw. die Bohrarbeiten dazu gar nicht erst begonnen worden wären.

Trend Research hat 83 Branchenexperten im Rahmen einer Studie auch nach den größten Problemen und Risiken der Geothermie gefragt (siehe Abb. 7.1). 42 % der Befragten halten das „Fündigkeitsrisiko" für das größte Problem von Geothermieprojekten. Es folgen „Unfachgemäße Bohrungen" (19 Prozent) und „Technische Risiken" (17 Prozent).

7.2 Risikomanagement: Definition und Methoden

Risiken sind Ereignisse, die überraschend auftreten und einen wirtschaftlichen Schaden verursachen. Risiken werden dann teuer, wenn sie nicht vorhergesehen und beherrscht werden.

Allgemein unterscheidet man:

- spekulatives Risiko, das ist die Verlustgefahr durch unternehmerisches Handeln, z. B. Bau und Betrieb einer Geothermieanlage,
- reines Risiko, das ist die Gefahr des Vermögensverlustes durch Schadgefahren wie Feuer, Sturm, Havarie.

Der Gesetzgeber hat daher das AktG und das HGB mit dem am 1. Mai 1998 in Kraft getretenen Gesetz zur Kontrolle und Transparenz (KonTraG) geändert und folgende Bestimmungen gesetzlich vorgegeben:

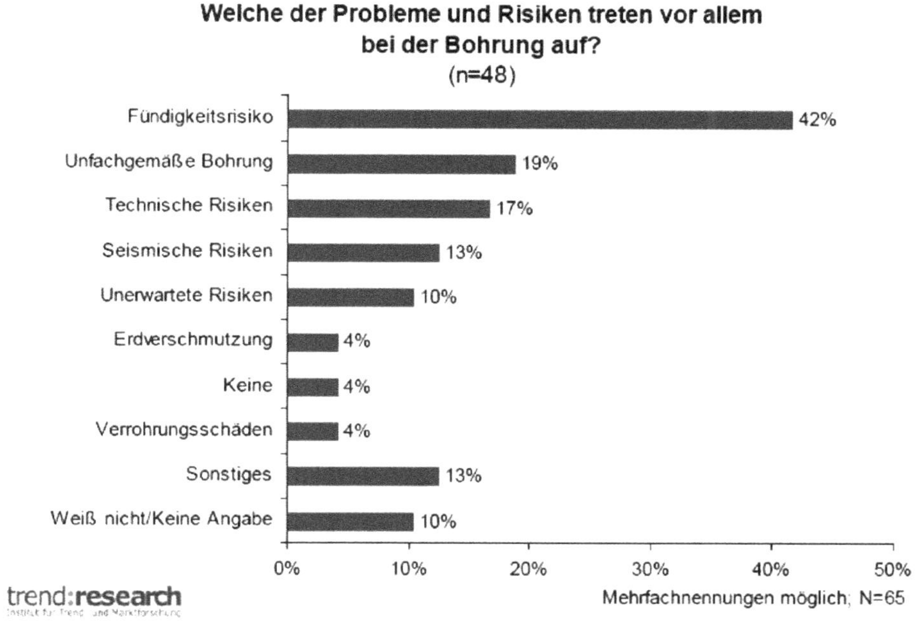

Abb. 7.1 TrendResearch, Studie der Potenziale der Geothermie bis zum Jahr 2030

- gemäß § 91 Abs. 2 AktG hat „der Vorstand einer Gesellschaft geeignete Maßnahmen zu treffen, insbesondere ein Überwachungssystem einzurichten, damit den Fortbestand der Gesellschaft gefährdende Entwicklungen früh erkannt werden",
- gemäß § 289 Abs. 1 HGB ist im Lagebericht „auch auf die Risiken der künftigen Entwicklung" einzugehen.

In der Gesetzesbegründung zum KonTraG wird ausdrücklich klargestellt, dass die Verpflichtung aus § 91 Abs. 2 AktG bei Mutterunternehmen im Sinne von § 290 HGB konzernweit zu verstehen ist und daher ein Mutterunternehmen im Rahmen seiner gesellschaftsrechtlichen Möglichkeiten auch diejenigen Tochtergesellschaften/Beteiligungsgesellschaften in das Überwachungssystem einbeziehen muss, von denen bestandsgefährdende Entwicklungen ausgehen. Die rechtlichen Vorschriften gelten damit auch für Geothermiegesellschaften, die Tochterunternehmen großer Gesellschaften im Sinne des AktG sind.

Risikomanagement muss demnach bedeuten (siehe auch Abb. 7.2):

- Risiken aufdecken
  - alle denkbaren Szenarien analysieren. Was kann passieren?
- Risiken abwägen und bewerten
  - Eintrittswahrscheinlichkeiten abschätzen, mögliche Schäden ermitteln, Prioritäten aus Eintrittswahrscheinlichkeit und Schaden ableiten,

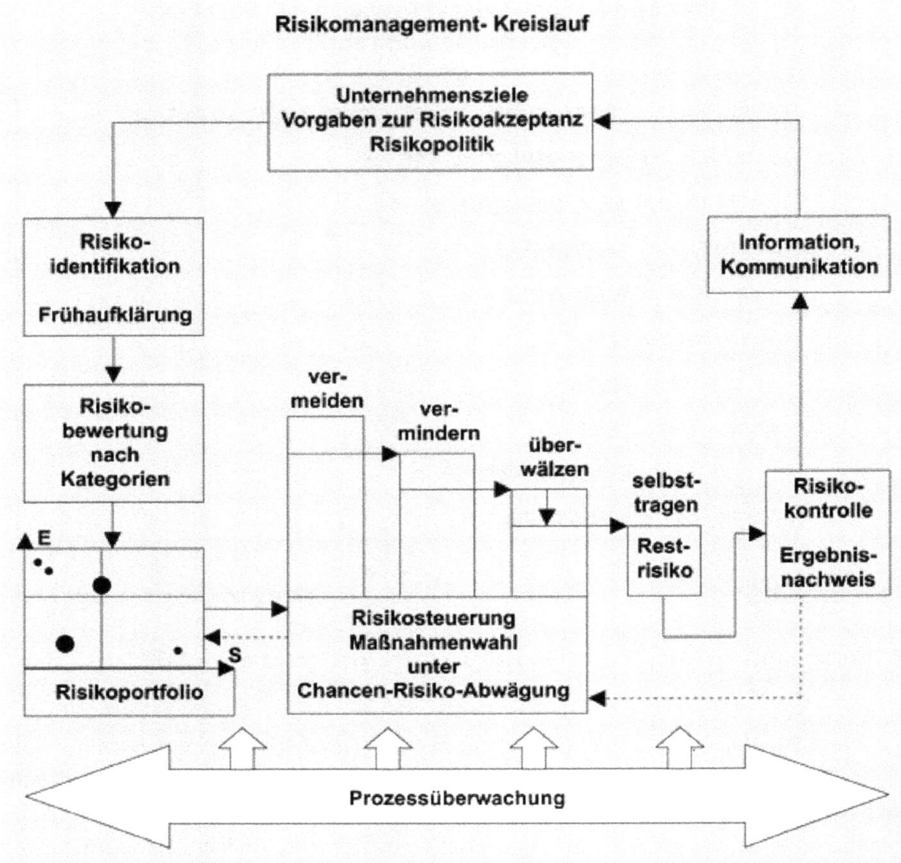

Abb. 7.2 Risikomanagement – Kreislauf, Wirtschaftslexikon Gabler

- Risikovorsorge treffen
  - Maßnahmen zur Verringerung der Eintrittswahrscheinlichkeit festlegen,
  - Maßnahmen zur Schadensminimierung erarbeiten,
  - Möglichkeiten der Schadensüberwälzung prüfen (z. B. Versicherungen),
  - geeignetes Frühwarnsystem einrichten,
- Risiken beherrschen.

7.3 Identifikation potenzieller Risiken in der Tiefen Geothermie

Der wohl wichtigste und schwierigste Teil eines möglichst lückenlosen Risikomanagements ist die Identifikation möglicher Risiken (siehe Abb. 7.3).

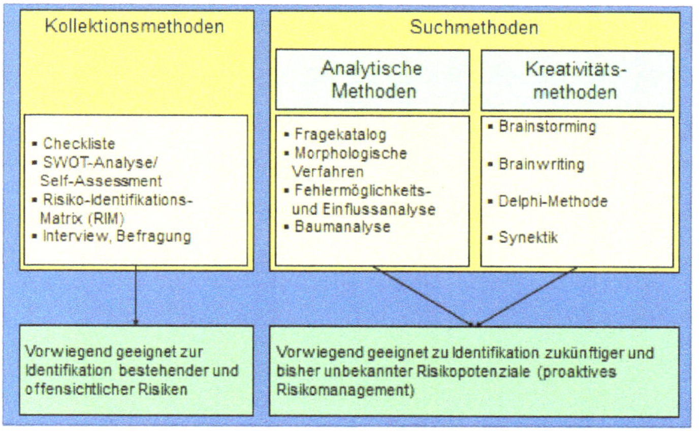

Abb. 7.3 Methoden der Risiko-Identifikation

Zur Risikoidentifizierung in der Geothermie sind kollektive und analytische Methoden geeignet. Die sicherste Methode einer lückenlosen Risikoerfassung sind Checklisten möglicher Szenarien (Szenarientechnik), die zu Risiken führen können. Die Checklistenmethode ist heute die gebräuchlichste Methode der Risikoidentifizierung, sie ist ideal für eine systematische Vorgehensweise. Im Folgenden werden an die Besonderheiten der Geothermie angepasste Checklisten zur Verfügung gestellt. Diese müssen dann projektbezogen systematisch in Hinblick auf Eintrittswahrscheinlichkeiten und mögliche Schadensschwere abgearbeitet werden.

Geeignete Methoden zur Identifizierung möglicher Risiken bei Geothermieprojekten sind:

- Checklisten-Risikokataloge,
- Szenariotechnik
  Bestcase, Worstcase, Trendanalyse,
- Expertenbefragungen
  Auswertung aller vorhandenen geologischen und geotechnischen Informationen,
- Post-Mortem-Analyse
  Erfahrungsberichte vorangegangener Projekte,
  alte Maßnahmen verifizieren,
- Erfahrungsaustausch in Tagungen und Fachausschüssen.

Folgende Risikokatalogisierung für die Tiefe Geothermie hat sich in Literatur und Vorträgen durchgesetzt (siehe Abb. 7.4).

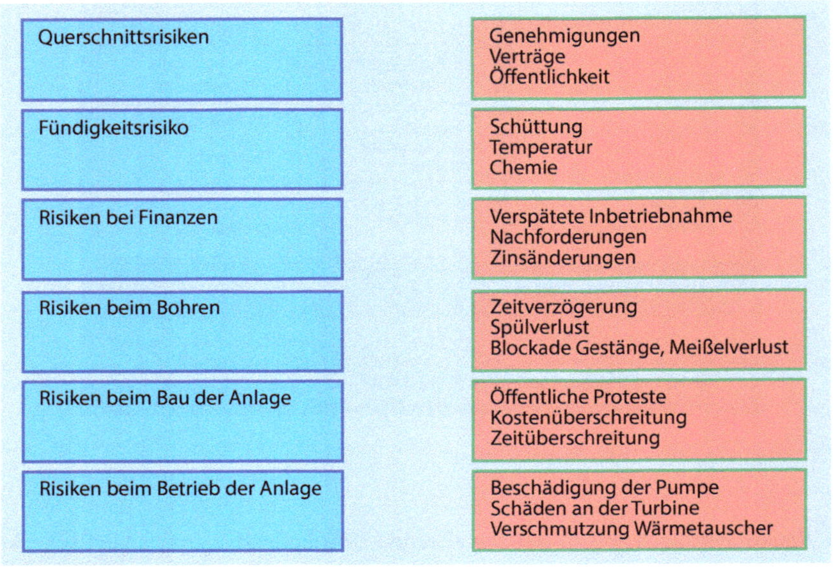

Abb. 7.4 Katalog möglicher Risiken in der Tiefen Geothermie

7.4 Bewertung der Risiken

Das Ergebnis einer wirtschaftlichen Risikoanalyse ist die Erfassung und Charakterisierung von Risikoereignissen in Form von Kosten. (Risk Identification and Strategy using Quantitative Evaluation nach Bowden).

Elemente der Risikobewertung (siehe Abb. 7.5):

- Eintrittswahrscheinlichkeit,
- Möglicher wirtschaftlicher Schaden (Kosten, oder Ertragseinbuße).

Zur Ermittlung der Eintrittswahrscheinlichkeit genügt eine grobe Einschätzung: Unwahrscheinlich = 10 %, weniger wahrscheinlich = 40 %, wahrscheinlich = 70 %. Genauere Wahrscheinlichkeitsrechnungen sind u. U. möglich, bringen aber für einen Einzelfall bekanntlich keine exakten Erkenntnisse. Sie verleiten lediglich zur Vorspiegelung einer falschen Genauigkeit, da das Ereignis im Einzelfall eintreten oder auch nicht eintreten kann, gleichgültig welche Wahrscheinlichkeit vorher errechnet wurde. Ein Wahrscheinlichkeitswert wird lediglich für die Erzeugung eines Finanz- oder Risikowertes als Vergleichs-geeignete Kennzahl benötigt. Diese errechnet sich aus dem Produkt von Eintrittswahrscheinlichkeit und wirtschaftlichem Schaden. Der so berechnete Finanzwert ist eine Kosten-orientierte Risiko-Kenngröße für die Gewichtigkeit eines Risikoereignisses. Er sagt aus, welche Risiken bestandsgefährdend sind und welche Risiken in ihrer wirtschaftlichen

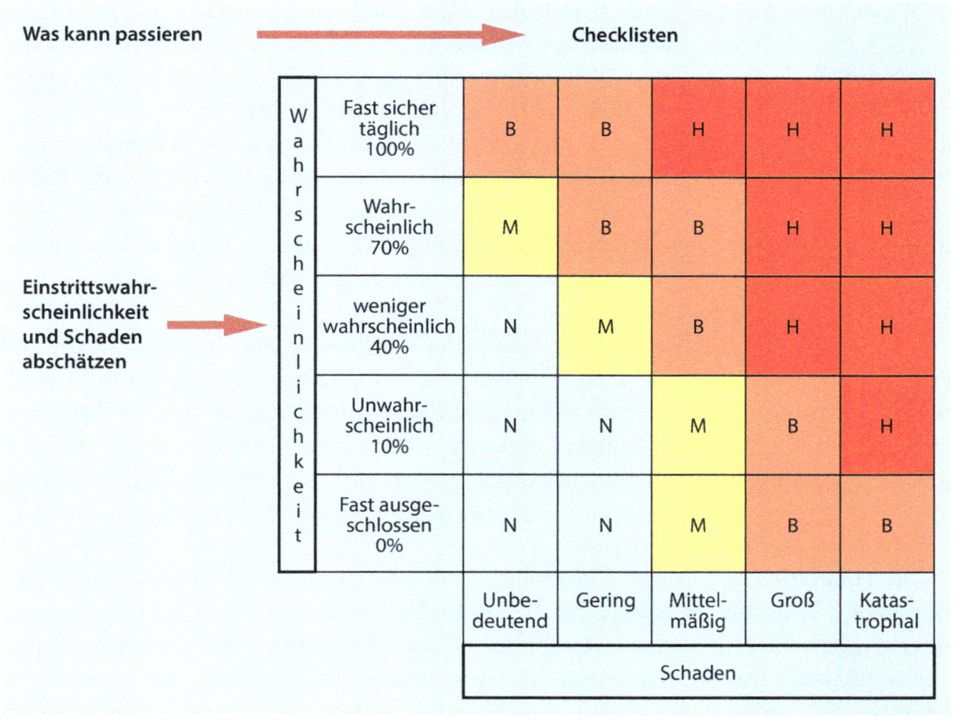

Abb. 7.5 Risikobewertung

Auswirkung vernachlässigbar sind. Mit Hilfe der Risikowerte kann eine Prioritätenliste erzeugt werden, diese ist Grundlage für die Intensität der vorbereitenden Arbeiten sowie der zielgerichteten Inspektion laufender Arbeiten.

Das größte Risiko für den Investor ist das Fündigkeitsrisiko, selbst wenn künftig die Bohrkosten durch Einsatz modernster Technologien sinken sollten. Erst nach der ersten Bohrung steht fest, ob sich das Projekt realisieren lässt.

Unter **Querschnittsrisiken** (Anlage 1) versteht man übergeordnete Risiken, die in allen Projektphasen auftreten können und die in alle Projektbereiche hineinreichen. In die Kategorie Querschnittsrisiken fallen organisatorische Aspekte sowie politische, rechtliche oder soziale Gesichtspunkte.

Das **Fündigkeitsrisiko** (Anlage 2) wird durch folgende Elemente bestimmt:

- Reduzierte thermische Ergiebigkeit (Schüttung/Absenkung, Temperatur),
- Geringe Injektivität,
- Veränderte/verschlechterte chemische Zusammensetzung,
- Unerwünschte Sekundärfündigkeit (Kohlenwasserstoffe, Radioaktivität).

Wie hoch ist nun die Wahrscheinlichkeit, dass eine Bohrung nicht fündig wird? Dies ist trotz aller moderner Untersuchungsmethoden nicht zuverlässig abzuschätzen. Vor der „Hacke" bleibt es dunkel. Nach bisherigen Erfahrungen bringen ca. 30 % der Bohrungen nicht das erwartete Ergebnis. Bei nichtfündig ist zu unterscheiden zwischen Totalverlust der Bohrung und geringerer Energieausbeute. Der Totalverlust einer Erst-Bohrung ist für ein einzelnes Geothermie Projekt ein bestandsgefährdendes Risiko. Gelingt es, das Risiko auf eine Mehrzahl von Geothermie-Projekten umzulegen, wird es tragbar. Für 100 Geothermie Projekte sind danach ca. 130 Erst-Bohrungen erforderlich. In der weltweiten Exploration auf Lagerstätten aller Art wird von vornherein mit einer Fehlquote von ca. 50 % gerechnet, die Masse machts.

Es wird empfohlen bereits im Frühstadium des Projektes die Bandbreite der möglichen Fündigkeitsparameter abzuschätzen. In einer Szenarien-Analyse sollte geprüft werden, ob eine Nutzung mit einem anderen technischen Konzept auch dann noch wirtschaftlich möglich ist, wenn die erwartete Fündigkeit nicht angetroffen wird. Unter bestimmten regionalen Voraussetzungen ist das Fündigkeitsrisiko versicherbar. Zu prüfen ist im Einzelfall, ob die Mittel für die Versicherung besser für notwendig werdende Korrekturmaßnahmen an der Bohrung vorgesehen werden sollten.

Die **Finanzrisiken** (Anlage 3) betreffen sowohl die interne als auch die externe Finanzierung des Projektes. Spätestens mit dem Bohrplatzbau muss die gesamte Finanzierung einschließlich eines Risikozuschlages für unvorhergesehene Aufwendungen gesichert sein.

Die **Risiken beim Bohren** (Anlage 4) haben geologische, technische und menschliche Ursachen. Es darf eben auf keinen Fall ein Hammer ins Bohrloch fallen (ist passiert). Einsparungen im Bohrbudget können unabsehbare Folgen haben: lückenhafte Exploration der Lagerstätte oder unzureichende Bevorratung von Chemikalien, Werkzeugen und Bohrgestänge können zu ungeplanter Mehrarbeit und Stillstandzeiten führen. Ein Tag Bohrbetrieb kostet ca. 50.000 €. Die wirkungsvollste Einsparung ist ein störungsfreier und zügiger Ablauf der Bohrung.

Risiken beim Bau (Anlage 5) betreffen in erster Linie Planungsfehler, Verhandlungs- bzw. Vertragslücken, unklare Verantwortungs- und Haftungsfragen sowie Zeitabläufe, z. B. durch verspätete Anlieferung wichtiger Anlagenkomponenten.

Risiken bei Betrieb (Anlage 6) sind möglicher Produktionsausfall, mangelhafte Arbeitssicherheit, fehlender Gesundheitsschutz, schlechte Qualität, unvorhergesehene Kosten oder Beschädigung der Umwelt. Sie werden verursacht durch organisatorische, technische oder menschliche Faktoren.

7.5 Maßnahmen zur Verringerung der Risiko-Eintrittswahrscheinlickeit und der Schadensminimierung

Der letzte und wichtigste Schritt eines wirkungsvollen Risikomanagements ist die Erarbeitung geeigneter Gegenmaßnahmen zur Risikovermeidung und Schadensminimierung, wie sie Abb. 7.6 zeigen. Wie lässt sich das Risiko gänzlich vermeiden, kann man es überwäl-

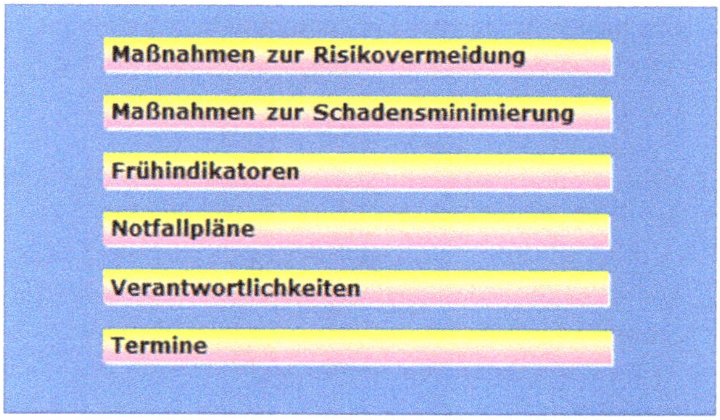

Abb. 7.6 Maßnahmen zur Risikovermeidung und Schadensminimierung

zen, z. B. auf Versicherungen oder auf den Generalunternehmer? Gibt es Indikatoren, die früh auftreten und die auf ein drohendes Risiko hinweisen, wie z.B, verringerte Leistung der Wärmetaucher oder Temperaturanstiege an elektrischen Aggregaten? Und schließlich, wer trägt wofür die letztliche Verantwortung.

Die wichtigste Maßnahme zur Risikovermeidung ist eine sorgfältige Projektvorbereitung unter Nutzung aller zur Verfügung stehenden Daten sowie Test- und Auswerteverfahren. Außerdem empfiehlt es sich, die bekannten Institute und Fachleute rechtzeitig einzuschalten, allgemeingültige Aussagen sind in der Geothermie nicht möglich. Geologie und Thermalwasser sind die erfolgsbestimmenden Faktoren. Sparen an der Vorbereitung ist sparen am falschen Platze. Fachleute, 3D-Seismik und hydrochemische Untersuchungen sind allemal billiger als eine Bohrung. Ein eingeschränktes Voruntersuchungsprogramm führt in der Regel zu erhöhten Bohrkosten.

Grundsätzlich verläuft ein Geothermie Projekt in vier Phasen:

1. Voruntersuchung,
2. Einrichtung Bohrplatz, erste Bohrung,
3. Zweite Bohrung,
4. Kraftwerksbau,
5. Betrieb.

Die Kosten für die Voruntersuchung werden auf ca. 7 % der gesamten Projektsumme geschätzt, auf die erste Bohrung einschließlich Bohrplatz entfallen ca. 30 %, auf die zweite Bohrung 20 % und auf den Kraftwerksbau ca. 43 %.

Naturgemäß ist das Risiko für den Voruntersuchungsaufwand hoch, kann das Ergebnis doch den Abbruch des Projektes zur Folge haben. Auf der anderen Seite werden belastbare Aussagen über zu erwartende Schüttung und Temperatur als die entscheidenden Kenngrößen für thermische und elektrische Leistung und damit für den späteren Ertrag benötigt, ehe eine endgültige Investitionsentscheidung für Bohrungen und Kraftwerksbau erfolgen kann.

Das Risiko für die erste Bohrung kann bei sorgfältiger Vorbereitung etwas geringer sein, es nimmt dann für die 2. Bohrung und für den Kraftwerksbau stark ab.

Geologie – Projektvorbereitung

- Sichtung und Auswertung aller vorhandenen Daten wie z. B. BGR; Geothermie Atlas des LIAG, Bohrungs- und Seismikkataster des LIAG, geol. Landesämter, Bayerischer Geothermieatlas, usw. Das Geothermische Informationssystem, ein digitaler Geothermie-Atlas für Deutschland (GeotIS) ist seit Ende Mai 2009 unter der Adresse www.geotis.de im Internet verfügbar. Das Geothermische Informationssystem enthält eine Vielzahl von Datenbank gestützten Informationen: z. B. Art des Grundwasserleiters, seine Tiefenstruktur und Temperaturverteilung. Es werden kostenlos Informationen über geologische Strukturen und physikalische Parameter bereitgestellt, die für eine hydrogeothermische Nutzung des tiefen Untergrundes relevant sind. Zusätzlich werden alle wichtigen Daten über bestehende oder sich im Bau befindliche geothermische Anlagen direkt angezeigt.
- Ergänzung der Datenlage für die Vorerkundung durch kostengünstige Verfahren: Gravimetrie, Magnetik, Geoelektrik und ggf. Ankauf vorhandener 2D-Seismiken.
- Bei positiven Ergebnissen der Vorerkundung Ergänzung durch 3D-Seismik. Empfohlen wird die Ausnutzung sämtlicher moderner Auswertetechniken wie PreStackDepth-Migration, Mehrfachstapelung oder Attributanalyse. Das Handbuch „Einsatz von 3D-Seismik zur Verringerung des Fündigkeitsrisikos" (LIAG) ist ein Leitfaden für die seismische Exploration von geothermischen Reservoiren. Damit wird öffentlichen Geldgebern und privaten Investoren ein Instrument in die Hand gegeben, die Vorerkundung qualitativ zu bewerten und Grundlagen für das Fündigkeitsrisiko besser einzuschätzen. Allerdings muss darauf hingewiesen werden, dass es bei der Auswertung der Seismik sehr auf die Erfahrung des interpretierenden Geophysikers ankommt, weil nicht immer eindeutige Ergebnisse aus den Rechenprogrammen abgeleitet werden können. Trotz modernster Rechentechnik müssen Unstetigkeitsstellen überprüft und miteinander verknüpft werden, um aussagekräftige geologische Strukturen darzustellen.
- Beschaffung ausreichender Rohrlängen für den evtl. notwendigen Ausgleich unscharfer 3D-Vorhersagen.
- Überwälzung des Fündigkeitsrisikos auf Versicherung. Die Prämien betragen inzwischen ca. 25 % der Versicherungssumme. Es ist zu prüfen, ob dieser Betrag besser als Reservebudget für Zusatzmaßnahmen z. B. für zusätzliche Stimulation der Lagerstätte vorgehalten wird.

Bohrungen

- Ausreichende Erkundung des gesamten Schichtaufbaus einschließlich des Baugrundes zur Berücksichtigung von Standfestigkeiten, Schichtgrenzen, Absetzteufen, Hochdruckzonen, Kohlenwasserstoff führender Schichten, Schwächezonen, u. ä.
- Ausreichende Bevorratung von Rohren, Chemikalien, Werkzeugen, Zement, u. ä.

- Einsatz zuverlässiger Spülpumpen, höchstmögliche Bohrloch-Sicherheit durch funktionierenden Spülkreislauf
- Verhinderung von ungeplanten Betriebsunterbrechungen durch vertrauensbildende Maßnahmen mit der angrenzenden Nachbarschaft, durch regelmäßige Tage der offenen Tür, seismische Überwachung des Untergrundes auf Erschütterungen, ständige Lärmmessung mit Ampelsystem

Durch kontinuierliche Feststoffkontrolle und Spülungspflege ergeben sich folgende Vorteile:

- verbesserter Bohrfortschritt,
- verringerte Spülungskosten,
- Geringerer Flüssigkeitsverbrauch in der Spülung,
- Verringerte Gefahr des Differential Pressure Sticking,
- Geringere Ringraumdichte der Spülung (ECD),
- Verringertes Drehmoment beim Bohren und verringerte Gefahr des Ziehens mit erhöhter Zugbelastung beim Ausbauen des Stranges (overpull),
- Niedriger Energieverbrauch bei den Pumpen,
- Besserer Pumpenwirkungsgrad,
- Verbesserte Bohrlochkaliberhaltigkeit,
- Verringerte Zirkulationsverluste,
- Geringerer Ringraumdruck der Spülung (Abnahme der Gefahr des Frakens),
- Weniger Spülungsverluste,
- Verbesserter Umweltschutz, da weniger Deponievolumen.

Genehmigungsverfahren

- Realistische Einschätzung der Dauer von Genehmigungsverfahren und der Zeitverzögerung durch mögliche Klagen
- Frühzeitige Information und Einbeziehung der Träger öffentlicher Belange
  Rechtzeitige und offene Information der Nachbarschaft
  Ständiger Kontakt zu den Behörden

Bau der Anlage

- Überwälzung des Risikos (Haftung) gegen Preisaufschlag auf den Generalunternehmer (führt die Arbeiten teilweise selber aus) bzw. Generalübernehmer (nur Projektsteuerung, vergibt alle Arbeiten an Subunternehmer) durch entsprechende Vertragsgestaltung
- Auswahl geeigneter Firmen
- Klare Verantwortungsregelungen
- Nachhaltiges Projektcontrolling, Zeit und Kosten, rechtzeitige Einleitung von Maßnahmen zur Behebung von Engpässen

Betrieb der Anlage

- Umfassende Dokumentation während der Bohr- und Bauphase und darauf aufbauend ausreichende Verfahrens- und Arbeitsanweisungen
- Ständige Überwachung der Wasserchemie, rechtzeitige Beseitigung von Verkrustungen und Ausfällungen
- Sorgsame Instandhaltung der Hochleistungspumpe in der Förderbohrung, die Pumpe ist sehr anfällig gegen unsachgemäße Behandlung. Hochleistungspumpen sind teuer und haben in der Regel lange Lieferfristen! Möglichst konstanter Betrieb, häufiges Anfahren und Abschalten dringend vermeiden
- Notstromversorgung für ein geregeltes Abfahren des Betriebes
- Abgestufter Reaktionsplan zur schnellen Behebung von Störungen
- Gemeinsames Ersatzteilkonzept mit benachbarten Anlagen (gemeinsame Vorhaltung teurer Anlagenteile)
- Seismisches Monitoring zur Überwachung seismischer Ereignisse, dazu empfiehlt der Bundesverband der Geothermie:
  - Messgenauigkeit
    Es soll an den einzelnen Messstellen eine Kompressionswelle mit mindestens der Bodenschwing-Geschwindigkeits-Amplitude 0,5 μm/s und einem Signal/Stör-Verhältnis von 3 gemessen werden können. Die zeitliche Genauigkeit der seismischen Wellenformen soll im Millisekundenbereich oder darunter liegen.
  - Betrieb eines Messnetzes
    Es sollen mindestens 6 Messstationen im Umfeld einer geotechnischen Anlage ($< 25\,km^2$ laterale Ausdehnung) kontinuierlich betrieben werden. Die Aufstellungsorte sollen so gewählt werden, dass erstens die o. g. Messgenauigkeit erfüllt wird und zweitens eine präzise Hypozentralbestimmung (Fehler kleiner 500 m) im Reservoirbereich und direkten Umfeld erreicht wird.
  - Datenintegration
    Emissionsmessungen zur Quellcharakteristik und Immissionsmessungen (DIN 45669) zur Beurteilung von Erschütterungen (DIN 4150) sollen zusammengeführt werden, um eine möglichst umfangreiche Datenbasis für Analysen zu erhalten.
  - Datenoffenlegung:
    Die Messdaten (Wellenformen und Stationsparameter) sollen in zentralen Datenbanken offengelegt werden, um Transparenz, Überprüfbarkeit und die Anwendung weitergehender Auswerteverfahren zu gewährleisten.
  - Reaktionsschemata:
    Ein Reaktionsschema bzw. Alarmplan ermöglicht zusammen mit der Überwachung einen kontrollierten Betrieb.

Trotz sorgfältiger Planung und Vorbereitung bleibt ein Restrisiko.

Die häufigsten Fehler bei Projektplanung:

1. Die Investition wird „schön gerechnet". Es wird mit zu hohen Ertragswerten und oder zu geringen Investitionskosten gerechnet. Es wird davor gewarnt, die Investitionssumme zu Lasten der Betriebskosten herunter zu rechnen. „Vor der Hacke" ist es auch bei Geothermiebohrungen trotz moderner Explorationsverfahren und guter Datenlage dunkel.
2. Trotz guter Projektvorbereitung treten bei der Durchführung der Bohrungen und beim Bau der Anlage immer unvorhergesehene Verzögerungen auf. Dies sind z. B. Verlust von Bohrwerkzeugen, Verlust von Spülungen, Lieferverzögerung von wichtigen Komponenten der Anlage. Jede Zeitverzögerung reduziert bei Tageskosten von 50.000 € für den Bohrbetrieb auch die Erträge und erhöht den Zinsaufwand für die Investition.
3. Unzweckmäßige Projektorganisation, fehlende Präsenz der Verantwortlichen auf der Baustelle, unklare Verantwortlichkeiten, Haftung: Bauherr ist bergmännischer Unternehmer nach § 58 des Bundesberggesetzes (BBergG).
4. Vergabe der Einzelgewerke unter und über Tage nur nach Preis, besser ist ein Punktekatalog, der die projektspezifischen Besonderheiten gewichtet widerspiegelt. Ein solcher Punktekatalog kann z. B. folgende Zuschlagskriterien berücksichtigen:
   - Vorstellung des Bieters zur Organisation und Ablauf sowie Vorgehensweise bei Projektbearbeitung und Abwicklung,
   - Konzeption zur Erfüllung der Leistungsinhalte,
   - Umgang mit veränderten Rahmenbedingungen,
   - Maßnahmen zur Kostensicherung,
   - Maßnahmen zur Termineinhaltung.

7.6 Schlussbetrachtung

Trotz sorgfältiger Planung unter Einbeziehung eines lückenlosen Risikomanagements bleibt ein Restrisiko, das den Investor eines einzigen Geothermiekraftwerkes stärker trifft als den Investor mehrerer Kraftwerke.

Alles in Allem ist es sinnvoll bei der Investitionsrechnung eine ausreichende Reserve von min. 20 % einzuplanen. Bei deutschen und schweizerischen Bahnprojekten werden z. B. Zuschläge je nach Projektreife und Planungstiefe zwischen 15 und 30 % empfohlen. Eine von einer renommierten Bohrgesellschaft durchgeführte Monte-Carlo-Simulation der Bohrkosten und -zeiten auf der Basis mehrerer hundert weltweit durchgeführter Bohrungen bestätigt diese Größenordnung.

7.7 Anlagen

Anlage 1 Risikokatalog Querschnittsrisiken

Querschnittsrisiken	Interne Risiken			
was kann passieren?	**wodurch?**	Eintritts-wahrschein-lichkeit	Schaden	Risikowert
	falsche Projektorganisation			
Entscheidungsrisiken	unklare Ablauforganisation			
Informationsrisiken	zu lange Entscheidungswege			
Kostenrisiko	unzureichende Projektplanung			
	ineffiziente Prozessabläufe			
	ineffiziente Informations- und Kommunikationswege,			
	Einzelpläne sind nicht koordiniert			
	keine definierte Risikopolitik			
	Voruntersuchungen sind negativ			
	politische, wirtschaftliche und steuerrechtliche Änderungen,			
strategische Beschaffungsrisiken	Auflagen durch die Genehmigungsbehörden			
Genehmigungsrisiko	häufige Gesetzesänderungen			
Rechtsrisiko	Verschärfung der Umweltbestimmungen			
	neue politische Programme			
	die aktuellen politischen Entwicklungen werden nicht genügend beachtet			
	der Einfluss regionaler politischer Kräfte wird unterschätzt			
	Unterschiedliche Auflagen der Kommunen sind nicht bekannt			
	lange Genehmigungsdauern			
	Verzögerung durch Bürgerinitiativen			

Querschnittsrisiken	EDV			
was kann passieren?		Eintritts-wahrscheinlichkeit	Schaden	Risikowert
	Viren, Beschädigung der Systeme			
Wettbewerbsrisiko	Manipulation von Programmen			
Qualitätsrisiko	Manipulation der Sicherungssysteme			
Kostenrisiko	unklare Schnittstellen zwischen den Systemen			
	Fehlbedienung durch ungeschulte Mitarbeiter			
	veraltete Konfigurationen			
	nicht bedarfsgerechte Systeme			
	keine Managementinformationssysteme			
	ineffiziente Informations- und Kommunikationswege			
	Ausfall von Informations- und Kommunikationswegen			
	zu viele Insellösungen			
	Mitarbeitern ist notwendiges Zugriffsrecht verweigert			
	unvollständige, nicht aktuelle Dokumentation der Betriebs- und Anwendungssysteme			
	Datenverlust durch ungenügendes Back up			
	Mitarbeiter installieren eigene Programme, Lizenzen, Datenkorruption			
	Aufbewahrungspflichten werden nicht eingehalten			
	Abhängigkeiten von externen Beratern bzw. Hard- und Software-Produzenten			

Querschnittsrisiken	Recht			
was kann passieren?	**wodurch?**	Eintritts-wahrscheinlichkeit	Schaden	Risikowert
Fristenrisiko	Verträge sind nicht bekannt			
Bußen	es existiert kein Vertragsmanagement			
Haftungsrisiko	Inhalte von Verträgen sind nicht bekannt			
strafrechtliche Verfolgung	Vertragsverstöße werden nicht nachgehalten bzw. dokumentiert			
	relevante Bestimmungen werden nicht an die Entscheidungsträger kommuniziert			
	umweltrechtliche Auflagen sind nicht bekannt			
	Inhalte von Genehmigungen sind nicht bekannt			
	Anlagen werden nicht genehmigungskonform betrieben			
	Anzeigepflichten sind nicht bekannt und werden nicht beachtet			
	arbeitsrechtliche Bestimmungen sind nicht bekannt und werden nicht beachtet: zB: Scheinselbständigkeit, Arbeitnehmerüberlassung			

Anlage 2 Risikokatalog Fündigkeitsrisiken

Fündigkeit		
was kann passieren?	**wodurch?**	
	Voruntersuchungen sind negativ	
Schüttungsrisiko	Bohrung absolut nicht fündig	
Temperaturrisiko	Schüttung 10% geringer als geplant bei geplanter Absenkung	**Neues technisches Konzept, neue Wirtschaftlichkeitsberechnung**
	Schüttung 20 % geringer als geplant bei geplanter Absenkung	
	Absenkung 10 % höher als geplant	
	Absenkung 20 % höher als geplant	
	Temperatur 10 % geringer als geplant	
	Temperatur 20 % geringer als geplant	
	Injektivität der Schluckbohrung zu gering	
	unerwünschte Sekundärfündigkeit	
	ungünstiger Chemismus	

Anlage 3 Risikokatalog Finanzen

Finanzen	**Liquiditätsrisiko**			
was kann passieren?	**wodurch?**	Eintritts-wahrscheinlichkeit	Schaden	Risikowert
Zahlungsausfälle	Nichtverfügbarkeit liquider Mittel			
Erhöhte Aufwendungen	schlechte Durchschnittsrentabilität			
Bußgelder	Ausfall von Unterlieferanten			
sinkende Erträge	Forderungsausfälle			
	zu lange Zahlungsziele			
	die Umsätze/ Gewinne gehen zurück			
	Verbindlichkeiten sind höher als erwartet			
	Folgekosten von Investitionen sind höher als erwartet			
	unerwartete Nachforderungen			
	falsche Auskunft durch Auskunftdateien / angegebene Referenzen			
	Strafen für unerlaubte Handlungen			
	fällige Bürgschaften			
	langfristige Verträge, die mittlerweile an Bedeutung verloren haben, können nicht gekündigt werden			
	es gibt nicht absehbare Gewährleistungsansprüche durch Garantien			
	öffentliche Fördermittel können entzogen werden			
	Haftungsgefahren (Faktischer Konzern, Gewährleistungen, Darlehen mit Rangrücktritt an kritische Beteiligungen			
	sinkende Erträge durch Änderung von gesetzlichen Bestimmung und Förderungen			

Finanzen	**Zinsrisiko**			
was kann passieren?	**wodurch?**	Eintritts-wahrschein-lichkeit	Schaden	Risikowert
	ungeplante Aufnahme von Krediten			
Falsche Fristen	zeitliche Inkongruenz verschiedener Positionen			
Ungünstige Zinsspannen	schlechte Durchschnittsrentabilität			
Ungünstige Zinsstruktur	zu hohe Zinskosten bei Refinanzierung			
	Auswirkung fallender bzw. steigender Zinsen auf den Bestand;			
	Veränderungen der Zinsstruktur			
	variabel verzinsliche Bestandspositionen			
	unerwartete Zinsänderungen			
	zu hohe Bereitstellungsprovision			

Anlage 4 Risikokatalog Bohren

Risiken beim Bohren				
was kann passieren?	**wodurch?**	Eintritts-wahrschein-lichkeit	Schaden	Risikowert
Planungsrisiken	unzureichende Exploration			
Technische Risiken	unerwartete Störungszonen			
	falsche Absetzteufe			
Geologisch-Technische Risiken	Ausfall von Spülpumpen			
Geologische Risiken	Spülverlust			
Geotektonische Risiken	Gestängebruch			
	Meißelverlust			
	unzureichende Bohrlochstabilität			
	Änderung des Chemismus			
	unerwünschte Sekundärfündigkeit			
	nicht angepasste Verrohrung			
	Bedienungsfehler			
	nicht genügend Gestänge, Spülungskomponenten u.a.			
	unzureichende Verrohrungsauslegung			
	ins Bohrloch gefallene Gegenstände			
	unerwartete Hochdruckzonen			
	Gestängeverlust durch „differential pressure sticking"			
	Überhitzung des Meißels			
	durch Bohren ausgelöste seismische Ereignisse			
	Gestänge: Materialermüdung			
	gesamte Bohranlage: Überbeansruchung z.B. bei Festsitzen des Gestänges			
	falscher Meißel			
	Nachfall im unverrohrten Bohrloch			
	mangelhafte Zementation			
	schlechte Spülungspflege			
	Versagen von Bauteilen beim Einbringen ins Bohrloch			

Anlage 5 Risikokatalog Bau der Anlage

Risiken beim Bau der Anlage				
was kann passieren?	**wodurch?**	Eintritts-wahrschein-lichkeit	Schaden	Risikowert
	ungeeignete Projektorganisation			
Zeitrisiko	ungeeignete Verträge			
Qualitätsrisiko	unklare Haftungsregelungen			
Kostenrisiko	ungenügendes Projektcontrolling			
Arbeitssicherheitsrisiko	falsche Zeitplanung für Beschaffung			
Umweltrisiko	Einfluss durch Witterungseinflüsse			
	unvollständige Planung			
	unzureichende Einweisung in alle relevanten Bestimmungen			
	Wärmetauscher verdrecken			
	Leckage an der ORC Anlage			
	Beschädigung des Bohrloches durch unzureichende Wärmeabfuhr bei Ausfall der ORC Anlage			
	Baugrund nicht ausreichend erkundet (Turbinenaufstellung)			
	ausführende Firma ungeeignet (Vergabe nur nach Angebotspreis)			

Anlage 6 Risikokatalog Betrieb

Risiken bei Betrieb	**Produktion**			
was kann passieren?	**wodurch?**	Eintritts-wahrschein-lichkeit	Schaden	Risikowert
Produktionsausfall	Anlagen veraltet, Investitionsstau			
Sicherheitsrisiko	veraltete Technologie			
Qualitätsrisiko	nicht optimale Prozessabläufe			
Kostenrisiko	Logistik unzureichend			
Umweltrisiko	Zustand der Anlagen schlecht			
	technische Dokumentation unvollständig			
	Materialfluss aus dem Ersatzteillager stockt			
	häufige Bedienungsfehler			
	häufige Betriebsstörungen			
	häufige Havarien (Bruch/ Feuer/ Explosionsgefahr/...)			
	keine redundanten Überwachungseinrichtungen			
	Montagewerkzeuge und Hilfsmittel sind nicht verfügbar			
	Verschleißteile werden nicht entsprechend den Vorschriften ausgetauscht			
	Transportmittel sind nicht genügend vorhanden			
	Wartungsstellen sind nicht gut zugängig			
	Störungen an den Tauchkreiselpumpen			
	Lieferanten fallen durch Konkurs aus			
	Aufräumarbeiten werden vernachlässigt			
	Sicherheitsvorschriften werden nicht beachtet			
	Sicherheitsvorschriften sind nicht bekannt			
	Sicherheitsausrüstung wird nicht gestellt			
	Entzug der Betriebsgenehmigung nach seismischen Ereignissen			
	keine Notstromversorgung			
	Ersatzteile nicht verfügbar			
	fehlende Zutrittsregelung			
	keine geregelte Abfallentsorgung			

Risiken bei Betrieb	Prozessleittechnik / EDV			
was kann passieren?	**wodurch?**	Eintritts-wahrschein-lichkeit	Schaden	Risikowert
Produktionsausfall	Viren, Beschädigung der Systeme			
Sicherheitsrisiko	Manipulation von Programmen			
Qualitätsrisiko	Manipulation der Sicherungssysteme			
Kostenrisiko	unklare Schnittstellen zwischen den Systemen			
Umweltrisiko	Fehlbedienung durch ungeschulte Mitarbeiter			
	veraltete Konfigurationen			
	nicht bedarfsgerechte Systeme			
	keine Managementinformationssysteme			
	ineffiziente Informations- und Kommunikationswege			
	Ausfall von Informations- und Kommunikationswegen			
	zu viele Insellösungen			
	Mitarbeitern ist notwendiges Zugriffsrecht verweigert			
	unvollständige, nicht aktuelle Dokumentation der Betriebs- und Anwendungssysteme			
	Abhängigkeiten von externen Beratern bzw. Hard- und Software-Produzenten			
	Datenverlust durch ungenügendes Back up			
	Mitarbeiter installieren eigene Programme, Lizenzen, Datenkorruption			
	Aufbewahrungspflichten werden nicht eingehalten			
	es werden falsche Messwerte errechnet			
	Manipulation von Programmen			
	Manipulation der Sicherungssysteme			
	Mischungsverhältnisse werden nicht richtig bestimmt			
	die Entsorgung alter Geräte ist nicht geregelt			
	keine unterbrechungsfreie Stromversorgung			

Risiken bei Betrieb	**Personal**			
was kann passieren?	**wodurch?**	Eintritts-wahrschein-lichkeit	Schaden	Risikowert
Kostenrisiko	Vermögensverluste, Diebstahl, Untreue			
Knowhow-Risiko	Streik			
Engpassrisiko	Fluktuation, Wissensverlust			
Motivationsrisiko	Austritte von Leistungsträgern			
Leistungsrisiko	falsch qualifizierte Mitarbeiter			
	kostspielige Neuanwerbung von Nachfolgern ausgetretener Leistungsträger			
Arbeitssicherheitsrisiko	zu hohe Überstundenzahl			
Qualitäsrisiko	zu hohe Fehlzeiten			
	ungünstige Lohnstruktur			
	zuviel Arbeit für zu wenige Mitarbeiter			
	unzureichende Sicherheitseinweisung			
	Sicherheitsvorschriften werden nicht beachtet			
	Sicherheitsvorschriften sind nicht bekannt			
	Sicherheitsausrüstung wird nicht gestellt			
	die Unternehmung bietet jungen Arbeitnehmern nicht genügend Perspektiven			
	es gibt keine Weiterbildungsprogramme			
	Angst vor Repressalien, keine Fehlerkultur			
	Spionage			
	Mangelhafte Auf-und Ablauforganisation			
	keine Führungsstruktur			
	unzureichende Arbeitssicherheit			
	mangelhafter Gesundheitsschutz			
	kein Qualitätssicherungssystem			

Risiken bei Betrieb	Outsourcing			
was kann passieren?	**wodurch?**	Eintritts-wahrschein-lichkeit	Schaden	Risikowert
Produktionsausfall	mangelnde Ordnungsmäßigkeit der Arbeiten			
Umweltrisiko	mangelnde Kontrollmöglichkeiten			
Sicherheitsrisiko	Know How Verlust			
Qualitätsrisiko	Abhängigkeit durch Wissensmonopole			
Kostenrisiko	rechtliche Ausgestaltung der Verträge			

Literatur

Sperber, A.: Deep Geothermal Well Drilling Well Design, Drilling Technique and Risks, IDEAS Ing.-Büro Sperber. Taiwan-Germany Workshop on Geothermal Technology and Power Generation, Taipei, March 31 (2008)

Beilecke, T., Buness, H., Von Hartmann, H., Musmann, P., Schulz, R.: Einsatz von 3D-Seismik zur Reduzierung des Fündigkeitsrisikos bei Geothermieprojekten – Endbericht, Leibniz-Institut für Angewandte Geophysik (LIAG). VGE Verlag GmbH, Essen, Hannover (2009)

Blum, P., Hannig, K., Bader, J., Skiera, E., Dannwolf, U.: Costs and risks of deep geothermal bores in Germany, Geothermietag, S. 29. Offenburg (2008)

BRG Bundesanstalt für Geowissenschaften und Rohstoffe Projekt „Mikroseismische Aktivität geothermischer Systeme 2 – Vom Einzelsystem zur großräumigen Nutzung (MAGS2)

Marcus, B.: Erfolgsfaktor Kommunikation – PR für Geothermieprojekte

Fichter, C.: Schädigung der Verrohrung und der Zementation geothermischer Bohrungen und Werkstoffempfehlungen

Eidgenössisches Departement für Umwelt, Verkehr, Energie und Kommunikation Bern: Bahn 2030 – Methodik zur Ermittlung der Investitionsausgaben (2010)

Fachbereich Geowissenschaften der Eberhard Karls Universität Tübingen: http://www.geo.uni-tuebingen.de/arbeitsgruppen/angewandte-geowissenschaften/institut/hydrogeochemie/lehrstuhl/alumni.html

Wellmer, F.-W., Sames, W.: Nur wer wagt, gewinnt – Risiken, Strategien, Aufwand, Erfolg. Glückauf **117**, 10 (1981)

Hannig, K.: Cost and risk analysis of deep geothermal projects (2008)

Jacobi, H.: Risikomanagement für Ingenieure. RWTH Aachen WS (2010)

Buja, H.O.: Handbuch der Bohrtechnik in 2 Bänden

KCADeutag Zeiten, Kosten, Risiken; unveröffentlicht

Ernstson, K.: Geologische und geophysische Untersuchungen

LIAG Leibnitz Institut für Angewandte Geophysik Projekt Quantifizierung des geothermischen Fündigkeitsrisikos: Optimierung der Methode auf der Grundlage geowissenschaftlicher Daten und Informationen (GEOFÜND)

Brochmann, M.: Qualitätsmanagement und Risikomanagement www.qrm-brochmann.de

Frey, M.M.: Kommunikation und Akzeptanz

Schulz, R.: Ansätze zur Quantifizierung des Fündigkeitsrisikos von Geothermiebohrungen. Vortrag in Graz (Geothermieforum 2005).

Skiera, E., Dannwolf, U., Bader, J., Tenzer, H., Hannig, K., Blum, P.: Kosten- und Risikoanalyse hydrothermaler Tiefbohrungen (cost and risk analysis of hydrothermal bores) Der Geothermiekongress 2007. Energie für alle Fälle, Tagungsband, Bochum, Geothermische Vereinigung e. V., 29.–31. Oktober 2007 (2007)

Skiera, E.: Cost and risk analysis of deep geothermal wells in the Molasse basin … (2007)

Thilo Sarrazin: Planungsmängel und Kostenexplosionen, http://www.focus.de/politik/gastkolumnen/sarrazin/tid33000/planungsmaengel-und-kostenexplosionen

Neu, T., Gedzius, I.: Bohr- und Sprengtechnik für die Gewinnung tiefer Erdwärme. Glückauf **145**(1–2), S. 66–72, (2009) und in Bergbau **6**, 66 ff. (2009)

Neu, T.: Entscheidungsgrundlage für den Einsatz einer Thermalwasserpumpe. Vortrag anlässlich der 8. Internationalen Geothermiekonferenz am 23.05.2012 in Freiburg

Neu, T.: Verbrauchernahe Strom- und Wärmeversorgung – Chancen der Tiefen Geothermie am Standort Traunreut, Vortrag anlässlich der Sitzung des GDMB-Fachausschusses Geothermie am 22.06.2012 in Traunreut sowie des 3. Erfahrungsaustausches kommunaler Geothermieprojekte am 19.04.2012 in Augsburg

Trend Reserch: Studie der Potenziale der Geothermie in Europa bis zum Jahr 2030. http://www.geothermie-nachrichten.de/studie-zum-potenzial-der-geothermie-in-europa-bis-2030

Wirtschaftslexikon Gabler: www.wirtschaftlexikon-Gabler.de

www.geothermie.de, Dr. Rüdiger Schulz, Dir. u. Prof. (Projektleiter): Aufbau eines geothermischen Informationssystems für Deutschland – Endbericht – Leibniz-Institut für Angewandte Geophysik (LIAG), Hannover

Bohrtechnik für Tiefbohrung

8

Catalin Teodoriu und Gioia Falcone

Inhaltsverzeichnis

Catalin Teodoriu (✉)
Clausthal-Zellerfeld, Deutschland
e-mail: catalin.teodoriu@tu-clausthal.de

Prof. Dr. Gioia Falcone
Inst. für Erdöl- und Ergastechnik, TU Clausthal, Agricolastraße 10,
38678 Clausthal-Zellerfeld, Deutschland
e-mail: gioia.falcone@tu-clausthal.de

M. Bauer et al. (Hrsg.), *Handbuch Tiefe Geothermie*, DOI 10.1007/978-3-642-54511-5_8,

Zusammenfassung

Die Wirtschaftlichkeit von Geothermieprojekten hängt von den Bohrkosten ab. Erst bei Teufen von 4000 m oder tiefer hat die Temperatur des geförderten Wärmeträgermediums einen akzeptablen Wert. Durch die großen Bohrteufen sind große Hakenlasten der Bohranlagen notwendig. Um die gewonnene Wärme wirtschaftlich nutzen zu können, müssen die Bohranlagen in der Nähe der Verbraucher (innerorts) installiert werden und sollten daher einen geringen Platzbedarf aufweisen. Weitere limitierende Faktoren für den Betrieb der Bohranlage innerorts sind: Schall- und Schadstoffemissionen, logistisches Verkehrsaufkommen, Platzbedarf, Anlagen- und Betriebssicherheit. Die geothermische Energiegewinnung erfordert den Einsatz der Tiefbohrtechnik für Bohrtiefen bis zu 6000 m, wie sie aus der Erdöl-Erdgas-Branche bekannt sind. Angewandt wird das jahrhunderte alte Rotary-Bohrverfahren, das sich in der Erdöl- und Erdgasindustrie als Standardverfahren etabliert hat. Bei dem Rotary-Bohrverfahren wird der Meißel unter Andruckbelastung gedreht und eine Spülflüssigkeit (Bohrspülung) verwendet, die die Aufgabe hat, das Bohrklein von der Bohrlochsohle nach Übertage zu transportieren und das Bohrloch abzustützen. Das Rotary-Bohrverfahren ist ein drehendes Bohrverfahren, das überwiegend im Sedimentgestein bei der Aufsuchung und Gewinnung von Erdöl und Erdgas angewendet wird und mit konstanter Meißelbelastung und kontinuierlicher Spülung arbeitet.

Schlüsselwörter

Bohrtechnik • Bohranlage • Bohrlochkonstruktion • Geothermie Bohrungen • Bohrprozess

Der Begriff „Tiefbohrung“ ist anhand deren Teufe nicht eindeutig definiert, da eine einheitliche Regelung nie festgelegt wurde. Die Verwendung des Begriffs ist abhängig vom Fachgebiet. Nach dem Zweiten Weltkrieg wurden in Deutschland Erdöllagerstätten in Norddeutschland, dem Rheintalgraben und dem Alpenvorland erschlossen. Typische Bohrtiefen lagen zwischen 800 und 1500 m (Marx 2001). Die Bohrarbeiten wurden mit Hilfe ausgedienter Bohranlagen aus den USA, die als Entwicklungshilfe nach Deutschland gegeben wurden, begonnen (Buja 2012).

Von den ehemals 163 Bohranlagen operierten 50 Jahre später (2001) auf dem Gebiet der Bundesrepublik Deutschland nur noch acht Bohranlagen, von denen nur eine Anlage von einem Erdöl- und Erdgasunternehmen selbst betrieben wurde. Die Bohrziele waren fast ausschließlich tiefe Erdgaslagerstätten, in Teufen von etwa 5000 m oder tiefer. Seit 2004 wurden außer Erdöl- und Erdgasbohrungen auch Geothermalbohrungen niedergebracht, die deutschlandweit zunehmend an Bedeutung gewinnen.

Die neuen Anforderungen, insbesondere tieferliegende Vorkommen zu erbohren, sind der Anreiz für die Bohrunternehmen, ihren Gerätepark zu modernisieren um sich an die gestiegenen Anforderungen anzupassen. Im Vergleich zu den älteren Anlagen haben die modernen Geräte einen geringeren Platzbedarf (Low Footprint). Für die Errichtung von Bohrplätzen wurde in Zentraleuropa ein einheitlicher Standard entwickelt, um Umweltbelastungen zu minimieren. Unter anderem werden zum Schutz des Grundwassers die Bohrplätze versiegelt. Anfallende Flüssigkeiten werden gesammelt und gesondert entsorgt. Im Rahmen der Entwicklung eines einheitlichen Standards haben sich die Kosten für die Errichtung eines Bohrplatzes seit Anfang der 70-er Jahre mehr als versechsfacht (Schaumberg 2001). Die zur Zeit eingesetzte Bohrausrüstung ermöglicht die Einhaltung der geforderten Immissionsrichtwerte der TA-Luft und TA-Lärm in der Nähe von Wohngebieten. Für Geothermiebohrungen gelten noch strengere (Vorschriften) Auflagen als die bei konventionellen Bohrungen angewendeten hohen Standards.

Durch weitgehende Mechanisierung der Abläufe und die Fernsteuerung von Anlagen und Geräte, werden Arbeiten beschleunigt sowie Unfallquellen reduziert (Kinzel 2001). Dadurch sank die Unfallrate in dem betrachteten Gebiet der USA über den Zeitraum von 1997 bis 2001 von 11 Unfällen auf unter 2 Unfällen pro Jahr, bei einem gleichzeitigen Anstieg des Mechanisierungsgrades von unter 20 % auf 47 %. Durch den Einsatz neuer Systeme, wie zum Beispiel des StabMaster-Systems von Weatherford, das zusammen mit intelligenten Elevatoren die gefahrenträchtige Arbeit des sogenannten Stabbers auf der Bohranlage komplett übernehmen kann, wird der Mechanisierungsgrad/Automatisierungsgrad noch weiter steigen. Bei der Errichtung neuer Bohranlagen kommen zunehmend Anlagen mit einem hohen Automatisierungsgrad zum Einsatz.

Die Nutzung von Informationstechnologie für die Verfolgung und Analyse des Bohrvorganges ermöglicht die Reduktion von Ausfallzeiten (Downtime), durch die frühzeitige Erkennung und (automatische) Gegensteuerung von Bohrlochausbruch (Kicks) und Stuck Pipe Situationen.

Voraussetzung hierfür ist die Verfügbarkeit von Untertagedaten, die über die Spülung übertragen werden. Durch den Einsatz von computergesteuerten Pumpen, die eine vibrationsfreie Verpumpung der Spülung zum Ziel haben und störende Druckwellen (Mud Noise) unterdrücken, lässt sich die Qualität der Datenübertragung erheblich verbessern. Darüber hinaus ermöglichen neue Software Tools die Erzeugung von Bohr-Berichten in Echtzeit und die gemeinsame Nutzung durch alle an einer Bohrung beteiligten Disziplinen. Auch das Internet wird inzwischen genutzt, um die Bohranlagenzuverlässigkeit (Rig Reliability)

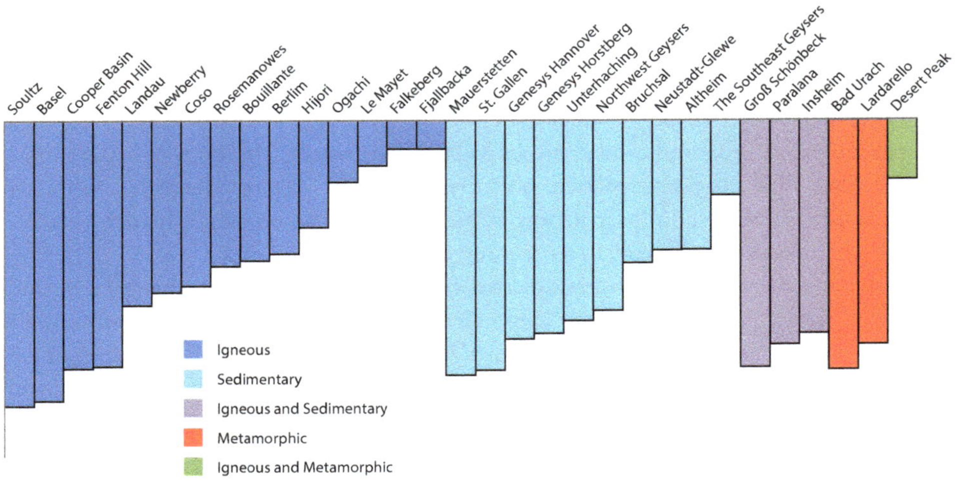

Abb. 8.1 Vergleich Tiefe von Geothermie Bohrungen weltweit (Breede et al. 2013)

zu verbessern. So bietet der Gerätehersteller Firma Varco z. B. als „Technology of the Future" das sogenannte „Varco e-drill Operation Control System", das eine Fernsteuerung der einzelnen Komponenten oder der gesamten Bohranlage ermöglicht.

8.1 Die Tiefbohrung und ihre Definition

Beispielsweise spricht ein Brunnenbauer bereits bei einer Teufe von 1000 Metern von einer Tiefbohrung. Bei Erdöl- und Erdgasbohrungen spricht man bei einer Teufe von bis zu 500 Metern von einer Flachbohrung, bei einer Bohrung ab 500 Metern von einer Tiefbohrung, die dann eine Teufe von bis zu 6000 Meter erreichen kann. Alle Bohrungen mit einer Teufe über 6000 Meter werden als „übertief" bezeichnet (vgl. Hatzsch 1991, S. 1).

Im Geothermiebereich werden Bohrungen, die tiefer als 3000 m sind, als Tiefbohrungen bezeichnet. Eine Studie (Breede et al. 2013) zeigt, dass die typische Tiefe von Geothermiebohrungen bei Hydrothermaler Geothermie bei 3000 m liegt und bei Petrothermaler Geothermie tiefer als 4000 m. Laut German Association of Engineers (VDI) Guideline 4640 werden Geothermiebohrungen unter 400 m als Tiefbohrungen bezeichnet. Eine maximale Tiefe ist nicht weiter angegeben. Die tiefsten Bohrungen der Welt haben Sohlen Temperaturen von 180° C bei einer Tiefe von 12.261 m (Kola super-deep borehole SG-3, Russia), und 265° C bei einer Tiefe von 9101 m (KTB Bohrung, Germany) Diese Bohrungen haben ein mittleres geothermisches Potenzial.

Gemäß ihrer Bestimmung können Bohrungen wie folgt klassifiziert werden (nach Schatzow 1967):

- Strukturbohrung: Festlegung von Tektonik, Stratigraphie und Lithologie eines Gebietes, sowie die Bewertung der Produktivität einer Schicht.
- Erkundungsbohrung: Zur Erkundung bestimmter Schichten hinsichtlich ihrer Eigenschaften sowie des Gehaltes an gewünschten Rohstoffen.
- Produktionsbohrung: Bohrung zur Förderung von zum Beispiel Erdgas, Erdöl sowie auch Geothermalwasser aus der Tiefe an die Tagesoberfläche.
- Einpressbohrung (Injektionsbohrung): Eine Bohrung für das Einpressen von bestimmten Medien, z. B. um bei der Produktionsphase den Druck der Lagerstätte zu erhalten.
- Ergänzungsbohrung: Zur Ergänzung einer bereits vorhandenen Bohrung mit z. B. zu geringem Kerngewinn.
- Entlastungsbohrung (relief well): dient zum außer Betrieb setzen einer Eruptivbohrung, die außer Kontrolle ist.

8.2 Die Bohrplanung

Bevor eine Bohrung begonnen wird, sind einige Vorbereitungen erforderlich. Zunächst erfolgt die Prospektion, welche das Aufsuchen höffiger Gebiete zum Ziel hat. Die systematische Suche nach neuen Lagerstätten beginnt mit einer gründlichen Recherche bei den geologischen Diensten der jeweiligen Länder und eventuell bei Bohrfirmen, die in der Region bereits aktiv sind oder waren. Wenn es Anzeichen für eine Lagerstätte gibt, müssen im Zusammenhang mit der nachfolgenden Exploration eventuelle Konfliktpotenziale untersucht werden. So muss das Projekt hinsichtlich der Raumordnungs- und Landesplanung durch Einsicht in den Landesentwicklungsplan, regionale Raumordnungspläne, Flächennutzungspläne und Bebauungspläne überprüft werden. Möglich ist auch das Vorliegen konkurrierender Nutzungen, wie zum Beispiel bei Landschaftsschutzgebieten, Flächen für Verkehrsträger, land- und forstwirtschaftliche Nutzflächen oder Flächen zur Freizeitgestaltung und Erholung. Es muss vor Beginn einer Bohrplanung unbedingt eine Genehmigung eingeholt werden, erst im weiteren Verlauf kann durch Detailuntersuchungen geprüft werden, ob sich eine Erschließung hier lohnt. Als Mittel hierzu dienen geophysikalische Untersuchungen wie Gravimetrie, Geomagnetik, Seismik, Geoelektrik, Radiometrie und Geothermik, welche profil- oder flächendeckende, zum Teil auch dreidimensionale Aussagen zum petrografischen Aufbau des Untergrundes ermöglichen.

Mit Hilfe der gelieferten und ausgewerteten Daten muss entschieden werden, ob eine weitere Erschließung sinnvoll ist oder nicht. Dies geschieht in Form einer Machbarkeitsstudie, in welcher die technisch-wirtschaftliche und soziale Effizienz des Projektes nachgewiesen werden muss. Fällt sie positiv aus, kann die eigentliche Erschließung beginnen. Die Vorgehensweise bei der Herstellung einer Tiefbohrung (siehe Abb. 8.2) läuft nach folgenden Schritten ab:

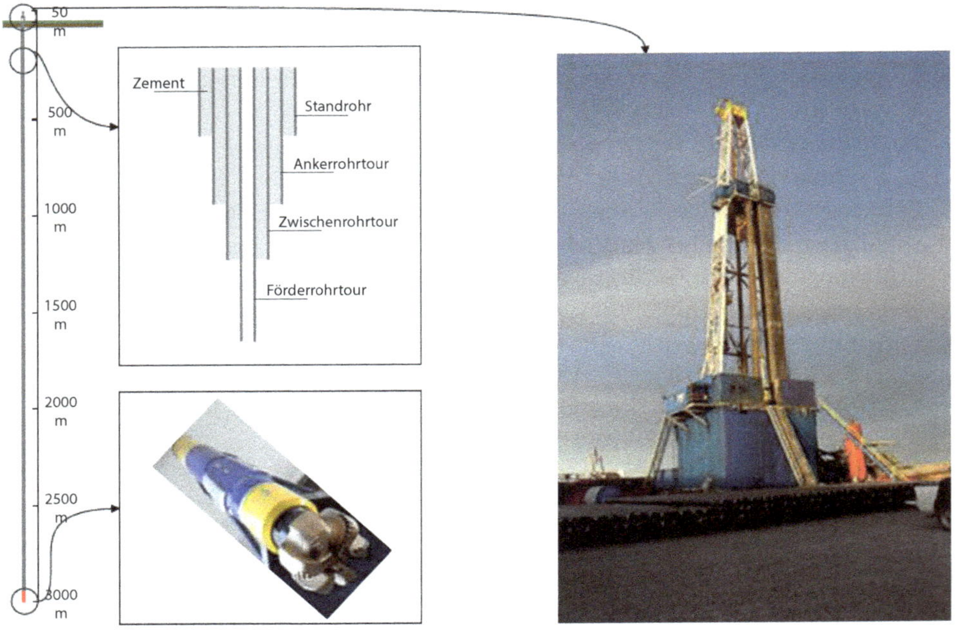

Abb. 8.2 In der Bohranlage (*rechts*) wird der Meißel (*unten links*) eingesetzt, mittels Drehbewegung wird die Bohrung aufgewältigt und mit den Stahlrohren (Futterrohren) (*oben links*) stufenweise ausgekleidet, bis die Bohrung ihre Endteufe erreicht hat

- Bohr-Koordinaten: Genaue Festlegung der Koordinaten der Bohrung durch Markscheider oder Vermessungstechnikern.
- Standortvorbereitung: Schaffung von Zufahrten zur Bohranlage und Anschluss an die eventuell vorhandene Infrastruktur. Üblicherweise wird die Bohrstelle aus wirtschaftlichen Gründen so klein wie möglich gehalten. Einbau der Standrohrtour zum Schutz der Oberfläche zum Wasserhorizont. Aufbau und Versiegelung des Bohrplatzes.
- Anlagenaufbau: Anlieferung der Bohranlage und anschließender Aufbau.
- Vorbereitung der Betriebsstoffe: Hierzu zählen Spülungsflüssigkeiten mit Additiven, Meißel und Casings (Rohrtours).
- Anbohrung: Beginn der Bohraktivitäten unter Verwendung des ersten Meißels (mit dem größten Durchmesser).
- Herstellung der Oberflächenbohrung: In Abhängigkeit vom Casing-Design wird der benötigte Durchmesser gebohrt und anschließend das Surface Casing (Ankerrohrtour) gesetzt und zementiert.
- Herstellung der weiteren Bohrung: Wie im vorherigen Schritt wird die Bohrung fortgeführt und durch das Setzen und Zementieren der Zwischenrohrtour (falls notwendig) verrohrt.

- Setzen der Produktionsverrohrung: Die Bohrung wird fortgeführt und durch das Setzen des Production Casings vollendet.
- Herstellung der Produktionsbohrung: Weiterführung der Bohrarbeiten bis zum Erreichen der gewünschten Teufe, inklusive Setzen des Production Liner und Installation des Bohrlochkopfes (Eruptivkreuz oder Christmas Tree).

8.3 Der Bohrprozess

Die geothermische Energiegewinnung erfordert den Einsatz der Tiefbohrtechnik für Bohrtiefen bis zu 6000 m, wie sie aus der Erdöl-Erdgas-Branche bekannt sind. Angewandt wird das jahrhunderte alte Rotary-Bohrverfahren, das sich in der Erdöl- und Erdgasindustrie als Standardverfahren etabliert hat. Bei dem Rotary-Bohrverfahren wird der Meißel unter Andruckbelastung gedreht und eine Spülflüssigkeit (Bohrspülung) verwendet, die die Aufgabe hat, das Bohrklein von der Bohrlochsohle nach Übertage zu transportieren und das Bohrloch abzustützen. Das Rotary-Bohrverfahren ist ein drehendes Bohrverfahren, das überwiegend im Sedimentgestein bei der Aufsuchung und Gewinnung von Erdöl und Erdgas angewendet wird und mit konstanter Meißelbelastung und kontinuierlicher Spülung arbeitet. Dabei wird:

- n oder RPM: Die Drehbewegung über einen stationären Drehtisch formschlüssig auf eine Mitnehmerstange übertragen oder bei modernen Bohranlagen über einen TopDrive direkt auf den Bohrstrang und so über das gesamte Gestänge an die Wirkstelle geleitet. Drehzahlbereich $n = 50–200\ \text{min}^{-1}$ (RPM)
- WOB (Weight on Bit = Andruck auf Meißel): Die konstante Lastaufgabe für das Bohrwerkzeug wird aus einem Teilbereich (max. 2/3) des Schwerstangenstranges als Gewichtslast aufgebracht. Für Rollenmeißel WOB = 0,5–1,5 t/cm Bohrlochdurchmesser, für Diamantmeißel FV = 15 kN/cm Bohrlochdurchmesser.
- q oder LPM (Pump Rate): Der kontinuierlicher Spülstrom ermöglicht den Abtransport des losgebrochenen Bohrkleins, schafft eine Kühlung des Bohrlochs und Bohrwerkzeugs und bewirkt eine hydraulische Stützung des offenen Bohrlochabschnittes. Die Pump Rate q wird aus der Ringraumgeschwindigkeit ermittelt entsprechend: vr = 0,3–0,8 m/s.
- Das Rotary-Bohrverfahren zeichnet sich durch eine geringe mechanische und eine hohe hydraulische Leistung an der Wirkstelle aus. Der Vorteil beim Rotary-Bohrverfahren ist außerdem eine ständige Weiterentwicklung der Komponenten, z. B. der Drehbewegung des Bohrstranges mit einem Topdrive-System oder einem zusätzlichen Bohrmotor direkt über dem Meißel.

8.4 Mechanismen der Gesteinszerstörung

Unter der Wirkung des Bohrwerkzeuges kommt es zur Gesteinszerstörung; dabei werden örtlich Spannungen erzeugt, die die Festigkeit des Gesteinsmaterials überschreiten.

Der Bruch kann als Sprödbruch oder Gleitbruch hervorgerufen werden. Man unterscheidet für das Aufbringen der Spannungen folgende Mechanismen:

- Aufbringen mechanischer Spannungen durch Schlagen, Ritzen, Drücken oder Erodieren.
- Aufbringen von thermischen Spannungen durch Erzeugung hoher Temperaturgradienten an der Oberfläche der Bohrlochsohle. Die Rissbildung erfolgt durch Unterschiede in der Wärmeausdehnung der Minerale, Änderung im Phasenverhalten des Gesteins, Spannungen durch Entfernung des Kristallwassers sowie durch die Ausdehnung eingeschlossener Flüssigkeiten und letztlich durch chemische Reaktionen.
- Schmelzen oder Verdampfen,
- Chemische Reaktionen bzw. Lösen des Gesteins durch Säuren.

Die Grundlagen der Gesteinszerstörung behandeln die beiden Elemente des Bohrprozesses an der Wirkstelle:

- das Ablösen von Bohrklein aus dem Gebirgsverband an der Bohrlochsohle,
- den Abtransport des abgelösten Bohrkleins.

In einem Festkörper tritt Bruch auf, wenn die örtlichen Spannungen die Festigkeit des Materials überschreiten. Die Festigkeitslehre befasst sich mit den Beanspruchungen (Spannungen und Formänderungen), die äußere Kräfte in elastischen Festkörpern auslösen. Die Festigkeit von Gesteinsmaterial ist stark abhängig von der Beanspruchung des Materials. Als besonders wichtige Festigkeit wird die einaxiale Druckfestigkeit von Gesteinen ermittelt. Für die Festigkeiten auf Grund der verschiedenen Beanspruchung können Anhaltswerte wie folgt angegeben werden:

Zugfestigkeit	$\sigma_Z = 0{,}10\sigma_D$
Scherfestigkeit	$\sigma_S = 0{,}25\sigma_D$
Druckfestigkeit	$\sigma_D = 1{,}00\sigma_D$
Eindringfestigkeit	$\sigma_E = (10\text{–}20)\sigma_D$

Es wird auf die große Differenz zwischen der mechanischen Leistung an der Wirkstelle für die Gesteinszerstörung und der hydraulischen Leistung an der Wirkstelle für die Bohrlochsohlenreinigung hingewiesen. $P_{mech} = 30\text{–}40$ kW, $P_{hydr} = 1000$ kW. Diese Leistung wird von einer Bohranlage zu Verfügung gestellt und durch den Bohrstrang an den Meißel abgegeben.

8.5 Die Bohranlage

Die Bohranlage beschreibt die Gesamtheit der für den Bohrprozess benötigten Komponenten, wie z. B. den Mast, Pumpen, Spülungspumpen und Motoren.

Die Kapazität schwerer Rotary-Bohranlagen erlaubt das Abteufen von Bohrungen bis 10.000 m, wobei Bohrlochdurchmesser von 36″ im oberen Bereich bis 6″ für den unteren Bohrlochabschnitt üblicherweise verwendet werden.

Um das Bohren zu ermöglichen, muss die Bohranlage drei wesentliche Aufgaben erfüllen:

1. Heben und Senken des Bohrstrangs (sowie des Meißels auf die Bohrlochsohle),
2. Rotieren des Bohrstrangs (zur Abrasion des Gesteins durch den Meißel),
3. Zirkulieren der Spülung (zur Reinigung des Bohrlochs und zum Austrag des Bohrkleins).

Die Bohranlage muss für die jeweilige Bohrung und ihre Besonderheiten ausgesucht werden. Wichtige Parameter für die Auswahl sind (nach Schaumberg 2001):

- Hakenlast (als Funktion der Bohrtiefe),
- Gestängeabstelllasten,
- Pumpendrücke,
- Zirkulationsrate,
- Installierte Leistung,
- Tankkapazität.

Um diese Punkte konkret zu evaluieren, müssen die grundlegenden Bohrungsdaten, wie Bohrlochverlauf, Durchmesser, Bohrstrang, Drehmomente und Zuglasten, Pumpendrücke und Strömungsraten usw. bekannt sein. Tabelle 8.1 zeigt einen Vergleich von vier Bohranlagen die in Deutschland Geothermie-Bohrungen abgeteuft haben.

8.6 Heben und Senken des Systems (Andruck an Meißel)

8.6.1 Mast oder Turm

Der Turm oder der Mast bildet die Tragstruktur und ist somit zentraler Punkt einer Bohranlage. Auf seiner Spitze befindet sich das Kronenlager, die Aufnahme des Flaschenzugs.

8.6.2 Grundgerüst

Plattform, auf welcher der Mast errichtet wird. Sie bildet die Basis einer jeden Bohranlage. Auf ihr befindet sich die Arbeitsbühne. Das Grundgerüst befindet sich mehrere Meter über dem Boden, da unter ihm die Blow-Out-Preventer-Anlage Platz haben muss.

Tab. 8.1 Technische Daten für ausgewählte Bohranlagen die Geothermie-Bohrungen abgeteuft haben

	ITAG Rig 40	Bentec Euro Rig 350 t	Bauer TBA 300	Herrenknecht Terra Invader 350
Hakenlastkapazität	200 t	350 t	300 t	350 t
Energieversorgung	2400 kW schalldichte Generatoren geringer Treibstoffverbrauch	4 × 750 HP	Elektro-hydraulisch 1086 HP	Hydr. Power unit.: 4 × 670 HP Diesel engine: 1650 HP
Hebewerk	1150 HP	1500 HP	1000 HP	2200 HP
Grundstruktur	box on box	box on box	Floor raising	box on box
Mast	bootstrap; Aufrichtung mittels Hydraulikzylinder	vertical lift mast; besteht aus 3 Einheiten mit A-Rahmen	Segmente werden auf der Lokation verschraubt Mast wird von Winde aufgerichtet	Twin profile
Dimensionen	Mast: 32 m Höhe unter rotary beams: 6 m	Mast free: 43,8 m Höhe Arbeitsbühne: 9 m Footprint: 2200 m^2	Höhe: 41 m kleiner Footprint: 759 m^2	Mast: 52 m Arbeitsbühne: 9 m
Teufe	4000 m	5000 m	5000 m	2500–5000 m
Hebevorrichtung	Konventionelle Hebevorrichtung	Konventionelle Hebevorrichtung	hybride Hebevorrichtung (hydraulisch und mechanisch (Seil))	hydraulische Hebevorrichtung
Transport	Kompaktes Design; wenige LKW werden für Transport benötigt; keine Sondererlaubnis für Transport auf Straße erforderlich	Abmaße lassen Straßentransport ohne Sondererlaubnis zu (außer Pumpen und Hebewerk), Anlage kann innerhalb von 5 Tagen mit 55 Containern den Standort wechseln	schnelle (De)Mobilisation durch modulare Konstruktion	Auf der Lokation kann der Turm bis zu 10 m verschoben werden, ohne die ganze Anlage bewegen zu müssen → Zeit

Tab. 8.1 (Fortsetzung)

	ITAG Rig 40	Bentec Euro Rig 350 t	Bauer TBA 300	Herrenknecht Terra Invader 350
Besonderheiten	modulares Design → ermöglicht Anpassung an räumliche Gegebenheiten	Mehrzweckanlage: modulares Design des Equipment (Tanksysteme, Spülungspumpen, Kompressoren)	hydraulische Komponenten (Top Drive und Rohrtransportsystem) gemischte Hebevorrichtung → für Futterrohre Seile, für Bohrgestänge hydraulische Zylinder	Lärmschutzeinrichtungen für Spülungspumpen und Antriebsmaschinen → geringe Geräuschemission automatisiertes Pipehandling → Sicherheit

* Alle Bilder Eigentum von: ITAG Tiefbohr GmbH, Bentec GmbH Drilling and Oilfield Services, Herrenknecht Vertikal GmbH, Bauer Maschinen GmbH

8.6.3 Arbeitsbühne

Auf der Arbeitsbühne finden im Wesentlichen alle erforderlichen Tätigkeiten statt. Hier befindet sich der Drehtisch, Werkzeuge zur Verschraubung, ein Gestängelager usw. Über der Arbeitsbühne hängt der Flaschenzug, welcher das Gestänge bewegt.

8.6.4 Hebewerk

Das Hebewerk beschreibt eine Winde, die aus einer Spultrommel mit Antrieb und einer Bremse besteht. Die Aufgabe des Hebewerks besteht darin, die Energie von Antriebsmaschinen (z. B. Elektromotoren oder Dieselmotoren) auf die Trommel und von dort über das Fahrseil zu übertragen, das den Arbeits- oder Bohrstrang durch das Auf- oder Abspulen hebt oder senkt. Das Heben des Strangs und Aufspulen des Fahrseils erfordert den Einsatz des Antriebs. Das Senken des Strangs und Abspulen des Seils wird durch kontrolliertes Lösen der Bremse erzielt, da der Strang durch die Schwerkraft nach unten gezogen wird.

8.6.5 Fahrseile

Fahrseile sind die auf der Anlage verwendeten Drahtseile, welche zwischen Kronen- und Flaschenzugblock verlaufen. Als Fahrseile werden ausschließlich Rundlitzen verwendet, also Seile mit kreisrundem Querschnitt. Passend dazu sind auf den Seilscheiben Rillen eingearbeitet, in welchen die Fahrseile geführt werden, damit sie nicht von den Rollen rutschen und sich verklemmen. Je nachdem ob das Fahrseil am Hebewerk auf- oder abgespult wird, bewegt sich der Flaschenzugblock nach oben oder unten. Das Zugseil ist der Abschnitt des Fahrseils, welches zwischen Kronenblock und Hebewerk verläuft und dort aufgespult wird (siehe Abb. 8.3). Hier entsteht – bedingt durch das kontinuierliche Auf- und Abwickeln – erhöhter Verschleiß und somit die Gefahr vorzeitiger Ermüdung des Materials. Das Totseil ist der Abschnitt des Fahrseils, welcher zwischen Kronenblock und dem Totseilanker verläuft, wo es fest mit dem Boden verbunden wird. Der Totseilanker ist der feste Ankerpunkt am Boden oder an der Bohranlage (siehe Abb. 8.3).

8.6.6 Flaschenzug (Kronen- und Flaschenzugblock):

Das Kronenlager bildet den oberen Teil des Flaschenzuges, der den Bohrstrang auf und ab bewegt. Es besteht aus mehreren, nebeneinander auf einer Welle angebrachten Seilscheiben und ist auf der Spitze der Bohranlage befestigt. Im Gegensatz zum Flaschenzugblock ist hier eine Seilscheibe mehr untergebracht (Totseilscheibe). Der Flaschenzugblock stellt die frei bewegliche Rolle des Flaschenzugs dar. Er bewegt sich innerhalb des Gerüsts der Bohranlage – bedingt durch Verlängerung oder Verkürzung des Fahrseils – auf und ab. Auch hier

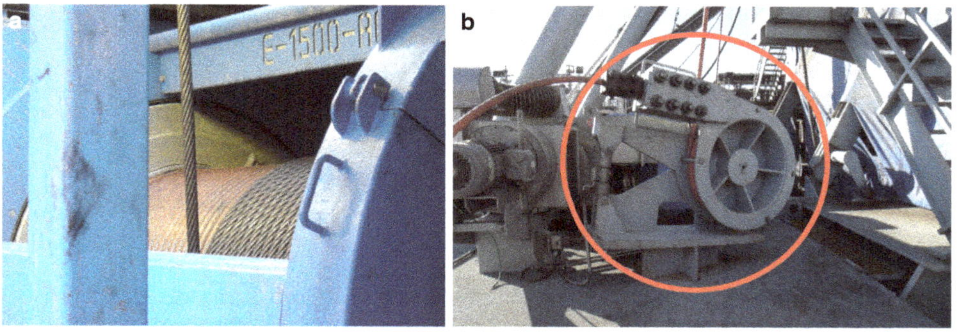

Abb. 8.3 Das Zugseil (**a**) und der Totseilanker (**b**)

befinden sich Seilscheiben innerhalb eines Gehäuses auf einer Welle. Der Durchmesser der Scheiben beträgt ca. 1,5 m um Reibung und Seilermüdung zu verringern.

8.6.7 Haken

Der Haken ist entweder lose am Flaschenzugblock befestigt oder fest integriert und bewegt sich mit ihm auf und ab. Er trägt das Gewicht des gesamten Bohrstrangs. Bei Verwendung eines Drehkopfes (Topdrive – TD) wird der Haken durch die TD Konstruktion ersetzt.

8.7 Das Drehsystem (Rotieren)

Um ein Bohrloch abzuteufen, werden Bohrmeißel eingesetzt, die mittels Druck und rotierender Drehbewegung das Material ablösen. Das so entstehende Bohrklein wird durch die Spülung an die Oberfläche transportiert. Das Drehsystem verfügt über alle Geräte die das Drehen ermöglichen.

8.7.1 Dreh- oder Spülkopf

Über den Drehkopf ist der Bohrstrang frei drehbar mit dem Haken und dem Flaschenzugblock verbunden. Er trägt die Last des Bohrstrangs und leitet gleichzeitig die Bohrspülung in den Bohrstrang hinein.

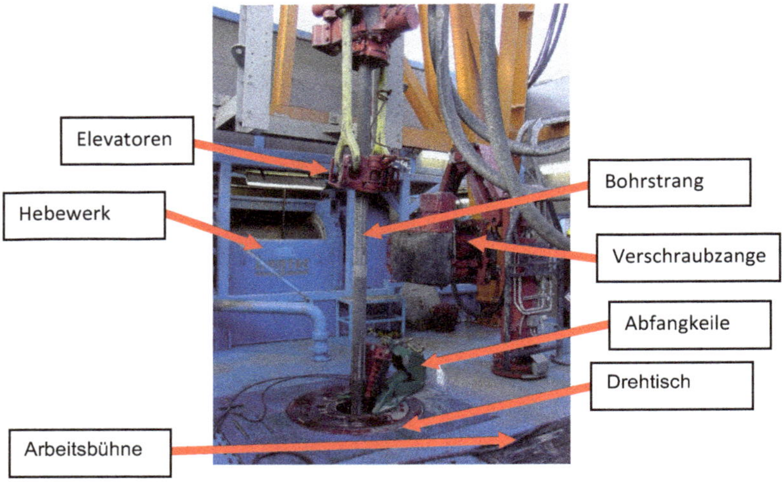

Abb. 8.4 Sicht einer Arbeitsbühne mit wichtigen Komponenten einer Bohranlage

8.7.2 Mitnehmerstange

Die Mitnehmerstange ist ein quadratisches oder hexagonales Rohr. Sie verbindet den Bohrstang mit dem Drehkopf, überträgt rotierend das Drehmoment vom Drehtisch auf den Bohrstrang und transportiert die Bohrspülung in den Bohrstrang. Die Mitnehmerstange wird durch den Drehtischeinsatz geführt und dort von dem passenden Mitnehmereinsatz formschlüssig umfasst.

8.7.3 Drehtisch

Der Drehtisch ist eine in der Arbeitsbühne eingelassene und drehbare Einheit (siehe Abb. 8.4). Der Bohrstrang verläuft durch eine Öffnung im Drehtisch und wird von ihm umschlossen. Der Drehtisch ist vertikal gelagert und wird von einer Antriebwelle (mit Kegel-, Ketten- und Sperrrad) die sich unterhalb der Bühne befindet und die Energie der Arbeitsmaschinen überträgt, angetrieben.

Der Drehtisch überträgt über den Bohrstrang die Drehbewegung von der Antriebsmaschine auf den Meißel und muss während des Lösens oder Verschraubens des Gestänges das volle Gewicht des eingebauten Bohrstranges tragen und somit hohen Axiallasten standhalten.

8.7.4 Drehtischeinsatz (Kelly Bushing)

Der Drehtischeinsatz ist ein Teil im Drehtisch, welcher die Mitnehmerstange formschlüssig umschließt. Er hat, je nach Form der Mitnehmerstange einen quadratischen oder hexagonalen Ausschnitt. Der Innendurchmesser des Ausschnitts ist immer größer als der Außendurchmesser der Mitnehmerstange, sodass der Einsatz ohne Abfangkeile zwar Rotationskraft überträgt, aber keine Axialkraft aufnimmt. Der Drehtisch wird für alle Arbeiten zum Ein- und Ausbau des Bohrstrangs oder Futterrohrstrangs genutzt. Dabei wird der Strang mit Hilfe von Abfangkeilen fixiert.

8.7.5 Abfangkeile

Die Keile werden zwischen Drehtischeinsatz und Gestänge eingesetzt, verkeilen sich dort und halten den Bohrstrang fest im Drehtisch (siehe Abb. 8.4). Immer wenn Gestänge nachgesetzt werden muss, oder es herausgenommen wird, kommen sie zum Einsatz. Beim Ausbau wird der Bohrstrang so weit aus dem Bohrloch herausgezogen, bis sich ein Zug (drei Rohre á 9 Meter = 27 Meter) oberhalb der Arbeitsbühne befindet, die Keile werden im Zwischenraum positioniert und der Strang gesenkt, bis er sicher fixiert ist. Die Keile tragen das Gewicht des Bohrstranges und der Zug kann ausgebaut werden. Anschließend wird der Strang wieder mit dem Flaschenzugblock verbunden, nach oben gezogen, die Keile gelöst und der weitere Ausbau kann erfolgen.

8.7.6 Top Drive

Anstatt des Drehtischeinsatzes und der Mitnehmerstange wird heute als Standard der Top Drive eingesetzt. Das ist eine Einheit, welche am Flaschenzugblock befestigt ist und den Bohrstrang von dort aus rotiert. Ein Top Drive ersetzt Spülkopf, Mitnehmerstange und Drehtischeinsatz.

8.8 Spülungssystem (Zirkulation)

Um das vom Bohrmeißel abgetragene Gestein, das Bohrklein, aus dem Bohrloch zu transportieren, wird Bohrspülung in das Bohrloch gepumpt. Sie wird in den Tanks angerührt, von Pumpen (siehe Abb. 8.5) über die Steigleitung, den Spülschlauch, Spülkopf oder Top Drive in das Innere des Bohrstrangs gepumpt. Die Spülung tritt unter hohem Druck durch Düsen am Bohrmeißel aus, reinigt sowohl Meißel als auch die Bohrlochsohle und nimmt das Bohrklein (siehe Abb. 8.6) auf. Sie fließt im Ringraum (dem Raum zwischen Verrohrung und Gestänge) wieder hinauf. Nach dem Austritt aus dem Bohrloch wird die mit

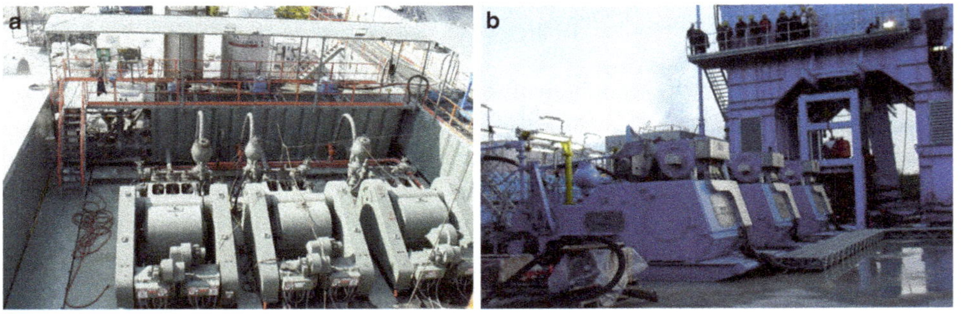

Abb. 8.5 Klassische Triplexpumpen (**a**) und moderne Hochleistung Triplexpumpe (**b**)

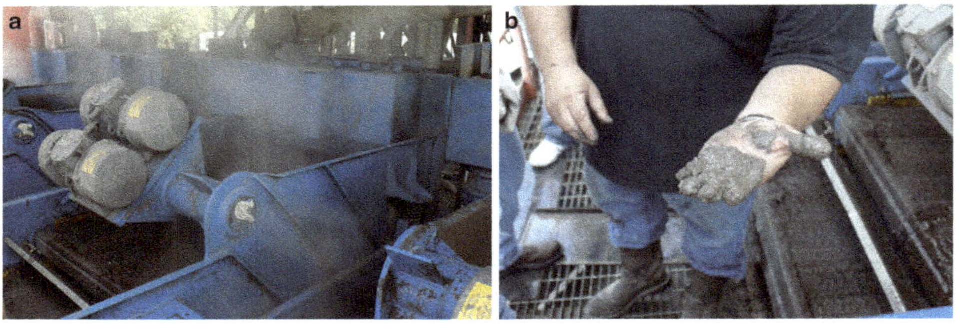

Abb. 8.6 Modernes Schüttelsieb mit zwei Schwingmotoren (**a**) und abgetrenntes Bohrklein aus einem Sieb (**b**)

Bohrklein angereicherte Spülung in Feststoffkontrollsystemen von Feststoffen befreit. Zunächst werden in Schüttelsieben verschiedener Siebgrößen die gröberen Bestandteile entfernt (siehe Abb. 8.6). Schüttelsiebe sind vibrierende Siebe, über die die Bohrspülung zuerst läuft, um die gröberen Feststoffe (100–175 Mikrometer) aus der Bohrspülung zu entfernen.

Anschließend werden in Zyklonen (Desiltern und Desandern – siehe Abb. 8.7) auch kleinere Korngrößen aus der Spülung entfernt. Hydrozyklone werden verwendet, um nach den Schüttelsieben mittels Zentrifugalprinzip feinere Feststoffe aus der Spülung zu entfernen. Desilter und Desander unterscheiden sich in ihren Durchmessern und in der Größe der Kornfraktion die sie abscheiden können.

Befreit vom Bohrklein fließt die Spülung wieder in die Spülungstanks, um erneut verwendet zu werden.

Abb. 8.7 Sicht einer Hydrozyklone-Batterie (12 × 2)

8.8.1 Tanks

Auf einer Bohranlage sind üblicherweise zahlreiche Tanks zu finden. In einigen werden die einzelnen Komponenten der späteren Bohrspülung sowie Wasser gelagert. In anderen werden die Komponenten der Bohrspülung – die speziell auf den jeweiligen Einsatz abgestimmte Eigenschaften hat – gemischt und bis zur Verwendung mit Mixern in Bewegung gehalten.

8.8.2 Pumpen

Die Spülungspumpen (siehe Abb. 8.5) fördern die vorbereitete Bohrspülung aus den Tanks über Rohre, die Steigleitung, Spülschlauch, Spülkopf und Mitnehmerstange in den Bohrstrang hinein. Die Steigleitung ist eine unflexible Hochdruckmetallleitung, durch welche die Spülung den Bohrturm hinauf bis zum Spülschlauch transportiert wird. Der Spülschlauch ist ein flexibler Hochdruckschlauch, der die Steigleitung mit dem Spülkopf verbindet. Er ermöglicht das Heben und Senken des Spülkopfes bei kontinuierlichem Spülungstransport.

8.8.3 Blow-Out-Preventer (BOP) System

Der-Blow-Out-Preventer oder Preventerarmatur ist eine Kombination verschiedener Sicherheitsventile, welche das Bohrloch abschließt und unter Kontrolle behält (siehe Abb. 8.8). Durch das BOP System wird der Bohrstrang ins Bohrloch gefahren und der Rücklauf der Spülung kontrolliert.

Abb. 8.8 Blow out Preventer (BOP) System

Die Preventerarmatur wird zuerst auf der Ankerrohrtour befestigt, und wird mit jedem neuem Futterrohreinbau nach oben verschoben. Das BOP-System hat folgende Aufgaben zu erfüllen:

- Totale Absperrung des Bohrloches
- Spülung in das Bohrloch ein- oder auszupumpen
- Doppelsteuerung durch Fernbedienung an der Arbeitsbühne und BOP-Steuerung vor der Anlage

Die Betätigung der einzelnen Ventile erfolgt hydraulisch.

8.8.4 Das Antriebssystem

Das Antriebssystem besteht aus Motoren (üblicherweise Dieselmotoren, heute auch häufiger Elektromotoren). Sie erzeugen die für den Bohrprozess und Infrastruktur notwendige Energie. Sie treiben unter anderem das Hebewerk, den Drehtisch/Top Drive, sowie die Spülungspumpen an. Die Elektrizität für die elektrischen Anlagen wird mittels Diesel-Generatoren (Abb. 8.9) erzeugt und in das Netz der Bohranlage gespeist. Bei modernen Bohranlagen wird die Elektrik der Bohranlage durch Hochleistungselektronik gesteuert.

8.8.5 Die Spülungstechnik und Spülungssysteme

Neben den oben genannten mechanischen Komponenten benötigt man noch eine weitere zum Austragen des Bohrkleins und zur Sicherung des Bohrlochs. Diese wichtige Aufgabe wird von dem Spülungs- oder Bohrspülungssystem übernommen. Die Eigenschaften der Spülung werden so eingestellt, dass folgende Aufgaben durchgeführt werden können:

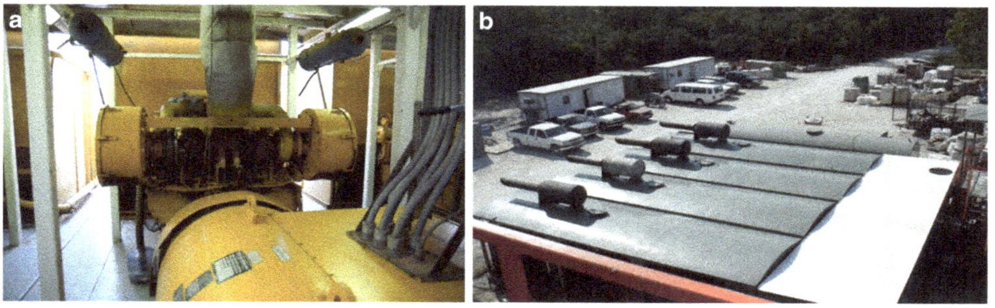

Abb. 8.9 Dieselmotor und Generator (**a**) einer Bohranlage und die Anordnung mehrerer Dieselgeneratoren, um die Gesamtleistung der Bohranlage zu liefern (**b**)

1. Ausgleich des Formationsdruckes und Bohrlochkontrolle,
2. Freispülen der Bohrlochsole und des Meißels,
3. Austragen des Bohrkleins durch den Ringraum,
4. In der Schwebe halten des Bohrkleins während des Stillstands,
5. Schutz der Bohrlochwand durch Bildung eines Filterkuchens,
6. Informationstransfer durch Mud Pulse Technologie,
7. Schmierung und Kühlung der Bohrwerkzeuge,
8. Informationsübertragung über die Geologie durch das Bohrkleins, das nicht durch die Spülung verändert werden sollte,
9. Energieübertragung zur Bohrlochsohle und Antrieb für Bohrmotoren,
10. Vorbereitung für eine gute Zementation,

Die Hauptmerkmale einer Bohrspülung sind: die reologischen Eigenschaften wie Viskosität, Gelstärke, Thixotropie, die Dichte, Wasserbindevermögen und Wasserabgabe, der pH Wert und die chemischen Eigenschaften.

Der Spülprozess ist ein sehr dynamisches System in dem eine permanente Wechselwirkung zwischen Spülung und der durchbohrten Formationen stattfindet. Diese Wechselwirkung wird durch die spezielle Zusammensetzung der Spülung kontrolliert. Die Spülungsarten teilen sich in drei Hauptkategorien: wasserbasierte Spülungen, ölhaltige Spülungen und Gas oder Luft basierte Spülungen.

8.8.6 Beherrschung des Bohrlochverlaufs: Navigation und Steuerung langer Bohrstränge

Entsprechend den geologischen Voraussetzungen der Ausbildung der wasserführenden Gesteinsschicht wie Mächtigkeit, flächenhafte Ausdehnung, Porosität und Permeabilität, muss die Injektionsbohrung weit genug von der Entnahmestelle entfernt sein, um einen thermischen Kurzschluss zwischen Förder- und Injektionsbohrung auszuschließen bzw. ei-

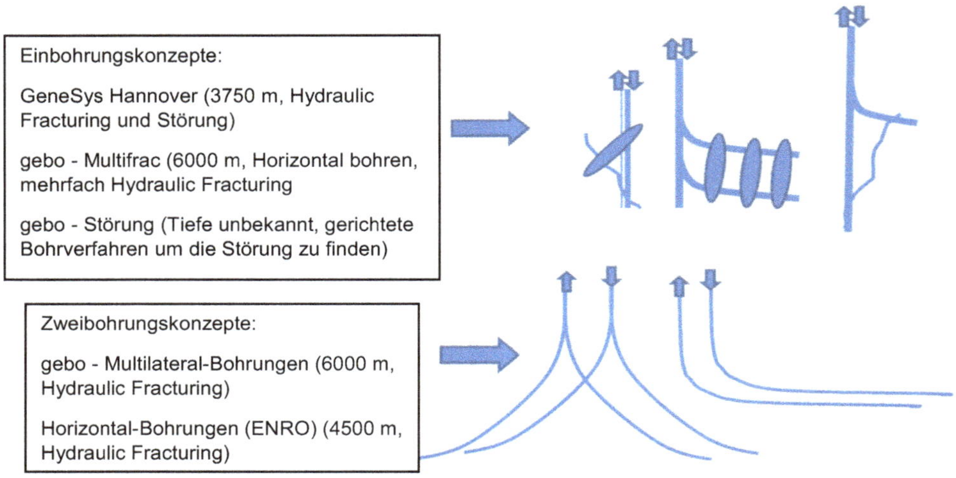

Abb. 8.10 Bohrpfadverlauf bei verschiedenen Geothermieprojekten

ne lange Nutzungsdauer des geothermischen Systems zu gewährleisten. Für tiefengeothermische Anwendungen, werden in der Regel zwei Bohrungen abgeteuft (Dublettenkonzept): eine Förderbohrung und eine Injektionsbohrung. Abweichungen von diesem Konzept sind möglich. Abbildung 8.10 zeigt einen Überblick von verschieden Bohrpfadkonzepten die für Geothermiebohrungen eingesetzt wurden. Es wird deutlich, dass die Beherrschung des Bohrlochverlaufs ein wichtiger Aspekt bei Geothermieprojekten ist.

Die Beherrschung des Bohrlochverlaufs gilt als Kunst der heutigen Bohrtechnik. Es gibt zwei bewährte Verfahren, die eine Steuerung langer Bohrstränge ermöglichen. Beide beruhen darauf, unmittelbar im Meißelbereich eine Meißelseitenkraft zu erzeugen, die eine gewünschte Kursänderung hinsichtlich Neigung und/oder Azimut hervorruft. Diese steuernde Seitenkraft am Meißel wird entweder durch ein Knickstück oder über eine elastische Verformung des Bohrstrangs (Auslenkung aus der Bohrlochachse) oberhalb des Meißels erzwungen.

Während das erste Verfahren den Einsatz eines Bohrmotors erfordert, wird im zweiten Verfahren ein Stabilisator mit ausfahrbaren Rippen, die in einer nicht rotierenden Hülse angeordnet sind, verwendet. Diese Entwicklung fußt auf dem Prinzip der Zielbohrstange der Bergbauforschung (DMT) (Marx et al. 1985) und des Vertikalbohrsystems der Kontinentalen Tiefbohrung (KTB) (Engeser 1995). Durch Ausfahren einzelner Stabilisatorrippen, während des Bohrvorganges, lässt sich der Kippwinkel des Bohrstrangs in jede beliebige Richtung einstellen und so der Neigungsaufbau des Bohrlochs und die Richtung des Neigungsaufbaus beeinflussen. Bei Verwendung eines Knickstücks lässt sich während des Bohrvorgangs nur die Richtung des Neigungsaufbaus verändern. Durch eine Drehbewegung des nicht rotierenden Bohrstrangs kann die Richtung beeinflusst werden. Der Grad des Neigungsaufbaus ist durch die Größe des Knicks vorbestimmt. Für eine Veränderung des Neigungsaufbaus muss der Bohrvorgang unterbrochen werden, um das Knickstück auszutauschen. Für beide Verfahren genügt ein Kippwinkel im Meißelbereich von ca. 0,5 Grad zur Bohrlochachse, um am Meißel eine Kurskorrektur mit einem Krümmungswert von 1°/10 m zu bewirken. Soll nach vollzogener Kursänderung wieder richtungsstabil gebohrt werden, so wird bei Einsatz eines Knickstücks der Bohrstrang von Übertage mit etwa 10 U/min rotiert. Beim Steuern mit Stabilisatorrippen werden alle Steuerrippen in eine konzentrische Position zum Bohrloch gebracht. Durch die Beherrschung des Bohrlochverlaufs durch Navigation und Steuerung ist der Meißel gleichsam zu einem „Litho-Mobil" geworden (Marx 2001).

8.8.7 Navigation

Die Navigation ist die permanente Ortsbestimmung des Bohrwerkzeuges im dreidimensionalen Raum und der momentanen Bewegungsrichtung. Die Navigation umfasst die präzise Bestimmung der drei Richtungsgrößen Neigung, Azimut und Toolface (z. B. Ausrichtung des Knickstücks bzw. der richtungsbestimmenden Kraft am Meißel) und die Übertragung dieser Informationen nach Übertage (Schlumberger 1993). Das Messen von meißelnahen Informationen während des Bohrens wird MWD-Technik genannt. (Measuring While Drilling). Für den Messvorgang muss also der Bohrprozess nicht unterbrochen werden.

8.8.8 Steuern

Steuern ist das aktive oder automatisierte Eingreifen mit dem Ziel, den Bohrlochverlauf zu ändern. Erfolgt die Kursbestimmung nach einer programmierten Vorgabe, so handelt es sich um selbststeuernde Bohrsysteme wie z. B. das AutoTrackSystem der Firma Baker Hughes Inteq (BHI), Geo-Pilot von Halliburton, Revolution RSS von Weatherford, PowerDrive von Schlumberger, Pathmaker von Pathfinder, RSM von APS Technology, oder Well Guide RSS von Gyrodata. Man spricht von Geosteering wenn als richtungsbestimmende Vorgabe ein Abstand zu einer geologischen Schichtgrenze, zum Beispiel der oberen Begrenzung der Lagerstätte einzuhalten ist (Burges 1996). Geosteering wird beim Horizontalbohren in der Lagerstätte angewendet. Es wird vorgenommen auf der Basis der Eigenschaften der durchteuften Formation, die während des Bohrens durch ein Logging While Drilling (LWD) gemessen werden. Diese Messungen ermöglichen eine Bestimmung der Lithologie, der Speichereigenschaften und der Sättigungsverhältnisse der Formation.

Mit der MWD-Technik können optional weitere Messungen durchgeführt werden, wie Meißelandruck, Drehmoment, Schwingungen des Bohrstranges in axialer, torsionaler und lateraler Richtung, Druck über dem Meißel und im Ringraum, Spülungsdichte und Temperatur. Im Laufe der Entwicklung von MWD und LWD Geräten konnte erreicht werden, dass die Messsensoren immer näher an den Meißel verlegt wurden. Das zusätzliche Ver-

Abb. 8.11 Gebrauchte Rollenmeißel

fahren zur MWD und LWD, die sogenannte Seismik während des Bohrens (SWD) ist noch in der Entwicklung.

8.8.9 Bohrmeißel und Wahl des Bohrmeißels

Bei der Abteufung von Bohrungen ist der Bohrmeißel das Werkzeug, das mittels einer Bohrgarnitur auf die Bohrlochsohle abgesenkt wird und dort für die Gesteinszerstörung sorgt.

Um eine Bohrung in eine Tiefe von mehreren Kilometern abzuteufen, muss ein Bohrmeißel viele unterschiedliche Gesteinsschichten überwinden. Der Meißel durchteuft dabei Gesteinsschichten, deren Härte, Abrasivität, Festigkeit, Bindung, Zähigkeit und Elastizität in unterschiedlichsten Bereichen schwanken. Aufgrund dieser Vielzahl an Gesteinseigenschaften, ist es nötig unterschiedliche Arten von Bohrmeißeln zu nutzen. Heutzutage werden drei Arten von Bohrmeißel benutzt, deren Wahl von den vorherrschenden Gesteinsformationen abhängig ist.

Rollenmeißel Ein Rollenmeißel besteht aus einem Körper an dem mehrere Rollen montiert sind, jede einzelne mit einer Vielzahl an Zähnen aus Hartmetall bestückt (s. Abb. 8.11). Durch den Meißelandruck werden die Rollen aufgrund der Gestänge-Rotation und der Reibung an der Bohrlochsole mitgedreht. Somit führen die Rollen eine zweite Rollbewegung durch, wobei die Zähne an den Rollen Druck auf die Gesteinssohle ausüben, so dass kleine Gesteinsteile aus dem Ursprungsverband herausgebrochen werden.

Mit den Jahren wurden die Rollenmeißel von unterschiedlichen Herstellern immer weiterentwickelt, so dass eine große Auswahl mit sehr inhomogenen Bezeichnungen existiert. Um Verwechslungen bei Bestellungen zu vermeiden hat die International Association of

135M or 447X or 637Y

Abb. 8.12 IADC Code-System

Abb. 8.13 Gebrauchter PDC Meißel

Drilling Contractors (IADC) ein Codesystem aus dreistelligen Zahlen und Buchstaben entwickelt (s. Abb. 8.12).

Die erste Zahl verweist auf die Art der Meißelkronen und den Bohrvorgang (vgl. Hatzsch 1991, S. 44). Es gibt acht Kategorien, in denen die Zähne unterteilt werden. Die Kategorie eins bis drei wird eher für ein weiches Gestein verwendet und hat längere Zähne. Die Kategorie vier bis acht ist für härteres Gestein geeignet. Die Zähne bestehen aus Wolframcarbid und sind etwas kürzer. Die zweite Zahl beschreibt die Unterteilung der acht Kategorien noch einmal in drei bis vier Serien, abhängig vom Härtegrad der Zähne. Die dritte Zahl bezieht sich auf das Lagerdesign, die Lagerabdichtung sowie die Kaliberausführung, die auch in sieben verschiedene Kategorien unterteilt ist. Der Buchstabe beschreibt noch weitere Spezialfunktionen, die an dem Rollmeißel als zusätzliche Spezifikationen ausgeführt werden können. Es gibt sechzehn Kategorien die alphabetisch geordnet sind.

PDC Meißel Der Polycristalline Diamond Cutter (PDC) Meißel wurde für härtere Gesteinsarten entwickelt (z. B. Kalkstein, Salz, Anhydrit). Der PDC Meißel hat mehrere Rippen, die mit Diamantschneiden (Polycristaline Diamant Cutter) besetzt sind (s. Abb. 8.13).

Diamant Meißel Diamantmeißel schneiden das Gestein mittels Diamanten (natürliche oder künstliche), die in eine Matrix eingesetzt sind (oberflächlich gesetzt oder imprägniert). Ein Vorteil des imprägnierten Meißels ist, dass dieser für längere Standzeiten eingesetzt werden kann. Dieser Meißel kann beim Bohren sehr hohe Drehzahlen erreichen, im Gegensatz zum Rollenmeißel. Der rotierende Meißel bohrt sich durch das rotierende Schmirgeln der kleinen im Bohrmeißel eingearbeiteten Diamanten durch die Formationen. Der imprägnierte Meißel wird nur bei sehr harten und abrasiven Formationen eingesetzt, wobei die oberflächenbesetzten Meißel auch für weichere Gesteine verwendet werden können.

Abb. 8.14 Gebrauchter imprägnierter Diamant Meißel

8.8.10 Der Bohrstrang

Die Bohrgarnitur ist bei heutigen Tiefbohrungen eine sehr wichtige Komponentenzusammensetzung, die es ermöglicht effektiver, sicherer und schneller zu bohren. Sie ist als eine Art zusammengesetztes Bohrwerkzeug anzusehen und hilft dabei die Bohrlochform, die Bohrrichtung sowie die geometrischen Eigenschaften zu bestimmen. Das „Bottom Hole Assembly" (BHA) sitzt als Komponente in dem unteren Teil des Bohrgestänges, vom Meißel bis zum unteren Anfang des Bohrgestänges. Der Meißel ist dabei Bestandteil der BHA. Die komplette Bohrstrangzusammensetzung ist variierbar und ist davon abhängig, welche Anforderungen das Bohrloch stellt. Je genauer die Geologie bekannt ist, umso geringer und kostengünstiger kann die Zusammensetzung der Komponenten ausgewählt werden. Beispielsweise muss bei einer Erkundungsbohrung davon ausgegangen werden, dass viel mehr Messwerkzeuge eingesetzt werden müssen, wie z. B. „measurements-while-drilling" oder „logging-while-drilling" Tools, um die nicht bekannte Formation zu analysieren. Das Gewicht wird auf das BHA durch das Loslassen/Nachgeben des Bohrstranges übertragen. Mit der BHA sind noch weitere Standard-Segmente verbunden, wie z. B. die Stabilisatoren (stabilizer), die Schwerstangen (Drill collar und heavy weight drill pipe, HWDP), die Schlagschere (hydraulic jar) sowie der Bohrlochmotor mit einem integrierten lenkbarem System (Straight-hole Dilling Device, SDD).

8.8.11 Die Bohrgeschwindigkeit (Rate of Penetration – ROP)

Für jede Formation muss die Bohrgeschwindigkeit gesondert berechnet und angepasst werden. Die Wahl des richtigen Werkzeugs und der benötigten Bohrparameter ist entscheidend für den Gesteinszerstörungsmechanismus. Das Gestein und das Werkzeug müssen aufeinander abgestimmt werden, um Verzögerungen im Bohrfortschritt sowie vorzeitigen Verschleiß des Werkzeugs zu vermeiden. Dabei ist die Bohrgeschwindigkeit hauptsächlich von der Belastung am Meißel (WOB) und der Drehzahl der Meißel sowie der hydraulischen Leistung der Spülung am Meißel abhängig. Eine Erhöhung jedes einzelnen Parameters führt zur Steigerung der Bohrgeschwindigkeit, wenn sie an die vorherrschenden Bedingungen angepasst ist. Die hydraulische Leistung der Spülung am Meißel muss exakt auf Drehzahl und Meißelandruck abgestimmt sein. Falsche Parameterauswahl bei der Bohrlochsohlenreinigung behindern die Wirksamkeit des Meißels, z. B. durch nicht ausgetragenes Bohrklein. Zur Sicherstellung der richtigen volumetrischen Gesteinszerstörung muss der optimale Andruck am Meißel auf die Bohrlochsohle gewährleistet sein. Dieser ist vom Einsatz der Bohrgarnitur und der zu durchdringenden Gesteinslage abhängig. Die Drehzahl des Meißels wird in Abhängigkeit zur Formation, der Teufe und des Bohrdurchmessers berechnet.

Derzeit existiert eine Vielzahl an Bohrmodellen, die der Berechnung der optimalen Bohrgeschwindigkeit dienen. Die Bohrgeschwindigkeit (Rate of Penetration) wird nach Jarwan et al. (2008) entsprechend (8.1) berechnet. Sie ist abhängig vom gewählten Meißel-Werkzeug, dessen Rotationsgeschwindigkeit und Andruckkraft. Je schneller die Rotation ist, desto höher ist die Bohrgeschwindigkeit. Jedoch ist es praktisch nicht möglich die Meißelrotation mit maximaler Geschwindigkeit und maximaler Andruckkraft laufen zulassen, da es sonst zu einer ungenügenden Bohrsohlenreinigung und infolgedessen zu einer Abnahme der Bohrgeschwindigkeit kommt.

$$ROP=(13{,}33 \times \mu \times N)/(D_B\,(CCS/(EFF_M \times WOB)-1/A_B)) \qquad (8.1)$$

μ Meißel spezifischer Koeffizient
- für PDC Meißel ist $\mu = 0{,}67$
- für Rollenmeißel ist $\mu = 0{,}23$

N Meißel Rotation pro Minute (RPM)
DB Meißel Durchmesser (in)
AB Kreisbohrfläche des Meißel (in^2)
EFFM Der Mechanische Effizienzfaktor (Verhältnis zwischen minimalen und der eigentlichen Spezifischen Energie, um das Gestein zu brechen)
CCS Begrenzte Druckfestigkeit auf das Gestein
WOB Andruckkraft auf den Bohrmeißel (lbf)
ROP Bohrgeschwindigkeit (ft/hr)

Zur Verbesserung der Bohrgeschwindigkeit werden neue Bohrverfahren untersucht. Viele neue Verfahren befinden sich noch im Laborstadium. Eine Auswahl ist nachstehend aufgeführt (Teodoriu 2011).

Neue Bohrverfahren: Unkonventional: Laser Bohren, Thermal Spallation, Funkbohren oder Elektro-Puls-Bohren

Neben den unkonventionellen Bohrverfahren, sind heute schon verbesserte Werkzeuge auf dem Markt die wir unter Upgraded Konventional Bohrwerkzeuge klassifizieren können:

Neue Bohrverfahren: Upgraded Konventional:

- Mechanische Verfahren: Hybrid Meißel und Hammerbohrmeißel
- Hydraulische Verfahren: Hydraulic Jet drilling und Abrasive Jet Drilling

Zur Verringerung der Bohrkosten sowie zur Verbesserung der Bohrlochsicherheit wurden neue Bohrtechnologien entwickelt:

- Casing Drilling: der Bohrstrang wird vom Futterrohrstrang ersetzt und bleibt im Bohrloch. Diese Technologie wurde für den oberen Bereich einer Bohrung entwickelt (bis zu 2000 m). Eine alternative abweichende Technologie ist die Liner Drilling Technology die für tiefere Bereiche entwickelt wurde (bis 5000 m). Ein weiteres Konzept ist der Einbau eines Casing mittels Drehbewegung.
- Coiled Tubing Drilling: Der Bohrstrang besteht aus einem biegsamen, auf eine Trommel gewickelten Rohr. Das Coiled Tubing Bohrverfahren wird für Bohrungen mit einem Durchmesser, kleiner als 4 1/2″ eingesetzt. Coiled Tubing Drilling wurde bis heute nicht für Geothermiebohrungen angewendet.
- Slim Hole Drilling and Micro Hole Drilling: Hier wird der Bohrlochdurchmesser minimiert um die Bohrgeschwindigkeit zu erhöhen. Dieses Verfahren dient hauptsächlich zur Herstellung von Erkundungsbohrungen.
- Managed Pressure Drilling: Dieses Verfahren kontrolliert den Ein- und Ausgangsdruck in der Bohrung, so dass der Bohrlochsohlendruck (Bottom Hole Pressure-BHP) immer unter Kontrolle bleibt. Es ist eines der teuersten Bohrverfahren, das hauptsächlich im Offshorebereich eingesetzt wird.

8.8.12 Bohrlochskonstruktion (Verrohrung)

Die Sicherung der Bohrlochwand gegen Einsturz wird stufenweise durchgeführt. Zur Stabilisierung von Tiefbohrungen wird der Raum zwischen Bohrlochwand und Futterrohr (Ringraum) mit Zement verfüllt. Dafür werden nach der Fertigstellung einer Bohrsektion (üblicherweise nach 1000 bis 2000 Metern) die Futterrohre in die Bohrung eingesetzt, durch die dann Zement in den Ringraum gepumpt wird. Anschließend werden die Arbeiten an der Verrohrung für 8–24 Stunden unterbrochen, um den Zement aushärten zu lassen WOC („wait of cement" – warten auf Zement). Bei der Herstellung einer Tiefbohrung wird teleskopartig mit großem Durchmesser beginnend (Conductor und Ankerrohrtour größer als 13 3/8″) bis in den Produktionsbereich (9 5/8″ oder 7″) verrohrt. Neue Technologien wie „Lean Well Concept", „Solid Expandable Tubulars" (SET) oder Faltrohre können unter Umständen den Anfangs-Bohrlochdurchmesser verringern (siehe Abb. 8.15). Lean Drilling bedeutet „enger Ringraum" und ist eine technische Entwicklung, die genutzt wird, um ein schmaleres Bohrlochprofil in die Tiefe zu setzen. Durch die Verwendung von monoboren Verrohrungsschemata (gleichbleibender Komplettierungsdurchmesser) können

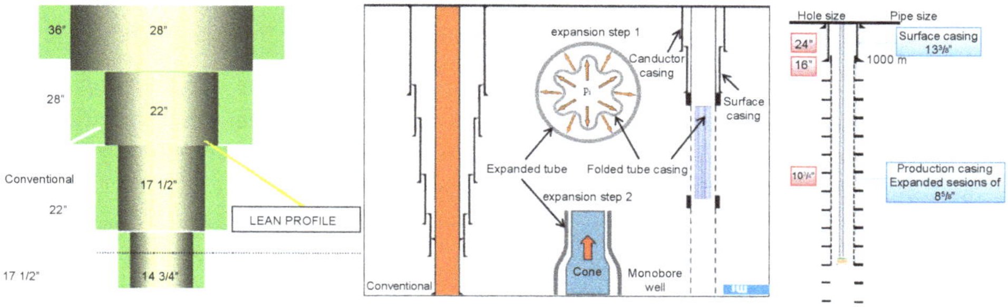

Abb. 8.15 Unterschiedliche Bohrlochkonstruktionen

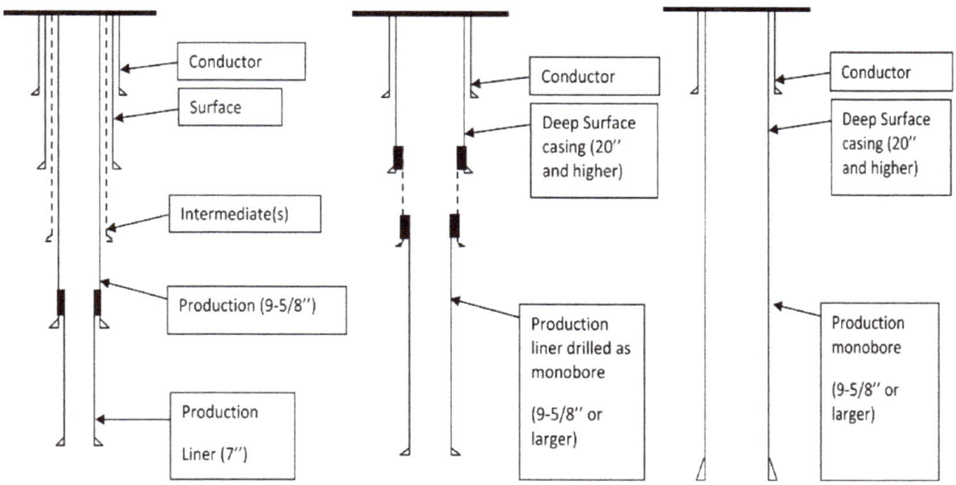

Abb. 8.16 Die Weiterentwicklung für Geothermische Bohrlochkonstruktionen (Teodoriu und Falcone 2008)

hierbei die Bohrzeit und die Bohrkosten reduziert werden. Ein weiterer Vorteil des monoboren Verrohrungsschemas ist die Reduzierung von Ablagerungen und Materialkorrosion während des Betriebs. Monobore Verrohrungsschemata sind noch nicht technisch erprobt, aber mehrere Forschungsvorhaben untersuchen deren Machbarkeit. Eine mögliche weiterentwicklung von Geothermiebohrkonstruktion ist in Abb. 8.16 dargestellt.

Vorteile beim Lean Profile Drilling (links) ist eine Kosteneinsparung durch stetige Verringerung des Bohrlochvolumens, bei Monobore Drilling erfolgt die Kosteneinsparung durch Reduzierung des Anfangsdurchmessers und die Einsatzmöglichkeit unabhängig von der Bohrtiefe.

Das Abteufen der Bohrung wird in zwei Schritten durchgeführt:

- der bohrtechnische Aufschluss – Bohrlochkonstruktion (Bohren, das Einbringen der Verrohrungen und Zementationen zur Stabilisierung der Bohrung, die Durchführung von geophysikalischen Bohrlochmessungen, die Durchführung von Tests zur Ermittlung der angetroffenen hydraulischen Speicherparameter);
- die Komplettierung der Bohrungen zur Vorbereitung der Förderung und Injektion (das Einbringen der untertägigen Komponenten wie Pumpe, Tubing, Filter, usw.).

Bekannte Projekte für eine tiefe geothermische Nutzung wurden bislang mit zwei oder drei Bohrungskonzepten erstellt, sodass mindestens eine Bohrung für das Injizieren und eine oder zwei für das Produzieren des eingespeisten Fluides verantwortlich ist. Erste Versuche ein Ein-Bohrungs-Konzept für EGS (Enhanced Geothermal System) umzusetzen, entstanden in Munster (Horstberg) und Hannover (GeneSys). Beide zeigten, dass die technische Realisierbarkeit gegeben, allerdings der kommerzielle Betrieb zurzeit noch unwirtschaftlich ist. Für ein Monobore-Konzept oder Ein-Bohrungs-Konzept wird der Wasserkreislauf über nur eine Bohrung erschlossen (Injektion und Produktion). Für das Zweibohrungskonzept ist es möglich eine Verbindung durch ein künstlich erzeugtes Risssystem zwischen den beiden Bohrungen herzustellen. Unter einem Ein-Bohrungs-Konzept versteht man zum einen, die Erschließung einer heißen Formation über nur eine Bohrung, aus der mehrfach abgelenkt wird. Zum anderen die Erschließung und Nutzung dieser einzelnen Bohrung für die Produktion des Formationswassers. Es werden zwei Konzepte vorgestellt, die zum einen als offenes-, zum anderen als geschlossenes System bezeichnet werden. Tabelle 8.2 zeigt einen Vergleich von Ein und Zweibohrungsystemen.

Die Förderbohrung wird als „open hole" Bohrung hergestellt (siehe Abb. 8.17). Dieses Bohrlochkonzept ist die kostengünstigste Verbindung mit der wasserführenden Gesteinsschicht, da keine Restriktionen durch Rohre und Zement vorkommen (niedriger Skin-Effekt). Die Abschnitte der wärmeführenden Gesteinsschichten werden meistens mit einem Filter ausgerüstet, um eine langfristige ungestörte Förderung und Injektion zu ermöglichen. Hierfür werden Drahtwickelfilter aus Edelstahl (korrosionsbeständig) eingebaut. Für die Injektionsbohrung eignet sich eine Cased-Hole-Komplettierung mit Perforationen (siehe Abb. 8.17).

Alle Casingabschnitte müssen zementiert und gegen Formationsflüssigkeiten abgesichert werden. Der folgende Ausschnitt aus der Bohrlochbergbau-Verordnung ist selbsterklärend und zeigt die Wichtigkeit einer guten Zementation.

Tab. 8.2 Vorteile und Nachteile von Ein- und Zweibohrungskonzepten (Gedzius und Teodoriu 2011)

	Vorteile	Nachteile
Ein-Bohrungs-Konzept Offenes System	Nur eine Vertikalbohrung Große Wärmetauscherfläche Reduzierte Bohrzeit Kostengünstiger als ein Zwei-Bohrungs-Konzept	Großer Vertikalrohrdurchmesser Geringere Fließraten als Multilaterale oder Zwei-Bohrungs-Konzepte Isolation des Produktionsrohres (Reduzierung des Wärmestroms zw. Annulus & Tubing) Komplexe Komplettierung Kontakt zu Formationswässern
Ein-Bohrungs-Konzept Geschlossenes System	Nur eine Vertikalbohrung Reduzierte Bohrzeit Kostengünstiger als ein Zwei-Bohrungs-Konzept Keine hydraulische Stimulation notwendig Keinen Kontakt zu Formationswässern Möglichkeit andere Fluide für Zirkulation zu wählen als Wasser	Kleine Wärmetauscherfläche Großer Vertikalrohrdurchmesser Geringere Fließraten als Multilaterale oder Zwei-Bohrungs-Konzepte Isolation des Produktionsrohres (Reduzierung des Wärmestroms zw. Annulus & Tubing) Aufwändige Bohroperationen Komplexe Komplettierung
Zwei-Bohrungs-Konzepte	Hohe Fließraten Große Wärmetauscherfläche Einfache Komplettierung	Hohe Bohrkosten Längere einzuplanende Bohrzeit Kontakt zu Formationswässern

„Verrohrung, Zementation *Abs. 39.*

(1) Bohrlöcher sind mit Standrohren zu versehen und durch Verrohrungen zu sichern. Die Verrohrungen müssen so dimensioniert sein, dass sie den zu erwartenden mechanischen, thermischen und chemischen Beanspruchungen standhalten.
(2) Die Absetzteufen der einzelnen Rohrtouren sind entsprechend den zu erwartenden geologischen Verhältnissen so festzulegen, dass ein Aufbrechen des Gebirges im unverrohrten Teil des Bohrloches verhindert wird.
(3) Die Ankerrohrtour ist so abzusetzen, dass eine zuverlässige Verankerung der Absperreinrichtungen und der nachfolgenden Rohrtouren gewährleistet ist. Die Ankerrohrtour ist vollständig bis zu Tage zu zementieren.
(4) Die Verrohrungen sind durch Zementation gegen das Gebirge zuverlässig abzudichten und zu verankern. Die einzelnen Rohrtouren sind mindestens so weit aufzuzementieren, dass ein dichter Abschluss des Bohrloches gegen den nicht zementierten Teil des Ringraumes erreicht wird.
(5) Die Zementationsstrecken sind so zu bemessen, dass eine Kommunikation von Medien zwischen den durchteuften durchlässigen Horizonten und eine Kommunikation von Medien nach obertage verhindert werden. Die Lage der Zementationsstrecken sowie die Dichtheit der Verrohrung und der Zementation am Rohrschuh sind zu bestimmen. Hierüber sind Aufzeichnungen zu führen.“

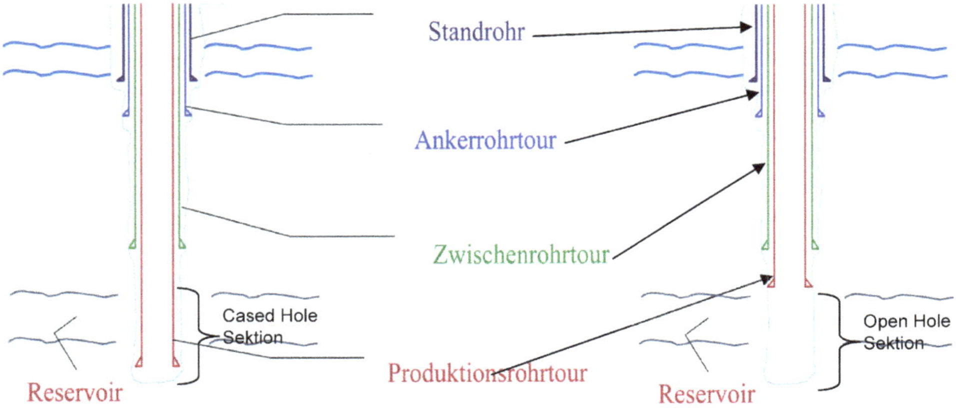

Abb. 8.17 Cased Hole vs. Open Hole

8.8.13 Bohrlochkomplettierung

Nachdem der Bohrprozess beendet ist wird eine Rohrverbindung zur Lagerstätte eingebaut, die Bohrlochkonstruktion. Dieses „leere Rohr" allein ist bei konventionellen Bohrungen nicht geeignet, die Flüssigkeiten aus der Tiefe zu fördern, es muss noch ein Tubing eingebaut werden.

Bei Geothermiebohrungen wird das Thermalwasser mit Hilfe von Unterwasserpumpen, die sich in der Produktionsrohrtour („leeres Rohr") befinden, entnommen. Der Einsatz von Förderhilfsmitteln zur Förderung des Wärmeträgermediums setzt einen großen Produktionsdurchmesser von min. 9 5/8″ voraus. Hierfür ist eine entsprechend große Komplettierung von min. 13 3/8″ erforderlich. Dabei wird auf den Einbau eines Förderstranges bis zur Lagerstätte verzichtet.

Die Produktionsrohrtour (Förderstrang) muss gegen hochmineralisierte Wässer geschützt werden, dafür werden korrosionsbeständige Materialien verwendet. Eine Möglichkeit ist die Verwendung von GFK-Rohren (Glasfaserverstärkte Kunststoffrohre), die zurzeit jedoch nur für Temperaturbereiche bis 120 °C und Rohrtiefen bis 2500 m einsetzbar sind.

In Abb. 8.18 sind eine typische Gasbohrung und eine Tiefengeothermiebohrung dargestellt. Für beide Bohrungen ist ein großer Durchmesser im Produktionshorizont nötig (> 7″). Wie in der Darstellung zu sehen ist, wird in der Gasbohrung das Fluid durch den Förderstrang zur Oberfläche gefördert. Im Gegensatz dazu wird in der Tiefengeothermiebohrung das Produktions-Casing als Förderstrang genutzt. Dies führt zu erheblichen Belastungen des Casings durch den hohen Innendruck und der Korrosion. Um das heiße Arbeitsfluid geothermischer Bohrungen zur Oberfläche zu fördern, ist ein ausreichend großer Durchmesser (min. 95/8″) notwendig.

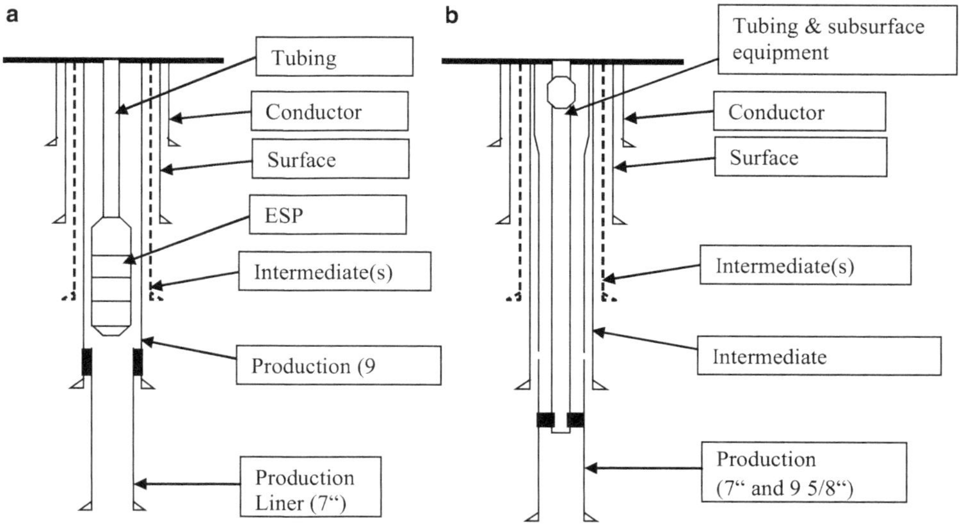

Abb. 8.18 Schematische Darstellung einer Standard Gasbohrung, Bohrlochkonzept (**b**) und eines Tiefengeothermie-Bohrlochkonzepts (**a**) (Teodoriu und Falcone 2008)

Die Notwendigkeit eines großen Durchmessers für Geothermiebohrungen führt zu einer Abweichung der Bohrlochkonstruktion gegenüber konventioneller Erdöl-/Erdgasbohrungen (siehe Abb. 8.19). Obwohl der Bohrlochdurchmesser vergrößert wird, bleiben die Bohrkosten noch akzeptabel (unter 20 % Mehrkosten). Durch den vergrößerten Durchmesser reduzieren sich die laufenden Kosten bei der Geothermiegewinnung jedoch deutlich, so dass sich die Mehrkosten bei der Installation in wenigen Jahren amortisieren.

8.9 Fazit

Die Wirtschaftlichkeit von Geothermieprojekten hängt von den Bohrkosten ab. Erst bei Teufen von 4000 m oder tiefer hat die Temperatur des geförderten Wärmeträgermediums einen akzeptablen Wert. Durch die großen Bohrteufen sind große Hakenlasten der Bohranlagen notwendig. Um die gewonnene Wärme wirtschaftlich nutzen zu können, müssen die Bohranlagen in der Nähe der Verbraucher (innerorts) installiert werden und sollten daher einen geringen Platzbedarf aufweisen. Weitere limitierende Faktoren für den Betrieb der Bohranlage innerorts sind: Schall- und Schadstoffemissionen, logistisches Verkehrsaufkommen, Platzbedarf, Anlagen- und Betriebssicherheit. Durch das Abteufen von zwei Bohrungen (Dublettenkonzept) verlängert sich die Bohrzeit, was zu Mehrkosten führt.

Ferner soll die Bohranlage zu komplexen abgelenkten Bohrungen in der Lage sein, die höhere Hackenlasten, integrierte TopoDrive, Automatisierung, Data Management erfordern. Alle diese Anforderungen an Geothermiebohranlagen führen zu einer Reduzierung

	WEG-Erdöl/Erdgas-Standard		Modell GeoEnergy			
	Bohrung	Casing	Bohrung	Casing	Altern.	Casing
	23"	18 5/8"	24 "	20 "		
	17 1/2"	13 3/8 "	18 3/4"	16 "	Alternativ	
	12 1/4 "	9 5/8 "	14 3/4 "	11 3/4 "	→	13 3/8 "
Horizont 1	8 1/2 "	7 "	10 5/8 "	8 5/8 "	→	9 5/8 "
Horizont 2	6 1/4 "	5 " (Conting.)	7 3/4 "	6 5/8 " (Conting.)	8 1/2	7" (Conting.)

Abb. 8.19 Beispiel eines optimierten Bohrlochkonzepts für Oberrheingraben Projekte (nach Fichter et al. 2009)

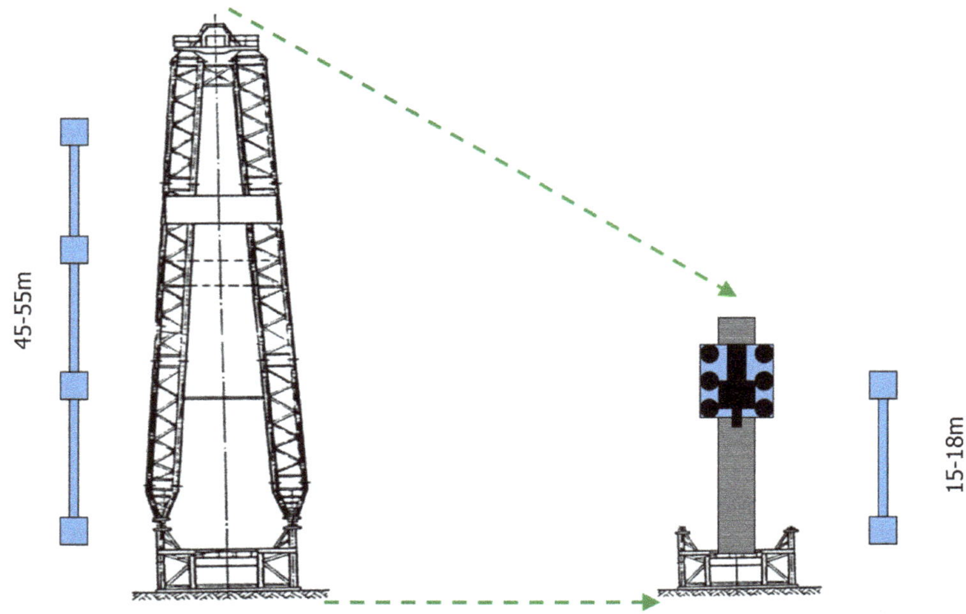

Abb. 8.20 Dreierzug und Einzelzug Bohranlage (Falcone und Teodoriu 2008)

der Masthöhe (siehe Abb. 8.20). Ebenfalls sollte man bei der Planung von Geothermiebohranlagen auf einen automatisierten Bohrstangentransport, der zu einer Verkürzung der Stillstandszeit beim Bohrstangenwechsel führt, auf ein unkonventionelles Hebewerk, einen modularen Aufbau, einer Verringerung der Schall- und Schadstoffemissionen achten. Dies ist nur durch den Einsatz von unkonventionellen Bohranlagen oder von einer neueren Generationen von konventionellen Bohranlagen möglich.

Zukünftig sollte die Bohrkonstruktion und die Komplettierung einer Geothermiebohrung vom herkömmlichen Öl- und Gas-Schema abweichen, um die Betriebssicherheit und die Funktionalität eines Geothermieprojektes zu gewährleisten.

Literatur

Breede, K., Dzebisashvili, K., Liu, X., Falcone, G.: A systematic review of enhanced (or engineered) geothermal systems: past, present and future. Geothermal Energy **1**, 4 (2013). doi:10.1186/2195-9706-1-4.

Buja, H.O.: Grundlagen – Gerätetechnik-Anwendungstechnik Handbuch der Bohrtechnik, Bd. 1. Norderstedt Books on Demands (2012)

Burgess, T.M., Decker, D.: Measurements at the bit – the ideal way to geosteer. Vortragsmanuskript, der Schlumberger-Anadrill (1996)

Engeser, B., et al.: Aus der Durchführung des KTB-Projektes ableitbare Erfahrungen zur Nutzung in der Tiefbohrtechnik DGMK-Tagung, Celle, 27.–28.April 1995 (1995)

Fichter, C., Reinicke, K.M., Teodoriu, C., Wang, Y., Lotz, U.: Influences and limiting parameters of casing design on the success of hydrogeothermal projects – a new approach for the design of geothermal wells Beitrag "Der Geothermiekongress 2009", Bochum, Germany, 17.–19. November (2009)

Gedzius, I., Teodoriu, C.: Innovative Erschließungskonzepte für Hot Dry Rock Projekte im Norddeutschen Becken DGMK/ÖGEW-Frühjahrstagung 2010, Fachbereich Aufsuchung und Gewinnung, Celle, 11./12. April 2011 (2011)

Gedzius, I., Teodoriu, C.: Innovative Erschließungskonzepte für Hot Dry Rock-Projekte im Norddeutschen Becken DGMK/OGEW Frühjahrstagung; Frühjahrstagung des Fachbereiches Aufsuchung und Gewinnung, Celle, 11./12. April 2011. DGMK TAGUNGSBERICHT – CD-ROM EDITION, Bd. 1; 545 (2011)

Hatzsch, P.: Tiefbohrtechnik. Enke, Stuttgart (1991)

Jarwan, A., Menhli, A., Kindi, K.: Optimization of Drilling Operational Parameters and UBD Feasibility Study in a Mature UAE Field Wells. SPE-118082, Abu Dhabi International Petroleum Exhibition and Conference, 3.–6. November. Abu Dhabi, UAE (2008). http://www.onepetro.org. Zugegriffen: 28.11.12

Kinzel, H.: Mechanisierte Handhabung von Gestänge und Rohren – Sicherheitstechnische und wirtschaftliche Überlegungen DGMK Frühjahrskonferenz, Celle, April 2002 (2002)

Marx, C.: Entwicklungsschwerpunkte auf dem Gebiet der Bohrtechnik (1951–2001) 52. Berg- und Hüttenmännischer Tag, Juni 2001 (2001)

Marx, C., Jürgens, R., Rohde, H.: Special developments in drilling technology Oil Gas-International of Erdöl, Erdgas, Kohle **7**, 29–35 (1985)

N.N., Logging while drilling, Schlumberger Educational Services, May 1993

Schatzow, N.I.: Bohren auf Erdöl und Erdgas, 2. Aufl. Bd. 1. Deutscher Verlag für Grundstoffindustrie, Leipzig (1967)

Schatzow, N.I.: Bohren auf Erdöl und Erdgas Bd. 2. Deutscher Verlag für Grundstoffindustrie, Leipzig (1967)

Schaumberg, G.: Bohrgeräte Handbuch. Bohrmeisterschule, Celle (2001)

Teodoriu C., Falcone, G.: Comparing completion design in hydrocarbon and geothermal wells: The need to evaluate the integrity of casing connections subject to thermal stresses, Geothermics **38**, 238–246 (2008)

Teodoriu, C., Cheuffa, C.: A comprehensive Review of Past and Present Drilling Methods with Application to Deep Geothermal Environment 36th Stanford Geothermal Workshop, Stanford, California, January 31–February 2 (2011)

Bohrlochgeophysik

9

Olaf Brenner und Hans-Joachim Rübel

Inhaltsverzeichnis

Olaf Brenner (✉)
Exploration & Geosurvey, DMT GmbH & Co. KG, 45307 Essen, Deutschland
e-mail: olaf.brenner@dmt.de

Hans-Joachim Rübel
Exploration & Geosurvey, DMT GmbH & Co. KG, Am Technologiepark 1,
45307 Essen, Deutschland
e-mail: hans-joachim.ruebel@dmt.de

M. Bauer et al. (Hrsg.), *Handbuch Tiefe Geothermie*, DOI 10.1007/978-3-642-54511-5_9,

Zusammenfassung

Geophysikalische Bohrlochmessungen dienen der in situ Erfassung von gesteins- und bohrungsspezifischen Parametern. Für die „Tiefe Geothermie" sind je nach System (Hydrothermal, Petrothermal, Erd-Wärme-Sonde) unterschiedliche Messungen erforderlich. Das minimale Messprogramm besteht aus einer Kontrolle der Zementation, der Ermittlung der wahren Lage der Bohrung, einer Messung der natürlichen Gamma Strahlung zur Korrelation von Bohrungen und zur Lithologiebestimmung sowie Messungen der Temperatur und der möglichen Fördermengen. Ergänzungen durch Scanner- und Porositätsmessungen sind für Hydrothermale- und Petrothermale Systeme erforderlich.

Das Vertical-Seismic-Profiling (VSP) dient dagegen der stratigraphischen Erkundung des Untergrundes im direkten Umfeld der Bohrung. Das Ziel ist die genaue Bestimmung der Tiefenlage geologischer Schichten sowie die Bestimmung der Ausbreitungsgeschwindigkeiten seismischer Wellen innerhalb der einzelnen Schichtpakete. Die Ergebnisse solcher VSP Messungen werden überwiegend zu Kalibrierungszwecken benötigt. Aus großräumigen 2D- oder 3D-reflexionsseismischen Daten können somit möglichst genaue Geschwindigkeits-Tiefen-Modelle des Messgebiets generiert werden.

Schlüsselwörter

Bohrlochmessungen • Geophysikalische Messungen in Bohrungen • VSP • Vertical Seismic Profiling • Cement Bond Log • Kaliber • natürliche Gamma-Strahlung • Gamma Spektralmessungen • Porosität • Image Logs • Measurement While Drilling • Logging While Drilling • Temperatur • Druckmessung • Geschwindigkeits-Tiefenverteilung • lokale Spannungen • Störung • Lithologie

9.1 Geophysikalische Bohrlochmessungen

9.1.1 Einleitung – Begriffsbestimmungen

Im Folgenden wird das englische Wort Log(s) oft auftauchen. Gemeint sind in dem Zusammenhang Aufzeichnungen der bei bohrlochgeophysikalischen Messungen gewonnenen Daten oder die Messung selbst. Das dient hier der Unterscheidung zwischen „konventionellen" geophysikalischen Messungen und Bohrlochmessungen.

9.1.2 Was sind Bohrlochmessungen?

Bohrlochmessungen sind die Übertragung „normaler" geophysikalischer Messungen in ein Bohrloch – Geophysik im Kleinen. So werden z. B. refraktionsseismische Messungen zu „Full Wave Sonic Logs", Widerstandssondierungen zu Latero- oder Resistivity Logs und

Elektro-Magnetik wird zu einem Induction Log. Hinzu kommen einige Messungen, die nur im Bohrloch möglich sind – z. B. Kaliber oder optische, akustische und elektrische Bohrlochscanner.

Wegen des begrenzten Raumes und der besonderen Bedingungen im Bohrloch müssen die Verfahren an diese Bedingungen angepasst werden, so dass die Oberflächenverfahren nicht 1 : 1 übernommen werden, auch wenn das dahinter stehende physikalische Prinzip dasselbe ist.

Die Messinstrumente müssen hohen Temperaturen standhalten und in Bohrspülung in allen ihren Varianten funktionieren. Es sind nicht in jeder Spülung alle Messungen möglich. So können z. B. nicht alle Widerstandsverfahren in einer Salzspülung durchgeführt werden. Die Messmöglichkeiten werden zum Teil auch durch das Kaliber der Bohrung eingeschränkt. Bei zu großem Kaliber können die physikalischen Eigenschaften der Spülung die des Gebirges dominieren.

Alle weiter unten beschriebenen Bohrlochsonden könnten als Einzelsonden (Single Run Sonden) gefahren werden. Es ist aber üblich Sonden zu langen Strängen zusammenzufügen, so dass mehrere Messungen in einer Messfahrt erfolgen.

9.1.3 Warum Bohrlochmessungen in der Tiefen Geothermie?

Bohrlochmessungen setzt man aus drei Gründen ein:

1. Um das Startmodell der lokalen Geologie zu bestätigen und Detailinformationen zu erhalten, die andere Verfahren nicht liefern können
2. Um den Träger – die Quelle der geothermischen Energie – zu erkunden und seine Eigenschaften in situ zu bestimmen
3. Um die für den Ausbau der Bohrung und den Bohrlochverlauf wichtigen Informationen zu erhalten

1. **Geologie**
   Die Bohransatzpunkte für Tiefe Geothermie Bohrungen werden nach umfangreichen Voruntersuchungen – z. B. Seismik – festgelegt. In den Entscheidungsprozess fließen alle Informationen über die lokale Geologie ein, die zu diesem Zeitpunkt zur Verfügung stehen. Im Normalfall werden diese Daten im Großen und Ganzen durch die Bohrung bestätigt, trotzdem werden sich im Detail immer Unterschiede zum Startmodell ergeben, die den Erfolg des Projekts positiv oder negativ beeinflussen können. Diese zusätzlichen Informationen müssen durch Bohrlochmessungen oder Kerne ermittelt werden. Da das durchgängige Kernen wesentlich teurer ist als eine Bohrlochmessung, werden im Regelfall Kerne nur in besonderen Bereichen gewonnen und ansonsten Bohrlochmessungen durchgeführt.

Bohrlochmessungen liefern auch Daten für die Korrelation zwischen Bohrungen. Dies ist insbesondere dann von Wichtigkeit, wenn in Hydrothermalen oder Petrothermalen Systemen zwei Bohrungen erforderlich sind.

2. **Träger**
   Die Eigenschaften der Wärmequelle können im Vorfeld nur vermutet werden. Details über den Träger müssen durch Bohrlochmessungen gewonnen werden, unabhängig davon, ob die Wärmegewinnung über tiefe Erdwärmesonden (Aachen), über Hydrothermale Systeme (Unterhaching) oder über Petrothermale Systeme (Soultz sous Forêts) erfolgt.
3. **Bohrung**
   Bohrlochverlauf und Kaliberdaten sind wichtig, um die Bohrung zu sichern und um sicherzustellen, dass die Bohrung den geplanten Zielhorizont erreicht.

Messprinzipien Man unterscheidet grundsätzlich zwischen den folgenden Gruppen von Bohrlochmessverfahren

- Elektrische und elektromagnetische Verfahren,
- Radiometrische und kernphysikalische Verfahren,
- Akustische (seismische) Messverfahren,
- Sonstige (Temperatur, Kaliber, Abweichung aus der Senkrechten, Richtung der Abweichung, Flowmeter, Scanner, Kamera …)

Dazu kommen noch eine Reihe von Kombinationen und speziellen Anwendungen und Ausführungen wie z. B. Image Messungen, bei denen durch viele nebeneinander liegende Messungen die gesamte Bohrlochwand abgetastet wird. Die Literaturliste enthält eine Reihe von Standardwerken, in denen sich vertiefende Informationen über alle Standardmessverfahren finden.

Im Folgenden werden nur noch die in Geothermie Projekten üblichen Verfahren ausführlicher behandelt. Es werden das Messprinzip und die Anwendungsbereiche erklärt und es werden Messbeispiele gezeigt.

Für die Tiefe Geothermie werden keine speziellen Sonden verwendet. Die in der Exploration von Kohlenwasserstoffen üblichen Sonden reichen völlig aus. In der Öl- und Gasexploration sind Bohrlochmesssonden für Drücke bis 140 Bar (20.000 PSI) und Temperaturen bis 175 °C üblich. Die Tiefe Geothermie überschreitet aus Kostengründen Tiefen von 4500 m nur selten. Die maximale Temperatur liegt meist bei ca. 150 °C. Bei wirklich hohen Temperaturen können spezielle Sonden eingesetzt werden. Sonden, die Temperaturen von 250 °C bei Maximaldrücken von 140 Bar aushalten, sind verfügbar.

9.1.4 Welche Bohrlochmessungen sind erforderlich?

Außer in Bohrungen, die der Grundlagenforschung dienen oder die von wissenschaftlichen Instituten oder Forschungsprogrammen begleitet werden, ist die Anzahl der Bohrlochmessungen in Geothermie Bohrungen sehr eingeschränkt.

Da Tiefe Geothermie Bohrungen nicht mit gleichbleibendem Durchmesser von der Oberfläche bis in den Zielhorizont gebohrt werden, müssen zur Sicherung der Bohrung Verrohrungen unterschiedlicher Durchmesser eingesetzt und einzementiert werden. Um die erforderlichen Zementmengen zu ermitteln, werden deshalb **Kalibermessungen** durchgeführt. Diese werden ergänzt durch die Messung der natürlichen **Gammastrahlung**, um Daten für eine Korrelation und über die Lithologie zu erhalten. Nach dem Einzementieren einer Rohrtour wird im Regelfall ein **Cement Bond Log** durchgeführt, dass die Qualität der Zementierung nachweisen soll.

Um den Zielhorizont wirklich zu treffen und um die Lage der Bohrung jederzeit zu kennen, müssen während des Bohrens laufend Messungen des **Bohrlochverlaufs** durchgeführt werden. Eventuell nötige Korrekturen können so frühzeitig erkannt und eingeleitet werden. Diese Messungen werden oft prophylaktisch von der Bohrfirma ausgeführt, müssen aber durch Bohrlochmessfirmen überprüft und bestätigt werden.

9.1.5 Spezielle Messungen

Die oben genannten Basismessungen können, wenn zusätzliche Informationen benötigt werden, durch spezielle Messungen ergänzt werden, z. B.

- **Sonic Logs** zum Einhängen von seismischen Sektionen, zur Bestimmung mechanischer Gesteinseigenschaften.
- **Widerstand oder Neutron**, wenn Probleme mit der Porosität oder dem Grundwasser erwartet werden.
- **Dichte** für die Lithologie, die Porosität oder wenn die mechanischen Gesteinseigenschaften ermittelt werden müssen.
- **Bohrloch-Scanner**, wenn die Untersuchung von Störungen, Klüften und Rissen erforderlich ist.
- **Spektrale Gamma Messungen** setzt man an, wenn man erhöhte radioaktive Strahlung oder Strahlung, die nicht von Ton (Ka-40) herrührt, erwartet.

Im Zielhorizont kommen je nach Typ der geplanten Geothermischen Anlage weitere Messungen zum Einsatz.

Erdwärmesonde:	Temperatur, eventuell Logs, die die Formation definieren
Hydrothermale Systeme:	Temperatur, Scanner (akustisch, elektrisch)
Petrothermale Systeme:	Scanner, Temperatur, Dichte, Sonic, lokale Spannung

In allen Typen von Geothermischen Anlagen werden Produktionstests gefahren, bei denen die Temperatur und die Fördermenge über längere Zeiträume gemessen werden.

9.1.6 Messprinzipien

1. **Bohrlochverlauf**
   Diese Messung dient dazu die Abweichung der Bohrung von der vorgegebenen Neigung und Richtung zu messen. Ein Beispiel einer Auswertung für eine abgelenkte Bohrung ist in Abb. 9.1 gezeigt.
   Der Bohrlochverlauf wird durch Richtungs- und Neigungsmessungen bestimmt. Für die Neigungsmessung werden 3-Achs Inklinometer verwendet. Für die Richtungsbestimmung können 3-Achs Magnetometer oder Gyro-Systeme verwendet werden.
   Magnetische Systeme können nur dort eingesetzt werden, wo keine Störung des lokalen Magnetfeldes vorliegt – z. B. nicht in der Verrohrung.
   Gyro Systeme können entweder aus klassischen Kreiseln (mechanische oder Laser Kreisel) oder aus MEMS (Micro Electro Mechanical System) aufgebaut sein.
   Die genaue Lageerfassung ist auch für viele andere Messungen wichtig, so dass Verlaufsmodule nicht nur als Einzelsonden eingesetzt werden, sie sind auch in anderen Sonden fest integriert. So enthalten alle Scanner und viele Mehrarmkaliber Verlaufsmodule, so dass Verlaufsmessungen meist nicht als Extramessung auftauchen. Wird eine Bohrung gezielt abgelenkt, so enthalten auch die Bohrwerkzeuge ein Modul zur Lageerfassung und zur Steuerung des Bohrkopfes.
2. **Kaliber**
   Kalibersonden werden eingesetzt, um den Ist-Durchmesser der Bohrung zu ermitteln und mit dem Soll-Durchmesser zu vergleichen.
   Kalibersonden bestehen aus einer Bohrlochsonde, die über 3 oder mehr ausfahrbare Kaliberarme verfügt (s. Abb. 9.2, Schematischer Aufbau eines 4-Arm-Kalibers). Ist die Sonde in Messposition, werden die Arme geöffnet und in der Aufwärtsfahrt gemessen. Je nach Hersteller liefern die Sonden für jeden Arm eine unabhängige Kaliberspur, oder gegenüberliegende Arme werden zum Bohrlochdurchmesser addiert.
   Vierarm-Kaliber verfügen meist auch noch über eine Orientierungseinheit, die es erlaubt Kaliber in N-S, O-W Richtung auszugeben. Diese Sonden messen Kaliber und Bohrlochverlauf in einem Messgang.
   Kaliber können auch sehr genau aus den Laufzeitdaten der akustischen Scanner Messung berechnet werden, wenn die Ausbreitungsgeschwindigkeit des Ultraschall-Signals in der Spülung bekannt ist. Bei manchen Messfirmen ist die Messung der Geschwindigkeit in der Spülung in den Scanner integriert. Das ergibt dann ein Kaliber, das einem Multiarmkaliber mit z. B. 144 Armen entspricht.
3. **Temperatur**
   Mit dieser Messung wird die Spülungstemperatur in Abhängigkeit von der Tiefe gemessen.

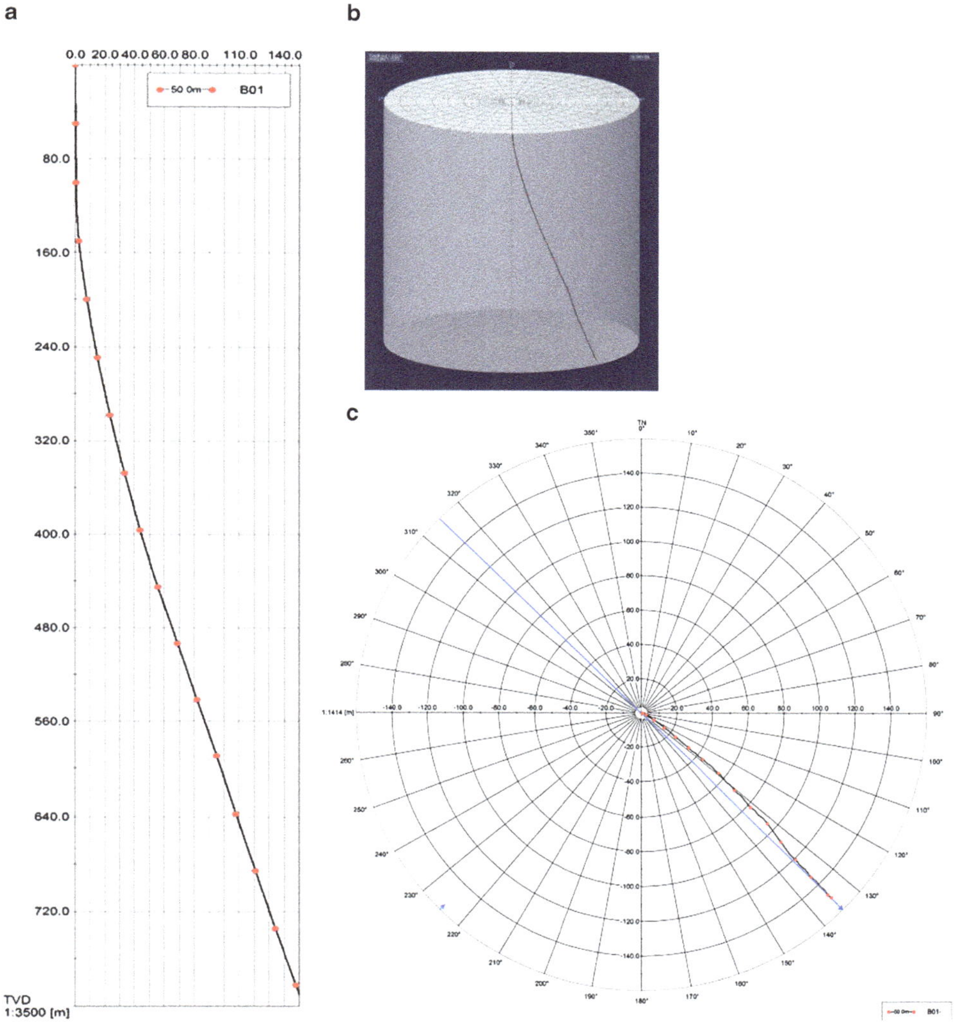

Abb. 9.1 Messbeispiel Bohrlochverlauf, **a** Vertikalschnitt, **b** 3D Darstellung, **c** Bulls Eye. Die *blaue Linie* im Bulls Eye zeigt die Ebene des Vertikalschnittes, Anfangsbereich einer Bohrung die erst abgelenkt und später wieder vertikal gebohrt werden soll (Dog Leg)

Es werden im Allgemeinen Thermoelemente verwendet, die über weite Messbereiche genau arbeiten. Das Thermoelement wird so eingebaut, dass es einen Kontakt zur Bohrspülung hat.

Temperaturmessungen erfolgen in der Spülung und liefern deshalb nicht die Gebirgs-, sondern die Spülungstemperatur. Die Temperaturen gleichen sich mit der Zeit an, so dass nach einigen Tagen davon ausgegangen werden kann, dass die Gebirgstemperatur

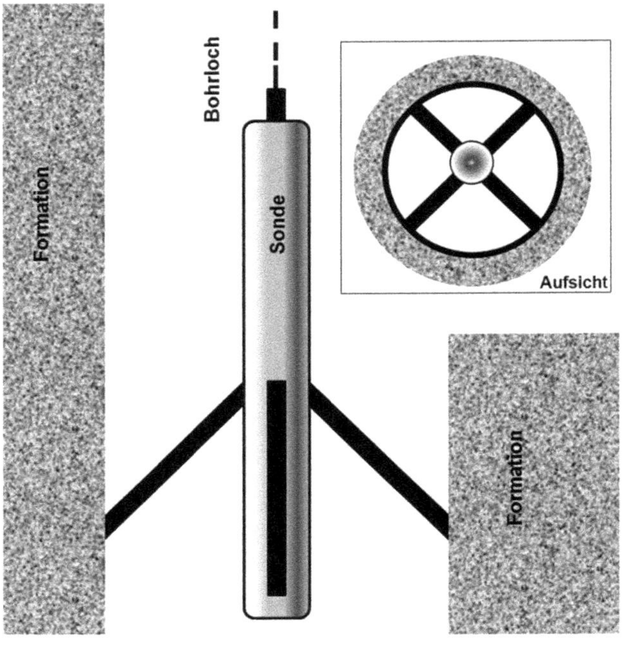

Abb. 9.2 Schematischer Aufbau einer 4-Arm Kalibersonde

auch in der Spülung gemessen werden kann. Um Messfehler durch Verwirbelungen und Konvektion zu vermeiden, erfolgen Temperaturmessungen immer beim Einfahren.
Zu- oder Abflüsse verändern die Temperatur lokal. Zur Verdeutlichung wird meist auch der Temperaturgradient berechnet.
Temperaturmessungen sind oft in „normale" Sonden integriert. Häufige Kombinationen sind Leitfähigkeit/Temperatur/Flow (vertikale Fließgeschwindigkeit)/chemische Eigenschaften der Spülung.

4. **Natürliche Gamma Strahlung/Spektrale Gamma-Messung**
   Messungen der natürlichen Gamma Strahlung dienen zur Lithologiebestimmung. Sie liefern außerdem ein charakteristisches Profil, das für Korrelationen herangezogen werden kann. Wenn Doubletten gebohrt werden, ist diese Messung sehr wichtig.
   Natürliche radioaktive Elemente kommen in unterschiedlicher Konzentration in den meisten Gesteinen vor. Am weitaus häufigsten wird dabei Ka-40 angetroffen, dass vor allem in bestimmten Tonmineralien zu finden ist. Daneben stammt die natürliche Gamma Strahlung im Gestein von allen nicht stabilen Isotopen der Uran und Thorium Zerfallsreihen.
   Gemessen wird die beim Zerfall emittierte Gamma Strahlung. Nur sie besitzt die Energie größere Strecken im Gestein zurückzulegen. Alpha- und Betastrahlung werden in unmittelbarer Nähe zum zerfallenden Atom absorbiert.
   In Gamma Sonden wird ein Szintillationskristall (meist mit Thallium dotiertes NaJ) oder bei speziellen Anwendungen ein Geiger-Müller Zähler verwendet, mit denen ein-

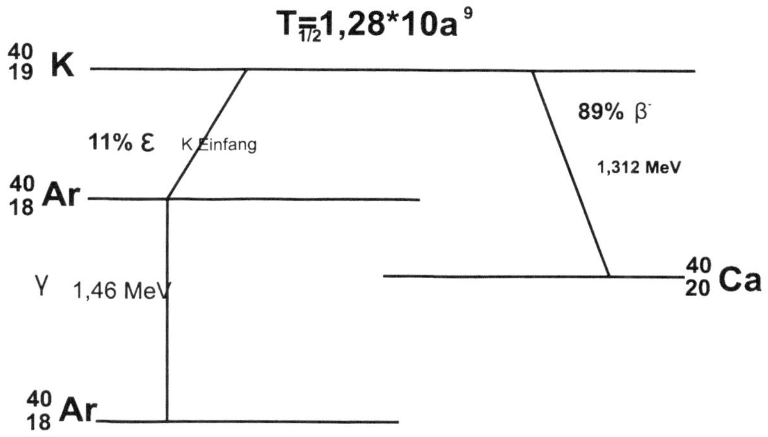

Abb. 9.3 Zerfall von K-40 zu Ar-40. Jeder Zerfall erfolgt unter einer definierten Abgabe von Strahlung (α, β, γ) einer bestimmten Energie

zelne Gamma Quanten erfasst werden können. Das Messergebnis wird in cps (Counts per Second/Impulse pro Sekunde) oder in API Einheiten angegeben.
Da das Messergebnis in cps vom Szintillationskristall (Größe, Durchmesser ...), der Bohrlochsonde selbst (Wandstärke, sonstige Abschirmung ...) und der verwendeten Elektronik abhängt, können verschiedene Sonden unterschiedliche Zählraten liefern, wenn sie die gleiche Schicht passieren. Um vergleichbare Messgrößen zu erhalten, werden die Zählraten deshalb normiert und in API ausgegeben. Die Vorschrift zur Normierung stammt vom „American Petroleum Institute" und wird deshalb einfach als API Einheit bezeichnet.
Während K-40 beim Zerfall eine monoenergetische Strahlung (1,46 MeV s. Abb. 9.3) aussendet, emittieren die Elemente der Zerfallsreihen von Uran oder Thorium immer Strahlung in einem breiten Spektrum (s. Abb. 9.4). Werden Informationen über die in der Formation oder der Porenfüllung vorhandenen radioaktiven Elemente benötigt, dann ist eine „Spektrale Gamma Sonde" erforderlich.

Spektrale Gamma Sonden sind „normale" Gamma Sonden, bei denen die Energie der gemessenen Gamma Quanten zusätzlich erfasst wird. Jeder Gamma Strahler emittiert Gamma Quanten mit charakteristischen Energien (s. Abb. 9.3). Aus dem gemessenen Spektrum (s. Abb. 9.4) lassen sich dann die beteiligten Stoffe ermitteln. Die Darstellung erfolgt zur besseren Übersicht meist als Summenkurve in den für die Hauptquellen charakteristischen Energiebereichen (s. Abb. 9.3 – Ka, Th). Ist das ganze Spektrum erforderlich, so wird heute meist eine Falschfarbendarstellung benutzt, die es erlaubt alle Spektren in einem Log darzustellen.

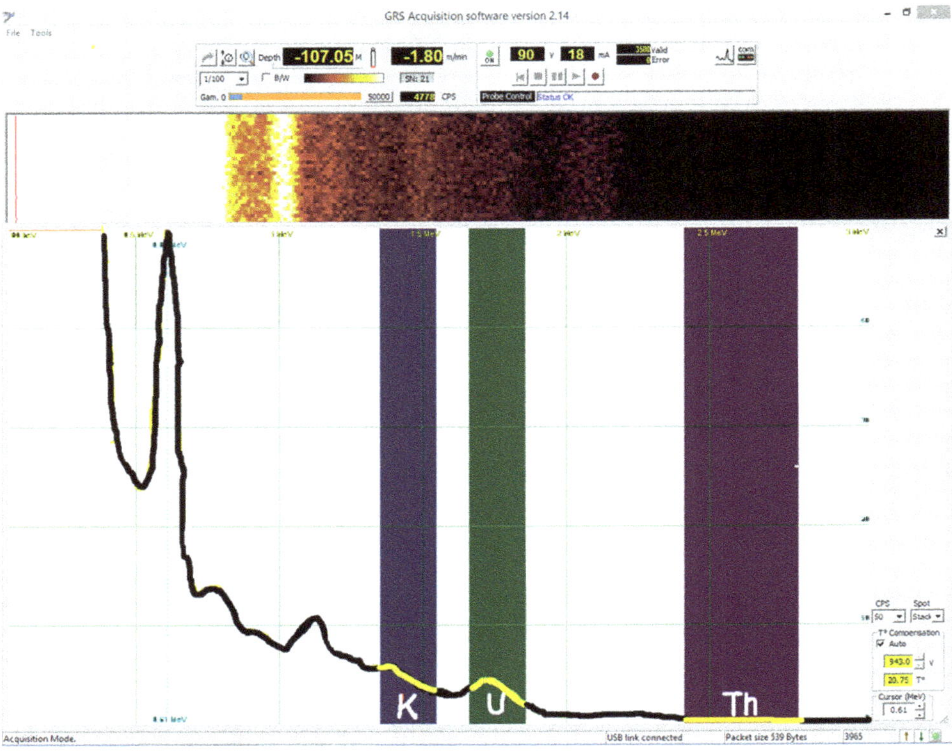

Abb. 9.4 Mess- und Darstellungsbeispiel einer Uran Probe (Screen Shot, Electro-Mind). Die *gelbe Linie* im unteren Teil zeigt das gemessene Spektrum als Diagramm. Darüber ist das Spektrum als Falschfarben Diagramm zu sehen (*weiß* hohe Werte, *schwarz* niedrige Werte) (Beispiel E-Mind Logger)

5. **Scanner**
   a) **Akustischer Scanner**
   Akustische Scanner Messungen dienen dazu die Bohrlochwand sehr detailliert abzutasten. Sie erfassen kleinere Störungen, Klüfte, Risse, Foliation und Lithologie-Wechsel und liefern orientierte Bilder, aus denen Daten für das lokale Spannungsfeld ermittelt werden können. Akustische Scanner werden nicht nur zur Untersuchung der Bohrlochoberfläche, sondern auch zur Verschleißkontrolle des Ausbaus verwendet (Wandstärkemessungen, Kontrolle der Oberfläche auf Ablagerungen …). Außerdem setzt man akustische Scanner ein, wenn die Spülung den Einsatz elektrischer Systeme nicht zulässt.
   Ein akustischer Scanner erzeugt Bilder der Bohrlochwand, die auf der von der Bohrlochwand reflektierten Amplitude und der Laufzeit eines Ultraschallimpulses beruhen. Zur Messung wird in einem sich drehenden Ultraschallkopf ein akustischer Puls erzeugt, der durch die Bohrlochflüssigkeit bis zur Bohrlochwand läuft. Dort

wird ein Teil des Signals reflektiert. Der Sender wird auch als Empfänger des reflektierten Pulses verwendet. Gemessen werden die Laufzeit des Signals und die Amplitude des reflektierten Signals. Pro Umdrehung werden je nach Messfirma bis zu 512 Messungen gemacht. Der Abstand der Messpunkte hängt vom Durchmesser der Bohrung ab. Es wird versucht den horizontalen Abstand der Punkte und den Vertikalabstand gleich zu halten.

Die Laufzeit liefert bei bekannter Geschwindigkeit von Schallwellen in der Bohrspülung ein sehr genaues Multiarm-Kaliber. Die Amplitude ist ein Maß für die Reflexionseigenschaften des Gesteins. Weiche, raue Oberflächen reflektieren das Signal nur schwach, glatte oder harte Oberflächen sehr stark. In Rissen und Klüften wird kein Signal reflektiert.

Die Darstellung erfolgt winkelabhängig in Falschfarben Diagrammen (s. Abb. 9.5). Um die Daten orientiert (nordorientiert oder „high side“ orientiert) darstellen zu können, verfügen alle Scanner Sonden zusätzlich über Sensoren, die die Lage der Sonde messen – meist 3-Achs Neigungs- und 3-Achs Magnetfeldsensoren. Bei stark abgelenkten Bohrungen macht eine Darstellung bezüglich magnetisch Nord kaum noch Sinn, deshalb werden in diesem Fall die Daten bezüglich „Oben“ (high side) im Bohrloch dargestellt.

b) **Elektrischer Scanner**

Elektrische Scanner werden dann eingesetzt, wenn neben den Informationen über Risse und Klüfte auch lithologische Informationen gefordert werden, die der akustische Scanner nicht liefert. Sie messen den scheinbaren Gesteinswiderstand der Formation. Außerdem werden sie eingesetzt, wenn der Bohrlochdurchmesser oder die Spülung den Einsatz von akustischen Scannern unmöglich macht.

Bei einem elektrischen Scanner befindet sich auf einem ausfahrbaren Arm eine Reihe von Mikrowiderstandssensoren. Die Sensoren sind so angeordnet, dass sie eine möglichst große Fläche der Bohrlochwand überdecken ohne sich gegenseitig zu beeinflussen (s. Abb. 9.6). Da die Sensoren in einer festen Anordnung auf den Armen angebracht sind überdecken sie – je nach Durchmesser – nur einen mehr oder weniger großen Teil des Bohrlochs. Um die überdeckte Fläche zu vergrößern; haben die Arme (Pads) noch ausklappbare Flügel (Flaps).

Wie bei den akustischen Scannern werden die Messwerte in Falschfarbendiagrammen winkelabhängig dargestellt. Im Gegensatz zu den winkelabhängigen Punktabständen beim akustischen Scanner sind hier die Punktabstände konstant. Je nach Bohrlochdurchmesser können sich so Lücken in der Darstellung ergeben.

6. **Druck-/Temperaturmessung**

Druckmessungen sind keine „originäre“ Bohrlochmessung, sie werden jedoch benötigt um die Leistungsfähigkeit eines Aquifers in einem Hydrothermalen System zu bestimmen. Bei einem Dauerpumpversuch wird dabei der Absenkungsbetrag über eine Druckmessung zusammen mit der Temperatur in einer Messsonde erfasst und mit den Förderraten kombiniert. Die Messsonde wird weit unterhalb der Pumpe in einer festen

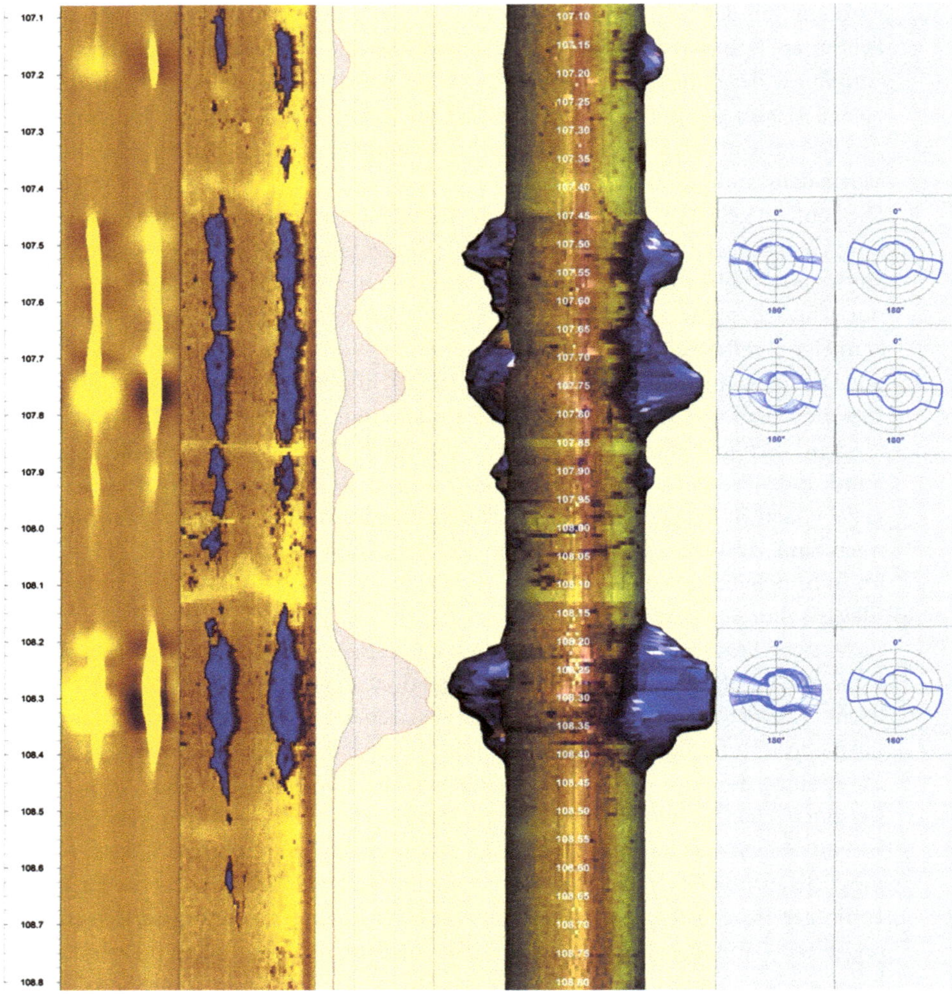

Abb. 9.5 Daten einer Messung mit dem Akustischen Scanner (ALT, WellCad Beispiel, Breakout 3D), von *links*: Laufzeit (Kaliber), Amplitude, Min/Max Kaliber, 3D Darstellung der Bohrung, einzelne Querschnitte, mittlerer Querschnitt über ein Intervall

Tiefe installiert. Die Daten werden meist über den gesamten Zeitraum der Tests gespeichert – seltener direkt zur Oberfläche übertragen.

Der Drucksensor ist mit einer Datenaufzeichnungseinheit kombiniert und etliche Meter unterhalb des Ruhewasserspiegels eingebaut. Das kann in großer Tiefe sein, je nach Tiefe des angebohrten Aquifers. Es wird entweder in verschiedenen Zyklen mit unterschiedlichen Pumpraten gefördert oder die Pumpe wird fest auf die erforderliche,

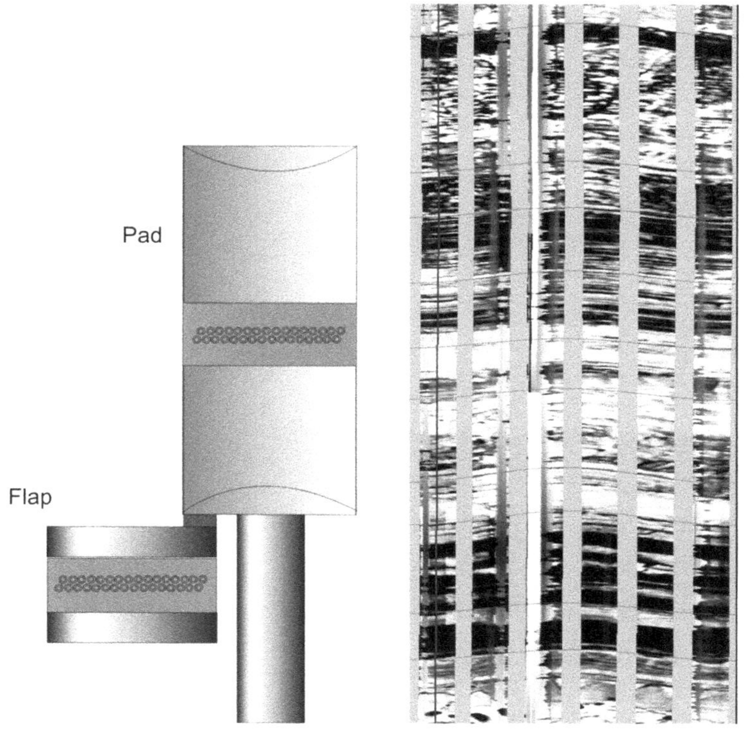

Abb. 9.6 *Links*: eine Kombination aus Pad und aufklappbarem Flap um die erfasste Fläche der Bohrlochoberfäche zu vergrößern. *Rechts*: ein typisches Bild eines elektr. Scanners. Die Darstellung ist normalerweise farbig. Die Pads und Flaps überdecken nicht die gesamte Bohrlochoberfläche. Es sind die charakteristischen Lücken zu erkennen. *Dunkle* und *helle* Bereiche stehen für hohe bzw. niedrige scheinbare Gesteinswiderstände

vorausberechnete Pumprate eingestellt und beobachtet, wie sich der Flüssigkeitsspiegel in der Bohrung verhält.

Die Förderraten und die Auslauftemperatur werden aufgezeichnet. Aus den Absenkungs- und Wiederanstiegszeiten und aus der Absenkung selbst lassen sich die möglichen Förderraten berechnen. Zusammen mit den Temperaturaufzeichnungen kann die Leistungsfähigkeit des Systems abgeschätzt werden. Abgeschätzt, weil diese Versuche zwar einige Zeit dauern, die echten Daten aber erst im Langzeitbetrieb gemessen werden können. Alle Hydrothermalen Systeme verändern ihre Eigenschaften nach einiger Zeit, weil sich das Basissystem durch Druck- und Temperaturänderungen und Änderungen des Chemismus ändert. Diese Tests sollten immer dann wiederholt werden, wenn eine Regenerierung erfolgt ist. Abbildung 9.7 zeigt eine Zusammenstellung eines Tests. Die Förderraten werden später in die Messungen eingefügt.

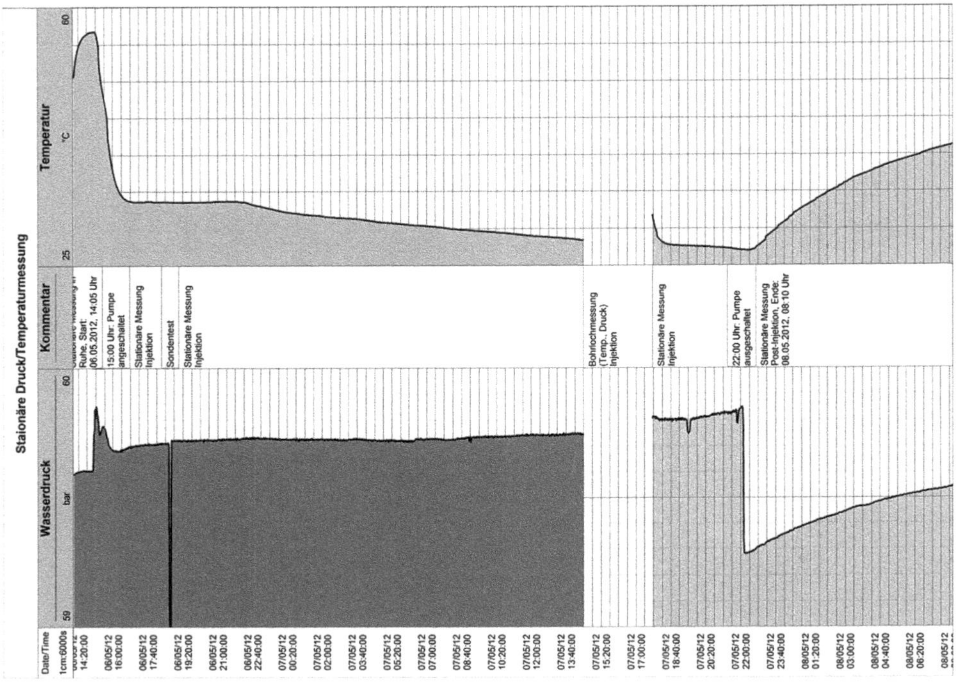

Abb. 9.7 Druck-/Temperaturmessungen über einen längeren Zeitraum (Messung terratec, Literatur, Hydro Data). Die Lücke zeigt, dass in diesem Zeitraum keine Messung erfolgte, weil z. B. Messungen oder andere Arbeiten in oder an der Bohrung durchgeführt wurden

Im Grunde kann dasselbe Messsystem auch in einem Petrothermalen System verwendet werden, um die Eigenschaften des „Wärmetauschers" oder Verluste im System nachzuweisen.

7. **Sonic/CementBondLog**
   a) **Sonic/Akustische Bohrlochmessungen**
   Sonic Messungen (FWS) werden eingesetzt, um die P- und S-Wellengeschwindigkeiten in der Formation zu bestimmen. Sie können dazu dienen die Bohrung mit seismischen Profilen zu korrelieren. Die P- und S-Wellengeschwindigkeit ist erforderlich, wenn man dynamische Kennwerte (E-Modul, Scher Modul, Kompressionsmodul) berechnen will.
   Bei akustischen Bohrlochmessungen werden mit elastischen Ultraschallwellen die Eigenschaften des Gebirges untersucht. Eine Ultraschall Quelle sendet eine P-Welle durch die Spülung ins Gebirge. An der Bohrlochwand läuft die ursprüngliche p-Welle als refraktierte P- und S-Welle entlang und erzeugt dabei in der Spülung ein sekundäres Wellenfeld. Das Signal in der Spülung wird von mindestens zwei, meist jedoch deutlich mehr Empfängern registriert. Ausgewertet wird die Laufzeit-

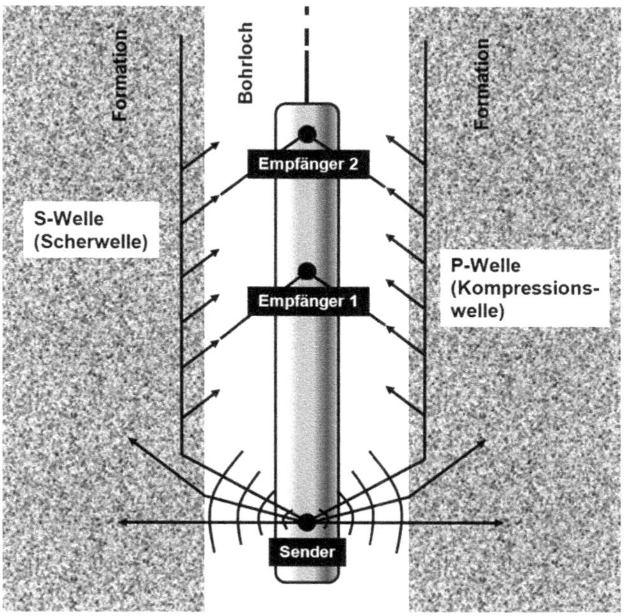

Abb. 9.8 Prinzipieller Aufbau einer Sonic/CBL Sonde. *Unten* ist der Sender zu sehen, im *oberen Teil* sind 2 Empfänger dargestellt. Die P- und S-Wellen Laufwege sind angedeutet

differenz an zwei Empfängern. Die Differenz entspricht der Laufzeit des Signals im Gebirge. Es können so P- und S-Einsätze erfasst werden, wenn die S-Geschwindigkeit im Gebirge höher ist als die P-Geschwindigkeit in der Spülung.

Moderne Sonden verfügen über mehrere Sender, oft mit unterschiedlichen Sendecharakteristiken (Monopol- oder Dipol-Quellen) und 4 bis 8 Empfängern. Erfasst werden neben den P- und S-Wellen eine Reihe von Wellentypen, die entstehen, wenn eine P- oder S-Welle an einer Grenzfläche (Spülung/Bohrlochwand) entlangläuft (Stoneley Wellen, Pseudo Rayleigh Welle). Dazu ist es zwingend erforderlich, dass der gesamte Wellenzug aufgezeichnet und ausgewertet wird, nicht nur die Ersteinsätze. Diese Sonden werden als FWS-Sonden (Full Wave Sonic) bezeichnet.

b) **Cement Bond Messungen (CBL)**

CBL Messungen dienen ausschließlich der Kontrolle der Zementierung.

Bei einem „Cement Bond Log" nutzt man die Tatsache, dass eine vollständige Zementierung eine sehr gute Verbindung zwischen Verrohrung und Formation herstellt. Der größte Teil der Energie der Ultraschall Welle wird deshalb in die Formation abgegeben. Am Empfänger kommen nur sehr schwache Signale an. Ist die Zementierung fehlerhaft oder unvollständig, wird ein großer Teil der Energie über die Rohrtour weitergeleitet, und am Empfänger kommt ein wesentlich stärkeres Signal an. Cement Bond Messungen setzen immer die Aufnahme des gesamten Wellenzuges voraus (FWS).

Zur Beurteilung der Zementationsqualität kann man dann die Dämpfung (Verhältnis zweier aufeinander folgender Maximalamplituden) oder die Gesamtenergie in

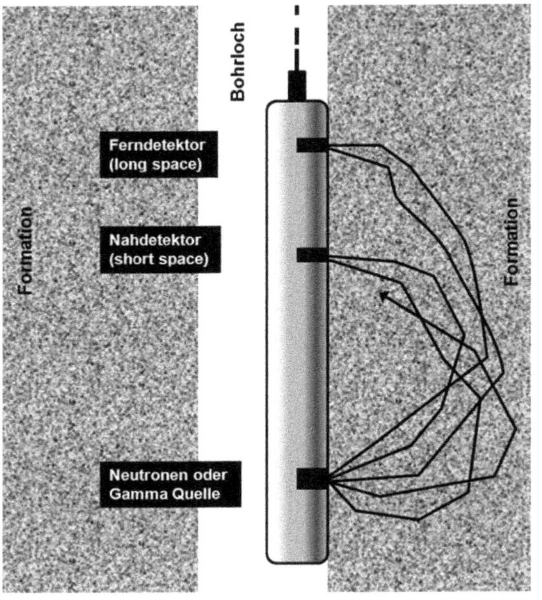

Abb. 9.9 Prinzipieller Aufbau von Dichte oder Neutron Sonden. Eine Strahlenquelle im unteren Teil der Sonde emittiert Gamma Quanten oder Neutronen, die nach dem Durchqueren der Formation von im Regelfall zwei Sensoren erfasst werden

einem Zeitintervall benutzen. Allgemein gilt: niedrige Energie bzw. hohe Dämpfung gleich gute Zementation.

Neben den oben beschriebenen Cement Bond Sonden, die auf dem Refraktionsprinzip beruhen, gibt es auch Sonden, die auf dem Reflexionsprinzip beruhen (Puls-Echo Sonden). Dort liegen Sender und Empfänger wesentlich näher zusammen. Aus dem FWS Signal werden die Reflexionen/Übergänge Spülung/Rohr, Rohr/Zement und Zement/Formation untersucht.

Puls Echo Sonden werden oft als „segmentierte" Sonden eingesetzt. Dabei sitzen Sender und Empfänger auf ausfahrbaren Armen, die an die Rohrtour angepresst werden. So können auch einzelne Segmente von 90° oder 60° Öffnungsweite untersucht werden.

8. **Dichte/P_e/Neutron**

   a) **Dichte**

   Dichtesonden werden eingesetzt, um die Dichte und die Porosität der Formation zu ermitteln. Die Dichte ist auch erforderlich, um zusammen mit der P- und S-Wellengeschwindigkeit die Elastischen Parameter (Poisson Zahl, Scher-Modul, Kompressions-Modul, E-Modul) zu berechnen.

   Bei einer Dichtesonde wird eine Gamma-Quelle (im Regelfall Cs-137) mit der Sonde in das Bohrloch gebracht. Die aus dem Gebirge rückgestreute Strahlung (Compton Effekt) wird mit Szintillationszählern – vergleichbar der Messung der natürlichen Gamma Strahlung – gemessen. Die Sonden verfügen im Regelfall über mehrere Messkanäle mit unterschiedlichen Abständen zwischen Quelle und Sensor. Die rückgestreute Strahlung ist der mittleren Kernladungszahl und damit der (Elektronen-)Dichte proportional. Die gemessene Dichte wird durch den Beitrag aller Elemente im Wirkungsbereich der Gamma Strahlung beeinflusst – und ist deshalb eine gesteinsspezifische Größe. Die Sonden sind kalibriert und liefern Dichten in g/cm^3.

b) **P_e Messung**
Klassische Dichtesonden nutzen Gamma Strahlung in einem Bereich von 0,25 MeV bis 0,662 MeV (Compton Effekt). Es ist aber auch möglich den Foto Effekt für die Messung heranzuziehen (P_e Sonde). Dabei werden Gamma Quanten niedriger Energie (kleiner 0,04 MeV) erfasst. Diese Sonde liefert keine Dichte, sondern einen Absorptionsindex (photoelectric factor) in barns/electron. Diese Größe ist direkt abhängig von der Ordnungszahl der Atome in der Formation und daher sehr nützlich zur Bestimmung der Lithologie.
Diese Sonden müssen, um den Einfluss der Spülung zu minimieren, an die Bohrlochwand angepresst werden.

c) **Neutron**
Neutron Messungen werden benötigt, um Informationen über Porosität und Porenfüllung zu erhalten.
Eine Neutron Sonde hat prinzipiell den gleichen Aufbau wie die Dichte Sonde. Mit der Sonde wird eine Neutron-Quelle in das Bohrloch gebracht (AmBe oder eine Puls Quelle). Die aus dem Gebirge rückgestreute Strahlung wird mit Szintillationszählern (Neutron-Gamma Sonde) oder mit Neutronendetektoren (Neutron-Neutron Sonde) gemessen. Die Sonden verfügen im Regelfall über mehrere Messkanäle mit unterschiedlichen Abständen zwischen Quelle und Sensor.
Da die Absorption von Neutronen im Wesentlichen durch den Wasserstoffgehalt in der Formation bestimmt wird, und Wasserstoff normalerweise nur im Wasser des Porenraums der Formation vorkommt sind Neutron Sonden auf eine Basisporosität kalibriert. Sie liefern eine Porosität relativ zur Porosität, auf die sie kalibriert wurden (negative Porositäten oder Porositäten mit extrem großen Werten sind so möglich).

9. **Abgelenkte Bohrungen/Logging-/Measurement While Drilling**
Werden Bohrungen gezielt abgelenkt oder soll kontrolliert ein „Dog Leg“ mit größeren Ablenkwinkeln in eine vorgegebene Richtung gebohrt werden, können praktisch alle oben genannten Sonden in ein „Measurement While Drilling“ (MWD) oder „Logging While Drilling“ (LWD) Tool integriert werden. Die Messsonden sind dann zusammen mit der Turbine und den Steuerelementen des Ablenkwerkzeuges in einem globalen Werkzeug integriert, das am Ende des Rohrstrangs zwischen Bohrgestänge und Meißeleinheit/Ablenkeinheit eingebaut ist (BHA Bottom Hole Assembly). Das Ablenken kann so „on line“ überwacht werden (MWD).
Bei MWD und LWD Messung werden die Daten in niedriger Auflösung mit einem Druck-Puls Verfahren, bei dem der Spülungsfluss kurzeiteig unterbrochen wird, übertragen. Beim LWD werden in Daten hoher Auflösung zusätzlich im Tool gespeichert und erst nach der Bergung des Tools (Round Trip) ausgelesen.

9.1.7 Optionale Messungen

Letztlich steht das ganze Programm der Bohrlochmessungen für zusätzliche Messungen zur Verfügung. Das Messprogramm wird meist nur dann erweitert, wenn die angetroffene Geologie nicht den Erwartungen entspricht oder unerwartete Schwierigkeiten mit der Bohrung auftreten. Beispiele sind

- Die Bohrung ist „trocken“ (d. h. die projektierte Kluft/Störung liefert nicht genug Wasser, oder ist nicht dort, wo sie erwartet wurde).
- Die Bohrung liefert Wasser, das zu aggressiv oder korrosiv ist.
- Unerwartete Abweichung der Bohrung vom geplanten Bohrpfad.
- Ausbrüche, Instabilitäten der Bohrlochwand.

Dann muss mit einem Experten geklärt werden, welche zusätzlichen Messungen zur Lösung der aufgetretenen Probleme beitragen können.

9.1.8 Messungen, die zusätzlich Informationen liefern für Störungen, Lithologie, Porosität, Hydrologie

Hier kommen in erster Linie elektrische Messungen wie Latero Logs oder Induction Logs in Frage. Es sind allerdings nicht alle Messungen in allen Spülungen möglich.

Dazu kommen Speziallogs, die im Betrieb erst anfallen – in erster Linie Messungen, die den Zustand der Förderrohre wiedergeben oder den Temperaturverlauf. Teilweise sind Wiederholungsmessungen der „Standardmessungen“ erforderlich, weil sich die Parameter der Anlage im Betrieb stärker als erwartet verändern.

Wann welche Logs gefahren werden können – oder müssen –, sollte man mit einem Fachmann erörtern. Grundlegende Information sind in der angegebenen Literatur zu finden.

9.1.9 Anwendungsbeispiele

Petrothermales System Lokales Spannungsfeld Auf der Abb. 9.10 ist eine Abspielung eines Akustischen Scanners zu sehen, auf der die für die Ermittlung des lokalen Spannungsfeldes (Petrothermales System) wichtigen Größen zu erkennen sind. Im oberen Teil sind im weicheren Material Bohrlochrandausbrüche, und im unteren Teil im harten Material sind bohrbedingte Risse zu erkennen.

Bohrlochrandausbrüche sind unregelmäßige, größere Ausbrüche in der Bohrlochwand, die in zwei klar abgegrenzten Richtungen auftreten. Im Allgemeinen treten die Randausbrüche senkrecht zur horizontalen Hauptspannungsrichtung (S_H) auf. An diesen Stellen ist das Bohrloch deutlich verformt (oval).

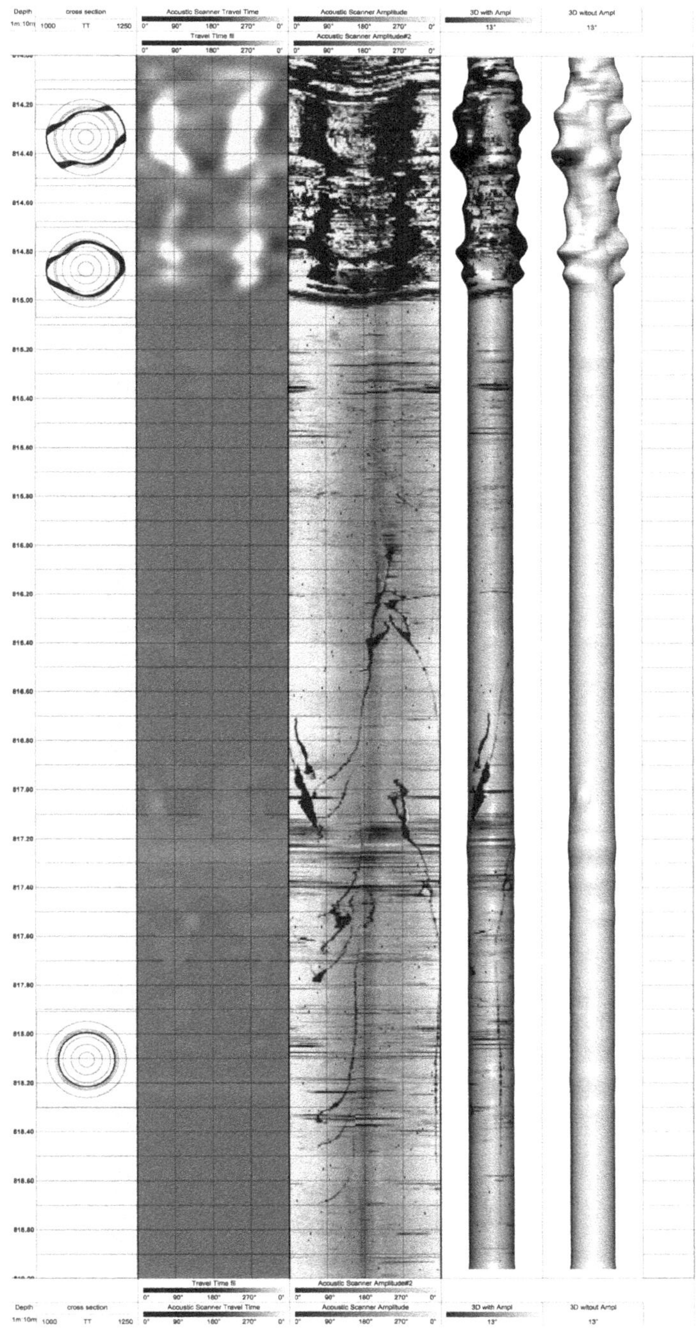

Abb. 9.10 Beispiel einer Scanner Messung mit Bohrlochrandausbrüchen und vertikalen, bohrbedingten Rissen. Die Randausbrüche stehen senkrecht auf S_H, die Risse sind parallel zu S_H. Von *links*: Bohrlochquerschnitte, Kaliber/Laufzeit, Amplitude, 3D mit Amplitude, 3D nur Kaliber

Bohrungsbedingte Risse (DIF Drilling Induced Fractures) sind im Allgemeinen dünne, unregelmäßige senkrechte Risse in der Bohrlochwand. Sie verlaufen parallel zur Hauptspannungsrichtung und beginnen oder enden oft in vorhandenen Rissen oder kleinen Klüften. Im Querschnitt der Bohrung sieht man, dass in diesem Bereich keinerlei Verformung auftritt. Die Bohrung ist nach wie vor rund. Sie sind in der Kalibermessung oder in den Laufzeitdaten des akustischen Scanners nicht zu sehen.

Beide Systeme stehen senkrecht aufeinander und können im gleichen Tiefenabschnitt auftauchen. Bei diesem Beispiel treten sie nacheinander auf. Die 3D Darstellung verdeutlicht, wie stark das Bohrloch im oberen Teil in Mitleidenschaft gezogen wurde.

Das Beispiel in Abb. 9.11 zeigt einen Wasserzulauf über Klüfte in einem Hydrothermalen System.

Das Beispiel zeigt einen Zustrom über ein Störungssystem. Die eigentliche Störung hat eine Öffnung von fast 2 m. Sie wird von einer Reihe kleinerer Klüfte mit Öffnungen von wenigen Zentimetern bis zu einigen Dezimetern begleitet und endet in einer zweiten Störung mit nicht ganz so großer Öffnungsweite (von der Störung aus nach Oben beschrieben).

Im oberen Drittel der Abb. 9.11 sind sehr gut bohrbedingte Risse zu erkennen (1239,5 bis 1241,5 m). Die Hauptspannungsrichtung liegt demnach bei ca. 30°/210°.

Der Hauptzustrom beginnt in der Störung bei ca. 1245 m und endet in der zweiten, kleineren Störung bei 1238,7 m, die immerhin noch eine Öffnung von fast einem Meter aufweist. An dieser zweiten Störung ist die Oberseite fast horizontal, die Unterseite fällt jedoch mit ca. 45° nach NNW ein (die Einfallsrichtung der Störung ist ca. 300°, senkrecht zu S_H).

Abgesehen vom eigentlichen Störungsbereich ist das Kaliber der Bohrung maßhaltig.

9.2 Vertical Seismic Profiling (VSP-Messungen)

9.2.1 Was ist VSP?

Das Vertical Seismic Profiling (VSP) ist ein geophysikalisches Bohrlochverfahren, bei dem seismische Empfänger (Geophone, Hydrophone, etc.) in eine Bohrung auf zuvor definierte Positionen eingebracht werden. In der Bohrung werden die Empfänger mechanisch oder hydraulisch an die Bohrlochwand angekoppelt. Anschließend werden seismische Signale von einer Quelle (Vibrator, Sprengstoff, beschleunigte Fallgewichte, etc.) an der Erdoberfläche generiert. Bei einem einzigen Quellpunkt an der Erdoberfläche spricht man von einer sog. Single-Offset-VSP, im Falle der Quelle direkt am Bohrloch handelt es sich um eine Zero-Offset-VSP. Bei Multi-Offset VSP-Messungen (MOVSP), oder auch Walkaway-VSP-Messungen, werden Signale an einer Vielzahl von Quellorten an der Erdoberfläche generiert. Dabei können diese Punkte entlang einer Linie in festen Abständen gelegt werden, aber auch in Abhängigkeit der Geologie im Untergrund an vielen räumlich verteilten Positionen um das Bohrloch gelegt werden. Ebenso sind linienartige Messanordnungen in mehrere Richtungen denkbar.

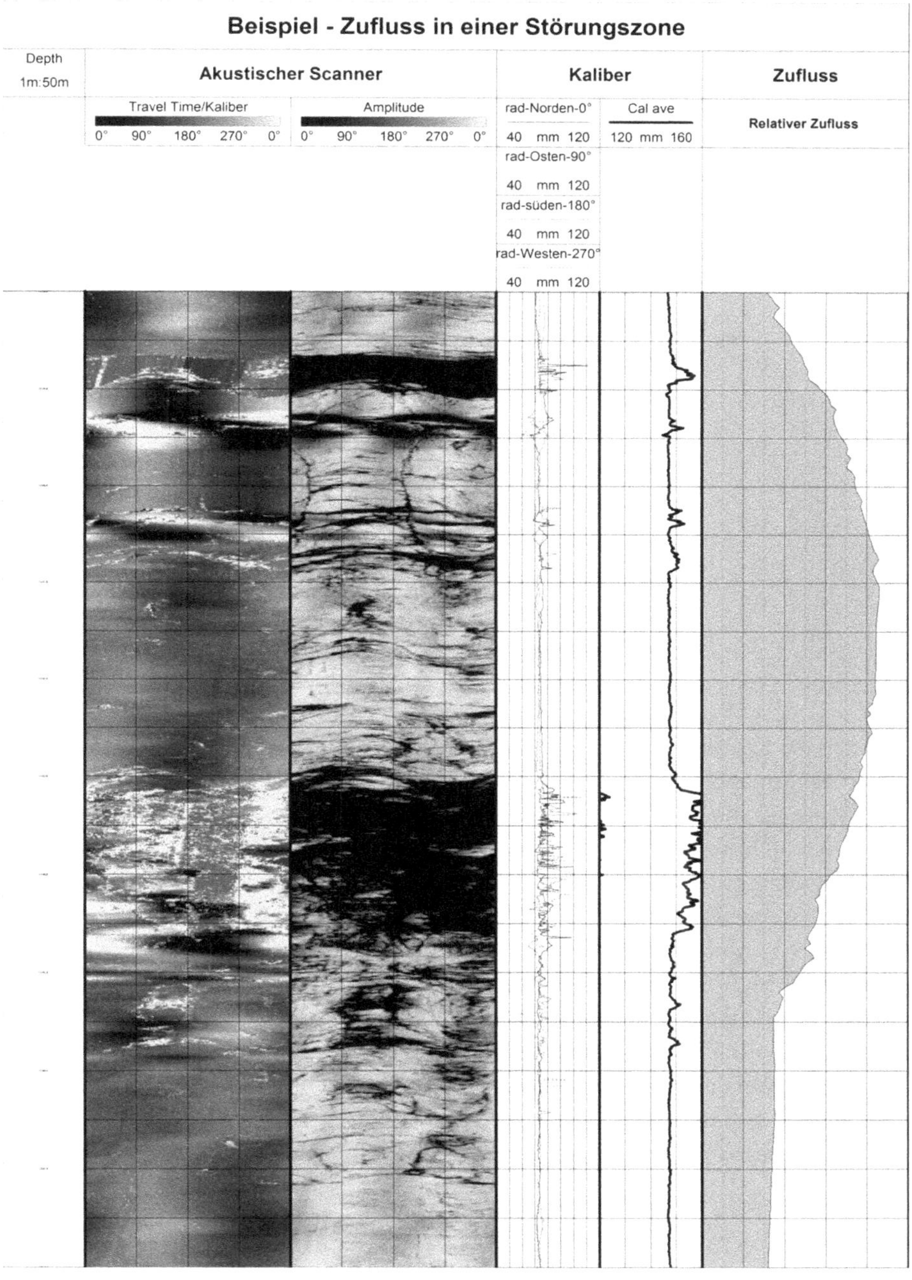

Abb. 9.11 Composit Log aus akustischem Scanner und Flowmeter. In diesem Bereich wurde eine Störung angetroffen, in der erhebliche Mengen Wasser in die Bohrung flossen. Von *links*: Laufzeit, Amplitude, 4 Kaliberspuren aus dem Laufzeitbild, Mittleres Kaliber, Zuflussmenge – normiert aus einer Flowmeter Messung

Abb. 9.12 Strahlenverlauf bei Single-Offset VSP

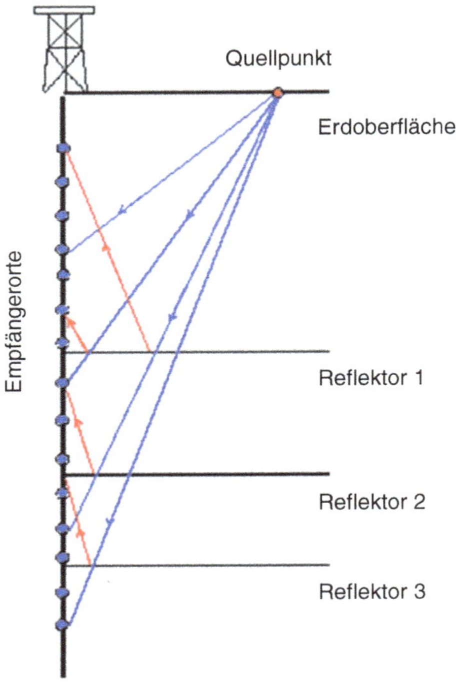

Werden die Signale anstatt an der Erdoberfläche in der Bohrung generiert und an der Erdoberfläche mittels Geophonen aufgezeichnet, so spricht man von einer „Reverse-Multi-Offset" Messung (RMO-VSP). Auswertung und Interpretation der Ergebnisse sind identisch mit den üblichen VSP-Messungen. Als Quelle werden dabei überwiegend explosive Stoffe eingesetzt. Eine Sprengung im Bohrloch birgt dabei das Risiko, dass die Bohrung abschnittsweise zerstört wird und dann nicht mehr nutzbar ist.

Die Abb. 9.12 und 9.13 zeigen schematisch die Messanordnungen einer Single-Offset-VSP und einer MOVSP-Messung. Dargestellt sind Aufnehmerpositionen (innerhalb eines Bohrloches) und Quellorte (entlang der Erdoberfläche). Zusätzlich sind Strahlenwege von Wellen skizziert, die direkt von der Quelle zum Empfänger laufen (Downwaves) sowie von Wellen, die an geologischen Horizonten reflektiert werden und anschließend am Empfänger eintreffen (Upwaves). Um eine möglichst gute Aussagegenauigkeit des VSP-Verfahrens zu erzielen, müssen bei den Feldmessungen die folgenden Voraussetzungen geschaffen werden.

9.2.2 Messgeräte

Bei den seismischen Empfängern im Bohrloch kommen in der Regel Geophone oder Hydrophone zum Einsatz. Beide Typen können als Einzelgeräte als auch in Form von Ketten

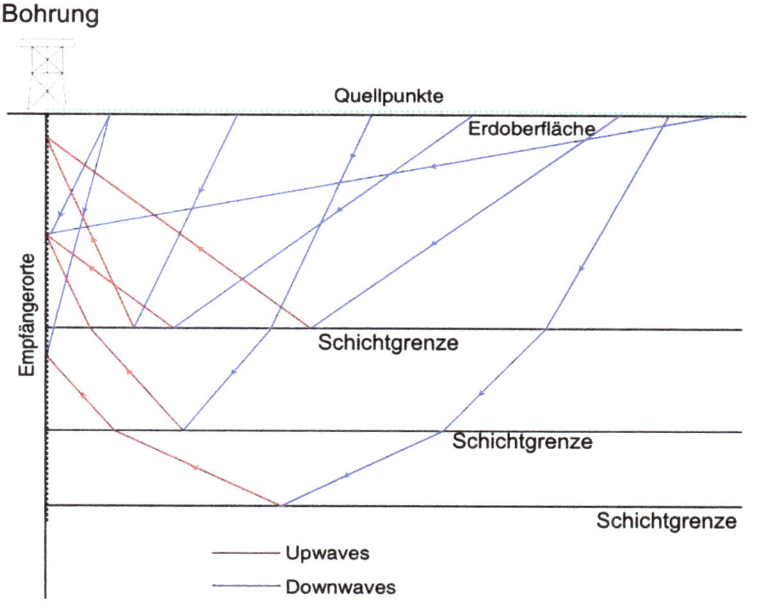

Abb. 9.13 Strahlenverlauf bei MOVSP

eingesetzt werden. Bei diesen Ketten werden mehrere Empfänger in einem festen Abstand nacheinander angebracht, wodurch auch ein höherer Messfortschritt erreicht werden kann. Die Empfänger unterscheiden sich wie folgt:

Geophone

Das Funktionsprinzip der Bohrlochgeophone ist identisch mit dem von üblichen Oberflächengeophonen. Die seismischen Wellen werden durch direkten Kontakt an das Geophon übertragen. Dazu benötigt das Bohrlochgephon eine direkte Ankopplung an die Bohrlochwand. Dies geschieht mittels mechanischer, hydraulischer oder pneumatischer Mechaniken, die den Geophonkörper an die Bohrlochwand pressen. In größeren Tiefen kommen aufgrund der Druckverhältnisse jedoch nur noch mechanische Ankopplungsmechanismen zum Zuge. Abbildung 9.14 zeigt ein Bohrlochgeophon mit mechanischem Ankopplungsmechanismus. Der Andruckarm wird ausgefahren, sobald die Messsonde an der vorgesehenen Messstation steht. Die Steuerung erfolgt von der Messstation, in der auch die Datenaufnahme durchgeführt wird. Der maximale Bohrlochdurchmesser ist durch die Länge des Andruckarms limitiert.

Hydropone

Bei Hydrophonen handelt es sich um drucksensible Elemente, die wie Geophone die künstlich erzeugten seismischen Wellen im Bohrloch aufnehmen können. Als Ankopplungsmedium zur Bohrlochwand wird eine Flüssigkeit (z. B. Wasser oder Bohrspülung) zur Wellen-

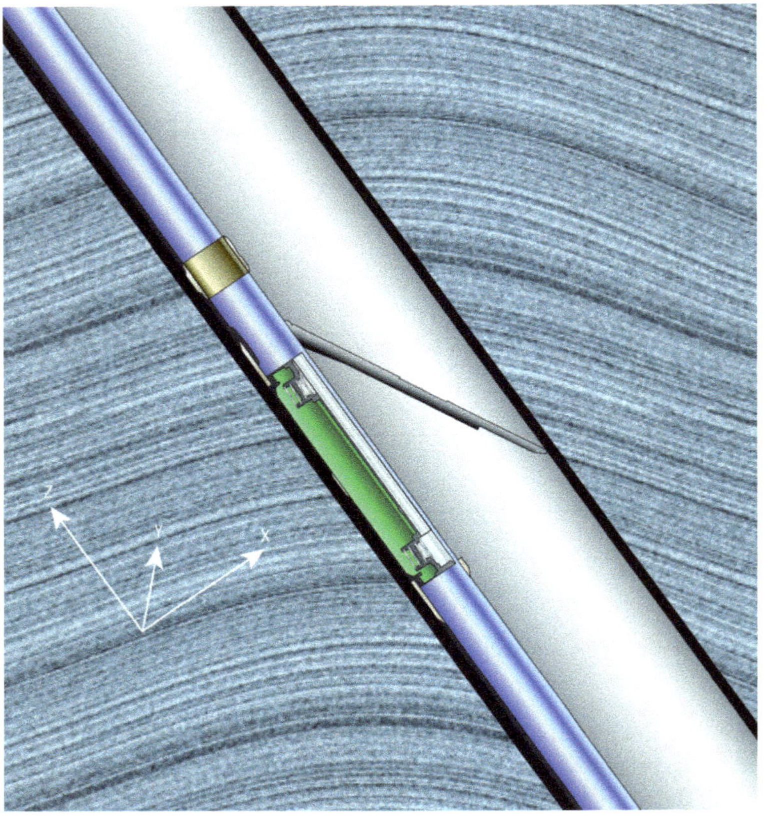

Abb. 9.14 Prinzip der mechanischen Ankopplung von Bohrlochgeophonen

übertragung benötigt. Im Gegensatz zu Geophonen sind Hydrophone nicht richtungssensibel. Dies bedeutet, dass bei Messungen mit Hydrophonen die Richtung der seismischen Welle nicht identifizieren kann. Um jedoch reine Geschwindigkeits-Tiefenverteilungen zu ermitteln, können Hydrophone eingesetzt werden. Der Vorteil beim Einsatz von Hydrophonen gegenüber Geophonen ist, dass es keinen Zeitverlust durch eine mechanische Ankopplung gibt, wodurch ein schnellerer Messfortschritt erzielt werden kann. Der Bohrlochdurchmesser ist bei Hydrophonen nicht begrenzt, jedoch müssen Bohrungen mit einer Flüssigkeit gefüllt sein.

Bei der Durchführung von VSP-Messungen werden ein oder mehrere seismische Empfänger (Geophone oder Hydrophone) in einer freien, offenen Bohrung positioniert. Dabei werden diese mechanisch oder hydraulisch an die Bohrlochwand angedrückt. Die Qualität der späteren Messdaten wird dabei maßgebich von der Güte der Ankopplung beeinflusst. Daher werden solche Messungen bevorzugt in standfesten Bohrlöchern ohne stabilisierende Einbauten (sog. Verrohrung oder Casing) durchgeführt.

9.2.3 Kombination des Vertical-Seismic-Profilings mit der Reflexionsseismik

Wie in Kap. 3 erwähnt, liefert eine reflexionsseismische Untersuchung entlang einer Messlinie (2D-Seismik) an der Erdoberfläche das reflexionsseismische Abbild entlang der kompletten Messlinie, während das reflexionsseismische Abbild einer VSP lediglich maximal die halbe Messlinie abdeckt. Dieser Nachteil von VSP-Messungen gegenüber reflexionsseismischen Techniken kann dadurch behoben werden, dass mit einem geringfügigen Mehraufwand entlang einer Messlinie gleichzeitig Reflexionsseismik und eine VSP durchgeführt werden. Dabei werden entlang der vordefinierten Messlinie gleichzeitig Geophone an der Erdoberfläche aufgestellt und die generierten seismischen Signale aufgezeichnet. Die so aufgezeichneten reflexionsseismischen Messdaten können anschließend einem reflexionsseismischen Processing unterzogen und mit den Ergebnissen der VSP-Datenbearbeitung kombiniert und gemeinsam interpretiert werden. VSP- und 2D-Seismik können aber auch zeitlich getrennt voneinander durchgeführt werden.

Eine optimale Auflösung von 3-dimensionalen Untergrundstrukturen kann dadurch erzielt werden, indem man 3D reflexionsseismische Messungen zusätzlich zu den VSP-Messungen durchführt. Vorteil dieser Kombination ist eine exakte Beschreibung des Streichen oder Einfallen von Schichtpaketen oder 3D Strukturen im Untergrund. Während das VSP eine optimale Auflösung der „bohrlochnahen" Umgebung liefert, kann mit den aus dem VSP-Processing ermittelten Geschwindigkeitsfeldern eine optimale Migration und

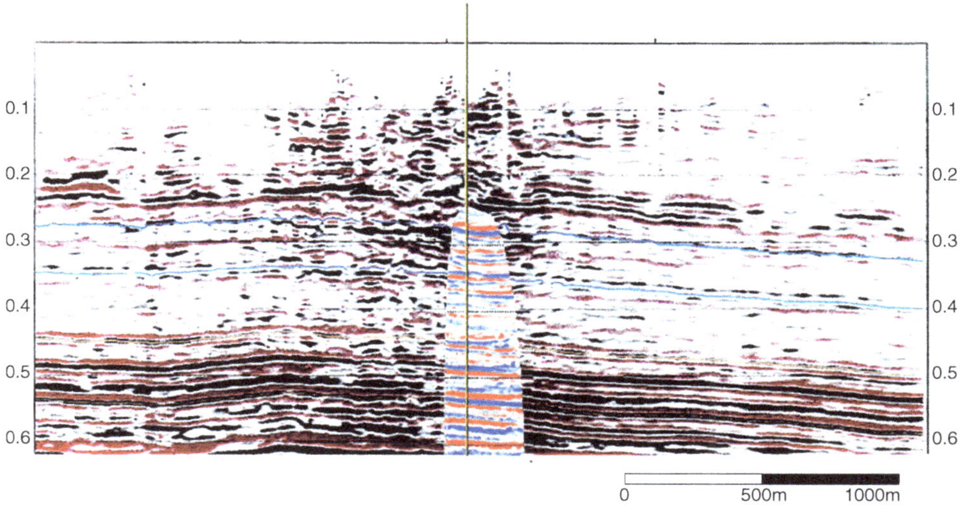

Abb. 9.15 Kombination einer VSP-Messung mit reflexionsseismischen Messungen. Im Bereich der Bohrung wird durch das VSP-Verfahren eine erhöhte Auflösung der Strukturen erkennbar. Weiterhin konnte eine optimale Migration der Reflexionsseismik auf Grundlage der VSP-Geschwindigkeiten durchgeführt werden

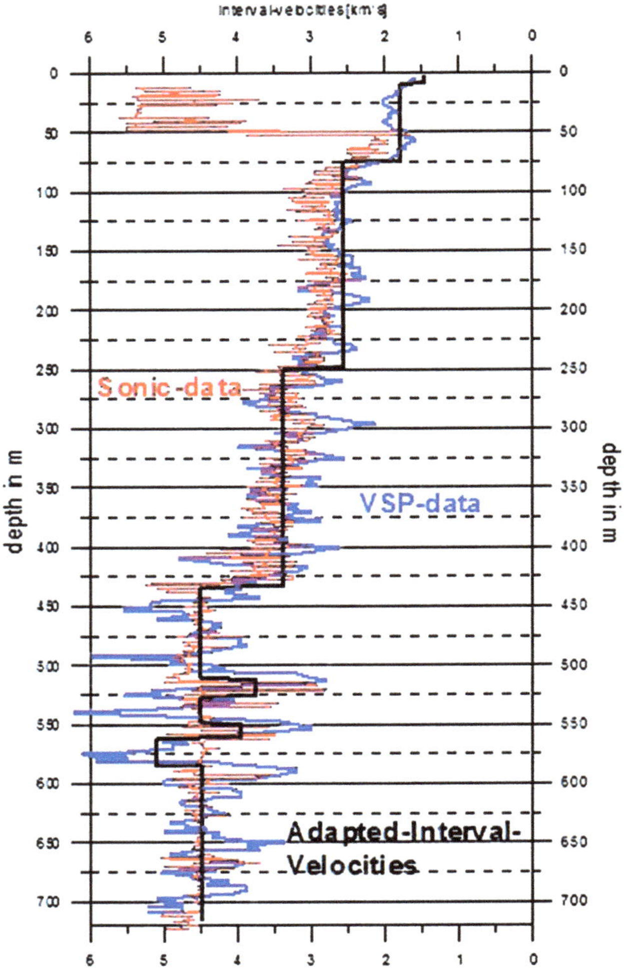

Abb. 9.16 Kombination der Geschwindigkeits-Tiefenverteilung von VSP- und Sonic-Messungen

Tiefenwandlung der 3D reflexionsseismischen Messdaten erzielt werden und somit der Untergrund eines kompletten Messgebietes beschrieben werden.

Die Abb. 9.15 zeigt das Ergebnis einer VSP-Messung in Kombination mit dem Ergebnis einer zusätzlich durchgeführten Reflexionsseismik. Die Untergrundstrukturen in unmittelbarer Bohrlochumgebung sind im Detail aufgelöst und können bis hin zu den Ergebnissen der Reflexionsseismik weiterverfolgt werden. Das Ergebnis der Reflexionsseismik beschreibt weiterhin die Strukturen in einem erweiterten Messbereich.

9.2.4 Kombination der Ergebnisse des VSP-Verfahrens unter Verwendung der Ergebnisse aus der Bohrlochgeophysik

Die Ergebnisse der VSP-Messungen können auch mit den Ergebnissen aus geophysikalischen Bohrlochmessungen kombiniert werden. Dabei werden alle vorliegen Ergebnisse und Messdaten in eine Datenbasis zusammengeführt. Zu beachten ist insbesondere, dass bei VSP und geophysikalischen Bohrlochmessungen z. B. unterschiedliche Geschwindigkeiten gemessen werden. Bei VSP-Messungen erhält man Wellenausbreitungsgeschwindigkeiten in den die Bohrung umgebenden Schichten, wohingegen bei den Sonic-Messungen die Wellenausbreitungsgeschwindigkeiten des Materials direkt am Bohrloch ermittelt.

Die Abb. 9.16 zeigt das Ergebnis einer Geschwindigkeits-Tiefen-Verteilung, ermittelt aus einer VSP-Messung, in Kombination einer Geschwindigkeits-Tiefen-Kurve aus einer Sonic-Messung. Man erkennt dabei, dass die Grundtendenz der Geschwindigkeitsvariationen in der Tiefe bei beiden Verfahren identisch ist, die absoluten Werte jedoch geringe Abweichungen voneinander aufweisen.

Literatur

Weiterführende Literatur

Bertleff, B., Bauer, M., Cammerer, F., Michel, W.: Die Thermal- und Mineralwassererschließung von Friedrichshafen. Ber. Naturf. Ges. Freiburg i. Br. **95**(1), 234–235. Aedificatio-Verl., Freiburg (2005)

Ellis, D.V., Singer, J.M.: Well Logging for Earth Scientists. Springer Verlag, Dordrecht, Niederlande (2008)

Fricke, Schön: Praktische Bohrlochgeophysik. ENKE-Verlag, Stuttgart (1999)

Hölting, B., Coldewey, W.: Hydrogeologie Einführung in die Allgemeine und angewandte Hydrologie, 8. Aufl. Springer Spektrum, Heidelberg (2013)

Lapadatu, D., Blixhavn, B., Reidar, H., Kvisterøy, T.A.S., Sensonor Technologies AS, Horten, Norway: SAR500 – A High-Precision High-Stability Butterfly Gyroscope with North Seeking Capability Position Location and Navigation Symposium (PLANS), 2010 IEEE/ION (2010)

Lundershausen, S.Oesterreich, B.: Erkundungsbohrung „SuperC" des Geologischen Dienstes NRW in Aachen. Zeitschr. f. angewandte Geol. **4**, 40–41 (2002)

Mergner, H., Eggeling, L., Kölbel, T., Münch, W., Genter, A.: Geothermische Stromerzeugung: Bruchsal und Soulz sous Forêts, mining geo 20. Symposium Felsmechank und Tunnelbau. Bd. 4., S. 666–673 (2012)

Tingay, M., Reinecker, J., Müller, B.: Borehole breakout and drilling-induced fracture analysis from image logs World Stress Map Project. Image Logs, GfZ Potsdam (2008). Guidelines

Web Links

www.brgm.fr/content/geothermie-profonde-site-soultz-sous-forets-phase-production-durable

www.geothermie-unterhaching.de

www.glossary.oilfield.slb.com

www.periodensystem.net

Modernes Projektmanagement

10

Peter Böttcher

Inhaltsverzeichnis

Zusammenfassung

Bei der Erstellung und der Inbetriebnahme eines Geothermiekraftwerkes sind Planungsbüros, Baufirmen, Bohrfirmen, Genehmigungsbehörden und die Öffentlichkeit beteiligt. Die optimale Umsetzung eines solchen Projektes mit der Steuerung der Bau-Beteiligten, der Kostenplanung, der Terminplanung und der Risikobewertung erfordert ein eigenes Projektmanagement für den Bauherrn/Investor/Auftraggeber. Projektmanagement in diesem Sinne bedeutet Planung und Steuerung eines Geothermie-Projektes für eine optimale organisatorische Umsetzung. Für die Umsetzung der Projektplanung und der Projektsteuerung ist der Projektsteuerer verantwortlich.

Prof. Dr. Peter Böttcher (✉)
htw saar, Saarbrücken, Deutschland
e-mail: peter.boettcher@htwsaar.de

M. Bauer et al. (Hrsg.), *Handbuch Tiefe Geothermie*, DOI 10.1007/978-3-642-54511-5_10,

Die notwendigen Arbeitsaufgaben, der Arbeitsablauf und die verschiedenen Steuerungsaufgaben sollen daher kurz beschrieben werden.

Schlüsselwörter
Ausführungsplanung • Bauausführung • Baubehörde • Bau-Beteiligte • Bauleiter • Bergbehörde • Beweissicherung • Bohrfirma • Entwurfsplanung • Kommunikation • Kostenplanung • Leistungsbeschreibung • Machbarkeitsstudie • Öffentlichkeit • Organisationsstruktur • Projektgesellschaft • Projektmanagement • Projektorganisation • Projektplanung • Projektsteuerung • Rahmenbetriebsplan • Risikobewertung • Terminplanung • Verantwortung • Vergabeunterlagen • Vormachbarkeitsstudie • Wirtschaftlichkeit

10.1 Einführung

10.1.1 Was ist Projektmanagement?

Die Inbetriebnahme eines Geothermiekraftwerkes erfordert die Umsetzung einer Vielzahl von unterschiedlichen Aufgaben. Diese Aufgaben sollten in einer strukturierten Organisationsform definiert, beauftragt und ausgeführt werden.

Erst das strukturierte Zusammenspiel der Aufgaben bringt den gewünschten Erfolg für das gesamte Projekt.

Problematisch bei der Entwicklung und Erstellung von Produkten, die nicht in einer Serienfertigung erstellt und vorgeplant werden können, sind die Vielzahl von Unbekannten, die oftmals erst während der Planung bzw. Produktion bekannt werden und die Vielzahl von unterschiedlichen Anforderungen an das einzelne Produkt. Jedes Geothermiekraftwerk ist im Detail sehr unterschiedlich. Trotz dieser Problematik ist eine strukturierte Organisation möglich und die grundlegenden Arbeitsmethoden sind unter dem Stichwort Projektmanagement bekannt und definiert.

10.1.2 Wer benötigt Projektmanagement?

Jeder, der an der Umsetzung eines Geothermiekraftwerkes beteiligt ist, benötigt ein Projektmanagement! Aber jeder der Bau-Beteiligten benötigt seine eigene Organisationsstruktur. Im Weiteren soll die Projektstruktur aus Sicht der Auftraggeber/Investoren/Bauherrn beschrieben und der gesamte Ablauf zur Erstellung eines Geothermiekraftwerkes aufgezeigt werden. Die Werkzeuge des Projektmanagement werden aufgezeigt, aber nicht im Detail beschrieben.

10.1.3 Projektmanagement für den Auftraggeber

Aus Sicht des Bauherrn ist ein Projekt in fünf große Phasen zu unterteilen. Wobei die Phasen nicht nacheinander abgearbeitet werden, sondern in einem sich wiederholenden Prozess eingebunden sind:

a) Idee und Konzeptentwicklung
b) Entwurfsplanung
c) Technische Ausführungsplanung
d) Bauausführung
e) Betrieb der Anlage

Idee und Konzeptentwicklung (Vormachbarkeitsstudie/prefeasibility study) Die grobe Idee, ein Geothermiekraftwerk zu bauen, besteht. Nun werden Vormachbarkeitsstudien unter verschiedenen Aspekten, z. B. auf der Basis vorhandener Daten (Literaturrecherche) und ein Wirtschaftlichkeitskonzept erstellt.

Entwurfsplanung (Machbarkeitsstudien/feasibility study) Die groben Rahmenbedingungen für das Projekt sind bekannt. Diese sind in einer Machbarkeitsstudie auszuarbeiten. Diese umfasst die geophysikalische Untersuchungen, deren Auswertung und die erste Genehmigungsplanung. Die Komponenten der einzelnen Anlagenteile werden zusammengestellt und die grobe Struktur wird in einer Entwurfsplanung zusammengefasst.

Technische Ausführungsplanung Die einzelnen Komponenten der Anlage, wie z. B. Bohrplatz, Bohrungen, Thermalwasserkreislauf, Kraftwerk oder Fernwärmekopplung werden detailliert geplant. Auf der Basis der in der Machbarkeitsstudie ermittelten Geologie werden die Konstruktion und die statischen sowie technischen Anforderungen festgelegt. Weiterhin wird die Ausschreibung und Vergabe für die Bauausführung umgesetzt.

Bauausführung Die Komponenten der Anlage werden produziert und in der Gesamtheit zusammengesetzt und in Betrieb genommen.

Betrieb der Anlage Die Anlage als Ganzes nimmt ihren Betrieb auf. Mit diesem letzten Schritt ist der Aufgabenbereich des Projektmanagements abgeschlossen. Die Umsetzung des Aufgabenbereiches Betrieb eines Geothermiekraftwerkes unterliegt eigenen Organisationsanforderungen.

Kosten, Termine, Risikobewertung Über allen fünf Phasen liegen die Kostenplanung, die Erstellung von Terminplänen und die Risikobewertung. Alle drei Bereiche sind in jeder Phase zu überprüfen und weiter zu entwickeln.

10.2 Struktur des Projektmanagements

10.2.1 Die Bau-Beteiligten

Die am Projekt beteiligten Einzelpersonen, Ingenieurbüros, Baufirmen, Behörden etc. werden als Bau-Beteiligte oder Projektstakeholder bezeichnet. Die wichtigsten Bau-Beteiligten sollen hier kurz in ihrer Aufgabenfunktion beschrieben werden.

Bergbehörde Die Bergbehörde beaufsichtigt und genehmigt alle Arbeiten, die in der Erde liegen. Diese umfasst die Untersuchung der Geologie, die Bohrungen und die Gewinnung der Erdwärme, als ein den bergfreien Bodenschätzen nach Bundesberggesetz gleich gestellter Rohstoff.

Baubehörde Die Baubehörde beaufsichtigt und genehmigt alle Arbeiten, die oberhalb der Erde liegen. Diese umfassen den Transport der Erdwärme als Fernwärme, den Bau und den Betrieb des Kraftwerkes.

Öffentlichkeit Die Öffentlichkeit umfasst einen sehr schwer zu greifenden Bereich. Zum einen ist es die politische Öffentlichkeit im Bereich Landkreis, Städte und Gemeinden, aber auch Naturschutzorganisationen. Zum anderen sind es die direkten Anlieger zu den Baustellen und dem späteren Kraftwerk. Die Öffentlichkeit sollte von Anfang an in den Planungsprozess der Anlage integriert werden.

Planungsbüro Bei der Umsetzung eines Geothermiekraftwerkes sind eine Vielzahl von Planungsbüros beteiligt. Im Wesentlichen lassen sich die Büros in zwei Gruppen einteilen. Die Büros, die die Bohrungen und die Gewinnung der Erdwärme planen und die Büros, die das Kraftwerk planen.

Projektsteuerer Bedingt durch die Vielzahl von sehr unterschiedlichen Planungsbüros sollte der Bauherr ein zentrales Büro für die Organisation des Projektes haben. Dessen wesentliche Aufgaben sind die Projektorganisation, die Kostenplanung und Kostenkontrolle, die Beschreibung und Vergabe von Leistungen an die Planungsbüros, die Terminplanung und Überwachung und die Risikoeinschätzung der einzelnen Projektschritte.

Bohrfirma Die Ausführung der Bohrung hängt im Wesentlichen mit der Bohrfirma und ihrer Technologie zusammen. Entsprechend ist die Bohrfirma sehr frühzeitig aus zuwählen und in das gesamte Planungsverfahren einzubinden.

Baufirmen Die Baufirmen führen alle Arbeiten oberhalb des Bohrloches aus. Insbesondere der Kraftwerksbau wird von bauausführenden Firmen durchgeführt. Inwieweit hier ein Generalunternehmer die Rohbauarbeiten und die Installationstechnik des Kraftwerkes übernimmt, ist eine unternehmerische Entscheidung des Bauherrn.

Bauherr/Investor/Auftraggeber Der Bauherr gilt als ein bergmännisches Unternehmen nach Bundesberggesetz und unterliegt somit der Aufsicht der Bergbehörde. Der Bauherr muss den verantwortlichen Bauleiter stellen, der die Verantwortung für die Arbeiten auf dem Bohrplatz und bei der Bohrung hat. Der Bauleiter sollte in das Team der Projektsteuerung integriert sein.

10.2.2 Der Projektablauf

Für den Bauherrn gliedert sich der Projektablauf in zehn wesentliche Arbeitsaufgaben (Abb. 10.1), die durch drei Entscheidungsschritte für die Fortführung des Projektes unterbrochen werden. Bedingt dadurch, dass nicht alle Informationen sofort zu Beginn des Projektes vorliegen, sollte der Bauherr sich klar werden, wann gegebenenfalls ein wirtschaftlicher Projektabbruch sinnvoll ist.

10.2.3 Aufgaben und Leistungen

Alle Planungs- und Bauleistungen sind durch entsprechende Expertenteams auszuführen. Die Vergabe der Planungsleistungen sollte schrittweise gemäß dem Projektfortschritt vergeben werden. Für die Formulierung der Planungsleistungen und dem Vergabeverfahren sollte das projektsteuernde Planungsbüro verantwortlich zeichnen.

Idee und Konzept (Vormachbarkeitsstudie) Aufbauend auf der Idee, ein Geothermiekraftwerk zu bauen, muss zunächst grob geprüft werden, inwieweit der gedachte Standortbereich überhaupt geeignet ist. Dies erfolgt in der Regel über ein Planungsbüro, das vorhandene Dokumente auswertet.

Weiterhin muss eine Kostenschätzung des Projektes mit Planungskosten, Baukosten-Bohrung und Baukosten-Kraftwerk erstellt werden, die wiederum Grundlage für eine erste Wirtschaftlichkeitsbetrachtung des Kraftwerkes ist.

In einer Risikobetrachtung sind die wesentlichen Aspekte der Anlage, Wirtschaftlichkeit, Bohrung, Genehmigungen, Temperatur, Fernwärmeauskopplung und Kraftwerk zu betrachten.

Mit Abschluss der Vormachbarkeitsstudie muss der Bauherr entscheiden, ob eine Entwurfsplanung beauftragt werden soll (Abb. 10.2).

Entwurfsplanung Bohrung Aufbauend auf der Vormachbarkeitsstudie wird der Untergrund mit seinem geologischen Aufbau mittels geophysikalischen Untersuchungen genauer untersucht. Der Schichtenaufbau wird erfasst, der wahrscheinliche Temperaturverlauf, die Schüttung der heißwasserführenden Schichten sowie die Absenkung des Ruhewasserstandsspiegels werden abgeschätzt und die Parameter für die Bohrung werden festgelegt. Dieser Prozess wird auch als Aufsuchung bezeichnet.

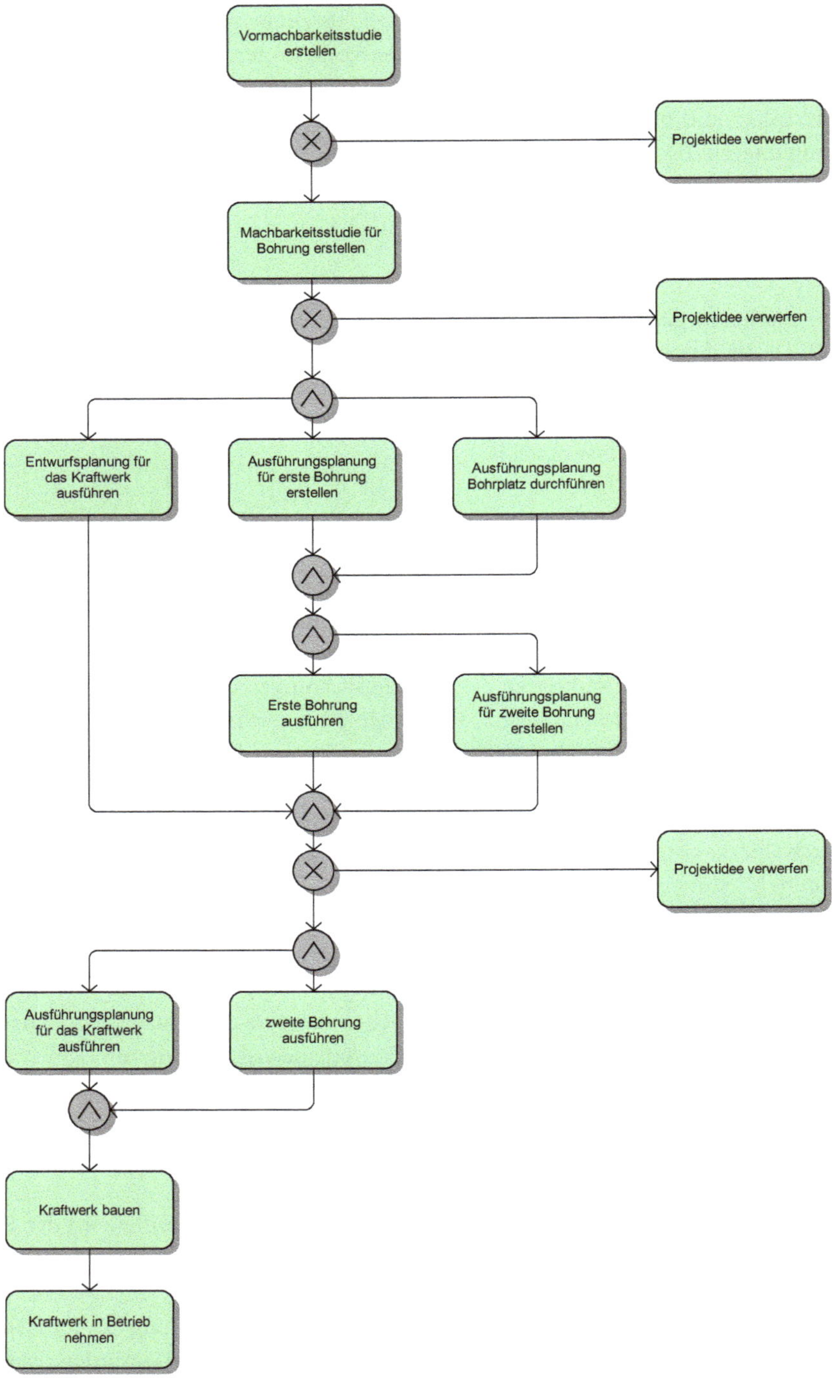

Abb. 10.1 Ablaufdiagramm für die Planung und Bauausführung eines Geothermiekraftwerkes als EPK-Netz

Abb. 10.2 erster Arbeitsschritt – Konzept entwickeln und überprüfen

Abb. 10.3 zweiter Arbeitsschritt – Grundlagen für die Bohrung schaffen

Im Weiteren muss festgelegt werden, welche Gutachter und welche Planer in das Projekt einzubeziehen sind. Es sind Leistungsbeschreibungen und Vergabeunterlagen für die Planungsleistungen zu erstellen.

Ebenso sollten Unterlagen zur Beweissicherung, wie z. B. ein seismisches Monitoring des Baus und des Betriebs und zur Regulierung von Bergschäden erstellt werden.

Ein Ablaufschema mit Terminplan für das Einbringen der Bohrungen und den Bau des Kraftwerkes ist zu erstellen. Auf Grundlage der neuen Daten ist die Kostenschätzung, die Wirtschaftlichkeitsbetrachtung und die Risikobetrachtung zu überarbeiten.

Auf Grundlage der erweiterten Planung (Machbarkeitsstudie) muss der Bauherr entscheiden, ob eine Ausführungsplanung und eine Durchführung der Bohrungen angestrebt werden und somit sind die weiteren Planungsleistungen zu vergeben (Abb. 10.3).

Ausführungsplanung Bohrung In diesem Aufgabenbereich wird die detaillierte Planung der Bohrungen durchgeführt, wobei bei der Planung zwischen erster Bohrung und zweiter Bohrung unterschieden wird. Die Planung der zweiten Bohrung erfolgt auf den Ergebnissen der ersten Bohrung und ist somit zeitlich versetzt.

Für das Projekt sind verschiedene Bergbauberechtigungen, wasserrechtliche Nutzungen und Anforderungen der Bauplanungs- und des Bauordnungsrechtes zu beachten. Die entsprechenden Genehmigungen sind einzuholen.

Die Unterlagen werden in einem Rahmenbetriebsplan zusammengefasst und der Bergbehörde als zentraler Entscheider vorgelegt.

Alle notwendigen Unterlagen werden in länderspezifischen Hauptbetriebsplänen zusammengefasst, die letztlich aber erst vorliegen, wenn alle Bestandteile des Bohrplatzes, der Bohrungen oder des Thermalwasserbedarfes geplant sind. Daher können für die einzelnen Planungsschritte Sonderbetriebspläne beantragt werden.

Der erste Schritt bei der Ausführungsplanung ist die Entscheidung über die Bohranlage und somit muss die Firma, die die Bohrung ausführen soll, ausgewählt werden. Entsprechend ist eine Auftragsvergabe erforderlich, bevor eine detaillierte Planung möglich ist. Die Planung des Bohrplatz ist ein eigener Aufgabenbereich unter Berücksichtigung der technischen Parameter der Bohranlage.

Die Ausführungsplanung umfasst eine detaillierte Planung und Beschreibung der Bohrung mit Angaben z. B. zu dem Durchmesser der Bohrung, die Art der wasser- und gasdichten Rohrführung, sowie einen Betriebsplan für die Durchführung der Bohrung.

Wurde die erste Bohrung durchgeführt, wird die Ausführungsplanung der zweiten Bohrung auf den Testergebnissen der ersten Bohrung überarbeitet und ein neuer Betriebsplan beantragt.

Auf Grundlage der ausgeführten Planungen und Vergaben muss eine Kosten- und Terminplanung erstellt und mit der bisherigen Kostenschätzung sowie der Terminplanung abgeglichen werden. Die Kosten für Planungsleistungen sind in die Kostenplanung einzubeziehen (Abb. 10.4).

Ausführungsplanung Bohrplatz Der Arbeitsplatz Bohrplatz mit seinem logistischen Konzept und den notwendigen Genehmigungen ist in einem eigenen Arbeitsschritt zu planen. Die notwendigen Leistungen sind auszuschreiben und zu vergeben.

Die Kosten für den Bohrplatz sind in das Kostenkonzept einzuarbeiten (Abb. 10.4).

Entwurfsplanung Kraftwerk Da der Standort der Bohrung auch der spätere Standort des Kraftwerkes ist, muss bereits eine Entwurfsplanung für das Kraftwerk erstellt werden, wenn die Ausführungsplanung für den Bohrplatz angefertigt wird. In dieser Planung sind auch die Baumaßnahmen an beiden Projekten abzustimmen.

Insbesondere sollte eine Bauvoranfrage nach der jeweiligen Landesbauordnung und öffentlich-rechtliche Vorbescheide im Sinne des Raumordnungsverfahrens eingeholt werden. Dabei sind Art des Kraftwerkes, die Umweltbestimmungen, die Eigentumsrechte etc. zu beachten.

Die Kostenberechnung, die Terminplanung und die Wirtschaftlichkeitsbetrachtung sind zu überarbeiten und eine Risikobewertung für das Kraftwerk ist zu erstellen (Abb. 10.4).

Bauausführung erste Bohrung Liegt der Betriebsplan für die erste Bohrung vor, kann die Bohrung durchgeführt werden. Da die Auftragsvergabe an die Bohrfirma erfolgte, bevor eine detaillierte Planung vorhanden war, ist hier zu prüfen, ob Leistungen erforderlich sind, die im ursprünglichen Vertrag nicht vorhanden waren und die gegebenenfalls nachverhandelt werden müssen. An der Umsetzung der Bohrung sind 12 bis 15 weitere Planungsbüros und Nachunternehmer beteiligt. Entsprechend ist der Aufwand der Koordination hoch.

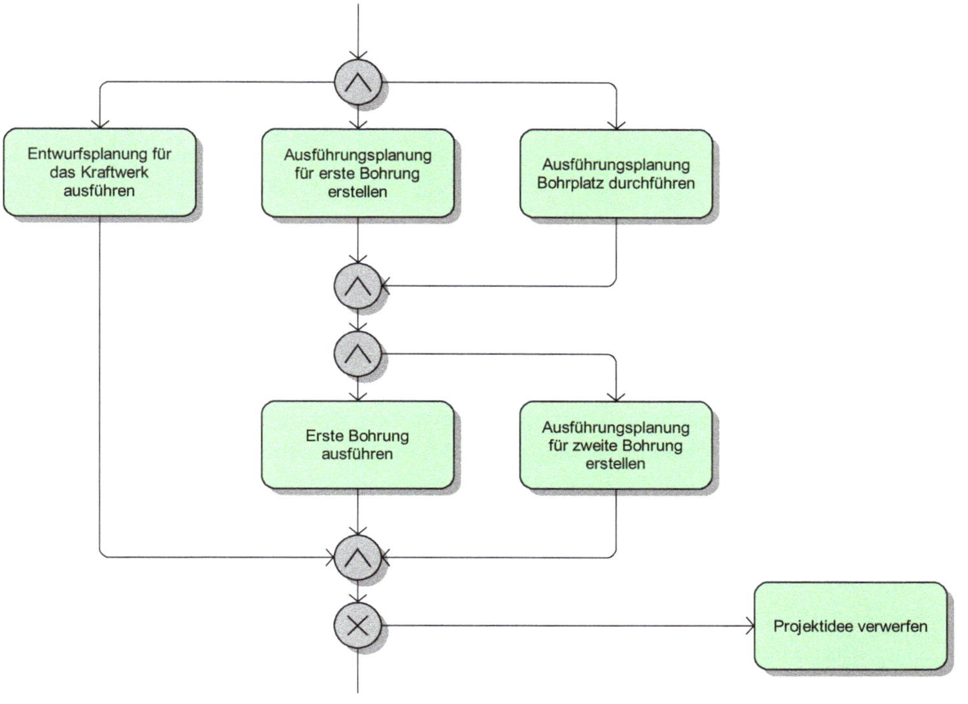

Abb. 10.4 dritter Arbeitsschritt – Bohrungen durchführen und Ergebnisse überprüfen

Der Terminplan ist zu überprüfen und auf den aktuellen Stand anzupassen, auch die Kostenberechnung kann um die tatsächlichen Kosten der Bohrung erweitert werden. Zu diesem Zeitpunkt kann eine ausführliche Kostenkontrolle der Planungsleitungen und der ersten Bohrung durchgeführt werden und auf die Wirtschaftlichkeitsbetrachtung der gesamten Anlage übertragen werden.

Die bisherigen Risikobewertungen sind auf der Grundlage der tatsächlichen Ausführungen zu überprüfen und eine Entscheidung zur Weiterführung des Projektes muss getroffen werden (Abb. 10.4).

Checkliste vor Bohrbeginn bei Geothermieprojekten (nach Zimmer 2009):

- Einsichtnahme in seismische Linien
- Reprocessing der seismischen Linien und Interpretation von Störungssystemen
- Ermittlung von Bedarfsstrukturen für die Wärmeversorgung
- Machbarkeitsstudie
- Verifizierung der erkannten Strukturen durch ergänzende 2D- besser 3D-Seismik
- Entwicklung eines geothermischen Modells
- Klärung von Standortfragen

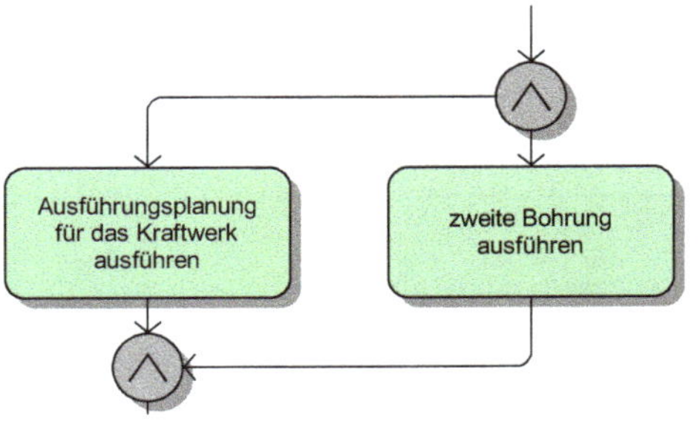

Abb. 10.5 vierter Arbeitsschritt – Bohrung fertigstellen und Kraftwerk planen

- Bauplanungsrechtliche Genehmigung durch die Baubehörde für die Energiezentrale/Kraftwerksstandort (Bauvoranfrage),
- Klärung der Verfügbarkeit von Kühlwasser bei geothermischen Stromprojekten (Wasserrechtsbescheid beim Landratsamt) nach Kalina-Technologie
- Grundstückskauf oder Pacht für die Bohrungen

- Ausschreibung/Auftragsvergaben an Bohrunternehmer mit geeigneter Bohranlage und Bohrmannschaft
- Durchführung des Genehmigungsverfahrens für die Herrichtung des/der Bohrplätze bei der Bergbehörde.
- Herrichtung des Bohrplatzes
- Durchführung des Genehmigungsverfahrens für die Durchführung der Bohrung bei der Bergbehörde.
- Beginn der ersten Bohrung

Bauausführung zweite Bohrung Die zweite Bohrung kann niedergebracht werden, wenn der Betriebsplan vorliegt, der in Abhängigkeit der ersten Bohrung erstellt wird. Der zeitliche Abstand zwischen erster Bohrung und zweiter Bohrung sollte so gering wie möglich sein, da die Bohranlage in der Stillstandszeit nicht abgebaut werden kann und Kosten verursacht.

Mit Abschluss der zweiten Bohrung und dem Probebetrieb der Pumpstation (Förderung von heißem Thermalwasser aus der Bohrung über Tage und Injektion in die andere Bohrung) ist die erste Phase des Projektes Geothermiekraftwerk abgeschlossen. Eine ausführliche Dokumentation über die Planungen, Genehmigungen und Bauausführungen sollte angelegt werden. Weiterhin sollte die Kostenplanung mit den tatsächlichen Kosten verglichen und bewertet werden. Auf der Basis der tatsächlichen Temperaturen, der Schüttung und der Absenkung ist die Wirtschaftlichkeit des Kraftwerkes zu überprüfen und die Risikobewertung zu überarbeiten.

Nach erfolgreicher Aufsuchung der Lagerstätte schließt die Phase der Gewinnung des bergfreien Bodenschatzes Erdwärme an. Für die Gewinnung sind entsprechende Gewinnungs- und Betriebsprozesse darzustellen und durch die Bergbehörde zu genehmigen (Abb. 10.5).

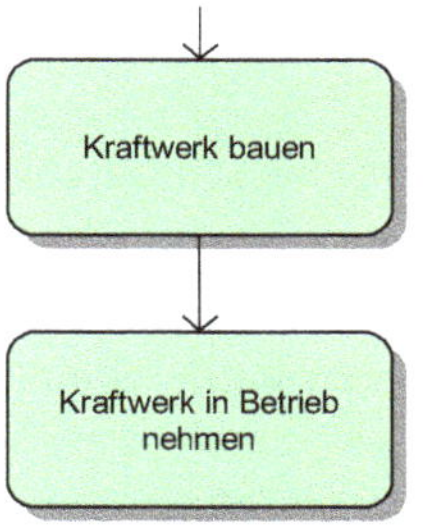

Abb. 10.6 fünfter Arbeitsschritt – Kraftwerk bauen und in Betrieb nehmen

Ausführungsplanung Kraftwerk Mit dem erfolgreichen Abschluss der ersten Bohrung kann die Ausführungsplanung für das Kraftwerk durchgeführt werden. Die notwendigen Planungsleistungen sind zu vergeben und die Planunterlagen für die Genehmigung, Ausschreibung und Vergabe sind zu erstellen. Das Baugenehmigungsverfahren ist einzuleiten.

Bei der Terminplanung und der Kostenplanung sind die Vorgaben der bisherigen Planungen zu beachten und zu kontrollieren.

Bauausführung Kraftwerk Nach Vorlage der Genehmigung für das Kraftwerk und der Vergabe der Bauaufträge kann mit der Bauausführung begonnen werden.

Bei der Terminplanung und der Kostenplanung sind die Vorgaben der bisherigen Planungen zu beachten und zu kontrollieren (Abb. 10.6).

Kraftwerk in Betrieb nehmen Nach Fertigstellung des Kraftwerkes wird dieses in Betrieb genommen und die Projektorganisation für die Planungs- und Bauphase kann abgeschlossen werden. Alle notwendigen Dokumentationen sind auf den aktuellen Stand zu bringen und die Kostenplanung mit ihren verschiedenen Phasen ist mit der tatsächlichen Kostenentwicklung zu vergleichen. Zum Abschluss sind die Daten der Wirtschaftlichkeit zu überarbeiten.

10.3 Management von Projekten

Im Prinzip ist Projektmanagement eher eine diplomatische als eine technische Herausforderung. Am Projekt eines Geothermiekraftwerkes sind viele Planungsbüros, Baufirmen und Handwerker beteiligt. Jeder dieser Bau-Beteiligten arbeitet für sich wirtschaftlich und sieht den wirtschaftlichen Gesamterfolg des Projektes eher zweitrangig.

Projektmanagement besteht nun darin, den wirtschaftlichen Erfolg des Einzelnen und den wirtschaftlichen Erfolg des Gesamtprojektes in Einklang zu bringen. Was bei einer guten Organisationsstruktur mehr ein diplomatisches Problem ist.

10.3.1 Verantwortung

Aus Sicht des Bauherrn ist zu klären, wer hat welche Verantwortung für Planungsleistungen, Genehmigungsvorgänge und Bauausführungen. Da die einzelnen Bau-Beteiligten in der Regel Verträge mit dem Bauherrn haben, findet eine Übergabe von Arbeitsbereichen zwischen den Bau-Beteiligten unzureichend statt, diese liegt in der Verantwortung des Bauherrn. In der Leistungsbeschreibung der Planungsleistungen kann diese Verantwortung an die jeweiligen Vertragspartner delegiert werden. Was durchaus sinnvoll ist, weil dann eine fachliche Schnittstelle, die zwischen den jeweiligen Bau-Beteiligten vorhanden ist, genutzt wird.

10.3.2 Organisation

Eine Projektorganisation im Sinne des Bauherrn ist frühzeitig aufzubauen. Der Bauherr sollte diese Aufgabe bereits in der Konzeptphase an ein Planungsbüro vergeben. Dabei sind zwei Vorgehensweisen für das Projektmanagement typisch. Erstens, der Bauherr beauftragt den Planer des Geothermiekraftwerks mit der Projektorganisation oder zweitens, er beauftragt einen unabhängigen Projektsteuerer mit der Aufgabe.

Eine dritte Form, die sich auf Grundlage der verschachtelten Strukturen im Bereich Geothermie bewährt hat, ist eine Projektgesellschaft, in der Bauherr und Projektsteuer zusammengefasst werden und deren Eigentümer der Investor ist. Innerhalb dieser Projektgesellschaft können die Aufgabenbereiche Öffentlichkeitsarbeit, Rechnungswesen, Projektmanagement und Bauleitung klar und übersichtlich geregelt werden.

10.3.3 Vergabe und Überwachung von Leistungen

Der Projektsteuerer muss fachlich in der Lage sein, die weiteren Planungsleistungen zu beschreiben, die Vergabe der Planungsleistungen durchzuführen und die ordnungsgemäße Umsetzung der Planungsleistungen zu überwachen.

Weiterhin muss er in der Lage sein, die Funktion des verantwortlichen Bauleiters zu übernehmen oder sehr eng mit diesem zusammenzuarbeiten.

Die Leistungen der jeweiligen Bau-Beteiligten müssen durch den Projektsteuerer vergeben, überwacht und bewertet werden. Daher ist eine durchgängige Kostenplanung, Terminplanung und Risikobewertung in allen Arbeitsaufgaben des Projektablaufes wesentlich.

10.3.4 Kommunikation

Projektmanagement ist Kommunikation! Der Projektsteuerer hat in der Regel keine direkten rechtlichen Möglichkeiten, die Bau-Beteiligten zur Vertragserfüllung aufzufordern. Diese hat nur der Bauherr, der den direkten Vertrag mit den jeweiligen Bau-Beteiligten abgeschlossen hat. Erfolgreich im Sinne des Bauherrn kann ein Projektsteuerer nur arbeiten, wenn er auf den Ausgleich zwischen den Bau-Beteiligten setzt und nicht auf den kurzfristigen Erfolg für den Bauherrn.

Im Projektmanagement ist daher ein umfangreiches Kommunikationssystem aufzubauen und zu pflegen. Diese indirekte Aufgabe des Projektmanagements wird oftmals übersehen bzw. vergessen.

Literatur

Zimmer, R.: (Bayrisches Staatsministerium für Wirtschaft und Medien, Energie und Technologie, München) aus: Reiner Brumme (RA), Genehmigungsverfahren für tiefengeothermische Anlagen, Chemnitz, Stand 28. Mai 2009

PMI Institute: Projekt Management Body of Knowledge, Global Standard, Pennsylvania (2004)

Umweltaspekte

11

Jochen Kubiniok

Inhaltsverzeichnis

Zusammenfassung

Die Umweltauswirkungen der in Deutschland möglichen Nutzung der Tiefen Geothermie werden auf Grundlage der Erfahrungen mit den wenigen in Betrieb befindlichen Pilotanlagen und aus Analogieschlüssen mit vergleichbaren und bereits etablierten Techniken abgeschätzt. Hierbei werden sowohl Einrichtung als auch Betrieb der unterirdischen Tiefen-Geothermie Gewinnung und der oberirdischen Energienutzung/Weiterverarbeitung betrachtet. Nach kurzer Darlegung der gesetzgeberischen Aspekte werden die Auswirkungen bei Einrichtung und Betrieb der Tiefen-Geothermie

Jochen Kubiniok (✉)
Saarbrücken, Deutschland
e-mail: j.kubiniok@mx.uni-saarland.de

M. Bauer et al. (Hrsg.), *Handbuch Tiefe Geothermie*, DOI 10.1007/978-3-642-54511-5_11,

Gewinnung, insbesondere Bohrplatzproblematik, Induzierte Seismik, Aquiferveränderungen und Auswirkungen des Wasserverbrauchs diskutiert. Beim Betrieb der oberirdischen Energienutzungsanlagen werden neben den Auswirkungen von Fernwärme- und Stromtrassen hauptsächlich die Umweltprobleme durch Immissionen der Geothermiekraftwerke dargelegt.

Schlüsselwörter
Aquiferveränderungen • Tiefbohrung • Geothermiekraftwerk • Induzierte Seismik • Umweltauswirkungen

Die Grenze zwischen oberflächennaher und Tiefen Geothermie wird durch das VDI Regelwerk 4640 auf eine Teufe von 400 m festgelegt (Wagner 2010). In dieser Tiefe herrschen in der Regel nur Temperaturen von ca. 20 °C. Um die Erdwärme in kombinierten Blockheizkraftwerken einzusetzen, werden Gesteinstemperaturen > 120–150 °C benötigt. Hierzu muss das Geothermiepotenzial in Teufen > ca. 3000 m mit Hilfe von Tiefbohrungen erschlossen werden. Prinzipiell kann zwischen hydrothermalen und petrothermalen Verfahren differenziert werden. Hydrothermale Systeme mit niedriger Enthalpie fördern 20 °C bis 200 °C heißes Thermalwasser und leiten das durch den Nutzungsprozess geringfügig abgekühlte Wasser in denselben Aquifer zurück (hydrothermale Dublette). Die Nutzung von hydrothermalen Systemen mit hoher Enthalpie ist aufgrund der geologischen Verhältnisse in Deutschland/Mitteleuropa nicht anwendbar, da extrem hohe Temperaturniveaus in geologisch aktiven Zonen (z. B. Randbereiche aktiver Kontinentalplatten) vorhanden sein müssten.

Das EGS-Verfahren (Enhanced-Geothermal-System) bzw. HDR-Verfahren (Hot-Dry-Rock) ist ein petrothermales System, bei dem die Erdwärme aus der im Grundgebirge gespeicherten Wärmeenergie genutzt wird. Hierbei wird in einem geschlossenen Kreislauf über eine Injektionsbohrung Oberflächenwasser in Gestein in Tiefen von ca. 5000 m eingeleitet und die geothermische Energie über das durch die Gebirgswärme erhitzte Wasser in einer Förderbohrung abgeführt. Die gewonnene thermische Energie wird in beiden Fällen in der Regel zur Stromerzeugung und die verbliebene Restwärme zu Heizzwecken genutzt. Tiefe Erdwärmesonden (EWS) sind ebenso petrothermale Systeme und gewinnen die geothermale Energie aus dem heißen Gestein in einem geschlossenen Kreislauf. Sie dient nur der Wärmeversorgung (Ast et al. 2012; Stober und Bucher 2012; Stober et al. 2011; Wagner et al. 2010).

In diesem Kapitel werden die potenziellen Umweltauswirkungen von petrothermalen und hydrothermalen Verfahren zur Nutzung tiefer geothermischer Energie diskutiert. Bei der Prüfung/Untersuchung zur Umweltverträglichkeit dieser regenerativen Energiegewinnung werden nicht nur der Betrieb (Normalbetrieb/Störfall) sondern auch die bei der Errichtung und dem Rückbau zu erwartenden Auswirkungen einer solchen Anlage berücksichtigt.

Die Überlegungen stützen sich auf die bisher nur wenigen in der Einrichtung oder Betrieb befindlichen mitteleuropäischen Anlagen. Des Weiteren werden aus Analogieschlüssen publizierte Erfahrungen mit vergleichbaren und bereits etablierten Techniken zu Abschätzungen von möglichen Umweltauswirkungen herangezogen.

11.1 Rechtliche Situation

In Deutschland unterliegt die Gewinnung von tiefengeothermischer Energie dem Bundesberggesetz (BBergG), dem Lagerstättengesetz (LagerStG), dem Wasserhaushaltsgesetz (WHG), den landesrechtlichen Wassergesetzen und dem Baugesetzbuch (BauBG). Ergänzend zu diesen Gesetzen verfügen die Bundesländer über Leitfäden bzw. Richtlinien, die die Gewinnung von Erdwärme regulieren. Die anschließende Nutzung der Energie z. B. in einem Kraftwerk oder der Transport in einem Rohrleitungssystem wird hingegen durch andere (Umwelt-) Gesetze geregelt.

Die Errichtung von Bohrplätzen für die Durchführung von Erkundungs- und Förderbohrungen ist an das bergrechtliche Genehmigungsverfahren für das Aufsuchen und Gewinnen von Bodenschätzen geknüpft. Bohrungen mit einer Eindringteufe über 100 m sind im Rahmen des Bundesberggesetzes anzeigepflichtig. Bohrungen ab einer Teufe von 1000 m in Naturschutzgebieten oder anderen Gebieten mit besonders sensiblen Schutzgütern unterliegen einer Umweltverträglichkeitsprüfungspflicht (UVP-Pflicht), aus der sich die Notwendigkeit eines in einem Planfeststellungsverfahren ermittelten Rahmenbetriebsplanes ergibt. In jüngster Zeit wird die Ausdehnung der UVP-Pflicht auf alle Tiefen-Geothermieanlagen in der Öffentlichkeit diskutiert. Basierend auf der Anzeige einer Bohrung wird von der zuständigen Bergbehörde geprüft, ob ein Betriebsplan erstellt werden muss. In diesem beschreibt das Bohrunternehmen Umfang, Dauer und Durchführung des Bohrvorhabens. Im Rahmen des im Bundesberggesetz verankerten Lagerstättengesetzes sind geophysikalische Untersuchungen des Bundesgebietes und das Aufsuchen von Lagerstätten näher spezifiziert. Durch die Gewinnung von Erdwärme kann es zu chemischen und physikalischen Veränderungen des Grundwassers kommen, was die Anwendung und Einhaltung des Wasserhaushaltsgesetzes unabdingbar macht. Weiterhin regelt es sowohl die Wärmeentnahme als auch den Wärmeeintrag ins Grundwasser. Dabei spielt die Sicherung der Trinkwasserversorgung in Wasserschutzgebieten eine besondere Rolle für das Allgemeinwohl. Genehmigungen für Tiefbohrungen in Wasserschutzgebieten unterliegen daher hohen Restriktionen (Brumme 2009; Stober und Bucher 2012; Wagner et al. 2010).

11.2 Voruntersuchungen/Vorerkundung und Prospektion

Im Rahmen von Voruntersuchungen sind nicht nur geologische Untersuchungen sondern auch geophysikalische Erkundungen notwendig, die einer bergrechtlichen Genehmigung bedürfen. Da für petrothermale Verfahren die (hydro-)geologischen Verhältnisse , insbesondere das strukturgeologische Spannungsfeld und die Grundwasserfließverhältnisse in mehreren tausend Meter Tiefe erkundet werden müssen, werden in der Regel seismische Verfahren eingesetzt, deren Anregungsenergie einen Großgeräteeinsatz notwendig macht. In unwegsamem Gelände muss hierbei eine Schädigung der belebten und unbelebten Umwelt in Betracht gezogen werden. Im Einzelfall muss mit lokalen Bodenverdichtungen und Vegetationszerstörungen gerechnet werden, die aber außerhalb von Schutzgebieten in der Regel vertretbar sind. Unklar sind die Auswirkungen der Vibrationen auf die Tierwelt, insbesondere die Bodenfauna während der Wintermonate. Unter mitteleuropäischen Bedingungen kann davon ausgegangen werden, dass aufgrund des gut ausgebauten Wegenetzes und der intensiven landwirtschaftlichen Nutzung die Auswirkungen auf Vegetation und Bodenstruktur bei Einhaltung geltender gesetzlicher Auflagen gering sind.

11.3 Einrichtung einer Geothermieanlage

11.3.1 Tiefbohrung

Die Einrichtung einer oben skizzierten Geothermieanlage erfordert das Abteufen einer Tiefenbohrung, deren Umweltauswirkungen einer Bohrung zur Förderung von Erdöl oder Erdgas aus vergleichbaren Tiefen ähnlich sind – mit der selbstverständlichen Ausnahme, dass die Gefahr einer Umweltschädigung durch austretendes Erdöl oder Erdgas vernachlässigbar ist.

Bohrplatzeinrichtung

Die Auswahl des in der Regel 4–6 Monate genutzten Bohrplatzes muss sowohl die direkten Eingriffe durch die Bohrung wie Zuwegung, Stromversorgung, Wasserver- bzw. Entsorgung und die irreversible Umweltzerstörung durch die Anlage des Bohrplatzes selbst als auch die spätere Nutzung der geothermischen Energie berücksichtigen. Für die Standortauswahl werden digitale Geographische Informationssysteme (GIS) auf Basis der diskutierten Faktoren genutzt. Der Flächenbedarf eines Bohrplatzes liegt bei mindestens 2000 m^2 und kann bis zu 6000 m^2 erreichen (mit Nebenanlagen und Straßen können bis zu 25.000 m^2 erreicht werden). Die Zuwegung erfolgt über eine 5 m breite Straße mit einer mindestens 3,5 m breiten Teerdecke (Buja 2012). Eine solche von Schwerlastverkehr dominierte Straße kann zur Zerschneidung von Biotopen mit negativen Auswirkungen auf die Lebensgemeinschaften (z. B. Amphibien, Insekten) führen.

Für den – landschaftsgerechten – Aufbau der Bohranlage sind z. T. mehrere Meter mächtige Fundamente notwendig. Der Standort sollte unter Berücksichtigung der Bohrturmhöhe von 30–50 m und der zu erwartenden Geräuschentwicklung mindestens 50–70 m von Wohngebieten entfernt sein. In einer Entfernung von 100 m kann mit einem Lärmpegel von ca. 50 dB gerechnet werden (Kipker 2010). Gegebenenfalls ist die Errichtung von Lärmschutzwänden vorzusehen. Des Weiteren sind für z. T. mehrere 100 m^3 Bohrschlamm, Bohrspülwasser, Drainagewasser, Abwasser, Oberflächenwasser und Betriebsstoffe Lagerkapazitäten bereitzuhalten. Auf der Fläche des gesamten Bohrplatzes und der Zuwegung müssen die gesamte Vegetation und Teile des Oberbodens entfernt werden. Der Untergrund muss zum Schutz gegen das Eindringen von betriebsbedingten Chemikalien und Betriebsstoffen (Wassergefährdungsklasse 3) abgedichtet und für das Tragen hoher Lasten vorbereitet werden. Sickerwasser muss durch eine Drainage erfasst und gesammelt werden. Der humose Oberboden muss für eine spätere Wiederverwendung gesichert werden.

Durchführung der Bohrung

Während des Betriebes der Bohranlage müssen die konventionellen Siedlungsabwässer der Unterkünfte/Büros, Drainagewässer und Oberflächenwässer gesammelt und per Tankwagen in eine Kläranlage überführt werden. Bei getrennter Sammlung und dem Einbau von Ölabscheidern kann evt. letzteres bei regelmäßiger Prüfung versickert (außerhalb von Wasserschutzgebieten) oder in einen Vorfluter eingeleitet werden. Voraussetzung ist eine wasserrechtliche Genehmigung.

Bei einer Tiefbohrung können über 10.000 m^3 Spülflüssigkeit in einem teilweise geschlossenen Kreislauf zum Einsatz kommen. Deren Funktion liegt in der Kühlung des Bohrmeißels, dem Abtransport des Bohrkleins und einer Stabilisierung der Bohrlochwand vor einer abschließenden Verrohrung und Zementation. Die an die Oberfläche tretende Bohrspülung wird vom Bohrklein befreit und wiederverwendet. Da in der Spülflüssigkeit eine Reihe umweltgefährdender Stoffe enthalten sein können (z. B. NaOH, $BaSO_4$, BaF_2, ZnO, Mineralöle) und diese mit dem Bohrklein teilweise absedimentiert werden, müssen das Bohrklein (Bohrschlamm) auf einer Deponie und nach Abschluss der Arbeiten das verbleibende Spülwasser fachgerecht entsorgt werden. Bei Tiefbohrungen werden häufig schwefelhaltige wärmestabile Zusätze verwandt, die bei erhöhten Temperaturen Schwefelwasserstoff freisetzen können (Wolff 1999). Zur Stabilisierung der Bohrlochwand ist es notwendig, dass die Bohrspülinhaltsstoffe bis max. 2 m in die Bohrlochumgebung eindringen. Eine limitierte Kontamination insbesondere benachbarter Aquifere mit den oben beschriebenen Stoffen ist dabei unausweichlich. Die Freisetzung und chemische Veränderung der verschiedenen Stoffe sowie deren Diffusion kann durch den Wärmestrom im Verlauf des langjährigen Betriebes einer Geothermieanlage verstärkt werden. Bei der Entnahme des Spülwassers aus Grund- oder Oberflächenwasser müssen die wasserrechtlichen Bestimmungen berücksichtigt werden, um Umweltschäden zu minimieren. Hierzu gehört insbesondere die Berücksichtigung von Niedrigwasserphasen kleiner Oberflächengewässer während sommerlicher Trockenphasen und die oberflächennahe Grundwasserspiegelabsenkung insbesondere in Feuchtgebieten. Einrichtung und Abbau temporärer, oberirdischer Wasserleitungen sollten zur Vermeidung unnötiger Störungen von Fauna und Flora während der Wintermonate erfolgen.

Störfälle während einer Bohrmaßnahme

Störungen und Unfälle durch eine nicht vorschriftsgemäße Durchführung des Bohrbetriebes stellen schwer kalkulierbare Umweltrisiken dar. Hierzu gehören Leckagen und Unfälle beim Transport der unterschiedlich belasteten Wässer, Schlämme und Betriebsstoffe sowie unkontrollierte Gasfreisetzungen aus dem Untergrund (z. B. CH_4 und H_2S). Auch die Kontamination eines Aquifer während der Bohrung durch eindringende Bohrspülung bei unsachgemäßer Durchführung der Bohrung muss bei einer Risikoabschätzung einkalkuliert werden. Dies gilt auch für eine fehlerhafte Kontrollanalytik der anfallenden Wässer und Schlämme. Die Kontamination zwischen benachbarten Aquifer und grundwasserfreiem Gestein muss ebenfalls berücksichtigt werden, da hierbei – etwa durch Aufquellen von Anhydrid-Oberflächenhebungen erfolgen können. Des Weiteren können getrennte Aquiferstockwerke durch die Bohrung verbunden werden. Insbesondere bei gespannten Grundwasserkörpern mit unterschiedlichem Chemismus besteht eine erhebliche Beeinträchtigungsgefahr.

Nicht ausreichende Kenntnisse der geologischen Verhältnisse können zu Störfällen auch im oberflächennahen Bereich führen. In diesem Zusammenhang sind insbesondere unbekannte Vorkommen an quellfähigem Gestein und gespanntem Grundwasser zu nennen. Beispielhaft sei hier die Flutung des Finanzministeriums in Wiesbaden im Jahre 2009 aufgeführt (faz 6/11/2009 1883990.html).

Auch die Umweltrisiken (z. B. Grundwasserkontamination durch austretende Betriebsstoffe, Abwässer, Bohrschlämme) von Unfällen auf der Zuwegung müssen berücksichtigt werden.

11.3.2 Hydraulische Stimulation (Fracking)

Die Hydraulische Stimulation stellt eine der grundlegenden Voraussetzungen für die petrothermale Energiegewinnung dar. Die Permeabilität des Gesteins in den angestrebten Zieltiefen unterhalb von ca. 3000 m Teufe muss für eine zum Wärmetausch ausreichende Wasserzirkulation deutlich erhöht werden. Zur Zeit wird hierfür die hydraulische Stimulation erprobt, bei dem Fluide (mehrere 10.000 m^3 mit Feststoffen und Chemikalien angereicherte Wässer) unter hohem Druck (bis ca. 300 bar) durch perforierte oder unverrohrte Bohrabschnitte in das Gebirge eingepresst werden, um im Nahbereich der Bohrung künstlich geschaffene Risse und Klüfte zu erzeugen. Hierdurch wird die sekundäre Porosität des Gesteins erhöht und damit Wegsamkeiten geschaffen, um die Durchlässigkeit im Umkreis von einigen hundert Metern (je nach petrophysikalischen Eigenschaften des Gesteins) im Umfeld der Bohrung zu erhöhen (Tischner et al. 2006). Bei der Entnahme des hierzu benötigten Wassers aus Grund- oder Oberflächenwasserkörpern müssen die wasserrechtlichen Bestimmungen berücksichtigt werden, um Umweltschäden zu minimieren. Hierzu gehört insbesondere die Berücksichtigung von Niedrigwasserphasen kleiner Oberflächengewässer während sommerlicher Trockenphasen und die oberflächennahe Grundwasserspiegelabsenkung insbesondere in Feuchtgebieten.

Zu Beginn der hydraulischen Stimulation wird das Bohrloch mit verdünnter Salzsäure (HCl) von Zementrückständen befreit. Im Anschluss wird ein Frack-Fluid mit reibungsminimierenden Zusätzen unter sukzessive steigendem Druck in den Zielbereich eingepresst. Da größere Fluidmengen in das Gestein injiziert werden, als durch Infiltration des Gesteins aufgenommen werden können, setzt eine zusätzliche Rissbildung ein. Diese werden durch ein suspendiertes Stützmittel (z. B. oolithische Quarzsande) gegen den Gebirgsdruck offen gehalten. Um eine gleichmäßige Füllung aller Risse mit dem Stützmittel zu erreichen, wird dessen Konzentration stufenweise erhöht und schließlich der verbliebene Porenraum mit Wasser ausgefüllt. Hierdurch wird der Porenfluiddruck erhöht und die stressbedingten Reibungskräfte zwischen den Porenwänden/Rissflächen herabgesetzt. Nach Abschluss dieser Arbeiten wird die Bohrung vorrübergehend verschlossen (Meiners et al. 2012a, 2012b).

Frackfluide

Vergleichbar mit der Ausbeutung von Erdöl- und Erdgaslagerstätten wird das Fracking-Verfahren bei der Gewinnung von geothermischer Energie zur Vergrößerung des Porenvolumens bzw. einer Steigerung der Permeabilität eingesetzt. Hierbei können dem Wasser Additive und Stützmittel (z. B. HCl, HF oder oolithische Quarzsande), u. a. zur chemischen Porenerweiterung und zur Porenstabilisierung zugesetzt werden (siehe auch Tab. 11.1).

Bei plangemäßem Einsatz ist das Umweltgefährdungspotenzial eher gering, da das Fracking-Fluid zum Großteil an die Oberfläche zurücktritt bzw. die Säuren im Untergrund im Gesteinskontakt verbraucht werden. Es muss allerdings angemerkt werden, dass für dieses in der Erdöl- und Erdgasförderung mannigfach eingesetzte Verfahren bisher aussagekräftige Massebilanzen fehlen, um den Verbleib von Additiven im Untergrund zu quantifizieren (Meiners et al. 2012a). Dies wäre eine Voraussetzung für verlässliche Prognosen. Als problematisch muss in der Folge zum einen die Gefahr einer Grundwasserkontamination in höheren Aquifer betrachtet werden, falls die Bohrlochabdichtung in den entsprechenden Bereichen nicht ausreichend dimensioniert oder geprüft wurde, bzw. wenn durch zugesetzte Säuren die Bohrlochzementierung geschädigt wird. Zum anderen besteht die Gefahr eines Verlustes von Frackfluiden durch laterale und aszendente Fließbewegungen im Frackbereich, die mittelfristig zur Kontamination höherer Aquifer führen. Vor diesem Hintergrund sollte auf den Einsatz von Chemikalien verzichtet und inerte Stützmittel bevorzugt werden.

Störfälle/Induzierte Seismik

Bei hydrothermalen Lagerstätten hat die hydraulische Stimulation bisher keine seismischen Aktivitäten mit deutlichen Schadwirkungen ausgelöst. Auch bei petrothermalen Verfahren sind bisher keine Schäden durch induzierte seismische Aktivitäten gerichtsfest dokumentiert. Bei den wenigen petrothermalen Pilotprojekten wurden bisher seismische Aktivitäten mit Magnituden in der Größenordnung von 2,0–3,4 beobachtet (Frick und Kaltschmitt 2008), die zu einer erheblichen Verunsicherung der Bevölkerung geführt haben. Ausreichende Langzeiterfahrungen liegen mangels dementsprechender Projekte nicht vor. Die ausgelöste Seismizität beruht im Wesentlichen auf einer Erhöhung des Porenfluiddruckes durch injizierte Fluide (Wässer mit unterschiedlichen Kolloid- und Ionenkonzentrationen). Dadurch werden bereits existierende Störungen aktiviert. Der Versatz von wenigen Zentimetern auf einer Strecke von einigen Dekametern kann hierbei seismische Aktivitäten der Magnitude 3 auslösen. Veränderungen der Grundwasserfließrichtungen oder der

Tab. 11.1 Funktion von potenziellen Additiven und Stützmittel in Frack-Fluiden (verändert nach UBA 2011; Tyndall Centre 2011; NYSDEC 2011; US DOLE 2009; Fink 2012), wie sie derzeit in der Erdöl- und Erdgasindustrie eingesetzt werden

Additive	Einsatzzweck	Substanz
Stützmittel	Offenhaltung der künstlichen Risse	Quarzsand verschiedener Körnung, keramische Produkte, gesinterter Bauxit
Ablagerungshemmer	Verhinderung der Ablagerung schwerlöslichen Ausfällungen (Salze, Karbonate, Sulfate)	z. B. Ammoniumchlorid, Ethylenglycol, Polyacylate, verschiedene Phosphate
Biozid	Vermeidung von Biofilm und Bakterienwachstum, Verhinderung von Schwefelwasserstoffbilung durch Sulfatreduzierende Bakterien	Gemisch aus 5-Chlor-2-metyl-2H-isothiazol-3-on. 2-Methyl-2H-isothiazol-3-on
Eisenfällungskontrolle	Verhinderung von Eisenausfällungen	Zitronensäure, Ethylendiamintetraacetat
Gelbildner	Verbesserung des Stützmitteltransportes	Guarderivate, Celluloseether
Hochtemperatur-stabilisator	Verhinderung der vorzeitigen Zersetzung des Gels bei hohen Temperaturen im Zielhorizont	Natriumtiosulafat
Kettenbrecher	Verringerung der Viskosität gelhaltiger Frack-Fluide zur Ablagerung des Stützmittels	Ammonium- oder Natriumperoxodisulfat, Natriumbromat oder Enzyme
Korrosionsschutzmittel	Schutz vor Algenkorrosion	z. B. Methanol, Isopropanol, Porargylalkohl, Ammoniumsatze
Lösungsmittel	Verbesserung der Löslichkeit der Additive	2-Butoxyethalnol, Propan-2-ol
pH-Regulatoren und Puffer	pH-Wert Einstellung	Aliphatische Säuren, Natriumhydroxid, Natriumhydrogencarbonat
Quervernetzer	Erhöhung der Viskosität bei erhöhter Temperatur zur Verbesserung des Stützmitteltransportes	Boratsalze, 2,2′,2″-Nitriolotriethanol, organische Zirkoniumkomplexe
Reibungsminderer	Verringerung der Viskosität bei erhöhter Temperatur zur Verbesserung des Stützmitteltransports	Polyacrylamide, Glycolether
Säuren	Vorbehandlung und Reinigung der perforierten Bohrungsanschnitte von Zement und Bohrschlamm, Lösung von säurelöslichen Mineralen	Konzentrierte Salzsäure
Schäume	Unterstützung des Stützmitteltransportes	Tertiäre Alkylaminethoxylate, Cocobetain, alfa-Olefin-sulfonate

Tab. 11.1 *Fortsetzung*

Additive	Einsatzzweck	Substanz
Schwefelwasserstoff-fänger	Entfernung von toxischen Schwefelwasserstoffen zum Schutz vor Algenkorrosion	Aromatische Aldehyde
Tenside/Netzmittel	Verminderung der Oberflächenspannung der Fluide	Ethoxylierte Alkylalkohole, Nonylphenolethoxylate
Tonstabilisatoren	Verminderung der Quellung und Verlagerung von Tonmineralen	Kaliumsalze, Ammoniumsalze, quartäre Ammoniumverbindungen

Kurzschluss von unterschiedlichen Grundwasserkörpern sind daher wenig wahrscheinlich. Auswertungen von Fluidinjektionen in Tiefen über 3000 m bei der Abwasserbehandlung sowie der Erdöl- und Erdgasförderung zeigen, dass Erdbeben mit Magnituden zwischen 3,5 und 4,5 auftreten können (Mayer et al. 2007; Bromley und Mongillo 2008). In einem Fall (Denver/Colorado) wurde eine Magnitude von 5,4 erreicht (Nicholson und Wesson 1990) Hier wurden über 4 Jahre bis zu 30.000 m^3 Wasser pro Monat in den Untergrund gepresst (Mayer et al. 2007). In der Konsequenz können in einem worst case scenario Gebäudeschäden nicht vollkommen ausgeschlossen werden und gravitative Massenbewegungen in einem Umfeld mit Radius von ca. 10–15 km werden begünstigt. Hangrutschungen sind hierbei nur bei einer ungünstigen Witterungssituation auf Steilhängen bei einer geomorphologischen Sondersituation zu befürchten, wie Untersuchungen in den Voralberger Alpen zeigen (Walter 2013).

Die Intensität der Seismik scheint von folgenden Faktoren bestimmt zu werden (Mayer et al. 2007):

- Menge und Druck (in Abhängigkeit von der Zeit) des injizierten Fluids,
- Lage und Beschaffenheit vorhandener Störungen und Risse,
- Felsmechanik in Abhängigkeit von der Gesteinsart,
- Hydrogeologische Faktoren wie Porosität und Permeabilität.

Eine Analyse historischer Erdbeben kann zusammen mit einer Bewertung der bekannten geologischen Verhältnisse eine erste Einschätzung des zu erwartenden Risikos erleichtern. Gezielte geophysikalische Untersuchungen im Vorfeld und während der Tiefbohrung sowie im Verlauf der hydraulischen Stimulation und des Betriebs der Geothermieanlage können neue Erkenntnisse über die lokalen tektonischen Verhältnisse generieren, die es ermöglichen, das Ausmaß der durch hydraulische Stimulation ausgelösten Seismik in Abhängigkeit von der eingesetzten Fluidmenge bzw. dem eingesetzten Kopfdruck zu prognostizieren. Inwieweit dies für eine verlässliche Vorsorge zum Schutz der Oberfläche im Umfeld der Bohrung ausreicht, wird von den Genehmigungsbehörden verantwortet. Für die Risikobewertung und Akzeptanz von Geothermieanlagen in der Nähe urbaner oder industrieller Wärmesenken ist dies eine zweckmäßige Voraussetzung, wie die seismischen

Ereignisse (Magnituden von 3,4) im Rahmen der Einrichtung einer Geothermieanlage in Basel im Jahre 2007 gezeigt haben.

11.3.3 Einsatz und Entsorgung von aufgeheiztem Wasser bei Probeversuchen

Während im Normalbetrieb des Kraftwerkes das im Untergrund erhitzte Fluid in einem geschlossenen Kreislauf zirkuliert, tritt im Probebetrieb aufgeheiztes und mit gelösten oder suspendierten Mineralien angereichertes Wasser an die Oberfläche. Dieses unter Druck stehende Wasser verdampft zumindest teilweise wenn es schlagartig entspannt. Hierdurch können Luft, Boden, Vegetation oder Gewässer kontaminiert bzw. durch die hohen Temperaturen geschädigt werden. Aufgefangene Wassermengen müssen daher auf das Niveau der Umgebungstemperatur abkühlen und können erst nach einer chemischen und bakteriologischen Prüfung – unter Berücksichtigung des natürlichen Abflussregimes – eingeleitet werden. Als problematisch muss hierbei insbesondere bei hydrothermalen Systemen neben der erhöhten Salinität der potenzielle Gehalt an Schwermetallen und den nicht kondensierbaren Gasen CO_2 und H_2S sowie CH_4, Hg, Ra, NH_3, B und SO_2 erachtet werden. Dieser Gasanteil kann rund 10 Vol% der Thermallösung ausmachen, wie das Beispiel Neustadt-Glewe zeigt (Huenges 2004). Vor allem in der Testphase kann kurzfristig eine explosionsartige Dampfentwicklung einsetzen, bei der bis zu 120 dB Lärm entwickelt werden können (Kristmannsdottir und Armannsson 2003). Die freigesetzten Dampfwolken können die Vegetation und Avifauna schädigen. In der Nähe von Straßen und Siedlungen ist zudem von einem hohen Gefährdungspotenzial für den Menschen durch abrupt eingeschränkte Sichtverhältnisse und – je nach Gehalt des Dampfes an den oben erwähnten Gasen – auch für die menschliche Gesundheit auszugehen.

Bei der petrothermalen Energiegewinnung werden bereits in der Testphase größere Mengen Fremdwasser eingesetzt. Hierbei können bis zu einigen tausend m^3/Tag zum Einsatz kommen (Rybach 2004). Die Entnahme dieser Mengen aus Oberflächengewässern muss unter Berücksichtigung der Gewässerökologie, insbesondere der Niedrigwasserproblematik, erfolgen. Bei der Verwendung von Grundwasser ist eine potenzielle oberflächennahe Grundwasserspiegelabsenkung insbesondere in Feuchtgebieten zu berücksichtigen.

11.3.4 Einrichtung der Stromgewinnungsanlage

Kraftwerke mit einem Sekundärkreislauf werden verwendet, wenn der Energiegehalt des geförderten Wassers zu gering für die direkte Nutzung der Erdwärme ist. Mit Wärmetauschern wird die geothermische Wärme in einem geschlossenen Kraftwerksprozess übertragen. Dieses Verfahren ist besonders vorteilhaft, wenn in dem hydrothermalen Fluid eine hohe Menge von nicht-kondensierbaren Gasen (z. B. H_2S) enthalten ist. Der primäre Thermal- und der sekundäre Kraftwerks-Kreislauf sind getrennt, sodass ein Arbeitsmedium eingesetzt wird, dessen Siedepunkt an die Temperatur der Thermalquelle angepasst ist (Wagner 2009). Auf dieser Basis arbeiten Kraftwerke des Organic-Rankine-Cycle (OCR)- und Kalina Prozesses.

Bei der Errichtung eines Kraftwerkes auf Basis niedrig siedender Flüssigkeiten kann von den maßgebenden Umweltbehörden eine standortbezogene Umweltverträglichkeitsprüfung des Einzelfalles angeordnet werden. Im günstigsten Fall wird der Bohrplatz zur Errichtung des Kraftwerkes genutzt, sodass Überlegungen zum Vegetations- und Bodenschutz entfallen können. Auch auf die bei Einrichtung des Bohrplatzes angelegte Zuwegung kann zurückgegriffen werden.

11.3.5 Einrichtung von Fernwärmetrasse

Bei der Einrichtung von Fernwärmetrassen wird – in Abhängigkeit von deren Dimensionen und den lokalen Standortverhältnissen – von den maßgebenden Umweltbehörden eine standortbezogene Umweltverträglichkeitsprüfung des Einzelfalles angeordnet. Zu berücksichtigen ist zum einen die Vegetationszerstörung und ihre Bedeutung für aquatische und terrestrische Ökosysteme, zum anderen der Bodenschutz und die Bodendenkmalpflege. Areale mit seltenen, besonders schützenswerten Böden sollten umgangen werden. Archäologische Notgrabungen können das Vorhaben erheblich verzögern.

11.3.6 Einrichtung von Stromleitungstrassen

Bei der Einrichtung von Stromtrassen wird u. U. von den maßgebenden Umweltbehörden eine standortbezogene Umweltverträglichkeitsprüfung des Einzelfalles angeordnet. Zu berücksichtigen sind insbesondere die Vegetationszerstörung und ihre Bedeutung für aquatische und terrestrische Ökosysteme sowie die erheblichen Veränderungen des Landschaftsbildes. Hieraus können Limitierungen der Erholungsfunktion und Akzeptanzprobleme für das gesamte Projekt resultieren.

11.4 Betrieb der Geothermieanlage

11.4.1 Stromgewinnungsanlage

Geothermiekraftwerke in Deutschland haben derzeit eine elektrische Nennleistung von ca. 1–3 MW, hingegen weisen Kohle und Atomkraftwerke eine deutlich höhere Nennleistung zwischen 400–1300 MW auf. Aufgrund der niedrigen Temperatur des geförderten Wassers (ca. 120–170° C) müssen beim Kraftwerksbetrieb zur Stromerzeugung niedrigsiedende Lösungen (30–80 °C) zum Betrieb der Dampfturbinen eingesetzt werden. Dies sind – je nach Temperatur der geförderten Tiefenwässer – organisch synthetisierte Flüssigkeiten, z. B. Pentane bei einem Organic-Rancine-Cycle (ORC)-Kraftwerk bzw. NH_3/H_2O beim Kalina-Prozess. Diese in einem geschlossenen Kreislauf eingesetzten Lösungen müssen – ähnlich einem Wasserdampfkraftwerk – gekühlt werden, wozu Luft oder Wasser eingesetzt wird. Dieser Prozess ist mit geringen Lärmemissionen verbunden, die im Wesentlichen auf Turbinen- und Lüftergeräusche zurückgeführt werden können. Auch bei geothermisch basierten Kraftwerken wird Kühlwasser verbraucht (sofern die Anlage nicht ausschließlich auf einer Luftkühlung basiert), das in die Atmosphäre oder in das Oberflächenwasser eingeleitet wird. Hierdurch kann das Mikroklima in Abhängigkeit von der lokalen Reliefsituation durch eine erhöhte Luftfeuchte und Nebelbildung beeinflusst werden. Sofern diese Restwärme in den Wintermonaten zu Heizzwecken weiterverwendet werden kann, treten die Kühlwasserverluste gehäuft während der Sommermonate auf. Aufgrund der höheren Lufttemperaturen und der resultierenden höheren potenziellen spezifischen Feuchte der Luft ist die Gefahr einer gehäuften Nebelbildung während dieser Jahreszeit relativ gering. Insgesamt wird das Potenzial solcher Anlagen hinsichtlich einer negativen Beeinflussung des Mikroklimas aufgrund der geringen Nennleistung der Kraftwerke als gering eingestuft. Allenfalls in ungünstigen Tallagen und/oder am Rande von Feuchtgebieten sind nennenswerte Beeinträchtigungen zu erwarten. Die Einleitung von Kühlwasser in Oberflächengewässer kann aufgrund des deutlichen Temperaturunterschieds zu einer erheblichen Beeinträchtigung der Gewässerökologie führen. Dies wird bei einem wasserrechtlichen Genehmigungsverfahren berücksichtigt. Der ausgewählte Vorfluter sollte auch während sommerlicher Trockenphasen ausreichend dimensioniert sein, um anfallendes Kühlwasser zu kompensieren.

Der niedrige Siedepunkt der eingesetzten Flüssigkeiten stellt ein Umweltproblem dar, da die Dichtigkeit der Anlagen den besonderen Anforderungen nicht immer umfassend Rechnung tragen kann. Ca. 1–3 % der Füllmengen an Ammoniak oder der Vielzahl der unterschiedlichen organisch synthetisierten Flüssigkeiten diffundieren im laufenden Betrieb in die Atmosphäre (Heberle und Brüggemann 2013) bzw. werden bei Wartungsarbeiten oder Störfällen freigesetzt. Ammoniak ist brennbar und Bestandteil der erhöhten Stickstoffdepositionen, die die Forstökosysteme schädigen. Die Umweltrelevanz der einzelnen organisch synthetisierten Verbindungen muss im Einzelfall geprüft werden.

Die geförderten Tiefenwässer insbesondere der hydrothermalen Systeme können eine Vielzahl von gelösten Mineralen enthalten, die im Rohrleitungssystem des Primärkreislaufes des Kraftwerkes ausfallen und einen regelmäßigen Austausch von Bauteilen notwendig machen. Je nach Zusammensetzung der Ablagerungen müssen diese als Sondermüll entsorgt werden. Eine Filtration des Thermalwassers kann dieses Problem minimieren. Die festen Rückstände werden fachgerecht entsorgt und die flüssige Phase wieder in den Untergrund verpresst (Dannenberg et al. 2013).

11.4.2 Normalbetrieb Bohrung

Das hydrothermale System zur Erdwärmenutzung kann langfristig, bedingt durch die Reinjektion abgekühlten Thermalwassers (Dublette) zur Abkühlung des Untergrundes führen, die zur temperaturbedingten Kontraktion des Gesteins führt. In Folge können Setzungserscheinungen auftreten, die sowohl Aquifer als auch die Erdoberfläche beeinflussen (Erbas et al. 1999). Diese Setzungserscheinungen sind vergleichbar mit Absenkungen in Bergbaugebieten und entwickeln sich sehr langsam über Jahrzehnte (Dannenberg et al. 2013). Auf Gebäude haben diese kaum Einfluss (BMU 2010), da das Wasser aus Tiefen von über 3000 m gefördert wird und das entnommene Wasser an benachbarter Stelle in den Aquifer zurückgeführt wird. So berichten Armannsson und Kristmannsdottir (1992) von max. 4 cm Landabsenkungen in einem Radius von ca. 8 km um das Fördergebiet einer isländischen oberflächennahen Geothermiegewinnungsanlage. Kühn et al. (2002) berechnen für Norddeutschland Subsidenzbeträge von 2–3 cm in Bohrlochnähe. Schäden an Bausubstanzen erwarten sie erst bei großflächigen Setzungen ab 3 cm. Zu berücksichtigen ist, dass das reinjizierte Wasser aufgrund der verringerten Temperatur das Löslichkeitsprodukt des Grundwassers verändert und hierüber den Chemismus des Grundwassers beeinflusst. Auch ein erhöhter Sauerstoffgehalt des reinjizierten Grundwassers kann aufgrund des veränderten Redox-Potenzials zu Mineralausfällungen führen. Mögliche Folge wäre u. a. eine verringerte Permeabilität.

Bei der petrothermalen Energiegewinnung werden größere Mengen Fremdwasser eingesetzt. Hierbei können vor allem in der Anfangsphase bis zu einigen Tausend m^3/Tag zum Einsatz kommen (Rybach 2004). Der Regelbetrieb wird in einem geschlossenen Kreislauf gefahren. Allerdings erzwingen Wasserverluste im Untergrund und ein mit der Zeit zunehmender Mineralgehalt eine Zufuhr von Fremdwasser oder den Austausch der Lösung. Die Entnahme dieser Mengen aus Oberflächengewässern muss unter Berücksichtigung der Gewässerökologie, insbesondere der Niedrigwasserproblematik, erfolgen.

Das Fremdwasser wird unter Druck durch das Gebirge geleitet, sodass mit einer Fortführung der bei der Einrichtung induzierten Seismik – wenn auch mit geringerer Magnitude – gerechnet werden kann.

Durch den Abtransport des heißen Grund- bzw. Fremdwassers besteht die Möglichkeit der Erwärmung höher gelegener Aquifer im Bereich der Förderbohrung und einer damit verbundenen mikrobiologischen Veränderung dieser Wässer. Bei Temperaturen um 40 °C ist mit einer deutlichen Bakterienzunahme zu rechnen.

11.4.3 Störfall im Kraftwerksbetrieb

Falls es zu einer Störung im Regelbetrieb kommt, können hydrothermale Wässer an der Erdoberfläche austreten und Atmosphäre und Avifauna, Vegetation, Fauna (insbesondere Kleinstlebewesen), Boden oder Gewässer kontaminieren (Dannenberg et al. 2013). Vor allem aus dem hydrothermalen Grundwasser können nichtkondensierbare Gase entweichen.

Neben CO_2 und H_2S können noch CH_4, Hg, Ra, NH_3, B und SO_2 enthalten sein (Kristmannsdottir und Armannsson 2003), die nicht nur die direkt betroffene Umwelt schädigen können, sondern zum Teil auch klimawirksam sind. Als problematisch muss neben der erhöhten Salinität auch der potenzielle Gehalt an Schwermetallen erachtet werden (Baumgärtner et al. 1992). Sicherheitsventile können dieses Risiko minimieren.

11.5 Rückbau der Anlage

Die Nutzungsdauer eines Geothermiekraftwerkes hängt maßgeblich vom Wärmepotenzial des Untergrundes und deren regelmäßigen Nutzung ab. Beim Rückbau der Anlage werden Bohrplatz und gegebenenfalls die Kraftwerksanlagen demontiert. Das verwendete Baumaterial wie Stahl und Beton werden weiterverwendet (Baustoffrecycling) und das Bohrloch wird abgedichtet, um einen unkontrollierten Austritt von hydrothermalem Wasser zu verhindern. Beim Rückbau ist mit einer erheblichen Staubbelastung zu rechnen. Die mit dem Tiefenwasser kontaminierten Bauteile müssen je nach Zusammensetzung der ausgefallenen Minerale fachgerecht entsorgt werden. Das kontaminierte Substrat des Bohrplatzes und des Kraftwerkstandortes müssen entsorgt und durch humoses Oberbodenmaterial ersetzt werden. Anschließend erfolgt im Zuge der Renaturierung eine gezielte Wiederbegrünung unter Berücksichtigung der natürlichen Standortverhältnisse.

11.6 Fazit

Folgende Umweltrisiken und Umweltauswirkungen sind beim Bau, Betrieb und Rückbau einer Tiefen Geothermieanlage vorrangig zu berücksichtigen:

- Dauerhafte Veränderungen der ökologischen Verhältnisse am Bohrplatz auf einer Fläche von mindestens 0,2–0,6 ha
  Durch Nutzung von aufgelassenen Industriestandorten oder Gewerbegebieten kann dieses Risiko deutlich minimiert werden.
- Induzierte Seismik
  Die bisher beobachteten Magnituden lassen ein eingeschränktes Risiko vermuten. Eine gestufte Vorgehensweise bei der Durchführung der hydraulischen Stimulation mit einem detaillierten, geophysikalischen Monitoring und gekoppelten Analyseprogramm, könnte das Problem minimieren. Aufgrund des derzeitigen Forschungsstandes kann das Restrisiko nur unzureichend abgeschätzt werden.
- Aquiferveränderungen durch unsachgemäße Durchführung der Bohrungen
  Durch umfangreiche detaillierte Voruntersuchungen und ein qualitativ hochwertiges Management kann das Risiko von Aquiferveränderungen minimiert werden.
- Aquiferveränderungen durch infiltriertes Bohrspülwasser und langfristige Erwärmung während der Förderphase

Tab. 11.2 Exemplarische relative Abschätzung einer Umweltbeeinflussung durch Errichtung und Betrieb einer Anlage zur Geothermienutzung (1 niedrig–10 hoch)

Betriebsbausteine/ Wirkfaktoren		Erkundung	Einrichtung				Betrieb		Rückbau
		Seismik	Bohrung	Fracking	Test	Störfall	Untergrund	Oberirdisch	
Mensch/Siedlung		1	4	4	1	1	4		
Boden		1	10	1	3	3			
Wasser	Grundwasser		7	5	5	5	4	1	
	Oberflächenwasser		7	5	5	5	4	1	
Luft					3	3			1
Flora		1	10		4	4		1	1
Fauna		1	8		8	6		1	1

Durch ausreichende Isolierung der entsprechenden Bohrabschnitte, Kontroll- und Sicherungsbrunnen kann das Risiko minimiert werden. Eventuell kann aus Sicherungsbrunnen gefördertes Grundwasser im Kühlkreislauf des Kraftwerkes eingesetzt werden.

- Entnahme großer Wassermengen (mehrere 10.000 m^3 für Bohrung und hydraulische Stimulation) und Beeinträchtigung der Fließgewässerökologie
  Durch Auswahl eines Standortes in der Nähe größerer, eventuell regulierter Fließgewässer kann das Risiko durch eine umfangreiche kurzfristige Wasserentnahme minimiert werden.
- Entsorgung großer Wassermengen (mehrere 10.000 m^3) vor allem in der Einrichtungs- und Erprobungsphase und Beeinträchtigung der Fließgewässerökologie.
  Durch Sammlung, Reinigung und kontrollierte Einleitung/Entsorgung kann das Risiko minimiert werden.
- Umweltbeeinflussungen durch Bau und Betrieb von Fernwärme- und Stromtrassen
  Durch Nutzung von aufgelassenen Industriestandorten oder Gewerbegebieten kann dieses Risiko deutlich minimiert werden.
- Handling der niedrig siedenden Betriebsflüssigkeiten des Geothermiekraftwerkes
  Durch die Installation von Unterdruckeinrichtungen im Betriebsgebäude und Filteranlagen kann das Risiko minimiert werden.
- Weitere Umweltauswirkungen sind bei Störfällen zu erwarten, deren Entstehungswahrscheinlichkeit bei Einhaltung der hohen behördlichen Anforderungen in Deutschland als gering eingestuft werden.

Tabelle 11.2 gibt einen zusammenfassenden Überblick für eine exemplarische relative Abschätzung der Bedeutung potenzieller Umweltauswirkungen während der verschiedenen Betriebsphasen einer Geothermieanlage. Im Einzelfall muss auf Basis der lokalen Verhältnisse eine Detaillierung und Neubewertung stattfinden.

Literatur

Armannsson, H., Kristmannsdottir, H.: Geothermal Environmental Impact. Geothermics **21**, 869–880 (1992)

Ast, M., Eckl, H., Elbracht, J., Fischer, K., Fritz, J., Henke-Jelit, S., Jensen, H., Pester, S., Sbresny, J.: GeoBerichte 24. Leitfaden Erdwärmenutzung in Niedersachsen – Rechtliche und technische Grundlagen. Landesamt für Bergbau, Energie und Geologie, S. 62. Hannover (2012)

Baumgärtner, J., Jung, R., Kappelmayer, O., Rummel, R.: Hot-Dry-Rock-Technologie zur Nutzung der Erdwärme aus dem heißen Untergrund. In: Schulz, R., Werner, R., Ruhland, J., Bußmann, W. (Hrsg.) Geothermische Energie, Forschung und Anwendung in Deutschland (1992). 216 S

Bromley, C.J., Mongillo, M.A.: Geothermal Energy from Fractured Reservoirs – Dealing with Induced Seismicity. IEA Open Energy Technology Bulletin **48**, 1–7 (2008)

Brumme, R.: Genehmigungsverfahren für tiefengeothermische Anlagen (2009). pp. 1–27. http://ra-brumme.de/1-Genehmigungsverfahren.pdf. Zugegriffen: 7. Oktober 2013

Buja, H.O. (2012): Handbuch der Bohrtechnik. Band 1 und Band 2

Bundesministerium für Umwelt 2010 Entwicklung der erneuerbaren Energien in Deutschland im Jahre 2009.

Dannenberg, M., Duracak, A., Haffner, M., Kitzing, S.: Energien der Zukunft: Sonne, Wind, Wasser, Biomasse, Geothermie (2013)

Erbas, K., Seibt, A., Hoth, P., Huenges, E.: Geothermie Report 99-2 Evaluierung geowissenschaftlicher und wirtschaftlicher Bedingungen für die Nutzung hydrogeothermaler Ressourcen Scientific Technical Report, Bd. STR 99/09. GeoForschungszentrum Potsdam, Potsdam (1999)

Evans, F.K., Zappone, A., Kraft, T., Deichmann, N., Moia, F.: A survey of the induced seismic responses to fluid injection in geothermal and CO_2 reservoirs in Europe. Geothermics **2**(41), 30–54 (2012)

Fink, J.: Petroleum engineer's guide to oil field chemicals and fluids, Chapter 17: Fracturing Fluids. Elsevier, Waltham & Oxford (2012)

Frick, S., Kaltschmitt, M.: Ökologische Aspekte der tiefen Erdwärmenutzung – Analyse und Bewertung lokaler Umwelteffekte. Erdöl, Erdgas, Kohle **124**, 323–328 (2008)

Heberle, F., Brüggemann, D.: Mögliche Emissionen bei der Stromerzeugung aus Geothermie. Geothermische Energie **75**, 22-23 (2013)

http://www.faz.net/aktuell/rhein-main/region/panne-bei-geothermie-bohrung-gewaltiger-wasseraustritt-am-finanzministerium-1883990.html

Huenges, E.: 4. Geothermiereport GFZ Potsdam. STR 99/04, Geothermiereport 99–1 (2004)

Kipker, T.: Tiefbohranlagen Bentec GmbH Geothermiekongress, 2010. (2010)

Kristmannsdottir, H., Armannsson, H.: Environmental Aspects of Geothermal Energy Utilization. Geothermics **32**, 451–461 (2003)

Kühn, M., Stöfen, H., Schneider, W.: Abschätzen der Subsidenz im Einflussbereich Geothermischer Anlagen. Grundwasser. Zeitschrift der Fachsektion Hydrologie **1**, 3–13 (2002)

Mayer, E.L., Baria, R., Stark, M., Oates, S., Bommer, J., Smith, B., Asanuma, H.: Induced seismicity associated with Enhanced Geothermal systems. Geothermics **36**, 185–222 (2007)

Meiners, G., Denneborg, M., Müller, F., Bergmann, A., Weber, F.-A., Dopp, E., Hansen, C., Schüth, C.: Umweltauswirkungen von Fracking bei der Aufsuchung und Gewinnung von Erdgas aus unkonventionellen Lagerstätten – Risikobewertung, Handlungsempfehlungen und Evaluierung bestehender rechtlicher Regelungen und Verwaltungsstrukturen. Bundesministerium für Umwelt, Naturschutz und Reaktorsicherheit. S. 443, Hannover (2012a)

Meiners, G., Fernández, J.B.P., Deißmann, G., Filby, A., Barthel, R., Cramer, T., Bergmann, A., Hansen, C., Weber, F.-A., Dopp, E.: Fracking in unkonventionellen Erdgas-Lagerstätten in NRW – Kurzfassung zum Gutachten. In: Ministerium für Klimaschutz, Umwelt, Landwirtschaft, Natur- und Verbraucherschutz des Landes Nordrhein-Westfalen (Hrsg.), S. 74. Düsseldorf (2012b)

Nicholson, C., Wesson, R.L.: Earthquake hazard associated with deep well injection – A report tot he U.S. Environmental Protection Agency. U.S. Geological Survey Bulletin. (1990)

NYSDEC New York State Department of Environmental Conservation: Revised Draft Supplemental Generic Environmental Impact Statement. Chapter 5: Natural gas development activities & high-volume hydraulic fracturing (2011). http://www.dec.ny.gov/docs/materials_minerals_pdf/rdsgeisch50911.pdf. Zugegriffen: 01.03.2012

Rybach, L.: EGS. The State of the Art. In: Tagungsband der 15. Fachtagung der Schweizerischen Vereinigung für Geothermie. Stimulierte Geothermische Systeme. Selbstverlag, Basel (2004)

Stober, I., Bucher, K.: Geothermie, 1. Aufl. Springer, Berlin (2012)

Stober, I., Fritzer, T., Obst, K., Schulz, R.: Tiefe Geothermie – Nutzungsmöglichkeiten in Deutschland, 3. Aufl. Bundesministerium für Umwelt, Naturschutz und Reaktorsicherheit, Hannover (2011)

Tischner, T., Pfender, M., Teza, D.: Abschlussbericht zum Vorhaben 0327097 „Hot Dry Rock Projekt Soultz". Bundesministerium für Umwelt, Naturschutz und Reaktorsicherheit, Berlin (2006)

Tydall Centre: Shale gas: a provisional assessment of climate change and environmental impacts. University of Manchester, Manchester (2011). http://www.tyndall.ac.uk/shalegasreport. Zugegriffen: 21.05.2012

UBA, Umweltbundesamt 2011a. Einschätzung der Schiefergasförderung in Deutschland – Stand Dezember 2011. http://www.umweltbundesamt.de/chemikalien/publikationen/stellungnahme_fracking.pdf. Zugegriffen: 04.01.2012

US DOE, U.S. Department of Energy: Modern shale gas development A primer. Prepared by Ground Water Protection Council and ALL Consulting (2009). http://www.netl.doe.gov/technologies/oilgas/publications/epreports/shale_gas_primer_2009.pdf. Zugegriffen: 04.01.2012

Wagner, C., Büttner Fritzer, W.T.: Erdwärme – die Energiequelle aus der Tiefe. Bayrisches Landesamt für Umwelt, Augsburg (2010)

Wagner, U.: Nutzung Regenerative Energien. Technische Universität München, München (2010)

Walter, M.: Seismische Untersuchung von Lockergesteinshangrutschungen und ihr Beitrag zum ganzheitlichen Verständnis der Hangdynamik. Selbstverlag, Stuttgart (2013)

Wolff, H.: Nutzung der Energie des tiefen Untergrundes. In: Kaltschmitt, M., Huenges, E., Wolff, H. (Hrsg.) Energie aus Erdwärme. Deutscher Verlag für Grundstoffindustrie, Stuttgart (1999)

Seismizität

12

Ralf Fritschen und Horst Rüter

Inhaltsverzeichnis

Ralf Fritschen (✉)
Essen, Deutschland
e-mail: ralf.fritschen@dmt.de

Horst Rüter
Dortmund, Deutschland
e-mail: rueter@harbourdom.de

M. Bauer et al. (Hrsg.), *Handbuch Tiefe Geothermie*, DOI 10.1007/978-3-642-54511-5_12,

Zusammenfassung

Der Begriff Seismizität, der die Gesamtheit aller Erdbebenerscheinungen in einem Gebiet bezeichnet, wurde noch vor wenigen Jahren fast ausschließlich im Zusammenhang mit natürlich auftretenden Erdbeben verwendet, obwohl bereits seit langem bekannt ist, dass prinzipiell jeder Eingriff in den tiefen Untergrund zum Auftreten induzierter Seismizität führen kann. In diesem Beitrag werden einige Grundbegriffe der Seismologie erläutert und es wird erklärt, wie das Einbringen von Flüssigkeiten in den Untergrund zu induzierter Seismizität führen kann und welche physikalische Größen hierbei eine Rolle spielen. Insbesondere im Zusammenhang mit induzierter Seismizität ist es dabei wichtig zwischen Emissionen, den Vorgängen am Entstehungsort, und Immissionen, den Erschütterungen an der Erdoberfläche, zu unterscheiden, denn nur die Stärke der Erschütterung und insbesondere deren maximale Schwinggeschwindigkeit an einem Ort, entscheidet, ob die Erschütterung potentiell schädigend für ein Gebäude sein kann. Grundsätzlich ist eine geothermische Anlage so zu betreiben, dass keine Schäden durch induzierte Erschütterungen auftreten. Dies kann nur erreicht werden, wenn die induzierte Seismizität kontinuierlich überwacht und der Betrieb der Anlage hierauf abgestimmt wird. Die Erfahrungen der letzten Jahre zeigen, dass die Regelung von Injektionsrate oder Injektionsdruck über ein seismizitätsgesteuertes Reaktionsschema ein hierzu geeignetes Verfahren ist.

Schlüsselwörter

Seismizität • Magnitude • Spannungsfeld • Reaktionsschema • Monitoring

12.1 Einführung

Unsere Erde ist ein unruhiger Planet. Der in großen Teilen zähflüssige Untergrund ist in ständiger Bewegung. Auch Kräfte von außen wirken permanent auf die Erde ein und bewirken weitere Bewegungen. Die Erde ist dabei von einer hauchdünnen „festen" Haut umgeben, die, da sie sprödbrüchig ist, all diese Bewegungen nicht unbeschadet mitmachen kann.

Der Mensch spürt von diesen gewaltigen Veränderungen meist nichts, da er entweder dafür keine ausreichend empfindliche Sinnesorgane hat oder diese Vorgänge zeitlich so langfristig ablaufen, dass sie im Rahmen eines Menschenlebens nicht direkt wahrnehmbar werden. Dennoch gibt es einige Indikatoren dieser Dynamik, die sehr wohl wahrgenommen werden, und dazu gehören die natürlichen Erdbeben.

Damit die feste Hülle der Erde all diese Bewegungen mitmachen kann, ist sie in kleine Teile zerstückelt, die man in allen Größenskalen beobachten kann von den globalen Platten bis hin zur Zerstückelung von einzelnen Kristallen in Gesteinen, die man nur im Mikroskop sehen kann. Bewegungen finden nun meist an all diesen Trennlinien statt, wobei allerdings auch Trennlinien verheilen und neue entstehen können.

Antrieb für all diese Bewegungen sind Vorgänge im tieferen Untergrund, also unterhalb der festen Haut (Erdkruste). Da die Erdkruste diese Bewegungen nur bedingt mitmachen kann, werden in ihr mechanische Spannungen hervorgerufen. Während in einer Flüssigkeit der Druck (als Sonderfall der Spannung) durch eine einzige Größe beschrieben wird und er auch z. B. in einer bestimmten Wassertiefe überall gleich ist, ist die Beschreibung des Spannungsfeldes im Festgestein ungleich komplexer. 6 Parameter sind nötig, um hier das Spannungsfeld zu beschreiben. Diese Spannungen sind im Gegensatz zum hydrostatischen Druck zudem ortsabhängig und können auf kleinstem Raum stark variieren.

Da die Erdkruste diese Bewegung aufgeprägt bekommt, ist zu betrachten, wie sie darauf reagiert. Neue Trennflächen können aufreißen, wenn beispielsweise die stetig anwachsenden Spannungen einen Grenzwert überschreiten, der durch die Zugfestigkeit oder die Scherfestigkeit des jeweiligen Gesteins bestimmt ist. Bewegungen an vorhandenen Trennflächen (Störungen) werden stattfinden, wenn die Reibung an diesen Flächen überschritten wird. Da die Grenzwertüberschreitungen plötzlich erfolgen und das Spannungsfeld in der Umgebung ausreichend Energie gespeichert hat, kommt es dann zu ruckartigen Bewegungen, also zu Erdbeben. Der größte Teil der freigesetzten Energie wird dabei in Wärme umgewandelt, ein kleinerer Teil aber in seismische Wellen. Diese breiten sich vom Bebenherd ausgehend je nach Stärke des Ereignisses mehr oder weniger weit in der Umgebung aus. Auf ihrem Weg von der Quelle zum Beobachter oder Betroffenen werden sie in vielfacher Weise verändert, durch Reflexion, Brechung, Dämpfung und Fokussierung.

Erdbeben können nun durch alle denkbaren Veränderungen dieses komplexen Systems aus Spannungen, Festigkeiten und Reibungen ausgelöst werden. Zunächst sind es natürlich die Bewegungen im Untergrund, also endogene Kräfte. Hierdurch verursachte Beben werden meist als „tektonisch" bezeichnet. Auch natürliche exogene Kräfte können Erdbeben verursachen, das Abschmelzen von Gletschern oder Inlandeis mit der damit verbundenen Entlastung des Untergrundes, Hangrutschungen, Wasserauflast durch Gezeiten bis hin zu Starkregen.

Da die Spannungen örtlich nahe an der Festigkeitsgrenze sein können, genügen oft kleine zusätzliche Einflüsse, um ein Erdbeben auszulösen. Dies macht es möglich, dass auch mensch-gemachte Einflüsse wirksam werden können. Hier spricht man dann von induzierten Beben.

Große Beben (Schadensbeben) sind relativ selten, währen kleine Beben (Schwachbeben) ein alltägliches Ereignis sind. Da wir Menschen jedoch die Erde wie oben beschrieben als ruhig empfinden, überrascht uns jedes fühlbare, wenn auch kleine seismische Ereignis. Viele Menschen werden ihr Leben lang nie ein derartiges Ereignis verspüren und sich auch nicht an deren Auftreten gewöhnen. In der Öffentlichkeit gelten mit Recht Erdbeben neben Vulkanausbrüchen, Überschwemmungen etc. als die gravierendsten Naturkatastrophen. Schon wenn man ein gerade fühlbares Ereignis wahrnimmt, hat man die Bilder großer Katastrophen im Kopf. Auch kleinste Beben können Angst und Schrecken auslösen. Da es bei Geothermieprojekten mehrfach zu fühlbaren Schwachbeben gekommen ist, hat sich die Thematik „Seismizität" zu einer wesentlichen Akzeptanz-Barriere entwickelt.

12.2 Natürliche Seismizität

Aus vielerlei Gründen macht es Sinn, sich im Zusammenhang mit induzierter Seismizität ausführlicher auch mit der natürlichen Seismizität zu befassen. Die natürliche Seismizität ist einerseits ein integraler Bestandteil unserer Umwelt, ohne die wir beispielsweise nicht die uns gewohnten Landschaften hätten und ohne die die Erde für Menschen nicht bewohnbar wäre, andererseits sind es die Schadensbilder großer Beben, die die induzierte Seismizität zum Akzeptanzproblem Nummer eins der Geothermie machen.

Induzierte Seismizität wird vorrangig von Seismologen bearbeitet, die in der Bearbeitung natürlicher Seismizität ausgebildet wurden oder jahrelang auf diesem Gebiet gearbeitet haben. Sie bedienen sich der Werkzeuge, wie sie in der globalen Seismologie üblich sind. Dies gilt sowohl für die Betrachtung der Erdbebenherde als auch für die Methoden der Datenaufbereitung und Auswertung. Deutlich wird diese Abhängigkeit von der natürlichen Seismizität auch bei der Übernahme nahezu aller Fachbegriffe, um die man also im Zusammenhang mit induzierter Seismizität nicht herum kommt.

Wie bereits beschrieben sind Erdbeben natürliche Alltagserscheinungen. Abbildung 12.1 zeigt die Anzahl jährlich auftretenden Ereignisse in Abhängigkeit von der Magnitude.

Die Abbildung zeigt, dass insbesondere kleine Ereignisse außerordentlich häufig sind. Dass dennoch nicht alle Menschen immer wieder Erdbeben verspüren liegt daran, dass die Beben örtlich sehr unterschiedlich verteilt sind. Während in manchen Gegenden die Menschen täglich Beben verspüren, werden andere niemals ein Beben bemerken. Abbildung 12.2 zeigt die globale Verteilung von Starkbeben.

Während bei dieser globalen Betrachtung die Grenzen kontinentaler Platten die entscheidende Rolle spielen, werden dies bei regionalen oder gar lokalen Betrachtungen sehr viel kleiner Grenzflächen sein, an denen aber grundsätzlich dieselben Vorgänge stattfinden. Abbildung 12.3 zeigt dies vereinfacht für einen vertikalen Scherbruch.

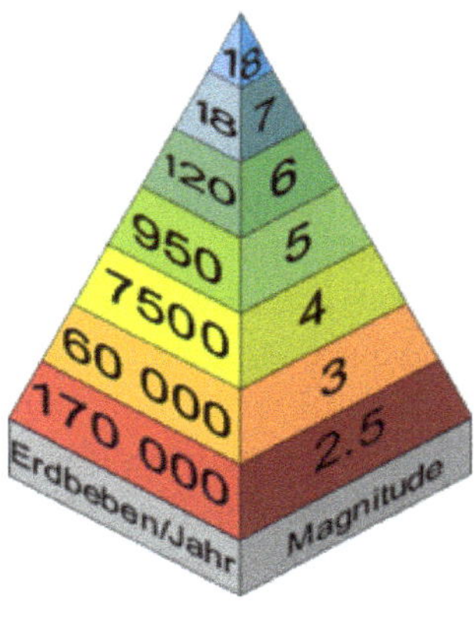

Abb. 12.1 Durchschnittliche jährliche Erdbebenhäufigkeit in Abhängigkeit von der Magnitude basierend auf den Daten des United States Geological Survey (USGS) (Quelle: BGR)

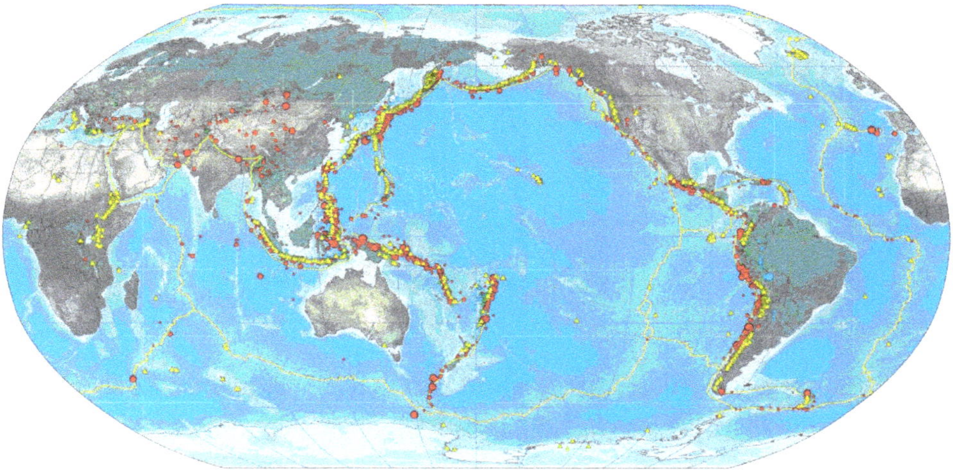

Abb. 12.2 Globale Verteilung von Erdbeben Epizentren zwischen 1900–2010 (Quelle: USGS)

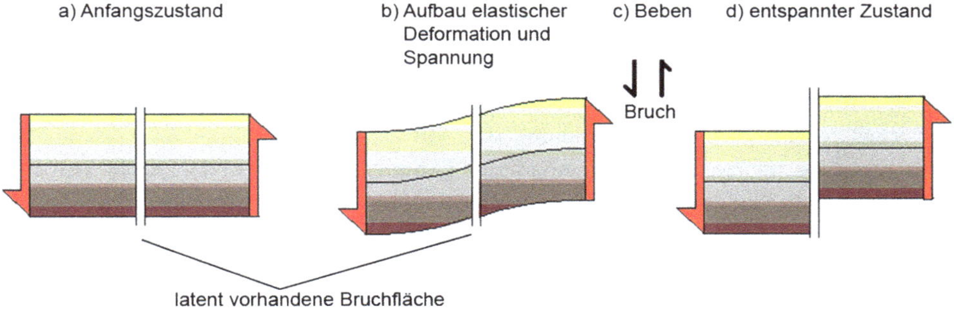

Abb. 12.3 Vereinfachte Darstellung der Scherbruchtheorie von Reid nach Berkhemer (1997)

Die mehrfach angesprochene systematische Vergleichbarkeit zwischen sehr großen und sehr kleinen Ereignissen ist ein Grundprinzip der Seismologie. Dabei können zwischen „groß" und „klein" viele Größenordnungen liegen.

In der standortbezogenen Betrachtung der natürlichen Seismizität, beispielsweise für einen Geothermiestandort, ist die Wahl der Bezugsregion wichtig, also die Wahl einer geeigneten Quellregion von Ereignissen. Diese sollte klein genug sein, um seismo-tektonisch einen Bezug zum Standort zu haben, andererseits groß genug, so dass eine genügend große Anzahl von Ereignissen stattfindet, um statistische Größen abzuleiten. Karten über eine Einteilung Deutschland in homogene Quellregionen wurden von mehreren Autoren erarbeitet (z. B. Leydecker 2011).

Abbildung 12.4 zeigt eine Darstellung derartige Zonen für Südwest-Deutschland. Wenn es noch genauer um ein Standortumfeld geht, kann auch eventuell zusätzlich ein fester

Abb. 12.4 Ausschnitt aus der erdbebengeografischen Einteilung der Bundesrepublik Deutschland nach Leydecker (2011)

Radius (etwa 30 km) um diesen Standort betrachtet werden. Einen ersten Einblick in die natürliche Seismizität kann Abb. 12.5 geben, in der die Seismizität in einer Farbkodierung nach Gefährdungszonen dargestellt ist.

12.2.1 Lokalmagnitude nach Richter (M_L)

Die älteste Magnitudenskala für Nahbeben ist die sogenannte Richterskala, die in den 1930er Jahren von Charles Francis Richter zur Quantifizierung kalifornischer Erdbeben entwickelt wurde. Richter hatte erkannt, dass ein Zusammenhang zwischen dem Maximalausschlag im regionalen Seismogramm (Amplitude A) in Abhängigkeit von der Entfernung vom Epizentrum (Epizentralentfernung D) und der Erdbebenstärke (Magnitude M_L) besteht. Auf der Grundlage dieser Beobachtungen definierte er die zunächst nur für Kalifornien gültige Magnitudenskala.

Die so gefundene logarithmische Beziehung ist geeignet, um aus der Amplitude, die in einer bestimmten Entfernung gemessen wird, auf die Stärke des Erdbebens zurückzuschließen. Richter hatte in den 30er Jahren des vorigen Jahrhunderts die Magnitude 0 auf einen Wert der Bodenschwingung bezogen, der ihm als der kleinstmögliche messbare Wert erschien. Moderne digitale Seismografen können heute jedoch über 1000 mal kleinere Schwingungen messen. Das bedeutet, dass sehr schwache lokale, gerade noch messbare Erdbeben negative Magnituden (bis etwa −2 bis −3) aufweisen können. Diese Erdbeben haben aber keine„negative" Energie, sie sind nur viel schwächer als das kleinste ursprünglich von Richter angenommen messbare Ereignis. Lokalmagnituden sind für einen bestimmten Seismografen (Wood-Anderson) definiert. Werden andere Instrumente verwendet, sind entsprechende Korrekturen vorzunehmen.

Grundsätzlich gibt es keinen allgemeinen Zusammenhang zwischen der Magnitude und der Spürbarkeit oder der Schadenswirkung von Erdbeben. Dies liegt insbesondere an der unterschiedlichen Herdtiefe von Erdbeben und an der von den örtlichen geologischen Bedingungen abhängigen Verstärkung seismischer Wellen. Beschränkt man die Betrachtung jedoch auf natürliche Erdbeben oder induzierte Seismizität in einer Region, dann kann ein

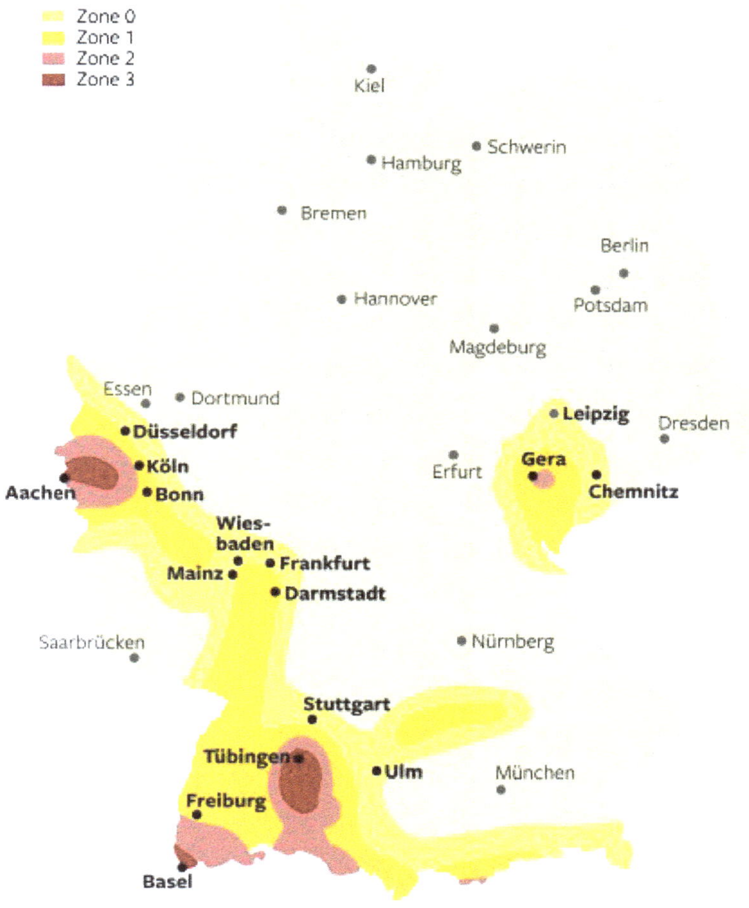

Abb. 12.5 Erdbebenzonen für Deutschland (Quelle: Wikipedia)

solcher Zusammenhang näherungsweise hergeleitet werden. Gross et al. (2013), ermittelten so, dass im Bereich von Landau induzierte seismische Ereignisse ab Magnituden von etwa 1,3 die Spürbarkeitsgrenze überschreiten.

Andere Magnitudenskalen Im Laufe der Zeit haben sich in der Seismologie weitere Magnitudenskalen, wie beispielsweise die Oberflächenwellenmagnitude, die Raumwellenmagnitude oder auch die Momentenmagnitude etabliert. Dies wurde beispielsweise erforderlich, um auch den Aufzeichnungen von Fernbeben Magnituden zuweisen zu können. Es wurde jedoch versucht, die verschiedenen Skalen so aufeinander abzustimmen, dass die Zahlenwerte ohne Umrechnung verwendet werden können. Aufgrund der verschiedenen Berechnungsverfahren lassen sich systematische Unterschiede zwischen den Magnituden

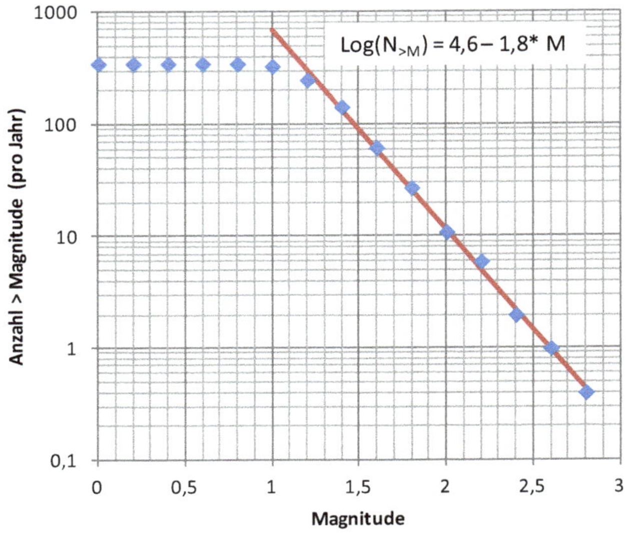

Abb. 12.6 Frequenz-Magnitudenverteilung an einem Geothermiestandort. Die *blauen Quadrate* zeigen die gemessenen Werte, während die *rote Linie* die beste Geradenanpassung repräsentiert. Eine Registrierung aller Ereignisse in der betrachteten Region erfolgte aufgrund der begrenzten Empfindlichkeit des Messnetzes hier erst ab Magnituden oberhalb von ca. 1,2. Der b-Wert der Gutenberg-Richter Beziehung beträgt im Beispiel 1,8

jedoch nicht immer vermeiden. Tatsächlich werden häufig sogar verschiedene Lokalmagnituden für ein und dasselbe Beben veröffentlicht. Dies liegt dann meist daran, dass die Erdbebendienste unterschiedliche Stationen zur Magnitudenbestimmung verwenden.

12.2.2 Gutenberg-Richter-Beziehung

Die wohl bekannteste Beziehung, die die Vergleichbarkeit zwischen Ereignissen über viele Größenordnungen hinweg beschreibt und numerisch fasst, ist die Gutenberg-Richter-Beziehung. Diese besagt, dass man eine lineare Beziehung erhält, wenn man den Logarithmus der Überschreitenshäufigkeit einer bestimmten Magnitude gegen diese Magnitude aufträgt (siehe als Beispiel Abb. 12.6).

Wesentlicher Parameter ist die (negative) Steigung der Geraden, der sogenannte b-Wert der Gutenberg-Richter Verteilung. Er gibt eine relative Häufigkeit zwischen großen und kleinen (eventuell nicht spürbaren) Ereignissen an. Die Gültigkeit der Gutenberg-Richter Beziehung ermöglicht es, statistische Eigenschaften der Seismizität aus vielen kleinen Ereignissen abzuleiten, die dann auch für die seltenen großen Ereignisse gelten. Eine Erarbeitung dieser Kenngrößen nur aus großen Ereignissen wäre nur nach sehr langen Betrachtungszeiten möglich, da diese Ereignisse eben sehr selten sind.

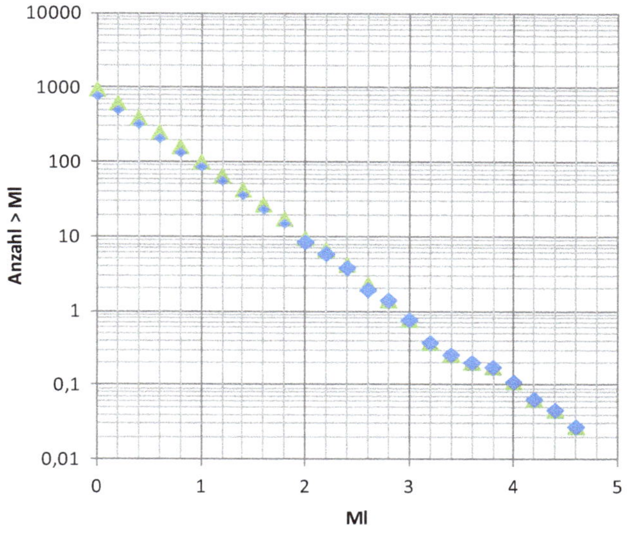

Abb. 12.7 Frequenz-Magnitudenverteilung (Anzahl pro Jahr) von natürlicher Seismizität (*blau*) und natürlicher + induzierer Seismizität (*grün*) an einem Geothermiestandort

12.2.3 Bedeutung der natürlichen Seismizität bei der Betrachtung induzierter Seismizität

Die natürliche Seismizität und dementsprechend eine Aufarbeitung ihrer statistischen Eigenschaften spielt auch im Zusammenhang mit induzierter Seismizität in mehrfacher Weise eine Rolle:

Natürliche Seismizität als Hintergrund Induzierte Seismizität und deren Gefährdung werden in Gebieten, in denen auch natürliche Seismizität auftritt, immer als zusätzliche Gefährdung betrachtet. Es geht um die Frage, ob durch induzierte Seismizität die Gesamtgefährdung spürbar erhöht wird. Hierzu ist eine ausführliche Betrachtung der natürlichen Seismizität nötig. Abbildung 12.7 zeigt in einem Beispiel, dass sich die Gesamtseismizität in der hier betrachteten Region (mittlerer und nördlicher Oberrheingraben) durch die induzierte Seismizität für Magnituden >2 praktisch nicht erhöht. Für Magnituden <2 wurde die natürliche Seismizität extrapoliert, da keine vollständige Erfassung vorliegt. In diesem Magnitudenbereich erhöht die induzierte Seismizität die Gesamtseismizität geringfügig.

Natürliche Seismizität als Rahmen Es ist eine in der Fachwelt vorherrschende Ansicht, dass in Gegenden mit natürlicher Seismizität diese einen Rahmen für die induzierte Seismizität darstellt. Es wird davon ausgegangen, dass ein Ereignis, das größer ist als das bisher Größte, statistisch gesehen sehr unwahrscheinlich ist. Aus der natürlichen Seismizität ergeben sich gegebenenfalls auch Aussagen darüber, ob in der seismotektonischen Region Spannungen eher durch Kriechen oder durch Sprödbrüche abgebaut werden. Dies besagt allerdings nicht, dass dieser Rahmen durch die induzierte Seismizität auch ausgeschöpft werden muss.

Natürliche Seismizität zur Information über das Spannungsfeld Die Auswertung von Herdmechanismen der natürlichen Seismizität ist eine der wesentlichsten Informationsquellen über das örtliche Spannungsfeld. Aus der Bruchflächenorientierung der Beben lassen sich die Hauptrichtungen des Spannungsfeldes ableiten. Die Zuordnung von Beben zu bestimmten Störungen ist darüber hinaus die einzige Methode, um sicher beurteilen zu können, ob diese Störungszonen rezent aktiv sind.

12.3 Emission oder Immission

Wie bei jeder umweltrelevanten Betrachtung ist auch bei der Seismizität zwischen einer Emissions-bezogenen und einer Immissionsbezogenen Betrachtung zu unterscheiden. Im Gegensatz zu beispielsweise Betrachtungen zur Lärmimmission stehen hier jedoch fast immer die Emissions-bezogenen Betrachtungen im Vordergrund. Dies mag damit zusammenhängen, dass vorwiegend Seismologen tätig werden, die im Wesentlichen an den Vorgängen im Erdbebenherd und weniger an den Auswirkungen an einem bestimmten Standort an der Erdoberfläche interessiert sind. Richtiger, auch in Bezug auf die Akzeptanzfragen, wäre es jedoch, Immissionsbetrachtungen stärker in den Vordergrund zu stellen.

Abbildung 12.8 zeigt schematisch die Betrachtungsbereiche Emission und Immission. Während für den Emissionsbereich, also für den Erdbebenherd, die schon beschriebene Magnitude die zentrale Kenngröße ist, sind dies für den Immissionsbereich die Größen Intensität und Schwinggeschwindigkeit.

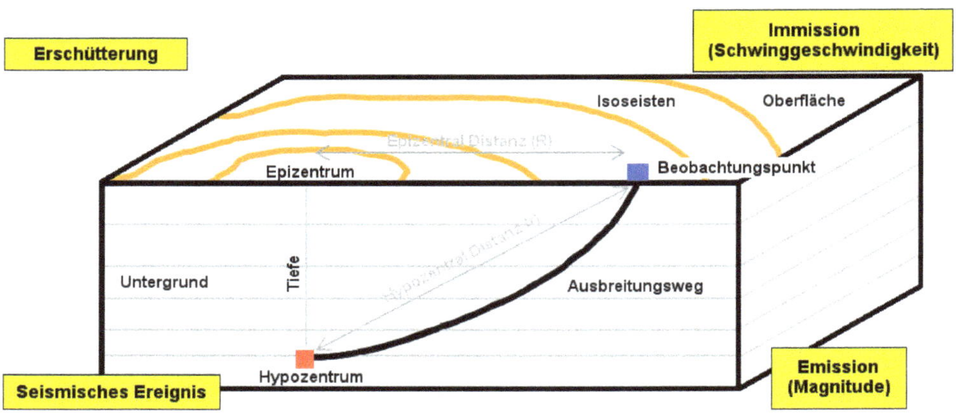

Abb. 12.8 Schematische Darstellung eines seismischen Ereignisses mit Begriffen und Messgrößen

12.3.1 Intensität

Die Intensität wird nicht gemessen oder instrumentell bestimmt, sondern mithilfe einer Skala aus den Auswirkungen des Bebens an einem bestimmten Ort ermittelt. Für kleine Intensitäten (I bis V) wird hier wiedergegeben, wie und von wem das Beben verspürt wurde. Für große Intensitäten (VI bis XII) steht die Einstufung der Schäden im Vordergrund. Im Laufe der Zeit wurden unterschiedliche Intensitätsskalen entwickelt, wie die MKS, oder moderner die EMS (European Macroseismic Scale), die heute in Europa zur Bewertung verwendet wird (Tab. 12.1).

In dieser Skala werden im Gegensatz zu früheren Skalen bei der Beurteilung der Fühlbarkeit zumindest quantitative Mengenangaben genannt, wie: „sehr vereinzelt", „von wenigen" (5–15 %), „von vielen" (20–50 %) „von den meisten" (60–100 %). Insgesamt wird dadurch erreicht, dass Einzelbeobachtungen in die Bewertung nicht eingehen. Es genügt also nicht, ein Ereignis als beispielsweise „verspürt" (schwach, III) einzustufen, wenn es nur ein Einzelner glaubt, verspürt zu haben. Dies trägt der Tatsache Rechnung, dass bei einzelnen Personen, insbesondere bei schwachen Ereignissen, auch Fehlwahrnehmungen oder Verwechslungen auftreten können.

Der Zusammenhang zwischen Magnitude und der maximal beobachteten Intensität ist nicht eindeutig. Er hängt stark von der Herdtiefe, und darüber hinaus von lokalen Gegebenheiten ab. Der Zusammenhang ist für jede seismische Region neu zu erarbeiten.

12.3.2 Schwinggeschwindigkeit (PGV)

Für eine quantitative und gerichtlich verwertbare Beurteilung einer möglichen Schadenswirkung induzierter Ereignisse eignet sich in Deutschland ausschließlich die maximale Schwinggeschwindigkeit (englisch PGV – Peak Ground Velocity oder auch manchmal PPV – Peak Partical Velocity) nach DIN 4150. Diese muss in der dort vorgeschriebenen Form gemessen und beurteilt werden.

Die DIN 4150, Teil 3 erlaubt die Beurteilung aller Erschütterungen auf Bauwerke, deren dominierende Frequenzen oberhalb von 1 Hz liegen. Hierbei ist es nicht von Belang, wodurch die Erschütterungen ausgelöst wurden. Deshalb ist die DIN 4150 insbesondere auch zur Beurteilung von Erschütterungen durch induzierte seismische Ereignisse geeignet, denn deren dominierende Frequenzen liegen in der Regel im Bereich von 3 Hz bis 10 Hz. Starke tektonische Erdbeben hingegen haben hohe Signalanteile auch unterhalb von 1 Hz. Über deren mögliche Schadenswirkung kann mithilfe der DIN 4150, Teil 3 nur eingeschränkt eine Aussage getroffen werden. Durch induzierte Ereignisse, deren Erschütterungen an einem Ort unter 5 mm/s liegen, können nach DIN 4150 an diesem Ort keine Schäden verursacht werden. Werden dennoch Schäden beobachtet, so müssen nach DIN 4150 hierfür andere Ursachen vorliegen. Die Anhaltswerte der DIN (Tab. 12.2) erlauben somit einen Schadensausschluss und sind sehr konservativ angesetzt. Werden die Anhaltswerte überschritten, so bedeutet dies deshalb nicht, dass auch ein Schaden auftritt.

Tab. 12.1 Kurzform der Europäischen Makroseismischen Skala EMS 98 (Quelle: GFZ Potsdam)

EMS Intensität	Definition	Beschreibung der maximalen Wirkungen (stark verkürzt)
I	nicht fühlbar	Nicht fühlbar.
II	kaum bemerkbar	Nur sehr vereinzelt von ruhenden Personen wahrgenommen.
III	schwach	Von wenigen Personen in Gebäuden wahrgenommen. Ruhende Personen fühlen ein leichtes Schwingen oder Erschüttern.
IV	deutlich	Im Freien vereinzelt, in Gebäuden von vielen Personen wahrgenommen. Einige Schlafende erwachen. Geschirr und Fenster klirren, Türen klappern.
V	stark	Im Freien von wenigen, in Gebäuden von **den meisten** Personen wahrgenommen. Viele Schlafende erwachen. Wenige werden verängstigt. Gebäude werden insgesamt erschüttert. Hängende Gegenstände pendeln stark, kleine Gegenstände werden verschoben. Türen und Fenster schlagen auf oder zu.
VI	leichte Gebäudeschäden	**Viele** Personen erschrecken und flüchten ins Freie. Einige Gegenstände fallen um. An **vielen** Häusern, vornehmlich in schlechterem Zustand, entstehen leichte Schäden wie feine Mauerrisse und das Abfallen von z. B. kleinen Verputzteilen.
VII	Gebäudeschäden	Die **meisten** Personen erschrecken und flüchten ins Freie. Möbel werden verschoben. Gegenstände fallen in großen Mengen aus Regalen. An vielen Häusern solider Bauart treten mäßige Schäden auf (kleine Mauerrisse, Abfall von Putz, Herabfallen von Schornsteinteilen). Vornehmlich Gebäude in schlechterem Zustand zeigen größere Mauerrisse und Einsturz von Zwischenwänden.
VIII	schwere Gebäudeschäden	**Viele** Personen verlieren das Gleichgewicht. An vielen Gebäuden einfacher Bausubstanz treten schwere Schäden auf; d. h. Giebelteile und Dachsimse stürzen ein. Einige Gebäude sehr einfacher Bauart stürzen ein.
IX	zerstörend	Allgemeine Panik unter den Betroffenen. Sogar gut gebaute gewöhnliche Bauten zeigen sehr schwere Schäden und teilweisen Einsturz tragender Bauteile. Viele schwächere Bauten stürzen ein.
X	sehr zerstörend	**Viele** gut gebaute Häuser werden zerstört oder erleiden schwere Beschädigungen.
XI	verwüstend	**Die meisten** Bauwerke, selbst einige mit gutem erdbebengerechtem Konstruktionsentwurf und -ausführung, werden zerstört.
XII	vollständig verwüstend	Nahezu **alle** Konstruktionen werden zerstört.

Auch weit oberhalb von 5 mm/s treten zunächst nur kleine Schäden wie Putzrisse auf. Erst oberhalb von 50–70 mm/s sind Schäden an Trag- und Giebelwänden zu befürchten (Samokar 2008).

Tab. 12.2 Anhaltswerte für die Schwinggeschwindigkeit zur Beurteilung der Wirkung kurzzeitiger Erschütterungen auf Bauwerke nach DIN 4150, Teil 3

Zeile	Gebäudeart	Anhaltswerte für die Schwinggeschwindigkeit v in mm/s			
		Fundament Frequenzen			Oberste Deckenebene, horizontal
		1 bis 10 Hz	10 bis 50 Hz	50–100 Hz[a]	alle Frequenzen
1	Gewerblich genutzte Bauten, Industriebauten und ähnlich strukturierte Bauten	20	20 bis 40	40 bis 50	40
2	Wohngebäude und in ihrer Konstruktion und/oder ihrer Nutzung gleichartige Bauten	5	5 bis 15	15 bis 20	15
3	Bauten, die wegen ihrer besonderen Erschütterungsempfindlichkeit nicht denen nach Zeile 1 und 2 entsprechen und besonders erhaltenswert (z. B. unter Denkmalschutz stehend) sind	3	3 bis 8	8 bis 10	8

[a] Bei Frequenzen über 100 Hz dürfen mindestens die Anhaltswerte für 100 Hz angesetzt werden.

Langfristig lässt sich, wenn sowohl Magnituden mit einem seismologischen Netz (Emissionsnetz) als auch Schwinggeschwindigkeiten in einem Immissionsmessnetz gemessen wurden, für eine Lokation eine Beziehung zwischen diesen beiden Größen erarbeiten, so dass diese gemeinsam betrachtet werden können (Abb. 12.9).

12.4 Induzierte Seismizität

Als induzierte Seismizität wird diejenige Erdbebentätigkeit bezeichnet, welche durch menschliche Eingriffe in den Untergrund hervorgerufen wird (Gupta und Chadha 1995; McGarr et al. 2002). Da die Relation zwischen Spannung und Reibungskräften an einer Störung so sein kann, dass schon kleine Änderungen von einer dieser beiden Größen zu einem Bruch führt, sind die hier notwendigen Eingriffe oft relativ klein. Die Energie bezieht das Ereignis in den meisten Fällen aus dem Spannungsfeld und nicht aus der durch den Eingriff eingebrachten Energie.

Derartige Eingriffe können zum Beispiel untertägiger Bergbau (trockener Eingriff), das Einbringen von Fluiden (nasser Eingriff) in den Untergrund oder die Entstehung extremer Auflasten sein. Beispiele für mögliche Eingriffe des Menschen in den Untergrund, die mit induzierter Seismizität verbunden sein können sind:

- Der Bau von Talsperren
- Das Füllen und Entleeren von Talsperren und Pumpspeicherwerken

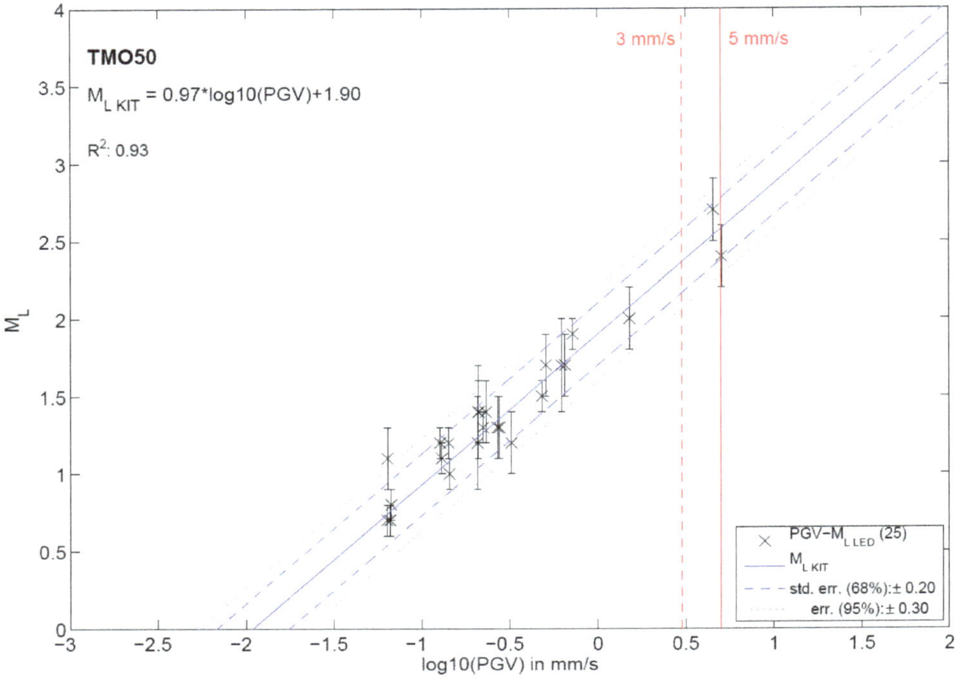

Abb. 12.9 Zusammenhang zwischen Emissionsgrößen (Magnitude) und Immissionsgrößen (PGV) für einen bestimmten Standort in Relation zu den Anhaltswerten der DIN 4150 (Gross et al. 2013)

- Tiefbau
- Tunnelbau
- Bergbau
- Große Steinbrüche
- Erdöl-/Erdgasgewinnung
- Unterirdische Speicher (Gas, Druckluft)
- Verpressen von Fluiden (CCS)
- Förderung von Thermalwasser oder Mineralwasser
- Fracarbeiten in Tiefbohrungen
- Geothermie.

Abbildung 12.10 zeigt für Deutschland Lokationen bergbaubedingter induzierter Seismizität zusammen mit den Lokationen natürlicher Seismizität.

Je nach Art der menschlichen Einwirkung ist die Mechanik der Bebenentstehung unterschiedlich. Im Zusammenhang mit der Geothermie geht es um die Gruppe der Fluid-induzierten Ereignisse.

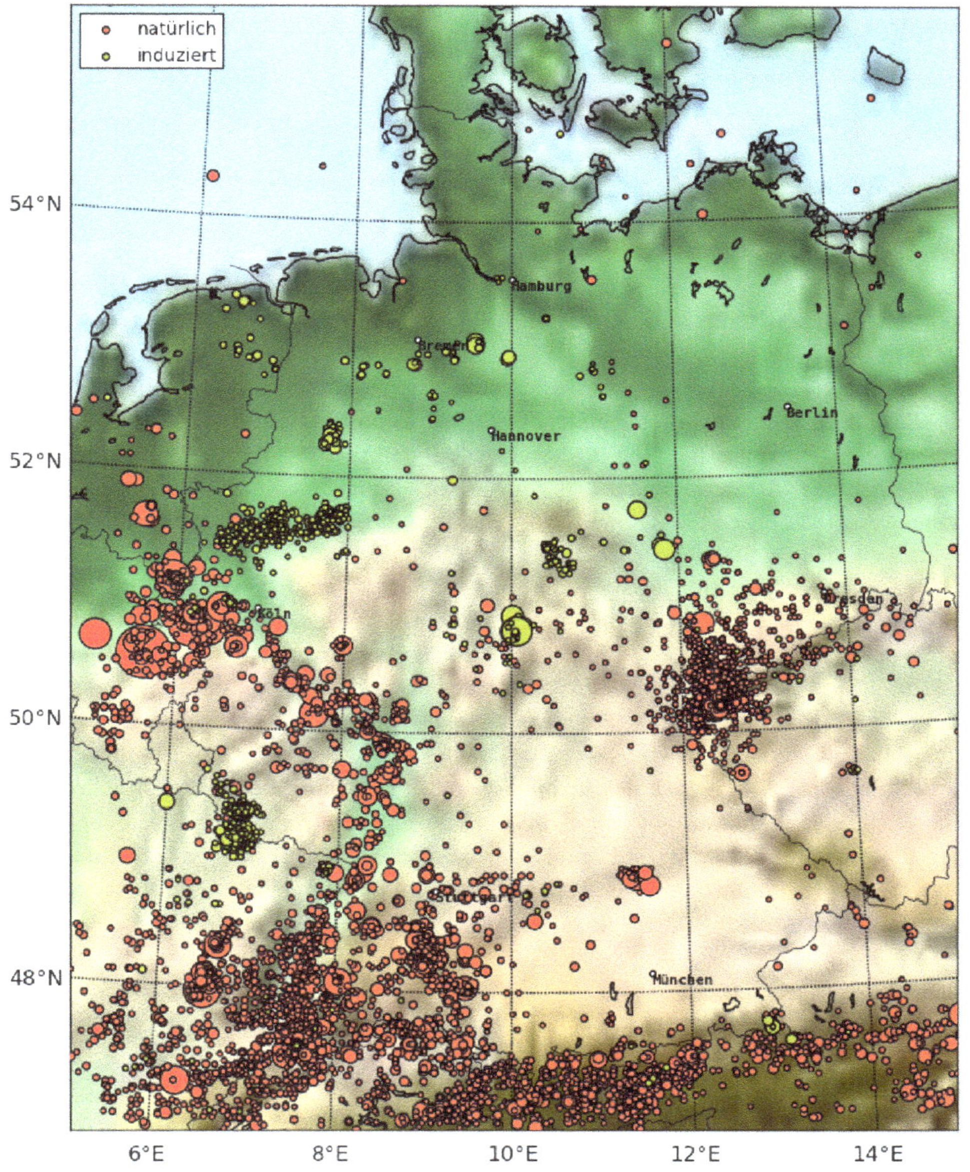

Abb. 12.10 Seismizität in Deutschland zwischen 800 n.C. und 2012. *Gelbe Symbole* markieren induzierte, *rote Symbole* natürliche Seismizität. Die Größe der Symbole korreliert mit der Erdbebenmagnitude

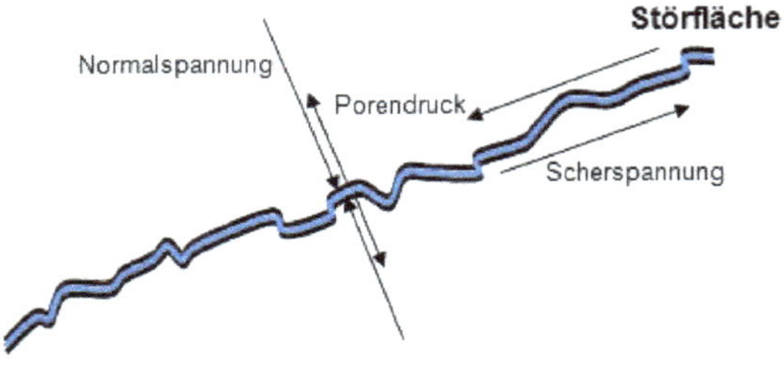

Abb. 12.11 Spannungsverhältnisse an einer druckbeaufschlagten Störungsfläche

12.4.1 Fluidinduzierte Ereignisse

Abbildung 12.11 zeigt die Spannungsverhältnisse an einer Störfläche bei Fluidinjektion. An der Störfläche liegt eine Scherspannung als Komponente des Spannungsfeldes an. Diese möchte eine Scherbewegung der beiderseitigen Gesteinsblöcke gegeneinander bewirken, wird daran aber durch die Reibung der unebenen Flächen gehindert. Die Reibung wird dabei wesentlich durch die Rauhigkeit der Flächen und durch die Normalspannung mit der die Flächen aneinander gedrückt werden bestimmt.

Bei einem natürlichen Vorgang könnte nun die Scherspannung weiter ansteigen, bis es zum Bruch kommt. Bei einer Fluidinjektion in die Störung wird hingegen ein Poreninnendruck aufgebaut, der die resultierende Normalspannung und somit die Reibung vermindert. Nun kann es zu einem Bruch kommen, auch ohne dass sich die Scherspannung verändert hätte. In dieser Vorstellung wird dies zunächst eine Trennung der beiden Gesteinsblöcke sein und dann in Folge eine Scherbewegung längst der Störfläche. Die Rissaufweitung alleine wird noch kein nennenswertes seismisches Ereignis verursachen, die anschließende Scherbewegung kann dies aber sehr wohl, je nachdem wie groß die anliegenden Scherspannungen waren und wie viel davon abgebaut wird. Die Größe des induzierten Ereignisses wird dann von der Größe der aktivierten Fläche und von dem Verschiebungsbetrag abhängen (seismisches Moment).

12.4.2 Das Spannungsfeld

Erbeben entnehmen ihre Energie aus einem lokalen Spannungsfeld, das seinerseits durch langandauernde Verschiebungen von Teilen der Erdkruste gegeneinander aufgebaut wurde. In größerer Tiefe und bei entsprechend höheren Temperaturen vollziehen die Gesteine diese Relativbewegungen ausschließlich durch Kriechen (langsamen Fließen). In geringerer Tiefe, bei abnehmenden Temperaturen und spröderem Gestein tritt Kriechen meist zurück und die Verschiebungen erfolgen durch ruckartige Sprödbrüche. Hierzu bauen sich Spannungen auf, bis Bruchkriterien überschritten sind und es zu Spannungsabbau durch den Bruch kommt. Dann beginnt der Zyklus erneut. Spannungen in der Erdkruste (definiert durch Beträge und Richtungen) lassen sich auf verschiedene Art messen (Abb. 12.12).

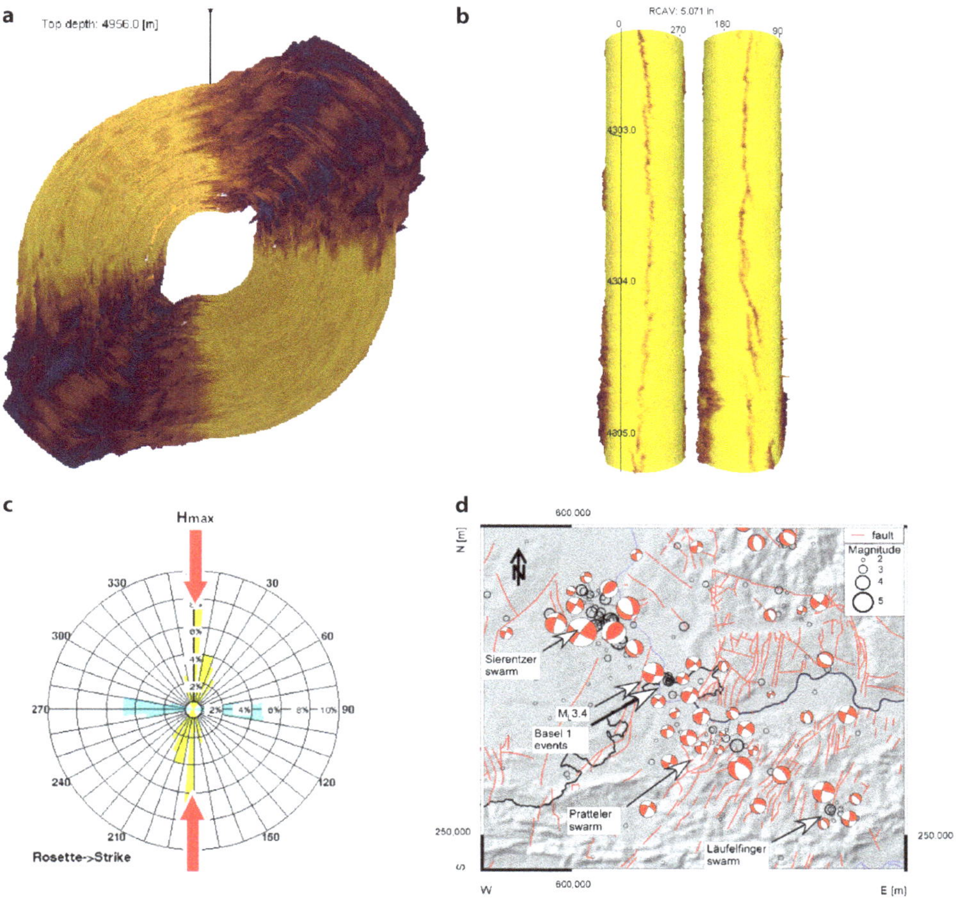

Abb. 12.12 **a** Messung von Bohrlochwandausbrüchen bzw. Borhlochovalität, **b** Darstellung von Vertikalrissen in einer Bohrung, **c** typische Auswertung der Horizontalspannungsrichtungen aus Randausbrüchen und Vertikalrissen, **d** Bestimmung von Herdflächenlösungen eines Bebenclusters

- Messung von Bohrlochausbrüchen und die Messung der Bohrloch-Ovalität (nur Richtungen)
- Vermessung von Vertikalrissen in Bohrungen (nur Richtungen)
- Herdflächenlösungen von Beben (nur Richtungen)
- In-Situ Spannungsmessungen (Microfrac) (Betrag und Richtung)
- „Überbohrverfahren" (overcoring) (Betrag und Richtung)

Ergebnisse dieser Messungen stehen weltweit als Spannungsatlas (world-stress-map) zur Verfügung. Die folgende Abb. 12.13 zeigt einen Auszug aus der Weltspannungskarte für Deutschland. Die Spannungskarte zeigt die Spannungen in einer vereinbarten Tiefe, wobei

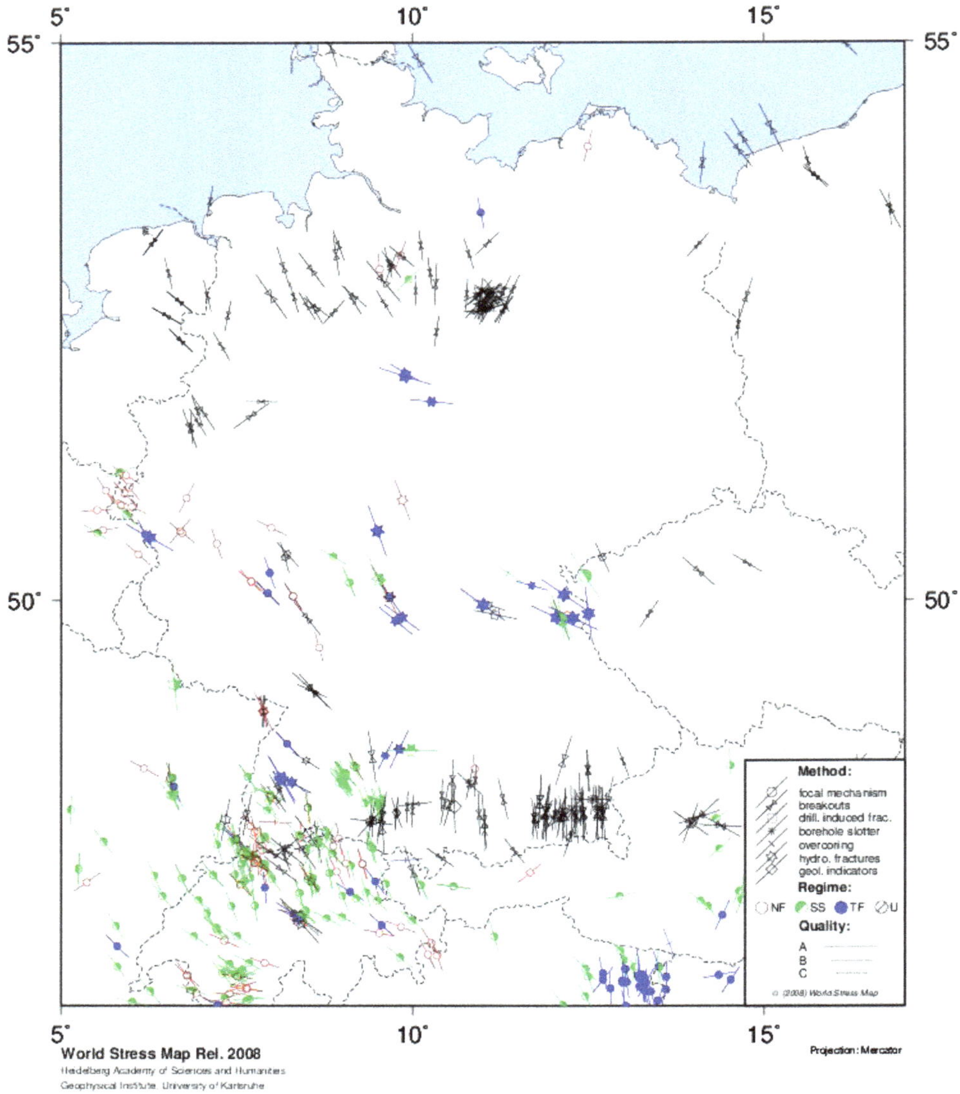

Abb. 12.13 Auszug für Deutschland aus der World Stress Map Rel. (Heidbach et al. 2008)

die in der Legende aufgeführten Großbuchstaben (A, B, C) ein Merkmal für die Qualität der Messungen nach Tiefe und Anzahl der Messungen darstellt. Man sieht, dass die Informationsdichte lokal sehr unterschiedlich ist, da Informationen entweder von Bohrungen oder natürlicher Seismizität abhängen.

Für lokale Anwendungen sind wesentlich größere Details, vor allem aber die Tiefenabhängigkeit von Druck und Spannung, zu erarbeiten.

12.4.3 Diskriminierung zwischen natürlichen und induzieren Ereignissen

Wenn induzierte seismische Ereignisse in Gebieten auftreten, in denen auch natürlich Seismizität beobachtet wird, stellt sich die Frage, ob ein einzelnes Ereignis natürlich oder induziert war. Diese Entscheidung kann auch Folgen für mögliche Entschädigungen haben. Da sowohl die fluidinduzierten seismischen Ereignisse als auch die natürlichen Erdbeben auf Scherbrüche zurückzuführen sind, lassen sich diese an den Signalformen der Aufzeichnungen nicht unterscheiden. Dahm et al. (2013) zeigen auf, wie eine Unterscheidung prinzipiell aber trotzdem möglich ist. Für Scherbrüche empfehlen sie eine Kombination aus physikalischen Methoden, z. B. die räumliche und zeitliche Berechnung der induzierten Spannungen, und statistischen Methoden, wie Änderungen der Parameter der Gutenberg-Richter Beziehung. In der Praxis wird es aber oft schwierig sein, genügend Daten zu finden, die eine verlässliche Quantifizierung der Wahrscheinlichkeiten erlaubt. Hier bleibt daher oft nur die Anwendung „weicher" Kriterien, wie die von Davis und Frohlich (1987) veröffentlichte Liste zur Unterscheidung von induzierten und natürlichen Erdbeben in Texas:

1. Waren die seismischen Ereignisse (Erdbeben) die ersten dieser Art in der Region?
2. Gibt es eine klare Korrelation zwischen der Flüssigkeitsinjektion und der Seismizität?
3. Liegen die Epizentren in der Nähe von Bohrlöchern?
4. Treten zumindest einige der Ereignisse in der Injektionstiefe auf?
5. Falls nicht, gibt es bekannte geologische Strukturen, an denen die Flüssigkeit migriert sein könnte?
6. Sind die Flüssigkeitsdrücke im tiefen Bohrloch ausreichend um die Bruchvorgänge hervorzurufen?
7. Sind die Flüssigkeitsdrücke im Bereich der Hypozentren ausreichend, um die Bruchvorgänge hervorzurufen?

Davis und Frohlich (1987) bezogen die Fragenliste auf Ereignisse, die durch Flüssigkeitsinjektion induziert werden, sie ist jedoch – ggf. leicht abgewandelt – auf alle Arten potentiell induzierter Seismizität anwendbar. Falls alle Fragen mit „Ja" beantwortet werden, sollte ein Ereignis als induziert behandelt werden, auch wenn natürlich nicht vollständig auszuschließen ist, dass ein natürliches Ereignis zufällig alle Kriterien erfüllte. Außerdem sollten die Unsicherheiten der jeweiligen Lokalisierung immer berücksichtigt werden.

12.4.4 Gefährdungsanalysen

Nach der üblichen Begriffsverwendung beschreibt eine Gefährdungsanalyse (Hazard analysis) die Auftretenswahrscheinlichkeit (pro Jahr) eines Risikoereignisses in Anhängigkeit von der Größe des Ereignisses. Beruht diese Abschätzung auf probabilistischen Daten, spricht man von einer PSHA (probabilistic seismic hazard analysis). Eine deterministische

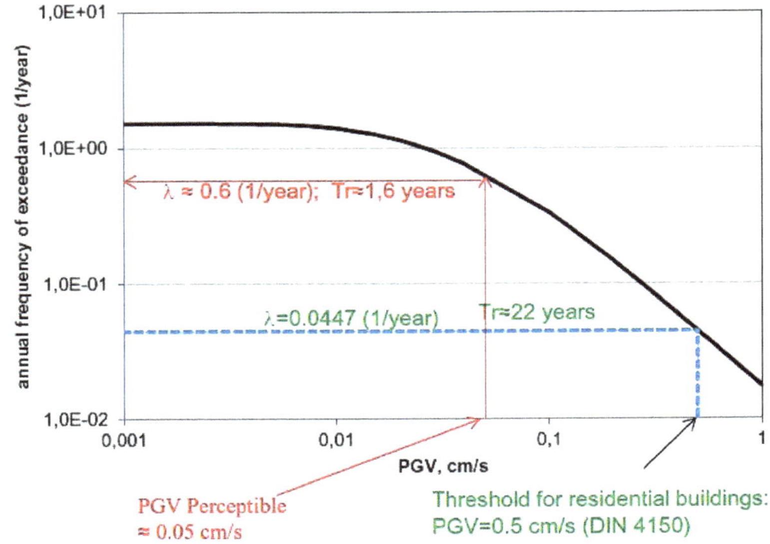

Abb. 12.14 PGV für den Geothermiestandort Unterhaching (Kopera et al. 2013)

Abschätzung würde entsprechend DSHA genannt. Für eine vollständige Risikoanalyse (risc analysis, PSRA) ist noch die Schadenshöhe für ein Ereignis bestimmter Größe zu ergänzen. Im Falle der Seismologie ist eine Gefährdungsanalyse üblicherweise eine Angabe über die Eintretenswahrscheinlichkeit eines Bebens mit einer Magnitude > M in einer vorgegebenen Region. Die für diese Region ermittelte Gutenberg-Richter Beziehung enthält diese Angabe. Aus ihr lässt sich ablesen, wie viele Ereignisse mit Magnituden > M jährlich im Schnitt zu erwarten sind oder (bei seltenen größeren Ereignissen) wie groß der zeitliche Abstand zwischen zwei Ereignissen mit Magnituden > M im Mittel sein wird (return period).

Aus der Sicht möglicher Schäden ist es richtiger, die Überschreitenswahrscheinlichkeit eines vorgegebenen PGV-Wertes (z. B. 5 mm/s) darzustellen. Aus einer ausreichenden Datengrundlage von Messungen der PGV an einem Standort oder aus umgerechneten PGV-Werten aus Magnitudenbestimmungen lässt sich auch hier eine der Gutenberg-Richter Beziehung ähnliche Darstellung erstellen, aus der man sieht, wie oft im Jahr an einer Lokation ein vorgegebener PGV-Wert (z. B. 5 mm/s) überschritten wird. Abbildung 12.14 zeigt eine derartige Darstellung für einen Geothermiestandort. Statistisch wird hier der DIN-Anhaltswert von 5 mm/s, bis zu dem auch leichte Schäden an Wohngebäude auszuschließen sind, alle 22 Jahre einmal überschritten.

Eine kritische Größe im Zusammenhang mit Magnitudenüberschreitungen ist der betrachtete Bezugsraum. Die Zahl der Ereignisse steigt natürlich mit der Größe der betrachteten Fläche. Bei der Seismologie natürlicher Ereignisse wird versucht, statistische Daten für geotektonisch homogene Bereiche zu erarbeiten. Eine heute in Deutschland übliche Zonierung in derartige Quellzonen zeigt Abb. 12.4 (Ausschnitt für Südwest-Deutschland).

Zum Vergleich ist auch hier immer die natürliche Gefährdung (natürliche Seismizität) heranzuziehen. Dies kann naturgemäß nur in Gebieten erarbeitet werden, in denen natürliche Ereignisse auftreten. Dort bilden die natürlichen Ereignisse dann auch einen oberen Rahmen für zukünftig zu erwartende induzierte Seismizität. Es ist in diesen Gegenden noch nicht vorgekommen, dass durch Induktion größere Ereignisse vorkommen als ohnehin durch natürliche tektonische Prozesse. In seismisch ruhigen Gegenden entfällt dieser Rahmen zwar definitionsgemäß, es kann aber davon ausgegangen werden, dass dort die Gefährdung aber ohnehin geringer ist. Neben der Bearbeitung der natürlichen Seismizität (als oberen Rahmen) werden als Gefährdungsanalyse für einen Planungsstandort teilweise auch deterministische Verfahren angewendet.

Deterministische Verfahren Bei den deterministischen Verfahren geht es grundsätzlich darum, die Entstehung eines Bruches oder die plötzliche Verschiebung auf einer vorhandenen Bruchfläche physikalisch zu beschreiben und daraus dann das abgestrahlte Wellenfeld abzuleiten. Kann man dann noch die Veränderungen des Wellenfeldes bei der Ausbreitung vom Herd zum Einwirkungsort berechnen oder zumindest abschätzen, geben die deterministischen Verfahren eine Möglichkeit, Aussagen zu relevanten Parametern zu machen. Die Berechnungen erfolgen computergestützt mittels 1D, 2D oder 3D Modellalgorithmen.

Betrachtet wird meist der fluidinduzierte Scherbruch an einer vorhandenen Bruchfläche. Voraussetzung, um die Vorgänge beim Bruchvorgang zu modellieren, ist:

- Strukturelle Kenntnisse im Umfeld des möglichen Herdes (erarbeitet meist aus 3D-seismischen Daten),
- Kenntnis der in diesem Bereich vorhanden Klüfte (diese können oft von subseismischer Größe sein, und sind deshalb im seismischen Bild nicht zuerkennen),
- Eigenschaften der Klüfte (insbesondere deren Reibungskoeffizienten), die meist nur abgeschätzt werden können,
- Kenntnis des lokalen Spannungsfeldes, das selten ausreichend bekannt ist.

Neben diesen Eingangsgrößen muss ein anerkannter Berechnungs-Code zur Modellierung des Bruchvorgangs zu Verfügung stehen. Für eine einzelne isolierte Bruchfläche ist dies der Fall, wobei dann der Bruchvorgang, der im wesentlicher auch von der Orientierung der Störung im Spannungsfeld abhängt, ausgelöst werden kann durch:

- Eine Zunahme der Spannung über ein Bruchkriterium hinaus oder
- Ein Herabsetzen der Reibungskraft auf der Störung durch Verminderung der Normalkraft, indem die Kluft durch Fluidinjektion mit Druck beaufschlagt wird.

Diese einfache Betrachtung zeigt zunächst einmal nur, wann ein Bruch ausgelöst werden kann, bzw. ab welchem Injektionsdruck grundsätzlich mit induzierter Seismizität zu rechnen ist. Eine solche Berechnung ist aber nur der Einstieg in die deterministischen Verfahren. Generell werden von einem Gutachten noch weit mehr Antworten erwartet, wie insbesondere die maximal mögliche Magnitude und deren Auftretenswahrscheinlichkeit. Generell bedürfte es eines allgemein anerkannten und getesteten Computermodells. Zudem müsste das Modell und die verwendeten Annahmen in einem Modellierungsbericht ausführlich dargelegt werden, so wie dies in anderen geowissenschaftlichen Disziplinen, wie beispielsweise der Grundwassermodellierung, bereits der Fall ist. Nur dann kann überprüft werden, ob und unter welchen Annahmen eine Prognose mit einem bestimmten deterministischen Verfahren überhaupt mit ausreichender Genauigkeit möglich ist.

Probabilistische Verfahren Probabilistische Verfahren, bei denen Prognosen aus vorausgegangen Messungen und Beobachtungen abgeleitet werden, setzen naturgemäß voraus, dass entsprechende Messungen existieren. In der Planungsphase eines Projektes sind sie nicht anwendbar (Basisgutachten). Probabilistische Verfahren bestehen demnach immer aus:

- Einer statistischen Aufarbeitung der Vergangenheit,
- Einer daraus abgeleiteten Prognose.

Die statistische Aufarbeitung aufgezeichneter Beben ist das elementare Handwerkszeug eines Seismologen. Im Zentrum steht neben der örtlichen Verteilung und der Tiefenverteilung oft die Gutenberg-Richter Beziehung und hier meist der b-Wert, d. h. die relative Häufigkeit großer gegenüber kleinen Ereignissen.

Die Anwendung probabilistischer Methoden zur Prognose setzt eine gewisse Stationärität voraus, d. h. dass zumindest einige stochastischen Eigenschaften des betrachteten zeitlich veränderlichen Prozesses zeitunabhängig sind. Wenn diese nicht gegeben ist, können diese Methoden versagen. Genau aus diesem Grund ist eine Erdbebenvorhersage im eigentlichen Sinn nicht möglich. Es ergeben sich aber aus der Statistik zusammen mit der Stationärität Möglichkeiten, Aussagen über Wahrscheinlichkeiten zu treffen. Wahrscheinlichkeiten können durchaus stationär sein, auch wenn das Auftreten der Beben es nicht ist! Zum Beispiel: Ein Beben der Stärke M tritt am Ort O in den nächsten 30 Jahren mit 80 % Wahrscheinlichkeit auf. Genauere Angaben sind zu Nachbeben-Serien erarbeitet worden, bei denen man aus dem Hauptbeben und der Vergangenheit Gesetzmäßigkeiten für Nachbeben erarbeiten konnte. Auch bei der Fluid-Injektion über längere Zeiten können sich durchaus stationäre Verhältnisse einstellen, die dann statistische Prognosen gestatten. Eine besondere Bedeutung hat in diesem Zusammenhang der an der FU Berlin entwickelte „seismogenic index". Hierbei spielt die Erarbeitung der Parameter, die die Diffusion (siehe Abb. 12.15) der seismischen Ereignisse beschreiben, eine entscheidende Rolle.

Empirische Verfahren Empirische Verfahren werden im Kontext der Technologie-Beherrschbarkeit im Vordergrund stehen. Die empirische Herangehensweise ist dabei kein Prognoseverfahren im engeren Sinn, sondern sie beschreibt ein kontrolliertes Herangehen an eine Technologie, wenn eine ausreichend genaue quantitative Prognose nicht möglich ist. Diese Herangehensweise besteht im Kern aus:

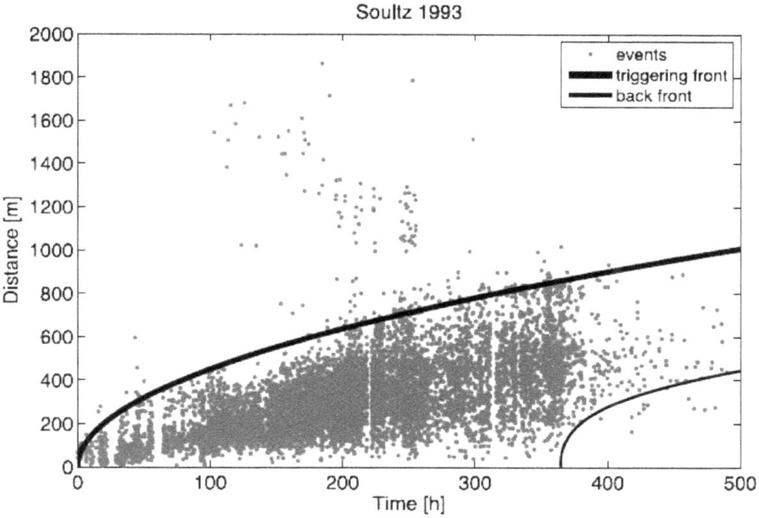

Abb. 12.15 Diffusion seismischer Ereignisse für den Geothermiestandort Soultz (Shapiro und Dinske 2009)

- Einer Überwachung (Monitoring),
- Einem Reaktionsschema,
- Einem geplanten Hochfahren der Anlage.

Sowohl die Formulierung eines Reaktionsschemas als auch die Planung des Hochfahrens der Anlage setzen Kenntnisse über die Einflussfaktoren voraus, wie sie beispielsweise durch deterministische Berechnungen oder aus den Erfahrungen anderer Projekte erhalten wurden.

Bei der tatsächlichen Durchführung einer kontrollierten und damit beherrschbaren Herangehensweise können ergänzende Punkte insbesondere zur Verbesserung der Akzeptanz hinzukommen, wie z. B.:

- Kommunikation mit den Aufsichtbehörden
- Öffentliche Darstellung der Messergebnisse (Internet)
- Neutraler Ombudsmann (zur Schlichtung in Streitfragen)
- Kontrollgremien mit Bürgerbeteiligung

12.5 Der kontrollierte Betrieb

Eine geothermische Anlage ist so einzurichten und zu betreiben, dass keine Schäden durch seismische Ereignisse eintreten werden. Zur Verbesserung der Akzeptanz in der Bevölkerung sollten darüber hinaus spürbare seismische Ereignisse vermieden werden. Hierzu wurde das Prinzip des „Kontrollierten Betriebs" entwickelt, das sich aus mehreren Komponenten zusammensetzt. Wesentlichste Elemente sind:

- Gutachterliche Begleitung,
- Seismologische Überwachung,
- Reaktionsschema,
- Berichterstattung und Öffentlichkeitsarbeit.

12.5.1 Gutachterliche Begleitung

Das sich im Verlauf eines Geothermieprojektes die Datenlage ständig ändert, ist ein Basisgutachten (vor Beginn des Projektes) nicht ausreichend. Das Projekt muss kontinuierlich gutachterlich begleitet werden, zumindest solange seismische Ereignisse nicht grundsätzlich auszuschließen sind.

Am Anfang diese Begleitung steht jedoch ein Basisgutachten. Auch ein Basisgutachten ist lokationsabhängig, also abhängig von der geologischen Situation, der Datenlage und den geplanten Maßnahmen.

Ein Inhalt könnte wie folgt gegliedert sein:

- Aufgabenstellung
- Geologische Situation
  - Allgemeine Geologie, Hydrogeologie
  - Beschreibung der Zielhorizonte
  - Struktur des Reservoirs
- Erschließungskonzept
- Spannungsfeld
- Betriebliche Situation
- Geplante Bohrungen, Bohrpfade
- Natürliche Seismizität
  - Wahl der Bezugsregion
  - Natürliche Seismizität im weiteren Umfeld
  - Natürliche Seismizität in der Bezugsregion
  - Hypozentren
- Induzierte Seismizität
  - Induzierte Seismizität bei benachbarten Projekten
  - Mögliche Mechanismen der Induzierung
  - Unterschiede zwischen natürlicher und induzierter Seismizität
  - Erwartete Magnituden der induzierten Seismizität in Relation zur natürlichen Seismizität
  - Empirischer Zusammenhang zwischen Ereignisstärke und maximalen Schwinggeschwindigkeiten

- Mögliche Übertragung von Nachbarprojekten
- Grundsätzliches zur Beurteilung von Schadenswirkungen
  - Empfehlungen für Monitoring und Messnetze
  - Immissionsmessnetz, DIN 4150
  - Emissionsnetz (Seismologisches Netz), GTV 1101 bzw. Empfehlung des FKPE
  - Betrieb der Netze
- Empfehlungen für die Berichterstattung und Dokumentation
- Maßnahmen für einen kontrollierten Betrieb
  - Vorschläge für ein Reaktionsschema
  - Weitergehende Empfehlungen für die Phasen Errichtung und Betrieb der Anlage

12.5.2 Seismische Überwachung

Kernstück des „kontrollierten Betriebs“ ist die messtechnische Überwachung. Für die Seismologie wird dies in Überwachungsnetzen realisiert, wobei zwischen einem **Emissionsnetz** und einem **Immissionsnetz** zu unterscheiden ist. Aufgabe des **Emissionsnetzes** ist es, Seismizität zu detektieren und diese mit seismologischen Methoden auszuwerten, also beispielsweise die Ereignisorte zu ermitteln. Insbesondere sollen mit einem Emissionsnetz aber auch statistische Daten über die natürliche und induzierte Seismizität erarbeitet werden. Dies ist nur zu erreichen, wenn eine ausreichend große Zahl von Ereignissen aufgezeichnet wurde. Hierbei ist es ein Glücksfall, dass entsprechend der Gutenberg-Richter Beziehung statistische Eigenschaften, die an (häufig auftretenden) kleinen Ereignissen gewonnen wurden, auf (selten auftretende) große Ereignisse übertragen werden können. Um in einem begrenzten Zeitraum eine ausreichende Anzahl von Ereignissen zu registrieren, sind demnach möglichst empfindliche Messstationen an seismisch ruhigen Standorten zu installieren. Eine präzise vorgegeben Handlungsanleitung zu Installation und zum Betrieb derartiger Netze gibt die Richtlinie GTV 1101 des Bundesverbandes Geothermie, die auf Empfehlungen des Forschungskollegiums Physik des Erdkörpers e. V. (FKPE) beruht. Ergebnisse des Emissionsnetzes sind insbesondere auch für jedwede probabilistische Prognose unerlässlich. Es wird (auch gemäß der Richtlinie) empfohlen, derartige Netze längere Zeit vor dem Start der Anlage zu installieren, um die in einem Gebiet vorherrschende Seismizität zu ermitteln.

Neben dem Emissionsnetz sollte induzierte Seismizität immer auch durch ein **Immissionsnetz** überwacht werden. Mit einem Immissionsnetz werden die auf Gebäude einwirkenden Erschütterungen durch eine ausreichend Zahl von Messstellen in typischen herdnahen Gebäuden erfasst. Bei der Aufstellung dieser Stationen gelten im Detail die Vorschriften der DIN 4150, welche zudem Anhaltswerte nennt, die eine Beurteilung der Erschütterungen hinsichtlich ihrer möglichen Schadenswirkung ermöglicht. Die aufgezeichneten Messwerte dieses Immissionsnetzes sind nicht nur maßgeblich für die Beurteilung eventuell reklamierter Schäden, sondern sind, und das ist in diesem Zusammenhang das Wichtigste, die Eingangsgrößen für das Reaktionsschema.

12.5.3 Reaktionsschemata

Überwachung und Monitoring ergeben sind nur dann auch sinnvoll, wenn vereinbart wurde, wie bei Grenzwertüberschreitungen reagiert werden soll. Die Vereinbarung eines angemessenen Reaktionsschemas wurde im Zusammenhang mit Geothermieprojekten an verschiedenen Stellen erreicht und über die Jahre fortgeschrieben (z. B. Bommer et al. 2006; Dyer et al. 2008). Dass ein solches Reaktionsschema überhaupt funktioniert liegt daran, dass die maximal induzierte Magnitude in einem sich entwickelnden Reservoir mit der Zeit ansteigt. Dies veranschaulicht die folgende Abb. 12.16 aus Baisch et al. (2009), in der die maximale Ereignismagnitude in Abhängigkeit von der Zeit nach Injektionsbeginn für verschiedene Geothermieprojekte dargestellt ist. Dabei wurde nur dann ein neuer Datenpunkt in die jeweilige Kurve eingefügt, wenn auch ein seismisches Ereignis mit einer Magnitude auftrat, die größer als alle bis dahin registrierten Magnituden in diesem Projekt war. Nochmals betont sei, dass diese Beziehung für sich entwickelnde Reservoire gilt. Ist die maximale Reservoirgröße erreicht, muss nicht mehr mit einem weiteren Anwachsen des Ereignismagnituden mehr gerechnet werden.

Im Zentrum eines Reaktionsschemas steht nun immer die Frage:

- Ab welchem Grenzwert (in mm/s oder, wenn eine verlässliche Beziehung zwischen Emission und Immission bekannt ist, auch als Magnitude) muss welche Maßnahme ergriffen werden?

In Deutschland sollten sich die Grenzwerte immer an die Anhaltwerte der DIN 4150 anlehnen. Wenn das Ziel die Vermeidung jeglicher Seismizität ist, die möglicherweise (auch nur kosmetische) Schäden an Wohngebäuden verursacht, dann dürfen hiernach maximale Schwinggeschwindigkeit von 5 mm/s nicht überschritten werden. Dies erfordert bereits ein Eingreifen bei Schwinggeschwindigkeiten, die deutlich unterhalb der Unbedenklichkeitsschwelle von 5 mm/s liegen. Grund ist der sogenannte Nachlaufeffekt, der unter anderem dadurch entsteht, dass sich bei Stimulationsmaßnahmen das betroffene Reservoirvolumen auch dann noch über eine gewisse Zeit vergrößert, wenn die Injektion bereits beendet ist. Als Folge treten die größten Magnituden erst einige Zeit nach Injektionsende auf. Baisch et al. (2009) stellen eine Reihe von Beobachtungen zusammen und kommen zu dem Schluss, dass die Magnitudenerhöhung im Nachlauf in der Regel weniger als 0,5 Magnitudeneinheiten beträgt. Im Nachlauf der massiven Stimulationsmaßnahmen beim Geothermieprojekt Basel wurde allerdings eine Überschreitung der maximalen Ereignismagnitude im Nachlauf von 0,8 Magnitudeneinheiten beobachtet.

Der Nachlaufeffekt wird bei neueren Reaktionsschemata schon implizit berücksichtigt. Als Beispiel zeigt Tab. 12.3 einen Reaktionsplan, der vom Landesamt für Geologie und Bergbau im Rahmen der Mediation „Tiefe Geothermie Vorderpfalz" vorgestellt wurde. Hier erfolgt der erste Eingriff in die Produktion bzw. Stimulation bereits ab ca. 0,5 mm/s, also ab einer Schwinggeschwindigkeit, die um einen Faktor 10 unterhalb des Anhaltswertes von 5 mm/s liegt. Der Faktor 10 entspricht übrigens ungefähr einem Magnitudenunterschied

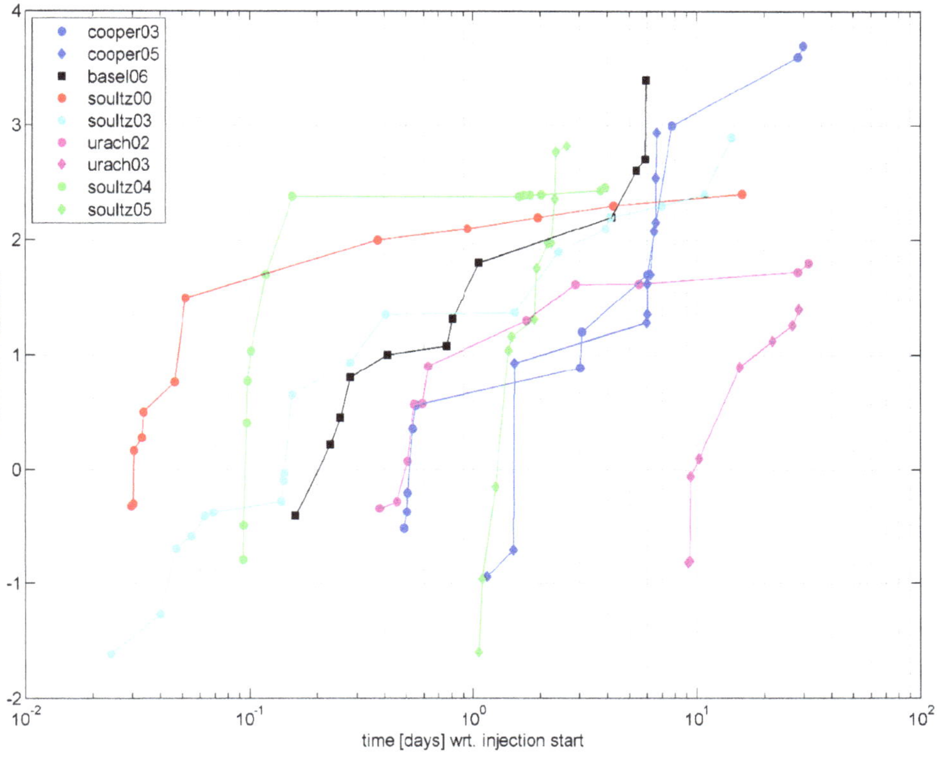

Abb. 12.16 Maximale Ereignismagnitude in Abhängigkeit von der Zeit nach Injektionsbeginn für verschiedene Geothermieprojekte. Datenpunkte sind dabei in der *Kurve* nur dann dargestellt, wenn die bis dahin aufgetretene Magnitude überschritten wurde (Baisch et al. 2009)

von 1. Das in Tab. 12.3 dargestellte Reaktionsschema ist daher noch deutlich konservativer, als es eine reine Schadensvermeidung unter Einbeziehung des Nachlaufeffektes sein müsste.

Im vorgestellten Reaktionsschema ist die Injektionsrate die „Stellschraube", mit der reagiert wird. Es hätte gleichwertig auch der Injektionsdruck sein können, wobei zu sehen ist, dass für einen bestimmten Standort diese Größen meist streng korreliert sind.

Die Wissenschaft versucht derzeit, prognostische Elemente in die Reaktionsschemata zu integrieren, so dass nicht nur auf gemessene, sondern auch auf prognostizierte Werte reagiert werden kann. Insbesondere wird daran sowohl beim Schweizer Erdbebendienst als auch im deutschen Forschungsprojekt „MAGS" gearbeitet. Derartige Elemente sind sehr wünschenswert, derzeit aber in der Praxis noch nicht anwendbar. Bei ihrer Erarbeitung werden sowohl die angesprochenen deterministischen als auch probabilistischen Verfahren eine Rolle spielen.

Tab. 12.3 Betriebsregel, Stufenplan des Landesamts für Geologie und Bergbau, Rheinland Pfalz (Quelle: Vortrag des Landesamtes im Rahmen des Mediationsverfahrens Tiefe Geothermie Vorderpfalz)

Betriebsregeln Stufenplan (nach Landesamt für Geologie und Bergbau Rheinland Pfalz)		
Stufe	Schwinggeschwindigkeit	Maßnahme
1	0,2 mm/s < V < 0,5 mm/s	Benachrichtigung; Dokumentation aller Erschütterungen
2	0,5 mm/s < V < 1,0 mm/s oder 5 Ereignisse in 12 h nach 1.	Benachrichtigung; vorübergehende Verringerung der Fließrate
3	1,0 mm/s < V < 3,0 mm/s	Benachrichtigung; Auswertung der Ereignisse; vorübergehende stufenweise Reduktion der Fließrate
4	3,0 mm/s < V < 5,0 mm/s	Benachrichtigung; Auswertung der Ereignisse; weitere Reduktion der Fließrate
5	5,0 mm/s < V < 10,0 mm/s	Benachrichtigung; Betrieb mit minimierter Fließrate über einen längeren Zeitraum in Absprache mit der Bergbehörde
6	v > 10 mm/s, d. h. 1 Ereignis > 20 mm/s oder 5 Ereignisse > 10 mm/s	Herunterfahren des Kraftwerks

12.5.4 Hochfahren der Anlage

Der kontrollierte Betrieb erfordert die Vermeidung plötzlicher Zustandsänderungen. Ein in gewisser Hinsicht kontrolliertes Hochfahren einer Anlage ergibt sich oft schon aus der Technologie selbst, beispielsweise durch die Reihenfolge:

1. Über einen längeren Zeitraum gehendes Abteufen der Bohrung mit zunehmendem Eingriff in das Spannungsfeld. Anwendung von Spülungsdruck.
2. Bearbeitung der Bohrung mit Druckbeaufschlagungen beispielsweise durch Druckzementierung, Drucksäuerung und Ähnlichem.
3. Produktionstests und Injektionstests an der Bohrung.
4. Stimulation der Bohrung bei unzureichender Injektivität.
5. Anfahren des routinemäßigen Injektionsbetriebs über eine mehrmonatigen Zeitraum.

Diese Abfolge ist in sich schon so, dass das Risiko der Induzierung seismischer Ereignisse von Schritt zu Schritt steigt. Erst für Position 5 ist ein explizites Verfahren zum kontrollierten Betrieb notwendig, wobei die geplante Injektionsrate bzw. der dazu nötige Injektionsdruck erst nach einer längeren Phase (Monate) erreicht werden sollte. Da während all dieser Phasen das Monitoring schon erfolgt und das Reaktionsschema in Kraft ist, gestattet es diese Zeit des Hochfahrens der Anlage, alle Komponenten des „kontrollierten Betriebs“ nachzujustieren.

Die Möglichkeit zur Erstellung tragfähiger Gefährdungsanalysen nimmt mit dem Fortschreiten des Projektes deutlich zu. Probabilistische Verfahren, die sich auf registrierte reale Daten stützen, werden zunehmend möglich. Sind zu Anfang dieser Zeit die Ergebnisse der Gefährdungsanalyse noch mit relativ großen Unsicherheiten behaftet, nimmt ihre Genauigkeit und Zuverlässigkeit mit zunehmend breiter werdender Datenbasis zu. Zusammen mit den hier mehrfach dargestellten Methoden eines kontrollierten Betriebs werden somit die Gefährdungsanalysen zu einem Bestandteil dieses Vorgehens und ermöglichen eine statistische Beherrschbarkeit der Technologie.

12.5.5 Einflussgrößen auf die Beherrschbarkeit (Stellschrauben)

Die Beherrschbarkeit einer Technologie, wie hier die Errichtung und der Betrieb einer geothermischen Anlage, ist nur möglich, wenn auf die Methoden durch technische Maßnahmen (Stellschrauben) so Einfluss genommen werden kann, dass die Folgen bei einem entsprechenden Monitoring vorgegebene Grenzwerte einhalten. Hier geht es ausschließlich darum, die Technologie so anzuwenden, dass statistisch keine spürbare Ereignisse auftreten und somit erstrecht keine schadenswirksamen Ereignisse. Maß ist hier die an Immissionsorten gemessene maximale Schwinggeschwindigkeit (PGV). Sie sollte die in der DIN 4150 vorgegebenen Anhaltswerte deutlich unterschreiten.

Da es sich bei der induzierten Seismizität (wir diskutieren hier vornehmlich den Betriebsbereich „Verpressen“) um „mensch-gemachte“ Ereignisse handelt, kann sie schon definitionsgemäß auch vom Menschen verhindert werden, im Extremfall auch durch Vermeidung der auslösenden Aktivitäten. Weniger drastische Maßnahmen werden zum Beispiel in der Tiefengeothermie erfolgreich durch die Anwendung geeigneter Reaktionsschemata umgesetzt. Hier steht als Maßnahme die Begrenzung bzw. gegebenenfalls Reduzierung der

- Einpressraten bzw. des
- Einpressdruckes

am Bohrlochkopf. Diese beiden Größen hängen bei gegebener Injektivität voneinander ab und so werden aus Gründen einfacherer Überprüfbarkeit in der Regel der maximale Einpressdruck und die Art seiner Reduzierung bei Grenzwertüberschreitungen vorgegeben.

Eine weitere häufig diskutierte Einflussgröße ist das gesamte (kumulative) Einpressvolumen. Über dieses wird die Größe des durch Einpressfluide erreichten Volumens im Untergrund bestimmt. Da mit größerer maximaler Bruchfläche die maximal mögliche Magnitude eines induzierten Erdbebens steigt, gehen einige Forscher davon aus, dass eine größere Bruchfläche eben in einem größeren Einpressvolumen unterzubringen wäre und damit, dass die maximal auftretende Magnitude mit der Zeit unweigerlich steigen muss. Diese Zusammenhänge scheinen für kurzzeitige Einpressvorgänge empirisch begründet zu sein. Die mikroseismisch verorteten Ereignisherde wandern mit zunehmenden Einpressvolumen zu den Randbereichen des seismologisch definierten beeinflussten Volumens, wobei dann auch eine Tendenz besteht, dass die gemessenen Magnituden größer werden.

Für Langzeit-Einpressungen haben sich diese Zusammenhänge noch nicht bestätigt. Beim Geothermiekraftwerk in Landau wird seit 2009 Thermalwasser in den Ursprungsaquifer reinjiziert. Die mikroseismischen Beobachtungen des letzten Jahres zeigen, dass das seismologisch nachgewiesene beeinflusste Volumen nicht weiter wächst und die Ereignisherde des letzten Jahres tendenziell innerhalb der durch die Vorjahre definierten Punktwolke liegen. Auch wird über die Jahre eher eine Tendenz zu Abnahme der Magnituden beobachtet.

Literatur

Baisch, Carbon, Dannwolf, Delacou, Devaux, Dunand, Jung, Koller, Martin, Sartori, Secanell, Vörös: Deep Heat Mining Basel – Seismic Risk Analysis. SERIANEX study prepared for the Departement für Wirtschaft, Soziales und Umwelt des Kantons Basel-Stadt. Amt für Umwelt und Energie (2009)

Berckhemer, H.: Grundlagen der Geophysik, 2. Aufl. Wiss. Buchges., Darmstadt (1997). 201 S

Bommer, Oates, Cepeda, Lindholm, Bird, Torres, Marroquin, Rivas: Control of hazard due to seismicity induced by a hot fractured rock geothermal project. Engineering Geology **83**, 287–306 (2006)

Dahm, Bekcer, Bischoff, Cesca, Dost, Fritschen, Hainzl, Klose, Kühn, Lasocki, Meier, Ohrnberger, Rivalta, Wegler, Husen: Recommendation for the discrimination of human-related and natural seismicity. J. Seismol **17**, 197–202 (2013)

Davis & Frohlich: New Objective Criteria to Determine if Fluid injection has Induced Earthquakes. EOS Transactions **68**(44), 1369 (1987)

Dyer, Schanz, Ladner, Häring, Spillman: Microseismic imaging of a geothermal reservoir stimulation. The Leading Edge **27**(7), 856–869 (2008)

Gross, Fritschen, Ritter: Untersuchung induzierter Erdbeben hinsichtlich ihrer Spürbarkeit und eventueller Schadenswirkung anhand der DIN 4150. Bauingenieur **88**, 374–384 (2013)

Gupta, Chadha: Induced seismicity Pure and Applied Geophysics, Bd. 145. Birkhäuser, Basel (1995)

Heidbach, O., Tingay, M., Barth, A., Reinecker, J., Kurfeß, D., Müller, B.: The World Stress Map database release 2008. doi: 10.1594/GFZ.WSM.Rel2008 (2008)

Kopera, Morales-Avilés, Schlittenhardt, Spies: MAGS EP4 – Abschluss-Workshop: Untersuchung der seismischen Gefährdung aufgrund induzierter Seismizität bei tiefer geothermischer Energiegewinnung (2013)

Leydecker: Erdbebenkatalog für Deutschland mit Randgebieten für die Jahre 800 bis 2008 Geologisches Jahrbuch, Bd. E 59. Bundesanstalt für Geowissenschaften und Rohstoffe, Hannover, S. 1–198 (2011)

McGarr, Simpson, Seeber: Case histories of induced and triggered seismicity. In: Lee, Kanamori, Jennings, Kisslinger (Hrsg.) International handbook of earthquake and engineering seismology, Bd. Part A, Academic Press, Amsterdam (2002)

Samokar: Anwendung der bergbaulichen Intensitätsskala GSI-2004 zur Beurteilung der Auswirkung der bergbaubedingten Erderschütterungen auf Gebäude im Bergbaurevier ZG Rudna Tagungsband zum 9.Geokinematischen Tag, Bergakademie Freiberg. (2008)

Shapiro, Dinske: Fluid-induced seismicity: Pressure diffusion and hydraulic fracturing. Geophysical Prospecting **57**(2), 301–310 (2009)

Explorationsstrategie tiefer geothermischer Ressourcen am Beispiel des süddeutschen Oberjuras (Malm) 13

Ulrich Steiner, Alexandros Savvatis, Franz Böhm und Achim Schubert

Inhaltsverzeichnis

Dipl.-Geol. Ulrich Steiner (✉)
München, Deutschland
e-mail: steiner@erdwerk.com

Dipl.-Geol. Alexandros Savvatis
München, Deutschland
e-mail: savvatis@erdwerk.com

Dr. Franz Böhm
München, Deutschland
e-mail: boehm@erdwerk.com

Dr. Achim Schubert
München, Deutschland
e-mail: office@erdwerk.com

M. Bauer et al. (Hrsg.), *Handbuch Tiefe Geothermie*, DOI 10.1007/978-3-642-54511-5_13,

Zusammenfassung
Der Oberjurassische Malm im tiefen Untergrund der Molasse ist seit über zehn Jahren im Fokus tiefer hydrothermaler Exploration. In dem vorliegenden Artikel wird der aktuelle Stand des Wissens aus hydrogeologischen und hydraulischen Untersuchungen an bisher 18 von der ERDWERK GmbH betreuten Geothermiebohrungen im Großraum München vorgestellt.

Diese weisen zunächst der lithofaziellen und diagenetischen Ausprägung der Malmkarbonate eine zentrale Rolle in der Funktion eines geothermischen Reservoirs zu. Als grundsätzlich gutes Reservoirgestein sind demnach massig ausgebildete Dolomite mit einer entsprechenden Matrixporosität und -permeabilität anzusprechen. Ungünstig kann sich in diesen aber die fortschreitende Diagenese mit dem Verschließen der Matrixporen durch Weiterwachstum der Dolomitkristalle auswirken. Neben der Matrixiporosität spielt eine flächenhafte bzw. lithofaziell orientierte und im Gebirgsmaßstab relevante Tiefenverkarstung eine wichtige Rolle. Verkarstung ist meist an lithofazielle Einheiten gebunden, Verkarstungshorizonte treten vermutlich in Verbindung mit Auftauchphasen und Sequenzgrenzen auf, die bisher im oberen und am Top zum mittleren Malm regelmäßig angetroffen wurden.

Den Störungen bzw. einer störungsgebunden Kluftpermeabilität, zu Beginn der Exploration in der Molasse die erklärten Bohrziele, muss heute aufgrund des häufig geringen hydraulischen Kontrastes zwischen Kluft- und der Matrixpermeabilität für die Reservoireigenschaften des Malm eher eine untergeordnete Rolle zugewiesen werden. Darüber hinaus ist im Hinblick auf die Hydraulik im Großraum München auch ein geographischer Trend zu erkennen: die flacheren, nördlichen Bohrungen zeigen weitgehend unabhängig von der lithofaziellen Positionierung generell bessere hydraulische Eigenschaften als die tieferen, südlichen. Ausschlaggebend hierfür ist vermutlich die deutlich ausgeprägte Verkarstung, aber auch eine geringere Diagenese der Karbonate sowie eine geringere horizontale Hauptspannung mögen hier eine Rolle spielen.

Das Resümee der hydraulischen Auswertung der Pumpversuche ist, dass ein lineares bzw. bileneares Fließen nur in einer der untersuchten Bohrungen dominant auftritt. Diese Beobachtung beinhalten dass, auch wenn Störungen angetroffen und geologisch nachgewiesen wurden, diese keine markanten hydraulischen Elemente mit höherer Permeabilität ausbilden. Die Matrixpermeabilität und Verkarstung steuert hauptsächlich die Produktivität der Bohrung. Ebenso wie größere Verkarstungserscheinungen erhöhen Störungen oder Störungszonen die Produktivität durch die verbesserte Anbindung an das Reservoir. Entsprechend muss sowohl bei der Prognose der Fündigkeit als auch bei der hydrogeologischen Modellierung Störungen eine Unsicherheit beigemessen werden.

Neben dem deutlich verbesserten Reservoirverständnisses spielen bei der Explorationsstrategie wirtschaftsgeologische Aspekte ein wichtige Rolle. Die Untersuchung der Bohrungen stellt eine für den Großraum München solide Datenbasis dar, die eine fündigkeitsoptimierte und bohrtechnisch risikominimierte Bohrplanung zulässt. Darüber hinaus ermöglicht es eine statistisch fundierte und auf die projektspezifischen Explorationsaktivitäten angepasste Fündigkeitsprognose.

Schlüsselwörter
Explorationsstrategie • Tiefe Geothermie • Süddeutsche Molasse • Reservoircharakterisierung • Karbonate • Lithofazies • Strukturgeologie • Hydraulik • Targeting • Wirtschaftlichkeitsbetrachtung • Uncertainty Analyse • Monte Carlo Simulation

13.1 Einleitung

Als tiefe geothermische Ressourcen werden hier hydrothermale Systeme von tiefen, grundwasserführenden Schichten in Sedimentbecken bzw. Graben-Systemen angesprochen. Im Gegensatz dazu sind die meisten hydrothermalen Hochenthalpielagerstätten, die durch eine magmatische Wärmequelle im Untergrund aufgeheizt werden, meist in deutlich geringerer Teufe anzutreffen. Eine exakte Definition dieser unterschiedlichen Systeme existiert nicht. Manche Autoren machen die Definition anhand der zu erwartenden Reservoirtemperatur fest. Andere Autoren unterscheiden zwischen den geologischen Rahmenbedingungen in Systeme in tiefen Sedimentbecken und Systeme in vulkanisch-magmatisch geprägter Umgebung. Bei einem durchschnittlichen geothermischen Gradienten (von ca. 3,5 K/100 m, wie er beispielsweise im Raum München beobachtet werden kann), setzt eine effiziente direkte Wärmenutzung die Existenz eines solchen geothermischen Reservoirs bei eine Tiefe von mind. 2000 m (ca. 80 °C) voraus. Für eine rentable Stromerzeugung ist somit äquivalent eine Temperatur von mehr als 120 °C bei einer Reservoirtiefe von ca. 3500 m und tiefer notwendig. Im süddeutschen Molassebecken, einem klassischen asymmetrisch ausgebildeten Vorlandbecken stellen die oberjurassischen, karstig klüftigen Karbonate des Malm den Grundwasserleiter dar, der diese Tiefen erreicht und daher für die geothermische Nutzung günstige Grundvoraussetzungen aufweist (vgl. Lemcke 1988; Frisch und Huber 2000).

Im Großraum München, der sich im zentralen Bereich des Süddeutschen Molassebeckens befindet, gruppiert sich ein konzentrisches Raster von Erlaubnis- und Bewilligungsfeldern zur Gewinnung von Erdwärme. Aufgrund des hohen Potentials der direkten Wärmenutzung in diesem Ballungsraum wurden hier in den vergangenen 10 Jahren ca. 20 Tiefe Geothermieprojekte mit über 150.000 Gesamtbohrmetern und einer thermischen Leistung von im Schnitt 10–15 MW realisiert. Stellte anfänglich das Fündigkeitsrisiko das größte Investitionshindernis dar, ist dies mit der zunehmenden Explorationserfahrung zumindest für den Großraum München etwas in den Hintergrund getreten. Dagegen bringt die Intensivierung der geothermischen Nutzung, mit einhergehend zunehmender Verdichtung der Bohr- und Projektstandorte die Notwendigkeit einer besseren Beurteilung der ökonomischen und geothermischen Nachhaltigkeit mit sich, speziell auch bereits im Vorfeld solcher angedachten Projekterweiterungen.

Der Malm im Zentrum des süddeutschen Molassebeckens ist ein überregionales feldübergreifendes Reservoir. Im Hinblick auf benachbarte Erschließungen gilt es, das Risiko einer ungünstigen hydraulisch thermischen Beeinflussung der Dubletten untereinander zu minimieren. Dabei fallen vor allem die deutlich gestiegenen Schüttungserwartungen vor allem für die Stromprojekte mit meist deutlich über 100 l/s ins Gewicht.

Um den steigenden Anforderungen an eine risikominimierte Explorationsstrategie gerecht zu werden war es notwendig die bisher neu hinzugewonnenen Bohr- und Testdaten wissenschaftlich aufzuarbeiten. Erst dieser Schritt war die Grundlage für fundierte Prognosen und Unsicherheitsanalysen zur Fündigkeit, die seitens der privaten und kommunalen Betreiber bzw. Investoren sowie der Versicherungswirtschaft immer wieder angefragt wurden. Den Anfang dazu machte 2008 ein vom BMU gefördertes Forschungsverbundvorhaben (FKZ: 0327671 A/B) der FU-Berlin, Arbeitsgruppe Hydrogeologie zusammen mit der Fa. Erdwerk GmbH in München sowie dem Institut für Wasserchemie der TU-München im Unterauftrag der FU-Berlin (Schneider et al. 2009). Das Gesamtziel des Forschungsvorhabens war, methodische Ansätze zur geothermischen Nutzung anhand der vier übergeordneten Arbeitsgebiete Lithofazies, Strukturgeologie, Hydraulik und Hydrochemie zu verfolgen. Die so gewonnenen Erkenntnisse werden laufend aktualisiert und fließen heute in ein Software-gestütztes Explorations- und Bewirtschaftungsmanagement ein, um eine langfristige und damit nachhaltige Nutzung nicht nur innerhalb eines Konzessionsfeldes sondern auch feldübergreifend zu gewährleisten.

Mit dem vorliegenden Artikel soll ein Überblick über die Daten, Arbeitsschritte und Prozessierungskette bei der Exploration des Malms gegeben werden.

13.2 Zur Geologie im Untersuchungsgebiet

Das süddeutsche Molassebecken ist Teil des Nordalpinen Vorlandbeckens. Die Molassesedimente erstrecken sich von Nord nach Süd keilförmig mit zunehmender Mächtigkeit von bis zu 5 km an die gefaltete Vorlandmolasse, während das darunterliegende Kristallin mit den überlagernden mesozoischen Sedimenten unter den Alpenkörper abtaucht. Tektonisch wird das Becken von Alpenrand-parallelen Abschiebungen dominiert. Im östlichen Bayern durchschneidet das markante Landshut-Neuöttinger-Hoch den Malm in nordwest-südöstlicher- Richtung als Horst-artige Struktur (Lemcke 1988; Bachmann et al. 1987) und trennt die Molassebasis in den den sog. Braunauer Trog im Osten von der Wasserburger Senke im Westen.

Der an der Basis des Molassebeckens in Erscheinung tretende, oberjurassische Malm (Oxford bis Tithon) besteht aus Karbonaten mit Kalksteinen, die lokal bis weiträumig dolomitisiert sein können und untergeordnet mergeligen Kalken. Hydrogeologisch muss er als karbonatischer Grundwasserleiter mit einem komplexen Zusammenspiel aus Karst-, Kluft-, und Matrixporosität charakterisiert werden. Im Bereich von München hat er eine Mächtigkeit von ca. 500 m. Beckenweit wird der Malm in zwei Hauptsedimentationszyklen unterteilt, die jeweils von einer tonig-mergeligen Fazies in eine reinere karbonatische Fazies

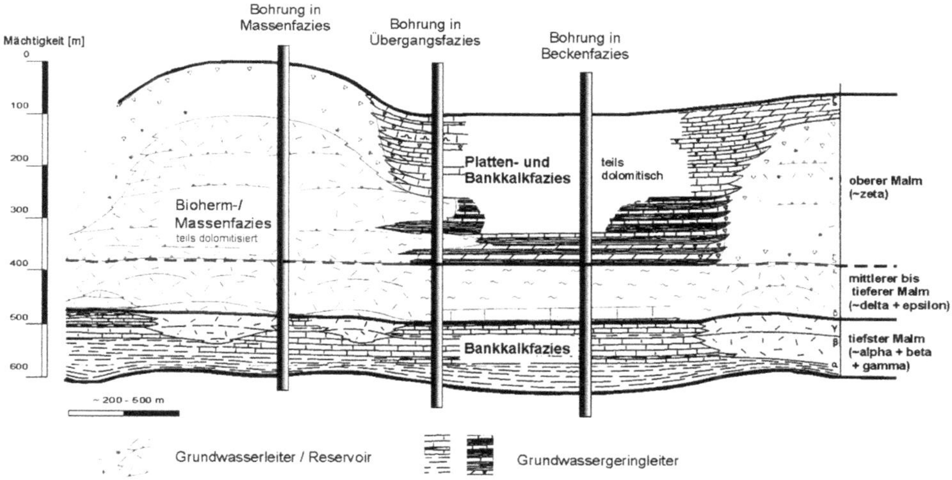

Abb. 13.1 Schematisches faziell-hydrostratigraphisches Profil mit den drei verschiedenen Bohrungstypen „Schichtfazies“, „Übergangsfazies“ und „Massenfazies“ gültig für den Großraum München (aus Böhm et al. 2012). Dem Profilschnitt liegt ein Faziesprofil von Meyer und Schmidt-Kaler (1996) zu Grunde

übergehen. Erst ab dem obersten Oberjura differenziert sich das sedimentäre Geschehen in kleiner Zyklen, was offensichtlich auf eine Regression zurückzuführen ist (Mayer und Schmidt-Kaler 1996)

In der traditionellen Literatur untergliedert sich der Oberjura, basierend auf biostratigraphischen Arbeiten an Aufschlüssen der Beckenfazies auf der schwäbischen und fränkischen Alb, in die Stufen α–ζ (Quenstedt 1858). Dies lässt sich jedoch aus faunistischen Gründen nur bedingt auf andere Faziesbereiche wie beispielsweise mächtige, durchgängige Massenkalkabfolgen übertragen. Nach Mayer (1994) erstreckt sich die fazielle Differenzierung in Schwellen und Becken auch im Untergrund nach Süden weiter. Im Großraum München fehlt bisher ein deutlicher Markerhorizont zur eindeutigen stratigraphischen Grenzziehung innerhalb des Malm, in Tiefbohrungen ist zumindest eine Untergliederung nach Böhm et al. (2012) entsprechend eines hydrostratigraphischen Profils in den unteren mittleren und oberen Malm zielführend (vgl. Abb. 13.1).

13.3 Stand des geothermischen Wissens

Zu Beginn der geothermischen Exploration konnte lediglich auf Bohrungsdaten der Kohlenwasserstoffindustrie und vereinzelt auch balneologischen Bohrungen zurückgegriffen werden. Für die Bestimmung der Gebirgstemperaturen wurden die gemessenen BHT (bottom hole temperature) der meist flacheren Bohrungen herangezogen und auf Top Malm extrapoliert. In den 1980er Jahre rückten die Karbonate des Malm in den Fokus der Kohlenwasserstoffexploration, jedoch wurden mit dem sinkenden Ölpreis und den Funden, die hinter den Erwartungen zurück blieben in den 1990 er Jahren weitere Explorationsaktivitäten ausgesetzt (Bachmann et al. 1982, 1987; Betz und Wendt 1983; Brink et al. 1992).

Von 1985 bis 1991 wurde vom Bundesministerium für Bildung und Forschung (BMBF) eine großangelegte Studie zur hydrogeothermischen Nutzung des Malm veranlasst (Frisch und Werner 1991). Die Ergebnisse zeigten, dass die die regionale Faziesverbreitung sowie die Funktionsweise der Verkarstung und die zeitliche Karstentwicklung bestimmend für die Hydraulik des Malms sind (Stier und Prestel 1991).

Die Massenkalke des Malms werden aufgrund ihres insgesamt niedrigeren Mergelanteils als gut verkarstungsfähig bezeichnet. Dabei sind Verkarstungstiefen von 200 bis 300 m unter der Malmoberkante zu beobachten (Koschel 1991). Eine im Miozän einsetzende zweite Verkarstungsphase wird durch nachströmendes CO_2-reiches Wasser angenommen (Lemke 1976; Stier und Prestel 1991).

Gemäß Birner et al. (2009) ist im Malm nordnordöstlich von München mit vergleichsweise hohen Gebirgsdurchlässigkeiten von 10^{-5} bis 10^{-4} m^2/s und im übrigen Großraum München von 10^{-5} bis 10^{-6} m^2/s zu rechnen, Bereiche in denen vereinzelt eine um den Faktor 3 bessere Durchlässigkeit gemessen wurden sind auf Störungen zurückzuführen (StMiWVT 2010).

Mit der Veröffentlichung des Bayerischen Geothermieatlas im Jahr 2004, der deutlichen Anpassung der Vergütung von geothermisch erzeugtem Strom im Rahmen des Erneuerbaren Energien Gesetztes und der Einführung des Marktanreizprogrammes für Tiefengeothermie war eine deutlich angestiegene geothermische Erkundungs- und Erschließungsaktivität zu verzeichnen. Zudem lieferten bereits einige neue Projekte im Münchner Umland (Riem, Pullach, Unterhaching) einen weiteren Motivationsschub für die Nutzung der Tiefengeothermie in Deutschland. Ab 2008 lag dann von zahlreichen neu realisierten Geothermieprojekten eine Datengrundlage vor, die es ermöglichte das bis dato angenommene hydrogeologische Modell und die angewandten Explorationskonzepte zu validieren und ggf. zu revidieren. Trotz dem bereits in den Studien der 80er und 90er Jahre aufgezeigten Zusammenhang zwischen Lithofazies und Hydraulik wurden zunächst hauptsächlich Störungen als Bohrziele ausgewählt. Die seinerzeit für die meisten Projekte zur Verfügung stehenden Planungsdaten beschränkten sich auf die Auswertung alter 2D-Seismik. Auf dieser Datengrundlage konnte jedoch noch keine Reservoirdifferenzierung im Vorfeld durchgeführt werden. Auch die Strukturgeologie basierte in der Regel auf der Interpretation der Vertikalversätze markanter Reflektoren an der Tertiärbasis. Obwohl einige dieser Bohrungen Störungen mit hohen Versatzbeträgen erschlossen haben, weil dort eine entsprechend hohe Klüftigkeit. bzw. Varkarstungsanfälligkeit vermutet wurde, blieben diese deutlich hinter den Erwartungen zurück. Andere Bohrungen, die im Gegensatz dazu Störungen mit geringem Versatz aufschlossen waren jedoch über die Erwartung fündig.

13.4 Datengrundlage und methodischer Ansatz der integrierten Reservoiranalyse

Die Grundlagen für die hier angeführten Untersuchungen bilden Daten, die aus acht Geothermieprojekten mit insgesamt bisher 18 Bohrungen und ca. 85.000 Gesamtbohrmetern im Großraum München zusammengestellt wurden (vgl. Abb. 13.2), diese wurden von ERDWERK in den Jahren 2004 bis 2012 geologisch und z. T. bohrtechnisch betreut.

Abbildung 13.3 zeigt den methodischen Rahmen der geothermische Reservoircharakterisierung anhand der verfügbaren Bohrungsdaten. Zunächst wurden einzelne strukturgeologische und lithofazielle Charakteristiken herausgearbeitet und im Hinblick auf deren

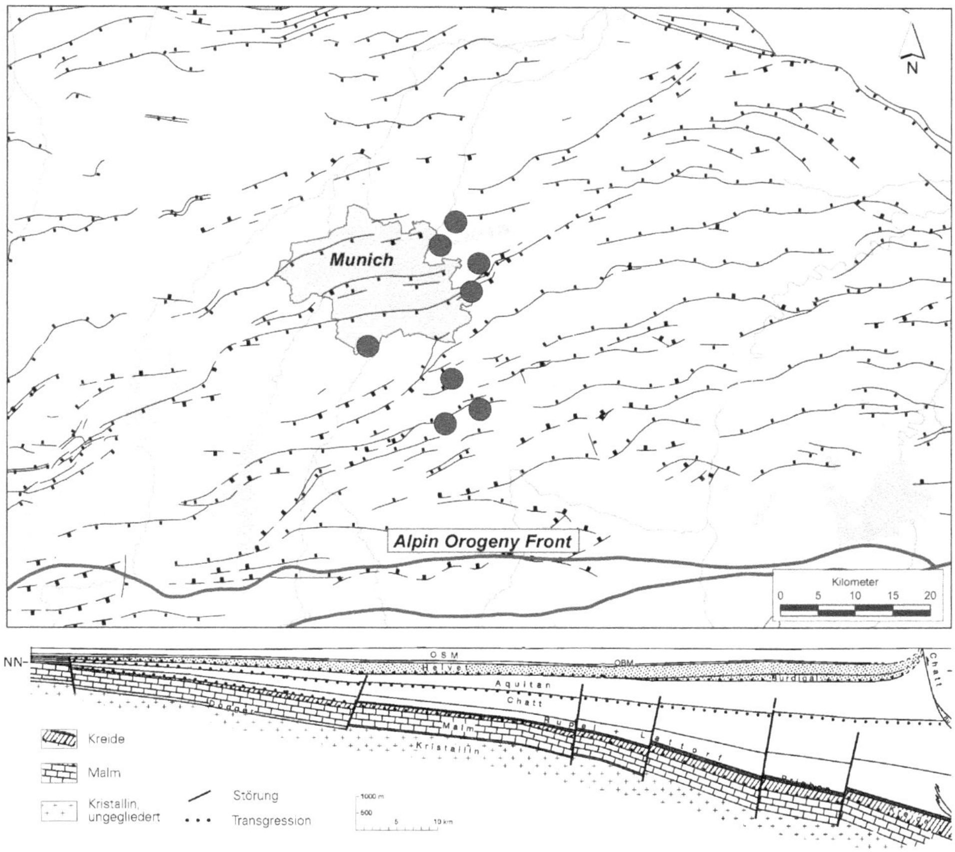

Abb. 13.2 Großraum München mit der Lage der untersuchten Geothermieprojekte (*graue Punkte*) und der Geologie im Zentralbereich der Bayerischen Molasse (verändert nach StMiWVT 2010), *oben*: Störungsverlauf großregionaler Störungen an Basis Tertiär; *unten*: überhöhtes, schematisches geologische N-S Profil östlich von München

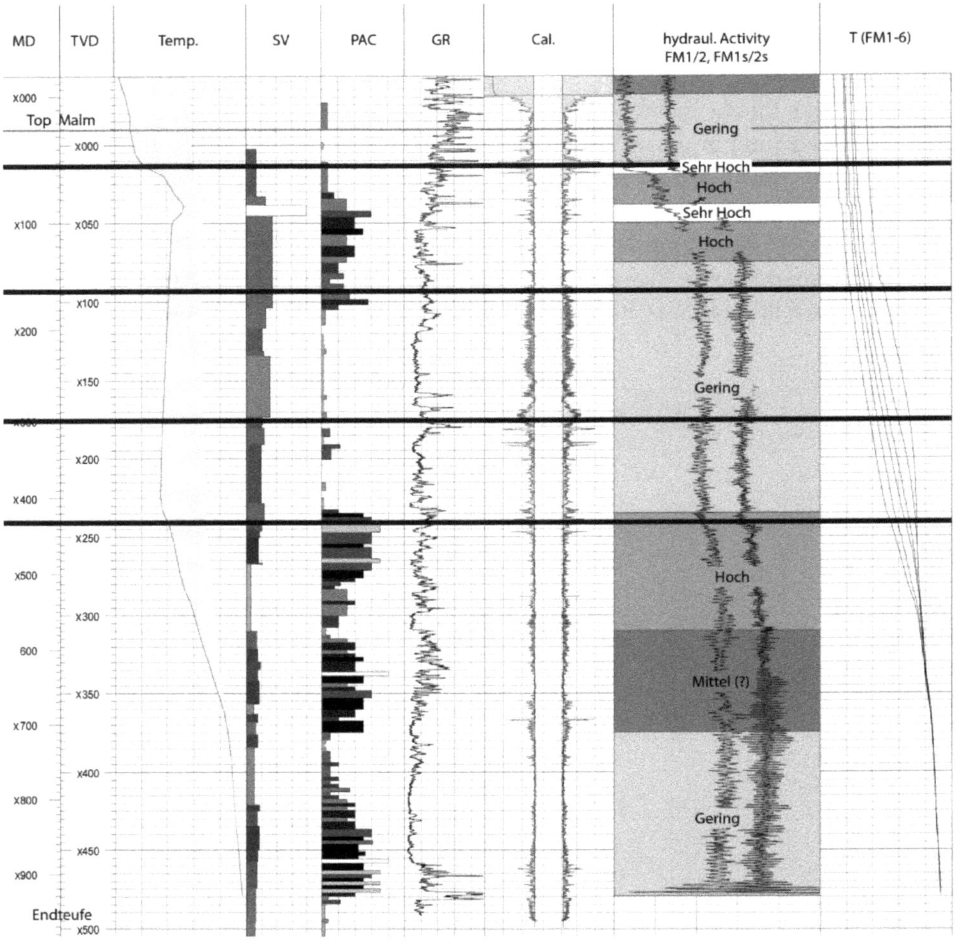

Abb. 13.3 Beispiel einer Logkorrelation einer ausgewählten Geothermiebohrung unter Berücksichtigung der Flowmetermessung (*FM1/FM2*: gemessen, *FM1s/FM2s*: geglättet, *FM(Ges)*: gesamt), Temperaturlogmessungen vor (*T(0)*), während (*T(FM1)* bis *T(FM6)*) und nach Kaltwasserinjektion (*T(Inj)*), PAC-Analyse (*PAC*), Kaliber (*Cal(min)*, *Cal(max)*), Gamma-Ray (*GR*), Spülverluste (*SV*). Die *dunklen Striche* entsprechen interpretierten Störungs-/Verkarstungsindikationen

hydraulische Bedeutung bewertet (z. B. PAC Index gem. Böhm et al. (2012), Klufthäufigkeit, Top/Basis Reservoir gem. Böhm et al. (2012), Imagelog Fazies Klassen gem. Steiner und Böhm (2011), Verkarstungsstrukturen). Anschließend wurden unter Einbeziehung von hydraulischen Indikatoren (Spülverluste, Templogs, Flowmeter) die Zuflussbereiche in der jeweiligen Bohrung definiert und die Gebirgsdurchlässigkeit und hydraulische Berandungen im Umfeld der Bohrung aus Pumptest bestimmt.

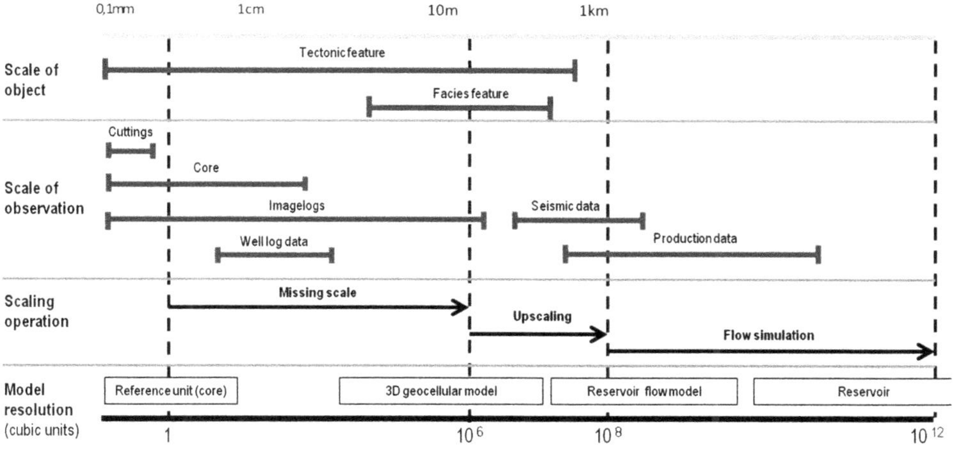

Abb. 13.4 Stellung der Skalierungmaßnahme beim Modellieren im Zusammenhang zwischen Modellauflösung und Maßstab der Eingangsdaten bzw. Beobachtung (verändert nach Caers 2005) und angepasst an die spezifischen geothermischen Bedingungen in der Molasse. Bitte beachten, dass die Auflösung der Modelle hier in einer quadratischen Dimension (*kubisch*) angegeben ist (*untere Achse*) (siehe auch Text)

Im Großraum München bietet diese Datensammlung eine fundierte Grundlage um die, aus der Seismik erstellten geologischen 3D Modellen hydraulisch zu parametrisieren und kalibrieren. Dass es bei der Modellierung und anschließenden Simulation (Abb. 13.4) zu Problemen des fehlenden Maßstabs (Missing Scale) und des Hochskalierens (Upscalings) kommen kann ist aus der KW Exploration bekannt (vgl. Caers 2005). Die minimale Auflösung bei Bohrlochdaten mit ca. 0,1 mm (wie z. B. Klüftung) und der Seismik mit ca. 20 bis 50 m muss eine maßstabsbedingte Unschärfe hervorrufen und schränkt damit die Aussagekraft der Modelle ein.

Die in den Untersuchungen verwendeten Daten und deren Zusammenhang zwischen Objekt-, Interpretations- Modell- bzw. Aussagemaßstab und der Operationen des Hochskalierens während des Prozesses der Modellerstellung sind in Abb. 13.4 aufgeführt. Im Folgenden werden die genannten Daten und deren Aussagekraft vorgestellt.

Bohrklein Dünnschliffe Das zu Tage geförderte Bohrklein wird an der Fraktion und im Dünnschliff unter dem Binokular mikro- und lithofaziell beschrieben. Die Dünnschliffe wurden dazu mit „Porenraum-Blau" und Alizarin-S auf Calcit angefärbt. Zur Ermittlung des Calcit/Dolomit-Anteils wurde ferner ein Teil röntgenographisch untersucht. Solange keine größeren Spülverluste vorherrschten wurden in der Malmsektion alle fünf Meter Proben genommen. Davon wurden an ausgewählten Bohrungen Cutting Dünnschliffe hergestellt. Die Herstellung von Dünnschliffen aus Bohrklein ist in der Erdgas-Erdölbranche eine etablierte Methode zur lithofaziellen Interpretation von Spülbohrungen. Die Klassifikation der Mikrofazies in den Dünnschliffe erfolgt in Anlehnung daran nach Dunham (1962), die der Porosität nach Choqette und Pray (1970). Von den Dünnschliffen der Dolomit-Spülproben wurden die Kristallgrößen und die Kristallmorphologie sowie die sichtbare Porosität im Dolomit bestimmt.

Bohrklein Fraktionen Das Bohrklein wurde getrocknet und sukzessive nach der PAC Methode analysiert und indiziert (vgl. Böhm et al. 2012).

Bohrloch Log Daten Bei bohrlochgeophysikalischen Messungen waren bei den älteren Bohrungen nur Standartverfahren wie Gammaray, Widerstand (DLL) und Kaliberlogs üblich. Erst nach und nach wurde in den Bohrungen weitere Messmethoden wie Image- oder Soniclogs eingesetzt. In den jüngsten Bohrungen wurden auch Messungen am Strang vorgenommen um bei Bohrungen mit geringer Neigung eine vollständige Messung durchzuführen.

Imagelogs nehmen unter den geophysikalischen Bohrlochmessungen eine Sonderstellung ein da sie dem Interpreten neben den petro-physikalischen Eigenschaften anhand eines bildgebenden Verfahrens auch geologische Informationen vermitteln die der klassischen Gesteinsansprache ähneln (z. B. Klüftigkeit bzw. Lagerung des Gestein, Lithofazies, sedimentäre Strukturen, usw.). Nicht zuletzt deswegen übernahmen Imagelogs in der Geothermie der Molasse eine zentrale Bedeutung. Hierzu weisen die Servicefirmen jedoch immer wieder darauf hin, die Daten an insitu Kernmaterial zu kalibrieren. Da im Malm der Molasse bisher kein Kernmaterial zusammen mit einem Imagelog gezogen bzw. gemessen wurde musste im vorliegenden Fall auf eine gekernte Forschungsbohrung, der Moosburg SC 4 zurückgegriffen werden. Neben der Integration der Untersuchungen von Meyer (1994) zur Sedimentologie und Lithofazies wurden umfangreiche Dünnschliffanalyse an ausgewählten Proben und Poro- bzw. Permeabilitätsanalysen (vgl. Böhm et al. 2011) durchgeführt. Die so erhaltene Information floss in die Herleitung von Imagelog Fazies Klassen (Steiner und Böhm 2011) ein.

Flowmetermessungen Die Messung ermöglicht eine Abschätzung des geförderten Volumenstroms im Reservoir sowie eine semiquantitative Bestimmung von Zufluss- bzw. Abflussprofilen und -anteilen im Bohrloch. Für die evaluierten Geothermiebohrungen liegen drei Flowmeterlogmessungen während einer Injektion und zwei während der Förderung von Thermalwasser vor.

Temperaturmessung Für die Reservoircharakterisierung spielen vor allem Temperaturmessungen nach einer Kaltwasserinjektion eine wichtige Rolle, da diese indirekt den dynamischen Zustand des Bohrlochs mit Zuflussbereichen während der Kaltwasserinjektion widerspiegeln.

Produktionsdaten/Pumpversuche Pumpversuche liefern Informationen über die Hydraulik des Reservoirs und die Anbindung der Bohrung an das Reservoir. Das Reservoir wird dabei unter dynamischen Bedingungen getestet und beschrieben. Aus dem Wiederanstieg lassen sich darüber hinaus wichtige Erkenntnisse über bohrlochferne Phänomene wie hydraulische Barrieren erfassen. Die Untersuchungen zeigen, dass Strukturen wie Becken oder Schwellen mit einer Ausdehnung von > 200 m aufgelöst werden können.

Seismik Die Seismik erfasst Strukturen im zehn bis hundert Meter Bereich und liefert so Grundinformationen zum strukturellen Rahmen (Horizonte und Mächtigkeit der Einheiten bzw. Reservoir) sowie den Verlauf und die Orientierung von Störungen. Darüber hinaus sind anhand von Textur und Attributanalyse Aussagen zur Fazies möglich.

Inwieweit die genannten Daten thematisch und in Abhängigkeit des Maßstabs in die Reservoircharakterisierung des Malm integriert wurden veranschaulicht Abb. 13.5. an zwei Geothermiebohrungen, die auf eine seismische Linie abgeteuft wurden.

- In (A) wurde die Seismik auf die erbohrten Horizonte tiefengewandelt.
- In (B) wurde die Becken- und Schwellenfazies im Reservoir anhand der seismischen Textur interpretiert.
- In (C) wurde das fazies- und strukturgeologische Modell anhand der Imagelogs kalibriert.
- In (D) wurden die Hydraulik (kh Werte) und Berandungen der Bohrungen aus dem Wiederanstieg den Pumpversuchsdaten ermittelt.
- **Ergebnis**[1] daraus ist ein aus verschiedenen Daten und Maßstäben erstelltes und kalibriertes hydrogeologisches Modell.

13.5 Ergebnisse im Überblick

13.5.1 Lithofazies

Unter dem Begriff „Lithofazies" werden die Gesteinseigenschaften unter Einbezug des Ablagerungsraums zusammengefasst.

Die Malmkarbonate werden aufgrund ihrer unterschiedlichen Bedeutung als Speichergestein für Thermalwasser in die übergeordneten Lithofaziesbereiche „Massen- und Rifffa-

[1] Die Auswertung der mittleren Bohrung ergibt eine für den Malm im Großraum München überdurchschnittliche Transmissibilität von kh1 und zeigt im bohrlochfernen Bereich zwei negative Berandungen, welche auf eine Verschlechterung der Transmissibilität im Reservoir hinweisen. Rechts davon liegt eine Bohrung mit durchschnittlicher Transmissibilität kh3 ($kh1 = 3{,}5 \times kh3$). In dieser Bohrung ist keine eindeutige und im Zweifelsfall lediglich eine leicht positive Berandung zu erkennen. In der linken Bildhälfte befindet sich eine Bohrung mit einer unterdurchschnittlichen Transmissibilität kh2 ($kh1 = 7 \times kh2$). Diese Bohrung zeigt wiederum eindeutig eine positive Berandung. Aus der Kombination der hydraulischen Auswertung der Bohrungen kann folglich abgeleitet werden, dass es sich bei den zwei identifizierten negativen Berandungen in der mittleren Bohrung um eine Verschlechterung der Transmissibilität in beiden Richtungen handelt, womit die Unterteilung des Profils in drei Transmissibilitätsbereiche möglich ist.

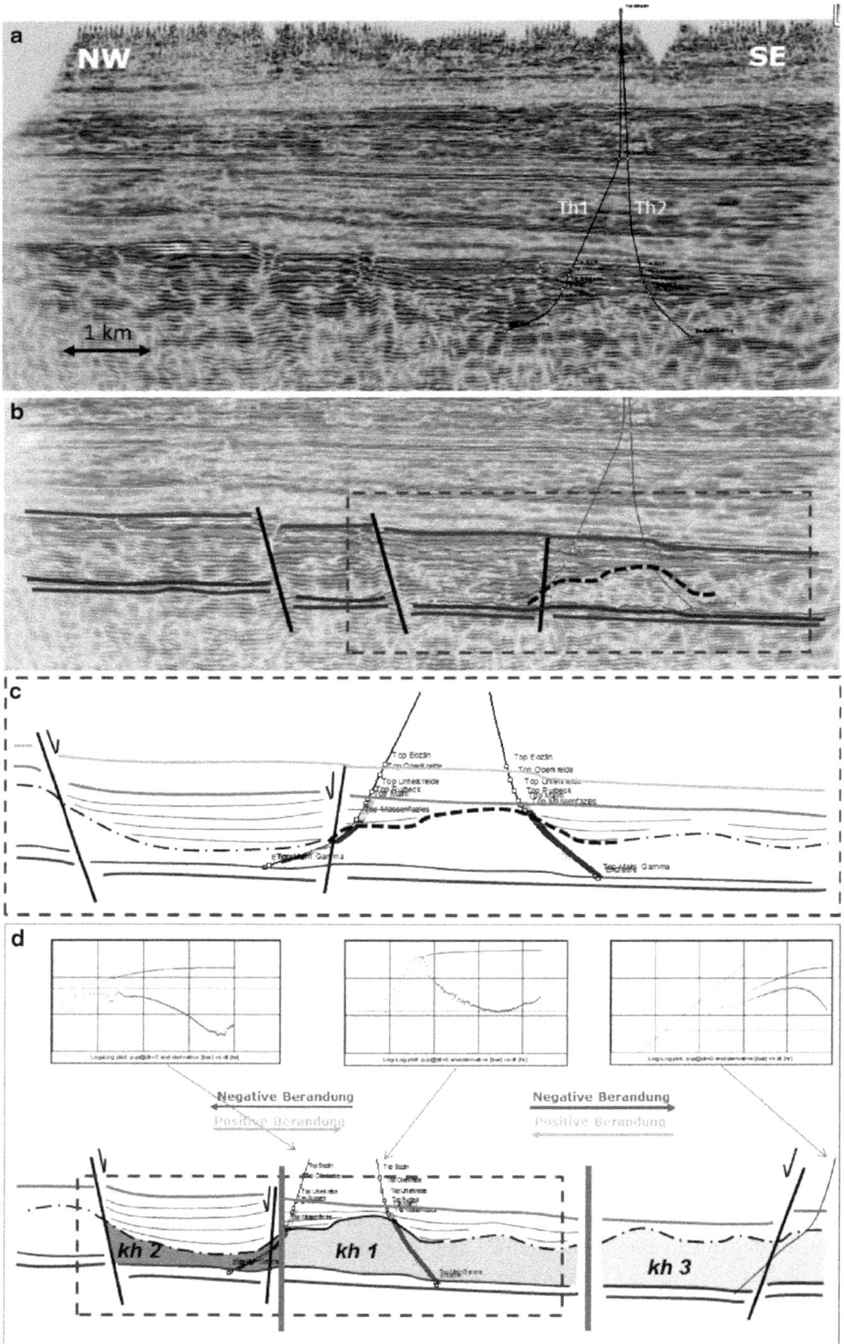

Abb. 13.5 Veranschaulichung des integrierten Ansatzes der Reservoircharakterisierung von der Seismik über die durch Bohrungen gewonnen geologischen und hydraulischen Daten

zies“ einerseits und „Schicht- und Beckenfazies“ andererseits, unterteilt. Eine fazielle Differenzierung des Malm im tiefen Untergrund des süddeutschen Molassebeckens in Riff- und Beckenfazies ist dabei keineswegs eine „Neuerfindung“ der geothermischen Exploration in Süddeutschland. So beschreibt Heymann (1984) bereits die Oberjurariffe als Explorationsziel für Kohlenwasserstoffe und differenziert die beiden unterschiedlichen Gesteinsausbildungen geschichtete und massige Fazies.

Grundlage für die neuen Untersuchungen zur Lithofazies aus Geothermiebohrungen des Malm waren zudem vorangegangene Arbeiten von Meyer und Schmidt-Kaler (1989, 1996), Koch et al. (1994), Koch (1997) und die daraus abgeleitete Kernaussage, dass die Lithofazies und die Art der Verkarstung für die Hydraulik des Malm bestimmend sind (Stier und Prestel 1991). Diese These wurde dann an den neuerhobenen geothermischen Daten im Großraum München überprüft. Die Ergebnisse der durchgeführten Analysen konnten letztendlich bestätigen, dass die Lithofazies einen wesentlichen Einfluss auf die hydraulischen Eigenschaften des Malm hat. Dabei kommt Dolomit aufgrund seiner sekundären Porosität eine besondere Bedeutung im Malm als potentielles Reservoirgestein zu.

Dolomitisierung und Permeabilitätsabschätzung nach Cuttings

Trotz offener Frage zur Entstehung der Dolomite im Malm kristallisiert sich in vorangegangenen Arbeiten (z. B. Andres 1985; Liedmann und Koch 1990; Liedmann 1992; Reinhold und Schroeder 1994; Reinhold 1996) heraus, dass dolomitisierte Massenkalke in Form des sog. „Frankendolomits“ aufgrund der häufigen Ausbildung idiomorpher, zuckerkörniger Dolomitkristalle und der damit einhergehenden Erhöhung der Porosität generell als gut durchlässig einzustufen sind. An den Kristallgrenzen der Dolomitkristalle konnte zudem bevorzugt die Verkarstung einsetzen (Andres 1985). Zusammenhänge zwischen Dolomit-Kristallmorphologie, Dolomitgefüge und Porosität werden auch in allgemeiner „Standardliteratur“ zur Karbonatsedimentologie mehrfach beschrieben (z. B. Sibley 1982; Sibley und Gregg 1987; Lucia 1999).

Aufgrund dieser Schlüsselrolle von Dolomit unterschiedlicher Ausbildung als potentielles hydrothermales Reservoirgestein im Malm wurden von insgesamt 1768 vorliegenden Spülproben aus 16 Bohrungen der prozentuale Anteil an Dolomit und der Kristallhabitus der Dolomite unter dem Binokular nach der von Böhm et al. (2012) entwickelten, sog. PAC-Methode neu bewertet. Die Methode basiert auf der Tatsache, dass neben der Kristallgröße der Dolomite auch die Kristallmorphologie für die Permeabilität von Karbonaten entscheidend ist (Choquette und Pray 1970; Koch 1997; Lucia 2007 und Böhm et al. 2011).

Abbildung 13.6 zeigt anhand ausgewählter Dünnschliffe aus Malm Spülproben Beispiele zur Karbonatdiagenese. Dabei gilt, dass idiomorphe Dolomitkristalle bessere Permeabilität bedingen als hypidiomorphe oder gar xenomorphe Kristalle.

Die so an jeder Probe erstellte Permeabilitätsabschätzung ergibt dargestellt über die Gesamtteufe ein Permeabilitätsprofil über die aufgeschlossene Reservoirstrecke. Für die Reservoircharakterisierung haben sich die Permeabilitätsprofile der Bohrungen zu einem Standard entwickelt. Zusammen mit der Auswertung von geophysikalischen Bohrlochmessungen und Dünnschliffanalysen ergeben sie wichtige Indizien für die Abgrenzung

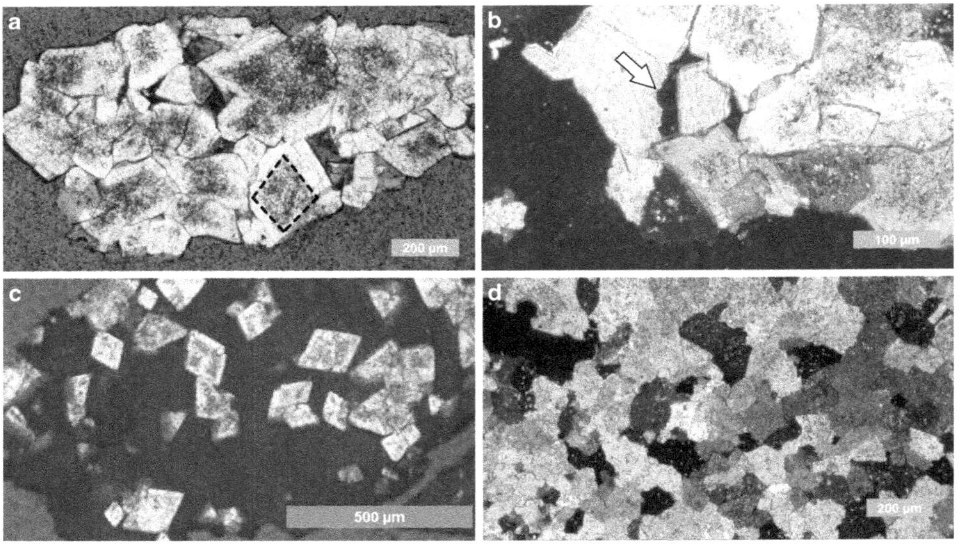

Abb. 13.6 Ausgewählte Dünnschliffe zur Karbonatdiagenese des Malm: **a** zonierter mittelkristalliner Dolomit (*gestrichelte Linie*) mit Anwachssäumen und Interkristallinporosität, **b** mittelkristalline, hypidiomorphe Dolomitkristalle mit Interkristallinporosität, Lösungserscheinung auf Porenraumseite (*Pfeil*), **c** Beginnende Dolomitisierung, idiomorphe Dolomitrhomboeder schwimmen in mikrikitscher Matrix, **d** Sehr stark Verzahnte mittel- bis grobkristalliner, xenomorpher Dolomit im Durchlicht ohne Interkristallinporosität

potentieller Zuflusshorizonte (vgl. Abb. 13.3) und stellen damit eine Grundlage zur Erstellung eines hydrogeologischen Modells dar.

Darüber hinaus zeigt die Auswertung des Anteils an Dolomit und der Mittelwert aus der PAC-Analyse (sog. PAC-Index) den Trend, dass mit hohem Dolomitanteil sowie hohem PAC-Index auch eine hohe Transmissibilität der Geothermiebohrungen einhergeht (Abb. 13.7).

Malm Hyperfazies und Diagenese

Die Malm Hyperfazies bezieht sich auf die übergeordnete Untergliederung der Malmkarbonate in Schwellen (Riff- und Massenfazies) und Becken (Bankfazies). Da die Massenfazies zur Dolomitisierung neigt, ist diese als hydraulisch günstig anzusehen, die Bank- oder Schichtfazies ist dagegen als hydraulisch ungünstig einzustufen.

Die Auswertung der Anteile von Massen- und Bankfazies in zahlreichen Bohrungen anhand von Imagelogs zeigt einen deutlichen Trend zur Gebirgsdurchlässigkeit. Je höher der Anteil der Massenfazies ist, umso größer ist gleichzeitig die Durchlässigkeit (Abb. 13.7).

Aufgrund des direkten Zusammenhangs zwischen dem Nichtkarbonatanteil der Lithofazies und dem Dolomitisierungsgrad im Malm (Koch 1997) wurde in Abb. 13.8. eine Korrelation der durchschnittlichen Zählrate der Gamma Ray-Messung im Malm einer jeden

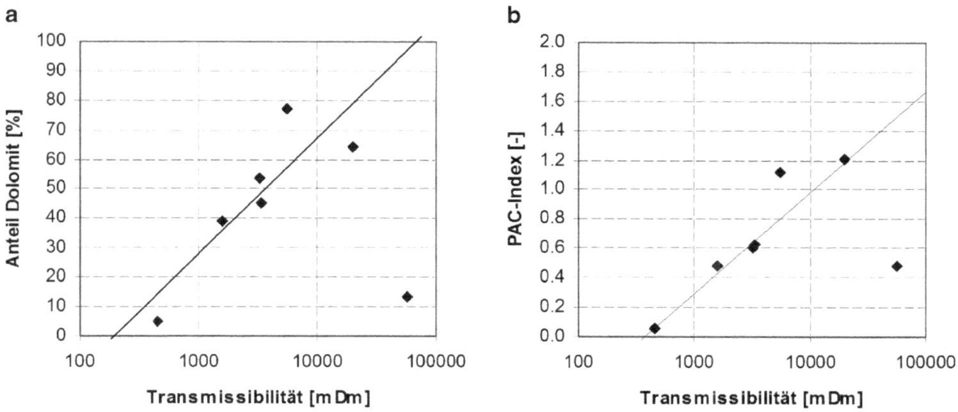

Abb. 13.7 Gegenüberstellung der Transmissibilität und des Dolomitanteils (**a**) und des PAC Indexes aus verschiedenen Bohrungen (**b**) (aus Böhm et al. 2012, siehe auch Text)

Bohrung mit der Transmissibilität dargestellt. Daraus zeigt sich der Trend, dass umso weniger Tonanteil, der sich in der Zählrate des Gamma-Ray niederschlägt, vorhanden ist, desto größer ist die Transmissibilität (Böhm et al. 2012). Dabei steuert zunächst die Primär-Fazies über den „Reinheitsgrad" der Kalke, also die Menge des unlöslichen Rückstandes, die Ausbildung der Dolomitrhomboeder in Größe und Morphologie. Karbonate aus primär hochenergetischen Ablagerungsbereichen (Grain-/Packstones der Karbonatsandfazies; Nicht-Karbonatanteil < 2 %) werden bei der Dolomitisierung und Dolomit-Sammelkristallisation in große (150–500 µm) und häufig idiomorphe Dolomitkristalle umgewandelt. Wacke-/Mudstones der Bankfazies, wurden unter geringer Wasserenergie gebildet und weisen Nicht-Karbonatanteile > 2 % auf, welche sich bei der Dolomitisierung wachstumsbehindernd auswirken, woraus wesentlich kleinere Dolomitkristalle (< 16–150 µm) resultieren. Ferner fördern höhere Temperaturen in Bereichen mit erhöhtem geothermischem Gradienten die Ausbildung von Anwachssäumen aus stöchiometrischem Dolomit auf vorher gebildeten Dolomitkristallen.

Hydrostratigraphie des Malm

Vom Liegenden zu Hangenden kann der Malm im Großraum München nach Böhm et al. (2012) in folgende drei übergeordnete hydrostratigraphische Einheiten untergliedert werden (vgl. auch Abb. 13.1).

Tiefster Malm (entspricht in etwa Malm Alpha bis Gamma) Die Lithofazies des Malm Alpha zeichnet sich durch mergelige Kalke mit Übergängen zu Mergeln aus. Darüber folgen im Malm Beta Kalke und mergelige Kalke, im Malm Gamma nimmt der Mergelgehalt wiederum zu. Die Gesamtmächtigkeit von Malm Alpha bis Gamma kann aus Bohrungen mit 100 bis 150 m abgeschätzt werden. Die Abfolge Malm Alpha bis Malm Gamma kann insgesamt als Grundwassergeringleiter mit sehr geringer Durchlässigkeit (<0,1 mD) eingestuft werden.

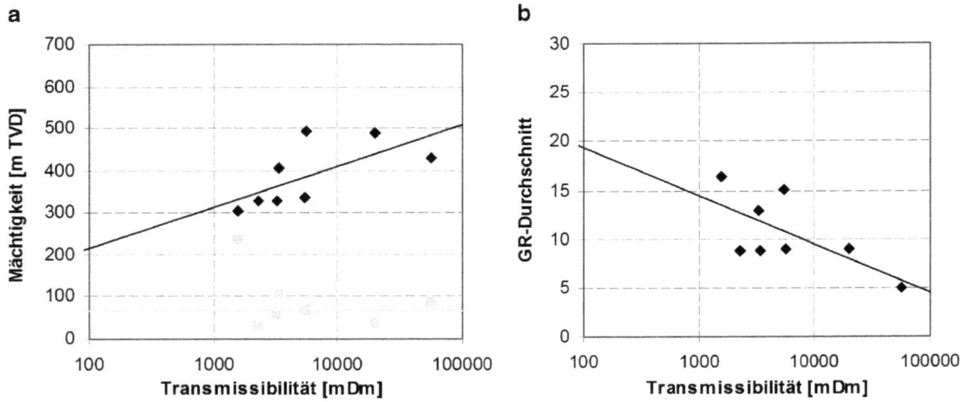

Abb. 13.8 Gegenüberstellung der Transmissibilität und der erbohrten Mächtigkeit (**a**) von Massen- (*dunkel*) und Bankfazies (*hellgrau*) und der durchschnittlichen Zählrate der Gamma Ray-Messung (aus Böhm et al. 2012, siehe auch Text)

Tieferer bis mittlerer Malm (entspricht in etwa Malm Delta bis Malm Epsilon) Lithofaziell zeichnet sich der tiefere und mittlere Malm in allen Bohrungen durch eine sehr homogene, dolomitisierte Massenfazies aus. Die durchschnittliche Gesamtmächtigkeit liegt in den Bohrungen zwischen ca. 100 bis 150 m. Die Dolomitkristalle weisen einen sehr unterschiedlichen Habitus von xenomorph bis teils idiomorph auf, wobei ein Häufigkeitsmaximum im Bereich der hypidiomorphen Dolomitkristalle zu verzeichnen ist. Innerhalb des dolomitisierten, mittleren Malm und insbesondere am Top der Dolomite sind in den Imagelogs häufig Verkarstungserscheinungen zu beobachten, mit denen während des Bohrens mehrfach Spülungsverluste einhergingen. Dem tieferen und mittleren Malm kommt damit im hydrogeologischen Modell eine Schlüsselrolle zu. Für den Malm im Großraum München stellt er, wie beispielsweise für die Bohrung Pullach Th 2 herausgearbeitet (Böhm et al. 2011), den Garant für die Fündigkeit von Thermalwasser dar.

Mittlerer bis oberer Malm (entspricht in etwa Malm Zeta 1–6) Im mittleren und oberen Malm ist die stärkste laterale Faziesdifferenzierung zu verzeichnen. In einigen „Schwellenbohrungen" ist bereits wenige 10er-Meter unter Top Malm Dolomit in Massenfazies aufgeschlossen und setzt sich bis zur Endteufe von über 500 m unter Top Malm fort. In diesem Fall ist folglich der gesamte Malm Zeta bis einschließlich Delta in dolomitisierter Massenfazies ausgeprägt. In typischen „Beckenbohrungen" ist der Malm Zeta dagegen durch kalkige, teils kalkmergelige und nur untergeordnet dolomitisierte Bankfazies geprägt. Aus diesen Bohrungen wird aufgrund der markanten Liegendgrenze zum Malm Delta die Gesamtmächtigkeit des Malm Zeta auf ca. 350–400 m geschätzt. Im Fall der paläographischen Schwellen fungiert der Malm Zeta als Grundwasserleiter (10 mD bis < 1000 mD), in Beckenposition ist der Malm Zeta dagegen überwiegend als Grundwassergeringleiter einzustufen.

Verkarstung

Die fazielle Ausprägung wirkt sich zudem direkt auf die lokale Verkarstungsgeneses und damit auf die Hydraulik aus, da dolomitisierte bzw. rekalzitisierte Massenkalke vergleichsweise verkarstungsanfälliger gelten als die Bankkalke (Stier und Prestel 1991; Frisch und Huber 2000). Die tiefgreifende Verkarstung des Malms im bayerischen Teil der Molasse begründet Stier und Prestel (1991) mit dem Fehlen von mächtigeren mergeligen Zwischenlagen. Nach Reinhold (1996), kommt es, ausgehend von Klüften, zur Dedolomitisierung von Matrixdolomiten und Dolomitzementen sowie zur Lösung von Hornsteinknollen und Karbonat, ebenso zu beobachten sind lösungserweiterte Stylolithen und Gesteinslösungsporen bis zu größeren Karsthohlräumen. Demnach sind im Malm nicht nur störungsgebunden, also vertikal, sonder durchaus auch lateral orientierte Verkarstungsflächen denkbar.

Die räumliche Ausbreitung von Verkarstungsphänomenen – nämlich ob eher vertikale bzw. laterale – lassen sich aufgrund der geophysikalischen Bohrlochmessungen[2] alleine nicht vorhersagen. Darüber hinaus sind Verkarstungen nur schwer eindeutig zu identifizieren und aufgrund ihrer sehr heterogenen Ausprägung eigentlich nicht quantifizierbar. Als Indikationen für Karsthohlräume sind bisher nur ein deutlicher Kaliber Ausschlag zusammen mit einem geringem elektrischem Widerstand im DLL bzw. Imagelog zu werten. Demnach lassen sich die Karsterscheinungen im Malm wie folgt kategorisieren:

(I) sehr deutliche, z. T. mehrere m mächtige Hohlräume, meist im Hangenden von massig ausgebildeten Karbonaten und einhergehend mit deutlichen Spülverlusten;
(II) wenige dm mächtige, vermutlich Schichtflächen parallele bzw. an Schichtflächen gebunden Hohlräume;
(III) von wenigen cm bis hin zu mehreren dm, runde (sphärische) ggf. auch röhrenförmig Hohlräume; sehr häufig; charakteristisch für kavernöse Dolomite („vuggy dolomites");
(IV) dm bis m große, längliche vertikal orientierte Hohlräume, die im Anschnitt karrenförmig erscheinen; untergeordnet.

Eine systematische Kartierung für Verkarstungserscheinung und deren hydraulische Bewertung in Malmbohrungen steht noch aus. Die unter (I) und (II) kategorisierten Hohlräume treten jedoch immer wieder mit signifikanten Änderungen im Templog bzw. im Flowmeter auf, die diese als Hauptzuflusszonen ausweist. Demnach ist diesen eine hydraulische Bedeutung zuzumessen, die einen direkten Anschluss an Reservoir und eine weitere räumliche Verbreitung zusammenhängender Hohlräume vermuten lässt.

[2] Bohrlochmessungen sind im Gegensatz z. B. zur Seismik eindimensional, die großräumige Orientierung von Flächen – seien es Störungs bzw. Schichtflächen – lassen sich daher nur mit entsprechender Unschärfe extrapolieren (vgl. auch Parkinson 1999).

Abb. 13.9 Schematische Darstellung nach (Childs et al. 2009) mit einer, auch für den Malm vergleichbaren Störungsgeometrie; Störungszone (fault zone), Zerrüttungszone (Damage zone) und Rampe (Relay zone); entsprechend wurden die Störungen im hydraulisch kalibrierten Großraummodell München (vgl. Dussel 2013) nur mit einer geringen Permeabilitätszunahme belegt

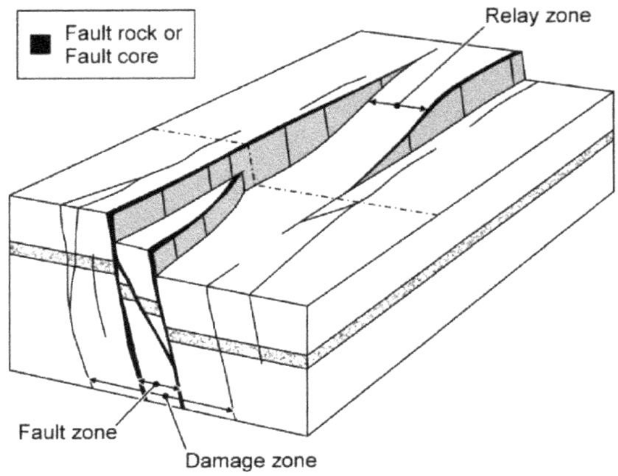

13.5.2 Strukturgeologie

Mit der Charakterisierung von Störungen, Kluftsystemen und des Spannungsfeldes ist die Strukturgeologie des Malm, ein grundlegender Bestandteil der Reservoirbewertung. Grundlegenden Untersuchungen zur Strukturgeologie wurden im Lauf der Explorationstätigkeit auf Kohlenwasserstoffe durchgeführt und sind vor allem in Bachmann et al. (1987), Lemke (1988) und Unger (1996) zusammengefasst. Eine Übersicht zum Verlauf der Störungen an Basis Tertiär sowie zum tektonischen Rahmen der Süddeutschen Molasse wird im Bayerischen Geothermie Atlas (StMWVT 2010) gegeben.

Der Einfluss von Störungen auf die Produktivität von Geothermiebohrungen im Malm wird von Autoren unterschiedlich bewertet. So führen Wolfgram et al. (2009) die gute Hydraulik von einigen Geothermiebohrungen auf den Zufluss aus Störungen zurück, während Böhm et al. (2012) die Bedeutung der Matrixporosität bzw. -permeabilität und Verkarstung für die Produktivität und Reservoireigenschaften hervorheben und eine Störung für die Anbindung der Bohrung ans Reservoir als günstig bezeichnet wird. Cacase et al. (2012) untersuchen anhand von hydraulischen Simulationen den Einfluss von verschiedenen Permeabilitätsszenarien und Bohrpfade auf die Produktivität, mit einer zwei bis dreifachen Verbesserung im Bereich einer hochdurchlässigen Zerrüttungszone gegenüber dem ungestörten Gestein.

Indikationen zur Identifizierung von Störungen im Malm

An Störungen werden im Allgemeinen eine Störungszone (Fault zone) und eine Zerrüttungszone (Damage zone) unterschieden. Abbildung 13.9 zeigt ein schematisches Bild einer Störung, so wie sie generell auch im Malm denkbar ist und soll veranschaulichen, dass, je nach dem an welcher Stelle bzw. mit welchem Winkel die Störung im Bohrpfad oder in der Seismik angeschnitten wird, unterschiedliche Indikatoren abgeleitet werden können.

Im Folgenden soll anhand der aus dem Malm vorhandenen Daten aufgeführt werden, wie eine Störungen interpretiert werden kann bzw. welche Unsicherheiten oder Limitierung bei der Charakterisierung einer Störung im Malm vorliegen:

Seismik/Versatz und Orientierung Die Versatzhöhe einer Störung im Malm wird meist in Ermanglung eines Markerreflektors innerhalb des Malm an Basis Tertiär festgelegt und entsprechend der Anderson'schen Tektonik (1951) als Abschiebung mit ca. 80–60 ° nach unten extrapoliert. Neue, auf den Zielhorizont Malm ausgerichtete Seismik zeigt jedoch häufig, dass die Basis Malm geringere bis keine Versätze aufweist, so dass diese Methode nur bedingt anwendbar ist. Vermutlich fallen die abschiebenden Störungen flacher ein oder sind auf lithofaziellen Grenzen mit ggf. differenzieller Kompaktion zurückzuführen.

Hydraulik/Fließregieme In der geothermischen Erschließung des Malms galten und gelten bis heute häufig noch abrupt eintretende Spülverluste während des Bohrfortschrittes als Anzeichen für das Antreffen einer Störung. Die Ergebnisse die eine lithofaziell bedingte bzw. lateral orientierte und hydraulisch aktive Verkarstung erkennen lassen, zeigen jedoch, dass das Auftreten von Spülungsverlusten nicht unbedingt an Störungen gebunden sein muss. Erst wenn die Auswertung des Pumpversuchs ein lineares Fließen zeigt, ist dies zumindest im Hinblick auf die identifizierbaren Hauptzuflussbereiche als deutlicher Störungsindikator zu sehen.

Bohrlochgeophysik(Imagelog)/Klufthäufigkeit Eine Zunahme der Häufigkeit der, aus dem Trennflächengefüge ermittelten Kluftflächen ist grundsätzlich als Indiz für das Umfeld einer Störung zu werten, diese hängt jedoch, neben der Datenqualität, auch von weiteren Bedingungen ab: a) Dolomite sind grundsätzlich spröder als Kalke und zeigen daher meist eine höhere Kluftdichte, die nicht mit einer Störung einhergehen muss. b) die Klufthäufigkeit ist stark vom Winkel der Bohrung zur Streichrichtung der Störung abhängig. c) In der Zerrüttungszone sind einzelne Kluftflächen in einem Imagelog nicht mehr differenzierbar, die Häufigkeit nimmt aus interpretatorischen Gründen ab, obwohl sie eigentlich zunimmt.

Bohrlochgeophysik(Imagelog)/Schichtwechsel Es kann davon ausgegangen werden, dass ein Wechsel im Azimut bzw. dem Einfallen der Schichtung nicht nur in den Rampenbereichen (Relay Zone) sondern auch in gekippten Schollen im Kernbereich der Störung vorkommt. Der sog. „Vektor Plot" oder „Walkout Plot" (Prosser et al. 1999) eignet sich um einen Überblick über die Lagerungs- aber auch faziellen Verhältnisse entlang einer Bohrung zu erhalten. Im Malm hat sich gezeigt dass eine Änderung im Verlauf des Vektorplot als eindeutiger Störungsindikator nur im Bereich der geschichteten Fazies gewertete werden kann, da die Massenfazies dafür unzureichende Schichtungsmerkmale aufweist.

Bohrlochgeophysik/Stratigraphische Verkürzung bzw. Verlängerung Diese in der Geologie klassischen Beobachtungen können, bei entsprechender Daten- und Kenntnislage, als ein guter Indikator gewertet werden. Voraussetzung hierfür ist jedoch eine geometrisch günstige Ausgangslage wie z. B. eine geringe Neigung der Bohrung, ein moderater Störungswinkel, keine lateralen Versätze, ein deutliches Schichtgefüge.

Zusammenfassend lässt sich sagen, dass ein Indikator alleine kaum ausreicht das Durchteufen einer Störung zu bewerten, vielmehr zeigt sich, dass bei einer Häufung der Indikatoren die Wahrscheinlichkeit zunimmt.

Störungsparameter und Spannungsfeldindikatoren und deren hydraulische Implikationen

Caine et al. (1996) führen als die wesentlichen Kontrollfaktoren für die Permeabilität, Porosität und Speicherfähigkeit von Störungen die Lithologie, den Versatz, die Geometrie, die Deformationsbedingungen, die Art der begleitenden Strukturen, die Fluid-Gesteins Interaktion sowie deren räumliche und zeitliche Variabilität auf. Dementsprechend können Störungen sowohl als Hauptfließwege als auch als Barrieren fungieren, wobei durchaus beide Eigenschaften innerhalb einer Struktur vorkommen können. Es ist zwar davon auszugehen, dass mit dem Versatz die generelle Zunahme der Klüftigkeit und die Durchlässigkeit einhergehen. Die Klufthäufigkeiten ist darüber hinaus aber auch von den geomechanischen Eigenschaften des umgebenden Gesteins und der Störungsgeometrie abhängig. Eine größere Häufigkeit ist vor allem bei Richtungsänderungen, wie z. B. bei Rampe, Stufen, Verbiegungen, aber auch bei Kreuzung bzw. im Auslaufen von Störungen zu erkennen. (z. B. Caine et al. 1996; Evans et al. 1997; Sibson 2000; Gartrell et al. 2004; Childs et al. 1996, 2009; Micarelli et al. 2006).

Abbildung 13.10 zeigt die hohe Variabilität in der Transmissibilität bei Malmbohrungen für zwei von den von Cain et al. (1996) aufgeführten wesentlichen Kontrollparametern, der Versatzhöhe und der Klufthäufigkeit und unterstreicht damit die den Unsicherheit in der Prognose der Fündigkeit alleine aus Störungen.

Diese Beobachtung stimmt auch mit Beobachtungen anderer Autoren überein: Leckenby et al. (2005) zeigen, dass die Klufthäufigkeit nicht mit der hydraulischen Konduktivität korreliert und schließen daraus, dass diese die natürliche Heterogenität von geklüfteten Systemen nicht vollständig repräsentieren. Micarelli et al. (2006) zeigen anhand von Permeabilitätsprofilen senkrecht zur Störung, dass in hochporösen Karbonaten die Permeabilitäten entlang von Zerrüttungszonen mit zunehmendem Versatz deutlich abnehmen und erklären dies mit der einsetzenden Kataklase.

Störungen und Klüfte in Störungszonen stellen typischerweise ein Netz aus anastosomierenden und miteinander verbunden Flächen die parallel bis subparallel zu Versatzfläche stehen (z. B. Walsh et al. 2009). Abbildung 13.11 zeigt in Kluftrosendiagrammen die Orientierung von erbohrten und aus Imagelog interpretierten offenen bzw. tws. geöffneten Kluftflächen. Die Häufigkeit wurden nach Terzaghi (1936) entsprechend des Bohrazimuths korrigiert. Auffallend dabei ist, dass die Bohrungen nördlich des Markt Schwabener Verwurfes (MSV) deutlich streuen und keine dominanten Richtung erkennen lassen, südlich davon existieren zwei Hauptrichtungen nämlich ca. 30 und 80 °.

Das aktuelle Spannungsfeld in der Vorlandmolasse steht weitgehend senkrecht zur alpinen Gebirgsfront (Reinecker et al. 2010). Unter dem aktuellen, N-S kompressiv gerichteten Spannungsregime ist nicht zu erwarten, dass die ca. W-E gerichtete, in diesem Fall die etwa 80 ° streichenden Klüfte hydraulisch aktiv sind. Die Auswirkung der ca. 30 ° streichenden Klüfte auf die Hydraulik und Produktivität ist bisher noch unklar. Diese sind wohl als Reaktion auf das rezenten Spannungsregime entweder transpressiven oder transtensiven aktiviert worden sein. Eine sowohl strukturelle als auch hydraulische Ausnahme stellt dagegen die Streichrichtung von ca. 170 ° dar. Diese Richtung wurde bisher nur einmal

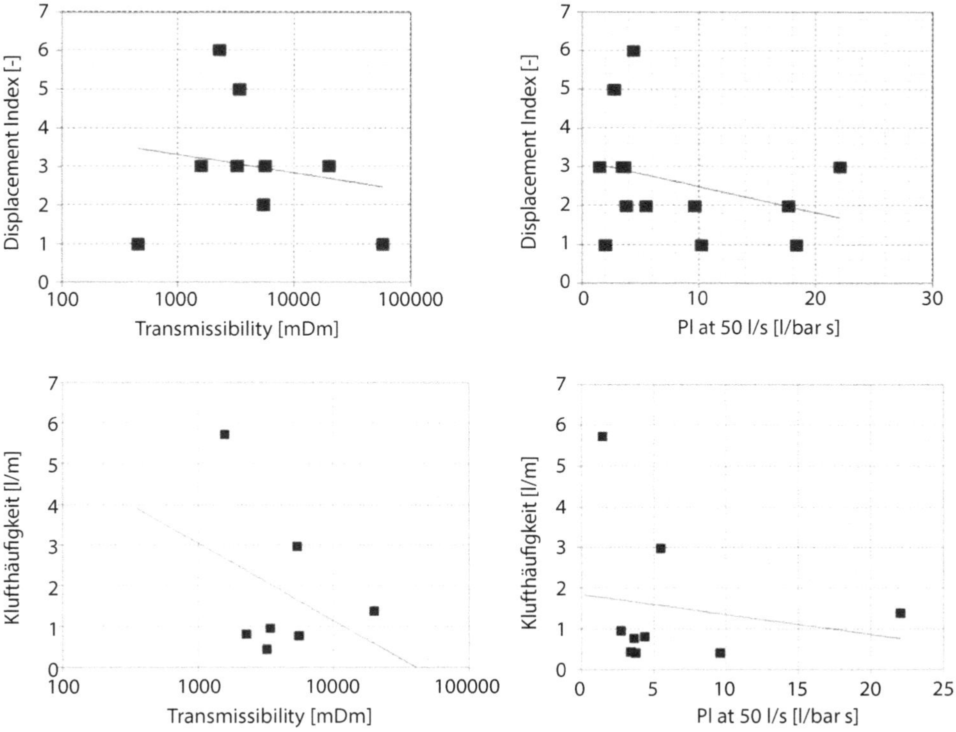

Abb. 13.10 Versatzhöhe nach Seismik und Klufthäufigkeit (aus Imagelogs) gegen die Transmissibilität und Produktivität von Geothermiebohrungen im Malm

angetroffene, explizit zeigt diese Bohrung einen signifikanten Einfluss der Störung auf die Hydraulik mit einem linearen Fließregime (vgl. Abschn. 13.5.3).

Im Bereich von prä-existierenden Störungen kann sich die Orientierung der Hauptspannungsachse drehen (Morley 2010). Untersuchungen an Bohrlochrandausbrüchen und bohrinduzierten Klüften an Malmbohrungen zeigen, dass lokale Variationen des tektonischen Regimes auftreten können (Seithel 2013): unter der Voraussetzung eines Blattverschiebungsregimes ($\sigma_H > \sigma_v > \sigma_h$) wurde für den Malm in ca. 4000 m Tiefe der Spannungszustand bestimmt wobei $\sigma_h > 60$ MPa ~ 0,66 σ_v aus sog. Formation Integrity Tests ermittelt und σ_H als ~ 1,25 σ_v abgeschätzt wurde (Abb. 13.12).

Bei zwei von bisher drei untersuchten Geothermiebohrungen stimmen die Beobachtungen zur Orientierung der tangentialen maximalen bzw. minimalen Hauptspannung gut überein. Die dritte unterscheidet sich jedoch davon und liegt vermutlich in einer lokalen Anomalie. Diese kann am ehesten mit einer Absenkung von σ_H um ca. 25 %, also mit einem Übergang in ein Abschiebungsregime, beschrieben werden. Die Auswertung der Hydraulik der Bohrungen hat ergeben, dass in Abhängigkeit des Spannungsfeldes, sich die Produktivität der Bohrung ändern kann.

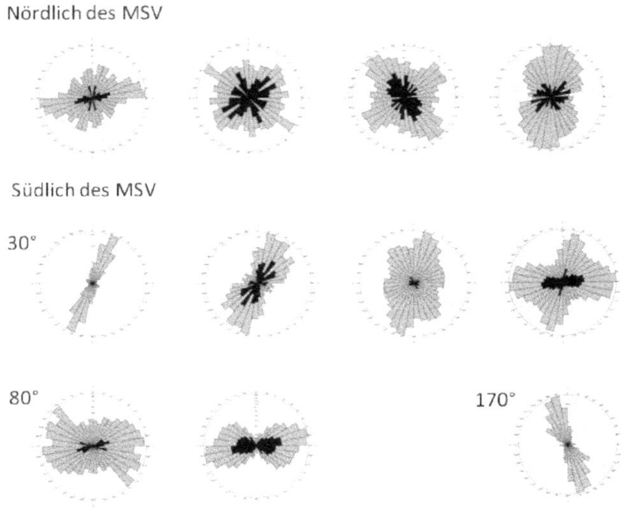

Abb. 13.11 Kluftrosendiagramme ermittelt aus Imagelogs des Malm, korrigiert nach Terzaghi (1936), schwarz und grau unterscheidet geöffnete und tws geöffnete Klüfte (MSV: Markt Schwabener Verwurf, siehe auch Text)

13.5.3 Hydraulik

In Tiefbohrungen ist die Absenkphase während eines Pumpversuchs lediglich im Idealfall für die Bestimmung des hydraulischen Charakters einer Bohrung geeignet, da das Einstellen einer konstanten Förderrate, auch bei einem Fördertest mit Tauchkreiselpumpe, sehr schwierig ist. Daher wird für die Auswertung der Pumpversuche in Geothermiebohrungen der Molasse der Wiederanstieg (Förderrate gleich null) durch Superpositionierung der Zeit bzw. Berechnung der sogenannten effektiven Agarwal-Zeit (Agarwal 1980) vorgenommen. Für die Identifizierung des hydraulischen Charakters einer Bohrung kommt dabei die sogenannte Log-Log-Analyse der Druckabsenkung während der transienten bzw. instationären Phase mit der Ableitung nach Bourdet et al. (1983) zur Anwendung (Bourdet et al. 1989; Bourdet 2002).

Je nach Verlauf und Steigung des Drucks und dessen Ableitung im doppellogarithmischen Diagramm können verschiedene Fließregime während des frühen, intermediären und späten zeitlichen Abschnitts identifiziert werden. Im Folgenden wird nur auf Beobachtungen eingegangen die den Malm betreffen.

Störungen

Eine Störung ist im hydrogeologischen Sinne als eine hydraulisch aktive Kluft zu bezeichnen. Wird eine Bohrung über eine hydraulisch aktive Kluft an das Reservoir angebunden vergrößert sich dadurch die Kontaktfläche zwischen Reservoir und Bohrung. Dies erhöht den effektiven Bohrlochradius und führt zu einer Steigerung der Produktivität einer Bohrung. Das Fließregime einer hydraulisch aktive Kluft lässt sich als ein lineares/bilineares bezeichnen in dem der Zustrom idealerweise entlang einer vertikal orientierten Fläche stattfindet. Dies lässt sich im frühen Abschnitt der Log-Log-Analyse durch eine Steigung

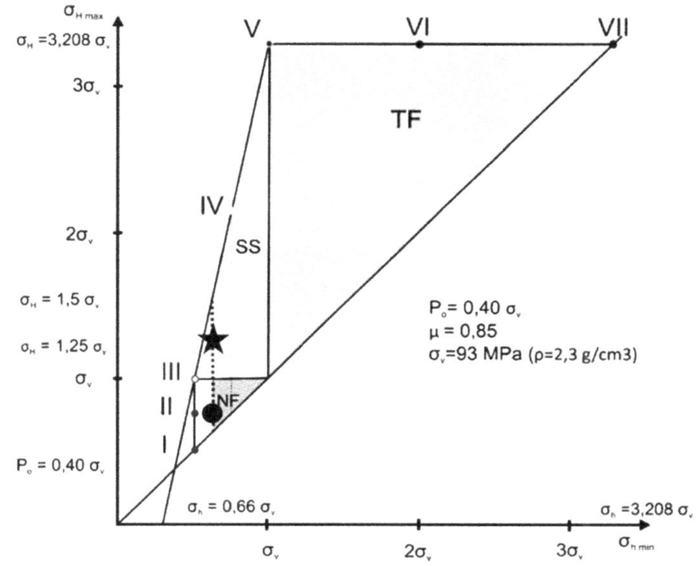

Abb. 13.12 Spannungspolygon nach dem Prinzip der Spannungslimitierung (Peska und Zoback 1995; Zoback 2007) mit zwei verschiedenen Spannungszuständen (*Stern* entspricht dem normalen, *Punkt* dem lokal geänderten), in einer Bezugstiefe von 4000 m TVD (siehe auch Text). *NF*: Abschiebungsregime, *SS*: Blattverschiebungsregime, *TF*: Überschiebungsregime. Dargestellt für eine Vertikalspannung von 93 MPa und einen Porendruck von 0,40 σ (nach Seithel 2013)

der Druckabsenk- und der Ableitungskurve von 0,5 bzw. 0,25 bei einer doppellogarithmischen Darstellung erkennen (s. Abb. 13.13).

In natürlichen Reservoiren stellt sich in Abhängigkeit des Permeabilitätskontrastes zwischen Kluft und Matrix nach dem linearen ein radiales Fließen ein. Dieses ist im Hinblick auf die spätere Produktionsphase repräsentativ für die Reservoireigenschaften. Im Pumpversuch beim Wideranstieg kann diese im intermediären bis späten Abschnitt der Log-Log-Analyse ausgewertet werden.

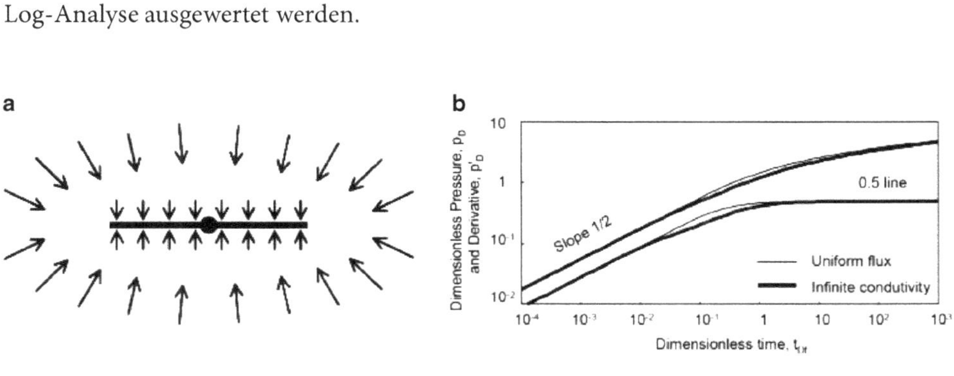

Abb. 13.13 Strömungsliniengeometrie eines linearen Fließens (**a**) und theoretische Druckreaktion mit Ableitung (**b**) (aus Bourdet 2002), siehe auch Text

Zeichnet sich ein Grundwasserleiter durch einen deutlichen Permeabilitätskontrast zwischen Klüften und Matrix aus, wie es in Zerrüttungszonen im Umfeld einer Störung vorkommen kann, kann dieser bei ab einer bestimmten Ausdehnung hydraulisch durch ein *Double-Porosity bzw. Double-Permeability* Modell beschrieben werden. Dabei wird angenommen, dass das Wasser in der Porosität der Matrix gespeichert wird, während der Grundwasserfluss ausschließlich über Klüfte stattfindet (Bourdet 2002).

Gemäß den Eigenschaften eines karstig klüftigen Aquifers wurden für Störungen im Malm in der Geothermie der Molasse eingangs eine deutliche Erhöhung der Durchlässigkeit postuliert, so dass diese für den Großteil der abgeteuften Geothermiebohrungen das primäre Explorationsziel darstellten. Aus den bisher 18 ausgewerteten Malm Geothermiebohrungen konnten jedoch bisher nur einmal ein eindeutiges lineares bzw. bilineares Fließregime identifiziert werden. Nur untergeordnet ist dies außerdem in drei weiteren Bohrungen zu beobachten, hier kann eine Beteiligung einer Störung vermuteten werden kann. Es ist davon auszugehen, dass das radiale Fließregime aufgrund eines geringen Permeabilitätskontrast zwischen Störung und Reservoir sehr schnell einsetzt.

In den übrigen Bohrungen dominiert deutlich das radiale Fließen und weist damit der Matrixpermeabilität der näheren Umgebung des Bohrung die wesentliche Rolle zu. Einschränkend dazu muss gesagt werden, dass in einigen Pumpversuchen nur eine, im Verhältnis zur Produktivität der Bohrung geringe Rate gefördert werden konnte. Die sehr kurze transienten bzw. instationären Phase, in der der Einfluss einer Störung bzw. des Reservoirs bestimmt wird, wird dann von Brunnenspeichereffekten überlagert. In diesen Fällen muss jedoch davon ausgegangen werden dass auch hier der Einfluss einer Kluft/Störung nur untergeordnet ist, da der Übergang zur Matrixpermeabilität unmittelbar danach einsetzt. Auch der Klüftigkeit des Gesteins im Umfeld einer Störung kann aus den bisherigen Ergebnissen keine signifikante hydraulische Bedeutung beigemessen werden, da ein „double porosity" Modell in den Daten nicht erkennbar ist.

Berandungen

Je nach Dauer der Förderphase kann der Druckabsenktrichter einen Bereich des Reservoirs sich ändernden hydraulischen Eigenschaften erreichen. Diese sog. hydraulischen Berandungen (siehe Abb. 13.14), die von geologische bedingten Inhomogenitäten im Reservoir stammen, können, im späten Abschnitt der Log-Log-Analyse beobachtet werden. In der Hydrogeologie wird zwischen negativen und positiven hydraulischen Berandungen unterschieden. Eine negative Berandung kann auf eine sog. *No-Flow*-Barriere (z. B. eine tonverschmierte Störung) oder auf eine Verschlechterung in der Hydraulik des Reservoirs zurückgeführt werden. Eine positive Berandung weist dagegen auf eine sog. *Constant-Pressure*-Barriere (z. B. eine hochpermeable Kluft) oder eine Verbesserung in der Hydraulik des Reservoirs hin.

Mit Hilfe der aus einem Pumpversuch ermittelten hydraulischen Parameter Permeabilität und spezifischer Speicherkoeffizient kann die Entfernung einer hydraulischen Berandung abgeschätzt werden. Ohne weitere geologische bzw. hydraulische Information muss eine Berandung erst einmal im vollen Umkreis (360 °) um eine Bohrung angenommen

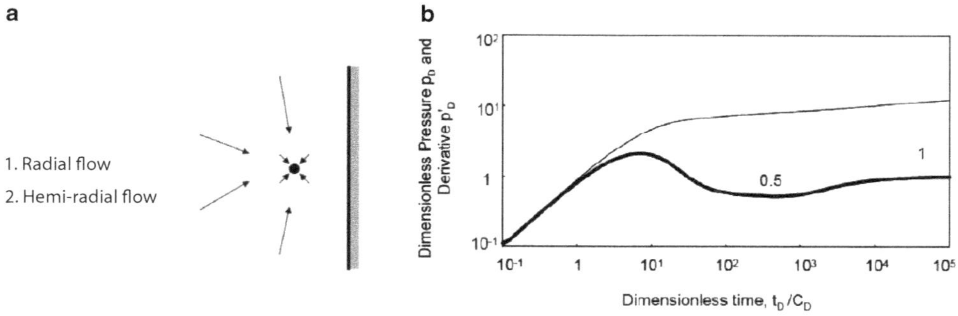

Abb. 13.14 Strömungsliniengeometrie (**a**) eines radialen Fließens mit einer Berandung im bohrlochferneren Bereich und theoretische Druckreaktion mit Ableitung (**b**) (aus Bourdet 2002), siehe auch Text

werden. Liegen jedoch mehrere hydraulische Tests von Bohrungen in einem Gebiet vor, können diese miteinander abgestimmt und Berandungen auskartiert werden. So entsteht ein hydraulisch-geologisches Modell, das in ein strukturgeologisches und lithofazielles Modell interpretiert aus Seismik und Bohrlochdaten integriert werden kann.

Die Beobachtungen in den Geothermiebohrungen im Malm im Großraum München zeigen deutliche Berandungen im Einflussbereich von 0,5 bis mehrere km. Der ausgeprägte Wechsel von negativen und positiven Berandungen lässt sich häufig mit in der Seismik bzw. Bohrlochdaten interpretierten faziellen bzw. strukturellen Einheiten korrelieren. Barrieren sind demnach mit Bankfazies bzw. Becken, Verbesserungen entsprechend mit. Massenfazies bzw. Schwellen gleichzusetzen. Negative Berandungen im Sinne von „No-Flow" Barrieren, konnten im Malm bisher nicht beobachtet wurden (vgl. auch Abb. 13.5).

13.6 Angepasste Explorationsstrategie

Aus den Untersuchungen hat sich eine neue, an die verfügbaren Daten und die Reservoirbedingungen des Malm angepasste Explorationsstrategie entwickelt, das sich je nach Projektanforderungen in drei Stufen unterteilen lässt:

- Bohrpfadplanung (statische Fündigkeitsmaximierung)
- Variantenbetrachtung und wirtschaftliche Risikobewertung
- Optimierung/Risikominimierung (dynamische Fündigkeitsmaximierung)

Die Bohrpfadplanung („Targeting") ist ein iterativer Prozess einer sowohl geologisch fündigkeitsoptimierten als auch bohrtechnisch risikominimierten Anpassungsplanung. Die Untersuchungen haben gezeigt, dass für eine Geothermiebohrung im Malm mehrere Ziele definiert, hierarchisch miteinander in Beziehung gesetzt und kombiniert aufgeschlossen werden sollten. Hier sind üblicherweise als primäres Ziel die Lithofazies in massiger Ausbildung, als sekundäres die Strukturgeologie mit Störungen und als tertiäres Ziel Sequenzgrenzen mit potentieller Verkarstung zu nennen. Die Grundlage jedoch bildet zunächst die Vorgabe einer geometrisch optimierten Planung, die sowohl auf interpretatorische Unsicherheiten (z. B. Unschärfen in seismische Textur, der Tiefenstreckung, der Neigung und Orientierung einer Störung) eingehen, als auch eine Reaktion auf die Bohrergebnisse während des Bohrfortschrittes (Spülungsverluste, Cuttinganalysen) zulässt[3]. Entsprechend sollten mehrere Varianten erarbeitet werden, die die definierten geologischen Ziele geometrisch möglichst entlang einer langen Aufschlussstrecke erschließen. Daraus ergeben sich meist ca. ein dutzend Varianten aus denen jeweils einige ausgewählt und in einer Bewertungsmatrix gegenüberstellt werden sollten.

Demnach kann es keine Standardplanung für Malmbohrungen geben, vielmehr muss jede Bohrung auf die projektspezifischen Gegebenheiten angepasst werden. Es hat sich jedoch herausgestellt, dass Bohrungen mit hoher Produktivität bereits im oberen Malm (zeta) Massenfazies erreicht haben. Markante Beckenstrukturen im oberen Malm, die sich durch Schichtfazies in größerer Mächtigkeit aus der seismischen Textur (Schlaf et al. 2005) auszeichnen, sind daher als „Negativgebiete“ zu meiden. Die Kartierung von Beckenbereichen in der Seismik nimmt auch deswegen eine wichtige Rolle ein, da diese als hydraulische Berandungen für eine nah daran abgeteufte Bohrung eine Beeinträchtigung der Produktion darstellen.

Im Großraum München ist davon auszugehen das im mittleren bis tieferen Malm, der in etwa dem Malm delta und epsilon entspricht, der Dolomit flächendeckend in Massenfazies anzutreffen ist. Die Aufbauphase der Ablenkung (Inklination) aus der Vertikalen sollte mit Erreichen des mittleren und tieferen Malm dann möglichst abgeschlossen sein, um so mit einer Bohrlochneigung von ca. 70 ° eine möglichst lange produktive Filterstrecke in der Massenfazies aufzuschließen. Anders als im Hangenden tieferen Tertiär/Kreide, ist der Aufbau großer Ablenkwinkel im Malm aufgrund seiner Gebirgsstabilität möglich.

Für die Produktivität einer Malmbohrung ist zwar in erster Linie die Lithofazies ausschlaggebend, die hydraulische Anbindung kann durch Störungen bzw. Verkarstungen verbessert werden (vgl. Kap. Hydraulik). Entsprechend sollten sowohl potentielle Verkarstungshorizonte als auch Störungen in den Bohrpfad mit einbezogen werden. Die Intensität der Verkarstung ist regional unterschiedlich und im Untersuchungsgebiet im Norden ausgeprägter als im Süden. Da der regionalgeologische und auch hydraulische Kenntnisstand zu den Störungen bisher gering ist, muss diesen generell eine höhere Unsicherheit bei der Fündigkeitsprognose beigemessen werden. Bei Störungen mit markanten Versatzbeträgen (> 50 m) sollte möglichst versucht werden, Top Malm auf der Hochscholle anzufahren und die Störung von der Hochscholle kommend zu durchteufen (Abb. 13.15). Bei einer Erschließung von der Tief- in die Hochscholle ist anderenfalls mit einer starken „Reservoirverkürzung“ im Bohrpfad auszugehen.

[3] Hintergrund hierbei ist, dass in geologisch günstigen Bereichen während des Bohrens mit der Richtbohrgarnitur ein horizontaler (fazies-) bzw. azimutaler (störungsorientierter) Schwenk möglich sein sollte um diesen möglichst lange aufzuschließen.

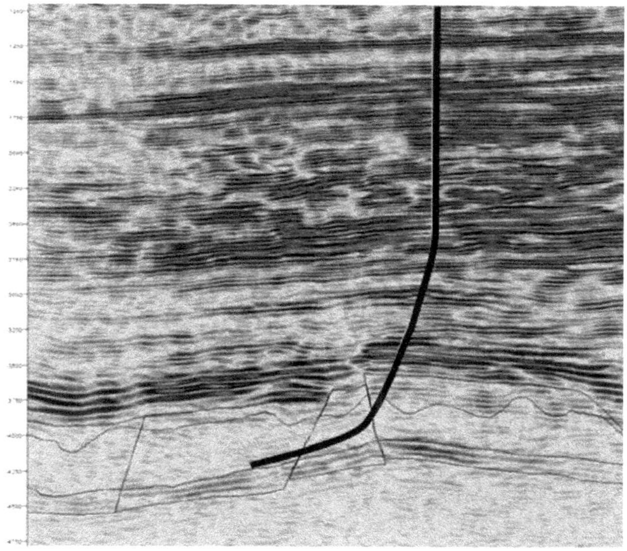

Abb. 13.15 Beispiel einer Erschließungsvariante einer Geothermiebohrung entlang einer „Random Line" im 3D Datensatz. Im Malm ist das Störungsinventar und der Top der Massenfazies dargestellt

Bei der Variantenbetrachtung (siehe Abb. 13.16) und abschließenden wirtschaftlichen Risikobewertung werden eine Reihe von hydraulisch/thermische Simulationen (Uncertainty Analysis und Monte Carlo Simulationen) durchgeführt mit dem Ziel die Wahrscheinlichkeit von Wirtschaftlichkeitsszenarien (P90, P50, P10) zu simulieren und so Entscheidungsträgern entsprechende Informationen an die Hand zu geben.

Grundlage hierfür ist ein standortspezifisches hydrogeologisches Modell. Eingang in das Modell finden variable Parameter wie Permeabilität und Temperaturgradient aus statistische erhoben Daten in der Region und die im vorhergehenden Schritt vorgeschlagenen Bohrpfade. Aufgrund dessen werden nun in Simulationen verschiedene Betriebsszenarien z. B. mit unterschiedlicher Konstellation von Förder- und Injektionsbohrung getestet und unter Berücksichtigung von Potentialstützen und der Nachhaltigkeit durch gegenseitige thermische Beeinflussung die optimalen Varianten mit dem entsprechenden Fündigkeitsrisiko ermittelt.

Schließlich werden technische (z. B. thermischer Verlust bei entsprechendem Trassenverlauf, Wirkungsgrad von Pumpen und Kraftwerk) und finanzielle Parameter (z. B. Stromeinkaufkosten, Preisentwicklungen, Zinsentwicklungen) betrachtet. Diese Parameter werden auf Basis von statistischer Auswertung von Daten bestehender Bohrungen bzw. Anlagen festgelegt.

Wird die Wirtschaftlichkeit unter den gegebenen Umständen nicht erreicht, besteht die Möglichkeit durch weitere technische Optimierungsmaßnahmen die Fündigkeit zu erhöhen und das wirtschaftliche Risiko damit zu minimieren (z. B. Sidetrackoptionen, Änderung des Bohrpfades, geändertes Standortkonzept). Im Rahmen einer dynamischen Fündigkeitsmaximierung (siehe Abb. 13.17) sollten die Kosten der technischen Maßnahmen dem energetischen Gewinn gegenübergestellt und bewertet werden.

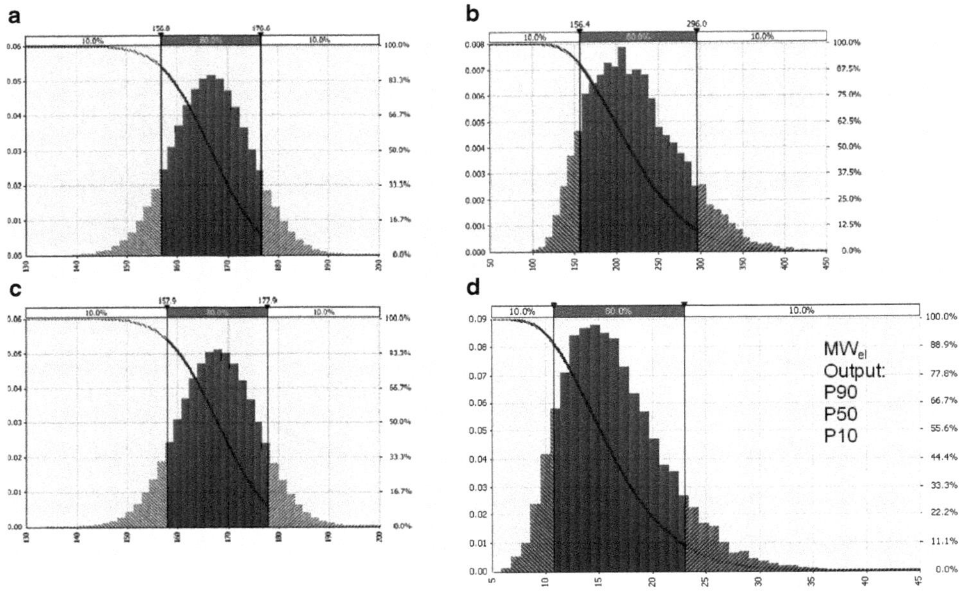

Abb. 13.16 Beispiel einer Variantenbetrachtung und wirtschaftlichen Risikobewertung einer Doppeldublette; **a**, **c** die Wahrscheinlichkeit des geförderten Temperatur bei zwei Varianten, **b** die Schüttungsrate und **d** die elektrische Ausgabe in MWel

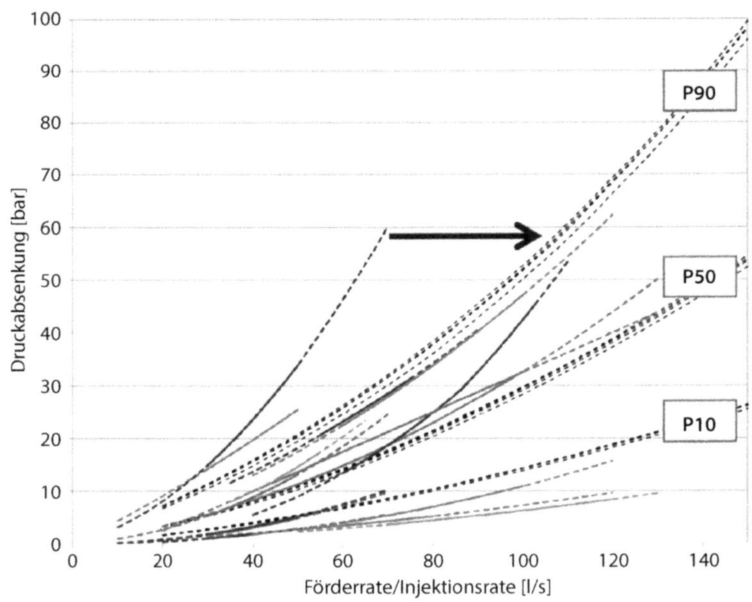

Abb. 13.17 Beispiel einer dynamischen Fündigkeitsmaximierung (Pfeil) für verschiedene Varianten P90/P50/P10 durch technische Maßnahmen. Die nicht gestrichelten Linien sind aus den Untersuchungen ermittelte Daten im Großraum München (nach Böhm et al. 2012)

13.7 Ausblick

Die hohen Anforderungen an die Fündigkeit von Geothermiebohrungen in jüngster Zeit hat die Notwendigkeit eines deutlich verbesserten Reservoirverständnisses mit sich gebracht. Darüber hinaus wurden wirtschaftsgeologische Aspekte angefragt, die eine statistisch fundierte und auf die projektspezifischen Explorationsaktivitäten angepasste Fündigkeitsprognose bzw. dynamisierte Fündigkeitsoptimierung ermöglichen.

Nachdem nun mit den hier vorgestellten Untersuchungsergebnissen die Grundlagen dafür geschaffen wurden, gilt es die geologischen Modelle und das Reservoirverständnis zu verfeinern. Hierzu gehören vor allem die hydraulischen Auswirkungen der beobachteten diagenetischen Prozesse bzw. des Spannungsfeldes mit den zughörigen Anomalien, aber auch die Ausbildung und der paläogeographische Zusammenhang stratigraphischer Sequenzen innerhalb des Malm zu untersuchen. Außerdem sollten bestehende und neue Bohrdaten mit Bezug auf die hier vorgestellten Untersuchungsmethoden analysiert und ausgewertet werden, um einerseits die Datenbasis für statistische Betrachtungen zu erweitern, andrerseits um eine konsistentes regionales Verständnis des Reservoirs und seines Bewirtschaftungspotentials zu erhalten.

13.8 Danksagung

Ein Großteil der Untersuchungen wurde vom Bundesministerium für Umwelt und Reaktorsicherheit (BMU) gefördert (FKZ: 0327671 A/B). Besonderer Dank gilt Hr. Prof. Dr. M. Schneider, Arbeitsbereich Hydrogeologie der FU Berlin, Hr. Prof. Dr. R. Koch, GeoZentrum Nordbayern der Friedrich-Alexander-Universität Erlangen-Nürnberg, Hr. Prof. Dr. Th. Kohl und seinem Team am Institut für Angewandte Geowissenschaften Karlsruher Institut für Technologie für die fachlichen Diskussionen und Anregungen. Hr. Dr. Klaus Dorsch danken wir für die Durchsicht des Manuskripts.

Literatur

Agarwal, G.P.: A New Method to Account for Production Time Effects When Drawdown Type Curves Are Used to Analyze Buildup and Other Test Data SPE, 55th Annual Fall Meeting, Dallas. Bd. 9289. (1980)

Anderson, E.M.: The Dynamics of Faulting and Dyke Formation with Application to Britain. Oliver and Boyd, Edinburgh (1951)

Andres, G.: Fränkische Alb und Malmkarst des Molassebeckens. In: Grundwassergleichenkarte von Bayern 1:500.000 mit Erläuterungen Schriftenreihe Bayer. Landesamt f. Wasserwirtschaft, Bd. 20, S. 23–25. München (1985)

Bachmann, G.H., Dohr, G., Müller, M.: Exploration in a classic thrust belt and its foreland: Bavarian Alps, Germany. American Association of Petroleum Geologists Bulletin **66**, 2529–2542 (1982)

Bachmann, G.H., Müller, M., Weggen, K.: Evolution of the Molasse Basin (Germany, Switzerland). Tectonophysics **137**, 77–92 (1987)

Betz, D., Wendt, A.: Neuere Ergebnisse der Aufschluss- und Gewinnungstätigkeit auf Erdöl und Erdgas in Süddeutschland. Bull. Ver. schweiz. Petroleum-Geol. u. -Ing. **49**(117), 9–36 (1983). 25 Abb., 1 Tab., Gelterkinden

Birner, J., Jodocy, M., Fritzer, T., Schneider, M., Stober, I.: Projektgebiet – Molassebecken. In: Schulz, R. (Hrsg.) Aufbau eines geothermischen Informationssystems für Deutschland Endbericht – BMU Forschungsvorhaben, Bd. 0327542, S. 44–60. Hannover (2009). LIAG Archiv-Nr. 0128452

Böhm, F., Birner, J., Steiner, U., Koch, R., Sobott, R., Schneider, M., Wang, A.: Tafelbankiger Dolomit in der Kernbohrung Moosburg SC4: Ein Schlüssel zum Verständnis der Zuflussraten in Geothermiebohrungen (Östliches Molassebecken, Malm delta-zeta; Süddeutschland). Z. Geol. Wiss. **39**(2), 117–157 (2011). Berlin

Böhm, F., Savvatis, A., Steiner, U., Schneider, M., Koch, R.: Lithofazielle Reservoir-charakterisierung zur geothermischen Nutzung des Malm im Großraum München. Grundwasser (2012). doi:10.1007/s00767-012-0202-4

Bourdet, D.: Well Test Analysis: The Use Of Advanced Interpretation Models Handbook of Petreleum Exploration and Production Bd. 3. Elsevier, Paris (2002). 426 S.

Bourdet, D.P., Ayoud, J.A., Pirard, Y.M.: Use of Pressure Derivative in Well-Test Interpretation. SPE Formation Evaluation **4**(2), 293–302 (1989)

Bourdet, D.P., Whittle, T.M., Douglas, A.A., Pirard, Y.M.: A New Set of Type Curves Simplifies Well Test Analysis. World Oil **4**(2), 95–106 (1983). Houston

Brink, H.-J., Burri, P., Lunde, A., Winhard, H.: Hydrocarbon habitat and potential of Swiss and German Molasse Basin: a comparison. Eclogae Geol. Helv. **85**, 715–732 (1992)

Cacace, M., Blöcher, G., Watanabe, N., Moeck, I., Scheck-Wenderoth, M., Kolditz, O., Huenges, E.: Environ Modelling of fractured carbonate reservoirs: outline of a novel technique via a case study from the Molasse Basin, southern Bavaria, Germany. Earth Sci (2013). doi:10.1007/s12665-013-2402-3

Caers, J.: Petroleum Geostatistics, Society of Petroleum Engineers, 88 p. (2005)

Caine, J.S., Evans, J.P., Forster, C.B.: Fault zone architecture and permeability structure. Geology **24**(11), 1025–1028 (1996)

Childs, C., Nicol, A., Walsh, J.J., Watterson, J.: Growth of vertically segmented normal faults. Journal of Structural Geology **18**(12), 1389–1397 (1996)

Childs, C., T. Manzocchi, J.J. Walsh, C.G. Bonson, A.N. Nicol, Schopfer, M.P.J.: A geometric model of fault zone and fault rock thickness variations. J. Struct. Geol. **31**, 117–127 (2009). doi:10.1016/j.jsg.2008.08.009.

Choquette, P.W., Pray, L.C.: Geologic nomenclature and classification of porosity in sedimentary carbonates. AAPG Bull. **54**(207), 250 (1970). Tulsa

Dunham, R.: Classification of carbonate rocks according to depositional texture. In: Ham, W.E. (Hrsg.) Classification of carbonate rocks AAPG Mem., Bd. 1, S. 108–121. Tulsa (1962)

Dussel, M., Lüschen, E., Thomas, R., Agemar, T., Fritzer, T., Sieblitz, S., Huber, B., Bartels, J., Wolfgramm, M., Wenderoth, F., Schulz, R.: Development of a thermo-hydraulic 3D model of the deep carbonatic Malm aquifer in the Munich region (Germany) with special emphasis on a 3D seismic survey. European Geothermal Congress 2013, HS1–30, Pisa, Italy, 3.–7. June 2013

Evans, J.P., Forster, C.B., Goddard, J.V.: Permeability of fault-related rocks, and implications for hydraulic structure of fault zones. Journal of Structural Geology **19**(11), 1393–1404 (1997)

Frisch, H., Werner, J.: Hydrogeothermische Energiebilanz und Grundwasserhaushalt des Malmkarstes im Süddeutschen Molassebecken Schlussbericht – Forschungsvorhaben, Bd. 03 E 6240 A/B. München, Freiburg i. Br. (1991). 140 S.

Frisch, H., Huber, B.: Ein hydrogeologisches Modell und der Versuch einer Bilanzierung des Thermalwasservorkommens für den Malmkarst im Süddeutschen und im angrenzenden Oberösterreichischen Molassebecken. Hydrogeologie und Umwelt **20**, 25–43 (2000)

Gartrell, A., Zhang, Y., Lisk, M., Dewhurst, D.: Fault intersections as critical hydrocarbon leakage zones: Integrated field study and numerical modelling of an example from the Timor Sea, Australia. Marine and Petroleum Geology **21**(9), 1165–1179 (2004)

Heymann C.: Oberjurariffe als Explorationsziel in Bayern. Vortrag, anlässlich der ÖGEW/DGMK, Tagung in Innsbruck (1984)

Koch, R.: Daten zur Fazies und Diagenese von Massenkalken und ihre Extrapolation nach Süden bis unter die Nördlichen Kalkalpen. Geol. Bl. NO-Bayern **47**, 117–150, Erlangen (1997)

Koch, R., Senowbari-Daryan, B., Strauss, H.: The late jurassic 'Massenkalk fazies of Southern Germany: calcareous sand piles rather than organic reefs. Facies **31**(1), 179–208 (1994)

Koschel, G.: Geologischer Überblick – Hydrogeologische Randbedingungen. In: Bayerisches Landesamt für Wasserwirtschaft und Geologisches Landesamt Baden-Würtemberg (Hrsg.) Hydrogeothermische Energiebilanz und Grundwasserhaushalt des Malmkarstes im Süddeutschen Molassebecken Schlussbericht – Forschungsvorhaben, Bd. 03 E 6240 A/B, München, Freiburg (1991). 140 S

Leckenby, R.J., Sanderson, D.J., Lonergan, L.: Estimating flow heterogeneity in natural fracture systems. Journal of Volcanology and Geothermal Research **148**(1-2), 116–129 (2005)

Lemcke, K.: Übertiefe Grundwässer im süddeutschen Alpenvorland. Bull. Ver. schweiz. Petroleum-Geol. u. -Ing. **42**(103), 9–18 (1976)

Lemcke, K.: Geologie von Bayern I – Das bayerische Alpenvorland vor der Eiszeit. Schweitzbartsche Verlagsbuchhandlung (Nägele und Obermiller), Stuttgart (1988). 175 S.

Liedmann, W., Koch, R.: Diagenesis and fluid inclusions of Upper Jurassic Sponge-Algal Reefs in SW-Germany. Facies **23**(241), 268 (1990). Erlangen

Liedmann, W.: Diagenetische Entwicklung süddeutscher Malmkarbonate (unter Berücksichtigung Lumineszenz- petrographischer, fluid inclusion und geochemischer Untersuchungsmethoden). Diss. Univ. Heidelberg (1992). 307 S.

Lucia, F.J.: Carbonate reservoir characterization. Springer, Berlin (1999). 226 S.

Lucia, F.J.: Carbonate Reservoir Characterization – An Integrated Approach. Springer, Berlin (2007). 366 S

Mayer, R.K.F., Schmidt-Kaler, H.: Jura. In: BAY. GEOL. LANDESAMT [HRSG.]: Erläuterungen zur Geologischen Karte von Bayern 1:500 000, 4. Aufl. Druckhaus Kastner, Wolnzach, München (1996)

Meyer, R.K.F., Schmidt-Kaler, H.: Paläogeographischer Atlas des süddeutschen Oberjura (Malm). Geol. Jb. **A 115**. (1989). 77 S. Hannover

Meyer, R.K.F.: Moosburg SC 4. Die erste Kernbohrung durch den Malm unter der bayerischen Molasse. Erlanger geol. Abh. **123**, 51–81 (1994)

Micarelli, L., Benedicto, A., Wibberley, C.A.J.: Structural evolution and permeability of normal fault zones in highly porous carbonates. Journal of Structural Geology **v. 28**, 1214–1227 (2006)

Morley, C.K.: Stress re-orientation along zones of weak fabrics in rifts: An explanation for pure extension in 'oblique' rift segments? Earth and Planetary Science Letters **297**(3-4), 667–673 (2010)

Parkinson, D.N., Dixon, R.J., Jolley, E.J.: Contributions of acoustic imaging to the development of the Bruce Field Northern North Sea. In: Lovell, M.A., Williamson, G., Harvey, P.K. (Hrsg.) Borehole Imaging: applications and case histories Special Publications, Bd. 159, S. 91–122. Geological Society, London (1999)

Peska, P., Zoback, M.D.: Compressive and Tensile Failure of Inclined Well Bores and Determination of in-Situ Stress and Rock Strength. Journal of Geophysical Research-Solid Earth **100**(B7): 12791–12811 (1995)

Prosser, J., Buck, S., Saddler, S., Hilton, V.: Methodologies for multi-well sequence analysis using borehole image and dipmeter data. In: Lovell, M.A., Williamson, G., Harvey, P.K. (Hrsg.) Borehole Imaging: applications and case histories Special Publications, Bd. 159, S. 259–270. Geological Society, London (1999)

Quenstedt, F.A.: Der Jura. Verlag der H. Laupp'schen Buchhandlung, Tübingen (1858)

Reinecker, J., Tingay, M., Müller, B., Heidbach O.. Present-day stress orientation in the Molasse Basin. Tectonophysics **482**, 129–138 (2010)

Reinhold, C., Schroeder, J.H.: Investigation of cores in the Geislingen area.- In: Leinfelder (Hrsg.) The origin of Jurassic Reefs: Current Research Developments and Results. Facies **31**, 8–11 (1994). Erlangen

Reinhold, C. (1996): Prozesse und Produkte komplexer Diagenese-Sequenzen in süddeutschen Malm- Karbonaten: Die oberjurassische Massenkalk- und Bankfazies bei Geislingen/Steige (Oxford/Kimmeridge, Östliche Schwäbische Alb). Diss. Univ. Berlin, 255 S.

Schlaf, J., Randen, T., Sønneland, L.: Introduction to Seismic Texture. In: Iske, A., Randen, T. (Hrsg.) Mathematis in Industry – Mathematical Methods and Modelling in Hydrocarbon Exploration and Production, 7:3–21. (2005)

Schneider, M., Schubert, A., Baumann, T., Böhm, F., Steiner, U., Mayer, C.: Vorstellung eines aktuellen Forschungsvorhabens zur hydrogeologischen Charakterisierung des Malm als tiefer Grundwasserleiter Bochum. (2009). 5 S.

Seithel, R.: Charakterisierung tektonischer Spannungen für ein Geothermieprojekt in der süddeutschen Molasse, Interne Schriftenreihe Institut für Angewandte Geowissenschaften Fachbereich Geothermie, Herausgegeben von Prof. Dr. Thomas Kohl. Masterarbeit, Karlsruher Institut für Technologie (2013)

Sibley, D.F., Gregg, J.M.: Classification of dolomite rock textures. J. Sed. Petrol. **57**, 967–975, Tulsa (1987)

Sibley, D.F.: The origin of common dolomite fabrics: clues from the Pliocene. J. Sed. Petrol. **52**, 1087–1100 (1982). Tulsa

Sibson, R.H.: Fluid involvement in normal faulting. Journal of Geodynamics **29**(3-5), 469–499 (2000)

Steiner, U., Böhm, F.: Lithofacies and Structure in Imagelogs of Carbonates and their Reservoir Implications in Southern Germany. Extended Abstract 1st Sustainable Earth Sciences Conference & Exhibition – Technologies for Sustainable Use of the Deep Sub-surface, Valencia, Spain, 8-11 November 2011. (2011)

Stier, P., Prestel, R.: Der Malmkarst im süddeutschen Molassebecken – Ein hydrogeologischer Überblick. In: Bayer LfW & LGRB, L.G.R.B. (Hrsg.) Hydrogeothermische Energiebilanz und Grundwasserhaushalt des Malmkarstes im süddeutschen Molassebecken. Schlussbericht zum Forschungsvorhaben, Bd. 03E-6240 A/B, München (1991). im Auftrag des Bundesministeriums für Forschung und Technologie, 12 S

STMWIVT Bayerisches Staatsministerium für Wirtschaft, Infrastruktur, Verkehr und Technogolie: Bayerischer Geothermieatlas – Hydrothermale Energiegewinnung. München (2010)

Terzaghi, K.: The shearing resistance of saturated soils and the angle between planes of shear. International Conference of Soil Mechanics, Harvard University Press, (1936)

Unger, H.J.: Tektonik im Molassebeckens. – Erläuterungen zur Geologischen Karte von Bayern 1:500.000: 265-266. Bayer. Geol. Landesamt, München (1996)

Walsh, J.J., Childs, C., Manzocchi, T.: The structure, content and growth of fault zones within sedimentary sequences. Bulletin for Applied Geology **13**, 59–62 2009

Wolfgramm, M., Obst, K., Beichel, K., Brandes, J., Koch, R., Rauppach, K., Thorwart, K.: Produktionsprognosen geothermischer Aquifere in Deutschland Der Geothermiekongres. Bochum (2009). 13 S.

Zoback, M.: Reservoir Geomechanics. Cambridge University Press, Cambridge (2007). 449 pp.

Zoback, M.L.: First-and second-order patterns of stress in the lithosphere: the World Stress Map Project. Journal of Geophysical Research **97**(B8), 11,703–11,728 (1992)

Explorationsstrategie tiefer geothermischer Ressourcen am Beispiel des Norddeutschen Beckens

14

Markus Wolfgramm, Matthias Franz und Thorsten Agemar

Inhaltsverzeichnis

Dipl.-Geol. Dr. Markus Wolfgramm (✉)
Geothermie Neubrandenburg GmbH, Seestraße 7a, 17033 Neubrandenburg, Deutschland
e-mail: markus.wolfgramm@gtn-online.de

Dipl.-Geol. Dr. Matthias Franz
TU Bergakademie Freiberg, Bernhard-von-Cotta-Straße 2, 09599 Freiberg, Deutschland
e-mail: franz@mailserver.tu-freiberg.de

Dipl.-Min. Dr. Thorsten Agemar
Leibniz-Institut für Angewandte Geophysik, Stilleweg 2, 30655 Hannover, Deutschland
e-mail: Thorsten.Agemar@liag-hannover.de

M. Bauer et al. (Hrsg.), *Handbuch Tiefe Geothermie*, DOI 10.1007/978-3-642-54511-5_14,

Zusammenfassung

Das Norddeutsche Becken (NDB) hat die größten geothermischen Potentiale in Deutschland. Das liegt vor allem an seiner Größe aber auch an der vielerorts erhöhten Temperatur wasserführender Gesteinsschichten. Im Mittel steigt die Temperatur mit zunehmender Tiefe um 32 K pro km im NDB an. Lokal können es aber auch 40 bis 50 K pro km sein. Als Tiefengrundwasserleiter kommen vor allem mesozoische und untergeordnet auch permokarbone Sandsteine in Frage. Seit den 80-er Jahren wurden eine Reihe von Geothermiebohrungen und -projekten realisiert, so zum Beispiel in Waren, Neubrandenburg, Neustadt-Glewe oder Neuruppin. Des Weiteren sind eine Reihe balneologisch genutzter Bohrungen bekannt, wie in Bad Belzig, Bad Wilsnack oder Templin. Genannt seien auch der geothermische Wärmespeicher Neubrandenburg und die tiefe Erdwärmesonde in Prenzlau. Mit der Entwicklung dieser Standorte ist die Geothermie Neubrandenburg GmbH verbunden, welche die Projekte entwickelte und realisierte und an einigen Standorten bis heute betreut.

Die Exploration der Sandsteine erfolgt vor allem auf Basis einer großen Anzahl von Altbohrungen, die durch umfangreiche Bohr- und hydraulische Testdaten charakterisiert sind. Eine Korrelation zwischen den Bohrungen erfolgt vor allem durch Bohrlochmessungen und Reflexionsseismik. Neben dem Nachweis relevanter mächtiger Sandsteinhorizonte ist auch die Fazies der Sandsteine von großer Bedeutung. So sind für das Rotliegend fast ausschließlich die äolischen Sandsteine des südlichen Beckenrandes von Bedeutung. Im Mittleren Buntsandstein, welcher durch fluviatile Bildungen charakterisiert ist, sind es ebenfalls die Beckenränder, die sich durch mächtige, hoch durchlässige Sandsteine auszeichnen. Die Sandsteine des Keuper und Jura sind überwiegend in deltaischen Systemen abgelagert worden. Hier sind die Sandsteine der Rinnenfüllungen hydraulisch deutlich besser geeignet, als die Schichtsande. Eine detaillierte Vorerkundung standortkonkreter Bedingungen als auch die ordnungsgemäße Durchführung der Bohrungen und deren Tests sind für den Erfolg geothermischer Projekte im NDB wichtig.

Zunehmende Bedeutung gewinnen für das NDB auch die sogenannten Enhanced Geothermal Systems (EGS), welche u. a. mittels Multirisssystemen eine Nutzung tief liegender Gesteine zum Ziel haben. Tiefenlage und Strukturbau relevanter Gesteine lassen sich hierbei bedingt durch reflexionsseismische Untersuchungen ermitteln. Als wichtigste Horizonte sind die permokarbonen Vulkanite zu sehen, die teilweise Mächtigkeiten von mehr als 2000 m erreichen. Daneben sind die geringporösen Sandsteine und Quarzite des Paläozoikums ebenso potentiell geeignet, wie die geringporösen Schichten des Unteren Buntsandsteins. Erste Projekte in Groß Schönebeck, Horstberg und Groß Buchholz deuten einen großen Forschungsbedarf an, der für diese Systeme noch besteht.

Schlagworte
Explorationsstrategie • Tiefe Geothermie • EGS • Norddeutsches Becken • Reservoircharakterisierung • Sandsteine • Lithofazies • Vulkanite • Strukturgeologie • Hydraulik

14.1 Einleitung

Die Nutzung geothermischer Aquifere im Norddeutschen Becken ist seit der Errichtung der ersten Anlage in Waren (Mecklenburg-Vorpommern) im Fokus von Industrie und Forschung, aber auch von Kommunen und Versorgern, die sich langfristig von Erdöl und Erdgas als Energieträger unabhängig machen wollen. Dabei ist stets die Frage zu klären, ob eine geothermische Energiegewinnung zur Wärme- und/oder Stromerzeugung an einer bestimmten Lokation wirtschaftlich möglich ist. Diese Fragestellung bestimmt den Beginn eines jeden Geothermieprojekts. Zu seiner Realisierung sind exklusive rechtlicher und politischer Fragestellungen mehrere Arbeitsschritte durchzuführen:

(1) eine geologische Kenntnisstandsanalyse (Vorstudie)
(2) Machbarkeitsstudie
(3) geophysikalische Explorationstätigkeiten
(4) eine Erkundungsbohrung inklusive hydraulischer Testarbeiten
(5) eine geothermische Dublette mit Zirkulationstests
(6) Betriebsbeginn einschließlich Monitoring.

Die ersten 5 Phasen beinhalten die geothermische Exploration, welche im Folgenden genauer beschrieben werden. Im vorliegenden Artikel erfolgt eine Beschränkung auf geothermische Anlagen mit Tiefen > 400 m, dabei werden die weitverbreitete hydrothermale Geothermie, Enhanced Geothermal Systems (EGS) und tiefe Wärmespeicher berücksichtigt. Die geothermische Exploration hat dabei die Aufgabe, in jedem der fünf Arbeitsschritte alle Daten zu ermitteln, die für einen wirtschaftlichen Betrieb einer geothermischen Anlage notwendig sind. Dabei sind die Daten eingeschlossen, die in den Punkten (14.2)–(14.5) benötigt werden, um hydrogeologische Modelle zu erstellen und Simulationen für eine Abstandsdimensionierung der Bohrungen als auch des späteren Betriebes berechnen zu können. Mit zunehmendem Projektfortschritt steigt die Erfolgswahrscheinlichkeit.

14.1.1 Nutzungsformen

Es gibt verschiedene Möglichkeiten geothermische Energie zu nutzen. Für die „Tiefe Geothermie" beschränkt sich dies jedoch auf die hydrogeothermale Energiegewinnung (Goldbrunner, dieser Band) und die sogenannte petrothermale Nutzung (Bracke, dieser Band). Neben der direkten Nutzung gibt es weiterhin die Nutzung besonders der Sandsteinaquifere als Wärmespeicher. Untergeordnet ist der Ausbau einer Bohrung als „Tiefe Erdwärmesonde“ zur berücksichtigen. Dies kommt überwiegend dann zum Tragen, wenn eine andere Nutzung nicht mehr in Frage kommt, weil die prognostizierten Parameter nicht eingetreten sind. Dieses Kapitel wird sich mit den Explorationsstrategien zur Erschließung relevanter Sandsteine zur hydrothermalen Nutzung einerseits und zur petrothermalen Nutzung (Enhanced Geothermal Systems, EGS) relevanter Gesteine anderseits befassen.

14.1.2 Explorationsgegenstand und Mindestanforderung an relevante Parameter

Die wichtigste Kenngröße der Geothermie ist die thermische Energie P_{th}, welche definiert ist als:

$$P_{th} = \rho_F \cdot c_F \cdot Q \cdot (T_E - T_A) \tag{14.1}$$

ρ_F Dichte des Fluids [kg m^{-3}]
c_F isobare spezifische Wärmekapazität [J kg^{-1} K^{-1}]
Q Förderrate, Volumenstrom [m^3 s^{-1}]
T_E, T_A Eingangs- und Austrittstemperatur [K] oder [°C]

Dabei werden Dichte und Wärmekapazität als qualitative und Förderrate und Temperatur als quantitative Eigenschaften bezeichnet. Weiterhin wichtig ist der sogenannte Produktivitätsindex PI:

$$PI = \frac{Q}{\Delta p} \tag{14.2}$$

Δp Absenkung des Wasserspiegels [m], [bar] oder [MPa]

Dieser ist rein physikalisch für gleiche p/T/x-Bedingungen identisch mit dem Injektivitätsindex II. Weiterhin ist die Darcy-Dupuit'sche Brunnengleichung von großer Bedeutung, welche definiert ist als:

$$Q = 2 \cdot \pi \cdot k_f \cdot M \cdot \frac{\Delta p}{\ln \frac{R}{r}} \tag{14.3}$$

k_f Durchlässigkeitsbeiwert [m s^{-1}]
M effektive Mächtigkeit des Aquifers [m]
R Reichweite des Absenktrichters [m]
r Radius des Bohrloches [m]
π Kreiszahl, 3,14

Der k_f-Wert ergibt nach der Gleichung zur Definition der Permeabilität:

$$k_f = \frac{k \cdot \rho_F \cdot g}{\mu} \tag{14.4}$$

k Permeabilität [$mD = 10^{-9}\ m^2$]
ρ_F Dichte des Fluids [$kg\ m^{-3}$]
μ Viskosität des Fluids [$mPa \times s$]

Vollständigkeitshalber lässt sich die Reichweite u. a. nach Sichard wie folgt errechnen:

$$R = 3000 \cdot \Delta p \cdot \sqrt{k_f} \tag{14.5}$$

Die durch (14.1)–(14.5) genannten Parameter sind jene, welche durch die Exploration ermittelt werden müssen:

- Temperatur des Aquifers, mögliche Fördertemperatur
- Mächtigkeit und Permeabilität des Aquifers
- Fluid- und Gaszusammensetzung des Schichtwassers (Salinität, Dichte, Wärmekapazität, dynamische Viskosität)

Für die EGS-Systeme kommen noch einige Parameter hinzu, die an späterer Stelle genauer beschrieben werden. Aus (14.1) ergibt sich, dass die wichtigsten Parameter zur Berechnung der Leistung eine Anlage die Temperatur am Kopf der Förderbohrung und damit der Schichttemperatur, die Reinjektionstemperatur, die Förderrate als auch wasserspezifische Parameter sind. Aus (14.3) und (14.4) ergibt sich, dass die Förderrate durch die Permeabilität und effektive Mächtigkeit des Aquifers, geometrische Bohrungsparameter und wiederum wasserspezifischer Parameter bestimmt wird.

Die erreichbare Förderrate kann durch eine größere Pumpleistung gesteigert werden, was jedoch eine stärkere Absenkung des Drucks bzw. Wasserspiegels nach sich zieht. Dabei muss berücksichtigt werden, dass die Tiefpumpe einen gewissen Vordruck benötigt und somit die mögliche Druckabsenkung beschränkt ist. Zusätzlich treibt die größere Pumpleistung den Stromverbrauch in die Höhe. Ein Optimum der Einbautiefe einer Pumpe wird in der Machbarkeitsstudie grob geschätzt und durch die Bohrungstest und den Zirkulationstest bestimmt. Eine Absenkung von 1–3 MPa stellt hier eine übliche Größenordnung dar. Die erforderlichen gesteinsspezifischen Kenngrößen hängen ebenfalls von der späteren Nutzung ab. Grundsätzlich kann aber gesagt werden, dass ein Sandsteinaquifer eine Durchlässigkeit von 250–500 mD, eine Porosität von 20–25 % und eine Mächtigkeit von 20 m aufweisen sollte, wobei sich die Sandsteine möglichst auf ein homogenes Paket beschränken sollten. Letzteres ist u. a. von Bedeutung, da der spätere Ausbau mittels Filterstrecke einen entsprechenden Abschnitt erfordert. Die Mindesttemperaturen für eine geothermische Wärmeerzeugung sind mit > 60 °C und für eine Stromerzeugung mit > 100 °C anzugeben. Zusammengefasst sollten folgende Parameter erreicht werden:

- Mächtigkeit: > 20 m
- Nutzporosität: > 25 %
- Permeabilität: > 500 mD

- kf-Wert: 10^{-4} –10^{-5}m s^{-1}
- Transmissivität: 10^{-3} –10^{-5} m^2 s^{-1}
- Produktivität: 75 m^3/h * MPa
- Temperatur: > 60 °C (Wärme), > 120 °C (Strom)
- geringes Lösungs- und Fällungspotential der Fluide/Gesteine

14.2 Regionale Geologie des Norddeutschen Beckens

14.2.1 Der tiefere Untergrund

Die Tiefbohraufschlüsse und Ergebnisse von langzeitregistrierten reflexionsseismischen Profilen sowie neue geophysikalische Interpretationsmethoden führten Ende der 1980er Jahre zu den heute gültigen Modellvorstellungen über den tieferen Untergrund Norddeutschlands (Bachmann und Große 1989; Franke et al. 1989; Franke 1990; Hoffmann 1990; Hoffmann und Franke 1997; Hoffmann et al. 1998).

Informationen über die lithofaziellen und tektonischen Verhältnisse im Prädevon liegen nur vereinzelt aus den Randbereichen der Mitteleuropäischen Senke vor. Nach den gegenwärtigen Modellvorstellungen wird mit einer auf kontinentaler Kruste angelegten Horst- und Grabenstruktur gerechnet. Zwischen bereits cadomisch oder präcadomisch versteiften Kristallinmassiven (Ostelbisches Massiv u. a.) lagen kambrosilurische Mobilzonen mit jeweils relativ eigenständiger Entwicklung. Diese intrakontinentalen Mobilräume wurden im Zuge kaledonischer tektogenetischer Prozesse an die präkambrischen Blöcke akkretioniert und mit diesen zu einer regional größeren Einheit, dem Niederländisch – Norddeutschen Massiv, verschweißt. Während diese „alten" Gesteine im Bereich des Baltischen Schildes obertägig anstehen, treten sie anderenorts nur selten zu Tage. Beispiele sind die böhmische Masse oder das Ringköbing-Fünen-Hoch in Südjütland.

Die Aufschlussverhältnisse im Devon sind etwas besser, auch wenn wiederum eine Beschränkung auf die Randgebiete des heutigen NDB zu verzeichnen ist. So sind die Gesteine des Silur bis Devon in den herausgehobenen Pultschollen des Harzes und des Rheinischen Schiefergebirges obertägig zu beobachten. Gegenüber älteren Vorstellungen ist zu bemerken, dass im mitteleuropäischen Raum kein flächenmäßig in sich geschlossener Old-Red-Kontinent existierte. Vielmehr ist mit einzelnen regional enger begrenzten und an alte Untergrundstrukturen gebundenen Hochgebieten zu rechnen, deren Abtragungsprodukte sowohl nach Süden in den rhenoherzynischen Trog (marine Molasse) als auch in intramontane Spezialsenken nördlich davon geschüttet wurden. Mit den im späten Mitteldevon/Oberdevon wirksam gewordenen überregionalen Transgressionsvorgängen erfolgte eine Überflutung dieser Hochgebiete und ihre Einbeziehung in das Sedimentationsgeschehen.

Für das Unterkarbon sind zwei Großfaziesbereiche bestimmend: die klastisch – terrigene Kulm-Entwicklung der externen variszischen Zone im Süden sowie die karbonatisch – mergelig – tonige Kohlenkalk – Entwicklung des prävariszischen Vorlandes im Norden.

14.2.2 Das Norddeutsche Becken (NDB)

Das Norddeutsche Becken (NDB) ist regional gesehen Bestandteil des Mitteleuropäischen Beckens (MEB, vgl. Bachmann und Grosse 1989), welches sich hauptsächlich auf einem variszischen Vorlandbecken entwickelte. Die Bildung des MEB erfolgte initial bereits im Stefan nach der variszischen Gebirgsbildung. Das in die variszische Deformation teilweise einbezogene Vorlandbecken reagierte zumindest teilweise nicht nur mit Faltung, sondern ebenfalls mit Zerblockung (Franke et al. 1989; Hoth 1997). Aufgrund der Kollision von Laurasia mit Gondwana (Kollision der Eurasischen mit der Afrikanischen Platte) wurden in einem E-W-gerichteten Stressfeld Transtensionsbecken und Grabenstrukturen gebildet (Bachmann und Hoffmann 1995, 1997). Als Ursache der initialen Beckenbildung ist das Modell des Manteldiapirismus nach Bachmann und Hoffmann (1997) zu bevorzugen. So wird im Bereich eines Depozentrums des MEB (Havel-Müritz-Senke) die Intrusion eines Manteldiapirs vermutet, welcher sich durch die magnetische, magnetotellurische und gravimetrische Pritzwalk-Anomalie manifestiert. Zudem konnte im Bereich dieser Anomalie keine klar ausgebildete Moho identifiziert werden (DEKORP 1999). Eine flächenhafte Intrusion wird des Weiteren aufgrund einer generell erhöhten Schwere postuliert (Bachmann und Hoffmann 1997). Dieser Manteldiapirismus führte zur Ausdünnung und thermalen Heraushebung der Kruste im Bereich des Beckens vom Stefan bis zum Ober-Rotliegend I (vgl. Bachmann und Hoffmann 1997). Es erfolgte initial die Ablagerung mächtiger Vulkanitfolgen. Die Beckenentwicklung selbst erfolgte in 4–5 Stadien, welche umfassend bei Wolfgramm (2005) beschrieben sind. An dieser Stelle seinen nur die wichtigsten Eigenschaften dargestellt.

Die erste Entwicklungsphase, auch initiale Riftphase (Scheck 1997) bzw. **Frühstadium** genannt, fand im Anschluss an die variszische Orogenese statt. Sie ist durch die permokarbonen Vulkanite und die Sedimente des Unter-Rotliegend sowie des unteren Ober-Rotliegend dokumentiert (Bachmann und Hoffmann 1997). Fast im gesamten NDB sind permokarbone Vulkanite erbohrt worden, wobei sich der Hauptteil entlang einer NE-SW-Achse mit zwei Maxima im Bereich des Rheinsberg-Lineaments im Osten und einem Maximum im Bereich der Elbe-Linie im Süden (Altmark) konzentriert.

Die folgende Phase intensiver Beckensubsidenz, das **Hauptabsenkungsstadium** (Nöldeke und Schwab 1977; Scheck 1997), ist durch zunächst bruchhafte, dann vorwiegend thermische Subsidenz gekennzeichnet (Scheck 1997). Die sich bildenden Horst- und Grabenstrukturen wurden durch die Sedimente des Unterrotliegend und des Unteren Oberrotliegend ausgefüllt (vgl. Plein 1995), wobei im Westteil des NDB die Sedimente der sogenannten Schneverdingen-Formation abgelagert wurden. Darüber folgen der Slochteren-Hauptsandstein und die Hannover-Wechselfolge, wobei letztere in der Ost-Hannover-Provinz in die unterschiedlichen Sandsteine aufgegliedert wird (z. B. Absdorf-Sst., Wustrow-Sst.). Nach der Akkumulation des Rotliegend lagerten sich Sedimente von bis zu 7 evaporitischen marinen Hauptzyklen des Zechsteins ab. Aufgrund der späteren Salzabwanderung lassen sich für diese Schichten nur schwer Aussagen zur Beckenstruktur und -entwicklung treffen (Scheck 1997). Mit dem Beginn des Zechsteins setzte eine marine Überflutung des

Beckens ein, die bis nach Polen, den Südrand des Ringköbing-Fünen-Hochs in Jütland und zusätzlich weite Teile von Hessen und Thüringen überdeckte. Es kam zur Ablagerung des Kupferschiefers, eines marinen, im anoxischen Milieu gebildeten Schwarzschiefers. Über dem noch im vollmarinen Milieu abgelagerten Zechsteinkalk folgten nach den hypersalinaren Gesteinen des ersten Zechsteinzyklus (Anhydrite, Steinsalz und Kalisalze besonders in den südlichen Randbereichen) noch weitere 6 Zyklen. Die Salinare der höchsten Zyklen 6 und 7 finden sich nur im Zentralteil des Beckens. Sie werden gegen die Ränder durch rote Tone vertreten.

Die Trias wird in die drei Gruppen Buntsandstein, Muschelkalk und Keuper gegliedert. Während die Sedimente des Buntsandsteins sowie des Keupers unter vorwiegend festländischen Einflüssen abgelagert wurden und nur teilweise marinen Ursprungs sind, besteht der Muschelkalk dagegen größtenteils aus marinen Kalksteinen. In allen drei Gruppen der Trias treten untergeordnet auch Salinargesteine auf, so im Oberen Buntsandstein, im Mittleren Muschelkalk und im Mittleren Keuper.

Mit dem Oberkeuper beginnt das **Differenzierungsstadium,** dessen starke Mächtigkeitsschwankungen auf tektonisch bedingte Absenkungszentren, welche zumeist NNE-SSW streichen, beschränkt sind. Dies wird häufig als die Reaktivierung tiefer Bruchzonen gedeutet (Nöldeke und Schwab 1977). In der Oberkreide wurden zudem die meisten der bekannten Salzstöcke reaktiviert (Meinhold und Reinhardt 1967).

Mit Beginn des Oberen Keupers gewinnt im NDB das marine Regime die Oberhand. Flachwasserablagerungen mit Sandschüttungen und Eisenerzbildung finden sich vorwiegend im Osten Niedersachsens, während westlich einer Linie durch Celle eine rein tonige Fazies vorherrscht. Schon im Rhät hatte der strukturelle Umbau des südwestlichen Beckens begonnen, der sich nun bis in den Dogger und Malm fortsetzt. Die ehemaligen Schwellen- und Trogregionen am Südrand des Beckens verlieren ihre Bedeutung. An ihrer Stelle entwickeln sich langgestreckte, annähernd WNW-ESE verlaufende Senken und Schwellen, die als Vorläufer des Niedersächsischen Beckens gedeutet werden. Nördlich des Niedersächsischen Beckens lassen sich weitere, lokale Senkungsräume im Bereich sekundärer Randsenken in der Nähe aktiver Diapire erkennen. Ab dem Mittleren Bajocium veränderte sich die Konfiguration der Liefergebiete auf Grund großräumiger Hebung und flächenhafter Abtragung Skandinaviens und der zentralen und westlichen deutschen Nordsee. Zahlreiche deltaische Sandschüttungen kommen von Norden.

Mit dem Oberjura beginnt die endgültige Differenzierung der Norddeutschen Senke in Graben- bzw. Beckenräume und dazwischenliegende Hochgebiete, die tiefgründig abgetragen werden. Am Ende des Obermalm verwandelt sich das stark übersalzene Meer im Niedersächsischen Becken in einen Binnen-Süßwassersee, in dem nur gelegentlich brackische Einflüsse beobachtbar sind. Die Ablagerungen der tiefsten Unterkreide werden landläufig in Nordwestdeutschland als Wealden bezeichnet. Der Westteil des Wealden-Beckens enthält nur ganz im Süden einige Sandschüttungen, im Übrigen herrschte eine tonige Sedimentation vor. Östlich der Weser wurden in den Binnensee in einem oder mehreren aus SE und N kommenden Deltafächer Sande geschüttet. Zwischen diesen Zonen bildeten sich Sümpfe und Moore, und es kam zur Ablagerung von Kohleflözen. Die Wealden-

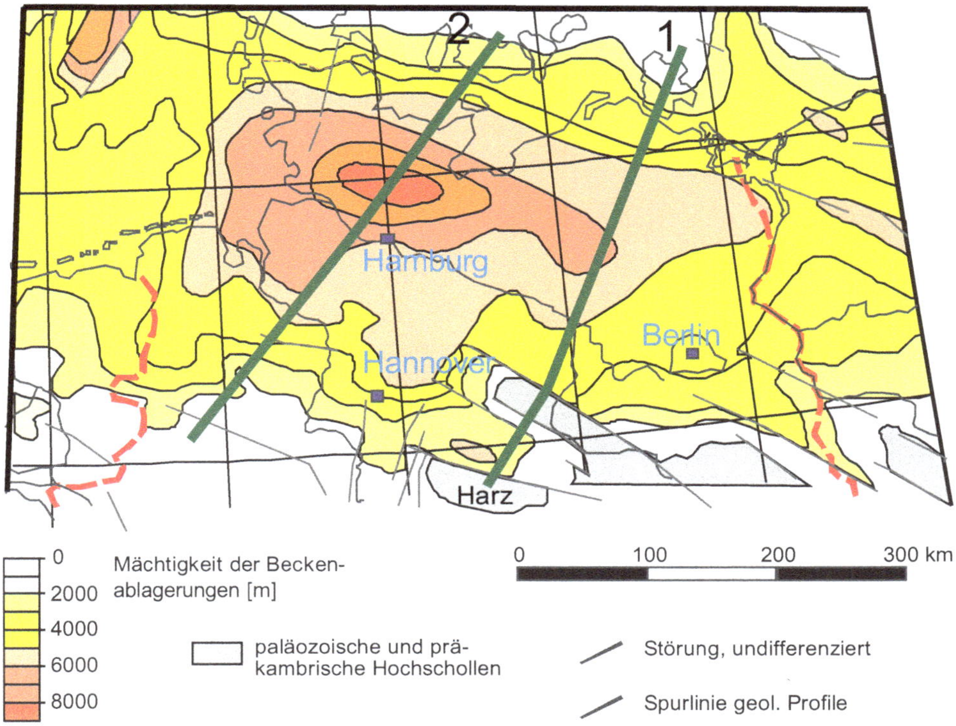

Abb. 14.1 Sedimentmächtigkeiten im Norddeutschen Becken. Die grünen Linien markieren die Lage der geologischen Profile in Abb. 14.2

Sandsteine stellen gute Aquifer-Horizonte dar. Den Top der mesozoischen Schichtenfolge im Untersuchungsgebiet bildet das marine Valangin und Hauterive. Darüber folgt das Känozoikum.

14.3 Geothermische Aquifere im NDB

Entsprechend der geothermischen Nutzungsformen werden zum einen Aquifere für eine Wärmespeicherung bzw. hydrothermale Energiegewinnung und zum anderen EGS-Aquifere benötigt. Für eine Nutzung von EGS werden rigide, homogene Gesteine benötigt, welche sich mittels Stimulationsverfahren bearbeiten lassen.

Im NDB kommen dafür neben möglichen Ortho- und Paragneisen des Grundgebirges, Quarzite innerhalb des Karbons/Devons und vor allem die permokarbonen Vulkanite in Frage (Abb. 14.3). Das NDB ist durch einen bimodalen Vulkanismus geprägt, mit Rhyolitoiden einerseits und Andesiten und Basalten andererseits (Benek et al. 1996; Marx et al. 1995; Korich 1989; Gabriel 1989; Hübscher 1986). Die Vulkanite erreichen Mächtigkeiten von

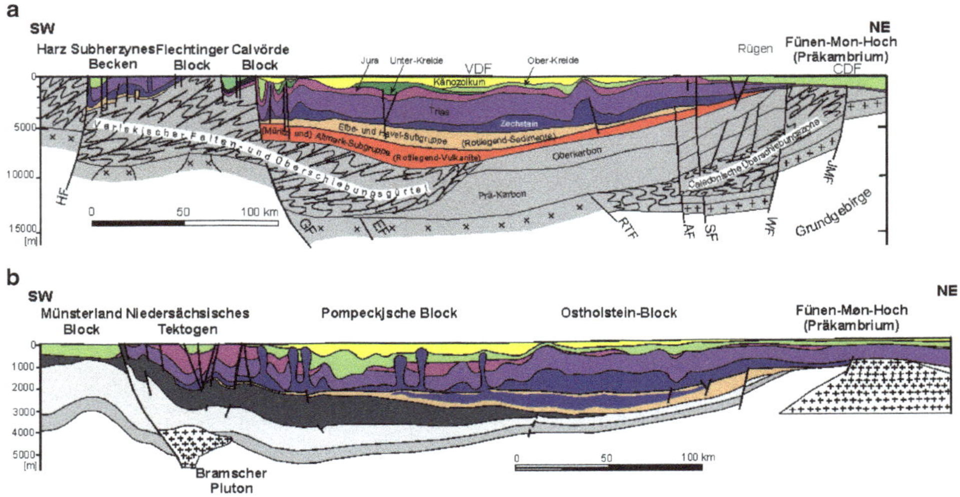

Abb. 14.2 Geologische Profile durch das NDB, Spurlinien siehe Abb. 14.1, Profil 1 (**a**), Profil 2 (**b**)

z. T. > 2000 m (Marx et al. 1995). Weiterhin kommen für eine EGS-Nutzung quarzreiche, feinklastische Sedimente des Rotliegend und des Mittleren Buntsandsteins insbesondere im beckenzentralen Bereich in Frage.

Die anderen Aquifere sind für eine hydrogeothermale Nutzung oder Wärmespeicherung relevant. Als tiefste potentielle Horizonte kommen hierbei Sandsteine des Stefans und vor allem die Rotliegend-Sandsteine in Betracht. Die besten hydraulischen Eigenschaften sind dabei auf die äolisch abgelagerten Sandsteine am Südrand des NDB beschränkt. Besondere Bedeutung haben diese Sandsteine als Gasspeicher.

Die Sandsteine des Mittleren Buntsandsteins können verschiedene Aquifere ausbilden, die auch als Hauptaquifer zusammengefasst werden. Die Mächtigkeiten des Buntsandsteins im NDB variieren im Normalfall zwischen 500–1200 m, die größten Mächtigkeiten werden im Bereich triassischer Grabensysteme, wie z. B. dem Glückstadtgraben, mit bis zu 4000 m erreicht. Als geothermische Horizonte kommen der Quickborn-Sandstein sowie Sandsteine der Volpriehausen-, Detfurth-, Hardegsen- und Solling-Formation in Frage, in den nördlichen Randgebieten des NDB zusätzlich noch ein Sandstein in der Röt-Formation, ein mögliches Äquivalent des süddeutschen Plattensandsteins. Vom Beckenrand zum Beckenzentrum nehmen die mittleren Korngrößen stark ab, gut poröse Sandsteine sind so überwiegend an den Beckenrändern bekannt.

Der Schaumkalk ist von Thüringen bis in den polnischen Trog zu verfolgen (Kedzierski 2000). Die Mächtigkeit und der Anteil der porösen Lagen nehmen dabei nach Süden in Richtung der Altmarkschwelle (Beutler 1995) ab. In der Bohrung Oranienburg beträgt die Mächtigkeit der Schaumkalke 20 m, in der Bohrung Spandau 45 m und in Rüdersdorf 70 m (Noak und Schröder 2003), wobei häufig eine obere und eine untere poröse Lage unter-

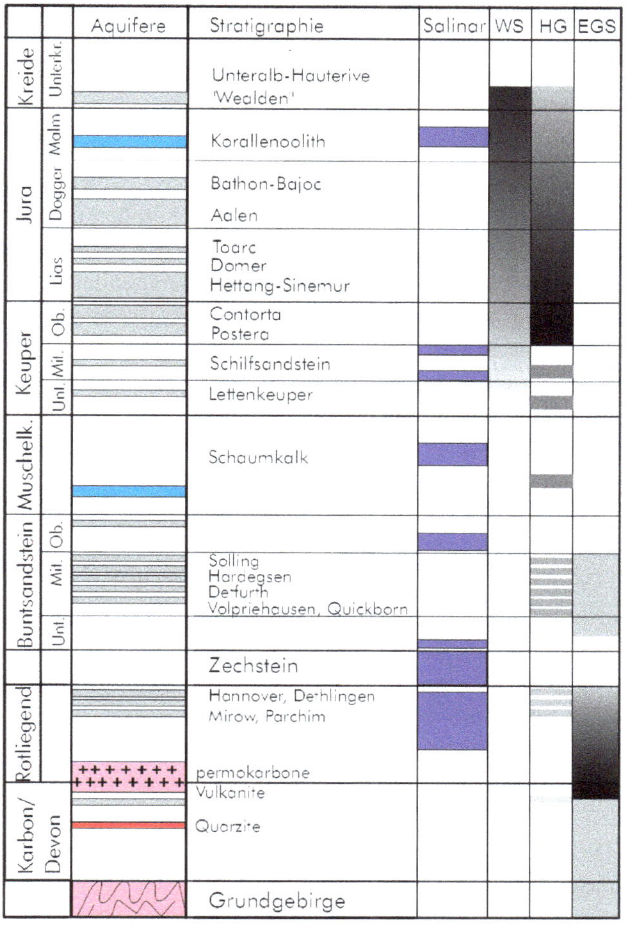

Abb. 14.3 Potentielle geothermische Aquifere im NDB, *WS*: geeignet für geothermischen Wärmespeicher, *HG*: potentiell geeignet für hydrothermale Geothermie, *EGS*: potentiell geeignet für Enhanced Geothermal Systems, *Salinar*: Einheit enthält salinare Gesteine

schieden werden können. Lithologisch handelt es sich beim Schaumkalk um eine Wechsellagerung von porösen Schaumkalklagen (insbesondere Bio-Oosparit) und dichten, tonig-mikritischen Kalken. Die hohe Porosität der porösen Lagen ist dabei auf frühdiagenetische Lösungsprozesse zurückzuführen (Noak und Schröder 2003). Die mittlere Permeabilität ist beim Faziestyp „Bio-Oosparit“ mit 55 mD (Noak und Schröder 2003) am höchsten. Im Lettenkeuper sind nur sehr lokal poröse Sandsteine vorhanden, wie beispielsweise auf dem Darß. Der Schilfsandstein ist hingegen überregional verbreitet. Es handelt sich dabei um einen fluviatilen Sandstein, welches aus mäandrierenden Flüssen akkumuliert wurde.

14.4 Geologisch-hydrogeologisches Modell, Numerische Simulation

Eine geothermische Dublette besteht aus zwei Bohrungen, einer Injektions- und einer Förderbohrung. Beide Bohrungen müssen in einem optimalen Abstand voneinander entfernt sein.

Hydraulisch gesehen ist es günstig, die Bohrungen möglichst dicht zueinander zu positionieren. Somit unterstützen sich beide Bohrungen hydraulisch. Ist der Abstand der Bohrungen zu groß und der hydraulische Kontakt nicht oder nur in geringem Umfang vorhanden, würde die Injektivität und Produktivität der Bohrungen immer weiter abnehmen. Je geringer der Abstand beider Bohrungen ist, desto eher stellt sich ein quasistationäres Gleichgewicht ein.

Thermisch gesehen muss der Abstand beider Bohrungen so groß wie möglich sein. Nur dies gewährleistet, dass die zuvor abgekühlten Injektionswässer nicht durch die Förderbohrung gefördert werden. Dies wäre ein thermischer Kurzschluss. Der Abstand beider Bohrungen muss nun so gewählt werden, dass nach Ablauf der geplanten Betriebsdauer die Abkühlung an der Förderbohrung in Folge der zufließenden Wässer der Injektionsbohrung maximal 1 K beträgt.

Weitere Beschränkungen des Abstandes ergeben sich durch die Verfügbarkeit geeigneter Bohrstandorte. Für die Projektplanung ist es also von großer Bedeutung, den optimalen Abstand beider Bohrungen zu kennen. Basis dieser Abstandsdimensionierung ist das geologisch-hydrogeologische Modell. Es betrachtet den Aquifer in seiner Verbreitung und Mächtigkeit, relevante Strukturen und die entsprechenden hydraulisch thermischen Parameter, wie u. a. Porosität, Permeabilität, Transmissivität, effektive Mächtigkeit der Sandsteine, Zwischenlagen, Wärmeleitfähigkeit und Wärmekapazität. Analytisch lässt sich berechnen, welcher Minimalabstand (thermisch) bzw. Maximalabstand (hydraulisch) sinnvoll ist. Häufig sind die Systeme aber komplexer, so dass analytische Lösungen an ihre Grenzen stoßen. In diesem Falle werden die geologisch-hydrogeologischen Modelle in numerische Modelle „übersetzt" und der Betrieb der jeweiligen Dublette simuliert. Durch mehrere Simulationsläufe für verschiedene Bohrstandorte und Bohrungsdesigns ergeben sich die optimalen Anordnungen. Sowohl das numerische als auch das geologisch-hydrogeologische Modell müssen zu den jeweiligen Projektschritten angepasst werden. So z. B. nach Errichtung und Test der ersten Bohrung.

Die numerischen Modelle sind genehmigungsrechtlich relevant. So sind sie die probaten Mittel um bergrechtliche Feldesgrenzen festzulegen oder eine Beeinflussung von Nachbarfeldern darzustellen. Zudem muss ein Wärmeabbaugutachten erstellt werden, was auf der numerischen Simulation basiert.

14.5 Erkundung mittels regionalgeologischer Daten und Karten

Jede Exploration beginnt mit der Erfassung und Bewertung des bereits vorhandenen Dateninventars. Dazu wurden bereits regionale Kartenwerke auf Basis der verfügbaren

Daten früherer geophysikalischer Erkundung und Altbohrungen erstellt. Die Kartenwerke sind häufig generalisiert, für die Bewertung wurden zudem meist nur ausgewählte Daten genutzt, dargestellt werden auch nicht immer genau die Daten, die benötigt werden. Neben diesen Kartenwerken sind auch umfangreiche Publikationen vorhanden, die zu bestimmten Fragestellungen Bezug nehmen, wie z. B. bzgl. Porositäten und Permeabilitäten (Wolfgramm et al. 2008), hydraulischen Testdaten (z. B. Rauppach et al. 2008) oder der Zusammensetzung der Tiefenwässer (Wolfgramm et al. 2011). Für eine erste Einschätzung der geothermischen Machbarkeit sind diese Informationen jedoch gut geeignet, zusammen mit konkreten Daten von Altbohrungen lassen sich häufig sogar bereits Aussagen zu den relevanten Aquiferen mit einer hohen Sicherheit treffen.

14.5.1 Verbreitung der potentiellen Aquifere

Zur Ermittlung der Verbreitung potentieller geothermischer Aquifere können in einem ersten Schritt vorhandene Kartenwerke verwendet werden. Im östlichen Teil des NDB sind dies das reflexionsseismische Kartenwerk (Reinhardt 1993) und das geothermische Kartenwerk 1 : 200.000 vgl. Feldrappe et al. (2008). Im westlichen Teil ist es vor allem das Kartenwerk der geothermischen Reserven und Ressourcen (Beutler et al. 1994) und der geotektonische Atlas (Baldschuhn et al. 2001). Weiterhin lassen sich wichtige Informationen aus dem Atlas von Ziegler (1990) als auch den von der Stratigraphischen Kommission Deutschlands herausgegebenen Monographien der einzelnen stratigraphischen Einheiten entnehmen. Für ausgewählte mesozoische stratigraphische Einheiten finden sich in den geothermischen Kartenwerke bereits Aussagen zu den effektiven Mächtigkeiten der Sandsteine (vgl. Feldrappe et al. 2008; Schulz und Röhling 2000). Zu beachten ist, dass diese Kartenwerke nicht die Verteilung einzelner Aquifere darstellen (z. B. Contorta-Sandstein), sondern größere stratigraphische Intervalle im Rang von Gruppen bzw. Untergruppen zusammenfassen (z. B. Oberer Keuper). Spezielle Fragestellungen zu lokal relevanten Aquiferen sind relevanten Publikationen zu entnehmen, wie z. B. zum potentiellen EGS-Aquifer „permokarbone Vulkanite“ (Marx 1994; Gabriel 1989; Hübscher 1989; Korich 1986), mesozoische Aquifere (Schulz und Röhling 2000). Herauszuheben sei an dieser Stelle das unter der URL http://www.geotis.de öffentlich zugängliche geothermische Informationssystem GeotIS (Agemar et al. 2014), welches u. a. aus den genannten geothermischen Kartenwerken abgeleitete 3D-Modelle zur Verfügung stellt. Damit sind nach heutigem Kenntnisstand die meisten der für die Tiefe Geothermie relevanten stratigraphischen Einheiten im NDB bezüglich ihrer Verbreitung und Tiefenlage in Form digitaler Karten und Schnitte abrufbar. Darüber hinaus bietet GeotIS über die Wahl zusätzlicher Kartenebenen die Möglichkeit, Zonen unterschiedlicher Gebirgsdurchlässigkeit, die Sandsteinmächtigkeit einzelner Formationen oder die Verbreitung von Salzstrukturen im NDB darzustellen. Durch die Integration einer leistungsstarken Datenbank ist GeotIS zudem in der Lage, nach Bohrungen zu suchen und über einen individuell festzulegenden Filter, anhand bestimmter Kriterien Bohrungen in der Karte ein- oder auszublenden. Die Bohrdaten in GeotIS geben z. B. darüber Aufschluss, ob und wie Temperaturmessungen vorgenommen wurden, welche Endteufe erreicht wurde und ob weitere geologische oder petrophysikalische Daten vorliegen.

14.5.2 Prognose der Mächtigkeit und Durchlässigkeit von Sandsteinen

Wie bereits in Abschn. 14.1.2 ausgeführt, sind die effektive Mächtigkeit und die hydraulische Durchlässigkeit eines Aquifers von entscheidender Bedeutung für die Produktivität einer Geothermiebohrung. Um beide Parameter vorab zu prognostizieren, können verfügbare und publizierte Daten verwendet werden, die auf Basis von Altbohrungsdaten erstellt wurden. So wurden in Kooperation mit Geologischen Landesämtern Karten erstellt, die kumulative Mächtigkeiten von Sandsteinen darstellen (Abb. 14.4). Für den östlichen Teil des NDB wurden von vorhandenen Bohrungen für die entsprechenden stratigraphischen Einheiten alle vorhandenen Sandsteinhorizonte > 2 m summiert und anschließend eine Interpolation auf einer Karte vorgenommen. Im westlichen Teil des NDB wurde in der Regel die Mächtigkeit einzelne Sandsteinhorizonte kartiert, z. B. Doetlingen-Sandstein (Solling-Folge), Quickborn-Sandstein (Detfurth-Folge) oder Wealden-Sandstein. Mittels dieser Karten sind erste Aussagen zur Eignung eines Standortes möglich.

Komplizierter ist die Ermittlung der Porositäten und Permeabilitäten der Sandsteine. Daten liegen für die mesozoischen Sandsteine vor allem für Tiefenbereiche < 3000 m vor (vgl. Wolfgramm et al. 2008). Unter Berücksichtigung aller ermittelten Porositätswerte ist eine Charakterisierung der unterschiedlichen Sandsteine möglich (Abb. 14.5). Porositäten < 15 % sind Sandsteinen mit hohem Schluffanteil zuzuordnen, welche im Sinne einer geothermalen Nutzung kaum oder nicht geeignet sind. Die Hauptaquifere weisen jedoch meist Porositäten > 20 % auf. Lediglich die Sandsteine des Schilfsandsteins und der Unterkreide sind häufig durch Porositäten < 20 % charakterisiert. Die Dogger-Sandsteine sind hingegen dadurch charakterisiert, dass über 80 % aller relevanten Porositäten zwischen 20–30 % liegen. Kerndaten des Buntsandsteins liegen überwiegend vom Nordrand des NDB vor. Die Werte schwanken zwischen 15–30 %, wobei bereits ca. 20 % der Proben Porositäten aufweisen, die < 20 % sind. Im Hettang weisen 10 % der relevanten Sandsteine Porositäten < 20 % auf, allerdings sind auch ca. 25 % der Sandsteine durch Porositäten > 30 % charakterisiert. Die Permeabilitäten der geothermischen Aquifere variieren von 15–2650 mD (Mittelwerte), einzelnen Messwerte sind deutlich höher (Wolfgramm et al. 2008). Mit einem Maximum von 130 mD (Mittelwert) zeigt der Schilfsandstein die niedrigsten Permeabilitäten, die weiteren geothermischen Aquifere zeigen Werte von 200–750 mD (Mittelwerte). So sind 90 % aller Werte des Mittleren Buntsandsteins, 80 % des Aalens und 70 % des Hettangs und des Rhäts durch Permeabilitäten > 500 mD charakterisiert.

Die petrophysikalischen Eigenschaften der Sandsteine des Rotliegend sind sehr stark von den faziellen Eigenschaften abhängig. Die äolisch gebildeten Sandsteine können dabei Porositäten von 20 % und Permeabilitäten bis 250 mD erreichen (vgl. Gaupp et al. 1993). Mit zunehmender Tiefe sinken jedoch Porosität und Permeabilität durch diagenetische

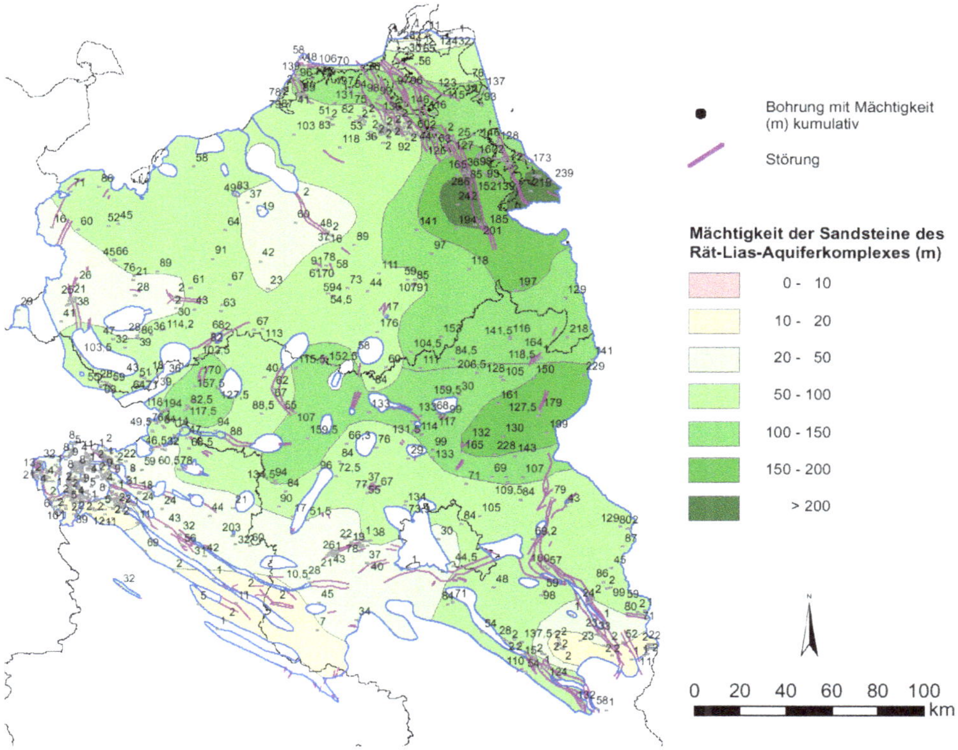

Abb. 14.4 Kumulative Mächtigkeit der Sandsteine des Rhät und Lias, nach Feldrappe et al. (2008)

Prozesse. Während die relevante Reduktion mittels Kompaktion zu prognostizieren ist, ist die chemische Diagenese bei Temperaturen > 120 °C nur schwer zu prognostizieren. Auch faziell bedingte Reduktion bzw. Porenraumzementation in Folge des Zuflusses salinarer Wässer von Salzstöcken oder über Störungen von umgebenden Horizonten (vgl. Abb. 14.3) ist nur lokal zu prognostizieren. So führen zufließende Wässer aus dem Gipskeuper zur Anhydritblastese und Porenraumreduktion der Rhätsandsteine im Bereich des Gasfeldes Thönse (Gaupp 1991) oder zufließende Zechsteinwässer vom Salzstock zur Porenraumzementation im Bereich der Geothermiebohrung Allermöhe (Wagner et al. 2005; Kühn und Günther 2007).

14.5.3 Temperaturprognose

Die Schichttemperatur eines potentiellen geothermischen Aquifers spielt für die geothermische Energiegewinnung eine zentrale Rolle. Die Leistung einer geothermischen Anlage steigt proportional zu dem Produkt aus Förderrate und Temperatur (vgl. Abschn. 14.1.2).

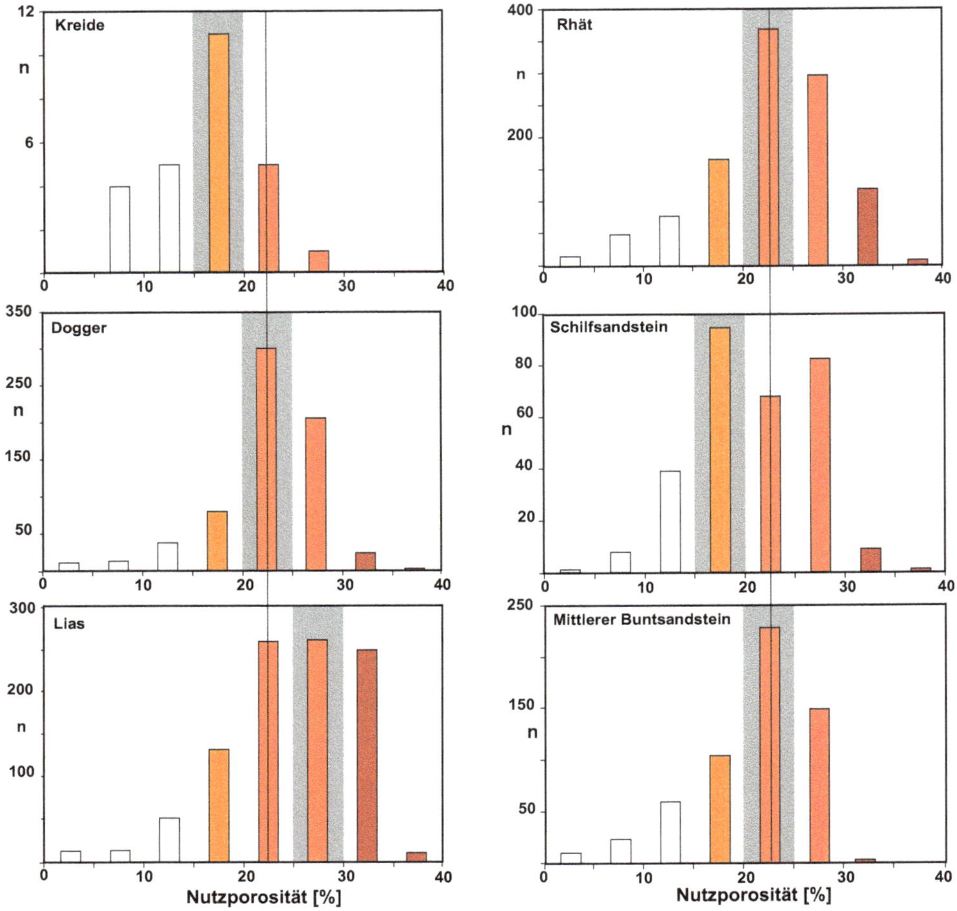

Abb. 14.5 Häufigkeitsverteilung der Porositäten der Sandsteine des NDB nach Bohrungsdaten, grau hinterlegt ist jeweils das Maximum der Häufigkeitsverteilung (nach Wolfgramm et al. 2008)

Eine höhere Formationstemperatur bei gleicher Förderrate steigert daher auch die nutzbare Wärmemenge.

Die Temperaturverteilung im Untergrund Norddeutschlands wird wesentlich geprägt durch die Gesteinszusammensetzung der Beckenfüllung sowie durch den terrestrischen Wärmestrom. Dieser wird zu einem Teil von der Restwärme aus der Entstehung der Erde vor ca. 4,5 Mrd. Jahren, die zu einer Temperatur im Erdkern in der Größenordnung von 5000 °C führt, verursacht. Der größere Teil des Wärmestroms ist auf den radioaktiven Zerfall von Uran-, Thorium- und Kaliumisotopen in der Erdkruste zurückzuführen. Die Wärmestromdichte beträgt in Norddeutschland durchschnittlich etwa 70 mW/m^2, wobei von wenigen Ausreißern abgesehen Literaturwerte von 50 bis 90 mW/m^2 zu finden sind.

Die terrestrische Wärmestromdichte lässt sich nicht direkt messen. Sie wird indirekt aus der Wärmeleitfähigkeit der Gesteine und dem vertikalen Temperaturgradienten ermittelt.

Die Temperatur an der Erdoberfläche wird hauptsächlich durch die Sonneneinstrahlung und Wärmeabstrahlung bestimmt. Sie unterliegt periodischen Schwankungen im Tages- und Jahresgang. Ab einer Tiefe von 13 m sind nur noch geringe jahreszeitliche Schwankungen im Boden feststellbar. In der Norddeutschen Tiefebene liegt diese Temperatur zwischen 9 und 10 °C. Lokale Abweichungen können unter anderem durch Bebauung, Vegetation oder unterschiedliche Bodenfeuchte hervorgerufen werden. Die Temperatur steigt mit der Tiefe im Mittel um 32 K pro km im NDB an. Lokal können es aber auch 40 bis 50 K pro km sein. Diese Temperaturzunahme pro Tiefenabschnitt wird als Temperaturgradient bzw. geothermischer Gradient bezeichnet. Allerdings ist die Temperaturverteilung im Untergrund nicht einheitlich. Die Variabilität der Untergrundtemperatur in Norddeutschland hat in erster Linie ihren Ursprung in den unterschiedlichen Wärmeleitfähigkeiten der Gesteine (Norden et al. 2008; Norden und Förster 2006). Tonsteine haben in der Regel eine niedrige Wärmeleitfähigkeit von 2 bis 3 W/(m · K). Sandsteine weisen dagegen bereits eine Wärmeleitfähigkeit von meist 3 bis 5 W/(m · K) auf. Mit ca. 5 W/(m · K) besitzen Anhydrit und Steinsalz die höchste Wärmeleitfähigkeit unter Sedimenten. Mit zunehmender Temperatur nimmt die Wärmeleitfähigkeit ab, wobei sich auch die relativen Unterschiede zwischen Tonsteinen, Sandsteinen, Anhydrit und Salz verringern (Robertson 1988). Dennoch hat die lithologische Abfolge einen großen Einfluss auf das Temperaturfeld. Die laterale Variabilität der Untergrundtemperatur im NDB erklärt sich im Wesentlichen durch die Heterogenität der Sedimentfüllung. Vor allem bewirken die zahlreichen Salzstöcke im NDB lokale Veränderungen im Temperaturfeld. Aufgrund der guten Wärmeleitfähigkeit findet man am Kopf eines Salzstocks erhöhte Temperaturen. Am Fuß eines Salzstocks misst man dagegen abgesenkte Temperaturen, da hier die Wärme bevorzugt abgezogen wird.

Bis zu einer Tiefe von ca. 1 km hat auch die letzte Eiszeit noch Auswirkungen auf das heutige Temperaturfeld im NDB. Andere Effekte, wie zum Beispiel die Verteilung natürlicher Radionuklide in der Erdkruste oder aufsteigende oder absteigende Grundwasserströme haben im Norddeutschen Becken vermutlich keine großen Auswirkungen auf das Temperaturfeld. Großräumige Konvektionszellen in den konsolidierten Sedimenten des NDB sind aus geologischer Sicht unwahrscheinlich. Zudem existieren in der Norddeutschen Tiefebene nur geringe topographische Unterschiede, die als Antrieb für tiefe Grundwasserströme fungieren könnten. Aufgrund der vielen Einflussfaktoren und der geringen Datenlage ist eine überregionale Modellierung der Untergrundtemperaturen schwierig und führt zu nicht eindeutigen Ergebnissen. Deshalb sollte zur großräumigen Darstellung des Temperaturfeldes nur auf gemessene Werte zurückgegriffen werden.

Für die Berechnung der Untergrundtemperatur in Deutschland steht eine Datenbank im Fachinformationssystem (FIS) Geophysik des Leibniz-Instituts für Angewandte Geophysik (LIAG) zur Verfügung (http://www.fis-geophysik.de), die Temperaturdaten aus knapp 11.000 Bohrungen enthält (Kühne et al. 2003).

Optimale Daten sind Temperaturlogs, Fördertests und Lagerstättentemperaturen. Daneben müssen aber auch Bottom Hole Temperatures (BHT) verwendet werden. Diese

BHT-Messungen werden in fast allen Industriebohrungen im Bohrlochtiefsten, unmittelbar nach Einstellen der Bohrarbeiten, ausgeführt und sind durch den Bohrvorgang (Spülungsumlauf) thermisch gestört. Im FIS Geophysik ist ein Modul eingebaut, mit dem die gestörten Daten auf die ungestörte Formationstemperatur korrigiert werden. Eine solche Korrektur (Extrapolation) der BHT-Werte auf ungestörte Temperaturen ist möglich, da im Bohrlochtiefsten der störende Einfluss des Spülungsumlaufs auf das Temperaturfeld am geringsten ist. In Abhängigkeit von der Stillstandszeit nach Bohrende, der Spülungsdauer (Spülungsumlauf) und der Anzahl der für jede Tiefe zur Verfügung stehenden Temperaturwerte können unterschiedliche Extrapolationsverfahren angewendet werden. Dennoch weisen auch korrigierte Temperaturwerte teilweise Fehler von bis zu 9 K auf (Förster 2001). In Deutschland aber auch in anderen Regionen hat sich gezeigt, dass gängige Korrekturverfahren die Formationstemperatur häufig unterschätzen (Agemar et al. 2012; Hermanrud et al. 1990). Bei der Extrapolation von zeitlich nur einfach belegten BHT-Werten auf die ungestörte Temperatur müssen aus umgebenden Messungen mit höherem Informationsgehalt statistisch Parameter ermittelt werden. Zusätzlich werden die Werte in Verbindung mit einer statistischen Auswertung aller verfügbaren Bohrlochdaten aus dem jeweiligen Untersuchungsgebiet ausgeglichen. Neben der Belegungsdichte nimmt auch der Anteil hochwertiger Temperaturdaten mit der Tiefe ab, da in größeren Tiefen wegen der hohen Kosten immer weniger ungestörte Logs gemessen oder Fördertests durchgeführt werden.

Auf der Grundlage dieser Daten ist ein 3D-Temperaturmodell erstellt worden, das das Gebiet von Deutschland von der Erdoberfläche bis 5000 m unter NN umfasst. Zur Interpolation wurde die 3D-Universal-Kriging-Methode verwendet. Im Gegensatz zu herkömmlichen 2D-Algorithmen wurden die Daten räumlich und nicht flächenweise interpoliert, da sonst die Gefahr besteht, mit zunehmender Tiefe inkonsistente Temperaturgradienten zu erhalten. Dies liegt meist daran, dass bei jeder 2D-Berechnung die Informationen aus geringerer Tiefe unberücksichtigt bleiben. Grundsätzlich bietet Kriging die beste Anpassung an die gemessenen Daten, da die Gewichtung der Daten erst in einer genauen Analyse der räumlichen Varianz festgelegt wird. Neben der Vorhersage der Temperatur wird auch die Kriging-Varianz berechnet. Damit ist es möglich, den Schätzfehler für eine vorhergesagte Temperatur zu bestimmen. Generell nimmt der Schätzfehler mit größeren Abständen zu den Messungen zu.

Das Modell ist in Form eines 3D-Rasters in Gauß-Krüger-Koordinaten (3. Streifen, 9° Zentralmeridian) mit einer Auflösung von lateral 2 km und vertikal 100 m berechnet worden. Weitere Details zur Datenaufbereitung und Methodik finden sich bei Agemar et al. (2012). Über das frei zugängliche geothermische Informationssystem GeotIS (http://www.geotis.de) ist es möglich, auf dieses Temperaturmodell zuzugreifen und für beliebige Tiefen jeden gewünschten Ausschnitt farbig oder durch Konturlinien darzustellen (Agemar et al. 2014). Auch die Darstellung der Temperaturverteilung auf Profilschnitten oder stratigraphischen Flächen ist mit GeotIS möglich. Die Abb. 14.6 zeigt in einem Ausschnitt aus diesem 3D-Modell die Temperaturverteilung in 2500 und 3500 m unter NN. Die Genauigkeit hängt im Wesentlichen von der räumlichen Verteilung der verfügbaren

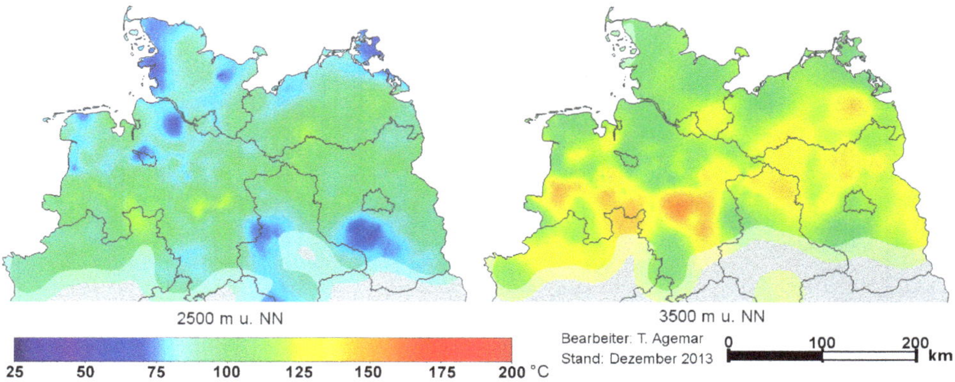

Abb. 14.6 Temperaturverteilung in 2500 und 3500 m u. NN in Norddeutschland. In den grauen Bereichen sind keine Temperaturwerte vorhanden

Messdaten und deren Qualität ab. In den Karten sind die Regionen ohne Daten als graue Flächen dargestellt. In diesen Bereichen kann die Temperatur nur über den durchschnittlichen geothermischen Gradienten abgeschätzt werden. Verglichen mit anderen Gebieten in Deutschland existieren für das Norddeutsche Becken relativ viele Temperaturmessungen, vorwiegend aus industriellen Bohrungen der KW-Industrie.

Positive Anomalien im Temperaturfeld treten räumlich begrenzt und teilweise nur über bestimmte Tiefenbereiche auf. Die stärksten Temperaturanomalien Norddeutschland wurden in Südniedersachsen und Mecklenburg-Vorpommern gemessen. Die stärkste positive Anomalie befindet sich zwischen Hannover und Celle. Bei der Forschungsbohrung Groß Buchholz Gt1 im Norden von Hannover wurden in rund 3900 m Tiefe 169 °C gemessen.

14.5.4 Prognose wasserchemischer Daten

Im Rahmen eines vom BMU geförderten Projektes (FKZ: 0329951E) wurden 2700 Analysen von Wässern aus ca. 1450 Bohrungen des NDB erfasst und bewertet (Wolfgramm et al. 2011). Bei den Wässern handelt es sich um jodhaltige Thermalsolen. Die Zusammensetzung der Tiefengrundwässer wird durch ihre primäre Zusammensetzung (Meerwasser) sowie sekundäre Veränderungen der Fluidzusammensetzung durch diagenetische Reaktionen und/oder Mischung mit Fluiden anderer stratigraphischer Einheiten geprägt. Die Diagenese erfolgt druck- und temperaturgesteuert und führt einerseits zu einer kontinuierlichen Zunahme der Salinität bis ca. 2500 m in Folge von z. B. Tonmembraneffekten. Ab ca. 1000 m führen Fluid-Gesteinswechselwirkungen zu Abweichungen des Salinitäts-Tiefentrends und zu Abweichungen vor allem in der Zusammensetzung der Spurenelemente und Nebenbestandteile. Für den tief versenkten Buntsandstein und das Rotliegend führen sehr starke diagenetische Reaktionen sogar zu Änderungen der Hauptbestandteile, wobei

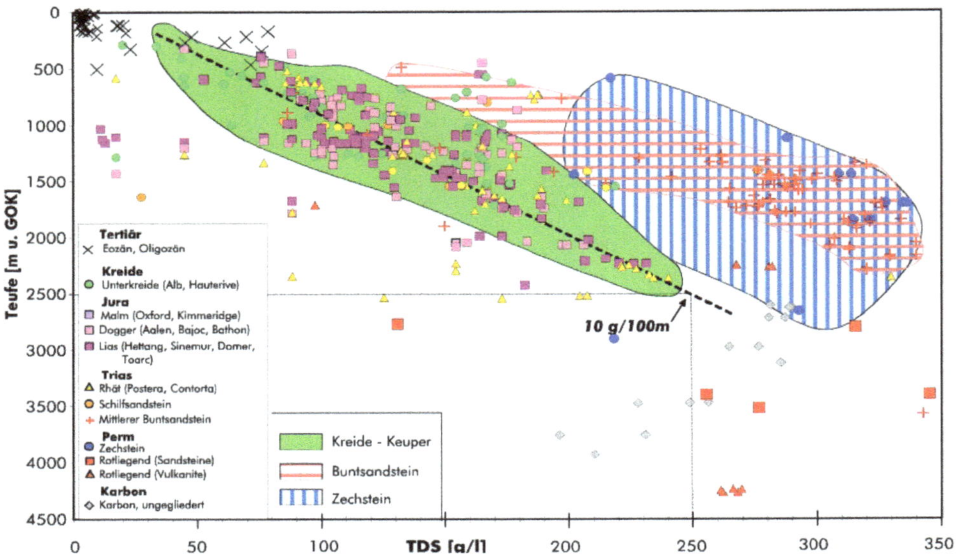

Abb. 14.7 Salinitäts-Tiefendiagramm von mehr als 700 Tiefbohrungen (davon ca. 600 Vollanalysen) aus dem östlichen Teil des NDB

eine Calciumanreicherung und Natriumverarmung zu verzeichnen sind. Die Mischung der jeweiligen Tiefengrundwässer mit anderen Tiefengrundwässern erfolgt einerseits im Bereich von Zechstein- und Rotliegend-Salzdiapiren sowie den zugehörigen Randsenken, als auch im Bereich großer Blockversätze. Eine Prognose der Zusammensetzung von Tiefengrundwässern ist auf Basis der geologischen Verhältnisse gut möglich. Die Wässer der Unterkreide, des Malm und Dogger lagern häufig in Salzstockrandsenken. Die Schichtwässer sind oft durch zufließende Na-Cl-Laugen der Salzdiapire geprägt. Die Salinitätszunahme der Na-Cl-Wässer beträgt häufig bis 20–25 g/l je 100 m Tiefenzunahme, was eine Abweichung vom „normalen Trend" bedeutet. Die Wässer des Lias und Rhät sind grundsätzlich kaum durch die Mischung mit weiteren Fluiden beeinflusst. Für diese Aquifere ist eine Salinitätszunahme der Na-Cl-Wässer von 10–13 g/l je 100 m Tiefenzunahme typisch. Bei den Rotliegendwässern, die einerseits eine Zumischung von Zechsteinwässern und andererseits eine sehr starke diagenetische Veränderung aufweisen, handelt es sich häufig um Na-Ca-Cl-Lösungen mit Salinitäten von im Mittel 280 g/l.

Neben den wasserchemischen Daten sind auch eine Reihe gaschemischer Daten bekannt. Dabei nimmt der Gasgehalt bis in Tiefen von 2500 m auf ca. 500 NmL_{Gas}/L_{Fluid} zu. Für geothermale Anlagen typisch sind Gehalte von 50–100 Nml_{Gas}/l_{Fluid}. Hauptbestandteile sind dabei CO_2, N_2 und CH_4 (vgl. Naumann 2000). Für die tiefsten Rotliegendaquifere sind Gasgehalte von 1–2 NL_{Gas}/L_{Fluid} bekannt, wobei diese Wässer überwiegend N_2-dominiert sind und CH_4 sowie CO_2 mit meist < 20 % im Gas enthalten sind (Wolfgramm und Seibt 2008).

Wie in Abschn. 14.1.2 beschrieben sind Dichte, Viskosität und Wärmekapazität des Schichtwassers entscheidende Parameter bzgl. der thermischen Leistung einer geothermischen Bohrung (Birner et al. 2013). In erster Linie sind die Parameter abhängig von der Temperatur. So sinken Dichte und Viskosität mit steigender Temperatur und die Wärmekapazität nimmt zu. Darüber hinaus hat auch die Salinität und Lösungszusammensetzung eine entscheidende Rolle. Mit zunehmendem Lösungsinhalt steigen Dichte und Viskosität und die Wärmekapazität sinkt. Insgesamt variiert die Dichte für die geothermalen Systeme in Deutschland (20–200 °C, 1–500 bar, 1–350 g/l) von ca. 850–1200 kg/m^3, die dynamische Viskosität von 0,1–2,0 mPa · s und die Wärmekapazität von ca. 3200–4200 kJ/(kg · K). Bei fehlenden Messwerten kann die Berechnung der Dichte nach Mao und Duan (2008), der Viskosität nach Mao und Duan (2009) und der Wärmekapazität nach Archer (1992) erfolgen.

14.6 Erkundung mittels Daten von Altbohrungen

Für die Exploration konkreter Standortdaten ist die Auswertung von Altbohrungsdaten notwendig. Dabei ist es sinnvoll, den Abstand der geplanten Bohrung zu den Altbohrungen und zu den nächsten Salzstrukturen zu kennen.

Bohrakten enthalten grundsätzlich Schichtenverzeichnisse, Bohrlochmessungen und Bohrungsausbaudaten, Testdaten sowie weiterführende mineralogisch-geochemische, mikropaläontologische und petrophysikalische Daten. Aus den Schichtenverzeichnissen lassen sich die vorhandenen potentiellen Sandsteinhorizonte und deren stratigraphische Einordnung ablesen. Vor allem Tiefenlage und Mächtigkeit der einzelnen Sandlagen sind zudem von Bedeutung. Häufig fassen die Schichtenverzeichnisse Abschnitte zusammen, so dass genaue Aussagen über die Zusammensetzung der Gesteine nur durch die Bohrlochmessungen möglich sind. An Bohrlochmessungen sind zum einen technischen Messungen (BA – Bohrlochabweichung, CAL – Kaliber-Log) vorhanden. Daneben gibt es weitere Messungen, die für eine Zuordnung lithologisch relevanter Einheiten sinnvoll sind.

Gamma-Ray-Log (GR): In der Natur kommen radioaktive Isotope der Elemente Kalium, Thorium und Uran vor, die in verschiedenen Mineralen und Gesteinen in unterschiedlichen Mengen enthalten sind. Das GR misst extrem kurzwellige elektromagnetische Strahlung, die beim radioaktiven Zerfall entsteht, die sogenannte Gammastrahlung. Als Maßeinheiten dienen üblicherweise API-Einheiten. Tone enthalten höhere Anteile an Radionukliden, so dass die Aktivität im Gegensatz zu anderen Gesteinen erhöht ist (bis 150 API). Quarzsandsteine enthalten so gut wie keine Minerale mit Radionukliden (API 15–25), lediglich enthaltene Tonminerale (Matrix, diagenetisch) oder Feldspäte weisen höhere Radioaktivitäten auf. Deshalb lässt sich in Abb. 14.1 sehr deutlich zwischen Bereichen mit reinen Quarzsandsteinen und Tonsteinen differenzieren. Auch Sandstein-Tonstein-Wechsellagerungen lassen sich so erkennen. Ungeeignet ist das GR bei Sandsteinen des Schilfsandsteins. Diese enthalten zu > 50 % radionuklidreiche Feldspäte und Lithoklasten, so dass eine Unterscheidung von Sandsteinen gegenüber Tonsteinen schwer sein kann. Mittels ei-

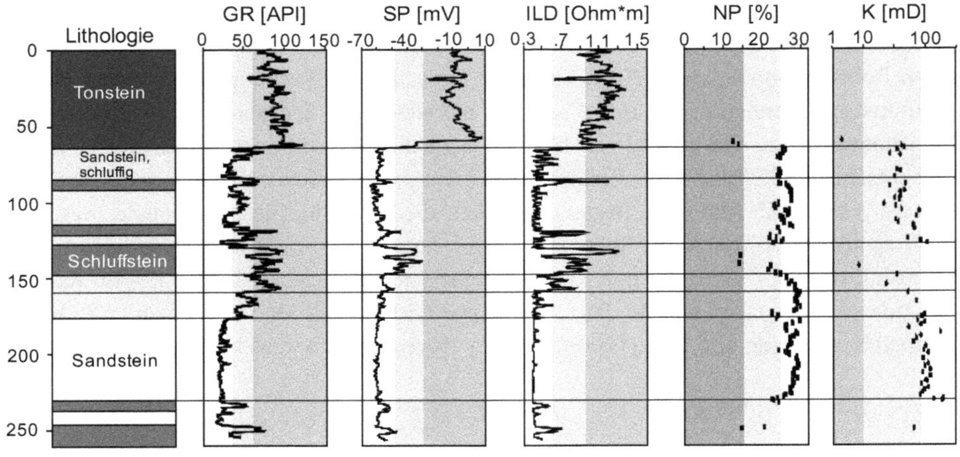

Abb. 14.8 Korrelation von Lithologie, GR, SP und Widerstandslog sowie Porositäts- und Permeabilitätsdaten nach Kernmessungen für ein typisches Beispiel im NDB

nes spektralen GR lassen sich sogar die Aktivitäten von Kalium, Uran und Thorium separat im Log abbilden.

Eigenpotential-Log/Spontaneous Potential-Log (SP): Das SP ist wie die Gamma-Messung eine passive Messmethode. Das SP basiert auf der Ladungstrennung in Tonmineralen und anderen Mineralen durch semipermeable Strukturen, welche die freie Diffusion der Ionen unterdrücken oder auf der Ladungstrennung infolge der Strömung salzhaltigen Wassers durch den Porenraum. In Sandsteinen verursachen sie einen negativen Ladungsüberschuss, Tonstein hingegen ist nur semipermeabel, und zu dem dienen die Tonminerale als „Anionensperre". Das SP ist sehr kostengünstig, aber überlagernde Effekte erschweren oft die Interpretation. Allerdings enthalten die meisten alten Logs SP-Daten.

Elektrische und elektromagnetische Logs: Es gibt eine ganze Reihe an Widerstands-Logs (Resistivity-Log – RES; Laterolog – LL, Potential- und Gradientenmessungen) oder Induktions-Logs (ILD, ILM), welche die elektrische Leitfähigkeit bzw. den Widerstand messen (Einheit Ohm · m). Sie unterschieden sich vor allem in der „Eindringtiefe" der Messung. Während das übliche RES vor allem den bohrlochnahen Bereich und damit den Filterkuchen erfasst, dringen die LL und ILD/ILM in die bohrspülungsunbeeinflussten Bereiche vor. Von besonderer Bedeutung für die Widerstandslogs ist, dass die Tiefengrundwasserleiter salinare Wässer und somit hohe elektrische Leitfähigkeiten enthalten, im Log zeigen sie sich durch einen geringen elektrischen Widerstand (Abb. 14.8). Archie (1942) nutzte dies, um die Porosität von Sandsteinen aus Widerstandslogs zu ermitteln.

Das Neutron-Gamma-Log (NG) kann als Anzeiger für Porositäten verwendet werden, da die Gamma-Intensität mit dem Vorhandensein von Formationswasser steigt. Allerdings weist Ton auch eine erhöhte Gamma-Intensität auf, zurückzuführen auf das Kristallwasser in den Tonmineralen, weshalb man die Porosität nur im Zusammenhang mit anderen Logs betrachten sollte.

Mit dem Density-Log als eine Form des Gamma-Gamma-Logs, wird die Dichte der Gesteine bestimmt. Siliziklastische Minerale, besonders Quarz und Feldspäte, weisen eine Mineraldichte von 2,65–2,70 g/cm^3 auf. Ein völlig unporöses Gestein bestehend aus Quarz (z. B.Quarzit) hätte eine Dichte von 2,65 g/cm^3. Geringere Dichtewerte im Log zeigen somit die Porosität im jeweiligen Gestein an. So sind Dichterwerte von 2,2–2,3 g/cm^3 charakteristisch für hochporöse Sandsteine. Weiterhin sind auch akustische Messverfahren wie das Akustik- oder Sonic-Log Methoden, mit deren Hilfe sich die Porosität von Sandsteinen ermitteln lässt. Mittels kernmagnetischer Resonanzmessungen (NMR) lässt sich neben der Porosität auch die Permeabilität der Sandsteine ableiten.

Zusammengefasst sind aber, was Altdaten betrifft, häufig nur SP, GR und ein Widerstandslog vorhanden. Daneben liegen oft auch Temperaturlogs vor. Bei diesen Daten ist vor allem von Bedeutung, ob es sich um ungestörte oder gestörte Logs handelt, da das Temperaturfeld durch den Bohrprozess gestört ist (vgl. Förster 2001). Ein ungestörtes Temperaturlog ergibt sich erst nach einer Standzeit von mehreren Wochen und z. T. Monaten.

Um die vorhandenen Altbohrungen in der Umgebung des zu prospektierenden Standortes zu nutzen, erfolgen Korrelationen mittels ausgewählter Bohrlochmessungen. In Abb. 14.9 wird so vereinfacht zwischen den grundwasserstauenden Tonsteinen (T1–T4) und den potentiellen Sandsteinaquiferen differenziert. Hier zeigt sich bereits die große Variabilität der geologischen Verhältnisse, die sich aus den regionalen Kartenwerken nicht ergibt. So nehmen die Sandsteine in dem Beispiel von der linken zur rechten Bohrung in ihrer summarischen Mächtigkeit ab, zudem nimmt die Anzahl der Sandsteinbänke nach rechts zu. Das ist mit sich verschlechternden hydraulischen Eigenschaften verbunden. Von zwei der Bohrungen (1. und 2. von links) sind petrophysikalische Daten von Bohrkernen vorhanden. Die mittlere effektive Nutzporosität beträgt danach ca. 31 %, geringere Werte repräsentieren die schluffig-tonigen Abschnitte. Die mittlere effektive Permeabilität beträgt 1040 mD, höhere Permeabilitäten sind in den oberen hangenden Bereich nachgewiesen. Die aus hydraulischen Testen ermittelten Permeabilitäten betragen 1200–3000 mD. Zusätzlich konnte an der Schichtoberkante eine Temperatur von 44 °C gemessen werden, die Salinität des Na-Cl-dominierten Schichtwasser beträgt 98 g/l. Damit lassen sich alle relevanten fluidspezifischen Parameter messen oder berechnen (vgl. Birner et al. 2013). Insgesamt ist die Datenlage für das genannte Beispiel sehr gut und Prognosen für nahe liegende Bohrungen sind mit minimalem Risiko möglich. Häufig ist die Datenlage für Standorte jedoch nicht so gut. Dann müssen weitere Bearbeitungen der Altbohrungsdaten erfolgen, wie eine umfassende sedimentologisch-fazielle Untersuchung.

14.6.1 Sedimentologie und Fazies

Neben Teufe und Schichttemperatur sind räumliche Verbreitung und Ausbildung des Ziellaquifers im Rahmen der Exploration zu bewerten. Im NDB existieren bislang lediglich

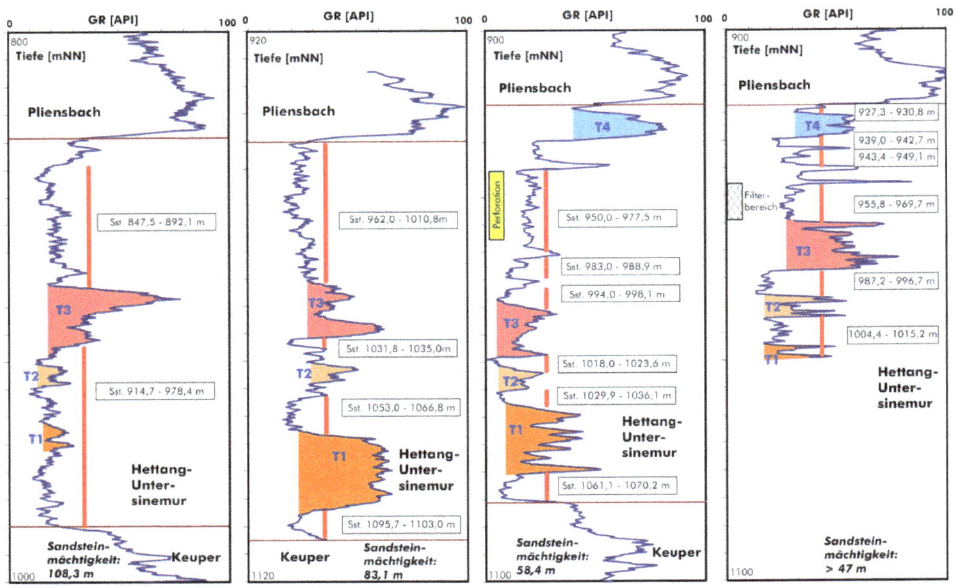

Abb. 14.9 Geologische Profile und Informationen von 4 Altbohrungen an einem Standort im NDB, hervorgehoben sind die Grundwasserstauer/Tone, welche mit T1–T4 bezeichnet sind

lokale Studien der KW-Exploration (z. B. Gaupp 1991). Überregionale Studien für die geothermische Nutzung liegen nur vereinzelt vor, z. B. für die Aquifere des Rhäts in Nordostdeutschland (Franz und Wolfgramm 2008).

Die räumliche Verbreitung und Ausbildung eines Aquifers an einem konkreten Standort ist von primären und sekundären Prozessen abhängig, die als Prozesskette über das Nutzungspotential entscheiden. Sämtliche Faktoren des Ablagerungsraumes, z. B. die Fazies, nehmen als primäre Prozesse Einfluss darauf ob ein potentieller Aquifer gebildet werden kann, d. h. ob nach der Ablagerung ein Sandstein mit entsprechender Mächtigkeit vorliegt oder nicht. Diese primären Prozesse sind unumkehrbar und decken, in geologischer Hinsicht, generell kurze Zeiträume von selten mehr als 1 Ma ab. Anders ist dies bei den sekundären Prozessen, die postsedimentär alle Prozesse zwischen Bildung des Aquifers und seiner heutigen Nutzung umfassen. Entsprechend lang sind die Zeiträume, in denen sekundäre Prozesse die Aquiferqualität beeinflussen können, z. B. 200 Ma bei den Aquiferen des Rhäts. Die sekundären Prozesse sind teilweise umkehrbar, z. B. kann die Calcitzementation eines Porenraumes unter veränderten Bedingungen wieder gelöst werden. Mit zunehmender Kenntnis der Kette primärer und sekundärer Prozesse steigt die Erfolgswahrscheinlichkeit an einem konkreten Standort.

Die Rekonstruktion primärer Prozesse der Aquiferbildung konzentriert sich an der Frage ob an dem Standort ein entsprechend der geplanten Nutzung bemessener Sandkörper abgelagert wurde oder nicht. Generell können eine Vielzahl an Faziesräumen siliziklastische Sedimente transportieren und zur Ablagerung bringen. Diese haben jeweils unterschiedliche Faziesgradienten, auch unterscheiden sie sich hinsichtlich der Breite von Faziesgürteln sowie im Grad der lateralen Faziesverzahnungen. Dies soll im Folgenden an zwei Beispielen erläutert werden.

Aquifere des Mittleren Buntsandsteins – Sandsteine einer Fluss- und Küstenebene

In der Unteren Trias bildete sich im beckenzentralen Bereich des MEB ein großer Binnensee bzw. ein großes Binnenmeer aus, über dessen Verbindung mit der Tethys bzw. dessen Salinität kontrovers diskutiert wird (siehe Roman 2004). Im östlichen Teil, vorwiegend in Polen, ist u. a. marines Plankton belegt und wird dort als Nachweis eines marinen Einflusses angesehen. Weiter östlich, vorwiegend in Deutschland, wird der Buntsandstein als terrestrische Bildung gedeutet (Paul 1982). Ungeachtet seiner tatsächlichen Paläoökologie bildete dieser ausgedehnte Wasserköper die entscheidende Kontrollgröße, die die Anordnung sämtlicher Fazieszonen im Becken steuerte. Innerhalb des Binnenmeeres wurden hauptsächlich tonig-siltige Lithologien abgelagert, die für eine geothermische Nutzung nicht in Betracht kommen. Die nächst folgenden Fazieszonen, die Flachküste und die fluviatile bzw. alluviale Ebene, umschließen das Binnenmeer als konzentrische Faziesgürtel. In diesen wurden hauptsächlich sandige Lithologien abgelagert, dem entsprechend ist ein Potential für eine geothermische Nutzung vorhanden.

Im Unteren Buntsandstein erreichte das Binnenmeer seine größte Ausdehnung und überdeckte weite Gebiete des MEB. Da auch das Norddeutsche Becken in diesem Faziesbereich lag sind im Unteren Buntsandstein keine potentiellen Aquifere ausgebildet. Im Verlauf des Mittleren Buntsandsteins verkleinerte sich die Fläche des Binnenmeers sukzessive und löste damit ein allmähliches progradieren der Flachküsten und folgenden Faziesgürtel in Richtung Beckenzentrum aus (Abb. 14.10). Durch phasenweise Unterbrechungen der Progradation erhielten die Formationen des Mittleren Buntsandsteins ihren typischen Aufbau in Form von Sohlbankzyklen und umfassen zumeist einen Basissandstein und eine Wechselfolge (Boigk 1959; Röhling 1991). Nördlich des Binnenmeeres erstreckte sich die Küste mit angeschlossener fluviatilen Ebene in einem Band von Vorpommern über den Darß bis nach Jütland. Die südliche Küste erstreckte sich bis an die Linie Berlin-Hamburg. Somit besteht ein Nutzungspotential für diese nördlichen bzw. südlichen Faziesgürtel und reduziert sich in den dazwischen liegenden Gebieten (nördliches Niedersachsens, Schleswig-Holstein, Mecklenburg).

Detaillierte Faziesstudien des Buntsandsteins im NDB liegen noch nicht vor. Auf Grund erster grundlegender Arbeiten deute sich jedoch lediglich geringe laterale Faziesdifferenzierungen innerhalb der litoralen Flachküsten bzw. fluviatilen Ebene an. An der Flachküste bewirkte der ständige Wellen- bzw. Brandungseinfluss die Konzentration sandiger Lithologien, die über Küstenlängstransport weite Verbreitung erreichen können. Derartige küstenlängsparallel ausgedehnte, etwa 10–15 km breite und bis zu 80 m mächtige Sandbarren treten z. B. in der Solling-Formation in Niedersachsen (Doetlingen-Sandstein) und im nördlichen Sachsen-Anhalt (Altmark-Sandstein) auf (Röhling 1991). Der hohen late-

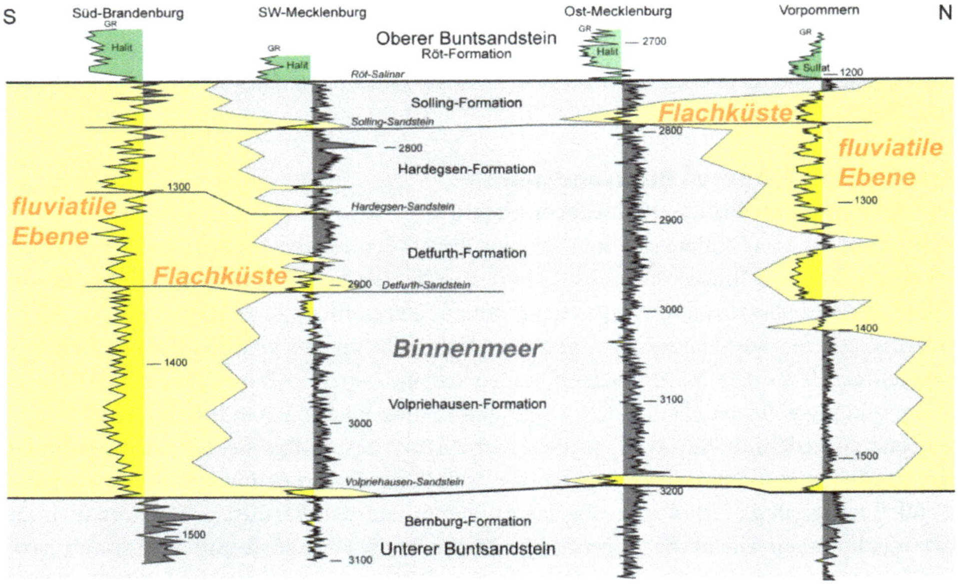

Abb. 14.10 S-N Korrelation des Mittleren Buntsandsteins. Durch Progradation der Flachküsten und angeschlossener fluviatiler Ebenen erstrecken sich sandige Aquifere in einem südlichen Gürtel von Süd-Brandenburg über die Altmark bis in den Raum Hannover und in einem nördlichen Gürtel über Nord-Vorpommern über den Darß bis nach Jütland. In den weiten Gebieten dazwischen sind kaum Aquifere ausgebildet

ralen Kontinuität stehen rasche Fazieswechsel zu tonigen Lithologien in distaler Richtung entgegen, also in Richtung des Beckenzentrums (Abb. 14.10). Auf Grund geeigneter petrophysikalischer Eigenschaften wird dem Doetlingen-Sandstein ein hohes Potential für die geothermische Nutzung bemessen (Schulz und Röhling 2000). Die fluviatilen Ebenen des Mittleren Buntsandsteins wurden von suspensionsarmen verwilderten Zopfströmen durchzogen, die möglicherweise nur eine ephemere Wasserführung aufwiesen. Übergänge zu mäandrierender Rinnenmorphologie sind aus südlichen Aufschlussgebieten bekannt (Tietze 1982; Olsen 1988). Auf Grund der relativ gleichförmigen Ausbildung der Flussebenen des Mittleren Buntsandsteins im Norddeutschen Becken kann auf lateral schlecht abgegrenzte Rinnen geschlossen werden. Zu Zeiten des Transports ergossen sich dann sandreiche Fluten auf die weitgespannten fluviatilen Ebenen und bewirkten eine breite Verteilung sandiger Lithologien. Zwischen einzelnen Transportereignissen ist Umlagerung durch äolischen Transport belegt (Clemmensen 1979). Insgesamt sind die sandigen Ablagerungen der Flussebenen nur durch allmähliche Korngrößentrends gekennzeichnet, so z. B. durch Kornverfeinerung von proximal nach distal. Am Standort Stralsund wurde ein ca. 30 m mächtiger Detfurth-Basissandstein als feinkörniger, gut sortierter Sublitharenit erbohrt, der durchschnittlich 23 % Porosität und 500 mD Permeabilität aufweist und somit durchaus Potential für die geothermische Nutzung besitzt (Wolfgramm et al. 2008)

Aquifere des Oberen Keupers (Rhät) – Sandsteine einer Fluss- und Deltaebene

Ein anderes Bild zeichnete sich im Oberen Keuper durch die Transgression des Rhätmeeres von Westen ab. Dadurch wurden kontinentale Ablagerungsräume in der weiteren Folge sukzessive nach Osten und an die Beckenränder des MEB zurückgedrängt. Im NDB etablierte sich ein flaches Nebenmeer der Tethys, das sich über die Britischen Inseln bis an die Linie Flensburg-Hamburg-Hannover ausdehnte. In das Rhätmeer progradierten von südlichen und nördlichen Liefergebieten weitgespannte Deltaebenen. Dadurch wurde das MEB von etwa N-S verlaufenden Faziesgürteln durchzogen, die die Aquiferbildung kontrollierten (Abb. 14.11). Im NDB kamen Sedimente skandinavischer Provenienz durch mäandrierende Verteilerrinnen zur Ablagerung. Der Aufbau und die Form des sogenannten "Vogelfußdeltas"weisen auf die Dominanz fluviatiler Prozesse hin. An der Mündung der Verteilerrinnen lagerten sich sandige Mündungsbarren ab, zwischen den Verteilerrinnen bildeten Buchten Stillwasserareale. In der vorgelagerten Fazies des Deltas sowie in Buchten wurden vorwiegend dunkle Tonsteine abgelagert, die keinerlei Bedeutung als potentielle Aquifere besitzen. Die weitgespannte Deltaebene ist im Wesentlichen durch rasche laterale Fazieswechsel gekennzeichnet, deren Kenntnis bei der Exploration eine bedeutende Rolle zukommt. Dem entgegen spielen proximal-distal Fazieswechsel kaum eine Rolle. Der in den Verteilerrinnen abgelagerte fein- bis mittelkörnige Sandstein weist von der Oberen Deltaebene bis zur Mündung kaum Korngrößenunterschiede auf. Auf Grund seiner hohen Maturität, sehr guten Sortierung und durchschnittlich 20–35 % Porosität und 500–2500 mD Permeabilität weist er ausgezeichnete Aquiferqualitäten auf, die an verschiedenen Standorten bereits genutzt werden, z. B. Neustadt-Glewe (Franz und Wolfgramm 2008). Durch Überflutung der Uferdämme bei Hochwasser bzw. Dammbrüche ergossen sich Schichtfluten auf die Deltaebene, deren Transportkraft rasch abnahm. Auf Grund von Dammbruchfächern und amalgamierten proximalen Schichtsanden bildeten sich sandreiche Faziesgürtel, die die Rinnen entlang ihres Laufs flankierten. Innerhalb dieser lediglich 1,5–10 km breiten Rinnengürtel wurden bis zu 40 m mächtige Sandsteinlagen abgesetzt, lokal steigen die Mächtigkeiten auf bis zu 60 m an (Abb. 14.11). Abseits dieser Rinnengürtel nimmt der Sandanteil rasch ab, Tonlagen, die in Auen abgesetzt wurden, werden häufiger und mächtiger. Durch Schichtfluten auf der Deltaebene abgelagerte Sandsteine sind typischerweise 5–10 m mächtig und weisen Porositäten zwischen 17–37 % und Permeabilitäten zwischen 1,6–190 mD auf (Franz und Wolfgramm 2008). In der vertikalen Abfolge können mehrere solcher Sandsteine auftreten, die jedoch stets durch tonige Zwischenlagen getrennt sind. Dadurch reduziert sich der Explorationsbereich für eine geothermische Nutzung auf die maximal 10 km breiten Rinnengürtel (Abb. 14.12). Kenntnisse über deren Position sind somit von entscheidender Bedeutung für die Bewertung des Potentials an einem konkreten Standort.

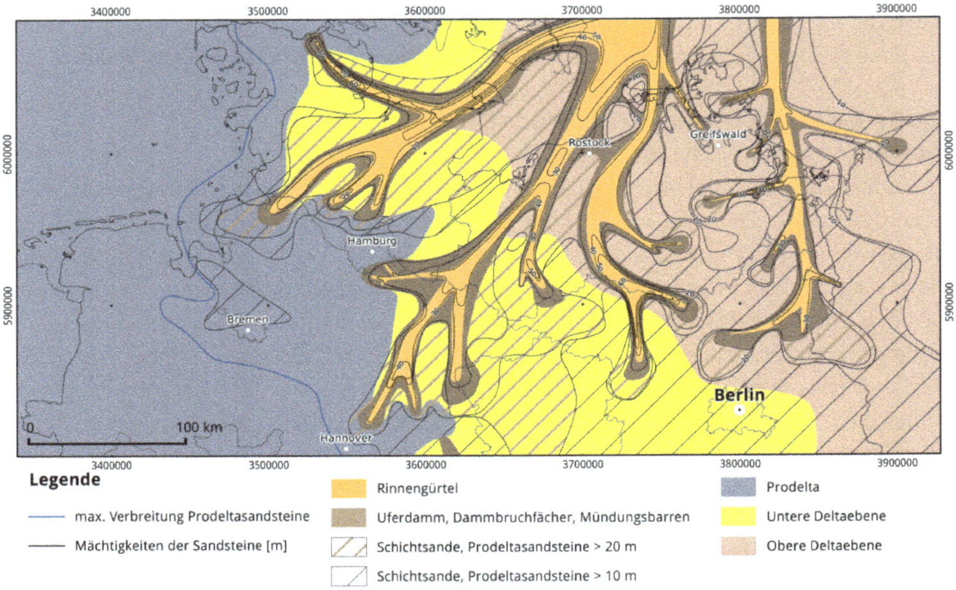

Abb. 14.11 Fazieskarte der Oberen Exter-Formation (Contorta- und Triletes-Sandstein): Der starke klastische Eintrag von skandinavischen Liefergebieten führte zur Bildung eines verzweigten fluviatilen Deltas, das sich über eine Deltaebene in südwestliche Richtung vorbaute. Das vorwiegend tonige Prodelta im westlichen Norddeutschen Becken weist keine Aquifere auf. In bis zu 10 km breiten Rinnengürteln treten bis zu 60 m mächtige mature und gut sortierte Sandstein auf, die sehr gute Reservoirqualitäten besitzen

14.6.2 Petrographie und Diagenese der Sandsteine

Sandsteine setzten sich aus dem Detritus (Ablagerungsmaterial) und der während ihrer Versenkung neu gebildeten Minerale (Versenkungsdiagenese) zusammen. Der Detritus wiederum besteht aus dem Abtragungsschutt umliegender Gebirge. Entsprechend der Transportweite und des Paläoklimas erfolgt die Prägung der Sandsteine. Mit zunehmender Transportweite nehmen so der Anteil an verwitterungsfähigen Bestandteilen und die Korngröße ab, die Rundung und Sortierung der detritischen Partikel nehmen zu. Quarz ist sehr beständig und bildet daher meist den Hauptbestandteil des Detritus. Sind die Sandsteine nicht weit transportiert, ist der Anteil an Gesteinsbruchstücken (Lithoklasten) und Feldspäten entsprechend hoch. Eine Klassifikation der Sandsteine erfolgt nach dem Verhältnis von Quarz, Feldspat und Lithoklasten (Q-F-L). Einen weiteren Einfluss auf die Ausbildung der Sandsteine spielt die Fazies (siehe oben). So enthält ein fluviatil durch einen Fluss abgelagerter Sandstein meist einen hohen Feinkornanteil. Der feinste Feinkornanteil kann mikroskopisch nicht mehr differenziert werden und wird daher als Matrix bezeichnet.

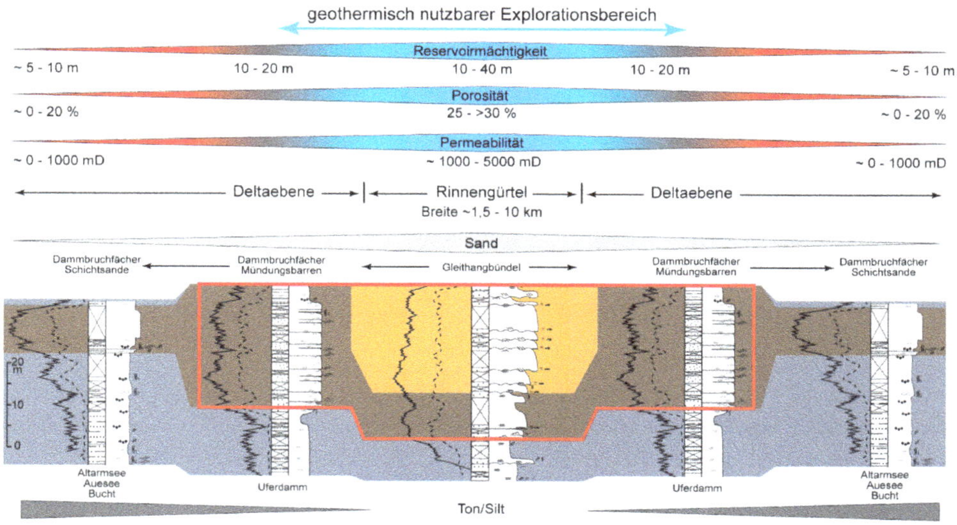

Abb. 14.12 Geothermisches Potential der Deltaebene. Im Bereich der ca. 1,5 bis max. 10 km breiten Rinnengürtel liegen bis zu 60 m mächtige Aquifere vor, deren geothermisches Potential auf Grund von durchschnittlichen Porositätswerten zwischen 25–35 % und Permeabilitätswerten zwischen 500–2500 mD entsprechend hoch bewertet wird. Lateral greifen Schichtsande auf die Deltaebene über deren Mächtigkeiten, Porositäten und Permeabilitäten starken Schwankungen unterliegen und deren geothermisches Potential dem entsprechend niedrig bewertet wird

Die Zusammensetzung der Sandsteine potentieller Aquifere ist in Tab. 14.1 zusammengefasst. Dem entsprechend setzten sich die Partikel zu 69,9–95,7 % aus Quarz, Feldspat und Lithoklasten zusammen, der Rest wird durch Mineralneubildungen wie Porenraumzemente, feinkörnige Matrix (ferritisch-karbonatisch-siliziklastisch) und weitere detritische Partikel wie z. B. Glimmer (Muskovit, Chlorit, Biotit). Während der Anteil der Klasten für die Sandsteine der Unterkreide, des Rhät/Lias und Dogger (Aalensandstein) sehr hoch ist, nimmt er für den Buntsandstein gering und für das Rotliegend und den Schilfsandstein sehr stark ab. Auch der Anteil an Quarz liegt für die erst genannten über 90 %, während er beim Buntsandstein noch ca. 83,4 %, das Rotliegend 76,1 % und den Schilfsandstein nur noch 44.3 % ist.

Dem entsprechend handelt es sich bei den quarzreichen Sandsteinen um Quarzarenite, in Buntsandstein und Rotliegend um Sublitharenite bis Litharenite und im Schilfsandstein um lithoklastführende Arkosen bis feldpatführende Litharenite. Abbildung 14.9 zeigt typische Sandsteine. Die Porositäten (vgl. Abb. 14.5) sind bei diesen Betrachtungen nicht berücksichtigt.

Nach ihrer Ablagerung weisen „gute" Sande üblicherweise Porositäten von 35–40 % auf. Diese Sande werden im Zuge der Beckenentwicklung tief versenkt. Im Falle der Rotliegendsandsteine bis in Tiefen von 5 km und mehr. Diese Versenkung geht einher mit

Tab. 14.1 Zusammensetzung des Detritus der geothermischen Aquifere des NDB nach Dünnschliffintegration, Angabe des jeweiligen Medians in Vol.%, n = Anzahl der untersuchten Proben

Detritus	Unterkreide	Dogger	Lias/Rhät	Schilfsandstein	Buntsandstein	Rotliegend
Quarz	92,5	94,8	93,2	44,3	83,4	76,1
Feldspäte	2,9	2,6	3,2	26,2	6,6	17,6
Lithoklasten	4,1	2,6	3,7	29,8	9,9	6,4
Klasten	95,1	95,7	94,5	69,6	82,3	92,3
Zement + Matrix	4,9	4,3	5,5	30,4	17,7	7,7
Anzahl	16	97	204	33	48	60

einer Diagenese – einer Überprägung der Sandsteine. Unterschieden werden mechanische und chemisch Diagenese. Während der Versenkung der ersten 1000 m werden die Sande kompaktiert und verdichtet. In einigen Faziesbereichen erfolgt lokal bereits sehr früh eine Ausfällung von Anhydrit und Calcit/Dolomit aus dem Porenwasser. Ab Tiefen von ca. 700–800 m beginnt in jedem Falle eine chemische Diagenese. Quarz, der auf Druck sehr empfindlich reagiert, wird „umgelagert“, erste Zemente wachsen an den detritischen Körnern an. Bei weiterer Versenkung lösen sich Feldspäte und Tonminerale auf bzw. werden umgewandelt (Abb. 14.13b). So bilden sich Kaolinitzemente, Smektite werden zu Illit umgewandelt.

Bei Temperaturen oberhalb 100 °C ist eine verstärkte Zementation zu erwarten, dabei werden wiederum die Lithoklasten und Feldspäte umgewandelt. Es können sich porenraumfüllende Zemente aus Calcit, Quarz, Albit (Abb. 14.13) und verschiedenen Tonmineralen bilden (vgl. Wolfgramm und Schmidt-Mumm 2000, 2001). Die Porositäten können bis auf 2–5 % abnehmen. Lokal und häufig an große Bruchsysteme gebunden können sekundäre Porositäten gebildet werden (Gaupp et al. 1993). Andere sekundäre Prozesse bewirken die komplette Anhydritzementation des Porenraums, wie z. B. durch zufließende Salinarwässer in der näheren Umgebung von Salzstöcken. Dieses wurde z. B. in der Bohrung Hamburg Allermöhe 1a beobachtet (Kühn und Günther 2007). Auch über Störungen können Wässer salinarer Folgen in den Aquifer gelangen und den Porenraum füllen, wie z. B. im Bereich des Gasfeldes Thönse, wo Wässer aus dem Gipskeuper in den Rhätaquifer gelangten (Gaupp 1991).

Zusammenfassend kann gesagt werden, dass die Fazies die Grundlage für die Eignung eines Sandsteins als Aquifer ist. Die chemische Diagenese kann den Porenraum verengen und somit die hydraulische Leitfähigkeit verringern, wobei dieser Prozess teilweise reversibel ist (vgl. Wolfgramm et al. 2008). Die mechanische Diagenese ist weniger wirksam. Quarzreiche Gesteine sind für diagenetische Porenraumfüllungen nicht so stark gefährdet, wie die Lithoklast- oder feldspatreichen Arkosen und Litharenite, da das Potential für Mineralumwandlungen kleiner ist.

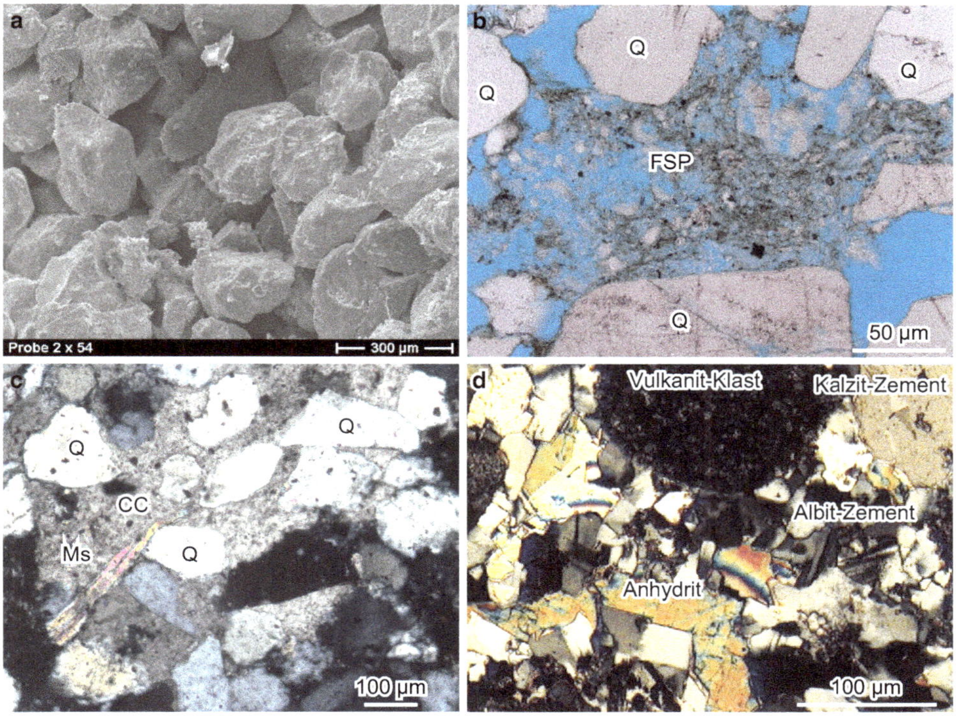

Abb. 14.13 Typische Sandsteine im Dünnschliff bzw. REM, **a** Poröser Rhät-Sandstein mit beginnender Quarzzementation (Aufnahme im REM), **b** Poröser Rhät-Sandstein mit alteriertem Rest eines Feldspats und Kaolinitneubildungen, blau – Porenraum, **c** Calcit-zementierter Rhät-Sandstein, **d** vollständig zementierter Rotliegend-Sandstein , *CC*: Calcit, *Q*: Quarz, *Ms*: Muskovit, *Fsp*: Feldspat

14.6.3 Stressfeld, Spannungen und gesteinsphysikalische Eigenschaften

Unter petrothermale Systemen werden vor allem die Enhanced Geothermal Systems (EGS) verstanden (Bracke, dieser Band). Grundlage aller EGS ist die Erzeugung künstlicher Risse bzw. die Reaktivierung und Erweiterung bestehender Risssysteme. Zur Erzeugung von Störungen und Klüften (Verformungen, *strain*, *failure*) sind Bewegungen von Gesteinseinheiten notwendig. Wenn nun an einem festen Teil der Erde eine Kraft ansetzt, würde normalerweise eine Beschleunigung dieses Bereiches erfolgen, was durch interne mechanische Widerstände verhindert wird. Diese internen mechanischen Widerstände gegen den Kraftansatz werden unter dem Begriff Spannung (stress) zusammengefasst, wobei eine Normalspannung σ_n (senkrecht zur Fläche) und die Scherspannung τ parallel zur Fläche unterschieden werden können. Grundsätzlich lassen sich entsprechend Größe und Orientierung drei Hauptnormalspannungen definieren: σ_1 (größte Hauptnormalspannung), σ_2 (mittlere Hauptnormalspannung) und σ_3 (kleinste Hauptnormalspannung). Das soge-

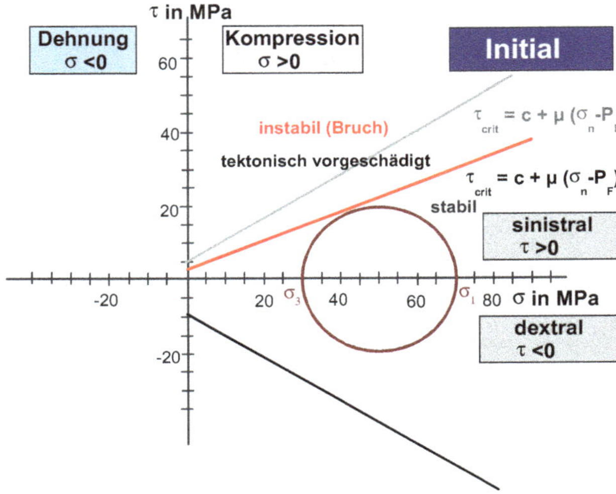

Abb. 14.14 Beispiel eines Mohr'schen Spannungskreises

nannte Mohr-Coulombsche Bruchkriterium gibt an, bei welcher kritischen Scherspannung τ_{crit} ein Gestein versagt (Abb. 14.14).

$$\tau_{\text{crit}} = c + \mu \cdot (\sigma_n - P_F) \,. \tag{14.6}$$

Abbildung 14.14 zeigt ein Beispiel eines Mohrschen Spannungskreises, welcher zwischen σ_1 und σ_3 aufgespannt wird. Im Normalfall befindet sich der „Kreis" unterhalb des Bruchkriteriums, dabei ist der Anstieg der Kurve durch den Reibungskoeffizienten μ bestimmt, welcher im Normalfall zwischen 0,40–0,85 variiert. Diese wiederum ist bestimmt durch das Elastizitätsmodul und die Poissonzahl v, die für viele Gesteine um 0,2–0,3 variiert. Bei einer Vorschädigung des Gebirges ist der Anstieg der Kurve geringer, dass Bruchkriterium wird somit eher erreicht. Ein Riss wird nur gebildet, wenn der Mohrsche Spannungskreis das Bruchkriterium schneidet. Dies wiederum passiert z. B. wenn der Porenfluiddruck gesteigert wird, was z. B. beim Einpressen eines Injektionsfluids der Fall ist. Dann verschiebt sich der Kreis (Abb. 14.14) nach links.

Anderson (1951) definierte Spannungsregimes der vertikalen und horizontalen Spannungen (σ_V, σ_h, σ_H) in ihrer Zuordnung zu maximaler, mittlerer und minimaler Hauptnormalspannung (σ_1, σ_2, σ_3). Die vertikale Hauptnormalspannung σ_V wird durch die Gravitation und somit „Masse" der Gesteine geprägt und lässt sich durch eine Integration der Dichte über die Tiefe berechnen. Basierend auf einer mittleren Gesteinsdichte von 2600 kg/m^3 ergäbe sich ein vertikaler Spannungsgradient von ca. 0,0255 MPa/m. Dem entsprechend wär die Spannung in 1 km Tiefe 25,5 MPa, in 2 km 51,0 MPa etc. Der relevante Druck wird auch als lithostatischer Druck bezeichnet. Für die Abschätzung des Porenfluiddruckes wird angenommen, dass alle Poren und Klüfte hydraulisch miteinander verknüpft sind. Damit errechnet sich der Porenfluiddruck aus der „Masse" der überlagernden Wassersäule.

Zur Bestimmung der Spannungen σ_H, σ_h wird die Methode von Zoback et al. (2003) basierend auf Jaeger und Cook (1979) verwendet, welche die limitierenden Spannungen entsprechend der Tiefe und σ_v abschätzen. Sind bereits Störungen vorhanden, sollte geprüft werden, ob diese reaktivierbar sind. Einen modernen Ansatz zur Bewertung der Reaktivierbarkeit von Störungen liefern Morris et al. (1996). In Anlehnung daran wird die Reaktivierbarkeit von Störungen durch das Verhältnis von Scher- zu Normalspannung auf einer Fläche als „Slip Tendency" T_s (Morris et al. 1996) definiert. Ein Gleiten auf Störungsflächen findet bei hohen T_s-Werten (> 0,6) statt, ist aber in Abhängigkeit der Eigenschaften der Störung (z. B. μ) auch bei kleineren Werten möglich. Die sogenannten „Dilation Tendency" gibt die Extensionstendenzen einer Störung wider. Die T_d-Werte liegen zwischen 0 und 1, wobei 1 auf die maximale Extensionstendenz einer Störungszone im rezenten regionalen tektonischen Spannungsfeld hinweist. Störungen mit hoher Slip Tendency und Dilation Tendency sind für die geothermische Prospektion relevant. Im Nahbereich solcher Störungen ist mit der Bildung eines Kluftaquifers zu rechnen.

Aufgrund ihrer guten Gesteinsmechanischen Eigenschaften sind im Norddeutschen Becken besonders die permokarbonen Vulkanite für EGS geeignet, erste Tests fanden in Groß Schönebeck statt (Zimmermann et al. 2010). Weitere rigide Gesteine finden sich im Buntsandstein, der wegen seiner Lage oberhalb des Zechsteins eine gute Option für hydraulische Stimulationen bildet, wie in Horstberg und der Bohrung Buchholz Gt-1 gezeigt wurde (Orzol et al. 2005; Krug et al. 2010). Für eine Exploration bzgl. EGS ist es notwendig, die oben genannten gesteinsmechanischen Parameter und Spannungsmagnituden zu bestimmen. Zusätzlich muss die Ausrichtung des Spannunsfeldes ermittelt werden, wobei die World Stress Map einen guten Überblick liefert (Heidbach et al. 2008). Danach kommen mehrere Möglichkeiten in Betracht. Zum einen kann wie in den oben genannten Beispielen versucht werden, einen Riss mit einer ausreichenden hydraulischen Leitfähigkeit zu schaffen. Weiterhin ist es möglich, ein bestehendes Paläo-Kluftsystem zu nutzen, wenn die Slip-Dilation-Tendency-Analyse eine grundsätzlich Eignung ergeben hat. Preferiert wird aktuell aber das Multirisssystem (vgl. auch Bracke, dieser Band). Das Multirisssystem muss auf Basis von Fracsimulationen dimensioniert werden.

Die EGS sind aktuell noch im Forschungsstadium. Ein langfristiger Nachweis ihrer Eignung im NDB steht noch aus, erste generelle Ergebnisse liefert die Geothermieanlage in Soultz-sous-Forêts.

14.7 Geophysikalische Erkundung

Reflexionsseismische Untersuchungen sind die Grundlage vorhandener Kartenwerke, wie des geothermischen Kartenwerkes oder des geotektonischen Atlasses. Das physikalische Prinzip ist dabei einfach. Von einem Punkt an der Oberfläche wird ein Signal in den Untergrund gesendet, wobei u. a. Vibratoren, Fallgewichte oder Sprengungen genutzt werden. Die so erzeugten Schallwellen werden im Untergrund an Grenzen zwischen Gesteinen unterschiedlicher Impedanz teilweise reflektiert und diese reflektierten Wellen an der Oberfläche von flächen- oder linienhaft angeordneter Geophongruppen gemessen. Messwerte sind die „Zeiten", die die Welle vom Anregungspunkt bis zum Reflektionspunkt und dann zurück zum jeweiligen Geophon benötigt. Die obertägigen Anregungen erfolgen an mehreren Punkten, entweder auf einer „Linie" (2D) oder auf einer „Fläche" (3D). Die so gewonnenen Zeitbilder des Untergrundes werden bearbeitet (vgl. Bißmann und Kahnt, dieser Band). Wichtig ist dabei vor allem die Migration, welche den Einfluss von Schichteinfallen etc. berücksichtigt. Allein aufgrund geometrischer Probleme ergeben sich so bei Störungen oder steil einfallenden Schichten bei der 2D-Seismik große Abweichungen vom tatsächlichen Strukturbau, welche bei der 3D-Seismik berücksichtigt sind. Im NDB sind eine Reihe von Horizonten mittels seismischer Messungen zu ermitteln (vgl. Reinhardt 1993), das sind z. B. die Reflektoren im Übergang von siliziklastischen Gesteinen des Buntsandsteins zu den Evaporiten des Zechsteins. Eine direkte Identifikation von Aquiferen ist nicht möglich.

Von großer Bedeutung für die geologischen Modelle ist die Zeit-Tiefenwandlung der vorliegenden Zeitdarstellungen. Dabei müssen den zu unterscheidenden Gesteinspaketen Geschwindigkeiten zugewiesen werden. Diese Geschwindigkeiten lassen sich am genausten durch Bohrungen determinieren, die auf einer seismischen Linie liegen und über entsprechende bohrlochgeophysikalische Messungen verfügen. Relevant sind hier akustische Verfahren (Sonic-Log) oder Density-Logs. Auch mittels sogenannter „Check shots" oder „VSP-Seismik" ist eine Zuordnung der Reflektoren zu genauen Tiefen möglich.

Nach der Zeittiefenwandlung liegen Tiefeninformationen bestimmter Gesteinsgrenzen vor. Im NDB existiert eine große Anzahl von solchen relevanten Gesteinsgrenzen, so dass die Auflösung ins Liegenden (nach unten) immer schwieriger wird. So lässt sich die Zechsteinbasis meist noch recht gut ermitteln, tiefer sind jedoch kaum noch Reflektionen sicht- und interpretierbar. Das gilt auch für optimale Parameter während der seismischen Exploration (Anregungsenergie, Anzahl der Anregungen, Abstand der Anregungen, Abstand der Geophone etc.). Oberhalb lassen sich Vorkommen, Tiefenlage und Störungen recht gut ermitteln. Da die geochemische Zusammensetzung und die physikalischen Parameter (z. B. Dichte) von Sand- und Siltsteinen/Tonsteinen sehr ähnlich sind, ist eine Identifikation von Sandsteinpaketen in den üblicherweise vorkommenden Sandstein-Tonsteinwechsellagerungen nicht möglich. Die Auflösung der Untersuchungsmethode ist einfach zu gering.

Mittels seismischer Untersuchungen lassen sich unter Hinzunahme von Bohrungsdaten Tiefenlinienpläne vorkommender Sandsteinhorizonte darstellen. Darüber hinaus lassen sich Störungen und Salzstöcke identifizieren. Die Korrelation von komplexen Störungsmustern ist dabei nur mittels 3D-Seismik möglich. Einfache Lagerung (wenig Störungen, relativ gleichmäßiges Schichteinfallen) benötigt auch nur 2D-seismische Untersuchungen.

Weitere geophysikalische Methoden wie die Gravimetrie und Magnetik liefern nur Hinweise für tiefere Aquifere. So vermuten Bachmann und Grosse (1989) auf Grund von Schweremessungen im Norden von Hannover ein basisch-intermediärer Intrusivkörper. Solche Informationen sind wichtige Indizien, eine Exploration im Sinne der Aufgabenstellung ist jedoch nicht möglich.

14.8 Risikoabschätzung

Zu Beginn einer Explorationsphase ist eine Prognose über den Projektverlauf schwierig und von subjektiven Einschätzungen geprägt wie: „geringe Unsicherheiten“, „hohe Wahrscheinlichkeit“ etc. Mittels solcher Einschätzungen ist es schwer, eine Erfolgswahrscheinlichkeit für ein Projekt zu ermitteln. Bezüglich der Wahrscheinlichkeiten zur Auffindung von Kohlenwasserstoffen haben Lerche und MacKay (1999) basierend auf den Arbeiten von P. Rose eine Konvertierung dieser qualitativen Einschätzungen mit einer Angabe von Bereichen für die Erfolgswahrscheinlichkeit (quantitativ) vorgestellt. Die Skala reicht von „hohem geologischen Risiko“ über „eine mäßige Chance“, 50/50-Chance bis hin zu „gut begründete geologische Chance“ und „praktisch sicher“.

In der Geothermie wurden POS-Studien (Probability of Success, Erfolgswahrscheinlichkeit) vor allem durch Herrn Dr. Schulz vom LIAG durchgeführt, der sein Vorgehen und seine Erfahrungen dazu vielfach publiziert hat (u. a. Schulz et al. 2003). Diese Arbeiten sind auf den Geothermieaquifer Malm des süddeutschen Molassebeckens fokussiert, welcher durch eine größere Anzahl von Geothermie- und anderen Bohrungen erschlossen ist. Zwei Parameter werden dabei berücksichtigt, zum einen die Förderrate (bei vorgegebener Absenkung des Wasserspiegels) und zum anderen die Temperatur. Als POS wird dabei definiert:

$$\mathrm{POS} = \frac{\sum \mathrm{W_i} \cdot \mathrm{A_i}}{\sum \mathrm{W_i}} \tag{14.7}$$

A_i 1 – erfolgreich, 0 – nicht erfolgreich
W_i Wichtungsfaktor

Als Wichtungsfaktoren wurden hier einerseits die Entfernung der Bohrungen mit den vorhandenen Daten zum Explorationsstandort und zum anderen die Nutzung der Bohrung verwendet. Die POS-Studie wurde dabei auf eine bestimmte Teufe durchgeführt. Vergleichbar mit den POS-Studien für die KW-Lagerstätten wurden die beiden Einzelwahrscheinlichkeiten multipliziert und somit eine Erfolgswahrscheinlichkeit des Projektes angegeben.

Im Unterschied zum bayrischen Molassebecken existieren im NDB nur wenige Bohrungen mit Testdaten für die relevanten Aquifere. So kann zwar die Temperatur mittels des genannten Verfahrens bewertet werden, die Produktivität einer geplanten Bohrung jedoch nicht. Aus (14.3) bis (14.5) ergibt sich, dass die relevanten Parameter zur Bestimmung einer Förderrate und somit der Produktivität in erster Linie die effektive Mächtigkeit und zum anderen die Permeabilität des Aquifers sind. Diese müssen hinsichtlich ihrer Daten bewertet werden. Dabei müssen neben dem Abstand der Altdaten vor allem auch die Lage in dem jeweiligen Faziesraum berücksichtigt werden.

14.9 Erkundungsbohrung

Wenn alle verfügbaren Altdaten ausgewertet, neue geophysikalische Messungen durchgeführt wurden, kann nur eine Explorationsbohrung nachweisen, ob die prognostizierten Parameter zutreffend sind. Die Entscheidung zu einer solchen Bohrung sollte auf Basis einer Risikoabschätzung erfolgen, was nicht immer ganz einfach ist, da diese voraussetzt, das in der näheren Umgebung relevante Bohrungs- und Testdaten vorliegen. Eine Erkundungsbohrung muss später immer auch als Geothermiebohrung nutzbar sein.

Das Design der Bohrung hängt von der Zielstellung, den gegebenen lokalen Verhältnissen (Verfügbarkeit von geeigneten Grundstücken) und bohrtechnischen Beschränkungen ab. Sie geben die Dimensionierung der Verrohrung und Ablenkung vor. So muss beispielsweise berücksichtigt werden, dass für den geothermischen Betrieb eine Tiefpumpe eingebaut werden muss, diese kann nur in einen senkrechten Abschnitt der Bohrung verbracht werden. Ausführliche Beschreibungen finden sich bei Falcone und Teodoriu (dieser Band). Wichtig ist, dass beim Abteufen der Bohrung vorhandene potentielle Aquifere im „Vorwärtsgang" mit einem sogenannten Gestängelifttest (GLT, gaslift downhole shut in, Abb. 14.15) getestet werden. Diese Daten liefern wichtige Hinweise auf mögliche Ausweichhorizonte. Von großer Bedeutung bei einer Explorationsbohrung ist, dass für die relevanten Aquifere alle wichtigen Parameter ermittelt werden. Bohrkernentnahmen ermöglichen es, die Porosität und Permeabilitätsverteilung zu ermitteln. Alternativ lassen sich bestimmte bohrlochgeophysikalische Messungen durchführen (Abschn. 14.3). Am wichtigsten ist aber der hydraulische Test des Hauptaquifers. Es kommen mehrere Testverfahren in Betracht (Abb. 14.15). Die preisgünstigste und sinnvollste Variante ist dabei der Lifttest (Casing-Lifttest, CLT, Gestängelifttest GLT). Aufgrund des hohen Salzgehaltes und potentieller Gasführung ist als Liftmedium Stickstoff bevorzugt. Bei höheren Gasgehalten ist der GLT zu realisieren. Die geförderten Tiefenwässer müssen, da es sich dabei um Sonderabfall handelt, kostenintensiv entsorgt werden. Zudem sind die Ergebnisse von Kurzzeittests nur für

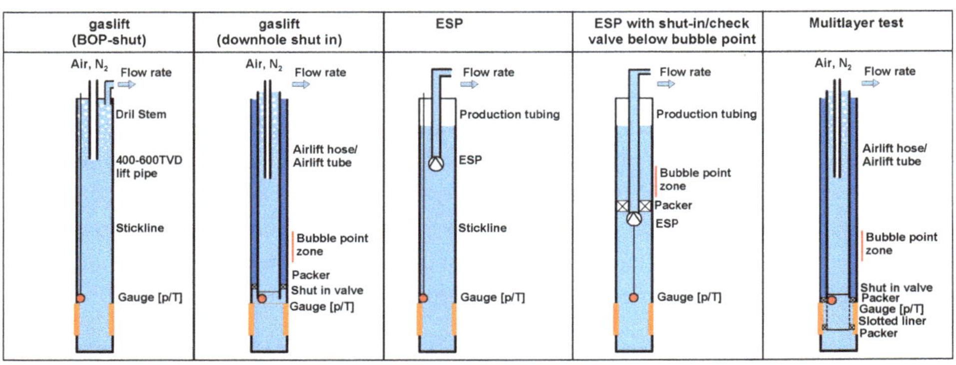

Abb. 14.15 Testarten geothermischer Aquifere im NDB

allgemeine Aussagen zu nutzen. Folglich wurden bislang solche Tests auf wenige Stunden begrenzt. Es wird ein Stufentest mit drei Stufen realisiert. Bei den Tests werden die Förderrate obertägig und der Schichtdruck und -temperatur mittels p/T-Sonde gemessen. Die Sonde wird mittels Stahlseil an der Aquiferoberkante positioniert.

Von großer Bedeutung für Sandsteinaquifere ist der Ausbau der Bohrung im Speicherbereich. Die Art des Ausbaus (Abb. 14.16) hängt von der Tiefenlage und der Art der Bohrung ab. Bis ca. 1700 m sind die Sandsteine häufig sehr porös und „locker". Diese Bohrungen sind mittels Wickeldrahtfilter und Gravel-Pack zu sichern. Die Ausbauvariante ist grundsätzlich für Injektionsbohrungen vorzusehen. Somit wird der Transport von feinkörnigen Partikeln und ein irreversibles Verstopfen im Bohrlochnahen Bereich verhindert. Die Dimensionierung der Schlitzweite des Filters und der Korngröße des Filterkieses muss an die Korngrößenzusammensetzung des Aquifers angepasst sein. Letztere wird aus Siebanalysen von zuvor genommenen Bohrkernen bestimmt. Handelt es sich um standfeste Sandsteine in größeren Tiefen, kann das Bohrloch als Open-Hole-Komplettierung ausgebaut werden. Die Lochliner- und Cased-Hole-Komplettierung sind eher für EGS-Bohrungen relevant. Auf Basis der Daten der ersten Bohrung erfolgt eine Modifikation der hydraulisch-thermischen Modellierung und Anpassung der Bohrungsplanung der zweiten Bohrung.

14.10 Komplettierung und Probebetrieb

Eine Geothermieanlage erfolgt immer im Dublettenblettenbetrieb, d. h. es ist mindestens eine Förder- und eine Injektionsbohrung notwendig. Zur Komplettierung der Anlage ist also die Errichtung einer zweiten Bohrung notwendig. Im Gegensatz zu Projekten in der Molasse (vgl. Steiner et al. dieser Band) sind nach Vorliegen der Untersuchungsergebnisse der ersten Bohrung die zu erwartenden Verhältnisse in der zweiten Bohrung sehr gut zu prognostizieren, da poröse Sandsteine lokal gesehen nahezu homogene Wasserleiter sind. Nachdem die Erkundungsbohrung intensiv untersucht wurde, kann die zweite und weitere Bohrungen mit reduziertem Aufwand abgeteuft werden. Eine Entscheidung darüber, welche der Bohrungen Förder- und welche Injektionsbohrung wird, kann bereits vorab entschieden werden. Unerwartet höhere Temperaturen oder Produktivitäten sind nicht zu erwarten. Für die zweite Bohrung sind Teste im Vorwärtsgang ebenso unnötig wie ein überdimensioniertes bohrlochgeophysikalisches Messprogramm, Standardmessungen wie Bohrlochabweichung, Gamma-Ray-Log, Kaliber-Log und ein Widerstandslog sind ausreichend. Es erfolgt ein Kurzzeittest der Bohrung, wobei während dieses Testes zusätzlich der Druck in der ersten Bohrung mittels p/T-Tool gemessen wird. Dieses sollte optimaler Weise auf Speicheroberkante hängen. Unter Umständen ist es aber ausreichend, die Messung in 300–500 m Tiefe zu realisieren. Diese Messungen ergeben die hydraulischen Eigenschaften zwischen den zwei Bohrungen. Wesentlich bedeutsamer ist der anschließende Zirkulationstest. Bei diesem sind beide Bohrungen bereits durch obertägige Leitungen miteinander verbunden, häufig wird hier schon die Endinstallation verwendet. Der Zirkulationstest wird mittels Tiefpumpe (EPS, Abb. 14.15) realisiert. Der Test wird mit zwei bis drei Stufen

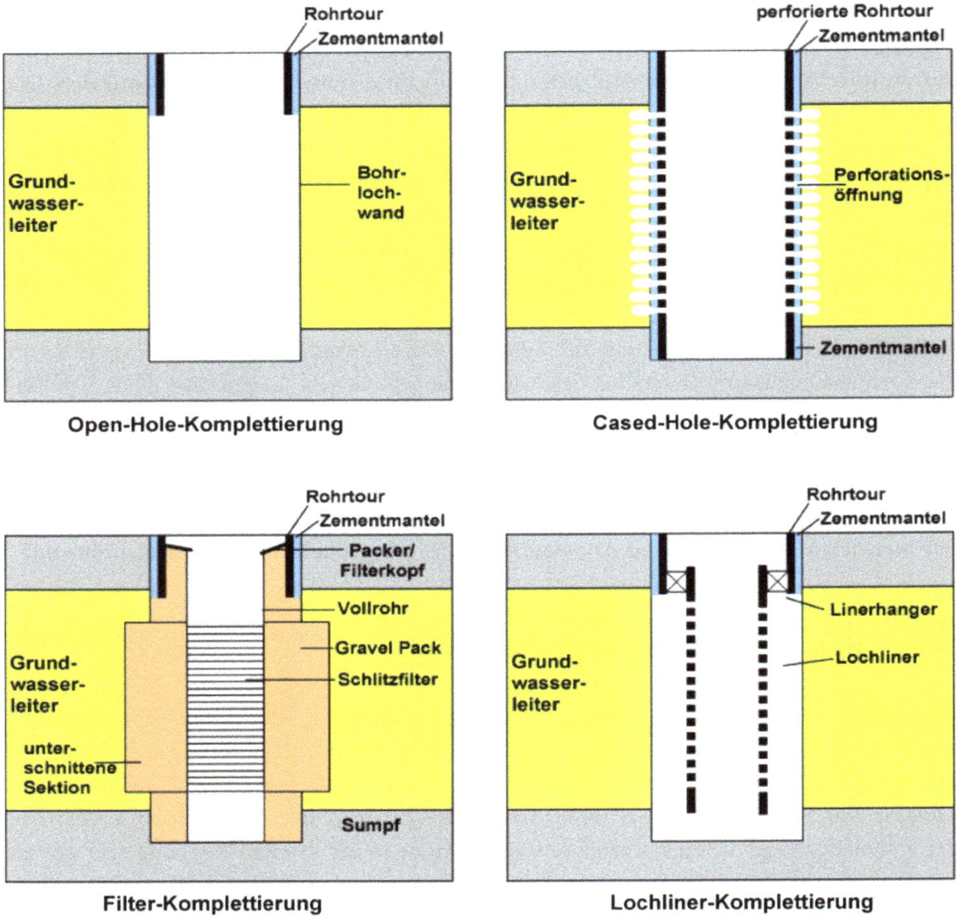

Abb. 14.16 Ausbauarten von Bohrungen im NDB

gefahren, wobei eine der Förderraten der Größenordnung nach der des späteren Betriebes entsprechen sollte. Dabei wird der Test so lange gefahren, bis quasistationäre Verhältnisse eingetreten sind, sich der Druckabfall in der Förderbohrung und der Druckaufbau in der Injektionsbohrung nicht mehr ändern. Im Normalfall dauert der Zirkulationstest ca. 3 Wochen. Häufig wird bereits ein Wärmetauscher verwendet, der das geförderte Wasser abkühlt. Das ist notwendig, weil die Injektion von Wässern mit Schichttemperatur aufgrund der geringeren Dichte des Fluids mit gegebenenfalls zu hohen Injektionsdrücken gefahren werden müsste. Im Ergebnis des Zirkulationstestes können die hydraulischen Parameter des Reservoirs abschließend bestimmt und eine Tiefpumpe mit möglichst hohem Wirkungsgrad ausgewählt werden.

Im Anschluss erfolgen der Probebetrieb und ein intensives Monitoring.

14.11 Diskussion zum Stand der Exploration im NDB

Das NDB ist durch eine große Anzahl an Altbohrungen inkl. relevanter Altseismik erkundet. Eine ganze Reihe der Bohrungen sind dabei sehr tief, weil ihr Untersuchungsgegenstand die Kohlenwasserstoffe waren, die teilweise im Rotliegend gespeichert sind. Dem entsprechend sind Vorkommen, Verbreitung und Ausbildung relevanter geothermischer Aquifere gut bekannt. Im Rahmen aktueller Forschungen wird die Fazies und Diagenese mesozoischer Sandsteine untersucht (http://www.sandsteinfazies.de). Dabei wird deutlich, dass eine einfache Interpolation der Sandsteinmächtigkeiten nicht zu ausreichend guten Ergebnissen führt. Vielmehr muss die Fazies entsprechender Sandsteine bekannt sein, da die hydraulischen Eigenschaften besonders durch primäre Ablagerungsbedingungen und mit zunehmender Tiefenlage auch durch die Diagenese geprägt werden. Noch unklar ist, wie stark die Diagenese für tief versenkte Sandsteine (> 3 km) ausgebildet ist. Anhydritzementationen wie in Hamburg-Allermöhe Gt1a oder den Bohrungen im Gasfeld Thönse werden auf zufließende Zechstein- bzw. Gipskeuperwässer zurückgeführt. Wie stark allerdings die chemische Diagenese selbst wirksam ist, ist noch nicht umfassend geklärt.

Großer Forschungsbedarf besteht noch bzgl. der EGS. Es ist anzunehmen, dass die permokarbonen Vulkanite aufgrund ihrer Gesteinseigenschaften gut für eine Stimulation geeignet sind. Der Aufschluss dieser Gesteine ist allerdings noch nicht schlussendlich geklärt. In Horstberg und der Groß Buchholz konnten gute Ergebnisse bei der Schaffung künstlicher Risse erreicht werden. Allerdings ist noch nicht klar, ob die Reaktivierung einer Störungszone oder aber das Multirisssystem geeignet sind, um ausreichende Förderraten realisieren zu können. Die größten Hoffnungen bestehen sicher in den Multirisssystemen. Allerdings ist die Frage einer geeigneten Dimensionierung (Abstand, Kluftlänge) ebenso unklar, wie auch eine mögliche Beeinflussung der verschiedenen Stimulationen. Erschwerend kommt hinzu, dass die hydraulischen Stimulationsverfahren zurzeit kontrovers diskutiert werden.

Danksagung Die hier dargestellten Daten und Informationen wurden in Projekten erarbeitet, die vom Bundesministerium für Umweltschutz und Reaktorsicherheit (BMU) gefördert wurden. Das betrifft das Forschungsvorhaben „Sandsteinfazies" (Förderkennzeichnen: 0325285) ebenso wie „GeotIS" (Förderkennzeichnen: 0327542) und „Planungswerkzeuge" (Förderkennzeichnen: 0329951E).

Literatur

Agemar, T., Alten, J.-A., Ganz, B., Kuder, J., Kühne, K., Schumacher, S., Schulz, R.: The Geothermal Information System for Germany – GeotIS. – ZDGG (2014). im Druck

Agemar, T., Schellschmidt, R., Schulz, R.: Subsurface temperature distribution in Germany. Geothermics **44**, 65–77 (2012)

Archer, D.G.: Thermodynamic properties of the NaCl+H2O system. II. Thermodynamic properties of NaCl(aq), NaCl·2H2O(cr), and phase equilibria. J. Phys. Chem. Ref. Data **21**(4), 793–829 (1992)

Archie, G.E.: The electric resistivity log as an aid in determining some reservoir characteristics. Trans. AIME **146**, 54–62 (1942)

Bachmann, G.H., Hoffmann, N. (1997): Development of the Rotliegend Basin in Northern Germany. Geol. Jb. **D103**, 9–31

Bachmann, G.H., Hoffmann, N.: Bildung und Entwicklung des Norddeutschen Rotliegend Beckens. In: Plein, E. (Hrsg.) Rotliegend, Teil II, Norddeutsches Rotliegendbecken, Bd. 183, S. 156–169. Courier Forsch. Inst. Senckenberg, Frankfurt am Main (1995)

Bachmann, G.H., Hoffmann, N.: Manteldiapirismus und Genese des Norddeutschen Beckens. Zbl. Geol. Paläontol. **Teil I.**, 9–10 (1993)

Bachmann, G.H., Grosse, S.: Struktur und Entstehung des Norddeutschen Beckens – geologisch und geophysikalische Interpretation einer verbesserten Bouguer – Schwerekarte. Nds. Akad. Geowiss. Veröfftl. **2**, 23–47 (1989)

Baldschuhn, R., Binot, F., Fleig, S., Kockel, F.: Geotektonischer Atlas von Nordwestdeutschland und dem deutschen Nordsee-Sektor. Geol. Jb, Reihe A **153**, 1–88 (2001)

Benek, R., Kramer, W., McCann, T., Scheck, M., Negendank, J.F.W., Korich, D., Huebscher, H.D., Bayer, U.: Permo-Carboniferous magmatism of Northeast German Basin. Tectonophysics **266**, 379–404 (1996)

Beutler, G., Röhling, H.-G., Schulz, R., Werner, K.-H.: Regionale Untersuchungen von geothermischen Reserven und Ressourcen in Nordwestdeutschland. Endbericht, LBEG, Archiv-Nr. 111 758, Hannover (1994)

Boigk, H.: Zur Gliederung und Fazies des Buntsandsteins zwischen Harz und Emsland. Geol. Jb. **76**, 597–636 (1959)

Birner, J., Bartels, J., Schlagermann, P., Mergner, H., Wolfgramm, M.: Dichte, Viskosität und Wärmekapazität hochmineralisierter Thermalwässer in Abhängigkeit von Druck, Temperatur und Gesamtlösungsinhalt. bbr **63**(Sonderheft Geothermie), 90–97 (2013)

Clemmensen, L.B.: Triassic lacustrine red-beds and paleoclimate: The "Buntsandstein" of Helgoland and the Malmros Klingt Member of East Greenland. Geol Rdsch **68**, 748–774 (1979)

DEKORP-Basin- Research-Group: The deep crustal structure of the Northeast German Basin: New DEKORP-Basin'96 deep-profiling results. Geology **27**, 55–58 (1999)

Feldrappe, H., Obst, K., Wolfgramm, M.: Die mesozoischen Aquifere des Norddeutschen Beckens und ihr Potential für die geothermische Nutzung. Z. geol. Wiss **36**(4-5), 199–222 (2008)

Förster, A.: Analysis of borehole temperature data in the Northeast German Basin; continuous logs versus bottom-hole temperatures. Petroleum Geoscience **7**, 241–254 (2001)

Franke, D.: Der präpermische Untergrund der Mitteleuropäischen Senke - Fakten und Hypothesen. Nds. Akad. Geowiss. Veröfftl. **4**, 19–75 (1990a)

Franke, D.: The north-west part of the Tornquist-Teisseyre zone - platform margin or intraplate structure? Z. Angew. Geol. **36**(2), 45–48 (1990b)

Franke, D., Hoffmann, N.: Die regionale Stellung der externen variszischen Zone Nordostdeutschlands im Gesamtrahmen Mittel- und Westeuropas. Z. Geol. Wiss. **25**(3/4), 375–412 (1997)

Franke, D., Hoffmann, N., Kamps, J.: Alter und struktureller Bau des Grungebirges im Nordteil der DDR. Z. Angew. Geol. **35**(10/11), 289–296 (1989)

Franz, M., Wolfgramm, M.: Sedimentologie, Petrologie und Fazies geothermischer Reservoire des Norddeutschen Beckens am Beispiel der Exter-Formation (Oberer Keuper, Rhaetium) NE-Deutschlands. Z. geol. Wiss. **36**(4–5), 223–248 (2008)

Gabriel, W.: Der permokrabone Vulkanismus der Altmark. Diss. Universität Halle (1989) 191 S, unveröff.

Gaupp, R.: Zur Fazies und Diagenese des Mittelrhät – Hauptsandsteins im Gasfeld Thönse. Nds. Akad. Geowiss. Veröfftl. **6**(34), 55 (1991)

Gaupp, R.: Diagenesis types and their applications in diagenesis mapping. Zbl. Geol. Paläont. **I**(11/12), 1183–1199 (1994)

Gaupp, R., Matter, A., Platt, J., Ramseyer, K., Walzebuck, J.: Diagenesis and fluid evolution of deeply buried Permian (Rotliegende) Gas Reservoirs. AAPG **7**(V7), 1111–1128 (1993)

Heidbach, O., Tingay, M., Barth, A., Reinecker, J., Kurfeß, D., Müller, B.: Global crustal stress pattern based on the World Stress Map database release 2008. Tectonophysics **482**(1–4), 3–15 (2008)

Hermanrud, C., Cao, S., Lerche, I.: Estimates of virgin rock temperature derived from BHT measurements. Bias and error. Geophysics **55**(7), 924–931 (1990)

Hoffmann, N.: Zur paläodynamischen Entwicklung des Präzechsteins in der Nordostdeutschen Senke. Nds. Akad. Geowiss. Veröfftl. **4**, 5–18 (1990)

Hoffmann, N., Franke, D.: The Avalonia-Baltica Suture in NE Germany – New Constraints and Alternative Interpretations. Z. Geol. Wiss **25**(1/2), 3–14 (1997)

Hoffmann, N., Jödicke, H., Fluche, B., Jording, A., Müller, W.: Modellvorstellungen zur Verbreitung potentieller präwestfalischer Erdgas-Muttergesteine in Norddeutschland – Ergebnisse neuer magnetotellurischer Messungen. Z. Angew. Geol. **33**(3), 140–158 (1998)

Huebscher, H.D.: Petrologie der andesitischen subsequenten Vulkanite im Ostbrandenburger Vulkanitkomplex und deren epigenetische Umwandlungen. Diss. Universität Greifswald (1989) 143 S.

Kedzierski, J.: Sequenzstratigraphie des Muschelkalks im Östlichen Teil des Germanischen Beckens (Deutschland, Polen). Dissertation Martin-Luther-Universität Halle-Wittenberg, S. 1–102 (2000)

Korich, D.: Beiträge zur stofflichen Analyse, Genese und regionalgeologischen Situation der subsequenten, permosilesischen Magmatite aus dem DDR-Teil der Mitteleuropäischen Senke. Dissertation Uni Greifswald, 1–237 (1986)

Krug, S., Gerling, J.P., Hesshaus, A., Jatho, R., Ochmann, N., Orilski, J., Tischner, T., Wonik, T.: Geophysikalische und -hydraulische Untersuchungen an der GeneSys Bohrung Hannover Der Geothermiekongress 2010, Karlsruhe, S. 1–9 (2010)

Kühn, M., Günther, A.: Stratabound Rayleigh convection observed in a 4D hydrothermal reactive transport model based on the regional geological evolution of Allermöhe (Germany). Geofluids **7**, 301–312 (2007)

Kühne, K., Maul, A.-A., Gorling, L.: Aufbau eines Fachinformationssystems Geophysik. Z. Angew. Geol. **2**, 48–53 (2003)

Lerche, I., MacKay, J.A.: Economic Risk in Hydrocarbon Exploration. Academic Press, San Diego, S. 1–403 (1999)

Mao, S., Duan, Z.: The P,V,T,x properties of binary aqueous chloride solutions up to T = 573 Kand 100 MPa. J. Chem. Thermodynamics **40**, 1046–1063 (2008)

Mao, S., Duan, Z.: The Viscosity of Aqueous alkali-chloride Solutions up to 623 K, 1000 bar and high ionic strength. Intl. J. of Thermophysics **30**, 1510–1523 (2009)

Marx, J.: Die permokarbonen Magmatite Nordwestdeutschlands im Vergleich zu den magmatischen Serien angrenzender Gebiete. Verbreitung, Petrographie, Geochemie, Vulkanostratigraphie. Diss. Universität Hannover (1994) 198 S, unveröff.

Naumann, D.: Salinare Tiefenwässer in Norddeutschland – Gas- und isotopengeo-chemische Untersuchungen zur Herkunft und geothermischen Nutzung. GFZ Potsdam Scient. Techn. Rep. **STR00**(2), 1–116 (2000)

Noack, V., Schröder, J.H.: Porosity Development and Distribution in the Rüdersdorfer Schaumkalk (Middle Triassic) of the Gas Store. Facies, Berlin, Germany, S. 255–268 (2003)

Nöldeke, W., Schwab, G.: Zur tektonischen Entwicklung des Tafeldeckgebirges der Norddeutsch – Polnischen Senke unter besonderer Berücksichtigung des Nordteils der DDR. Z. Angew. Geol. **23**(8), 369–379 (1977)

Norden, B., Förster, A.: Thermal conductivity and radiogenic heat production of sedimentary and magmatic rocks in the Northeast German Basin. AAPG Bulletin **90**(6), 939–962 (2006)

Norden, B., Förster, A., Balling, N.: Heat flow and lithospheric thermal regime in the Northeast German Basin. Tectonophysics **460**, 215–229 (2008)

Olsen, H.: The architecture of a sandy braided-meandering river system: an example from the Lower Triassic Solling Formation (M Buntsandstein) in W-Germany. Geol Rdsch **77**, 797–814 (1988)

Orzol, J., Jung, R., Jatho, R., Tischner, T., Kehrer, P.: The GeneSys-Project: Extraction of Geothermal Heat from Tight Sediments. In: Proceedings World Geothermal Congress 2005 Antalya, Turkey. S. 1–9. (2005)

Paul, J.: Der Untere Buntsandstein des Germanischen Beckens. Geol Rdsch **71**, 795–811 (1982)

Peška, P., Zoback, M.D.: Compressive and tensile failure of inclined well bores and determination of in situ stress and rock strength. Journal of Geophysical Research **100**(B7), 12791–12811 (1995)

Plein, E.: Bemerkungen zum Ablauf der paläogeographischen Entwicklung im Stefan und Rotliegend des Norddeutschen Beckens. Geol. Jb. **A131**, 99–116 (1993)

Plein, E. (Hrsg.): Rotliegend, Teil II, Norddeutsches Rotliegendbecken. Courier Forsch. Inst. Senckenberg **183**, 1–155 (1995)

Rauppach, R., Wolfgramm, M., Thorwart, K., Seibt, P.: Hydraulic features of Geothermal aquifers in the North German Basin. Z. geol. Wiss **36**(4-5), 267–280 (2008)

Reinhardt, H.-G.: Structure of Northeast Germany: Regional depth and thickness maps of Permian to Tertiary intervals compiled from seismic reflection data. Special Publication of the European Petroleum Geoscientists **3**, 155–165 (1993)

Robertson, E.C.: Thermal properties of rocks: U.S. Geological Survey Open-File Report, Bd. 88-441. (1988). 106 S

Röhling, H.G.: A lithostratigraphic subdivision of the Lower Triassic in the Northwest German Lowlands and the German sector of the North Sea, based on Gamma-Ray and Sonic logs. Geol Jb **A**(119), 3–24 (1991)

Roman, A.: Sequenzstratigrafie und Fazies des Unteren und Mittleren Buntsandsteins im östlichen Teil des Germanischen Beckens (Deutschland, Polen). PhD thesis. University of Halle, Halle (Saale) (2004)

Schulz, R., Röhling, H.-G.: Geothermische Ressourcen in Nordwestdeutschland. Z. Angew. Geol. **46**(3), 122–129 (2000)

Schulz, R., Jung, R., Schellschmidt, R.: Abschätzung der Erfolgswahrscheinlichkeit bei geothermischen Bohrungen. Tagungsband der GtV-Tagung, S. 55–65 (2003)

Tietze, K.W.: Zur Geometrie einiger Flüsse im Mittleren Buntsandstein (Trias). Geol Rdsch **71**, 813–828 (1982)

Wagner, R., Kühn, M., Meyn, V., Pape, H., Vath, U., Clauser, C.: Numerical simulation of pore space clogging in geothermal reservoirs by precipitation of anhydrite. International Journal of Rock Mechanics & Mining Sciences **42**, 1070–1081 (2005)

Wolfgramm, M., Schmidt Mumm, A.: Der Einfluss von Subsidenz und Diagenese auf die geochemische Zusammensetzung von Beckenfluiden am Beispiel des NO-deutschen Beckens. Zbl. Geol. Paläont. **I**(1/2), 211–231 (2000)

Wolfgramm, M., Schmidt Mumm, A.: Die zeitliche Einordnung diagenetischer und hydrothermaler Fluidphasen im Nordostdeutschen Becken (NEDB). Zbl. Geol. Paläont. **I**(3/4), 237–256 (2001)

Wolfgramm, M., Seibt, A.: Fluid-rock interaction during stimulation tests on the Rotliegend geothermal reservoir at the NE German Basin (NEGB) EGC 2003, Szeged, Hungary. Proceedings, Bd. P-1-07., S. 1–8 (2003)

Wolfgramm, M., Seibt, A., Hurter, S., Zimmermann, G.: Origin of geo-thermal fluids of Permo-Carboniferous rocks in the NE German Basin (NE Germany). Journal of Geochemical Exploration **78-79**, 127–131 (2002)

Wolfgramm, M., Seibt, P., Lenz, G.: Neue Aspekte der Speicherbewertung für die geothermische Stromerzeugung.- GTV-Tagung in Landau, Tagungsband, S. 120–130 (2004)

Wolfgramm, M., Rauppach, K., Seibt, P.: Reservoir-geological characterization of Mesozoic sandstones in the North German Basin by petrophysical and petrographical data. Z. geol. Wiss **36**(4-5), 249–265 (2008)

Wolfgramm, M., Obst, K., Beichel, K., Brandes, J., Koch, R., Rauppach, K., Thorwart, K.: Produktivitätsprognosen geothermischer Aquifere in Deutschland. In: Proceedings des Geothermiekongresses Bochum (Germany). Bd. TF14, S. 1–13. (2009a). extended abstract

Wolfgramm, M., Franz, M., Barth, G., Rauppach, K., Thorwart, K., Zimmermann, J.: Relevanz der Sandsteinfazies im Norddeutschen Becken für die Produktivität von Geothermiebohrungen. In: Proceedings of Geothermiekongress Bochum (Germany), 15.11.-17.11.2011. Bd. F12.1, S. 1–12. (2011). extended abstract

Wolfgramm, M., Thorwart, K., Rauppach, K., Brandes, J.: Zusammensetzung, Herkunft und Genese geothermaler Tiefengrundwässer im Norddeutschen Becken (NDB) und deren Relevanz für die geothermische Nutzung. Zeit. Geol. Wiss. **39**(3-4), 173–193 (2011)

Ziegler, P.: Geological Atlas of Western and Central Europe. Shell, The Hague (1990). 239 S.

Zimmermann, G., Moeck, I., Blöcher, G.: Cyclic waterfrac stimulation to develop an Enhanced Geothermal System (EGS)—Conceptual design and experimental results. geothermics **39**, 59–69 (2010)

Zoback, M.D., Barton, C.A., Brudy, M., Castillo, D.A., Finkbeiner, T., Grollimund, B.R., Moos, D.B., Peska, P., Ward, C.D., Wiprut, D.J.: Determination of stress orientation and magnitude in deep wells, International Journal of Rock Mechanics & Mining Sciences **40**, 1049–1076 (2003)

Genehmigungsverfahren von Geothermiekraftwerken

15

Andreas Tschauder, Holsten Hübner und Edna Auer

Inhaltsverzeichnis

Andreas Tschauder (✉)
Mainz, Deutschland
e-mail: Andreas.Tschauder@mwkel.rlp.de

Holsten Hübner
Koblenz, Deutschland
e-mail: holsten.huebner@mwkel.rlp.de

Edna Auer
Mainz, Deutschland
e-mail: edna.auer@lgb-rlp.de

M. Bauer et al. (Hrsg.), *Handbuch Tiefe Geothermie*, DOI 10.1007/978-3-642-54511-5_15,

Zusammenfassung

Vorhaben der Tiefen Geothermie sind technisch komplexer Natur, die in den Genehmigungsverfahren vollständig abgebildet werden müssen. Die Problematik besteht darin, dass zu Beginn eines Vorhabens in der Regel kaum Informationen über die geologischen Rahmenbedingungen vorliegen. Die für die Errichtung eines Geothermiekraftwerkes erforderlichen Informationen werden peu á peu im Rahmen der geologischen Erkundung und der ersten Bohrung ermittelt. Diese stufenweise Vorgehensweise spiegelt sich in einer Folge von Genehmigungsverfahren wieder, die entsprechend aus verschiedenen gestuften Verfahren bestehen. Bei den Genehmigungsverfahren wird zwischen der Gewinnung der Erdwärme aus dem Erdinneren (Gewinnung) einerseits und der Nutzung der Energie zur Erzeugung elektrischen Stroms (Weiterverarbeitung) andererseits differenziert. Gewinnung und Weiterverarbeitung unterliegen jeweils unterschiedlichen Rechtsnormen. Aus diesen Gründen sind je nach Erkenntnisstand durch den Antragsteller die rechtlichen Voraussetzungen für die Zulassung der Aufsuchung und Gewinnung bzw. die Genehmigung des Kraftwerksbetriebes und die jeweils diesbezüglichen Tätigkeiten zu erbringen. Im Wesentlichen sind daher die bergrechtlichen Verfahren und die baurechtlichen Verfahren zu unterscheiden.

Schlüsselwörter

Abschlussbetriebsplan • Befristung • Bergbauberechtigungen • Berechtsamskarte • Bewilligung • Erlaubnis • Bergschaden Beweissicherung • Betriebsplanverfahren • Bodenschatz • bergfreier Bodenschatz • Erdwärme • Genehmigungsverfahren • Geothermiekraftwerk • Gewinnung • Grundeigentum • Hauptbetriebsplan • frühzeitige Öffentlichkeitsbeteiligung • Planfeststellungsverfahren • Rahmenbetriebsplan • Raumordnung • Raumordnungsverfahren • Raumordnerische Vorprüfung • Reservoir • Scopingtermin • Sonderbetriebsplan • Umweltverträglichkeitsprüfung • Vertrag • Weiterverarbeitung

15.1 Aufsuchung

Die Phase der Aufsuchung umfasst die geologische Erkundung des Untergrundes, die Ermittlung eines geeigneten Bohrstandortes und die Durchführung einer Aufsuchungsbohrung einschließlich der erforderlichen Testmaßnahmen im Rahmen der Lagerstättenuntersuchung. In dieser Phase müssen also auch die erforderliche rechtliche Absicherung der geplanten Investitionen in den Bohrplatz und die Bohrung erfolgen. Abbildung 15.1

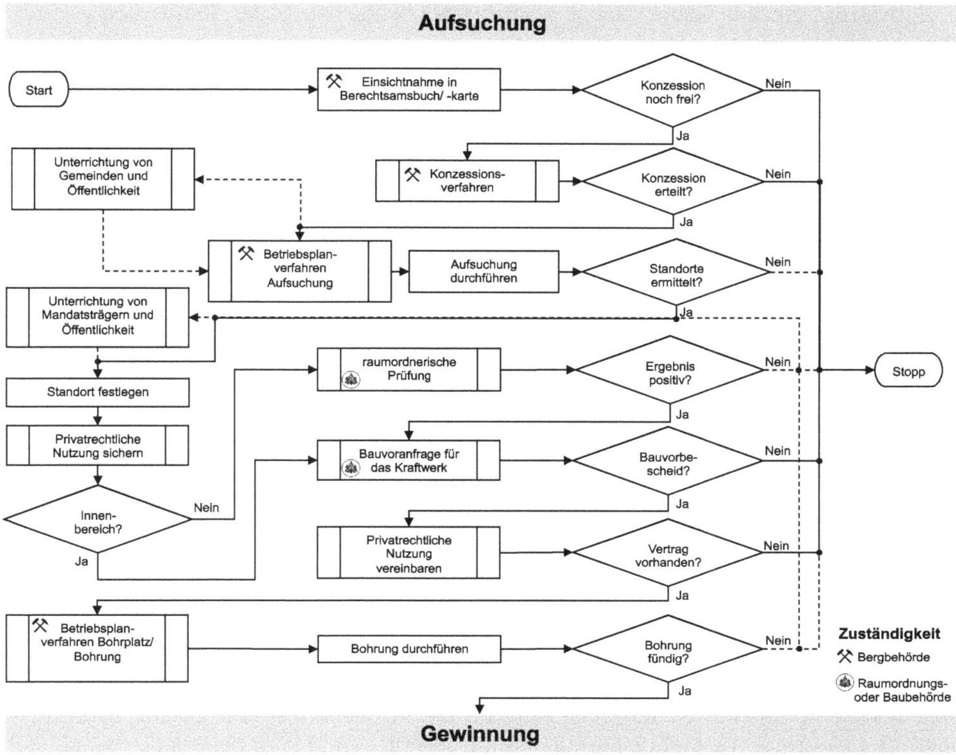

Abb. 15.1 Ablaufschema Aufsuchung

liefert einen Überblick über die während der Aufsuchung erforderlichen Verfahrensschritte. Die Schritte der freiwilligen Öffentlichkeitsbeteiligung oder -information (gestrichelte Linie) hängen von dem Konkretisierungsgrad des Vorhabens zum jeweiligen Zeitpunkt ab – je konkreter die Planung des Vorhabens ist, desto eher sollte die Kommunikation mit der Öffentlichkeit als Mittel der Konfliktminderung durchgeführt werden. Informelle Verfahren können dazu beitragen, dass gemeinsam mit der interessierten Öffentlichkeit Problemfelder identifiziert und Lösungen, wie zusätzliche flankierende Maßnahmen oder Änderungen des Vorhabens, für Konflikte erarbeitet werden können.

15.1.1 Konzessionsarten

Bevor mit der Aufsuchung der geeigneten Standorte für ein Kraftwerk begonnen werden kann, sind eine bergrechtliche Erlaubnis oder Bewilligung (Konzession) sowie die entsprechenden bergrechtlichen Zulassungen für die jeweiligen Aufsuchungstätigkeiten erforderlich.

Erdwärme gilt auf Grund des § 3 Abs. 3 Nr. 2 Buchst. b des Bundesberggesetzes (BBergG)[1] als bergfreier Bodenschatz. Die in § 3 BBergG abschließend aufgelisteten bergfreien Bodenschätze unterfallen anders als alle anderen Bodenschätze und auch Wasser nicht dem Grundeigentum, sondern unterliegen dem Staatsvorbehalt. Wer Erdwärme aufsuchen will, bedarf daher der Erlaubnis nach § 7 BBergG. Die Erlaubnis kann nur natürlichen und juristischen Personen und Personenhandelsgesellschaften erteilt oder verliehen werden. Die Erlaubnis gewährt dem Inhaber u. a. das ausschließliche Recht, in einem bestimmten Feld (Erlaubnisfeld) bestimmte Bodenschätze aufzusuchen. Außer zu wissenschaftlichen Zwecken darf damit kein anderer in dem Erlaubnisfeld nach den in der Erlaubnis festgelegten Bodenschätzen suchen. Die Bewilligung gewährt darüber hinaus das Recht, in dem Bewilligungsfeld bestimmte Bodenschätze zu gewinnen, andere Bodenschätze mit zu gewinnen sowie das Eigentum an den Bodenschätzen zu erwerben.

Soweit in einem gewünschten Zielgebiet noch keine Konzession vergeben ist, stellt sich grundsätzlich die Frage, welche Konzession beantragt werden soll. Wie bereits erwähnt umfasst die Bewilligung auch die Aufsuchung von Bodenschätzen, umgekehrt umfasst die Erlaubnis jedoch nicht die planmäßige Gewinnung. Entscheidend ist, ob der für die Erteilung der Bewilligung erforderliche Nachweis des Fundpunktes nach § 12 Abs. 1 Nr. 1 BBergG eindeutig angegeben und der Nachweis geführt werden kann, dass die Erdwärme auch tatsächlich gewinnbar ist. Diese beiden Voraussetzungen sind in der Praxis schwer nachzuweisen, weshalb sich zunächst die Beantragung einer Erlaubnis bewährt hat.

Wichtig ist auch zu prüfen, für welche Bodenschätze die Konzession beantragt werden soll. Erdwärme gilt zwar als bergfreier Bodenschatz, wird aber zum Beispiel bei hydrothermalen Lagerstätten regelmäßig zusammen mit dem Thermalwasser aus dem Untergrund mitgewonnen (siehe auch § 42 BBergG). Soweit Thermalwasser zugleich die Eigenschaften von Sole haben kann, die ebenfalls ein bergfreier Bodenschatz ist, ist eine Beantragung der Aufsuchung für die Bodenschätze Sole und Erdwärme zu empfehlen. In jedem Fall muss das Aufsuchungsprogramm auf alle in dem Erlaubnisantrag genannten Bodenschätze abgestimmt sein.

15.1.2 Berechtsamsbuch und -karte

Bevor eine Konzession beantragt wird, sollte bei der Bergbehörde das sogenannte Berechtsamsbuch und die Berechtsamskarte eingesehen werden. Im Berechtsamsbuch sind die Konzessionen und deren Inhaber für die einzelnen Bodenschätze verzeichnet. Auf der Berechtsamskarte werden alle Konzessionen für bergfreie Bodenschätze kartenmäßig dargestellt. Mit dem Berechtsamsbuch und der Berechtsamskarte hält die Bergbehörde also die Informationen darüber bereit, wer, wo, welche bergfreien Bodenschätze und in welchem Zeitraum aufsuchen und gewinnen darf.

[1] Bundesberggesetz vom 13. August 1980 (BGBl. I S. 1310), zuletzt geändert durch Artikel 4 Absatz 71 des Gesetzes vom 7. August 2013 (BGBl. I S. 3154).

15.1.3 Antragsunterlagen für die Erlaubnis

Der Umfang der Antragsunterlagen wird im Wesentlichen durch § 11 BBergG gesetzlich normiert. Ziel dabei ist entsprechend dem Zweck des Bundesberggesetzes, eine geordnete Aufsuchung zu gewährleisten und zu fördern. Sind nicht alle in § 11 BBergG genannten Punkte abgearbeitet, ist die Erlaubnis durch die Bergbehörde zu versagen. Es empfiehlt sich daher, die verwaltungsverfahrensrechtlich vorgesehene Möglichkeit einer Beratung der Bergbehörde in Anspruch zu nehmen und vor der Antragstellung im Rahmen einer Antragskonferenz den Umfang der Antragsunterlagen detailliert zu besprechen.

Sind alle Voraussetzungen erfüllt, hat die Behörde bei der Entscheidung kein Ermessen; vielmehr hat der Antragsteller einen Rechtsanspruch auf die Erteilung der Konzession[2]. Die bergbehördliche Entscheidung ist ein Verwaltungsakt und unterliegt der gerichtlichen Überprüfbarkeit

15.1.4 Konkurrenzanträge

In der Phase der Antragstellung einer bergrechtlichen Konzession kann eine Konkurrenzsituation zwischen verschiedenen Antragstellern entstehen. In einem solchen Fall trifft die Auswahlentscheidung die Bergbehörde auf Grund § 14 Abs. 2 BBergG. Hierbei treten in der Praxis mitunter Probleme bei dem Verständnis des durch die Bergbehörde zu leistenden Umfangs der Beratung auf. Die Bergbehörde ist auf Grund § 25 Abs. 1 Satz 2 und § 25 Abs. 2 des Verwaltungsverfahrensgesetzes des Bundes (VwVfG)[3] und entsprechender landesrechtlicher Vorschriften nämlich nur verpflichtet, den Antragsteller hinreichend über den Antragsumfang zu beraten und zu informieren. Die Beratungspflicht erstreckt sich also darauf, welche Nachweise und Unterlagen vorzulegen sind. Eine darüber hinaus gehende Unterrichtung, etwa eine Bewertung der Güte der Unterlagen, ist im Regelfall wegen der gebotenen Neutralität hinsichtlich konkurrierender Antragsteller nicht möglich. Schließlich ist auch die Auswahlentscheidung der Behörde ein Verwaltungsakt und kann gerichtlich überprüft werden.

Die Auswahlentscheidung erfolgt nach den bergrechtlich festgelegten Kriterien. Ein wichtiges Kriterium ist dabei das Arbeitsprogramm. Das Arbeitsprogramm sollte den Anforderungen einer sinnvollen und planmäßigen Aufsuchung oder Gewinnung hinreichend Rechnung tragen. Darüber hinaus ist der Nachweis über die tatsächliche Verfügbarkeit der für die Umsetzung des Arbeitsprogramms erforderlichen finanziellen Mittel zu führen. Anspruchsvolle Arbeitsprogramme sind demnach allein nicht ausschlaggebend, insbeson-

[2] Boldt/Weller – Bundesberggesetz – Sammlung Guttentag, Verlag Walter de Gruyter 1984, Rd.-Nr. 1 zu § 11 und Gesetzesbegründung in ZfB 122, 125; Piens/Schulte/Graf Vitzthum – Bundesbergesetz – Verlag Kohlhammer 2013, Rd.-Nr. 2 zu § 11

[3] Verwaltungsverfahrensgesetz in der Fassung der Bekanntmachung vom 23. Januar 2003 (BGBl. I S. 102), geändert durch Artikel 3 des Gesetzes vom 25. Juli 2013 (BGBl. I S. 2749).

dere dann nicht, wenn die dafür erforderlichen finanziellen Mittel nicht oder noch nicht zur Verfügung stehen.

Ein weiteres Kriterium für die Auswahlentscheidung der Bergbehörde sind die sonstigen bergbaulichen Tätigkeiten des Antragstellers, mithin die einzubringende Erfahrung bei der Aufsuchung von Bodenschätzen. Hierbei kommt es nicht alleine auf die vom Antragsteller selbst gemachten Erfahrungen an. Es kann auch auf Erfahrungen von Partnern oder Subunternehmern zurückgegriffen werden, die über entsprechende Verträge oder Vereinbarungen nachgewiesen werden können.

15.1.5 Schutz des Erlaubnisinhabers

Wenn die Erlaubnis erteilt worden ist, wird der Erlaubnisinhaber durch verschiedene Regelungen gesetzlich gegen Konkurrenzanträge geschützt. In § 14 BBergG wird zum Beispiel der zuständigen Behörde aufgegeben, den Erlaubnisinhaber darüber zu informieren, wenn ein jemand eine Bewilligung zur Aufsuchung und Gewinnung für den gleichen Bodenschatz teilweise oder im gesamten Erlaubnisfeld beantragt. Der Erlaubnisinhaber hat in einem Zeitraum von drei Monaten nach Zugang der Mitteilung die Möglichkeit selbst eine Bewilligung zu beantragen. Tut er dies, so hat der Antrag nach § 12 Abs. 2 BBergG einen gesetzlichen Vorrang vor allen übrigen Anträgen, die Erdwärme betreffen. Dem Erlaubnisinhaber darf die von ihm beantragte Bewilligung nur unter den engen Voraussetzungen versagt werden, nämlich wenn nachträglich Versagensgründe der §§ 11 und 12 BBergG bekannt werden (siehe auch Abschn. 15.8.1).

15.2 Betriebsplanpflicht

Mit der erteilten Erlaubnis oder Bewilligung hat der Antragsteller zwar grundsätzlich die Möglichkeit, den Bodenschatz Erdwärme aufzusuchen. Eine gestattende Wirkung entfaltet die Erlaubnis aber nicht.

Vielmehr unterliegt bereits die Aufsuchung von Erdwärme der Betriebsplanpflicht nach § 51 BBergG. Die Betriebsplanpflicht gilt nicht nur für die Phasen der Aufsuchung und Gewinnung der Erdwärme, sondern auch für die Einstellung des Aufsuchungs- oder Gewinnungsbetriebes und zwar unabhängig vom Grund der Betriebseinstellung. Ohne zugelassenen Betriebsplan darf das Vorhaben nicht umgesetzt werden.

Das Betriebsplanverfahren stellt somit ein präventives Verbot mit Erlaubnisvorbehalt dar[4]. Die Betriebspläne sind vom Unternehmer aufzustellen und bei der zuständigen Bergbehörde zur Zulassung vorzulegen. Unternehmer ist nach § 4 Abs. 5 BBergG eine natürliche

[4] Boldt/Weller – Bundesberggesetz – Sammlung Guttentag, Verlag Walter de Gruyter 1984, Rd.-Nr. 2 zu § 51; Piens/Schulte/Graf Vitzthum – Bundesbergesetz – Verlag Kohlhammer 2013, Rd.-Nr. 5 zu § 51

Person oder juristische Person, die das Vorhaben auf eigene Rechnung durchführt oder durchführen lässt.

Der Inhalt der Betriebspläne bezieht sich auf die vorgesehenen Tätigkeiten und wird damit vom Unternehmer bestimmt. Die Behörde prüft den Betriebsplan lediglich inhaltlich auf Zulässigkeit hinsichtlich der in §§ 55 und 48 Abs. 2 BBergG genannten Kriterien. Der Unternehmer hat einen Rechtsanspruch auf eine Zulassung, wenn die Zulassungsvoraussetzungen erfüllt werden[5]. Umgekehrt darf das Vorhaben nicht zugelassen und damit nicht umgesetzt werden, wenn die Voraussetzungen nicht erfüllt sind.

Nach § 52 Abs. 4 BBergG können Betriebspläne vom Unternehmer hinsichtlich ihrer Geltungsdauer verlängert und inhaltlich ergänzt und abgeändert werden. Damit ist das Betriebsplanverfahren sehr flexibel und kann dynamisch an die tatsächlichen Gegebenheiten und Erkenntnisse angepasst werden.

Aus der bergbehördlichen Prüfung der Antragsunterlagen können sich aber im Rahmen der Prüfung zusätzliche Anforderungen an die Betriebsplanunterlagen oder sogar an die Planung ergeben. Das gilt insbesondere für die Anforderungen, die sich aus § 48 Abs. 2 BbergG ergeben. Diese Rechtsnorm stellt sicher, dass insbesondere Umweltnormen Eingang in die bergbehördliche Prüfung finden. Der diesbezügliche Prüfungsumfang ist abhängig von den Umständen des Einzelfalls.

Es ist daher empfehlenswert, vor Beginn der technischen Planung die Behörde hinsichtlich des Vorhabens zu unterrichten. Dafür hat es sich auch hier bewährt, den Umfang der Nachweise und Antragsunterlagen, die für die behördliche Entscheidung notwendig sind, im Rahmen einer nach den Regelungen des Verwaltungsverfahrensgesetzes vorgesehenen Antragskonferenz (§ 25 VwVfG) abzustimmen. Dabei können auch verfahrensbeschleunigende Maßnahmen erörtert werden. Oft stellen die Bergbehörden zusätzlich Inhaltsverzeichnisse und sonstige Anforderungen an den Betriebsplan als Leitfäden oder Richtlinien zur Verfügung, an welchen sich die Antragsteller orientieren können.

Nur in Ausnahmefällen, die bei der Aufsuchung von Erdwärme aber keine wesentliche Rolle spielen, ist nach § 51 Abs. 2 BBergG kein Betriebsplanverfahren erforderlich, soweit keine Vertiefungen an der Erdoberfläche vorgenommen, keine maschinelle Verfahren angewendet, und keine untertägige Arbeiten oder solche mit explosionsgefährlichen oder explosionsfähigen Stoffen durchgeführt werden.

Auf Antrag kann darüber hinaus die Bergbehörde Betrieb von geringer Gefährlichkeit ganz oder teilweise von der Betriebsplanpflicht befreien (§ 51 Abs. 3 BBergG). In der Praxis wurde dies gelegentlich bei sehr kleinräumigen Erkundungsmaßnahmen durchgeführt.

[5] Boldt/Weller – Bundesberggesetz – Sammlung Guttentag, Verlag Walter de Gruyter 1984, Rd.-Nr. 4 zu § 55; Piens/Schulte/Graf Vitzthum – Bundesbergesetz – Verlag Kohlhammer 2013, Rd.-Nrn. 3 und 4 zu § 55

15.3 Betriebsplanarten

Das Bundesberggesetz unterscheidet insgesamt fünf Betriebsplanarten, den Rahmenbetriebsplan, den Hauptbetriebsplan, den Sonderbetriebsplan, den Abschlussbetriebsplan sowie als Sonderfall gemeinschaftliche Betriebspläne.

15.3.1 Rahmenbetriebsplan

Nach § 52 Abs. 2 BBergG kann die Bergbehörde die Aufstellung eines Rahmenbetriebsplans verlangen (fakultativer Rahmenbetriebsplan). Die Aufgabe des Rahmenbetriebsplans ist es, das Vorhaben über dessen gesamte Dauer zu beschreiben. Der Rahmenbetriebsplan enthält allgemeine Angaben über das Vorhaben, dessen technische Durchführung und den voraussichtlichen zeitlichen Ablauf. Wenn im Einzelfall noch nicht klar ist, welche Maßnahmen bei der Aufsuchung von Bodenschätzen durchgeführt werden sollen, ist die Aufstellung eines fakultativen Rahmenbetriebsplans nicht zu empfehlen. Vielmehr hat sich hier das Instrument des Hauptbetriebsplans bewährt, der ohnehin die eigentliche Grundlage für die Errichtung und Führung eines Betriebes darstellt[6].

Soweit für ein Vorhaben nach den Regelungen der Verordnung über die Umweltverträglichkeitsprüfung bergbaulicher Vorhaben (UVP-V Bergbau)[7] eine Umweltverträglichkeitsprüfung durchgeführt werden muss, ist nach § 52 Abs. 2a BBergG ein Rahmenbetriebsplan von der Bergbehörde zu verlangen (obligatorischer Rahmenbetriebsplan), für dessen Zulassung ein Planfeststellungsverfahren mit Umweltverträglichkeitsprüfung und Öffentlichkeitsbeteiligung durchzuführen ist. In diesem Fall entfällt damit eine gewisse Wahlfreiheit zwischen den Betriebsplanarten. Die Verpflichtung zur Durchführung einer Umweltverträglichkeitsprüfung und damit zur Aufstellung eines Rahmenbetriebsplans gilt zum Beispiel für Tiefbohrungen mit einer Teufe von mehr als 1000 m oder in ausgewiesenen Naturschutzgebieten oder in ausgewiesenen Schutzgebieten (§ 1 Nr. 8 UVP-V Bergbau).

Das Planfeststellungsverfahren wird mit einem Planfeststellungsbeschluss abgeschlossen. Dieser hat eine formelle Konzentrationswirkung, das bedeutet, dass alle für das Vorhaben erforderlichen Genehmigungen und Zulassungen, wie zum Beispiel arten- und naturschutzrechtliche Genehmigungen oder wasserrechtliche Erlaubnisse unter Beachtung der jeweiligen gesetzlichen Normen von der Bergbehörde gebündelt erteilt werden. Zu beachten ist, dass ein planfestgestelltes Vorhaben bei wesentlichen Änderungen nach den Vorschriften des Verwaltungsverfahrensgesetzes nur durch ein Planfeststellungsverfahren wieder geändert werden kann. Diesem Umstand sollte bereits bei der Erstellung der An-

[6] Boldt/Weller – Bundesberggesetz – Sammlung Guttentag, Verlag Walter de Gruyter 1984, Rd.-Nr. 2 zu § 52; Piens/Schulte/Graf Vitzthum – Bundesbergesetz – Verlag Kohlhammer 2013, Rd.-Nr. 10 zu § 52

[7] Verordnung über die Umweltverträglichkeitsprüfung bergbaulicher Vorhaben vom 13. Juli 1990 (BGBl. I S. 1420), zuletzt geändert durch Verordnung vom 3. September 2010 (BGBl. I S. 1261).

tragsunterlagen entsprechend Rechnung getragen dadurch werden, dass detaillierte Angaben über Bauteile in nachfolgenden Betriebsplänen beschrieben werden. Damit sollten sich die Angaben im Rahmenbetriebsplan darauf beschränken, welche Anlagenteile errichtet werden und welche Auswirkungen diese auf die Schutzgüter haben können.

Wie für den fakultativen Rahmenbetriebsplan gilt auch für den obligatorischen, dass ohne einen zugelassenen Hauptbetriebsplan das Vorhaben noch nicht umgesetzt werden darf. Vielmehr ist hierfür noch ein zugelassener Hauptbetriebsplan erforderlich, der die eigentliche Grundlage für die Errichtung und Führung eines Betriebes darstellt[8].

Gegenstand, Umfang und Methoden der Umweltverträglichkeitsprüfung werden im sogenannten Scoping-Termin nach § 52 Abs. 2a BBergG abgestimmt. In diesem von der Bergbehörde anberaumten Termin mit den zu beteiligenden Behörden können zudem bereits vorliegende Informationen durch den Unternehmer erfragt und zur Erstellung der Antragsunterlagen verwendet werden. Zu diesem Termin können bei Bedarf zum Beispiel auch anerkannte Naturschutzverbände hinzugezogen werden, um den Untersuchungsbedarf möglichst vollständig zu erfassen. Dieser Termin dient also in erster Linie dem Antragsteller, alle für die behördliche Entscheidung notwendigen Unterlagen abzustimmen und damit die Antragsunterlagen rechtssicher zu gestalten.

15.3.2 Hauptbetriebsplan

Der Hauptbetriebsplan ist der wichtigste Betriebsplan und stellt die eigentliche Grundlage für die Errichtung und Führung eines Betriebes dar[9]. Mit der Zulassung des Hauptbetriebsplans erhält der Unternehmer erst die Gestattung, das Vorhaben tatsächlich umzusetzen.

Soweit für das Vorhaben keine Umweltverträglichkeitsprüfung erforderlich ist und auch kein fakultativer Rahmenbetriebsplan von der Bergbehörde gefordert wurde, reicht für die Errichtung und Führung eines Betriebes ein zugelassener Hauptbetriebsplan aus. Nach den Regelungen des Bundesberggesetzes ist es vorgesehen, dass ein Hauptbetriebsplan regelmäßig für einen Zeitraum von 2 Jahren aufgestellt wird. Inhaltlich ist der Betriebsablauf und die Betriebsentwicklung in Geltungszeitraum darzustellen. Von diesem Geltungszeitraum kann abgewichen werden, wenn nur wenige Veränderungen im Betrieb zu erwarten sind.

Für den Antragsteller ist es bedeutsam, dass die Bergbehörde bei nachfolgenden Hauptbetriebsplanzulassungen, wie zum Beispiel bei Verlängerungen, Änderungen und Erweiterungen, nach den bergrechtlichen Regelungen grundsätzlich von einem zugelassenen

[8] Boldt/Weller – Bundesberggesetz – Sammlung Guttentag, Verlag Walter de Gruyter 1984, Rd.-Nr. 2 zu § 52; Piens/Schulte/Graf Vitzthum – Bundesbergesetz – Verlag Kohlhammer 2013, Rd.-Nr. 10 zu § 52

[9] Boldt/Weller – Bundesberggesetz – Sammlung Guttentag, Verlag Walter de Gruyter 1984, Rd.-Nr. 2 zu § 52; Piens/Schulte/Graf Vitzthum – Bundesbergesetz – Verlag Kohlhammer 2013, Rd.-Nr. 10 zu § 52

Betrieb ausgeht[10]. Zudem ist die behördliche Zulassungsentscheidung eine gebundene Entscheidung. Das bedeutet, dass der Antragsteller einen Anspruch auf Zulassung hat, wenn die Zulassungsvoraussetzungen erfüllt sind.

15.3.3 Sonderbetriebsplan

Sonderbetriebspläne haben die Aufgabe, den Hauptbetriebsplan zu entlasten. Mit dem Instrument des Sonderbetriebsplans können abhängig vom Stand des Vorhabens und damit von der Erkenntnislage Teile des Vorhabens beschrieben und zugelassen werden.

Im Rahmen der Aufsuchung haben sich zum Beispiel Sonderbetriebspläne für die Herstellung des Bohr- und Betriebsplatzes, für die Errichtung des Bohrgerüstes und die Niederbringung der Bohrung sowie für die Phase der Bohrlochtests und Stimulation bewährt.

15.3.4 Abschlussbetriebsplan

Gemäß § 53 BBergG ist für die Einstellung eines Betriebes ein Abschlussbetriebsplan aufzustellen, der eine genaue Darstellung der technischen Durchführung und der Dauer der beabsichtigten Betriebseinstellung enthält. Es sind Regelungen über die Verfüllung oder anderweitige Nachnutzung der Bohrlöcher, eine Beseitigung der betrieblichen Anlagen und Einrichtungen oder über deren anderweitige Folgenutzung zur treffen. Zusätzlich sind eine Reihe weiterer Angaben in dem Betriebsplan in Form einer Betriebschronik zu machen, deren Inhalte sich aus § 53 Abs. 2 BBergG ergeben. Besonders wichtig sind Angaben, die für eine spätere Beurteilung des eingestellten Betriebes notwendig sind, wie zum Beispiel Angaben über Problemschwerpunkte des Betriebes in bergtechnischer und sicherheitstechnischer Hinsicht, die Gründe für die Einstellung und eine zeichnerische (rissliche) Darstellung des Betriebes. Die behördliche Zulassung darf erst dann erfolgen, wenn die Wiedernutzbarmachung sichergestellt ist und davon auszugehen ist, dass von dem eingestellten Betrieb keine Gefahren mehr ausgehen (§ 55 Abs. 2 BBergG).

15.3.5 Gemeinschaftlicher Betriebsplan

Gemäß § 52 Abs. 3 BBergG haben die beteiligten Unternehmer auf Verlangen der zuständigen Behörde für Arbeiten und Einrichtungen, die von mehreren Unternehmen nach einheitlichen Gesichtspunkten durchgeführt, errichtet oder betrieben werden müssen, gemeinschaftliche Betriebspläne aufzustellen. In der Praxis sind solche Fälle bei Projekten

[10] Boldt/Weller – Bundesberggesetz – Sammlung Guttentag, Verlag Walter de Gruyter 1984, Rd.-Nr. 2 zu § 52; ähnlich auch Piens/Schulte/Graf Vitzthum – Bundesbergesetz – Verlag Kohlhammer 2013, Rd.-Nr. 14 zu § 52

der Tiefen Geothermie zum Beispiel dann vorstellbar, wenn sich in der Praxis eine wechselseitige Beeinflussung der Reservoire ergibt.

15.4 Betriebsplan für die Aufsuchung

Zu Beginn der Aufsuchungsarbeiten stellt sich die Frage, welches Betriebsplanverfahren gewählt werden soll, zumal dann, wenn auf Grund der vorliegenden Erkenntnisse ein möglicher Bohrstandort nicht klar definiert werden kann. In einem solchen Fall dürfte zunächst die Aufstellung eines Hauptbetriebsplans vorzugswürdig sein, in dem die in dem Aufstellungszeitraum vorgesehenen Aufsuchungsarbeiten, die mit dem Arbeitsprogramm des Erlaubnisantrages korrespondieren sollten, beschrieben werden. Die betriebsplanmäßigen Maßnahmen sollten u. a. eine detaillierte Beschreibung der vorgesehenen technischen Maßnahmen sowie entsprechende Maßnahmen zum Schutz der Arbeitnehmer und Dritter umfassen.

Weiter gehende und konkrete Maßnahmen können in einem Sonderbetriebsplan dargestellt werden, wie zum Beispiel eine Vibrationsseismik in einem bestimmten Gebiet.

Auf Grund § 54 Abs. 2 BBergG ist im Rahmen des Zulassungsverfahrens ein Beteiligung der Behörden erforderlich, deren Aufgabengebiet auf Grund des Vorhabens und der geplanten Maßnahmen tangiert werden. Zusätzlich sind die Gemeinden als Planungsträger zu beteiligen.

Im Bergrecht ist für die Zulassung der Betriebspläne über die Aufsuchung zwar kein Einvernehmen der Gemeinden erforderlich. Gleichwohl ist es empfehlenswert, wenn der Antragsteller außerhalb des behördlichen Zulassungsverfahrens das direkte Gespräch mit den Gemeinden im Rahmen der Aufstellung der Betriebspläne sucht. Denn im Rahmen der Aufsuchungstätigkeit – zum Beispiel in Form einer Vibroseismik – ist eine privatrechtliche Zustimmung der Gemeinden für die Wegebenutzung außerhalb öffentlicher Straßen erforderlich. Außerdem können bestimmte Aufsuchungsarbeiten nicht nur unwesentliche Auswirkungen auf die Belange einer größeren Zahl von Bewohnern umliegender Gemeinden haben, wodurch eine frühzeitige Information der betroffenen Öffentlichkeit über die Ziele, Umsetzung und Auswirkung der geplanten Maßnahmen im Rahmen der Aufsuchung angezeigt sein kann.

Auf Grund der in einigen Bundesländern geltenden verfahrensrechtlicher Vorschriften (§ 25 Abs. 3 VwVfG) soll die Bergbehörde darauf hinwirken, dass eine frühe Öffentlichkeitsbeteiligung bereits vor Stellung eines Antrags stattfindet. Diese frühe Öffentlichkeitsbeteiligung sollte insbesondere bei großflächigen Verfahren bereits in der Phase der Aufsuchung in Erwägung gezogen werden. In Abhängigkeit von der Bewertung der Beteiligung der Öffentlichkeit sollten darüber hinaus die Risiken des Gesamtprojektes und die Durchführbarkeit mit Blick auf die öffentliche Akzeptanz bewertet werden.

15.5 Festlegung der Bohrstandorte

Nach Durchführung der Untersuchungsarbeiten und Auswertung der Untersuchungsergebnisse werden potenzielle Bohrstandorte festgelegt. Mit den potenziellen Bohrstandorten wird im Bereich der Tiefen Geothermie zugleich eine Vorentscheidung für einen Kraftwerksstandort getroffen.

Zu beachten ist, dass potenzielle Bohrstandorte an den Grenzen zu benachbarten Erlaubnisfeldern mitunter Risiken beinhalten, die sich aus einer erkundeten Ausdehnung des Reservoirs in das benachbarte Feld hinein ergeben. Wie bereits unter Abschn. 15.1.5 dargestellt, hat bei der späteren Beantragung der Bewilligung der Erlaubnisinhaber des benachbarten Feldes den Vorrang, soweit er selbst einen Bewilligungsantrag stellt. Für diesen Fall sollte strategisch überlegt werden, ob mit dem Feldesinhaber des benachbarten Feldes eine vertragliche Regelung getroffen werden kann. Sollte eine solche Regelung getroffen werden, wird die Einbeziehung der zuständigen Bergbehörde empfohlen, um Risiken im Hinblick auf die öffentlich-rechtlichen Entscheidungen, die sich aus einer solchen Vereinbarung ergeben können, vorzubeugen (siehe auch Abschn. 15.8.1).

Um die für die Durchführung der Bohrungen und die Erstellung des Kraftwerkes erforderlichen Investitionen absichern zu können, sollte ein privatrechtliches Nutzungsrecht der Grundstücke für die Bohrung und die potenzielle Errichtung des Kraftwerkes vereinbart werden. Die Art des Vertrages, wie Vorkaufsrecht, Kauf oder Pacht hängt im Wesentlichen von den Verhandlungen ab. Neben den privatrechtlichen Vereinbarungen hat es sich bewährt, öffentlich-rechtliche Vorbescheide zu erwirken, die im Wesentlichen das Kraftwerk betreffen.

Vor der Antragstellung sollte zudem die frühzeitige Information der Öffentlichkeit analog zu der unter Abschn. 15.4 dargestellten Vorgehensweise durchgeführt werden, da der Bohrstandort eine Vorentscheidung für den Kraftwerksstandort beinhaltet. Auch hier sollte in Abhängigkeit von der Bewertung der Beteiligung der Öffentlichkeit die Risiken des Gesamtprojektes und die Durchführbarkeit mit Blick auf die öffentliche Akzeptanz bewertet werden, bevor weitere Investitionsentscheidungen getroffen werden.

15.5.1 Baurechtliche Voraussetzungen

Die öffentlich-rechtlichen Vorbescheide sind das Raumordnungsverfahren oder die vereinfachte raumordnerische Prüfung nach §§ 15 und 16 des Raumordnungsgesetzes des Bundes (ROG)[11] und den entsprechenden Landesplanungsgesetzen, soweit das Vorhaben im Außenbereich durchgeführt werden soll, und die Bauvoranfrage nach der jeweiligen Landesbauordnung.

[11] Raumordnungsgesetz vom 22. Dezember 2008 (BGBl. I S. 2986), zuletzt geändert durch Artikel 9 des Gesetzes vom 31. Juli 2009 (BGBl. I S. 2585).

Die Nutzung des bergfreien Bodenschatzes Erdwärme zur Erzeugung elektrischer Energie als „Weiterverarbeitung" fällt nicht unter den Geltungsbereich des Bundesberggesetzes[12] und damit nicht unter die im Baugesetzbuch genannte Privilegierung. Für die Errichtung eines Kraftwerkes im Außenbereich sind deshalb regelmäßig raumordnerische Verfahren erforderlich. Demgegenüber ist die Gewinnung von Bodenschätzen nach § 35 Abs. 1 Nr. 3 des Baugesetzbuches (BauGB)[13] im Außenbereich privilegiert, da Lagerstätten typischerweise standortgebunden sind (§ 1 BBergG).

Wenn das Kraftwerk im Innenbereich nach § 34 BauGB, d. h. innerhalb der im Zusammenhang bebauten Ortsteile (zum Beispiel Industriegebiet) gebaut werden soll, sind die bauplanungsrechtlichen Vorprüfungen nicht erforderlich, soweit die Satzungen der Gemeinden (zum Beispiel Bebauungsplan) nicht entgegenstehen.

Für die Umsetzung des Vorhabens im Außenbereich ist dagegen eine raumordnerische Prüfung erforderlich. Hierbei werden unter überörtlichen Gesichtspunkten nach Maßgaben des Raumordnungsrechts Alternativen und die Raumverträglichkeit des Vorhabens geprüft (§ 15 Abs. 1 ROG). Abhängig von der Entscheidung der zuständigen Landesplanungsbehörde wird entsprechend ein vereinfachtes raumordnerisches Verfahren oder ein Raumordnungsverfahren durchgeführt.

15.5.2 Beteiligung der Öffentlichkeit

In diesem Zusammenhang sollte geprüft werden, ob die verwaltungsverfahrensrechtlich verlangte Information der Öffentlichkeit, auf welche die zuständigen Behörden nach § 25 VwVfG hinwirken sollen, in zeitlichem Zusammenhang mit dem Raumordnungsverfahren durchgeführt werden sollte. Sollte etwa ein Raumordnungsverfahren Verfahren mit Beteiligung der Öffentlichkeit, gegebenenfalls zusätzlich mit Erörterungstermin, durchgeführt werden, bietet sich eine vorgelagerte Information der Öffentlichkeit an. Entsprechendes wurde zum Beispiel in dem Mediationsverfahren „Tiefe Geothermie Vorderpfalz" gefordert seitens der beteiligten Bürgerinitiativen gefordert[14]. Neben der Information der Öffentlichkeit über die beabsichtigten Maßnahmen sollten insbesondere die Maßnahmen zum Schutz gegen Emissionen und eine Prognose über verbleibende zusätzliche Belastungen erstellt werden. Soweit die Emissionen auch seismische Reaktionen umfassen, sollten Beweissicherungsmaßnahmen an Gebäuden sowie zum Nachweis der Ursache der seismischen Reaktionen bereits hinsichtlich des Umfangs geplant und mit den zuständigen Behörden abgestimmt sein, so dass diese dargestellt werden und in das Betriebsplanverfahren einfließen können. Ferner sollten zusätzliche Maßnahmen zur

[12] Boldt/Weller – Bundesberggesetz – Sammlung Guttentag, Verlag Walter de Gruyter 1984, Rd.-Nr. 17 zu § 4.

[13] Baugesetzbuch in der Fassung der Bekanntmachung vom 23. September 2004 (BGBl. I S. 2414), zuletzt geändert durch Artikel 1 des Gesetzes vom 11. Juni 2013 (BGBl. I S. 1548).

[14] Nr. 2 der Ergebnisdokumentation, http://mediation-tiefe-geothermie-vorderpfalz.de/sites/mediation-tiefe-geothermie-vorderpfalz.de/files/documents/Abschlussdokument.pdf.

Schadensabwicklung geprüft und dargestellt werden, wie zum Beispiel die Einrichtung eines Ombudsmanns und eine Reglung zur schnellen Abwicklung von Bagatellschäden.

15.5.3 Bauvoranfrage

Vor Niederbringen der Bohrung und hinreichender Erkundung der Lagerstätte sind dem Antragsteller nicht alle Rahmenbedingungen für die Auslegung des Kraftwerkes bekannt und eine Kraftwerksplanung nicht sinnvoll möglich. Daher kann ein konkreter Bauantrag, der Rechtssicherheit für den Kraftwerksbau im Falle der Fündigkeit der Bohrung bieten würde, zu diesem Zeitpunkt nicht gestellt werden.

Eine Bauvoranfrage ist das geeignete Instrument, um zu einem frühen Zeitpunkt Sicherheit über die Baugenehmigungsfähigkeit eines Kraftwerkes zu erreichen, und das unabhängig davon, ob das Kraftwerk im Außen- oder Innenbereich geplant ist. Mit dem Instrument der Bauvoranfrage kann ein Bauvorbescheid als behördliche Entscheidung zu einzelnen Fragen des Bauvorhabens beantragt werden (zum Beispiel § 72 der Landesbauordnung Rheinland-Pfalz)[15]. Der Bauvorbescheid nimmt somit einen Teil der im späteren Baugenehmigungsverfahren zu prüfenden Sachverhalte vorweg und entfaltet damit eine Bindungswirkung für das eigentliche und erst nach Fündigkeit folgende Baugenehmigungsverfahren. Die Bauvoranfrage ist weiterhin ein effizientes Instrument, da nicht alle für eine Baugenehmigung erforderlichen Bauunterlagen erforderlich sind. Deswegen kann mit dem Bauvorbescheid die erforderliche Absicherung der Kraftwerksinvestitionen bereits vor dem Abteufen der ersten Bohrung abgesichert werden.

Der Antrag auf Erteilung eines Bauvorbescheids ist schriftlich bei der Gemeindeverwaltung bzw. Verbandsgemeindeverwaltung einzureichen. Hinsichtlich des Umfangs der erforderlichen Unterlagen ist die Kontaktaufnahme mit der zuständigen Baubehörde sinnvoll. Der Bauvorbescheid wird befristet erteilt; die Frist kann auf Antrag verlängert werden.

15.6 Privatrechtliche Nutzungsvereinbarung

Neben den öffentlich-rechtlichen Zulassungen und Vorbescheiden ist die privatrechtliche Vereinbarung mit dem Oberflächeneigentümer bezüglich des Bohrplatzes und des potenziellen künftigen Kraftwerkes erforderlich. Vorgespräche und ggf. eine Vereinbarung über den künftigen Verkauf des Grundstückes oder die langfristige Verpachtung sollten bereits unmittelbar nach Festlegung potenzieller Bohrstandorte erfolgen. Spätestens mit Vorliegen der raumordnerischen Entscheidung und des Bauvorbescheides sollte mit dem Grundstückseigentümer eine rechtssichere privatrechtliche Vereinbarung über die Nutzung des

[15] Landesbauordnung Rheinland-Pfalz (LBauO) vom 24. November 1998, zuletzt geändert durch § 47 des Gesetzes vom 09.03.2011 (GVBl. S. 47).

Grundstückes getroffen werden. Dafür kommen ein Pachtvertrag, der die Errichtung und den Betrieb eines potenziellen Kraftwerkes einschließt oder ein Kauf in Betracht.

15.7 Sonderbetriebspläne für die Aufsuchungsbohrung

Die Maßnahmen für die Aufsuchungsbohrung betreffen die Errichtung des Bohr- und Betriebsplatzes sowie die Errichtung des Bohrgerüstes und die Durchführung der Bohrung. Bei Fündigkeit kommen in der Regel die Test- und Stimulationsarbeiten hinzu. Grundsätzlich können alle diese Maßnahmen im Hauptbetriebsplanverfahren abgearbeitet werden. Allerdings handelt es sich um komplexe Planungen, die besser gestuft abgearbeitet werden sollten, wozu das Sonderbetriebsplanverfahren als das geeignete Instrument erscheint. Die Wahl des Verfahrens sollte vom Antragsteller mit der zuständigen Bergbehörde abgestimmt werden.

Wird das Instrument des Sonderbetriebsplans gewählt, beinhaltet dieser nicht mehr die Darstellung aller Aufsuchungstätigkeiten. Vielmehr beschränken sich die Angaben spezifisch auf die zu regelnden Tätigkeiten.

Die Herstellung des Bohr- und Betriebsplatzes umfasst die erforderlichen Maßnahmen und Nachweise für die betroffenen Schutzgüter, wie zum Beispiel den mit dem Bau des Bohr- und Betriebsplatzes im Außenbereich regelmäßig verbundenen Eingriff in Natur- und Landschaft, den Schutz des Oberflächen- und Grundwassers und den Schutz gegen Immissionen. Der Bohrplatz sollte ferner so geplant werden, dass das zum Einsatz kommende Bohrgerüst sicher aufgestellt werden kann und ausreichende Flächen für die Bohr- und Testarbeiten zur Verfügung stehen. Dazu gehörende Lagerplätze, Spülungs- und Thermalwasserbehältnisse in hinreichender Größe sowie Möglichkeiten zum Abteufen einer weiteren Bohrung. Es ist ferner für eine ausreichende Löschwasserversorgung zu sorgen.

In einem weiteren Sonderbetriebsplan kann das Bohrgerüst selbst und die Durchführung der Bohrungen beschrieben werden. Für das Bohrgerüst sind die jeweiligen landesrechtlichen Anforderungen der Tiefbohr- und Bergverordnungen zu erfüllen. Dazu gehören unter Anderem Nachweise der Standsicherheit, Nachweise bezüglich der Hebezeuge und die arbeitssicherheitliche Ausrüstung mit sicheren Zuwegungen und Fluchtwegen. Hinsichtlich der Durchführung der Bohrung sind die Arbeiten in der Reihenfolge der Durchführung zu beschreiben, ferner die Verrohrung einschließlich Zementation und entsprechender Überwachung, die erforderlichen Absperreinrichtungen und deren Auslegung, Totpump- und Druckentlastungseinrichtungen, die Bohrspülung und Spülungspumpen. Darüber hinaus sind Nachweise der Schulung des Personals zu führen und die entsprechenden Maßnahmen gegen Ausbrüche und Einbrüche sowie den Explosionsschutz zu beschreiben. Schließlich sind die entsprechenden Monitoring- und sonstigen Überwachungsmaßnahmen darzulegen.

Soweit bei der Gewinnung der Erdwärme oder bei der ggf. geplanten hydraulischen Stimulation seismische Reaktionen des Gebirges nicht auszuschließen sind, sollte sowohl die Bohrung als auch die Stimulation gutachterlich begleitet werden. Für den Sonderbetriebs-

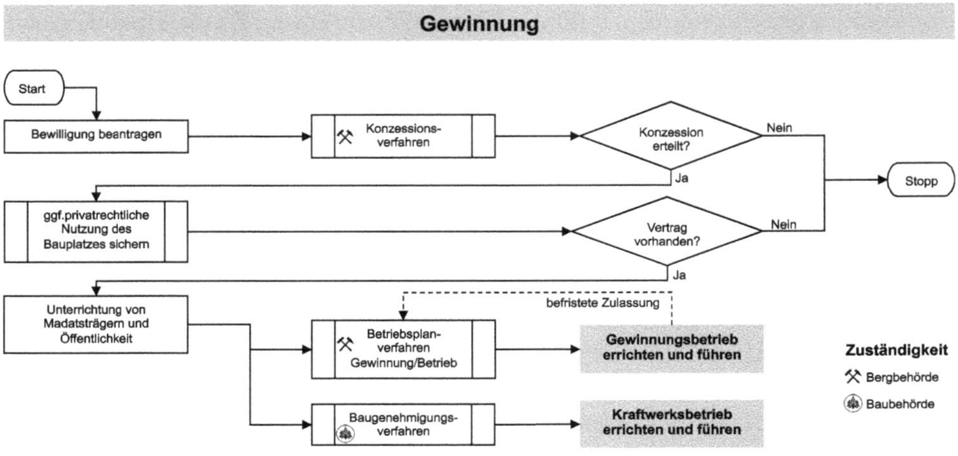

Abb. 15.2 Ablaufschema Gewinnung

plan sollte daher ein Gutachten erstellt werden, dass standortspezifische Untersuchungs-, Schutz- und Monitoringmaßnahmen hinsichtlich potenzieller seismischer Reaktionen möglichst detailliert darstellt. Inhalt, Umfang sowie Evaluationserfordernis dieses Gutachtens sollte mit der zuständigen Bergbehörde abgestimmt werden.

Ist die Bohrung erfolgreich durchgeführt worden, werden regelmäßig Test- oder hydraulische Stimulationsmaßnahmen geplant. Diese sollten ebenfalls in einem Sonderbetriebsplan abgehandelt und von der zuständigen Behörde entsprechend zugelassen werden. Hier sind die Maßnahmen und Einrichtungen zu beschreiben sowie die dazu gehörenden Überwachungsmaßnahmen. Soweit mit seismischen Reaktionen zu rechnen ist, sollte das oben genannte Gutachten überprüft und erforderlichenfalls evaluiert werden.

15.8 Gewinnung

An die erfolgreiche Aufsuchung der Lagerstätte mit Fundpunkt und Nachweis der Gewinnbarkeit schließt sich die Phase der Gewinnung des bergfreien Bodenschatzes Erdwärme an. Die Gewinnungsphase umfasst den Bau und den Betrieb der Gewinnungseinrichtungen und des Geothermiekraftwerkes. In dieser Phase ist im Hinblick auf die Zweiteilung der Genehmigung des Geothermiekraftwerkes die Abgrenzung von Gewinnungsbetrieb (Thermalwasser- oder Primärkreislauf) und Weiterverarbeitung im Kraftwerksprozess (Organic-Rankine-Cycle oder Sekundärkreislauf) in rechtlicher Hinsicht erforderlich. Zugleich sind die Genehmigungs- und Betriebsprozesse aber aufeinander abzustimmen.

15.8.1 Bewilligung

Nach erfolgreicher fündiger Bohrung oder Bohrungen und erfolgreicher Stimulation dürfte der für die bergrechtliche Bewilligung erforderliche Fundpunkt und die Gewinnbarkeit der Lagerstätte nachgewiesen sein. Mit diesen Informationen kann bei der zuständigen Bergbehörde die bergrechtliche Bewilligung beantragt werden. Mit den Ergebnissen der Bohrlochtests ist es prinzipiell möglich, die Lagerstättengrenze besser zu bestimmen. Daher kann die Bemessung des Bewilligungsfeldes von dem Erlaubnisfeld abweichen.

Reicht das auf Grund dieser Informationen neu bemessene Bewilligungsfeld in ein benachbartes Erlaubnisfeld, so ist zu beachten, dass grundsätzlich der Erlaubnisinhaber des benachbarten Feldes über den Antrag durch die zuständige Bergbehörde informiert wird, selbst die Möglichkeit der Antragstellung einer Bewilligung hat und dieser nach § 14 BBergG Vorrang vor allen Anträgen bezüglich des gleichen Bodenschatzes hat (siehe auch Abschn. 15.1.5 und 15.5).

Der Umfang der Antragsunterlagen für eine Bewilligung wird, wie bereits unter Abschn. 15.1.3 dargestellt, im Wesentlichen durch § 12 BBergG als gesetzliche Voraussetzungen vorgegeben. Sind nicht alle in § 12 BBergG genannten Punkte abgearbeitet, so ist die Bewilligung von der Bergbehörde auf Grund des gesetzlichen Auftrages zu versagen. Es empfiehlt sich wiederum, die verwaltungsverfahrensrechtlich vorgesehene Beratung der Bergbehörde im Rahmen einer Antragskonferenz in Anspruch zu nehmen. Sind alle Voraussetzungen erfüllt, hat die Behörde bei der Entscheidung wie bei der Erlaubnis kein Ermessen; vielmehr hat der Antragsteller einen Rechtsanspruch auf die Erteilung der Konzession.

15.8.2 Privatrechtliche Nutzung des Oberflächengrundstückes

Soweit die unter Abschn. 15.6 behandelte privatrechtliche Nutzungsvereinbarung mit dem Oberflächeneigentümer bezüglich der Bohrplatzes und des potenziellen künftigen Kraftwerkes noch keine Verbindlichkeit für die dauerhafte Nutzung entfaltet, ist über den Kauf des Grundstückes oder die langfristige Verpachtung noch einmal zu verhandeln.

15.8.3 Betriebsplanverfahren Gewinnung

Das bergrechtliche Betriebsplanverfahren umfasst lediglich die Gewinnung der Erdwärme und gegebenenfalls damit zusammenhängender anderer Bodenschätze. Die Erzeugung elektrischer Energie im Kraftwerksbetrieb gehört nicht dem bergrechtlichen Zulassungsumfang. Daher ist in Abstimmung mit den für die Genehmigung des Kraftwerkes und die Genehmigung des Gewinnungsbetriebes zuständigen Behörden eine Abgrenzung der Vorhaben und damit der Zuständigkeit der einzelnen Behörden erforderlich, die im Rahmen des verwaltungsverfahrensrechtlich vorgesehenen Beratungsgesprächs festgelegt werden sollte. In der Praxis hat sich die Abgrenzung vor dem Wärmetauscher des Kraftwerkes, mit dem Ergebnis, dass der Wärmetauscher alleine dem Kraftwerksbetrieb zugeordnet wird, bewährt.

Wie bereits unter Abschn. 15.4 erwähnt, stellt sich auch bei der Aufstellung des Betriebsplans für die Gewinnung die Frage, welches Betriebsplanverfahren gewählt werden soll. Vor dem Hintergrund, dass es in einigen Bundesländern Aufgabe der Bergbehörde ist, darauf hinzuwirken, dass eine frühe Öffentlichkeitsbeteiligung stattfindet und sich die Beteiligung der Öffentlichkeit auf freiwilliger Basis in Anlehnung an die §§ 73 Abs. 3, 4 Satz 1 und 5 Satz 1 und 2 Nr. 2 VwVfG bewährt hat, sollte die Aufstellung eines Rahmenbetriebsplans mit einer Beschreibung des Vorhabens für den geplanten Betriebszeitraum des Kraftwerkes gewählt werden. Entsprechend Abschn. 15.3.1 sollten sich die Angaben im Rahmenbetriebsplan darauf beschränken, welche bergrechtlich zuzulassenden Anlagenteile im Zeitraum des voraussichtlichen Kraftwerksbetriebes errichtet und betrieben werden und welche Auswirkungen diese auf die Schutzgüter haben können. Deshalb dürften sich Unterlagen im Rahmenbetriebsplan, die Betriebs- oder Geschäftsgeheimnisse darstellen und sich nicht für die Veröffentlichung eignen, auf ein Minimum beschränken. Die Auslegung sollte nach vorheriger ortsüblicher Ankündigung für die Dauer eines Monats erfolgen. Die Zulassungsbehörde sollte die Einwendungen bei der Entscheidung berücksichtigen, soweit diese entscheidungsrelevant sind.

Nach Zulassung des Rahmenbetriebsplans kann der Hauptbetriebsplan mit einer detaillierten Beschreibung der vorgesehenen technischen Maßnahmen sowie entsprechende Maßnahmen zum Schutz der Arbeitnehmer und Dritter für einen Betriebszeitraum von in der Regel zwei Jahren erfolgen. Weiter gehende und konkrete Maßnahmen, die etwa bestimmt Bauteile oder Bauabschnitte betreffen, können in einem Sonderbetriebsplan dargestellt werden.

Die Inhalte der Betriebsplanunterlagen sollten im Detail mit der zuständigen Bergbehörde besprochen werden. Aus Gründen der verfassungskonformen Auslegung des Artikels 14 des Grundgesetzes[16] ist der Nachweis der Kausalität hinsichtlich potenzieller seismischer Ereignisse auf Grund des Gewinnungsbetriebes der Erdwärme durch den Unternehmer zu führen. Dazu gehören ein entsprechendes Gutachten und ein auf den Standort der Bohrungen abgestimmtes und geeichtes Monitoringprogramm. Diese Angaben sollte im Rahmenbetriebsplan erfolgen.

Ferner ist der Nachweis zu führen, dass etwaige, durch den Gewinnungsbetrieb des Kraftwerkes auftretende Bergschäden durch den Unternehmer reguliert werden können. Im Regelfall dürfte dafür der Nachweis einer entsprechenden Bergschadensversicherung geführt wird. Der Umfang der Ersatzpflicht richtet sich auf Grund § 117 BBergG nach den Vorschriften des Bürgerlichen Gesetzbuchs über die Verpflichtung zum Ersatz des Schadens im Falle einer unerlaubten Handlung. Zu beachten ist, dass bei der Beschädigung von Grundstücken und Häusern nach § 117 Abs. 1 Nr. 2 BBergG die Haftungsbeschränkung auf

[16] Grundgesetz für die Bundesrepublik Deutschland, zuletzt geändert durch Gesetz vom 11. Juli 2012 (BGBl. I S. 1478).

den gemeinen Wert – der nach § 85 Abs. 2 BBergG zugleich der Verkehrswert ist – nicht gilt. Das hat seine Ursache in der berggesetzlich verankerten Duldungspflicht des Geschädigten[17] und ist bei dem Versicherungsvertrag zu beachten. Auch diese Angaben sollten im Rahmenbetriebsplan erfolgen.

Unabhängig davon, ob die Anlagen der Störfallverordnung (siehe Abschn. 15.8.5) unterliegen, ergeben sich weitere Anforderungen aus der Betriebssicherheitsverordnung (BetrSichV)[18], nach der unter Anderem ein Explosionsschutzdokument anzufertigen ist (§ 6 BetrSichV). Da diese Angaben sowohl den Gewinnungs- als auch den Kraftwerksbetrieb betreffen, ist eine intensive Abstimmung mit den jeweils zuständigen Behörden erforderlich.

15.8.4 Beweissicherung und Regulierung von Bergschäden

Weitere Unterlagen die Regulierung von Bergschäden betreffend, sollten nachrichtlich im Rahmenbetriebsplan erwähnt werden.

Es sollte mit der Versicherung geprüft werden, ob die Bestandsaufnahme der Gebäudesubstanz in benachbarten Gemeinden (Beweissicherungsprogramm) durchgeführt wird. Bei größeren Gemeinden mit einer großen Zahl von Gebäuden kann das Beweissicherungsprogramm – soweit erforderlich – auf hinsichtlich der Lage zur Bohrung und der Bausubstanz typische Häuser beschränkt werden.

Ferner sollte über die Einrichtung eines Ombudsmanns entschieden werden. Der Ombudsmann sollte als Anlaufstelle für potenziell durch Erdbeben oder seismische Ereignisse auf Grund des Betriebes des Geothermiekraftwerkes Geschädigte dienen und hat die Aufgabe der außergerichtlichen Streitschlichtung. Er sollte als Bindeglied zwischen Geschädigten und Unternehmer und dessen Versicherer dienen und zu Meinungsverschiedenheiten neutral und unabhängig Stellung nehmen. Dem Ombudsmann sollte in Abstimmung mit dem Versicherer die Möglichkeit eröffnet werden, bei Bagatellschäden selbstständig über die Regulierung entscheiden zu können. Außerdem sollte eine Liste von Sachverständigen, die der Ombudsmann mit der Begutachtung der Schäden beauftragen kann, mit dem Versicherer abgestimmt werden.

15.8.5 Baurechtliche Genehmigung

Geothermiekraftwerke werden regelmäßig nach baurechtlichen Vorschriften genehmigt. Die Genehmigung erfolgt auf der Grundlage landesrechtlicher Bauvorschriften (z. B. Baye-

[17] Boldt/Weller – Bundesberggesetz – Sammlung Guttentag, Verlag Walter de Gruyter 1984, Rd.-Nr. 20 b zu § 117; Piens/Schulte/Graf Vitzthum – Bundesbergesetz – Verlag Kohlhammer 2013, Rd.-Nr. 30 zu § 117

[18] Betriebssicherheitsverordnung vom 27. September 2002 (BGBl. I S. 3777), zuletzt geändert durch Gesetz vom 8. November 2011 (BGBl. I S. 2178).

rische Bauordnung – BayBO, Brandenburgische Bauordnung – BbgBO, Landesbauordnung für Baden Württemberg – LBO, Hessische Bauordnung – HBO, Landesbauordnung Rheinland-Pfalz – LBauO) durch zu zuständige Baubehörde. Die Baugenehmigung wird im Regelfall unbefristet erteilt.

Neben den für ein Bauvorhaben üblichen Unterlagen können sich zusätzliche Anforderungen ergeben, wenn für den im Kraftwerksbetrieb verwendeten Wärmeträger die Mengenschwellen des Anhangs 1 der Störfallverordnung (12. BImSchV)[19] überschritten werden und damit Grundpflichten bei Überschreiten der Mengenschwelle von 10 Tonnen nach §§ 3bis 8 12. BImSchV oder sogar erweiterte Pflichten bei Überschreiten der Mengenschwelle von 50 Tonnen nach §§ 9 bis 12 12. BImSchV ausgelöst werden. Die zusätzlichen Anforderungen betreffen unter Anderem die Vorsorge gegen Störfälle durch ein Konzept zur Verhinderung von Störfällen (§ 8 12. BImSchV), Einhaltung des Standes der Sicherheitstechnik (§ 3 Abs. 4 12. BImSchV) sowie der Anforderungen zur Verhinderung und Begrenzung von Störfällen. Zu den erweiterten Pflichten gehören unter Anderem ein Sicherheitsbericht (§ 9 12. BImSchV), die Erstellung von Alarm- und Gefahrenabwehrplänen (§ 10 12. BImSchV) und die Unterrichtung der Öffentlichkeit (§ 11 12. BImSchV).

Unabhängig davon, ob die Anlagen der Störfallverordnung unterliegen, ergeben sich weitere Anforderungen aus der BetrSichV, wie das Explosionsschutzdokument, das sowohl für den Gewinnungs- als auch für den Kraftwerksbetrieb erforderlich ist (siehe Abschn. 15.8.3). Die hier erforderliche Abstimmung mit allen dafür zuständigen Behörden betrifft auch die Lärmschutzmaßnahmen auf der Grundlage der Technischen Anleitung zum Schutz gegen Lärm (TA Lärm)[20].

[19] Störfall-Verordnung in der Fassung der Bekanntmachung vom 8. Juni 2005 (BGBl. I S. 1598), zuletzt geändert durch Verordnung vom 14. August 2013 (BGBl. I S. 3230).

[20] Sechste Allgemeine Verwaltungsvorschrift zum Bundes-Immissionsschutzgesetz (TA Lärm) vom 26. August 1998 (GMBl. Nr. 26 vom 28.08.1998 S. 503).

Finanzierung

16

Hanns-Joachim Garms

Inhaltsverzeichnis

Zusammenfassung

Geothermie könnte auch in Deutschland einen Beitrag zur Energieversorgung und damit zur Energiewende leisten. Allerdings stellt die Finanzierung von Geothermieprojekten regelmäßig eine Herausforderung für die Initiatoren von Projekten dar. Dieser Fachbeitrag kann kein Patentrezept für die Finanzierung von Geothermieprojekten geben. Neben den derzeitigen Rahmenbedingungen werden die Charakteristik von Geothermieprojekten aus Finanzierungssicht im Vergleich zu anderen Projekten im Bereich erneuerbare Energien und sich daraus ergebende Anforderungen an die Projektentwicklung dargestellt.

Schlüsselwörter

Finanzierung von Geothermieprojekten • Charakteristik von Geothermieprojekten • Rahmenbedingungen für die Finanzierung • Risikoprofil von Geothermieprojekten • Finanzierung der Projektphasen von Geothermieprojekten

Hanns-Joachim Garms (✉)
Essen, Deutschland
e-mail: mail@garms-consulting.de

M. Bauer et al. (Hrsg.), *Handbuch Tiefe Geothermie*, DOI 10.1007/978-3-642-54511-5_16,

16.1 Einleitung

Mit der Energiewende hat sich die Bundesrepublik eine Herausforderung gestellt, die das Land noch über Jahrzehnte beschäftigen wird und – bei konsequenter Umsetzung – signifikante Änderungen in Infrastruktur und Energieversorgung bewirken wird.

An den Rahmenbedingungen zur Umsetzung wird auf vielen politischen Ebenen noch gearbeitet. Es werden große Anstrengungen im Bereich Forschung und Entwicklung unternommen. Welche Technologien und welche Akteure letztlich welche Rolle spielen werden, ist in weiten Bereichen ebenso offen, wie die möglichen Auswirkungen auf die verschiedenen Bereiche unserer Volkswirtschaft.

Über eine Tatsache sind sich allerdings alle Akteure einig: die Energiewende wird mit gewaltigen Investitionen in Anlagen der Energiegewinnung und -umwandlung sowie Speicherung und Übertragung verbunden sein.

Tiefengeothermie – und nur diese wird unter Geothermie in diesem Beitrag verstanden – insbesondere die Stromerzeugung aus Geothermie, führt dabei bisher ein Nischendasein. Dies liegt nicht zuletzt daran, dass sich klassische Projektfinanzierungsinstrumente, die sich in den vergangenen Jahrzehnten im Bereich erneuerbare Energien etabliert haben, auf Geothermieprojekte auf Grund deren spezieller Charakteristik nicht ohne Weiteres anwenden lassen.

In diesem Fachbeitrag kann nicht „**die** Finanzierung von Geothermieprojekten" dargestellt werden, weil es diese als Standardlösung nicht gibt. Jede Finanzierung muss projektspezifisch strukturiert und erarbeitet werden. Eine Reihe von Finanzierungversuchen haben in der Vergangenheit auch nicht zum Erfolg geführt.

Darüber hinaus werden gerade jetzt die Rahmenbedingungen für die Realisierung von Projekten im Bereich erneuerbare Energien neu geordnet, was sich auch auf Finanzierungsmöglichkeiten und -instrumente auswirken wird.

Nachfolgend wird also weniger eine Anleitung zur Finanzierung von Geothermieprojekten quasi als „Kochrezept" geliefert. Vielmehr sollen die Rahmenbedingungen von Geothermieprojekten und deren Charakteristik im Vergleich zu anderen Projekten im Bereich erneuerbare Energien, die Anforderungen an die Projektentwicklung aus Sicht von Investoren und Finanzierungspartnern sowie daraus resultierende Grundsätze für die Konzeption und Strukturierung von Geothermieprojekten dargestellt werden.

16.2 Rahmenbedingungen

Im diesem Abschnitt soll kurz auf die wesentlichen Rahmenbedingungen für Geothermieprojekte eingegangen werden, soweit sie für die Beurteilung unter Finanzierungsgesichtspunkten von Bedeutung sind.

Auf dem Gebiet der Bundesrepublik liegen im Vergleich zu den weltweit bekannten klassischen Geothermieregionen keine besonders günstigen geologischen Voraussetzungen für die Energiegewinnung aus Geothermie vor. Selbst die derzeit bearbeiteten Regionen

Oberrheingraben und Bayerische Molasse bieten, relativ gesehen, zwar punktuell günstigere Standorte. Im Internationalen Vergleich zu den bekannten Geothermieregionen, die z. B. in Italien, in der Türkei, in Neuseeland oder in Indonesien liegen, sind dies jedoch geologisch keine wirklich guten Geothermiestandorte.

Dies gilt insbesondere für die Stromerzeugung aus Geothermie. Projekte in diesem Bereich sind wirtschaftlich nur auf einer langfristig sicheren Einspeisevergütung darstellbar, die erheblich höher ausfallen muss, als Strompreise, die auf fossilen Energieträgern basieren.

Für die Finanzierbarkeit von Geothermieprojekten bedeutet dies zweierlei: Zum einen sind Geothermieprojekte im „utility-scale" also mit Leistungen im höheren zwei- oder gar dreistelligen MW-Bereich in Deutschland kaum vorstellbar. Zum anderen sind langfristig verlässliche Rahmenbedingungen für Einspeisung und Netzzugang von fundamentaler Bedeutung.

Etwas unterschiedlich stellt sich die Situation für Projekte zur Wärmeversorgung aus Geothermie dar. Auch dafür gilt natürlich, dass im internationalen Vergleich keine wirklich guten geologischen Voraussetzungen vorliegen. Die durch dauerhaft hohe Primärenergiekosten bedingten hohen Wärmepreise können jedoch auch ohne zusätzliche Anreize an günstigen Standorten eine ausreichende Grundlage für lokale Projekte zur Wärmeversorgung aus Geothermie bieten. Voraussetzungen sind jedoch eine vorhandene Infrastruktur für Verteilung und Spitzenlastversorgung sowie eine ausreichend hohe Grundlast im Wärmebedarf, da die Wärmelieferung aus Geothermie nur sehr bedingt regelbar ist. Dies schränkt die Standortwahl für Projekte deutlich ein. Hinzu kommt, dass unter langfristigen Gesichtspunkten eine hohe Abhängigkeit vom lokalen Wärmebedarf besteht. Eine Abnahmegarantie, vergleichbar mit der Stromeinspeisung nach dem EEG, ist bei Wärmeprojekten in der Regel nicht erreichbar. Dies macht Projekte zur Stromerzeugung aus Geothermie, die auf einer gesetzlich geregelten Einspeisevergütung basieren, gerade für international tätige Finanzpartner durchaus attraktiver.

Was den Stellenwert der Stromerzeugung aus Geothermie in den derzeit laufenden Überlegungen zur Energiewende betrifft, muss – quasi als Momentaufnahme – folgendes festgestellt werden:

In der derzeitigen Ausbauplanung des BMWi zur Energiewende taucht die Stromerzeugung aus Geothermie nicht auf (siehe dazu Abb. 16.1).

Dem Eckpunktepapier zur Energiewende und dem Referentenentwurf zur Novellierung des EEG ist zu entnehmen, dass eine Konzentration auf die kostengünstigen Technologien, zu denen Geothermie sicherlich nicht gehört, erfolgen soll.

Weiter ist festzustellen, dass die Einspeisevergütung für Strom aus Geothermie zwar erhalten bleiben soll, der Technologiebonus insbesondere für sog. petrothermale Projekte jedoch entfallen soll. Dies dürfte einer ganzen Kategorie von Projektplänen zur Stromerzeugung aus Geothermie die Grundlage entziehen. Außerdem ist vorgesehen, dass der sog. Kapazitätsbonus, der neu in das EEG eingeführt werden soll, auf Stromerzeugung aus Biomasse beschränkt werden soll. Sollte dies so umgesetzt werden, wird einem großen Vorteil

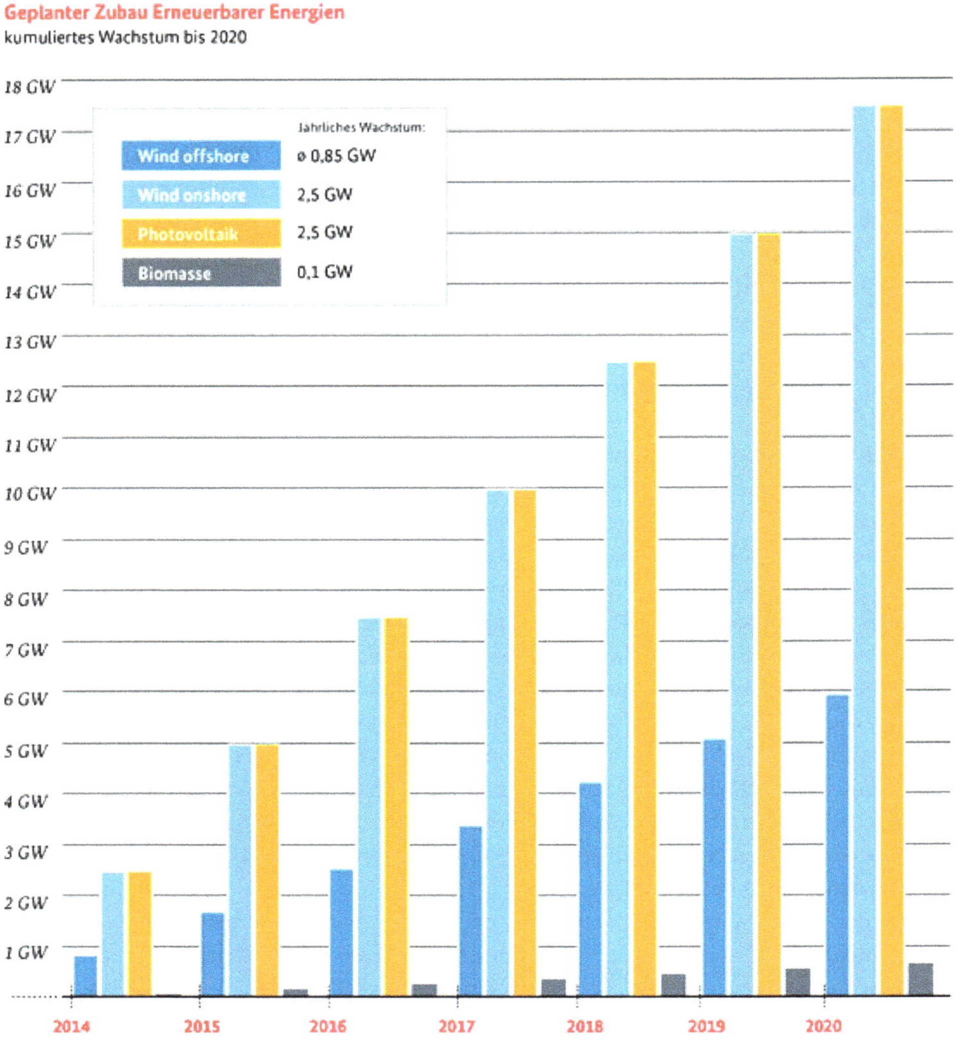

Abb. 16.1 Die vom BMWi im Zusammenhang mit der Energiewende veröffentlichten Zubaupläne für Erneuerbare Energien (Quelle: BMWi 2014)

der Stromerzeugung aus Geothermie, nämlich ihrer Grundlastfähigkeit, nicht Rechnung getragen.

Diese kurze Beschreibung soll selbstverständlich keine vollständige Wiedergabe der geplanten Änderungen sein. Allerdings dürfte aus den wenigen aufgeführten Aspekten eine Signalwirkung dahingehend ausgehen, dass der Stromerzeugung aus Geothermie, wenn überhaupt, nur eine sehr untergeordnete Rolle für die Energiewende eingeräumt wird.

Es wird abzuwarten sein, wie sich dies auf die Bereitschaft von Investoren auswirkt, in Geothermieprojekte zu investieren.

Darüber hinaus muss der Ausgang der Auseinandersetzungen mit der Europäischen Kommission bezüglich der Bewertung des EEG als unzulässige Beihilfe abgewartet werden. Diese Unsicherheit wirkt sich derzeit generell auf die Investitionsfreudigkeit im Bereich der erneuerbaren Energien aus.

16.3 Finanzierungsinstrumente

Wie für alle Investitionsvorhaben im Bereich Erneuerbare Energien, kommen vom Grundsatz her auch für Geothermieprojekte die „klassischen" Finanzierungsinstrumente in Frage, wie z. B.

- Projektfinanzierung mit den Elementen Eigenkapital, Fremdkapital und Fördermittel
- Geschlossene Fonds
- Eigenkapitalfinanzierung, ggf. unter Beteiligung von sog. Graumarktprodukten wie Genussrechtskapital, Schuldverschreibungen etc.

Soweit das erforderliche Eigenkapital nicht von den Projektinitiatoren aufgebracht werden kann, steht eine kleine Zahl sowohl inländischer als auch ausländischer Finanzierungspartner zur Verfügung, die schon Erfahrung mit Geothermieprojekten in Deutschland gesammelt haben. (Aus sicher verständlichen Gründen werden an dieser Stelle keine Namen von Akteuren genannt.)

Fremdkapital steht für erfolgreiche Geothermieprojekte vom Grundsatz her zur Verfügung, allerdings frühestens zu dem Zeitpunkt, an dem die „Fündigkeit" des jeweiligen Projektes zweifelsfrei nachgewiesen ist. Explorationsrisiken sind nicht fremdfinanzierbar. Darauf wird später noch näher eingegangen.

Fördermittel zur Investitionsförderung stehen für Projekte zur Stromversorgung in der Regel nicht zur Verfügung, da die im EEG gesetzlich geregelte Einspeisevergütung als ausreichend angesehen wird. Für Wärmeprojekte sollte in jedem Einzelfall geprüft werden, ob Fördermittel oder Sonderdarlehen, z. B. aus dem Marktanreizprogramm der KfW oder Förderinstrumenten der Bundesländer in Anspruch genommen werden können. Ansprechpartner hierfür sind neben der KfW die Förderbanken und Wirtschaftsförderinstitutionen der Bundesländer.

Bei der Strukturierung von Finanzierungen muss davon ausgegangen werden, dass die klassische Projektfinanzierung, bei der ohne Rückgriff auf die Initiatoren Eigenkapital und Fremdkapital bei Projektstart gesichert werden können, für Geothermieprojekte nicht dargestellt werden kann.

Geschlossene Fonds, die sich für die Finanzierung von Wind- und Solarprojekten in der Vergangenheit schon fast als Standardinstrumente etablieren konnten, sind bei Geothermieprojekten noch nicht zum tragen gekommen. Aufgrund des erheblichen Kapitalbedarfs und der besonderen Risikolage von Geothermieprojekten dürfte sich dies in absehbarer Zeit auch nicht ändern. Im derzeitigen Stadium der Geothermieprojekte ist die Eigenkapitalfinanzierung eher eine Sache von institutionellen Investoren.

16.4 Charakteristik von Tiefengeothermieprojekten

Die Realisierung eines Tiefengeothermieprojektes bedeutet im Wesentlichen einen Explorationsvorgang zur Erschließung einer unterirdischen Wärmequelle in mehreren tausend Meter Tiefe, die dann in einer oberirdischen Anlage zur Wärmelieferung oder Stromerzeugung genutzt werden kann.

Die Erschließung der Wärmequelle durch Tiefbohrungen und Stimulationsprozesse macht dabei in Hinblick auf Investitions- und Zeitaufwand den wesentlichen Teil eines Geothermieprojektes aus. In dieser Hinsicht unterscheidet sich ein Geothermieprojekt ganz entscheidend von anderen Projekten im Bereich erneuerbare Energien, die im Wesentlichen aus einem mehr oder weniger komplexen Hoch- und Anlagenbau bestehen, der auf standardisierten Techniken beruht.

Neben der daraus resultierenden Charakteristik eines Geothermieprojektes im Vergleich zu anderen Projekten im Bereich erneuerbare Energien als „harte" Fakten soll nachfolgend auch noch auf einige weiche Faktoren eingegangen werden, die für die Realisierbarkeit und Finanzierbarkeit von Projekten von Bedeutung sind.

Investition und Risikoentwicklung Durch den aufwendigen Explorationsprozess sind die für ein Geothermieprojekt erforderlichen Investitionen signifikant höher als die für andere Projekte im Bereich erneuerbare Energien. Im Vergleich zu Photovoltaik- oder Windkraftanlagen kann in der Regel von einem 8 bis 10-fachen Investitionsvolumen für eine Geothermieprojekt ausgegangen werden. Zudem ist der überwiegende Teil der Investitionen für die Exploration und Erschließung der unterirdischen Wärmequelle erforderlich. Selbst bei sorgfältigster Erkundung bestehen hier Unsicherheiten, die noch im laufenden Bohrbetrieb zu Änderungen – in der Regel verbunden mit Kostensteigerungen – führen können.

In Abhängigkeit von den jeweils vorliegenden lokalen geologischen Verhältnissen teilt sich die Investition in eine Geothermieprojekt etwa wie folgt auf (die angegebenen Zahlen sind ca.-Werte und sollen lediglich die Größenordnung dokumentieren):

Exploration	6–10 %
Erschließung Wärmequelle (Tiefbohrungen, Stimulation)	ca. 60 %
Über Tage-Anlagen (Wärmetauscher, Kraftwerk)	ca. 25 %
Soft Costs	ca. 8–10 %

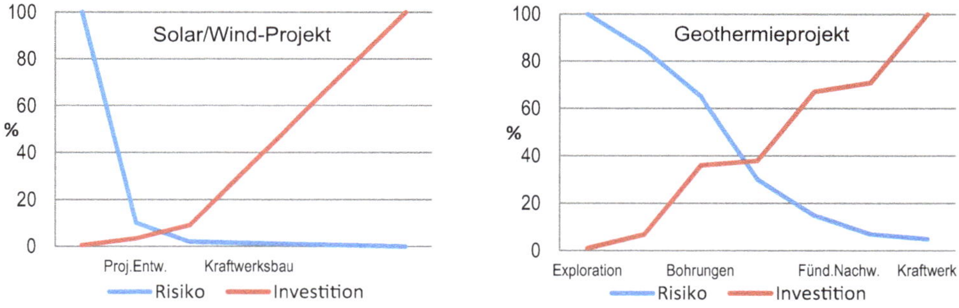

Abb. 16.2 Qualitative Unterschiede im zeitlichen Verlauf der Investitions-/Risikoentwicklung bei Projekten

Daraus resultiert im Wesentlichen zweierlei:

In jeder Phase eines Geothermieprojektes müssen erheblich höhere Finanzierungsmittel bereitgestellt werden. Dies gilt insbesondere auch für die Projektentwicklung und die obertägige Exploration, die durch Eigenmittel der Initiatoren zu finanzieren sind.

Die Investitionen für die Erschließung der Wärmequelle nehmen einen großen Anteil ein. Damit ergibt sich ein völlig anderer zeitlicher Verlauf der Investitions-/Risiko-Entwicklung, als er den Investoren bei anderen Projekten im Bereich der erneuerbaren Energien begegnet.

Die Diagramme in Abb. 16.2 sollen diesen Unterschied qualitativ verdeutlichen.

Bei einem Solar- oder Windprojekt sind nach Vorliegen eines qualifizierten Einstrahlungs- bzw. Windgutachtens und dem Erreichen der Genehmigung die Risiken auf nahezu null gesunken.

Bei einem Geothermieprojekt besteht das wesentliche Risiko in der Fündigkeit, also im Erreichen der erwarteten bzw. der bei der über Tage-Exploration prognostizierten Werte für Temperatur und Fließrate. Die Fündigkeit kann mit einer ausreichenden Sicherheit erst nachgewiesen werden, wenn die Bohrungen und Stimulationsmaßnahmen abgeschlossen sind und entsprechende Pumpversuche durchgeführt wurden. Dafür sind in der Regel schon 60–70 % der Investitionsmittel erforderlich.

Selbst nach erfolgtem Fündigkeitsnachweis ist das zeitliche Verhalten einer geothermischen Wärmequelle noch risikobehaftet. Hier können während des Betriebs, je nach geologischen Verhältnissen, Veränderungen auftreten, die zu Änderungen in den erzielbaren Erträgen führen. Zur Nachhaltigkeit einer geothermischen Wärmequelle liegen bisher nur unzureichende Erfahrungswerte vor. Ein Geothermieprojekt wird aus der Sicht von Finanzierungspartnern in der Regel also nicht den Risikowert „annähernd null" erreichen können.

Grundsätzlich stehen Versicherungen zur Abdeckung bestimmter Risiken in der Realisierungs- und Betriebsphase zur Verfügung. Einige wenige Akteure in der Versicherungsbranche haben sich auf Versicherungskonzepte im Bereich Geothermie spezialisiert. Neben den klassischen Risiken wie Elementarschäden, Maschinenbruch und Betriebsunterbrechung werden auch Versicherungen zur Abdeckung von Bohr- und Fündigkeitsrisiken angeboten. Einzelne, in der Vergangenheit aufgetretene Schadensfälle haben allerdings die Möglichkeiten zur Abdeckung dieser Risiken eingeschränkt und die Kosten für derartige Versicherungen in die Höhe getrieben.

Die sehr unterschiedliche Risikoentwicklung und die Beschränkungen bei der Versicherbarkeit von Risiken haben signifikante Auswirkungen sowohl auf Renditeerwartungen als auch auf mögliche Finanzierungsstrukturen von Geothermieprojekten.

Projektpartner Ein weiterer wichtiger Aspekt sind die Anforderungen an die Projektinitiatoren und Projektpartner.

Für Solar- und Windprojekte wurden im Rahmen der zahlreichen bisher realisierten Projekte Standardlösungen entwickelt. Auf dieser Basis stehen eine Vielzahl kompetenter Hersteller, Projektentwickler und Systemlieferanten für die Projektrealisierung bereit.

Geothermieprojekte sind im Vergleich dazu hoch komplexe technische Projekte, die neben dem energietechnischen Teil vor allem einen – der Exploration von fossilen Energieträgern vergleichbaren – Explorationsteil beinhalten.

Da nicht alle Teilbereiche eines Geothermieprojektes von einem Partner abgedeckt werden können, wird eine Projektstruktur erwartet, die alle „Gewerke" vollständig abdeckt und somit keine Schnittstellenrisiken entstehen können.

Von den Projektinitiatoren und allen Projektpartnern wird neben der technischen Kompetenz und Leistungsfähigkeit vor allem auch eine hohe finanzielle Leistungsfähigkeit erwartet, um mögliche Folgen aus Projektrisiken bewältigen zu können.

Neben der Leistungsfähigkeit werden von allen Projektakteuren noch drei wesentliche Dinge erwartet: Erfahrung, Erfahrung und Erfahrung. Dies gilt insbesondere für die Projektpartner, die für die Explorationsarbeiten verantwortliche sind.

Technik Vergleichbares gilt auch für die eingesetzte Technik. Bei Solar- und Windprojekten ist bis auf die jeweiligen Fundamente alles sichtbar, anfassbar und problemlos erreichbar. Die Technik ist ausgereift und in einer Vielzahl von Projekten bewährt. Ausfall- und Störungsrisiken sind zwischenzeitlich in Statistiken dokumentiert.

Für Geothermieprojekte gilt dies bestenfalls für die Wärmetauscher- und Kraftwerkstechnik über Tage. Aber auch dort sind bezüglich Zusammensetzung der Tiefenwässer und Fündigkeitsparameter individuelle Lösungen erforderlich, die im laufenden Betrieb risikobehaftet sind.

Der überwiegende Teil der Technik befindet sich unter Tage, ist nicht sichtbar und bei Störungen, wenn überhaupt, nur mit aufwendiger Technik erreichbar. Es kommen zwar im Grundsatz bewährte Techniken zum Einsatz, aber an jedem Standort liegt eine spezifische geologische Situation vor, die bei jedem Projekt zu neuen Herausforderungen führen kann.

Aus Sicht der Finanzierungspartner resultiert daraus eine völlig andere Risikobewertung. Finanzierungspartner werden daher erwarten, dass technische Risiken so weit wie möglich minimiert werden. Es sollten also ausschließlich bewährte Techniken und Verfahren eingesetzt werden. Außerdem sollten Dokumentationen aus vergleichbaren Projekten in die Projektdokumentation aufgenommen werden.

Genehmigungsverfahren Genehmigungsrisiken werden von Finanzierungspartnern grundsätzlich nicht übernommen. Vielmehr wird vorausgesetzt, dass alle erforderlichen Projektgenehmigungen vorliegen oder deren Erreichbarkeit sichergestellt ist.

Neben den baurechtlichen und umweltrechtlichen Genehmigungsverfahren unterliegt die Geothermie als Bodenschatz auch dem Bergrecht. Die bergrechtlichen Genehmigungen für Erkundung und Gewinnung von Bodenschätzen stellen nicht nur Anforderungen an das Projekt, sondern auch hohe Anforderungen an die technische und vor allem finanzielle Leistungsfähigkeit der Initiatoren als Antragsteller. Um diese Anforderungen zu erfüllen, sind schon in der frühen Phase des Genehmigungsantrags die Vorlage eines Finanzierungskonzeptes und in der Regel auch die Flankierung durch einen Finanzierungspartner erforderlich.

In Folge einer Reihe von Störfällen, die sich in der Vergangenheit bei Geothermieprojekten ereignet haben, ist bei neuen Projekten eine Erschwernis bei Genehmigungsverfahren zu beobachten. Gründe dafür liegen zum einen darin, dass die lokale Akzeptanz für Geothermieprojekte schwerer erreichbar geworden ist, zum anderen werden von Seiten der Genehmigungsbehörden Maßnahmen und Nachweise gefordert, dass vergleichbare Störfälle ausgeschlossen werden können.

Da die Projektgenehmigung Voraussetzung für die Finanzierbarkeit von Projekten ist, reagieren potentielle Finanzierungspartner sehr sensibel auf derartige Entwicklungen. Daher sollte auf die Akzeptanz- und Genehmigungsfragen ein besonderes Augenmerk seitens der Projektinitiatoren und Projektentwickler gelegt werden.

Realisierungszeit Geothermieprojekte haben im Vergleich zu anderen Projekten im Bereich der Erneuerbaren Energien lange Projektentwicklungs- und -realisierungszeiten. Finanzierungspartner brauchen den sprichwörtlichen „langen Atem" und müssen gegebenenfalls auch bereit sein, Änderungen in den Rahmenbedingungen, die während der Projektentwicklung und -realisierung auftreten können, mit zu begleiten. Dies setzt ein hohes Maß an Vertrauen und eine gute Kommunikation zwischen den Initiatoren und den Finanzierungspartnern voraus.

Track Record Die größte Überzeugungskraft für Finanzierungspartner hat eine Reihe von erfolgreichen Projekten, die möglichst gleichartig sind bezüglich Standortbedingungen, Technik und Projektpartnern.

Diesbezüglich befindet sich die Geothermiebranche noch in den Anfängen. Zwar gibt es vor allem im Bayerischen Molassebecken inzwischen eine größere Zahl von realisierten oder in Realisierung befindlichen Projekten. Es hat sich aber gezeigt, dass bei allen Projekten, abhängig von Standort und geologischen Verhältnissen, unterschiedliche Erfahrungen gemacht wurden. Dabei sind auch größere Abweichungen von den jeweiligen Businessplänen in Bezug auf Investition, Realisierungszeit und Fündigkeitsparametern eingetreten.

Darüber hinaus haben einige medienwirksame Störfälle und „seismische Ereignisse“, also lokale Erdbeben, die in Zusammenhang mit Geothermieprojekten stehen, zu negativer Aufmerksamkeit geführt.

Das alles wird von Finanzinvestoren aufmerksam registriert und hat zum einen dazu geführt, dass sich nach anfänglicher Euphorie einige potentielle Partner aus dem Markt zurückgezogen haben. Zum anderen wurden die Anforderungen an die Projekte insbesondere in Hinblick auf Standortqualität, Gutachten und Prognosesicherheit sowie Projektentwicklung, Projektpartner und Projektdokumentation deutlich nach oben geschraubt.

In der nachfolgenden Tabelle ist die Charakteristik von Geothermieprojekten im Vergleich zu Solar- und Windprojekten zusammenfassend dargestellt:

	Solar/Wind	Geothermie
Investition		• In der Regel eine Größenordnung (Faktor 8–10) höher
Risikolage	• Hohe Datenverfügbarkeit • für technische Risiken: statistische Daten aus tausenden Anlagen	• Keine Statistiken, individuelle Risiken • Begrenzte Prognosesicherheit für Fündigkeit • Bohrrisiken (Zeit, Kosten) • Wenig Erfahrung für Nachhaltigkeit • Nur bedingt versicherbar
Projektpartner	• Keine hohen Anforderungen an finanzielle Leistungsfähigkeit • Viele Akteure im Markt mit ausreichender Kompetenz	• Hohe Anforderungen an finanzielle Leitungsfähigkeit • Höchste Anforderungen an technische Kompetenz und Leistungsfähigkeit
Technik	• 99 % über Tage • „anfassbar“ • tausendfach bewährte Standardtechnik, weitgehend standortunabhängig	• ca. 70 % unter Tage • Weitgehend „unsichtbar“ • Vom Grundsatz her bewährt aber für jede geologische Situation wieder neu
Genehmigung	• Standorte zwar begrenzt, Genehmigung in der Regel unproblematisch • Nur gelegentlich lokale Widerstände	• Genehmigung aufwendig • Hohe Forderungen an Leistungsfähigkeit der Partner • Politische/lokale Widerstände (Fracking-/Shale gas-Diskussion)
Realisierungszeit	• Monate	• Jahre
Track-Record	• tausende erfolgreiche Projekte	• Vergleichsweise wenige Projekte • „gemischte“ Erfahrung

Weiche Faktoren Natürlich werden Finanzierungs- und Investitionsentscheidungen nach rationalen Kriterien getroffen. Trotzdem sind die weichen Faktoren von einer gewissen Bedeutung und nicht zu unterschätzen. Ein nicht unerheblichen Anteil am Erfolg von Finanzierungen im Bereich Solar- und Windprojekte, die zur Etablierung von Standardprodukten zur Finanzierung führten, resultiert daraus, dass – neben den Renditeerwartungen – die Anlagen sichtbar und quasi anfassbar sind. Investoren können hinfahren, sie der Familie und Freunden zeigen und haben ein gutes Gefühl damit.

Geothermieanlagen können das nicht leisten. Zwar gibt es auch oberirdisch etwas zu sehen, aber das eigentliche Projekt befindet sich unsichtbar tief in der Erde.

Der Geothermie haftet fast etwas Unheimliches an, man sieht sie nicht, es tut sich etwas tief unter der Erde und wenn man oben etwas merkt, dann ist das in der Regel nicht gutes.

Die Geothermie hat nach wie vor ein Imageproblem gegenüber den anderen Erneuerbaren Energien wie Sonne, Wind und Biomasse. Mit der auf breiter Front geführten Shale-Gas- und Fracking-Diskussion hat sich das noch verstärkt.

Projektentwickler werden leider auch immer wieder mit Negativbeispielen konfrontiert – und das Gedächtnis der „Finanzwelt" ist diesbezüglich sehr lang. Dem kann nur durch eine sorgfältige Dokumentation und aufwendige Kommunikation mit allen Projektpartnern begegnet werden.

16.5 Anforderung an die Projektentwicklung

Die Charakteristik von Geothermieprojekten, insbesondere die technische Komplexität, die Investitionshöhe und die Risikolage stellt sehr hohe Anforderungen an die Projektentwicklung.

Es ist in diesem Zusammenhang von Projektinitiatoren sehr häufig zu hören, es gebe große Probleme bei der Finanzierung eines Projektes. In der Regel handelt es sich dabei allerdings nicht um Finanzierungsprobleme sondern um Projektprobleme, d. h. um offene Aspekte oder Schwachstellen in der Projektentwicklung mit der Folge, dass Projektrisiken nicht oder noch nicht so bewältigt werden konnten, dass die Finanzierungsanforderungen erreicht werden.

Neben der Bearbeitung aller für die Projektrealisierung erforderlichen Aufgaben kommt der Projektentwicklung eine Schlüsselrolle in der Kommunikation zwischen Initiatoren, Technik und Finanzierungspartnern zu. Dabei ist es gerade bei Geothermieprojekten ratsam, die Finanzierungspartner schon in einer frühen Phase der Projektentwicklung mit einzubinden.

Die Schwerpunkte der Projektentwicklung sind:

- Standortsicherung incl. Sicherung der lokalen Akzeptanz
- Exploration und Fündigkeitsprognosen
- Genehmigungsverfahren
- Strukturierung des Projektes (Projektpartner und Vertragskonzept)
- Businessplan
- Risikoanalyse und Konzept für das Risikomanagement
- Versicherungskonzept
- Projektdokumentation für Investoren und Finanzierungspartner

Diese Aufzählung gilt in mehr oder weniger abgewandelter Form für alle Projekte.

Die Schwerpunkte für Geothermieprojekte liegen dabei aus Finanzierungssicht in den folgenden Aspekten:

Der (obertägigen) Exploration: Als Ergebnis, soll eine aus geologischer Sicht möglichst günstiger Standort festgelegt und eine hohe Prognosesicherheit für die Fündigkeit (Temperatur und Fließrate) erreicht werden können, die durch belastbare Gutachten belegt werden kann.

Die Strukturierung des Projektes in Hinblick auf die Leistungsfähigkeit der Projektpartner: Darauf wurde im Abschnitt „Projektpartner" schon näher eingegangen.

Die sorgfältige Erarbeitung eines langfristigen Businessplans: Wichtige Aspekte sind dabei zum einen die Darstellung der für die Wirtschaftlichkeit wichtigen Projektdaten und deren möglichst belastbare Absicherung. Jede noch so detaillierte finanzmathematische Analyse ist nur so gut wie die Qualität der Input-Daten. Zum anderen ist eine detaillierte Sensitivitätsanalyse für alle projektrelevanten Daten von Bedeutung. Vor allem die Sensitivitätsanalyse ist für Finanzierungspartner ein wichtiges Instrument zur Risikobewertung eines Projektes.

Eine vollständige Analyse und Dokumentation der Projektrisiken in der Realisierungs- und Betriebsphase des Projektes sowie ein Konzept für das Risikomanagement:

Auf Grund der besonderen Risikolage von Geothermieprojekten kommt Letzterem dabei eine Schlüsselrolle zu. Hier ist belastbar zu dokumentieren, wie Risiken in Bezug auf ihre Auswirkungen auf die Wirtschaftlichkeit eines Projektes beherrscht werden können. Idealerweise wollen Finanzierungspartner eine hohe Sicherheit dafür, dass auch im worst case der Kapitaldienst für die Finanzierungsmittel abgesichert werden kann.

Ein gutes Kommunikationskonzept: In Hinblick auf die zunehmende Bedeutung der oben Beschriebenen sogenannten „weichen Faktoren" ist dies unerlässlich. Anwohner und andere lokal Betroffene sowie Gebietskörperschaften und Genehmigungsbehörden sollten in allen Projektphasen aufgeklärt, informiert und eingebunden werden. Nur so lassen sich Probleme bei der Akzeptanz von Geothermieprojekten vermeiden.

Als Ergebnis der Projektentwicklung wird eine mit dem Projektverlauf zu entwickelnde Projektdokumentation erwartet, deren Inhalt mit den Investoren und Finanzierungspartnern abgestimmt werden sollte. Wegen des langen Zeitraums, der in der Regel für die Entwicklung von Geothermieprojekten erforderlich ist, ist bei der Dokumentation neben der Vollständigkeit auch besonders auf die Konsistenz der Informationen und Daten zu achten.

16.6 Grundlagen für die Strukturierung einer Finanzierung

Hier kann kein allgemeingültiges Strukturierungskonzept für eine Projektfinanzierung dargestellt werden. Vielmehr sollen – quasi als Quintessenz aus den vorangegangenen Ausführungen – einige Aspekte zu den Rahmenbedingungen und Voraussetzungen dargestellt werden, die für die Strukturierung einer Finanzierung eines Geothermieprojektes gelten und beachtet werden sollten.

Robustheit Aufgrund der Risikosituation bei Geothermieprojekten wird eine hohe „Robustheit" der Projekte erwartet, d. h. ein cash-flow, der aus Fremdkapitalsicht die Deckung des Kapitaldienstes auch bei Eintritt von Störungen im Betrieb sicherstellt und aus Eigenkapitalsicht noch eine bestimmte Mindestrendite ermöglicht.

Für das Fremdkapital wird diese Robustheit im sog. Schuldendienstdeckungsquotient (Abkürzung DSCR = **d**ebt **s**ervice **c**overage **r**atio), dem Verhältnis zwischen dem cash-flow vor Schuldendienst und dem Schuldendienst quantifiziert. Für Geothermieprojekte wird ein DSCR > 1,3 erwartet.

Eigenkapitalgeber haben je nach Phase des Einstiegs in ein Projekt deutlich höhere Renditeerwartungen, als dies für andere Projekte im Bereich erneuerbare Energien üblich ist. Je früher der Einstieg in eine Projekt erfolgt, desto höher werden die Renditeerwartungen ausfallen, da der Einstig in einer frühen Phase eher Venture Capital-Charakter hat.

Die Anforderungen an das Sicherheitenpaket, d. h. an die Vorsorgemaßnahmen zur Abdeckung von Störungen und Projektrisiken im laufenden Betrieb von Geothermieprojekten sind deutlich höher als dies bei anderen Projekten üblich ist. Neben dem Aufbau von Reservekonten müssen entsprechend hohe Kosten für ein entsprechendes Versicherungspaket und für die Vorhaltung von kritischen Ersatzteilen, wie z. B. einer Förderpumpe, vorgesehen werden.

Finanzierung der Projektphasen Klassischerweise besteht die Entwicklung und Realisierung eines Geothermieprojektes bis zur Aufnahme des Betriebs aus vier Projektphasen

Erkundung	Regionalauswahl Bergrechtliche Erlaubnis
(obertägige) Exploration	Seismische Untersuchungen Standortauswahl Machbarkeitsstudie Fündigkeitsprognose Bergrechtliche Bewilligung
Erschließung der Wärmequelle	Bohrungen Pumptests Fündigkeitsnachweis
Kraftwerksbau	Bau Wärmetauscher und Kraftwerk
Betrieb	Produktion Wärme und Strom

Die gesamte Projektentwicklung, Phase 1 und der überwiegende Teil von Phase 2 sind dabei durch Eigenkapital zu finanzieren. Explorationsrisiken sind prinzipiell Eigenkapitalrisiken, die Finanzierung der Explorationsphase durch Fremdmittel ist ohne eine garantierte Haftungsfreistellung nicht möglich.

Bereits die Erkundung als erste Phase der Projektentwicklung ist mit nicht unerheblichen Kosten verbunden, die von den Initiatoren aufzubringen sind. Darüber hinaus ist zur Erlangung der bergrechtlichen Genehmigung zur Erkundung in einem beantragten Feld der Nachweis der wirtschaftlichen Leistungsfähigkeit für die Durchführung der Er-

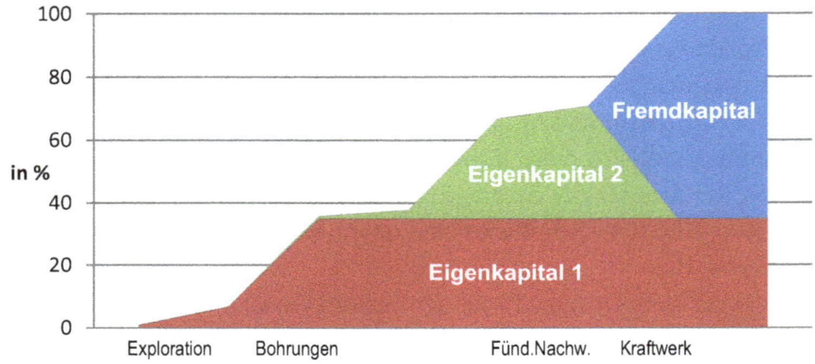

Abb. 16.3 Qualitative Darstellung des zeitlichen Verlaufs einer Finanzierung aus drei Finanzierungsquellen

kundungsmaßnahmen, also für bis zu 10 % der gesamten Projektkosten erforderlich. Für diesen Nachweis ist in der Regel bereits die Unterstützung durch einen Investor erforderlich.

Erst wenn der Fündigkeitsnachweis mit einer hinreichenden Sicherheit erfolgt ist, kann in gewissem Umfang Fremdkapital in Anspruch genommen werden. Dies ist in der Regel nach Abschluss der Bohrungen und der Durchführung von Pumptests der Fall.

Die Anforderung an die Eigenkapitalquote zur Finanzierung eines Geothermieprojektes ist erfahrungsgemäß höher und dürfte in der Regel über 30 % liegen.

Da Fremdkapital erst zum Zeitpunkt eines belastbaren Fündigkeitsnachweises zur Verfügung steht, sind also neben der Vorfinanzierung durch langfristig gebundenes Eigenkapital noch – zeitlich befristet – zusätzliche eigenkapitalähnliche Mittel erforderlich, um die Investition bis zum erreichen des Fündigkeitsnachweises abzudecken. Diese Mittel können dann, bei günstigem Projektverlauf, sukzessive durch Fremdkapital abgelöst werden. Bei ungünstigem Projektverlauf besteht allerdings das Risiko, dass auch diese Mittel ganz oder teilweise langfristig im Projekt gebunden bleiben.

Daraus resultiert eine grundsätzliche Finanzierungsstruktur, bestehend aus dem langfristig gebundenen Eigenkapital in Höhe der geforderten Eigenkapitalquote (Eigenkapital 1), eigenkapitalähnlichen Mitteln, die zeitlich befristet zur Verfügung gestellt werden müssen, bis die Voraussetzungen für die Fremdkapitalfinanzierung vorliegen (Eigenkapital 2) und Fremdkapital. Ein vereinfachter zeitlicher Verlauf für die Finanzierung mit diesen drei Finanzquellen ist in Abb. 16.3 dargestellt. Dabei ist eine Eigenkapitalquote von 35 % unterstellt.

Für die erfolgreiche Strukturierung der Finanzierung eines Projektes, die alle Phasen der Projektrealisierung abdeckt, wird es erforderlich sein, die Finanzierungspartner in einer frühen Phase der Projektentwicklung einzubinden. Dies gilt insbesondere auch deshalb, weil die Finanzierungspartner, die den zeitlich befristeten Eigenkapitalanteil (in o. g. Grafik mit Eigenkapital 2 bezeichnet) darstellen, bedingte Zusagen dahingehend erwarten werden, dass Fremdkapital zur Ablösung der Mittel bei Erreichen des Projekterfolges zur Verfügung steht.

16.7 Schlussbemerkung

Die Finanzierung von Geothermieprojekten stellt eine große Herausforderung dar und ist mit hohen Anforderungen an alle beteiligten Akteure insbesondere der Projektentwicklung verbunden. Bekannte Standardkonzepte sind nur sehr bedingt anwendbar. Daher ist die Finanzierung eines jeden Projektes individuell zu gestalten und mit einem hohen Strukturierungsaufwand verbunden.

Klassische Projektfinanzierungen, bei denen bei Projektstart die Finanzierungsquellen, Eigenkapital und Fremdkapital, ohne Rückgriff auf die Initiatoren gesichert werden und entsprechend der vereinbarten Quote ratierlich in das Projekt fließen, sind für Geothermieprojekte derzeit nicht darstellbar. Als Konsequenz daraus ist festzustellen, dass die bisher realisierten Finanzierungen extrem eigenkapitallastig sind, was in der Regel zu unbefriedigenden Eigenkapitalrenditen führt.

Um dies zu ändern, müsste es allerdings gelingen, zu Projektanzahlen zu kommen, die eine statistische Bewertung von Risiken zulassen. Dies wäre dann eine bessere Basis für die Bereitstellung von Fremdkapital für Geothermieprojekte und – in Folge davon – für angemessenere Renditen für das eingesetzte Eigenkapital.

Um Geothermieprojekte aus dem derzeitigen Status der Einzelfallrisiken herauszuführen, wäre die Realisierung von Projektserien erforderlich, die an Standorten mit möglichst vergleichbaren geologischen Bedingungen liegen.

Es gilt also, die zeitliche Lücke zu füllen zwischen dem derzeitigen Einzelprojektstatus hin zu einer größeren Zahl von Projekten – idealerweise Projektserien mit vergleichbarem Risikoprofil.

Da derzeit das Verhältnis von erreichbare Rendite und Risikoprofil nicht ausreichend ist, müssten zumindest vorübergehend flankierende Maßnahmen, z. B. über Versicherungen, Garantieprogramme oder zusätzliche risikoabhängige Anreize, initiiert werden. Inwieweit dies angesichts des derzeitigen Stellenwertes der Geothermie in der politischen Landschaft gelingen kann, bleibt allerdings abzuwarten.

Fördermöglichkeiten

17

Sonja Stockhausen und Jessica Grünitz

Inhaltsverzeichnis

Zusammenfassung

Um die Umsetzung geothermischer Projekte zu forcieren, stellen die Bundesländer, Bundesministerien und die Europäische Kommission Fördermittel insbesondere für Forschung und Entwicklung zur Verfügung. Aufgrund der intransparenten Strukturen werden diese vielfach von Unternehmen nicht oder nicht sinnvoll in Anspruch genommen. Gegenstand des Fachbeitrags ist es, die grundsätzlichen Förderstrukturen und Rahmenbedingungen zu erläutern und den Marktakteuren darüber einen systematischen Einstieg in das Thema zu ermöglichen. Zudem werden die Entwicklung der Geothermie-Förderung analysiert und künftige Schwerpunktthemen der Geothermie-Förderlandschaft, soweit bekannt, erläutert.

Schlüsselwörter

Fördermittel Geothermie • Zuschüsse Geothermie • Innovationsförderung Geothermie • FuE-Förderung Geothermie • EU-Förderung Geothermie • Subventionen Geothermie

Sonja Stockhausen (✉)
Erkrath, Deutschland
e-mail: s.stockhausen@gewi.de

Jessica Grünitz
e-mail: j.gruenitz@gmail.com

M. Bauer et al. (Hrsg.), *Handbuch Tiefe Geothermie*, DOI 10.1007/978-3-642-54511-5_17,

17.1 Einleitung

Die Innovationsförderung für Geothermie-Projekte wurde in den letzten Jahren stetig ausgebaut und hat für die Erlangung der Marktreife dieser jungen Technologie eine herausragende Bedeutung – alleine in 2012 wurden auf Bundesebene 37 Projekte mit einem Fördervolumen von 21,4 Mio. € bewilligt. Geothermie bietet das Potenzial, zu jeder Zeit und bei jedem Wetter eine stabile Energieversorgung aus erneuerbaren Rohstoffen zu ermöglichen. Demgegenüber stehen nicht nur ein hoher Flächenbedarf und hohe Erschließungskosten, sondern auch nach Jahren der Forschung gibt es noch erhebliche technische Schwierigkeiten, die nur schwer beherrschbar sind. Politisches Ziel ist es daher, Fördermittel so zu einzusetzen, dass technische und wirtschaftliche Risiken weiter reduziert und die Effizienz der Technologie gleichzeitig gesteigert wird.

Unternehmen und Forschungseinrichtungen gleichermaßen nutzen jedoch die zur Verfügung stehenden Fördermöglichkeiten trotz der bestehenden Chancen vielfach gar nicht oder nicht optimal aus. Dies ist im Wesentlichen darin begründet, dass die Förderstrukturen in Europa intransparent erscheinen und ohne Fachkenntnisse schwer bewertbar und nutzbar sind. Ferner entsteht bei der Beantragung und Durchführung von Förderprojekten ein hoher administrativer Aufwand, denn im Interesse des Steuerzahlers, der letztlich die Fördermittel bereitstellt, unterliegen Förderprojekte restriktiven Regelungen und werden sorgfältig geprüft. Ein weiterer Nachteil ist der mit dem Beantragungsprozess einhergehende Zeitverlust, der zudem kaum kalkulierbar ist, was eine zuverlässige Projektplanung erschwert und letztlich sogar zu höheren Projektkosten führen kann. Andererseits machen erst Zuschüsse der öffentlichen Hand die Durchführung risikoreicher Projekte möglich, ermöglichen vielfach einen Technologietransfer von Wissenschaft in Industrie und bieten durch die Vernetzung verschiedener Akteure in geförderten Kooperationsprojekten einen Zugang zu sonst schwer erschließbarem Know-how.

In diesem Fachbeitrag erfolgt keine Darstellung einzelner Programme, denn die Förderlandschaft unterliegt einem stetigen Wandel, wodurch eine solche Aufstellung schon nach wenigen Monaten nicht mehr aktuell wäre. Zudem erfolgt bis ins Jahr 2014 hinein eine grundlegende Überarbeitung der europäischen Rahmenprogramme und der relevanten Verordnungen, dies hat auch direkte Auswirkungen auf die nationalen Förderprogramme. Der Schwerpunkt des Beitrags wird daher auf grundlegende Aspekte der Innovationsförderung für Geothermiethemen gelegt, da diese auch über mehrere Jahre hinweg unverändert Gültigkeit haben werden. Nachfolgend werden somit die grundsätzlichen Strukturen und Rahmenbedingungen der Fördermittellandschaft skizziert, Tipps zum praktischen Handling mit Förderprojekten gegeben und die spezifische Fördermittelsituation für Tiefengeothermie-Projekte nach dem aktuellen Sachstand beleuchtet.

17.2 Förderstrukturen

In Deutschland stehen vielfach mehrere **Instrumente** zur Umsetzung von Innovationsprojekten im Bereich Tiefengeothermie zur Verfügung, teilweise können diese zur Gesamtfinanzierung eines Projekts auch kombiniert werden, sofern die in Europa geltenden Subventionswertobergrenzen nicht überschritten werden. Die folgenden Arten sind hierbei zu unterscheiden:

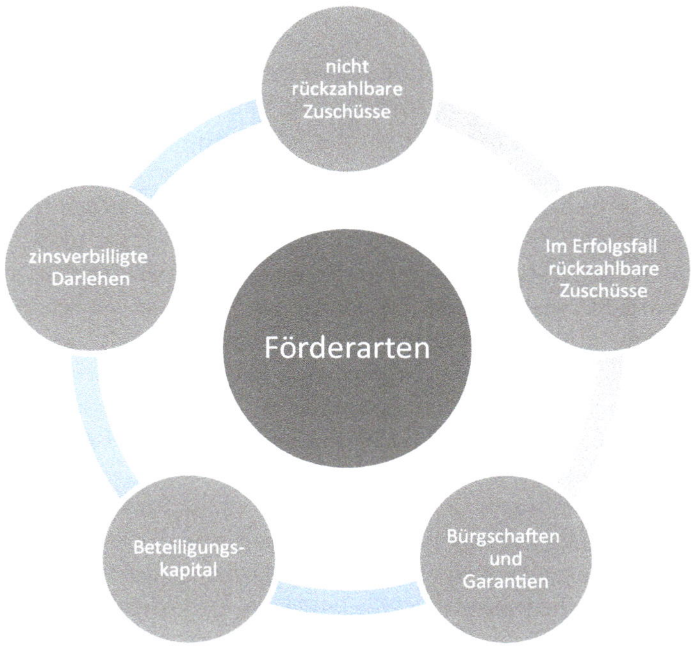

In Deutschland nehmen bislang insbesondere die nicht rückzahlbaren Zuschüsse eine herausragende Stellung ein. Der vorliegende Beitrag konzentriert sich daher im Folgenden auf diese Fördermittelart. Nicht weiter berücksichtigt werden zudem die öffentlichen Förderinstrumente für investive Maßnahmen oder zum Betrieb von geothermischen Kraftwerken (insbesondere die in Deutschland praktizierte Einspeisevergütung nach dem EEG).

Beihilfen, wie Fördermittel juristisch korrekt bezeichnet werden, sind nach dem EG-Vertrag[1] zunächst verboten, insbesondere, um Marktverzerrungen zu verhindern. In verschiedenen Verordnungen wird geregelt, unter welchen Rahmenbedingungen Fördermittel doch mit dem „gemeinsamen europäischen Markt" vereinbar sind, d. h. wann sie abwei-

[1] Artikel 87, I des EG-Vertrags.

chend vom grundsätzlichen Verbot zulässig sind.[2] Alle zur Verfügung stehenden Förderprogramme unterliegen somit diesen Regelungen, die nicht nur die Fördermittelgeber, sondern jeder, der Fördermittelprojekte durchführt, kennen sollte.[3] Fördermittel können im Rahmen dieser Regelungen grundsätzlich von den folgenden **Fördermittelgebern** bereitgestellt werden[4]

- Ministerien der Bundesländer,
- Bundesministerien,
- der Europäischen Kommission.

Hierbei ist zu berücksichtigen, dass jede „Ebene“ unterschiedliche politische Zielsetzungen mit der Gewährung von Fördergeldern verfolgt und die Rahmenbedingungen, Nachweispflichten oder Veröffentlichungsvorschriften je nach Fördergeber sehr unterschiedlich sein können. Eine inhaltliche zentrale Fördermittelkoordination gibt es nicht – es gibt daher Themen, die in mehreren Programmen auf verschiedenen Ebenen förderfähig sind und es gibt ebenso auch Themen, die sich in den Programmen gar nicht wiederfinden. Zusätzlich ist zu berücksichtigen, dass die jeweiligen Förderprogramme aus unterschiedlichen Quellen finanziert werden: vielfach kommen Zuschüsse, die von den Bundesländern ausgereicht werden, anteilig aus Bundesmitteln oder aus EU-Fonds und unterliegen damit wieder unterschiedlichen Rahmenbedingungen. Jeder Antragsteller sollte demnach im Vorfeld prüfen, aus welchen Finanzierungsquellen ein Zuschuss gewährt wird und welche spezifischen Regelungen damit einhergehen. Entsprechende Verweise finden sich stets in den Richtlinien des Förderprogramms.

Der Fördermittelgeber beauftragt in der Regel sogenannte „**Projektträger**“, d. h. Förderstellen, mit der Durchführung und Verwaltung der einzelnen Fördergramme. Diese sind für den Antragsteller primärer Ansprechpartner und beraten auch im Rahmen der jeweiligen Zuständigkeit. Die bedeutendsten Projektträger in Deutschland sind:

- Projektträger Jülich (in der Forschungszentrum Jülich GmbH)
- Projektträger Karlsruhe (PTKA) (im Karlsruher Institut für Technologie)
- AiF Arbeitsgemeinschaft industrieller Forschungsvereinigungen „Otto von Guericke“
- Deutsches Zentrum für Luft- und Raumfahrt e. V. (DLR)
- Fachagentur Nachwachsende Rohstoffe e. V. (FNR)
- TÜV Rheinland AG

[2] Zum Beispiel De-minimis-Verordnung, AGVO (Allgemeine Gruppenfreistellungsverordnung) oder die jeweiligen Leitlinien wie z. B. der „Gemeinschaftsrahmen für staatliche Beihilfen für Forschung, Entwicklung und Innovation“ und „Gemeinschaftsrahmen für staatliche Umweltbeihilfen“

[3] Sofern ein Zweifel besteht, ob eine Fördermaßnahme nach dem europäischen Recht zulässig ist, existiert prinzipiell die Möglichkeit, diese Förderprojekte in einem Notifizierungsverfahren separat von der Europäischen Kommission prüfen zu lassen.

[4] Gelegentlich werden Fördermittel in begrenztem Umfang auch von Gemeinden und Kommunen oder auch von öffentlichen Stiftungen zur Verfügung gestellt. Zur besseren Übersicht werden diese hier nicht weiter betrachtet.

- VDI Technologiezentrum GmbH
- VDI/VDE Innovation + Technik GmbH

Größter Fördermittelgeber für Geothermie in Deutschland ist das Bundesumweltministerium (BMU): über 80 % der auf Bundesebene geförderten Geothermie-Projekte wurden 2012 aus Mitteln des BMU bezuschusst, primär mit dem 6. Energieforschungsprogramm. Das Spektrum der Förderung umfasst hierbei Innovationsthemen rund um die gesamte Wertschöpfungskette: Explorations- und Bohrtechnologien, Ausbau und Optimierung der Lagerstätten, Materialentwicklung, Entwicklung von Anlagenkomponenten und des Gesamtsystems sowie systemanalytische Untersuchungen. Projektträger und somit Ansprechpartner hierfür ist der Projektträger Jülich (www.ptj.de/geothermie). Gerade im Bereich Geothermie bestehen jedoch auch zahlreiche Förderproramme auf Bundeslandebene. Daher ist für jedes Thema separat eine sorgfältige Prüfung der Förderchancen vorzunehmen.

Eine öffentliche Einrichtung, die Interessenten bei der Auswahl des richtigen Programms unterstützt und als zentraler **Ansprechpartner** zur Verfügung steht, gibt es allerdings nicht. Wer sich eigenständig, ohne Einbindung eines privaten Fördermittelberaters, informieren möchte, muss die Ebenen Bundesland/Bund/EU unabhängig voneinander prüfen. Eine erste Orientierung bietet die vom Bundeswirtschaftsministerium betriebene Förderdatenbank[5], die nahezu alle Bundesprogramme und zusätzlich auch Teile der Bundesland- und EU-Förderung abdeckt. Ein großer Teil der Fördermittelbeantragung erfolgt jedoch über zeitlich befristete, themenspezifische Förderbekanntmachungen, die mit vertretbarem Aufwand nicht vollständig und aktuell in diese Datenbank eingepflegt werden können. Auch aktuelle Entwicklungen zu den verfügbaren Haushaltsmitteln in einzelnen Fördertöpfen können dort nicht berücksichtigt werden. Eine direkte Kontaktaufnahme mit den jeweiligen Förderstellen ist daher stets sinnvoll. Auf Bundeslandebene empfiehlt sich neben der Ansprache der jeweiligen Projektträger auch die Kontaktaufnahme mit den landeseigenen Förderbanken und den Landesministerien für die Themen Umwelt, Wirtschaft, Innovation. Auf Bundesebene unterstützt die zentrale Förderberatung im Hinblick auf die wesentlichen Bundesprogramme und Bekanntmachungen.[6] Auf EU-Ebene sind eine Recherche im „Participant Portal" sowie eine Kontaktaufnahme mit dem EU-Büro des BMBF zielführend.[7] Für einige der EU-Programme gibt es zudem nationale Kontaktstellen, die ebenfalls wertvolle Unterstützungsarbeit leisten.[8]

17.3 Antragsverfahren

In der Innovationsförderung werden grundsätzlich zwei Antragsverfahren unterschieden. In einigen Förderprogrammen wird direkt ein vollständiger, formgebundener Antrag ein-

[5] www.foerderdatenbank.de.
[6] www.foerderinfo.bund.de.
[7] ec.europa.eu/research/participants/portal; www.eubuero.de.
[8] Für Geothermie u. a. die NKS Energie im Forschungszentrum Jülich (www.nks-energie.de).

gereicht, der dann umfassend geprüft wird (einstufiges **Antragsverfahren**). In den meisten Fällen jedoch handelt es sich um ein zweistufiges Verfahren: es wird dann zunächst eine sogenannte Projektskizze vorgelegt – hierbei handelt es sich um eine Zusammenfassung des Projektes (Umfang je nach Programm auf Bundesebene 5–20 Seiten), der Schwerpunkt liegt hierbei auf den folgenden Aspekten:

- Projektziel und Darstellung, wie das Projekt zur Erfüllung der übergeordneten Zielsetzungen des Förderprogramms beiträgt
- Innovationsgrad/Abgrenzung vom Stand der Technik (s. hierzu nachfolgendes Teilkapitel)
- Darstellung der technischen Herausforderung und des angedachten Lösungswegs – Erläuterung der geplanten Projektdurchführung, eingeteilt in Arbeitspakete (thematisch strukturierte Entwicklungsschritte mit einem spezifischen Ziel und einer geplanten Durchführungsdauer)
- Kompetenz und Aufgabenteilung der beteiligten Einrichtungen
- Übereinstimmung der Rahmendaten mit den Vorgaben der Richtlinien und der Verwaltungspraxis (hinsichtlich Projektvolumen, Projektlaufzeit, Projektstruktur, Notwendigkeit der Zuwendung etc.)

Die Projektskizze wird fachlich evaluiert, im Erfolgsfall erfolgt dann mündlich oder schriftlich die Aufforderung, einen formgebundenen Antrag einzureichen. Dieser zweite Schritt erläutert den Lösungsweg und den damit verbundenen Arbeits-, Kosten- und Zeitplan dann im Detail, ebenso ist spätestens dann ein detaillierter Verwertungsplan auszuarbeiten. Das Erfolgsrisiko beim zweistufigen Verfahren liegt meist bei der Projektskizze – die Ablehnung eines Antrags, wenn die Skizze zuvor positiv bewertet wurde, ist selten (sofern formal keine Fehler auftreten).

Das Verfahren im Einzelnen ist dann auch abhängig davon, auf welcher Grundlage eine Skizze bzw. ein Antrag eingereicht wird. Oftmals erfolgt die Einreichung aufgrund einer **fristgebundenen Förderbekanntmachung** (auf EU-Ebene: „Call"), die meist sehr themenspezifisch ausgerichtet ist und klare Anforderungen an die Projektthemen und die gewünschte Struktur formuliert. Auf EU-Ebene werden Calls im Vorfeld stets in den sogenannten Arbeitsprogrammen festgelegt, so dass zumindest bekannt ist, wann eine erneute Förderchance besteht – in einigen Fällen sind auch die spezifischen Themen im Vorfeld bekannt. Nach Veröffentlichung eines EU-Calls ist die Zeit zur Vorbereitung der Teilnahme meist äußerst knapp bemessen, in den meisten Fällen bilden sich bereits im Vorfeld entsprechende Projektpartnerkonsortien. Auf Bundesebene machen die breit aufgestellten Fachprogramme keine Aussage über die zu erwartenden Bekanntmachungen. Die spezifischen Themen und Zeitpunkte einer Bekanntmachung werden meist nicht angekündigt – sie sind das Ergebnis eines politischen Abstimmungsprozesses und nicht nur abhängig von politischen Prioritäten, sondern auch von den verfügbaren Haushaltsmitteln. Eine Teilnahme kann somit vielfach erst nach Veröffentlichung der Bekanntmachung vorbereitet werden und steht dann je nach Fristsetzung unter Zeitdruck. In den Fällen, in denen eine Einreichung nur auf Basis einer spezifischen und fristgebundenen Bekanntmachung möglich ist, erfolgt die Auswahl der Projektskizzen dann im Wettbewerbsverfahren. Meist werden die Projektskizzen unabhängig voneinander anhand festgelegter Kriterien von Gutachtern bewertet, es werden dann anschließend diejenigen zur Antragstellung aufgefordert, die die Anforderungen und Vorstellungen des zuständigen Ministeriums „am Besten“ erfüllen. Die konkreten Erfolgsquoten sind hier höchst unterschiedlich und auch davon abhängig, ob es im Vorfeld ein festes Budget für die Bekanntmachung gibt und wie viele Anträge eingereicht werden. Statistisch sind auf Bundesebene etwa 20–35 % der eingereichten Projektskizzen erfolgreich, erfahrene Antragsteller erreichen auch Quoten, die deutlich über 60 % liegen.

In einigen Programmen besteht die Möglichkeit, außerhalb von fristgebundenen Bekanntmachungen eine Förderung zu beantragen – Projektskizzen werden dann nach dem sogenannten Bottom-up- oder **Initiativverfahren** eingereicht.[9] In diesen Fällen gibt es kein derart stringentes Wettbewerbsverfahren, so wie es oben geschildert wurde. Daher besteht auch meist ein engerer Austausch mit der Förderstelle und vielfach wird die Möglichkeit eingeräumt, Projektskizzen bei Bedarf zu überarbeiten. In einem Wettbewerbsverfahren ist dies in der Regel nicht möglich, u. a. weil dann die Gefahr bestünde, dass nicht allen Teilnehmer die gleichen Chancen eingeräumt werden und der Wettbewerb hierdurch verzerrt würde. Bei einer Initiativeinreichung gibt es manchmal allerdings kein fest vereinbartes Budget, so dass Projekte einzeln zwischen Projektträger und dem zuständigen Ministerium abgestimmt werden müssen – dies kostet Zeit und macht den Förderprozess oftmals schwer kalkulierbar. Die durchschnittlichen Erfolgsaussichten sind gegenüber dem Wettbewerbsverfahren dennoch signifikant höher, sofern eine vorherige Abstimmung mit dem Projektträger erfolgt und bei der Projektstrukturierung die von ihm geäußerten Ratschläge berücksichtigt werden.

17.4 Rahmenbedingungen der Innovationsförderung

Die Rahmenbedingungen von Förderprogrammen sind sehr unterschiedlich und sollten von jedem Antragsteller im Vorfeld der Beantragung anhand der Richtlinie und im Gespräch mit der Förderstelle geprüft werden. Es kann weitreichende Folgen haben, wenn erst nach viel Zeit und Mühe und möglicherweise sogar erst bei der Durchführung des Förderprojekts erkannt wird, dass die Rahmenbedingungen und Anforderung nicht erfüllt werden können. Da alle Programme den gleichen EU-Bestimmungen unterliegen, gibt es einige wichtige Gemeinsamkeiten, die in allen Fällen zu beachten sind. Diese sind nachfolgend skizziert.

[9] Es gibt sowohl Programme, in denen eine Förderung *nur* initiativ beantragt werden kann als auch Programme, die auf Basis themenspezifischer Bekanntmachungen fördern und zusätzlich auch eine bedarfsgerechte Einreichung außerhalb dieser Themen ermöglichen.

Projekte, die als Forschungs- und Entwicklungsvorhaben gefördert werden, müssen einen signifikanten **Innovationsgrad** aufweisen. Der in Europa herrschende Stand in Wissenschaft und Technik muss hierbei überschritten werden – das zu entwickelnde Verfahren oder Produkt muss einen deutlichen Mehrwert gegenüber bestehenden Verfahren/Produkten aufweisen und sich technisch von diesen abgrenzen lassen. Die Kombination von verfügbaren Technologien zu etwas „Neuem" ist hierbei durchaus als innovativ zu bewerten, wenn es so auf dem Markt nicht verfügbar ist. Ebenso ist die Übertragung bestehender Technologien auf neue Märkte und Anwendungsbereiche innovativ, wenn dies technisch anspruchsvoll ist. Im Gegensatz hierzu sind routinemäßige Optimierungen, die im laufenden betrieblichen Prozess durchgeführt werden und daher tendenziell dem Tagesgeschäft eines Unternehmens zuzurechnen sind, regelmäßig nicht als innovativ zu bewerten. Ebenso ist es nicht innovativ, wenn das Produkt oder Verfahren zwar für ein Unternehmen neu ist, bei anderen Marktakteuren aber bereits etabliert ist.

Ein hoher Innovationsgrad ist meist, aber nicht immer, mit einer hohen technologischen Komplexität und **technologischen sowie wirtschaftlichen Risiken** verbunden – auch diese Aspekte stellen zwingende Voraussetzungen für den Erhalt eines Innovationszuschusses dar. Der Grundgedanke, der dieser Anforderung zugrunde liegt, ist nachvollziehbar: ein Projekt, das sich aufgrund des geringeren Risikos zügig umsetzen lässt, stellt keine Herausforderung dar und geht in der Regel mit einer hohen Wirtschaftlichkeit einher. Es bedarf somit keiner öffentlichen Unterstützung. Dieser Aspekt ist bei einer förderoptimalen Projektgestaltung und Antragsbegründung zu berücksichtigen. Ein Förderprojekt weist auch aufgrund dieser Rahmenbedingungen üblicherweise eine Laufzeit von 2–3 Jahren auf und geht mit Aufwendungen einher, die für den Antragsteller eine wirtschaftliche Herausforderung darstellen. Es müssen deutliche Risiken bestehen, gleichzeitig müssen diese aber auch beherrschbar sein, denn ein Förderprojekt muss realistische Aussichten auf Erfolg aufweisen.

Bei der Antragstellung durch Unternehmen ist ferner zu argumentieren, dass das Projekt ohne Zuschuss gar nicht, nicht in dem geplanten Umfang oder nicht in der erforderlichen Zeit gestemmt werden kann – andernfalls besteht aus Fördersicht keine Notwendigkeit, eine Bewilligung auszusprechen. Gleichzeitig muss auch sichergestellt sein, dass die Gesamtfinanzierung im Fall der Bewilligung gesichert ist. Ein Unternehmen, das den voraussichtlichen Eigenanteil aufgrund geringer Bonität nicht stemmen kann, ist nicht förderfähig. Dies stellt sich bei etablierten Firmen nur selten als Herausforderung dar, bei Neugründungen ist dies jedoch der häufigste Grund für die Ablehnung eines Förderantrags.

Innovationsförderung kann für einzelne Unternehmen oder einzelne Forschungseinrichtungen bewilligt werden. Vorrangiges politisches Ziel jedoch ist es, **Verbundprojekte** (= Kooperationsprojekte) zu fördern. Hierbei arbeiten mehrere Unternehmen und/oder Forschungsrichtungen und ggf. auch sonstige Einrichtungen (Verbände, öffentliche Einrichtungen etc.) gemeinsam an einem Projektthema. Jeder Projektpartner leistet eigene Entwicklungsarbeit und muss dann auch ein eigenes Interesse an den Projektergebnissen haben – daher erhält jeder Projektpartner einen Zuschuss für die bei ihm anfallenden Aufwendungen, bei Unternehmen ist der anfallende Eigenanteil dann auch eigenständig zu tragen. Ein Projektpartner unterscheidet sich in dieser Hinsicht deutlich von einem Unterauftragnehmer, der in einem Auftragsverhältnis steht und daher auch einen marktüblichen Preis für seine Arbeit verlangt.

Projektpartner dagegen stehen nicht in einem Auftragsverhältnis, sondern regeln die Zusammenarbeit in einem Kooperationsvertrag. Dieser legt auch fest, welcher Partner welches Know-how einbringt, welche Termine und Meilensteine einzuhalten sind, wie Verwertungsrechte verteilt werden und ob bzw. wie veröffentlicht wird. Dem kommerziellen Anspruch der Unternehmen, die Projektergebnisse wirtschaftlich zu verwerten und dadurch Wettbewerbsvorteile zu erzielen, kann hierbei Rechnung getragen werden. Ebenso müssen aber die Bestrebungen der Forschungseinrichtungen, entstehendes Know-how zur weiteren Forschung und in der Lehre zu verwenden und ggf. zu publizieren, angemessen berücksichtigt werden. Das „Austarieren" dieser gegensätzlichen Interessen, bei gleichzeitiger Berücksichtigung der förderseitigen Anforderungen, ist eine wesentliche Herausforderung von Kooperationsprojekten. Wenn dies gelingt, können Verbundprojekte erhebliche Mehrwerte generieren: Forschungseinrichtungen auf der einen Seite arbeiten dann auf Basis eines konkreten Marktbedarfs, so dass die Wahrscheinlichkeit einer künftigen industriellen Realisierung ihrer Entwicklungsaktivitäten deutlich wahrscheinlicher ist als in anderen Fällen. Unternehmen auf der anderen Seite erhalten oft einen regelrechten Innovationsschub, ausgelöst durch neue technologische Impulse aus der Grundlagenforschung – diese Impulse strahlen oft weit über das Projekt hinaus aus und können im besten Fall weitere Innovationsprojekte anstoßen.

Die maximale **Zuschusshöhe** ist durch die EU-Regelungen vorgegeben, wird aber in einigen Programmen per Richtlinie unterschritten, um eine breite Verteilung der knappen Haushaltsmittel zu ermöglichen. Die Zuschusshöhe ist im Wesentlichen davon abhängig, ob ein Projekt der

- Grundlagenforschung,
- industriellen Forschung oder der
- experimentellen Entwicklung

zuzurechnen ist. Eine Definition dieser Begriffe findet sich im jeweils geltenden „*Gemeinschaftsrahmen für staatliche Beihilfen für Forschung, Entwicklung und Innovation*" der EU. Die Grenzen sind allerdings fließend und auch für Experten im Einzelfall oftmals nur schwer interpretierbar. Grundsätzlich gilt: je näher sich eine geplante Entwicklung am Markt befindet, desto geringer ist der Fördersatz, da dann allgemein davon ausgegangen wird, dass auch das Risiko sinkt. Gemeinnützige Forschungseinrichtungen betreiben bei nicht wirtschaftlichen Tätigkeiten per Definition Grundlagenforschung – diese werden daher üblicherweise mit 100 % der entstehenden Ausgaben bezuschusst. Unternehmen, die immer wirtschaftlich tätig sind, können per Definition keine Grundlagenforschung betreiben – bei risikoreichen, innovativen Projekten im Bereich der industriellen Forschung können diese mit bis zu 50 % der förderfähigen Aufwendungen bezuschusst werden. Bei

„marktnäheren" Innovationsprojekten beträgt die Förderung üblicherweise 25–30 %, teilweise werden dann auch Mischquoten errechnet. Ein gefördertes Innovationsprojekt kann sich somit auf allen Stufen der Entwicklung befinden, von der Grundlagenforschung bis zur Erarbeitung und zum Test von Funktionsmustern. Die Innovationsförderung im engen Sinne „endet" dann auf Grundlage der o. g. Einordnungen im „*Gemeinschaftsrahmen für staatliche Beihilfen für Forschung, Entwicklung und Innovation*" der EU. Insbesondere das Demonstrieren einer neuen Technologie im großtechnischen Maßstab, das in der Praxis oft deutlich riskanter als die vorherige Entwicklung ist, ist in der Regel meist nicht mehr förderfähig.

Speziell für Projekte, die nach dem „*Gemeinschaftsrahmen für staatliche Umweltbeihilfen*" der EU förderfähig sind (dies ist bei Geothermieprojekten vielfach der Fall), stehen allerdings auch weitergehende Programme im innovativen Bereich zur Verfügung: z. B. für das Upscaling in den Industriemaßstab oder auch Markteinführungsmaßnahmen von innovativen, umweltfreundlichen Verfahren und Produkten. Hier ist auch bei großer Marktnähe teilweise ein Zuschuss von bis zu 50 % realisierbar – dies setzt dann zwingend signifikante Umweltvorteile im Vergleich zum Stand der Technik voraus.

Im Hinblick auf die maximal erreichbare Förderquote ist anzumerken, dass kleine und mittlere Unternehmen gem. EU-Definition, sogenannte KMU[10], Zuschläge auf die o. g. Förderquoten erhalten können.

Weitere Rahmenbedingungen der Innovationsförderung sind:

- Ein Projektbeginn ist meist erst mit Bewilligung möglich. Insbesondere sind projektrelevante Bestellungen oder Vertragsabschlüsse (auch Kooperationsverträge im Verbundvorhaben) förderschädlich, wenn diese vor Erhalt des Zuwendungsbescheids abgeschlossen werden. Voruntersuchungen, Machbarkeitsversuche, das Einholen von Genehmigungen und Projektplanung sind jedoch im Vorfeld möglich. Bei der Definition und Strukturierung eines Förderprojekts ist dies stets zu berücksichtigen, auch im Sinne der formalen Sicherheit. Kosten die im Vorfeld einer Bewilligung angefallen sind, können i. d. R. nicht geltend gemacht werden.
- Die dem Projekt zuzurechnenden Aufwendungen sind nachzuweisen, der Zuschuss wird nur für diese Kosten mit dem im Bewilligungsbescheid genannten Prozentsatz gewährt. Eine Förderung anhand von Pauschalbeträgen, unabhängig von den entstehenden Aufwendungen, gibt es in der Innovationsförderung nur sehr selten.
- Die im Bewilligungsbescheid genannte absolute Fördersumme ist eine Maximalgrenze. Wenn die Aufwendungen später unplanmäßig höher sind, ist eine Aufstockung nur in ganz seltenen Ausnahmefällen möglich – das Risiko einer Fehlkalkulation trägt also der Zuschussempfänger.
- Förderanträge und -projekte mit industrieller Beteiligung unterliegen grundsätzlich der Geheimhaltung, um dem wirtschaftlichen Interesse Rechnung zu tragen. Gleichzeitig

[10] Vgl. Empfehlung der Kommission 2003/361/EG betreffend die Definition der Kleinstunternehmen sowie der kleinen und mittleren Unternehmen.

besteht aber auch ein begründetes Interesse der Öffentlichkeit an der Verwendung der Mittel, die letztlich der Steuerzahler aufbringt. Daher werden vielfach Projekttitel, Fördersumme, Laufzeit und Name des Zuschussempfängers in öffentlich zugänglichen Datenbanken erfasst. Ebenso wird in vielen Fällen der Abschlussbericht zu einem Förderprojekt veröffentlicht – hier haben Unternehmen beim Verfassen jedoch einen entsprechenden Gestaltungsspielraum, so dass die kommerziellen Interessen angemessen berücksichtigt werden können.

17.5 Entwicklung und Potenziale der F&E-Geothermieförderung

Die Erhöhung der EEG-Einspeisevergütung für Strom aus Geothermie führte ab 2005 zunächst zu einer deutlich positiven Entwicklung in der Tiefen Geothermie. Projekte zur geothermischen Stromerzeugung konzentrierten sich insbesondere auf das Molassebecken im Raum München und den nördlichen Oberrheingraben. Aufgrund der langfristig nicht prognostizierbaren politischen Rahmenbedingungen, der hohen Investitionskosten und des Fündigkeitsrisikos, der bestehenden technischen Risiken sowie nicht zuletzt aufgrund der Akzeptanzprobleme innerhalb der Bevölkerung geriet die Geothermie in den letzten 2–3 Jahren wieder ins Stocken. Nach Angaben des Bundesverbands Geothermie e. V. (GtV, Berlin) befinden sich nun 23 Tiefengeothermieanlagen in Deutschland im Betrieb (= 223 MW), weitere ca. 60 Projekte im Bau oder in der Planung (Juli 2013). Nach Berechnungen des GtV belegt Deutschland bei der installierten Kapazität zur Wärmeerzeugung mit rund 2,5 GW thermischer Leistung weltweit den 5. Rang (nach den USA, China, Schweden, Norwegen). Bei der Stromerzeugung liegt Deutschland allerdings hingegen mit 12,1 MW im weltweiten Vergleich bislang auf einem der hinteren Plätze.

Die weitere Marktentwicklung ist derzeit schwer prognostizierbar, die Schätzungen der Experten sind daher auch sehr unterschiedlich. Die Bundesregierung schätzt das Potenzial der Geothermie zur Stromerzeugung bis 2020 auf 1654 GWh, ihr Potenzial Wärmebereitstellung wird mit 14.400 GWh angegeben. Perspektivisch sieht die Industrie das Potenzial noch deutlich höher: der Bundesverband Erneuerbare Energien BEE schätzt das Potenzial für die Stromerzeugung durch Geothermie auf 3750 GWh bis 2020 und für Wärmeerzeugung auf 26.000 GWh. Diese Ziele scheinen aber aufgrund der Marktentwicklungen der letzten 2–3 Jahre nicht mehr erreichbar zu sein.

Insgesamt ist deutliches Ziel aller Marktakteure, die Effizienz der Tiefengeothermie bei gleichzeitiger Kostenreduktion deutlich zu erhöhen – nur dann kann Tiefengeothermie die Energieversorgung Deutschlands signifikant unterstützen und nur dann bietet sie auch das Potenzial für eine wirtschaftlich wichtige Exporttechnologie in andere Länder. Neben der Marktumsetzung sind daher weitere immense Anstrengungen in Forschung und Entwicklung erforderlich, um diese Ziele zu erreichen. Das Engagement der öffentlichen Hand in Form von Zuschüssen ist hierbei ein unverzichtbarer Bestandteil.

Das Bundesministerium für Wirtschaft und Technologie (BMWi) hat die Entwicklung der Innovationsförderung für Erneuerbare Energien in den Jahren 2006–2012 evaluiert

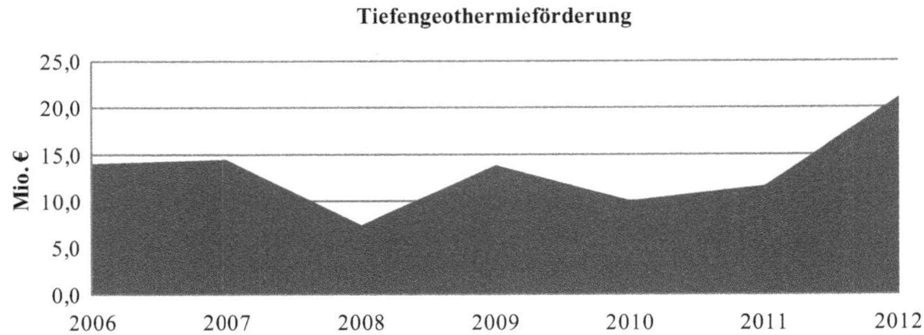

Abb. 17.1 Entwicklung der Tiefengeothermieförderung im 6. Energieforschungsprogramm der Bundesregierung, 2006–2012 (Quelle: Bundesbericht Energieforschung 2013)

und im „Bundesbericht Energieforschung 2013"(BMWi 2013) veröffentlicht. Demnach hat sich das jährliche Fördervolumen für Innovationsprojekte im Bereich Erneuerbare Energien in dem o. g. Zeitraum von 80 Mio. € auf 154 Mio. € erhöht, die jährliche Steigerung betrug durchschnittlich 11 %. Insgesamt wurden in diesem Zeitraum rund 759 Mio. € aus dem Bundeshaushalt und weitere 16 Mio. € aus dem Energie- und Klimaschutzfonds für Erneuerbare-Energien-Projekte eingesetzt. Alleine 2012 wurden Projekte mit einem Gesamtvolumen von 290 Mio. € neu bewilligt, die in den kommenden Jahren umgesetzt werden. Die Förderung für Tiefengeothermie wurde entsprechend zu dieser Gesamtentwicklung in den letzten Jahren signifikant ausgebaut, insgesamt ist dieser Anstieg im Vergleich zu anderen regernativen Energieformen jedoch eher als moderat zu bewerten. 2012 wurden 37 neue Vorhaben mit einem Volumen von 21,4 Mio. € neu bewilligt, dies entspricht 7,4 % des Fördertopfs für Erneuerbare Energien. Zum Vergleich: für Projekte im Bereich Photovoltaik wurden 2012 rund 51 Mio. € bewilligt (= 18 %).

Die Tiefengeothermie-Förderung im 6. Energieforschungsrahmenprogramm der Bundesregierung hat sich nach dem Bundesbericht Energieforschung 2013 insgesamt wie in Abb. 17.1 dargestellt entwickelt (in Mio. €).

Die prozentuale Aufteilung der Mittel auf die einzelnen Themenbereiche der Tiefengeothermie stellt sich wie in Abb. 17.2 dar.

Als inhaltliche Schwerpunkte der Forschungsförderung im Bereich der tiefen Geothermie auf Bundesebene ist in den nächsten Jahren mit folgenden Themen zu rechnen:

Systemkomponenten und Explorationstechnologien Durchschnittlich 80 % der bei der Errichtung eines geothermischen Kraftwerks anstehenden Investition sind durch die Bohrkosten begründet – Ziel der nächsten Jahre ist daher vor allem eine deutliche Kostenreduzierung. Im Hinblick auf die Pumpen werden insbesondere die Weiterentwicklung der speziell für die Geothermie ausgelegten Pumpen sowie neue Ansätze in der Pumpenauslegung gefördert, da die Anforderungen an die Pumpen in der Tiefengeothermie durch hohe Temperaturen, hohe Fließraten und starke Korrosion noch nicht zufriedenstellend erfüllt

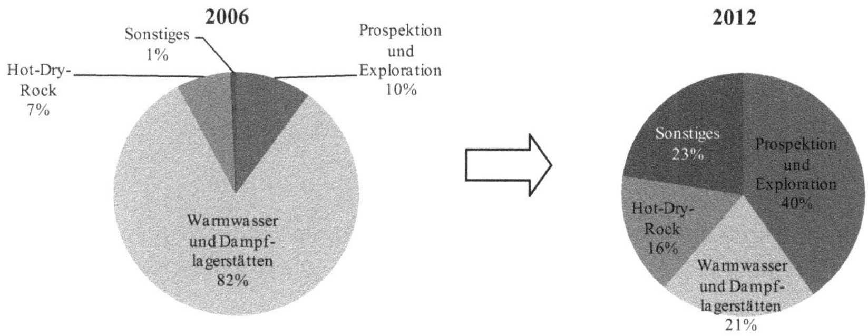

Abb. 17.2 Thematische Aufteilung der Tiefengeothermieförderung im 6. Energieforschungsprogramm der Bundesregierung, 2006 und 2012 (Quelle: Bundesbericht Energieforschung 2013)

werden. Auch die Durchführung von Stimulationsmaßnahmen, mit denen Wegsamkeiten im Gestein geschaffen oder erweitert werden, steht im Vordergrund der zukünftigen Förderung. Zudem liegt der Fokus auf der Entwicklung gewässerverträglicher chemischer Zusatzstoffe bei Stimulationsmaßnahmen und der Weiterentwicklung von Systemen zur Stromerzeugung in geothermischen Kraftwerken.

Daten zum Untergrund Ergebnis der Aktivitäten in den letzten Jahren war u. a., dass jede der für die Tiefengeothermie geeigneten Regionen charakteristische Merkmale aufweist, die zu unterschiedlichen Chancen und Herausforderungen für die Nutzung der Technologie führen. Die Sammlung und Aufbereitung der für die Umsetzung von Tiefengeothermie-Projekten wesentlichen Daten wurde daher verstärkt gefördert und wird weiterhin stark forciert werden, auch eine Vernetzung mit den entsprechenden Aktivitäten auf EU-Ebene und in anderen EU-Staaten soll angestrebt werden. Diese Aktivitäten dienen dem Ziel, das Fündigkeits- und Erfolgsrisiko im Vorfeld der Investitionen fundiert bewerten zu können.

Anlagenkomponenten, seismische Aktivität und Entsorgungsfragen Die Untersuchung des Zusammenhangs zwischen der Errichtung bzw. dem Betrieb geothermischer Anlagen und dem Aufkommen seismischer Aktivitäten wird weiter vorangetrieben. Ebenso werden Projekte zur Reduzierung möglicher Beeinträchtigungen von Grundwassersystemen und zur Analyse der Wirkungen der geologisch begründeten natürlichen Radioaktivität der genutzten Medien unterstützt. Weitere Themen sind

- die Vermeidung von Korrosion und Scaling,
- das Monitoring geothermischer Anlagen und Anlagenteile zur optimierten Wärme- und Stromproduktion,
- die Weiterentwicklung von mathematischen Modellen zur Modellierung und Simulation geothermischer Speicher und deren Betriebsverhalten,

- die Entwicklung von Methoden und Verfahren zur Verminderung des Fündigkeits- und Erfolgsrisikos im Rahmen der Exploration,
- die Entwicklung geeigneter Messverfahren und Geräte, die unter den geothermal typisch hohen Temperaturen, Drücken und korrosiven Rahmenbedingungen verlässlich und energieeffizient wartungsarm funktionieren.

Im Vordergrund steht überdies die Erhöhung der Akzeptanz in der Bevölkerung für tiefengeothermische Projekte. Ferner sollen auch die Grundlagen für den Einsatz der Tiefengeothermie in weniger günstigen Regionen geschaffen werden.

Die geothermische Wärmegewinnung etabliert sich zunehmend, Schwerpunkt der Innovationsförderung der kommenden Jahre soll daher die geothermische Stromgewinnung sein, die trotz der Anstrengungen der letzten Jahre kommerziell noch nicht eingesetzt wird. Hier steht der Nachweis der industriellen Umsetzbarkeit noch aus. Neben der hydrothermalen Geothermie soll zudem die Erforschung heißer trockener Tiefengesteine in der petrothermalen Geothermie ausgebaut werden.

Ungeachtet der deutlichen inhaltlichen Zielrichtung ist die Entwicklung der Tiefengeothermieförderung auf Bundesebene für die nächsten Jahre insgesamt schwer bewertbar: Branchenvertreter fordern mehr Engagement und eine deutlich höhere Zuverlässigkeit hinsichtlich der politischen Rahmenbedingungen und bei der Fördermittelausstattung – anders seien signifikante Innovationsschübe hin zu mehr Effizienz und geringeren Kosten kaum zu erreichen. Vertreter der Fördergeber zeigen sich allerdings eher ernüchtert, da viele Ziele der letzten Jahre nicht erreicht werden konnten – Angaben zu der Höhe der Fördermittel, die hier in den nächsten Jahren durch die Bundesregierung zu erwarten sind, wurden bisher nicht veröffentlicht.

Einen deutlichen Betrag leisten auch die von der Europäischen Kommission bereitgestellten Mittel, auch wenn die EU im 7. Forschungsrahmenprogramm (2007–2013) bislang nur 12 Mio. € direkte Projektfördermittel für die Geothermie bereitgestellt hat. Hier wurden insbesondere grundlagenorientierte Projekte bezuschusst, z. B. zur Entwicklung leistungsfähiger Pumpen oder zur Reduzierung der induzierten Seismizität.

Über verschiedene Förderprogramme verteilt wurden jedoch auch technologieunterstützende Verbreitungsmaßnahmen und Demonstrationsmaßnahmen mitfinanziert, die in dem o. g. Fördervolumen nicht enthalten sind. Zu nennen ist hier zunächst das Kooperationsnetzwerk „Geothermal ERA-NET", das 2012 mit einem Zuschuss von insgesamt fast 2 Mio. € startete. Hier werden u. a. Arbeiten des BMU und des Projektträgers Jülich finanziert, um eine verstärkte Kooperation zwischen europäischen Behörden und Ministerien zu erreichen. Ein mit diesem ERA-NET verknüpftes Förderinstrument ist das auf europäischer Ebene betriebene „Joint Programme Geothermal Energy" der „European Energy Research Alliance" EERA – unter der Leitung des Deutschen GeoForschungsZentrums GFZ arbeiten 25 Forschungseinrichtungen aus 11 europäischen Ländern daran, die Nutzung und den Ausbau der geothermischen Energie weiter voranzutreiben[11] Im Rahmen

[11] www.eera-set.eu.

dieses Joint Programme werden auch Forschungs- und Innovationsprojekte durchgeführt, die durch Inanspruchnahme europäischer Fördermittel bezuschusst werden können. Auch die „European Platform on Renewables for Heating and Cooling" unterstützt Geothermie-Themen innerhalb des „Geothermal Technology Panels" – 300 Experten treiben hier das Thema in unterschiedlichen Arbeitsgruppen voran.[12]

Auf EU-Ebene wurde nun jüngst ein stärkeres Engagement für die nächsten Jahre angekündigt. Im Forschungsrahmenprogramm Horizon 2020 (Laufzeit 2014–2020) sollen Projekte zur Kosten- und Risikoreduzierung, insbesondere zur höheren Effizienz, induzierten Seismizität und zur Verbesserung der Umweltverträglichkeit, sowie Vorhaben zur Erreichung einer höheren öffentlichen Akzeptanz vorangetrieben werden. Mittels eines europäischen Infrastrukturprogramms soll die Anlagenkapazität erweitert werden. Darüber hinaus sollen Projekte zur Erleichterung der Projektfinanzierung unterstützt werden, wie in der Vergangenheit das Projekt GEOFAR, dass sich an Banken und Investoren wendet. Auch in der neuen europäischen Förderinitiative „Smart Cities" („Intelligente Städte"), die die Erreichung einer kohlenstoffarmen Wirtschaft und Gesellschaft bis 2050 verfolgt, soll Geothermie ein fester Bestandteil werden (Oettinger 2013). Darüber hinaus sollen u. a. mit dem Programm „Intelligente Energie Europa" weiterhin technologieunterstützende Verbreitungsmaßnahmen wie Studien, Pilotaktionen oder Maßnahmen zur erleichterten Marktdurchdringung für die Geothermie finanziert werden.

Neben der Bundes- und der EU-Förderung werden viele Innovationsprojekte der Tiefengeothermie durch Programme der Bundesländer bezuschusst. Die inhaltlichen Schwerpunkte und eingesetzten Mittel sind hier höchst unterschiedlich.

17.6 Schlussbemerkung

Projekte der Tiefengeothermie stehen stets im Spannungsfeld politischer und wirtschaftlicher Interessen. Zur Ausschöpfung der großen Potenziale ist ein klares Bekenntnis der Politik zugunsten der Tiefengeothermie unabdingbar – wichtig sind nicht nur die Etablierung konstanter politischer Rahmenbedingungen und neue Verfahren zur Beschleunigung der bislang sehr zeitintensiven Genehmigungsprozesse, sondern auch der zielgerichtete Einsatz der Förderinstrumente im Bereich Forschung, Entwicklung und Innovation. Die Förderrichtlinien hierfür stehen auf allen Ebenen zur Verfügung, dennoch ist die Ausstattung der Programme mit Haushaltsmitteln nicht zufriedenstellend – Technologiesprünge sind hiermit nur im langen Zeithorizont erreichbar. Ungeachtet dessen bestehen vielfältige Förderchancen, die alle Marktakteure nutzen können – dies erfordert in jedem Fall eine gründliche Auseinandersetzung mit der Förderlandschaft und die Berücksichtigung des öffentlichen und politischen Interesses bei jedem Projekt. Jedoch muss ein hoher administrativer Aufwand gestemmt werden, um diese Chancen nutzen zu können. Wenn dies gelingt, bietet die deutsche und europäische Förderlandschaft viele Möglichkeiten, Tie-

[12] www.rhc-platform.org.

fengeothermieprojekte voranzutreiben, die mit deutlichem Risiko und hoher technischer Komplexität einhergehen – die Chancen sind insbesondere dann hoch, wenn eine effiziente Zusammenarbeit zwischen Wissenschaft und Industrie realisiert wird und Technologietransfer auch unabhängig vom Projekt selbst einen hohen Mehrwert erzeugt.

Literatur

Bundesministerium für Wirtschaft und Technologie (BMWi) Hrsg., August 2013.

Rede des EU-Energiekommissars Günther Oettinger auf der „Icelandic Geothermal Conference", Reykjavik, 7. März 2013.

Tiefengrundwassercharakteristik und hydrochemische Untersuchung

18

Jochen Schneider, Lena Eggeling und Annalena Hesshaus

Inhaltsverzeichnis

Dr. Jochen Schneider (✉)
Hydrosion GmbH, Tizianstr. 96, 80638 München, Deutschland
e-mail: jochen.schneider@enerchange.de

Lena Eggeling
Geowissenschaftliches Zentrum, Georg-August-Universität Göttingen, Goldschmidtstr. 3, 37077 Göttingen, Deutschland
e-mail: lena.eggeling@geo.uni-goettingen.de

Annalena Hesshaus
Bundesanstalt für Geowissenschaften und Rohstoffe, Stilleweg 2, 30655 Hannover, Deutschland
e-mail: annalena.hesshaus@bgr.de

M. Bauer et al. (Hrsg.), *Handbuch Tiefe Geothermie*, DOI 10.1007/978-3-642-54511-5_18,

Zusammenfassung
Die Analyse von Tiefengrundwässern geothermischer Erschließungen stellt einen kleinen, aber wichtigen Baustein auf dem Weg zur geothermischen Nutzung dar. Durch verschiedene chemische, physikalische und biologische Analysemethoden ergibt sich ein Bild, das die Grundlage für Aussagen über die Nachhaltigkeit des untertägigen Grundwassersystems, Korrosionsverhalten und Ausfällungsneigung des geförderten Grundwassers sowie die Auslegung des Thermalwasserkreislaufs und der Leistung der Energieerzeugungsanlagen zulässt. Je nach Reservoir zeigen die Tiefengrundwässer unterschiedliche Eigenschaften und Verhalten.

Schlüsselwörter
Hydrochemie • Hauptionen • Spurenstoffe • Gase • Isotope • Molassebecken • Malm • Oberrheingraben • Norddeutsches Becken

18.1 Einleitung

Für die geothermische Energiegewinnung muss die Wärme mittels eines Trägermediums aus der Tiefe an die Oberfläche gebracht werden. Zur nachhaltigen Bewirtschaftung wird das entwärmte Trägermedium wieder zurück in das Reservoir gespeist. In Mitteleuropa, in den Niederenthalpie-Reservoiren mit Temperaturen bis 200 Grad Celsius, ist das Trägermedium Grundwasser, das im Untergrundreservoir natürlich vorkommt bzw. dort zirkuliert. Dieses Grundwasser steht schon auf Grund der Tiefe des Reservoirs von über 1000 Meter unter der Oberfläche unter hohem Druck.

Exkurs: Enhanced Geothermal Systems

Ein Spezialfall sind Enhanced Geothermal Systems (EGS). Hier wird das Reservoir nach der Bohrung, in der nicht ausreichend Grundwasser erschlossen wurde, stimuliert. Eine Säurestimulation ist in Karbonatreservoiren eine Standardmethode, um die Fündigkeit zu erhöhen und einen Anschluss an das untertägige Fließsystem herzustellen. Eine hydraulische Stimulation, bei der mit Wasser hoher Druck auf das Gestein ausgeübt wird bis es bricht, wurde bisher erst bei einzelnen Projekten angewandt (Soultz-sous-Forêts, Basel, Landau, Groß-Schönebeck, Hannover). In Soultz-sous-Forêts und Landau wurde eine Verbesserung der Fließwege und der Anschluss an das großräumige Grundwassersystem erreicht, die anderen Projekte sind entweder aufgegeben oder noch in der Bauphase. Ist im Untergrund kein Grundwasser vorhanden, handelt es sich um sogenannte petrothermale oder Hot-Dry-Rock-(HDR)-Projekte. Bei diesen Projekten wird das Gestein im Untergrund stimuliert, um es als „Durchflusserhitzer“ zu nutzen. Über eine Bohrung wird dann Wasser injiziert, das über künstliche Klüfte zu einer oder mehreren weiteren Bohrungen fließt, wo es wieder gefördert wird. HDR-Projekte sind bis jetzt noch in der Erforschungsphase und bisher noch nicht im Betrieb.

Bei der Erschließung eines Reservoirs wird durch das Anbohren eines oftmals alten Grundwasservorkommens ein, im thermodynamischen Gleichgewicht befindliches System mit den heutigen atmosphärischen Bedingungen verbunden. Die Druckentlastung des Tiefengrundwassers durch die Erschließung und die nachfolgende Förderung aus dem Reservoir, sein Strömungsverhalten durch die obertägigen Rohrleitungssysteme, die Entwärmung an den Wärmetauschern und die Wiederaufheizung im Reservoir verändern dieses Gleichgewicht und haben Einfluss auf die physikalischen und chemischen Eigenschaften des Tiefengrundwassers: es kann je nach Zusammensetzung zu Entgasungen, Ausfällungen oder korrosiven Wechselwirkungen mit neuen Medien (z. B. Bohrköpfen, dem Bohrstrang, der Zementierung oder der Verrohrung) kommen. Dies hat in noch stärkerem Ausmaß Auswirkungen während des Betriebs der geothermischen Anlage mit der Bewirtschaftung des Reservoirs und kann damit den wirtschaftlichen und technischen Betrieb der geothermischen Anlage negativ beeinflussen.

Insofern spielt schon bei der Planung eines Projektes der Kenntnisstand zum Tiefengrundwasser eine wichtige Rolle (z. B. für Projektkonzeption, Materialauswahl oder Auslegung der Anlage). Die über dem Reservoir gelegenen grundwasser- und gasführenden Horizonte sowie Eigenschaften der Gesteine, die während der Erschließung durchteuft werden, sind ebenso zu beachten.

Im ersten Kapitel dieses Beitrages werden die einzelnen Phasen während des Baus der Anlage kurz dargestellt und beschrieben, welche Rolle dabei die chemische und physikalische Zusammensetzung des Tiefengrundwassers spielen kann. Im zweiten Kapitel wird auf die chemischen und physikalischen Parameter und ihre Aussagekraft eingegangen. Schließlich werden im dritten Kapitel die Tiefengrundwässer in den drei geothermischen Provinzen in Deutschland vorgestellt.

18.2 Die Bedeutung der Analytik während des Anlagenbaus

Die wesentlichen analytischen Untersuchungen, aber auch die Interpretationen während des Baus einer Anlage sind in Tab. 18.1 dargestellt. Im Folgenden wird auf die einzelnen Phasen eines Geothermieprojektes eingegangen.

18.2.1 Vorerkundung

Schon zu diesem frühen Zeitpunkt sollte man sich klar darüber werden, was für ein Tiefengrundwasser im Zielhorizont mit welcher hydrochemischen und gasphysikalischen Prä-

Tab. 18.1 Darstellung der analytischen Empfehlungen, die während der Planungs- und Bauphase, sowie dem Betrieb einer geothermischen Anlage sinnvoll sind. Der Umfang der orientierenden Untersuchungen und der Volluntersuchung ist in Tab. 18.2 dargestellt

	Vorerkundung	Reservoirerschließung												Betrieb		
		Bohrung	Stimulation		Reinigungslift			Fördertest			Zirkulationstest					
			vorher	nachher	Anfang	Mitte	Ende	Anfang	Mitte	Ende	Anfang	Mitte	Ende	monatlich	jährlich	alle 5 Jahre
Datensammlung	•															
Geochemische Modellrechnung	•												•			
Untersuchung/ Rückstellproben Fluide, Bohrspülung, Gas- und Wasserzutritte, Injektionswasser		•														
Orientierende Untersuchungen			•	•	•	••	•	•	••	•	•	••	•	•		
Volluntersuchung										•			•		°	•
Heilwasseranerkennung													•			•

• empfehlenswert
•• mehrere Wiederholungen empfehlenswert
° nur zum Teil notwendig

gung zu erwarten ist. Dies geht vor allem aus analytischen Ergebnissen schon abgeteufter Bohrungen in demselben Reservoir oder aus natürlich austretenden Quellen hervor.

Diese Datengrundlage ist unter anderem für die Materialauswahl und das Förderkonzept wichtig. Sollen beispielsweise Tiefengrundwässer aus verschiedenen Horizonten gefördert und dadurch gemischt werden, kann das wiederum Auswirkungen auf die Ausfällungsneigung und das Korrosionsverhalten haben. Vor allem im Hinblick auf das Ausfällungspotenzial sind geochemische Modellrechnungen des gesamten ober- und untertägigen Zirkulationsweges zu empfehlen. Dabei können die möglichen Auswirkungen der verschiedenen Druck- und Temperaturänderungen auf das Tiefengrundwasser während der Nutzung vorher bestimmt werden. Gerade die Temperaturveränderungen spielen im Bereich der Wärmeüberträger eine wichtige Rolle. Sollte es hier Probleme mit Ausfällungen geben, ist auch über den Einsatz von Inhibitoren oder anderer Maßnahmen zu deren Verhinderung nachzudenken.

18.2.2 Reservoirerschließung

Grundsätzlich ist die umfassende Analyse des Tiefengrundwassers erst am Ende der Reservoirerschließung, das heißt nach Abschluss der Bohrarbeiten, möglich. Jedoch sollte schon während der Bohrarbeiten auf Besonderheiten bei der Erschließung verschiedener Grundwasser- und Gashorizonte geachtet werden. Es ist ratsam konservierte Rückstellproben, soweit dies möglich ist (Tab. 18.1), zu nehmen. Grundsätzlich sind auch Bohrkerne oder Gesteinsbruchstücke für eine Analyse sinnvoll. Dies kann bei später auftretenden Problemen deren Analyse erleichtern und so kostspielige Tests und zeitliche Verzögerungen vermeiden bzw. verringern. Darüber hinaus sollten insbesondere die in das Bohrloch eingegebenen Medien beprobt und gegebenenfalls analysiert werden. Dabei handelt es sich vor allem um das Wasser, das als Basis für die Bohrspülung verwendet wird, die Bohrspülung selber und alle anderen eingebrachten Stoffe.

Schon vor Abschluss der Bohrung sollte ein Analysekonzept für den ersten Reinigungslift und Fördertest erarbeitet werden. Mit dem Reinigungslift werden die Bohrungen von den eingebrachten Fremdstoffen bzw. Stimulationsresten weitestgehend wieder befreit. Auch die Gesteinspartikel, die durch den Bohrungsvorgang entstanden sind, werden entfernt. Gerade die Gesteinspartikel können ansonsten zu ungewünschten Auswirkungen, wie Schäden an Pumpen und Rohrleitungen, sich schnell verstopfende Filter oder auch zu Ausfällungsprozessen bzw. Korrosion führen. Man sollte sich auch im Klaren darüber sein, dass die Injektionsbohrungen normalerweise nur während der Reinigungslifts und Fördertests Aussagen über das Reservoir zulassen. Das heißt, es ergibt sich nur direkt nach den Bohrungsarbeiten die Möglichkeit das angeschlossene Formationswasser der Injektionsbohrungen zu beproben. Weiterhin ist zu beachten, dass während des Reinigungsliftes, welches meist im Lufthebe-Verfahren durchgeführt wird, nur eine begrenzte Parameterauswahl möglich und sinnvoll ist.

Tab. 18.2 Idealisierte Darstellung der analytischen Untersuchungen und der daraus ableitbaren Ergebnisse. Die Plus-Zeichen geben die Bedeutung für die Analyse an

	Parameter	Bedeutung				Ergebnis
		Malm	ORG	NDB	EGS	
Orientierende Untersuchungen (mehrfach)	**Vor-Ort-Parameter** (T, Lf, pH, O_2, Redox, Sk-4,3, Bk-8,2, Sk-8,2)	+++	+++	+++	+++	Schnell-Check für Veränderungen im Tiefengrundwasser/Reservoir
	Hauptionen (Na, K, Ca, Mg, $NH_4^{\#}$, HCO_3, Cl, $SO_4^{\#}$, $NO_2^{\#}$, $NO_3^{\#}$)	+++	+++	+++	+++	Wasser-Gesteins-Wechselwirkungen, Ausfällungen, Korrosion
	Spurenstoffe I (Fe, Mn, Sr, Ba, $H_2S^{2\#}$)	+++	+++	+++	+++	Korrosion/Ausfällungen, Kontamination mit Bohrspülung
	Stabile Isotope (^2H-H_2O, ^{18}O-H_2O)	+++	+++	+++	+++	Kontamination, Wasser-Gesteins-Wechselwirkungen
	Organische Parameter (TOC)	++	++	++	++	Kontamination mit Bohrspülung
erweiterte Vollanalyse (einmalig als Referenzanalyse)	**Spurenstoffe II** (Ag, Al, As-Spezies, B, Br, Cr-Spezies, Cd, CN ges., Co, Cs, Cu, F, Fe-Spezies, Hg, J, Li, Mb, Ni, NO_2, NO_3, Pb, PO_4, Rb, Se, Si, Sn,Va, U, Zn, Seltene Erden[1])*	+	++	++	++	Wasser-Gesteins-Wechselwirkungen
	Organische Parameter (DOC, H-52, PAK, BTEX)	+	+	+	+	Wasser-Gesteins-Wechselwirkungen, Kontamination
	MTVO-Mikrobiologie	±	±	±	±	nur von Bedeutung bei T<100 °C
	Gase (CO_2, N_2, CH_4, H_2, O_2, Ar, He)[#]	++	++	++	++	Korrosion, Ausfällungen
	Strontium-Isotope ($^{87}Sr/^{86}Sr$)	++	++	++	++	Herkunftsbestimmung, Wasser-Gesteins-Wechselwirkungen
	Radioaktive Isotope (^{223}Ra, ^{224}Ra, ^{226}Ra, ^{228}Ra, ^{222}Rn, ^{210}Pb)	++	++	++	++	Beurteilung der Radioaktivität
	Gas-Isotope (^{15}N-N_2, ^{13}C-CO_2, ^{13}C-CH_4, ^2H-CH_4, ^3He, ^4He)[#]	+	+	+	+	Charakterisierung des Gases, Bestimmung der Herkunft der Gase
	Schwefelsulfat-Isotope (^{34}S-SO_4, ^{18}O-SO_4, ^{34}S-H_2S)[#]	±	++	++	+	Herkunftsbestimmung des Sulfats, Bilanzierung des Schwefels
	Kohlenstoff-Isotope (^{13}C-DIC, ^{14}C-DIC)	++	±	±	+	Altersbestimmung, Kontamination
	Tritium (^3H)	±	±	±	+	Kontamination
	Physikalische Parameter (Entgasungsdruckmessung, Dichte, Spezifische Wärmekapazität, Viskosität)	++	++	++	++	Grundlagen für Auslegungsplanung von obertägigem Kreislauf mit Pumpe, Leitungssystem, Kraftwerk und Wärmenetz

+++ unbedingt notwendig
++ sehr empfehlenswert
+ empfehlenswert
± vernachlässigbar

[1] im Malm nicht unbedingt notwendig
[2] im ORG und NDB nicht unbedingt notwendig
[#] Ergebnisse bei Luft-Hebeverfahren nicht repräsentativ
* wichtigste Parameter sind dargestellt, je Anforderung können weitere Parameter untersucht werden

Um einen Eindruck über das Tiefengrundwasser und die möglicherweise noch vorliegende Kontamination durch Bohrspülung zu bekommen, ist sobald als möglich nach Abschluss der Bohrarbeiten einer Bohrung das Tiefengrundwasser für umfassende hydrochemische und isotopenhydrologische Analysen zu beproben. Die Probe sollte noch vor eventuellen Stimulationsmaßnahmen gewonnen werden, um möglichst den Urzustand des Reservoirs und die Auswirkungen der Stimulation im Vergleich mit der „Urprobe" zu erkennen. Zu berücksichtigen bleibt jedoch der Einfluss der Bohrspülung. Zur Analyse ist auf Grund der möglichen Kontamination mit der Bohrspülung nicht der vollständige Parametersatz notwendig. Auf bestimmte Parameter sollte jedoch nicht verzichtet werden (Tab. 18.2).

Während des Reinigungslifts sind Kontrolluntersuchungen durchzuführen, vor allem um den Fortschritt des Klarspülens zu dokumentieren. Stimulationsmaßnahmen können neue Fließwege, die weitere – bislang nicht vollständig erschlossene – Grundwasserkomponenten zufließen lassen, öffnen. Durch das Zufließen von weiteren Grundwasserkomponenten kann die Zusammensetzung des geförderten Grundwassers verändert werden, dieses können die hydrochemischen und isotopenhydrologischen Untersuchungen offenbaren. Vor allem mit dem Sauerstoff- und Wasserstoff-Isotopenverhältnis des geförderten Grundwassers lässt sich schon während des Reinigungslifts erkennen, ob das erschlossene Geothermiesystem vom Gestein oder Wasser geprägt ist (siehe Abb. 18.5). In einem gesteins-geprägten System würde das Tiefengrundwasser signifikante Wechselwirkungen zwischen Gestein und Wasser zeigen, in einem wasser-geprägten System dagegen dominiert die meteorische Wasserzusammensetzung und in der Signatur sind nahezu keine Wechselwirkungen zwischen Wasser und Gestein erkennbar.

Mit den Untersuchungen während des Reinigungslifts soll festgestellt werden, wann sich eine stabile Zusammensetzung des Tiefengrundwassers einstellt und ein gut entwickeltes Reservoir vorliegt. Erst dann ist eine Vollanalyse sinnvoll, die alle möglichen bzw. erfolgversprechenden Parameter mit einbezieht. Daraus ergeben sich Aussagen über das Tiefengrundwasser und das Reservoir, welche ein Systemverständnis ermöglichen. Die Ergebnisse der Vollanalyse dienen dann auch als Grundlage für die Planung und Auslegung von Kraftwerk und Wärmenetz.

Der Zirkulationstest erfolgt nach erfolgreichen Reinigungslifts an jeder Bohrung und nach dem Zusammenschluss der Förder- und Injektionsbohrungen. Mit dem Zirkulationstest und der nachfolgenden Förderung im Betrieb wird abgekühltes Wasser injiziert. Je nach Reservoir kann die Zirkulation zu unterschiedlichen Gesteins-Wasser-Gas-Wechselwirkungen führen. Während beim Einleiten in dasselbe Reservoir die Probleme mit Lösung und Ausfällungen geringer sein dürften, ist das Einleiten in ein vom Förderreservoir abweichendes System komplexer. Hier ist im Vorfeld die Mischung unterschiedlicher Wässer bzw. die Reaktionen mit anderen Reservoirgesteinen abzuschätzen.

Das entscheidende Ziel bei den Reinigungslifts, den Fördertests und dann auch bei den Zirkulationstests ist die Ergiebigkeit und Stabilität des erschlossenen Tiefengrundwassers zu testen, möglichst Aussagen über die Nachhaltigkeit zu bekommen und eine „Nullprobe“ als Referenz zu erhalten. Die Nachhaltigkeit, dargestellt durch die Stabilität der physikalischen Eigenschaften und chemischen Parametern, bestimmt signifikant die Wirtschaftlichkeit der Anlage. Für den nachfolgenden Betrieb ist dafür die Nullprobe die Basis. Sie lässt im Vergleich zu nachfolgenden Analysen im Rahmen des Betriebsmonitorings erkennen, ob es zu Ausfällungen oder Korrosion kommen könnte, sich neue Fließwege herausbilden bzw. weitere Grundwasserkomponenten erschlossen werden.

18.2.3 Bau der obertägigen Installationen

Für die Auslegung und den Bau der obertägigen Installationen, vor allem für die Berechnung der Leistung des Kraftwerkes ist neben den Ergebnissen aus der Chemie- und Gasanalytik die Kenntnis verschiedener physikalischer Parameter von großer Bedeutung.

Für die Auswahl der Förderpumpe sind neben der Auswahl des Fördersystems und der Kenntnis der notwendigen Förderhöhe auch die chemische Zusammensetzung und das nötige Druckniveau wichtig. Wie hoch der Druck des Tiefengrundwassers zu Verhinderung der Entgasung und von Ausfällungen sein muss, hängt von den Eigenschaften des Wassers ab. Der Entgasungs- oder Entlösungsdruck lässt sich rechnerisch bestimmen. Wesentlich genauer ist jedoch die experimentelle Bestimmung, die vor Ort während der Probenahme durchgeführt wird.

Bei Unterwasserpumpen ist auch die Wärmeentwicklung am Motor der Pumpe von Bedeutung. Da sich durch die höhere Temperatur und den niedrigeren Druck die Löslichkeit von Gasen und von manchen Mineralen verringert, kann es zur Ausgasung bzw. zur Ausfällung kommen. Im Vorfeld kann durch eine geochemische Modellierung annäherungsweise geklärt werden, ab welchen Temperaturen und Drücken es zu Ausgasungs- bzw. Ausfällungsprozessen kommen kann. Die Dichte und die Viskosität spielen in Bezug auf die Auslegung und das Strömungsverhalten auch eine Rolle, vor allem in Hinblick auf das Fließen in der Pumpe und den Rohrinstallationen (siehe auch Abschnitt physikalische Parameter).

Bei den Rohrleitungen und vor allem den Wärmeüberträgern ist es, ebenso wie bei der Pumpe, wichtig Ausfällungen und Korrosion zu verhindern oder vorhersagen zu können. Korrosion kann beispielsweise auf Schwefelwasserstoff, welcher unter anderem durch bakterielle Aktivität von Sulfatreduzierern in den Rohrleitungen entstehen kann, zurückzuführen sein. Ausfällungen können sich im Zusammenhang mit der Druckentlastung, der Entgasung, aber vor allem durch die Abkühlung des Tiefengrundwassers bilden.

Bereits während der Planungsphase sollte die Thematik der natürlich vorkommenden Radioaktivität berücksichtigt werden. Betriebserfahrungen an den Geothermiestandorten im Oberrheingraben und im Norddeutschen Becken haben gezeigt, dass die genutzten Tiefgrundwässer über nennenswerte Konzentrationen an natürlichen Radionukliden verfügen können. Kommt es bei der geothermischen Nutzung dieser Tiefengrundwässer zur Änderung thermodynamischer Parameter, kann dies in einigen Komponenten des obertägigen Systems zur Bildung von Ausfällungen führen. Je nach mineralogischer Zusammensetzung dieser Ausfällungen kann es dabei zu einer Anreicherung der radioaktiven Elemente kommen. Die Bildung von Ausfällungen im obertägigen Anlagensystem kann den Wärmeübergang und damit den Wirkungsgrad des Wärmeüberträgers verringern. Kommt es zum Einbau der natürlichen Radionuklide in das Kristallgitter, stellt sich zusätzlich die Frage nach dem Arbeitsschutz und der vorschriftsmäßigen Entsorgung radioaktiver Abfälle. Die Anforderung an den Betreiber besteht somit in der Erarbeitung präventiver Maßnahmen zur Vermeidung bzw. Minimierung radionuklidhaltiger Ablagerungen. Dies kann beispielsweise durch zyklische Reinigungsarbeiten der betroffenen Komponenten erzielt werden, zudem hat sich der Einsatz geeigneter Inhibitoren als effektiv erwiesen. Die Entwicklung der radiologischen Situation während des Kraftwerksbetriebs kann mittels eines an die standortspezifischen Bedingungen angepassten Monitoringsystems verfolgt werden. Hierbei werden sowohl die spezifischen Aktivitäten der natürlichen Radionuklide in Feststoff- und Fluidproben, als auch die Ortsdosisleistung des obertägigen Anlagensystems bestimmt. Darüber hinaus erlauben die Langzeitmessungen eine frühzeitige Erkennung hydrochemischer Veränderungen im Gesamtsystem.

18.2.4 Betrieb der Anlage

Nach der Inbetriebnahme einer geothermischen Anlage ist das untertägige Reservoir ein dynamisches System, das heißt das Tiefengrundwasser kann sich durch verschiedene Prozesse verändern. Deshalb sind die Wasserzusammensetzung, ebenso wie die physikalischen Parameter, Förderrate und Temperatur keine konservativen Parameter und bedürfen der Überwachung. In einem geothermischen System kann es durch Temperatur- und Druckänderungen zu verschiedenen Prozessen wie Lösung und Ausfällung, sich neu ausbildenden Fließwegen, der Zumischung oder der Abwirtschaftung von Grundwasserkomponenten kommen. Dies kann Auswirkungen bei der nutzungsabhängigen Förderung des Tiefengrundwassers auf die obertägig vorliegende Tiefengrundwasserzusammensetzung haben.

Insofern ist schon vor Inbetriebnahme ein geeignetes Monitoringkonzept (Eggeling und Schneider 2012) zu entwickeln, welches im Laufe des Betriebs regelmäßig angepasst werden sollte. Das Konzept sollte zum Einen stationäre Messeinrichtungen (beispielsweise pH-, Leitfähigkeits- und Temperaturmesssonden), die Daten aufzeichnen und regelmäßig geeicht werden müssen, vorsehen. Zum Anderen sind regelmäßige Probenahmen für bestimmte Parameter notwendig, die in Abständen von Tagen, Wochen, Monaten oder Jahren durchgeführt werden sollten. Die zeitliche Verteilung ist von der Sensitivität der Parameter in Bezug auf deren Veränderungen, aber auch deren möglichen Gefährdung für das Gesamtsystem abhängig. Eine regelmäßige Überprüfung und Anpassung des Analyseumfangs ist zu empfehlen.

Außerdem können Maßnahmen hinsichtlich der Überwachung von Ausfällungen, Korrosion und anfallender Radioaktivität sinnvoll sein. Diese können durch Schaugläser, Korrosionskupons oder durch Materialteststrecken realisiert werden.

Gerade die Injektionsseite stellt in Bezug auf die Überwachung ein Problem dar. Normalerweise erhält man nur einmalig einen Einblick in die Injektionsbohrungen während den Reinigungs- und Fördertests nach deren Erschließung. Schon ab dem Zirkulationstest wird sie zur „Entsorgung" des genutzten, abgekühlten Tiefengrundwassers verwendet. Über die Prozesse in den Injektionsbohrungen und das angeschlossene Reservoir gibt es bisher nur Ideen und Vermutungen, aber sehr wenig erhobene Daten.

Exkurs: Injektionsbohrung

Die Anlage in Pullach im Isartal, südlich von München, wird zur Verbesserung der Datenbasis und dem Verständnis der Injektionsbohrungen beitragen. In Pullach wurde mit der dritten Bohrung das System umgekehrt. Jetzt wird die bisherige Injektionsbohrung als weitere Förderbohrung und die neue, dritte Bohrung als Injektionsbohrung genutzt (Lafolger 2013). Die Analyse der hydrochemischen und isotopenhydrologischen Zusammensetzung des aus der vormaligen Injektionsbohrung geförderten Tiefengrundwassers wird im Vergleich zu der Referenzanalyse nach der erstmaligen Erschließung neue Erkenntnisse über die Lösungs- und Fällungsvorgänge im Reservoir während der Injektion liefern.

Grundsätzlich ist jedoch die Injektionsseite eine „Black Box", der man wesentlich mehr Aufmerksamkeit widmen sollte. Das wird vor allem deutlich, wenn man bedenkt, dass es schon Injektionsbohrungen gibt, die sich durch Mineralausfällungen in ihrem Aufnahmevermögen verändert haben. Es gibt aber auch gegenteilige Beispiele, in denen sich die Injektivität während des Betriebs der Anlage verbessert hat. So kann von Mineralausfällung über Lösungsprozesse bis hin zur Korrosion in Abhängigkeit von der Geologie und der Zusammensetzung des injizierten Wassers alles möglich sein. Abgekühlte CO_2-haltige Wässer neigen zum Beispiel in Karbonatsystemen, durch eine Verschiebung des Kalk-Kohlensäure-Gleichgewichts, zur Kalkaggressivität. In Silikatsystemen hingegen würden abgekühlte Wässer eher zu Silikatausfällungen führen. Im Allgemeinen ist anzuraten, in der Injektionsbohrung während Revisionsarbeiten der Anlage, Tiefenschöpferproben zu nehmen und zu analysieren. So kann man mehr über die Verhältnisse im Reservoir auf der Injektionsseite erfahren.

18.3 Chemische, physikalische und biologische Parameter

Für die Analyse von Tiefengrundwasser sollten die folgenden Parameter berücksichtigt werden:

- die chemischen Eigenschaften (pH-Wert, Redoxpotenzial, Säure- und Basenkapazität)
- die Ionen- und Spurenelementkonzentrationen
- die Art und Konzentration der organischen Stoffe
- die Verhältnisse der stabilen und die Aktivitäten der radioaktiven Isotope
- die Gasgehalte bzw. -zusammensetzung
- die generellen physikalischen Wassereigenschaften (Dichte, Entlösungsdruck, spezifische elektrische Leitfähigkeit, spezifische Wärmekapazität, Temperatur, Viskosität)
- die spezifische mikrobiologische Aktivität

Eine Übersicht der Parameter ist in Tab. 18.2 dargestellt. Einige diese Parameter sind zeitsensitiv, wie beispielsweise die mikrobiologischen Analysen oder auch die Aktivität der Radium-Isotope, von denen sich die Aktivität von z. B. ^{224}Ra innerhalb von circa 4 Tagen (Halbwertszeit) um die Hälfte verringern. Für andere Parameter wiederum sind bestimmte Probenahmebedingungen kritisch.

Probenahme Eine störungsfreie Probenahme ist eine der wichtigsten Voraussetzungen für eine gute Analytik und damit auch relevant für die Interpretation der Ergebnisse. Gerade bei Tiefengrundwässern ist von Temperaturen über 70 Grad Celsius und Drücken über dem Atmosphärendruck auszugehen. Das allein ist schon ein wesentlicher Unterschied zu normalen Trinkwasserprobenahmen. Darüber hinaus können je nach Reservoir und Ausprägung der Wasser-Gesteins-Wechselwirkungen in den Tiefengrundwässern auch kritische Stoffe enthalten sein.

Das heißt, dass der Probenehmer sich selbst entsprechend schützen, aber auch, dass die Ausrüstung auf die Inhaltsstoffe, die hohen Temperaturen und Drücke ausgelegt sein muss. Dies fängt schon beim Probenahmehahn an und geht weiter bei den entsprechenden Schläuchen, Verbindungen (Schröder et al. 2010) und den Probenahmegefäßen. Bei Schläuchen und Verbindungen ist weiterhin zu beachten, dass sie beständig gegenüber möglicher Korrosions- bzw. Lösungsneigung des Fluids sind. Weiterhin ist eine möglichst Bohrungs-nahe Probenahme ohne unnötige Wegstrecken für das Tiefengrundwasser, eine entsprechende Kühleinrichtung für die vor-Ort Messungen und die Abfüllung in die entsprechenden Gefäße wichtig. Für manche Proben, zum Beispiel bei den Gasen, ist auch eine direkte Heißwasserprobenahme unter Förderdruckbedingungen in beschichtete Stahlzylinder zu empfehlen. Dabei werden Veränderungen, die durch freie Entgasung oder Kontamination entstehen können, weitgehend vermieden. Durch eine solche Gasprobenahme kann der Entlösungsdruck direkt vor Ort bestimmt werden.

Alle Probenahmegefäße sind auf die jeweilige Analytik abzustimmen. So sind beispielsweise für die Messung der organischen Substanzen Plastikflaschen zu vermeiden. Mikrobiologische Proben bedürfen ebenso einer speziellen Vorgehensweise und Abfüllung in bestimmte Gefäße.

Wichtig für eine gute Probenahme ist auch die geeignete Fördertechnik. Zum Klarspülen des erschlossenen Reservoirs während des Reinigungslifts wird meistens das Lufthebe-Verfahren verwendet. Dies verhindert zwar Schäden an der Förderpumpe durch mitgeförderte Gesteinsbruchstücke, beeinflusst aber verschiedene Parameter, die analysiert werden sollten. Beispielsweise ist so keine repräsentative Gasprobenahme möglich. Eine Schwefelwasserstoffanalytik ist ebenfalls problematisch, da eine unmittelbare Reaktion des Schwefelwasserstoffs mit dem Sauerstoff der eingeblasenen Luft zu Sulfat stattfinden würde (Tab. 18.2). Erst die Förderung mit einer Pumpe erlaubt eine repräsentative Beprobung dieser Parameter, die dann auch den Förderbedingungen während des Betriebs entsprechen sollte.

18.3.1 Vor-Ort-Untersuchungen

Die vor Ort durchgeführten Untersuchungen sind meist genauer als die entsprechenden Analysen nach dem Transport ins Labor, da dann schon erste Veränderungen der Proben stattgefunden haben können. Außerdem erhält man vor Ort schon nach kurzer Zeit erste qualitative Ergebnisse über das geförderte Wasser, beispielsweise inwieweit schon Reservoirgrundwasser bzw. noch mit Bohrspülung kontaminiertes Tiefengrundwasser gefördert wird.

Deswegen sollten direkt an der Bohrlokation bei jeder Probenahme auch die Vor-Ort-Parameter bestimmt werden. Dies sind:

- die Temperatur des geförderten Tiefengrundwassers,
- die Temperatur nach der Abkühlung für die restlichen Messungen,
- der pH-Wert,
- die spezifische elektrische Leitfähigkeit,
- das Redoxpotenzial,
- der Sauerstoffgehalt,
- und die Säuren- und Basenkapazität.

Die Abkühlung unter Temperaturen von 50 Grad Celsius ist hier zu empfehlen, da höhere Temperaturen zum Einen schwerer handzuhaben sind und zum Anderen die meisten Standard-Messsonden nicht für hohe Temperaturen geeignet sind.

18.3.2 Hydrochemie

Die entnommenen Proben werden dann idealerweise in einem akkreditieren Analyselabor auf die entsprechenden Parameter mit unterschiedlichen Methoden untersucht.

Normalerweise ergeben die Analysen die hydrochemische Zusammensetzung des Tiefengrundwassers, jedoch kann es, wie schon oben erwähnt, zu Kontaminationen kommen, die sich beispielsweise durch erhöhte Barium- oder Gesamtkohlenstoffgehalte (TOC-Gehalte) äußern können. Die erhöhte Bariumkonzentration kann auf Schwerspat zur Gewichtserhöhung in der Bohrspülung zurückzuführen sein. Hohe TOC-Gehalte können durch der Bohrspülung zugegebene Zellulose, zur Bildung des Filterkuchens und damit der Bohrlochstabilisierung, entstanden sein. Durch Säurestimulationen mit verdünnter Salzsäure in Karbonataquiferen kann eine länger anhaltende Beeinflussung vorkommen, welche an erhöhten Chlorid- bzw. Calciumgehalten erkannt werden kann. Dabei ist Ersteres auf das Stimulationsfluid und Letzteres auf die Reaktion mit dem Umgebungsgesteins zurückzuführen.

Die Hauptionengehalte sollten grundsätzlich bei jeder Probenahme mit untersucht werden, um Entwicklungen bei der Reservoirerschließung erkennen zu können. Dabei handelt es sich um die Kationen Natrium, Kalium, Calcium und Magnesium sowie die An-

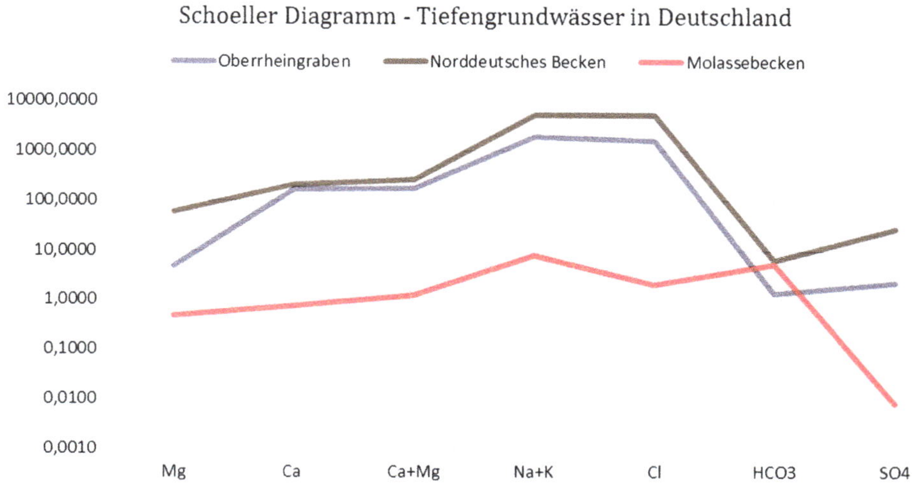

Abb. 18.1 Schoeller-Diagramm für Tiefengrundwässer der verschiedenen geothermischen Provinzen in Deutschland. Daten für den Oberrheingraben aus Soultz-sous-Forêts von Sanjuan et al. (2010) und für das Norddeutsche Becken, die Erschließung im Rhät-Sandstein in Neustadt-Glewe (nach Hinrichs 2008)

ionen Chlorid, Sulfat, Nitrat und Hydrogencarbonat. Als Hauptionen bestimmen diese Elemente und Verbindungen im Wesentlichen die Mineralisation. Sie können in Schoeller- (Abb. 18.1) oder Piper-Diagrammen dargestellt werden.

Exkurs Tiefengrundwasserzusammensetzung und Herkunft

Quellen für Tiefengrundwässer zur geothermischen Nutzung gibt es verschiedene. Die häufigsten Grundwässer sind jedoch meteorischen oder marinen Ursprungs, die in den entsprechenden Formationen zirkulierten und sich durch Reaktionen unter hohen Druck- und Temperaturbedingungen sich chemisch an das Nebengestein anpassen können (gesteinsgeprägtes Tiefengrundwasser).

Abbildung 18.2 versucht die Komplexität und den Zusammenhang der Tiefengrundwassermineralisation mit unterschiedlichen Gesteinen an einem schematischen geologischen Profil exemplarisch darzustellen.

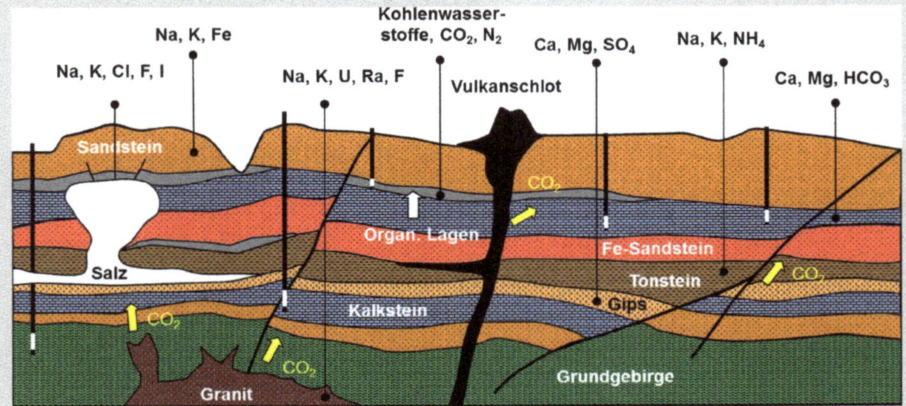

Abb. 18.2 Schematisches geologisches Profil mit der Herkunft verschiedener Inhaltsstoffe, die Grundwässer durch Wechselwirkungen aus den entsprechenden Gesteinen lösen können (nach Heidinger 2011)

Ein Wasser strebt immer nach einem thermodynamischen Gleichgewicht mit dem Umgebungsgestein. Dieses Gleichgewicht stellt sich in Abhängigkeit von Temperatur, Versenkungstiefe, Fließgeschwindigkeit und Verweildauer sowie Geologie und Wasserzusammensetzung schneller oder langsamer ein. So kann das Tiefengrundwasser während der Bewegung im Untergrund unterschiedliche Elemente in den verschiedenen Formationen, durch die es zirkuliert, aufnehmen (Abb. 18.2) und an anderer Stelle Minerale wieder ausfällen. Dieser Prozess der Wasser-Gas-Gesteins-Wechselwirkungen bestimmt die Mineralisation und gibt den Wasserkomponenten eine gesteinspezifische Signatur.

Weitere Ausführungen zu der Zusammensetzung der Tiefengrundwässer aus den verschiedenen geothermischen Provinzen in Deutschland sind in Abschn. 18.4 zu finden.

Auf Grund der Wasser-Gesteins-Wechselwirkungen bzw. der Sättigungszustände des Tiefengrundwassers spiegeln meist die Hauptionengehalte die durchströmten Gesteine im Untergrund wider (Abb. 18.2). Je nach Fluidsättigung, Fließgeschwindigkeit, Temperatur und Druck kann das Wasser in den Gesteinen entlang des Fließweges Ionen lösen oder ausfällen. So ist dann in Karbonaten eher ein Calcium-Hydrogencarbonat-Grundwasser und in karbonatarmen Sandsteinen eher ein Na-reiches Grundwasser auf Grund der Wechselwirkungen mit Tonen und Feldspäten, dem sogenannten Ionentausch, zu erwarten. Weitere Wechselwirkungen entlang des Fließweges führen zur Aufnahme auch anderer Ionen und Verbindungen, wie zum Beispiel Sulfat aus Gips- bzw. Anhydrithorizonten. Dies gilt ebenso für die enthaltenen Spurenstoffe, die ebenfalls spezifische Rückschlüsse auf Ursprungsgesteine zulassen.

Eine besondere Rolle nimmt Silizium ein, da es in fast allen Gesteinen vorkommt. Auf Grund der Temperaturabhängigkeit der Löslichkeit kann der Siliziumgehalt zur Temperaturbestimmung im Reservoir verwendet werden (Fournier 1977). Das heißt mit abnehmender Temperatur nimmt auch der Siliziumgehalt ab, nicht sofort, da das System träge ist, aber mit der Zeit stellt sich wieder ein Gleichgewicht in Abhängigkeit von der Umgebungstemperatur ein. Die Umgebungstemperatur wird also eine gewisse Zeit im System gespeichert, weshalb die Siliziumkonzentration als Geothermometer verwendet werden kann. Neben dem Siliziumthermometer gibt es auch noch weitere hydrochemische Thermometer zur Temperaturbestimmung.

Signifikante Gehalte von organischen Parametern können entweder natürlicher, aber auch anthropogener Herkunft sein. Normalerweise sollte in größeren Tiefen (> 1500 Meter) kein anthropogener Einfluss mehr aufzufinden sein. Es ist jedoch möglich, dass über den Bohrungsvorgang beispielsweise Schmierstoffe eingetragen wurden. Dies sollte sich im Verlauf der Förderung jedoch reduzieren. Falls eine Abnahme der organischen Parameter nicht zu erkennen ist, kann man eine natürlichen Quelle im Untergrund annehmen. Auf Grund der Kenntnis der möglichen Muttergesteine können damit wieder Rückschlüsse auf die Zirkulationspfade gezogen werden.

18.3.3 Isotopenhydrologische Untersuchungen

Bei vielen Elementen der Erde bzw. des Periodensystems lassen sich anhand Ihrer Neutronenzahl, bei gleicher Protonen- bzw. Ordnungszahl, stabile und instabile bzw. radioaktive Isotope unterscheiden. So hat beispielsweise Wasserstoff zwei stabile Isotope – Protium und Deuterium (Tab. 18.3) – und ein instabiles und damit radioaktives Isotop (Tritium). Tritium zerfällt in 12,32 Jahren (Lucas und Unterweger 2000) um die Hälfte.

Stabile Isotope Die bekanntesten stabilen Isotopensysteme, die auch eine wichtige Bedeutung für isotopenhydrologische Untersuchungen haben, sind die Isotope von Wasserstoff, Kohlenstoff, Stickstoff, Sauerstoff, Schwefel und Strontium (Tab. 18.3).

Nach der Probenahme werden die Proben in einem Labor analysiert. Vor der Analyse erfolgen je nach Methodik ggf. eine Aufbereitung und die Überführung in ein Analysegas, welches dann mit einem Massenspektrometer gemessen wird. Die Messung erfolgt jeweils gegen einen internationalen Standard.

Messergebnisse werden in der δ-Notation angegeben. Für die Sauerstoffisotope ergibt der δ-Notation aus der folgenden Gleichung:

$$\delta(^{18}\mathrm{O}) = \frac{(^{18}\mathrm{O}/^{16}\mathrm{O})_{\mathrm{Probe}} - (^{18}\mathrm{O}/^{16}\mathrm{O})_{\mathrm{V\text{-}SMOW}}}{(^{18}\mathrm{O}/^{16}\mathrm{O})_{\mathrm{V\text{-}SMOW}}} \times 1000\,.$$

Tab. 18.3 Übersicht der am häufigsten verwendeten stabilen Isotopensysteme für isotopenhydrologische Untersuchungen. Bei den meisten Isotopensystemen ist der Unterschied in der relativen Häufigkeit zwischen den zwei Isotopen eines Elements sehr hoch. Deshalb wird die Abweichung gegenüber dem Standard gemessen und in der δ-Notation dargestellt. Im Gegensatz dazu werden die Strontiumuntersuchungsergebnisse im absoluten Verhältnis von ^{87}Sr und ^{86}Sr angegeben, da die Häufigkeiten ähnlich sind

Element	Isotop	Abkürzung	Atommasse [u]	Häufigkeit	Standard
Wasserstoff	Protium	^{1}H	1	99,9885(70) %	V-SMOW
	Deuterium	^{2}H oder D	2	0,0115(70) %	
Kohlenstoff	Kohlenstoff-12	^{12}C	12	98,9 %	V-PDB
	Kohlenstoff-13	^{13}C	13	1,1 %	
Stickstoff	Stickstoff-14	^{14}N	14	99,634 %	AIR
	Stickstoff-15	^{15}N	15	0,366 %	
Sauerstoff	Sauerstoff-16	^{16}O	16	99,762 %	V-SMOW
	Sauerstoff-18	^{18}O	18	0,2 %	
Schwefel	Schwefel-32	^{32}S	32	95,02 %	V-CDT
	Schwefel-34	^{34}S	34	4,21 %	
Strontium	Strontium-86	^{86}Sr	86	9,86 %	
	Strontium-87	^{87}Sr	87	7,00 %	

Für das Isotopenpaar Deuterium/Sauerstoff-18 ist beispielsweise der Standard das Vienna Standard Mean Ocean Water (V-SMOW). Dieser und auch andere Standards werden von der Internationalen Atomenergiebehörde in Wien herausgegeben. V-SMOW besitzt in der δ-Notation den Wert Null. Für jedes Isotopensystem gibt es einen eigenen Standard (Tab. 18.3).

Die Grundlage, weshalb die stabilen Isotopensysteme für hydrogeologische Untersuchungen von großem Nutzen sind, ist die Isotopenfraktionierung zwischen dem schwereren und dem leichteren Isotop. Die Fraktionierung beruht auf den Unterschieden der Isotope in ihrer Masse. Dies ist am auffälligsten für Elemente mit geringem Atomgewicht, wie die oben erwähnten Elemente Wasserstoff, Kohlenstoff, Stickstoff, Sauerstoff und Schwefel.

Isotopenfraktionierung kann bei folgenden Prozessen auftreten:

1. Unvollständige Reaktionen (z. B. biochemische Prozesse, Adsorption und Desorption, etc.)
2. Physikalische Phasenübergänge wie Verdampfung, Kondensation, Schmelzen oder Kristallisation

Die Isotopenfraktionierung z. B. zwischen flüssigen und gasförmigen Phasen wird durch den Fraktionierungsfaktor α dargestellt:

$$\alpha = R_a/R_b \,.$$

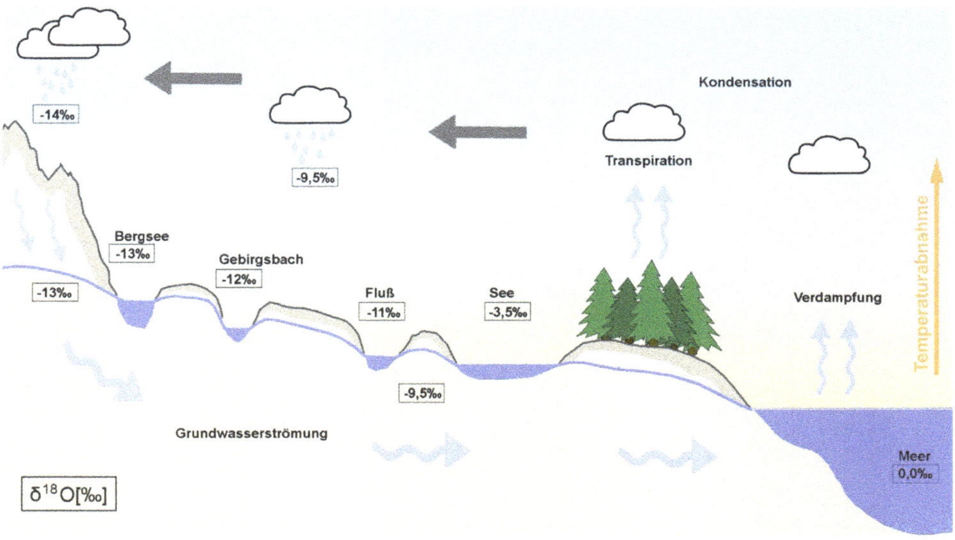

Abb. 18.3 Darstellung der Fraktionierung des Sauerstoff-Isotopenverhältnisses über den Kontinental- und Höheneffekt im hydrologischen Wasserkreislauf

Dabei ist R das Verhältnis des schweren zum leichten Isotop in der Phase a bzw. der Phase b.

Auf Basis des gemessenen Isotopenverhältnisses wird dargestellt, ob das schwerere Isotop gegenüber dem Standard (z. B. V-SMOW) angereichert (> 0) oder abgereichert (< 0) vorliegt. Bei Isotopenanreicherung spricht man davon, dass die Isotopenverteilung „schwerer" wird, bei Abreicherung, dass sie „leichter" wird.

Am Beispiel des Wasserkreislaufes lassen sich die Fraktionierungseffekte einfach veranschaulichen (Abb. 18.3). Mit den Ozeanen gibt es ein großes Reservoir für Wasser mit der relativ stabilen Isotopenzusammensetzung für Wasserstoff und Sauerstoff (entsprechend dem Standard V-SMOW: ± 0). Durch die Verdunstung von Wasser an der Oberfläche wird der Ozean auf Grund des enormen Reservoirs nicht signifikant verändert. Im Vergleich dazu zeigt das verdunstete Wasser auch nach der Kondensation durch Wolkenbildung deutlich „leichtere" Isotopenverhältnisse auf, das liegt daran, dass die leichten Isotope bevorzugt in die Dampfphase übergehen. Bei der Bewegung der Wolken landeinwärts nimmt das Sauerstoff- und Wasserstoffisotopenverhältnis durch den Verlust von schwerem Regenwasser (schwere Isotope bevorzugen die stabilere Phase, hier die Flüssige) immer weiter ab. Parallel wird das sich bildende Regenwasser aus der Wolke zunehmend leichter, da das Verhältnis im Wolkenreservoir insgesamt leichter wird (vgl. schweres Wasser regnet ab). Neben diesem sogenannten Kontinentaleffekt gibt es auch einen Höheneffekt. Beim Aufstieg an Bergen, bei dem es mit zunehmender Höhe kälter wird, regnet im unteren Höhenbereich zuerst das „schwere" Regenwasser ab und mit zunehmender Höhe und damit auch Ab-

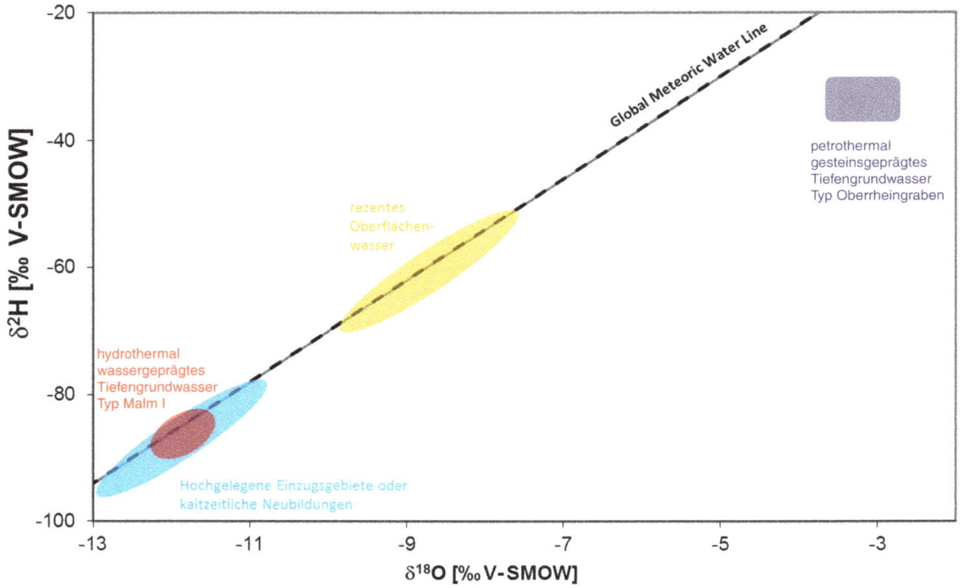

Abb. 18.4 D/O-Diagramm mit den Wertebereichen für unterschiedliche Wässer und der globalen Niederschlagsgerade (Global Meteoric Water Line – GMWL nach Craig (1961))

kühlung wird das Regenwasser immer „leichter". Insofern lassen sich die Entfernung vom Ozean sowie auch kalte von warmen Klimabedingungen im Wasser isotopisch unterscheiden.

Die Isotopenverhältnisse der Regenwässer bzw. meteorischen Wässer variieren auf Grund der beschriebenen Fraktionierungseffekte. Zur Darstellung werden gemessene Ergebnisse in einem D/O-Diagramm aufgetragen, in dem die Wasserstoff- gegen die Sauerstoffisotopenverhältnisse dargestellt sind (Abb. 18.4). Meteorische Wässer sind grundsätzlich entlang einer Geraden, der sogenannten globalen Niederschlagsgeraden (Global Meteoric Water Line, GMWL) (Craig 1961) zu finden. Diese wird durch die Gleichung

$$\delta^{2}\mathrm{H} = 8 \cdot \delta^{18}\mathrm{O} + 10$$

global beschrieben.

Im D/O-Diagramm sind anhand der gemessenen Isotopenverhältnisse noch weitere Effekte erkennbar. So deuten zum Beispiel Sauerstoff-/Wasserstoff-Isotopenverhältnisse unterhalb der mittleren Niederschlagsgeraden Verdunstungsprozesse oder Wasser-Gesteins-Wechselwirkungen an (Clark und Fritz 1997). Das heißt ein sekundärer Fraktionierungseffekt, der den Isotopenaustausch mit verschiedenen Gesteinen verdeutlicht. Dabei können verschiedene Wasser-Gesteinsreaktionen unterschieden werden (Machel und Buschkühle 2008).

Fraktionierungsprozesse sind auch bei den anderen der angeführten Isotopensysteme zu erkennen. Es gibt zum Beispiel Unterschiede im Kohlenstoff-Isotopenverhältnis von in Grundwasser gelöstem inorganischem Kohlenstoff (Hoefs 2009) und Unterschiede in den Kohlenstoff-Isotopenverhältnissen von Kohlenwasserstoffen (Whiticar 1999), die die unterschiedliche Entstehung und Herkunft zeigen. Ebenso kann mit dem Schwefel- und Sauerstoff-Isotopenverhältnis am Sulfat dessen Herkunft bestimmt werden (Claypool et al. 1980).

Speziell ist das $^{87}Sr/^{86}Sr$-Isotopenverhältnis. Hier wird nicht das Verhältnis mit dem häufigsten Isotop verwendet, sondern ^{87}Sr als radiogenes Tochterisotop des zerfallenden, radioaktiven Elements Rubidium. ^{87}Rb ist ein verhältnismäßig inkompatibles Element, welches erst spät in der magmatischen Abfolge, meist in Feldspäten oder Glimmern als Substitut für Kalium, eingebaut wird. Es ist entsprechend bevorzugt in Graniten und Rhyoliten zu finden. In Folge dessen zeigen diese auch die höchsten $^{87}Sr/^{86}Sr$-Isotopenverhältnisse. Durch Erosion werden die Gesteine abgetragen, mit Oberflächenwasser abtransportiert – zum Teil bis ins Meer – und dann abgelagert. Die Ablagerungsprodukte zeigen wiederum unterschiedliche $^{87}Sr/^{86}Sr$-Isotopenverhältnisse. So ist in Sandsteinen das $^{87}Sr/^{86}Sr$-Isotopenverhältnis relativ hoch, in Karbonaten dagegen eher niedrig. Verschiedene Autoren (Burke et al. 1982; Smalley et al. 1993) haben aus zahlreichen, unterschiedlich alten Brachiopoden für das Phanerozoikum (ab ca. 450 Millionen Jahre bis heute) die Entwicklung der Strontium-Isotopie für das aus dem Meerwasser gebildete Karbonat nachgezeichnet (Abb. 18.5). Es ist mehr oder weniger eine Funktion der vulkanischen Aktivität, gekoppelt mit den Abtragungsprozessen der großen Orogene. In Zeiten hoher vulkanischer Aktivität ist der Eintrag ins Meerwasser höher als während Zeiten geringer vulkanischer Aktivität. Mit dieser Kurve lassen sich Tiefengrundwässer, anhand ihres Karbonatgehaltes und der analysierten Strontium-Isotopie in den Karbonaten, hinsichtlich ihrer Herkunft (Bildungsgebiete, durchflossene Aquifergesteine, möglicherweise auch Alter) beurteilen.

Radioaktive Isotope Radioaktive Isotopensysteme beruhen auf dem Zerfall eines instabilen Isotops in ein Tochterisotop. Dieser Zerfall wird durch die Halbwertszeit des Isotops, das heißt die Zeitspanne, nach der die Hälfte der vorhandenen Kerne des Isotops umgewandelt wurden, dargestellt. Die Datierungsmethoden wurden in erster Linie für die Datierung von Gesteinen entwickelt, manche Systeme können aber auch für Grundwässer genutzt werden. Bei der Charakterisierung der Grundwässer spielen die jüngeren Isotopensysteme, wie Tritium (^{3}H) oder Kohlenstoff-14 (^{14}C), eine bedeutende Rolle.

Tritium ist wegen seiner geringen Halbwertszeit (12,32 Jahre) für die Identifikation und Datierung von Grundwasserkomponenten, die jünger als 50 bis 60 Jahre sind, von Bedeutung. In geothermisch genutzten Tiefengrundwässern, deren Reservoire meist in einigen tausend Metern Tiefe unter der Geländeoberkante liegen und deren mittlere Verweildauer im Vergleich zu oberflächennahem Grundwasser relativ hoch ist, sollte daher kein Tritium nachweisbar sein. Weist das Tiefengrundwasser trotzdem Tritiumgehalte auf, wie z. B. das Formationswasser des Malms (< 1500 Meter Tiefe) im bayerischen Molassebecken, ist dies ein Indikator für eine mögliche Kontamination mit Oberflächenwasser.

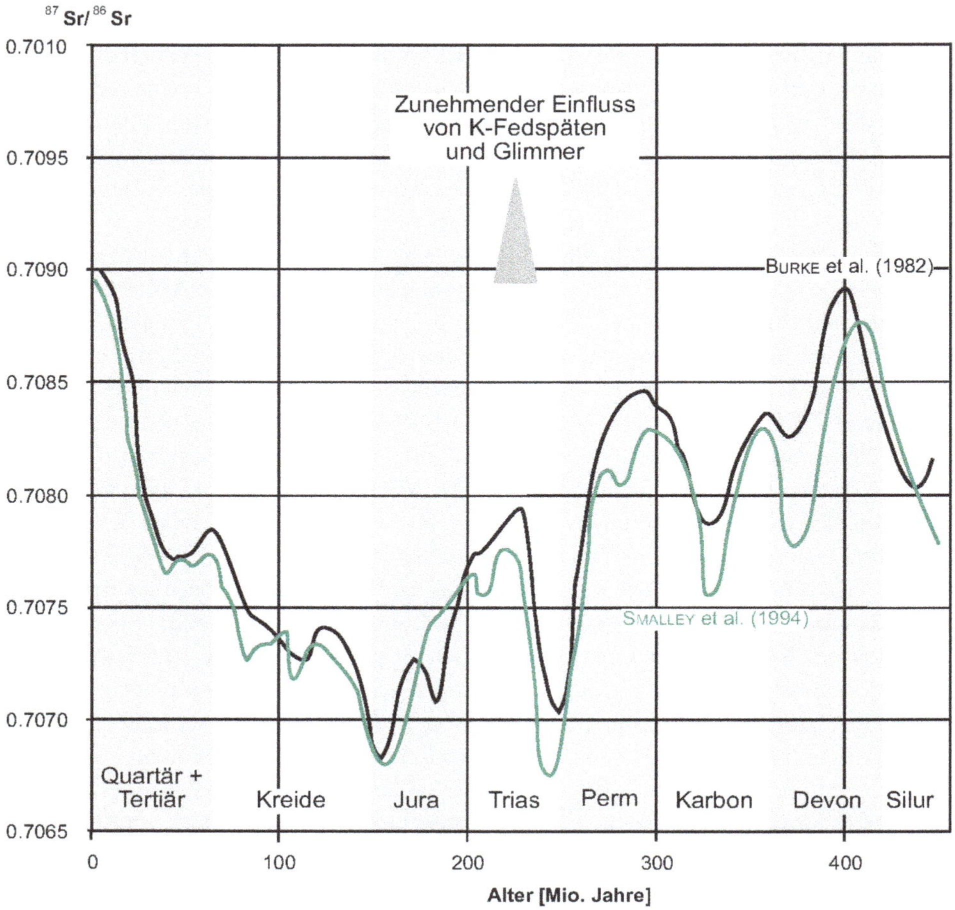

Abb. 18.5 Strontium-Isotopenvariationen im Meerwasser während des Phanerozoikums (nach Burke et al. 1982 und Smalley et al. 1994)

Für die Tiefengrundwässer des Malms im bayerischen Molassebecken von besonderer Bedeutung ist die Datierung mit ^{14}C. Es stammt aus kosmischer Strahlung und wird an der Erdoberfläche in alle kohlenstoffhaltigen Verbindungen (CO_2, Organik, etc.) eingebaut. Mit dieser Methode lässt sich wegen der Halbwertszeit von 5730 ± 40 Jahre (Godwin 1962) ein Altersbereich von mehreren 10000 Jahren bestimmen. In lang zirkulierenden Tiefengrundwässern dürfte allerdings kein ^{14}C mehr nachweisbar sein.

Weitere Isotopensysteme von radioaktiven Argon-, Chlor- oder Krypton-Isotopen können für das Alter von Tiefengrundwässern weitere Aufschlüsse geben, werden aber nur selten angewandt. Die Gründe sind zum Einen, dass diese Methoden sehr aufwendig und damit relativ teuer sind, zum Anderen sind dies keine Standardmethoden und befinden sich zum Teil noch im Forschungs- und Entwicklungsstadium.

Die Isotope, die im Wesentlichen die Radioaktivität der geothermisch genutzten Tiefengrundwässer bestimmen, sind Elemente der Uran-Thorium-Zerfallsreihen. In den drei natürlichen Zerfallsreihen (Uran-Radium-Zerfallsreihe, Uran-Actinium-Zerfallsreihe und Thorium-Zerfallsreihe) halbieren sich die Aktivitäten der Mutterisotope mit Halbwertszeiten von 0,7 bis $14{,}0 \times 10^9$ Jahren (Steiger und Jäger 1977; Lederer et al. 1967). Die primordialen Nuklide (^{235}U, ^{238}U und ^{232}Th) zerfallen in verschiedene ebenfalls radioaktive Tochternuklide. Am Ende der natürlichen Zerfallsreihen steht jeweils ein stabiles Bleiisotop.

Bei der Charakterisierung geothermischer Reservoire kann die Analyse von Radionukliden wichtige Hinweise zum Verständnis der ablaufenden Prozesse liefern. Diese Prozesse umfassen Wasser-Gesteins-Wechselwirkungen, die Änderung von Wasserwegsamkeiten sowie die Mischung verschiedener Wässer im Reservoir.

Von besonderer Bedeutung sind hierbei die Radium- und Radon-Isotope, ^{223}Ra, ^{224}Ra, ^{226}Ra und ^{228}Ra sowie ^{222}Rn. Während die Mobilität von Radium in Grundwässern mit niedriger Temperatur und Salinität als eher gering einzustufen ist, weisen hoch mineralisierte Tiefengrundwässer häufig relativ hohe Radium-Konzentrationen auf. Eine Korrelation zwischen Gesamtlösungsinhalt und Radium-Gehalt der Wässer wird vermutet (Kraemer und Reid 1984). Das Verhältnis von ^{228}Ra/^{226}Ra stellt eine Beziehung zwischen den Zerfallsreihen des ^{238}U und des ^{232}Th her und gibt, ausgehend von einer Radiumfreisetzung durch Wechselwirkungen zwischen Fluid und Reservoirgestein, das Aktivitätsverhältnis von ^{232}Th/^{238}U im Quellmaterial wieder. ^{224}Ra und ^{228}Ra gehören hingegen beide der Thorium-Zerfallsreihe an. Liegt im Quellmaterial ein radioaktives Gleichgewicht vor, so muss auch für die freigesetzten Radionuklide ein ^{224}Ra/^{228}Ra-Aktivitätsverhältnis von 1 auftreten (Zukin et al. 1987). Durch den radioaktiven Zerfall von ^{226}Ra wird ^{222}Rn (HWZ = 3,8 Tage) gebildet. Als das einzig gasförmige Element der natürlichen Zerfallsreihen sind die Radon-Isotope relativ leicht flüchtig und können daher wichtige Hinweise zur Fluiddynamik liefern.

18.3.4 Gasphysikalische Untersuchungen

Von grundlegender Bedeutung für den erfolgreichen Betrieb einer geothermischen Anlage ist der Gasgehalt des Tiefengrundwassers. Bei den Gasen handelt es sich vornehmlich um Kohlenstoffdioxid und Kohlenwasserstoffe, hier vorwiegend Methan und im Norddeutschen Becken auch Stickstoff. Die Gase wurden entweder im Reservoir produziert oder sind eingewandert. Die Isotopie des Kohlenstoffs im Kohlendioxid oder im Methan kann Aufschluss über die Herkunft und die Genese des Gases geben (Whitcar 1999).

Das Gleichgewicht, in dem sich das gelöste Gas mit dem Tiefengrundwasser im Reservoir befindet wird durch die Bohrung gestört. Vor allem der Lagerstättendruck mit 200 bis 400 bar in 2000 bis 4000 Metern Tiefe kann an der Oberfläche nicht aufrecht erhalten werden. So kommt es je nach Gasgehalt pro Liter Grundwasser zur Entlösung. Dies sollte in jedem Falle weitgehend vermieden werden, da damit verschiedene Probleme wie Gaspolster auf den Wärmeüberträgern, Korrosion oder Ausfällungen einhergehen können.

Insofern ist schon frühzeitig eine genaue Bestimmung der quantitativen Gaszusammensetzung und des Entlösungsdrucks notwendig. Hierfür muss jedoch auf die Fördermethode geachtet werden, da es bei den Fördertests nach der Erschließung mit dem Lufthebe-Verfahren zu Kontaminationen der Gaszusammensetzung kommen kann. Auf Grund dessen ist eine experimentelle Bestimmung des Entlösungsdrucks auch erst in einem Fördertest mit Druckhaltung und Pumpe möglich. Dann besteht auch die Möglichkeit einer repräsentativen Gasprobenahme, direkt aus dem heißen Tiefengrundwasser in Stahlzylindern. Mit dieser Methode können Entgasungen und Kontaminationen der Probe weitestgehend ausgeschlossen werden.

Als Spurengase sind im Tiefengrundwasser meist noch Edelgase wie Helium und Argon enthalten. Vor allem Argon kann zur Beurteilung eines atmosphärischen Anteils des Grundwassers verwendet werden. Beide Elemente können mit ihrer isotopischen Zusammensetzung auch für weitere Interpretationen, wie zum Beispiel dem Einfluss einer Gaskomponente aus dem Erdmantel oder auch zur Bestimmung des Alters der Tiefengrundwasserneubildung, genutzt werden. Wasserstoff als Spurengas in der Gasanalyse ist in der Regel ein Hinweis auf Korrosion.

18.3.5 Physikalische Parameter

Bis hierhin wurden schon mehrere physikalische Parameter diskutiert. Neben der spezifischen elektrischen Leitfähigkeit, wurde auch die experimentelle Bestimmung des Entlösungsdrucks im vorangegangenen Abschnitt schon beschrieben. Weiterhin sind vor allem die Dichte des Tiefengrundwassers, die wiederum mit der Mineralisation zusammenhängt, genauso wie die spezifische Wärmekapazität und die Viskosität von hoher Bedeutung.

Die spezifische Wärmekapazität und die Dichte gehen direkt in die Leistungsberechnung und somit in die Auslegung des Heiz- bzw. Kraftwerkssystems ein. Die Viskosität gibt die Fließfähigkeit eines Mediums an, das heißt je größer die Fließfähigkeit umso geringer die Viskosität. Dies ist vor allem für die Auslegung des Thermalwasserkreislaufs und für die Bestimmung der Reibungsdruckverluste in der Anlage wichtig.

18.3.6 Mikrobiologische Untersuchungen

Die Bedeutung der Mikrobiologie wurde bisher für die Tiefe Geothermie nur im geringen Maße berücksichtigt. Die klassischen Untersuchungen nach der Mineral- und Trinkwasserverordnung (MTVO) sind bei den Anlagenteilen, die mit Tiefengrundwasser mit Temperaturen über 100 Grad Celsius in Kontakt kommen, vernachlässigbar. Denn die für moderat temperierte Grundwässer typischen Keime können bei so hohen Temperaturen nicht überleben und spielen somit fast keine Rolle mehr. Dies trifft bei den höher temperierten Anlagen bis zum Wärmetauscher zu. Nach dem Wärmetauscher und in Niedertemperatur-Anlagen (bei Temperaturen unter 100 Grad Celsius) sind auch hier mikrobiologische Untersuchungen nach der MTVO vorzusehen.

Wesentlich bedeutender dagegen sind mikrobiologische Untersuchungen von Stämmen, die auch in hochtemperierten Wässern leben können, wie z. B. Sulfatreduzierern (Lerm et al. 2013). Sie produzieren aus Sulfat Schwefelwasserstoff, welcher zur Korrosion beitragen kann. Je nach Bakterienstamm können deren ideale Lebenstemperaturen variieren. So gibt es beispielsweise Bakterienstämme, die um 60 Grad Celsius, wie sie beispielsweise nach dem Wärmetauscher herrschen, die idealen Bedingungen zum Leben finden. Das Problem ist jedoch, dass diese Bakterien nicht mit Standard-MTVO-Untersuchungen nachgewiesen werden, sondern hierfür aufwendigere Untersuchungen notwendig sind.

18.4 Zusammensetzung der Tiefengrundwässer in den geothermischen Provinzen in Deutschland

In Deutschland gibt es drei geothermische Provinzen mit geologischen und thermischen Bedingungen, die eine Nutzung der geothermischen Wärme zu Versorgung in Wärmenetzen und zur Stromproduktion zulassen: Das Bayerische Molassebecken, der Oberrheingraben und das Norddeutsche Becken. Auf Grund der unterschiedlichen Geologie in allen drei Provinzen gibt es auch Unterschiede in der Mineralisation und hydrochemischen Eigenschaften der Tiefengrundwässer. Dies wird im Folgenden dargestellt.

18.4.1 Bayerisches Molassebecken

Die Erforschung und Nutzung des süddeutschen Molassebeckens geht im westlichen Teil auf die erste Bohrtätigkeit gegen Ende des 19. Jahrhundert und die Explorationstätigkeit der Kohlenwasserstoffindustrie nach 1945 zurück (Sach 2003). Diese Erkundung umfasste insbesondere die jurassischen und tertiären Schichten. Die bei der Exploration gewonnenen Erkenntnisse wurden später für zahlreiche Thermalbäder genutzt, deren Reservoire typischerweise im Tiefengrundwasserhorizont des Malms liegen. Regionale Fließsysteme in diesem Aquifer wurden bereits in den 1950er Jahren beschrieben (Lemcke und Tunn 1956). Im Rahmen der weiteren Erkundungs- und Forschungsarbeiten der letzten Jahrzehnte konnte ein, das gesamte süddeutsche Molassebecken erfassendes, großräumiges Fließsystem beschrieben werden (Bertleff 1986; Bay. L-Amt f. Wasserwirtschaft und Geol. L.-Amt Baden-Württemberg 1991; Kiraly 1991; Bertleff und Watzel 2002), welches sich in verschiedene hydrochemische Einheiten mit unterschiedlichen Bildungsbedingungen unterscheiden lässt.

Im Großraum München wird der Malm-Aquifer heute intensiv und kommerziell genutzt. Die verschiedenen Tiefengeothermie-Projekte sind in Abb. 18.6 dargestellt. In der nach Süden abtauchenden Karbonatformation des Malms, die im Oberen Jura als Riff-Schwamm- und Massenkalke abgelagert wurde, trifft man ein gering mineralisiertes Tiefengrundwasser meteorischen Ursprungs an. Die Temperatur variiert je nach Tiefenlage

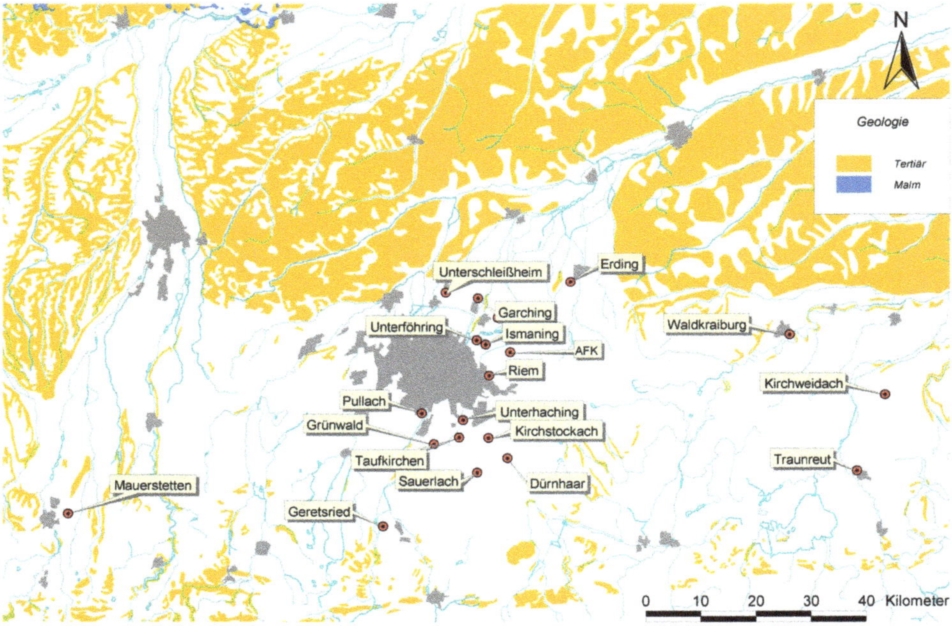

Abb. 18.6 Geothermische Erschließungen im Süddeutschen Molassebecken im Großraum München (Städte in *grau*, quartäre Überdeckung in *weiß*)

der abtauchenden Schicht von 70 Grad Celsius in einer Tiefe von 1800 Metern im Norden von München bis über 140 Grad Celsius im Süden von München in Tiefen über 4000 Meter. Die Mächtigkeit der sedimentären Deckschichten nimmt zu den Alpen hin zu. Die Versenkung der Malm-Karbonatplattform und die nachfolgende Ablagerung der sedimentären Deckschichten, den sogenannten Molasse-Ablagerungen, stehen in unmittelbarem Zusammenhang mit der alpidischen Orogenese.

Nach Birner (2013) lassen sich im Malm des bayerischen Molassebeckens mehrere Grundwassertypen unterscheiden. Besondere Bedeutung für die Geothermie kommt dabei den Grundwässern des zentralen Bereichs zu. Sie werden auf Grund ihres Lösungsinhaltes als Na-Ca-HCO_3-Cl-Wässer klassifiziert und haben eine geringe Mineralisation (bis 800 mg/L) (Abb. 18.1). Die Wässer sind Na-dominiert, obwohl in Karbonaten eine Calcium-Dominanz zu erwarten wäre. Der Natriumüberschuss gegenüber Calcium weist auf Kationenaustausch (z. B. in Tonsteinen) hin und lässt eine nur geringe Wechselwirkungen des Tiefengrundwassers mit dem karbonatischen Nebengestein erkennen. Darüber hinaus zeichnen sie sich durch geringe Gehalte an Spurenstoffen und radioaktiven Elementen aus.

Die Strontiumisotopie zeigt für das Malm-Aquifergrundwasser $^{87}Sr/^{86}Sr$-Isotopenverhältnissen über 0,7092. Dies lässt auf eine Strontium-Quelle terrestrischer Herkunft schließen. Eine Strontium-Herkunft aus marinen Karbonaten des Malms ist nicht zu erkennen.

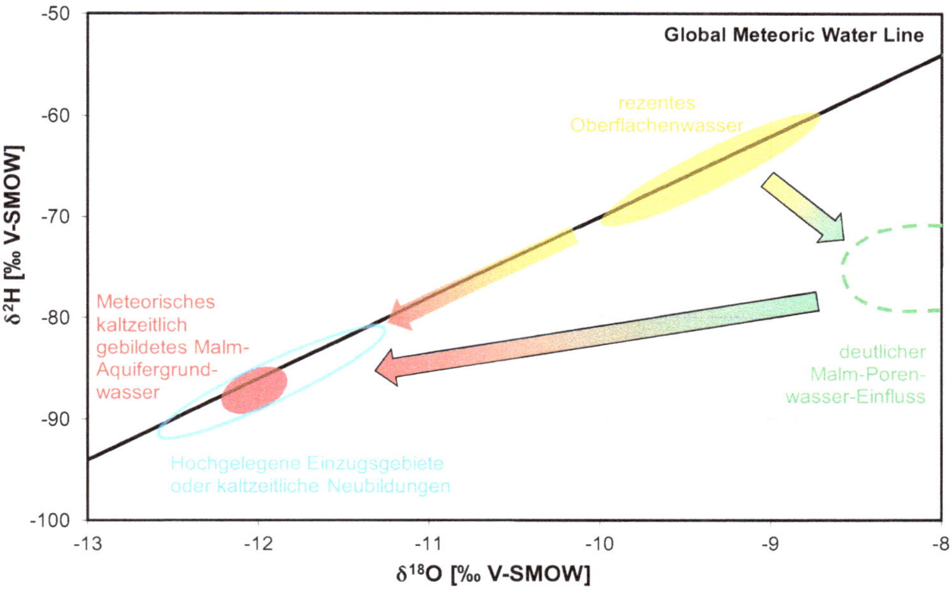

Abb. 18.7 D/O-Diagramm mit dem Mischungssystem des Tiefengrundwassers im Malm. Das rezente Grundwasser wird als Basis für die Bohrspülung bzw. für Aufwältigungsarbeiten (Injektion, Säuerung, etc.) verwandt und spielt vor allem zu Beginn der Erschließung eine große Rolle. Zum Teil werden auch Malm-Porenwässer erschlossen, deren Einfluss mit zunehmender Pumpdauer meist ebenso abnimmt wie der des eingebrachten rezenten Grundwassers.

Nach der Strontium-Meerwasserlinie in Abb. 18.5, wären für Malm-Karbonate niedrigere Werte im Bereich von 0,707 zu erwarten.

Die Sauerstoff-/Wasserstoff-Isotopenverhältnisse lassen auf Grund der Lage auf der globalen Niederschlagsgeraden (GMWL) in Abb. 18.4 und 18.7 einen meteorischen Ursprung erkennen und zeigen, dass sich die Grundwässer unter kaltzeitlichen Bedingungen neu gebildet haben müssen (Bertleff 1986; Bertleff und Watzel 2002; Birner 2013).

Basierend auf den bisherigen Ergebnissen haben neuere hydrochemische und isotopenhydrologische Untersuchungen im Rahmen der Erschließung von geothermischen Bohrungen in den Malm des bayerischen Molassebeckens zu einer Weiterentwicklung der Erkenntnisse geführt. Dabei lassen die Sauerstoff- und Wasserstoff-Isotopenverhältnisse in dem Tiefengrundwasser zwei Grundwasserkomponenten unterscheiden. Bei den Mischungskomponenten handelt es sich um das schon erwähnte hydrothermal veränderte, meteorisch gebildete Tiefengrundwasser des Na-Ca-HCO_3-Cl-Typs (Malm-Aquifergrundwasser in Abb. 18.7) und um ein gesteinsgeprägtes Porenwasser, das Wechselwirkungen mit Karbonaten erkennen lässt (Malm-Porenwasser, vgl. Abb. 18.7).

Der Ionentauschcharakter der meteorischen Tiefengrundwässer, die wassergeprägte Signatur im D/O-Diagramm, sowie die $^{87}Sr/^{86}Sr$-Isotopenverhältnisse sprechen für ein Tie-

Abb. 18.8 Profilschnitt der potenziellen Grundwasserleiter des Oberrheingrabens

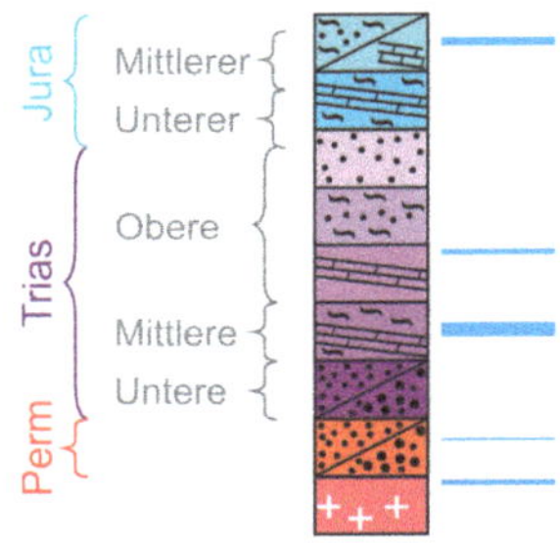

fengrundwasser, das seine hydrochemische Prägung in terrestrischen Gesteinen und nicht im Malm erhalten hat.

Grundsätzlich hat dieses Tiefengrundwasser eine hochwertige Wasserqualität, so dass beispielsweise in Unterschleißheim ein öffentlich zugänglicher Heilbrunnen eingerichtet wurde. Jedoch enthält das Tiefengrundwasser hohe Schwefelwasserstoffgehalte, die zur Schädigung der Anlage durch Korrosion führen können. Bei den Anlagen südlich von München mit größeren Bohrtiefen und damit verbundenen höheren Temperaturen, wurden in letzter Zeit Probleme durch Calcitausfällungen in den Rohrleitungen bis zum Wärmetauscher festgestellt. Dies kann durch das notwendige Abschalten der Anlage für Reinigungsarbeiten zu Behinderungen im Anlagenbetrieb führen. Verschiedene Lösungsmöglichkeiten sind gerade in der Erprobung.

18.4.2 Oberrheingraben

Der Oberrheingraben (ORG) ist eine etwa 300 Kilometer lange, 35 bis 40 Kilometer breite NNE-SSW streichende, intrakontinentale Extensionsstruktur im zentraleuropäischen Alpenvorland (Pflug 1982). Das Gebiet weist die höchsten geothermischen Temperaturgradienten in Deutschland auf: Gegenüber des Durchschnittswerts von 30 Grad Kelvin pro Kilometer steigen die Werte lokal auf bis zu 110 Grad Kelvin pro Kilometer an (Pribnow und Schellschmidt 2000).

Als geothermisch nutzbare Tiefengrundwasserhorizonte werden innerhalb der Sedimentlagen der Obere Muschelkalk und der Buntsandstein (teilweise in Kombination mit den Sedimenten des Rotliegend) angesehen (Abb. 18.8). Im südlichen Teil des Oberrheingrabens (südlich von Kehl) kann zudem auch der Hauptrogenstein einen vielversprechenden Horizont für Wärmeversorgungsanlagen darstellen. Abbildung 18.9 gibt einen Überblick über die hydrochemischen Eigenschaften der Tiefengrundwässer der genannten Aquifere.

Im Bereich der Grabenrandverwerfungen ist der Untergrund von einem komplexen geologisch-tektonischen Strukturinventar durchzogen. Parallel zu den Hauptrandverwerfungen finden sich eng gestaffelt NNE-SSW verlaufende Störungen. Entlang dieser Verwerfungen bildeten sich Bruchzonen mit einem vertikalen Gesamtversatz von mehreren

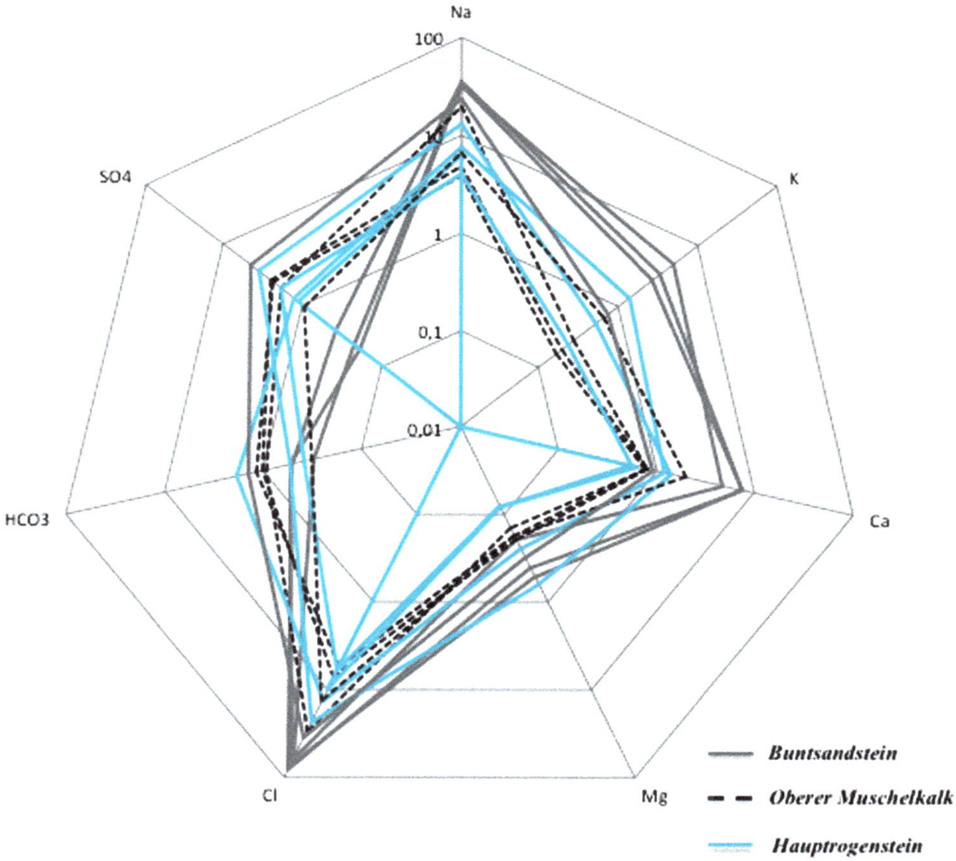

Abb. 18.9 Gegenüberstellung der hydrochemischen Fluidsignaturen der drei Hauptaquifere des Oberrheingrabens (Daten nach Stober und Jodocy 2011). Angaben in Gramm pro Liter. Tiefenniveau der Wasserproben > 1000 Meter

tausend Metern. Durch diese tektonische Struktur kann das kristalline Grundgebirge in Randbereichen des Grabens in vergleichsweise geringen Tiefen aufgeschlossen werden und bietet sich, wie die Geothermieprojekte der jüngsten Vergangenheit (Landau, Insheim) zeigen, im obersten Bereich ebenfalls zur geothermischen Nutzung an.

Die Tiefengrundwässer des Oberrheingrabens sind durchweg hoch mineralisiert und dem Na-Cl-Typ zu zuordnen. Bereits in einer Tiefe von 1000 Metern unter GOK weisen sie einen Gesamtlösungsinhalt (TDS) von einigen 10 Gramm pro Liter auf. Die höchsten Werte sind dabei dem Hauptrogenstein mit über 200 Gramm pro Liter zu zuordnen, gefolgt von den Tiefengrundwässern des Buntsandsteins mit circa 130 Gramm pro Liter und des Oberen Muschelkalks mit etwa 74 Gramm pro Liter (Stober und Jodocy 2011). Für den Geothermiestandort im elsässischen Soultz-sous-Forêts, dessen Nutzhorizont sowohl das granitische Grundgebirge als auch der Buntstandstein darstellt, wurde ein Gesamtlösungsinhalt von nahezu 100 Gramm pro Liter bestimmt (Sanjuan et al. 2010).

Die aktuell geothermisch genutzten Tiefengrundwässer des Oberrheingrabens charakterisieren sich durch hohe Gehalte an Alkali- und Erdalkalimetallen. Das geothermische Reservoir wird dabei – je nach Standort – in einer Tiefe zwischen 2500 Meter bis 5000 Meter erschlossen. Neben einer recht ähnlichen Verteilung der Hauptelemente, ist den Wässern eine relative Anreicherung an Schwermetallen (Blei, Arsen, Cadmium) gemein (Sanjuan et al. 2010; Kölbel et al. 2010; Geo-x 2008).

Untersuchungen der letzten Jahre zeigen, dass sich die Tiefengrundwässer generell in ihren Ionenverhältnissen und stabilen Isotopen ähneln (Sanjuan et al. 2010; Kölbel et al. 2010; Geo-x 2008). Die Gasphase der Fluide wird mit über 90 Volumenprozent von Kohlenstoffdioxid bestimmt, der Rest setzt sich vornehmlich aus Methan und Stickstoff zusammen. Während an den Geothermiestandorten in Landau und Soultz ein Gas:Wasser-Verhältnis von nahezu 1 : 1 ermittelt wurde, handelt es sich in Bruchsal um ein zwei Phasen-Gemisch mit einem Verhältnis von Gasphase zur wässriger Phase von 1,6 : 1, unter Normbedingungen. In Kombination mit dem hohen Salz- bzw. Chloridgehalt, bergen die schwach sauren Tiefengrundwässer ein entsprechendes Korrosions-Potenzial.

Die für die Tiefengrundwässer des Oberrheingrabens ermittelten Cl/Br-Signaturen liegen in einem Bereich von 200 bis 345. Werte über dem Cl/Br-Verhältnis von Meerwasser (Cl/Br = 288) sind jedoch die Ausnahme; die überwiegenden Mehrheit der Cl/Br-Verhältnisse liegt unter dem Wert für Meerwasser (Abb. 18.10). Die rezenten Cl/Br-Verhältnisse werden durch Lösungsprozesse von Halit (NaCl) im Laufe der Fluidentwicklung erklärt, welche zu einer relativen Anreicherung von Chlorid gegenüber Bromid im Fluid führten (Pauwels et al. 1993).

Aus isotopenchemischen Untersuchungen ist bekannt, dass die geothermischen Tiefengrundwässer über ähnliche Sauerstoff/Wasserstoff-Isotopenverhältnisse verfügen. Nach Pauwels et al. (1993) und Aquilina et al. (1997) deutet diese Tatsache auf eine relativ homogene Durchmischung eines fossilen Tiefengrundwassers mit schwächer mineralisierten Wässern im Gebiet des Oberrheingrabens hin.

Die Strontium-Konzentrationen der geothermischen Tiefengrundwässer des Oberrheingrabens liegen im Bereich bis zu wenigen 100 Milligramm pro Liter. Für das Bruchsaler Thermalwasser/Tiefengrundwasser wurde eine mittlere Strontium-Konzentration von 380 Milligramm pro Liter ermittelt. Das dazugehörige $^{87}Sr/^{86}Sr$-Verhältnis liegt bei 0,714987 und somit deutlich über der Triassischen Meerwassersignatur von 0,707450 bis 0,707850. Am Geothermiestandort in Soultz-sous-Forêts liegt der durchschnittliche Strontium-Gehalt mit 450 Milligramm pro Liter vergleichsweise höher, das $^{87}Sr/^{86}Sr$-Verhältnis (0,711260) jedoch unterhalb dem Wert aus Bruchsal (Sanjuan et al. 2010). Die für das Bruchsaler Thermalwasser/Tiefengrundwasser ermittelte $^{87}Sr/^{86}Sr$-Sigantur deutet auf ein von Granit geprägtes Tiefengrundwasser hin, während das Tiefengrundwasser aus Soultz eine für Sandstein typische $^{87}Sr/^{86}Sr$-Signatur aufweist.

Neben isotopenchemischen Untersuchungen trägt die Radionuklidanalytik zur hydrochemischen Charakterisierung bei. So weisen die geothermischen Tiefengrundwässer des

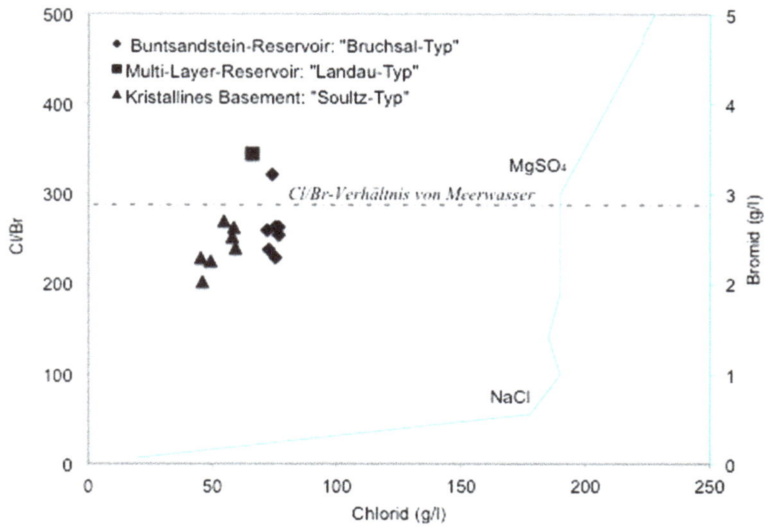

Abb. 18.10 Einordnung der Cl/Br-Signatur der geothermischen Tiefengrundwässer des ORG in Abhängigkeit des Chlorid-Gehalts gegenüber Meerwasser (Cl/Br = 288). Die Kurve zeigt Änderungen des Chlorid-Bromid-Gehalts von Meerwasser während der Evaporation (nach Pauwels et al. 1993)

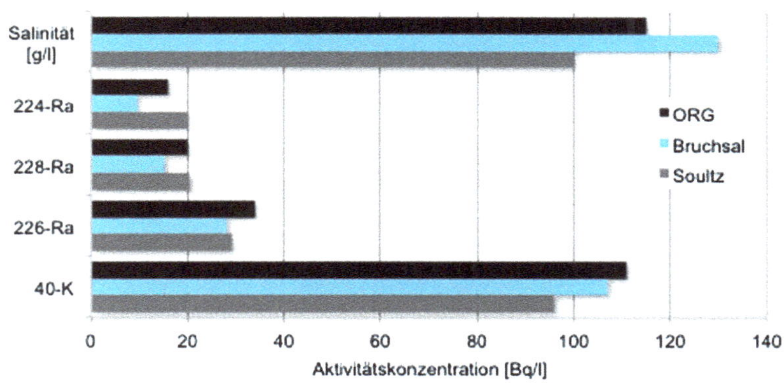

Abb. 18.11 Aktivitätskonzentration von Kalium und Radium der geothermischen Fluide des Oberrheingrabens in Abhängigkeit des Salzgehaltes (Eggeling et al. 2012)

Oberrheingrabens nennenswerte Konzentrationen natürlich vorkommender Radionuklide der Uran- und Thorium-Zerfallsreihen auf. Dominiert werden die Tiefengrundwässer dabei von den hohen Gehalten an Radium-Isotopen ^{226}Ra, ^{228}Ra, ^{223}Ra und ^{224}Ra (Abb. 18.11), während ihre Thorium-Mutternuklide im Bereich der technischen Nachweisgrenze in Lösung vorliegen (Eggeling et al. 2013).

Die Freisetzung von Radium in die Wässer erfolgt im Wesentlichen durch Lösungsprozesse im Reservoirgestein sowie durch Interaktionsprozesse an den Fest-Flüssig-Grenzen. Hohe Temperaturen sowie eine hohe Salinität bzw. Chloridkonzentration der flüssigen Phase begünstigen die Mobilität von Radium zusätzlich. Hingegen führt die schlechte Mobilisierbarkeit von Thorium, das unter den im Reservoir herrschenden reduzierenden Bedingungen als vierwertiges Kation vorliegt und sich bevorzugt an feste Phasen anlagert (Adsorption an Oberflächen von Kolloiden, Tonmineralen, Oxiden und Hydroxiden), zu einer signifikanten Abreicherung der Thorium-Isotope aus dem Fluid (Ivanovich und Harmon 1992).

18.4.3 Norddeutsches Becken

Annalena Hesshaus (BGR) und Markus Wolfgramm (GTN)

Mit seiner großen lateralen Ausdehnung bietet das Norddeutsche Becken (NDB) ein riesiges geothermisches Potenzial. Das Becken besteht aus bis zu 7000 Meter mächtigen Sedimentablagerungen, die verschiedene geothermische Aquifere enthalten, welche durch unterschiedliche Wirtsgesteine (meist Sandsteine) und Tiefengrundwässer charakterisiert sind (Feldrappe et al. 2008). Die potenziell geothermisch interessanten Tiefengrundwasserhorizonte im NDB sind aufgrund ihrer Porositäten bzw. Permeabilitäten und Tiefenlagen die Sandsteine

- der Unterkreide,
- des Doggers (Mittlerer Jura),
- der Lias (Unterer Jura),
- des Keuper (Obere Trias),
- des Mittleren Buntsandsteines (Untere Trias),
- und des Rotliegend (Unteres Perm).

Bei den Tiefengrundwässern handelt es sich oft um basinale Grundwässer, also Paläo-Meerwässer oder andere meteorische Wässer. Die marine Herkunft der Wässer lässt sich am Ionenverhältnis von Natrium zu Bromid und Chlorid zu Bromid erkennen (Horita et al. 1991). Im Zuge der Beckensubsidenz wurden die Wässer zusammen mit den Wirtsgesteinen versenkt (Wolfgramm et al. 2011) und gelangten so in Bereiche größerer Temperaturen und Drücke. Die resultierenden Wasser-Gesteins-Wechselwirkungen führten zu Veränderungen der Zusammensetzung der Gesteine und Grundwässer. Zusätzlich zu diesen diagenetisch veränderten Grundwässern erfolgt die Zufuhr hoch salinarer Grundwässer aus dem Bereich evaporitischer Ablagerungen und Strukturen. Prominent sind hierbei z. B. die Ablaugungswässer der Zechstein-Salzstöcke oder der schichtgebundenen Salzvorkommen aus dem Röt-Salinar.

Die Formationswässer im NDB sind tendenziell salinare Grundwässer mit einem schwach sauren pH-Wert und reduzierendem Charakter. In der Literatur lassen sich umfassende Beschreibungen finden (Hoth et al. 1997; Wolfgramm und Seibt 2008; Wolfgramm et al. 2011). Für den nordostdeutschen Raum haben Müller und Papendieck

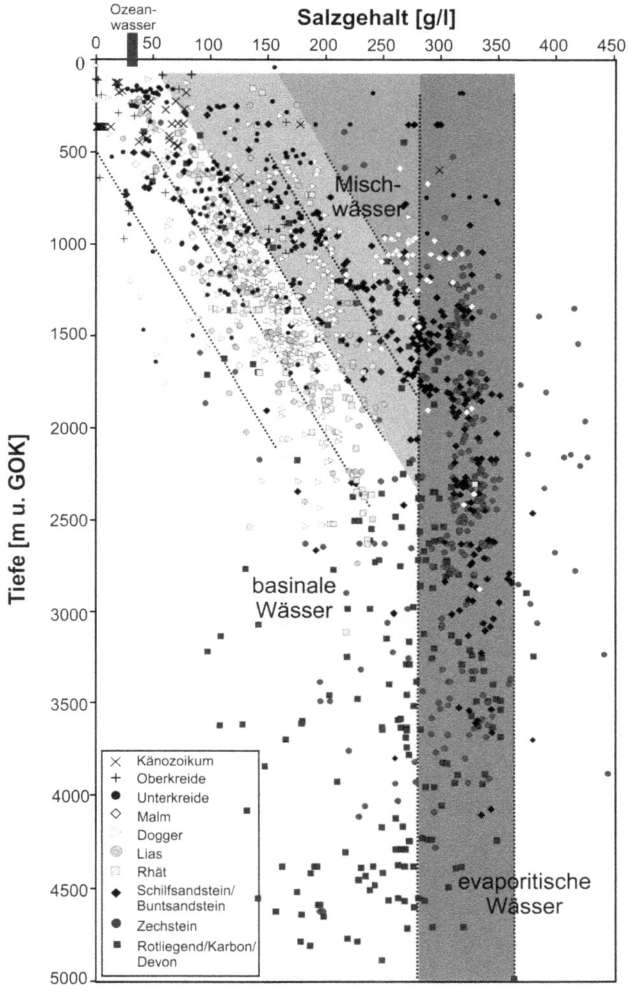

Abb. 18.12 Salzgehalt von Tiefenwässern im NDB (nach Wolfgramm et al.2011)

(1975) eine Abhängigkeit des Salzgehalts des Formationswassers von der Tiefe festgestellt. Abb. 18.12 zeigt eine Zusammenstellung von Gesamtsalzgehalten gegenüber der Tiefe von Formationswässern von über 1700 Bohrungen aus Norddeutschland. Ein grundlegender Trend zu höheren Salzgehalten mit zunehmender Tiefe ist zu erkennen. In der Umgebung von Salzstöcken (z. B. an Salzstockrandsenken) oder auch in bestimmten Formationen, in deren Abfolge sich Evaporitlagen befinden, z. B. im Buntsandstein (Hesshaus et al. 2013), ist mit deutlich erhöhten Salzkonzentrationen zu rechnen.

Die Konzentrationen der Hauptelemente der Formationswässer nehmen mit der Tiefe relativ gleichmäßig zu. Die Grundwässer der mesozoischen Sandsteine gehören meistens dem Na-Cl-Typ an, die paläozoischen Grundwässer sind Na-Cl- oder Na-Ca-Cl-domi-

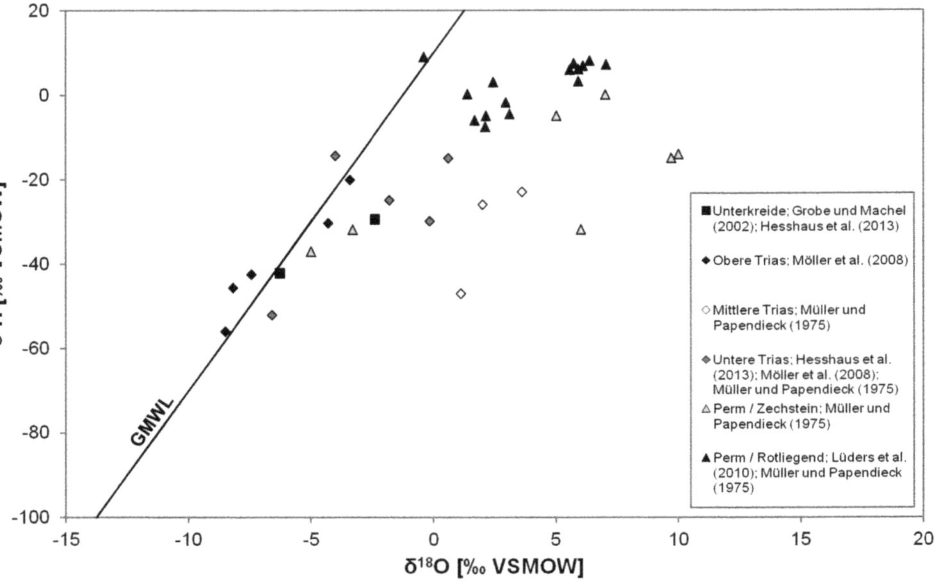

Abb. 18.13 D/O-Diagramm von verschiedenen Grundwässern des NDB, Daten aus verschiedenen Literaturquellen; GMWL = Global Meteoric Water Line (nach Craig 1961)

niert, bzw. Na-Ca-Mg-Cl-dominiert im Zechstein. Die Veränderung von Natrium-dominierten über Na-Ca-dominierten bis hin zu Ca-dominierten Wässern mit der Tiefenlage ist auf den zunehmenden Einfluss von Wasser-Gesteins-Wechselwirkungen mit Evaporiten, Feldspäten und/oder Tonmineralen zurückzuführen (Wolfgramm und Seibt 2008). Der Einfluss von Wasser-Gesteins-Wechselwirkungen lässt sich auch bei den stabilen Isotopen der Grundwässer erkennen. Abbildung 18.13 zeigt eine Zusammenstellung von verschiedenen, publizierten Daten. Gerade die „älteren“ Wässer weichen zunehmend stärker von der GMWL ab und zeigen damit einen starken Einfluss von petrothermaler Alteration (Hoefs 2009).

Oft enthalten die Grundwässer des NDB hohe Konzentrationen an Barium, Strontium und Schwefel. In Folge der Abkühlung oder der Veränderung des Redox-Zustandes der Tiefenwässer bei der Förderung in der Geothermieanlage kann es, aufgrund der veränderten Löslichkeit relevanter Minerale, zur Ausfällung von Barium-Strontiumsulfaten und untergeordnet SiO_2-Modifikationen kommen (Schröder et al. 2010; Wolfgramm et al. 2011; Hesshaus et al. 2013). Bei entsprechend veränderten Redox-Bedingungen können sich auch Schwermetallsulfide bilden, da die Wässer häufig reich an Blei und Eisen sind. Wegen der ähnlichen Größe der Ionen Radium und Barium, kann im Baryt an Stelle von Barium Radium eingebaut werden. Barium-Strontiumsulfat kann also gewisse Mengen des radioaktiven Radiums enthalten und in Bleisulfid ist immer ein Anteil des radioaktiven Isotops ^{210}Pb enthalten (Degering et al. 2011). Somit müssen Ablagerungen, die in den Anlagen anfallen, teilweise gesondert entsorgt werden.

In den meist anoxischen Formationswässern im NDB ist Eisen oft in größeren Konzentrationen gelöst. Kommt ein solches Wasser mit Luftsauerstoff in Kontakt, zum Beispiel bei einer Leckage in der Anlage, ist mit großen Mengen an Eisenhydroxidausfällungen zu rechnen.

Abhängig von der Temperatur, dem Druck und der Salinität des Wassers enthalten die Formationswässer im NDB unterschiedliche Anteile an gelösten Gasen. Die mesozoischen Aquifere weisen meist Gasgehalte von $\ll 0{,}5\ \mathrm{Nm^3/m^3}$ auf, wohingegen die paläozoischen Aquifere Gasgehalte von $> 0{,}5\ \mathrm{Nm^3/m^3}$ enthalten können. Die Zusammensetzung der Gase variiert lokal, doch größtenteils besteht die Gasphase in unterschiedlichen Anteilen aus Kohlenstoffdioxid, Methan und Stickstoff (Wolfgramm und Seibt 2008).

Hydrothermale Geothermieanlagen im NDB müssen also mit geochemisch anspruchsvollen Wässern umgehen. Durch den Einsatz von Inhibitoren lassen sich Barium-Strontiumsulfat- und Bleiausfällungen zumindest stark verringern. Die obertägigen Anlagenteile müssen auf einem bestimmten Druckniveau gehalten werden, um entgasungsbedingte Ausfällungen zu vermeiden. Dies und die Beaufschlagung mit Stickstoff wirken einer Sauerstoff-Leckage entgegen. Ist das geförderte Wasser aber an NaCl gesättigt, bzw. unter den Arbeitsbedingungen übersättigt, ist eine geothermische Nutzung nahezu ausgeschlossen, da eine Ausfällung von Halit bei Abkühlung unvermeidbar ist (Hesshaus et al. 2013).

Literatur

Aquilina, L., Pauwels, H., Genter, A., Fouillac, C.: Water-rock interaction processes in the Triassic sandstone and the granitic basement of the Rhine Graben, Geochemical investigations of a geothermal reservoir. Geochimica et Cosmochimica Acta **61**, 4281–4295 (1997)

Bay LAmt f Wasserwirtschaft und Geol L.-Amt BadenWürttemberg: Hydrogeothermische Energiebilanz und Grundwasserhaushalt des Malmkarstes im Süddeutschen Molassebecken Schlussbericht - Forschungsvorhaben, Bd. 03 E 6240 A/B., München, Freiburg (1991)

Bertleff, B.W.: Das Strömungssystem der Grundwässer im Malm-Karst des West-Teils des süddeutschen Molassbeckens. Abh. Geol. L.-Amt Baden-Württemberg **12**, 271 (1986)

Bertleff B., Watzel R.: Tiefe Aquifersysteme im südwestdeutschen Molassebecken. Eine umfassende hydrogeologische Analyse als Grundlage eines zukünftigen Quantitäts- und Qualitätsmanagements. Abh. L.-Amt für Geologie, Rohstoffe und Bergbau Baden-Württemberg **15**, 75–90 (2002)

Birner J.: Hydrogeologisches Modell des Malmaquifers im Süddeutschen Molassebecken. Dissertation, Fachbereich Geowissenschaften, Freie Universität Berlin (2013) 102 S.

Burke, W.H., Denison, R.E., Hetherington, E.A., Koepnick, R.B., Nelson, H.F., Otto, J.B.: Variation of seawater (super 87) Sr/ (super 86) Sr throughout Phanerozoic time. Geology, **10** (10), 516–519, Boulder (1982)

Clark, I.D., Fritz, P.: Environmental isotopes in hydrogeology. Lewis Publishers, New York (1997)

Claypool, G.E., Holser, W.T., Kaplan, I.R., Sakai, H., Zak, I.: The age curves of sullfur and oxygen isotopes in marine sulfate and their mutual interpretation. Chem. Geol. **28**, 199–260 (1980)

Craig, H.: Isotopic variations in meteoric waters. Science, 133, 1702–1703 (1961)

Degering, D., Köhler, M., Hielscher, M.: Vorkommen und Verhalten natürlicher Radionuklide im Aquifer, im Fluid und in den Ablagerungen der Geothermieanlage Neustadt-Glewe. Z. geol. Wiss. **39**(3/4), 275–290 (2011)

Eggeling, L., Kölbel, T., Genter, A., Cuenot, N.: Monitoring natural radioactivity: operational experience of the geothermal sites at Bruchsal & Soultz. In: Proceedings GeoTHERM, Offenburg, Germany (2012)

Eggeling, L., Schneider, J.: Fluid monitoring during operation. In: Dittmann, E., Schneider, J. (Hrsg.): 8th International Geothermal Conference, Short Course 2012 – Aspects of Geothermal Power Plants in Operation, Enerchange, Freiburg (2012)

Eggeling L., Genter A., Kölbel T., Münch W.: Impact of natural radionuclides on geothermal exploitation in the Upper Rhine Graben. Geothermics **47**, 80–88 (2013)

Feldrappe H., Obst K., Wolfgramm M.: Die mesozoischen Sandsteinaquifere des Norddeutschen Beckens und ihr Potential für die geothermische Nutzung. Z. geol. Wiss. **36**, 199–222 (2008)

Fournier R.O.: Chemical Geothermometers and Mixing Models for Geothermal Systems. Geothermics **5**, 41–50 (1977)

Geo x: Analyse des Thermalwassers Landau (2008). http://www.geox-gmbh.de/media/Downloadbereich/Thermalwasser.pdf

Godwin, H.: Half-life of radiocarbon. Nature **195**, 982 (1962)

Grobe M., Machel H.G.: Saline groundwater in the Münsterland Cretaceous Basin, Germany: clues to its origin and evolution. Marine and Petrolerum Geology **19**, 307–322 (2002)

Heidinger, M.: Analytik zur Reservoircharakterisierung – hydrochemische, gas- und isotopenspezifische Untersuchungen. In: Hoffmann, N., Schneider, J. (Hrsg.): Entwicklung von Geothermieprojekten, 87–91, Enerchange, Freiburg (2011)

Hesshaus A., Houben G., Kringel R.: Halite clogging in a deep geothermal well – geochemical and isotopic characterisation of salt origin. Physics and Chemistry of the Earth **64**, 127–139 (2013)

Hinrichs, T.: 13 years operational experiences with the geothermal plant in Neustadt-Glewe. In: Schneider, J., Hoffmann, N., Brian, M.: 4th International Geothermal Conference – Conference Volume, S. 33, Enerchange, Freiburg (2008)

Hoefs, J.: Stable Isotope Geochemistry, 6. Aufl. Springer, Berlin, Heidelberg (2009). 285 S

Horita J., Friedman T.J. Lazar, B., Holland H.D.: The composition of Permian seawater. Geochimica et Cosmochimica Acta **55**, 417–432 (1991)

Hoth, P., Seibt, A., Kellner, T., Huenges, E.: Geowissenschaftliche Bewertungsgrundlagen zur Nutzung hydrogeothermaler Ressourcen in Norddeutschland Geothermie Report, Bd. 97–1, S. 149. Geoforschungszentrum Potsdam, Potsdam (1997)

Ivanovich, M., Harmon, R.S.: Applications to Earth, Marine and Environmental Sciences, 2. Aufl. Clarendon Press, Oxford (1992). 910. S

Kiraly, L.: Projekt Malmkarst: Programmbeschreibung zum Grundwasserströmungsmodell; Abschlußbericht zum Entwicklungsvorhaben „Hydrogeothermische Energiebilanz und Grundwasserhaushalt des Malmkarstes im süddeutschen Molassebecken". Centre d'Hydrogéologie, Université de Neuchâtel, Neuchâtel (1991)

Kölbel, T., Schlagermann, P., Münch, W., Rettenmaier, D., Zorn, R.: Das Geothermiekraftwerk Bruchsal: Erste Messergebnisse. bbr Sonderheft, 2–7 (2010)

Kraemer T.F., Reid D.F.: The occurrence and behavior of radium in saline formation water of the U.S Gulf Coast Region. Isotope Geoscience **2**, 153–174 (1984)

Lafolger, M.: From injection to production – Insights from the reverse of geothermal well in Pullach. In: Schneider, J., Brian, M., Dittmann, E. (Hrsg.): 9th International Geothermal Conference – Abstract Volume 2013, 16, Enerchange, Freiburg (2013)

Lederer, C.M., Hollander, J.M., Perlman, I.: Table of isotopes, 6.. Aufl. John Wiley, New York (1967). 594 S

Lemcke K., Tunn W.: Tiefenwasser in der süddeutschen Molasse und in ihrer verkarsteten Malmunterlage. Bulletin Vereinter Schweizer Petroleum Geologen und Ingenieure **23**, 35–56 (1956)

Lerm, S., Westphal, A., Miethling-Graff, R., Alawi, M., Seibt, A., Wolfgramm, M., Würdemann, H.: Thermal effects on microbial composition and microbiologically induced corrosion and mineral precipitation affecting operation of a geothermal plant in a deep saline aquifer. Extremophiles **17**(2), 311–327 (2013)

Lucas, L.L., Unterweger, M.P.: Comprehensive review and critical evaluation of the half-life of tritium. Journal of Research of the National Institute of Standards and Technology **105**(4), 541–549 (2000)

Lüders, V., Plessen, B., Romer, R.L., Weise, S.M., Banks, D.A., Hoth, P.: Chemistry and isotopic composition of Rotliegend and Upper Carboniferous formation waters from the North German Basin. Chemical Geology **276**, 198–208 (2010)

Machel, H.G., Buschkühle, B.E. Diagenesis of the Devonian Southesk-Cairn Carbonate Complex, Alberta, Canada: Marine Cementation, Burial Dolomitization, Thermochemical Sulfate reduction, Anhydritizsation and Squeegee Fluid Flow. Journal of Sedimentary Research **78**, 366–389 (2008)

Möller, P., Weise, S.M., Tesmer, M., Dulski, P., Pekdeger, A., Bayer, U.: Salinization of groundwater in the North German Basin: results from conjoint investigation of major, trace element and multi-isotope distribution. International Journal of Earth. Science **97**, 1057–1073 (2008)

Müller, E.P., Papendieck, G.: Zur Verteilung, Genese und Dynamik von Tiefenwässern unter besonderer Berücksichtigung des Zechsteins. Zeitung der geologischen Wissenschaft Berlin **3**, 167–196 (1975)

Pauwels, H., Fouillac, C., Fouillac, A.M.: Chemistry and isotopes of deep geothermal saline fluids in the Upper Rhine Graben: Origin of compounds and water-rock interactions. Geochimica et Cosmochimica Acta **57**, 2737–2749 (1993)

Pflug, R.: Bau und Entwicklung des Oberrheingrabens. Wissenschaftliche Buchgesellschaft, Darmstadt (1982)

Pribnow, D., Schellschmidt, R.: Thermal Tracking of Upper Crustal Fluid Flow in the Rhine Graben. Geophysical Research Letters **27**(13), 1957–1960 (2000)

Sach, V.J.: Das Tertiär im Landkreis Biberach ein Wechselspiel zwischen Meer und Land. BC Heimatkundliche Blätter für den Kreis Biberach **1-2003**, (2003). 14 S.

Sanjuan, B., Millot, R., Dezayes, C., Brach, M.: Main characteristics of the deep geothermal brine (5 km) at Soultz-sous-Forêts (France) determined using geochemical and tracer test data. C.R. Geoscience **342**, 546–559 (2010)

Schröder, H., Bettke, D., Brendler, V., Krüger, M., Ostertag-Henning, C., Seibt, A.: Langfristige Betriebssicherheit geothermischer Anlagen. In: Schröder, H., Hesshaus, A. (Hrsg.) BGR-Abschlussbericht. Hannover (2010). 134 S.

Smalley, P.C., Higgins, A.C., Howarth, R.J., Nicholson, H., Jones, C.E., Swinburne, N.H.M., Bessa, J.: Seawater Sr isotope variations through time, a procedure for constructing a reference curve to date correlate marine rocks. Geology **22** (5), 431–434, Boulder (1994)

Steiger, R.H., Jäger E.: Subcommission on geochronology: Convention on the use of decay constants in geo- and cosmochronology. Earth and Planetary Science Letters **36**, 369–371 (1977)

Stober, I., Jodocy, M.: Hydrochemie der Tiefenwässer im Oberrheingraben – Eine Basisinformation für geothermische Nutzungssysteme. Zeitschrift für Geologische Wissenschaften **39**, 39–57 (2011)

Whiticar, M.J.: Carbon and hydrogen isotope systematics of bacterial formation and oxidation of methane. Chem. Geol. **161**(1–3), 291–314 (1999)

Wolfgramm, M., Seibt, A.: Zusammensetzung von Tiefenwässern in Deutschland und ihre Relevanz für geothermische Anlagen. In: Der Geothermiekongress 2008, 503–516. Geothermische Vereinigung Bundesverband e. V., Karlsruhe (2008)

Wolfgramm, M., Thorwart, K., Rauppach, K., Brandes, J.: Zusammensetzung, Herkunft und Genese geothermaler Tiefengrundwässer im Norddeutschen Becken (NDB) und deren Relevanz für die geothermische Nutzung. Z. geol. Wiss. **39**(3/4), 173–193 (2011)

Zukin, J.G., Hammond, D.E., Ku, T.: Uranium-thorium series radionuclides in brines and reservoir rocks from two deep geothermal boreholes in the Salton Sea Geothermal Field, southeastern California. Geochimica et Cosmochimica Acta **51**, 2719–2731 (1987)

Schädigung der Verrohrung und der Zementation geothermischer Bohrungen und Werkstoffempfehlungen 19

Carsten David Fichter

Inhaltsverzeichnis

Zusammenfassung

Die Verfügbarkeit der geothermischen Kraftwerksanlage wird maßgeblich durch den Primärkreislauf beeinflusst. Während in den beiden übertägigen Kreisläufen (binäres Kraftwerk und Fernwärmeversorgung) ein definiertes Fluid zirkuliert wird, durchströmt den Primärkreislauf ein geothermales Fluid, mit teils hohem Schädigungspotential für die eingesetzten Werkstoffe.

Schädigungen des Primärkreislaufs können durch Korrosion, Ablagerungen, Erosion, mechanisch-thermische Wechselbeanspruchung, Kavitation oder, bereits während der Herstellung, durch unsachgemäßen Einbau der Verrohrung und Zementation auftreten.

Diese Schädigungen gilt es zum einen durch die Wahl eines geeigneten Werkstoffes und zum anderen durch den Einsatz von Schutzeinrichtungen, wie beispielsweise Filter, vorzubeugen. Die Verfügbarkeit sowie die gesamte Lebensdauer der geothermischen Kraftwerksanlage kann durch die entsprechende Werkstoff- und Schutzeinrichtungswahl wesentlich gesteigert werden. Entscheidend ist hierbei das Kosten-Nutzen-Ver-

Dr.-Ing. Carsten David Fichter (✉)
Vogtsburg-Achkarren, Deutschland
e-mail: carsten.fichter@gmail.com

M. Bauer et al. (Hrsg.), *Handbuch Tiefe Geothermie*, DOI 10.1007/978-3-642-54511-5_19,

hältnis der eingesetzten Lösung. Durch die Wahl von höherwertigen Werkstoffen oder Beschichtungen steigen zwar die Investitionskosten, jedoch verlängert sich die Lebensdauer der Anlage erheblich. Weiterhein können durch Beschichtungen die Betriebskosten wesentlich gesenkt werden.

Die Steigerung der Lebensdauer und Reduzierung des Druckverlustes können durch einen ganzheitlichen Ansatz bei der Planung der Verrohrung realisiert werden. Hierbei werden die lokalen Gegebenheiten, wie beispielsweise die Zusammensetzung des geothermalen Fluids, auf den Einsatz des entsprechenden Werkstoffs- und die Schutzeinrichtungen abgestimmt.

Schlagworte
Geothermisches Kraftwerk • Primärkreislauf • Verrohrung • Wärmeüberträger • Materialwahl • Werkstoff • Werkstoffempfehlung • Stähle • Beschichtung • Coating • Zementation • geothermales Fluid • Milieu • Belastung • Schädigung • Korrosion • Erosion • Ablagerung • Scaling • Inhibitor • Lebensdauer • Verfügbarkeit • Betriebskosten • Werkstoffkosten • Eigenbedarf

19.1 Einleitung

Die Werkstoffe im Primärkreislauf einer geothermischen Kraftwerksanlage sind erheblichen Belastungen ausgesetzt. Diese Belastungen treten beispielsweise als Folge von Korrosion auf. Einerseits führt dies zu höheren Investitionskosten, da tendenziell höherwertigere, teurere Werkstoffe eingesetzt werden müssen, um einen langfristigen Betrieb zu gewährleisten. Anderseits treten aufgrund von Ablagerungen höhere Druckverluste auf, die eine höhere Pumpenergie erfordern.

Die geothermische Kraftwerks- und Fernwärmeanlage setzt sich aus den folgenden drei Kreisläufen zusammen (Abb. 19.1).

Der Primärkreislauf stellt die Verbindung zwischen dem Untertage- und dem Übertagesystem dar. Durch den Primärkreislauf wird das geothermale Fluid gefördert. Der Sekundärkreislauf ist das Kraftwerk der Anlage und der Tertiärkreislauf die Wärmeauskopplung in das Fernwärmenetz.

Während der Sekundär- und Tertiärkreislauf eine hohe Verfügbarkeit aufweist (>95 %), liegt die Verfügbarkeit des Primärkreislaufs im Bereich von 77–98 % (Abb. 19.2). Die große Verfügbarkeitsspanne im Primärkreislauf ist auf die hohen Belastungen (Korrosion, Ablagerungen etc.) zurückzuführen (Fichter 2011b).

Hauptsächlich führen die drei im Folgenden genannten Aggregate des Primärkreislaufs, (1) Förderbohrung, (2) Tauchkreiselpumpe und (3) übertägige Wärmeüberträger zu dieser geringen Verfügbarkeit. Die Tauchkreiselpumpe und die übertägigen Wärmeüberträger können zu jedem Zeitpunkt ausgetauscht werden. Somit sind diese Aggregate, wie im Falle der Tauchkreiselpumpe, mit erheblichem Aufwand, aber im Gegensatz zur Förderbohrung

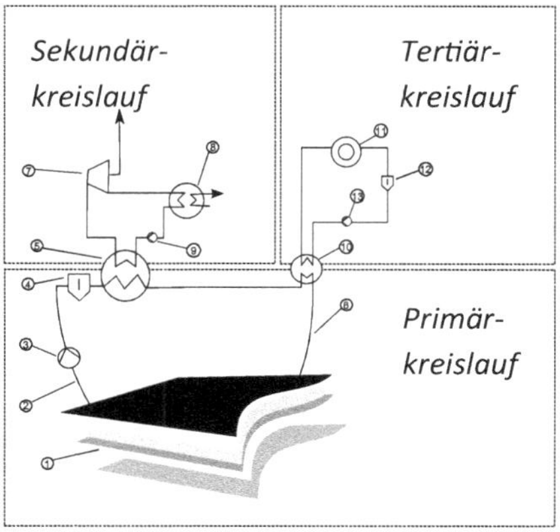

1 *Formation / Speichergestein*
2 *Produktionsbohrung*
3 *Tauchkreiselpumpe (ESP)*
4 *Aufbereitungsanlagen*
5 *Wärmeüberträger primär / sekundär*
6 *Injektionsbohrung*
7 *Turbine*
8 *Kaltes Ende (Kühlturm)*
9 *Kraftwerkspumpe*
10 *Wärmeüberträger primär / tertiär*
11 *Wärme- und Kältesenke*
12 *Aufbereitung Tertiärkreislauf*
13 *Pumpen*

Abb. 19.1 Geothermische Anlage (Fichter 2011b)

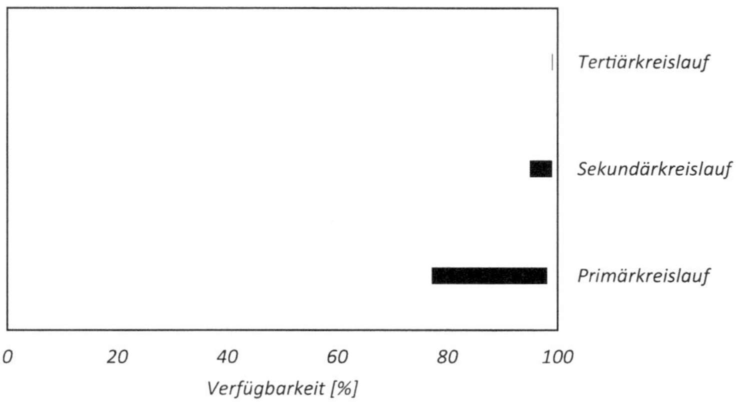

Abb. 19.2 Verfügbarkeit der einzelnen geothermischen Kreisläufe (Fichter 2011b)

immer zugänglich. Die Förderbohrung kann nach der Bohrungsherstellung nur noch bedingt repariert werden. Eine Reparatur der Verrohrung führt aufgrund der hohen Kosten meist zu einem wirtschaftlichen Totalausfall der gesamten Kraftwerksanlage. Aus diesem Grund ist ein erhebliches Augenmerk auf die Auslegung der Bohrung und die Wahl des Verrohrungswerkstoffs zu legen (Fichter 2011b).

19.2 Aufbau des Primärkreislaufs

Die Verrohrung stellt die Verbindung des Untergrundes mit der übertätigen Kraftwerks-/ Fernwärmeinfrastruktur dar. Das Ziel ist es, eine sichere, umweltfreundliche, schnelle und wirtschaftliche Verbindung herzustellen. Zur Erschließung des Untergrundes werden eine

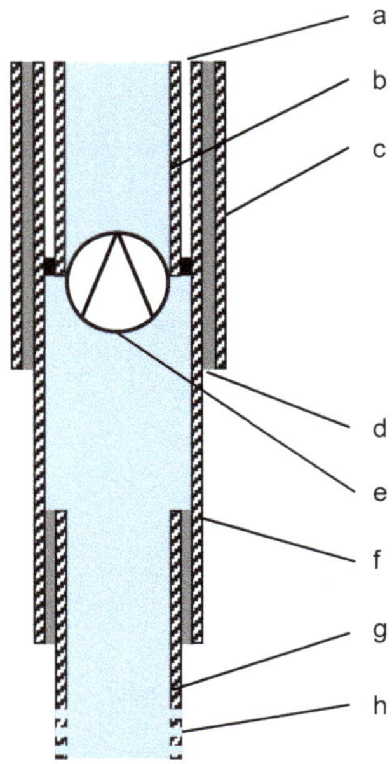

(a) Ringraum zwischen Casing (e) und Tubing (b)
(b) Tubing von der Pumpe (e) bis Geländeoberkante
(e) Casing / Ankerrohrtour
(d) Zementation
(e) Tauchkreiselpumpe
(f) Casing (Produktionsrohrtour)
(g) Liner
(h) Perforation

Abb. 19.3 Bohrungsaufbau (Fichter 2011b)

oder mehrere Bohrungen abgeteuft. Nachdem der Untergrund durch ein Bohrung schrittweise erschlossen ist, erfolgt der sektionsweise Verrohrungsaufbau. Dieser ist in Abb. 19.3 dargestellt (Fichter 2011a, b).

Das Casing (f) (Rohrtour) wird kraftschlüssig mit dem Gebirge durch eine Zementation (d) verbunden. Die Verrohrung und die Zementation übernehmen die Sicherung der Bohrlochwand gegen Einsturz sowie die zonale Isolation zwischen den Schichten. Die sektionsweise Herstellung beginnt mit einem großem Durchmesser im oberen Bereich (Ankerrohrtour (c) Querschnitt >13 3/8") und endet im Produktionsbereich mit einem kleineren Querschnitt (g) (9 5/8" oder 7"). Nach der Fertigstellung (Komplettierung) wird durch Einsatz einer Tauchkreiselpumpe (e) das geothermale Fluid durch die Produktionsrohrtour (f) und/oder dem Tubing (b) nach Übertage gefördert (Fichter 2011a, b).

19.3 Verrohrungswerkstoffe

Die zum Einsatz kommenden Werkstoffe müssen frühzeitig, lange bevor die Informationen über die Fluidzusammensetzung vorliegen, definiert werden. Hierbei werden die Werkstoffe so ausgewählt, dass der Betrieb des Primärkreislaufs über die komplette Lebensdauer des Kraftwerks sichergestellt ist. Schädigungen der Produktions- und Injektionsbohrung gehen mit extrem kostenintensiven Aufwältigungsmaßnahmen einher und führen in den meisten Fällen zu einem wirtschaftlichen Totalausfall der Anlage.

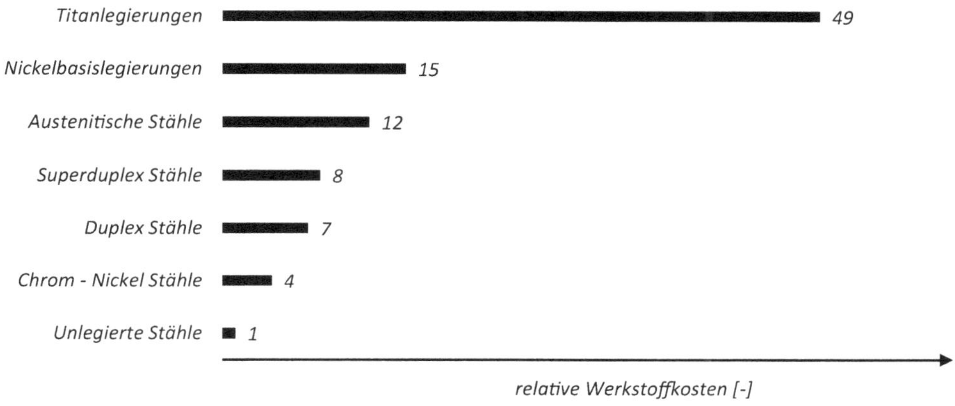

Abb. 19.4 Relative Werkstoffkosten verschiedener metallischer Werkstoffe bezogen auf unlegierte Stähle (Fichter 2011b)

Im Primärkreislauf werden verschiedene Werkstoffe als Verrohrungswerkstoff eingesetzt. Es werden sowohl Stähle, beschichtete Stähle, als auch Verbundwerkstoffe eingesetzt. Als Stähle können unlegierte Stähle (API C90), hochlegierte Chromstähle (1.4021), Duplex Stähle (1.4462), Superduplex Stähle (1.4501), austenitische Stähle (1.4404), Nickelbasislegierungen und Alloy 825 eingesetzt werden. Die Investitionskosten für den Primärkreislauf werden maßgeblich durch den eingesetzten Werkstoff bestimmt (Fichter 2011a, b).

Die Werkstoffkosten steigen mit einer höheren Materialwertigkeit stark an. Die relativen Werkstoffkosten, bezogen auf unlegierte Stähle, sind in Abb. 19.4 dargestellt (Fichter 2011b).

So weisen unlegierte Stähle beispielsweise relativ geringe Werkstoffkosten im Vergleich zu Duplex Stählen auf (Verhältnis 1 : 7). Wird jedoch die Langlebigkeit (höhere Materialwertigkeit) des Duplex Stahls im Vergleich zu unlegierten Stählen betrachtet, ist der Duplex Stahl vorteilhafter.

Als Materialwertigkeit wird hierbei die höhere Widerstandsfähigkeit eines Werkstoffs gegenüber äußeren Einflüssen wie zum Beispiel Korrosion und Erosion verstanden. Legierungselemente wie Chrom führen beispielsweise zu dieser höheren Widerstandsfähigkeit gegenüber korrosiven Bestandteilen geothermaler Fluide.

Chrom-Nickel Stähle bilden durch den höheren Chromanteil eine Passivierungsschicht aus, die sich vorteilhaft bezüglich des flächigen Korrosionsangriffs auswirkt. Unter dynamischen Belastungen, wie beispielsweise häufiges An- und Abfahren der geothermischen Anlage und dem Vorhandensein eines korrosiven Milieus, sind Duplex und Superduplex Stähle vorteilhaft. Superduplex Stähle sind bei lokalen Korrosionsmechanismen, wie beispielsweise der Lochkorrosion, sehr gut geeignet. Weiterhin sind diese für Temperaturen bis 280 °C einsetzbar. Liegt neben dem korrosiven Angriff ein Materialabtrag durch Partikel vor (Erosion), sind austenitische Stähle vorteilhaft. Im höheren Temperaturbereich sind Ni-

Abb. 19.5 Beschichtete Verrohrung (Tuboscope 2010)

ckelbasislegierungen gut geeignet. Liegt jedoch eine hohe Chlorid Konzentration im geothermalen Fluid vor, kann es zu Korrosionserscheinungen bei dem Einsatz von Nickelbasislegierungen kommen. Titanlegierungen sind hinsichtlich Ihrer Korrosionsbeständigkeit gut einsetzbar. Aufgrund der hohen Kosten kommt dieser Werkstoff als Verrohrungswerkstoff nicht zum Einsatz. Titanlegierungen werden teilweise im übertägigen Wärmeüberträger eingesetzt (Fichter 2011a, b).

Eine kostengünstige, korrosionsbeständige Alternative stellt die Beschichtung von Stählen dar (Abb. 19.5). Beschichtete Verrohrungen kommen bis zu einem Temperaturbereich von ca. 200 °C zum Einsatz. Bei einer Beschichtung wird zum Beispiel auf einen unlegierten Stahl eine Epoxidschicht von bis zu 400 µm aufgebracht (Fichter 2011b).

Ein wesentlicher Schwachpunkt ist die Beschichtung im Bereich der Verbinder. Bei der Verschraubung der einzelnen Rohre ist hierbei auf das richtige Anzugsmoment zu achten, um eine Beschädigung der Beschichtung zu vermeiden. Wurde diese beim Verschrauben beschädigt, kann es zu lokalen Korrosionserscheinungen des Grundwerkstoffs kommen. Dies hat zur Folge, dass es ohne größere Vorzeichen zu einem plötzlichen Versagen der Verrohrung kommt. Es werden somit hohe Anforderungen an das Aufbringen der Beschichtung, an die Verschraubung sowie an den Einbau des Casing in das Bohrloch gestellt (Fichter 2011b).

Hinsichtlich der Ablagerung von Mineralphasen ist das Anlagerungspotential der beschichteten Oberfläche geringer. Somit lagern sich weniger Mineralphasen an der Werkstoffoberfläche (Scaling) an. Durch die minimierte Oberflächenrauheit der Beschichtungen, im Vergleich zu Stählen, ist auch der Druckverlust geringer. Dies spiegelt sich in einem niedrigeren Eigenbedarf für die Tauchkreiselpumpe wieder (Fichter 2011b).

Die Beschichtung kann jedoch durch das Mitfördern von Partikeln im geothermalen Fluid beschädigt werden. Abhängig von der Partikelart, -form und -geschwindigkeit findet ein erosiver Abtrag statt. Partikel können durch den Einbau von Kiespackungen und Sieben im Einlaufbereich zurückgehalten werden (Fichter 2011b).

19.4 Zementation

Die Zementation stellt die kraftschlüssige Verbindung zwischen dem Gebirge sowie der Verrohrung dar. Durch die zonale Isolation wird ein Umstieg von Fluiden in höher- oder tieferliegende Schichten verhindert. Weist die Zementation eine Störung aufgrund von Ablösungen oder Rissen auf, können Fließwege geschaffen werden. In diesem Fall wird ein Umstieg von Fluiden ermöglicht (Fichter 2011a, b).

Bei der Zementation ist darauf zu achten, dass das Casing durch Centralizer möglichst mittig im Ringraum gehalten wird, um ein gleichmäßiges Verteilen der Zementschlämme zu garantierten. Für die Auslegung der Zementation spielen die Wahl des Zementes, das Konsistenzverhalten, die Abbindezeit, das Wasser/Zementverhältnis und die Zugabe von Additiven eine wesentliche Rolle. Durch die Beimischung von Additiven können Eigenschaften, wie beispielsweise die Säureresistenz des Zementes, verändert werden. So führt die Zugabe von Kalziumchlorid zu einer beschleunigten Abbindung. Durch die Beimischung von Abbindeverzögeren, zum Beispiel Ligninsulfosäuren, kann eine Verzögerung der Abbindung erzielt werden. Die Verwendung von säureresistenten Additiven kann die Zementation gegen äußere Einflüsse, wie aggressive Bestandteile der Formationsfluide, schützen (Fichter 2011a, b; Nygaard 2010).

Hauptsächlich werden Portlandzemente verwendet. Diese werden nach API 10 A in die Klassen A bis H unterteilt. Unterschieden werden Teufenbereiche (Druckklassen) sowie die Sulfatresistenzen. Die Sulfatresistenz bezieht sich auf das Vorhandensein von H_2S. Die Klassen sind in Tab. 19.1 aufgeführt.

19.5 Schädigung der Verrohrung und der Zementation

Das Verbundsystem Verrohrung-Zementation-Gebirge ist inneren und äußeren Belastungen ausgesetzt. Diese Belastungen können zu Schädigungen der Verrohrung und der Zementation führen (Abb. 19.6). Die Schädigungen werden als Schädigungsmechanismen bezeichnet.

Tab. 19.1 Zementklassen nach API 10 A (Nygaard 2010; Fichter 2011a)

Class	Teufenbereich	Beschreibung
A	< 1830 m	–
B	< 1830 m	als MSR und HSR verfügbar
C	1830–3050 m	schnelle Abbindung, als MSR und HSR verfügbar
D–F	1830–3050 m	als MSR und HSR verfügbar durch Beimischung von Additiven, einsetzbar für unterschiedliche Temperaturklassen
G	3050–4270 m	als MSR und HSR verfügbar, feine Korngröße, definierte Abbindezeit
H	< 2440 m	als MSR und HSR verfügbar, grobe Korngröße, definierte Abbindezeit

MSR: moderat sulfatresistent, HSR: hoch sulfatresistent

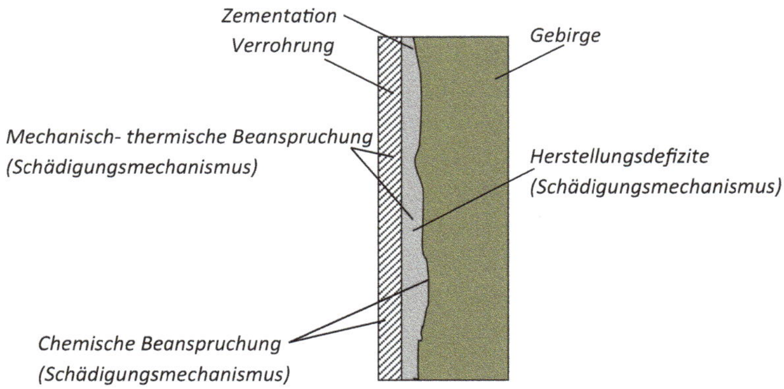

Abb. 19.6 Darstellung des Verbundsystems Verrohrung-Zementation-Gebirge und die Schädigungsmechanismen der einzelnen Bereiche

Die Gruppierung der Schädigungsmechanismen sind in Abb. 19.7 dargestellt. Diese untergliedern sich in chemische Beanspruchung, mechanisch-thermische Beanspruchung und Herstellungsdefizite.

Treten Schäden während der Herstellung des Verbundsystems Verrohrung-Zementation-Gebirge auf, spricht man von Herstellungsdefiziten. Herstellungsdefizite können zum Beispiel durch unzureichende Vorbereitung des Bohrloches vor der Zementation oder durch eine ungeeignete Zementrezeptur auftreten. Diese Herstellungsdefizite führen zu Wegsamkeiten längs der Zementation. Somit ist keine zonale Isolation gewährleistet und Fluide (Gase und Flüssigkeiten) können zwischen den einzelnen Horizonten umsteigen (Reinicke und Fichter 2009, 2010).

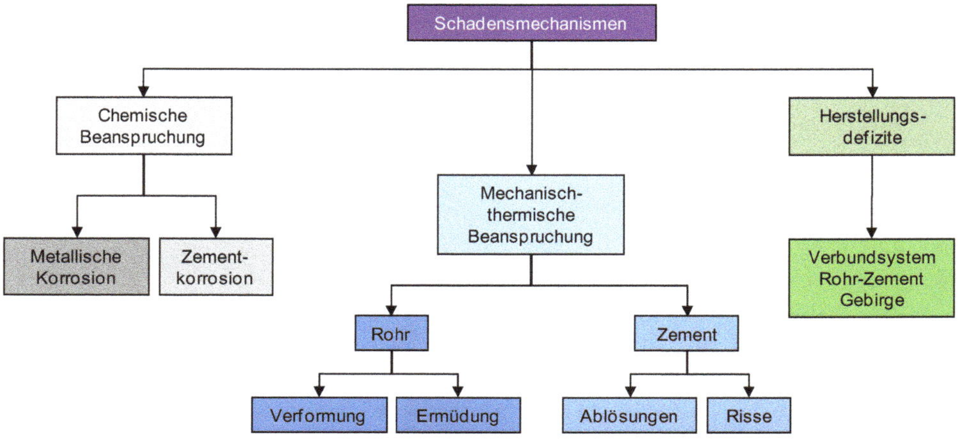

Abb. 19.7 Schädigungsmechanismen (Reinicke und Fichter 2010)

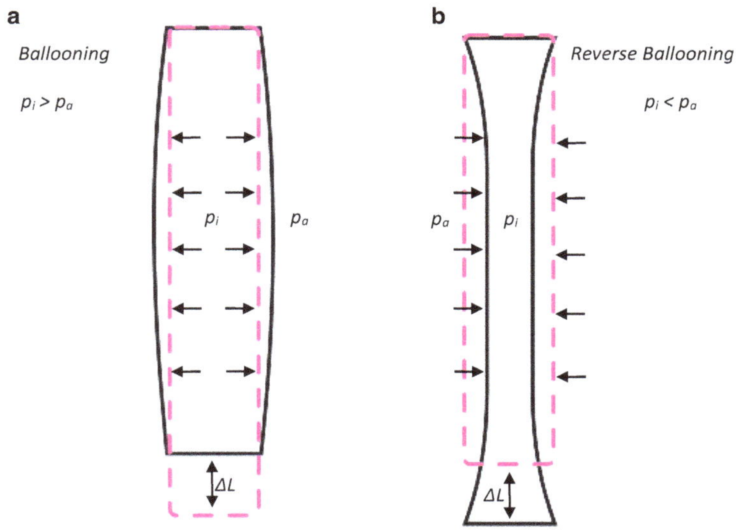

Abb. 19.8 **a** Ballooning, **b** Reverse Ballooning aufgrund von An- und Abfahrprozessen der geothermischen Anlage (nach Reinicke und Fichter 2009)

Mechanische und thermische Beanspruchungen treten bei häufigen Last- und Druckwechseln im Bereich der Verrohrung und der Zementation auf. Mechanisch-thermische Wechselbelastungen führen zu einem frühzeitigen Versagen der Werkstoffe. Diese Schädigungen können sowohl von außen, als auch von innen einwirkend auftreten. Äußere Einwirkungen sind zum Beispiel drückende Formationen. Innere mechanisch-thermische Beanspruchungen liegen bei wechselnden Innendrücken sowie bei dem An- und Abfahren der Anlage vor. Diese innere Belastung äußert sich in einem Ballooning/Reverse Ballooning (Abb. 19.8) der Verrohrung, was zu einem frühzeitigen Versagen des Verrohrungswerkstoffs und der Zementation führt. Weiterhin ist während möglicher Stimulationsmaßnahmen der Formation auf Druckschwankungen und auf die Einhaltung der zulässigen Druckbelastungsgrenzen zu achten, um einer dauerhaften Schädigung der Verrohrung vorzubeugen (Fichter 2011b; Reinicke und Fichter 2009, 2010).

Weiterhein ist durch häufiges An- und Abfahren der Anlage eine erhöhte thermische Belastung des Verrohrungswerkstoffs und somit ein frühzeitiges Versagen zu verzeichnen. Dies tritt zum einen durch das Aufheizen des Werkstoffs beim Anfahren, zum anderen durch das Abkühlen des Werkstoffs beim Abfahren der Anlage auf.

Mechanische Beanspruchungen treten auch durch mitgeförderte Partikel auf. Dies führt, wie oben beschrieben, in Abhängigkeit der Partikelart, -form und -geschwindigkeit zum flächigen Materialabtrag des Verrohrungswerkstoffs. Partikel können am Einlass der Bohrung zurückgehalten werden. Hierzu werden Kiespackungen (Gravel Packs) und feinmaschige Drahtgitter (Screens) eingesetzt. Dies geht mit einem höheren Einlasswi-

Abb. 19.9 Ablagerung in einer Förderleitung (Tuboscope 2010)

derstand und somit einem höheren Druckverlust einher. Weiterhin kann die eingebaute Tauchkreiselpumpe durch Kavitation mechanisch beansprucht werden (Fichter 2011b).

Eine chemische Beanspruchung in der Produktionsbohrung kann aufgrund der Zusammensetzung des geothermalen Fluids vorliegen. Dies äußert sich beispielsweise durch den korrosiven Angriff des Werkstoffs oder durch die Ablagerung von Mineralphasen auf der Werkstoffoberfläche (Fichter 2011b).

Korrosion führt zu einem flächigen oder lokalen Materialabtrag. Die Folge hieraus ist das zeitlich versetzte oder das plötzliche Versagen der Verrohrung. Während dem flächigen Materialabtrag, beispielsweise durch eine höhere Materialdicke, entgegengewirkt werden kann, ist eine lokale Korrosionserscheinung schwer bis gar nicht vorhersehbar. Lokale Korrosionserscheinungen können nur mit der Kenntnis der genauen lokalen Temperatur, der Zusammensetzung des geothermalen Fluids sowie der Gasphase und der Kenntnis des vorliegenden Werkstoffgefüges bestimmt werden (Fichter 2011b).

Stark korrosionsfördernd wirken sich die Ionen Chlorid (Cl^-), Wasserstoff (H^+) und Sulfat (SO_4^{2-}) bei pH-Werten < 7 aus. Hierdurch treten lokale Korrosionserscheinungen wie Spannungsriss-, Spaltkorrosion und Lochfraß auf. Gasphasen wie Schwefelwasserstoff (H_2S), Kohlendioxid (CO_2) und Ammoniak (NH_3) verursachen Spannungsrisskorrosion und einen flächigen Materialabtrag. Sauerstoff (O_2) wirkt korrosionsbeschleunigend bei niedriglegierten und hochlegierten Stählen. Schwermetalle und Schwermetallverbindungen sind ebenfalls korrosionsfördernd (Fichter 2011a, b).

Ablagerungen (Scaling) treten hauptsächlich in Form von Karbonaten (beispielsweise $CaCO_3$), Sulfaten (beispielsweise $CaSO_4$ und $BaSO_4$), Sulfiden (beispielsweise FeS, PbS und CuS) sowie SiO_2 und Schwermetallverbindungen auf (Abb. 19.9) (Fichter 2011a, b).

Scaling führt zum einen zu höheren Druckverlusten in der Verrohrung und den Einbauten und zum anderen kann es als Folgeerscheinung zu Korrosion kommen. Neben dem erhöhten Druckverlust wird auch die Wärmeübertragung reduziert (Fichter 2011b).

Zum Schutz des geothermalen Kreislaufs gegen Korrosion und Ablagerungen werden unter anderem Inhibitoren eingesetzt. Sie stellen, neben höherwertigen Werkstoffen oder einer Beschichtung des Werkstoffs, eine weitere Alternative dar.

Inhibitoren wirken korrosionshemmend und/oder reduzieren das Scaling. Inhibitoren können kontinuierlich oder diskontinuierlich dosiert werden. Es werden hauptsächlich Polymerverbindungen mit Amin- und Amidgruppen, Phosphonatgruppen und Carboxyl-

Abb. 19.10 Zementkorrosion durch CO_2 (Reinicke und Franz 2008)

gruppen eingesetzt. Weiterhin können Kohlenwasserstoffgemische, Alkohole und grenzflächenaktive Stoffe eingesetzt werden. Für die Beseitigung von Sulfatablagerungen werden anorganische Säuren (zum Beispiel HCl) und aminbasische Lösemittel verwendet. Bei der Verwendung von anorganischen Säuren ist auf die Werkstoffverträglichkeit zu achten (Fichter 2011a, b).

Bei der Zementation tritt neben der oben beschriebenen mechanisch thermischen Beanspruchung, durch den Kontakt mit sauren Gasen oder Wässern, eine chemische Beanspruchung auf (Abb. 19.10).

Die Zementmatrix wird durch das vorliegende saure Milieu ausgelaugt. Die Festigkeit der Zementation nimmt hierbei ab und die Porosität und Permeabilität nimmt zu.

Weiterhin können Schädigungen durch eine verfrühte Härtung, mangelhafte Bohrlochreinigung (Filterkuchen), unzureichende Bohrspülungsverdrängung und unzureichende Zementation (mangelhafte Zentralisierung) hervorgerufen werden. Dies führt gegebenenfalls zum Verlust der zonalen Isolation und/oder dem Verlust der mechanischen Integrität (Fichter 2011a, b; Reinicke und Fichter 2010; Reinicke und Franz 2008).

19.6 Werkstoffwahl

In der Arbeit „Systemanalyse und Optimierung tiefengeothermischer Kraftwerke" wurden die Wechselwirkungen zwischen Werkstoffen und Fluiden untersucht. Grundlage war die Betrachtung der Interaktion der Werkstoffe mit den geothermalen Fluiden des Norddeutschen Beckens. Ziel war es, die Werkstoffe hinsichtlich der Kosten-Nutzen-Verhältnisse zu untersuchen. Betrachtet wurden hierbei die Mechanismen Korrosion, Erosion, thermische Wechselbelastung und Ablagerung. Es wurden niedriglegierte Stähle mit und ohne Beschichtung sowie mit Inhibitoren, hochlegierte Stähle, Nickelbasislegierungen und austenitische Stähle untersucht (Fichter 2011b).

Der Einfluss der Schädigungsmechanismen Korrosion, gekoppelte Korrosion und Erosion in der Interaktion mit den Werkstoffen sind in Abb. 19.11 dargestellt.

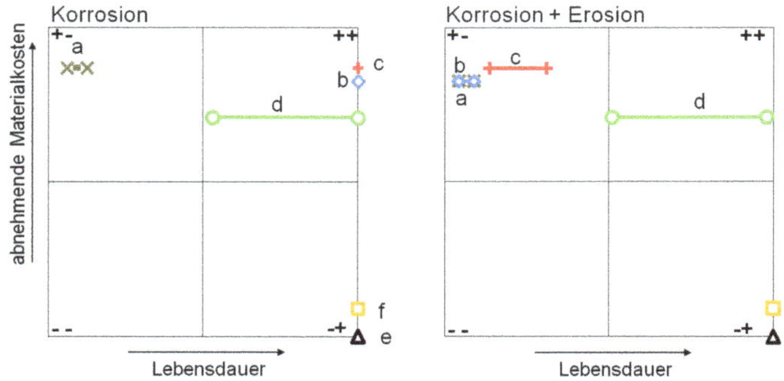

Legende:

(a) niedriglegierter Stahl
(b) niedriglegierter Stahl + Coating
(c) niedriglegierter Stahl + Inhibitor
(d) hochlegierter Stahl
(e) Nickelbasislegierung
(f) austenitischer Stahl

++ geringe Materialkosten, hohe Lebensdauer
+- geringe Materialkosten, geringe Lebensdauer
-+ hohe Materialkosten, hohe Lebensdauer
- - hohe Materialkosten, geringe Lebensdauer

Abb. 19.11 Gegenüberstellung der Materialkosten und der Lebensdauer bei Schädigung der Produktionsbohrung durch Korrosion und gekoppelter Korrosion und Erosion (Fichter 2011a, b)

Auf der Abszisse ist die Lebensdauer der Produktionsbohrung, auf der Ordinate sind die abnehmenden Materialkosten dargestellt. Die Ergebnisse der Berechnung sind in den vier Quadranten zu sehen. Die Werkstoffe im Quadrant ++ weisen das beste Kosten-Nutzen-Verhältnis auf, wohin gegen Werkstoffe im Quadrant – – die geringste Lebensdauer bei hohen Materialkosten aufweisen.

Tritt reine Korrosionsbeanspruchung auf, wie in Abb. 19.11 links zu sehen, sind sowohl niedriglegierte Stähle mit Inhibitoren, niedriglegierte Stähle mit Beschichtung (Coating), als auch hochlegierte Stähle bestens geeignet. Treten Korrosion und Erosion (Abb. 19.11 rechts) gemeinsam auf, sind Beschichtungen nicht geeignet. Die beschichtete Oberfläche wird hierbei relativ zügig abgetragen. Das beste Kosten-Nutzen-Verhältnis weist hier der hochlegierte Stahl auf. Durch die hohen Investitionskosten sind Nickelbasislegierungen und austenitische Stähle wirtschaftlich nicht attraktiv (Fichter 2011a, b).

Für die Wahl der Zementation wird am häufigsten der Class G Zement verwendet. Dieser Zement stellt für einen Großteil der Bohrungen einen ausreichenden Schutz gegen das korrosive Milieu dar. Gegebenenfalls werden durch die oben beschriebenen Additive die Eigenschaften des Zementes auf die lokalen Gegebenheiten eingestellt.

19.7 Resümee

Ein sicherer und wirtschaftlicher Anlagenbetrieb einer geothermischen Kraftwerksanlage ist maßgeblich vom Primärkreislauf und der Wahl der eingesetzten Verrohrungswerkstoffe abhängig. Schäden an der Verrohrung führen meist zu einem Totalausfall der Anlage. Niedriglegierte Stähle sind für den Einsatz als Produktionsrohrtour nur bedingt geeignet. Dies ist abhängig von der lokalen Fluidzusammensetzung. Durch den Einsatz von hochlegierten Stählen ist der Investitionsbedarf zwar höher, die Lebensdauer der Bohrung verlängert sich jedoch maßgeblich (Fichter 2011b).

Hinsichtlich des Druckverlustes ist eine Beschichtung (Coating) der Stähle sinnvoll. Hier wird die Oberflächenrauheit, im Vergleich zu den unbeschichteten Werkstoffen, reduziert. Somit kann, durch die im Vergleich geringe Investition für die Beschichtung, der elektrische Eigenbedarf der Tauchkreiselpumpe stark reduziert werden. Ein weiterer Vorteil der Beschichtung ist die Reduzierung des Anlagerungspotentials für Scalingkeime, was sich ebenfalls durch einen geringeren Druckverlust auszeichnet (Fichter 2011b).

Einem Eintrag von Partikeln in die Bohrung und somit Materialabtrag durch Erosion ist durch den Einbau von Screens und Gravel Packs vorzubeugen. Ein weiterer Schutz gegen Korrosion und Scaling bietet der Einsatz von Inhibitoren. Diese können im Bedarfsfall durch eine Inhibitiorenleitung im Einlaufbereich der Bohrung dosiert werden (Fichter 2011b).

Die Bohrung und die Zementation sind vor häufigen mechanisch-thermischen Wechselbelastungen zu schützen. Dies kann durch die Verringerung der An- und Abfahrvorgänge und der Reduzierung von häufigen Druckwechsel bewerkstelligt werden (Fichter 2011b).

Durch eine messtechnische Überwachung der Anlage kann frühzeitig auf Veränderungen im geothermalen Primärkreislauf reagiert werden. Hier sollten kontinuierlich die Temperatur, der pH-Wert, das Redoxpotential und die Sauerstoffkonzentration gemessen werden. In gewissen Abständen ist das geothermale Fluid (flüssige und gasförmige Phase) auf seine Zusammensetzung zu untersuchen (Fichter 2011b).

Literatur

Fichter, C.: Leitfaden Nr. 2 – Reservoirerschließung bei tiefengeothermischen Projekten. Agentur Enerchange, Freiburg (2011a)

Fichter, C.: Systemanalyse und Optimierung tiefengeothermischer Kraftwerke, Dissertationsschrift, Schriftenreihe des Energie-Forschungszentrums Niedersachsen, Band 3, ISBN: 978-3-86955-906-3, (2011b)

Nygaard, R.: Well Design and Well Integrity, Wabamun Area CO_2 Sequestration Project (WASP), Energy and Environ. Systems Group Inst. Sustainable Energy, Environment and Economy (ISEEE), University Calgary, S. 39 (2010)

Reinicke, K.M., Fichter, C.: Bohr- und produktionstechnische Fragestellungen bei gemeinsamer Entwicklung von Windparks und Erdgasvorkommen (Clausthaler Konzept), Erdöl Erdgas Kohle **125**(2), S. 69 (2009)

Reinicke, K.M., Franz, O.: CO_2 Lagerung im Geogrund: Bohrungsintegrität akzeptabel für CSEGR (Carbon Sequestration with Enhanced Gas Recovery), DGMK/ÖGEW Frühjahrstagung, 10.–11.04.2008 (2008)

Reinicke, K.M., Fichter, C.: Entwicklung von Prüfstrategien zur Bewertung der technischen Integrität von Bohrungen, DGMK/ÖGEW-Frühjahrstagung (2010)

Tuboscope: Firmeninformation Tuboscope, CD (2010)

Hydraulische Untersuchungen 20

Wolfgang Alt und René Kahnt

Inhaltsverzeichnis

Dipl. Geol. Wolfgang Alt (✉)
Büro für Geologie & Balneologie, Karwendelstraße 6, 86459 Gessertshausen, Deutschland
e-mail: geologie.balneologie@t-online.de

Dr. René Kahnt
G.E.O.S. Ingenieurgesellschaft mbH, Schwarze Kiefern 2, 09633 Halsbrücke, Deutschland
e-mail: r.kahnt@geosfreiberg.de

M. Bauer et al. (Hrsg.), *Handbuch Tiefe Geothermie*, DOI 10.1007/978-3-642-54511-5_20,

Zusammenfassung

Die Testung der Bohrung mittels hydraulischer Tests stellt einen entscheidenden Schritt vor der Inbetriebnahme der Bohrung dar. Sie bildet zunächst die Grundlage für die Entscheidung, ob das Ziel der Bohrung erreicht wurde oder ob weitere Intensivierungsmaßnahmen durchgeführt werden. Wurde eine ausreichende Schüttung erreicht, so kann anhand der Testergebnisse eine genaue Dimensionierung der Übertageanlagen und der Pumpen erfolgen.

Nachdem diese allgemeinen Zielstellungen im Detail umrissen wurden, werden die unterschiedlichen üblichen hydraulischen Testverfahren im Detail erläutert. Im Anschluss werden die genehmigungsrechtlichen Aspekte für Testarbeiten dargestellt. Dabei spielen vor allem wasser- und bergrechtliche Belange eine zentrale Rolle.

Im Abschnitt "Planung von Testarbeiten" geht es zunächst um Betrachtungen und Erläuterungen zu den Fördermengen und Förderraten. Dies wird anhand von Beispielen erläutert. Danach werden die Aspekte hinsichtlich der Zusammensetzung des Thermalwassers erläutert. Insbesondere wird darauf eingegangen, welche Stoffe zu analysieren sind und welche für eine Ableitung kritisch sein können. Abschließend wird ein Werkzeug zur Optimierung des Thermalwassermanagements bei Testarbeiten vorgestellt.

Im anschließenden Kapitel Monitoring von Testarbeiten werden sowohl die über- als auch die untertägigen (im Bohrloch) Monitorigkomponenten vorgestellt und erläutert. Diese umfassen neben den genauen Aufzeichnungen von Druck, Temperatur und Volumenstrom auch die Thermalwasserqualität. Der Abschnitt Auswertung von Testarbeiten gibt einen kurzen Abriss zu diesem sehr komplexen und umfassenden Thema. Anhand von einfachen Beispielen werden Auswertungen von Pump- und Wiederanstiegstests dargestellt. Anschließend wird auf die für die Charakterisierung von Thermalwasserbohrungen wesentliche Größe Produktivitätsindex eingegangen. Dabei wird erläutert, durch welche Parameter dieser beeinflusst wird. Zur Illustration werden Beispiele von realen Tests dargestellt. Der Abschnitt schließt ab mit einem kurzen Überblick zu den Möglichkeiten zur Identifikation von Zuflusszonen. Neben den gängigen Verfahren wird insbesondere auch auf die Nutzung von probabilistischen Druckverlustberechnungen für diesen Zweck eingegangen.

Der Abschnitt "Prognose von Fördertemperatur und Fördermenge" gibt einen Überblick über die für diesen Zweck vorhandenen Möglichkeiten. Dabei werden neben komplexen Modell-basierten Ansätzen auch einfache Ansätze erläutert, die für eine Erstauswertung in der Regel ausreichend sind. Im Anschluss daran wird auf die Auswertung und Prognose mit Hilfe eines Bohrlochsimulators am Beispiel des Modells G.E.O.S.I.M. eingegangen, der die wesentlichen Prozesse im Bohrloch beschreibt, sowie die Kopplung mit einem Reservoirsimulator (bspw. ECLIPSE oder FEFLOW) zulässt.

Im abschließenden Abschnitt wird schließlich noch ein Überblick über verfügbare Software zur Auswertung von Pumpversuchen gegeben.

Schlüsselwörter
hydraulische Testarbeiten • Airlifttest • Zirkulationstest • Wiederanstiegstest • Pumpversuch • Produktivitätsindex • Thermalwasserzusammensetzung • Thermalwasseranalytik • Prozessparameter • Simulation • G.E.O.S.I.M • genehmigungsrechtliche Aspekte • Thermalwassermanagement • Monitoring • Zuflusszonen • Fördertemperatur • Fördermenge • Speicherbecken

20.1 Einführung

Für die Beurteilung der Produktivität einer Geothermiebohrung ist die Evaluierung und Auswertung von hydraulischen Testdaten von ganz besonderer Bedeutung. Dies gilt gleichermaßen für Vorhaben aus dem Bereich der oberflächennahen Geothermie und für solche, bei denen mittels Tiefbohrungen die Nutzung von Tiefer Geothermie verfolgt wird. Alle Geothermienutzungskonzepte mit Tiefen größer 400 m und Temperaturen von über 20 °C, werden der Tiefen Geothermie zugeordnet, auf die sich die nachfolgenden Ausführungen zu hydraulischen Untersuchungen im Rahmen des Handbuches „Tiefe Geothermie“ daher beschränken.

Zum Komplex der Tiefen Geothermie zählt die hydrothermale Nutzung, bei der die im Untergrund in Grundwasserleitern natürlich vorhandenen Thermalwässer Verwendung finden; beispielsweise im Rahmen einer geothermischen Dublette, der insbesondere im süddeutschen Raum geläufigsten Nutzungsart eines hydrothermalen Systems. Auch die balneologische Nutzung von thermalen Tiefenwässern, die für den Betrieb von Thermalbädern oder im Zuge von spezifischen balneotherapeutischen Anwendungen eingesetzt werden, wird dem hydrothermalen Nutzungskomplex im Rahmen der Tiefen Geothermie zugeordnet. Da hierbei jedoch weniger die geothermische Energiegewinnung sondern vielmehr die balneologisch wertbestimmende Mineralisation des Thermalwassers bzw. die balneotherapeutischen Eigenschaften des Mediums im Focus des Interesses stehen, wird dieser Spezialfall der hydrothermalen Geothermienutzung in den weiteren Ausführungen nicht betrachtet.

Neben der hydrothermalen Geothermienutzung wird auch die petrothermale Nutzung der Tiefen Geothermie zugeordnet, mit der Realisierung von Hot-Dry-Rock-Systemen (HDR) oder Enhanced-Geothermal-Systemen (EGS), deren Unterscheidungsmerkmal gegenüber den hydrothermalen Systemen darin besteht, dass sie die unmittelbar im Gestein gespeicherte Energie nutzen und somit weitgehend nicht auf das in Grundwasserleitern

(Aquiferen) natürlich vorhandene Grundwasser angewiesen sind. Bei der HDR- bzw. EGS-Technologie wird Fremdwasser in das künstlich geweitete Kluftsystem des Nutzungshorizontes eingebracht. Das Kluftnetz im heißen Gestein fungiert hierbei als Wärmetauscher.

Tiefe Erdwärmesonden sind ebenfalls der petrothermalen Nutzungskategorie zuzuordnen. Sie bieten eine Möglichkeit zur Wärmegewinnung aus mit Tiefbohrungen erschlossenen Gesteinspartien, wobei die Energienutzung über einen mit einem Wärmeträgermedium befüllten geschlossenen Sondenkreislauf erfolgt.

Auch die Nutzung von untertägigen Grubengebäuden (Bergwerke) und Kavernen können gleichermaßen in die Kategorie der Tiefen Geothermie eingeordnet werden, auf diese Nutzungsmöglichkeiten wird jedoch hier nicht näher eingegangen.

In den Kap. 8 und 9 des Handbuches werden die unterschiedlichen Nutzungsarten der Tiefen Geothermie ausführlich beschrieben.

20.2 Grundsätzliche Betrachtung und Zielsetzung hydraulischer Untersuchungsverfahren

Testarbeiten zur Evaluierung von hydraulischen Kenndaten werden im Allgemeinen nach der Fertigstellung der Bohrarbeiten und dem damit erfolgten Aufschluss des Nutzungshorizontes durchgeführt. Besteht die Absicht, mehrere Nutzungshorizonte in unterschiedlicher Tiefenlage zu erschließen, können hydraulische Tests aber auch schon vor dem Erreichen der Bohrungsendteufe erforderlich werden.

Schon im Zuge der vorzunehmenden Bohrlochreinigungsarbeiten zur Entfernung von Rückständen aus dem Bohrprozess, die zeitnah auf die abgeschlossenen Bohrarbeiten folgen und im Allgemeinen im Airlift-Verfahren (Abschn. 20.3.1) durchgeführt werden, lassen sich erste Kenndaten gewinnen. Auf deren Basis kann bereits eine Ersteinschätzung der Gesteinsdurchlässigkeit bzw. der Leistungsfähigkeit des frisch angeschnittenen Nutzungshorizontes vorgenommen werden. Zudem liefern diese Kenndaten wesentliche Hinweise im Zusammenhang mit Überlegungen zur Erfordernis und zur Verfahrensauswahl von Stimulationsmaßnahmen für eine Ertüchtigung der Bohrung, deren Beschreibung in Kap. 11 des Buches vorgenommen wird, und zur Auswahl von geeigneten weiteren hydraulischen Untersuchungen.

Für die weiterführende Austestung der vorgereinigten Tiefbohrung kann grundsätzlich auf vielfältige Testverfahren zurückgegriffen werden, die in Abhängigkeit der jeweils angetroffenen Bohrlochsituation und Nutzungsintention zur Ausführung gelangen und deren ausgewertete Messdaten für Produktivitätsbestimmungen und Reservoircharakterisierungen heranzuziehen sind.

Hierbei lassen sich die Testverfahren, bei denen beispielsweise Wasser als im Nutzungshorizont zirkulierendes Medium mobilisiert wird, grundsätzlich zunächst in zwei Kategorien untergliedern. Eine erste Kategorie beinhaltet hydraulische Versuche, die einen Druckabfall über die Fluidentnahme zur Zielsetzung haben, wie beispielsweise bei der Durchführung von Pumpversuchen. Die zweite Kategorie verfolgt die Intention einer Druckerhöhung, wie dies beispielsweise im Falle einer Fluidinjektion in das Bohrloch erfolgt. Gemeinsam ist beiden Test-Kategorien, dass über die beobachteten Parameter Absenkung und Anstieg des Fluidspiegels bzw. Druckaufbau und Druckabbau, in Verbindung mit der gemessenen Zeit, die der beanspruchte Nutzungshorizont für eine Wiedereinstellung des hydraulischen Gleichgewichtes benötigt, Rückschlüsse auf die Durchlässigkeit des Untergrundes und quantitative Aussagen zum Förder- und Reinjektionsvermögen der Tiefbohrung getroffen werden können. Im Zusammenhang mit der HDR- bzw. EGS-Technologie und den tiefen Erdwärmesonden stehen weitere hydraulische Testverfahren zur Verfügung, die sich stärker auf den systembedingten Sachverhalt beziehen, dass nur ganz untergeordnet die natürlich im Gestein zirkulierenden Thermalwässer bei den Testabläufen zu berücksichtigen sind.

Der Nutzungsintention und der jeweiligen Bohrlochsituation entsprechend können hydraulische Tests in Tiefbohrungen entweder in unverrohrten Bohrlochabschnitten (open hole) oder, bei instabilem Gebirge, in verrohrten Bohrlochbereichen (cased hole) ausgeführt werden. Hierbei muss in den verrohrten Abschnitten die hydraulische Zugänglichkeit gewährleistet sein, beispielsweise durch den Einbau von Filterrohren oder perforierten Linern. Die Testvorgänge erfassen dabei entweder den unverrohrten Bohrlochbereich, gegebenenfalls mitsamt den mit Schutzfiltern versehenen Abschnitten, und damit den gesamt aufgeschlossenen Nutzungshorizont oder es werden lediglich definierte Bohrlochabschnitte, die durch technische Vorkehrungen wie Packerinstallationen voneinander abgekoppelt werden, ausgetestet.

Je nach Aufgabenstellung können die unterschiedlichsten hydraulischen Testarten zum Einsatz gelangen. Grundsätzlich verfolgen aber alle für hydraulische Untersuchungen herangezogenen Verfahren die Zielsetzung, über die mit den Tests erlangten Kenndaten und deren Auswertung, Aussagen über die Gesteinsdurchlässigkeiten, Speichereigenschaften des Untergrundes und die Produktivität der Bohrung treffen zu können. Daneben werden mit der Durchführung von hydraulischen Tests Möglichkeiten geschaffen, Proben des thermalen Fluids für hydrochemische Analysen bzw. für Gasuntersuchungen oder Isotopenbestimmungen zu entnehmen. Für die Planung der anlagentechnischen Komponenten einer Geothermieanlage ist es von großer Bedeutung, so früh wie möglich im Planungsprozess auf eine Einschätzung des korrosionschemischen Verhaltens der zur geothermischen Nutzung vorgesehenen, oftmals gasführenden und hoch mineralisierten Formations-Fluide zurückgreifen zu können.

Bei der grundsätzlichen Betrachtung hydraulischer Untersuchungsverfahren muss darauf hingewiesen werden, dass auch über den Einsatz von bohrlochgeophysikalischen Messungen bedingt Erkenntnisse über die hydraulische Aktivität gewonnen werden können. Musterhaft sind hier Temperatur-Logs, Leitfähigkeits-Logs, Flowmeter-Logs oder Fluid-Logging-Messungen zu nennen, die sich entweder in zeitlicher Abfolge oder teilweise auch in Kombination und unter Pumpbedingungen einsetzen lassen. Sie ermöglichen somit, unterschiedliche Zuflusszonen des Nutzungshorizontes zu lokalisieren und zu quantifizieren. Als Fallbeispiel wird unter Abschn. 20.3.5 das Fluid-Logging-Verfahren näher beschrieben. Für weitere Beschreibungen von Verfahren aus der Bohrlochgeophysik wird auf das Kap. 13 des Handbuches verwiesen.

20.3 Testverfahren

Für die Auswahl von geeigneten hydraulischen Testverfahren können zunächst die vorab prognostizierten hydraulischen Annahmen aus bereits mit der Vorplanung von Geothermieprojekten entwickelten geologisch-hydrogeologischen Modellvorstellungen herangezogen werden, validiert durch Ersterkenntnisse aus dem Bohrprozess oder durch Rückschlüsse aus bereits durchgeführten Bohrlochreinigungsmaßnahmen.

Die folgenden Ausführungen vermitteln eine Übersicht der geläufigsten Testverfahren. Dabei unterscheiden sich die verschiedenen Testarten sowohl hinsichtlich der technischen Ausführung als auch in Bezug auf die zeitliche Komponente für die Durchführung von in sich abgeschlossenen hydraulischen Untersuchungen. Bei der Auswahl der geeigneten Testverfahren und für die Planung der Durchführungszeiträume sind auch Kosten-Nutzen-Betrachtungen heranzuziehen. Manche Tests werden situationsbedingt vor dem Erreichen der Bohr-Endteufe umgesetzt oder sind, wie oftmals im Falle der Realisierung einer geothermischen Dublette, in einem eng begrenzten Zeitfenster zwischen Fertigstellung der Erstbohrung und Aufnahme der Bohrarbeiten für die Zweitbohrung auszuführen, so dass kostenintensive Stillstandszeiten für die Bohranlage und für das Begleitequipment anfallen können. Dies ist bei der Testplanung zu berücksichtigen.

20.3.1 Pumptest

Allgemeine Charakterisierung

Pumptests (Fördertests oder Pumpversuche) stellen unter der Vielzahl der zur Verfügung stehenden Testverfahren die gebräuchlichste Methodik für die Durchführung von hydraulischen Untersuchungen dar und finden insbesondere bei der hydrothermalen geothermischen Nutzung zur Bestimmung der Ergiebigkeit von Tiefbohrungen ihre Anwendung. Hierbei wird dem Nutzungshorizont (Aquifer oder Grundwasserleiter) über ein abgegrenztes Zeitintervall und mit definierten Förderraten Wasser entzogen, wodurch ein hydraulischer Unterdruck erzeugt wird, der mit einer Absenkung des Wasserspiegels in der Bohrung einhergeht. Für eine sachgerechte hydraulische Auswertung werden die Pumptests im Regelfalle mit definierten unterschiedlichen Förderraten als Stufenpumpversuche ausgeführt, wobei eine kontinuierliche Druckaufzeichnung erfolgt, die auch den Aufspiegelungsprozess im Rahmen der Wiederanstiegsphase nach Einstellung der Förderung umfasst. Die Testdauer variiert hierbei zwischen wenigen Stunden und mehreren Monaten.

Fördertechnisches Equipment bei Pumpversuchen

Fördertechnisch findet häufig das Airlift-Verfahren Anwendung. Zunächst im Zuge von Bohrlochreinigungsmaßnahmen zur Beseitigung von Rückständen aus dem Bohrprozess (Bohrklein und Spülungsreste), oftmals aber auch zur Durchführung von Stufen-Pumpversuchen in Einzelbohrungen. Bei dieser Pumptechnik wird komprimiertes Gas, im Regelfall Luft oder Stickstoff, über eine unterhalb des Wasserspiegels im Bohrloch befindliche

Einblasstelle in eine nach oben und unten offene Förderrohrtour verpresst. Die Gaszufuhr führt oberhalb der Einblasstelle im Förderrohr aufgrund der Gasdurchmischung zu Dichteverringerungen des Fluids, mit der Konsequenz, dass durch den Druck der Wassersäule im Ringraum zwischen Bohrlochverrohrung und Förderrohrtour ein Wasser-Gas-Gemisch über die Förderverrohrung zu Tage ausgetrieben wird.

Länger andauernde Pumpversuche und der spätere Produktionsbetrieb werden im Regelfalle mit Unterwassermotorpumpen (Tauchkreiselpumpen) ausgeführt. Auch die Durchführung von Zirkulationstets, bei denen im Rahmen der hydrothermalen Nutzung und Realisierung einer geothermischen Dublette der Förderbohrung Thermalwasser entnommen und dieses meist teilentwärmt und unter druckdichten Bedingungen zur Vermeidung von Entgasungseffekten bzw. Änderungen in der Wasserzusammensetzung in die Reinjektionsbohrung eingebracht wird, erfolgt im Allgemeinen mit Unterwassermotorpumpen. Vorteilhaft ist bei dieser Fördertechnik, dass die Förderraten steuer- und regeltechnisch exakt eingestellt werden können. Hydrochemische Analysen von Wasserproben aus dem mit Unterwassermotorpumpen gehobenen Förderstrom sind darüber hinaus, im Vergleich zu Untersuchungen des mittels Airlift-Verfahren geförderten und durch den Gaseintrag beeinflussten Formations-Fluids, deutlich aussagekräftiger im Hinblick auf die Beurteilung der hydrochemischen Eigenschaften.

In Tiefbohrungen werden auch Gestängepumpen zur Durchführung von Pumpversuchen und für den Produktionsbetrieb eingesetzt. Der Antriebsmotor der Gestängepumpe befindet sich über Tage so dass mit dieser Fördertechnik auch sehr hoch temperierte Formations-Fluide gefördert werden können. Im Allgemeinen kommt diese Fördertechnik eher untergeordnet zum Einsatz, da sie systembedingt starken Einschränkungen in Bezug auf die erreichbaren Förderhöhen unterliegt.

Eine detaillierte Beschreibung der Förderpumpen, die in der Tiefen Geothermie eingesetzt werden, wird im nachfolgenden Kap. 23 des Handbuchs vorgenommen.

20.3.2 Injektionstest

Prinzipiell ist ein Injektionstest, bei dem anstatt einer Wasserentnahme aus dem Nutzungshorizont, Wasser in die Gesteinspartien eingebracht wird, dem Pumpversuch gleich zu setzen. Bei der Planung und Durchführung von Injektionstests in Tiefbohrungen sind die mit der Wassereinbringung einhergehenden Druckanstiege zu berücksichtigen, die ab der Überschreitung eines bestimmten Druckaufbaus zur Aufweitung von vorhandenen Gesteinsklüften, untergeordnet auch zur Neubildung von Klüften, führen und damit die hydraulischen Eigenschaften des Nutzungshorizontes verändern können. Dieser Vorgang des Fracens wird bei petrothermalen Geothermievorhaben gewünscht forciert, bei Projekten mit hydrothermalen Nutzungsintentionen aber vermieden.

20.3.3 Packertests

Werden in einer Tiefbohrung mehrere Nutzungshorizonte mit dem Bohrpfad erschlossen, können diese durch Packerinstallationen (Einfach-, Doppel- und Multipackersysteme) separat getestet werden, woraus sich die Bezeichnung „Packertests" herleitet. Vereinfacht beschrieben besteht eine Packer-Testgarnitur aus einem Hohlgestänge, über das ein expandierbares Gummielement gestülpt wird, das unter Testbedingungen den Ringraum zwischen Gestänge und Bohrlochwandung verschließt bzw. hydraulisch abdichtet und nach Beendigung der Testmaßnahmen wieder gelöst werden kann. Das Prinzip des Packertests entspricht dem hydraulischen Grundmuster des Pump- und Injektionstests. Nach dem Setzen des Packers wird der vor Testbeginn erfasste Anfangsdruck (Referenzdruck) durch eine kontrollierte Injektion oder Entnahme von Wasser (bzw. Gas im Falle von unzureichenden Gesteinsdurchlässigkeiten) bei kontinuierlicher Druckerfassung verändert. Im Anschluss wird die Zeitdauer bis zur Wiedereinstellung des hydraulischen Gleichgewichts erfasst.

20.3.4 WD-Tests

WD-Tests (Wasserdrucktests) stellen eine Mischform aus Injektionstests und Packertests dar. Im Testverlauf wird in verschiedenen Druckstufen Wasser in ein durch Packervorkehrungen isoliertes Bohrlochintervall verpresst. Hierbei wird die bei den jeweiligen Druckstufen in den Gesteinskörper eingedrungene Wassermenge erfasst und daraus das Aufnahmevolumen pro Zeiteinheit für einen konstanten Druck berechnet (Heitfeld und Koppelberg 1981).

20.3.5 Fluid-Logging-Verfahren

Mit dem Fluid-Logging-Verfahren werden unter pumptechnischer Anregung des Trägerhorizontes Leitfähigkeitsunterschiede des zutretenden Fluids innerhalb des befahrenen Bohrlochabschnittes erfasst. Voraussetzung für die Anwendung des Fluid-Logging-Verfahrens ist, dass zwischen dem Bohrlochfluid und dem Gebirgsfluid ein ausreichend hoher Kontrastunterschied besteht. Hierzu wird zunächst das Bohrlochfluid vor Beginn des Pumpversuchs gegen eine Flüssigkeit mit deutlich höherer oder niedrigerer Leitfähigkeit ausgetauscht. Über eine sinnvolle Kombination mit anderen bohrlochgeophysikalischen Messverfahren, die im Pumpbetrieb eingesetzt werden, lassen sich einzelne zur Gesamttransmissivität beitragende Zuflusszonen des aufgeschlossenen Nutzungshorizontes lokalisieren und günstigenfalls auch Aussagen über die Durchlässigkeiten unterschiedlicher Gesteinsabschnitte treffen (Reifenstahl und Stober 1990; Stober 1995).

20.3.6 Slug/Bail-Test

Bei diesem Testverfahren, das zur Bestimmung der Transmissivität, des Speicherkoeffizienten sowie des Skin-Faktors (der Skin-Faktor beschreibt das Ausmaß einer veränderten Durchlässigkeit im bohrlochwandnahen Bereich) eingesetzt wird und insbesondere bei geringen bis mittleren Gesteinsdurchlässigkeiten seine Anwendung findet, wird der Druck in einem abgepackerten Testintervall des Bohrlochs schlagartig verändert. Dies kann entweder durch ein ventilgesteuertes Einpressen einer bestimmten Wassermenge bewirkt werden oder durch das abrupte Eintauchen eines Verdrängungskörpers erfolgen. Das Abpumpen einer definierten Wassermenge stellt eine Variante zur Erzeugung der plötzlichen Druckänderung dar (engl. bail out = leerschöpfen), ebenso das Ziehen des eingetauchten Verdrängungskörpers (Slug-Withdrawal-Test; engl. withdrawal = Rückzug). Mit der erzeugten, plötzlichen Druckveränderung wird ein Druckausgleichsprozess in Gang gesetzt. Hierbei setzt je nach Druckgefälle eine Einfließphase durch Wasserzuflüsse aus dem Gebirge oder eine Ausfließphase mit Wasserinjektion in das Gebirge ein. Gemessen werden die benötigte Zeitdauer und Mengenbewegungen bis zum vollständigen Druckausgleich.

20.3.7 Pulse-Test

Das Test-Prinzip eines Pulse-Tests ist der Vorgehensweise zur Durchführung eines Slug/Bail-Tests (Abschn. 20.3.6) sehr ähnlich. Auch hier wird in einem abgepackerten Testintervall ein Über- oder Unterdruck aufgebaut. Im Unterschied zum Slug/Bail-Test beschränken sich die Maßnahmen zu hydraulischen Zustandsveränderungen im Testintervall jedoch ausschließlich auf die Erzeugung von Druckveränderungen. Der Test benötigt dementsprechend nur eine sehr kurze Ausführungszeit, weist allerdings gegenüber dem Slug/Bail-Test deutliche Einschränkungen in Bezug auf die Eindringtiefe in die zu testenden Gesteinspartien auf.

20.3.8 Drill-Stem-Test

Der Drill-Stem-Test (engl. drill stem = Bohrgestänge) wird auch als Gestängetest oder Schließdrucktest bezeichnet. Hierbei wird das in den Testablauf zu integrierende Testintervall über ein abgepackertes Hohlgestänge bis zu Tage verbunden. Ventilgesteuert kann die Testmimik geöffnet (Fließphase) oder hydraulisch dicht verschlossen werden (Schließphase). Bei geöffnetem Ventil wird aufgrund des Druckgefälles zwischen dem Formationsdruck im Gebirge und atmosphärischen Druckbedingungen im Testgestänge ein Unterdruck erzeugt, der einen Fluid-Zufluss aus dem Testintervall bewirkt. Mit dem Schließen des Ventils wird ein Druckaufbau erzeugt (Shut-In-Bedingungen), möglichst bis zum erreichten Formationsdruck. Zur Akquisition von Kenndaten erfolgt das Öffnen und Schließen des Ventils alternierend und mit wechselnden Zeitintervallen, wobei der Fließ- und Schließdruck jeweils aufgezeichnet wird.

20.4 Genehmigungsrechtliche Aspekte

Der Bodenschatz Erdwärme unterliegt in der Bundesrepublik Deutschland den Bestimmungen des Bundesberggesetzes (BBergG), so dass Maßnahmen zur Aufsuchung und Gewinnung von Erdwärme bergrechtlich behandelt werden. In Kap. 17 des Handbuches werden die zur Umsetzung von geothermischen Nutzungskonzepten notwendigen genehmigungsrechtlichen Zusammenhänge und Abläufe umfassend beschrieben. Mit den nachfolgenden Ausführungen werden daher lediglich die genehmigungsrechtlichen Aspekte bei der Durchführung von hydraulischen Untersuchungen einer näheren Betrachtung unterzogen.

Die technischen Abläufe und Handlungsmaßnahmen im Zusammenhang mit der Durchführung von hydraulischen Tests werden in den Arbeitsprogrammen einzelner bergrechtlich zuzulassender Betriebspläne genehmigungsrechtlich erfasst. Hydraulische Tests mit denen eine Wasserförderung bis zu Tage und eine Ableitung der geförderten Wässer verbunden ist, stellen jedoch eine wasserrechtliche Benutzung im Sinne des Wasserhaushaltsgesetzes (WHG) dar, die gemäß § 9 Abs. 1 Nr. 5 WHG bzw. § 9 Abs. 1 Nr. 4 WHG das Entnehmen, Zutagefördern, und im Falle der Durchführung eines Zirkulationstests mit einer Wasserentnahme aus der Förderbohrung und Wiederverbringung in die Reinjektionsbohrung auch das Wiedereinleiten umfasst. Eine solche wasserrechtliche Benutzung ist unabhängig vom bergrechtlichen Betriebsplanprocedere eigenständig und situationsangepasst zu beantragen. Oftmals finden sich in den wasserrechtlichen Regelungen der einzelnen Bundesländer (Landeswassergesetze und verschiedene Rechtsverordnungen) ergänzende Vorschriften, die die Regelungen des WHG, das eine Rahmengesetzgebung des Bundes darstellt, konkretisieren oder ergänzen.

Erfahrungsgemäß gestalten sich Wasserrechtsverfahren in Abhängigkeit von der Komplexität der beantragten wasserrechtlichen Benutzungen sehr zeitintensiv. Es empfiehlt sich, bereits frühzeitig im Stadium der Testplanung eine Abstimmung mit den zuständigen Behörden herbeizuführen.

Bei der Realisierung einer geothermischen Dublette werden Pumptests in der Erstbohrung noch vor der Fertigstellung einer Zweitbohrung erforderlich, so dass eine pumpversuchsbegleitende Wiederverbringung des Wassers in die Reinjektionsbohrung, wie dies zum späteren Zeitpunkt im Rahmen der Durchführung eines Zirkulationstests ermöglicht wird, ausscheidet. Damit stellt sich die Frage nach der Ableitung bzw. dem Verbleib dieser nicht unerheblichen Wassermengen, wenn, wie aus Fallbeispielen solcher Pumpversuchsdurchführungen in Einzelbohrungen im südbayerischen Molassebecken ersichtlich, nicht selten Förderraten in Größenordnungen von 100 l/s und mehr über Zeiträume von mehreren Tagen bis Wochen realisiert werden.

Auch wenn meistenteils eine Option der Ableitung in das öffentliche Kanalnetz besteht, so ist dieses im Allgemeinen nicht in der Lage solche Wassermengen pumpversuchsbegleitend aufzunehmen. Um dennoch eine ununterbrochene, sachgerechte Pumpversuchsausführung zu gewährleisten, bietet sich die Einbindung von ausreichend dimensionierten Speicherbecken an, beispielsweise Erdbecken oder in Reihe geschaltete mobile Testwasserbecken, die eine Zwischenspeicherung der Pumpversuchswässer ermöglichen. Aus dem Speicherkontingent können, den Aufnahmekapazitäten des verfügbaren öffentlichen Kanalnetzes entsprechend und gemäß den wasserrechtlichen Auflagen und Vorgaben des öffentlichen Kanalnetzbetreibers, dosierte Wassermengen in das infrastrukturell angebundene Kanalnetz eingeleitet werden. Im Zusammenhang mit einer solchen Ableitungsoption der Pumpversuchswässer ist eine frühzeitige Abstimmung mit dem Kanalnetzbetreiber zur Klärung der Ableitungsvorgaben (Grenzwertparameter, Abkühlungsvorgaben, Wasseraufbereitung etc.) anzustreben, als Basis für eine privatrechtliche Gestattungsvereinbarung.

Eine Ableitung der Pumpversuchswässer in die Vorflut weist erfahrungsgemäß genehmigungsrechtlich sehr hohe Hürden auf und wird im Genehmigungsfalle nur unter äußerst restriktiven behördlichen Auflagen ermöglicht.

Diese Problemstellungen im Hinblick auf die Ableitung von Pumpversuchswässern werden oftmals unterschätzt und sollten frühzeitig bei der Testplanung Berücksichtigung finden.

20.5 Planung von Testarbeiten

Für jedes der unter Abschn. 20.3 aufgeführten und kurz beschriebenen Testverfahren gibt es bei der Planung zu berücksichtigende Besonderheiten. Nachfolgend werden einige Aspekte beleuchtet , die bei allen Tests eine zentrale Bedeutung besitzen, wobei der Schwerpunkt auf Fördertests liegt, weil damit letztlich ein Nachweis der zu fördernden Menge erfolgen kann. Ausführlicher ist dies in Abschn. 20.3.1 dargestellt. Der Zirkulationstest, bei dem das Thermalwasser aus einer Bohrung gefördert und in die andere Bohrung reinjiziert wird (ggf. nach einer erfolgten Teilentwärmung), stellt hier eine Ausnahme dar. Die Auswertung dieses Tests erfolgt analog zu den Förder- bzw. Injektionstests. Allerdings entfallen sämtliche Probleme des Thermalwassermanagements und der Thermalwasserableitung.

20.5.1 Fördermengen und Dauer der Fördertests

Die grundsätzlichen Zielstellungen von Fördertestes sind meist eine Kombination von Reinigung des Bohrloches und der Gewinnung von thermischen und hydraulischen Parametern. Für die Reinigung sind möglichst hohe Strömungsgeschwindigkeiten notwendig, d. h. möglichst hohe Förderraten anzustreben. Für die Bestimmung von hydraulischen und thermischen Parametern ist es notwendig, eine möglichst große Bandbreite von Förderraten zu realisieren, wobei bei jeder Förderrate quasistationäre Bedingungen (konstante Förderrate und konstante Absenkung) angestrebt werden.

Die Fördertests werden in der Regel entweder nach dem Airliftverfahren oder mit einer Tauchkreiselpumpe (TKP) durchgeführt. Durch die Einstellung der Einblastiefe und der Kompressorenleistung kann beim Airliftverfahren die Fördermenge in einer gewissen Bandbreite variiert werden. Bei Bohrungen für Verstromungsprojekte, bei denen denen später im Betrieb Förderraten von 130 l/s bis 150 l/s und mehr möglich sind, sind beim Airliftverfahren stabile Förderraten im Bereich von 100 l/s möglich. Ohne Veränderung der Einblastiefe liegt die minimale Förderrate in etwa in der Größenordnung von 50 % der maximalen Förderrate. Bei Verwendung von TKP ist die Bandbreite von realisierbaren Förderraten durch die Pumpenkennlinie und der Produktivität der Bohrung abhängig. Auch hier beträgt die minimale Förderrate in der Regel ca. 50 % der maximalen Förderrate. Hierbei ist zu beachten, dass die für die Tests verfügbare TKP oftmals nur eine temporäre Lösung darstellt und in der Regel nicht optimal auf die Ergiebigkeit der Bohrung abgestimmt ist.

Die Tests erfolgen häufig in mehreren Etappen, teilweise mit dazwischen stattfindenden Stimulationsmaßnahmen (im Malm handelt es sich meist um Säuerungen). Durch die Stimulationsmaßnahmen verbessert sich in der Regel die Ergiebigkeit der Bohrung.

Die tatsächlich realisierbaren Fördermengen sind stark abhängig von der Produktivität der Bohrung zum Testzeitpunkt. Da diese beim ersten Fördertest in der Regel nicht bekannt ist, bedarf es beim Test operativer Anpassungen.

In der Praxis hat es sich bewährt, bei den Fördertests jeweils 3 bis 5 Förderleistungen mit jeweils quasistationären Bedingungen zu realisieren. Um zu Beginn eine gute Reinigungswirkung zu erzielen, wird häufig mit einer möglichst hohen, d. h. der maximalen Förderrate begonnen. Nachfolgend ist ein Beispiel für geplante Förderraten gegeben:

- Stufe 1: Maximalförderrate, erwartet ca. 100 l/s über einen Zeitraum von 2 h
- Stufe 2: Minimalförderrate, erwartet ca. 50 l/s über einen Zeitraum von 4 h
- Stufe 3: Förderrate 65 l/s über einen Zeitraum von 4 h
- Stufe 4: Förderrate 80 l/s über einen Zeitraum von 4 h
- Stufe 5: Maximalförderrate, erwartet 100 l/s über einen Zeitraum von 6 h (bzw. bis Speicherbecken voll ist)

Dieser Test dauert somit insgesamt ca. 20 h und es wird kumulativ eine Menge von ca. 5700 m^3 zu Tage gefördert. Diese Menge stellt eine Anforderung an die Größe der Speicherbecken dar. Im Anschluss an die letzte Förderstufe erfolgt in der Regel ein Wiederanstiegstest über einen Zeitraum von 24 h. Die Dauer der Tests und damit auch der einzelnen Förderstufen sollte so lang wie möglich sein. In der Realität wird sie durch die Größe der Speicherbecken und die mögliche Ableitungskapazität in das öffentliche Kanalnetz sowie ggf. in die Vorflut limitiert. Dies wird genauer in Abschn. 20.5.3 erläutert.

20.5.2 Zusammensetzung des geförderten Thermalwassers und Ableitung in das öffentliche Kanalnetz sowie in die Vorflut

Die Prognose der Zusammensetzung des Thermalwassers besitzt eine große Bedeutung im Zusammenhang mit der Ableitung des Wassers in das öffentliche Kanalnetz bzw. in die Vorflut. Diese Zusammensetzung ist dabei abhängig von der verwendeten Bohrspülung und den vorangegangenen Säuerungsmaßnahmen. Des Weiteren bestehen Abhängigkeiten von dem seit Beendigung der Bohrarbeiten geförderten Wasservolumens sowie von der Permeabilität des Reservoirs.

Die konkreten Vorgaben zu Konzentrationen und Frachten für die Ableitung in das Kanalnetz bzw. in die Vorflut werden in Abstimmung mit den Kanalnetz- bzw. Kläranlagenbetreibern sowie mit den Wasserbehörden festgelegt. Allgemein gültige Grenzwerte existieren nicht. Nachfolgend soll jedoch auf einige Parameter bzw. Wasserinhaltsstoffe hingewiesen werden, die hinsichtlich der Ableitbedingungen bedeutsam sind:

- **Ableittemperatur:** Das geförderte Thermalwasser weist oftmals Temperaturen von über 100 °C auf. Deshalb muss es vor Einleitung in die Speicherbecken abgekühlt werden. Dabei werden Temperaturen von ca. 30 °C bis 40 °C erreicht. Die Ableitung erfolgt aus den Speicherbecken. Temperaturen in der o. g. Größenordnung stellen für eine Ableitung in die Kanalisation gewöhnlich kein Problem dar. Für eine Ableitung in die Vorflut sind dagegen in der Regel Vorgaben hinsichtlich der Einleittemperatur bzw. der maximalen Temperaturerhöhung einzuhalten. Diese sollen sicherstellen, dass die Gewässertemperatur nicht unzulässig erhöht wird, damit Schäden an Flora und Fauna vermieden werden.
- **Schwebstoffgehalt:** Der Gehalt an mineralischen Schwebstoffen stellt für die Kläranlagen ein Problem dar, da damit Filter zugesetzt werden. Um den Schwebstoffgehalt in den Ableitungen zu minimieren, haben sich die nachfolgenden Maßnahmen bewährt:
  - Durchleitung des geförderten Thermalwassers durch Absetztanks, in denen sich die Grobsedimente absetzen
  - Sicherstellung einer Mindestaufenthaltszeit von ca. 12 bis 24 Stunden in den Speicherbecken
  - Abförderung des Thermalwassers aus den oberen Schichten des Speicherbeckens
  - Zwischenschaltung von Filtern vor der Ableitung in das Kanalnetz
- **Chloridkonzentration und Salinität:** Im Ergebnis der Säuerung treten sehr hohe Salzgehalte auf. Die Salinität korreliert sehr gut mit der elektrischen Leitfähigkeit, so dass dieser Parameter online gut überwacht werden kann. Hohe Salzgehalte können die Mikrobiologie in den Kläranlagen stark beeinflussen und so die Funktionsfähigkeit der Anlagen in Frage stellen
- **DOC/TOC Gehalte:** Hierbei handelt es sich um die Konzentration des im Wasser gelösten organischen Kohlenstoffs (DOC) bzw. um die Konzentration des gesamten organisch im Wasser gebundenen Kohlenstoffs (TOC), die mit der Bohrspülung in die Bohrung eingebracht wurden. Diese sind hinsichtlich der Einleitung in das öffentliche

Kanalnetz unkritisch, da sie in Kläranlagen abgebaut werden. Bei Einleitungen in Oberflächengewässer stellen sie allerdings einen kritischen Parameter dar. Ist eine Einleitung in Oberflächengewässer vorgesehen, ist in der Regel die Installation von Aktivkohlefiltern und Onlinemessgeräten notwendig.
- **AOX**-Konzentration: Auch diese ist bei einer Einleitung in Oberflächengewässer kritisch.

Neben den genannten, für eine Ableitung besonders kritischen Wasserinhaltsstoffen gibt es eine Reihe weiterer relevanter Parameter, welche im Rahmen der o. g. Abstimmungen mit den Kanalnetzbetreibern bzw. den unteren Wasserbehörden festgelegt werden.

Für eine Abschätzung der zu erwartenden Thermalwasserzusammensetzung dienen entweder umfangreiche Erfahrungen aus bisherigen Tests oder auch die in Abschn. 20.5.3 dargestellten Prognosen auf der Grundlage einer kalibrierten Simulation.

20.5.3 Optimierung des Thermalwassermanagements, der Speicherbecken und Prognose der Zusammensetzung des Thermalwassers

Wie oben dargestellt (Abschn. 20.2), sind die Zielstellungen insbesondere der Pumptests die Gewinnung von Reservoirparametern sowie die Reinigung des Bohrloches. Beide Aspekte erfordern möglichst große kumulative Thermalwasserfördermengen und damit möglichst lange Testzeiten. Auf der anderen Seite werden die hydraulischen Tests in der Regel mit Hilfe der Bohranlage durchgeführt. Deshalb sind die Kosten während der Testarbeiten sehr hoch und die Zielstellung besteht darin, die Gesamtzeit der Testarbeiten möglichst zu minimieren. Damit muss ein Optimum zwischen möglichst hohen kumulativen Fördermengen (und damit einer möglichst langen Gesamtzeit der Testarbeiten) und der Minimierung der Gesamtkosten (und damit einer möglichst geringen Gesamtzeit der Testarbeiten) gefunden werden.

Für die Durchführung dieser Optimierung hat sich das Instrument der probabilistischen Modellierung bewährt. Diese Vorgehensweise wird seit längerem erfolgreich im Rahmen der Optimierung des Wassermanagements im Bergbaubereich bzw. bei der Optimierung von Sanierungsvorhaben eingesetzt (Kahnt 2006, 2007, 2008).

Das Grundkonzept dieser Vorgehensweise besteht darin, das Gesamtsystem mit allen relevanten Elementen und Prozessen in einem probabilistischen Simulationsmodell abzubilden, welches das Verhalten des Systems über die Zeit beschreibt. Im Falle der Optimierung des Thermalwassermanagements sind die folgenden Elemente (jeweils mit relevanten Prozessen) zu berücksichtigen, welche in jeweils separaten Detailmodellen abgebildet werden können, wobei der Detaillierungsgrad der Detailmodelle völlig unterschiedlich sein kann:

- Kompartiment Bohrloch:
  - Bohrlochvolumen, in der Regel beschrieben als Mischungsvolumen
  - Förder- und Injektionsmengen als Randbedingungen,
  - Aufgabemengen von Säure inkl. der chemischen Zusammensetzung als Randbedingungen,
  - Spülungsverluste als Randbedingungen,
  - Zusammensetzung der Bohrspülung,

  Das Bohrloch wird modellintern mit den Kompartimenten Reservoir und den obertägigen Speicherbecken gekoppelt
- Kompartiment Reservoir:
  - Gesamtthermalwasservolumen, welches durch Bohrspülung bzw. Säure beeinflusst wird, einschließlich Unterteilung in durchlässige und stagnante Bereiche; Kopplungsparameter zwischen durchlässigen und stagnanten Bereichen; hierzu besteht in der Regel eine große Unsicherheit, weshalb alle Parameter als Verteilungsfunktionen vorgegeben werden müssen.
  - Chemische Reaktionen der Säure mit dem Gebirge unter Beachtung der Stöchiometrie

  Das Reservoir wird modellintern mit dem Kompartiment Bohrloch gekoppelt
- Kompartiment Speicherbecken 1 (die Anzahl Speicherbecken kann unterschiedlich sein, in der Praxis hat sich bewährt, mindestens zwei Speicherbecken zu verwenden):
  - Gesamtvolumen Speicherbecken
  - Beschreibung der Entwicklung des Wasservolumens als Funktion der Zeit
  - Beschreibung der Wasserzusammensetzung als Funktion der Zeit, für das Becken wird dafür in der Regel ideale Durchmischung angenommen.
  - Einleitmengen aus dem Bohrloch bzw. aus weiteren Speicherbecken als Randbedingung unter Berücksichtigung der Wasserzusammensetzung und der Volumenströme
  - Abfördermengen in das Kanalnetz, in die Vorflut oder in weitere Speicherbecken als Funktion der Zeit als Randbedingung

  Das Kompartiment Speicherbecken 1 wird modellintern mit den Kompartimenten Bohrloch, weiteren Speicherbecken, Kläranlagen und Vorflut gekoppelt.
- Kompartiment Speicherbecken 2:
  - Gesamtvolumen Speicherbecken
  - Beschreibung der Entwicklung des Wasservolumens als Funktion der Zeit
  - Beschreibung der Wasserzusammensetzung als Funktion der Zeit, für das Becken wird dafür in der Regel ideale Durchmischung angenommen.
  - Einleitmengen aus dem Bohrloch bzw. aus weiteren Speicherbecken als Randbedingung unter Berücksichtigung der Wasserzusammensetzung und der Volumenströme
  - Abfördermengen in das Kanalnetz, in die Vorflut oder in weitere Speicherbecken als Funktion der Zeit als Randbedingung

  Das Kompartiment Speicherbecken 2 wird modellintern mit den Kompartimenten Bohrloch, weiteren Speicherbecken, Kläranlagen und Vorflut gekoppelt.

- Kompartiment Kläranlage:
  - Gesamtvolumen Klärbecken
  - Beschreibung der Wasserzusammensetzung als Funktion der Zeit unter Berücksichtigung der sonstigen Einleitungen, für die einzelnen Becken wird dafür in der Regel ideale Durchmischung angenommen. Detaillierte Prozesse werden nicht beschrieben; vielmehr wird eingeschätzt, welche Stoffe in der Kläranlage grundsätzlich abgebaut werden und welche im Sinne eines Tracers die Kläranlage passieren.
  - Einleitmengen aus den Speicherbecken als Randbedingung unter Berücksichtigung der Wasserzusammensetzung und der Volumenströme
  - Abfördermengen in die Vorflut aus der Wasserbilanz

  Das Kompartiment Kläranlage wird modellintern mit den Kompartimenten Speicherbecken und Vorflut gekoppelt
- Kompartiment Vorflut:
  - Durchflusskennzahlen, hierbei wird in der Regel von MNQ-Werten ausgegangen
  - Abfördermengen aus den Speicherbecken und der Kläranlagen als Funktion der Zeit unter Berücksichtigung der jeweiligen Wasserzusammensetzung
  - Ansatz zur Durchmischung; aus Gründen der Konservativität wird häufig angenommen, dass sich das eingeleitete Wasser im betrachteten Flussabschnitt mit nur einem Anteil der eingeleiteten Wassermenge mischt; üblich sind Anteile von 1 / 3 oder 1 / 2.
  - Beschreibung der Wasserzusammensetzung als Funktion der Zeit unter Berücksichtigung der direkten Einleitungen aus den Speicherbecken und der Ableitungen der Kläranlagen
  - Einleitmengen aus den Speicherbecken als Randbedingung unter Berücksichtigung der Wasserzusammensetzung und der Volumenströme
  - Abfördermengen in die Vorflut aus der Wasserbilanz

  Das Kompartiment Vorflut wird modellintern mit den Kompartimenten Speicherbecken und Kläranlagen gekoppelt; in Abhängigkeit von der konkreten Situation, insbesondere bei räumlich unterschiedlichen Einleitpunkten aus den Kläranlagen und den Speicherbecken, können mehrere Kompartimente Vorflut notwendig sein

Die mehrfach erwähnte Kopplung zwischen den Kompartimenten bedeutet, dass die Volumenströme, die in einem Kompartiment einen Abstrom darstellen, im gekoppelten Kompartiment einen Zufluss abbilden. Dabei werden neben der Wasserbilanz auch die Stoffbilanzierung aller Wasserinhaltsstoffe unter Berücksichtigung chemischer Umsetzungen ermöglicht.

Bevor das Modell für die Optimierung des Wassermanagements eingesetzt werden kann, ist es zur Reduzierung der Parameterunsicherheiten erforderlich, es an vorhandenen Datensätzen zu kalibrieren. Dabei ist es notwendig, möglichst genaue Angaben insbesondere zum Ablauf der Tests (Volumenströme als Funktion der Zeit) sowie zur Zusammensetzung der Bohrspülung und zu den durchgeführten Säuerungsmaßnahmen zu verwenden. Nachdem das Modell an vorhandenen Datensätzen kalibriert wurde, kann es für die Prognose eingesetzt werden.

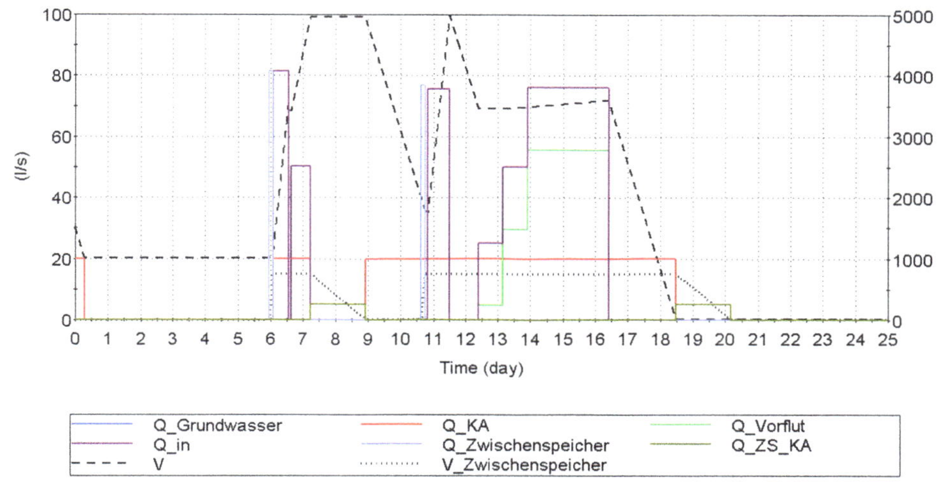

Abb. 20.1 Prognose des zeitlichen Verlaufs ausgewählter Volumenströme in die und aus den Speicherbecken (*Q_FW*: Volumenstrom Frischwasser zur Schaffung einer Vorlage, *Q_in*: Fördervolumenstrom Thermalwasser in das Speicherbecken, *Q_Zwischenspeicher*: Fördervolumen Thermalwasser in den Zwischenspeicher, *Q_KA*: Volumenstrom aus dem Speicherbecken in die Kläranlage, *Q_Vorfluter*: Volumenstrom aus den Speicherbecken in die Vorflut und *Q_ZS_KA*: Volumenstrom aus dem Zwischenspeicher in die KA) sowie Volumina in beiden Speicherbecken (*V*: Wasservolumen Speicherbecken und *V_Zwischenspeicher*: Wasservolumen Zwischenspeicher). Die Simulation erfolgte über den Gesamtzeitraum der Tests mit 3 Leistungstests von ca. einem Tag und einem Ergiebigkeitstest über 4 Tage

Hierbei werden die projektspezifischen Parameter und geplanten Testabläufe, d. h. die Fördermengen sowie die weiteren Randbedingungen (bspw. Ableitmengen, Säuerungsmengen, Zusammensetzung Bohrspülung, etc.) eingegeben. Durch Variation des Wassermanagements kann damit der gesamte Testablauf optimiert werden. Als kritisch stellt sich dabei für die Gesamtzeit in der Regel die Ableitung aus den Becken dar, da die möglichen Ableitmengen in das Kanalnetz in der Regel nur einen Bruchteil der Förderraten betragen. In Abhängigkeit von den Gegebenheiten des Standortes sind Ableitmengen in das Kanalnetz zwischen 2 l/s und 30 l/s möglich. Vergleicht man dies mit den angestrebten Förderraten von etwa 100 l/s bedeutet dies, dass die drei- bis fünfzigfache Zeit für die Ableitung gegenüber der Förderung notwendig ist. Damit ist das Wassermanagement für die Ableitung kritisch. Unter diesem Blickwinkel können Zusatzmaßnahmen wie zusätzliche Filter zu einer deutlichen Reduzierung der Gesamtkosten führen, wenn damit eine Erhöhung der Ableitmenge möglich ist.

Nachfolgend sollen einige Beispiele die Ergebnisse der Modellierung veranschaulichen.

Abbildung 20.1 zeigt die zeitliche Entwicklung von Volumenströmen und Wasservolumina für eine ausgewählte Realisierung in einem Speicherbecken und einem Zwischenspeicher. Zur Ermittlung der Bandbreiten und zur Optimierung wird eine Vielzahl von

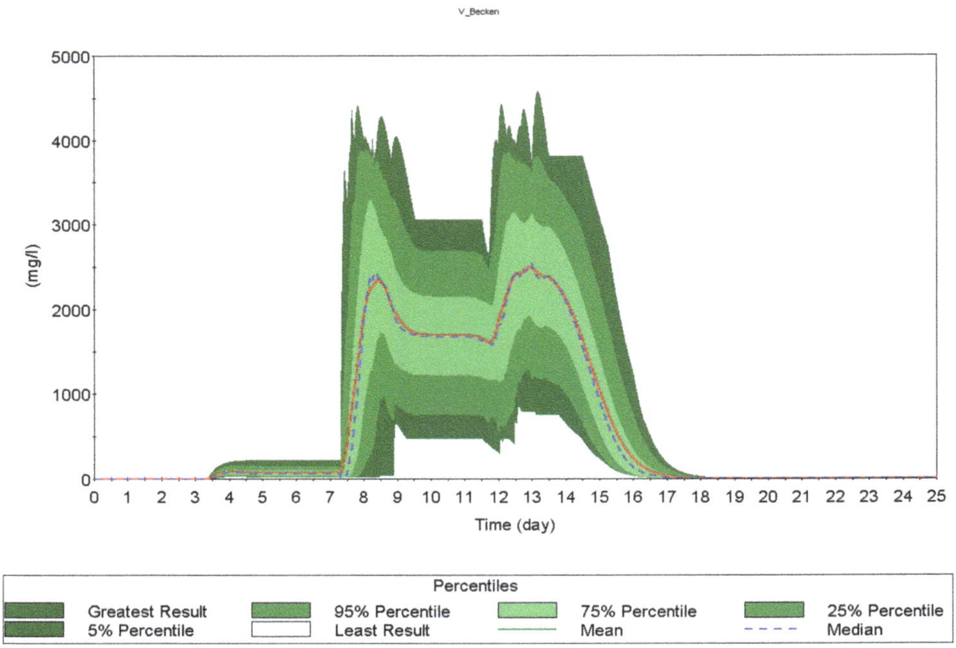

Abb. 20.2 Prognose der zeitlichen Entwicklung der Chloridkonzentration im Speicherbecken dargestellt als Bandbreite für den Zeitraum der Tests. Deutlich erkennbar sind die durch Säuerungen hervorgerufenen Peaks

Realisierungen mit variablen Eingangsparametern durchgeführt. Das Modell schaltet dabei selbstständig nach Vorgaben zur Steuerung zwischen verschiedenen Betriebszuständen um. Beispiele für solche Vorgaben sind:

- Erreichen eines bestimmten Füllstandes
- Erreichen einer bestimmten Wasserqualität bspw. anhand der Leitfähigkeit

Abbildung 20.2 zeigt die Prognose der Bandbreite der Entwicklung der Chloridkonzentration im Speicherbecken für den Gesamtzeitraum der Tests, während Abb. 20.3 die kumulative in die Vorflut einzutragende Chloridfracht darstellt.

Als weiteres Beispiel ist in Abb. 20.4 die Prognose der TOC Konzentration dargestellt, welche kritisch für die Einleitung in die Vorflut ist. Anhand der Prognosen wurde deutlich, dass eine Wahrscheinlichkeit von etwa 30 % bestand, dass der vorgegebene Grenzwert von 10 mg/l nach 13 Tagen überschritten wird. Damit hätte ein Risiko bestanden, dass der Ergiebigkeitstest abgebrochen werden muss, da ohne eine Ableitung in die Vorflut keine Speichermöglichkeit für das Thermalwasser mehr zur Verfügung gestanden hätte. Deshalb wurde entschieden, Aktivkohlefilter zu installieren. Zusätzlich wurde von den Wasserbehörden eine online-Überwachung der TOC-Konzentration gefordert. Bei den Tests hat

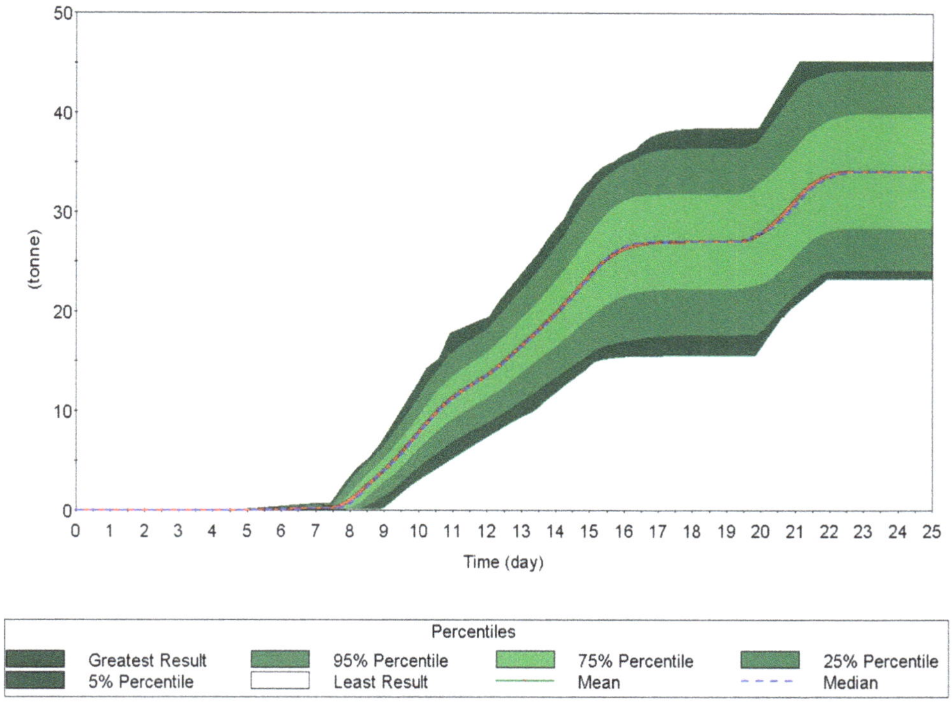

Abb. 20.3 Prognose der zeitlichen Entwicklung der in die Vorflut eingetragenen kumulativen Chloridfracht. Dabei wurden sowohl Direkteinleitungen als auch indirekte Einleitungen in die Vorflut berücksichtigt

sich dann gezeigt, dass die TOC-Konzentration erst nach Beginn des Ergiebigkeitstests den Grenzwert unterschritten hat. Insgesamt wurden die im Vorfeld erstellten Prognosen bei den Tests sehr gut bestätigt.

Insgesamt hat sich damit das Prognosemodell sehr gut bewährt. So konnte durch Nutzung eines ursprünglich für das Regenwassermanagement vorgesehenen Beckens als Zwischenspeicher und die Bereitstellung von zusätzlichen Speichertanks (350 m^3) das Wassermanagement entscheidend optimiert und die Versuchsdauer minimiert werden. Der Zwischenspeicher bestehend aus dem o. g. kleinen Becken und den Speichertanks von in Summe ca. 700 m^3 wurde genutzt, um das besonders hoch belastete Wasser, welches zuerst gefördert wird, zu speichern. Damit wurde erreicht, dass die Wasserqualität im großen Speicherbecken so gut war, dass kontinuierlich in die Kläranlagen abgefördert werden konnte. Dies war besonders wichtig für die erste Thermalwasserförderung unmittelbar nach der Bohrung (sehr viel Schwebstoffe) sowie für die initiale Thermalwasserförderung jeweils nach den Säuerungen. Das Wasser aus dem Zwischenspeicher wurde immer dann

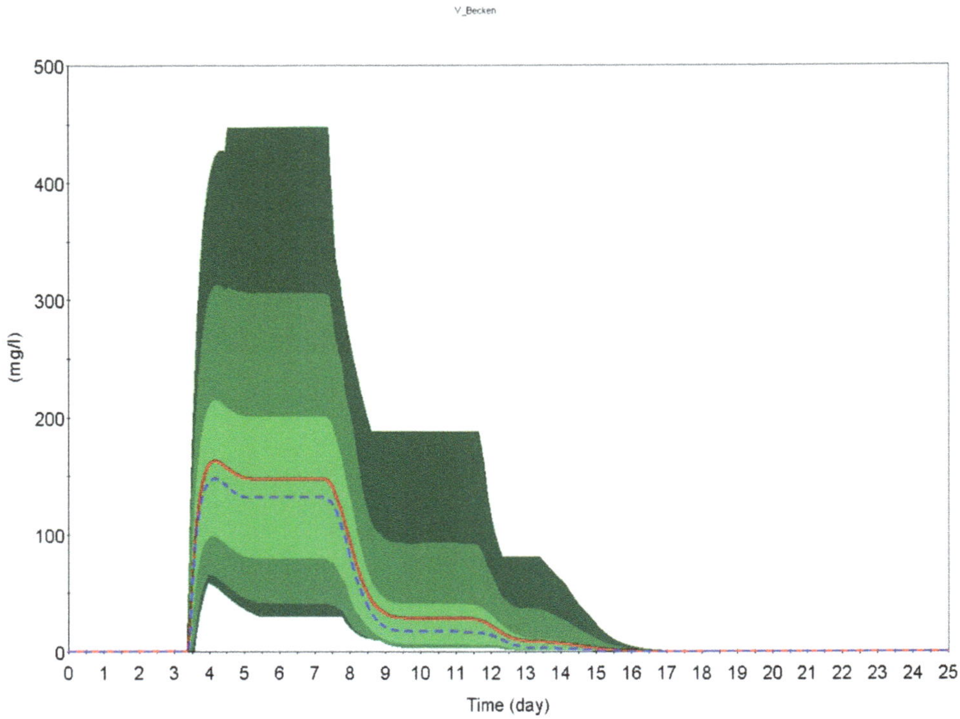

Abb. 20.4 Prognose der zeitlichen Entwicklung der TOC-Konzentration im Speicherbecken. Diese Konzentration ist kritisch hinsichtlich der Einleitung in die Vorflut. Entsprechend der Prognose besteht eine Chance, nach etwa 12 bis 13 Tagen, also beim Ergiebigkeitstest mit der Einleitung in die Vorflut zu beginnen. Nach dieser Zeit sind die mit der Bohrspülung eingetragenen TOC-Gehalte weitgehend ausgewaschen

in Abstimmung mit dem Kläranlagenbetreiber beigemischt, wenn es die Wasserqualität aus dem großen Becken zugelassen hat.

Insbesondere durch diese Optimierung wurde die ursprünglich veranschlagte Gesamtzeit der Tests um ca. 10 Tage reduziert, was eine Kosteneinsparung von mehreren hundettausend Euro entspricht.

20.6 Monitoring und Überwachung von Testarbeiten

20.6.1 Allgemeine Aspekte

Die Durchführung von Testarbeiten in der Geothermie ist sehr aufwendig und kostenintensiv. Deshalb muss der Überwachung und einem sachgerechten Monitoring eine hohe Aufmerksamkeit gewidmet werden. Das Monitoring muss grundsätzlich spezifisch auf den jeweiligen Test angepasst werden. Eine umfassende Darstellung für alle oben (Abschn. 20.3) dargestellten Testverfahren sprengt den Rahmen dieser Darstellung. Deshalb erfolgt eine Konzentration auf das Monitoring bei Pumpversuchen bzw. Wiederanstiegsversuchen, welche die am häufigsten angewendeten Testmethoden in der Tiefen Geothermie sind. Grundsätzlich kann das Monitoring unterteilt werden in Übertage-Monitoring und In-Bohrloch-bzw. Untertage-Monitoring.

Beim Übertage-Monitoring werden Prozessparameter an unterschiedlichen Stellen der Anlage kontinuierlich gemessen und aufgezeichnet. Dazu gehören insbesondere Drücke, Temperaturen, Volumenströme, Wasserstände in Zwischenspeichern und im Speicherbecken, geochemische vor-Ort-Parameter (Leitfähigkeit, pH-Wert) und Probenahmen für geochemische Analysen.

Zum In-Bohrloch-Monitoring zählen vor allem die Messung der Prozessparameter Druck und Temperatur über Wireline-Sonden oder mittels Datenloggern im Bohrloch. Dazu kommen noch Flowmetermessungen und die PDS-Probenahme (zur Entnahme von Gas und Flüssigkeitsproben). Als Grundlage für die Interpretation der Ergebnisse sollte vor Beginn und nach Abschluss der Testarbeiten jeweils ein Teufenprofil von Druck und Temperatur insbesondere im Bereich des Speicherhorizontes aufgenommen werden.

20.6.2 Übertage-Monitoring

Das Übertage-Monitoring dient einerseits als Grundlage für die Auswertung der Testarbeiten, andererseits aber auch zu deren Steuerung. Grundsätzlich kann unterschieden werden in eine kontinuierliche Überwachung von Prozessparametern, welche mittlerweile in der Regel online erfolgt, und in eine diskontinuierliche Probenahme für die chemische Analytik sowie für Isotopenuntersuchungen. Es wird empfohlen, eine kontinuierliche Überwachung mindestens an den folgenden Stellen durchzuführen:

- Kompressoren: Einblasdruck, Luftvolumenstrom
- Bohrlockkopf: Thermalwasservolumenstrom, Kopftemperatur, Kopfdruck, Leitfähigkeit, pH-Wert
- Zuleitung Zwischenspeicher: Thermalwasservolumenstrom, Temperatur, Leitfähigkeit, pH-Wert
- Zwischenspeicher: Temperatur, Leitfähigkeit, pH-Wert, Wasserspiegel (Füllstand)
- Zuleitung Kühlsystem: Thermalwasservolumenstrom, Temperatur, Leitfähigkeit, pH-Wert
- Kühlsystem: Wasserspiegel (Füllstand)
- Ableitung Kühlsystem – Zuleitung Speicherbecken: Thermalwasservolumenstrom, Temperatur, Leitfähigkeit, pH-Wert
- Speicherbecken: Temperatur, Leitfähigkeit, pH-Wert, Wasserspiegel (Füllstand)
- Ableitung Speicherbecken in Kläranlage bzw. Vorfluter: Thermalwasservolumenstrom, Temperatur, Leitfähigkeit, pH-Wert, ggf. Online-Überwachung Trübe, TOC und weitere Parameter entsprechend wasserrechtlicher Erlaubnis

Für die Überwachung der Thermalwasserqualität ist es notwendig, regelmäßig Proben zu nehmen und in einem zertifizierten Labor analysieren zu lassen. Es wird empfohlen, die folgenden Probenahmepunkte für chemische Analysen und für Isotopenuntersuchungen festzulegen:

- Zuleitung Kühlsystem (Beginn der Förderung, regelmäßige Intervalle von 4–6 Stunden, Ende der Förderung)
- Zwischenspeicher (nach Füllung)
- Speicherbecken (regelmäßige Intervalle von 4–6 Stunden, Ende der Förderung)

Die dargestellten Probenahmepunkte und Probenahmehäufigkeiten stellen ein Minimalprogramm dar und müssen insbesondere unter dem Hinblick der vorliegenden Genehmigungen angepasst werden. Die chemische Analytik sollte dabei innerhalb von 12 bis 24 Stunden erfolgen, da häufig die Vorlage dieser Ergebnisse die Voraussetzung für die Ableitung in ein Kanalsystem bzw. eine Kläranlage darstellt.

Von besonderer Bedeutung ist die Analyse der Thermalwasserzusammensetzung zum Ende der Förderung aus dem geförderten Thermalwasserstrom (Zuleitung Kühlsystem), da diese die beste Charakterisierung des Thermalwassers gestatten sollte (das Bohrloch ist weitgehend gereinigt). Deshalb wird empfohlen, hier eine möglichst umfassende chemische Analyse (Vollanalyse) durchzuführen. Für die weiteren Proben ist eine Standardanalyse mit einem eingeschränkten Parameterumfang möglich. Für die Standardanalyse wird die folgende Analytik empfohlen:

- Wassertemperatur (Feld + Labor)
- pH-Wert (Feld + Labor)
- Leitfähigkeit (Feld + Labor)
- Kohlenwasserstoffe Index
- AOX
- Blei
- Cadmium
- Chrom
- Kupfer
- Nickel
- Zink
- extr. Lipophile Stoffe
- Chlorid
- abfiltrierbare Stoffe
- Trübung (NTU)
- Ammonium
- Calcium
- Magnesium
- TOC

- DOC
- CSB
- BSB5

Für die Vollanalyse wird zusätzlich noch die folgende Analytik empfohlen:

- Natrium
- Kalium
- Eisen
- Mangan
- Sulfat
- Hydrogencarbonat
- Nitrat
- Schwefelwasserstoff
- Arsen gesamt
- spektraler Absorptionskoeffizient bei 436 nm
- spektraler Absorptionskoeffizient bei 254 nm
- Redoxpotential
- Säurekapazität 8,2
- Sulfid
- Ammoniumstickstoff
- Barium
- Fluorid

Zusätzlich ist eine Probenahme für Altersbestimmungen auf der Grundlage von Isotopenuntersuchungen möglich. Diese sollte erst beim letzten Test genommen werden, da es auf möglichst reines Thermalwasser ankommt. Hier sind unterschiedliche Isotopenanalysen sinnvoll. Bspw. können auf der Grundlage ^{18}O / ^{16}O und D/H Isotopenverhältnissen sowie ^{87}Sr / ^{86}Sr Verhältnissen Rückschlüsse auf das Alter und die Bildungsbedingungen der Thermalwässer gezogen werden. Die Analyse und Interpretation der Proben muss in dafür zugelassenen Speziallaboren erfolgen.

20.6.3 In-Bohrloch- bzw. Untertage-Monitoring

Entscheidend für die Ergiebigkeit einer Thermalwasserbohrung ist der Zusammenhang zwischen Förderrate und Absenkung. Deshalb kommt es darauf an, die Absenkung möglichst genau zu erfassen. Die Absenkung wird von einer Vielzahl von Effekten beeinflusst, die bei einer korrekten Auswertung berücksichtigt werden müssen. Beispielhaft seien die folgenden Effekte genannt:

- Druckverluste in der Verrohrung
- Druckverluste im Open-Hole bzw. im Filterbereich (falls ein Filter eingebaut wurde).

- Druck- und Wasserspiegeländerungen durch temperaturbedingte Dichteränderungen in der Wassersäule des Bohrloches
- Druckänderungen durch die Wirkung benachbarter Bohrungen, insbesondere der jeweils anderen Bohrung einer Dublette beim Zirkulationstest.

Um die Notwendigkeit von rechnerischen Korrekturen möglichst zu begrenzen, ist es anzustreben, den Druck und die Temperatur während der Förderung im Bereich der Reservoir-Oberkante zu messen. Dies kann entweder mit Hilfe von Wireline-Sonden (Kombination von Druck- und Temperaturmessung) oder mit Hilfe von Datenloggern erfolgen. Die Wireline-Sonden bieten den Vorteil, dass die Information bereits während der Testarbeiten zur Verfügung steht und bei der Steuerung einbezogen werden kann. Bspw. kann so festgestellt werden, inwiefern sich bei konstanter Förderrate eine stationäre Druckabsenkung eingestellt hat. So kann entschieden werden, ob zur nächsten Förderstufe übergegangen werden kann. Um im Bereich der Reservoir-Oberkante Messungen durchführen zu können, muss das Equipment den Anforderungen genügen. Das bedeutet bspw. bei Projekten in der bayerischen Molasse Drücke von bis zu 450 bar, Temperaturen von bis zu 140 °C und Messteufen von bis zu 5000 m und mehr. Eine Schwierigkeit bei der Messung in der Nähe der Reservoir-Oberkante ist die Tatsache, dass bei Förderraten von 100 l/s oder mehr gerade im Bereich der Rohrtouren an der Reservoir-Oberkante erhebliche Strömungsgeschwindigkeiten auftreten. Bspw. beträgt die Strömungsgeschwindigkeit in einer 7 5/8″ RT bei einer Förderrate von 100 l/s knapp 5 m/s. Bei diesen Strömungsgeschwindigkeiten treten erhebliche Turbulenzen und Reibungskräfte an der Sonde auf. Diese können zu einem Mitreißen der Sonde und sogar zu einer Havarie führen. Ob derartige Effekte zu befürchten sind, ist abhängig von der Bauart der Sonde, dem Ausbau der Bohrung im Bereich der Messteufe und von der Ergiebigkeit bzw. der beim Fördertest erreichten Förderrate. Die entsprechenden Kräfte sollten deshalb vorher abgeschätzt werden. Kann dieser Mitreißeffekt nicht ausgeschlossen werden, so sollte die Wireline-Messung in einem Rohrtourabschnitt mit größerem Durchmesser durchgeführt werden, wobei entsprechende Korrekturen rechnerisch zu berücksichtigen sind.

Neben der Messung des Druckes an der Obergrenze des Reservoirs ist die Messung der Temperatur in diesem Bereich sehr wichtig. Damit werden belastbare Prognosen in Bezug auf die späteren Fördertemperaturen ermöglicht. Zwar ist die Reservoirtemperatur zu Beginn der Testarbeiten durch die kühlende Wirkung der Bohrspülung und die während der Bohrung eingebrachten Fluide noch gestört, jedoch nähert sich die Temperatur mit wachsender kumulativer Förderung der ursprünglichen Reservoirtemperatur an. Wird die Temperatur nicht an der Reservoir-Oberkante, sondern weiter oben gemessen, so wird sie durch Abkühlungseffekte an der Bohrlochwand beeinflusst. Zwar nehmen auch diese Abkühlungseffekte mit der Zeit ab, jedoch ist die Testzeit in der Regel auch auf wenige Tage begrenzt. Für Projekte in der bayerischen Molasse beträgt die Abkühlungsleistung über die gesamte Bohrlochlänge zu Beginn des Tests ca. 10 MW und mehr. h-Test immer noch ca. 2–5 MW. Dies führt dazu, dass sich ungeachtet weiterer Effekte (Wirkung des Einblasens von Luft) die Temperatur am Bohrlochkopf von der Temperatur an der Malmoberkante

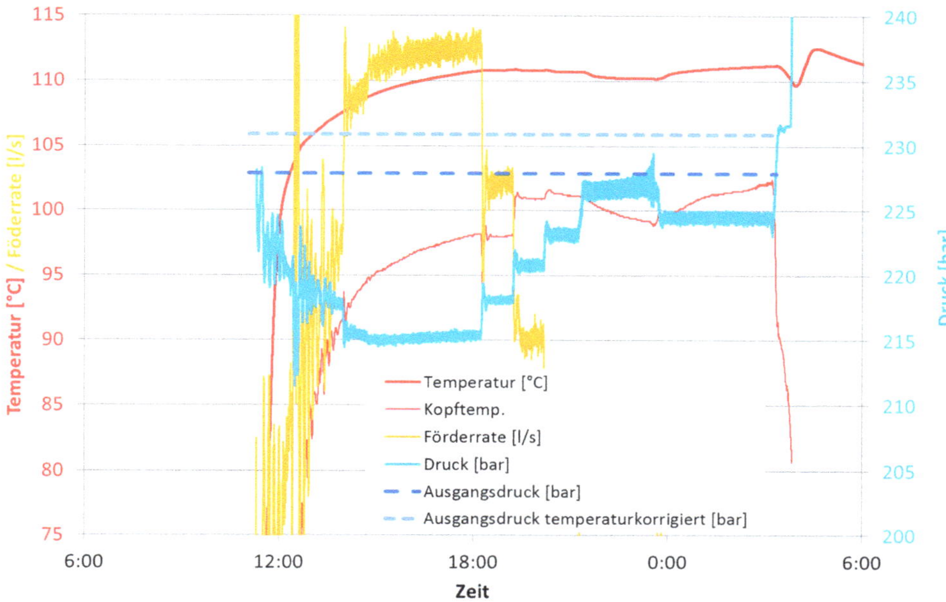

Abb. 20.5 Beispielhafte Darstellung gemessener Kopftemperatur, Wirelinetemperatur und Wirelinedruck als Funktion Zeit. Zusätzlich dargestellt sind der in der Messteufe gemessene Ausgangsdruck sowie der temperaturkorrigierte Ausgangsdruck

bei einer Förderrate von 100 l/s um mindestens 5–10 K unterscheidet. Da die Temperatur durch eine Reihe weiterer Effekte, die nur schwer quantifizierbar sind, beeinflusst wird, ist die Messung im Bereich der Reservoir-Oberkante für die Temperaturprognose sehr wichtig. Hier sei nochmals auf den Effekt des Mitreißens der Sonde verwiesen, der eine Messung im Bereich der Reservoir-Oberkante unmöglich machen kann.

In Abb. 20.5 sind beispielhaft die gemessene Kopftemperatur, die Wirelinetemperatur und der Wirelinedruck als Funktion Zeit dargestellt. Die Wirelineparameter wurden dabei in einer Messteufe ca. 2000 m oberhalb der Malmoberkante gemessen. Deshalb sind bei der Auswertung Temperaturkorrekturen notwendig.

Eine weitere in-Bohrloch-Messung stellt die PDS-Probenahme dar. Dort wird eine Thermalwasserprobe aus dem Bereich des Malms entnommen und im Labor analysiert. Hierbei ist darauf zu achten, dass eine ungestörte Probenahme stattfindet und es sich unbeeinflusstes Thermalwasser handelt. Dies ist in der Realität leider nicht möglich. Unmittelbar nach Fertigstellung der Bohrung ist das Bohrloch durch Bohrspülung beeinflusst. Zusätzliche Einflüsse kommen durch die Stimulation (Säuerung) zustande. Sowohl der Einfluss der Bohrspülung als auch der Säuerung nimmt mit dem kumulativ geförderten Volumen ab. Dies soll anhand des Zusammenhanges zwischen der eruierten elektrischen Leitfähigkeit und dem kumulativ (über mehrere Tests) geförderten Thermalwasservolumen veranschaulicht werden (siehe Abb. 20.6).

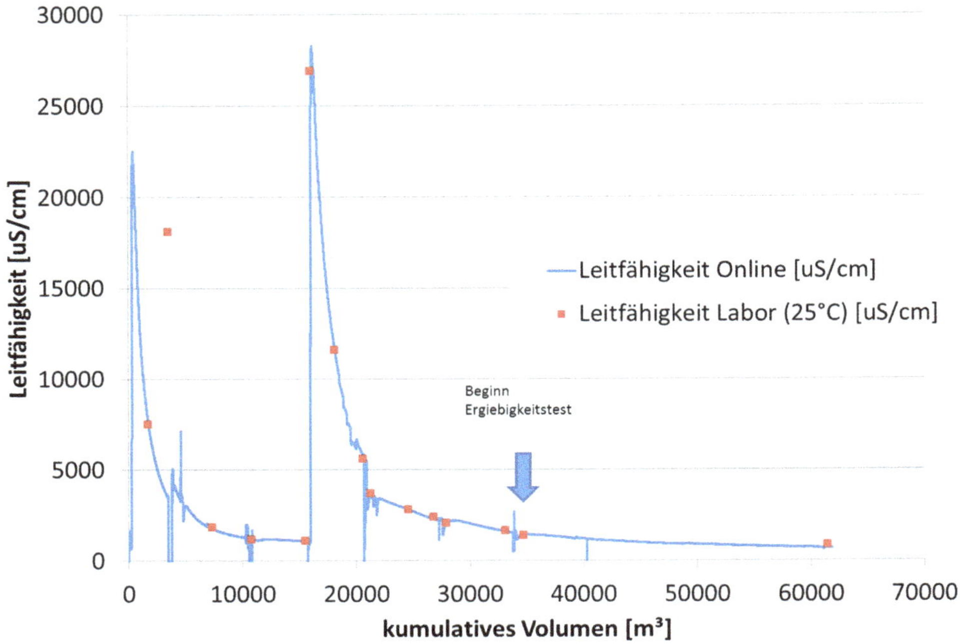

Abb. 20.6 Abhängigkeit der elektrischen Leitfähigkeit vom über mehrere Tests kumulativ geförderten Thermalwasservolumen. Die durchgezogene blaue Kurve ist eine Online-Messung und die roten Punkte sind Ergebnisse der Laboranalytik. Deutlich sichtbar sind die Einflüsse der Säuerung vor Beginn der Testarbeiten und nach ca. 16.000 m^3 kumulativ geförderten Volumens

Da die Testzeiten und die kumulativ geförderten Volumina in der Regel aber begrenzt sind, kann ein Resteinfluss nicht ausgeschlossen werden. Insgesamt wird empfohlen, die PDS-Probenahme unmittelbar nach Beendigung der letzten Testarbeiten durchzuführen.

Der Analysenumfang der PDS-Probenahme entspricht in etwa der chemischen Vollanalyse Übertage (siehe Abschn. 20.6.2) zuzüglich von Isotopenuntersuchungen.

20.7 Auswertung von Testarbeiten

20.7.1 Grundsätzliche Aspekte

Die Durchführung und Auswertung von hydraulischen Tests ist Gegenstand der Hydrogeologie und ist dort weit entwickelt. Analytische Auswertungen sind dabei in der Regel nur für Spezialfälle möglich. Deshalb erfolgt die Auswertung in der Regel mit Spezialsoftware. Die hydraulischen Tests im Bereich der Tiefen Geothermie haben einige Gemeinsamkeiten, die bei der Auswertung der Testarbeiten zu berücksichtigen sind:

- Es kann grundsätzlich von gespannten Grundwasserverhältnissen ausgegangen werden.
- In vielen Fällen liegen keine oder nur wenige Informationen zur Änderung des Wasserspiegels in benachbarten Bohrungen vor.
- Teilweise sind die Bohrungen im Reservoirbereich geneigt, weshalb analytische Auswertungsansätze nur sehr eingeschränkt einsetzbar sind.
- Das Thermalwasserreservoir ist häufig sehr heterogen. Die bedeutet, dass das Thermalwasser der Bohrung in einzelnen Zuflusszonen zutritt. Deshalb können nur mittlere effektive Wasserduchlässigkeitsbeiwerte bzw. effektive Permeabilitäten angegeben werden.
- Da häufig Airliftverfahren eingesetzt werden, stellt sich zu Beginn des Tests meist erst nach 1 bis 2 Stunden eine nahezu konstante Förderrate ein. Deshalb kann die für die Pumpversuchsauswertung ansonsten wichtige Anfangsphase nur sehr aufwendig ausgewertet werden.

20.7.2 Grundlagen zur Auswertung von Pump- und Wiederansteigstests

Die theoretischen Grundlagen für die Auswertung von Pumpversuchen wurden in einer Reihe von Arbeiten in der Mitte des vorigen Jahrhunderts gelegt. Beispielhaft soll auf Cooper und Jacob (1946), Hantush (1964), Hantush und Jacob (1955), Papadopolus und Cooper (1967), Theis (1935) und Thiem (1906) verwiesen werden. Ein Überblick wird unter anderem in Gillbricht (2008) und Domenico und Schwartz (1997) gegeben. Nachfolgend soll eine kurze Darstellung der theoretischen Grundlagen erfolgen. Diese sind an Gillbricht (2008), Domenico und Schwartz (1997) und die Landesanstalt für Umweltschutz Baden-Württemberg (1991) angelehnt. Für weitere Details sei auf die o. g. Literatur verwiesen.

Im einfachsten Fall werden die folgenden Annahmen für den Grundwasserleiter (GWL) getroffen (Leßmann 2009):

- Der GWL besitzt unendliche seitliche Ausdehnung.
- Der GWL ist homogen und isotrop.
- Die GW-Druckfläche vor Beginn des Versuchs ist horizontal.
- Der Brunnen ist über die gesamte Mächtigkeit des GWL verfiltert.
- Die in dem Brunnen gespeicherte Wassermenge ist vernachlässigbar klein.
- Die Förderrate während der Absenkung ist konstant.
- Der Brunnenradius wird vernachlässigt.
- Der Absenkungsbereich ist unbeeinflusst von hydraulisch wirksamen Grundwasserleitergrenzen (z. B. Staugrenzen, Infiltrationsgrenzen)

Für diesen Fall kann aus dem Strömungsgesetz von Darcy und der Kontinuitätsgleichung folgende Strömungsgleichung für radialsymmetrische Strömung abgeleitet werden:

$$\frac{\partial^2 h}{\partial r^2} + \frac{\partial^2 h}{\partial r} \cdot \frac{1}{r} = \frac{S}{T} \cdot \frac{\partial h}{\partial r} \tag{20.1}$$

mit:

r: radialer Abstand zum Förderbrunnen [m]
h: Standrohrspiegelhöhe zur Zeit t [m]
t: Zeit seit Pumpbeginn [s]
S: Speicherkoeffizient (Heitfeld und Koppelberg 1981)
T: Transmissivität [m^2/s]

Für eine konstante Förderrate Q kann die Lösung der Differentialgleichung (20.1) mit Hilfe der Brunnenfunktion W(u) nach Theis (1935) ausgedrückt werden:

$$s(r,t) = h_0 - h(r,t) = \frac{Q}{4\pi T} W(u) \tag{20.2}$$

mit:

$$u = \frac{r^2 S}{4tT}$$

bzw.:

s: Absenkungsbetrag in einem Brunnen im Abstand r zum Förderbrunnen [m]
h_0: Ruhewasserspiegel [m]
h: abgesenkter Grundwasserspiegel zur Zeit t [m]
Q: konstante Förderrate [m^3/s]

Zur Illustration soll folgendes Beispiel dienen:

- Effektive hydraulische Durchlässigkeit: kf = 1e-6 m/s
- Mächtigkeit: M = 500 m
- Förderrate: Q = 100 l/s für 0 h < t < 12 h, danach Wiederanstieg
- Speicherkoeffizient: S = 1e-5
- Idealer Brunnen, d. h. Vernachlässigung des Speicherterms des Brunnens

Die Wasserspiegelabsenkung s im Förderbrunnen und in einem 1500 m entfernten Beobachtungsbrunnen wird als Funktion der Zeit berechnet. Zusätzlich ist die zeitliche Entwicklung der Brunnenfunktionen w_0(u) und w_1(u) dargestellt, da für die Simulation des Abschaltens eine zweite Brunnenfunktion benötigt wird. Das Ergebnis wird mit Abb. 20.7 und 20.8 veranschaulicht.

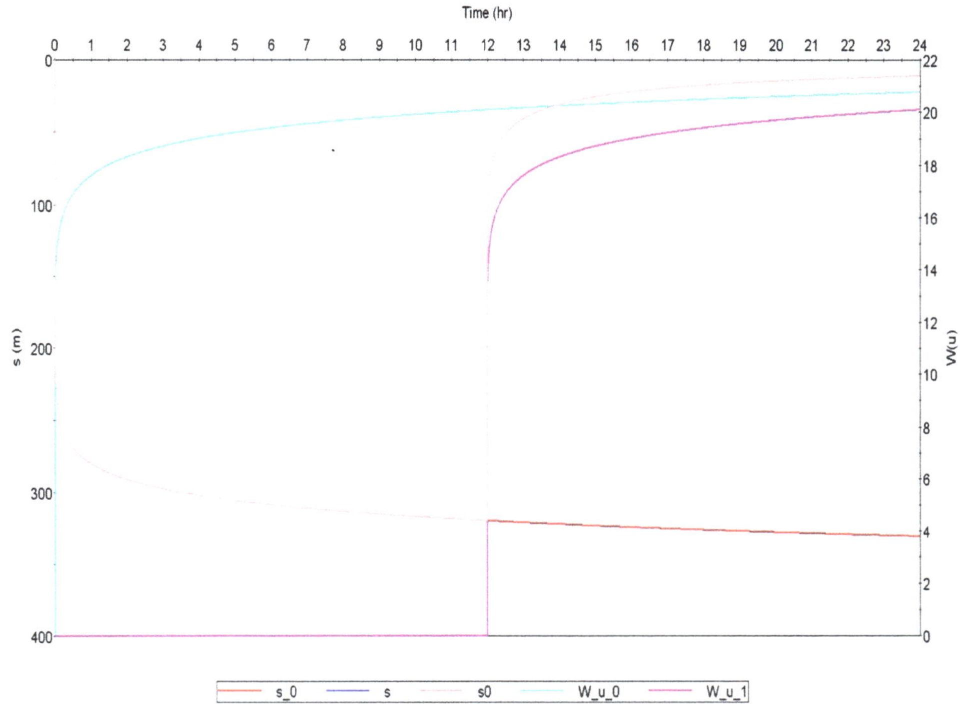

Abb. 20.7 Zeitlicher Verlauf der Brunnenabsenkung s im Förderbrunnen, der Brunnenabsenkung s_0 (kontinuierliche Weiterförderung) sowie der Brunnenfunktionen für das oben dargestellte Beispiel

Dieses Beispiel ist stark idealisiert. Für reale Situationen beim Testen von Thermalwasserbrunnen können eine Reihe weiterer Effekte hinzukommen, die zu einer Abweichung des Absenk- und Wiederanstiegsverhaltens von diesem Beispiel führen. Derartige Effekte sind bzw. können sein:

- Einfluss des Wasservolumens im Brunnen
- Berandung des Reservoirs
- Anisotropie durch Kluftströmung
- Bevorzugte Wasserwegsamkeiten auf Störungen
- Skin-Effekte: geänderte Durchlässigkeit im Nahfeld des Brunnens
- Druckverluste im Open Hole, im Filter und bzw. in der Verrohrung
- Wasserspiegeländerungen durch Temperaturänderungen bei Förderung oder Reinjektion

Die letzten beiden Aspekte können messtechnisch minimiert bzw. ganz eliminiert werden, wenn die Druckmessung die für die Absenkung verwendet wird, im Bereich des Reservoirs erfolgt.

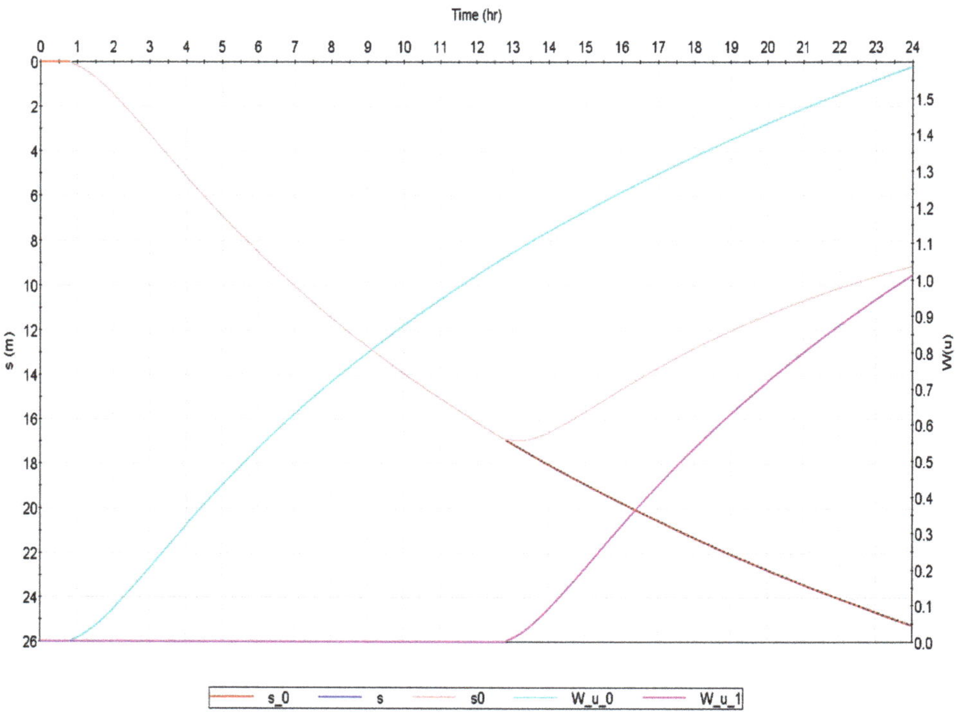

Abb. 20.8 Zeitlicher Verlauf der Brunnenabsenkung s im 1,5 km entfernten Beobachtungsbrunnen, der Brunnenabsenkung s_0 (kontinuierliche Weiterförderung) sowie der Brunnenfunktionen für das oben dargestellte Beispiel

Nachfolgend sollen in zwei weiteren Beispielen die Effekte einer einseitigen Berandung sowie einer zweiseitigen Berandung auf das Absenkverhalten verdeutlich werden. Die einseitige Berandung kann bspw. auftreten, wenn eine Störungszone hydraulisch dicht ist und als Barriere wirkt. Die zweiseitige Berandung entspricht dabei bspw. einer Situation mit einem sehr gut durchlässigen Störungsbereich und einer ansonsten sehr geringen Durchlässigkeit.

Bei der einseitigen Begrenzung gibt es im Förderbrunnen eher geringfügige Auswirkungen (siehe Abb. 20.9). Diese sind umso geringer, je weiter der Förderbrunnen von der Begrenzung entfernt ist. Anders sieht es im 1,5 km entfernten Beobachtungsbrunnen aus. Dort ist die Absenkung in etwa doppelt so groß.

Die zweiseitige Begrenzung führt sowohl im Förder- als auch im Beobachtungsbrunnen zu großen Auswirkungen. Im Förderbrunnen wird kein quasistationärer Zustand erreicht (siehe Abb. 20.11). Im Beobachtungsbrunnen (siehe Abb. 20.10 bzw. 20.12) schlägt sich die Absenkung um ein Vielfaches stärker durch als ohne Begrenzung. Daraus kann geschlussfolgert werden, dass die Auswertung der Wirkung auf benachbarte Bohrungen wichtige Hinweise zu hydraulischen Kurzschlüssen und zur Dominanz von Störungen gibt.

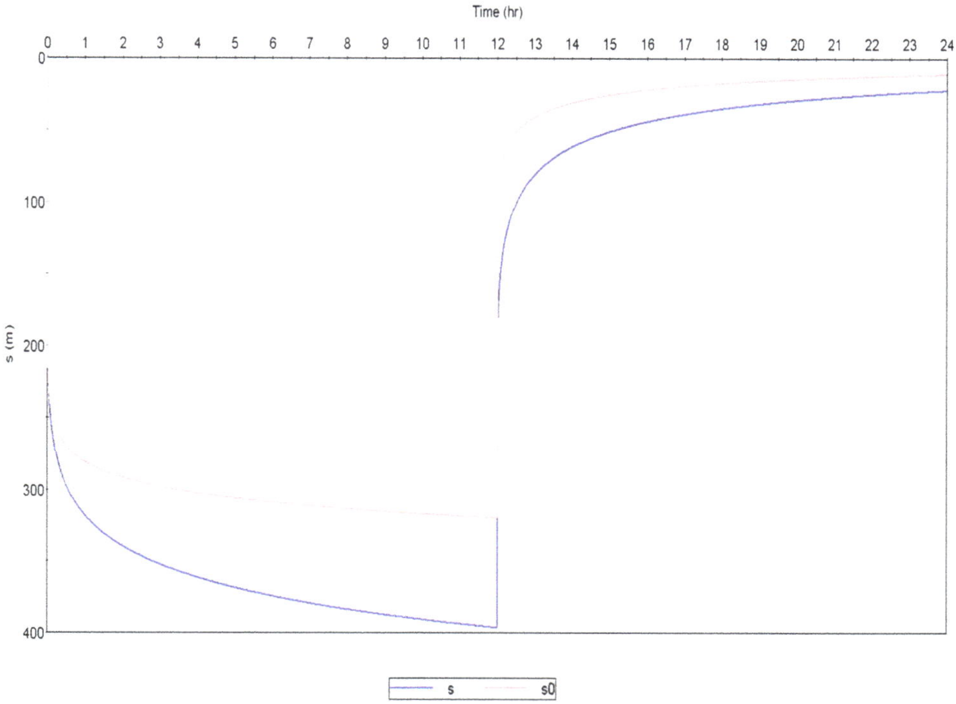

Abb. 20.9 Zeitlicher Verlauf der Brunnenabsenkung s im Förderbrunnen für das oben dargestellte Beispiel mit einer zusätzlichen einseitigen Begrenzung in 100 m Abstand vom Brunnen und zum Vergleich die Brunnenabsenkung s_0 ohne seitliche Begrenzung

Die aufgenommenen Absenkungskurven als Funktion der Zeit müssen nun durch Variation der Parameter (die wichtigsten sind kf-Wert, Speicherkoeffizient und Skinfaktor) so angepasst werden, dass die modellierte Kurve mit der gemessenen Kurve übereinstimmt. Aufgrund der begrenzten Förderzeiten und der beschriebenen Anfahreffekte bei Airlifttests sind die Daten beim eigentlichen Pumpversuch häufig nur mit Einschränkungen instationär auswertbar. Anders ist dies beim Wiederanstieg. Aus der Anpassung der Wiederanstiegskurven kann die Reservoirpermeabilität bzw. Transmissivität recht gut bestimmt werden. Dazu werden in der Regel Softwarepakete eingesetzt, weil mit diesen auch die oben genannten Effekte berücksichtigt werden können. In Tab. 20.1 sind einige gängige Programme aus Gillbricht (2008) aufgelistet.

Als Alternative zu den oben genannten Programmen zur Auswertung der Pumpversuche kann die Auswertung auch mit dem Reservoirmodell erfolgen. Dies hat den Vorteil, dass im Reservoirmodell die geologischen Strukturen in ihrer Geometrie berücksichtigt werden können. Auf der anderen Seite, sind deren hydraulische Eigenschaften meist mit großen Unsicherheiten behaftet, so dass eine Vielzahl von Szenarien berechnet werden

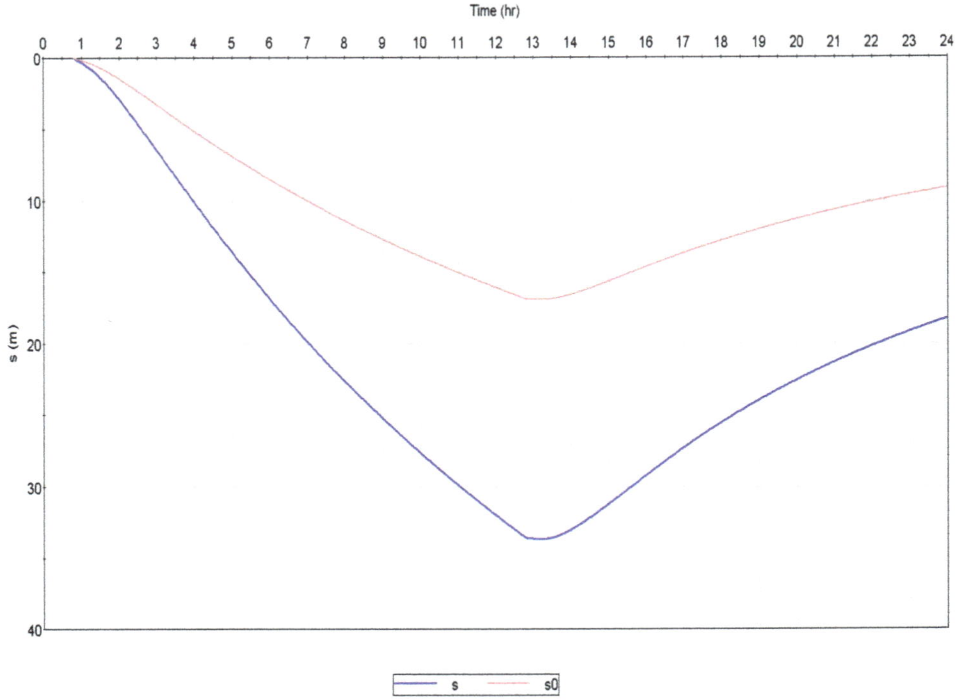

Abb. 20.10 Zeitlicher Verlauf der Brunnenabsenkung s im 1,5 km entfernten Beobachtungsbrunnen für das oben dargestellte Beispiel mit einer zusätzlichen einseitigen Begrenzung in 100 m Abstand vom Brunnen und zum Vergleich die Brunnenabsenkung s_0 ohne seitliche Begrenzung

muss, um die beobachteten Absenkkurven sachgerecht abzubilden. Bei der Nutzung eines Reservoirmodells, bspw. FEFLOW oder PETREL/ECLIPSE ist es notwendig, die Verluste in der Verrohrung sachgerecht zu berücksichtigen. Dies muss in der Regel separat geschehen, indem der Zusammenhang zwischen Druckverlust in der Verrohrung in Abhängigkeit von der Förderrate berechnet wird. Dies wird näher in Abschn. 20.8 anhand des Modells G.E.O.S.I.M. erläutert. Die gemessenen Druckverluste sind entsprechend zu korrigieren. Gleiches gilt für den Einfluss der Temperatur. In ECLIPSE können diese Effekte mit Hilfe eines Zusatzmoduls berechnet werden. Zudem können damit auch die Zusammenhänge zwischen Temperatur und Viskosität sowie Dichte sachgerecht abgebildet werden. Nähere Details dazu sind in Kap. 5 dieses Buches dargestellt.

Als praktikabler Weg wird eine iterative Verwendung einer Software zur Pumpversuchsauswertung und eines Reservoirmodells gesehen. Aufgrund der Möglichkeit, die o. g. Effekte zu berücksichtigen, wird hierbei ECLIPSE favorisiert. Auch mit den anderen Reservoirsimulatoren (siehe Kap. 5) können diese Effekte berücksichtigt werden, allerdings ist dazu eine Reihe von manuellen Zusatzarbeiten notwendig.

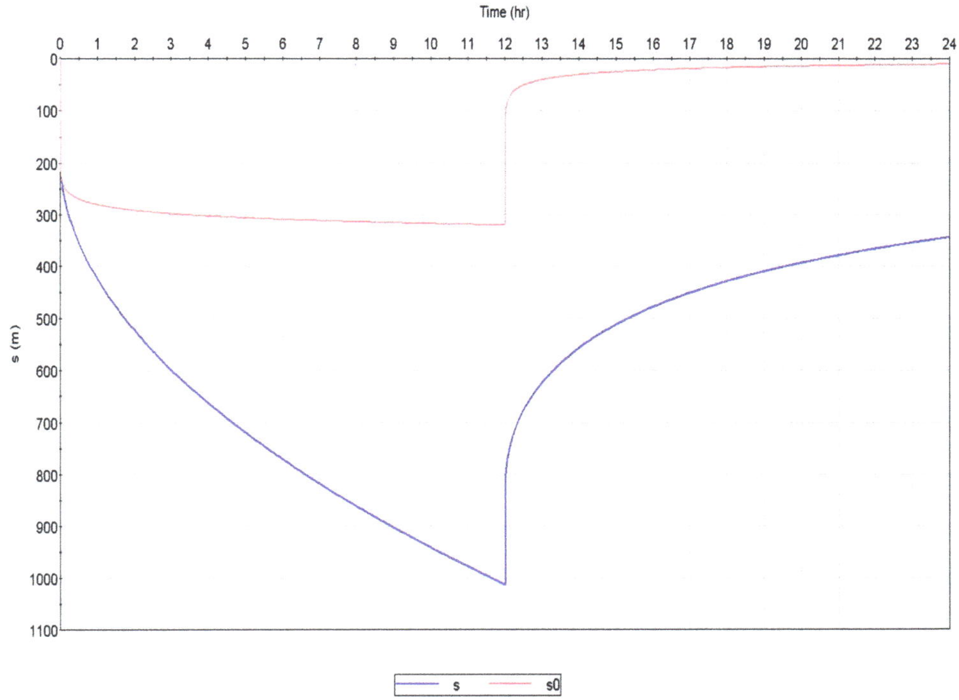

Abb. 20.11 Zeitlicher Verlauf der Brunnenabsenkung s im Förderbrunnen für das oben dargestellte Beispiel mit einer zusätzlichen zweiseitigen Begrenzung in jeweils 100 m Abstand vom Brunnen und zum Vergleich die Brunnenabsenkung s_0 ohne seitliche Begrenzungen

An dem oben aufgeführten Beispiel wird deutlich, dass innerhalb von Testzeiten von 24 h in der Regel keine stationären Verhältnisse erreicht werden. Auf der anderen Seite sind die Änderungen in der Absenkung nach wenigen Stunden nur noch relativ gering. Deshalb werden reale Pumptests jeweils in mehreren Förderstufen gefahren und es wird für jede Förderstufe die quasistationäre Absenkung bestimmt. Aus dem Verhältnis von Förderrate und quasistationären Absenkungsbetrag kann der sogenannte Kurzzeit-Produktivitätsindex berechnet werden. Dies wird im nächsten Abschnitt näher erläutert.

20.7.3 Kurzzeit-Produktivitätsindex

Die Ergiebigkeit eines Brunnens kann über den sogenannten Produktivitätsindex (PI) charakterisiert werden. Dabei handelt es sich um den Quotienten aus Förderleistung (Q) zu Druckabsenkung (Δp):

$$PI = \frac{Q}{\Delta p} . \quad (20.3)$$

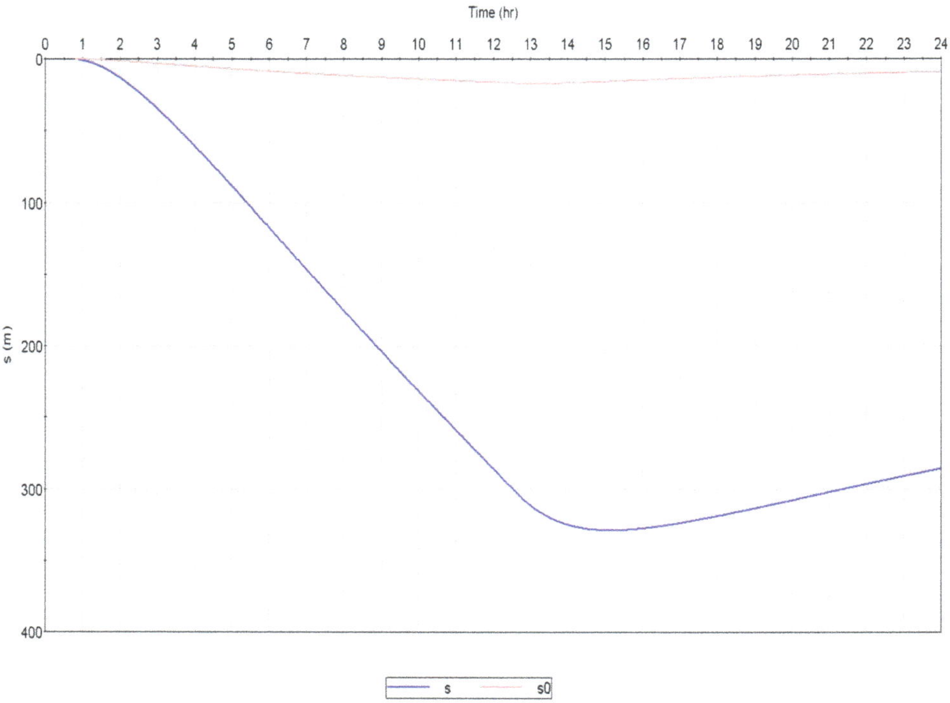

Abb. 20.12 Zeitlicher Verlauf der Brunnenabsenkung s im Beobachtungsbrunnen für das oben dargestellte Beispiel mit einer zusätzlichen zweiseitigen Begrenzung in jeweils 100 m Abstand vom Brunnen und zum Vergleich die Brunnenabsenkung s_0 ohne seitliche Begrenzungen

Dieser PI ist eine integrale Größe, der verschiedene Einflüsse berücksichtigt. Da die Druckabsenkung bei den üblichen Kurzzeitfördertests noch nicht stationär ist, wird der dabei bestimmte PI auch Kurzzeitproduktivitätsindex genannt.

In der klassischen Hydrogeologie wird die Druckabsenkung als Differenz der Wasserspiegellagen (Δh) ausgedrückt. Die Umrechnung in Druckdifferenzen erfolgt unter der Annahme einheitlicher Dichte ρ über $\Delta p = \rho \cdot g \cdot \Delta h$ mit der Erdbeschleunigung $g = 9{,}81\ m/s^2$. Damit sind in diesem PI sowohl Effekte des Reservoirs als auch des Filters und der Verrohrung enthalten. Aufgrund der in der Regel vorhandenen Nähe zur Geländeoberkante spielen die Druckverluste in der Verrohrung sowie Dichteänderungen der Wassersäule dabei nur eine nachgeordnete Rolle und der PI charakterisiert im Wesentlichen die Reservoireigenschaften.

Dies ist im Bereich der Tiefen Geothermie anders. Dort sind in der Regel Bohrlochlängen, d. h. Abstände zwischen Reservoir und Wasserspiegel bzw. Geländeoberkante von mehreren tausend Metern üblich. Damit treten zwischen Reservoir und Wasserspiegel zusätzliche Effekte auf, die Einfluss auf die Änderung des Wasserspiegels bzw. eines in Oberflächennähe gemessenen Druckes haben. Die wichtigsten Effekte sind:

Tab. 20.1 Softwarepakete zur Auswertung von Pump- und Wiederanstiegstests

Programm	Anbieter	Webseite
MRQWIN	Gillbricht	www.cagsoft.com
SLUGTEST	GGU mbH	www.ggu-software.de
PUMPTEST	GGU mbH	www.ggu-software.de
DCPUMP	DC-Software	www.dc-software.de
AQUIFER-TEST	HarbourDom GmbH	www.flowpath.com
HYDROTEC	Geologik GmbH	www.geologik-software.de
WINPUMP	IDAT GmbH	
AQUIFERWIN32	ESI	www.esinternational.com
AQTESOLV	HydroSOLVE	www.aqtesolv.com
SINGLE WELL SOLUTIONS	Environmental Software	www.groundwatersoftware.com
INFINITE EXTEND	Starpoint	www.pointstar.com
STEPMASTER	Starpoint	www.pointstar.com
SUPER SLUG	Starpoint	www.pointstar.com
WELL	geo&soft	www.geoandsoft.com
GROUNDWATER FOR WINDOWS	Karanjac	www.geocities.com/karanjac
PTFIT	Water Resource Assoc.	www.watres.com

- Druckverluste in der Verrohrung durch Rohrreibung. Diese können insbesondere bei guten Reservoireigenschaften größer sein als die Druckdifferenzen im Reservoir.
- Änderungen der Dichte der Wassersäule durch Temperaturänderung bei Förderung. Dies kann zu Änderungen des in der Nähe der Oberfläche gemessenen Druckes um bis zu 10 bar (bzw. des Wasserspiegels um bis zu 100 m) oder mehr führen. Durch diesen Effekt kann es dazu kommen, dass insbesondere bei kleinen Förderraten und guten Reservoireigenschaften der Wasserspiegel bei Förderung deutlich höher liegt als vor Beginn der Förderung.

Deshalb ist für den PI eine klare Definition notwendig, wo die Druckdifferenz gemessen wird. Hier ist die übliche Festlegung, dass der PI auf die Reservoiroberkante bezogen wird. Deshalb ist es günstig, die Druckdifferenz über Wireline-Sonden oder Memorytools direkt an der Oberkante des Reservoirs zu messen. In diesem Fall kann die gemessene Druckdifferenz direkt in (20.3) eingesetzt werden. Leider ist es in einigen Fällen nicht möglich, die Druck und Temperatur an der Reservoiroberkante zu messen. Dies ist bspw. der Fall, wenn kleine Rohrduchmesser (7 5/8″ oder kleiner) für die letzte Rohrtour verwendet wurden und die Bohrung Förderraten im Bereich von 100 l/s oder mehr zulässt. Dann kann es dazu kommen, dass das Messtool vom Thermalwasserstrom mitgerissen und die Messung verfälscht wird. Im Extremfall kann dies sogar zur Havarie führen. In solchen Fällen wird deshalb weiter oben im Bohrloch, im Bereich der größeren Rohrtouren gemessen.

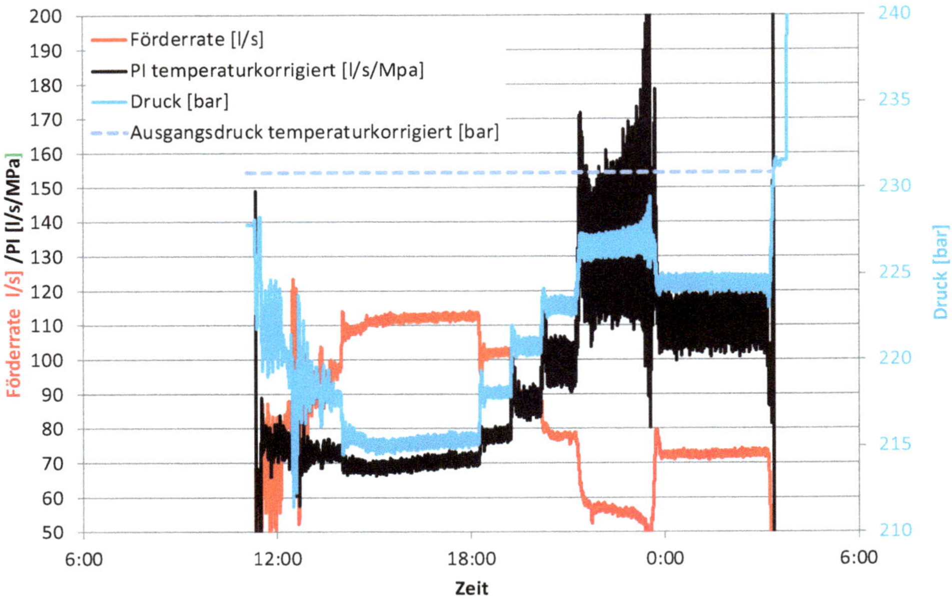

Abb. 20.13 Messdaten zur Förderrate und zum Druck sowie der daraus berechnete temperaturkorrigierte PI. Zusätzlich dargestellt ist der temperaturkorrigierte Ausgangsdruck. Dieser entspricht dem Druck bei warmer Wassersäule, jedoch ohne Förderung

Dies führt dann dazu, dass beide der oben genannten Effekte auftreten. Deshalb ist es in einem solchen Fall notwendig, den PI rechnerisch zu korrigieren. Da die für die Korrektur notwendigen Daten (genaue Temperaturverteilung in der Bohrung, Rohrrauhigkeit u. a.) nicht genau bekannt sind, kommt es folglich zu Unsicherheiten bei der Berechnung des PI. Nachfolgend ist ein Beispiel dargestellt, bei dem die Messung von Druck und Temperatur in ca. 2600 m MD erfolgt ist, während sich die Reservoiroberkante im Bereich von ca. 4500 m MD befindet (siehe Abb. 20.13). Der dort dargestellte PI wurde bereits um die Temperatureffekte korrigiert, jedoch noch nicht um die Druckverluste in der Verrohrung.

Der in Abb. 20.13 zugrunde liegende Test wurde mit dem Airliftverfahren durchgeführt. Deshalb wird zu Beginn eine gewisse Zeit benötigt, bevor sich die Förderrate stabilisiert, weil auch hier Temperatureffekte vorhanden sind. Außerdem zeigen die Kurvenverläufe, dass eine Stabilisierung der Förderrate unter 60 l/s nicht möglich war. Die Temperaturkorrektur erfolgte unter Berücksichtigung der Reservoirtemperatur, der in ca. 2500 m MD gemessenen Temperatur und unter der Annahme eines linearen Temperaturverlaufs in der Wassersäule. Die Korrekturen basieren dann auf der Berücksichtigung der Abhängigkeit der Dichte des Wassers von Druck, Temperatur und Mineralisation. Der PI schwankt deshalb relativ stark, weil die beiden Eingangsgrößen Förderrate und Druck jeweils für sich in einer Bandbreite schwanken. Werden die Volumenströme und Druckdifferenzen über

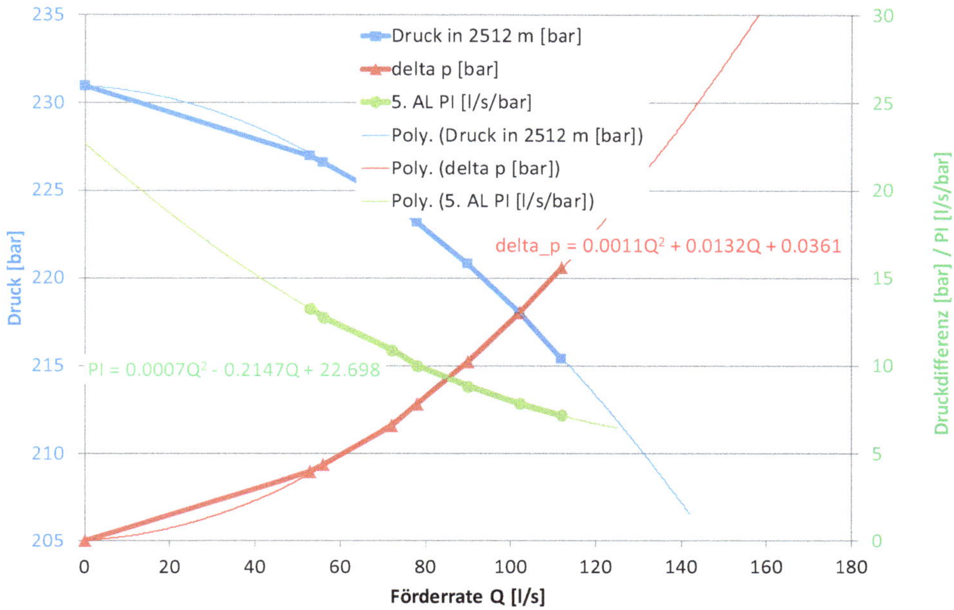

Abb. 20.14 Abhängigkeit der temperaturkorrigierten mittleren Druckabsenkung und des daraus berechneten PI in Abhängigkeit von der Förderrate für die Daten entsprechend Abb. 20.13

die einzelnen Förderstufen gemittelt, so können die Druckdifferenzen und der berechnete Kurzzeit-PI als Funktion der Förderrate angegeben werden. Dies ist für die Daten aus Abb. 20.13 bezogen auf die Messtiefe von ca. 2500 m MD in Abb. 20.14 dargestellt.

In Abb. 20.14 wird die nichtlineare Abhängigkeit der Druckabsenkung von der Förderrate deutlich. Diese ist im vorliegenden Fall maßgeblich durch die Druckverluste in der Verrohrung bedingt, die noch nicht rechnerisch korrigiert wurde. Für dieses Beispiel zeigt sich folglich auch eine nichtlineare Abhängigkeit des PI von der Förderrate. Bei einer Förderrate von 58 l/s errechnet sich ein Kurzzeit-PI von ca. 13 l/s/bar, während er bei 112 l/s nur noch ca. 7 l/s/bar beträgt.

20.7.4 Identifikation von Zuflusszonen

Die Identifikation von Zuflusszonen ist entscheidend für das Verständnis des Reservoirs und dessen sachgerechter Abbildung.im geologischen Strukturmodell sowie im geothermischen Reservoirmodell (Kap. 5). Zudem bildet diese Information die Grundlage für ggf. durchzuführende weitere Stimulationsmaßnahmen.

Grundsätzlich können die Zuflusszonen bereits im Rahmen der Bohrlochmessungen nach Abschluss der Bohrungen identifiziert werden. Deshalb sei an dieser Stelle auf Abschn. 9.1 verwiesen. Die gängigsten Methoden sind dabei:

- Temperaturlog: Die Bereiche des Reservoirs, die gut durchlässig und damit die späteren Zuflusszonen sind, werden durch eindringende Bohrspülung abgekühlt. Wird nach Abschluss der Bohrarbeiten ein Temperaturlog durchgeführt, so zeigen sich die Zuflusszonen als Anomalien mit geringerer Temperatur im Teufenverlauf der Temperatur.
- Flowmeter Messung: Diese sind während der Testarbeiten durchzuführen. Dadurch kann bei vorzugsweise konstanter Förderrate die Strömungsgeschwindigkeit als Funktion der Teufe ermittelt werden. An dem Verlauf werden die Bereiche deutlich, in denen Sprünge auftreten, was den Zuflusszonen entspricht. Dabei ist es wichtig, dass die Messsonde zentriert im Bohrloch geführt wird. Leider liefern diese bei den häufig anzutreffenden geneigten Bohrungen nur eingeschränkt brauchbare Ergebnisse, da diese Zentrierung meist nicht gelingt.
- Interpretation von Imagelogs: Bei den Imagelogs wird meist mit akustischen Verfahren gewissermaßen ein Abbild der Bohrlochwand erzeugt. Im Rahmen der Interpretation dieses Abbildes können sowohl Störungszonen als auch offene und geschlossene Klüfte bzw. Kluftdichten identifiziert werden. Leider ist das Ergebnis nur qualitativ und eine Korrelation mit den Ergebnissen von Temperaturlogs, die die belastbarsten Methoden zur Identifikation von Zuflusszonen darstellen, zeigt meist nur eine eingeschränkte Übereinstimmung.

Nachfolgend soll eine Methode kurz umrissen werden, die im Gegensatz zu den oben aufgelisteten Bohrlochmessungen im Rahmen der Auswertung der Testarbeiten angewendet werden kann. Diese beruht auf der Auswertung der Tests unter Berücksichtigung von Druckverlustberechnungen. Die Grundidee besteht dabei darin, dass die Druckverluste in der Verrohrung relativ genau berechnet werden können. Die Hauptunsicherheiten resultieren aus der möglichen Bandbreite der Rauhigkeit. Auf der anderen Seite ist die Open Hole-Sektion des Bohrloches (bzw. der verfilterte Bohrlochabschnitt) der Bereich mit dem geringsten Durchmesser über den gesamten Bohrlochverlauf (mit Ausnahme von Unterschneidungen) und bildet somit auch den Bohrlochabschnitt mit den größten Druckverlusten pro Meter Strömungsweg. Ein deutlicher Anteil am Gesamtdruckverlust innerhalb der Bohrung stammt daher aus dem Open Hole Bereich. Da die Eigenschaften des Reservoirs sehr gut durch den Wiederanstiegstest ermittelt werden können, kann aus dem Druckverlust, der dem Open Hole bzw. Filter zugeordnet werden kann, auf die etwaige Lage der Zuflusszonen geschlossen werden. Auch hier stellen die Rauhigkeitsparameter die größte Unsicherheit dar.

Um diese Auswertung auf der Grundlage der unterschiedlichen Teststufen und Bandbreiten der Rauhigkeiten durchführen zu können, ist es zweckmäßig ein probabalistisches numerisches Modell einzusetzen. Im nachfolgenden Beispiel wurden die Simulationen mit GoldSim™ durchgeführt. Das Modell beruht auf dem Monte-Carlo-Ansatz. Dabei werden

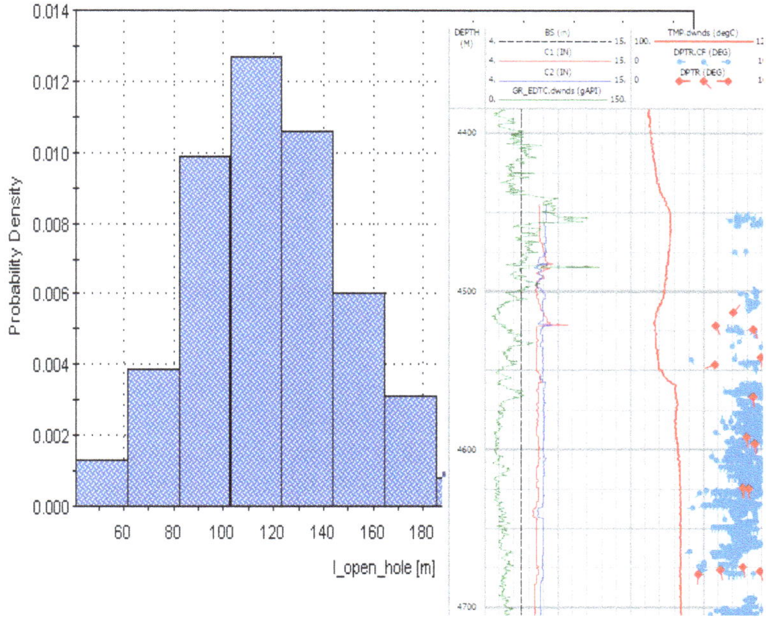

Abb. 20.15 Verteilungsfunktion für die Lage der Hauptzuflusszone unter Reservoiroberkante (*links*) und Temperaturlog (*rechts*)

eine Vielzahl von Realisierungen mit unterschiedlich „gewürfelten" Parametern durchgeführt und dabei die berechneten Druckverluste mit den gemessenen verglichen. Der Berechnungsablauf in einer Realisierung ist dabei folgendermaßen:

1. „Würfeln" der Rauhigkeit für die Verrohrung und für den Open Hole bzw. Filterbereich
2. „Würfeln" einer Verteilung der Zuflüsse im Reservoir entlang der Bohrung. Dabei erfolgt eine Beschränkung auf Hauptzuflüsse.
3. Durchführung der Druckverlustberechnungen für alle Förderstufen
4. Vergleich der gemessenen Druckverluste mit den berechneten und Bewertung, ob die Realisierung die gemessenen Druckverluste beschreiben kann
5. Wenn dies nicht der Fall ist, wird die Realisierung verworfen. Ansonsten wird die Lage der Zuflusszonen gespeichert und zur nächsten Realisierung übergegangen.

Im Ergebnis der Simulation erhält man eine Verteilungsfunktion der Teufenlage von möglichen Zuflusszonen. Dies ist in nachfolgender Abb. 20.15 für die Hauptzuflusszone im Vergleich mit einem Temperaturlog dargestellt.

Der Temperaturlog zeigt eine Zuflusszone ca. 120 m MD unterhalb der Reservoiroberkante. Dies wird durch die probabilistische Simulation sehr gut bestätigt.

Die dargestellte Vorgehensweise ist besonders gut geeignet, wenn wenige diskrete Zuflusszonen vorliegen. Der Vorteil besteht darin, dass die ohnehin vorhandene Information lediglich unter einem anderem Blickwinkel ausgewertet wird und keine zusätzlichen Messungen notwendig sind. Sie kann jedoch lediglich als Ergänzung oder Bestätigung der oben genannten Messungen gesehen werden oder für Fälle zur Anwendung kommen, bei denen aus technischen Gründen keine Temperaturlogs vorliegen.

20.8 Prognose von Fördertemperatur und Fördermengen

20.8.1 Prognose Fördertemperatur

Die beim Betrieb zu erwartende Fördertemperatur ist eine der wesentlichen Größen, die durch die Testarbeiten bestimmt werden sollen. Die beim Test gemessene Kopftemperatur ist sehr stark von der über die in das Gebirge über Wärmeleitung abgegebenen Wärmeleistung beeinflusst. Diese abgegebene Wärme ist sehr stark von der Erwärmung des Gebirges abhängig. Sie reduziert sich beim späteren Betrieb deutlich. So können zu Beginn der Testarbeiten durchaus Temperaturunterschiede zwischen Reservoirtemperatur und Kopftemperatur in Abhängigkeit von der Förderrate von 10 K bis 20 K auftreten. Im späteren Betrieb reduzieren sich diese bei hohen Förderraten auf 1 K und weniger. Hierbei liefert die von der Pumpe abgegebene Wärmeverlustleistung einen zusätzlichen Beitrag.

Nachfolgend sollen ausgewählte Ansätze dargestellt werden, mit denen Rückschlüsse auf die spätere Fördertemperatur gezogen werden können. Alle Ansätze sind physikalisch begründet.

Regression und Extrapolation

Die Grundlage für diesen Ansatz besteht darin, dass sich die Kopftemperatur asymptotisch der Reservoirtemperatur annähert. Wird die Kopftemperatur über die logarithmierte Zeit aufgetragen, so sollte sich eine Gerade ergeben. Unter dieser Annahme kann am bisherigen Verlauf eine Regression durchgeführt und damit dann für die zukünftige Entwicklung linear extrapoliert werden. In der nachfolgenden Abb. 20.16 ist dies anhand von Beispieldaten für die Kopftemperatur und für die Temperatur an der Pumpe dargestellt.

Für eine solche Extrapolation muss innerhalb des Messzeitraumes zur Erfassung der für die Regression zu nutzenden Daten eine konstante Förderrate gefahren werden. Im vorliegenden Fall liegen jeweils 10 Tage bei einer Förderrate von 30 l/s zugrunde. Damit gilt die Extrapolation auch nur für diese Förderrate. Sehr deutlich wird an diesem Beispiel auch, dass zwischen Pumpe und Bohrlochkopf nahezu 5 K Temperaturunterschied vorhanden sind. Dies ist durch die geringe Förderrate bedingt.

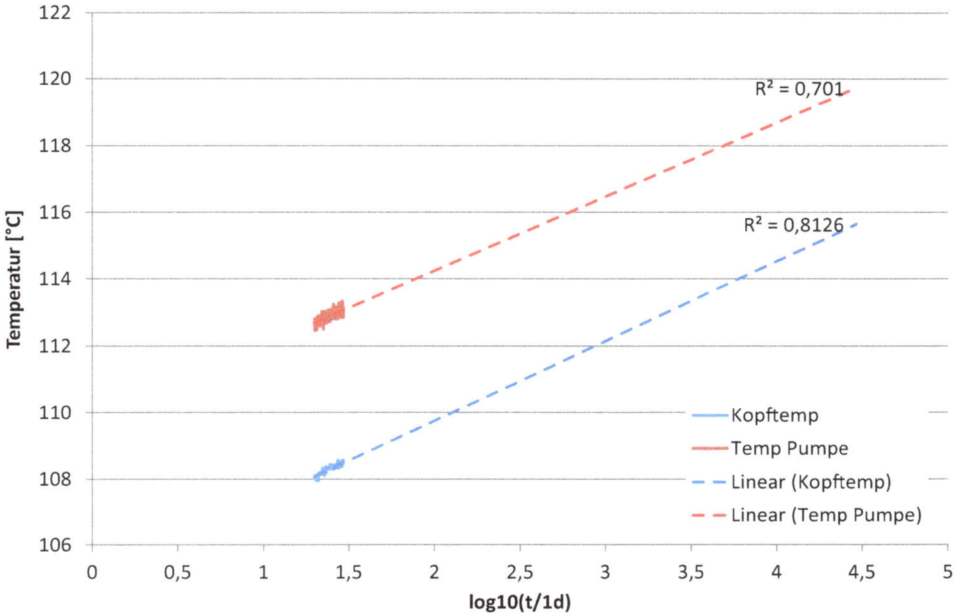

Abb. 20.16 Extrapolation auf der Grundlage einer Regression jeweils für die Kopftemperatur sowie für eine an der Förderpumpe gemessene Temperatur

Berechnung der Reservoirtemperatur und der Wärmeverlustleistung aus Temperatursprüngen bei Änderung der Förderrate

Das Grundkonzept dieses Ansatzes besteht darin, dass vom Thermalwasser zwischen Reservoir und Bohrlochkopf eine Wärmeleistung $P_{Kühl}$ über Wärmeleitung in das Gebirge abgegeben wird. Dies führt zu einer Abkühlung des Thermalwassers um ΔT. Mit der Wärmekapazität des Wassers c_W und der Dichte ρ_W kann dies für eine Förderrate Q in folgender Formel ausgedrückt werden:

$$\Delta T = \frac{P_{therm} - P_{Kühl}}{Q \cdot \rho_W \cdot c_W}. \qquad (20.4)$$

Darin ist P_{therm} die thermische Verlustleistung der Pumpe. Gleichung 20.4 kann nun nach $P_{Kühl}$ umgestellt und für die Förderraten Q^1 und Q^2 aufgeschrieben werden, wobei T^1 und T^2 die jeweils gemessenen Temperaturen am Bohrlochkopf sind.:

$$P^1_{Kühl} = P^1_{therm} - Q^1 \cdot \rho^1_W \cdot c^1_W \cdot \Delta T^1 = P^1_{therm} - Q^1 \cdot \rho^1_W \cdot c^1_W \cdot \left(T^{Res} - T^1\right) \qquad (20.5)$$

bzw.:

$$P^2_{Kühl} = P^2_{therm} - Q^2 \cdot \rho^2_W \cdot c^2_W \cdot \Delta T^2 = P^1_{therm} - Q^1 \cdot \rho^1_W \cdot c^1_W \cdot \left(T^{Res} - T^2\right). \qquad (20.6)$$

Nun können folgende vereinfachende Annahmen getroffen werden:

- Die Kühlleistung bleibt unmittelbar nach der Änderung der Förderrate nahezu unverändert, da sich das Temperaturprofil im Gebirge nur langsam ändert und außerdem die Temperaturänderung gering ist, d. h.: $P^1_{\text{Kühl}} \approx P^2_{\text{Kühl}} \equiv P_{\text{Kühl}}$
- Da sich die Temperaturen in der Wassersäule nur geringfügig unterscheiden, sind sowohl die Dichte als auch die spezifische Wärmekapazität nahezu unverändert, d. h.: $\rho^1_W \cdot c^1_W \approx \rho^2_W \cdot c^2_W \equiv \rho_W \cdot c_W$

Die thermische Verlustleistung der Pumpe kann über den Wirkungsgrad η der Pumpe, der näherungsweise als konstant angenommen wird, ausgedrückt werden:

$$P_{\text{therm}} = P_{\text{mech}} \cdot \left(\frac{1}{\eta} - 1\right) = \Delta p \cdot Q \cdot \left(\frac{1}{\eta} - 1\right). \tag{20.7}$$

Hierin ist Δp die Druckdifferenz, die die Pumpe aufzubringen hat und Q ist der Volumenstrom. Das Gleichsetzen von (20.5) und (20.6) und das Einsetzen der weiteren Relationen und Näherungen führt zu:

$$P^1_{\text{therm}} - Q^1 \cdot \rho^1_W \cdot c^1_W \cdot \left(T^{\text{Res}} - T^1\right) = P^2_{\text{therm}} - Q^2 \cdot \rho^2_W \cdot c^2_W \cdot \left(T^{\text{Res}} - T^2\right) \tag{20.8}$$

bzw.:

$$\begin{aligned} &\Delta p^1 \cdot Q^1 \cdot \left(\frac{1}{\eta} - 1\right) - Q^1 \cdot \rho_W \cdot c_W \cdot \left(T^{\text{Res}} - T^1\right) \\ &= \Delta p^2 \cdot Q^2 \cdot \left(\frac{1}{\eta} - 1\right) - Q^2 \cdot \rho_W \cdot c_W \cdot \left(T^{\text{Res}} - T^2\right). \end{aligned}$$

Dies ist eine Gleichung für die Unbekannte T^{Res}, die Reservoirtemperatur. Die Umstellung ergibt:

$$T^{\text{Res}} = \frac{\Delta p^2 \cdot Q^2 \cdot \left(\frac{1}{\eta} - 1\right) - \Delta p^1 \cdot Q^1 \cdot \left(\frac{1}{\eta} - 1\right) + Q^2 \cdot \rho_W \cdot c_W \cdot T^2 - Q^1 \cdot \rho_W \cdot c_W \cdot T^1}{\left(Q^2 - Q^1\right) \cdot \rho_W \cdot c_W}. \tag{20.9}$$

Durch Einsetzen von (20.9) in (20.5) bzw. alternativ in (20.6) kann die Kühlleistung berechnet werden. Diese nimmt mit der Zeit kontinuierlich ab. Auf der Grundlage detaillierterer Berechnungen kann eingeschätzt werden, dass bspw. bei Stromprojekten in der bayrischen Molasse die Kühlleistung nach einem Zeitraum von ca. einem Jahr Förderung eine Größenordnung von ca. 500 kW erreicht. Bei Förderraten im Bereich von 150 l/s oder mehr entspricht dies auch in etwa der thermischen Verlustleistung der Pumpe. Damit beträgt die Temperaturdifferenz zwischen Reservoir und Bohrlochkopf in diesen Fällen weniger als 1 K.

Simulation der Kopftemperatur mit einem Simulationsprogramm

Das Grundprinzip dieser Herangehensweise besteht darin, die Temperaturverteilung in der Förderwassersäule und im Gebirge im Detail, räumlich und zeitlich aufgelöst mit einem Modell nachzurechnen. Derartige Modelle sind häufig Eigenentwicklungen der jeweiligen Consultingfirmen, die die Prozesse mit mehr oder weniger Detailliertheit abbilden. Kommerzielle Modelle die hierfür genutzt werden könnten, sind nach Kenntnis der Autoren nicht verfügbar. Die relevanten Prozesse sind sehr detailliert in der Dissertation von Francke (2014) beschrieben. Nachfolgend soll das Modell G.E.O.S.I.M. der Firma G.E.O.S. Ingenieurgesellschaft mbH kurz charakterisiert werden, welches ebenfalls für diesen Zweck entwickelt wurde.

G.E.O.S.I.M. wurde auf der Grundlage der Software GoldSim™ implementiert. GoldSim™ ist eine sehr leistungsfähige Systemsimulationssoftware zur probababilistischen Simulation dynamischer Systeme. In G.E.O.S.I.M. wurden insbesondere die nachfolgenden Prozesse und Effekte **komplett gekoppelt und zeitabhängig** berücksichtigt:

- Wärmeübergang in der Grenzschicht zwischen Thermalwassersäule und Verrohrung in Abhängigkeit vom Fließregime (turbulent oder laminar)
- Wärmeleitung in der Verrohrung und Zementation unter der Annahme von Radialsymmetrie
- Wärmeleitung im Gebirge unter der Annahme von Radialsymmetrie
- Berücksichtigung des Verrohrungsschemas über die Bohrlochlänge
- Berücksichtigung der thermischen Leitfähigkeit und der Wärmekapazität über die Bohrlochlänge
- Neigung des Bohrloches
- Abhängigkeit der Dichte des Thermalwassers von Druck, Temperatur und Mineralisation
- Abhängigkeit der Viskosität des Thermalwassers von der Temperatur
- Berücksichtigung der Wasserspiegellage in Abhängigkeit von der Temperatur- und Druckverteilung in der Thermalwassersäule
- Berechnung der Rohrreibungsdruckverluste in Abhängigkeit von Förderrate und Temperatur
- Berücksichtigung der Wärmeverlustleistung der Pumpe
- Ungestörtes Temperaturprofil
- Berücksichtigung der Auskühlung des Bohrlochs durch den Bohrprozess sowie die Veränderung des Temperaturfeldes durch die vorher durchgeführten Tests
- Alternativ: Vereinfachte gegenseitige Beeinflussung von Förder- und Injektionsbohrung über analytische Funktionen oder indirekte Ankopplung eines Reservoirsimulators (ECLIPSE oder FEFLOW) zur Berücksichtigung der Reservoireigenschaften

Nach einer initialen Parametrisierung werden mit dem gleichen Parametersatz die verschiedenen Tests durchgerechnet und iterativ die Parameter angepasst. Dabei ist zu berücksichtigen, dass für einige Parameter in der Regel keine sehr genauen Daten vorlie-

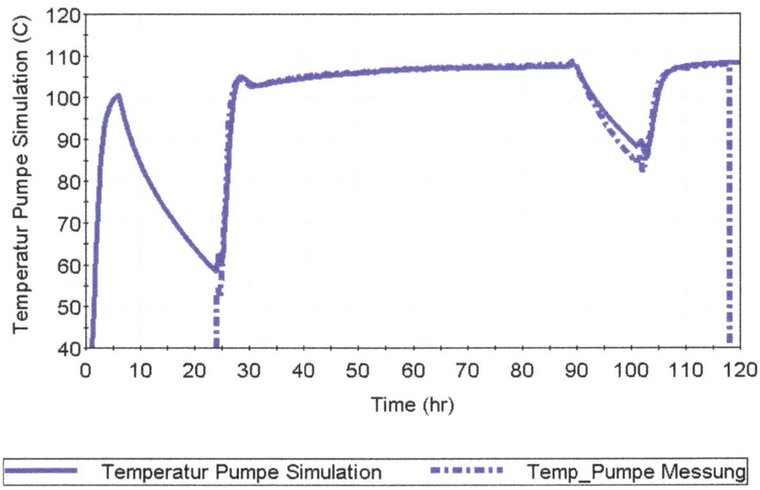

Abb. 20.17 Vergleich der simulierten Kopftemperatur mit der gemessen

gen. Dies sind bspw. Wärmeleitfähigkeit und Wärmekapazität der verschiedenen lithologischen Schichten, initiales ungestörtes Temperaturprofil und Rohrrauhigkeit. Diese Parameter werden deshalb in plausiblen Bandbreiten variiert. Zudem erfolgt im Rahmen dieser Kalibrierung die Ermittlung der Reservoirtemperatur. In Abb. 20.17 ist für ein Beispiel die simulierte Kopftemperatur im Vergleich mit der gemessenen dargestellt.

Nach der Kalibrierung des Modells kann eine Prognose zur Entwicklung der Kopftemperatur erstellt werden. Für die langfristige Simulationen erfolgt hierbei eine Kopplung mit dem verwendeten Reservoirsimulator ECLIPSE oder FEFLOW, insbesondere auch um die reale Reservoirgeometrie hinsichtlich der gegenseitigen Beeinflussung der Bohrungen sachgerecht zu berücksichtigen.

20.8.2 Prognose Fördermenge

Das insbesondere für die Airlifttests verwendete Equipment erlaubt es in den seltensten Fällen, die im Betrieb beabsichtigten Fördermengen zu erreichen. Deshalb ist es notwendig, den bei den Tests beobachteten Zusammenhang zwischen Förderrate und Druckabsenkung auf die geplante Förderrate zu übertragen, bzw. zunächst einzuschätzen, welche Förderrate überhaupt technisch und ökonomisch realisierbar ist. Analog zur Prognose der Fördertemperatur sind auch hier wieder unterschiedliche Ansätze möglich.

Regression und Extrapolation des Zusammenhanges zwischen Förderrate und Druckabsenkung

Die Grundlage für dieses Verfahren bildet der empirische Zusammenhang der Druckabsenkung von der Förderrate nach Jacob (1947). Dieser Zusammenhang wird durch die Gleichung

$$s = B \cdot Q + C \cdot Q^2 \tag{20.10}$$

beschrieben. Der Koeffizient des linearen Terms setzt sich dabei zusammen aus dem linearen Widerstandskoeffizienten des Grundwasserleiters (abhängig von den Reservoireigenschaften, dem Brunnenradius und der Zeit) und den Brunneneintrittsverlusten (Skineffekte). Der Parameter C charakterisiert die nichtlinearen Brunneneintrittsverluste, insbesondere hervorgerufen durch turbulente Strömung im Nahfeld des Brunnens. In Abhängigkeit davon, wo die Druckabsenkung gemessen wird, können in C auch noch Rohrreibungsverluste enthalten sein, die ebenfalls eine quadratische Abhängigkeit bei turbulenter Strömung aufweisen. Ohne explizite Berechnung der Rohrreibungsverluste besteht dann in der Regel keine Möglichkeit mehr, die Anteile von Rohrreibung und nichtlinearen Brunneneintrittsverlusten zu separieren. Wird die Druckabsenkung direkt an der Reservoiroberkante gemessen, sind keine Rohrreibungsverluste enthalten.

Letztlich bedeutet dies, dass die gemessene Druckabsenkung s mit einer quadratischen Funktion entsprechend (20.10) angepasst wird. Im Falle, dass die Druckmessung nicht an der Reservoiroberkante erfolgen konnte, sind noch sogenannte Temperaturkorrekturen notwendig. Diese berücksichtigen die Änderung des Druckes im Bereich der Messsonde infolge der geänderten Dichte der Wassersäule bei Förderung (siehe dazu auch Ausführungen in Abschn. 20.7.3). In der nachfolgenden Abb. 20.18 ist dazu ein Beispiel dargestellt.

Auf der Grundlage des angepassten Regressionspolynoms 2. Grades, welches (20.10) entspricht, kann eine Extrapolation zu größeren Förderraten durchgeführt werden. Für eine Konsistenz der Daten ist allerdings eine sachgerechte Temperaturkorrektur notwendig.

Aus dem Zusammenhang der Druckabsenkung von der Förderrate kann nun, unter Berücksichtigung weiterer Druckbeiträge (Verrohrung oberhalb Messsonde, Lage des aufgewärmten Ruhewasserspiegels, Reibungsverluste Steigleitung etc.) der Gesamtdruckverlust bzw. der durch die Pumpe aufzubringende Differenzdruck berechnet werden.

Explizite Berechnung einzelner Druckverlustbeiträge

Während der in Abschn. 20.8.2.1 dargestellte Ansatz vorrangig empirischen Charakter besitzt, soll nachfolgend ein Ansatz beschrieben werden, der stärker physikalisch begründet ist. Er beruht darauf, dass alle Beiträge zum an der Förderpumpe aufzubringenden Differenzdruck explizit berechnet werden. Dies schließt die folgenden Druckbeiträge ein:

- Druckabsenkung im Reservoir als Funktion der Förderrate und der Förderhistorie entweder auf der Grundlage analytischer Brunnenformeln oder alternativ über das Reservoirmodell (ECLIPSE oder FEFLOW). Die Parametrisierung erfolgt auf der Grundlage der Parameter aus dem Wiederanstiegstest.

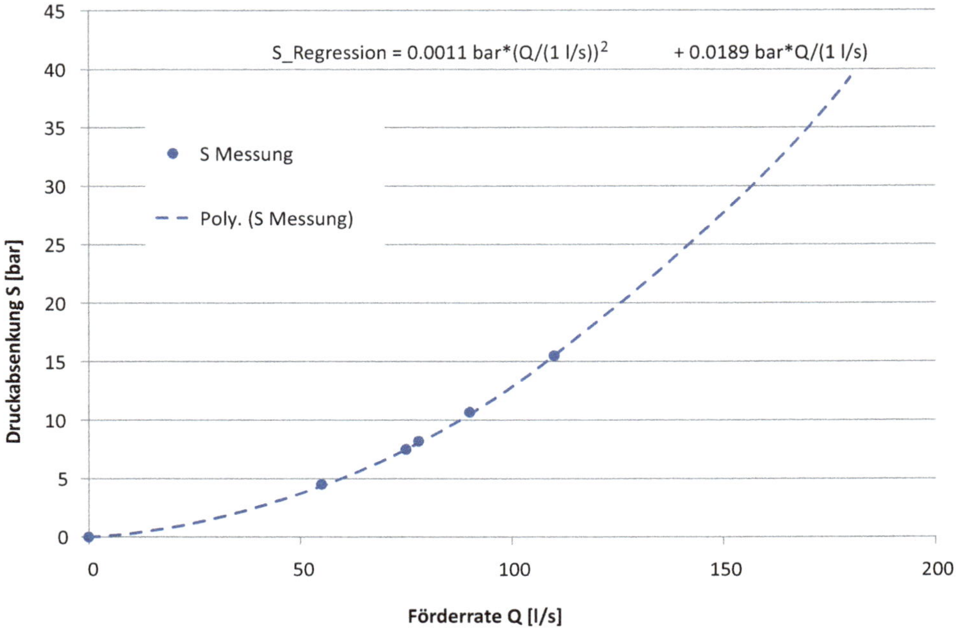

Abb. 20.18 Gemessene Druckabsenkung als Funktion der Förderrate und Regressionspolynom 2. Grades

- Druckbeeinflussung durch die jeweils andere Bohrung der Dublette entweder auf der Grundlage analytischer Brunnenformeln oder alternativ über das Reservoirmodell (ECLIPSSE oder FEFLOW). Die Parametrisierung erfolgt auf der Grundlage der gemessenen Beeinflussung bei Fördertests oder aber auch auf Basis der Parameter aus dem Wiederanstiegstest.
- Rohrreibungsverluste in den Casings, in der Steigleitung und im Open Hole. Letzteres erfordert die Kenntnis der Zuflusszonen (siehe Abschn. 20.7.4).
- Dichte des Wassers als Funktion von Druck und Temperatur und daraus Lage des Ruhewasserspiegels
- Druckverluste Übertage die durch die Förderpumpe zu kompensieren sind
- Mindestdruck Übertage, der durch die Förderpumpe aufzubringen ist

Dabei müssen Parameter für die einzelnen Beiträge an den durchgeführten Tests so angepasst werden, dass diese damit nachvollzogen werden können. Das Ergebnis ist beispielhaft in Abb. 20.19 dargestellt.

Mit diesem dargestellten Ansatz können auf der Grundlage der an den Tests gewonnenen Parametrisierung dann Prognosen für höhere Förderraten gemacht werden, wie dies bereits in Abb. 20.19 dargestellt ist.

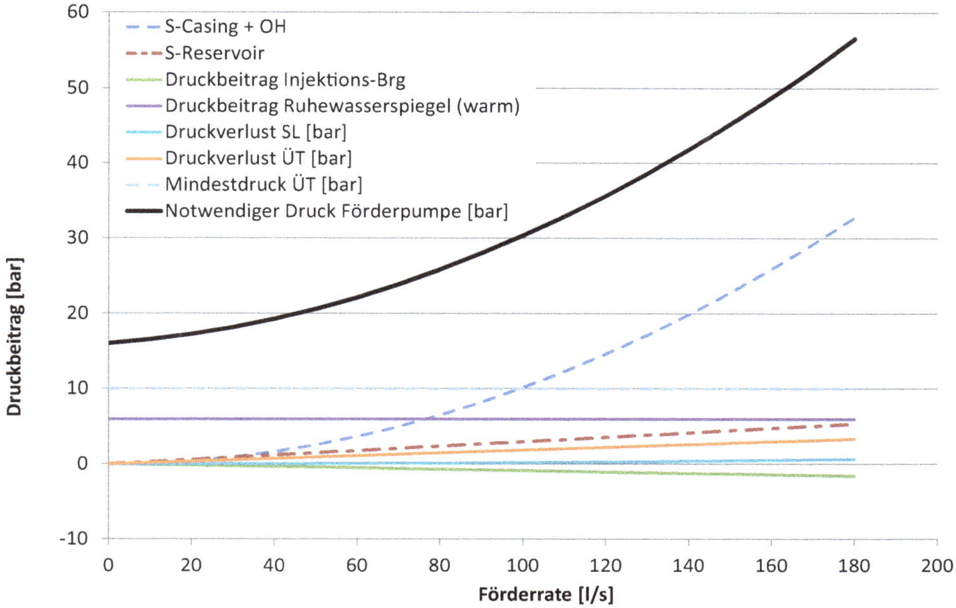

Abb. 20.19 Beiträge zum Differenzdruck, der durch die Förderpumpe aufgebracht werden muss

20.9 Zusatzinformationen

Die in Tab. 20.2 aufgeführten Programme werden durch die angegebenen Anbieter in Deutschland hergestellt bzw. vertrieben und technisch unterstützt.

Tab. 20.2 Zusammenstellung in Deutschland kommerziell verfügbarer Auswertungsprogramme

Program	Anbieter	Preis (Euro, netto)	Betriebssystem	Demo-Version (Website)
MRQWIN	Gillbricht	600	Win 3.1 oder höher	www.cagsoft.com
SLUGTEST	GGU mbH	475	Win 95 oder höher	www.ggu-software.de
PUMPTEST	GGU mbH	475	Win 95 oder höher	www.ggu-software.de
DCPUMP	DC Software	400	Win 95 oder höher	www.dc-software.de
AquiferTest	HarbourDom GmbH	ca. 700[a]	Win 95 oder höher	www.flowpath.com
HydroTec	Geologik GmbH	200–1200[b]	Win 98 oder höher	www.geologik-software.de
WinPump	IDAT GmbH	k.A.	Win 3.1 oder höher	beim Anbieter

[a] Abhängig von Dollarkurs und Versandkursen.
[b] 3 Leistungsstufen.
k.A. keine Angabe

Tab. 20.3 Zusammenstellung kommerzieller, international verfügbarer Auswertungsprogramme

Program	Anbieter	Preis (Euro, netto)	Betriebssystem	Demo-Version (Website)
AquifierWin32	ESI	k.A.	Win 95 oder höher	www.esinternational.com
Aqtesolv	HydroSOLVE	500–700	Win 95 oder höher	www.aqtesolv.com
Single Well Solutions	Environmental Software	250	Win 95 oder höher	www.groundwatersoftware.com
Infinite Extent	Starpoint	195	Win 3.1 oder höher	www.pointstar.com
Stepmaster	Starpoint	195	Win 95 oder höher	www.pointstar.com
Super Slug	Starpoint	195	Win 3.1 oder höher	www.pointstar.com
Well	geo&soft	520 €	k.A.	www.geoandsoft.com
Ground Water for Windows	Karanjac	kA.	Windows	www.geocities.com/karanjac
PTFIT	Water Resource Assoc.	150	Win 3.1 oder höher	www.watres.com

[a] abhängig von Dollarkurs und Versandkursen.
k.A. keine Angabe

Die in Tab. 20.3 aufgeführten Programme werden nicht in Deutschland hergestellt bzw. vertrieben und technisch unterstützt.

Literatur

Cooper, H.H., Jacob, C.E.: A generalized graphical method for evaluating formation constants and summarizing well-field history. Transactions, American Geolophysical Union **27**(4), 526–534. American Geophysical Union, Washington, D.C. (1946)

Domenico, P.A., Schwartz, F.W.: Physical and Chemical Hydrogeology, second edition. Aufl. John Wiley & Sons, Inc., New York, Chichester, Weinheim, Brisbane, Toronto, Singapore (1997)

Francke, H.: Thermo-hydraulic model of the two-phase flow in the brine circuit of a geothermal power plant. Technische Universität Berlin. (2014). Dissertation, 23.1.2014

Gillbricht, C.A.: Auswertung von Pumpversuchen mit computergestützten Verfahren, Version 1.1 (2008). Hamburg. http://e-docs.geo-leo.de/handle/11858/00-1735-0000-0001-3412-D

Hantush, M.S., Jacob, C.E.: Non-steady radial flow in an infinite leaky aquifer American Geophysical Union Transactions, Bd. 36. American Geophysical Union, Washington, D.C., S. 95–100 (1955)

Hantush, M.S.: Hydraulics of wells. Advances in Hydroscience **36**(1), 281–432 (1964). New York

Heitfeld, K.H., Koppelberg, W.: Durchlässigkeitsuntersuchungen mittels WD-Versuchen Zb. Geol. Paläontol, Bd. 1. Verlag Schweizerbart, Stuttgart, S. 633–660 (1981)

Hölting, B.: Einführung in die allgemeine und angewandte Hydrogeologie, 4. überarb. Aufl. Verlag Ferdinand Enke, Stuttgart (1992)

Jacob, C.E.: Drawdown test to determine effective radius of artesian well. Transactions, American Society of Civil Engineers **112**(2312), 1047–1070 (1947)

Kahnt, R.: Presentation at the Wismut conference in Gera, September 2007: „The conceptual site model concept for the tailings management facilities Seelingstädt as a tool for the evaluation of rehabilitation strategies" (2007)

Kahnt, R.: Presentation at the conference Sustainable Mineral Supply for Europe – From Waste to Resources, November 2006, Wroclaw, Poland: „Optimization of Mine Water Management using GoldSim" (2006)

Kahnt, R.: Presentation at the delta-h groundwater conference in Dortmund, November 2008: „Simulation of water and load balance in mining areas based on GoldSim" (2008)

Landesanstalt für Umweltschutz Baden-Württemberg: Handbuch Altlasten und Grundwasserschadensfälle. Zentraler Fachdienst Wasser – Boden – Altlasten bei der Landesanstalt für Umweltschutz, Baden-Württemberg, Karlsruhe (1991)

Leßmann, B.: Pumpversuche bei der Altlastensanierung, Hessisches Landesamt für Umwelt und Geologie; Vortrag Flörsheim 17.6.2009 (2009)

Papadopolus, S.S., Cooper, H.H.: Drawdown in a well of large diameter. Water Resources Research **3**, 241–244 (1967). Washington, D.C.

Reifenstahl, F., Stober, I.: Hydraulische Auswertung des Absenk- und Injektionstests sowie des Fluid-Logging vom Mai 1989. Hannover, S. 257–263 (1990). KTB-Report 90-4

Stober, I.: Die Wasserführung des kristallinen Grundgebirges. Verlag Ferdinand Enke, Stuttgart (1995). 81 Abb., 16 Tab., 191 S.

Theis, C.V.: The relation between the lowering of the piezometric surface and the rate and duration of discharge of a well using groundwater storage, American Geophysical Union Transactions, Bd. 16. Washington, D.C., S. 519–524 (1935)

Thiem, G.: Hydrogeologische Methoden. Gebhardth, Leipzig (1906). 56 S.

Förderpumpen in der Geothermie

21

Aike van Douwe, Hubert Hegele, Peter Iberl, Ulrich Martin, Andreas Utz und Thorsten Weimann

Inhaltsverzeichnis

Aike van Douwe (✉) · Hubert Hegele · Ulrich Martin · Andreas Utz · Thorsten Weimann
gec-co GmbH, Augsburg, Deutschland
e-mail: aike.vandouwe@gec-co.de, hubert.hegele@gec-co.de, hubert.hegele@gec-co.de, hubert.hegele@gec-co.de, thorsten.weimann@gec-co.de

Peter Iberl
IPAT Erlangen, Erlangen, Deutschland
e-mail: ib@ipat.uni-erlangen.de

M. Bauer et al. (Hrsg.), *Handbuch Tiefe Geothermie*, DOI 10.1007/978-3-642-54511-5_21,

Zusammenfassung

Die Thermalwasserpumpe ist mitunter eine der wichtigsten Komponenten im Geothermiekraftwerk. Sie bildet die Schnittstelle zwischen dem untertägigen Bereich und dem obertägigen Kraftwerksbereich. Ohne die Pumpe besteht in Deutschland nicht die Möglichkeit, das notwendige Thermalwasser zu fördern. Zwar gibt es artesische Quellen, jedoch ist für die Förderung von Thermalwasser aus der Tiefe die Pumpe unabdingbar. Die Nutzung Tiefer Geothermie lässt sich im Wesentlichen in drei einzelne Segmente, die Stromerzeugung, die Wärmeversorgung und die balneologische Nutzung, aufteilen. Im Folgenden wird auf den Pumpeneinsatz in allen drei Bereichen eingegangen, da jede Umgebung jeweils mit ihren eigenen Bedingungen (unter anderem Temperatur, Schüttung) aufwartet.

Gerade die Pumpe ist als kritisches und kostenintensives Bauteil bei Heiz- und Heizkraftwerksprojekten anzusehen. Ein Ausfall der Pumpe zieht immer einen Stillstand der ganzen Anlage nach sich und erfordert teure Servicearbeiten, das heißt Bergung und Ausbau der defekten sowie Anschaffung und Einbau der neuen Pumpe. Neben den reinen Kosten für den Wechsel der Pumpe treten weitere Aufwendungen hinzu: an erster Stelle steht der Ausfall der Einnahmen aus der Wärme- und Stromeinspeisung gefolgt von der gleichzeitigen Bereitstellung von Wärme und Strom aus anderen Energiequellen (Öl), um gegebenenfalls Schadensersatzansprüchen von Wärmeabnehmern vorzubeugen. Im Bereich balneologischer Nutzung sind die Risiken geringer, da die Pumpen hier in der Regel weniger beansprucht werden.

Den hohen Anforderungen – besonders bei Strom- und Wärmeerzeugung bei Temperaturen über 100 Grad Celsius – an eine Pumpe stehen relativ wenige Hersteller gegenüber. Ihre Produktpalette für den deutschen Markt und ihre Erfahrungen im Hochleistungsbereich zum Einsatz der Pumpen sind bisher begrenzt, da im Moment nur wenige Projekte vor allem bei der Stromerzeugung realisiert sind.

Die an die Pumpen gestellten Aufgaben wurden in den letzten Jahren nicht erfüllt. Die ursprüngliche Annahme wurde nicht bestätigt, dass eine Anpassung der Förderpumpentechnologie aus der Kohlenwasserstoffindustrie an die Bedingungen der Tiefen Geothermie – vor allem im Bereich kommerzieller Stromerzeugung – mit geringem Aufwand erfolgen kann. Tatsächlich divergieren die Anforderungen an eine Pumpe im Bereich tiefengeothermischer Stromerzeugung im Vergleich zur Erdöl- und -gasindustrie erheblich. Daher muss das Ziel bleiben, eine Pumpe zu entwickeln, die in der Lage ist, bei hohen Temperaturen und großem Volumenstrom dauerhaft Leistung zur Verfügung zu stellen. Erste Ansätze zur Verbesserung dieser drei Faktoren wurden in der Vergangenheit schon durch das Bundesministerium für Umwelt, Naturschutz und Reaktorsicherheit gefördert, benötigen aber noch weitere, intensive Begleitforschungsmaßnahmen.

Schlüsselwörter
Pumpe • Line-Shaft-Pump • Gestängepumpe • Tauchkreiselpumpe • Electric-Submersible-Pump • Thermalwasserkreislauf • Korrosion

21.1 Betrachtung Thermalwasserkreislauf

21.1.1 Anforderungen

Für die Auslegung des Thermalwasserrohrleitungssystems ist es wichtig, die Qualität des geförderten Wassers (chemische und mechanische Inhaltsstoffe) und die physikalischen Parameter (Entgasungsdruck und Temperatur) zu kennen. Sind diese Parameter bekannt, können die weiteren Planungsschritte vorgenommen werden. Für die Auswahl der zu verwendenden Materialien des Rohrleitungssystems und für die verfahrens- bzw. strömungstechnische Auslegung der Anlage ist es unerlässlich, eine ausführliche Wasseranalyse zu erstellen. Auf Basis dieser Analyse kann man eventuell auftretende Probleme, wie beispielsweise Korrosion (siehe Kapitel Korrosion), frühzeitig erkennen und gegensteuern.

21.1.2 Auslegungsgrundlagen

Verfahrenstechnische Erfahrungen haben gezeigt, dass strömungstechnisch ungünstige Abzweigungen und zu abrupte Richtungsänderungen des Thermalwasserflusses zu einer Verschiebung des chemischen Gleichgewichts aufgrund partiellen Unterdrucks im Thermalwasser führen können. Dabei sind Ablagerungen und Aufkonzentration von Spurenelementen an diesen Stellen möglich. Um diese unerwünschten Effekte zu vermeiden, kann es notwendig sein Bögen mit einem Biegeradius von 5 × Da zu verwenden und T-Stücke durch Y-Stücke (Hosenrohre) zu ersetzen. Somit muss für jedes Thermalwassersystem je nach Mineralisierungsgrad das Rohrleitungssystem individuell angepasst werden.

Im Rohrleitungssystem sind strömungsgünstige Einbauten, wie beispielsweise Klappen, gegenüber anderen Einbauten (Sitzventile) vorzuziehen, da sie bei voller Öffnung den gesamten Rohrquerschnitt freigeben. Des Weiteren sollte bei der Konzeption und der Layoutplanung darauf geachtet werden, dass an Bauteilen, die regelmäßig für Wartungszwecke geöffnet bzw. demontiert werden, ausreichend Arbeitsraum zu Verfügung steht. Auch ist es durchaus denkbar, dass im Laufe der Zeit, Rohrleitungsabschnitte aufgrund von Korrosion bzw. Scaling ausgewechselt werden müssen. Für das Thermalwassersystem gilt, dass unbedingt galvanische Elemente wie hoch- und niederlegierte Stahlkombinationen (schwarzweiß-Verbindungen) zu vermeiden sind. Wenn auf eine ungünstige Materialpaarung nicht verzichtet werden kann, ist auf eine sichere galvanische Trennung zu achten.

Regelwerke Will man Waren in Deutschland in Verkehr bringen, muss das Produktsicherheitsgesetz (ProdSG) berücksichtigt werden. Um diese Anforderungen erfüllen zu können, muss für unter Druck stehende Bauteile europaweit die Druckgeräterichtlinie PED 97/23/EG eingehalten werden. Als Ausführungsregelwerke zur Auslegung und Fertigung der Bauteile werden die AD 2000 bzw. DIN EN 13445 und die DIN EN 13480 angewandt. Dabei muss beachtet werden, dass bei größeren Rohrleitungsdurchmesser-Druck-Verhältnissen innerhalb der Regelwerke große Unterschiede bei den Prüfanforderungen bestehen, die erheblichen Kosteneinfluss auf die Anlage haben können.

Für überwachungsbedürftige Anlagenteile wie Behälter, bestimmte Wärmetauscher und Rohrleitungen schreibt die deutsche Betriebssicherheitsverordnung (BetrSiV) wiederkehrenden Prüfungen vor. Die Art, Umfang und Regelmäßigkeit der Prüfungen wird von der benannten Stelle sowie dem Anlagenbetreiber in einem Prüfbuch festgehalten.

21.1.3 Bauteile

Im Folgenden werden wesentlich Bauteile des Thermalwasserkreises beschrieben.

Filteranlage Als Filteranlagen kommen üblicherweise automatische Rückspülfilter zum Einsatz. Die Rückspülung des Filterkuchens erfolgt mittels eines Eigenmediums, das heißt ein Teil des bereits gefilterten Wassers wird umgeleitet und durchspült den Filter zur Reinigung. Je nach Inhaltsstoffen und den örtlichen Regularien kann das Filtrat nochmals über Korb- oder Beutelfilter von der Flüssigphase abgetrennt werden. Das verbliebene Thermalwasser kann wieder dem Thermalwasserkreis zugeführt oder nach entsprechender Behandlung der Kanalisation zugegeben werden. Das übrige Thermalwasser kann wieder dem Thermalwasserkreis zugeführt werden. Die jeweils angewandte Filtertechnik ist immer von der Thermalwasserqualität abhängig und sollte individuell festgelegt werden.

Druckhaltung Kommt von der Injektionsbohrung im Teillastbetrieb oder sogar im Volllastbetrieb kein Gegendruck, muss eine Einrichtung zur Druckhaltung im Thermalwassersystem installiert werden. Hierzu sollten Druckhalteventile im ober- oder untertägigen Teil der Anlage eingesetzt werden. Zum obertägigen Einsatz kommen Gleitschieberventile und Sitzventile mit einem oder mehreren Sitz-Kegelkombinationen. Zu beachten ist, dass es durch die Druckreduzierung an und nach den Ventilen zu Scaling und Ausgasung kommen kann.

Um Druckschwankungen im System, die zum Beispiel bei einem abrupten Pumpenausfall oder beim regelmäßigen Abreinigen der Automatikfilter auftreten, ausgleichen zu können, wird im System ein Druckausgleichsbehälter installiert. Dieser Behälter kann bis zu 2/3 seines Volumens mit Thermalwassergefüllt werden, während das restliche Volumen mit einem inerten Gas wie Stickstoff beaufschlagt wird. Der eingestellte Druck des Stickstoffs richtet sich nach dem gewünschten Systemdruck. Somit wird durch die schwankende Wassersäule im Behälter das Stickstoffpolster zusammen gedrückt oder entspannt. Müssen größere Druckdifferenzen ausgeglichen werden, wird Stickstoff entsprechend automatisch nachgespeist.

Schauglas Schaugläser dienen im Rohrleitungssystem dazu, eventuelle auftretende Trübung oder Ausgasungen des Thermalwassers visuell zu erfassen. Für eine Beurteilung des Medium sollte das Schauglas eine ausreichende Größe aufweisen. Betrachtungsquerschnitte kleiner 50 Millimeter sind nicht zu empfehlen.

Bestimmung des Entgasungsdrucks Um den Anlagendruck bei verschiedenen Betriebszuständen optimal einregeln zu können, ist es entscheidend, den tatsächlichen Entgasungsdruck im Thermalwasser zu kennen. Zu hohe Anlagendrücke fordern unnötig elektrische Energie für die Förderpumpen. Zu niedrige Drücke im System führen zu Scaling und eventuell Korrosion an Bauteilen.

Sicherheitsarmatur und Berstscheibe Als Druckbegrenzungseinrichtungen, die in Anlagen nach der Druckgeräterichtlinie PED 97/23/EG gefordert sind, werden Sicherheitsventile in Eckausführung nach DIN EN ISO 4126-1 und Berstscheiben nach DIN EN ISO 4126-2 im Thermalwassersystem eingesetzt. Da die Thermalwässer aber je nach Zusammensetzung korrosive Bestandteile beinhalten können, kann es unter bestimmten Einsatzbedingungen sinnvoll sein, eine Kombination aus Berstscheibe und Sicherheitsventil zu installieren. Die Berstscheibe dient dazu, die Mechanik des Sicherheitsventils vor Korrosion zu schützen, wodurch kostengünstigere Werkstoffe am Ventil verwendet werden können. Durch eine zusätzlich installierte Absperrklappe vor der Berstscheibe kann auch im Betrieb eine Wartung an Berstscheibe und Sicherheitsventil durchgeführt werden, ohne den Thermalwasserkreis außer Betrieb nehmen zu müssen. Bei dieser Kombination ist allerdings darauf zu achten, dass eine zweite, redundante Sicherheitsgruppe im Drucksystem vorhanden ist und dass die Absperrklappen gegen unbeabsichtigtes Schließen gesichert werden können. Um zu gewährleisten, dass jeder Zeit eine Sicherheitseinrichtung im Einsatz ist, sind verbundene Klappensystem im Einsatz, die beim Schließen einer Klappe automatisch das andere System öffnen. Die Kombination aus Berstscheibe und Sicherheitsarmatur werden in der DIN EN ISO 4126-3 beschrieben. Darüber hinaus benötigt das Sicherheitskonzept und dessen Ausführung unbedingt die Rücksprache mit der entsprechenden Stelle (beispielsweise TÜV, Dekra), welche die Entwurfsprüfung und Abnahme des Rohrleitungssystems übernimmt.

Rückschlagklappen Rückschlagklappen werden eingesetzt, um bei einem Ausfall der Förderpumpe zu verhindern, dass das Thermalwasser zurück in die Förderbohrung fließt. Ein Nachteil dieser Rückschlagarmaturen ist, dass der länger nicht genutzte Klappmechanismus korrodiert und die Klappe in der Folge nicht mehr ordnungsgemäß schließt. Alternativ zu Rückschlagklappen können auch Klappen mit einfach wirkenden Antrieben eingesetzt werden, die bei Stromausfall selbsttätig schließen.

Durchflussmesser Als Durchflussmesseinrichtungen im Thermalwassersystem kommen direkt in den Thermalwasserstrom eingebundene magnetisch-induktive Geräte (MID) oder per Befestigungssystem außen auf ein Rohrstück aufgesetzte Ultraschallgeräte (US) zum Einsatz. Für die Geräte, welche im Rohrleitungssystem integriert sind, empfiehlt es sich, einen absperrbaren Bypass um das MID anzuordnen, um im Wartungsfall das Thermalwassersystem ohne Unterbrechung weiter betreiben zu können. Um die entsprechenden Messgenauigkeiten jedoch garantieren zu können, müssen für beide Messverfahren die vom Hersteller angegebenen Ein- und Auslaufstrecken sowie die minimalen und maximalen Strömungsgeschwindigkeiten eingehalten werden. Je nach Messprinzip (MID oder US) wird eine unterschiedliche Messgenauigkeit erreicht, wobei davon auszugehen ist, dass die direkt im Rohrleitungssystem installierten Geräte eine höhere Messgenauigkeit aufweisen.

Wärmetauscher (Thermalwasser – Arbeitsmittel) Der Wärmeaustausch zwischen Thermalwasser und Arbeitsmittel des ORC findet in sogenannten Rohrbündel-Wärmeübertragern statt. Dabei durchfließt das Thermalwasser die Rohrbündel, während sich das Arbeitsmittel auf der Mantelseite befindet. Die einzelnen Rohre sind in die Stirnplatten des Wärmeübertragers eingeschweißt, um eine Trennung von Arbeitsmittel und Thermalwasser auf jeden Fall zu gewährleisten. Als Bauart hat sich eine Konstruktion mit geraden Rohren durchgesetzt, da Ausführungen in U-Rohr-Bauart aus Sicht der derzeitigen Reinigungstechniken ungeeignet sind. Außerdem sind die Wärmetauscher so konstruiert, dass die Klappen an den beiden Stirnseiten für Reinigungszwecke demontiert werden und somit die einzelnen Rohre leicht zugänglich gemacht werden können. Grundsätzlich richtet sich der minimale Innendurchmesser der Rohre unter anderem nach dem optimalen Wärmeübergang aber auch nach den auf dem Markt verfügbaren Reinigungssystemen. In der Praxis hat sich gezeigt, dass der minimale Innendurchmesser der Rohre nicht weniger wie 16 Millimeter haben sollte.

Gasfalle Wird im Thermalwasser freies das heißt nicht vollständig gelöstes Gas mitgefördert, muss dies unter Umständen abgeschieden werden bevor es in die Wärmetauscher gelangt. Die Abtrennung der Gasphase erfolgt in einem entsprechenden Separator, der nach Bedarf in die Atmosphäre entlüftet oder – falls brennbare Gase vorhanden sind – die Gase über einer Fackelanlage verbrennt. Denn durch die in der Gasphase enthaltenen Bestandteile kann es bei einer Abkühlung im Wärmetauscher zu Ausfällungen und deren Folgeschäden kommen. Des Weiteren würde die nicht abgeschiedene Gasphase einen schlechteren Wärmeübergang von Thermalwasser auf das Arbeitsmittel bewirken.

Dichtungen Bei der Auswahl von Dichtungswerkstoffen sollte darauf geachtet werden, dass Materialien eingesetzt werden, die den Thermalwasseranforderungen entsprechen. Hierbei sind nicht nur Druckstufen und Temperatur sondern auch die im Wasser enthaltenen Spurenelemente wie Kohlenwasser- und Schwefelwasserstoff sowie Wasserdampf zu berücksichtigen.

Standzeiten der Rohrleitungssystems Bei normalem Verschleiß ist ein Rohrleitungssystem für solch eine Anlage in der Regel für circa 20 bis 25 Jahre zu dimensionieren. Es sollte darauf geachtet werden, dass Korrosionszuschläge entsprechend der geforderten Lebenszeit und den Korrosionsraten bzw. Abrassionsraten ausgewählt werden.

21.2 Status Quo Pumpentechnik

21.2.1 Einsatzgebiete

Gestängepumpen (Line-Shaft-Pumps) und Tauchkreiselpumpen (Electric-Submersible-Pumps) kommen in zahlreichen Anwendungsbereichen global zum Einsatz. Auf der einen Seite bei tiefengeothermischen Projekten und auf der anderen Seite bei der Förderung von Erdgas- und Erdölvorkommen in Bundesrepublik Deutschland sowie weltweit. Gestängepumpen welche nach dem Kolbenprinzip arbeiten (Pferdekopfpumpen) oder Tauchpumpen nach dem Exzenterschneckenprinzip, die häufig bei der Ölgewinnung verwendet werden, sind für die Tiefen Geothermie unerheblich und werden hier nicht betrachtet. Aus diesem Anlass ist es nötig, einen kurzen Blick auf die Einsatzgebiete der beiden Pumpentypen bei verschiedenen Verwendungsfunktionen zu werfen. In den Fokus werden die „klassischen" Gebrauchsfelder – die Öl- und Gasförderung – einer Pumpe gerückt sowie ihr Anteil an der (kombinierten) Strom- und Wärmeversorgung näher betrachtet. Selbstverständlich wird die balneologische Nutzung thermaler Wässer durch Pumpen ebenso berücksichtigt.

Öl und Gas

Obwohl der Abbau von Erdöl und -gas im internationalen Vergleich kaum eine Rolle spielt, wird auch in der Bundesrepublik Öl und Gas gewonnen. Derzeit (Stand 2012) fördert Deutschland jährlich etwa 2,6 Millionen Tonnen Erdöl aus 500 bis 4400 Metern Tiefe und etwa 10,7 Milliarden Kubikmeter Erdgas aus 400 bis 4500 Metern Tiefe. Dabei bieten sich in Deutschland nur wenige Regionen an, in denen beide Energieträger gewonnen werden können. Vor allem Niedersachen und Schleswig-Holstein liefern den Hauptteil der in Deutschland geförderten Öl- und Gasmenge. Allein im Jahre 2012 hatte Niedersachsen einen Anteil von 94,1 Prozent der Erdgasförderung in Deutschland und immerhin noch 8,3 Prozent der Erdölgewinnung. Damit liegt Niedersachsen auf Platz 2 der deutschen Erdölförderung, Rang 1 belegt konkurrenzlos Schleswig-Holstein bzw. die Mittelplatte mit 52,9 Prozent. Insgesamt wurden in Deutschland bereits 292 Millionen Tonnen Erdöl und 1000 Milliarden Kubikmeter Erdgas gefördert.

Mitunter gelingt es, einen Teil der Gewinnung beider Rohstoffe ohne Pumpen durchzuführen. Bei Erdgas ist das praktisch immer der Fall, da es in großer Tiefe unter hohem Druck steht (in der Regel steigt der Druck proportional zur Tiefe) und nach der Erschließung an die Oberfläche steigt. Dies geschieht immer dann, wenn der Lagerstättendruck so hoch ist, dass das Erdgas bzw. (in einigen Fällen) -öl nach oben gedrückt wird (eruptive Förderung). Naturgemäß variieren die einzelnen Drücke der verschiedenen Lagerstätten stark, sodass ein Pumpeneinsatz durchaus auch schon von Beginn an nötig sein kann.

Im Gegensatz zur Gewinnung von Thermalwasser wird bei der Erdölgewinnung jedoch ab einer bestimmten Förderphase der Druck des Reservoirs durch das Injizieren von Erdgas oder Wasser in die Bohrung erhöht, um die Förderrate zu verbessern.

Tiefe Geothermie

Neben der klassischen Förderung von Erdöl gibt es in diesem Bereich viele Einsatzgebiete für Förderpumpen. Die Anforderungen an die Medien- und Temperaturbeständigkeit sind mindestens mit denen der Geothermie vergleichbar. Andererseits sind die Anforderungen an die Leistungsfähigkeit vor allem im punkto Volumenstrom in den meisten Fällen kleiner als das bei der Tiefen Geothermie mit Stromerzeugung der Fall ist. Nahezu alle Hersteller von Pumpensystemen für geothermische Anwendungen haben ihre Wurzeln bzw. ihr Kerngeschäft in der Kohlenwasserstoffindustrie. Daher ist es naheliegend, dass die vorhandene und bewährte Technik möglichst ohne grundlegende Änderungen auf den um Größenordnungen kleineren Markt für Tiefe Geothermie angewendet wird. Allerdings wurde der Anpassung der Pumpentechnik an die Spezifika der Geothermie durch mehrere Forschungsvorhaben Rechnung getragen (siehe Kapitel Aufgabenstellung Zukunft).

Innerhalb der Tiefen Geothermie gehen die Anforderungen an die Pumpenleistung und Temperatur- und Medienbeständigkeit ebenfalls weit auseinander. Generell ist anzumerken, dass Förderpumpen für balneologische Nutzung und in reinen Wärmeprojekten relativ geringe Leistungen aufweisen. Die Medientemperatur liegt dabei typischerweise deutlich bis knapp unter 100 Grad Celsius. Somit kann für diesen Einsatzbereich weitgehend auf bewährte Konzepte aus der Kohlenwasserstoffexploration und der Wasserbrunnentechnik zurückgegriffen werden.

Anders stellt sich die Situation in Projekten mit kommerzieller Stromerzeugung dar. Volumenströme von teilweise deutlich über 100 l/s müssen bei Förderhöhen von mehreren 100 Metern und einer Medientemperatur von über 100 Grad Celsius gefördert werden. Die Leistung, die dabei aufgewendet werden muss, liegt in Bereichen von 0,5 bis etwa 1,3 Megawatt elektrisch.

Balneologische Nutzung Die Nutzung von Thermalwasser zur Gesundheitsförderung ist bekannt. In Tiefen zwischen 400 und 1500 Metern kommen in der Regel Tauchkreiselpumpen zum Einsatz, die aus einer Förderbohrung das Wasser an die Oberfläche holen. Bei balneologischer Nutzung ist die Temperatur mit etwa 30 Grad Celsius – im Vergleich für die zur Wärme- und Stromerzeugung benötigte Temperatur – relativ niedrig.

Wärmeversorgung Die Wärmeversorgung über tiefengeothermische Anlagen und damit über Förderpumpen hat sich im vergangenen Jahrzehnt erhöht. Insgesamt sind im Oberrheingraben, der Süddeutschen Molasse und dem Norddeutschen Becken, den Niederenthalpie-Regionen in Deutschland, an 18 Standorten verschiedene Pumpentypen im Einsatz. Aus einer Tiefe zwischen 800 Metern (Straubing, Bayern) und bis zu 3445 Metern (Pullach, Bayern) wird Thermalwasser mit einer maximalen Temperatur zwischen 36 und 108 Grad Celsius gefördert.

Kraft- und Heizkraftwerke Im Gegensatz zur Wärmeerzeugung benötigt tiefengeothermische Stromgewinnung hohe Thermalwassertemperaturen (mindestens 100 Grad Celsius), um wirtschaftlich betrieben werden zu können. Aus diesem Grund sind Anlagen zur reinen Stromerzeugung in Deutschland relativ selten. Bisher (Stand 2014) wird lediglich in Insheim (Rheinland-Pfalz) und in Dürrnhaar sowie Kirchstockach (beide Bayern) Strom erzeugt. Dabei kommen sowohl Tauchkreisel- als auch Gestängepumpen zum Einsatz.

Die Kombination von Wärme- und Stromerzeugung in Heizkraftwerken erfolgt an den Standorten Landau, Bruchsal, Unterhaching und Sauerlach. An allen Standorten werden Gestänge- und Tauchkreiselpumpen eingesetzt. Die Förderbohrungen erreichen eine Tiefe zwischen 2542 und 4480 Metern bei einer Temperatur zwischen 120 und 140 Grad Celsius.

21.3 Technische Anforderungen und Lösungen (Pumpe)

Die Aufgabe der Förderpumpen besteht grundsätzlich darin, das Medium aus einer Tiefbohrung an die Oberfläche zu fördern. Die genauen Anforderungen an das Aggregat werden durch eine Vielzahl von Parametern bestimmt. Das Medium lagert über lange Zeiträume in Klüften und Poren im Gestein und steht mit diesem physikalisch und chemisch im Gleichgewicht. Bei der Förderung wird dieses Gleichgewicht zwangsläufig gestört, was Auswirkungen auf die gesamte Anlage und insbesondere die Förderpumpe hat. Die Verschiebung von Gleichgewichten bewirkt unter anderem Ausfällungen von Feststoffen, Versinterungen und Freiwerden von gelöstem Gas (zum Beispiel Erdgas, CO_2), was Schäden oder aufwendige Wartungsarbeiten nach sich ziehen kann. Dem Druck im Gebirge steht die Flüssigkeitssäule in der Bohrung (Ruhespiegel) gegenüber. Durch die Förderung des Mediums aus der Bohrung wird deren Flüssigkeitsspiegel abgesenkt, was ein Nachströmen des Fluids aus dem Reservoir bewirkt. Je nach Ruhespiegel, Reservoircharakteristik, notwendigem Druck in der Anlage über Tage und angestrebter Fördermenge ergibt sich dadurch eine mehr oder minder große Förderhöhe für die Pumpe. Die Förderhöhen liegen zwischen etwa 100 bis 700 Metern bei Förderraten von bis zu 160 l/s.

Die Zusammensetzung des Fluids ist in den meisten Fällen ausgesprochen heterogen. Die Spannweite der Qualität reicht von „annähernd Trinkwasserqualität" über hochsalinare Lösungen zu einem Mehrphasengemisch aus Wasser, freiem Gas, Kohlenwasserstoffen und Feststoffen, die sich je nach erschlossenem Horizont ergibt. Durch die Einbausituation in der Bohrung ergibt sich eine geometrische Beschränkung. Durch den in den allermeisten Fällen teleskopartigen Ausbau der Bohrungen mit sich nach unten verringernden Durchmessern wird diese Problematik bei zunehmender Einbautiefe verschärft. Die typischen Innendurchmesser der Rohre liegen im Bereich von maximal 18 bis weniger als 8 Zoll, was zu teilweise extremen Längen/Durchmesserverhältnissen der Pumpen führt ($l/d > 100$). Die Pumpenhydraulik ist in den allermeisten Fällen eine mehrstufige Kreiselpumpe mit axialem Ein- und Austritt. Der Antrieb erfolgt entweder durch einen Tauchmotor unterhalb des Pumpeneintritts – man spricht dann von einer Tauchkreiselpumpe – oder durch eine lange Welle, die mit einem über dem Bohrlochabschluss angeordneten Motor verbunden ist, eine sogenannte Gestängepumpe.

21.3.1 Gestängepumpen (Line-Shaft-Pumps LSP)

Aufbau

Bei einer LSP sitzt der Motor auf dem Bohrlochabschluss über Tage und treibt über eine Welle die Pumpenhydraulik an, die sich unter dem Wasserspiegel in der Bohrung befindet. Die Hydraulik ist üblicherweise als mehrstufige Kreiselpumpe ausgeführt.

Einsatzgebiete und Einsatzgrenzen

Diese Bauform ist bei der Wasser- und Grundwasserförderung weit verbreitet. Aufgrund der Wellenverbindung ist es naheliegend, dass die Einbaulage nicht allzu tief liegt. Außerdem setzen die Federwirkung der Welle, die Längenausdehnung durch Verdrillung bei Belastung und die Temperaturausdehnung von der zu übertragenden Leistung abhängige Einbaugrenzen. Diese liegen für die bei der Tiefen Geothermie zur Stromerzeugung notwendigen, hohen Leistungen in Bereichen von 600 bis 800 Meter. Der Vorteil dieser Bauart ist eine große Robustheit, da sich der Motor und sämtliche Elektronik über Tage befinden. Dies macht das System unempfindlich gegen hohe Temperaturen und damit einhergehenden Kühlungs- und Standzeitproblemen bei der Motorwicklung und Sensorik.

Systembedingte Schwächen

Beim Einsatz in problematischen Wässern, in denen das geförderte Medium aufgrund von Korrosions- oder Scalingproblemen nicht zur Kühlung und Schmierung der Wellenlager eingesetzt werden kann, werden die Lager von der Oberfläche aus mit Öl versorgt. Der bisherige Stand der Technik sieht einen Totalverlust des Schmieröls vor. Das austretende Öl akkumuliert sich in der Förderbohrung oder wird mit dem Fördermedium zu Tage gefördert. Eine Rückführung des Öls im geschlossenen Kreislauf ist technisch aufwendig und bisher wenig erprobt. Je nach Reinheit des geförderten Wassers und Einstufung durch zuständige Berg- und Wasserbehörde ist diese Praxis unbedenklich oder stellt anderenfalls ein Ausschlusskriterium für den Einsatz dar. Die Längenausdehnung der Welle durch Temperatur- und Drehmomenteinflüsse bildet eine weitere potentielle Schwachstelle. Um die Welle immer unter Zugbelastung zu halten, befindet sich das Axiallager zur Aufnahme der Last der gesamten rotierenden Einheit der Hydraulik über Tage. Die Längenänderung der gesamten Einheit muss somit im Axialspiel der Hydraulik kompensiert werden, welches mehrere Zentimeter beträgt und strömungstechnisch den Wirkungsgrad der Hydraulik begrenzt.

21.3.2 Tauschkreiselpumpen (Electric-Submersible-Pumps TKP)

Aufbau

Bei der TKP ist der Motor als Tauchmotor unter der Hydraulik angeordnet. Bei relativ sauberen Wässern ist der Motor unter Umständen wasserdurchströmt. In geothermischen Anwendungen werden jedoch überwiegend ölgefüllte Motoren eingesetzt. Um einerseits die Volumenänderung des Motoröls auszugleichen und andererseits einen Druckausgleich mit der Umgebung zu schaffen, werden verschiedene Protektorsysteme eingesetzt. Diese können entweder über dem Motor (zwischen Motor und Hydraulik) oder unter dem Motor in Form von Membranen oder/und nach dem Labyrinth-Prinzip angeordnet sein.

Einsatzgebiete und Einsatzgrenzen
Die Bauform findet in der Wasser- und Ölförderung im On- und Offshorebereich breite Anwendung. Vorteil dieser Anordnung ist eine große Einbautiefe von mehreren tausend Metern, da die Leistungskabel und das Förderrohr im Gegensatz zum Gestänge bei Line-Shaft-Pumps die einzigen notwendigen Verbindungen zur Oberfläche sind. Andererseits begrenzen hohe Temperaturen den Einsatz des Motors, bzw. schränken die Lebensdauer der Elektronik ein.

Systembedingte Schwächen
Der Einbau im Fluid birgt immer das Risiko von Undichtheiten der Elektronik gegen das Fördermedium in sich. Ein Eindringen von Wasser führt zwangsläufig zu einem Ausfall des Systems. Auch haben zahlreiche Ausfälle im Bereich der Tiefen Geothermie gezeigt, dass die für kleine Leistungsbereiche zuverlässige Technik beim Scale-up auf hohe Leistungen mit verschiedenen Problemen zu kämpfen hat, die letztlich auf die ungünstige Geometrie im Bohrloch und die hohen Anforderungen von Seiten des Mediums zurückzuführen sind.

21.4 Betrieb

21.4.1 Ein- und Ausbau

Der Einbau und Ausbau einer Pumpe ist sehr aufwendig und erfordert strukturiertes Management. Denn solange die Pumpe keine Wärme oder Strom erzeugt, verursacht sie hohe Kosten, unabhängig davon ob der Pumpenwechsel geplant ist oder durch einen Ausfall induziert wurde.

Bei einem geplanten Austausch ist die Zielsetzung, den Wechsel soweit zu optimieren, dass Kosten- und Zeitaufwand so gering wie nötig sind. Das Kraftwerk muss so schnell wie möglich wieder arbeiten, um die Strom und/oder Wärme einzuspeisen.

Deshalb ist es wichtig, die verschiedenen Stadien des Aus- bzw. Einbaus von Beginn an mit in die Arbeitsabläufe einzuplanen. Für Pumpen besonders kritisch sind die Lieferzeiten einer neuen Pumpe – die idealerweise schon vor Ort ist – oder der Zugang zu entsprechenden Kräne, welche die Pumpe aus dem Loch holen oder sie in ihm platzieren.

Trotz sorgfältiger Vorbereitung wird der optimale Ablauf erst nach Berücksichtigung der jeweiligen spezifischen Umgebungsbedingen möglich sein. In Unterhaching hat beispielsweise der erste geplante Wechsel 403 Stunden gedauert. Mittlerweile wurde der Auf-

Tab. 21.1 Vorbereitungen für einen ungeplanten Pumpenwechsel (Quelle: Geothermie Unterhaching GmbH)

48 h on-site Reaktionsverträge für Workover Teams
Montagebohrung für Ersatzpumpe (Pumpengarage)
Rohre mit leicht ver- und entschraubbaren Gewindetypen
Hochtemperaturbeständiges Gewindefett mit langem Einsatzzeitraum
Kommunikation der Standardabläufe mit allen Beteiligten
Redundantes Vorhalten wichtiger Teile des Rohrstranges
Begleitung und fachliche Analyse durch Bohrtechniker
Cross-Over-Working

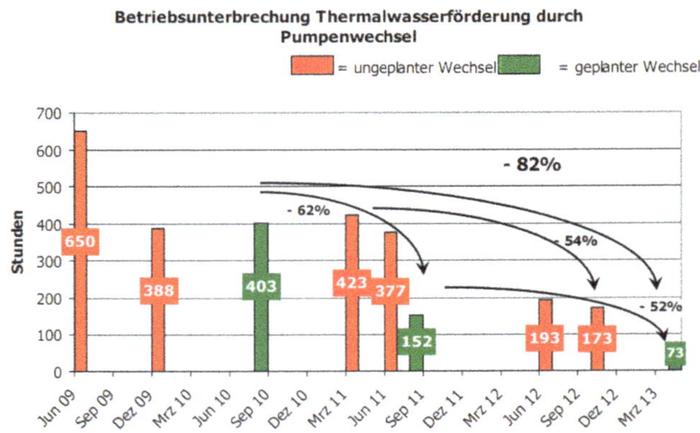

Abb. 21.1 Betriebsunterbrechung durch Pumpenwechsel am Beispiel des Geothermiekraftwerks Unterhaching (Quelle: Geothermie Unterhaching GmbH)

wand soweit reduziert, dass der Dritte geplante Wechsel in nur 73 Stunden vollzogen werden konnte. Dies bedeutet eine zeitliche Reduzierung um 82 Prozent.

Um einen ungeplanten Pumpenwechsel mit einer schnellen Reaktionszeit zu bewältigen, sind Maßnahmen nötig, die im Vorfeld dauerhaft geplant werden müssen. Zum einen ist eine „Pumpengarage", die neben dem Bohrloch vertikal auf die Länge der Pumpe eingesetzt wird, ist eine sinnvolle Investition, um lange Standzeiten zu verhindern. In der Regel dauert die Bestellung und Anlieferung einer Ersatzpumpe wesentlich länger (abhängig von den jeweiligen Herstellern) als der Austausch der unweit des Bohrloches gelagerten Ersatzpumpe. Zum anderen müssen jegliche mögliche Szenarien durchdacht und vorbereitet werden. In Tab. 21.1 werden die einzelnen Maßnahmen zur optimalen Vorbereitung eines ungeplanten Pumpenwechsels genannt.

Diese aufgeführten Punkte müssen standardisiert werden und sind nicht nur für den ungeplanten, sondern auch für den geplanten Pumpenein- und ausbau wichtig.

Die Geothermie Unterhaching hat insgesamt 7 ungeplante Wechsel und 3 geplante Wechsel durchführen müssen. Der erste ungeplante Pumpenwechsel dauerte 650 Stunden (siehe Abb. 21.1). Der letzte ungeplante Pumpenwechsel schlug nur noch mit 173 Stunden zu Buche. Dies entspricht einer zeitlichen Reduzierung um 74 Prozent.

Abb. 21.2 Pumpenwechsel im Projekt Geothermie Unterhaching (Quelle: Geothermie Unterhaching GmbH)

Eine Koordination der Arbeitsschritte, die parallel voneinander ablaufen können und Serviceverträge mit festen Reaktionszeiten haben dazu geführt, dass in Unterhaching die Einbau- und Ausbauzeiten im Normal- und Schadenfall der Pumpen um ein vielfaches verringert wurden.

Die Freifläche in Unterhaching zum Pumpenwechsel ist sehr gering, so dass jede Platzmöglichkeit genutzt werden muss, um die Rohrelemente zu lagern und die mobilen Kräne unterzubringen. Um die Ersatzpumpe mit der aktuellen Pumpe auszutauschen sind drei Kräne nötig. Kran eins hebt die Steigrohre mit der daran hängenden aktuellen Pumpe aus dem Bohrloch und Kran zwei hebt zur gleichen Zeit die hydraulische Rohrentschraubungsvorrichtung (Verschraubzange), die für den Ausbau der Steigrohre erforderlich ist. Währenddessen wird mit Hilfe von Kran drei die Ersatzpumpe für den Einbau vorbereitet. Sobald das letzte Steigrohr ausgebaut ist, legt Kran zwei die Verschraubzange ab und hebt die Ersatzpumpe aus der Pumpengarage. Kran drei ist dann nicht in Betrieb. In Abb. 21.2 ist es gut zu erkennen, wie viele Kräne auf engstem Raum untereinander koordiniert werden müssen, um die Pumpen schnellst möglichst auszutauschen.

21.4.2 An- und Abfahren (Teillastbetrieb)

Um ein tiefengeothermisches Projekt kostenoptimal betreiben zu können, ist ein andauernder Betrieb der Pumpe zur Strom- und Wärmeerzeugung zu empfehlen. Sollte die Pumpe (s. Schadensmechanismen) stillstehen, bewegt sie sich nicht innerhalb ihrer optimalen Betriebsparameter. Demzufolge ist ein häufiges An- oder Abfahren der Pumpe gleichzeitig mit einer erhöhten Schadensanfälligkeit verbunden, die vermieden werden sollte. Grundsätzlich lässt sich daher konstatieren, Pumpen nur nach den Vorgaben des Herstellers anzufahren oder nach Möglichkeit keinen Pumpenstillstand zu zulassen, da sonst zahlreiche Probleme auftreten (s. Folgekapitel).

21.5 Schadensmechanismen

Die bisher aufgetretenen Probleme lassen sich in drei Teile aufgliedern. Mechanische Probleme, die durch äußere Einflüsse von Körpern bewirkt werden, thermische Schwierigkeiten, die sich aufgrund der heißen Wassertemperaturen ergeben und elektrische Mechanismen, die mit dem Anschluss der Pumpe an das Stromnetz zu tun haben.

Es muss jedoch angemerkt werden, dass nicht nur Pumpen für die Ausfälle selbiger verantwortlich gemacht werden können. Es existieren unterschiedliche, differenzierte Fehlerquellen, die außerhalb der Pumpe zum Pumpenstillstand führen können. Dies können defekte Druckwächter an der Förderbohrung, ausgefallene Teile der Obertageanlage, Fehlalarme aufgrund falsch kalibrierter Sensoren sowie menschliches Versagen wie Bedienfehler der Pumpe oder Anlage sein.

Das Thermalwasser bringt unter Umständen eine Reihe von Schädigungsmechanismen mit. Neben der Korrosion, die separat aufgearbeitet wird, sind vor allem Scalingeffekte- und Schäden durch Kavitation für Ausfälle verantwortlich. Auch können gerade in der Anfangsphase Schäden durch mitgeführte Feststoffe auftreten.

21.5.1 Mechanische Probleme

Die mechanischen Schwierigkeiten, die beim Pumpengebrauch auftreten, gelten im Wesentlichen für beide Pumpentypen (LSP und TKP).

Defekte im mechanischen Bereich, ausgelöst durch verschiedene Ausgangslagen, können zu einem Pumpenstillstand führen. Beispielsweise sind hier Ventildefekte aufzuführen, Defekte an verschiedenen Komponenten der Pumpe oder an Elementen des Kraftwerkes. Auch das Material im Thermalwasser sorgt dafür, dass Komponenten im Thermalwasser nicht mehr ausreichend arbeiten. So ist nach dem Anfahren eine höhere Intensivität an Schmutzfracht auszumachen, welche die Filteranlage und den Rückspülbehälter überlastet.

Die extreme Geometrie der Pumpen (große Länge, große Leistung, geringer Durchmesser) bringt hohe Belastung für die rotierenden Bauteile, was schon bei geringen Überlasten oder unbeabsichtigt abrupten Lastwechseln zum Versagen führen kann.

21.5.2 Thermische Probleme

Die thermischen Probleme beziehen sich hauptsächlich auf die TKP, da der Motor der TKP im Untergrund gekühlt werden muss und daher eine Umgebungsluftkühlung nicht möglich ist. Der Motor der LSP wird mit Umgebungsluft oder mit einem separaten Wasserkreislauf gekühlt.

Aufgrund dieser Tatsache ist es nicht einfach, den Motor immer ausreichend kühl zu halten, um ein Überhitzen des Motors, das bis hin zu einem Motorschaden und einem nachfolgenden Pumpenausfall führen kann, zu vermeiden.

Allein schon die Geometrie des Motors (lang und schmal) führt zu einem schlechten Wirkungsgrad. Gekühlt wird der Motor mit einem heißen Fluid. So ist die maximale Temperatur der Wicklung nahe der Fluidtemperatur.

Problematisch weist sich auch das thermische Cycling auf die Pumpe aus. Gerade in Übergangsphasen, wenn die Pumpe nicht konstant von einer Temperatur durchspült wird, egal ob heiß oder kalt, dehnen sich einzelne Pumpenelemente bei Temperaturschwankung wie zum Beispiel Überhitzung unterschiedlich stark und schnell aus.

Die elektrische Kabelverbindung zwischen dem Bohrlochkopf und der Pumpe kann aufgrund fehlender Zugentlastung beschädigt werden. Dies kann bis hin zu einem Riss des Verbindungskabels geschehen. Das Quellen von Dichtungen aus thermischen oder chemischen Gründen kann zum Versagen der Isolation führen.

21.5.3 Elektrische Probleme

Wie bei den thermischen Problemen schon beschrieben, haben Isolationsfehler meist elektrisch induzierte Fehler zur Folge. Hier sind Motorschäden eine Folgeauswirkung schadhafter Isolierung.

Neben den Kabeln ist der Frequenzumrichter der Thermalwasserpumpe ein weiteres Bauteil, das durch einen Defekt die Pumpe zum Stillstand bringen kann. Hierbei muss beachtet werden, dass die Kabel funktional mit dem Frequenzumrichter verbunden sind. Kurzschlüsse auf verschiedenen Komponenten wie zum Beispiel durch einen undichten Protektor, bei der Verkabelung des Elektromotors, im Elektromotor durch beispielsweise gequetschte Distanzringe können zu einem Pumpenstillstand und dem damit verbundenen Ausbau einer Pumpe führen.

Auch externe Faktoren, wie Stromschwankungen im Stromnetz, führen zu Stillständen der Pumpe. Ein kurzzeitiger Netzausfall in der Mittelspannung führt zu einem Stopp der mit Strom betriebenen Elektropumpe.

Wie bei den mechanischen Komponenten kann auch bei den elektrischen Instrumenten, unter anderem der Messelektronik, ein Defekt vorliegen, der die Pumpe zum Stillstand zwingt.

21.6 Korrosion

Die in Deutschland geförderten Thermalsolen kommen aus Tiefen von bis zu 5000 Metern. Diese Solen stehen im Gleichgewicht mit dem umgebenden Reservoirgestein, weshalb sie hohe Gehalte an gelösten Substanzen aufweisen können. Darunter befinden sich stark korrosiv wirkende Stoffe wie Chlor, Schwefelwasserstoff und Kohlenstoffdioxid. Korrosion von Anlagenteilen ist deshalb eines der größten Probleme von geothermischen Anlagen.

Die Lebensdauer eines Kraftwerks wird mit 20 Jahren veranschlagt, weshalb Werkstoffe über einen langen Zeitraum stabil bleiben müssen. Die Art und Intensität der Korrosion ist hierbei von der Werkstoffart, von den Inhaltsstoffen des Wassers, der Temperatur, den Strömungsbedingungen und mechanischen Beanspruchungen abhängig.

21.6.1 Metallische Werkstoffarten

In Geothermiekraftwerken finden eine Vielzahl an metallischen Werkstoffen Anwendung. Für Wärmeübertrager werden Metalle verwendet, weil sie eine hervorragende Wärmeleitfähigkeit besitzen. Auch Rohre, Ventile und Pumpen werden aus Metallen hergestellt, da sie die notwendige Festigkeit aufweisen, gut zu verarbeiten sind und einen konkurrenzfähigen Preis haben. Im Folgenden wird eine Auswahl an Werkstoffen mit deren Eigenschaften und Einsatzmöglichkeiten vorgestellt.

Unlegierte Stähle bestehen aus Eisen, bis zu 1 % Kohlenstoff und sehr geringen Mengen an weiteren Legierungselementen. Sie sind deshalb nicht korrosionsbeständig und werden dort eingesetzt, wo eine flächige Korrosion die Funktionalität nicht einschränkt, zum Beispiel als Verrohrung des Thermalwasserkreislaufs. Durch die entstehenden Korrosionsprodukte bilden sich mehr oder weniger schützende Ablagerungsschichten, die die Korrosionsrate reduzieren können. Unlegierte Stähle besitzen aufgrund des hohen Kohlenstoffgehalts eine hohe mechanische Festigkeit.

Nichtrostenden Stählen werden Chrom, Nickel, Molybdän, Mangan und Niob zulegiert. Ab einem Anteil von 10,5 % Chrom bildet sich eine dichte Chromoxidschicht aus, die das Metall vor der Atmosphäre trennt und dadurch weitere Oxidation verhindert. Gleichmäßige Korrosion stellt damit kein Problem mehr dar, jedoch können Halogenid- (zum Beispiel Cl^-) und Sulfid-Ionen die Oxidschicht lokal zerstören und starke Korrosion verursachen. Abhängig vom Chrom- und Nickelgehalt bildet der Stahl unterschiedliche Mischkristalle aus. Hohe Anteile an Chrom bilden Ferrit (α-Eisen), wird Nickel hinzugefügt, ändert sich die Struktur zu Austenit (γ-Eisen). In geothermischen Anlagen werden vorwiegend austenitische Stähle verwendet, da diese höher korrosionsbeständig und besser zu verarbeiten sind. Stähle, die sowohl ferritische als auch austenitische Strukturen aufweisen, werden als Duplexstähle bezeichnet und weisen ebenfalls eine hervorragende Korrosionsbeständigkeit und hohe Festigkeit auf.

Unter den **Nickelbasislegierungen** werden für Kraftwerkskomponenten vorrangig Nickel-Chrom-Molybdän-Legierungen verwendet, da diese besonders resistent gegen lokale Korrosion (Lochfraß) und transkristalline Spannungsrisskorrosion sind. In schwefelwasserstoffhaltiger Umgebung korrodieren sie jedoch stark und sind weniger beständig als Duplexstähle. Sie sind bis 1200 Grad Celsius thermisch stabil und weisen sehr hohe Festigkeiten auf. Nickelbasislegierungen sind um bis zu Faktor 5 teurer als nichtrostende Stähle und sollten nur in sehr aggressiven Thermalwässern eingesetzt werden.

Titan bildet eine stark gebundene Oxidschicht, weshalb Titan und Titanwerkstoffe sehr beständig gegen Lochfraß und Spannungsrisskorrosion sind. Mittels Legierungselementen wie Aluminium, Molybdän, Vanadium werden die Eigenschaften beeinflusst, um die Festigkeit zu erhöhen oder die Bearbeitbarkeit zu verbessern. Titanwerkstoffe sind ca. doppelt so teuer wie hochlegierte, austenitische nichtrostende Stähle.

21.6.2 Korrosionsmechanismen

Korrosion ist laut DIN EN ISO 8044 die „physikochemische Wechselwirkung zwischen einem Metall und seiner Umgebung, die zu einer Veränderung der Eigenschaften des Metalls führt und die zu erheblichen Beeinträchtigungen der Funktion des Metalls, der Umgebung oder des technischen Systems, von dem diese einen Teil bilden, führen kann.“ Angewandt auf geothermische Anlagen bedeutet dies die Schädigung von metallischen Bauteilen aufgrund der Eigenschaften der geothermischen Solen und mechanischen Einflüsse. Die Korrosionsschäden können sich auf unterschiedliche Arten zeigen.

Gleichmäßige Flächenkorrosion äußert sich als Materialabtrag auf der gesamten Fläche, die mit dem Thermalwasser in Kontakt ist. Sie wird quantifiziert als Korrosionsrate ω in mm/Jahr:

$$\omega = \frac{8.76 \cdot 10^7 \cdot \mathrm{v}}{\mathrm{A} \cdot \rho \cdot \mathrm{t}}, \tag{21.1}$$

ω: Korrosionsrate in mm/Jahr, v: Massenverlust in g, A: Fläche in cm^2; ρ: Dichte in kg/m^3, t: Zeit in hours, 8,76 · 107: Umrechnungsfaktor Jahr in Stunde und cm in mm. Der Grenzwert für in der Geothermie eingesetzte Werkstoffe liegt bei 0,3 mm/Jahr.

Flächenkorrosion entsteht hauptsächlich auf Stählen, die keine schützende Schicht aufweisen, wie zum Beispiel unlegierten Stählen. Auf der gesamten Bauteiloberfläche entstehen hierbei wandernde anodische und kathodische Teilreaktionen, wodurch sich das Material auflöst und an anderen Stellen ablagert. Das Thermalwasser agiert hierbei zum einen als Elektrolyt und zum anderen aufgrund des zumeist leicht sauren pH-Werts (pH 5–7) als Kathode und löst das Metall aktiv auf.

Lokale Korrosion tritt vorrangig auf passivierenden Werkstoffen (zum Beispiel nichtrostende Stähle) auf. Sie entsteht an Defekten der Oxidschicht oder an Inhomogenitäten. Da sich an diesen Stellen der Werkstoff tief in das Bauteil hinein auflöst, wird diese Korrosionsart als Lochfraß bezeichnet. Das Risiko von Lochfraß erhöht sich mit steigender Temperatur und steigendem Halogenid- und Sulfidgehalt und mit sinkendem pH-Wert. Die Beständigkeit gegen lokale Korrosion kann mit dem PREN-Index (Pitting Resistance Equivalent Number) angegeben werden. Er ist für nichtrostende Stähle (NS) und Nickelbasislegierungen (NI) folgendermaßen definiert:

$$\mathrm{PREN_{NS}} = 1 \cdot \%\mathrm{Cr} + 3{,}3 \cdot (\%\mathrm{Mo} + 0{,}5 \cdot \%\mathrm{W}) + 16 \cdot \%\mathrm{N} \tag{21.2}$$

$$\mathrm{PREN_{NI}} = 1 \cdot \%\mathrm{Cr} + 1{,}5 \cdot (\%\mathrm{Mo} + \%\mathrm{W} + \%\mathrm{Nb}), \tag{21.3}$$

%Cr: Massenanteil Chrom, %Mo: Massenanteil Molybdän, %W: Massenanteil Wolfram, %N: Massenanteil Stickstoff, %Nb: Massenanteil Niob. Mit steigendem Wert erhöht sich dabei die Beständigkeit gegen lokale Korrosion.

Lokale Korrosion kann auch in engen Spalten (Spaltkorrosion) zum Beispiel in Dichtungen und unter Ablagerungen stattfinden. Das darin stagnierende Thermalwasser konzentriert sich an korrosiven Agenzien auf und sorgt dadurch für eine rasche Auflösung des Materials.

Galvanische Korrosion oder **Kontaktkorrosion** tritt auf, wenn Metalle mit unterschiedlichen elektrochemischen Potentialen direkt oder durch einen Elektrolyten leitend miteinander verbunden werden. Vor allem Werkstoffpaarungen zwischen unlegierten und nichtrostenden Stählen bergen die Gefahr, dass die unlegierten Stähle sehr schnell in Lösung gehen.

Für **Spannungsrisskorrosion** müssen drei Voraussetzungen gegeben sein: eine korrosive Umgebung, eine anfällige Legierung und Zugspannungen. Es entstehen hierbei Risse, die senkrecht zur Richtung der Zugbeanspruchungen verlaufen und sich somit transgranular ausbreiten. Die Ursprünge der Risse sind meist Mikrokerben, die durch lokale Korrosion entstehen. Austenitische Stähle sind besonders anfällig, weshalb Duplexstähle oder Legierungen mit mehr als 25 % Nickel verwendet werden müssen. Ist im Thermalwasser Schwefelwasserstoff (H_2S) enthalten, kommt es zu einer Sonderform der Spannungsrisskorrosion, der wasserstoffinduzierten Rissbildung. Bei dieser Korrosionsreaktion geht der Werkstoff in Lösung und aus dem H_2S bildet sich atomarer Wasserstoff, der sich im Gitter des Materials anreichert und dieses versprödet. Wird der Werkstoff auf Zug belastet, bricht er spontan. Hiervon sind besonders niedrig legierte, hochfeste Stähle und hochfeste Nickelbasislegierungen betroffen.

Außer mechanischen Spannungen können auch tribologische Beanspruchungen Korrosion auslösen oder verstärken. Hohe Strömungsgeschwindigkeiten und mitgeförderte Partikel verursachen **Abrasion**, **Erosion** und **Kavitation**. Entstehen diese Phänomene in korrosiven Medien, ergibt sich eine Wechselwirkung mit der auftretenden Korrosion. Der mechanische Materialabtrag aufgrund der tribologischen Phänomene entfernt schützende Schichten, die Korrosion kann auf der ungeschützten Materialoberfläche stattfinden und schwere Schäden anrichten.

21.6.3 Korrosion in den deutschen Geothermieregionen

Wie im Vorangegangen beschrieben, sind die Arten und Intensitäten der Korrosion unter anderem von den korrosiven Agenzien in der Thermalsole abhängig. Im nachfolgenden werden die durchschnittlichen Thermalwasserzusammensetzungen der drei deutschen Geothermieregionen und die daraus resultierende Korrosion vorgestellt. Materialien, die sich in den Regionen als beständig gezeigt haben, werden für die Werkstoffgruppen unlegierte Stähle, nichtrostende Stähle, Nickelbasislegierungen und Titanlegierungen angegeben.

Norddeutsches Becken

Das Norddeutsche Becken (NDB) erstreckt sich entlang Norddeutschlands. Die südliche Begrenzung liegt in etwa auf einer gebogenen Linie zwischen Köln, Hannover und Cottbus. Die Thermalsolen im NDB sind die salzhaltigsten unter den Solen der deutschen Geothermieregionen, wobei der Gehalt um 5–10 g/l pro 100 m Tiefe steigt. Dementsprechend weist das Wasser in Neubrandenburg in einer Tiefe von 1267 m ca. 130 g/l an gelösten Feststoffen (Total Dissolved Solids (TDS)) und in Horstberg in einer Tiefe von 3800 m ca. 290 g/l auf. In den Wässern sind außerdem zum Teil große Mengen an Gas gelöst, hauptsächlich Kohlenstoffdioxid, Stickstoff und Methan.

Tabelle 21.2 zeigt die durchschnittliche Thermalwasserzusammensetzung gemittelt aus den Standorten Neubrandenburg, Waren, Rheinsberg, Neustadt-Glewe, Hamburg, Horstberg und Groß Schönebeck. Die hohe Menge an Chloridionen, der niedrige pH-Wert und der hohe CO_2-Gehalt können starke, lokale Korrosion auslösen. Die Beständigkeit verschiedener metallischer Werkstoffe wird in Tab. 21.3 dargestellt.

Laborversuche zeigen, dass unlegierte Stähle zwar geringe Flächenkorrosionsraten aufweisen, jedoch anfällig für lokale Korrosion sind. Beständig sind in den aggressiven Solen im NDB nur hochlegierte nichtrostende Stähle, Nickelbasislegierungen und Titanwerkstoffe. Zu berücksichtigen ist, dass mit der Bohrungstiefe die Salinität und die Gasmenge im Wasser steigen und damit auch die Anforderungen an die Werkstoffe höher werden.

Oberrheingraben

Der Oberrheingraben (ORG) ist eine ca. 40 km breite Rinne entlang des Rheins. Er beginnt in Basel und zieht sich bis Frankfurt am Main. Der Salzgehalt liegt im Mittel bei ca. 125 g/l (siehe Tab. 21.2) und ist damit deutlich geringer als im NDB. Der Gasanteil wird von Kohlenstoffdioxid dominiert, gefolgt von Stickstoff, Wasserstoff und Methan. Die Korrosionsverursacher sind die gleichen wie im NDB: hoher Chloridgehalt, niedriger pH-Wert und hoher CO_2-Gehalt in der Gasphase. Aufgrund der niedrigeren Salinität gegenüber dem NDB sind auch die Anforderungen an die Werkstoffe geringer. Labor und Feldversuche zeigen folgende Ergebnisse bezüglich der Korrosionsbeständigkeit (Tab. 21.4).

Unlegierte Stähle weisen im Allgemeinen eine gute Beständigkeit auf. Die Korrosionsrate liegt bei allen unter 0,3 mm/Jahr. Bei Feldversuchen bildeten sich Ablagerungen, die die Flächenkorrosion zum Teil reduzierten, das Risiko von Lochfraß jedoch erhöhten. Die Beständigkeit von nichtrostenden Stählen ist stark vom PREN und der Einsatztemperatur abhängig. Bei Laborversuchen waren die Werkstoffe 1.4462 und 1.4501 bis 100 Grad Celsius stabil, bildeten bei höheren Temperaturen jedoch lokale Korrosion aus. Der Einsatz von Nickelbasis- und Titanlegierungen ist unbedenklich.

Süddeutsche Molassebecken

Nördlich der Alpen liegt das Süddeutsche Molassebecken (MB). Es erstreckt sich vom Bodensee bis nach Linz und wird im Norden von der Donau begrenzt. Die Thermalsolen gelten als Süßwasser, da sie nur ca. 1 g/l an gelösten Feststoffen aufweisen. Dementsprechend ist auch die Korrosivität der Solen gering. In der Gasphase können sich bis zu 4 %

Tab. 21.2 Thermalwasserzusammensetzung der deutschen Geothermieregionen

	NDB	ORG	MB
Eigenschaft			
pH-Wert	5,6	5,0	6,9
Leitfähigkeit [µS/cm]	138.100,0	108.700,0	1536,7
Redox-Potential [mV]	−0,6	−13,0	−175,7
TDS [mg/L]	190.754,5	124.864,2	984,1
Gas-Flüssig-Verhältnis [l/l]	0,3	0,18	0,25
Kationen [mg/L]			
Lithium (Li^+)	84,5	145,5	0,3
Natrium (Na^+)	55.523,7	34.722,9	141,8
Kalium (K^+)	1776,6	2853,3	28,9
Ammonium (NH_4^+)	77,1	21,1	2,9
Calcium (Ca^{2+})	21.187,0	7395,1	91,3
Magnesium (Mg^{2+})	870,3	422,1	22,6
Strontium (Sr^{2+})	849,3	425,2	1,1
Barium (Ba^{2+})	37,7	7,0	0,8
Mangan (Mn^{2+})	100,7	16,7	0,2
Eisen II + III ($Fe^{3+,2+}$)	72,9	79,3	7,7
Blei (Pb^{2+})	73,2	0,3	0,1
Zink (Zn^{2+})	53,9	2,8	–
Anionen [mg/L]			
Fluorid (F^-)	0,5	8,3	4,9
Chlorid (Cl^-)	131.243,2	68.884,3	262,2
Bromid (Br^-)	379,6	346,2	3,0
Iodid (I^-)	19,6	–	0,2
Nitrat (NO_3^-)	–	0,5	0,6
Sulfat (SO_4^{2-})	722,4	480,0	25,4
Sulfid (S^{2-})	–	165,0	0,1
Hydrogencarbonat (HCO_3^-)	125,8	90,0	346,8
Hydrogenphosphat (HPO_4^{2-})	–	2,7	0,1
Sonstige Feststoffe [mg/L]			
Bor (B)	38,1	30,7	1,6
Siliciumdioxid (SiO_2)	64,7	163,6	–
Kieselsäure (H_3SiO_3)	–	–	89,6

Tab. 21.2 *Fortsetzung*

	NDB	ORG	MB
Gas [Vol %]			
Schwefelwasserstoff (H_2S)	0,20	–	4,05
Kohlenstoffdioxid (CO_2)	51,91	59,54	10,45
Stickstoff (N_2)	41,24	23,43	11,93
Methan (CH_4)	6,09	4,35	65,08
Helium (He)	0,22	1,37	0,55
Argon (Ar)	0,49	0,09	0,33
Wasserstoff (H_2)	0,42	15,28	0,69
Sauerstoff (O_2)	0,50	0,06	–

Tab. 21.3 Beständigkeit metallischer Werkstoffe im NDB

Werkstoffgruppe	Beständigkeit	Beispiele
Unlegierte Stähle	nicht beständig	
Nichtrostende Stähle	ab PREN ≥ 50 beständig bis 100 °C	X1NiCrMoCu31-27-7/1.4562
Nickelbasislegierungen	ab PREN ≥ 44 beständig	NiMo23Cr8Fe/2.4710 NiCr23Mo16A1/2.4605
Titanlegierungen	Beständig	TiMo0.3Ni0.8/3.7105 TiAl16Sn2Zr4Mo6/Timetal 6-2-4-6

Tab. 21.4 Beständigkeit metallischer Werkstoffe im ORG

Werkstoffgruppe	Beständigkeit	Beispiele
Unlegierte Stähle	beständig bis 80 °C Flächenkorrosionsrate < 0,3 mm/a	P235GH/1.0345 P265GH/1.0425 API N80
Nichtrostende Stähle	ab PREN ≥ 35 beständig bis ca. 100 °C ab PREN ≥ 50 beständig bis 150 °C	X1NiCrMoCuN25-20-5/1.4539 X2CrNiMoN22-5-3/1.4462 X2CrNiMoCuWN25-7-4/1.4501 X1NiCrMoCu31-27-7/1.4562
Nickelbasislegierungen	beständig ab PREN ≥ 40	NiCr22Mo9Nb/2.4856 NiMo16Cr15 W/2.4819 NiCr23Mo16A1/2.4605
Titanlegierungen	Beständig	Grade 2/3.7035

Schwefelwasserstoff (siehe Tab. 21.2) befinden, wodurch Spannungsrisskorrosion und Wasserstoffversprödung ausgelöst werden können.

Die Anforderungen an die Werkstoffe bezüglich Korrosionsbeständigkeit sind deutlich geringer als in den beiden anderen Regionen. Das Ergebnis von Laborversuchen zum Werkstoffverhalten in Thermalwasser des MB wird in Tab. 21.5 dargestellt.

Tab. 21.5 Beständigkeit metallischer Werkstoffe im MB

Werkstoffgruppe	Beständigkeit	Beispiele
Unlegierte Stähle	beständig Flächenkorrosionsrate < 0,3 mm/a	P23MnCrTi5-1/API L80 P29CrMo44V1/API Q125
Nichtrostende Stähle	beständig ab PREN ≥ 26	X2CrNiMo18-14-3/1.4435/1.4404 X2CrNiMoN22-5-3/1.4462

Unlegierte Stähle zeigen eine sehr gute Beständigkeit, da das dominierende Anion nicht Chlorid sondern Hydrogencarbonat (HCO^-) ist. Dadurch kann sich eine dichte Eisencarbonatschicht (Siderit) ausbilden, die die Korrosion verlangsamt. Die Stabilität dieser Schicht ist jedoch stark von den Strömungsbedingungen abhängig, sodass bei hohen Strömungsgeschwindigkeiten die Beständigkeit abnimmt. Nichtrostende Stähle sind laut Laborversuchen bereits ab einem niedrigen PREN stabil.

21.6.4 Zusammenfassung Korrosion

Das Korrosionspotential der deutschen Thermalsolen ist sehr unterschiedlich. Die aggressivsten Wässer befinden sich im Norddeutschen Becken mit sehr hohen Chloridgehalten von rund 130 g/l und hohen Gasanteilen von ca. 30 %. Etwas weniger angreifend sind die Solen im Oberrheingraben, die im Mittel 70 g/l an Chloridionen aufweisen und aufgrund hoher CO_2-Gehalte tiefe pH-Werte um 5 besitzen. Die Fluide im süddeutschen Molassebecken sind am wenigsten korrosiv und besitzen lediglich 1 g/l gelöste Feststoffe. In der Gasphase befinden sich jedoch bis zu 4 % Schwefelwasserstoff, welche Spannungsrisskorrosion auslösen kann.

Dementsprechend verhalten sich die Werkstoffe im geothermischen Einsatz. Im Norddeutschen Becken sind unlegierte Stähle nicht beständig. Nichtrostende Stähle müssen sehr hohe Anteile an Legierungsbestandteilen aufweisen und mindestens eine PREN von 50 besitzen. Nickelbasislegierungen sind ab einem PREN von 44 und Titanwerkstoffe uneingeschränkt einsetzbar. Etwas niedriger sind die Anforderungen im Oberrheingraben. Unlegierte Stähle können hier verwendet werden. Die Beständigkeit von nichtrostenden Stählen ist von der Temperatur und dem PREN abhängig. Bis 100 Grad Celsius ist ein PREN von 35 notwendig, darüber kann ein PREN von 50 erforderlich werden. Nickelbasislegierung mit einem PREN ab 40 und sämtliche Titanlegierungen kann man hier einsetzen. Im süddeutschen Molassebecken zeigen sich unlegierte Stähle und nichtrostende Stähle bereits ab einem PREN von 26 als beständig.

21.7 Aufgabenstellung Zukunft

21.7.1 Forschungsprojekte für Förderpumpen in der Tiefen Geothermie

Seit dem Bericht des Ausschusses für Bildung, Forschung und Technikenfolgenabschätzung (TAB) im Jahre 2003 zu den Möglichkeiten geothermischer Stromerzeugung in Deutschland (Drucksache 15/1835) und dem Beschluss zum TAB-Bericht (Plenarprotokoll 15/103) durch den Bundestag wurden verschiedene Projekte im Bereich Pumpe gefördert. Die vom Bundesministerium für Umwelt, Naturschutz und Reaktorsicherheit geförderten Forschungsschwerpunkte lagen dabei im Bereich der Entwicklung einer für die Tiefen Geothermie geeignet Pumpe. In Tab. 21.6 sind alle Projekte für den Zeitraum zwischen 2004 und 2014 aufgelistet.

21.7.2 Lebensdauer

Eine der großen Herausforderungen für die Zukunft von LSPs und TKPs ist die Verlängerung ihrer Lebensdauer. Wurden ursprünglich Laufzeiten von etwa fünf Jahren für Stromprojekte anvisiert, erwies sich, dass die tatsächliche Lebensdauer einer Pumpe zwischen wenigen Stunden und einigen Monaten liegt. Gerade die unklare Nutzungsdauer sorgt für erhebliche Probleme in der Bereitstellung der Wärme- und Stromerzeugung eines tiefengeothermischen Projektes. Grundsätzlich liegen die Ursachen der verringerten Lebensdauer in den Anforderungsprofilen an tiefengeothermische Pumpen. Hohe Temperaturen von weit über 100 Grad Celsius und Volumenströme über 100 l/s, die mitunter starke Sedimentanteile enthalten, verkürzen den Zeitraum der Nutzung erheblich. Um dem entgegenzuwirken, ist eine entsprechende Konzipierung einer Pumpe mit den richtigen Materialien notwendig.

Zur Verlängerung der Einsatzzeit ist auch eine Verbesserung der Rahmenbedingungen nötig. Vor allem die Reduzierung der zahlreichen Start- und Stoppläufe in den jeweiligen geothermischen Projekten steht dabei im Vordergrund. Häufiges An- und Abfahren einer Pumpe führt erwartungsgemäß zu hohen Belastungen, die sich durch verschiedene Schäden bemerkbar machen. Auch mit der Pumpe nicht direkt in Verbindung stehende Fehlerquellen können zum Ausfall der LSPs und TKPs führen. Häufig sind vor allem Isolationsfehler, Korrosion/Scaling durch Schwefelwasserstoff und thermisches Cycling.

21.7.3 Steigerung Wirkungsgrad

Obwohl die Gesamtwirkungsgrade eines Pumpensystems heute schon etwa 60 Prozent erreichen, sind bei den Pumpen selbst noch Entwicklungspotentiale vorhanden. Besonders die Verbesserung des Wirkungsgrades einer Pumpe im Bereich der Tiefen Geothermie wäre wünschenswert. Die spezifischen Bedingungen des Einsatzes von LSPs und TKPs

Tab. 21.6 Übersicht über die vom Bundesumweltministerium geförderter Projekte im Bereich Förderpumpen 2004–2014

Förderkennzeichen	Laufzeit	Zuwendungssumme	Projektpartner	Projektleitung
Konzept, Entwicklung, Fertigung und Test optimierter Förderpumpen für die Geothermie in Deutschland				
0325105	01.01.2009–31.12.2012	3.913.766 Euro	Baker Hughes INTEQ GmbH	Dr.-Ing. Joachim Oppelt
Entwicklung einer Förderpumpe für den Einsatz im Bereich der geothermischen Energiegewinnung – Temperaturbereich 150/160 °C				
0327600	01.08.2006–31.07.2010	3.228.911 Euro	Flowserve Hamburg GmbH	Wolfgang Seiberth
Fertigung eines Testaggregates auf Basis der Forschungs- und Entwicklungstätigkeiten im Rahmen des Förderprojektes 0327600 (Vorgängerprojekt)				
0327600 A	01.08.2010–31.07.2013	2.433.371 Euro	Flowserve Hamburg GmbH	Wolfgang Seiberth
Monitoring des Aquifers und der Maschinentechnik nach der Kapazitätserweiterung durch leistungsstärkere Pumpe (Prototyp) und Nebenanlagen				
0325041 A	01.02.2011–31.03.2013	564.533 Euro	Geothermie Unterhaching GmbH & Co. KG	Dipl.-Ing. Dirk Rosemeier
Nachhaltige Produktion und Injektion von Thermalwasser der tiefen sedimentären geothermischen Lagerstätten in Groß Schönebeck				
0325088	01.10.2008–31.12.2012	3.757.116 Euro	Helmholtz-Zentrum Potsdam Deutsches GeoForschungsZentrum (GFZ)	Dr. Ernst Huenges
Verbundprojekt: NanoCoating				
0325190 A/B/C	01.06.2010–31.05.2013	523.969 Euro	Fraunhofer-Institut für Zerstörungsfreie Prüfverfahren (IZFP)	Dr. Jörg Opitz
Verbundprojekt: Langfristige Betriebssicherheit geothermischer Anlagen				
0329937 A/B/C	01.05.2004–31.12.2008	602.195 Euro	Bundesanstalt für Geowissenschaften und Rohstoffe (BGR)	Dr. Hartwig Schröder
Verbundvorhaben: Anwendung von verschiedenen Inhibitoren zur Vermeidung von Ausfällungen und Korrosion in Tiefengrundwassersystemen im Molassebecken und Norddeutschen Becken				
0325424/B	01.04.2012–31.08.2014	339.368 Euro	Hydroisotop GmbH	Dr. Florian Eichinger

definieren aber auch die Möglichkeiten der Steigerung des Wirkungsgrades beider Pumpentypen. Besonders im Bereich der untertägig eingebauten Tauchkreiselpumpen sind Verbesserungen des Wirkungsgrades beschränkt. Aufgrund der relativ kleinen Bohrdurchmesser (in der Regel 13.3/8″) sind der Steigerung des Wirkungsgrades jedoch physikalische Grenzen gesetzt, sodass bei dem derzeitig häufig anzutreffenden Bohrlochdurchmesser die Zuwachsraten als gering anzusehen sind. Eine Vergrößerung des Brunnes auf 20″ wäre eine Möglichkeit, der Anforderung einer Steigerung des Wirkungsgrades entgegenzukommen.

Literatur

Banaś, J., Lelek, U.: Effect of CO2 and H2S on the composition and stability of passive film on iron alloys in geothermal water. Electrochimica Acta **52**, 5704–5714 (2007)

Bäßler, R., Klapper, H., Burkert, A., Isecke, B.: Qualifizierung von High Performance Werkstoffen für die Geothermie. In: Werkstofftechnische Herausforderungen der Energiewirtschaft. Darmstadt (2012)

Bäßler, R., Burkert, A., Klapper, H.S., Burkert, A., Jonas, B., Sperling, T., Stürzbecher, D., Zietelmann, C.: Korrosionsuntersuchungen zur Qualifizierung von geothermischen Anlagen. GeoHyBe, 67–74 (2009)

Bäßler, R., Burkert, A., Kirchheiner, R., Saadat, A., Finke, M.: Evaluation of Corrosion Resistance of Materials for Geothermal Applications. In: NACE Conference & Expo (2009)

Bäßler, R., Klapper, H.S., Burkert, A.: Korrosionsbeständigkeit von Werkstoffen für den Einsatz in Geothermieanlagen. Geothermische Energie **2012/3**, 26–29 (2012)

Bäßler, R., Sobetzki, J., Klapper, H.S.: Korrosionsuntersuchungen an hochlegierten Werkstoffen in künstlichen Geothermiefluiden unter Betriebsbedingungen ProcessNet-Symposium, Frankfurth, German (2013). S. 31

Baticci, F., Genter, A., Huttenloch, P., Zorn, R.: Corrosion and Scaling Detection in The Soultz EGS Power Plant. Upper Rhine Graben, France (2010)

Baumann, T., Nießner, R.: Prüfbericht Sauerlach Bd. TH 1. Institut für Wasserchemie und chemische Balneologie der Technischen Universität (2008)

Bettge, D.: Auswertung der Pumpenschäden. In: Schröder, H. (Hrsg.) Langfristige Betriebssicherheit geothermischer Anlagen, S. 76–91. Federal Institute for Materials Research and Testing, Hannover, Germany (2009)

Bettge, D.: Pumpen in der Praxis: Betriebserfahrungen und Schadensfälle. In: GeoHyBe Berlin, Germany, S. 47–56 (2009)

Böhler: A911SA Extra. In: B.E.G.C. KG. Kapfenberg, Austria (2007)

Burstein, G.T.: Electrochemistry of Pit Formation. In: Electrochemical Society Joint International Meeting. Honolulu (2004)

Czernichowski-Lauriol, I., Fouillac, C.: The chemistry of geothermal waters: its effects on exploitation. Terra Nova **3**, 477–491 (1991)

DIN: Erdöl- und Erdgasindustrie – Werkstoffe für den Einsatz in H_2S-haltiger Umgebung bei der Öl- und Gasgewinnung. In: Teil 3: Hochlegierte Stähle (CRAs) und andere Legierungen, Berlin, Germany (2010)

DIN: Korrosion von Metallen und Legierungen. In: Grundbegriffe und Definitionen, Deutsches Institut für Normung e. V., Berlin, Germany, S. 1–24 (1999)

DIN: Nichtrostende Stähle. In: Teil 1: Verzeichnis der nichtrostenden Stähle, Deutsches Institut für Normung e. V., Berlin, Germany, S. 1–46 (2011)

Dumas, P., Mahiuex, C., Bertani, R.: Analysis of the Geothermal Electricity Market in Europe. In: European Geothermal Energy Council, Brussels, Belgium (2012)

Dumas, P.: Geothermal District Heating and smart comfort. In: The Next DHC Generation Conference. Brussels, Belgium (2012)

Ellis, P.F.: Companion Study Guide to Short Course On Geothermal Corrosion And Mitigation in Low Temperature Geothermal Heating Systems. In: Radian Corporation prepared for The Geo-Heat Center Oregon Institute of Technology. Klamath Falls, OR (1985)

Ellis, P.F., Conover, M.F.: Materials Selection Guidelines for Geothermal Energy Utilization Systems. In: United States Department of Energy – Division of Geothermal Energy, S. 1–466. Washington (1981)

Epstein, N.: Fouling in Heat Exchangers, Heat Exchanger Theory and Practice (1983)

Fischer, U., Heinzler, M., Näher, F., Paetzold, H., Gominger, R., Kilgus, R., Oesterle, S., Stephan, A.: Tabellenbuch Metall. Ulrich Fischer (2011)

Frick, S., Regenspurg, S., Kranz, S., Milsch, H., Saadat, A., Francke, H., Brandt, W., Huenges, E.: Geochemical and Process Engineering Challenges for Geothermal Power Generation. Chemie Ingenieur Technik **83**, 2093–2104 (2011)

Friedrich, H.: Korrosion und Scaling in geothermischen Anlagen – Ursachen, Erscheinungsformen und Implikationen für Anlagenplanung und Betriebssicherheit. In: GeoHyBe, S. 81–90. Berlin (2009)

Giese, L., Seibt, A., Wiersberg, T., Zimmer, M., Erzinger, J., Niedermann, S., Pekdeger, A.: Geochemie der Formationsfluide Geothermie Report, Bd. 14., S. 145–170 (2002)

Goerke, X.: Fördertechnik in der Praxis: Betriebserfahrungen und Schadensfälle. In: GeoHyBe, S. 57–66. Berlin, Germany (2009)

Gülich, J.F.: Werkstoffwahl für hohe Geschwindigkeiten. In: Kreiselpumpen, S. 823–900. Springer, Berlin Heidelberg (2010)

Han, J.: Galvanic mechanism of Localized Corrosion for Mild Steel in Carbon Dioxide Environments. In: Department of Chemical and Biomolecular Engineering. Russ College of Engineering and Technologie of Ohio University (2009)

Herbsleb, G., Pfeiffer, B., Ternes, H.: Spannungsrißkorrosion an austenitischen Chrom-Nickel-Stählen bei aktiver Korrosion in chloridhaltigen Elektrolyten. Materials and Corrosion **30** 322–340 (1979)

Hummich, J.: Korrosion. In: Werkstoffkunde. Amberg, Germany (2004). S. 19

Hummich, J.: Werkstoffgruppen. In: Werkstoffkunde. Amberg, Germany (2004)

Klapper, H., Bäßler, R., Saadat, A., Asteman, H.: Evaluation of Suitability of Some High-Alloyed Materials for Geothermal Applications. In: NACE Conference & Expo (2011)

Klapper, H.S., Laverde, D., Vasquez, C.: Evaluation of the corrosion of UNS G10200 steel in aerated brines under hydrodynamic conditions. Corrosion Science **50**, 2718–2723 (2008)

Klapper, H.S., Bäßler, R., Sobetzki, J., Weidauer, K., Stürzbecher, D.: Corrosion resistance of different steel grades in the geothermal fluid of Molasse Basin. Materials and Corrosion (2012)

Knödler, R.: Werkstoffe für Ölförderung in der Tiefsee: Tests unter hohen Druck- und Temperaturverhältnissen. In: GeoHyBe, S. 91–98. Berlin (2009)

Krüger, M.: Regionale Aspekte der Pilotanlage Neustadt-Glewe. In: Langfristige Betriebssicherheit geothermischer Anlagen, Bundesanstalt für Geowissenschaften und Rohstoffe. Hannover, Germany (2009)

Kühn, M.: Geochemische Folgereaktionen bei der hydrogeothermalen Energiegewinnung. In: Geowissenschaften. Universität Bremen, Bremen (1997). S. 192

Kurzweil, P., Scheipers, P.: Elektrochemie. In: Chemie, S. 185–214. Vieweg+Teubner Verlag (2012)

Leilich, J.: Optimierung und Monitoring von Exzenterschneckenpumpen für den Downhole-Betrieb zur Rohölgewinnung. In: Lehrstuhl für Prozessmaschinen und Anlagentechnik. Friedrich-Alexander Universität Erlangen-Nürnberg, Erlangen (2007). S. 163

Mao, X., Liu, X., Revie, R.W.: Pitting Corrosion of Pipeline Steel in Diluted Bicarbonate Solution with Chloride Ions. COrrosion, S. 651–657 (1994)

Merkblatt 821 - Edelstahl Rostfrei - Eigenschaften. In: Informationsstelle Edelstahl Rostfrei, S. 1–17 (2012)

Morach, R.: Einfluss des delta-Ferritgehaltes auf das Korrosionsverhalten. In: Ciba Spezialitätenchemie, S. 1–9.

Muller, J., Bilkova, K., Genter, A., Seiersten, M.: Laboratory Results of Corrosion Tests for EGS Soultz Geothermal Wells. World Geothermal Congress, Bali, Indonesia (2010)

Muller, J., Bilkova, K., Seiersten, M.: Corrosion Study in Geothermal Wells. Soultz Study (2007)

Muller, J., Bilkova, K., Seiersten, M.E.: Corrosion Testing for Hot Dry Rock Geothermal Wells in Soultz-sous-Forêts – Preliminary Results. In: First European Geothermal Review. Mainz (2007)

Müller-Steinhagen, H.: Modellierung der Ablagerungsbildung in Wärmeübertragern, in: Lehrstuhl für technische Thermodynamik. University Erlangen-Nürnberg, Erlangen, Germany (2000)

Mundhenk, N.,. Huttenloch, P., Kohl, T., Steger, H., Zorn, R.: Metal corrosion in geothermal brine environments of the Upper Rhine graben – Laboratory and on-site studies. Geothermics **46** 14–21 (2013)

Mundhenk, N., Steger, H., Kohl, T., Huttenloch, P., Zorn, R., Sanjuan, B.: Corrosion research in Soultz-sous-forêts. France (2012)

Mundhenk, N., Huttenloch, P., Sanjuan, B., Kohl, T., Steger, H., Zorn, R.: Corrosion and scaling as interrelated phenomena in an operating geothermal power plant. Corrosion Science **70** 17–28 (2013)

Mundhenk, N., Huttenloch, P., Steger, H., Zorn, R., Kölbel, T.: Korrosion metallischer Werkstoffe unter geothermischen Bedingungen. In: Der Geothermiekongress. Karlsruhe (2010)

Naumann, D.: Salinare Tiefenwässer in Norddeutschland. Mathematisch-Naturwissenschaftliche Fakultät, Universität Potsdam, Potsdam (2000)

Pauwels, H., Fouillac, C.A.: Chemistry and isotopes of deep geothermal saline fluids in the Upper Rhine Graben: Origin of compounds and water-rock interactions. Geochimica et Cosmochimica Acta **57**, 2737–2749 (1993)

Pfennig, A., Wiegand, R., Wolf, M., Bork, C.P.: Corrosion and corrosion fatigue of AISI 420 C (X46Cr13) at 60 °C in CO2-saturated artificial geothermal brine. Corrosion Science **68**, 134–143 (2013)

Regenspurg, S., Schmidt, K., Saadat, A.: Geochemische Aspekte zu Risiken in der Geothermie: Korrosion und Scaling – Entwicklung eines Monitoringsystems. In: Der Geothermiekongress, S. 1–9. Bochum (2009)

Regenspurg, S., Wiersberg, T., Brandt, W., Huenges, E., Saadat, A., Schmidt, K., Zimmermann, G.: Geochemical properties of saline geothermal fluids from the in-situ geothermal laboratory Groß Schönebeck (Germany). Chemie der Erde – Geochemistry **70**(3), 3–12 (2010)

RMITitanium: Titanium Alloy Guide. In: R. Company (Hrsg.), Niles, Ohio, S. 45 (2000)

Roos, E., Maile, K.: Korrosion. In: Werkstoffkunde für Ingenieure, S. 349. Springer, Berlin Heidelberg (2011)

Roos, E., Maile, K.: Nichteisenmetalle. In: Werkstoffkunde für Ingenieure, S. 225–273. Springer, Berlin Heidelberg (2011)

Scheiber, J., Ravier, G., Sontot, O., Hensch, C., Genter, A.: In situ Material Studies at the High Temperature Skid (HTS) Bypass System of the Geothermal Power Plant in Soultz-sous-forêts. In: Workshop on Geothermal Reservoir Engineering, Standford University, California. France (2013)

Schierhold, P.: Nichtrostende Stähle – Eigenschaften, Verarbeitung, Anwendung, Normen. Düsseldorf, Germany (1977)

Schröder, H., Hesshaus, A.: Langfristige Betriebssicherheit geothermischer Anlagen. In: S. 1–134. BGR-Bericht, Bundesanstalt für Geowissenschaften und Rohstoffe, Hannover (2009)

Seibt, A., Naumann, D., Hoth, P.: Lösung und Entlösung von Gasen in Thermalwässern – Konsequenzen für den Anlagenbetrieb. Geothermie Report **1999/04**, 63–86 (1999)

Seibt, A.: Geochemische Untersuchungen des Tiefenwassers der Tiefbohrung Gt Unterhaching Bd. 1. Boden Wasser Gesundheit GbR (2004)

Seibt, A., Hoth, P., Naumann, D.: Gas Solubility in Formation Waters of the North German Basin – Implications for Geothermal Energy Recovery World Geothermal Congress, Kyushu – Tohoku, Japan, S. 1713–1718 (2000)

Seibt, A.: Welche Faktoren können die Eisen(II)-Oxidation in Formationswässern beeinflussen? Geothermie Report (51), 70 (2000)

Spohler, G.: Innenbeschichtung von Rohren für die Geothermie Der Geothermiekongress. Bochum, S. 1–4 (2009)

Tischner, T., Hesshaus, A., Jatho, R., Gerling, J.P.: Anforderungen an Reservoir und Bohrung für die geothermische Nutzung GeoHyBe, Berlin, Germany, S. 24–31 (2009)

Valdez Salas, B., Schorr Wiener, M., Rioseco de la Peña, L., Navarrete Bedolla, M.: Deterioration of materials in geothermal fields in Mexico. Materials and Corrosion **51**, 698–704 (2000)

Valdez, B., Schorr, M., Quintero, M., Carrillo, M., Zlatev, R., Stoytcheva, M., Ocampo, J.d.D.: Corrosion and scaling at Cerro Prieto geothermal field. Anti-Corrosion Methods and Materials **56**, 28–34 (2009)

Valdez, B., Schorr, M., Arce, A.: The Influence of Minerals on Equipment Corrosion in Geothermal Brines International Mineral Extraction Conference (2006)

VDM, T.: VDM Titanwerkstoffe. In: VDM, T. (Hrsg.) Werdohl, Germany (2012). S. 25

Vetter, A., Vieth, A., Mangelsdorf, K., Lerm, S., Alawi, M., Wolfgramm, M., Seibt, A., Würdemann, H.: Biogeochemical Characterisation of Geothermally Used Groundwater in Germany World Geothermal Congress, Bali, Indonesia (2010)

Videm, K., Koren, A.M.: Corrosion, Passivity, and Pitting of Carbon Steel in Aqueous Solutions of HCO3-, CO2, and Cl-, Corrosion, S. 746–754 (1993)

Weißbach, W.: Korrosionsbeanspruchung und Korrosionsschutz. In: Werkstoffkunde, S. 323–338. Vieweg+Teubner Verlag (2012)

Weißbach, W.: Nichteisenmetalle. In: Werkstoffkunde, S. 191–227. Vieweg+Teubner Verlag (2012)

Weißbach, W.: Stähle. In: Werkstoffkunde, S. 88–123. Vieweg+Teubner Verlag (2012)

Wolfgramm, M., Rauppach, K., Seibt, A.: Langfristige Betriebsführung und Monitoring geothermischer Anlagen in Deutschland. Der Geothermiekongress, Bochum (2009)

Wolfgramm, M., Rauppach, K., Thorwart, K.: Mineralneubildungen und Partikeltransportim Thermalwasserkreislauf geothermischer Anlagen Deutschlands. Zeitschrift für geologische Wissenschaften **39**, 213–239 (2011)

Yin, Z.F., Feng, Y.R., Zhao, W.Z., Bai, Z.Q., Lin, G.F.: Effect of temperature on CO_2 corrosion of carbon steel. Surface and Interface Analysis **41**, 517–523 (2009)

Kraftwerkstechnik

22

Dieter Brüggemann und Florian Heberle

Inhaltsverzeichnis

Zusammenfassung

Die Wahl eines geeigneten Kraftwerkssystems in Abhängigkeit der Charakteristika der Ressource ist ein Schlüssel für eine effiziente geothermische Stromerzeugung. Im Fall von Hochenthalpie-Lagerstätten ist es möglich, das Thermalwasser direkt als Arbeitsmedium zu nutzen. So kann entweder gesättigter Dampf unmittelbar in der Turbine entspannt und genutzt werden oder im Fall eines geförderten Zwei-Phasen-Gemisches durch den Einsatz von Flash-Prozessen. Für Niederenthalpie-Lagerstätten mit Thermalwassertemperaturen unter 200 °C, wie sie in Deutschland vorliegen, bedarf es binärer Kraftwerke. Hierbei handelt es sich um geschlossene Sekundärprozesse, auf die die thermische Energie des Thermalwassers übertragen wird. Als Kraftwerkstechnologien stehen der Organic Rankine Cycle (ORC) und der Kalina Cycle (KC) zur Verfügung. Diese Prozesse unterscheiden sich sowohl in der Prozessführung als auch in der Wahl des Arbeitsmediums. Neben den bereits umgesetzten Standardkonzepten existiert eine Vielzahl von Optimierungsansätzen, welche unter Berücksichtigung der geologischen Randbedingungen, zu einer signifikanten Effizienzsteigerung führen können.

Prof. Dr.-Ing. Dieter Brüggemann (✉) · Dr.-Ing. Florian Heberle
ZET – Zentrum für Energietechnik, Universität Bayreuth, Bayreuth, Deutschland
e-mail: brueggemann@uni-bayreuth.de, florian.heberle@uni-bayreuth.de

M. Bauer et al. (Hrsg.), *Handbuch Tiefe Geothermie*, DOI 10.1007/978-3-642-54511-5_22,

Schlüsselwörter
Kraftwerkstechnik • Flash-Prozesse • Binäre Kraftwerke • Organic Rankine Cycle • Kalina Cycle • organische Arbeitsmedien

22.1 Übersicht geothermischer Kraftwerksysteme

Geothermische Energiequellen können durch ihre Grundlastfähigkeit und ihr hohes technisches Potential eine wichtige Rolle im Zusammenspiel der verschiedenen, meist volatilen erneuerbaren Energien einnehmen. Für die geothermische Stromerzeugung wird Erdwärme durch Tiefenbohrungen von bis zu 7000 m erschlossen. In obertägigen Kraftwerken erfolgt die Wandlung der Wärme in Strom. Die Wahl des Kraftwerkssystems hängt stark von der Charakteristik des geothermischen Reservoirs ab. In diesem Zusammenhang kann man grundlegend zwischen Lagerstätten hoher und niederer Enthalpie unterscheiden. In Hochenthalpie-Lagerstätten kann entweder gesättigter Wasserdampf direkt über eine Dampfturbine entspannt werden, oder das geförderte Zweiphasengemisch muss in sogenannten Flash-Prozessen in einen flüssigen und einen dampfförmigen Anteil getrennt werden. Diesem Separationsschritt schließt sich die Expansion des Dampfstroms mit Hilfe einer Dampfturbine an. Im Fall von Niederenthalpie-Lagerstätten, welche durch Thermalwassertemperaturen unter 200 °C charakterisiert sind, wird Strom durch ein binäres Kraftwerk erzeugt. Hierbei wird die thermische Energie des Thermalwassers auf einen Sekundärprozess übertragen, der die Stromerzeugung auf Niedertemperaturniveau ermöglicht. Hierfür stehen der Organic Rankine Cycle (ORC) oder der Kalina Cycle (KC) als Kraftwerkstechnologien zur Verfügung. Im Folgenden werden die wichtigsten Eigenschaften der verschiedenen geothermischen Kraftwerkssysteme erläutert (DiPippo 2005; Heberle 2013).

Single Flash Der Single-Flash-Prozess ist die technisch einfachste Lösung im Falle von Zwei-Phasen-Gemischen oder Thermalwasser mit Temperaturen über 200 °C. Der Prozess sieht als ersten Schritt eine Druckreduzierung unter den durch die Thermalwassertemperatur festgelegten Sättigungsdrucks vor. Diese Druckabnahme tritt entweder im Reservoir oder in der Förderbohrung auf, kann aber auch obertägig durch ein Drosselventil hervorgerufen werden. Im Anschluss an diesen Arbeitsschritt erfolgt die Separation des Zwei-Phasen-Gemisches mittels eines zylindrischen Zyklons in eine flüssige und eine dampfförmige Phase. Der Dampfstrom tritt anschließend in die Turbine ein und wird dort zur Stromerzeugung auf ein Druckniveau von rund 0,1 bar entspannt. Gängige Turbineneintrittsdrücke liegen zwischen 5 und 20 bar. Die elektrische Leistung von Single-Flash-Systemen variiert typischerweise zwischen 5 und 100 MW. Der Thermalwasserdampf am Turbinenaustritt wird in der Regel obertägig mit Hilfe eines Kühlwasserkreislaufs kondensiert und nach der Abtrennung nicht-kondensierbarer Gase zusammen mit dem flüssigen Anteil aus dem Separator verpresst. Für Anwendungen der Kraft-Wärme-Kopplung werden auch Gegendruckturbinen (Back-Pressure-Systeme) eingesetzt, welche eine zusätzliche Wärmeauskopplung ermöglichen.

Double Flash Der Double-Flash-Prozess stellt eine technische Erweiterung des Single-Flash-Prozesses dar. Das Verfahren wird durch die Druckreduzierung und die Separation des flüssigen Anteils aus dem ersten Separationsschritt ergänzt. Man erhält somit einen Hochdruckdampfstrom (5 bar–15 bar) und einen Niederdruckdampfstrom (2 bar–5 bar). Die Stromerzeugung mittels Turbine kann in zwei getrennten Entspannungsaggregaten erfolgen oder alternativ in einer Turbine mit Hoch- und Niederdruckteil. Falls notwendig kann auch die Kondensation in zwei getrennten Kondensatoren auf unterschiedlichen Druckniveaus realisiert werden. Durch die beschriebene Optimierungsmaßnahme wird dieser Prozess um rund 20 % effizienter als der Single-Flash-Prozess, jedoch auch technisch komplexer und kostenintensiver. Der Leistungsbereich von Double-Flash-Prozessen liegt ebenfalls im Bereich von 5 MW und 100 MW.

Dry-Steam Im Fall, dass die Förderbohrung gesättigten oder leicht überhitzten Dampf liefert, ist eine direkte Nutzung ohne weitere Vorschaltprozesse möglich. Derartige geothermische Reservoirs sind beispielsweise in Larderello (Italien) und The Geysers (USA) zu finden, machen jedoch lediglich rund 5 % der weltweiten hydrothermalen Systeme mit Temperaturen über 200 °C aus. Aus technischer Sicht sind der Turbine und dem Kondensator noch Partikel- und Flüssigkeitsabscheider vorzuschalten, um eine Turbinenerosion zu vermeiden.

Binäre Kraftwerke Für die Nutzung von Thermalwassertemperaturen unter 200 °C werden binäre Kraftwerke eingesetzt. Es handelt sich dabei um einen geschlossenen thermodynamischen Kreislauf, welcher über Wärmeübertrager mit der geothermischen Wärmequelle gekoppelt ist. In diesen Prozessen werden Stoffe als Arbeitsmedien eingesetzt, welche bei geringen Temperaturen und Drücken in die Gasphase überführt werden können. Im Fall des ORC werden vorwiegend natürliche und teilfluorierte Kohlenwasserstoffe eingesetzt, während im Fall des KC ein Wasser/Ammoniak-Gemisch verwendet wird. Die Prozessführung und die Unterschiede beider Kraftwerkskonzepte werden in den folgenden Abschnitten detailliert diskutiert. Die typische Kraftwerksleistung binärer Systeme liegt bei rund 5 MW. Es existieren jedoch auch hybride Verschaltungen mit Flash-Prozessen, in denen Kraftwerksleistungen bis 25 MW erreicht werden.

Im Jahr 2010 belief sich die weltweit installierte elektrische Leistung geothermischer Kraftwerke bereits auf 10 GW bei einer jährlich erzeugten Strommenge von 67,2 TWh/a. In Bezug auf die installierte Leistung nutzen 61 % der Kraftwerke das Thermalwasser direkt als Arbeitsmedium in Flashprozessen, weitere 27 % basieren auf der Direktentspannung von gesättigtem Dampf. Die restlichen 12 % Kraftwerksleistung sind auf binäre Kraftwerke zurückzuführen. Die Leistungsklasse der beiden Kraftwerkstypen unterscheidet sich grundsätzlich. Bei direkter Nutzung beträgt die durchschnittliche Leistung rund 35 MW, im Fall binärer Kraftwerke hingegen etwa 5 MW (Bertani 2010). Dies spiegelt sich auch in der prozentualen Verteilung der Systemtypen bezogen auf die Anzahl der Kraftwerkseinheiten wider (Abb. 22.1). So arbeiten weltweit 44 % der Kraftwerke binär, 56 % nutzen das Thermalwasser direkt.

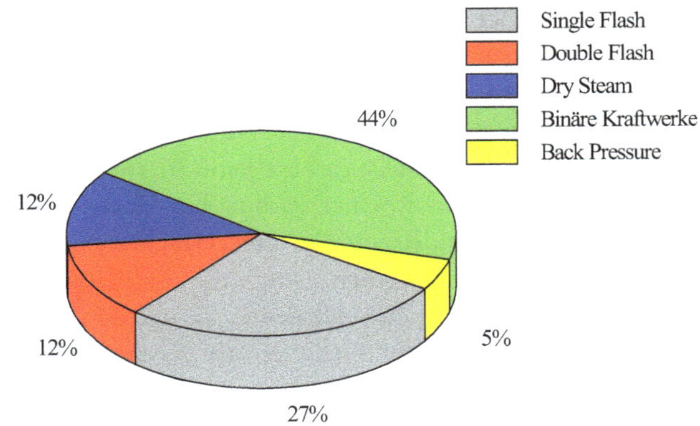

Abb. 22.1 Anteile der Varianten geothermischer Kraftwerkssysteme weltweit nach Einheitenanzahl (nach Bertani 2010)

In Deutschland steht Thermalwasser von höchstens 200 °C zur Verfügung; entsprechend liegt der Fokus von Forschung und Entwicklung auf binären Kraftwerken. Im Folgenden werden deshalb die Grundlagen der ORC- und KC-Technologie mit potentiellen Optimierungsansätzen dargestellt. Die Hauptkosten eines geothermischen Projekts stellt mit einem Anteil von etwa 68 % die bohrtechnische Erschließung der geothermischen Ressource dar. Die Optimierung der obertägigen Kraftwerkstechnik, deren Kostenanteil rund 20 % beträgt, stellt einen vielversprechenden Ansatz zur Verbesserung der wirtschaftlichen Rahmenbedingungen der geothermischen Stromerzeugung dar (Rogge 2004). Auch wenn innovative Kraftwerkskonzepte meist höhere Investitionskosten mit sich bringen, fallen diese auf Grund des überwiegenden Anteils der Bohrkosten nicht so stark ins Gewicht. Zudem führen die erzielbaren Effizienzsteigerungen zu Mehreinnahmen im laufenden Betrieb, welche die Amortisationszeit signifikant senken.

22.2 Systeme für Niederenthalpie-Lagerstätten

Zahlreiche Studien belegen das beträchtliche Potential der geothermischen Stromerzeugung. Unter technischen Prämissen wird das ökonomisch nutzbare Potential weltweit auf bis zu 1167 TWh/a geschätzt (Bertani 2003). Insbesondere die Erschließung von Niederenthalpie-Lagerstätten nimmt in diesem Zusammenhang einen beträchtlichen Anteil ein. Für Deutschland weisen aktuelle Zahlen ein technisch-ökonomisches Potential von 63,75 TWh/a aus (UBA 2010). Das entspricht einer installierten elektrischen Bruttoleistung von 8,5 GW oder 2120 Kraftwerken mit einer mittleren Leistung von 4 MW, welche rund 10 % des Endenergieverbrauchs an Strom in Deutschland abdecken könnten.

Tab. 22.1 Übersicht zu den in Betrieb befindlichen geothermischen Kraftwerken in Deutschland

Standort	Prozesstyp	Arbeits-medium	Prozess-führung	P_{el} (MW)	T_{TW} (°C)	Inbetriebnahme
Bruchsal	KC	NH_3/H_2O	KCS34	0,55	135	2009
Dürrnhaar	ORC	R245fa	2-Druck	5,5	137	2013
Insheim	ORC	Isopentan	1-Druck	4,8	165	2012
Kirchstockach	ORC	R245fa	2-Druck	5,5	138	2013
Landau	ORC	Isopentan	1-Druck	3	157	2008
Sauerlach	ORC	R245fa	2-Druck	5	140	2013
Simbach/Braunau*	ORC	R134a	1-Druck	0,2	80,5	2009
Unterhaching	KC	NH_3/H_2O	KCS34	3,36	122,8	2009

* Grenzüberschreitendes Projekt zur Fernwärmeversorgung und Stromerzeugung mit ORC-Anlage in Simbach (D) und Fernwärmeversorgung von Simbach (D) und Braunau (A).

22.2.1 Ausbaustand in Deutschland

Für die geothermische Stromerzeugung in Deutschland kommen Gesteinsschichten in Frage, die Thermalwässer mit einer Mindesttemperatur von rund 100 °C und einer Fließrate von 50 m^3/h aufweisen (Paschen et al. 2003). Potentielle Reservoirtypen sind Heißwasseraquifere, Störungszonen und kristallines Gestein. Geologische Daten zeigen drei vielversprechende Gebiete für die geothermische Energiegewinnung in Deutschland: das Norddeutsche Becken, der Oberrheingraben und das Süddeutsche Molassebecken. In den beiden letztgenannten Regionen sind Anfang 2014 die in Tab. 22.1 aufgelisteten acht Kraftwerke mit einer installierten Leistung von 27,9 MW in Betrieb (GtV – Bundesverband Geothermie 2014).

Neben den beschriebenen Kraftwerken befinden sich im Januar 2014 weitere 59 Projekte im Bau- oder im Planungsstatus (GtV – Bundesverband Geothermie 2014). Abbildung 22.2 zeigt exemplarisch das Geothermiekraftwerk in Insheim mit den Wärmeübertragern und der Turbinen-Generator-Einheit in Außenaufstellung.

22.2.2 Organic Rankine Cycle in der geothermischen Anwendung

Thermodynamik des Kreisprozesses

Der Organic Rankine Cycle (ORC) stellt einen rechtslaufenden Dampfkraftprozess dar, bei dem also insgesamt Wärme in Arbeit umgewandelt wird. Im Unterschied zum konventionellen Rankine Cycle mit flüssigem und dampfförmigem Wasser werden beim ORC organische Arbeitsmedien eingesetzt. Ihre Verwendung ermöglicht die Überführung des Arbeitsmediums in die Dampfphase bereits bei geringen Temperaturen und Betriebsdrücken. Daher wird der ORC vorwiegend eingesetzt, um Niedertemperaturwärme zur Stromerzeugung zu nutzen. Durch die Vielzahl organischer Stoffgruppen, z. B. unsubstituierte und

Abb. 22.2 Geothermisches ORC-Kraftwerk in Insheim

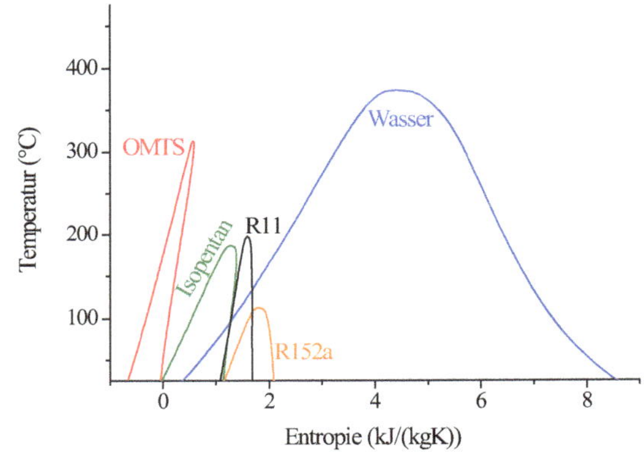

Abb. 22.3 Temperatur-Entropie-Diagramm für Wasser und einige organische Medien

teilfluorierte Kohlenwasserstoffe, Siloxane, Alkohole oder Ether, kann ein breiter Temperaturbereich für potentielle Anwendungen abgedeckt werden. Das Temperatur-Entropie-Diagramm in Abb. 22.3 verdeutlicht die Unterschiede der genannten Stoffe im Vergleich zu Wasser. So eignen sich fluorierte Kohlenwasserstoffe, wie R152a, zur Erschließung von Wärmequellen unter 120 °C. Bei Hochtemperaturanwendungen, wie der Abwärmenutzung oder Biomassenutzung, werden hingegen Siloxane, wie Octamethyltrisiloxan (OMTS), eingesetzt.

Für die technische Anwendung der potentiellen Arbeitsmedien ist die Steigung der Taulinie im T,s-Diagramm ein wichtiges Merkmal. Im Fall von Wasser ist auf Grund der negativen Steigung der Taulinie ($\mathrm{d}s/\mathrm{d}T < 0$) eine Überhitzung des Arbeitsmediums notwendig, um eine Entspannung ins Nassdampfgebiet weitgehend zu vermeiden. Dies wird angestrebt, weil es bei einem Dampfgehalt von unter 90 % zur Erosion der Turbine in Folge von Tropfenschlag kommen kann. Stoffe mit negativer Steigung der Taulinie werden auch als nasse Arbeitsmedien bezeichnet. Im Bereich der organischen Verbindungen sind vor-

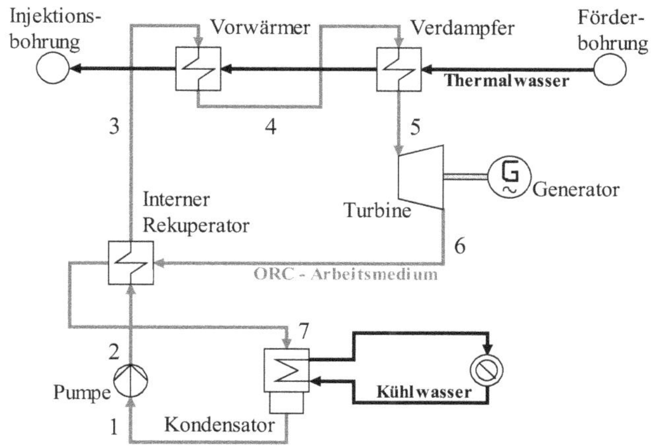

Abb. 22.4 Schematische Anlagenskizze eines ORC-Geothermiekraftwerks

wiegend trockene Arbeitsmedien mit überhängender Taulinie ($\mathrm{d}s/\mathrm{d}T > 0$) zu finden. Diese Arbeitsmedien bergen kein Risiko im Hinblick auf die Erosion von Turbinenschaufeln.

Die schematische Prozessführung des ORC für eine geothermische Anwendung gibt Abb. 22.4 wieder. Dabei handelt es sich um ein geschlossenes System, welches mit Wärmequelle und -senke durch Wärmeübertrager gekoppelt ist. Das Arbeitsmedium wird mit Hilfe einer Speisepumpe (1→2) im flüssigen Zustand auf den oberen Prozessdruck gebracht. Anschließend erfolgt optional eine interne Wärmerückgewinnung im Rekuperator (2→3). Im Anwendungsfall der Tiefen Geothermie kann der Einsatz eines Internen Rekuperators zu höheren Reinjektionstemperaturen führen, was von Vorteil ist, wenn auf Grund einer hohen Mineralisation des Thermalwassers die Gefahr von Anlagerungen (Scaling) in den Rohrsystemen und Wärmeübertragern besteht (Fortuin und Solem 2009; Müller und Kaltschmitt 2005). Im Vorwärmer (3→4) wird der Kreisprozess mit dem Thermalwasser gekoppelt und das organische Arbeitsmedium bis zum Siedepunkt erwärmt. Im nächsten Schritt wird das Medium im Verdampfer (4→5) vollständig in die Gasphase überführt. Da der überwiegende Anteil der organischen Arbeitsmedien einen überhängenden Verlauf der Taulinie im T,s -Diagramm aufweist, kann im Regelfall auf eine starke Überhitzung am Zustandspunkt 5 verzichtet werden. Dieses Charakteristikum der Arbeitsmedien ist mit einer Expansion in die Gasphase (Zustandspunkt 6) verbunden. Nach der internen Wärmerückgewinnung (6→7) wird der Kreisprozess durch die vollständige Kondensation im Kondensator (7→1) geschlossen. Als Kühlmedium kann je nach Verfügbarkeit Wasser oder Luft dienen. Unter den in Tab. 22.1 aufgeführten Kraftwerksausführungen dominiert das trockene Kühlverfahren über Luftkondensatoren. Aber auch Nasskühltürme (Neustadt-Glewe) oder Fließwasserkühlung (Altheim/Österreich) kamen bzw. kommen im deutschsprachigen Raum zum Einsatz. Abbildung 22.5 veranschaulicht den gesamten Kreisprozess durch die Darstellung der Zustandsänderungen 1 bis 7 am Beispiel des Arbeitsmediums Isopentan.

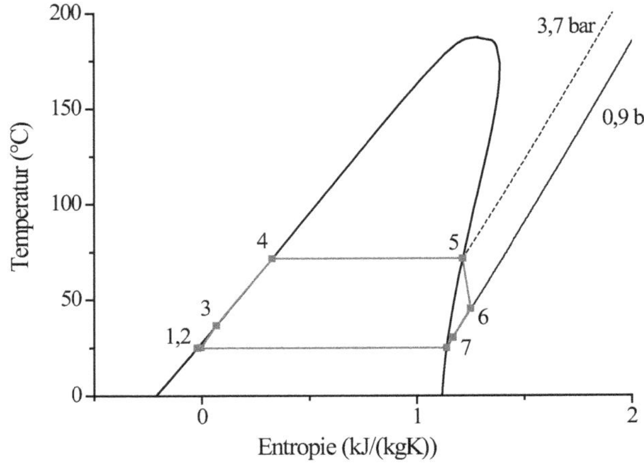

Abb. 22.5 Temperatur-Entropie-Diagramm für Isopentan mit Zustandsänderungen eines ORC

Kraftwerkskonzepte

Binäre Kraftwerke werden grundsätzlich in eigenständige und nachgeschaltete unterteilt. Während eigenständige Kraftwerke nach heutigem Stand eine elektrische Leistung von 5 MW kaum überschreiten, sind nachgeschaltete Kraftwerke mit Leistungen von bis zu 90 MW in Betrieb (Franco und Villani 2009). Letztere nutzen die Restwärme von Flash-Prozessen oder der direkten Dampfentspannung in verschiedenen Verschaltungsvarianten (Swandaru und Palsson 2010). Wichtige Hersteller im Bereich binärer Kraftwerke sind die Unternehmen ORMAT, Mafi Trench, UTC/Turboden, Enex und Siemens (Bertani 2010).

Bei einer Optimierung des Kreisprozesses steht die Anpassung des ORC hinsichtlich der Charakteristika der jeweiligen Wärmequelle und -senke im Vordergrund. Die Anlagenverschaltung und die Prozessführung sind maßgebliche Aspekte des Kraftwerkskonzepts. Im Bereich der geothermischen Stromerzeugung mittels ORC existieren verschiedene Kraftwerkskonzepte mit dem Ziel einer Effizienzsteigerung. Die einstufige Entspannung wird hierbei als Standardkonzept angesehen. Darüber hinaus versprechen die zweistufige Entspannung, die überkritische Fahrweise, Hybridsysteme und der Einsatz von Fluidgemischen eine Steigerung des Wirkungsgrads. Diese innovativen Ansätze befinden sich zum Teil noch im Entwicklungsstadium.

Standardkonzept

Verbesserungen zum Standardkonzept erreicht man vor allem durch die Wahl eines besser geeigneten Arbeitsmediums. Zahlreiche grundlegende Untersuchungen führen ein Screening potentieller Arbeitsmedien für verschiedene ORC-Prozessparameter durch (Aljundi 2011; Devotta und Holland 1985; Hung et al. 2010; Invernizzi und Bombarda 1997; Saleh et al. 2007; Vélez et al. 2011). Dass die Berücksichtigung der Wärmequelle von entscheidender Bedeutung für die Wahl des Arbeitsmediums ist, zeigen Invernizzi und Bombarda (Invernizzi und Bombarda 1997) am Beispiel eines einstufigen Prozesses für die geothermische Stromerzeugung. Die Exergieanalyse zeigt für die betrachteten Medien ein Effizienzmaximum in Abhängigkeit der Thermalwassertemperatur. Ein Optimierungsansatz des Standardkonzepts unter wirtschaftlichen Kriterien besteht im Einsatz mehrerer baugleicher Module (Kaplan 2010). Die Verwendung von Standardbauteilen und eine einheitliche Dimensionierung ermöglichen eine kostengünstige Fertigung der Module.

Zweistufige Betriebsweise

Für die Umsetzung der zweistufigen Betriebsweise gibt es mehrere Möglichkeiten. Generell ist der Prozess in einen Hochdruck- und einen Niederdruckabschnitt unterteilt. Wie in Abb. 22.6 und 22.7 skizziert, ist eine vollständige Abtrennung in ein separates Hoch- und Niederdruckmodul sowie eine gemeinsame Vorwärmung und die abschließende Teilstromabtrennung als Anlagenverschaltung möglich. In beiden Fällen werden die bessere Anpassung des ORC-Prozesses an das Temperaturprofil der Wärmequelle und eine damit einhergehende Effizienzsteigerung angestrebt. Diese Verbesserungsmaßnahme ist jedoch durch die zusätzlichen Komponenten mit erheblichen Mehrkosten im Vergleich zum Standardkonzept verbunden. Die in Abb. 22.6 dargestellte zweistufige Fahrweise mit separaten Einheiten wird derzeit in einigen geothermischen Kraftwerksprojekten im Süddeutschen Molassebecken umgesetzt. Für die Kraftwerke in Sauerlach, Dürrnhaar und Kirchstockach wird R245fa als Arbeitsmedium aufgrund lagerungs- und genehmigungstechnischer Gründe sowohl im Hoch- als auch im Niederdruckteil verwendet. Die zweistufige Betriebsweise ist auch Bestandteil wissenschaftlicher Systemanalysen und theoretischer Berechnungen. Beispielsweise führt Kanoglu (Kanoglu 2002) eine Exergieanalyse eines existierenden zweistufigen Kraftwerks durch. Das 12,4-MW-Kraftwerk ist seit 1989 in Betrieb und besteht aus zwei getrennten ORC-Einheiten, wobei jeweils Isopentan als Arbeitsmedium eingesetzt wird. Der exergetische Wirkungsgrad des Kraftwerks liegt bei 34,2 % für eine Thermalwassertemperatur von 163 °C. Die zweistufige Fahrweise mit gemeinsamer Vorwärmung wird durch Drescher (Drescher 2008) untersucht. Im Vergleich zur einstufigen Betriebsweise ergeben sich bei Wahl des gleichen Arbeitsmediums Effizienzsteigerungen um bis zu 22,8 %.

Transkritische Fahrweise

Im Fall der transkritischen Betriebsweise erfolgt die Wärmezufuhr auf einem Druckniveau oberhalb des thermodynamisch kritischen Drucks. Vorteil dieser Optimierungsvariante ist die im Vergleich zur isothermen Verdampfung bessere Anpassung der Temperaturprofile von Wärmequelle und ORC-Prozess. Dies führt zu einer Verringerung der Exergieverluste bei der Wärmezufuhr. Das T,s-Diagramm eines überkritischen Prozesses mit dem Arbeitsmedium Isopentan zeigt Abb. 22.8. Hieraus wird aber auch eine Einschränkung ersichtlich, die mit diesem Ansatz verbunden ist: Weil eine Entspannung durch das Nassdampfgebiet generell vermieden werden sollte, muss eine bestimmte Maximaltemperatur (Zustandspunkt 3) im Prozess erreicht werden. Bei Isopentan wären dies 194,9 °C, womit das Arbeitsmedium für Thermalwassertemperaturen unter 200 °C in der überkritischen Fahrweise nicht einsetzbar ist. In Folge dessen werden für die Nutzung von Niederenthalpie-Lagerstätten Arbeitsmedien mit geringeren kritischen Drücken, wie R134a, R507a,

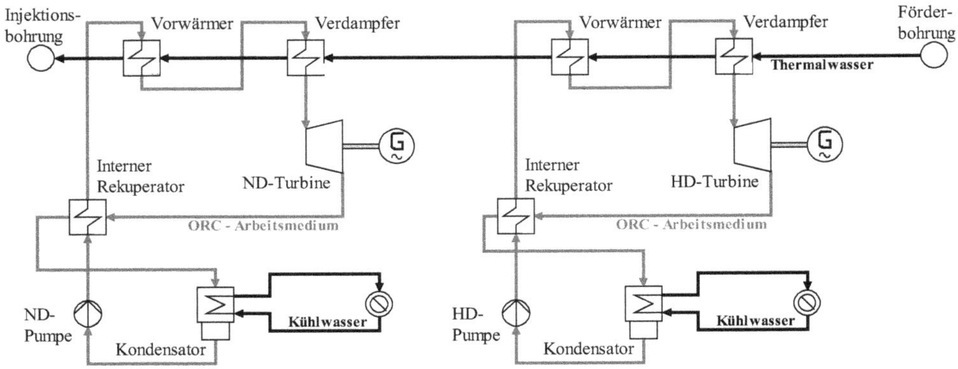

Abb. 22.6 Zweistufige Fahrweise durch separate Hoch- und Niederduckeinheiten

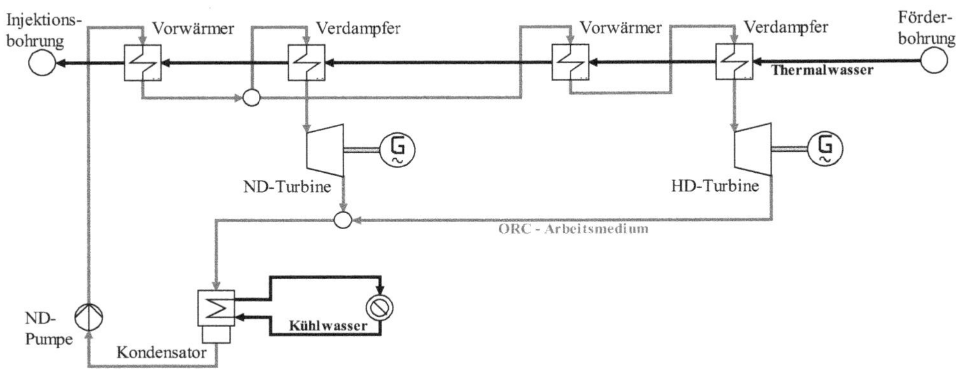

Abb. 22.7 Zweistufige Fahrweise mit gemeinsamer Vorwärmung und Teilstromabspaltung

Propan oder Isobutan, gewählt. Die transkritische Betriebsweise führt so zu Wirkungsgradsteigerungen um bis zu 30 % im Vergleich zum Standardkonzept (Borsukiewicz-Gozdur und Nowak 2010; Drescher 2008; Gu und Sato 2002). Im Gegenzug steigt die Wärmeübertragungskapazität im Vergleich zur unterkritischen Fahrweise und es kommt zu einer stärkeren Auskühlung der Wärmequelle. Da derzeit noch keine ausreichend validierten Korrelationen für Wärmeübergangskoeffizienten von organischen Medien im überkritischen Zustand vorliegen, besteht ein besonderer Forschungsbedarf in der Dimensionierung von Wärmeübertragern.

Einsatz von zeotropen Fluidgemischen

Setzt man zeotrope Gemische ein, erfolgt die Phasenänderung nicht isotherm. Der Temperaturunterschied zwischen flüssiger und gasförmiger Phase bei gleicher Gemischzusammensetzung wird Temperaturgleit genannt. Kommt es hingegen zu einem Schnittpunkt

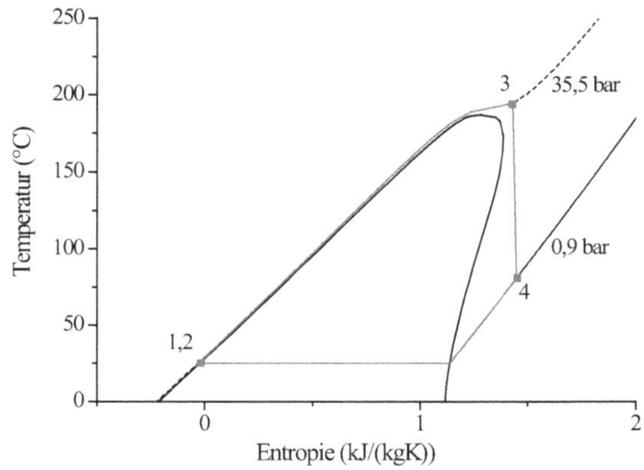

Abb. 22.8 Temperatur-Entropie-Diagramm eines überkritischen ORC-Prozesses mit Isopentan

von Tau- und Siedelinie, wird dieser als azeotroper Punkt bezeichnet. Derartige Gemische weisen bei der jeweiligen Gemischkonzentration Reinstoffeigenschaften auf.

Im Hinblick auf die Anwendung im ORC führt der nicht-isotherme Phasenübergang zu einer verbesserten Anpassung des Prozesses an Wärmequelle und -senke. Abbildung 22.9 vergleicht in diesem Zusammenhang das Temperatur-Enthalpiestrom-Diagramm eines ORC mit Reinstoff und Gemisch als Arbeitsmedium. Zusätzlich sind für beide Fälle die Temperaturverläufe des Thermalwassers und des Kühlwassers eingezeichnet. Die Grafik zeigt die für Gemische bessere Anpassung der Temperaturprofile. Die Pinch-Punkt-Limitierung, charakterisiert durch die Temperaturdifferenz am Pinch-Punkt ΔT_{PP}, wird entschärft. Besonders im Fall der Kondensation verlaufen die Kurven von ORC und Wärmesenke nahezu parallel, was mit nur geringen Exergieverlusten verbunden ist. Darüber hinaus ist ersichtlich, dass die Wahl eines Gemisches zu einer stärkeren Auskühlung der geothermischen Ressource führt, also mehr thermische Energie auf den ORC übertragen wird. Im vorliegenden Beispiel sind das rund 1,4 MW. Die Turbinenleistung liegt im Vergleich zum Reinstoff um 240 kW höher.

Erste Erkenntnisse zur Verwendung von Fluidgemischen als Arbeitsmedien im ORC basieren auf Voruntersuchungen für die ersten Pilotkraftwerke in den USA aus den 1970er und 1980er Jahren (Iqbal et al. 1976; Bliem 1986). Aktuelle Arbeiten greifen den beschriebenen Optimierungsansatz auf. Borsukiewicz-Gozdur und Nowak (Borsukiewicz-Gozdur und Nowak 2007) untersuchen verschiedene Reinstoffe und das Gemisch Propan/Ethan für Niedertemperatur-Anwendungen des ORC. Für eine äquimolare Zusammensetzung des Gemisches ergibt sich im Vergleich zu Propan eine höhere Leistungsabgabe. Heberle (Heberle 2013) untersucht systematisch den Einsatz von zeotropen Fluidgemischen als Arbeitsmedien im ORC. Die Bewertung der verschiedenen Möglichkeiten stützt sich auf eine thermodynamische Analyse des Kraftwerksprozesses und experimentelle Untersuchungen zum Wärmeübergang. Zusätzlich werden aber auch Aspekte wie die mögliche Gesundheits- und Umweltbeeinträchtigung, die Herausforderungen bei der technischen Umsetzung sowie Investitions-, Betriebs- und Wartungskosten berücksichtigt.

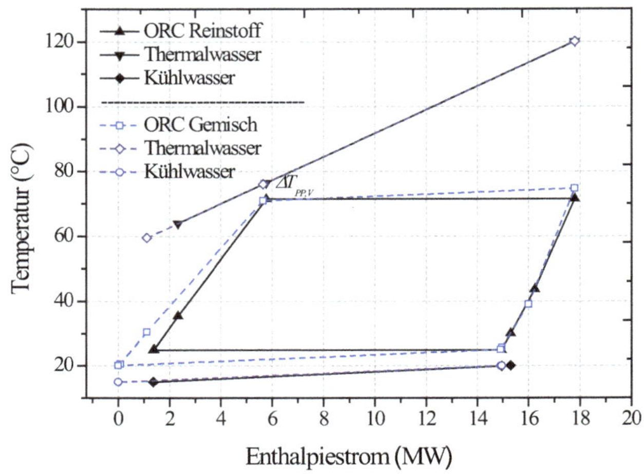

Abb. 22.9 Temperatur-Enthalpiestrom-Diagramm eines geothermischen ORC mit Reinstoff und Gemisch als Arbeitsmedium

Zusätzliche Wärmeauskopplung

Im Fall der Kraft-Wärme-Kopplung sind verschiedene Anlagenverschaltungen für die zusätzliche Wärmeauskopplung möglich. Bei der Reihenschaltung ist die Wärmeerzeugung dem ORC-Modul nachgeschaltet. Somit muss die Austrittstemperatur aus der ORC-Einheit in Abhängigkeit der Vorlauftemperatur des Heiznetzes gewählt werden. Kein Eingriff in die ORC-Prozessparameter ist hingegen mit der Parallelschaltung von ORC und Wärmeerzeugung verbunden. In diesem Fall wird in Abhängigkeit der benötigten Wärmeleistung ein Teilstrom des Thermalwassers abgespalten.

Hybridkraftwerke

Bei einem Hybridkraftwerk handelt es sich um eine Kopplung der geothermischen Ressource mit einer alternativen Wärmequelle. Heberle et al. (2010) identifizieren das starke Übergewicht der thermischen Leistung einer geothermischen Quelle als grundlegende Herausforderung, die sich bei der Auslegung derartiger Kraftwerke ergibt. Analog zeigen dies auch die Untersuchungen von Borsukiewicz-Godzur (Borsukiewicz-Gozdur 2010) zur Kopplung mit einer Biomassefeuerung. Für Anwendungen in Deutschland ist nach thermodynamischen Kriterien und unter dem Gesichtspunkt einer nachhaltigen Brennstoffversorgung meist nur eine vorgeschaltete Anhebung der Thermalwassertemperatur, wie in Abb. 22.10 dargestellt, sinnvoll. Dabei bietet sich vor allem die Kopplung mit einem BHKW an. Weitere Ansätze für Hybridkraftwerke ergeben sich durch die Einbindung solarer Wärmequellen, der Verschaltung mit GuD-Kraftwerken oder die Integration von Trocknungsprozessen (Astina et al. 2010; Greenhut et al. 2010; Janczik et al. 2011).

Vorauswahl potentieller Arbeitsmedien

Wie bereits erläutert, werden für die Auswahl eines Arbeitsmittels vor allem die thermodynamischen Stoffeigenschaften herangezogen. Hierzu zählen die Eigenschaften des Arbeits-

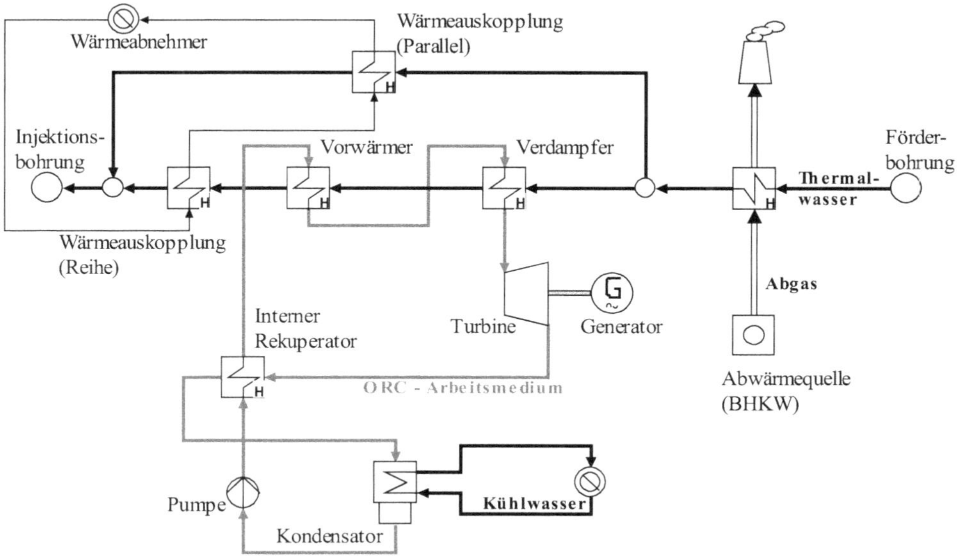

Abb. 22.10 Geothermie-BHKW-Hybridkraftwerk

mediums am kritischen Punkt, die Steigung der Taulinie im *T*,*s*-Diagramm oder Transporteigenschaften wie Viskosität und Wärmeleitfähigkeit. Diese Größen beeinflussen die Effizienz des ORC und die Dimensionierung der Kraftwerkskomponenten. Vor einer Entscheidung für oder gegen ein potentielles Arbeitsmedium sind jedoch zahlreiche weitere Kriterien zu berücksichtigen. So sind in Hinblick auf den Einsatz halogenierter Stoffe die rechtlichen Rahmenbedingungen zu beachten; hierzu zählen:

- Nach der Verordnung (EG) Nr. 1005/2009 (Kommission der Europäischen Gemeinschaften 2009) ist bei halogenierten Stoffen grundsätzlich zwischen den für die Halogenierung eingesetzten Halogenen, im Wesentlichen Chlor und/oder Fluor, zu unterscheiden. Die Verordnung regelt die Umsetzung des Montrealer Protokolls hinsichtlich des Verbots voll- und teilhalogenierter Fluorchlorkohlenwasserstoffe. Demnach ist der Einsatz von Stoffen verboten, die zum Abbau der Ozonschicht führen.
- Die Verwendung voll- und teilfluorierter Kohlenwasserstoffe ist in der Verordnung (EG) Nr. 842/2006 und in Richtlinie 2006/40/EG (Kommission der Europäischen Gemeinschaften 2006) geregelt. Nationale Berichtspflichten zum Einsatz von voll- und teilfluorierten Kohlenwasserstoffen ergeben sich aus dem Umweltstatistikgesetz (UStatG) (Bundesregierung 2005). Die Berichtspflicht umfasst unter anderem die Verwendungsmengen dieser Stoffe. Diese Daten fließen in die Emissionsberichterstattung basierend auf der Klimarahmenkonvention von 1992 ein. Zusätzlich werden diese Daten an Hand von Erhebungen zu Erstbefüllung, Instandhaltung (Nachfüllmenge) und Umrüstung im Rahmen des UStatG überprüft, welche die Statistischen

Landesämter mittels Fragebögen durchführen. Gegebenenfalls sind auch im Anwendungsfeld der geothermischen Stromerzeugung zukünftig zusätzliche Vereinbarungen zu statistischen Zwecken mit den Betreibern oder einem übergeordneten Verband erforderlich. Die Erfassung und Zuordnung eingesetzter fluorierter Kohlenwasserstoffe über Hersteller, Importeure oder Exporteure ist zudem in Verordnung (EG) Nr. 842/2006 festgelegt. Diese Verordnung sieht für bestimmte Anwendungen Verwendungsverbote oder weitere Maßnahmen vor. Sie gelten speziell für Klima- und Kälteanlagen sowie Wärmepumpen. Der ORC ist derzeit (mit Ausnahme der Rückgewinnungspflicht durch angemessen ausgebildetes Personal) nicht von diesen Maßnahmen erfasst, kann jedoch in die Verordnung eingebunden werden.

Darüber hinaus müssen umweltrelevante, sicherheitstechnische und toxikologische Aspekte bei der Wahl des Arbeitsmediums beachtet werden. Besonders wichtige Kenngrößen zur Beschreibung dieser Merkmale sind:

- Das globale Treibhauspotential GWP (für Global Warming Potential) eines Stoffes wird in Relation zu CO_2 bestimmt und daher auch als CO_2-Äquivalent bezeichnet. Die voraussichtlichen Auswirkungen des Stoffes auf den Treibhauseffekt werden über einen Zeitraum von 100 Jahren betrachtet. Für die Emissionsberichterstattung haben die Werte aus den Assessment Reports (AS) des Intergovernmental Panel on Climate Change (IPCC) bindenden Charakter.
- Das Ozonabbaupotential ODP (für Ozon Depletion Potential) ist eine Kennzahl, welche die Auswirkungen eines Stoffes auf den Abbau der Ozonschicht im Vergleich zum Referenzstoff R11 (Trichlorfluormethan) wiedergibt. Stoffe mit einem ODP > 0 sind nach der Verordnung (EG) Nr. 1005/2009 (Kommission der Europäischen Gemeinschaften 2009) und der ChemOzonschichtV (Bundesregierung 2006) verboten.
- Die Wassergefährdungsklasse (WGK) ist durch die Verwaltungsvorschrift wassergefährdender Stoffe (VwVwS) (Bundesregierung 1999) definiert. Die Einstufung zieht entsprechende Anforderungen an den Umgang und die Lagerung der Medien mit sich. Exemplarisch seien hier Eignungsfeststellungen, Überprüfungen durch Sachverständige und Sicherheitssysteme genannt. Dabei wird in drei Klassen unterteilt:
  - WGK 1 = schwach wassergefährdend
  - WGK 2 = wassergefährdend
  - WGK 3 = stark wassergefährdend
- Die Einstufung von Kältemitteln in Sicherheitsgruppen erfolgt in Deutschland mit der Klassifikation nach DIN EN 378-1 (Kälteanlagen und Wärmepumpen – Sicherheitstechnische und umweltrelevante Anforderungen – Teil 1 2011) und deckt sich überwiegend mit der Einstufung der American Society of Heating, Refrigerating and Air-Conditioning Engineers (ASHRAE). Dabei wird die Toxizität des Stoffes mit A oder B bewertet, wobei A für eine geringe und B für eine hohe Toxizität stehen. Die Entflammbarkeit des Mediums wird mit einer nachgestellten Ziffer im Bereich von 1 bis 3 deklariert; hierbei steht 1 für eine geringe oder keine Entflammbarkeit. Beim Einsatz hochentzündlicher

Tab. 22.2 Thermodynamische, umweltrelevante, sicherheitstechnische und toxikologische Daten potentieller ORC-Arbeitsmedien

Stoffname	Chemische Formel	Abkürzung	GWP (100 a) 4th AS	WGK	Sicherheits-gruppe	Brennbar-keit
1,1,1,2-Tetrafluorethan	$C_2H_2F_4$	R134a	1430	1	A1	–
1,1,1,2,2-Pentafluorpropan	$C_3H_3F_5$	R245fa	1030	k.A.	B1	–
Propan	C_3H_8	R290	~ 20	–	A3	F+
1,1,1,3,3-Pentafluorbutan	$C_4F_5H_5$	R365mfc	794	k.A.	k.A.	k.A.
Isobutan	C_4H_{10}	R600a	~ 20	–	A3	F+
Isopentan	C_5H_{13}	R601a	~ 20	2	A3	F+

Medien in einer ORC-Anlage ist die Störfallverordnung zu beachten. Aus Gründen des vorbeugenden Brandschutzes ist die Installation von automatischen Brandmeldesystemen notwendig. Des Weiteren gilt es, im Hinblick auf Lagerung, Sicherheitstechnik und Prüfung der Anlage die Technischen Regeln für brennbare Flüssigkeiten (TRbF) (Deutscher Ausschuss für brennbare Flüssigkeiten (DAbF) 2001) zu erfüllen.

Grundsätzlich sind Arbeitsmedien mit geringem GWP und geringer Entflammbarkeit zu favorisieren. Zahlreiche Untersuchungen zur Identifikation geeigneter Arbeitsmedien zeigen, dass ein in allen aufgeführten Kriterien optimales Fluid meist nicht bestimmt werden kann. Die endgültige Wahl des Arbeitsmediums stellt vielmehr stets einen Kompromiss verschiedener wünschenswerter Eigenschaften dar. Eine Auswahl häufig eingesetzter Arbeitsmedien mit den zuvor beschriebenen Stoffeigenschaften liefert Tab. 22.2.

Thermodynamische Analyse

Kraftwerkskonzepte werden nach dem ersten und dem zweiten Hauptsatz der Thermodynamik bewertet. Die Berechnung des thermischen Wirkungsgrades η_I nach dem ersten Hauptsatz setzt die Nettostromerzeugung des Prozesses zum zugeführten Wärmestrom $\dot{Q}_\text{zu}$ in das Verhältnis:

$$\eta_I = \frac{|P_\text{T} + P_\text{P}|}{\dot{Q}_\text{zu}} = \frac{(h_5 - h_6) + (h_1 - h_2)}{(h_5 - h_3)}. \tag{22.1}$$

Abbildung 22.11 zeigt beispielhaft, wie der thermische Wirkungsgrad des ORC bei Einsatz von Isopentan von der Reinjektionstemperatur abhängt.

Eine Änderung der Reinjektionstemperatur ist auf Grund der Einhaltung des Pinch-Punkt-Kriteriums mit einer Änderung des oberen Prozessdrucks verbunden. In der Grafik sind dem thermischen Wirkungsgrad zudem die Nettoleistung und der ORC-Massenstrom gegenübergestellt. Die Darstellung zeigt, dass mit steigender Reinjektionstemperatur

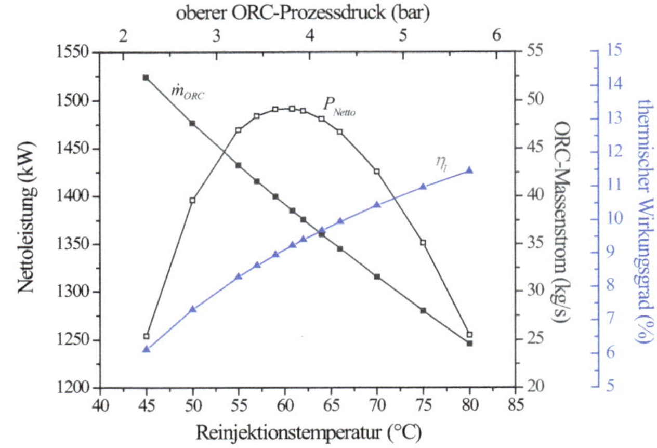

Abb. 22.11 Nettoleistung, thermischer Wirkungsgrad und Massenstrom des ORC mit dem Arbeitsmedium Isopentan in Abhängigkeit des oberen Prozessdrucks und der Reinjektionstemperatur

der thermische Wirkungsgrad stetig zunimmt. Dies ist auf die Zunahme des oberen Prozessdrucks und des steigenden Druck- und Enthalpiegefälles in der Turbine zurückzuführen. Im Gegenzug wird mit steigender Reinjektionstemperatur auf Grund der sinkenden Temperaturdifferenz des Thermalwassers weniger thermische Energie auf den Kreisprozess übertragen und der ORC-Massenstrom sinkt. Im Hinblick auf die Leistungsabgabe kommt es zu einer Überlagerung der Effekte des sinkenden Massenstroms und des steigenden Druckgefälles, so dass ein Optimum in Abhängigkeit von der Reinjektionstemperatur auftritt. Unter der Prämisse einer energetisch und wirtschaftlich sinnvollen Nutzung der geothermischen Ressource sollte stets ein Betriebspunkt nahe dem Leistungsoptimum gewählt werden. Eine Kennzahl, die das Effizienzoptimum wiedergibt, ist der exergetische Wirkungsgrad η_{II} basierend auf dem zweiten Hauptsatz der Thermodynamik. Dabei wird die erzeugte Nettoleistung in Relation zum Energiegehalt der Wärmequelle unter Berücksichtigung eines definierten Bezugsniveaus, dem Exergiestrom $\dot{E}_{\mathrm{TW}}$, gestellt.

$$\eta_{II} = \frac{|P_{\mathrm{T}} + P_{\mathrm{P}}|}{\dot{E}_{\mathrm{TW}}} \tag{22.2}$$

Der Exergiestrom berechnet sich aus dem Produkt des Thermalwassermassenstroms $\dot{m}_{\mathrm{TW}}$ mit der spezifischen Exergie des Thermalwasserstroms e_{TW}:

$$e_{\mathrm{TW}} = h - h_0 - T_0(s - s_0). \tag{22.3}$$

Der Index 0 steht für die Stoffeigenschaften am Bezugspunkt, wobei gemäß VDI-Richtlinie 3986 (Verein Deutscher Ingenieure e.V. 2000) T_0 auf 15 °C festgelegt wird. Der Druck p_0 soll hier 15 bar betragen. Die Stoffgrößen ohne Index entsprechen den Stoffeigenschaften des Thermalwassers am Eintritt in das ORC-Kraftwerk. Den exergetischen Wirkungsgrad in Abhängigkeit der Reinjektionstemperatur für die Reinstoffe Isobutan und Isopentan sowie für ausgewählte Arbeitsmittelgemische zeigt Abb. 22.12 für eine Thermalwassereintrittstemperatur von 120 °C.

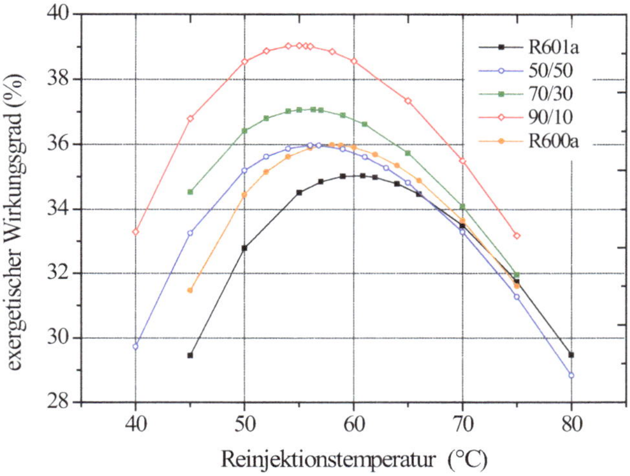

Abb. 22.12 Exergetischer Wirkungsgrad in Abhängigkeit der Reinjektionstemperatur für Isobutan und Isopentan sowie deren Gemische

Für alle betrachteten Fluide ergibt sich ein Effizienzoptimum in Abhängigkeit der Reinjektionstemperatur. Der Kurvenverlauf deckt sich auf Grund des konstanten Exergiestroms $\dot{E}_{TW}$ qualitativ mit dem der Nettoleistung aus Abb. 22.11. Aus dem Diagramm ist zudem ersichtlich, dass sich für effizientere Arbeitsmedien die Maxima zu geringeren Reinjektionstemperaturen hin verschieben, das heißt, die Medien mit einer höheren Leistungsabgabe bedingen eine stärkere Auskühlung des Thermalwassers. Deutlich wird dies im Fall der Gemische mit einem Molanteil von 90 % (90/10) und 70 % (70/30) Isobutan: Für einen Molanteil von 90 % Isobutan ist die Reinjektionstemperatur im Vergleich zu Isopentan um bis zu 5,2 K geringer und der Wirkungsgrad liegt um bis zu 11 % höher.

Abbildung 22.13 zeigt den Einfluss der Thermalwassereintrittstemperatur auf den ORC in einem Bereich von 80 bis 180 °C, wobei der exergetische Wirkungsgrad als Funktion der Thermalwassereintrittstemperatur für die in Tab. 22.2 aufgeführten ORC-Arbeitsmedien dargestellt ist. Für Temperaturen unter 110 °C ergibt sich bei Variation der Arbeitsmedien eine nur geringe Schwankungsbreite des Wirkungsgrads. Für die betrachteten Stoffe betragen die Unterschiede maximal 5 %. Im Allgemeinen zeigt sich, dass leichter flüchtige Komponenten effizienter sind. Dies gilt auch für Temperaturen oberhalb von 110 °C. Die Abstufung der Arbeitsmedien korreliert dabei mit der kritischen Temperatur. Bis auf die Arbeitsmedien R290 (Propan), R134a und R600a (Isobutan) steigt der Wirkungsgrad mit zunehmender Temperatur nahezu linear an. Der ORC mit den genannten Arbeitsmedien besitzt hingegen ein Effizienzoptimum, welches beispielsweise für das Arbeitsmedium Propan bei 140 °C liegt. Im Temperaturintervall von 110 °C bis 140 °C ist für dieses Arbeitsmedium eine deutliche Wirkungsgradsteigerung zu erkennen. Dieser Effekt ist darauf zurückzuführen, dass es zu einer Verschiebung des Pinch-Punkts vom Eintritt in den Verdampfer zum Eintritt in den Vorwärmer kommt. Eine Anpassung des ORC an die steigende Wärmequellentemperatur erfolgt durch ein Absenken der Reinjektionstemperatur, womit der Pinch-Punkt nun am Eintritt des Vorwärmers liegt. Es wird also im Fall von Propan

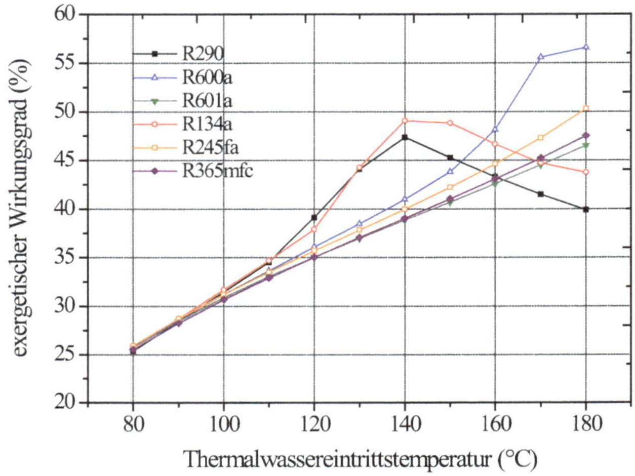

Abb. 22.13 Exergetischer Wirkungsgrad in Abhängigkeit der Thermalwassereintrittstemperatur des ORC mit ausgewählten Arbeitsmedien

als Arbeitsmedium und einer Thermalwassertemperatur von 140 °C deutlich mehr thermische Energie auf den ORC übertragen, weil die geothermische Quelle stärker ausgekühlt wird. Im Vergleich zu Isopentan führt dies zu einer Effizienzsteigerung von rund 20 %. Für höhere Thermalwassertemperaturen erfolgt die Anpassung des ORC mit Propan an die Wärmequelle allein durch eine Steigerung des Massenstroms. Somit kommt es bei Temperaturen über 140 °C zu einer Abnahme des exergetischen Wirkungsgrads. Zusätzlich ist beim Einsatz des nassen Mediums Propan zu beachten, dass eine Entspannung ins Nassdampfgebiet mit einem minimalen Dampfgehalt von 94,9 % auftritt. Für Temperaturen über 150 °C sinkt die Effizienz unter die alternativer Arbeitsmedien.

22.2.3 Kalina Cycle

Ähnlich zum ORC mit Gemischen stellt auch der sogenannte Kalina Cycle (KC) einen Dampfkraftprozess mit einem zeotropen Arbeitsmittelgemisch dar; jedoch treten im KC Konzentrationsänderungen durch Separations- und Sorptionsvorgänge innerhalb des Prozesses auf. Als Arbeitsmittelgemisch wird Ammoniak/Wasser verwendet, welches einen hohen Temperaturgleit beim Phasenübergang aufweist. Dies führt zu einer verbesserten Anpassung der Temperaturprofile des Kreisprozesses und der Wärmequelle sowie der Wärmesenke. Man unterscheidet dabei zwei Kraftwerkskonzepte nach Vorschlägen von Kalina (2004) und von Maloney und Robertson (1953). Eine Abgrenzung dieser Anlagenkonzepte ist jedoch nicht eindeutig bestimmbar. In einer Gegenüberstellung der beiden Ansätze, welche Ibrahim und Klein (1996) vornehmen, zeigen sich für große Wärmeübertragungseinheiten Effizienzvorteile für die Verschaltung nach Kalina.

Die Bezeichnung „Kalina-Cycle-System" (KCS) umfasst eine Reihe von Systemvarianten, welche für Anwendungen im Bereich erneuerbarer und fossiler Energiequellen,

Abb. 22.14 Plattenwärmeübertrager im KC-Kraftwerk Unterhaching

Müllverbrennungsanlagen und Atomkraftnutzung konzipiert sind. Die derzeit installierten Anlagen sind weitestgehend dem Bereich der geothermischen Stromerzeugung zuzurechnen. Die aktuell realisierten Kalina-Kraftwerke sind ein 2-MW-Kraftwerk im isländischen Húsavík, ein 3,36-MW-Kraftwerk in Unterhaching und ein Forschungskraftwerk mit 0,55 MW elektrischer Leistung in Bruchsal. Zur Veranschaulichung zeigt Abb. 22.14 die Wärmeeinkopplung in den Prozess am Beispiel der Plattenwärmeübertrager im Kraftwerk Unterhaching. Des Weiteren nutzt seit dem Jahr 1998 ein KCS-Kraftwerk im japanischen Tokyo Abwärme aus der Stahlproduktion zur Stromerzeugung.

Eine Weiterentwicklung der Technologie für Anwendungen im Niedertemperaturbereich stellt die ebenfalls durch Kalina (2004) patentierte Serie „System Geothermal“ (SG) dar. Entscheidendes Charakteristikum der SG-Serie ist das „Kreislauf-im-Kreislauf-Prinzip“ mit zwei miteinander verschalteten Kreisläufen, dem externen Hauptkreislauf und dem internen Kreislauf. Abbildung 22.15 zeigt den schematischen Aufbau des KCS-34, dessen Prozessführung häufig als Standardkonzept des KC bezeichnet wird.

Die am Absorberaustritt (1) flüssig vorliegende Grundlösung des Ammoniak-Wasser-Gemisches wird von der Speisewasserpumpe vom unteren auf den oberen Prozessdruck (1→2) gebracht. Anschließend erfolgt eine interne Wärmerückgewinnung in zwei Stufen (2→3 und 3→4). Durch die Kopplung mit dem Thermalwasser im Vorwärmer (4→5) und im Desorber (5→6) wird das Arbeitsmedium teilweise verdampft. Im Separator erfolgt die Auftrennung in gesättigte Flüssigkeit (6a) und Sattdampf (6b). Im Vergleich zur Grundlösung tritt hierbei eine Konzentrationsänderung der Teilströme auf. Der ammoniakreiche Sattdampf entspannt in der Turbine (6b→7b) und die ammoniakarme Flüssigkeit gibt im Internen Rekuperator II (6a→7a) Wärme an die Grundlösung ab. Die unterkühlt vorliegende Flüssigkeit wird anschließend in einer Drossel (7a→8a) bis auf den Turbinenaustrittsdruck entspannt. Vor dem internen Rekuperator I werden die Teilströme wieder zusammengeführt (9). Durch die interne Wärmerückgewinnung (9→10) kondensiert das

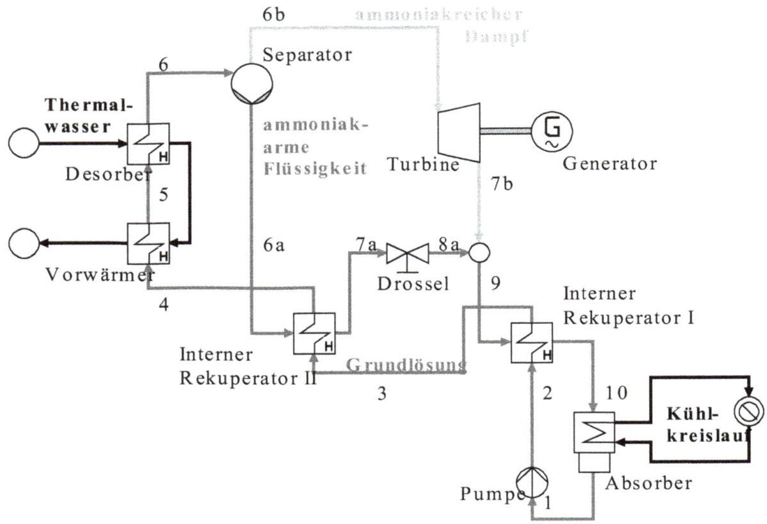

Abb. 22.15 Anlagenschema des KCS-34

Abb. 22.16 T,x-Diagramm für Ammoniak/Wasser mit Zustandsänderungen wie im KCS-34

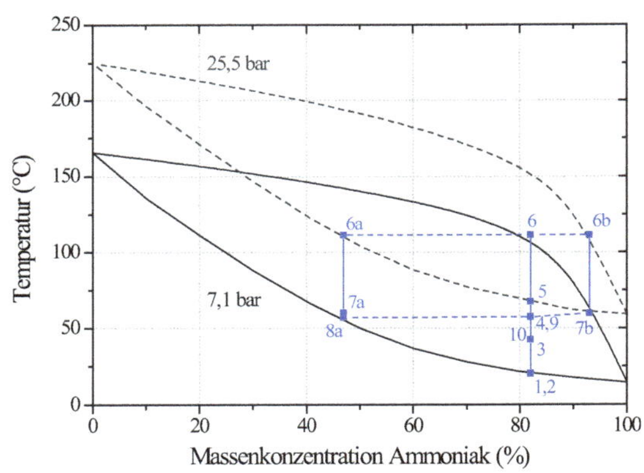

Arbeitsmedium weiter aus. Im Absorber (10→1) erfolgt schließlich die vollständige Kondensation des Arbeitsmediums durch die Kopplung mit dem Kühlkreislauf. Die einzelnen Zustandsänderungen können dem T,x-Diagramm aus Abb. 22.16 entnommen werden. Dabei wird von einer Zusammensetzung der Grundlösung mit einem Ammoniakmassenanteil von 82 % ausgegangen.

Als Vorteil der KC-Technologie wird neben der nicht-isothermen Phasenänderung und der hohen internen Wärmerückgewinnung auch die Freisetzung von Mischungsenthalpie von Stoffströmen genannt (Mlcak 2001). Ausgehend von einer isobar-adiabaten Mischung kommt es demnach im Zuge der Konzentrationsänderungen zu Temperaturänderungen. So kann beispielsweise die auftretende Mischungsenthalpie bei der Zumischung der flüssigen Phase in den Turbinenaustrittsstrom (Zustandspunkt 9) mit einer Temperaturerhöhung einhergehen, welche eine nachgeschaltete Wärmerückgewinnung begünstigt. Berechnungen für den KCS-34 zeigen jedoch, dass die spezifische Mischungsenthalpie maximal 7,9 kJ/kg beträgt. Die resultierenden Temperaturen liegen folglich nur geringfügig über der Temperatur des rein thermischen Gleichgewichts. Für die Verschaltungsvariante SG-2a hingegen kommt es auf Grund deutlich unterkühlter und somit ungesättigter Flüssigkeit zur signifikanten Absorption von dampfförmigem Ammoniak durch die Flüssigphase an den Mischungspunkten nach der Turbine. Daraus ergeben sich Mischungstemperaturen, welche um bis zu 15 % von der Temperatur des rein thermischen Gleichgewichts abweichen und somit einen merklichen Einfluss auf die Effizienz haben.

Zahlreiche Erfahrungsberichte und Prozesssimulationen liegen zum KCS-34-Kraftwerk in Húsavík vor (Maack und Valdimarsson 2002; Mlcak 2001; Nasruddin et al. 2009; Philippe und Spindler 2007). Der dort realisierte Prozess erreicht einen thermischen Wirkungsgrad von bis zu 13 % bei einer Thermalwassereintrittstemperatur von 121 °C. Hierbei gilt es jedoch, die klimatischen Bedingungen bzw. die niedrigen Kühlwassertemperaturen auf Island zu berücksichtigen. Die Betriebserfahrungen beschreiben aber auch Nachteile der Technologie. So treten Probleme mit den Dichtungen der Pumpe, der Turbine und der Wärmeübertrager auf. Die Leckage von Ammoniak betrug im ersten Betriebsjahr des Kraftwerks 5 t/a, das sind rund 40 % der gesamten Menge Ammoniak im Kreisprozess. Auch von der Erosion der Turbine auf Grund von Magnetitbildung (Fe_3O_4) und mitgerissenen Flüssigkeitstropfen aus dem Separator wird berichtet.

Für einen Systemvergleich zwischen ORC und KC, gilt es grundlegend auf konstante Randbedingungen zu achten. Für eine solarthermische Anwendung mit Temperaturen bis 500 °C untersucht Price (2009) unterschiedliche Verschaltungsvarianten mit dem ORC unter Verwendung verschiedener Arbeitsmedien. Aus der thermoökonomischen Analyse ergeben sich zwar in gewissen Temperaturbereichen Effizienzvorteile für den KC, jedoch sind die spezifischen Kosten um bis zu 40 % höher als beim ORC. Für binäre Geothermiekraftwerke wird meist davon ausgegangen, dass der KC für Thermalwassertemperaturen unter 130 °C zu höheren Wirkungsgraden führt (Drescher 2008; Philippe und Spindler 2007). Darüber hinaus ist der ORC thermodynamisch vorzuziehen. Unterschiede in der Wirtschaftlichkeit sind bei dieser Faustregel jedoch nicht berücksichtigt. In thermodynamischen Analysen und Systemvergleichen für geothermische Kraftwerksprozesse unter geologischen Randbedingungen für Deutschland werden die ORC- und KC-Technologien in Abhängigkeit verschiedener Randbedingungen gegenübergestellt. Die Wirtschaftlichkeitsanalyse von Köhler (Köhler 2005) zeigt leichte Vorteile für die ORC-Technologie speziell im Fall der Kondensation durch Luftkühlung. Der KC führt hingegen bei niedrigen Thermalwassertemperaturen und Wasserkühlung zu geringeren spezifischen Investitionskosten. Drescher (Drescher 2008) vergleicht neben dem Stand der Technik, einer einstufigen Entspannung, auch alternative Prozessführungen des ORC mit dem KC. Die Bewertungen konzentrieren sich auf die thermodynamische Analyse und zeigen, dass die untersuchten Optimierungsmaßnahmen zu Leistungssteigerungen um bis zu 35 % führen. Der KC erweist sich für Thermalwassertemperaturen im Bereich von 80 °C bis 110 °C als effizienteste

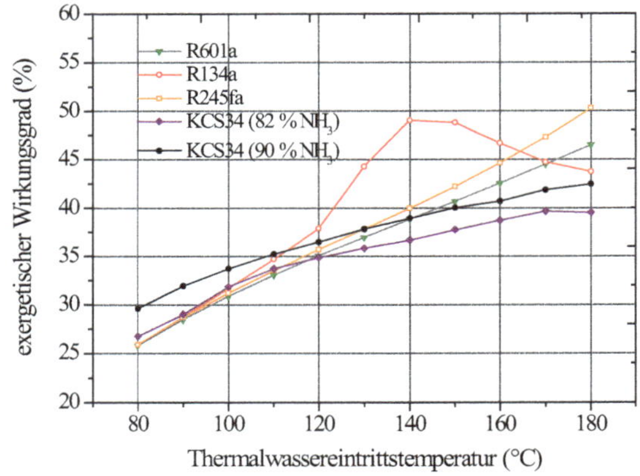

Abb. 22.17 Exergetischer Wirkungsgrad des ORC und des KC in Abhängigkeit der Thermalwassereintrittstemperatur und Wahl des Arbeitsmediums sowie H_2O/NH_3-Gemischkonzentration

Lösung. Dies bestätigt auch die Gegenüberstellung des exergetischen Wirkungsgrads von ORC und KCS34 in Abb. 22.17. Neben einer Grundlösung mit 82 % Ammoniak wird auch die Optimierungsvariante mit einer höheren Ammoniakkonzentration (90 %) berücksichtigt.

22.3 Gesellschaftliche und politische Aspekte

Eine erfolgreiche Umsetzung von tiefengeothermischen Projekten hängt auch in Bezug auf die Kraftwerkstechnik von einer umfassenden Information der Öffentlichkeit ab. Wichtige Aspekte für die Akzeptanz in der Bevölkerung sind beispielsweise die Geräuschemissionen durch die Ventilatoren der Luftkondensatoren, Klimarelevanz und mögliche Gefährdungen im Zusammenhang mit dem Einsatz von ORC-Arbeitsmedien. Dabei kann die Lärmbelästigung durch eine intelligente und energieeffiziente Steuerung einzelner Ventilatoren stark reduziert werden. In Bezug auf die Bilanzierung der Umweltauswirkungen ergeben sich nach Frick et al. (2010) durch den unter- und obertägigen Bau eines geothermischen Kraftwerks Emissionen von 53 g/kWh CO_2-Äquivalenten. Dabei sind die Emissionen durch Arbeitsmittelleckage nicht berücksichtigt. Bei Verwendung von klimarelevanten, teilfluorierten Stoffen kann sich dieser Wert also erhöhen. Das zeigen Untersuchungen, welche von einer jährlichen Leckagerate von 3 % der gesamten Füllmenge ausgehen (Heberle et al. 2012). Basierend auf einem zweistufigen ORC-Kraftwerk mit dem Arbeitsmedium R245fa ergeben sich zusätzliche Emissionen von 46 g/kWh CO_2-Äquivalenten. Die Bewertung dieser Zahlen sollte in Relation zum deutschen Strommix erfolgen. Insofern sind Emissionen geothermischer Kraftwerke auch unter Berücksichtigung von Arbeitsmittelleckagen sechsmal geringer als die der durchschnittlichen deutschen Stromerzeugung. Zudem führt der Vorschlag der EU-Kommission zur Novellierung der F-Gas-Verordnung, welcher eine stetige Reduzierung der Verkaufsmengen von teilhalogenierten Kohlenwasserstoffen bis 2030 vorsieht, zu einer Verteuerung klimarelevanter Stoffe (EuCOM 2012).

Es wird damit gerechnet, dass sich die Bezugspreise verdoppeln, was wiederum dazu führt, dass ORC-Kraftwerkssysteme künftig verstärkt mit natürlichen Kohlenwasserstoffen als Arbeitsmedien ausgeführt werden. Die mit diesen brennbaren Arbeitsmedien verbundenen Sicherheitsauflagen und Überwachungssysteme sind gesetzlich klar geregelt.

Es bestehen somit technische Möglichkeiten und gesetzliche Auflagen im Bereich der Kraftwerkstechnik, die zu einem umweltverträglichen und effizienten Ausbau der geothermischen Ressourcen führen. Daraus ergibt sich die Aufgabe, durch umfangreiche Information eine breite Akzeptanz dieser Technologie in der Öffentlichkeit zu schaffen. Im Vergleich zu den stark volatilen Energieträgern, wie Wind oder Solarkraft, ist durch die Erschließung geothermischer Ressourcen ein konstanter, ganzjähriger Beitrag zur Strombereitstellung möglich. Geothermische Ressourcen sind eine der wenigen grundlastfähigen Energieträger, welche zum Gelingen der Energiewende beitragen können.

Literatur

Aljundi, I.H.: Effect of dry hydrocarbons and critical point temperature on the efficiencies of organic Rankine cycle. Renewable Energy **36**, 1196–1202 (2011)

Astina, I., Pastalozi, M., Sato, H.: An improved hybrid and cogeneration cycle for enhanced geothermal systems. In: Proceedings of World Geothermal Congress Bali (Indonesien) (2010)

Bertani, R.: What is geothermal potential? Newsletter of the International Geothermal Association **53**, 1–3 (2003)

Bertani, R.: Geothermal power generation in the world 2005-2010 update report. In: Proceedings of World Geothermal Congress World Geothermal Congress, Bali (Indonesien) (2010)

Bliem, C.J.: Preliminary performance estimates of binary geothermal using mixed-halocarbon working fluids. Technical Report (EGG-EP-7312), Idaho Falls (USA) (1986)

Borsukiewicz-Gozdur, A.: Dual-fluid-hybrid power plant co-powered by low-temperature geothermal water. Geothermics **39**, 170–176 (2010)

Borsukiewicz-Gozdur, A., Nowak, W.: Comparative analysis of natural and synthetic refrigerants in application to low temperature Clausius-Rankine cycle. Energy **32**, 344–352 (2007)

Borsukiewicz-Gozdur, A., Nowak, W.: Geothermal power station with supercritical cycle. In: Proceedings of World Geothermal Congress Bali (Indonesien) (2010)

Bundesregierung: Allgemeine Verwaltungsvorschrift zum Wasserhaushaltsgesetz über die Einstufung wassergefährdender Stoffe in Wassergefährdungsklassen (1999)

Bundesregierung: Umweltstatistikgesetz (UStatG) (2005)

Bundesregierung: Verordnung über Stoffe, die die Ozonschicht schädigen (Chemikalien-Ozonschichtverordnung – ChemOzonSchichtV) (2006)

Deutscher Ausschuß für brennbare Flüssigkeiten (DAbF): Technische Regeln für brennbare Flüssigkeiten (TRbF) (2001)

Devotta, S., Holland, F.A.: Comparison of theoretical Rankine power cycle performance data for 24 working fluids. Journal of Heat Recovery Systems **5**, 503–510 (1985)

DiPippo, R.: Geothermal Power Plants. Elsevier Science, Oxford (2005)

Drescher, U.: Optimierungspotential des Organic Rankine Cycle für biomassebefeuerte und geothermische Wärmequellen (Dissertation). Universität Bayreuth (2008)

EuCOM: Proposal for a regulation of the european parliament and of the council on fluorinated greenhouse gases (2012)

Fortuin, H., Solem, S.: Corrosion-Free Descaling For Increased Injectivity and Safe Radioactive Decontamination Of Geothermal Facilities. In: Tagungsband Geothermiekongress Bochum (Deutschland) (2009)

Franco, A., Villani, M.: Optimal design of binary cycle power plants for water-dominated, medium-temperature geothermal fields. Geothermics **38**, 379–391 (2009)

Frick, S., Kaltschmitt, M., Schröder, G.: Life cycle assessment of geothermal binary power plants using enhanced low-temperature reservoirs. Energy **35**, 2281–2294 (2010)

Greenhut, A.D., Tester, J.W., DiPippo, R., Field, R., Love, C., Nichols, K., Augustine, C.: Solar-Geothermal hybrid cycle analysis for low enthalpy solar and geothermal resources. In: Proceedings of World Geothermal Congress Bali (Indonesien) (2010)

GtV – Bundesverband Geothermie: In Deutschland [WWW Document]. http://www.geothermie.de/wissenswelt/geothermie/in-deutschland.html. Zugegriffen: 28.01.14

Gu, Z., Sato, H.: Performance of supercritical cycles for geothermal binary design. Energy Conversion and Management **43**, 961–971 (2002)

Heberle, F.: Untersuchung zum Einsatz von zeotropen Fluidgemischen im Organic Rankine Cycle für die geothermische Stromerzeugung (Dissertation). Universität Bayreuth (2013)

Heberle, F., Obermeier, A., Brüggemann, D.: Mögliche Emissionen bei der Strom- und Wärmeerzeugung aus Geothermie durch den Einsatz von F-Gasen im Energiewandlungsprozess mittels ORC (No. UBA-FBNr: 001690, FKZ/Projektnr: 363 01 391). In: Umweltbundesamt (Hrsg.) Climate Change, Bd. 16 (2012)

Heberle, F., Preißinger, M., Brüggemann, D.: Kosteneffiziente ORC-Hybridkraftwerk. In: Tagungsband Geothermiekongress. Geothermische Vereinigung – Bundesverband Geothermie e.V., Karlsruhe (Deutschland) (2010)

Hung, T.C., Wang, S.K., Kuo, C.H., Pei, B.S., Tsai, K.F.: A study of organic working fluids on system efficiency of an ORC using low-grade energy sources. Energy **35**, 1403–1411 (2010)

Ibrahim, O.M., Klein, S.A.: Absorption power cycles. Energy **21**, 21–27 (1996)

Invernizzi, C., Bombarda, P.: Thermodynamic performance of selected HCFS for geothermal applications. Energy **22**, 887–895 (1997)

Iqbal, K.Z., Fish, L.W., Starling, K.E.: Advantages of using mixtures as working fluids in geothermal binary cycles. Proc. Okla. Acad. Sci. **56**, 110–113 (1976)

Janczik, S., Kock, N., Kaltschmitt, M.: Effizienzsteigerung geothermischer KWK-Anlagen. Energy 2.0-Kompendium **2011**, 187–190 (2011)

Kalina, A.: Power cycle and system for utilizing moderate and low temperature heat sources. U.S. Patent, US6910334 (2005)

Kalina, A.: Method and apparatus for converting heat from geothermal fluid to electric power. U.S. Patent US4982568 (1991)

Kälteanlagen und Wärmepumpen – Sicherheitstechnische und umweltrelevante Anforderungen – Teil 1: Grundlegende Anforderungen, Begriffe, Klassifikationen und Auswahlkriterien; Deutsche Fassung EN 378-1:2008+A1:2010 (2011)

Kanoglu, M.: Exergy analysis of a dual-level binary geothermal power plant. Geothermics **31**, 709–724 (2002)

Kaplan, T.P.: Small scale geothermal projects for island operations. In: Proceedings of World Geothermal Congress. International Geothermal Association, Bali (Indonesien) (2010)

Köhler, S.: Geothermisch angetriebene Dampfkraftprozesse (Dissertation). TU Berlin (2005)

Kommission der Europäischen Gemeinschaften: Richtlinie 2006/40/EG des europäischen Parlaments und des Rates vom 17. Mai 2006 über Emissionen aus Klimaanlagen in Kraftfahrzeugen und zur Änderung der Richtlinie 70/156/EWG des Rates (2006)

Kommission der Europäischen Gemeinschaften: Verordnung (EG) Nr. 1005/2009 des Europäischen Parlaments und des Rates vom 16. September 2009 über Stoffe, die zum Abbau der Ozonschicht führen (2009)

Kommission der Europäischen Gemeinschaften, n.d. Verordnung (EG) Nr. 1516/2007 der Kommission vom 19. Dezember 2007 zur Festlegung der Standardanforderungen an die Kontrolle auf Dichtheit von ortsfesten Kälte- und Klimaanlagen sowie von Wärmepumpen, die bestimmte fluorierte Treibhausgase enthalten, gemäß der Verordnung (EG) Nr. 842/2006 des Europäischen Parlaments und des Rates.

Maack, R., Valdimarsson, P.: Operating experience with Kalina power plants, in: Workshop Proceedings Geothermische Stromerzeugung Stand der Technik und Perspektiven VDI-Berichte, Bd. 1703. VDI-Gesellschaft für Energietechnik, Düsseldorf (Deutschland), S. 107–116 (2002)

Maloney, J.D.J., Robertson, R.C.: Thermodynamic study of ammonia-water heat power cycles (1953)

Mlcak, H.A.: Design and start-up of the 2 MW Kalina Cycle Orkuveita Husavikur geothermal power plant in Iceland. In: Proceedings of Geothermal Energy Council 2nd Buisness Seminar. European Geothermal Energy Council (EGEC), Altheim (Österreich) (2001)

Müller, M., Kaltschmitt, M.: Workshop zur Tiefpumpentechnik. Geothermische Energie **48**, 25–26 (2005)

Nasruddin, Usvika, R., Rifaldi, M., Noor, A.: Energy and exergy analysis of Kalina cycle system (KCS) 34 with mass fraction ammonia-water mixture variation. Journal of Mechanical Science and Technology **23**, 1871–1876 (2009)

Paschen, H., Oertel, D., Grünwald, R.: Möglichkeiten geothermischer Stromerzeugung in Deutschland (2003)

Philippe, M., Spindler, K.: Thermodynamische Analyse des Kalina-Prozesses mit NH3/H2O zur Stromerzeugung. In: Tagungsband Der DKV-Jahrestagung Hannover (Deutschland) (2007)

Price, S.: A consideration of cycle selection for meso-scale distributed solar-thermal power (2009)

Rogge, S.: Geothermische Stromerzeugung in Deutschland – Ökonomie, Ökologie und Potenziale (Dissertation). TU Berlin, Berlin (2004)

Saleh, B., Koglbauer, G., Wendland, M., Fischer, J.: Working fluids for low-temperature organic Rankine cycles. Energy **32**, 1210–1221 (2007)

Schuster, A., Karellas, S., Aumann, R.: Efficiency optimization potential in supercritical Organic Rankine Cycles. Energy **35**, 1033–1039 (2010)

Swandaru, R.B., Palsson, S.: Modeling and optimization of possible bottoming units for general single flash geothermal power plants. In: Proceedings of World Geothermal Congress Bali (Indonesien) (2010)

UBA: Energieziel 2050: 100 % Strom aus erneuerbaren Quellen. Umweltbundesamt, Dessau-Roßlau (2010)

Vélez, F., Segovia, J.J., Martín, M.C., Antolín, G., Chejne, F., Quijano, A.: Comparative study of working fluids for a Rankine cycle operating at low temperature. Fuel Processing Technology **103**, 71–77 (2011)

Verein Deutscher Ingenieure e.V.: Ermittlung des Wirkungsgrades von konventionellen Kraftwerken VDI-Richtlinie, Bd. 3986 (2000)

Wärmenutzung

23

Stefan Rothörl

Inhaltsverzeichnis

Zusammenfassung

Tiefengeothermie ist grundlastfähig und im bayerischen Molassebecken eine verlässlich sprudelnde Energiequelle. Die Erdwärme Grünwald GmbH, ein rein kommunales Energieversorgungs-Unternehmen der Gemeinde Grünwald im Landkreis München, nutzt diese Quelle in Laufzorn für die regenerative Fernwärme-Versorgung und, ab der zweiten Jahreshälfte 2014, auch für die Erzeugung grünen Stroms. Das wärmegeführte Projekt heizt private Haushalte, Unternehmen, Kindergärten, Schulen und Seniorenheime in Grünwald und, über eine enge Kooperation mit der benachbarten Geothermiequelle Unterhaching, auch in Unterhaching. Die Quelle Laufzorn liefert aus über 4000 Meter Tiefe bis zu 130 Grad heißes Thermalwasser, die Wärmeleistung beträgt rund 50 MW. Das Geothermie-Heizwerk Laufzorn basiert auf modernster Pumpen- und Wärmetauscher-Technologie, den Betrieb managt die Bosch Energy and Building Solutions GmbH. Weitere Informationen unter www.erdwaerme-gruenwald.de.

Schlagworte

Erdwärme Grünwald • Tiefengeothermie • Energievision des Landkreises München • Geothermie-Heizwerk Laufzorn • wärmegeführt • Grüner Strom • Versorgungssicherheit • grundlastfähig • regenerative Wärmeversorgung

Stefan Rothörl (✉)
Erdwärme Grünwald GmbH, Grünwald, Deutschland
e-mail: stefan.rothoerl@erdwaerme-gruenwald.de

M. Bauer et al. (Hrsg.), *Handbuch Tiefe Geothermie*, DOI 10.1007/978-3-642-54511-5_23,

23.1 Wärmenutzung durch Tiefe Geothermie am Beispiel der Erdwärme Grünwald GmbH, Landkreis München

Wärme und Strom gehören zu den Grundbedürfnissen unseres Lebens. So wie frisches Wasser, saubere Luft, gesunde Nahrungsmittel, Zugang zu Bildung, technischem Fortschritt und Arbeit. All diese „Elemente" prägen Lebensqualität und Wohlstand.

Der Energie kommt dabei eine Schlüsselrolle zu – denn die fossilen Energieträger Erdöl, Erdgas und Kohle sind endlich. Den regenerativen Energieträgern gehört die Zukunft. Neben Sonne, Wind und Biomasse ist dies in Oberbayern die Geothermie. Denn hier liegt die wasserführende Schicht, der Malmkarst, in einer Tiefe, die die wirtschaftliche Nutzung erlaubt: Das heißt das Tiefenwasser liegt tief genug, um wärmefähige Temperaturen zu haben, und hoch genug, um wirtschaftlich heranzukommen.

Die Geothermie macht regenerative Wärmenutzung möglich, die grundlastfähig ist – denn anders als Solar- und Windenergie ist die Erzeugung geothermischer Wärme nicht von Wetter oder Tageszeit abhängig. Die heiße Quelle sprudelt kontinuierlich.

Im Folgenden wird das wärmegeführte Geothermie-Projekt der Erdwärme Grünwald GmbH beschrieben, einer 100%igen Tochtergesellschaft der Gemeinde Grünwald im Landkreis München.

Die Energievision des Landkreises München gibt die Leitlinie vor Im März 2006 beschließt der Kreistag des Landkreises München die Energievision für den Landkreis München: Danach soll bis zum Jahr 2050 der Energieverbrauch im Landkreis München um 60 % reduziert und die verbleibenden 40 % des Energieverbrauchs vollständig durch regenerative Energie abgedeckt werden. Für die Umsetzung dieser Vision werden folgende Handlungsempfehlungen gegeben:

- energetische Sanierung öffentlicher und privater Gebäude
- Einsatz stromsparender Geräte
- Verringerung des Energiebedarfs bei privaten Haushalten sowie bei Gewerbe, Handel und Dienstleistungen (Energiemanagement, Prozessoptimierung)
- Einsatz regenerativer Energiequellen für die Gebäudebeheizung (Biomasse, Geothermie, Umweltwärme)
- regenerative Stromerzeugung (Biomasse, Photovoltaik, Geothermie)
- flächendeckende Verwendung von Biokraftstoffen

Der Landkreis München ruft alle Bürgerinnen und Bürger zur Unterstützung auf und setzt dabei auf die Eigenverantwortung jedes Einzelnen und ein konstruktives Miteinander. Insbesondere Mitwirkende aus der Landwirtschaft, aus Handwerk und Handel, Gewerbe, Industrie und Dienstleistungen sowie den Kommunen und Kirchen seien für die Erreichung der Ziele zu gewinnen.

Auf dieser Basis prüft die Gemeinde Grünwald, mit welchen Maßnahmen sie konkret dazu beitragen kann, die Energievision für den Landkreis München zu erreichen. Als EINE der am nachhaltigsten wirkenden Maßnahmen identifiziert die Gemeinde die regenerative Wärmeerzeugung und -verteilung aus Geothermie. Da Grünwald nicht über einen eigenen Geothermieclaim verfügt, sucht die Gemeinde das Gespräch mit benachbarten Claiminhabern, prüft Möglichkeiten der Kooperation, die Kostenachse und die Wirtschaftlichkeit – und bereitet so ihre regenerative Zukunft vor.

Parallel befragt die Gemeinde Grünwalder Bürger und Unternehmen über ihr Interesse an regenerativer Wärmeversorgung. Das Ergebnis ist eindeutig: 90 % der Bürger und Unternehmen, die sich an der Befragung beteiligen, sind einem Wechsel zur regenerativen Wärmeversorgung gegenüber aufgeschlossen. Ein klares Votum. Jetzt handelt die Gemeinde.

Eine klare Entscheidung für die Zukunft der Gemeinde Grünwalds Öffentlicher Start des Grünwalder Geothermie-Projekts ist der 8. Oktober 2008: Nach Monaten sorgfältiger Vorbereitungen und Verhandlungen entscheidet der Gemeinderat, dass die Gemeinde Grünwald das Geothermie-Unternehmen Astherm GmbH zu 100 Prozent übernimmt. Damit sichert sich die Gemeinde Grünwald eine eigene Geothermiequelle, das zugehörige Grundstück in der Nachbargemeinde Oberhaching-Laufzorn und die „Aufsuchungserlaubnis", das heißt das Recht zur Bohrung.

Die Rechte zu Exploration, Nutzung und Verteilung der geothermischen Energie an Privathaushalte und Unternehmen gehen damit vollständig in Grünwalder Hand über. Seit Juni 2009 heißt die Gesellschaft „Erdwärme Grünwald GmbH". 100-Prozent-Gesellschafter ist die Gemeinde Grünwald, vertreten durch ihren 1. Bürgermeister Jan Neusiedl. Geschäftsführer sind Stefan Rothörl und, seit Oktober 2012, Andreas Lederle, Prokurist ist Peter Kleßinger. Als Aufsichtsgremium fungiert ein Geothermieausschuss, der mit Mitgliedern des Gemeinderates besetzt ist.

Das heißt, die EWG, wie die Erdwärme Grünwald in der Kurzform genannt wird, ist ein 100 % kommunales Energieversorgungs-Unternehmen, das auf die heimische, regenerative Energie Geothermie setzt.

Von Anfang an ist klar: Für die EWG hat Versorgungssicherheit oberste Priorität. Ziel ist, regenerative Energie aus der Erde zu gewinnen und als Heizenergie dauerhaft an Bürger, Unternehmen, Institutionen und kommunale Liegenschaften zu verteilen.

Eine der ergiebigsten Geothermie-Bohrungen in Bayern Die Faustregel besagt: Die Temperatur des Thermalwassers nimmt pro 100 Meter Tiefe um jeweils drei Grad Celsius zu. Das bedeutet: Je tiefer, desto heißer wird's. Seismische Voruntersuchungen in Laufzorn prognostizieren eine Temperatur von rund 120 Grad Celsius.

Im Herbst 2009 starten die Bohrarbeiten für die Dublettenbohrung in Laufzorn, im Frühjahr 2010 sind sie abgeschlossen. Die Produktionsbohrung, aus der das heiße Wasser nach oben geholt wird, erreicht den wasserführenden Malm in einer Teufe von 4083 Meter, die Reinjektionsbohrung, die das abgekühlte Wasser wieder in den Boden zurückführt, in einer Teufe von 4453 Meter.

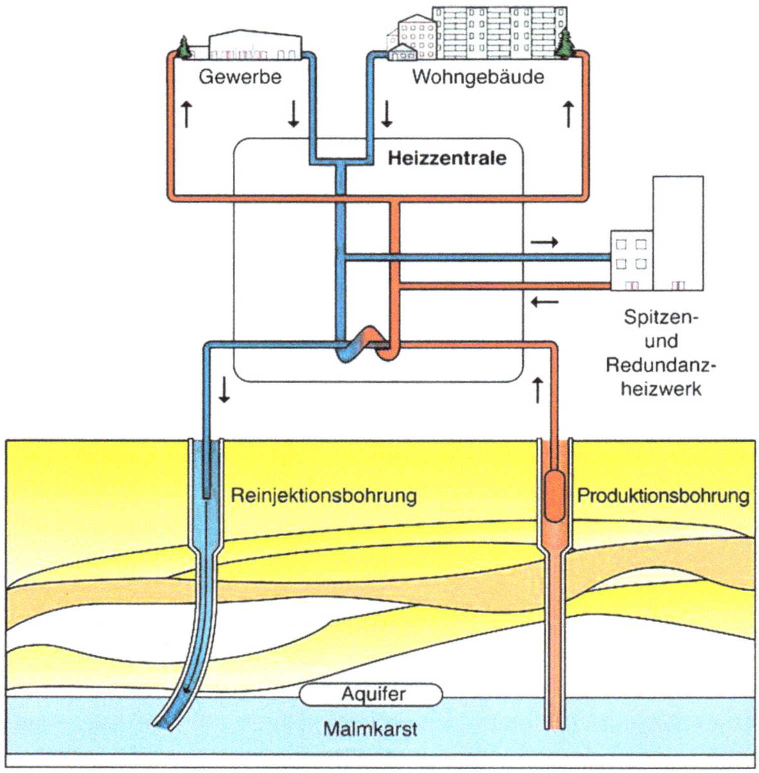

Abb. 23.1 Das Prinzip der Tiefengeothermie: Heißes Wasser wird aus der Produktionsbohrung nach oben gepumpt, überträgt seine Wärme im Heizwerk an das Wasser fürs Fernwärmenetz und wird dann abgekühlt durch die Reinjektionsbohrung wieder in die Tiefe geleitet. Das Wasser im Fernwärmenetz erreicht seinerseits über das Vorlaufrohr die Wärmeabnehmer, gibt dort über den Wärmetauscher der Hausübergabestation seine Wärme ab und fließt über das Rücklaufrohr abgekühlt zurück zum Heizwerk, wo es erneut erwärmt wird. Zwei unabhängige Wasserkreisläufe, die über Wärmetauscher miteinander kommunizieren

Im Juni 2010 steht das Ergebnis der mehrwöchigen Tests fest. Die Fündigkeit übertrifft noch einmal die Erwartungen: An der Bohrstelle Laufzorn sprudelt das Wasser mit einer Temperatur von 128–130 Grad Celsius, bei einer Schüttung von mindestens 140 Litern/Sekunde. Eine der ergiebigsten Geothermie-Bohrungen in Bayern!

Damit ist klar: Die wichtigste Voraussetzung für die regenerative Wärmeversorgung Grünwalds ist erfüllt.

Gleichzeitig entsteht eine zusätzliche Option: Weil die Bohrung ein so hervorragendes Ergebnis erzielt hat, entscheidet sich der Gemeinderat zusätzlich zur geothermischen Wärmeerzeugung auch für die Erzeugung grünen Stroms. Der Bau des ORC-Stromkraftwerks in Laufzorn startete im Herbst 2013, die Fertigstellung ist ab der zweiten Jahreshälfte 2014 geplant.

Abb. 23.2 Aufbau des Bohrturms der Erdwärme Grünwald in Laufzorn

Schritt für Schritt zum Grünwalder Fernwärmenetz Von Anfang hat der Gemeinderat klar gemacht: „Wir wollen möglichst viele Grünwalder Bürgerinnen und Bürger sowie Unternehmen und Institutionen an die Fernwärme anschließen." Langfristiges Ziel ist also eine möglichst flächendeckende regenerative Wärmeversorgung, von weit abseits der Gemeinde liegenden „Siedlungsinseln" abgesehen. Das Energiekonzept für den Auf- und Ausbau des Fernwärmenetzes trägt diesem Ziel Rechnung: Geplant wurde es auf Basis der verfügbaren Pläne vorhandener Sparten wie Strom, Wasser, Erdgas und Telekommunikation sowie vertiefender Untersuchungen möglicher Trassenvarianten.

Rückgrat oder Ringschluss? Die Gemeinde Grünwald liegt in Nord-Süd-Richtung parallel zum Isartal. Damit entstand die Frage: Wird die Fernwärme-Hauptleitung als Rückgrat oder als Ringschluss gebaut? Die Entscheidung fiel auf den Ringschluss – weil dadurch die Versorgungssicherheit noch besser gewährleistet ist und weil so die Hauptverkehrsader der Gemeinde, die von der Landeshauptstadt kommende Südliche Münchner Straße, weitgehend von Bauarbeiten für die Hauptleitung freigehalten werden kann.

Die Quelle Laufzorn in der Nachbargemeinde Oberhaching liegt ca. 4 km vom Gemeindegebiet Grünwald entfernt – der Grünwalder Forst verbindet die beiden Gemeinden. Der erste Teil der Fernwärme-Hauptleitung führt also durch den Wald, von der Bohrstelle Laufzorn bis zur Laufzorner Straße am südöstlichen Rand der Gemeinde Grünwald. Die Abstimmung zum Trassenverlauf und zu den Rahmenbedingungen der Rohrverlegearbeiten

Abb. 23.3 Die Bohrung der Erdwärme Grünwald in Laufzorn erbrachte mit bis zu 130 Grad Celsius und ca. 140 Litern/Sekunde eine der besten Bohrungen in Bayern

erfolgte einvernehmlich mit den Bayerischen Staatsforsten und der unteren Forstbehörde, dem Amt für Ernährung, Landwirtschaft und Forsten Ebersberg.

28 km Fernwärmeleitungen in 16 Monaten Bauzeit Gerade einmal zwei Monate nach Bestätigung der Fündigkeit, im August 2010, startet der Bau des Grünwalder Fernwärmenetzes. Die Bauarbeiten zur Verlegung der Kunststoffmantelrohre werden in Losen durchgeführt. Dadurch arbeiten parallel immer mehrere Unternehmen, dies schafft ein zügiges Wachstum des Netzes und beugt Kapazitätsengpässen vor. Parallel beginnt die EWG den Vertrieb entlang der geplanten Haupttrasse. Während des Winters werden diejenigen Trassenabschnitte, die noch nicht fertig gestellt sind, wintergesichert. Im Frühjahr 2011 nimmt die EWG die Arbeiten für den Ausbau des Fernwärmenetzes wieder auf.

Bereits Mitte September 2011 fließt die Fernwärme: Erster Kunde ist der gemeindeeigene Struwwelpeter-Kindergarten. Weitere Kunden – sowohl Grünwalder Haushalte als auch Unternehmen und kommunale Liegenschaften – folgen pünktlich zur Heizperiode

Abb. 23.4 Die Quelle Laufzorn dampft – Zeichen für die Fündigkeit im Frühjahr 2010

2011/2012. Die Wärmeversorgung klappt von Anfang an zuverlässig – mit einer Vorlauftemperatur von ca. 120 Grad Celsius und einer Rücklauftemperatur von ca. 65 Grad Celsius.

Ringschluss geschlossen! Ende 2012 ist die Haupttrasse des Grünwalder Fernwärmenetzes fertig erstellt: Sie führt von Laufzorn durch den Grünwalder Forst bis zum Gemeindegebiet in der Laufzorner Straße, weiter zum Alten Wirt und Rathaus im Ortszentrum, führt westlich vorbei am Grünwalder Freizeitpark, quert die Münchner Straße und geht nördlich bis zum größten Unternehmen der Gemeinde Grünwald, der Bavaria Film. Von dort führt die sogenannte Ostspange nach Süden, immer östlich parallel zur Südlichen Münchner Straße, zurück zur Laufzorner Straße.

Dieser Ring bietet der EWG beste Möglichkeiten zur Nachverdichtung des Netzes, die die EWG seit Herbst 2011 in Stichstraßen zur Haupttrasse durchführt. Die Entscheidung über die Nachverdichtungsgebiete obliegt dem Gemeinderat. Die drei wichtigsten Kriterien sind die technische Realisierbarkeit, die mögliche Anschlussdichte und die Sicherstellung eines annehmbaren Verkehrsflusses während der Arbeiten.

Das „Schritt-für-Schritt-Prinzip" der Nachverdichtung sorgt in Grünwald für ein koordiniertes Wachsen des Netzes. So wächst das EWG-Fernwärmenetz jedes Jahr kontinuier-

Abb. 23.5 Bereits zwei Monate nach der durch Tests belegte Fündigkeit starteten im August 2010 die Bauarbeiten fürs Fernwärmenetz – erste Etappe war von der Quelle Laufzorn durch den Grünwalder Forst nach Grünwald

lich an – in den ersten 16 Monaten Bauzeit bereits auf 28 km Länge, in den Jahren 2013 und 2014 um weitere insgesamt rund elf Kilometer.

Wie funktioniert Wärmeerzeugung aus Geothermie? Das Prinzip ist denkbar einfach: Das heiße Wasser aus der Tiefe holt die EWG mit modernster Pumpentechnik nach oben. Dort gibt es seine Wärme an das Wasser im Fernwärmenetz ab und wird dann abgekühlt wieder in den Boden geleitet.

Das erwärmte Wasser im Fernwärmenetz seinerseits – normales, kalkreduziertes Leitungswasser – fließt, durch Pumpentechnik angetrieben, im Vorlaufrohr bei den EWG-Kunden vorbei, gibt dort seine Wärme an den Heizkreislauf des Kunden ab und strömt abgekühlt ins Rücklaufrohr zurück. Die Wärmeübergabe übernehmen Wärmetauscher.

Vergleichbar unserem Blutkreislauf Das Vorlauf-Rücklauf-Prinzip erinnert an unseren Blutkreislauf – in der Lunge mit Sauerstoff angereichertes Blut fließt durch unseren Körper, gibt in den Zellen seinen Sauerstoff ab und fließt durch die Venen zurück. In der Lunge wird erneut Sauerstoff „aufgeladen", und – durch den Herzmuskel angetrieben – beginnt der Kreislauf wieder von vorne.

So spielen sich bei der Fernwärmeversorgung drei Wasserkreisläufe im wahrsten Sinne des Wortes die Wärme zu:

- der Wasserkreislauf aus Produktions- und Reinjektionsbohrung an der Bohrstelle in Laufzorn,
- der Wasserkreislauf aus Vorlauf- und Rücklaufrohr im Fernwärmenetz
- und der Wasserkreislauf des Heizungssystems beim Abnehmer. Ganz nach dem Motto „Heiß hin, kühl zurück".

Diese drei Wasserkreisläufe sind geschlossene Systeme: Es wird also kein Wasser aus dem einen in den anderen übergeben, sondern nur die Wärme des Wassers. Das geschieht über Wärmetauscher – Anlagenteile im Geothermie-Heizwerk Laufzorn wie in der Hausanschlussstation des Wärmekunden, die Wärme aus dem einen Wasserkreislauf in den anderen übertragen. Heiß kommt das Wasser an und kehrt, nachdem es seine Wärme abgegeben hat, abgekühlt zurück.

Natürlich steckt hinter diesem einfachen Grundprinzip modernste Hochtechnologie. Angefangen von

- den zwei gesicherten Bohrlöchern
- über die beiden Pumpenanlagen, die das heiße Wasser aus der Produktionsbohrung nach oben zum Heizwerk und vom Heizwerk in den Fernwärmekreislauf pumpen,
- bis hin zu den Wärmetauschern, die im Großen (im Heizwerk Laufzorn) wie im Kleinen (in den Hausanschlussstationen der Wärmekunden) dauerhaft effizient arbeiten.
- Hinzu kommt die differenzierte Mess- und Steuerungstechnik zur Kontrolle des Systems in all seinen Teilen.

Spitzentechnologie in Laufzorn – das Geothermie-Heizwerk der Erdwärme Grünwald
Das Prinzip ist oben bereits beschrieben: Das Tiefenwasser gibt seine Wärme an das Wasser im Fernwärmenetz ab und wird dann abgekühlt wieder in die Tiefe geleitet. Für die Übertragung der Wärme sind Wärmetauscher notwendig – und die haben ihren Platz im Geothermie-Heizwerk Laufzorn.

Baubeginn für das Geothermie-Heizwerk war im April 2011, seit Herbst 2011 wuchs das „Innenleben", die Fertigstellung erfolgte im November 2012. Bis dahin sicherte eine Interimslösung die Fernwärmeversorgung, bestehend aus einer Interimspumpe für das Heraufpumpen des Tiefenwassers und einer mobilen Heizzentrale. Die Auslegung der Pumpentechnologie erfolgt in enger Abstimmung mit dem Beraterteam der Erdwärme Grünwald.

Abb. 23.6 Die Pumpen im EWG Geothermie-Heizwerk Laufzorn

Redundanz für die Spitzenlast Das nach dem neuesten Stand der Technik geplante und gebaute Geothermie-Heizwerk beinhaltet neben den Wärmetauschern, der Pumpentechnologie, der Steuerung und der Messtechnik einen mit Öl betriebenen „Redundanz-Heizkessel" am Standort Laufzorn. Mit dieser Spitzenlastfeuerung wird das Wasser zum Beispiel an besonders kalten Wintertagen und bei Wartungsarbeiten erwärmt. Ein zweiter Redundanz-Ölkessel steht an der „Nordspitze" des EWG-Fernwärmenetzes bereit – auf dem Gelände der Bavaria Film. Damit ist die in den oben beschriebenen Fällen notwendige fossile Zuheizung gleich zweifach gesichert. Ein weiterer wesentlicher Aspekt der Versorgungssicherheit.

Die Elemente der Versorgungssicherheit

- Fündigkeit der Geothermie-Bohrung: ausreichende Temperatur und Schüttung
- Energietechnisches Gesamtkonzept, ausgerichtet auf den späteren Endausbau
- Trassenplanung unter Berücksichtigung der vorhandenen Medien, der Anschlussdichte und der Verkehrssituation in der Gemeinde
- Fernwärmenetzausbau in Bauabschnitten und parallelen Losen
- Schritt-für-Schritt-Prinzip der Netznachverdichtung

- Kunststoffmantelrohre mit integrierter Messtechnik
- Exakt geplante Pumpentechnologie im Geothermie-Heizwerk
- Sichere Redundanz: fossile Zuheizung für Spitzenlasttage und bei Wartungsarbeiten
- Sorgsame Datenaufnahme beim Kunden: notwendig zur exakten Trassenplanung und Dimensionierung des Hausanschlusses
- Ausfallsichere Hausanschlussstationen inklusive bewährter Dichtungstechnologie
- Klare Definition primär- und sekundärseitiger Verantwortlichkeiten im Wärmeliefervertrag
- Online-Steuerung des Systems und jedes Hausanschlusses
- Kontinuierliche Kontrolle der gesamten technischen Anlagen
- Enge Abstimmung des Bauherrn mit allen beteiligten Komponenten-Zulieferern und Dienstleistern

Im intensiven Dialog mit den Wärmekunden Eine wesentliche Aufgabe der Erdwärme Grünwald ist der Dialog mit Interessenten und Wärmekunden. Diesen Part übernimmt das EWG-Vertriebsteam unter Leitung von EWG-Geschäftsführer Andreas Lederle. Das EWG-Vertriebskonzept umfasst unter anderem:

- die frühzeitige Information der Bürgerinnen und Bürger über die Trassenplanung bzw. die Gebiete der geplanten Nachverdichtung
- die Vereinbarung der Datenaufnahme-Termine beim Interessenten. Dabei werden alle für das Wärmelieferungs-Angebot relevanten Informationen im Haus des Interessenten aufgenommen: bisherige Wärmeleistung, Lage und Entfernung des Hauses zur Haupttrasse/Verteilleitung, Lage des Heizungskellers, Besonderheiten der Grundstückssituation
- die verantwortliche Durchführung des gesamten Angebots- und Wärmeliefervertragswesens
- die Termin-Koordinierung aller Dienstleister und Ausführenden für die Hausanschlussarbeiten
- die kontinuierliche Qualitätssicherung, in enger Abstimmung mit der technischen Betriebsführung
- den Kundenkontakt zu allen Fragen der Wärmelieferung
- die effiziente Bearbeitung von Reklamationen
- die Information der Bürgerinnen und Bürger über die Termine des Frühbucherrabattes
- die kontinuierliche Pflege der Kundendaten
- die transparente Rechnungserstellung
- das kontinuierliche Reporting nach innen über alle Aspekte der Kundenansprache und -betreuung

- die Pflege der EWG-Website
- die enge Zusammenarbeit mit der Presse- und Öffentlichkeitsarbeit der EWG

Das EWG-Vertriebsteam verbindet eine Überzeugung „Umwelt-Bewusstsein und Wirtschaftlichkeit gehen bei der Geothermienutzung eine nachhaltige Verbindung ein. Die Erdwärme Grünwald als 100%ige Tochter der Gemeinde ist Gemeinwohl-orientiert, stärkt die Region und macht sie unabhängig von externen Anbietern. Sie agiert im Gegensatz zu vielen Unternehmen nicht gewinnmaximierend, sondern kunden- und kostenbewusst. Dieses Konzept ist für alle Beteiligten sinnvoll."

Auf dieser Basis wirbt die EWG für den Fernwärmeanschluss aus Geothermie. Denn jeder Grünwalder Haushalt, jedes Unternehmen, jede Institution entscheidet selbst, ob und wann sie sich an die geothermische Fernwärme anschließen. Ein Anschlusszwang besteht weder für Neubaugebiete noch für bestehende Gebäude.

23.2 Geothermie hat viele Vorteile

Konsequent kommuniziert das EWG-Vertriebsteam die Vorteile, die der geothermische Fernwärmeanschluss den Bürgerinnen und Bürgern bietet. Für die Geothermie spricht ein ganzes Bündel an Argumenten:

- Versorgungssicherheit
- Unerschöpfliche Quelle
- Unabhängigkeit von fossilen Rohstoffen
- Gleichzeitige Produktion von Wärme und Strom
- Klima- und Umweltschutz
- Grundlastfähigkeit
- Hohe Effizienz
- Flächeneinsparung
- Wertsteigerung der Immobilie
- langfristig kostengünstiger
- Landschaftsschonend, daher keine optischen Beeinträchtigungen

Versorgungssicherheit Die Geothermie-Quelle Laufzorn ist unerschöpflich. Genutzt wird sie mit moderner Technologie. Damit stellt die EWG die Versorgungssicherheit auf eigene Beine. Eine heimische, bayerische Energie.

Unerschöpfliche Quelle Die erste professionell genutzte Geothermiequelle der Welt liegt in Larderello/Toskana – hier wurde 1904 (!) das erste Kraftwerk gebaut. Heute werden in Larderello 400 MW Strom in Italiens Energienetz eingespeist. Die Geothermie ist also eine grundsätzlich nicht versiegende Energiequelle.

Unabhängigkeit von fossilen Rohstoffen Die fossilen Energieträger Erdöl und Erdgas sind endlich – sie gehen langsam, aber sicher zur Neige. Die Energiewende setzt auf die Nutzung regenerativer Energiequellen wie die Geothermie. Die Geothermie reduziert den Bedarf fossiler Energieträger deutlich – Erdöl wird nur noch im Redundanzfalle gebraucht. So steigt nachhaltig die Unabhängigkeit von den fossilen Energieträgern Erdöl und Erdgas.

Gleichzeitige Produktion von Wärme und Strom Die Fündigkeit der Quelle Laufzorn mit einer Schüttung von 160 Litern pro Sekunde und einer Temperatur von bis zu 130 Grad Celsius erlaubt nicht nur die Produktion geothermischer Wärme, sondern auch die Produktion grünen Stroms. Der Gemeinderat Grünwald hat sich für diese zusätzliche Option entschieden, um die Quelle auch in der warmen Jahreszeit optimal auszulasten. Die Fertigstellung des Geothermie-Stromkraftwerks Laufzorn ist für Ende 2014 vorgesehen.

Klima- und Umweltschutz Natürlich brauchen die energietechnischen Anlagen in Laufzorn Strom. Doch dieser Strom kommt zunehmend aus regenerativ erzeugtem Strom. Dieser „grüne Strom" wird ab der zweiten Jahreshälfte 2014 im EWG-eigenen ORC-Stromkraftwerk in Laufzorn erzeugt. In welchem Maße dieser selbsterzeugte Strom ins öffentliche Stromnetz eingespeist wird und/oder für den EWG-Stromverbrauch genutzt wird, ist noch zu konzipieren.

Die Erzeugung der Wärme aus Geothermie selbst erzeugt KEIN CO_2. Dies schont nachhaltig die oberbayerische Heimat und trägt zur Energiewende in Bayern und Deutschland bei.

Grundlastfähigkeit Erdwärme ist eine sogenannte Grundlastenergie. Im Gegensatz zum Wind, der nur manchmal weht, und zur Sonne, die nur manchmal scheint, steht Erdwärme rund um die Uhr zur Verfügung. Wetterunabhängig, krisensicher.

Hohe Effizienz Geothermie hat einen „Wirkungsgrad", der nahe 100 % liegt – das Wasser gibt seine Wärme per Wärmetauscher weiter, und die Wärme steht damit dem nächsten Wasserkreislauf zur Verfügung. Dabei geht kaum Wärmeenergie verloren. Die Technologie zur Nutzung der Geothermie ist hocheffizient.

Flächeneinsparung Wer die Größe des Geothermie-Heizwerks Laufzorn mit der Größe eines Kohlekraftwerks und den Platzbedarf einer Öl- oder Gasheizung mit dem einer Hausanschlussstation vergleicht, sieht: Geothermie braucht wenig Platz – dort, wo die Energie erzeugt wird, und dort, wo sie genutzt wird.

Wert der Immobilie Ein Fernwärmeanschluss an die Geothermie steigert nachhaltig den Wert der Immobilie.

Langfristig kostengünstiger Langfristig ist die Wärmeversorgung aus geothermischer Fernwärme kostengünstiger als die Versorgung mit fossilen Brennstoffen. Dies zeigt die Gesamtkosten- und Langzeitbetrachtung.

Landschaftsschonend, daher keine optischen Beeinträchtigungen Das Geothermie-Heizwerk Laufzorn ist so konzipiert, dass es sich harmonisch in die oberbayerische Landschaft einpasst. Von seiner Höhe ist es deutlich niedriger als der umgebende Wald, und die Fassade ist aus hellem Holz. Dies macht die Anlage regenerativer Wärmeerzeugung zu einem Teil der Landschaft.

A und O des Dialogs – kontinuierliche Information Zur Information der Bürgerinnen und Bürger nutzt die EWG vor allem folgende „Medien“:

- das persönliche Gespräch
- regelmäßige Kundenbriefe – zum Beispiel zur Planung der Nachverdichtungsgebiete und zum Frühbucherrabatt
- das EWG Geothermie-Magazin an alle Grünwalder Haushalte, das zwei- bis dreimal jährlich über alle wesentlichen Aspekte des Projektes berichtet
- kontinuierliche Pressearbeit
- die Website www.erdwaerme-gruenwald.de
- Informationsveranstaltungen
- Baustellen-Gespräche

Wie kommt die Fernwärme zu den Kunden ins Haus? Das Prinzip ist einfach: Die Fernwärme kommt ins Haus über ein Rohr, das von der Hauptleitung abzweigt und in den Heizungskeller gelegt wird. Dort wird die sogenannte Hausanschlussstation installiert, die die Wärme vom Netz ins Heizungssystem des Kunden überträgt. Damit dies funktioniert, wird die Hausanschlussstation mit dem Heizungssystem des Kunden verbunden. Dafür sind fünf Arbeitsgänge notwendig:

Führt die EWG durch:

1. die Verlegung der Rohrleitung von der Haupttrasse ins Haus; Voraussetzung für den Start der Bauarbeiten ist die von der EWG erstellte und vom Kunden freigegebene Detailplanung für den jeweiligen Hausanschluss.
2. der Einbau der Hausanschlussstation im Keller des Kunden

Lässt der Kunde vom Heizungsbauer seiner Wahl ausführen:

3. die Verbindung der Hausanschlussstation mit dem bereits bestehenden Heizungssystem
4. alle Arbeiten, die am hausseitigen Heizungssystem durchzuführen sind, inklusive des Abbaus nicht mehr benötigter Anlagen für die fossile Wärmeerzeugung

Der Kunde entscheidet selbst über die Art der Durchführung:

5. die Wiederherstellung der Oberfläche am Grundstück: eine Aufgabe, die entweder der Kunde selbst, die EWG im Auftrag des Kunden oder ein vom Kunden beauftragtes Gartenbau-Unternehmen durchführen kann.

Die Arbeitsgänge im Verantwortungsbereich der EWG („primärseitig“) werden im Detail von der EWG geplant, mit technischer Expertise durchgeführt und konsequent qualitätsgesichert. Erst wenn alles stimmt, erfolgt der Startschuss für die Fernwärmelieferung.

Die Eigentums-Schnittstelle zwischen EWG und Hauseigentümer Die Wärmeübergabestation im Heizungskeller gehört der EWG. Das bedeutet auch, dass mögliche Wartungsarbeiten an der Wärmeübergabestation im Erfüllungsbereich der EWG liegen. Alle Rohre, Heizkörper und Anlagenteile der Heizanlage des Kunden sind dagegen im Eigentum des Kunden.

Primär- und sekundärseitige Anlagenteile Primärseitige Anlagenteile sind im Eigentum und Erfüllungsbereich der EWG:

- das Fernwärmenetz,
- die Rohrleitungen von der Haupttrasse bis zum Heizungskeller des Kunden,
- die Wärmeübergabestation, auch Hausanschlussstation (HAST) genannt,
- die zentrale Steuerung.

Sekundärseitige Anlagenteile sind im Eigentum und Erfüllungsbereich des Kunden. Dazu zählen

- alle Heizungsrohre,
- Heizkörper
- und Anlagenteile der Heizanlage im Haus des Kunden.

Wie lange die Arbeiten für einen Hausanschluss dauern, hängt von der Länge der Hausanschlussleitung und der örtlichen Situation ab: Eine kleinere Anlage für ein Haus nah zur Haupttrasse kann in ein, zwei Wochen fertig sein; der Anschluss komplexerer Anlagen mit längerer Hausanschlussleitung kann auch mehrere Wochen in Anspruch nehmen.

Entscheidend für einen gelingenden Kundendialog ist es, diese Zeiten offen und transparent zu kommunizieren.

Die je Bauabschnitt betroffenen Grünwalder Straßen werden nach dem Verlegen der Verteilleitungen und Hausanschlüsse wieder in einen guten Zustand gebracht und neu asphaltiert – allerdings erst im Folgejahr der Grabung. Denn erst müssen die restlichen Hausanschlüsse und mögliche Setzungen im Erdreich und im Sandbett der Rohrleitungen abgewartet werden, ehe der Straßenbaukörper saniert wird. Die EWG greift hier auf langjährige Erfahrungen der Tiefbauabteilung der Gemeinde Grünwald zurück.

Nachvollziehbare Wärmepreise Auch die Preisbildung spielt eine wesentliche Rolle für die Akzeptanz der Energiewende in Grünwald. Der Gemeinderat legt daher großen Wert darauf, nachvollziehbare Preise zu bilden, die in ihrer Tarifstruktur verständlich und im Vergleich mit den Öl- und Gas-Preisen auf Dauer nachhaltig günstiger sind.

Die drei Preisbestandteile der EWG-Wärmelieferung sind

- der Leistungspreis für die bestellte Wärmeleistung
- der Arbeitspreis für die tatsächlich gelieferte Wärmemenge
- der Messpreis für Betrieb und Wartung der Zähler, Datenermittlung, Datenaufbereitung und Datenbereitstellung für die Abrechnung.

Für den Anschluss ans Fernwärmenetz fallen einmalige Hausanschlusskosten und ein Baukostenzuschuss (BKZ) zum Bau des Fernwärmenetzes an. Um die Abrechnung zu vereinfachen, beschloss der Gemeinderat, Kunden die Möglichkeit einzuräumen, sich für eine pauschale Zahlung für einen Teil der Hausanschlusskosten mit definierten Leistungsgrenzen zu entscheiden:

In 3570,00 Euro brutto (Stand Juni 2014) sind somit folgende Kosten enthalten:

- Hausanschluss UND Baukostenzuschuss bis zu 100 kW sowie
- der pauschale Anteil für die Erstellung des Hausanschlusses (bei Miteigentumsanteilen je Hausanschluss) bis 30 Meter Trassenlänge ab der Grundstücksgrenze bis zur Hausübergabestation

Das heißt: Die EWG übernimmt bis zu 30 Meter Rohrleitung der Hausanschlussleitung. Mehrlängen über 30 Meter, wie sie bei größeren Grundstücken erforderlich sein können, werden mit 238,00 Euro brutto pro Meter gesondert berechnet.

Der Frühbucherrabatt Eine frühe Entscheidung für einen Fernwärmeanschluss wird belohnt: Jeder Kunde, der sich bis zu einem bestimmten, frühzeitig kommunizierten Termin entlang der jeweils in Bau befindlichen Fernwärmetrasse einen Anschluss sichert, kann sich nach Baufortschritt einen sogenannten „Frühbucherrabatt“ sichern.

Energiesparförderprogramm der Gemeinde Grünwald Darüber hinaus fördert die Gemeinde Grünwald auf Antrag jeden Geothermieanschluss pauschal mit 1000,00 Euro. Das bedeutet eine weitere Reduzierung der Hausanschlusskosten.

Hausanschlusskosten der Erdwärme Grünwald

Frühbucherrabatt und Energiesparförderung der Gemeinde

Standard Hausanschluss bis 100 kW:	3570,00 € (brutto)
Abzüglich Frühbucherrabatt	– 1785,00 € (brutto)
Abzüglich Energiesparförderung Gemeinde	– 1000,00 € (brutto)
Gesamt:	**785,00 € (brutto)** **(Stand Juni 2014)**

Grundsätzlich gilt:

Mit Geothermie kann jede Art von Heizung betrieben werden, die die Vorlauftemperatur der Geothermie nicht übersteigt. Also – auch gleichzeitig:

- Heizkörper-Heizungen,
- Fußbodenheizung,
- Wandheizung,
- Warmwasser-Bereitung,
- Schwimmbäder und anderes.

Kundenanzahl wächst kontinuierlich Die EWG plant mittelfristig den flächendeckenden Ausbau der Fernwärmeversorgung in Grünwald. Jedes Jahr kommen im Durchschnitt rund 150 bis 200 neue Wärmekunden hinzu, je nach Ausbaugebiet. Dazu gehören auch solche Kunden, die viele Wohneinheiten mit EINEM Fernwärmeanschluss erreichen – zum Beispiel Seniorenwohnanlagen oder Hausverwaltungen.

Die Erdwärme Grünwald hat alle kommunalen Liegenschaften bereits an die geothermische Fernwärme angeschlossen: Schulen und Kindergärten, das Rathaus, die Musikschule und den Freizeitpark. Auch die katholische Kirchengemeinde St. Peter und Paul ist auf die Fernwärme umgestiegen. Ab September 2014 wird auch das neue Grünwalder Gymnasium mit Fernwärme aus Geothermie versorgt.

„Hollywood an der Isar" startet regeneratives Zeitalter Größter Wärmekunde der Erdwärme Grünwald ist die Bavaria Film. Seit Sommer 2012 ist sie an die geothermische Fernwärme angeschlossen. Bis dahin hatte die EWG die Bavaria Film mit Gas versorgt; die langfristige Zusammenarbeit in der Wärmeversorgung zwischen EWG und Bavaria Film läuft bereits seit 1. Januar 2011.

Die Wärmeleistung des rund 30 Hektar großen Medien- und Studiocampus beträgt 10 MW – das entspricht dem durchschnittlichen jährlichen Wärmeenergieverbrauch von 3500 Haushalten.

„Bavaria Film ist das erste Studiogelände in Deutschland, das seine Wärme regenerativ auf Basis von Erdwärme bezieht", sagt Bavaria Film-Geschäftsführer Achim Rohnke: „Geothermisch gewonnene Energie schützt unsere Umwelt, fließt rund um die Uhr bei jedem Wetter und macht uns unabhängiger vom Öl- und Gasmarkt. Damit sind unsere Wärmekosten wesentlich besser kalkulierbar und langfristig günstiger. Mit dem Anschluss an die Geothermie bekennen wir uns klar zur Energiewende, zu Versorgungssicherheit und Wirtschaftlichkeit."

Jan Neusiedl, Grünwalds 1. Bürgermeister und Vertreter des EWG-Gesellschafters, der Gemeinde Grünwald, ergänzt: „Der Anschluss der Bavaria Film an die Geothermie zeigt, wie leistungsfähig unser Grünwalder Fernwärmenetz ist."

Über einen Spitzenlastkessel wird Öl zur Redundanzversorgung der Bavaria Film eingesetzt. Öl kommt also nur dann zum Einsatz, wenn zum Beispiel wegen Wartungsarbeiten am Geothermie-Heizwerk Laufzorn oder am Fernwärmenetz die Fernwärmeversorgung

Abb. 23.7 Bavaria Film am Netz! V.l. Andre Heim und Geschäftsführer Achim Rohnke (beide Bavaria Film), Grünwalds 1. Bürgermeister Jan Neusiedl und EWG-Prokurist Peter Kleßinger

kurzfristig unterbrochen werden muss. Seit Ende 2012 steht auf dem Gelände der Bavaria Film das Redundanzheizwerk Nord zur Verfügung.

Eins der zehn besten Bio-Hotels in Europa Gasthaus und Hotel Alter Wirt in Grünwald sind seit November 2011 an die geothermische Fernwärme angeschlossen, die beheizte Fläche hat insgesamt ca. 2100 qm.

Uli Portenlänger, in dritter Generation Hotelier im Alten Wirt, hat diese Entscheidung wohlüberlegt getroffen: „Elektrische Energie und Warmwasser haben wir im Alten Wirt zuvor acht Jahre lang mit einem Blockheizkraftwerk erzeugt. Als das kaputt ging, sind wir zur regenerativen Fernwärme gewechselt und haben dabei gleich noch eine moderne Wandheizung eingebaut. Wir haben in Gasthaus und Hotel einen hohen Warmwasserbedarf von rund 7 m^3 pro Tag – seit wir an die Fernwärme angeschlossen sind, läuft die Wärmeversorgung reibungslos. Der Fernwärmeanschluss hat unsere CO_2-Bilanz deutlich optimiert – damit sind wir in die Spitzengruppe der zehn besten Bio-Hotels in Europa aufgestiegen. Ein starkes Ergebnis, das unsere Entscheidung für die heimische Grünwalder Energie bestätigt."

Der Wärmeverbund mit der Nachbargemeinde Unterhaching Seit 11. April 2013 fließt geothermisch erzeugte Wärme aus der Quelle Laufzorn nach Unterhaching. Die Geother-

Abb. 23.8 Uli Portenlänger, in dritter Generation Hotelier im Alten Wirt Grünwald und Kunde der Erdwärme Grünwald

mie Unterhaching GmbH & Co KG (GUH) nutzt diese Wärme der Erdwärme Grünwald GmbH (EWG) direkt für ihre Kunden oder macht Strom daraus. Per Leitung verbunden sind die beiden Geothermie-Bohrstellen in Laufzorn und Unterhaching seit Ende 2012, die Pumpen und Wärmetauscher sind seit April 2013 einsatzbereit. Ein einzigartiges kommunales Verbundprojekt.

Über die 5,3 km lange Verbundtrasse kann eine Wärmeleistung von bis zu 20 MW bereitgestellt werden. Möglich wird der in dieser Form einzigartige Wärmetransfer durch modernste Technologien auf beiden Seiten: bi-direktionale Wärmetauscher von Sondex sowie Pumpen für die Thermalwasserförderung von Baker Hughes. Den Betrieb managt auf beiden Seiten die Bosch Energy and Building Solutions GmbH.

Von dem Wärmeverbund profitieren beide Geothermie-Gesellschaften und damit beide Gemeinden – denn Grünwald lastet seine Bohrung aus, und Unterhaching deckt seinen Energiebedarf für das Kalina-Stromkraftwerk. Außerdem plant die GUH, im Winter aus der EWG-Wärme bei Bedarf auch die Spitzenlast für die Unterhachinger Fernwärme zu machen.

Zudem liefern sich EWG und GUH im Bedarfsfall CO_2-freie Wärme aus Geothermie – diese Redundanz fließt, wenn z. B. Wartungsarbeiten an der Förderbohrung oder an der Obertageanlage anstehen. Vor Bestehen des Wärmeverbundes mussten Grünwald und Unterhaching ihre Wärmeerzeugung kurzzeitig auf Öl umstellen. Das war nicht regenerativ und kostspielig dazu.

Seit 1. Januar 2014: Geothermieprojekte Grünwald und Unterhaching intensivieren ihre Zusammenarbeit Die Geothermiegesellschaften der beiden Gemeinden Grünwald und Unterhaching vertiefen ihre erfolgreiche interkommunale Zusammenarbeit: Seit 1. Januar 2014 beteiligt sich die Erdwärme Grünwald GmbH (EWG) zu 50 % an der Geothermie Unterhaching Produktions-GmbH & Co. KG und deren Komplementärin, der Geothermie Unterhaching Produktions-Beteiligungs-GmbH.

Um diese Beteiligung zu ermöglichen, wurde die bisherige Geothermie Unterhaching GmbH & Co KG umstrukturiert: In die neue Geothermie Unterhaching Produktions-GmbH & Co. KG werden die Thermalwasserförderung, das Geothermie-Heizwerk, das Kalina-Stromkraftwerk, das Spitzenlast- und Redundanzheizwerk sowie alle zugehörigen Mitarbeiter eingebracht; in der Geothermie Unterhaching GmbH & Co KG verbleiben das Unterhachinger Fernwärmenetz mit allen Endkundenbeziehungen sowie der Fernwärmevertrieb. Die Beteiligung der EWG an der Geothermie Unterhaching Produktions-GmbH & Co. KG erfolgt über eine Kapitalerhöhung.

Gemeinsame Geschäftsführung Geschäftsführer der Geothermie Unterhaching Produktions-GmbH & Co. KG sind Andreas Lederle, der weiterhin auch Geschäftsführer der EWG ist, und Wolfgang Geisinger, der auch zukünftig Geschäftsführer der Geothermie Unterhaching GmbH & Co KG bleibt. Die Geschäftsführer unterliegen einer Geschäftsordnung und sind verpflichtet, vor wichtigen Entscheidungen die Zustimmung der Gesellschafterversammlung einzuholen.

Die Geothermie Unterhaching Produktions-GmbH & Co. KG hat einen Wärmeliefervertrag mit der Geothermie Unterhaching GmbH & Co KG abgeschlossen. Gegenstand des Wärmeliefervertrages ist die Belieferung der Geothermie Unterhaching GmbH & Co KG, damit diese weiterhin ihre Kunden sicher und preisgünstig mit Wärme versorgen kann. Der Wärmeliefervertrag hat eine Laufzeit von 30 Jahren. Es besteht also kein Vertragsverhältnis zwischen der Geothermie Unterhaching Produktions-GmbH & Co. KG und den Fernwärme-Endkunden in Unterhaching. Um einen wirtschaftlich soliden Produktionsbetrieb auf Dauer sicherzustellen, hat sich die Geothermie Unterhaching GmbH & Co KG zur Abnahme einer Wärmemindestmenge verpflichtet.

„Eine Konstellation, von der beide Seiten profitieren" „Wir haben mit den beiden wärmegeführten Geothermie-Projekten gemeinsame Interessen und machen jetzt auch gemeinsame Sache", sagen Unterhachings 1. Bürgermeister Wolfgang Panzer und Grünwalds 1. Bürgermeister Jan Neusiedl übereinstimmend: „Die enge Zusammenarbeit in der Geothermie Unterhaching Produktions-GmbH & Co. KG stärkt die Versorgungssicherheit in beiden Gemeinden und sichert beiden Gesellschaftern auf Dauer stabile Wärme- und Stromerlöse. Unterhaching bringt seine Produktionsanlagen mit ein, Grünwald seine Finanzmittel und beide Gesellschafter ihr langjähriges Know-how im Anlagenbetrieb. So entsteht ein gemeinsamer Unternehmensverbund, der einen wesentlichen Beitrag zur Energievision für den Landkreis München leisten wird. Die gefundene gesellschaftsrechtliche Lösung schafft eine Konstellation, von der beide Seiten und die Umwelt profitieren. Wir freuen uns

Abb. 23.9 Enge Kooperation zwischen den beiden Geothermie-Nachbargemeinden Grünwald und Unterhaching: v.l. Wolfgang Geisinger, Geschäftsführer der Geothermie Unterhaching Produktions-GmbH & Co. KG und der Geothermie Unterhaching GmbH & Co KG, Peter Kleßinger, Prokurist der Erdwärme Grünwald GmbH, Unterhachings 1. Bürgermeister Wolfgang Panzer, Grünwalds 1. Bürgermeister Jan Neusiedl, Stefan Rothörl, Geschäftsführer der Erdwärme Grünwald GmbH und Autor sowie Andreas Lederle, Geschäftsführer der Erdwärme Grünwald GmbH und der Geothermie Unterhaching Produktions-GmbH & Co. KG.

darauf, die hervorragende partei- und gemeindeübergreifende Zusammenarbeit jetzt auch in einer gemeinsamen Gesellschaft fortzusetzen."

Beide Quellen sprudeln! Geothermie ist für Gemeinden ein hochsinnvolles Betätigungsfeld, da damit lokal erzeugte, saubere, regenerative, sichere und grundlastfähige Energie erzeugt wird, gleichzeitig ist das wirtschaftliche Risiko eines laufenden Geothermie-Projektes beherrschbar: Denn beide Quellen in Unterhaching und Laufzorn sprudeln seit Jahren! Klar müssen ein Wärmetauscher oder eine Pumpe mal ausgetauscht werden – aber das ist für technologiegetriebene Unternehmen ein völlig normaler Vorgang. Die gemeinsame Gesellschaft bietet der EWG noch stärkere Synergien als bisher schon – zum Beispiel Kosteneinsparungen durch gemeinsames Claim-Management, das gemeinsame Vorhalten des technischen Equipments wie Ersatzteile/Pumpe, den gemeinsamen Betriebsführer Bosch Energy and Building Solutions GmbH, die gemeinsame Strombeschaffung etc.

Starke Auslastung in kurzer Zeit Durch die Quelle Laufzorn stehen Grünwald rund 50 MW Wärmeleistung zur Verfügung. Davon sind in Grünwald, Stand Juni 2014, bereits 26 MW angeschlossen: 13 MW gewerblich, 4 MW kommunal und 9 MW private Haushalte. So stehen bereits nach 16 Monaten effektiver Bauzeit 52 % der Gesamtleistung unter Vertrag. Hinzu kommt die Wärmelieferung an Unterhaching von bis zu 20 MW.

Strom aus unerschöpflicher Quelle Der Grünwalder Gemeinderat entschied wegen des hervorragenden Bohrergebnisses, die Quelle Laufzorn durch zusätzliche regenerative Stromerzeugung optimal auszulasten. Gerade in den Sommermonaten, wenn deutlich weniger Wärme gebraucht wird, wird die geothermische Stromerzeugung zur Auslastung der Quelle Laufzorn beitragen.

In Laufzorn entsteht daher ein ORC-Stromkraftwerk. Den Auftrag erhielt das Konsortium von Atlas Copco Energas GmbH und GMK, einem Unternehmen der Germania Technologieholding GmbH. Seit Herbst 2013 wird gebaut, die geplante Fertigstellung ist in der zweiten Jahreshälfte 2014.

Das Stromkraftwerk Laufzorn basiert auf der ORC-Technologie. ORC steht für Organic Rankine Cycle – bei diesem Verfahren werden Dampfturbinen mit einem anderen Arbeitsmittel als Wasserdampf betrieben. In Laufzorn wird Isobutan verwendet werden, ein umweltfreundliches, nicht toxisches Gas, das als Grundstoff in der Industrie bewährt ist.

Die Radialturbine ist für eine maximale Leistung von 4,3 MW ausgelegt, der Generator besitzt eine Nennleistung von 4,75 MVA. Die verstellbare Düseneinstellung der Turbinen garantiert einen hohen Wirkungsgrad auch bei unterschiedlichen Umgebungstemperaturen und Thermalwasser-Massenströmen.

Die EWG hat großen Wert auf die Wirtschaftlichkeit der Anlage gelegt. Das ORC-Kraftwerk wird besonders effizient Strom produzieren – die wesentliche Voraussetzung dafür, um dauerhaft Stromerlöse zu erwirtschaften.

Grundlage für die Einspeisung geothermisch erzeugten Stroms ins öffentliche Stromnetz und die dabei erzielten Stromerlöse ist das geltende EEG (Erneuerbare-Energien-Gesetz). Eine hochentwickelte Gesellschaft wie die unsrige wird immer einen hohen Bedarf an Energie haben. Es wird daher immer einen Markt für regenerativ erzeugten Strom geben.

Die EWG beobachtet die Entwicklung genau, um auf Dauer die bestmögliche Nutzung der Geothermiequelle Laufzorn zu gewährleisten.

Erdwärme Grünwald – Projekthistorie

März 2006	Energievision des Landkreises München
In Folge	Gespräche zu möglichen Kooperationen mit vorh. Geothermieprojekten, Machbarkeitsstudien
Frühjahr 2008	Bürgerbefragung zur Bereitschaft, auf regenerative Energieträger zu wechseln: 90 % der Antworten sprechen sich dafür aus.

8. Oktober 2008	Gemeinde Grünwald übernimmt Geothermie-Unternehmen Astherm GmbH zu 100 %, inkl. Claim, Grundstück und Bohrrecht. D.h. eigene Geothermiequelle in Oberhaching, Ortsteil Laufzorn.
Ab Herbst 2009	Bohrbeginn der Dublettenbohrung: Produktionsbohrung 4083 Meter, Injektionsbohrung 4453 Meter
Juni 2010	Fündig: Temperatur 128–130 Grad Celsius, Schüttung 140 Liter/sec.
August 2010	Baubeginn Fernwärmenetz: von Laufzorn bis zum Rathaus
April 2011	Baubeginn des Geothermie-Heizwerks Laufzorn
Oktober 2011	Start Fernwärmelieferung, erster Kunde Struwwelpeter-Kindergarten Vorlauftemperatur ca. 120 Grad C, Rücklauftemperatur ca. 55 Grad C
Dezember 2011	Abschluss 1. Bauabschnitt Fernwärmenetz bis zur Bavaria Film sowie erster Nachverdichtungen
März 2012	Bekanntgabe Wärmeverbund mit Unterhaching
Juni 2012	Bavaria Film an Geothermie angeschlossen – als erstes Studiogelände in Deutschland: Fernwärmeleistung ca. 10 MW. Start Leitungsbau 5,3 km zwischen Bohrlöchern Laufzorn und Unterhaching
Nov/Dez 2012	Fertigstellung von Verbundleitung, Geothermie-Heizwerk Laufzorn, Haupttrasse (Ringschluss) inkl. Ostspange sowie dem Redundanz-Heizwerk Nord bei Bavaria Film
11. April 2013	Start der Wärmelieferung an Unterhaching, Wärmeleistung bis zu 20 MW
Oktober 2013	Ersatz der Interimstiefenpumpe durch die finale Tiefenpumpe. Die neue Pumpe hat eine maximale Leistung von 1,35 MWel, liefert maximal 1800 PS und fördert bis zu 160 Liter Thermalwasser pro Sekunde. Die Pumpe der neuesten Generation ist rund 33 Meter lang und wurde in 730 Meter Tiefe im Produktionsbohrloch befestigt.
Oktober 2013	Baubeginn des ORC-Stromkraftwerks Laufzorn; Fertigstellung für die zweite Jahreshälfte 2014 geplant, elektrische Leistung gesamt 4 MW
Mitte Dezember 2013	Der Landkreis München verleiht den Energiepreis in der Kategorie „Gemeinden, öffentliche Einrichtungen und Gesellschaften" an den Wärmeverbund der beiden Kommunalunternehmen Erdwärme Grünwald GmbH (EWG) und Geothermie Unterhaching GmbH & Co KG (GUH).
Seit 1. Januar 2014	Die Geothermiegesellschaften der beiden Gemeinden Grünwald und Unterhaching vertiefen ihre erfolgreiche interkommunale

	Zusammenarbeit: Mit wirtschaftlicher Wirkung zum 1. Januar 2014 beteiligt sich die Erdwärme Grünwald GmbH (EWG) zu 50 % an der Geothermie Unterhaching Produktions-GmbH & Co. KG und deren Komplementärin, der Geothermie Unterhaching Produktions-Beteiligungs-GmbH.
Geplant 2. Jahresh. 2014	Inbetriebnahme des Geothermie ORC-Stromkraftwerks in Laufzorn

23.3 Fazit

Das Geothermie-Projekt der Erdwärme Grünwald zeigt: Professionelle Planung, Sachverstand und Qualität in allen Projektbereichen sorgen für einen erfolgreichen Projektverlauf. Die wesentlichen Erfolgsfaktoren sind die Fündigkeit der Bohrung, ein sorgsam geplantes und realisiertes Fernwärmenetz, sicher und verlässlich funktionierende Energieerzeugungsanlagen sowie die intensive Kommunikation mit Bürgerinnen, Bürgern und Unternehmen zu Wärmeverträgen, Hausanschlussstationen und allen Fragen rund um die Geothermie. Die Erdwärme Grünwald hat seit Herbst 2008 ein ebenso breites wie tiefes Know-how aufgebaut. In der Zusammenarbeit mit qualifizierten Dienstleistern und Beratern ist so ein Geothermie-Projekt entstanden, das Vorbildcharakter für die Energiewende in Bayern – und darüber hinaus – hat.

Stefan Rothörl
Geschäftsführer der Erdwärme Grünwald GmbH
6. Juni 2014

Kommunikation und Akzeptanz 24

Markus Frey

Inhaltsverzeichnis

Zusammenfassung

Trotz ihrer unbestreitbaren Potenziale sehen sich Tiefe Geothermieprojekte einer zunehmend kritischen Öffentlichkeit gegenüber. Die Einstellung vieler Menschen ist ge-

M.A. Markus Frey (✉)
CBM GmbH, Bexbach, Deutschland
e-mail: frey@cbm-ac.de

M. Bauer et al. (Hrsg.), *Handbuch Tiefe Geothermie*, DOI 10.1007/978-3-642-54511-5_24,

prägt durch Angst vor seismischen Ereignissen und schwer einschätzbaren Risiken. Als Erfolg versprechend zur Steigerung der Akzeptanz haben sich neben umfassender, frühzeitiger und ehrlicher Kommunikation insbesondere Formen der direkten Bürgerbeteiligung und offene Dialoge über Chancen und Risiken Tiefer Geothermie erwiesen. Auch die Nutzung von Social Media kann neue Zielgruppen erschließen und die bewährten PR-Instrumentarien sinnvoll ergänzen.

Schlüsselwörter
Tiefe Geothermie • Akzeptanz • Risikokommunikation • Medienarbeit 2.0

24.1 Einleitung

„Jede Tiefe Geothermie Bohrung sollte als Experiment betrachtet werden" (Prof. Giardini, ETH Zürich), „die Angst vor Beben lässt sich nur durch problemlos laufende Anlagen überwinden" (Prof. Rybach, ETH Zürich). „Geothermie – wichtiges Kriterium beim Wohnungskauf" (DEAL Magazin, Ausgabe Oktober 2012). Aussagen, die das Thema Geothermie kaum widersprüchlicher darstellen könnten, die aber in ihrer Gegensätzlichkeit zwei wesentliche Themen auf den Punkt bringen: zum einen die nicht gelösten technischen Unwägbarkeiten der Geothermie, andererseits die wachsende Nachfrage von Projektentwicklern großstädtischer Wohnanlagen nach umweltfreundlicher Energieversorgung auf Basis von Erdwärme. Tiefe Geothermie Anlagen im großtechnischen Maßstab sind aufgrund ihrer mehrjährigen Projektdauer nicht nur auf verlässliche Rahmenbedingungen angewiesen, mindestens ebenso wichtig ist die Akzeptanz der Öffentlichkeit. Denn im Gegensatz zu anderen erneuerbaren Energieformen wie Windkraft und Photovoltaik ist bei Tiefer Geothermie auch während der Betriebsphase die Möglichkeit von Störungen gegeben, die die Öffentlichkeit in erheblichem Umfang tangieren. In der Vergangenheit haben Investoren die Bedeutung transparenter Kommunikation mit Medien und Öffentlichkeit unterschätzt. Unter dem Eindruck einer wachsenden öffentlichen Skepsis ist ein Bewusstseinswandel auf Seiten der Investoren notwendig, um das vorhandene Potenzial Tiefer Geothermie ausschöpfen zu können.

In seiner Prognose zum Ausbau der Erneuerbare Energie Branche für Deutschland geht der Bundesverband Erneuerbare Energie noch im Jahr 2009 aufgrund „der guten Rahmenbedingungen" davon aus, dass der Ausbau der tiefen Geothermie zur Strom- und Wärmeerzeugung in den nächsten Jahren einen starken Aufschwung erleben wird: „Die installierte Leistung wird sich in den nächsten Jahren vervielfachen und bis zum Jahr 2020 auf über 600 MW ansteigen". Die Internationale Energieagentur (IEA) erwartet, dass sich die Erzeugung geothermal erzeugter Elektrizität bis zum Jahr 2050 verzehnfachen lässt. Das entspräche im Idealfall einem Anteil von 3,5 Prozent der weltweit benötigten Elektrizität (Agentur für erneuerbare Energien 2012a).

24.2 Verhalten und Einstellung zu Tiefer Geothermie

Die Skepsis und Vorbehalte gegenüber Tiefer Geothermie in der medialen Berichterstattung stehen durchaus im Widerspruch zu jüngsten Umfrageergebnissen über die Einstellung der deutschen Bevölkerung gegenüber Erneuerbaren Energien.

In einer Umfrage von TNS Emnid aus dem Jahr 2013 (siehe Abb. 24.1) gaben 93 % der Befragten an, dass sie den verstärkten Ausbau der Erneuerbaren Energien für wichtig, sehr wichtig oder außerordentlich wichtig halten. Besonders aufschlussreich ist die Antwort auf die Frage nach der Zustimmung zu Erneuerbaren Energieanlagen in der Umgebung des eigenen Wohnortes. Hier zeigt sich, dass die Akzeptanz Tiefer Geothermie bei Menschen ohne persönliche Vorerfahrung mit der Technologie lediglich 33 % beträgt. Mit Vorerfahrung steigt die Akzeptanz auf 60 %. Damit liegt Geothermie deutlich hinter Erneuerbaren Energien wie Solar (72 % Zustimmung bzw. 78 % mit Vorerfahrung) und Windenergie (59 % bzw. 70 % mit Vorerfahrung). Sogar die Energieerzeugung auf Basis von Biomasse liegt mit einem Zustimmungswert von 39 % deutlich vor der Geothermie. Symptomatisch ist dennoch, dass sich mit dem Grad der Vorerfahrung bzw. des Vorwissens über die Technologie der Akzeptanzwert nahezu verdoppelt. Die Ergebnisse liefern für die Bewertung der bisherigen Kommunikation Tiefer Geothermie-Projekte wertvolle Ansatzpunkte. In einer Infratest-Umfrage aus dem Jahr 2012 gaben 73 % der Befragten darüber hinaus an, dass sie trotz der aktuellen Debatte um die Kosten der Energiewende den Umweltschutz weiterhin für das wichtigste oder zweitwichtigste Kriterium der politischen Entscheidungen zur Energiepolitik halten. Doch klaffen zwischen persönlichem Bekenntnis und deren Umsetzung im persönlichen Umfeld noch immer große Lücken: die überwiegende Mehrheit der Bevölkerung bezieht nach wie vor keinen Ökostrom. Hier wirken „Erkenntnisse aus der Umweltpsychologie, wonach umweltrelevantes Handeln nicht allein durch die Einstellung beeinflusst wird" (Renews Spezial, November 2012, S. 9). Eine Erkenntnis, die bei der Betrachtung der Kommunikation Tiefer Geothermie von besonderer Bedeutung ist.

Die Beliebtheit erneuerbarer Energieformen kann nicht darüber hinweg täuschen, dass sie nicht gleich bedeutend ist mit der Akzeptanz einzelner Projekte, insbesondere wenn diese im näheren Lebensumfeld der Menschen umgesetzt werden sollen. Das gilt im Besonderen für Tiefe Geothermieprojekte, wo immer wieder zu beobachten ist, dass sich trotz Kommunikation von Betreibern und Investoren vor Ort die Akzeptanz innerhalb der Bevölkerung nicht einstellen will, bisweilen der Widerstand im Verlauf des Projektes sogar zunimmt (Beispiel Brühl). Allzu schnell wird in solchen Fällen der sog. NIMBY-Effekt („Not in my backyard") bemüht (Renews Spezial, November 2012, S. 12). Doch Untersuchungen der Forschungsgruppe Umweltpsychologie der Otto-von-Guericke-Universität Magdeburg zeigen, dass die Zustimmung zu Erneuerbaren Energien und die gleichzeitige Ablehnung von Anlagen im eigenen Lebensumfeld seltener als zunächst vermutet auftritt.

Vielmehr bedarf es bei der Einordnung von Widerständen gegenüber Tiefer Geothermie einer differenzierten Betrachtung: Danach ist eine Kombination aus einer allgemeinen positiven Technologiebewertung und einer negativen Bewertung des lokalen Projektes nur sehr selten anzutreffen. Hingegen zeigen aktuelle Tiefe Geothermieprojekte in Landau, In-

Abb. 24.1 Umfrage von TNS Emnid 2013 im Auftrag der Initiative Erneuerbare Energiewende Jetzt!

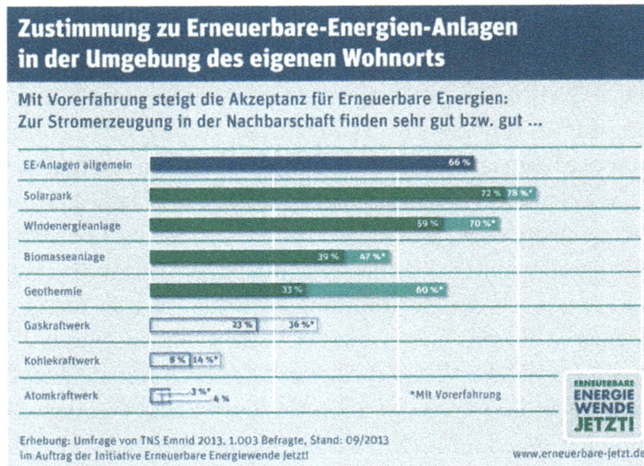

sheim oder Brühl eindeutige Anzeichen des sog. NIABY Phänomens („Not in anyones backyard"). Die allgemeine Ablehnung der Technologie durch die Gegner Tiefer Geothermie steht dabei in unmittelbarem Bezug zur völligen Ablehnung des lokalen Projekts. Was bei anderen erneuerbaren Energieformen eher selten anzutreffen ist, spielt bei der Tiefen Geothermie demnach eine durchaus wichtige Rolle. Negative Erfahrungen mit der anfangs positiv wahrgenommenen Technologie, wie etwa seismische Ereignisse in der Bohr- oder Betriebsphase, können bei Projekten Tiefer Geothermie zu jedem Zeitpunkt die Akzeptanz negativ beeinflussen. Insofern treten bei der Kommunikation Tiefer Geothermie spezifische Anforderungen in den Vordergrund, die als wesentliche Erfolgsparameter für eine dauerhafte und breite Akzeptanz wirken.

Bei der Vorhersagbarkeit der Einstellung von Menschen zu Erneuerbaren Energie kommen Phänomene zum Tragen, die in der Verhaltensforschung auch als „moralische Scheinheiligkeit" bezeichnet werden. Dazu ein Beispiel aus der Verhaltensforschung: Versuchspersonen hatten die Wahl für die Lösung von zwei Aufgaben entweder 30 Dollar oder nichts zu gewinnen. Sie sollten nun eine der beiden gestellten Aufgaben sich selbst und die andere einer zweiten Person zuordnen. Zuerst wurden sie befragt, ob es fair sei, sich selbst die 30-Dollar-Aufgabe und dem Anderen die Aufgabe ohne Gewinn zuzuweisen. Nur jeder zwanzigste der Versuchspersonen stimmte dieser Aussage zu – die große Mehrheit hatte die Einstellung, diese Handlung sei unfair. Im Nachgang konnten die Probanden die Aufgaben sich und einer anderen Person nach eigenem Gutdünken zuordnen. Wenig überraschend, dass jetzt die Mehrheit sich selbst die 30 Dollar-Aufgabe zuordnete. Ein klassischer Fall einer Diskrepanz zwischen realem Verhalten und der zuvor geäußerten Einstellung. Der Effekt tritt umso deutlicher zutage, je eher sich die Versuchsperson unbeobachtet fühlte, also keine Sanktionierung des eigenen Verhaltens durch Andere befürchten musste. Ähnliche Beobachtungen zeigen sich in Internet-Foren oder Weblogs, in denen Meinungsäußerungen zu Geothermie im Bewusstsein der vermeintlichen Anonymität meist drastischer ausfallen: „Wann wird dieser Geothermie-Irrsinn endlich verboten? Oder wie viele Städte möchte man aus kommerziellen Gründen noch beschädigen? Irgendwann muss doch auch mal bei den Verantwortlichen der gesunde Menschenverstand einsetzen …" (Blogeintrag GerKa69), „Ich kenne eine Geologin, die mir bis ins Detail erklärt hat, warum Geothermie nur sehr bedingt tauglich ist, … warum die Bohrfirmen maximal profitieren (hier werden normalerweise die Gemeinden saftig geschmiert)", http://suedcafe.sueddeutsche.de/jolandos (https://www.erneuerbare-jetzt.de/aktionen/akzeptanzumfrage-2013/; Agentur für erneuerbare Energien 2012a, b).

24.2.1 Annahmen zu Akzeptanzfaktoren Tiefer Geothermie (vgl. Arbeitsgemeinschaft 2008)

Es ist davon auszugehen, dass das Interesse und damit verbunden der Wissensstand der breiten Bevölkerung über Tiefe Geothermie mehr oder weniger rudimentär ist. In einer Befragung unter 21 Betreibern und Projektentwicklern aus dem Bereich Tiefe Geothermie (Freeden 2012) unterstellen diese zwar bei zwei Drittel der lokalen Bevölkerung ein hohes bzw. ein allgemeines Interesse an einem geplanten Geothermieprojekt in der unmittelbaren Nachbarschaft. Bei 23 % der lokalen Bevölkerung vermuten die Befragten hingegen ein Desinteresse. Dem steht nach persönlicher Einschätzung der Betreiber bei rund 80 % der Bevölkerung eine vorhandene passive Zustimmung gegenüber. Lediglich 12 % vermuten eine generelle Zustimmung zu Tiefer Geothermie, wohingegen man einem Drittel der lokalen Bevölkerung eine skeptische bzw. unentschiedene Haltung zum Thema Tiefe Geothermie unterstellt. Der üblicherweise hoch eingeschätzte NIMBY Effekt („Geothermie ja, aber nicht in meiner Nachbarschaft") spielt nach Einschätzung der Befragten angeblich bei lediglich 13 % der Betroffenen eine Rolle.

Interessant ist in diesem Zusammenhang das von den befragten Projektbetreibern eingeschätzte Wissen der Bevölkerung über Tiefe Geothermie: So vermutet man bei 52 % der Bevölkerung ein nicht vorhandenes Wissen, ein Grundwissen unterstellt man lediglich 29 %. Bei keinem Anwohner vermuten die Betreiber ein gutes bzw. sehr gutes Wissen über Tiefe Geothermie. Die Ergebnisse lassen erkennen, wie gering das Vertrauen der Projektbetreiber in die eigenen Informationen und die Aktivitäten zur Öffentlichkeitsarbeit sind. Noch immer ist eine strategische Kommunikation eher die Ausnahme denn die Regel. Denn vielfach steht Tiefe Geothermie noch immer unter der alleinigen Prämisse, einzig die technische Machbarkeit eines Projektes sei erfolgsentscheidend, die Belange der betroffenen Menschen spielen dagegen eine meist untergeordnete Rolle. Dabei ist unbestritten, dass die Akzeptanz der Betroffenen mit dem zunehmenden Wissen, auch über die mit Geothermie verbundenen Risiken, zunimmt.

Der immer wieder bemühte sogenannte NIMBY-Effekt („Not in my backyard"), wonach die grundsätzlich positive Einstellung zu ökologischer Energieerzeugung dann erlahmt, wenn diese in der Nähe des eigenen sozialen Lebensumfelds geplant ist, greift wohl zu kurz. Vielmehr zeigen jüngste Forschungsergebnisse (TIGER Projekt Tiefe Geothermie:

Kommunikation und Akzeptanz einer innovativen Technologie2012–2015, www.tiger-geothermie.de), dass die Akzeptanz von Geothermie-Projekten ebenso vom Alter und den Wohnverhältnissen abhängig ist: Hausbesitzer haben meist eine deutlich kritischere Einstellung als Mieter oder Besitzer von Eigentumswohnungen. Darüber hinaus zeigen Menschen in der Altersgruppe über 30 Jahre häufiger eine kritische Einstellung und haben gleichzeitig ein geringer ausgeprägtes Vertrauen in die Betreiber von Geothermieprojekten. Männer und Frauen weisen bei den genannten Ausprägungen keine wesentlichen Unterschiede auf, auch der Bildungsstand scheint nur von untergeordneter Bedeutung zu sein. Hingegen wirkt sich der Informationsstand eines Betroffenen zuungunsten eines Projektes aus, wenn mehr Nachteile als Vorteile mit dem Geothermieprojekt in Verbindung gebracht werden (Freeden 2012; TIGER 2012).

24.2.2 Bedeutung des wahrgenommenen Nutzens

Der persönlich wahrgenommene Nutzen Tiefer Geothermie scheint für Betroffene einer der wesentlichen Faktoren für deren Akzeptanz zu sein. Neben der Grundlastfähigkeit gehört dazu die Wertschöpfung vor Ort (Gewerbesteueraufkommen, Arbeitsplätze durch Neuansiedlung von Gewerbe), die CO_2-neutrale Erzeugung von Strom und Wärme, eine Teilkompensation des wegfallenden Atomstroms, aber auch die Versorgungssicherheit und der mögliche Verzicht auf den Ausbau des vorhandenen Stromnetzes. Daraus ergeben sich für Investoren von Anfang an ideale Ansatzpunkte zur Verbesserung der Akzeptanz, aus der sich im Idealfall ein Kundenverhältnis entwickeln kann, sofern neben der Stromproduktion auch die Auskoppelung von Fernwärme beabsichtigt ist. Gegner Tiefer Geothermie thematisieren hingen die aus ihrer Sicht unverhältnismäßig hohen Subventionen, den niedrigen Wirkungsgrad, der durch reine Stromerzeugung ohne Wärmeauskopplung zusätzlich gesenkt werde, und unterstellen den Einsatz von Atomstrom als Betriebsmittel. Darüber hinaus sei Tiefe Geothermie die mit Abstand teuerste regenerative Form der Energieerzeugung. Schließlich geben die von Gegnern geäußerten „undurchschaubaren Risiken" einen Hinweis auf den geringen Informationsstand und ein latent vorhandenes Misstrauen innerhalb der breiten Bevölkerung. Ergebnisse einer Online-Befragung im Rahmen des TIGER Projekts in Nordrhein-Westfalen konnten hingegen keinen unmittelbaren Zusammenhang zwischen dem persönlichen Wissensstand einer Person über Geothermie und deren Risikowahrnehmung belegen. Der Nutzen und die Vorteile Tiefer Geothermie werden grundsätzlich höher gewichtet als deren mögliche Risiken. Untersuchungen im süddeutschen Molassebecken zum gleichen Thema zeigen, dass ein besserer persönlicher Wissensstand über Geothermie durchaus mit einer höheren Zustimmung korreliert. Einerseits äußern zwar 73 % der Befragten, bereits von Geothermie gehört zu haben, doch nur die Hälfte der Befragten fühlt sich zum lokalen Projekt durch den Betreiber gut informiert. Ein deutlicher Hinweis an die Verantwortlichen, das Thema Kommunikation als wesentlichen Bestandteil eines Gesamtprojektes zu betrachten (TIGER 2012).

24.2.3 Risikowahrnehmung

Es ist unstrittig, dass die Risikowahrnehmung einen entscheidenden Faktor für die Akzeptanz Tiefer Geothermie darstellt. Risikotechnologien sind mit ausgeprägten Akzeptanzproblemen behaftet, wenn sich ein Katastrophenpotenzial durch vorhergegangene Störfälle (im Falle Tiefer Geothermie etwa durch unvorhergesehene Erderschütterungen während des Betriebs) bereits verfestigt hat. Die Wahrnehmung von Risiken unterscheidet sich je nach Zielgruppe und dem Grad der persönlichen Betroffenheit deutlich: der überwiegenden Mehrheit an indifferenten, also unentschiedenen oder gleichgültigen Betroffenen, stehen aktive Gegner und Betroffenheitsaktivisten gegenüber. Auch wenn Bürgerinitiativen meist eine deutliche Minderheit darstellen, so zeigt sich, dass es ihnen häufig gelingt, durch Zuspitzung oder Fokussierung auf besonders umstrittene aktuelle Themen (z. B. Fracking) eine mediale Aufmerksamkeit zu erreichen, die geeignet ist, aus zuvor neutralen Beobachtern Gegner oder zumindest kritisch eingestellte Beobachter zu machen. Dabei unterliegt die Risikoeinschätzung von Laien häufig intuitiven Bewertungen von vermeintlichen Risikosituationen. Deshalb kommt der Bedeutung von vertrauenswürdigen Informanten von Anfang an eine wesentliche Rolle zu. Da Unternehmensvertreter diese Rolle nur selten glaubhaft wahrnehmen können, ist es von Vorteil, insbesondere für die Außendarstellung einen unabhängigen Experten aus der Wissenschaft oder einen lokalen Sympathieträger zu gewinnen; nicht im Sinne einer gelenkten Kommunikation, sondern um dem Bedürfnis der Menschen nach persönlichem Austausch mit einem glaubhaften Meinungsführer nachzukommen. Gerade Kommunal- und Lokalpolitiker sind aufgrund ihrer vielfältigen Einflussmöglichkeiten auf politischer und kommunaler Ebene als Meinungsführer wichtige Einflussgrößen für Geothermiebetreiber. Medien, vor allem Lokalmedien, sind nicht in der Lage, die gesamte Bandbreite eines Geothermieprojekts zu vermitteln, sondern beschränken sich in der Regel auf die Nachrichtenfaktoren „Nähe“ und „Bedeutsamkeit“.

24.2.4 Risiko-Kommunikation Tiefe Geothermie: Vertrauen als Ergebnis von Positionierung und Transparenz

In Deutschland hat die Euphorie für Tiefe Geothermie durch einschneidende Ereignisse und Zwischenfälle einen bis heute nachwirkenden Rückschlag erlitten: Im rheinland-pfälzischen Landau wurde im August 2009 ein Beben der Stärke 2,7 registriert, die dem seit 2007 im Betrieb befindlichen Geothermiekraftwerk zugeschrieben wurde. Im Oberrheingraben sind aufgrund der geologischen Gegebenheiten natürliche Erdbeben der Stärke 3 und darüber keine Seltenheit. Dennoch ist mancherorts Geothermie zum Reizwort geworden, als Synonym für eine noch nicht beherrschbare Technologie, bei der technische Fehler, etwa in der Bohrphase, zu kaum beherrschbaren Langzeitfolgen führen können. Die in den Medien gestreute „Angst vor dem Bohrer“ (http://bit.ly/1dL3fF2) wirkt wie ein Menetekel für die gesamte Branche. Dennoch machen die Vorfälle in Landau, Staufen (oberflächennahe Geothermie) oder in Böblingen die durch die Medienberichterstattung bewirkte Veränderung der öffentlichen Meinung deutlich. Tiefe Geothermie wird von vielen Menschen inzwischen als Risikotechnologie wahrgenommen und entsprechend kritisch eingeschätzt.

Nach Baumgärtner hat diese Entwicklung mit dazu geführt, dass „Geothermie-PR heute zu einem wesentlichen Teil Risikokommunikation" (2010) ist. Baumgärtner sieht Risikokommunikation als „zielgerichteten Austausch von Informationen zwischen Unternehmen und Teilöffentlichkeiten oder Individuen, der vom Unternehmen ausgehende oder zu erwartende Risiken und die Diskussion von Risikoentscheidungen und ihren potentiellen Auswirkungen zum Inhalt hat, ferner die Vermittlungsleistung der Massenmedien zu Risikothemen sowie deren auf eigenen Thematisierungsleistungen basierenden spezifischen Kommunikationsbeiträge" (Baumgärtner 2010). Die Grenze zur Krisenkommunikation kann im Fall der Tiefen Geothermie als fließend bezeichnet werden: „Während Risikokommunikation lediglich theoretische Risiken klassifiziert, quantifiziert, analysiert und dies schließlich kommuniziert, beinhaltet Krisenkommunikation alle praktischen kommunikativen Gegenmaßnahmen zur Vermeidung, Schwächung und Beilegung bereits existenter,passierter' Krisen" (Ditges et al. 2008, S. 45 f.)

Trotz der in den zurückliegenden Jahren kaum systematisch betriebenen Kommunikation tiefer Geothermieprojekte gilt es festzustellen, dass sich aufgrund der eingetretenen Image schädigenden Vorfälle bei den verantwortlichen Projektbetreibern die Notwendigkeit einer kontinuierlichen Kommunikationsstrategie allmählich durchzusetzen beginnt. Es scheint naheliegend, im Fall der Tiefen Geothermie den eng gefassten Begriff der Public Relations durch den Begriff „Risikokommunikation" zu spezifizieren. Dabei wird gerne außer Acht gelassen, dass öffentlichkeitswirksame Aktivitäten von Institutionen per se das Risiko von Fehlentscheidungen oder Fehleinschätzungen in sich bergen, mithin Risikokommunikation inhärenter Bestandteil von Öffentlichkeitsarbeit ist. Geht man noch einen Schritt weiter und trifft im Zusammenhang mit der Kommunikation Tiefer Geothermie eine Unterscheidung zwischen Risiko und Krise, so ließe sich im Falle der durch den Betrieb, also letztlich auch durch menschliche Entscheidungen, mit ausgelösten Zwischenfälle wie etwa in Landau oder St. Gallen von Krisenkommunikation sprechen. Krisenkommunikation ist spätestens dann notwendig, wenn ein zuvor bekanntes oder unbekanntes Risiko eingetreten ist. Im Falle der Geothermie kommt erschwerend hinzu, dass unterschiedliche Akteursgruppen durchaus differierende Einschätzungen von Risikopotenzialen haben können. Als Beispiel mögen die mit induzierter Stimulation des Untergrundes einhergehenden Erderschütterungen dienen, die für Experten normaler Teil des Betriebsablaufs sind, aus Sicht von Laien und Betroffenen jedoch potenzielle Gefahren für Haus und Grund darstellen. Dass bei solchen und ähnlich emotional besetzten Themen sachliche Expertenmeinungen nicht geeignet sind, Befürchtungen und Ängste von Betroffenen zu zerstreuen, zeigen Podiumsdiskussionen mit sog. Experten immer wieder. Nach Ditges et al. (2008) verfolgt Krisenkommunikation das Ziel, „die Rolle des Entscheiders zu reduzieren und die nachträgliche Zuweisung der Rolle ‚Entscheider' zu verhindern", Schadensfälle also als mehr oder weniger unabänderlichen Zwischenfall einzuordnen. Eine solche Vorgehensweise ist geeignet, einen nachhaltigen Imageschaden bei gleichzeitigem Verlust an Glaubwürdigkeit zu provozieren.

Ein präventives Risikomanagement schließt im Zusammenhang mit Tiefer Geothermie ein, möglichst früh und lückenlos mögliche Risiken zu kommunizieren. Nach Wiedemann (2013) ist Risikowahrnehmung die Wahrnehmung der Mehrheit („Wir fürchten, was alle fürchten"). Gleichzeitig fehlt Menschen eine neutrale Einsicht in die Begrenzung des eigenen Wissens über mögliche Gefahren von Tiefer Geothermie (Tetlock et al. 2000). In letzter Konsequenz geht es bei der Kommunikation der Risiken Tiefer Geothermie um die Frage, ob ein „Risiko moralisch akzeptabel ist" (Wiedemann 2013): Demnach dürfen Unternehmen keinen „absichtlichen Schaden erzeugen (Schutz und Fürsorge), anderen Menschen keine Risiken aufbürden (Fairness). Gleichzeitig gilt aber: wer einen Nutzen anstrebt, darf auch ein Risiko eingehen (Nutzen anstreben)". Nach Wiedemann (2013) ist Risikokommunikation zwar ein „Gebot der Stunde", allerdings habe sie Grenzen. Das Bemühen, Akzeptanz herbeiführen zu wollen, führe eher zu Nichtakzeptanz. Entscheidend sei allein die Moral des Risikos. Nach Ditges et al. (2008, S. 49) sollte eine umfassende Risikokommunikation folgende Aspekte berücksichtigen:

Operative Risiken müssen fachlich analysiert, eingeschätzt und bewertet werden. Es geht darum, mögliche Ängste aller Beteiligten zu erkennen und in jedem Fall ernst zu nehmen. Entscheidend für den Erfolg von Risikokommunikation ist die Analyse der Situation durch den Blickwinkel von Laien. Hier passieren in der Regel entscheidende Fehler, wenn von Anfang an Experten versuchen, wahrgenommene Risiken zu banalisieren oder weg zu argumentieren. Gerade die Perspektive von Laien einzunehmen, fällt Unternehmen meist schwer, weil ihre technikorientierte Sprache nicht in der Lage ist, die Sichtweise von Betroffenen einzunehmen. Ein professionelles Issue Management sollte im Idealfall einen abgestimmten Kommunikationsplan umfassen, der im Ernstfall eine schnelle Reaktion ermöglicht. Das Bundesministerium des Innern hat einen ausführlichen Leitfaden für Behörden und Unternehmen zum Thema Krisenkommunikation entwickelt, aus dem sich wichtige Anregungen für die Entwicklung eines eigenen Krisenkommunikationsplans entnehmen lassen (http://www.bmi.bund.de/SharedDocs/Downloads/DE/Broschueren/2008/Krisenkommunikation.pdf?__blob=publicationFile; Baumgärtner 2010; Ditges et al. 2008; Tetlock et al. 2000; Wiedemann 2013).

24.3 Exkurs: Wahrnehmung von Ängsten in einer Krise

Trotz zunehmender Medienskepsis und zeitlich wie räumlich ungehindertem Zugang zu immer mehr Informationen vertrauen Menschen bei der Einschätzung von Gefahren durch Großtechnologien wie etwa der Tiefen Geothermie eher der Darstellung von Medien als den Informationen von Seiten der Betreiber. Dieser Effekt scheint umso ausgeprägter, je weniger fundiert das Wissen über Geothermie ist (vgl. Ditges et al. 2008, S. 52). Aktuelle Umfragen belegen indes, dass sich der Zustimmungsgrad zugunsten Erneuerbaren Energie-Anlagen wie Geothermie mit Vorerfahrungen der Betroffenen nahezu verdoppelt (Umfrage der deutschen Agentur für Erneuerbare Energien des deutschen Bundesverbandes BEE zur „Akzeptanz Erneuerbarer Energien in der deutschen Bevölkerung" 2012).

Menschen stellen an die Glaubwürdigkeit von Unternehmen deutlich höhere (moralische) Ansprüche als an medial vermittelte Informationen. Unternehmen werden allgemein weniger kritisch beurteilt, wenn sie „unwissentlich" Risiken eingehen. Versuchen sie jedoch, besonders abgewogen zu kommunizieren und das Risiko zu quantifizieren, wird das als unmoralisch bewertet (Viscusi 2000; Tetlock et al. 2000). Für eine glaubhafte Kommunikation ist es deshalb besonders wichtig zu wissen, wie Menschen Situationen wahrnehmen und wann sie Informationen als wichtig erachten. Für die Wahrnehmung von Risikosituationen und der sich daraus ergebenden Bewertung von Sachverhalten und Situationen können Erkenntnisse der Neurowissenschaft und der Split-Brain-Forschung nützliche Ansatzpunkte liefern: bei Menschen, bei denen aus Krankheitsgründen die Verbindung zwischen rechter und linker Gehirnhälfte nicht mehr funktioniert, hat man herausgefunden, dass die linke Gehirnhälfte bestrebt ist, eine schlüssige wirkende Begründung für eine Handlung zu finden, ob diese stimmt oder nicht (Nelting 2010, S. 320). Ähnliches gilt für die Wahrnehmung von Risiken: diese teilen sich meist in einen bewussten Begründungsteil (linke Gehirnhälfte) und einen unbewussten emotionalen Bedeutungsteil (rechte Gehirnhälfte) (Nelting 2010, S. 321).

Menschen identifizieren sich meist mit ihrem rationalen Bewusstsein. Doch spielt das Unterbewusstsein für die Verarbeitung von Erlebnissen und Informationen eine weitaus wichtigere Rolle: Das Bewusstsein urteilt zeitgebunden (Vergangenheit und Zukunft) und willentlich über Ereignisse, es setzt Ziele, bewertet Resultate und denkt abstrakt. Aufgrund seiner begrenzten Verarbeitungskapazität verweilen Informationen durchschnittlich nur etwa 20 Sekunden lang im Kurzzeitgedächtnis. Während der Verstand etwa 40 Informationseinheiten oder bis zu drei Tätigkeiten zur gleichen Zeit pro Sekunde steuern kann, agiert das Unterbewusstsein überwiegend gewohnheitsbezogen. Es wird dem Langzeit-Gedächtnis zugeordnet und agiert mehr oder minder zeitlos, indem es auf vergangene Lernerfahrungen, Einstellungen, Werte und Überzeugungen zurückgreift. Das Unterbewusstsein verfügt über eine durchschnittliche Verarbeitungskapazität von etwa 40 Millionen Informationseinheiten pro Sekunde.

Längst hat auch das Marketing Erkenntnisse der Neurowissenschaft für seine Zwecke adaptiert: Menschen entscheiden sich nicht auf Grundlage eines wohl strukturierten und abwägenden Prozesses für oder gegen ein Produkt. Vielmehr sind Emotionen für alle unsere Entscheidungen ein wesentlicher, ja entscheidender Impetus. Der Mythos der rationalen Steuerung von Entscheidungen gilt längst als überholt. Im limbischen System (eine Funktionseinheit des Gehirns, die der Verarbeitung von Emotionen und der Entstehung von Triebverhalten dient) unseres Gehirns ist eine Art „emotionale Landkarte" hinterlegt, die durch die Bedürfnisse „Stimulanz (Entdeckung), Dominanz (Verdrängung) und Balance (Stabilität)" gekennzeichnet ist. Die Ausprägungen der einzelnen Bedürfnisse sind bei jedem Menschen sehr individuell und von einer Vielzahl von Faktoren abhängig.

Werbebotschaften lassen sich, so die Erkenntnis des Neuromarketing, in ihrer Wirkung um das Zehnfache erhöhen, wenn es gelingt, zeitgleich Reize aus unterschiedlichen Kanälen zusammenzuführen (nach Dr. Häusel, Gruppe Nymphenburg Consult). Übertragen auf die Kommunikation von Technologien wie Tiefe Geothermie könnte dies bedeuten, dass eine allein auf rationaler Informationsvermittlung aufbauende Kommunikation nicht mehr genügt. Sie ist zweifellos unverzichtbarer Bestandteil einer auf Akzeptanz ausgerichteten Kommunikation, aber sie ist eher geeignet, die Bedürfnisse nach Stimulanz und Dominanz zu befriedigen und weniger dem Wunsch nach Stabilität (Balance) gerecht zu werden. Gerade das Bedürfnis nach Balance aber wird bei der Kommunikation von Risiken, wie etwa Erderschütterungen, in höchstem Maße außer Acht gelassen. Unvorhergesehene Zwischenfälle, wie etwa im Fall St. Gallen im Juli 2013 belegen, dass in solchen Fällen auch professionelle Kommunikation und perfekt umgesetzte Beteiligungsformen mit den Bürgern sehr schnell in Frage gestellt werden. Auch gut umgesetzte PR findet dort ihre Grenzen, wo „archaische Emotionalreaktionen" (Nelting 2010, S. 323) von Menschen im Spiel sind. Es gilt der Grundsatz: nicht der zu einer Katastrophe gemachte Störfall verstört Menschen, sondern was Medien darüber berichten. Es kommt also darauf an, aus welcher Quelle die Risikoinformation stammt. Gibt es für Kommunikationsverantwortliche einen Ausweg aus diesem Dilemma? Ein Zugang zur Lösung dieses Problems könnte u. a. darin bestehen, auch Erkenntnisse der Hirnforschung und der Psycholinguistik hinsichtlich Textverwendung mit den bewährten Instrumenten der PR zu verbinden (Nelting 2010; Limbic® Map: Die Welt der Emotionen und Werte auf einen Blick, http://www.nymphenburg.de/limbic-map.html).

24.4 Vertrauensvolle Kommunikation von Anfang an

Seit den Störfällen in Landau und dem dadurch ausgelösten medialen Stimmungswechsel gegenüber Tiefer Geothermie ist klar: Öffentlichkeitsarbeit für Tiefe Geothermie ist in erster Linie die Kommunikation von Risiken und wächst sich schnell zur Krisenkommunikation aus, wenn aus vermeintlichen Risiken echte Vorfälle werden. Auffallend ist, dass bis heute die wenigsten Betreiber und Investoren die unverzichtbare Notwendigkeit kontinuierlicher und professioneller kommunikativer Begleitung von Geothermieprojekten vom frühest möglichen Zeitpunkt an erkannt haben. Zu sehr scheint die Branche noch immer mit sich selbst und den vermeintlich wichtigen Themen wie Technologie und Finanzierung beschäftigt: „In Forschung und Praxis gilt es noch ‚Nüsse' zu knacken wie die Kontrolle seismischer Aktivitäten, die Verringerung des Fündigkeitsrisikos oder die Erschließung der petrothermalen Potenziale," so der Präsident des GtV-Bundesverbandes Geothermie, Waldemar Müller-Ruhe. Energiepolitisch motivierte Unsicherheiten bezüglich langfristiger Förderinstrumente tun ihr Übriges, um Kommunikation eher als lästiges Übel anzusehen. Erschwerend kommt hinzu, dass der Return of Investment in Maßnahmen der Öffentlichkeitsarbeit kurzfristig kaum messbar ist. Da das Selbstbild der Branche von Skepsis und Unsicherheit geprägt ist, können Medien bislang vor allem die Negativereignisse ungestört thematisieren. So stellt GtV-Präsident Müller-Ruhe fest: „Geothermieprojekte stellen uns auch vor eine gesellschaftliche Aufgabe. Verstehen wir Akzeptanz nicht als Fakt, sondern als Prozess des Gelingens".

Der Nachholbedarf für professionelle Kommunikation in der Branche scheint in der Tat erheblich zu sein: Eine Analyse der Agentur enerchange der für Geothermieprojekte eingesetzten Kommunikationsinstrumente aus dem Jahr 2010 ergab, dass für gerade 37 % aller untersuchten Projekte im Internet Informationen auffindbar waren, nur gut 50 % der Betreiber boten Informationsflyer als Informationsquelle an. Lediglich 30 % der Unternehmen hatten Informationsveranstaltungen durchgeführt und ganze 10 % boten die Gelegenheit zur Besichtigung einer Anlage.

Solange selbst in wissenschaftlichen Kreisen die Meinung vorherrscht, dass jede Tiefe Geothermiebohrung als Experiment betrachtet werden sollte (Prof. Giardini, ETH Zürich), hat Geothermie-PR in erster Linie die Aufgabe, zunächst ein Grundvertrauen in die Technologie und deren Vorteile herzustellen.

Innovationszyklen, wie sie die Solarbranche in nur wenigen Jahren durchlaufen hat, scheinen in der Geothermiebranche angesichts großer technischer Herausforderungen (Bohrtechnik, Pumpentechnologie, Verringerung des Fündigkeitsrisikos) ungleich schwerer und nur mittelfristig umsetzbar. Das erschwert die Einsicht von Betreibern in die Notwendigkeit, den Bürgern insbesondere die Chancen der Tiefen Geothermie zu vermitteln. Mit einer rein Technik getriebenen Kommunikation, etwa über geologische Gegebenheiten und Fündigkeitsrisiken, sind positive Emotionen bei Betroffenen kaum zu wecken. Und Einschätzungen, wie die des Vorstands eines führenden Bohrunternehmens, die Geothermie sei überhaupt nicht in der Lage, Erdbeben zu erzeugen, sind angesichts einer hoch sensibilisierten Öffentlichkeit geradezu fahrlässig. Entschließen sich Investoren und Projektbetreiber im Vorfeld eines Projektes, die Betroffenen mit öffentlichkeitswirksamen Bürgerveranstaltungen zu informieren, so sind dies oft opak anmutende Insidergespräche von Experten, bei denen die wirklichen Informationsbedürfnisse von Bürgern meist auf der Strecke bleiben. Fällt dann das Medienecho mehr oder weniger kritisch aus, beschränken sich die weiteren Informationsaktivitäten dann allzu oft auf die Einwegkommunikation in Richtung Medien. Informiert wird, wenn es nicht mehr zu vermeiden ist oder wenn durch geschicktes Agenda Setting von Bürgerinitiativen Reaktionen seitens der Investoren unvermeidlich sind. Gleichwohl beginnt sich die Erkenntnis durchzusetzen, dass Öffentlichkeitsarbeit – nicht als lästige Pflicht verstanden – die einzige Option darstellt, vertrauensbildende Effekte bei besonders kritisch eingestellten Zielgruppen zu erreichen. Umso wichtiger ist es, dass Investoren den PR-Part als selbstverständlichen Bestandteil einer Projektkalkulation berücksichtigen. Ein Anteil von 0,5 bis 1 Prozent am Gesamtbudget eines Geothermieprojekts scheint für eine unverzichtbare Professionalisierung im Sinn einer proaktiven und langfristig angelegten Kommunikation gegenüber der Öffentlichkeit durchaus angemessen (Brian 2013).

24.5 Akzeptabilität als Vorstufe gesellschaftlicher Akzeptanz?

Der Begriff der Akzeptanz wird in der wissenschaftlichen Literatur vielfach vereinfachend als „die positive Bewertung eines Akzeptanzobjektes durch ein Akzeptanzsubjekt" bezeichnet (vgl. Renews Spezial Nr. 60, S. 4). In Bezug auf die soziale Akzeptanz von Geothermieprojekten sind bislang kaum wissenschaftliche fundierte Untersuchungen verfügbar. Leucht (2010) hat erstmals das in den Medien vermittelte Meinungsbild in deutschen Printmedien auf Grundlage von 570 zwischen 1999 und 2009 veröffentlichten Artikeln ausgewertet. Danach stieg im Zeitraum zwischen 2007 und 2009 die Zahl der skeptischen bzw. negativen Artikel zum Thema Geothermie deutlich an. Als Auslöser mögen die Ereignisse in Staufen und die seismischen Ereignisse in Landau im Jahr 2009 dienen. Zweifellos ist das medial vermittelte Bild ein wesentlicher Aspekt der Bewertung, offen bleibt dabei aber, in welchem Umfang eine medial vermittelte Einstellungsveränderung zu Tiefer Geothermie sich unmittelbar auf die Einstellung sämtlicher Stakeholder übertragen lässt. Wie sich in der Medienanalyse zum umstrittenen Thema Carbon Capture and Storage (CCS) aus Sicht der Medienwirkungsforschung zeigt, kann eine Berichterstattung, die eher einen dramatisierenden Effekt anstrebt und weniger Wert auf Information und Aufklärung legt, durchaus negative Einflüsse auf die Meinungsbildung und damit die Akzeptanz der breiten Masse haben (vgl. Endbericht CCS 2008). Diese Erkenntnis ist durchaus übertragbar auf die Meinungsbildungsprozesse über Tiefe Geothermie. Die Wirkung von Medien wird insbesondere durch die Faktoren Inhalt (Tendenz der Argumentation), Kommunikator (Intention), Medium (Art der Kommunikation), aber auch durch die situativen Bedingungen (inhaltlicher Kontext) beeinflusst. Im Hinblick auf die Berichterstattung über Tiefe Geothermie lässt sich seit 2009 eine verstärkte Fokussierung auf die Risikoaspekte Tiefer Geothermie feststellen. Dabei fällt auf, dass regionale Medien eher dazu neigen, in ihrer Berichterstattung negative Aspekte hervorzuheben, während überregionale Wirtschaftspublikationen eher den Fokus auf deren energiewirtschaftliches Potenzial richten.

Unvorhergesehene Zwischenfälle, wie etwa das durch geothermische Bohrungen ausgelöste Erdbeben der Stärke 3,6 im schweizerischen St. Gallen (Juli 2013) lösen in den Medien dagegen fast reflexhaft Fragen nach der grundsätzlichen Beherrschbarkeit der Technologie aus. Im vorliegenden Fall zeigte sich aber ebenso, wie sinnhaft eine frühzeitige Einbindung der Bevölkerung durch Formen der partizipativen Bürgerbeteiligung in einem ergebnisoffenen Meinungsbildungsprozess ist. Dem kritischen Medienecho folgte auf Seiten der politisch Verantwortlichen neben kritischen Stimmen ein klares Bekenntnis zugunsten der Technologie, ohne dass Bürgerinitiativen und Interessengruppen die Deutungshoheit über Sinn und Risiken für sich beanspruchten, wie dies andernorts immer wieder der Fall ist.

Bemerkenswert ist, wie schnell sich Meinungen und Einstellungen der Öffentlichkeit, vor allem bei unmittelbar Betroffenen, unter dem Eindruck von negativen Botschaften verändern und verfestigen. Akzeptanzprozesse, allgemein als „Produkt von Kommunikationsprozessen" definiert, können als Zusammenspiel von Wissensbildung einerseits, der sich daraus ergebenden Meinungsbildung und einer sich anschließenden Entscheidungsbildung definiert werden (vgl. EIFER 2012, S. 76). Dabei ist es im Hinblick auf eine zielgruppengerechte Kommunikation erfolgsentscheidend, dass Stakeholder (z. B. Betroffene, Bürgerinitiativen, Politiker, Behörden) zu unterschiedlichen Zeitpunkten unter dem Einfluss unterschiedlicher Informationsquellen zu teilweise stark voneinander abweichenden Bewertungen gelangen können (Leucht 2010; EIFER 2012; Endbericht CCS 2008).

24.5.1 Aktive Bürgerbeteiligung

Das konventionelle Instrumentarium der Public Relations ist allein kaum in der Lage, Bedenken und die Wahrnehmung von Risiken unter betroffenen Bürgern zu kanalisieren. Aus diesen Erkenntnissen beginnt sich zunehmend eine Form des Stakeholder-Dialogs zu etablieren, der zum Ziel hat, die Bevölkerung aktiv und vor allem frühzeitig als wesentlichen Bestandteil der öffentlichen Diskussion einzubinden. Ablauf und Umsetzung eines solchen Verfahrens tragen Züge eines basisdemokratisch ausgehandelten Interessenausgleichs mit den Bürgern. Wesentlich für das Gelingen einer solchen Form der Bürgerbeteiligung ist es, sie zum richtigen Zeitpunkt mit den jeweils geeigneten Inhalten und Zielen sowie einer sorgsamen personellen Zusammensetzung anzubieten. Je eingehender im Vorfeld die spezifische Situation und Stimmungslage vor Ort erfasst wird, umso besser können Beteiligungsformen ihre vertrauensbildende Wirkung entfalten.

Die Stiftung Risiko-Dialog St. Gallen (www.risiko-dialog.ch) hat für diese Form des Bürgerdialogs drei aufeinander aufbauende Ebenen definiert, die es gleichrangig zu berücksichtigen gilt:

1. eine naturwissenschaftlich-technische Ebene, bei der es um die Abwägung von möglichen Risiken geht,
2. eine psychologische Ebene, die persönliche Erfahrungen und Ängste von Betroffenen zu Wort kommen lässt sowie
3. eine soziologische Betrachtung des Risikos, also wie eine Gesellschaft mit Risiken umgeht (vgl. Holenstein und Högg 2013, S. 11). Für den Ablauf eines glaubhaften Stakeholderdialogs haben sich laut Stiftung Risikodialog unabhängig vom Ziel eines Bürgerdialogs vier Prozess-Schritte als sinnvoll erwiesen (vgl. Holenstein und Högg 2013 S. 12 ff.):
   - die *Vorabklärung und Organisation* stellen sicher, dass alle beteiligten Dialogpartner im Vorfeld ihre Standpunkte und Erwartungen uneingeschränkt äußern können.
   - Der *Organisation* obliegt die zentrale Aufgabe, geeignete Teilnehmer für den Dialog zu ermitteln. Dafür ist möglichst eine von allen Partialinteressen unabhängige und neutrale Organisation einzubinden. Der Initiator eines Stakeholderdialogs (z. B. der Projektentwickler oder Investor) sollte daher darauf achten, dem neutralen Moderator freie Hand in der Vorbereitungs- und Konzeptionsphase zu lassen, um eine möglichst ausgewogene Zusammensetzung der Dialogparteien sicherzustellen und damit ein Höchstmaß an Glaubwürdigkeit zu vermitteln.

- Vor der eigentlichen *Durchführung* sind sämtliche Spielregeln der Veranstaltung abzusprechen: Rederecht, Protokoll und Verwertung der Ergebnisse sind festzulegen.
- Der *Nachbereitung* kommt eine ebenso wichtige Bedeutung zu. Entscheidet sich hier doch, ob und in welcher Form der aufgenommene Dialog fortgesetzt wird und wie mit den erzielten Ergebnissen oder Empfehlungen umgegangen wird. Verbleiben diese in der Hand des verantwortlichen Moderators oder gehen sie als Arbeitsauftrag an den Initiator des Dialogs über? In jedem Fall sollten fest gelegte Feedbackkanäle für interessierte Bürger aufrechterhalten werden, um dem Dialog nicht das Etikett einer Scheinlegitimation zu geben. Ein solcher Verdacht würde die Glaubwürdigkeit des Initiators nachhaltig, wenn nicht sogar dauerhaft, untergraben. Es gilt die Aussage von Alexander Schweitzer, Staatssekretär im rheinland-pfälzischen Wirtschafsministeriums aus dem Jahr 2010: „Gegen den Willen der Menschen wird es keine weiteren Kraftwerke geben können." Stakeholderdialoge in der geschilderten Form stellen demnach eine sinnvolle Form des kritischen Dialogs zwischen dem Anspruch technischer Machbarkeit, wirtschaftlichen Interessen von Betreibern und dem Ziel gesellschaftlicher Akzeptanz dar.

Insgesamt verlangt diese Form der Bürgerbeteiligung vom Dialogmoderator ein hohes Maß an Kompetenz, Professionalität und Neutralität. Derzeit gibt es keine andere interaktive Form der Kommunikation, die geeigneter wäre, sachliche, technische und emotionale Dimensionen eines Geothermieprojekts mit einvernehmlichen Spielregeln im öffentlichen Raum zu diskutieren (Holenstein und Högg 2013).

24.5.2 Regionale Wertschöpfung als möglicher Baustein zur Verbesserung der Akzeptanz Tiefer Geothermie?

Bislang berufen sich die Gegner Tiefer Geothermie in erster Linie auf die Gefahr seismischer Ereignisse, die mit dem Betrieb von Geothermieanlagen verbunden sein können. Dieser Gesichtspunkt ist und bleibt zentral, wenn es um die Erstellung eines adäquaten Kommunikationskonzeptes geht. Weiterer wichtiger Kritikpunkt ist aus Sicht von Skeptikern die Auslegung eines Kraftwerks zur reinen Stromerzeugung. Aber auch die Auskoppelung von Wärme über Fernwärmenetze ist nicht in jedem Fall möglich, weil die Investitionskosten zum Bau von Fernwärmeanlagen von rund 1 Mio. Euro je Anschlusskilometer betragen und Investitionen in einer solchen Größenordnung nur bei einer entsprechenden Anschlussdichte von Fernwärmekunden wirtschaftlich darstellbar sind. Zudem fällt es der Fernwärme schwer, Bestandskunden von einem vorhandenen Energieträger wie Öl oder Erdgas zu verdrängen.

Die Kritik gegenüber der Erzeugung von Strom bezieht sich einerseits auf den relativ niedrigen Wirkungsgrad von 10 % elektrischer Leistung. Der Vorwurf: bei geothermischen Anlagen bestehe eine große Diskrepanz zwischen abgebauter geothermischer Energie und daraus gewinnbarer elektrischer Energie (Bruttowirkungsgrad). (Der Eigenbedarf von Geothermieanlagen liegt aufgrund des hohen Eigenverbrauchs bei ca. 30 % der produzierten Strommenge. Sinkt bei der geothermischen Stromerzeugung die Temperatur des Mediums auf ca. 50 °C, kann die Abwärme aus dem Stromerzeugungsprozess nicht mehr für Fernwärme genutzt werden).

Kombinierte Wirkungsgrade bei Kraft-Wärme-Kopplung (KWK) auf Basis Tiefer Geothermie liegen bei ca. 25 %. Bei reiner Wärmenutzung mit Verzicht auf Stromerzeugung könnten deutlich höhere Wirkungsgrade erreicht werden. (Zum Vergleich: Herkömmliche KWK-Anlagen erreichen Gesamtwirkungsgrade von max. 90 %).

Dazu schreibt das TAB: „Das technische Gesamtpotenzial zur geothermischen Stromerzeugung liegt bei ca. 1200 Exa Joule (etwa 300.000 TWh), was etwa dem 600-fachen des deutschen Jahresstrombedarfes von ca. 2 Exa Joule entspricht. 95 % des Potenzials entfallen auf kristalline Gesteine, 4 % auf Störungszonen und etwa 1 % auf Heißwasser-Aquifere. Das zusätzliche Potenzial an thermischer Energie (Wärme bei KWK-Nutzung) beträgt etwa das 1,5-fache des Strompotenzials, wenn keine Wärmepumpen eingesetzt werden, bzw. das 2,5fache, wenn Wärmepumpen verwendet werden … Eine wirtschaftliche geothermische Stromerzeugung kann voraussichtlich nur mit KWK erreicht werden. Damit wird die potenzielle Wärmenachfrage zum wesentlichen Hemmschuh. Denn selbst das Ersetzen ausnahmslos aller bestehenden Fernwärmeheiz(kraft-)werke erlaubt, wie geschildert, lediglich eine geothermische Stromproduktion in KWK von 2 % der Bruttostromerzeugung Deutschlands“ (Paschen et al. 2003). Dennoch kommt das TAB zum Ergebnis, dass Geothermie einen substanziellen Beitrag zum Klimaschutz leisten könnte. Sie sei grundsätzlich zur Deckung der Grundlast geeignet (Paschen et al. 2003).

24.5.3 Power-to-Gas (EE-Gas)

Der Begriff Power-to-Gas steht für ein Konzept, bei dem überschüssiger (regenerativ erzeugter) Strom dazu verwendet wird, per Wasserelektrolyse Wasserstoff zu produzieren und bei Bedarf in einem zweiten Schritt unter Verwendung von Kohlenstoffdioxid (CO_2) in synthetisches Methan umzuwandeln. Als Speicher für dieses Methan und bis zu einem gewissen Volumenanteil auch des elementaren Wasserstoffs könnte die bestehende Erdgasinfrastruktur, also das vorhandene Gasnetz mit den angeschlossenen Untertagespeichern, verwendet werden (Definition Wikipedia: „Power-to-Gas“).

In der Online Ausgabe des ManagerMagazins vom 26. März 2012 wird Power-to-Gas als neue Technologie bezeichnet, deren Modell bestechend einfach klinge, da in den 450.000 Kilometer langen Gasleitungen und etwa 47 Erdgasspeichern in Deutschland schon heute Platz für 23,5 Milliarden Kubikmeter (m^3) Gas sei, der sich bis 2025 durch Erweiterungen und Neubauten auf 32,5 Milliarden m^3 erhöhen soll. Bislang wird der Begriff „Windgas“ lediglich in Zusammenhang mit der Nutzung von Strom aus Windkraftanlagen genutzt, die bei einem Überschuss an Windstrom überschüssige Mengen Strom zur Erzeugung von synthetischem Methan einsetzen.

Hier könnte sich ein Ansatz für die Kommunikation von Geothermie vor dem Hintergrund der bislang kritisierten fehlenden regionalen bzw. lokalen Wertschöpfung ergeben. Die Unterstellung, Lärm und die Gefahr seismischer Ereignisse würden einzig zu Lasten der Bevölkerung vor Ort gehen, während der erzeugte Strom in das Netz großer Versorger eingespeist würde, lässt sich kommunikativ nur schwer entkräften. Ein wichtiger Ansatzpunkt bietet unter diesem Gesichtspunkt daher die Betrachtung potenzieller Optionen, eine regionale Wertschöpfungskette bei der Nutzung Tiefer Geothermie zu entwickeln.

Eine Option könnte die lokale Erzeugung von künstlichem Methangas, also Methan auf Basis regenerativ erzeugten Stroms, z. B. aus einer Geothermieanlage sein.

Insgesamt ist die Erzeugung von synthetischem Methan ein endothermer Vorgang, benötigt also Energie. Diese Energie wird in Form von Strom aus regenerativen Quellen (z. B. Geothermie) zugeführt. So erhält man „künstliches Erdgas“, das mit der bestehenden, ausgereiften und gut funktionierenden Erdgas-Technologie genutzt werden kann. Hersteller von Premium-Automarken haben künstlich erzeugtes Methan inzwischen als Imageträger für neue Erdgasfahrzeuge entdeckt. Der Autohersteller Audi hat die weltweit größte Power-to-Gaz-Anlage errichten lassen, mit der jährlich rund 1000 Tonnen synthetisches Methan hergestellt und in das Erdgasnetz eingespeist werden. Die Zutaten dazu: Ökostrom, Wasser und Kohlendioxid (CO_2), das aus einer benachbarten Biogasanlage stammt (siehe auch http://bit.ly/1bJO5yw).

Mit der lokalen Erzeugung von „Geo-Methan“ auf Grundlage von geothermal erzeugtem Strom könnte eine lokale Wertschöpfungskette in Gang gesetzt werden, die umweltrelevante und regional-ökonomische Gesichtspunkte vereint (siehe Abb. 24.2). Zum einen könnte das aus geothermal erzeugtem Strom produzierte Methan in das bestehende Erdgasnetz eingespeist werden und als Brennstoff zur Wärmeerzeugung oder als industrielles Prozessgas bzw. als Kraftstoff für Erdgasfahrzeuge eingesetzt werden. Um den Absatz von Erdgas als Kraftstoff zu steigern, könnten Gemeinden bzw. Stadtwerke Car-Sharing Angebote zusammen mit regionalen Anbietern vor Ort initiieren, die vor allem auf Erdgas-Fahrzeuge setzen. Da bei der Erzeugung von „Geo-Methan“ auch klimaschädliches CO_2 (z. B. aus Biogasanlagen) eingesetzt wird, ergibt sich zugleich ein weiterer klimaschonender Effekt, der das Image geothermal erzeugten Stroms weiter aufwerten könnte. Welche Ausstrahlungswirkung Bemühungen zum regionalen Klimaschutz haben können, zeigt der Wettbewerb „Kommunaler Klimaschutz“. Hier engagieren sich Landkreise wie St. Wendel (bit.ly/18ep632) oder Cochem-Zell mit breiter öffentlicher Akzeptanz, um langfristig das Ziel eines Null-Emissions-Landkreises zu erreichen. Die Projektziele Klimaschutz durch die Reduzierung von Treibhausgasen, die Erhöhung der regionalen Wertschöpfung sowie die Stärkung der regionalen Identität durch nachhaltige regionale Kreisläufe lassen sich als Kernbotschaften durchaus auf die Kommunikation Tiefer Geothermie als Bestandteil eines ländlichen Energiemix übertragen.

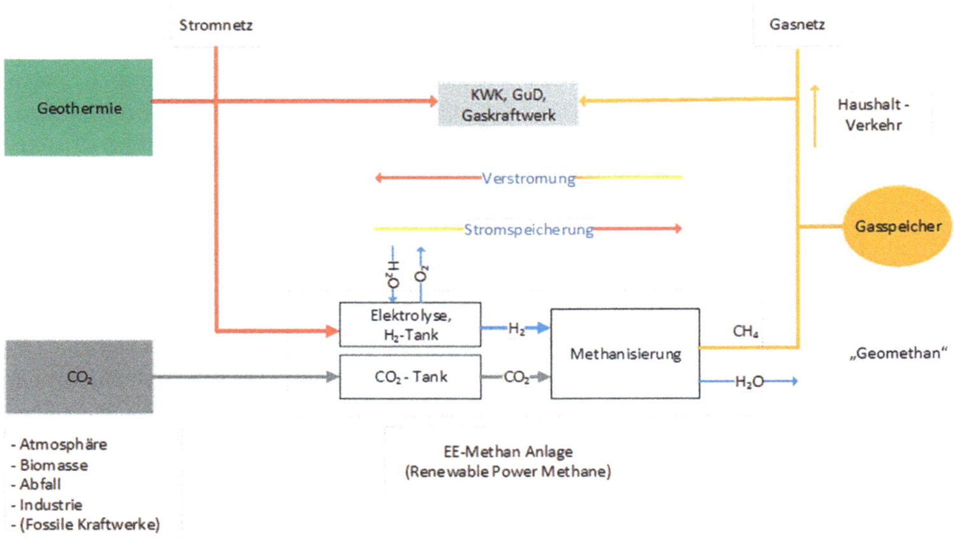

Abb. 24.2 Schema von geothermal erzeugtem Methan („Geomethan“)

24.5.4 Private Beteiligungsmodelle

Die Windkraftbranche hat es mit Erfolg vorgemacht: Privates Kapital fließt in den Bau und Betrieb von Windkraftanlagen, private und institutionelle Investoren profitieren von der Abnahmeverpflichtungen des erzeugten Stroms durch die Stromversorger und den damit verbundenen garantierten Einspeisevergütungen. Bislang werden Geothermieprojekte wegen erheblicher Investitionssummen meist von Banken und Entwicklungsgesellschaften bzw. privaten Großinvestoren finanziert. Ein neuer Ansatz könnte darin bestehen, Bürger vor Ort auch bei der Finanzierung von Geothermieanlagen als Privatinvestoren zu beteiligen. Bislang geschieht dies allerdings nach Aussage von Investmentgesellschaften noch sehr zurückhaltend. Die privaten Investoren stammen in der Regel aus dem gesamten Bundesgebiet, während potenzielle Anleger vor Ort in den meist ländlich geprägten Regionen das erhöhte Risiko solcher vermeintlich lukrativer Finanzbeteiligungen scheuen. Dabei sind die Grundvoraussetzungen gegeben: Der Gesetzgeber gewährleistet die vorrangige Abnahme des ökologischen Stroms aus Erdwärme durch die Energiekonzerne und Netzbetreiber. Zugleich garantiert er eine Einspeisevergütung von bis zu 25 Cent pro Kilowattstunde über einen Zeitraum von 20 Jahren. Geothermische Anlagen, die sowohl Wärme als auch Strom erzeugen, erhalten darüber hinaus Fördermittel aus dem Marktanreizprogramm. Erste Investmentgesellschaften bieten gezielt ökologische Anlagemöglichkeiten, darunter auch in Geothermie an (http://www.geokraftwerke.de). Wenn es gelingen würde, Privatinvestoren vor Ort für das Thema Geothermie zu gewinnen und sie auch pekuniär am Gewinn von Geothermieanlagen zu beteiligen, könnte das die Akzeptanz vor Ort langfristig erhöhen.

24.6 Medienarbeit 2.0: Neue Instrumente für die Öffentlichkeitsarbeit

Jüngste Erkenntnisse aus der PR-Forschung belegen die Notwendigkeit einer vertrauensbildenden Kommunikation, um die Voraussetzungen für die Akzeptanz von Geothermieprojekten von Anfang an zu schaffen. Gerade der geeignete Zeitpunkt für den Beginn von Kommunikationsmaßnahmen wird allzu oft von Investoren und Betreibern falsch eingeschätzt. Im Idealfall verfügen Betreiber bereits zu Beginn der Planungsphase über repräsentative Erhebungsdaten, die Aufschluss über die Einstellung, die Erwartung und das Wissen der Bevölkerung zu Geothermie geben. Auf Basis dieser Erkenntnisse lassen sich zielgruppenspezifische Kommunikationsmaßnahmen mit weitaus geringeren Streueffekten realisieren. So werden etwa in einer Gemeinde mit einem eher unterdurchschnittlichen Altersschnitt Social Media Angebote, Unternehmensblogs, RSS-Feeds, Facebook-Accounts des Betreibers die Zielgruppen eher erreichen als über die klassischen Printmedien.

Die Spielregeln und damit die Herausforderungen um die Aufmerksamkeit von Menschen haben sich in nur wenigen Jahren von der Allmacht der Print- sowie elektronischen Medien Fernsehen und Hörfunk dramatisch in Richtung Internet verschoben. Diesem Umstand müssen PR-Verantwortliche Rechnung tragen. Die Seh- und Hörgewohnheiten der Menschen, erst recht der sogenannten „Digital Natives", sind nicht mehr zielgruppenscharf abzugrenzen von den „Digital Immigrants" (laut Wikipedia werden Personen als **Digital Natives** bezeichnet, die mit digitalen Technologien wie Computern, dem Internet, Mobiltelefonen und MP3-Player aufgewachsen sind. **Digital Immigrants** hingegen sind Menschen, die diese Medien erst im Erwachsenenalter kennengelernt haben). Wer diese Gesetzmäßigkeiten als Medienverantwortlicher unterschlägt, läuft Gefahr, einen nicht unwesentlichen Teil seiner Informationen an wichtigen Zielgruppen vorbei zu verbreiten.

Die Tendenzen der Mediennutzung sind klar erkennbar: immer mehr digital natives verfügen über einen nahezu unbegrenzten Zugriff auf Informations- und Kommunikationskanäle, sie bestimmen Art und Umfang der Nutzung selber. Dies verringert im Umkehrschluss den Einfluss der klassischen Medien. Der Unterschied zwischen öffentlicher und veröffentlichter Meinung tritt immer offensichtlicher zutage. Die „Weisheit der Masse" wird wichtiger als das Wissen einzelner Experten. Menschen tauschen im geschützten Raum der Anonymität ihre Meinung weitaus offener aus, als dies über die konventionellen (Print)Medien möglich ist, neue Online-Tools ermöglichen es, quasi in Echtzeit selbst zum Content-Produzent zu werden. Somit wird jeder einzelne Nutzer wichtig, weil jede negative Meinung im Internet durchschnittlich 17 Mal weitergetragen wird, positive Meinungen hingegen nur etwa 11 Mal geteilt werden. Dieser Kontrollverlust birgt für PR-Verantwortliche Chance und Fluch zugleich: kritische Einzelstimmen im Internet, etwa über ein vermeintlich durch Geothermie ausgelöstes Erdbeben, können sich schnell und unkontrolliert zu einer Welle der Empörung hochschaukeln, die schwer kontrollierbar ist. Andererseits bieten die Social Media auch die Chance, im vielstimmigen Konzert der Meinungen als Unternehmen eigene Akzente durch sachliche Informationen auf Augenhöhe mit der Netz Community zu setzen.

Bislang spielt das Thema Social Media in der Öffentlichkeitsarbeit der Geothermiebetreiber nahezu keine Rolle. Das ist unter den gegebenen Umständen vernünftig, denn solange dem Thema keine strategische Bedeutung beigemessen wird, kann sich eine unmoderierte Facebook-Seite oder ein Twitter-Account eines Geothermiebetreibers schnell zur Zeitbombe entwickeln, wenn dahinter nicht mehr als eine „Me-too-Strategie" steckt. Es gilt zu definieren, wer welche Inhalte und zu welchem Zeitpunkt im Namen des Unternehmens kommunizieren darf, wenn etwa der Shit-Storm der Netzgemeinde oder einer Bürgerinitiative das lokale Geothermiekraftwerk in Frage stellt. Wo sind Fachinformationen für den Social Media Verantwortlichen auch außerhalb der Bürozeiten verfügbar? Schnell können sich Meinungen aus dem Netz zur eigenen Nachricht auch für Printmedien entwickeln. Denn auch die Print-Medien haben erkannt, dass Internetforen und Weblogs einen spezifischen Nachrichtenwert entwickeln können und die Möglichkeit schaffen, die eigene Zeitung „nah am Leser" zu produzieren. Wichtiger denn je ist es für Unternehmen deshalb, zu wissen, wie das eigene Handeln in der Medienwelt gesehen wird. Herkömmliche Presse-Clippings müssen ergänzt werden durch ein kontinuierliches Web-Monitoring (z. B. mit Google Blogsearch, Google Alert oder Technorati.com.), mit dessen Hilfe Veränderungen von Meinungstendenzen im Internet schnell identifiziert werden können. Dazu bedarf es im ersten Schritt nicht zwangsläufig der Etablierung eigener Social Media Kanäle, doch Web-Monitoring über Keywords in Google Alerts oder Blog Monitoring per RSS-Feed oder E-Mail werden zum Pflichtprogramm. Der Grund: Die Halbwertszeit eines kritischen Zeitungsartikels oder eines Hörfunkkommentars ist relativ kurz, ein negativer Kommentar in einem Weblog hingegen ist, mit einer festen URL-Adresse versehen, praktisch unbegrenzt im Netz verfügbar und über Suchmaschinen recherchierbar. Es gilt in jedem Fall abzuwägen, ob eine Reaktion auf einen kritischen Kommentar in Internet-Blogs in jedem Fall wirklich sinnvoll ist. Wo ein sachlicher Diskurs mit einem Blogger jedoch sinnhaft scheint, sollte ein Unternehmen den Dialog nicht scheuen.

Die Erfahrungen zeigen, dass sich Störfälle im großtechnischen Bereich häufig außerhalb der üblichen Arbeitszeiten ereignen. Es gibt für PR-Verantwortliche kaum etwas Unangenehmeres, als von einem schwerwiegenden Vorfall kalt erwischt zu werden. Die kurzfristige Reaktion auf solche Ereignisse ist unverzichtbar, mindestens ebenso wichtig ist hingegen, für mögliche unerwartete Ereignisse im Betriebsablauf einer Geothermieanlage präventiv Kommunikationsbausteine zu entwickeln, die im Bedarfsfall nicht erst unter Zeitdruck erstellt und abgestimmt werden müssen. Dem neuen Verständnis von PR 2.0 liegt die Vorstellung zugrunde, sich „von der Idee zu verabschieden, man müsse als Unternehmen auf eine Frage stets eine vollständige Antwort haben. Es passt viel eher zur Natur des Social Web, wenn ein Unternehmen sichtbar macht, wie es zur Antwort gelangt. Das mag im Einzelfall riskant sein oder aus rechtlichen Gründen auch nicht möglich, aber es ist eine Möglichkeit, sowohl Journalisten als auch den Bezugsgruppen im Social Web transparent zu machen, wie ein Unternehmen ‚denkt'. Diese Transparenz kann Wunder bewirken" (vgl. Schindler und Liller 2011, S. 72 ff.).

Die sich verändernden Anforderungen an die Kommunikation Tiefer Geothermie machen die klassische PR und Medienarbeit keineswegs überflüssig. Kommunikation 2.0

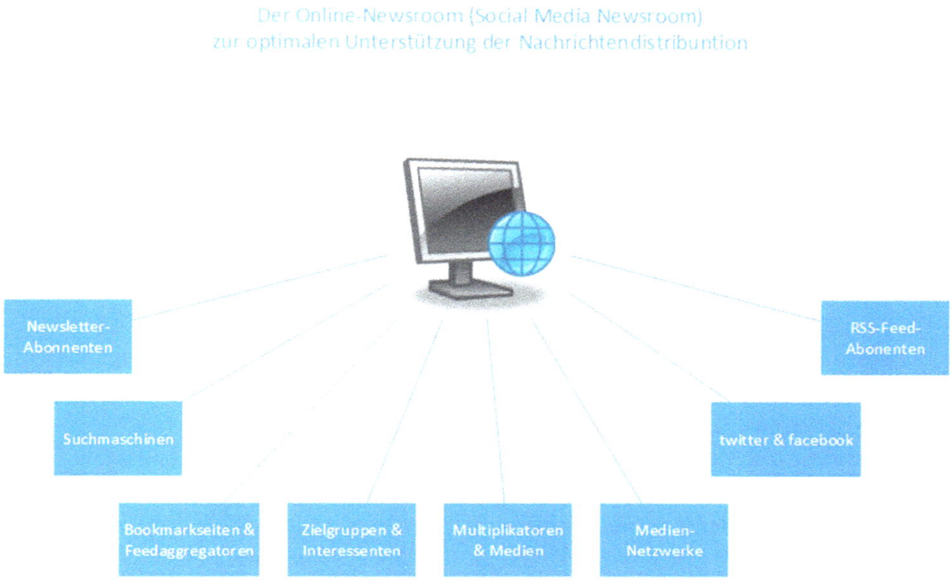

Abb. 24.3 Bestandteile eines Online-Newsrooms für die Nachrichtendistribution

macht aber eine Erweiterung des Berufsbildes notwendig. Um Agenda Setting im Sinne eines proaktiven Handelns betreiben zu können, bedarf es Spezialisten, die die gezielte und strategische Platzierung von Inhalten auf relevanten und gut frequentierten Websites und Portalen sicherstellen. Diese sog. Seeding Specialists laden nicht nur Medieninhalte auf Plattformen hoch, sie sorgen dafür, dass gleichzeitig Botschaften auf dem vernetzten Social Media Kanal gesetzt werden. Das Ziel ist dabei, thematisch relevante Inhalte möglichst genau zu platzieren, um damit einen viralen Streueffekt auszulösen (siehe auch Abb. 24.3). Der Form der Medieninhalte sind dabei keine Grenzen gesetzt. Als Online-PR-Instrument eignen sich Text-, Bild-, Audio- oder Video-Daten gleichermaßen.

Diese neuartige Spezialisierung auf die Bedürfnisse von Online-Usern hat unter der Bezeichnung „Manager Alternative PR" eine adäquate Umsetzung gefunden. Der Fokus von Alternative PR ist wesentlich kleinteiliger als konventionelle Öffentlichkeitsarbeit. Sein Ziel geht über die etablierten Redaktionen hinaus, er fokussiert vielmehr auf Blogs und Forennutzer. Dies setzt ein hohes Maß an Gespür für (sprachliche) Trends im Netz voraus, denn nur so können die eigenen Botschaften der Zielgruppe glaubhaft vermittelt werden (Schmidt 2013; http://bit.ly/1nroxwn).

24.7 Kommunikationsanlässe

Wie lassen sich diese Erkenntnisse nun im Lebenszyklus eines Geothermieprojekts nutzen? Dazu ist wichtig, sich bewusst zu sein, dass ein Geothermieprojekt vom zeitlichen Umfang bis zum Bau eines Kraftwerks zur Stromerzeugung eine Reihe von Phasen durchläuft, die kommunikativ eng verzahnt sind:

- **Prepermit**: Planung der Messkampagne, Einholen behördlicher Genehmigungen.
- **Permit**: Grundstückseigentümer werden über die seismischen Messungen informiert und um Betretungserlaubnis gebeten.
- **Seismische Messungen**: Die Messmannschaft legt Messkabel und Geophone im Messfeld aus, die Messfahrzeuge befahren ihre Routen und erzeugen seismische Wellen, die in einem Seismogramm aufgezeichnet werden.
- **Auswertung der Messdaten**: Die gewonnenen seismischen Messdaten bestimmen über die Orte, an denen die Tiefbohrungen stattfinden werden, im ungünstigsten Fall entscheiden sie über den Projektabbruch.
- **Tiefbohrungen**: Pro Geothermiekraftwerk sind in der Regel zwei Bohrungen notwendig. Die Bohrzeit pro Loch beträgt etwa zwei bis drei Monate.
- **Bohrungsergebnisse**: Die Bohrungen geben letztendlich Aufschluss über die Fündigkeit des Geothermievorkommens – und darüber, ob ein Kraftwerksbau wirtschaftlich sinnvoll ist.
- **Kraftwerksbau**: Sobald alle Bohrungsergebnisse, Bohrlochtests und Thermalwasseruntersuchungen positiv ausgefallen sind und das Thermalwassersystem für Förderpumpe und Injektionsleitung hergestellt ist, kann mit dem Bau des Geothermiekraftwerks begonnen werden.
- **Inbetriebnahme**: Aufnahme des Produktionsbetriebs.
- **Betriebsphase**: Ungeachtet der Steuerung über Fernwartung können während des Betriebs technische Begleiterscheinungen eintreten:
  - Erschütterungen (künstliche Mikroseismiziät) durch Stimulation und Betrieb, Risiko: „Man made earthquakes"
  - Großräumige Fluidzirkulation mit erheblichen untertägigen Stofftransporten im Reservoir, Risiko: Verbindung zwischen Grundwasservorkommen und geothermischem Arbeitsmedium
  - Großflächige Geländebewegungen bzw. -absenkungen, Risiko: Förderbohrung und Injektionsbohrung geraten aus dem Gleichgewicht mit der Gefahr von Geländeabsenkungen.

Jeder einzelne Projekt-Abschnitt bietet spezifische PR-Anlässe und Gelegenheit, Medien und Öffentlichkeit zu informieren und dabei Themen und Ereignisse aktiv zu platzieren. Der Königsweg auf dem Weg zu mehr Vertrauen ist dabei nicht allein die Verbreitung von Erfolgsmeldungen. Risikoreicher, dafür umso glaubwürdiger ist es, auch unangenehme Themen (Lärmbelästigung während der Bohrphase, Vibrationen bei der Reflexionsseismik, Geruchsbelästigung bei Pumptests) pro aktiv zu kommunizieren, bevor es Andere tun. Dabei gehört der persönlich gepflegte Kontakt zu Lokalredaktionen noch immer zu einem der wichtigsten Bausteine einer vertrauensbildenden Kommunikationsstrategie. Wo die Öffentlichkeitsarbeit nicht in der Verantwortung eines eigenen PR-Verantwortlichen liegt, sollte der Geschäftsführer persönlich einen Kontakt zu den Lokalmedien aufbauen und pflegen. Das ist weniger aufwendig, als sich vermuten lässt. Journalisten ist es sehr wohl bewusst, dass Geschäftsführer nicht per se als Öffentlichkeitsarbeiter tätig sind. Andererseits schafft das Angebot, für Journalisten auch persönlich jederzeit erreichbar zu sein, ein Klima des Vertrauens, das sich gerade in kritischen Phasen eines Projektes auszahlt. So lassen sich Vorbehalte und Fehlinformationen im direkten Gespräch sehr viel leichter aus der Welt schaffen. Das sollte nicht mit plumper Vertrautheit verwechselt werden, weil Journalisten immer ihrem Anspruch verpflichtet sind, ihren Lesern eine ausgewogene Berichterstattung zu bieten.

24.7.1 Web 2.0: Mit RSS Feeds Informationen zur Holschuld machen

Noch immer ist für viele Presseverantwortliche die Verbreitung ihrer Informationen per Mail an einen festgelegten Verteiler das Maß aller Dinge. Damit werden die eigenen Informationen Teil eines ständig zunehmenden Informationsstroms, dem Redaktionen in Zeitungen und Hörfunkmedien tagtäglich ausgesetzt sind. Hinzu kommt: Verteiler müssen mit hohem personellen Aufwand in regelmäßigen Abständen aktualisiert werden, sollen die eigenen Meldungen den richtigen Adressaten erreichen. Weitaus sinnvoller wäre es, wenn es gelänge, dass sich Journalisten aktiv um die Aufnahme in für sie interessante Presseverteiler bemühten. Mit sog. RSS-Feeds (Really Simple Syndication) ist es möglich, Journalisten aktiv und nahezu in Echtzeit mit neuen Unternehmensinformationen zu versorgen. Dazu muss der Journalist den RSS-Feed einmalig abonnieren. Einige Browser wie Firefox oder Opera können die RSS-Feeds direkt verarbeiten und benötigen keinen zusätzlichen RSS-Reader. Sobald eine neue Information des Unternehmens zur Veröffentlichung freigegeben ist, erhält der Abonnent über eine kurze Textnachricht mobil oder über PC den Hinweis über die neu veröffentlichte Information. Die Gefahr, als Unternehmen in der Flut der ständig einlaufenden Mails der Journalisten zu versinken, ist damit deutlich verringert. Zumal der Journalist mit seinem aus eigenem Antrieb abonnierten RSS-Feed sein aktives Interesse an Informationen des Unternehmens zum Ausdruck bringt (Beispiel für einen gelungenen RSS-Feed aus der Geothermiebranche: www.geothermie-nachrichten.de/feed). Wer Journalisten die Vorauswahl auf eigene Informationen besonders leicht machen möchte, kann sein RSS-Feed in Angebote für lokale Pressevertreter sowie überregionale Journalisten aufteilen. Zugleich können per RSS dazugehöriges Fotomaterial, Grafiken oder auch Audiodateien mediengerecht zum Download bereitgestellt werden (Puttenat 2007; Schulz-Bruhdoel und Bechtel 2009).

24.7.2 Podcasts

Trotz sinkender Auflagenzahlen bei nahezu allen deutschen Tageszeitungstiteln (derzeit mehr als 320) hat die Bedeutung von Lokalzeitungen bzw. der Lokalausgaben überregionaler Tageszeitungen eher zugenommen. Informationen über relevante Ereignisse aus dem unmittelbaren Lebensumfeld sind für Leser noch immer unverzichtbar und haben nach wie vor eine hohe Glaubwürdigkeit. Diese Chance können Geothermiebetreiber, die meist im eher kleinstädtischen Umfeld aktiv sind, nutzen. Zusätzlich versuchen Zeitungsverlage behutsam den Einstieg in die crossmediale Vermarktung von Inhalten im Internet zu schaffen. Weil dafür keine zusätzlichen Redaktionen vorhanden sind, sind Journalisten zunehmend auf leicht verfügbares audiovisuelles Material von Seiten der Unternehmen angewiesen. PR-Verantwortliche können diesen Bedarf durch günstig produzierte Video- und Audio-Podcasts bedienen. Stellungnahmen des Betreibers (Audiopodcasts) oder Videos von eigenen Veranstaltungen (Videpodcasts) lassen sich recht einfach produzieren und ergänzen den Presseservice auf der eigenen Homepage (Puttenat, S. 140 f.) Generell gilt: die Qualität der Podcasts hängt nicht zuletzt von einem professionellen Auftritt des jeweiligen Unternehmensvertreters ab. Technisch schlecht produzierte Podcasts oder verkrampfte Auftritte des Unternehmensvertreters können im Zweifelsfall eher imageschädigend wirken und sollten unterbleiben. Ein Coaching mit einem Medienprofi ist angeraten und schafft die Voraussetzung, um dem Geothermieprojekt ein authentisches und professionelles „Gesicht" zu geben. Gerade wichtige Meilensteine während eines Geothermieprojekts, wie etwa der Abschluss der Bohrarbeiten, die Einweihung des Kraftwerks zur Stromerzeugung oder der Beginn des Fernwärmebetriebs, sind geeignete Anlässe für den Unternehmensvertreter, um als Gesicht des Projekts Flagge zu zeigen.

24.8 Wissenschaftliche Forschung: Akzeptanz

Die wissenschaftliche Forschung versucht inzwischen herauszufinden, welche Faktoren die Einstellung und Akzeptanz von Menschen gegenüber Tiefer Geothermie beeinflussen. In dem vom Bundesministerium für Umwelt, Naturschutz und Reaktorsicherheit geförderten Forschungsprojekt TIGER (www.tiger-geothermie.de) gehen erstmals Geistes- und Sozialwissenschaftler sowie Ingenieure gemeinsam mit Betreibern und geothermischer Kraftwerke in Bayern und am Oberrhein der Frage nach, wie in sämtlichen Phasen eines Tiefe Geothermie Projekts situationsspezifisch kommuniziert werden kann. In einem wissenschaftlichen Mehrmethodenansatz ermittelt TIGER durch psychologische Erhebungsverfahren die akzeptanzrelevanten Faktoren und setzt diese mit den durch textanalytische Verfahren ermittelten Bewertungseigenschaften der öffentlichen Diskussion in Presse und Online-Medien in Bezug. Betrachtet werden auch die technischen Gestaltungsspielräume geothermischer Anlagen und regionale Besonderheiten, die die Wahrnehmung und Akzeptanz beeinflussen. Die gewonnenen Erkenntnisse werden in einem Kommunikationskonzept gebündelt, das während der Planungsphase, der Umsetzung, des Betriebs und des Rückbaues geothermischer Kraftwerke genutzt werden kann. Das Endergebnis ist ein ganzheitlicher Kommunikationsansatz, der sowohl technische Gesichtspunkte als auch Akzeptanzfaktoren sowie zielgruppengerechte Kommunikation vereint. Für die praktische Umsetzung setzen die Forscher auf den Ansatz einer auch mobil verfügbaren interaktiven Applikation mit einer intuitiv zu bedienenden Benutzeroberfläche. Im Kern besteht die Anwendung aus einer Datenbank, die anhand von Checklisten und zugehörigen Kommunikationsbausteinen Vorschläge für eine adäquate und zielgruppengerechte Kommunikation machen soll. Die Software befindet sich noch im Entwicklungsstadium und soll nach Projektabschluss interessierten Unternehmen, Institutionen, Behörden u. a. angeboten werden.

24.9 Zusammenfassung Kommunikation in Kürze

Wann? Aufgrund fehlender langjähriger Erfahrungen mit petrothermalen System ist lückenlose Information zu Tiefer Geothermie zum jetzigen Zeitpunkt nicht möglich. Auf diese Lücken gilt es im Rahmen der Kommunikation hinzuweisen. Prozess der öffentlichen Meinungsbildung über kritische Themen (z. B. Fracking) ist in vollem Gang, insbesondere durch das Auftreten von Bürgerinitiativen. Geeignete Anlässe zur Öffentlichkeitsarbeit bieten wichtige Projektabschnitte, eine Einbindung der Öffentlichkeit sollte frühestmöglich beginnen.

Zielgruppen? Insbesondere Anwohner und Betroffene von Tiefe Geothermie Anlagen sollten möglichst frühzeitig eingebunden werden.

Direkte persönliche Kommunikation vor Ort ist dafür gut geeignet, bevor Bürgerinitiativen Themen offensiv besetzen. Bietet den Betroffenen die Möglichkeit, sich über Technologien und möglichen Risiken eine eigene Meinung zu bilden.

Multiplikatoren aller Akteursgruppen (z. B. Bürgerinitiativen, Verbände, Genehmigungsbehörden) sollten nach Möglichkeit ausführlich informiert werden, da sie erheblichen Einfluss auf die öffentliche Meinungsbildung haben können.

Wichtige Zielpersonen identifizieren (möglichen NIMBY-Effekt beachten).

Wer? Breite Öffentlichkeit wünscht sich ausgewogene Informationsbereitstellung, möglichst moderiert durch einen neutralen Moderator als Vermittler (Bürgerbeteiligung).

Als „Schiedsrichter" kommen im Konfliktfall Persönlichkeiten mit hohem Renommee oder Vertreter anerkannter wissenschaftlicher Institutionen in Frage (Forschungsinstitute, Wissenschaftler und Experten mit hohem Vertrauensvorsprung.

Was? Herausforderung: umfassende und ausgewogene Information über Tiefe Geothermie (auch über mögliche Risiken), andererseits Komplexität auf ein handhabbares Maß begrenzen.

Wie? Frühzeitige Risikokommunikation schafft Möglichkeit, Thema wieder auf sachliche Ebene zu führen.

Persönliche Kommunikation vor Ort ist sehr wichtig, um Informationsstand auf ein Niveau zu heben, das eine Meinungsbildung erlaubt und Akzeptanz schaffen kann.

Wichtig: Informationen zielgruppengerecht aufbereiten.

Feedbackkanäle schaffen, z. B. Bürger-Büro, Telefon-Hotline.

Kommunikationskanäle Einsatz von Massenkommunikation (Printmedien) in erster Phase steigert Bekanntheit, weckt Aufmerksamkeit, verbreitet Informationen und vermittelt gleichzeitig Wissen.

Kommunikationsinstrumente (Print, Online, Social Media etc.) sind zielgruppenspezifisch zu festzulegen.

Öffentlichkeitsarbeit als zentrales Kommunikationsinstrument entlang definierter Kommunikationsstufen und Kommunikationsziele bzw. Kernbotschaften.

Polarisierung in den Medien durch ausgewogene und neutrale Kernbotschaften vermeiden.

(Lokal)Medien sind besonders wichtig, weil Printmedien nach wie vor hohe Glaubwürdigkeit besitzen und eher in der Lage sind, Wissen zu vermitteln als elektronische Medien.

Imagebroschüren oder Kundenzeitschriften, Produktion von Rundfunk und TV-Beiträgen, Internetseite als Medium der Interaktion und Aktualität.

Eventuell Blogseite, aber nur moderiert.

Veranstaltungskommunikation (Tag der offenen Tür etc.), Podiumsdiskussionen, Bürgerforen (neutrale Moderation).

Literatur

Agentur für erneuerbare Energien: Renews Spezial Ausgabe 56/März 2012, Akzeptanz Erneuerbarer Energien in der deutschen Bevölkerung

Baumgärtner, N.: Public Relations: Geothermie erfolgreich kommuniziert. GtE **2**, 14–17 (2010)

Baumgärtner, N.: Risiko- und Krisenkommunikation. Verlag Dr. Hut, München (2005)

Brian, Marcus: Erfolgsfaktor Kommunikation – PR für Geothermieprojekte. ENERCHANGE agentur für erneuerbare energien 2.0 (2013)

Bundesverband Erneuerbare Energie e. V.: Ausbauprognose der Erneuerbare Energie Branche für Deutschland, November 2009

Bußmann, W.: Geothermie-Energie aus dem Innern der Erde. Fraunhofer IRB Verlag, Bonn (2012)

Ditges, F., Höbel, P., Hofmann, T.: Krisenkommunikation. UVK Verlagsgesellschaft mbH, Konstanz (2008)

Eagleman, D.: Inkognito – Die geheimen Eigenleben unseres Gehirns. Pantheon Verlag, Frankfurt/New York (2011)

EIFER: Medienresonanzanalyse zu Projekten der tiefen Geothermie in Landau, Bruchsal, Brühl und Unterhaching. Karlsruhe (2012)

Endbericht „Sozioökonomische Begleitforschung zur gesellschaftlichen Akzeptanz von Carbon Capture and Storage auf nationaler und internationaler Ebene", Wuppertal (2008)

Freeden, C.: The role and potential of communication by analyzing the social acceptance of the german deep geothermal energy market, Master thesis. University of Plymouth (2012)

Holenstein, M., Högg, R.: Dialoge als neutrale Plattform für risikokompetente Entscheidungen. Stiftung Risiko-Dialog Winterthur

Huschke, R.: Hoffnungsträger mit Risiken. Erneuerbare Energien **8**/2010, 66–70 (2010)

Konken, M.: Krisenkommunikation. FBV Medien-Verlags GmbH, Limburgerhof (2002)

Leucht, M.: Soziale Akzeptanz von Tiefer Geothermie in Deutschland – Das Meinungsbild in den Printmedien. bbr Sonderheft 2010, 42–49 (2010)

Nelting, M.: Burn out. Wenn die Maske zerbricht. Wilhelm Goldmann Verlag, München (2010)

Newsletter der Regenerative Energie Unterföhring: www.geovol.de/cms/media/pdf/GEOVOL_Newsletter_19.pdf

Paschen, H., Oertel, D., Grünwald, R.: Möglichkeiten geothermischer Stromerzeugung in Deutschland Arbeitsbericht Nr., Bd. 84. (2003)

Puttenat, D.: Praxishandbuch Presse- und Öffentlichkeitsarbeit, S. 139 ff (2007)

RSS-Feed: xml-rss.de/rss-feed-leicht-und-verstaendlich-erklaert.htm

Schindler, M.: PR im Social Web, Das Handbuch für Kommunikationsprofis. O'Reilly Verlag, Köln (2011)

Schmidt, E.-M.: Unglaubliche Vielfalt. Horizont **34**, S. 160 (2013)

Schulz-Bruhdoel, Bechtel, M.: Medienarbeit 2.0, Cross-Media-Lösungen. Frankfurter Allgemeine Buch, Frankfurt (2009)

Tetlock, P.E., Kristel Orie, V., Elson, S.B., Green, M.C., Lerner, J.S.: The psychology of the unthinkable: Taboo trade-offs, forbidden base rates, and heretical counterfactuals. Journal of Personality and Social Psychology **78**(5), 853–870 (2000)

Umfrage Geothermie – wichtiges Kriterium beim Wohnungskauf. http://www.wohnungswirtschaft-heute.de/index.php/component/k2/item/1278-geothermie-wichtiges-kriterium-beim-wohnungskauf.html

Umfrageergebnisse Akzeptanz Erneuerbare Energien September 2013: www.erneuerbare-jetzt.de/aktionen/akzeptanzumfrage-2013/

Urban, K.: Geothermie – Energie aus der Tiefe. Spektrum der Wissenschaft September 2010, 72–81 (2012)

VBI-Leitfaden Tiefe Geothermie, Berlin (2013)

Verbundprojekt TIGER Tiefe Geothermie: Akzeptanz und Kommunikation einer innovativen Technologie (2012–2015), gefördert vom Bundesministerium für Umwelt, Naturschutz und Reaktorsicherheit aufgrund eines Beschlusses des Deutschen Bundestages. www.tiger-geothermie.de

Viscusi, W.K.: Risk Equity. Haward Law School John M. Olin Center for Law, Economics and Business Discussion Paper Series. Paper 294 (2000)

Wiedemann, P.M.: Gesellschaftliche Akzeptanz von Geothermie: Was sollte und was kann Risikokommunikation dazu beitragen?, Vortrag anlässlich der IGC in Freiburg, 16. Mai 2013

Arbeitssicherheit und Gesundheitsschutz

25

Mathias Bauer

Inhaltsverzeichnis

Zusammenfassung

In dem Beitrag wird in den ersten drei Kapiteln auf allgemeine Grundlagen zu Arbeitssicherheit und Gesundheitsschutz eingegangen, die gleichermaßen in allen Bereichen, wo Menschen arbeiten, Geltung haben. In den drei nächsten Kapiteln wird dann auf den Bereich Tiefe Geothermie fokussiert.

Der Verpflichtung zu Arbeits- und Gesundheitsschutz können sich kein Unternehmer, keine Führungskraft und kein Mitarbeiter entziehen. Die Ziele des Arbeits- und Gesundheitsschutzes gehen in den meisten Unternehmen – so auch im Bereich Tiefe Geothermie – heute weit über die Vermeidung oder zumindest die Verminderung von Verletzungen infolge von Arbeits- und Wegeunfällen mit oftmals einhergehenden Sachschäden, anerkannten und entschädigungspflichtigen Berufskrankheiten, verminderter Leistungsfähigkeit bzw. befristetem Arbeitsausfall der Beschäftigten durch arbeitsbedingte Gesundheitsgefahren hinaus.

Die Erfahrung zeigt, dass in die Produktion integrierter Arbeits- und Gesundheitsschutz bei richtiger Vorgehensweise Wertschöpfung und damit Wettbewerbssteigerung

Mathias Bauer (✉)
Bexbach, Deutschland
e-mail: Bauer@cbm-ac.de

M. Bauer et al. (Hrsg.), *Handbuch Tiefe Geothermie*, DOI 10.1007/978-3-642-54511-5_25,

zur Folge hat. Es geht damit über die Erfüllung der moralischen, sozialen und gesetzlichen Verpflichtung zur menschengerechten Gestaltung von Arbeit hinaus bis zur Verbesserung der Wirtschaftlichkeit sowie einer Förderung des internen und externen Images des Unternehmens.

Arbeits- und Gesundheitsschutz bei Tiefer Geothermie ist nichts „Besonderes", hat aber seine Besonderheiten, auf die entsprechend zu achten ist.

Schlüsselwörter
Arbeitssicherheit • Arbeitsschutz • Gesundheitsschutz • Risiko • Gefahr • Gefährdung • Belastung • Beanspruchung • Arbeitsunfall • Wegeunfall • Berufskrankheit • arbeitsbedingte Gesundheitsgefahren • komplexes Arbeitssystem • Gefährdungs- und Belastungsbeurteilung • Sicherheits- und Gesundheitsschutzdokument • Rechtliches Regelwerk • Arbeitsschutzgesetz • Bundesberggesetz • Arbeitssicherheitsorganisation • Arbeits- und Gesundheitsschutzmanagementsystem • zertifizierte Managementsysteme

25.1 Vorbemerkungen zu Arbeitssicherheit und Gesundheitsschutz

Sicherheit ist ein Begriff von komplexer Bedeutung und ermöglicht gerade wegen dieser Unschärfe eine starke Identifizierung und Bündelung von Meinungsgleichheit, denn wer könnte schon gegen Sicherheit in jeder Form sein. Doch absolute Sicherheit gibt es nicht, weder im politischen noch im alltäglichen Raum und eben auch nicht im Verhalten der Menschen untereinander – privat oder bei der Arbeit. Dabei gerät das damit verbleibende Risiko, das heißt die Möglichkeit des Eintretens eines Schadensfalles gleich welcher Art, Häufigkeit und Schwere, oft in den Bereich des nicht ständig Wahrgenommenen, in den Bereich des latenten Vorhandenseins.

Erst akute Ereignisse, wie die radioaktive Verseuchung durch den Reaktorunfall in Fukushima im März 2011, der Flugzeugabsturz oder der Autounfall des Menschen aus dem nächsten Bekanntenkreis lassen das stets vorhandene Risiko bewusst werden. Diese Beispiele zeigen, Sicherheit betrifft viele Bereiche, beispielsweise Politik, Freizeit, Arbeitsplatz und Umwelt. Dabei ist es gerade in den Bereichen Straßenverkehr und Arbeitswelt seit vielen Jahren gelungen, die Ereignisse von Jahr zu Jahr zu verringern, während hingegen im Freizeit- und Privatbereich seit Jahren die Zahlen wieder steigen. Eine Momentaufnahme zeigt die Bundesstatistik in Abb. 25.1.

Unter Beachtung von Verweildauer, Teilnehmerzahl und Gefährdungsvielfalt ist demnach der Arbeitsplatz im Vergleich zu Straßenverkehr, zum Hausbereich und zur Freizeitgestaltung als relativ sicherer Bereich zu werten. Dies zeugt sicherlich von der in der Arbeitswelt hohen Dichte von arbeitssicherheitlichen Regelwerken, verbunden mit der unternehmerischen Fürsorgepflicht und der behördlichen Kontrolle. Dennoch bleibt auch am Arbeitsplatz ein gewisses Maß an Wahrscheinlichkeit einen Unfall zu erleiden, differenziert vom Risiko je nach Branche. Die Ziele und Schutzmaßnahmen für Arbeitssicherheit und Gesundheitsschutz der Menschen werden hierbei oftmals unter Begriffen wie

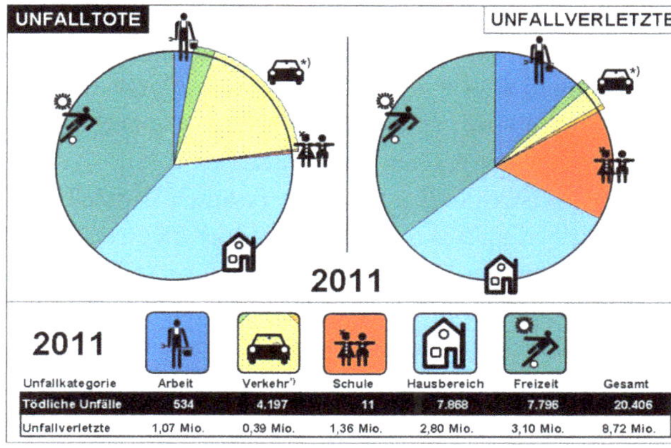

Abb. 25.1 Verteilung tödlicher Unfälle auf Lebensbereiche (Quelle: Bund, DGUV)

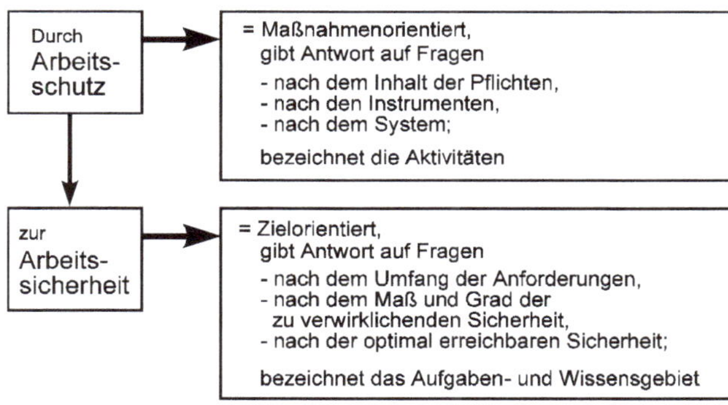

Abb. 25.2 Begriffliche Abgrenzung (Bauer)

Arbeitssicherheit, Arbeitsschutz, Betriebsschutz, Betriebssicherheit, Anlagensicherheit, Werksschutz und Verkehrssicherheit thematisiert.

Firmeninhaber, Betriebsleiter und weitere Führungskräfte haben hinsichtlich Arbeits- und Gesundheitsschutz oftmals folgende Fragen:

- Was ist zu tun?
- Wo steht das?
- Wer sagt das?
- Was kostet das?
- Was bringt das?

Arbeitssicherheit ist ein anzustrebender gefahrenfreier Zustand bei der Berufsausübung (Abb. 25.2). Die auf den Menschen bezogenen Auswirkungen von Gefährdungen und Belastungen sind Personenschäden als Folge von Verletzungen (Unfällen, neben den Arbeitsunfällen auch die Wegeunfälle, da in Deutschland der Bereich der Wegeunfälle versicherungsrechtlich den Arbeitsunfällen gleichgestellt ist), Berufskrankheiten und von sonstigen schädigenden Einflüssen auf seine Gesundheit.

Mit dem zunehmend an Bedeutung gewinnenden Begriff Gesundheitsschutz kommt hierbei den gesundheitsfördernden Maßnahmen eine steigende Bedeutung zu. Gesundheit bedeutet mehr als die Abwesenheit von Krankheit. Sie schließt körperliches und seelisches Wohlbefinden – einschließlich der Befähigung und Bereitschaft, ein wirtschaftlich und sozial aktives Leben zu führen – mit ein.

Die Arbeitswelt unterliegt einem rasanten Wandel. Dadurch verändern sich fortlaufend die Arbeitsbedingungen und die Anforderungen an die Beschäftigten. Diese Veränderungen bringen immer wieder neuartige und veränderte Gefährdungen und Belastungen für die Beschäftigten mit sich. Als Beispiel sind neben den „klassischen" physischen, chemischen und biologischen Gefährdungsfaktoren die psychischen Belastungen zu nennen, die sich in den letzten Jahren in einem deutlichen Anstieg der Erkrankungen mit psychosomatischen Ursachen äußern. Arbeits- und Gesundheitsschutz darf von daher nicht nur gleichgesetzt werden mit akuten Ereignissen und damit mit dem Unfallgeschehen. Nicht zuletzt wegen der steigenden wirtschaftlichen Bedeutung von Schäden mit latentem Ursachencharakter, d. h. vor allem von arbeitsbedingten Gesundheitsgefahren und Berufskrankheiten, hat sich in der Europäischen Union von daher als Begriffspaar „Sicherheit und Gesundheitsschutz" (Safety and Health) durchgesetzt.

25.2 Gründe/Argumente für Arbeitssicherheit und Gesundheitsschutz

Der Verpflichtung zu Arbeits- und Gesundheitsschutz können sich kein Unternehmer, keine Führungskraft und kein Mitarbeiter entziehen. Die Gründe zum Handeln sind unterschiedlicher Art, so ist Arbeits- und Gesundheitsschutz

- humanitäres Anliegen, weil es Pflicht aus moralischer/sozialer/ethischer Verantwortung ist, auf Sicherheit und Gesundheit der eigenen Person und der Mitarbeiter zu achten.
- rechtlicher Zwang, weil Vorschriften – die befolgt werden müssen – die Sicherheit am Arbeitsplatz und sichere Verhaltensweisen zwingend vorschreiben und zur Rechtssicherheit aller Betroffenen beitragen.
- wirtschaftliche Notwendigkeit, weil Unfälle, Berufskrankheiten und arbeitsbedingte Gesundheitsgefahren neben dem persönlichen Leid für die Betroffenen mit vermeidbaren Kosten für den Betrieb verbunden sind.
- beeinflussend auf das Image, weil die Öffentlichkeit zunehmend Interesse zeigt, welches Unternehmen hinter welchem Produkt steht.

Folgende positive Auswirkungen sind für Betrieb, Führungskräfte und Mitarbeiter aufgrund von Schutzmaßnahmen für die Sicherheit und die Gesundheit der Beschäftigten zu nennen: Arbeits- und Gesundheitsschutz

- hilft rationalisieren, weil Schutzmaßnahmen Unfälle, Berufskrankheiten und arbeitsbedingte Gesundheitsgefahren verhüten und zugleich Störanfälligkeiten im Arbeitsablauf beseitigen und damit die Produktivität steigern.
- schafft transparente und gerichtsfeste Organisation, weil Unternehmer und Führungskräfte gesetzlich verpflichtet sind, auf klare Abgrenzung von Aufgaben und Kompetenzen und damit von Verantwortung sowie auf eindeutige Regelungen zu achten, was wiederum dem Arbeitsablauf zugute kommt.
- macht Verantwortung klar, weil gezieltes Führen in Arbeitssicherheit Führungstraining am praktischen Beispiel ist und sich dadurch Führungskräfte im Führungsverhalten für Produktion und Arbeitsablauf üben.
- verhindert Haftung und Sanktion, weil pflichtgemäßes Führungsverhalten verantwortungsbewusstes Handeln ist und den Vorwurf des fahrlässigen oder vorsätzlichen Handelns oder Unterlassens und somit rechtliche Nachteile für Vorgesetzte oder Betrieb ausschließt.
- stärkt Leistung und Qualität, weil Sicherheitsbewusstsein bei Führungskräften und Mitarbeitern das Arbeitssicherheitsniveau/die Sicherheitskultur im Unternehmen bestimmt und damit zugleich das Arbeitsergebnis maßgeblich beeinflusst.

Die Ziele des Arbeits- und Gesundheitsschutzes gehen demnach heute weit über die Vermeidung oder zumindest die Verminderung von Verletzungen infolge von Arbeits- und Wegeunfällen mit oftmals einhergehenden Sachschäden, anerkannten und entschädigungspflichtigen Berufskrankheiten, Leistungsfähigkeit bzw. befristetem Arbeitsausfall der Beschäftigten durch arbeitsbedingte Gesundheitsgefahren hinaus.

Die Erfahrung zeigt, dass in die Produktion integrierter Arbeits- und Gesundheitsschutz bei richtiger Vorgehensweise Wertschöpfung und damit Wettbewerbssteigerung zur Folge hat. Es geht damit über die Erfüllung der moralischen, sozialen und gesetzlichen Verpflichtung zur menschengerechten Gestaltung von Arbeit hinaus bis zur Verbesserung der Wirtschaftlichkeit sowie einer Förderung des internen und externen Images des Unternehmens.

25.3 Grundlagen der Arbeits- und Sicherheitswissenschaft

Entscheidend für einen erfolgreichen Arbeits- und Gesundheitsschutz ist die ganzheitliche Betrachtung des Arbeitssystems. Die Einführung von Arbeits- und Gesundheitsschutz kann nur dann erfolgreich sein, wenn sie in ein umfassendes Konzept eingebunden ist, das den Einsatz und die Gestaltung von Technik, die Gestaltung von Organisation und die Entwicklung von Mitarbeitern gemeinsam zu optimieren versucht. Die postulierte gegenseitige Abhängigkeit der Bereiche untereinander ist dabei zwingend vorausgesetzt, um ein optimales Zusammenwirken zu ermöglichen.

Der häufig genutzte TOP-Ansatz stellt eine einfache und anschauliche Darstellung aller Bereiche eines Unternehmens dar (Abb. 25.3). T steht für die genutzte Technik, O für die

Abb. 25.3 Komplexes Arbeitssystem (geändert Bauer)

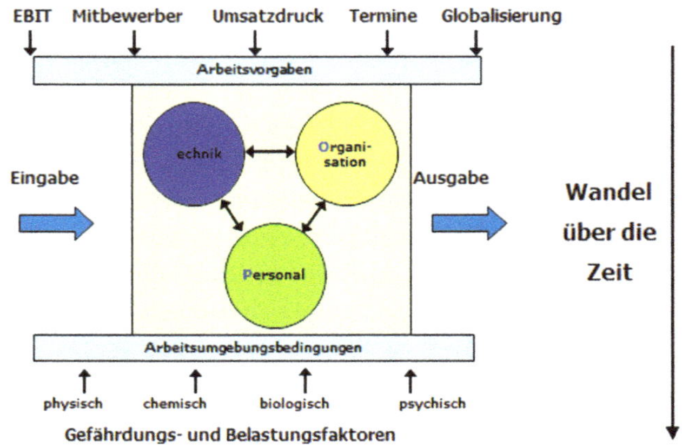

Abb. 25.4 Das erweiterte TOM-Modell (Bauer)

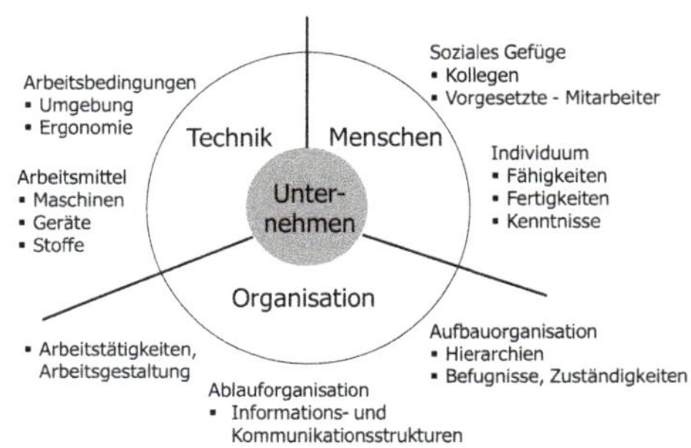

Organisation und P für das Personal. In der neueren Literatur und in den Unternehmen wird in den letzten Jahren zunehmend auch von TOM statt von TOP gesprochen, also das P durch ein M für Mensch ersetzt. Diese Schreibweise zeigt die Entsachlichung des arbeitenden Menschen in der Betrachtung von Unternehmen und spiegelt die Anfänge des Paradigmenwechsels in den Arbeitswissenschaften vom technikzentrierten Standpunkt hin zur Humanisierung der Arbeitswelt wieder. Nach modernem Verständnis von Arbeits- und Gesundheitsschutz steht klar der arbeitende Mensch in seiner Wechselwirkung zur Technik und zur Organisation im Mittelpunkt der Betrachtung.

In Abb. 25.4 sind die zu den übergeordneten Bereichen Organisation, Mensch, Technik zählenden einzelnen Faktoren präzisiert.

In der Betrachtungsweise des Arbeits- und Gesundheitsschutzes sind in allen drei Unternehmensbereichen und deren Unterpunkten die jeweils potenziellen Ressourcen, Gefährdungen und Belastungen zu erfassen und zu beurteilen. Neben dem Schwerpunkt auf den Ressourcen und Gefährdungen im technischen Bereich sind zur Festlegung von Schutzmaßnahmen im Betrieb vor dem Hintergrund der ganzheitlichen, systemischen Betrachtungsweise auch die Aspekte im organisatorischen und personellen Bereich zu erfassen und zu beurteilen:

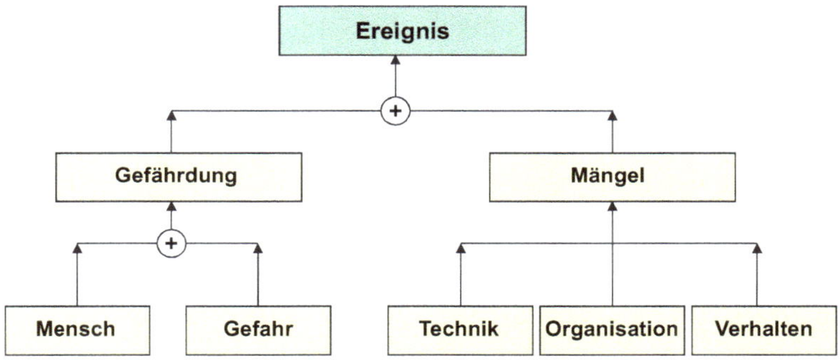

Abb. 25.5 Das Verursachungsmodell

1. Die *Technik*, also die Arbeitsbedingungen bezogen auf Arbeitsumgebungsfaktoren (Lärm, Temperatur, etc.) und die Arbeitsmittel, also die Maschinen, Geräte, Möbel, Arbeitsstoffe usw. inkl. der Ergonomie.
2. Die *Organisation*, also die Aufbauorganisation bezogen auf Hierarchien und die damit verbundenen Befugnisse und Zuständigkeiten, die Ablauforganisation bezogen auf Prozessgestaltung und die Informations- und Kommunikationsstrukturen sowie die Gestaltung von Arbeitstätigkeiten und -aufgaben.
3. Die *Menschen*, also das soziale Gefüge im Betrieb bezogen auf das Verhältnis der Mitarbeiter untereinander und das Mitarbeiter-Vorgesetzten-Verhältnis (Unterstützung, Partizipation), die Individuen bezüglich ihrer fachlichen Qualifikation, ihrer Fähigkeiten und individuellen Ressourcen.

Unter der salutogenetischen Leitfrage „*Was erhält Betriebe sicher, produktiv und gesund?*" wird von daher hier empfohlen, sich bewusst von der in den Betrieben überwiegend angewandten defizitorientierten Betrachtungsweise abzuwenden, die lediglich durch das Aufzeigen von Fehlern und Mängeln versucht, Verbesserungen einzuführen. Um eine prospektive und die Annäherung an Arbeits- und Gesundheitsschutz erleichternde Sicht für alle Beteiligten zu erreichen, ist es besser, sich nicht nur direkt auf Mängel sondern auch auf die Ressourcen in allen Bereichen des oben beschriebenen Arbeitssystems zu konzentrieren. Zur Vermeidung eines Ereignisses bzw. zur Verbesserung der Gegebenheiten ist dabei das „Verursachungsmodell" dienlich (Abb. 25.5).

Erst das zeitliche und räumliche Zusammentreffen von Mensch und Gefahren lassen den Zustand der Gefährdung und damit auch der Belastungen sowie daraus folgernd von Beanspruchungen entstehen. Zum Ereignis kann es aber erst bei gleichzeitiger Verknüpfung mit vorliegenden Mängeln kommen. Die Wahrscheinlichkeit, mit der mit dem Eintreten eines Ereignisses zu rechnen ist, wird mit dem Risiko (als Wahrscheinlichkeit des Eintretens differenziert nach Häufigkeit und Schwere, gemäß DIN ISO 31000) beschrieben. Dabei gilt für den Unternehmer das Gebot der Risikominimierung (Abb. 25.6).

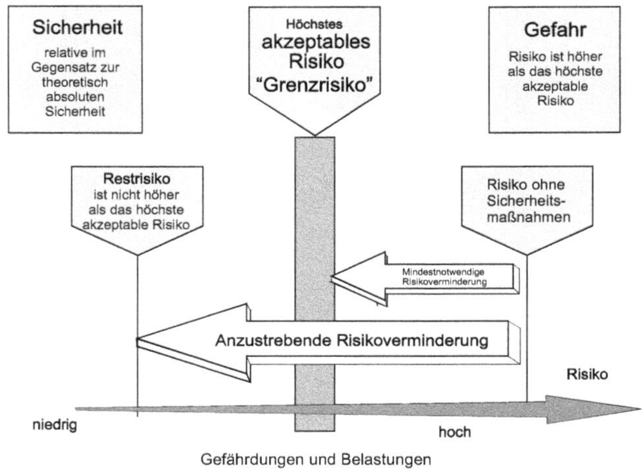

Abb. 25.6 Modell zur Risikoverminderung

Demnach besteht die unternehmerische Pflicht eines Anlagenbetreibers darin, soviel relative Sicherheit zu garantieren, dass die Schwelle des „Grenzrisikos" nicht überschritten wird. Das heute hierzu im Betrieb anzuwendende Hauptarbeitsinstrument nennt man die Gefährdungs- und Belastungsbeurteilung (GB) bzw. im Bergbau das Sicherheits- und Gesundheitsschutzdokument (SGD), auf die im Folgenden noch eingegangen wird.

25.4 Arbeits- und Gesundheitsschutzrecht

Für die Planung, den Bau, den Betrieb und den späteren Rückbau Tiefer Geothermie-Anlagen tritt insofern eine Besonderheit auf, als neben der jeweiligen Landesbehörde für Arbeitsschutz („Gewerbeaufsichtsamt") mit dem gewerblichen Arbeitsschutzrecht auch für bestimmte Phasen die Bergbehörde mit dem speziellen Bergrecht greift (s. Beitrag Tschauder). Das bringt zumindest in der Planungs- und Bauphase eine größere Herausforderung und vermehrten Arbeitsaufwand durch zum Teil auch parallele Genehmigungsverfahren. Damit ist Arbeits- und Gesundheitsschutz bei Tiefer Geothermie nichts „Besonderes", hat aber seine Besonderheiten, auf die entsprechend zu achten ist.

Arbeit in jeglicher Form ohne Gefahren und Belastungen für den arbeitenden Menschen gab und gibt es nicht. Gerade im Bereich der Rohstoff gewinnenden und -verarbeitenden Industrie wurden dabei die Berufsbilder in der Vergangenheit als „schwere" Berufe bezeichnet, wobei unter „schwer" ein relativ hohes Risiko für Sicherheit und Gesundheit des Arbeitnehmers verstanden wurde. Die Beschreibungen von Unfällen und Krankheiten durch die Arbeit und erste Vorschläge zu entsprechenden Schutzmaßnahmen – festgehalten in ersten Rechtsvorschriften – gab es bevorzugt im Bergbau bereits seit dem Mittelalter.

Der Schwerpunkt der Rechtsregelwerke lag in den ersten Jahrzehnten in der Durchführung von technischen Schutzmaßnahmen, was nicht zuletzt bis heute in der Begrifflichkeit „sicherheitstechnische Betreuung“ und in der Forderung nach „technischer“ Ausbildung (Meister, Techniker, Ingenieur) bei den einzusetzenden Fachkräften für Arbeitssicherheit ersichtlich ist. Mit Abarbeitung der sicherheitstechnischen Defizite in den Betrieben und mit Zunahme des Verhaltens der Beschäftigten als Hauptursache neben organisatorischen Mängeln an dem Unfallgeschehen treten zunehmend neue Aufgaben in den Vordergrund, sodass auch zwischenzeitlich vorgenommene Änderungen der gesetzlichen Regelwerke diesem Trend weg von korrektivem Vorgehen hin zu einem präventiven Arbeitsansatz Rechnung tragen.

Diese historisch begründete erhöhte Bedeutung der Unfallverhütung und im weiteren Sinne auch der Betriebssicherheit zeigt sich beispielsweise auch heute noch im Bergrecht. In keinem der Rechtsregelwerke wird dort der Begriff der Belastung verwendet, vielmehr sind es ausschließlich die Begriffe Gefahr und Gefährdung. Dies belegt den aus früherer Zeit stammenden dominanten Einfluss der akut gegenüber den latent auf den Menschen einwirkenden Schädigungspotenzialen.

Insbesondere die Herstellung des Bohr- und Betriebsplatzes, die Errichtung des Bohrgerüsts, die Niederbringung der Bohrungen, die Bohrlochtests sowie die Stimulation fallen unter das Bergrecht (s. Tschauder). Die den Arbeitsschutz betreffende Aufgabenstellung für den Unternehmer formuliert sehr treffend § 2 Allgemeine Pflichten der Allgemeinen Bundesbergverordnung (ABBergV):

(1) *Zur Gewährleistung der Sicherheit und zum Schutz der Gesundheit der Beschäftigten hat der Unternehmer die jeweils erforderlichen Maßnahmen des Arbeitsschutzes unter Berücksichtigung der die Arbeit berührenden Umstände zu treffen. Die Maßnahmen müssen darauf ausgerichtet sein, dass*

1. *die Arbeitsstätten so geplant, errichtet, ausgestattet, in Betrieb genommen, betrieben und unterhalten werden, dass die Beschäftigten die ihnen übertragenen Arbeiten ausführen können, ohne ihre eigene Sicherheit und Gesundheit oder die der anderen Beschäftigten zu gefährden;*
2. *Arbeitsstätten, die mit Beschäftigten belegt sind, der Beaufsichtigung durch eine verantwortliche Person unterliegen;*
3. *die mit einem besonderen Risiko verbundenen Arbeiten nur fachkundigen Beschäftigten übertragen und entsprechend den Anweisungen ausgeführt werden;*
4. *alle zu erteilenden Sicherheitsanweisungen für alle Beschäftigtengruppen geeignet und verständlich sind;*
5. *angemessene Einrichtungen zur Leistung von Erster Hilfe bereitstehen;*
6. *die erforderlichen Sicherheitsübungen in regelmäßigen Zeitabständen durchgeführt werden.*

Ergänzt wird die ABBergV durch weitere Regelwerke (z. B. Gesundheitsschutzbergverordnung und Tiefbohrverordnung), wobei der Vorteil im Bergrecht neben einer relativ überschaubaren Anzahl von Regelwerken gegenüber dem Gewerberecht zudem in dem sogenannten Betriebsplanverfahren besteht. D. h. ein Großteil der erforderlichen Schutzmaßnahmen wird explizit durch die zuständige landesspezifische Bergbehörde in den jeweiligen Betriebsplänen (u. a. Rahmenbetriebsplan, Sonderbetriebspläne, …) eingefordert.

Im gewerblichen Bereich wird das heutige Arbeitsschutzrecht stark durch die Einflussnahme der Europäischen Union geprägt. Die europäischen Staaten haben sich im Laufe der Zeit von einer überwiegend ökonomisch ausgerichteten Interessengemeinschaft zu Beginn der 50er Jahre hin zu einer politischen Gemeinschaft entwickelt. Hierbei zählt im Kernbereich europäischer Sozialpolitik der Arbeitsschutz dazu. Bereits der Amsterdamer Vertrag von 1997 und sein Vorgänger, der Maastrichter Vertrag von 1992, enthalten in den Artikeln 95 (früher 108 a) und Artikel 137 (118 a) diese Neuausrichtung für den Arbeitsschutz. Erhöhung der Sicherheit und des Gesundheitsschutzes von Beschäftigten bei der Arbeit ist das Ziel. Das in den letzten Jahren stark überarbeitete Arbeitsschutzrecht spiegelt dabei die Leitgedanken wieder:

- Deregulierung
- Prävention
- Stärkung der Eigenverantwortung des Unternehmers
- Stärkung der Eigenverantwortung der Beschäftigten

Wesentliche Basis ist das Arbeitsschutzgesetz (ArbSchG), das – vergleichbar der ABBergV – in § 3 Grundpflichten des Arbeitgebers formuliert:

(1) *Der Arbeitgeber ist verpflichtet, die erforderlichen Maßnahmen des Arbeitsschutzes unter Berücksichtigung der Umstände zu treffen, die Sicherheit und Gesundheit der Beschäftigten bei der Arbeit beeinflussen. Er hat die Maßnahmen auf ihre Wirksamkeit zu überprüfen und erforderlichenfalls sich ändernden Gegebenheiten anzupassen. Dabei hat er eine Verbesserung von Sicherheit und Gesundheitsschutz der Beschäftigten anzustreben.*

(2) *Zur Planung und Durchführung der Maßnahmen nach Absatz 1 hat der Arbeitgeber unter Berücksichtigung der Art der Tätigkeiten und der Zahl der Beschäftigten*

   1. *für eine geeignete Organisation zu sorgen und die erforderlichen Mittel bereitzustellen sowie*
   2. *Vorkehrungen zu treffen, dass die Maßnahmen erforderlichenfalls bei allen Tätigkeiten und eingebunden in die betrieblichen Führungsstrukturen beachtet werden und die Beschäftigten ihren Mitwirkungspflichten nachkommen können.*

(3) *Kosten für Maßnahmen nach diesem Gesetz darf der Arbeitgeber nicht den Beschäftigten auferlegen.*

Ergänzend gelten umfangreich zu nennende weitere staatliche Regelwerke (z. B. das Produktsicherheitsgesetz und die ergänzenden Verordnungen, die Gefahrstoffverordnung, die Baustellenverordnung, die Arbeitsstättenverordnung, die Betriebssicherheitsverordnung, ggf. auch die Strahlenschutzverordnung, …), die spezielle Themenbereiche von Arbeits- und Gesundheitsschutz mit Schutzmaßnahmen bewehren.

Staat / Bergbehörde / Gewerbeaufsicht Grundsätzliches	**Berufsgenossenschaft** Grundsätzliches und Spezielles	**Privatrechtliche Organisationen** Technische Details	Unternehmer Betriebsspezifisches
Gesetz, z.B. - Arbeitsschutzgesetz - Arbeitssicherheitsgesetz - Betriebsverfassungsgesetz - Chemikaliengesetz - Bundesberggesetz	Sozialgesetzbuch VII	Allgemein anerkannte Regeln der Technik und gesicherte arbeits-wissenschaftliche Erkenntnisse, z.B. - ISO - Normen - EU - Normen - DIN - Normen - VDE - Bestimmungen - VDI - Richtlinien	Grundsätze, z.B. -Grundsätze für Arbeitssicherheit Betriebsanweisung, z.B. - Maschinennutzung - Lärmschutz
Verordnung, z.B. - Gefahrstoffverordnung - Arbeitsstättenverordnung - Allgemeine Bundesbergverordnung	BG-Vorschriften(UVV), z.B. BGV C22 (VBG 37) Bauarbeiten		Plan, z.B. - Lärmmessplan - Vibrationsmessplan
Technische Regeln - Arbeitsstättenrichtlinie - TRGS - Verwaltungsvorschriften	Durchführungsan-weisungen BG-Regeln (BGR, BGI, BGG) z. B. BGR 128 (ZH1/183) kontaminierte Bereiche		Empfehlungen

Abb. 25.7 Übersicht über das Regelwerk Arbeitsschutz mit Beispielen (Bauer)

Durch das sogenannte „Duale Arbeitsschutzrecht" in Deutschland kommen noch ergänzend Vorgaben aus dem Bereich der zuständigen Berufsgenossenschaften, die allerdings im Rahmen der Neuordnung des Arbeitsschutzrechtsystems seit Jahren in der Bedeutung abnehmen durch Aufhebung vieler bislang verbindlich geltenden Unfallverhütungsvorschriften. Ergänzend einzuhalten sind noch die Vorgaben aus dem Bereich der privatrechtlichen Organisationen, die anerkannte Regeln der Technik und gesicherte arbeitswissenschaftliche Erkenntnisse festschreiben, insbesondere durch Normen.

In dem durch all diese Rechtsregelwerke geschaffenen Rechtsrahmen muss bzw. kann dann der Unternehmer selbst noch geltendes autonomes Recht für den Betrieb festlegen, z. B. in Form von Betriebsanweisungen, dabei auch über Mindestvorschriften hinausgehen. Einen Überblick über das zutreffende Regelwerk mit entsprechenden Regelungsbeispielen zeigt Abb. 25.7.

Sowohl das Arbeitsschutzgesetz als auch das Bundesberggesetz sowie die ergänzenden Regelwerke schreiben hierbei für jeden Betrieb eine Arbeitssicherheitsorganisation verbindlich vor, um einen Zustand gemäß Abb. 25.8 zu vermeiden.

Eine gut aufgebaute Arbeitssicherheitsorganisation bindet insofern jeden Menschen im Betrieb ein, siehe Abb. 25.9. Eine wesentliche Stütze für den Unternehmer in seiner Verantwortung für den Arbeits- und Gesundheitsschutz sind hierbei die Sicherheitsfachkraft und der Betriebsarzt, die beide – ohne Übernahme von Verantwortung – dem Leiter des Betriebes direkt unterstellt diesen in der Wahrnehmung seiner Aufgaben und Befugnisse (= Verantwortung) beraten und unterstützen.

Bei Vorhandensein mehrerer Firmen auf dem Betriebsgelände ist sowohl nach ArbSchG als auch ABBergV die Verantwortung eindeutig geregelt. Folgend die Formulierung der ABBergV in § 4 Zusammenarbeit der Unternehmer:

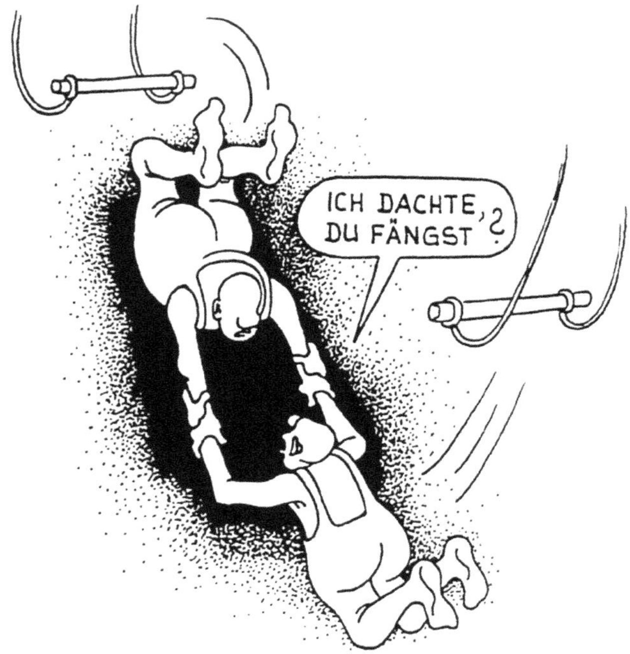

Abb. 25.8 „Schlechte Arbeitssicherheitsorganisation“

(1) Werden Beschäftigte mehrerer Unternehmer zeitlich und örtlich gemeinsam in einem Betrieb tätig, so ist jeder Unternehmer für den Bereich verantwortlich, der seinem Weisungsrecht unterliegt. Die Unternehmer haben bei den zur Gewährleistung der Sicherheit und des Gesundheitsschutzes erforderlichen Maßnahmen zusammenzuarbeiten. Sie haben ihre Beschäftigten über die bei den Arbeiten möglichen Gefahren für Sicherheit und Gesundheitsschutz in dem Betrieb zu unterrichten und angemessene Anweisungen zu erteilen.

(2) Der Unternehmer, dem die Verantwortung für den Betrieb nach Absatz 1 Satz 1 obliegt, hat alle Maßnahmen für die Sicherheit und den Gesundheitsschutz der Beschäftigten zu koordinieren und hierüber in seinem Sicherheits- und Gesundheitsschutzdokument die erforderlichen Einzelheiten festzulegen.

Dies betrifft auf einer Anlage für Tiefe Geothermie beispielsweise das Sicherstellen einer Personal- und einer Sachorganisation. Nachstehend sind jeweils auszugsweise Beispiele genannt, die je nach betrieblicher Situation nach Bergrecht oder nach Gewerberecht zu organisieren sind:

Personalorganisation, z. B.:

- Verantwortliche Personen (zum Teil bestellt nach BBergG) gemäß Organigramm des Unternehmens

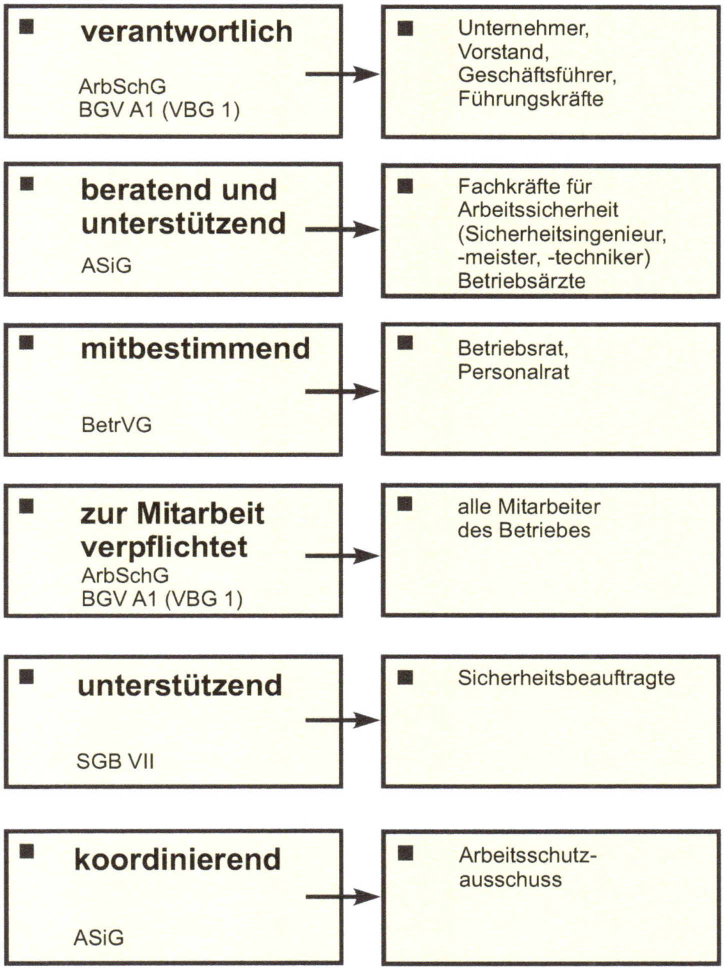

Abb. 25.9 Beteiligte an der betrieblichen Arbeitssicherheitsorganisation (Bauer)

- Fachkraft für Arbeitssicherheit und Betriebsarzt (BVOASi bzw. DGUV Vorschrift 2)
- Sicherheitsbeauftragte (BGV A1, SGB VII)
- Arbeitsschutzausschuss (Arbeitssicherheitsgesetz und Arbeitsschutzgesetz bzw. BVOA-Si)
- Ersthelfer (BGV A5)
- Elektrofachkraft (BGV A3 Elektrische Anlagen und Betriebsmittel)
- Kranführer (BGV D6 Krane)
- Gabelstaplerführer (BGV D29 und VDI 3313)
- Beschäftigte bei Schweißarbeiten (BGV D1)

Sachorganisation, z. B.:

- Verbandbuch und Unfallmeldung (BGV A5 Erste Hilfe, Aufzeichnung von Erste Hilfe-Leistungen)
- Erste Hilfe (BGV A5 Erste Hilfe, Erste Hilfe-Material)
- Arbeitsmedizinische Untersuchungen (BGV A4 Arbeitsmedizinische Vorsorge)
- Persönliche Schutzausrüstung (PSA-Benutzungsverordnung)
- Flucht- und Rettungsplan (ArbStättV)
- Brand- und Explosionsschutz (BetrSichV etc.)
- Sanitär-, Pausen-, Sozialräume (ArbStättV)
- Gefahrstoffe (GefStoffV, TRGS)
- Unterweisungen (aus Gefährdungsbeurteilung)
- CE-Kennzeichnung (Maschinenrichtlinien, BetrSichV)
- Anschlagmittel (VBG 9a)

Da insbesondere in der Planungs- und Bauphase zumeist Arbeiten parallel laufen und auch mehrere Firmen gleichzeitig beteiligt sind, führt das bei Tiefe Geothermie-Anlagen zu Arbeitsbereichen mit Tätigkeiten, in denen das Gewerberecht und zu solchen in denen das Bergrecht anzuwenden ist. Damit sind auch mehrere Behörden in der Antragstellung zuständig, z. B. zum Errichten und Ausführen des Gewinnungsbetriebs die Bergbehörde und zum Errichten und Führen des Kraftwerksbetriebes die Raumordnungs- bzw. Baubehörde. Zudem können zeitgleich mehrere Berufsgenossenschaften (BG) involviert sein, da z. B. der Betreiber als gegründete Gesellschaft der Verwaltungs-BG oder aber auch der BG Energie Textil Elektro zugehörig ist, die Bohrfirma bei der BG Rohstoffe und chemische Industrie sowie beteiligte Handwerkerfirmen bei der Maschinenbau- und Metall-BG oder dergleichen versichert sind.

Ein reales Beispiel eines derartigen Bohrbetriebsplatzes zur Erstellung entsprechender Bohrungen zeigt Abb. 25.10 im schematischen Grundriss und Abb. 25.11 als reale Ansicht. Während im inneren Bereich um den Bohrturm Bergrecht Geltung hat, unterliegt der äußere Bereich inkl. des Sozialbereichs dem Gewerberecht. Im Sozialbereich gemäß Abb. 25.10 ist beispielsweise keine persönliche Schutzausrüstung (PSA) zu tragen.

25.5 Gefährdungen und Belastungen bei Tiefer Geothermie

Die Gefährdungs- und Belastungsbeurteilung (GB) bzw. im Bergrecht das Sicherheits- und Gesundheitsschutzdokument (SGD) wurde bereits als das Hauptarbeitsinstrument zur Sicherstellung von Arbeits- und Gesundheitsschutz genannt. Die ABBergV schreibt hierzu in § 3 Sicherheits- und Gesundheitsschutzdokument (substanziell vergleichbar dem Inhalt von §§ 5 und 6 ArbSchG):

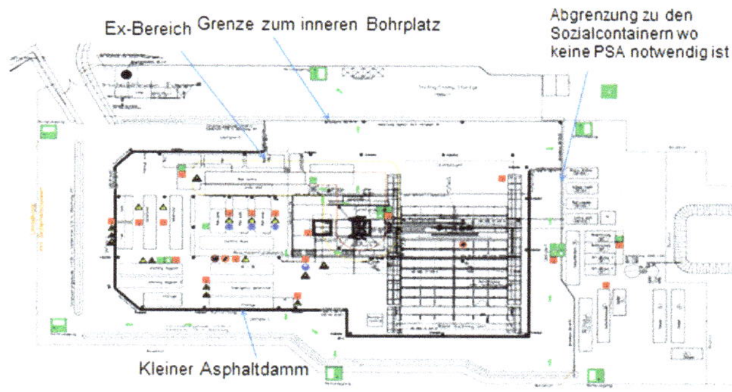

Abb. 25.10 Beispiel eines Bohrbetriebsplatzes für ein späteres Tiefe Geothermie-Kraftwerk im Grundriss

Abb. 25.11 Beispiel eines Bohrbetriebsplatzes für ein späteres Tiefe Geothermie-Kraftwerk

(1) Der Unternehmer hat dafür zu sorgen, dass als Maßnahme nach § 2 Abs. 1 Satz 1 und 2 ein Dokument über Sicherheit und Gesundheitsschutz (Sicherheits- und Gesundheitsschutzdokument) nach Maßgabe der Sätze 3 und 5, einschließlich der zusätzlichen Anforderungen des Anhangs 3 Nr. 1.1.1 bis 1.1.4, vor Aufnahme der Arbeit erstellt wird. Zur Erstellung des Sicherheits- und Gesundheitsschutzdokuments können auch andere im Betrieb

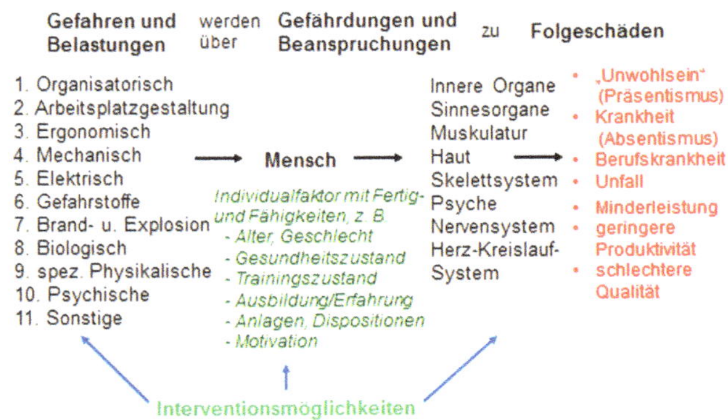

Abb. 25.12 Vereinfachtes Ursache-Wirkungs-Schadens-Modell (Bauer)

vorhandene Unterlagen verwendet werden. In dem Sicherheits- und Gesundheitsschutzdokument hat der Unternehmer darzulegen, dass unter Berücksichtigung der in Betracht kommenden Umstände und der Beurteilung der Arbeitsbedingungen die jeweils erforderlichen Maßnahmen, die der Sicherheit und dem Gesundheitsschutz der Beschäftigten dienen, rechtzeitig getroffen werden. Das Sicherheits- und Gesundheitsschutzdokument muss im Betrieb verfügbar sein. Aus ihm muss mindestens hervorgehen, dass

1. *die Gefährdungen, denen Beschäftigte, auch besonders gefährdete Beschäftigtengruppen, an den jeweiligen Arbeitsstätten ausgesetzt sind, ermittelt und einer Beurteilung unterzogen worden sind und zu welchen Ergebnissen die Beurteilung von Gefährdungen geführt hat;*
2. *angemessene Maßnahmen in technischer, organisatorischer und personeller Hinsicht für die Sicherheit und den Gesundheitsschutz der Beschäftigten getroffen werden;*
3. *die Arbeitsstätten und die Ausrüstung sicher gestaltet, betrieben und instandgehalten werden;*
4. *die Beschäftigten in geeigneter Weise über die Gefahren für Sicherheit und Gesundheit sowie die Schutzmaßnahmen und Maßnahmen zur Gefahrenverhütung an den jeweiligen Arbeitsstätten unterrichtet werden.*

Entsprechend gilt es, zuerst einmal für die einzelnen Phasen der Entstehung eines Tiefe Geothermie-Kraftwerkes die Tätigkeiten zu erfassen, mögliche Gefährdungen und Belastungen zu erkennen sowie entsprechende Schutzmaßnahmen festzulegen und fortlaufend zu überprüfen, ob weitere Verbesserungen nötig bzw. möglich sind. Dies muss jeder Unternehmer für seine Beschäftigten tun, bei gegenseitiger möglicher Gefährdung ist im Rahmen der erforderlichen Koordination der Zusammenarbeit entsprechend Absprache zu treffen. Zur Veranschaulichung, welche Gefährdungen und Belastungen bei welchen Tätigkeiten auftreten können, erweist sich das vereinfachte Ursache-Wirkungs-Schadens-Modell in Abb. 25.12 als hilfreich.

Für die einzelnen Phasen der Entstehung und für den späteren Betrieb des Kraftwerkes können dann nach Einteilung der entsprechenden Haupt- und Teiltätigkeiten die Gefähr-

Gefährdungs- und Belastungsbeurteilung

(Sicherheits- und Gesundheitsschutzdokument nach ArbSchG §§ 5, 6 bzw. ABBergV § 3)

Betrieb/Abteilung: **Muster-Anlage Geothermie** **Betriebspunkt/Arbeitsplatz:**

Tätigkeit: Rundgang einer Besuchergruppe Zum Handlungsbedarf **Stand:** 10.01.2014

Nr.	A 017	Arbeitsplatz/ Teiltätigkeit	Mögliche Gefährdungen und Belastungen	Risiko / Dringlichkeit rot	gelb	grün	Hand-lungs-bedarf	Schutzziel/ Quelle	notwendige Maßnahmen / Empfehlungen	Beauf-tragter Termin	Kontrolle (am) Datum
1		Info zum Aufenthalt im Werksgelände der Muster-Anlage. Unterweisung zum Informations-rundgang.	Unsachgemäßes Verhalten.		x			ABBergV bzw. ArbSchG, BGV A1	Nur entsprechend informierte und unterwiesene sowie gesunde Personen zur Begehung zulassen. Zeitgleich darf sich immer nur eine Besuchergruppe auf der Anlage befinden. Den Besuchern die Merkblätter aushändigen, sie einweisen und von ihnen unterschreiben lassen.		
2		Aufenthalt auf dem Betriebsgelände.	Stolpern, Ausrutschen.		x				Hinweis für Begleitpersonen: Unbedingt darauf achten, dass die Besucher diszipliniert die Anweisungen befolgen.		
									Darauf achten, dass pro max. 5 Besucher mindestens eine Begleitperson anwesend ist.		
3		Auf dem Besucherweg.	Stolpern, Ausrutschen, Anstoßen, Allgemeine Gefährdungen.		x			Merkblatt für Besucher der Muster-Anlage	Darauf achten, dass Fotoapparate, Handys, Handtaschen und andere Gegenstände nicht mitgenommen werden.		
									Darauf achten, dass der weiße Besuchermantel, die Überschuhe und Handschuhe angezogen werden.		

Abb. 25.13 Beispiel für eine Gefährdungs- und Belastungsbeurteilung bzw. ein Sicherheits- und Gesundheitsschutzdokument (Auszug, Bauer)

dungs- und Belastungsbeurteilungen erstellt werden. Hierbei können andere vorhandene Dokumente im Betrieb einbezogen bzw. es kann darauf verwiesen werden. Ein Beispiel für eine derartige Dokumentation zeigt Abb. 25.13 für das Führen einer Besuchergruppe auf dem Betriebsgelände während der Bauphase.

Ausgehend von den erstellten Dokumenten kann dann bei regelmäßig stattfindenden Sicherheitsbegehungen auf dem Betriebsgelände eine Überprüfung der umzusetzenden Maßnahmen stattfinden und eine fortlaufende ergänzende Dokumentation erstellt werden (Abb. 25.14), die allen Führungskräften zugeht.

Ansonsten weisen Tiefe Geothermie-Anlagen keine besonders von anderen Unternehmen herausragenden Gefährdungen und Belastungen aus, die es erforderlich machen würden, auch als besondere Risiken darauf zu verweisen, wie das bei anderen Themen inkl. der Umweltrisiken durch Erschütterungen und dgl. der Fall ist (Abb. 25.15). So ist es auch nicht verwunderlich, dass bei den Arbeitsunfällen – wie in vielen anderen Unternehmen auch – als Hauptverletzungsursachen Werkzeug, Ausrüstung, fallende Gegenstände, Rutschen, Stolpern, Fallen und Hebearbeiten zu nennen sind.

Von daher sind auch Geothermieanlagen bei entsprechendem Engagement im Arbeits- und Gesundheitsschutz mit geringem Risiko zu betreiben. Zu den erfolgreichen „Werkzeugen" zählen auf jeden Fall Sicherheitsbegehungen, Ein-/Unterweisungen, Sicherheitskurzgespräch/„5-Minuten-Gespräch" direkt vor Aufnahme gefährlicher Arbeiten, Beobachten und Ansprechen, Sicherheit als Thema auf den Meetings, Fremdfirmen-/Kontraktoren-

A + S - Analyse und Arbeits(platz)beurteilung gemäß den gesetzlichen Arbeitsschutzvorschriften									
Nr	Gebäude/ Arbeitsbereich/ Arbeitsplatz/Tätigkeit	1	2	3	Ist-Zustand am: Begehung am	Bemerkung Empfohlene Maßnahmen	Quellen	Verant-wortung/ Termin	Kontrolle durch/ Termin
	Bohrplatz				07.01.2014				
2					Stolpergefahr durch zu geringe Trittfläche und Höhendifferenz Türkante/Stufe	Vor Container für ausreichende Trittfläche auf gleichem Niveau sorgen, siehe Punkt 21		H. Muster 14.02.2014	10.02.2014 Podest erstellt
3					Flucht- und Verkehrswege sind ausreichend breit				
4					Stolpergefahr durch Schläuche und Kabel im Verkehrsweg	Schläuche und Kabel am Rand ggf. in einem Kabelkanal verlegen. Bei Kreuzen des Verkehrsweges, überfahrbaren Schutzkanal benutzen	BGV A1, ASR 8/1, BGR 181	H. Keiner 13.01.2014	10.01.2014 Schläuche weggeräumt
13					Fehlende Betriebs-anweisungen	Betriebsanweisungen der verwendetene Gefahrstoffe aushängen, Gefahrstoffverzeichnis für Bohrplatz aktualisieren	GefStoffV, GesBergV, TRGS 500	H. Muster 31.01.2014	

Abb. 25.14 Beispiel für einen Auszug aus einem Sicherheitsbegehungsprotokoll (Bauer)

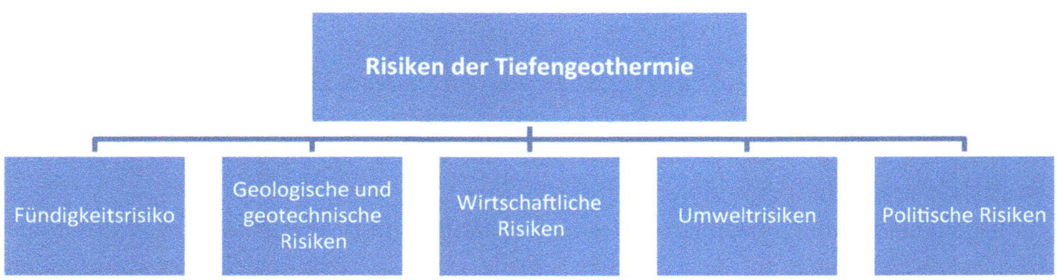

Abb. 25.15 Risiken der Tiefen Geothermie (Bundesverband Geothermie)

management, Konsequenzen mit „Lob/Tadel", Arbeitsfreigabeschein, Ereignisanalyse mit One-Pager (Kurzdarstellung eingetretener Ereignisse), Beinahe-Unfälle (Near-Miss), kontinuierliches Verbesserungswesen mit Betrieblichem Vorschlagswesen, Checklisten für bestimmte wiederkehrende Arbeiten, Monitoring mit Key Performance Indicators (KPI) an die Führungskräfte/Unternehmensleitung.

Insbesondere das Engagement und die Einstellung der Führungskräfte, beginnend mit der Unternehmens-/Betriebsleitung, sind letztendlich ausschlaggebend für den jeweiligen Erfolg im Arbeits- und Gesundheitsschutz. Von daher ist besonderes Augenmerk auf eine regelmäßige Einbindung dieser Führungskräfte auch in die Rückmeldung der Ergebnisse wichtig. Abbildung 25.16 zeigt ein Beispiel mit einem Auszug an „Werkzeugen" im Arbeits- und Gesundheitsschutz für eine Tiefe Geothermie-Anlage. In diesem Falle wird jedes Mal

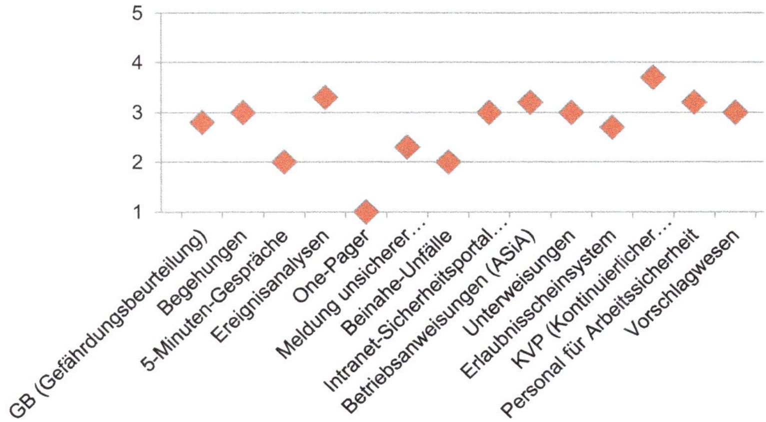

Abb. 25.16 Monitoring der „Qualität der Werkezeuge" im Arbeits- und Gesundheitsschutz (Bauer)

nach einer Begehung etc. eine Einstufung der Ist-Situation vorgenommen, im Beispiel mit einer 5-poligen Skalierung (z. B. 1 sehr gut, 5 sehr schlecht), sodass sofort die Qualität auch ablesbar ist. Derartiges Vorgehen erweist sich zur Steuerung der Aktivitäten als sehr nutzbringend.

25.6 Arbeits- und Gesundheitsschutzmanagementsystem

Erfolge sind meist das Ergebnis richtig geplanter Maßnahmen, die konsequent in die Praxis umgesetzt wurden. Entsprechend müssen die Maßnahmen zu Arbeits- und Gesundheitsschutz, die erfolgreich umgesetzt werden sollen, geplant und organisiert sein. Dabei reicht es nicht aus, sich auf das eigene Interesse der Mitarbeiter oder den „guten Willen" des Unternehmers zu verlassen. Die Aufgaben zu Arbeits- und Gesundheitsschutz müssen eindeutig beschrieben und in die Betriebsstruktur einer Tiefe Geothermie-Anlage eingegliedert werden. Im Sinne eines fortlaufenden Verbesserungsprozesses bieten sich Übersichtsbilder an, in denen immer wiederkehrend Risiken für den Betrieb beurteilt werden. In Abb. 25.17 ist ein derartiges Bild für die Planungsphase einer Tiefe Geothermie-Anlage dargestellt. Hinter den einzelnen Items werden entsprechende Kriterien definiert, anhand derer dann die Situation aktuell zwischen im Beispiel 1 (sehr schlecht) und 10 (ausgezeichnet) beurteilt werden kann. Durch Festlegung entsprechender Maßnahmen kann folgernd die Situation zielgerichtet weiter entwickelt werden. Damit werden auch die Themen des Arbeits- und Gesundheitsschutzes stärker in den Fokus aller Führungskräfte gerückt.

Gefragt sind demnach methodische Lösungen, die es dem Betrieb ermöglichen, den Gedanken des systematischen Arbeits- und Gesundheitsschutzhandelns in alle betrieblichen Organisationsebenen wirksam hinein zu tragen, bei allen Tätigkeiten zu berücksichtigen und durch geeignete Maßnahme umzusetzen. Diese Aufgabe kann und darf nicht dem

Abb. 25.17 Monitoring der betriebsrelevanten Faktoren, hier für die Planungsphase einer Tiefe Geothermie-Anlage (Wetscherkowski und Bauer)

Zufall überlassen sein. Sie muss vielmehr im Sinne der Vorschriften des Arbeitsschutzgesetzes bzw. Bundesberggesetzes organisiert werden, d. h. Arbeits- und Gesundheitsschutz muss vom Arbeitgeber gemanagt werden.

Arbeits- und Gesundheitsschutzmanagement nutzt dem Betrieb und den Beschäftigten. Ein Managementsystem ist hierbei nichts anderes als ein systematisiertes Führungs- und Organisationssystem. Hinter dem „hochtrabenden" Begriff des Managementsystems verbergen sich also in Summe die Führungsaufgaben, wie planen, entscheiden, delegieren und kontrollieren, die systematisiert und organisiert wahrgenommen werden müssen. Wichtig ist vor allem, dass Kern- und Standardprozesse formalisiert werden müssen. Systematisierte und standardisierte Regelungen für diverse Arbeitsabläufe sollten getroffen und am besten schriftlich vereinbart werden. Hierbei ist ein zertifiziertes Managementsystem durchaus von Vorteil. Gerade im Bereich der Bohrunternehmen sind etliche Anbieter bereits heute nicht nur nach DIN EN ISO 9001 im Qualitätsmanagement zertifiziert, sondern haben auch weitere Zertifizierungen, z. B. nach Safety Certificate Contractor (SCC).

Arbeits- und Gesundheitsschutzmanagement – mit oder ohne einer anerkannten externen Zertifizierung – ist damit gleichbedeutend mit systematischem Arbeitsschutzhandeln. Mit vertretbarem Aufwand kann durch ein systematisches Handeln die Führungsaufgabe Arbeitssicherheit erfüllt werden:

1. Arbeits- und Gesundheitsschutz als Führungsaufgabe aktiv wahrnehmen
2. Arbeitssicherheitsorganisation aufbauen

3. Arbeitsbedingungen beurteilen und Schutzmaßnahmen umsetzen (GB, SGD)
4. Arbeits- und Gesundheitsschutz in die Betriebsabläufe einbeziehen
5. Kontinuierlich überprüfen und aus Fehlern lernen

Literatur

Bauer, M.: Arbeits- und Gesundheitsschutz in klein- und mittelständischen Unternehmen. In: Handbuch Arbeitsschutz, S. 177–214. DWD, München (2004)

Bauer, M.: Betriebsbeauftragte – Rechtsgrundlage, Funktion, Verantwortlichkeit und Kompetenzen. In: Gefahr/gut, 4. Aufl., S. 8–10. Verlag Heinrich Vogel GmbH, München (1999)

Bauer, M.: Einbindung des Arbeitsschutzes bei der Planung und vor der Beschaffung. In: Jäger, W. (Hrsg.) Loseblattwerk Betriebliche Arbeitssicherheit – Rechtsgrundlagen, Praxis, Dokumentation Ergänzungslieferung, Bd. 6, ecomed verlagsgesellschaft, Landsberg (1996)

Bauer, M.: Eine Verordnung verändert den betrieblichen Alltag: Die Umsetzung der GesBergV bei Saarberg. In: Arbeit und Sicherheit, 46. Aufl. Bd. 9, S. 8–9. Verlag Glückauf GmbH, Essen (1993)

Bauer, M.: Ergonomie – die richtige Entscheidung für Arbeitgeber und Arbeitnehmer. In: Sicherheit + Management 7, 2. Aufl., S. 130–134. GIT-Verlag GmbH, Darmstadt (1998)

Bauer, M.: Ergonomie am Bildschirmgerät. In: Arbeit und Sicherheit 47, Bd. 1/2, S. 9. Verlag Glückauf GmbH, Essen (1994)

Bauer, M.: Gefahrstoffen den Schrecken nehmen. Zeitschrift des Saarberg-Konzerns **7**, 11 (1993). Saarbergwerke AG, Saarbrücken

Bauer, M.: Mitarbeiter können Arbeitsplatz mitgestalten. In: Mitarbeiterinformation der Saarbergwerke AG, S. 1–2. Saarbergwerke AG, Saarbrücken (1994)

Bauer, M.: Motivation durch Partizipation als wesentlicher Bestandteil modernen Arbeitsschutzes. In: Loseblattwerk Betriebliche Arbeitssicherheit – Rechtsgrundlagen, Praxis, Dokumentation 21. Ergänzungslieferung, Bd. 12, S. 1–9. ecomed verlagsgesellschaft, Landsberg (1997)

Bauer, M.: Produktivitätsmerkmal Arbeitsschutz. Kompaß **104**(2), 59–67 (1994). Bergbau-Berufsgenossenschaft und Bundesknappschaft, Bochum

Bauer, M.: Specific problems of PPE design from the viewpoint of a safety engineer. BIA-Report **2**(99), 139–151 (1999)

Bauer, M.: Spezielle Probleme der Gestaltung von PSA aus der Erfahrung eines leitenden Sicherheitsingenieurs. In: Loseblattwerk Betriebliche Arbeitssicherheit – Rechtsgrundlagen, Praxis, Dokumentation 22. Ergänzungslieferung, Bd. 2, S. 23–34. ecomed verlagsgesellschaft, Landsberg (1998)

Bauer, M.: Stand und Perspektiven eines modernen Arbeitsschutzkonzepts im Bergbau. Tagungsband der AGiB anlässlich Symposiums „Arbeits- und Gesundheitsschutz im Steinkohlenbergbau", Saarbergwerke AG, Homburg, 231–235 (2002)

Bauer, M., Engeldinger, A.: Die Umsetzung der Gesundheitsschutz-Bergverordnung bei der Saarbergwerke AG. Kompaß **103**(6), 280–286 (1993). Bergbau-Berufsgenossenschaft und Bundesknappschaft, Bochum

Bauer, M., Engeldinger, A.: Entwicklung einer neuen Staubschutzmaske in Zusammenarbeit Dräger/Saarbergwerke. In: Drägerheft Mitteilungen der Drägerwerk AG, Bd. 359, S. 14–16. Drägerwerk AG, Lübeck (1995)

Bauer, M., Engeldinger, A., Jager, J.: Quickguide Haftungsrisiken für technische Führungskräfte. WEKA MEDIA GmbH & Co. KG, Kissing (2009). 180 Seiten

Bauer, M., Homberg, F.: Constructive ergonomics. In: Occupational Safety & Health, S. 16–22. The Royal Society for the Prevention of Accidents, Birmingham (1999)

Bauer, M., Homberg, F.: Erfahrungen mit ergonomischer Gestaltung von Arbeitsmaschinen und Auswirkungen auf die Belastung und Gefährdung der Fahrer. Bergbau **50**(1), 18–22 (1999). Makossa Werbe- und Verlagsgesellschaft mbH, Gelsenkirchen

Bauer, M., Lang, W.: Arbeitssicherheit als gleichrangiges Unternehmensziel neben Wirtschaftlichkeit. In: Saarbrücker Bergmannskalender 1996, S. 17–32. Saarbergwerke AG, SDV Saarbrücker Druckerei und Verlag GmbH, Saarbrücken (1995)

Bauer, M., Michahelles, R.: Motivation durch Arbeitssicherheitsmanagement. In: Loseblattwerk Betriebliche Arbeitssicherheit – Rechtsgrundlagen, Praxis, Dokumentation 21. Ergänzungslieferung, Bd. 12, S. 1–31. ecomed verlagsgesellschaft, Landsberg (1997)

Bauer, M., Michahelles, R.: Sicherheitsmanagement I – Sicherheitsmanagement ist Chefsache. In: Der Karriereberater, Bd. 2, S. 169–184. VBU-Verlag Beste Unternehmensführung GmbH, Bonn (1995)

Bauer, M., Michahelles, R.: Sicherheitsmanagement II – Sicherheitsmanagement ist Mitarbeitersache. Der Karriereberater **5**, 185–200 (1995). VBU-Verlag Beste Unternehmensführung GmbH, Bonn

Bauer, M., Michahelles, R.: Sicherheitsmanagement III – Der Sicherheitsexperte als Coach. Der Karriereberater **7**, 191–208 (1995). VBU-Verlag Beste Unternehmensführung GmbH, Bonn

Bauer, M., Prinz, R.: Der Beauftragte im Umfeld der Managementsysteme. Kompaß **109**(5), 113–117 (1999)

Bauer, M., Zieder, J.: Bessere Übersicht – Beauftragten(un)wesen. Kompaß **108**(6), 255–257 (1998). Bergbau-Berufsgenossenschaft und Bundesknappschaft, Bochum

Bauer, M., Zieder, J.: Bessere Übersicht über das Beauftragten(un)wesen. Sicherheitsingenieur **29**(9), 30–33 (1998)

Dibbelt, S., Bauer, M.J., Herz, S.: Mitarbeiterbefragung als Instrument eines partizipativen Change Managements. Glückauf **137**(5), 257–262 (2001). Verlag Glückauf GmbH, Essen

Engeldinger, A., Bauer, M.: Entwicklung und Umsetzung eines normierten Verfahrens zur Beurteilung von Gefährdungen und Belastungen für kleine und mittelständische Betriebe. Sicherheitsingenieur **32**(1), 12–17 (2001). Dr. Curt Haefner-Verlag GmbH, Heidelberg

Fuchs, E., Wittling, D., Bauer, M.: Brand- und Explosionsschutz im maschinellen Streckenvortrieb und im Abbau. Glückauf-Forschungshefte **56**(6), 155–159 (1995). Verlag Glückauf GmbH, Essen

Homberg, F., Bauer, M.: Erfahrungen zur Umsetzung aus Sicht eines Präventionsdienstleisters – Bildschirmarbeitsverordnung. Sicherheitsingenieur **32**(3), 18–22 (2001). Dr. Curt Haefner-Verlag GmbH, Heidelberg

Homberg, F., Bauer, M.: Lärm- und Schwingungsschutz im Steinkohlenbergbau. Bergbau **1**(46), 11–17 (1995). Makossa Werbe- und Verlagsgesellschaft mbH, Gelsenkirchen

Homberg, F., Bauer, M.: Lärm- und Schwingungsschutz im Steinkohlenbergbau, Teil 2. Bergbau **46**(2), 55–57 (1995). Makossa Werbe- und Verlagsgesellschaft mbH, Gelsenkirchen

Homberg, F., Bauer, M.: Neue VDI-Richtlinie 2057: 2002 – Frühere Messwerte können weiter genutzt werden. In: Humanschwingungen VDI-Berichte, Bd. 1821, S. 239–250 (2004)

Homberg, F., Bauer, M.: Praktische Beispiele ergonomischer Arbeitsplatzgestaltung und deren Auswirkungen auf die Produktivität bei einem mittelständischen Automobilzulieferer. In: Psychologie der Arbeitssicherheit und Gesundheit, S. 286–290 (2001)

Homberg, F., Bauer, M.: Verbesserung der Akzeptanz von PSA durch ergonomische Gestaltung. Sicherheitsingenieur **32**(2), 22–25 (2001). Dr. Curt Hafner-Verlag GmbH, Heidelberg

Homberg, F., Laurig, W., Bauer, M., Pietsch, A., Gerke, G.: Erfahrungen mit partizipativer Arbeitsgestaltung zur Verbesserung von Arbeitsbedingungen und Produktivität. In: Arbeitsgestaltung, Flexibilisierung, Kompetenzentwicklung Bericht zum 47. Kongress der Gesellschaft für Arbeitswissenschaft, Kassel, 14. - 16. März 2001. GFA-Press, Dortmund (2001)

Laurig, W., Schütte, M., Bauer, M., Homberg, F.: Beurteilung von Arbeitsbedingungen durch Mitarbeiter als Grundlage für eine präventive und prospektive Gestaltung. In: Bericht zum 46. Arbeitswissenschaftlichen Kongress, 15. bis 17. 03.2000. S. 589–591. Berlin der Gesellschaft für Arbeitswissenschaft e. V., Dortmund (2000)

Levin, G., Bauer, M., et al.: Neue Strategien der Unfallverhütung Tagungsband der Arbeitsgemeinschaft des Saarlandes zur Erforschung und Förderung des Gesundheitsschutzes im Bergbau e. V., Saarbrücken, 27.-29. April 1994, S. 210–220 (1994)

Peters, C., Homberg, F., Bauer, M., et al.: Schwingungsmessungen zur Transportbelastung Früh- und Neugeborener bei Inkubatortransporten. Klinische Pädiatrie **209**(5), 315–320 (1997). Verlag F. Enke, Stuttgart

Bauer, S.L.M., Liebich, M.: Die Biostoffverordnung regelt den Arbeitsschutz in einem speziellen Problembereich. Kompass **110**(5-6), 146–147 (2000). Bergbau-Berufsgenossenschaft und Bundesknappschaft Bochum

Vedder, J., Laurig, W., Bauer, M., Homberg, F.: Ergonomische Gestaltung und Bewertung von Nutzfahrzeugen Bericht zum 46. Arbeitswissenschaftlichen Kongress der Gesellschaft für Arbeitswissenschaft e. V., Berlin, 15.–17.03.2000, S. 665–668 (2000)

Wagner, G., Bauer, M.: Erfahrungen und Vorgehen bei der Beschäftigung von Fremdfirmen aus der Sicht des Arbeitsschutzes. Sicherheitsingenieur **32**(4), 14–19 (2001). Dr. Curt Haefner-Verlag GmbH, Heidelberg

Geothermiebranche Deutschland

26

Hubert Hegele und Erwin Knapek

Inhaltsverzeichnis

Zusammenfassung

Alles ist Energie und Energie ist alles. Unsere Gesellschaft, unser Wohlstand und unsere Lebensverhältnisse hängen von Energie ab. Diese Energie wird in riesigen Mengen in Deutschland verbraucht. Heizungen, Kühlschränke, Computer, Klimaanlagen und Licht wären lahmgelegt, sollte keine Energie zur Verfügung stehen. Einen Teil dieser Verfügbarkeit stellt die Tiefe Geothermie. Ob die Versorgung von Wärme, Kälte oder Strom.

Doch wie sieht der Markt der Tiefen Geothermie tatsächlich aus? Welche Marktteilnehmer beteiligen sich an der Wertschöpfungskette Tiefe Geothermie? Welche Herausforderungen stellen sich für die Tiefe Geothermie um einen größeren Anteil am Primärenergieverbrauch in Deutschland zu erreichen?

Hubert Hegele (✉) · Dr. Erwin Knapek
Augsburg, Deutschland
e-mail: hubert.hegele@gec-co.de, erwin.knapek@gmx.de

M. Bauer et al. (Hrsg.), *Handbuch Tiefe Geothermie*, DOI 10.1007/978-3-642-54511-5_26,

Die Grundzüge der Geothermiebranche werden erörtert. Durch Befragungen der einzelnen Unternehmen, die sich im Marktsegment der Tiefen Geothermie bewegen wurden Perspektiven, Herausforderungen und Ziele der Branche evaluiert.

Um gerade die Perspektive aus Unternehmersicht herauszufinden, wurden die Meinungen der Branche über die zukünftige Ausrichtung erfragt. Dabei wurde deutlich, dass eine realistische Einschätzung der Unternehmen zum Wachstum und Anteil der Geothermie am Markt der erneuerbaren Energien vorhanden ist. Jedoch nur mit bestimmten begleitenden Faktoren sei dies möglich. Hier spielen Erfahrungswerte anderer Projekte eine enorme Rolle. Je mehr Projekte umgesetzt werden, desto mehr Erfahrungen bestehen. Nur darf dabei nicht vergessen werden, diese Erfahrungen auch auszutauschen und zugänglich zu machen. Ein weiterer Faktor ist die Entwicklung des Erneuerbaren-Energien-Gesetzes. Die kommende Novellierung steht 2014 vor der Türe.

Hier ist für die Branche ein Vertrauensschutz durch die Politik, sowie eine Akzeptanz in der Bevölkerung von hoher Bedeutung, um die Tiefe Geothermie weiter an dem Ausbauprozess der Energiewende zu beteiligen. Als heimische, lokal genutzte Energieform bietet sie Versorgungsunabhängigkeit aufgrund ihrer Ungebundenheit an wetterbedingte Faktoren. Gerade diese dezentrale Nutzungsmöglichkeit ist der ausschlaggebende Grund, weshalb die Branche in einem neuen Energiemarktdesign mit den drei Energieformen Strom, Wärme und Kälte eine wichtige Rolle in der Zukunft sieht.

Schlüsselwörter

Marktübersicht • Geothermiebranche • Perspektiven • Zukunftsausblick • Unternehmensanalyse • Marktanalyse • Branchenübersicht • Strom • Wärme • Kälte

26.1 Einleitung

Trotz früherer tiefengeothermischer Wärmeprojekte in der ehemaligen Deutschen Demokratischen Republik (Mecklenburg-Vorpommern) und in Bayern erhielt die Tiefen Geothermie erst nach der Einführung des Erneuerbaren-Energien-Gesetzes (EEG) und der Umsetzung erster ambitionierter Projekte (z. B. Unterhaching) einen Antrieb, der die Branche in das Blickfeld der bundesdeutschen Bevölkerung und vor allem der lokalen Energieversorger brachte. Somit war der Grundstein für die Entwicklung der tiefengeothermischen Branche gelegt.

Die Branche der Tiefen Geothermie besteht zu mehr als 80 % aus kleinen und mittleren Unternehmen (KMU), 50 % der Unternehmen beschäftigen nicht mehr als 20 Personen. Großkonzerne, die sich unter anderem auch als Gründungsmitglieder des Wirtschaftsforums Geothermie in die Tiefen Geothermie einbrachten, zeigten im Laufe der Entwicklungen eine eher zurückhaltende Marktposition.

Letzteres weist darauf hin, dass Pionierarbeiten in einer aufstrebenden Branche üblicherweise von KMU (Start-Up) vorangetrieben werden. Dies führt dazu, dass viele KMU, die sich im Markt der Tiefen Geothermie bewegen, noch keinen hohen finanziellen Rückhalt haben, somit wirtschaftlich strenger kalkulieren müssen und sich keine finanziellen Fehlschläge erlauben können. Ohne die Möglichkeiten des EEG mit einer garantierten Einspeisevergütung ist bis heute eine sichere, wirtschaftliche Perspektive nicht bzw. kaum möglich. Die Unsicherheit, die seit 2012 in der Energiewende durch die Strompreisdiskussion entstand, führt gerade bei KMU zu unkalkulierbaren wirtschaftlichen Risiken. So liegen (Stand Oktober 2013) z. B. im Süddeutschen Molassebecken knapp 1 Mrd. € an geplanten Investitionskosten brach. Das Ausbleiben dieser Investitionen erhöht zusätzlich das wirtschaftliche Risiko in der gesamten noch relativ jungen Branche der Tiefen Geothermie, da eigentlich geplante Umsätze auf unbestimmte Zeit verschoben werden.

Um diese Unsicherheit in der Branche auflösen zu können, wäre eine schnelle Strukturierung des bestehenden EEG auf die speziellen Gegebenheiten der Tiefen Geothermie seitens der Politik in Angriff zu nehmen. Der komplexe technische Aufbau und administrative Aufwand eines tiefengeothermischen Kraftwerkes ist sehr zeit- und kostenintensiv. Mit bis zu sieben Jahren Umsetzungszeit ohne wirtschaftliche Einnahmen in diesem Zeitraum müssen Projektanten kalkulieren. Aus diesem Grund müssen die rechtlichen und wirtschaftlichen Rahmenbedingungen für die Errichtung der geothermischen Anlagen verlässlich ab einem bestimmten Stand des Projektes (z. B. nach abteufen der ersten Bohrung) für die Zeit der Inbetriebnahme und danach festgelegt werden.

Nur so kann erreicht werden, dass der nötige Zubau neuer tiefengeothermischer Anlagen für die Bereitstellung CO_2-freier und grundlastfähiger Wärme und Strom verstetigt wird und zu den gewünschten Kostenreduktionen führt.

26.2 Grundzüge der Geothermiebranche in Deutschland

Um über einen Marktüberblick der Geothermiebranche in Deutschland zu verfügen, wurde im Jahr 2012 eine Marktanalyse durch das Wirtschaftsforum Geothermie e. V. durchgeführt. Hierbei ist die hohe Anzahl an Unternehmen zu sehen, die an der Wertschöpfungskette Tiefen Geothermie in den verschiedenen Stufen beteiligt sind. Zur Durchführung der Erstellung eines Kraft-Heizwerkes sind bis zur Beendigung der Arbeiten und bis zum Netzstart zahlreiche Unternehmen gefragt, die der Projektbetreiber koordiniert. Grundvoraussetzung war, dass die Unternehmen an der Wertschöpfungskette der Tiefen Geothermie in Deutschland teilhaben. Folgende Marktsektoren wurden in Betracht gezogen (Tab. 26.1).

26.3 Evaluierung der Geothermiebranche

Es wird bei der Marktanalyse kein globaler Gesamtmarkt, sondern ein regionaler Markt, in diesem Falle Deutschland, betrachtet. Da ein Überblick über den Geothermiemarkt in Deutschland nur in Auszügen vorhanden ist, dient die vorliegende Analyse als Bran-

Tab. 26.1 Marktsektoren

Planung von geothermischen Energiesystemen
Hersteller von Wärmepumpen
Bohrunternehmen
Bohrservices
Energieversorgung/Contracting
Kraftwerksplanung
Energieversorger
Dienstleister im Bereich der Tiefen Geothermie

chenübersicht. Dazu wird ein Zukunftsausblick erörtert, der diverse Problemfelder und Aussichten in Betracht zieht. Mit Hilfe von Umfrageergebnissen, deren Auswertung und Handlungsempfehlungen ist eine Analyse der der Geothermiebranche Deutschland erfolgt. So erfolgt im ersten Schritt eine Diagnose und im zweiten Schritt eine Prognose des Marktes der Tiefen Geothermie in Deutschland.

Eine strategische Marktanalyse stellt Informationen zur Verfügung, die den langfristigen, strategischen Informationsbedarf im Rahmen eines bestimmten Marktes, in diesem Falle des Marktes der Tiefen Geothermie, eine fundierte Beurteilung der Marktsituation sowie eine begründete Entscheidung ermöglichen. Sie untersucht z. B. Marktvolumen, Zukunftsaussichten, Potenziale und Marktanschauungen. Ziel dabei ist es, ein marktorientiertes Problembewusstsein zu schaffen, das Verständnis der Branche zu analysieren, und damit bestenfalls eine Basis zu generieren, um strategische Entscheidungen durch beispielsweise Marketingaktivitäten zu treffen (vgl. Research Fellows 2012).

Als zugrundeliegende Basis erfolgt eine Marktabgrenzung. Sie wurde mit Hilfe der Wertschöpfungskette der Tiefen Geothermie (vgl. Bracke 2008, S. 22 f.) ausgearbeitet. Grundlegende Informationen wurden dabei aufgegriffen, da es zu Problemen kommen kann, wenn bei der Marktabgrenzung entschieden wird, was einen relevanten Markt ausmacht. So wurden die Marktsektoren: Planung von geothermischen Energiesystemen, Hersteller von Wärmepumpen, Bohrunternehmen, Bohrservices, Energieversorgung/Contracting, Kraftwerksplanung, Energieversorger und Dienstleister im Bereich der Tiefen Geothermie festgelegt, die für die Tiefen Geothermie von Bedeutung sind. Für die Unterscheidung hinsichtlich der Größe des Marktes wird auf das Absatzvolumen der jeweiligen Unternehmen eingegangen, welches speziell im Markt der Tiefen Geothermie erwirtschaftet wird. Die rechnerische Ermittlung des Marktanteils der angefragten Unternehmen ist wie folgt definiert:

$$\frac{\text{Eigener Umsatz}}{\text{Gesamtumsatz} \times 100}$$

(vgl. Hüttner und Schwarting 2002, S. 372).

Das Untersuchungsobjekt bzw. die Grundgesamtheit setzt sich zusammen aus Geschäftsführer, Abteilungsleiter und weiteren Beschäftigten, die im Bereich der Tiefen

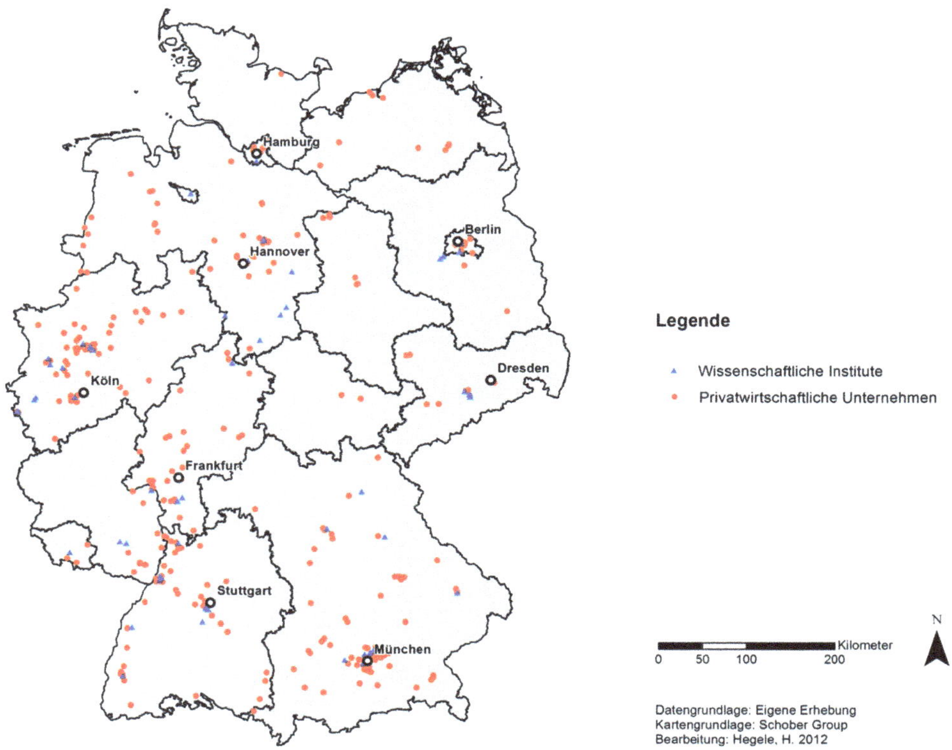

Abb. 26.1 Unternehmensverteilung in Deutschland

Geothermie in angeschriebenen Unternehmen und wissenschaftlichen Instituten tätig sind. Es wurden 411 Personen befragt. Um einen Überblick der angeschriebenen Unternehmen und wissenschaftliche Institute zu erhalten, dient die Visualisierung in Abb. 26.1. Hier ist festzustellen, dass die räumliche Lokalisierung vor allem im Bayerischen Molassebecken, dem Oberrheingraben und in den großen Zentren (Ruhrgebiet, Hannover, Berlin, Stuttgart) stattfindet.

26.4 Analyse der Unternehmen

26.4.1 Unternehmensgröße und Beschäftigte

Kleine Unternehmen (bis 20 Beschäftigte) machen den Hauptanteil mit 52 % der Nennungen aus. Allein 31 % der Firmen befinden sich im Spektrum 1 bis 5 Mitarbeiter (siehe Abb. 26.2). Dies entspricht 20 Nennungen. Die Betriebsgrößen 51 bis 250, 250 bis 1000

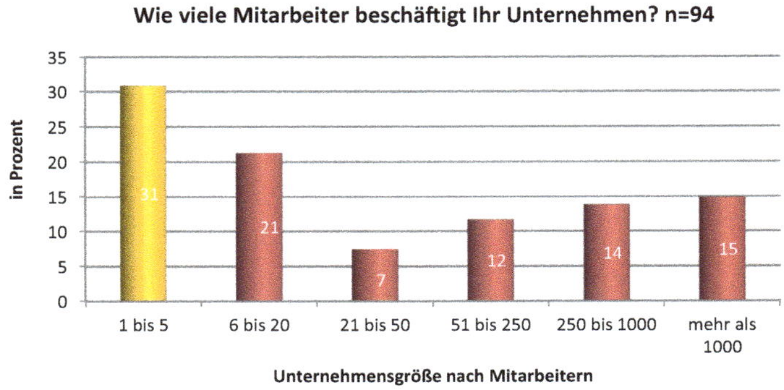

Abb. 26.2 Unternehmensgröße nach Mitarbeitern

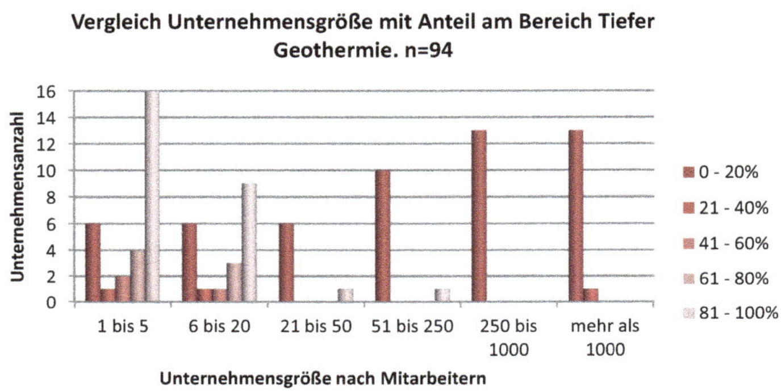

Abb. 26.3 Unternehmensgröße und Anzahl der Beschäftigten im Bereich der Tiefen Geothermie

und mehr als 1000 Mitarbeiter befinden sich auf einem identischen Niveau zwischen 12 und 15 %.

In Abb. 26.3 wurde nun die Unternehmensgröße mit dem zugehörigen Anteil am Bereich der Tiefen Geothermie verglichen. Dabei ist zu festzustellen, dass kleine Firmen ihren Umsatz in hohem Maße in der Tiefen Geothermie erwirtschaften, da dies das Hauptgeschäftsfeld darstellt. So ist zu erkennen, dass von insgesamt 29 Unternehmen, die 1 bis 5 Mitarbeiter beschäftigen, 16 Unternehmen einen 80–100-prozentigen Mitarbeiteranteil im Bereich der Tiefen Geothermie haben. Je mehr Mitarbeiter ein Unternehmen besitzt, desto weniger Mitarbeiter sind im Bereich der Tiefen Geothermie angestellt. So nannten alleine fünf Firmen, mit mehr als 1000 Beschäftigten, den Anteil der Tiefen Geothermie bei 0,1 und weniger Prozent. Jedoch haben zwei Firmen mit mehr als 1000 Mitarbeitern einen Anteil von zehn Prozent und eine einen Anteil von 30 %.

Anhand der Mittelwerte der Unternehmensgröße wurden nun die Realmitarbeiter errechnet. Wie in Abb. 26.4 zu erkennen ist, entfallen auf Unternehmen mit einer Größe von 1 bis 5 Mitarbeitern die geringsten Anteile. Hier spiegelt sich auch die Tatsache wider,

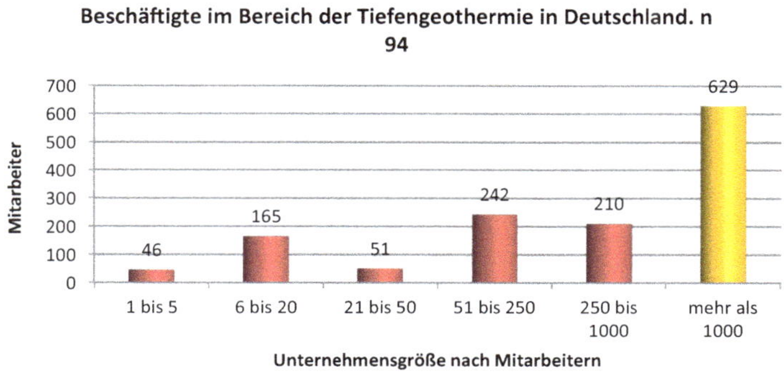

Abb. 26.4 Beschäftigte in der Tiefen Geothermie

dass sich bei Firmen mit einer hohen Beschäftigtenanzahl (mehr als 1000 Beschäftigte) und einem hohen Prozentanteil an Mitarbeitern, die für die Tiefen Geothermie tätig sind, generell hohe Beschäftigungszahlen ergeben. So beinhaltet eine Firma mit einem Anteil von 30 % Beschäftigten im Feld der Tiefen Geothermie über 300 Beschäftigte, obwohl dort als Grundlage die unterste Beschäftigtenanzahl von 1001 angenommen wird. Dementsprechend kommen die Firmen mit einer Mitarbeiteranzahl von 51 bis mehr als 1000 auf drei Viertel des Beschäftigtenanteils am Markt der Tiefen Geothermie in Deutschland. Die Firmen bis 50 Mitarbeiter kommen auf 262 Mitarbeiter, was dem restlichen Viertel entspricht. Insgesamt sind bei den 94 Firmen, die geantwortet haben 1344 Personen im Bereich der Tiefen Geothermie beschäftigt. Bei 94 Antworten ergibt das einen durchschnittlichen Beschäftigtenwert von 14,3 Beschäftigten pro Unternehmen.

26.4.2 Brancheneintritte und Unternehmensverteilung

In Abb. 26.5 sind die Unternehmenseintritte ins Geschäftsfeld der Tiefen Geothermie dargestellt. Die hervorgehobenen Balken kennzeichnen den Eintritt des EEG im Jahr 2000 sowie die folgenden Novellierungen in den Jahren 2004 und 2009. Erkennbar ist, dass im Jahr nach der Novellierung kein nennenswerter Anstieg stattfand. Außerdem zeigt es, entgegen des noch relativ jungen Gebietes der Tiefen Geothermie in Deutschland, dass sich schon 14 Unternehmen vor dem Jahr 2000 am Markt bewegten. Dies entspricht einem Anteil von fast 14 % der ausgewerteten Probanden. Im Jahr 2007 fand der höchste Zuwachs in Deutschland statt. Dort stiegen 18 % der Firmen in den Markt der Tiefen Geothermie ein. Bei der Ursachensuche dieses Peaks wird ein erfolgreiches Projekt herangezogen. Ein Unternehmenseintritt findet nicht innerhalb weniger Tage statt. Der Markt wird sondiert, Vor- und Nachteile abgewogen. Dementsprechend findet die Planung bis zum Markteintritt schon mehrere Jahre im Vorfeld statt. Von dem Geothermieprojekt (Unterhaching) wurden positive Neuigkeiten im Jahr 2004 bekannt: die erste Tiefenbohrung fand statt. Im

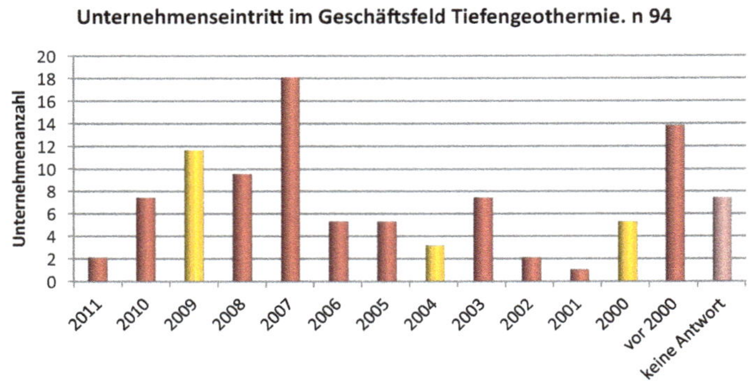

Abb. 26.5 Unternehmenseintritte Geschäftsfeld Tiefen Geothermie

Jahr 2005 entstand die Kraftwerksplanung, 2006 baute Unterhaching sein Fernwärmenetz aus. 2007 war dann auch die zweite Tiefenbohrung erfolgreich. Diese Meldungen können durchaus zu positiven Rückkoppelungseffekten in der Branche, und somit zu einem schnelleren Zugangsentschluss zum Markt der Tiefen Geothermie geführt haben. Demzufolge können auch negative Ereignisse zu negativen Rückkoppelungen führen. Dadurch würde die Entscheidung von Firmen sich am Markt der Tiefen Geothermie zu etablieren, verzögert oder sogar direkt verworfen. Hier können negative Auswirkungen wie die seismischen Ereignisse in Basel (2007) und Landau (2009) mit der einhergehenden negativen Berichterstattung als Hinderungsgründe eines Einstieges genannt werden.

Das einzige Jahr, in dem eine ausgewogene Unterteilung beim Einstieg in den Markt vorhanden war, war das Jahr 2003. In den Jahren 2005 (80 %), 2007 (64 %), 2008 (55 %) und 2009 (45 %) hatten Firmen mit bis zu 20 Beschäftigten eine Mehrheit beim Einstig in die Branche. Einzig im Jahr 2008 erreichten Firmen mit über 1000 Mitarbeitern einen hohen Anteil von 44 %.

Zur räumlichen Lokalisierung der Leistungserbringung der Unternehmen wurde nach Bundesländern aufgeteilt. Es antworteten 82 % der Unternehmen (77 Teilnahmen). Je nach Ort und Anzahl des Leistungserbringungsangebotes waren Mehrfachnennungen möglich. Dadurch wurde eine Nennungsanzahl von 292 Antworten erreicht. Im Bereich der Tiefen Geothermie werden in jedem Bundesland Leistungen erbracht. Davon erzielt Bayern mit 49 Nennungen den Spitzenwert und liegt vor Baden-Württemberg (32 Nennungen) und Rheinland-Pfalz (30 Nennungen). So erreichen die aktuellen Hot Spots der hydrothermalen Tiefen Geothermie einen Anteil von 38,1 %. Das Norddeutsche Molassebecken mit den Bundesländern Mecklenburg-Vorpommern, Brandenburg, Niedersachsen kommt auf einen Nennungsanteil von 18,9 %.

Neben den Bundesländern wurde auch die Leistungserbringung in Europa erfragt. In Abb. 26.6 und 26.7 sind die genannten Länder aufgelistet. Es antworteten 40 % der Unternehmen (37 Teilnahmen) auf diese Frage. Je nach Ort und Anzahl des Leistungserbringungsangebotes waren Mehrfachnennungen möglich. Dadurch wurde eine Nennungsan-

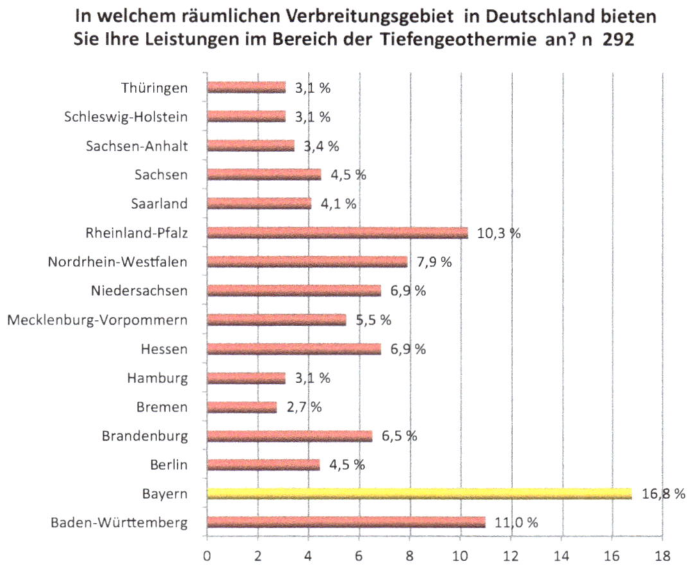

Abb. 26.6 Verbreitungsgebiet der Unternehmen nach Bundesländern

zahl von 112 Antworten erreicht. 15 Länder erhielten keine Nennung. Insgesamt erhielten 31 Nationen Nennungen. Elf der abgefragten 45 Nationen erhielten nur eine Nennung. Die Länder, die keine Nennung erhalten haben, sind nicht in der Abbildung aufgelistet. Folgende Länder erhielten keine Nennung: Albanien, Andorra, Estland, Finnland, Irland, Liechtenstein, Luxemburg, Malta, Moldawien, Monaco, Norwegen, San Marino, Schweden, Vatikanstaat und Weißrußland. Der hohe Prozentanteil der Länder Schweiz, Niederlande, Türkei lässt sich dabei durch die Tätigkeiten der Geothermiebranche in den jeweiligen Ländern erklären. Aber es ist auch deutlich zu erkennen, dass sich der Markt zu 72 % in Deutschland bewegt. In Europa werden nur 28 % der Leistungen angeboten. Hier besteht für Unternehmen noch eine Möglichkeit den Fokus zu verändern und Märkte in Europa zu entdecken. Jedoch spielt auch die Firmengröße eine treibende Kraft. So erwirtschaften kleine Firmen bis 5 Mitarbeiter ihren Umsatz im Bereich der Tiefen Geothermie überwiegend in Deutschland, da die vorhandenen Ressourcen nicht ausreichen, um das Geschäftsfeld im Ausland weiter voranzutreiben.

26.5 Wert der Tiefen Geothermie für Unternehmen

Abbildung 26.8 zielt auf den aktuellen Zusatzwert ab (Stand 2011). „Wie ordnen Sie den added value (Zusatzwert umsatzunabhängig) für Ihr Unternehmen durch die Einführung des Bereiches Tiefen Geothermie in Ihrem Unternehmen ein?“

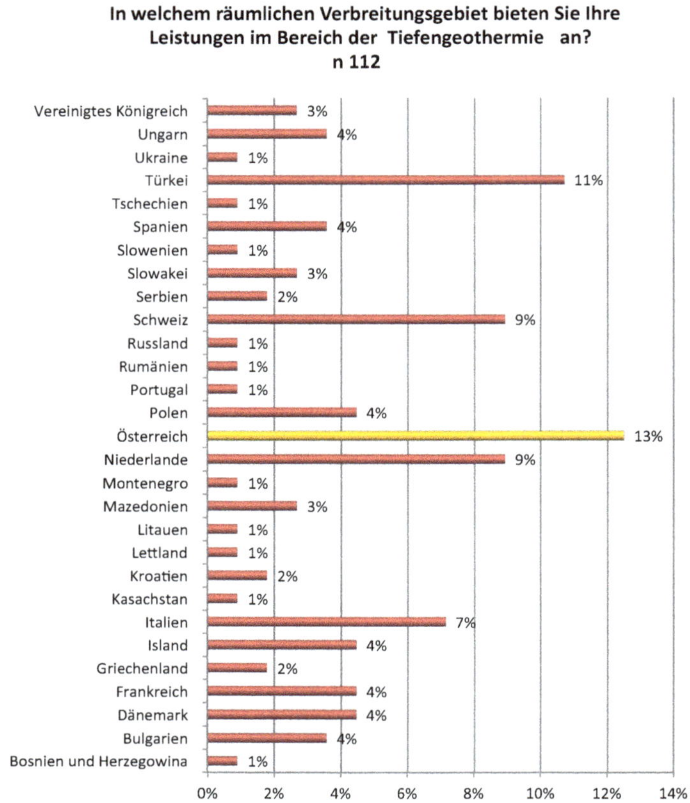

Abb. 26.7 Leistungsbereitstellung der Unternehmen in Europa

Bei diesem Diagramm ist deutlich sichtbar, dass ein positives Standing der Tiefen Geothermie in den Unternehmen vorhanden ist. Hierbei muss natürlich immer beobachtet werden, dass die Umfrage der Branche dient und dementsprechend die Informationen auch von der Branche kommen. 72 % der Teilnehmer sehen den aktuellen Zusatzwert für ihr Unternehmen durch die Tiefen Geothermie als positiv an. Nur neun Prozent tendieren zu einem negativen Zusatzeffekt für ihr Unternehmen. 18 % sehen den Wert als neutral an. Bei Unternehmen bis zu 20 Mitarbeitern ist der positive Anteil noch höher. Bei Unternehmen ab 21 Mitarbeitern ist der Nennungsteil gering positiv höher. Bei den negativen Nennungen ist der unterteilte Auswertungsteil nach Firmengrößen identisch mit dem Gesamtergebnis. Da das übergeordnete Ziel eines Unternehmens ist, finanziell zu überleben, kann davon ausgegangen werden, dass dies bei den positiven und neutralen Antworten der Fall ist, andernfalls würden die Nennungen negativer ausfallen. Eine negativen Nennung wurde beispielsweise wie folgt kommentiert: „wir steigen aus dem Bereich der Tiefen Geothermie aus". Somit wurden die Ziele und/oder der finanzielle Ertrag nicht erfüllt. Wird

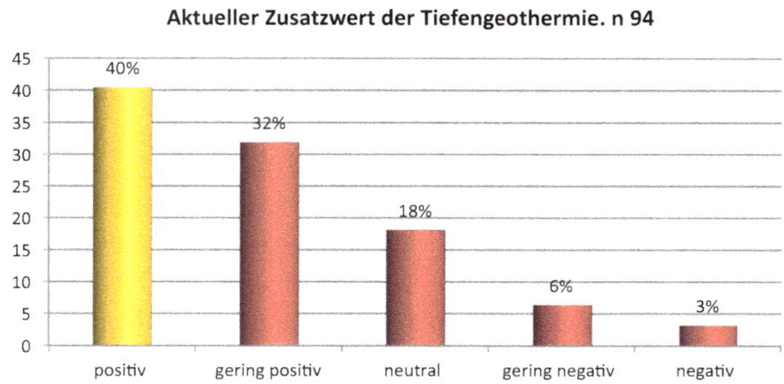

Abb. 26.8 Aktueller Zusatzwert der Tiefen Geothermie

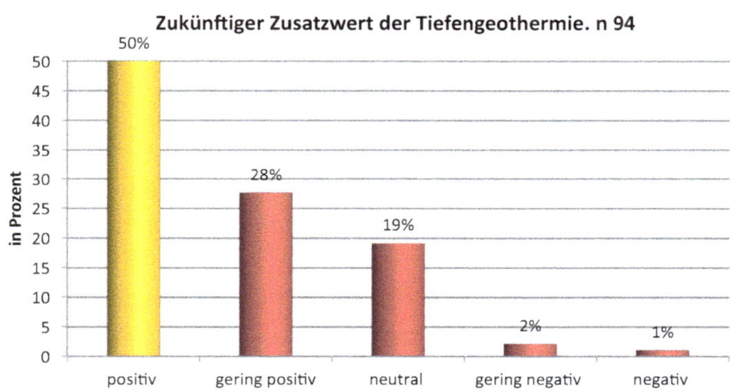

Abb. 26.9 Zukünftiger Zusatzwert der Tiefen Geothermie

nun das Leistungsangebot der Firmen in Korrelation mit dem aktuellen Zusatzwert gebracht, so zeigt sich, dass sich beim Leistungsangebot in Bayern der aktuelle Zusatzwert von 83 % im positiven und gering positiven Bereich befindet. Den identischen Wert erreicht auch das Leistungsangebot der Firmen im Bundesland Rheinland-Pfalz. In Baden-Württemberg wird ein Wert von 78 % und in Nordrein-Westfalen ein Wert von 65 % erreicht. In allen aufgeführten vier Bundesländern gibt es gering negativ und/oder negative Nennungen.

Abbildung 26.9 zielt auf den zukünftigen Zusatzwert ab. „Wie ordnen Sie den added value (Zusatzwert umsatzunabhängig) für Ihr Unternehmen durch die Einführung des Bereiches Tiefen Geothermie in Ihrem Unternehmen zukünftig ein?"

Im Vergleich zum aktuellen Zusatzwert fällt bei der Fragestellung nach dem zukünftigen Zusatzwert die Beantwortung der Bereiche positiv und gering positiv besser aus. So liegt hier der Wert bei zusammen 78 %, wobei gerade der Wert positiv um zehn Prozent stieg. Auch sanken die negativen Nennungen um zwei Drittel auf nunmehr nur noch drei Prozent ab. Bei den Unternehmensgrößen bleiben die gewichteten Anteile wie auch schon bei dem aktuellen Zusatzwert beschrieben, einzig bei den Unternehmen mit einer Größe von 51 bis 250 Mitarbeiter hat sich das Verhältnis positiv und gering positiv zu gering negativ und negativ von 2 : 5 bei dem aktuellen Zusatzwert auf 6 : 3 Nennungen bei dem zukünftigen Zusatzwert verändert. Um nun auch beim Leistungsangebot der Unternehmen einen Vergleich zu ermöglichen, wurde das Leistungsangebot in Relation zum zukünftigen Zusatzwert gesetzt. Bei dem Leistungsangebot in Bayern hat dieses um zwei Prozent auf 85 % im positiven und gering positiven Bereich zugenommen. Interessanterweise fiel das Leistungsangebot der Firmen in Bezug auf den zukünftigen Zusatzwert im Bundesland Rheinland-Pfalz um drei Prozentpunkte auf 80 % ab. Denselben Wert erreicht auch das Leistungsangebot der Firmen im Bundesland Rheinland-Pfalz. In Baden-Württemberg wird ein Wert von 82 % (zuvor 78 %) und in Nordrhein-Westfalen ein Wert von 73 % (zuvor 65 %) erreicht. Von den aufgeführten Bundesländern gibt es in Bayern und Nordrhein-Westfalen keine gering negativ und negativ Nennungen.

26.6 Forschung und Entwicklung

Die erste Fragestellung dieses Themenblockes beschäftigt sich mit den Ausgaben zu Forschung und Entwicklung bis zum Jahr 2010, wobei die Jahre vor 2006 zusammengefasst worden sind (siehe Abb. 26.10).

Zu erkennen ist eine stetige Zunahme der Ausgaben Forschung und Entwicklung. Dies hängt auch mit den Eintritten der Unternehmen in den Bereich der Tiefen Geothermie zusammen. Je mehr Unternehmen sich im Geschäftsfeld der Tiefen Geothermie bewegen, desto mehr Ausgaben werden auch für Forschung und Entwicklung getätigt. Dies führt zu einer stetigen Erhöhung der Ausgaben. Die Anzahl der Unternehmen, die höhere Forschungsausgaben, ab 0,5 Millionen Euro, ausweisen, bleiben jedoch konstant. Dort sind keine wesentlichen Veränderungen festzustellen. Die fehlenden Prozentpunkte pro Jahr entstehen aus nicht beantworteten Fragen. So haben beispielsweise für das Jahr 2010 zehn Prozent keine Antwort abgegeben.

In Abb. 26.11 ist zu erkennen, dass die Hälfte der 112 Nennungen (Mehrfachnennungen waren bei dieser Frage zulässig) keine Förderung für Forschung und Entwicklungsausgaben erhalten haben. Dies kann mehrere Gründe haben. Zum einen ist Unternehmen das Beantragungsprozedere unbekannt. So kann ein Hindernis zur Verteilung der F&E Gelder entstehen. Nur bestimmte Firmen, die die Antragsgepflogenheiten kennen, haben die Möglichkeit Gelder aus Bund bzw. Länderbudgets zu erhalten. Zum anderen kann auch eine nicht vorhandene Arbeit im F&E Bereich die Ursache sein. Europäische Förderungen haben mit vier Prozent der Nennungen den geringsten Wert, obwohl 28 % der Firmen ihre Leistungen auch europaweit anbieten.

Vergleicht man nun den akuten Forschungsbedarf mit den zukünftigen Forschungsschwerpunkten der Unternehmen, so wird deutlich, dass der Themenschwerpunkt „Technik" die meisten Nennungen erreichte, jedoch bei den zukünftigen Schwerpunkten der Unternehmen um zehn Prozentpunkte abnahm. Im Gegensatz dazu legte die „Projektvor-

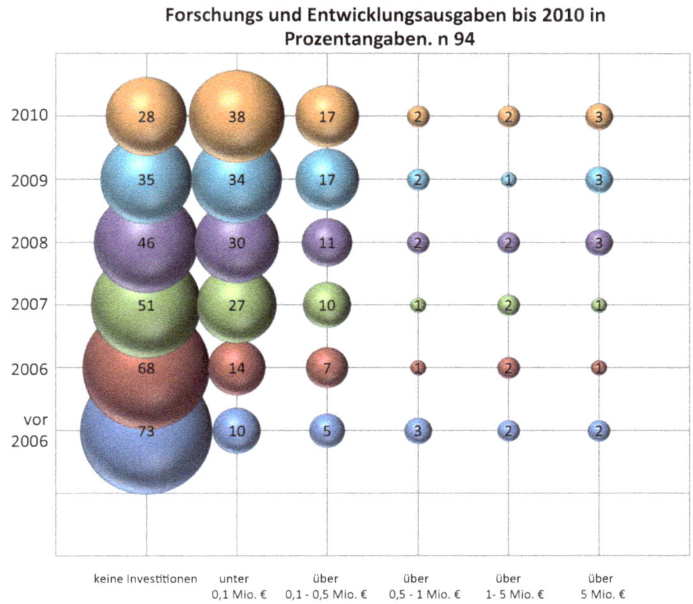

Abb. 26.10 Forschungs- und Entwicklungsausgaben bis 2010

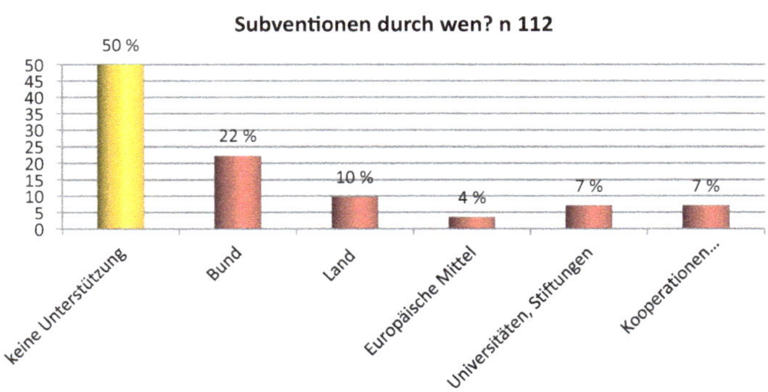

Abb. 26.11 Subventionen

bereitung“ (Seismik/Exploration/Petrophysik/Software/Datenübertragung/Datenbereitstellung/Projektindizierung/Verhinderung upscaling) um 12,1 Prozentpunkte zu. Der Themenschwerpunkt „Wirtschaftlichkeit“ erlangte bei beiden Befragungen identische Ergebnisse. Das Thema „Öffentlichkeitsarbeit“ besitzt bei den firmeneigenen Forschungsschwerpunkten einen höheren Stellenwert als bei dem allgemein gehaltenen akuten Forschungsbedarf (siehe Tab. 26.2).

Tab. 26.2 Vergleich aktueller mit zukünftigem Forschungsbedarf

	Akuter Forschungsbedarf	Zukünftige Forschungsschwerpunkte des Unternehmens
Öffentlichkeitsarbeit	3,5 %	6 %
Technik	39,1 %	29 %
Projektvorbereitung	23,9 %	36 %
Wirtschaftlichkeit	19,8 %	19 %
Zukunftsentwicklung	13,6 %	10 %

26.7 Zukunftsausblick

„Von welchen zukünftigen Entwicklungen hängt die Tiefen Geothermie ab?" Es wurde erfragt, was für die Branche von Bedeutung ist, welche Gegebenheiten welche Wichtigkeitsstufe besitzen. Auch hier waren Mehrfachnennungen möglich, so dass eine Nennungsanzahl von 249 zustande kam. Die „Durchführung von Projekten" wurde dabei als häufigste Nennung erwähnt. Wichtig hierbei ist zu sehen, dass die anderen Punkte jeweils darauf hinzielen, ein Projekt zu realisieren. Ob das nun die Finanzierung durch Externe, das EEG oder Innovationen sind von denen Einsparmaßnahmen erwartet werden. Aber auch von den realisierten Projekten gehen Innovationen und strategische Unternehmensplanung aus. Wie auch beim Unternehmenseintritt festzustellen, war vermutlich das Projekt Unterhaching ein wichtiger Schritt für andere Unternehmen in den Bereich der Tiefen Geothermie einzusteigen. Bei der Frage nach dem nicht eingetretenen Zusatzwert kam die Nennung „zu wenig Projekte" an zweiter Stelle mit 24 Prozentpunkten, so wird die Durchführung von Projekten auch an einer anderen Fragestellung hervorgehoben. Des Weiteren werden bei der Durchführung von Projekten die meisten Komponenten angesprochen. Erkundung, Bohrtechnik, Kraftwerk, Pumpe etc. Dies bedeutet, dass es in Verbindung mit dem EEG am wichtigsten ist, auf Projekte zu setzen, weil dort der ganzheitliche Faktor gegeben ist. Somit werden mehr Erfahrungen gesammelt und die Produkte besser finanzierbar (siehe Abb. 26.12).

In Abb. 26.13 wird die strategische Planung der Unternehmen veranschaulicht. Hier ist zu erkennen, dass die kurzfristige Planung (null bis zwei Jahre) bei 46 % gegenüber der mittelfristigen Planung (drei bis sechs Jahre) bei 27 % und der langfristigen Planung (mehr als sechs Jahre) mit 27 % überwiegt. Die Tiefen Geothermie spielt in Deutschland noch keine tragende Rolle, weshalb 46 % der Firmen keine vorausschauenden Aussagen treffen, da sich noch nicht genau voraussagen lässt, wie sich die Branche entwickelt. Die Durchlaufzeit des EEG betrug bei der letzten Periode drei Jahre, jedoch besteht die Möglichkeit, dass die Durchlaufzeit wieder auf vier Jahre heraufgesetzt wird. Dies bedeutet, dass knapp die Hälfte der Unternehmen nicht nach den EEG-Novellierungen planen. Firmen, die hier eine langfristige Planung von mehr als sechs Jahren angeben, stellen auch bei der Mitarbeiterplanung mit 43 % am meisten Personal ein. Dies spiegelt auch ein Projekt wieder, das sich

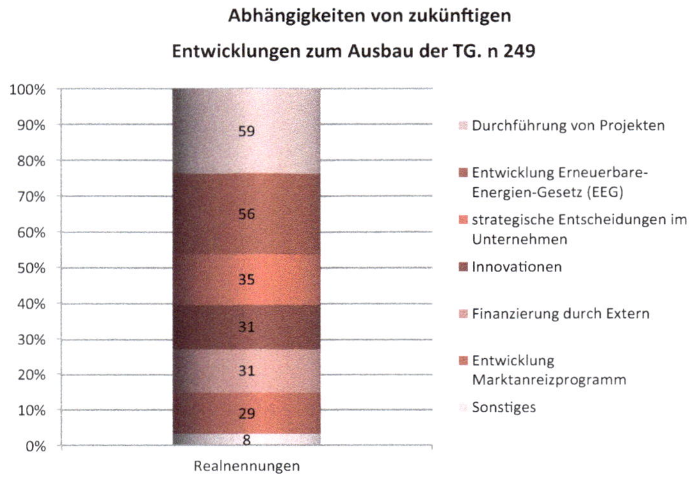

Abb. 26.12 Zukünftige Entwicklung der Tiefen Geothermie

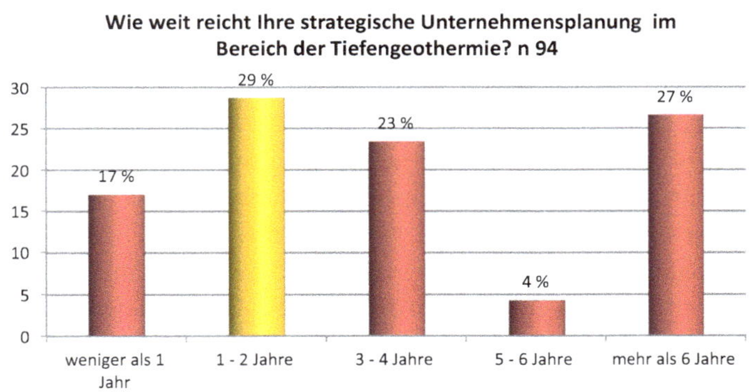

Abb. 26.13 Strategische Unternehmensplanung

in der Umsetzungsphase befindet, da ein Projekt bis zu sieben Jahren zur Umsetzungsreife benötigen kann.

In Abb. 26.14 wurde die zu erwartende Kostenveränderung im Bereich der Tiefen Geothermie in sieben Jahren abgefragt. In der Abbildung ist dabei gut zu erkennen, dass sich die Probanden bei den Aussagen unsicher sind. Die Ergebnismaxima liegen entweder bei keiner Kostenveränderung, einer Zunahme der Kosten um 9–0 %, oder einer Abnahme der Kosten um 0–10 %. Die Ballungen bilden sich alle um die gleich bleibende Kostensituation. Im Bereich Kraftwerk und Bohrung tendieren die Umfrageteilnehmer leicht zu einer Kostenabnahme, dagegen zeigen die Bereiche Betrieb und Planung eine leichte Kostenzunahme an, trotz der Tatsache, dass 73 % der Befragten von Einsparpotenzialen im Bereich der Tiefen Geothermie ausgehen. Bei den Einsparpotenzialen ist die Planung an zweiter

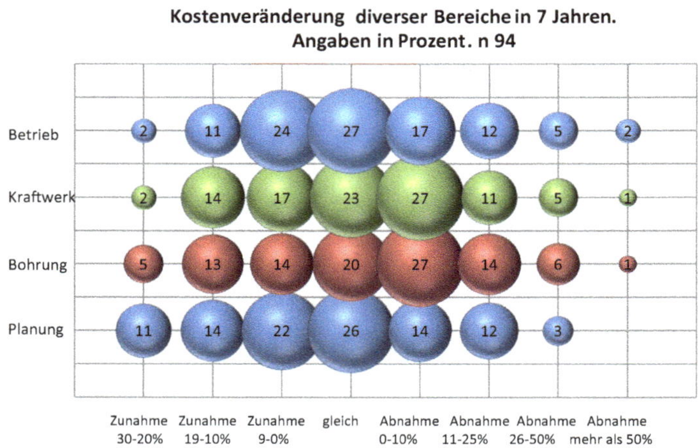

Abb. 26.14 Zukünftige Kostenveränderungen

Stelle mit 17,5 %, Bohrung an erster Stelle mit 40 %, Kraftwerk mit 13 % an dritter Stelle. Dies spiegelt eine unsichere Lage wider, bei der sich selbst die Unternehmer, die sich in der Branche bewegen, nicht einig sind, wie sich die Kostensituation entwickeln wird. Dies zeigt auch die Frage „Planen Sie einen Unternehmensausbau des Geschäftsfeldes der Tiefen Geothermie?“. 45 % der Befragten planen keinen Ausbau, was für die ungewisse Weiterentwicklung spricht. 39 % planen jedoch einen Unternehmensausbau im Geschäftsfeld der Tiefen Geothermie innerhalb eines Jahres. Viele Unternehmen bleiben in einer abwartenden Haltung und entscheiden je nach Entwicklung der Tiefen Geothermie.

In Abb. 26.15 wird auf den Anteil der Tiefen Geothermie nach der Befragteneinschätzung im Vergleich zu allen erneuerbarer Energien am Stromverbrauch in 10/20/30 Jahren eingegangen. Der Anteil erneuerbarer Energien am Stromverbrauch lag in Deutschland im Jahr 2010 bei 17 %. Davon belief sich der Anteil der Tiefen Geothermie auf 0,026 % (Bundesministerium für Umwelt, Naturschutz und Reaktorsicherheit 2011, S. 15 ff.). Laut den Befragten nimmt der Stromanteil kontinuierlich zu. So wird die Lage in zehn Jahren bei einem Stromanteil von 5–14 % mit 3,2 % der Nennungen noch gering gesehen. In 20 Jahren belaufen sich die Nennungen im identischen Spektrum auf 46,8 % und in 30 Jahren bei 61,7 % Anteil. Wenn diese Fragestellung mit der Aussage zum zukünftigen Zusatzwert verglichen wird, zeigen beide Fragestellungen eine positive Entwicklung der Tiefen Geothermie aus Unternehmenssicht auf.

Neben dem Stromverbrauch wurde auch der Wärmeverbrauch abgefragt (siehe Abb. 26.16). Der Anteil erneuerbarer Energien am Wärmeverbrauch lag in Deutschland im Jahr 2010 bei 9,5 %. Davon belief sich der Anteil der Tiefen Geothermie auf 0,2 % (Bundesministerium für Umwelt, Naturschutz und Reaktorsicherheit 2011, S. 17 ff.). Hier zeigt sich ein identisches Bild wie schon beim Stromanteil, nur um eine Größenordnung höher. Der Grund dafür sind geringere thermale Voraussetzungen als bei der Stromgewinnung, da

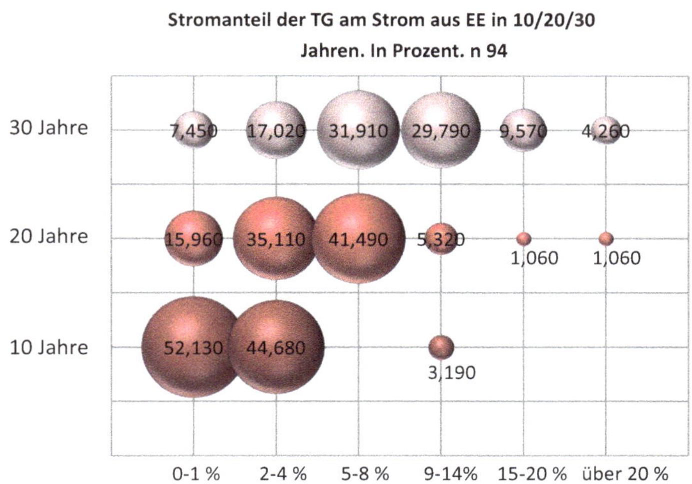

Abb. 26.15 Stromanteil der Tiefen Geothermie in der Zukunft

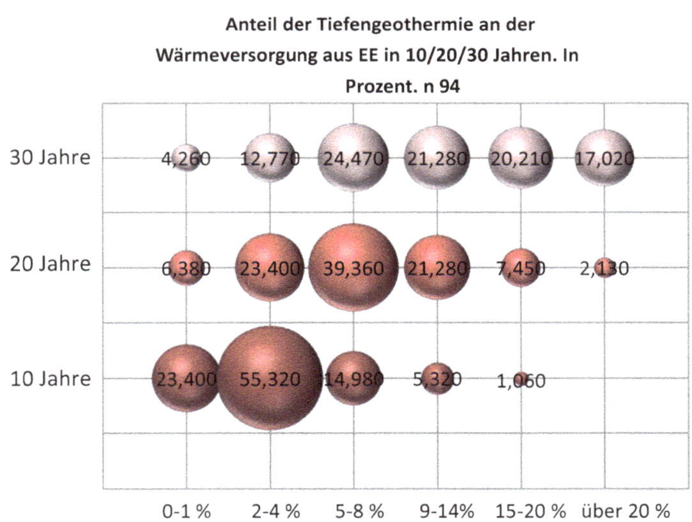

Abb. 26.16 Wärmeanteil der Tiefen Geothermie in der Zukunft

das zur Wärmegewinnung nötige Wasser nicht so heiß sein muss. So wird die Lage in zehn Jahren bei einem Wärmeanteil von über 15 % mit 1,1 % der Nennungen noch gering gesehen. In 20 Jahren belaufen sich die Nennungen im identischen Spektrum auf 9,6 % und in 30 Jahren auf 37,2 %punkte. Hier wird ein schnelleres Erreichen von höheren Anteilen als bei der Stromgewinnung erwartet.

Tab. 26.3 Welche Herausforderungen sehen Sie bei dem Ausbau der Tiefen Geothermie?

Antworten	Nennungen	Prozent
Finanzierung	24	18,5 %
Technik	23	17,7 %
Öffentlichkeitsarbeit	20	15,4 %
Politische Rahmenbedingungen	18	13,9 %
Wirtschaftlichkeit	15	11,5 %
Planungs-, Risikomanagement	10	7,7 %
Energie	8	6,2 %
Zusammenarbeit	6	4,6 %
Standortfixierung	6	4,6 %
Gesamt	**130**	**100 %**

Tab. 26.4 Wo sehen Sie Möglichkeiten, den Ausbau der Tiefen Geothermie zu beschleunigen?

Antworten	Nennungen	Prozent
Politische Unterstützung	21	21,7 %
Förderprogramme	20	20,6 %
Öffentlichkeitsarbeit	14	14,4 %
Finanzierung + Risikomanagement	12	12,4 %
Pilotprojekte + Infrastruktur	9	9,3 %
Projektmanagement	7	7,2 %
Gesamt	**97**	**100 %**

Als offene Antwortmöglichkeit wurde die Frage „Welche Herausforderungen sehen Sie bei dem Ausbau der Tiefen Geothermie?" gestellt, wie in Tab. 26.3 zu sehen ist. 71,3 % der Teilnehmer antworteten auf diese Frage. Im Gegensatz zu den offenen Fragestellungen bei den Einsparpotenzialen und dem Forschungsbedarf stehen hier die Öffentlichkeitsarbeit und die politischen Rahmenbedingungen an dritter und vierter Stelle, bei den anderen beiden offenen Fragestellungen finden sich diese Punkte am Ende der Skalierung wieder.

Nach der Beantwortung der Herausforderungen wurde die Frage: „Wo sehen Sie Möglichkeiten, den Ausbau der Tiefen Geothermie zu beschleunigen?" gestellt. Hierbei handelt es sich wiederum um eine offen gestellte Frage, bei der 63,8 % der Beteiligten geantwortet haben. Insgesamt wurden 97 Nennungen abgegeben, die wieder in Bereiche zusammengefasst wurden. Auffallend ist auch hier, dass weiche Instrumente wie die politische Unterstützung und die Öffentlichkeitsarbeit bei dieser Fragestellung, wie auch schon bei der Fragestellung zu den Herausforderungen, einen hohen Stellenwert einnehmen (siehe Tab. 26.4).

26.8 Resümee

Der Betrieb von ersten geothermischen Projekten, die teilweise noch Pilotcharakter haben, zeigt bereits, dass mit der Nutzung der Tiefen Geothermie eine Energieversorgung für Wärme und Strom zuverlässig aufgebaut wird, die ohne den Bedarf an Speichern und ohne Unterbrechung durch natürliche äußere Einflüsse zur Verfügung steht und Deutschland zukünftig nachhaltig versorgen kann. Darüber hinaus kann die Tiefen Geothermie das stabilisierende Element der durch die Energiewende vorbestimmten dezentralen Energieversorgung darstellen. Netzausbaukosten können minimiert werden und insbesondere das Potenzial der Tiefen Geothermie für die Nutzwärme sorgt zukünftig für Unabhängigkeit von teuren fossilen Energieimporten sowie von ungewissen politischen Bedingungen in energieexportierenden Ländern.

Die im Ansatz nachgewiesene lokale und regionale Wertschöpfung durch die bestehenden und sich im Bau befindlichen Projekten stärkt den regionalen Wirtschaftskreislauf und fördert das qualitative Wirtschaftswachstum in den Gemeinden und Städten. In diesem Kontext bietet auch die Tiefen Geothermie der Bevölkerung Möglichkeiten der persönlichen wirtschaftlichen Beteiligung an Energieprojekten und der gesamten Energiewende und sorgt auf diesem Wege für eine Demokratisierung der Energiewirtschaft. Nicht zu vergessen sind die damit neu geschaffenen Arbeitsplätze in den vielen mittelständischen Unternehmen, die das Rückgrat der deutschen Wirtschaft bilden.

Die Tiefen Geothermie kann nicht nur durch die regionale Wertschöpfung, sondern auch durch die Exportfähigkeit des in Deutschland entwickelten Wissens zur Umwandlung von Primärenergie im Niederenthalpiebereich in Nutzenergie zur Zukunftsfähigkeit des Wirtschaftsstandorts Deutschlands beitragen. Somit können durch den Export der Niederenthalpietechnologie eine Vielzahl an weltweiten Regionen in die Lage versetzt werden, sich mit Energie aus der Tiefen Geothermie autark zu versorgen und entsprechend hohe Endtemperaturen von Industrieprozessen für die Energieversorgung zu nutzen. Gerade mit der Umstrukturierung der Energiebereitstellung von fossilen Energieträgern auf Erneuerbare und im speziellen auf tiefengeothermische Energieformen kann ein signifikanter Beitrag zum Klimaschutz und zur Reduzierung externer Kosten bei der Energieumwandlung geleistet werden.

Die Marktanalyse der Tiefen Geothermie hat gezeigt, in welchen Punkten die Herausforderungen der Branche liegen. Jedoch ist auch deutlich geworden, wie die Branche aufgebaut ist. Die sich im Wachstumsstadium befindliche Branche benötigt weiterhin zur Sicherung der Planbarkeit und der Investitionen den absoluten Vertrauensschutz durch die Politik. Nur so können die von der Branche angegebenen und möglichen Aussichten in eine geothermische Zukunft mit einem hohen Nutzungsgrad an Strom und Wärme aus der geothermischen Erzeugung in Deutschland und weltweit verwirklicht werden.

26.9 Perspektiven der Tiefen Geothermie

Die Tiefen Geothermie hat dargelegt, dass sie als Branche sehr positive Entwicklungen eingeschlagen hat. Durch die Kombination der deutschen Ingenieurskunst, des geologischen Know-hows und der unternehmerischen Investitionsbereitschaft gepaart mit der politischen Zugrichtung pro Tiefen Geothermie sind in Deutschland viele positive Entwicklungen entstanden. Hier wird als Paradebeispiel berechtigterweise immer wieder Unterhaching aufgezählt, das als erstes Heizkraftwerk Wärme und Strom wirtschaftlich produziert. Hier hat das ehemalige Heizkraftwerk Neustadt-Glewe wichtige Vorarbeit geleistet. So wurden erste Erfahrungen gesammelt und bewertet.

Mit den Anlagen in Unterhaching, Bruchsal, Landau, Insheim, Sauerlach, Kirchstockach und Dürnhaar sind derzeit sieben Anlagen am Netz (Stand November 2013), die Strom und/oder Wärme liefern. Weitere Anlagen befinden sich im Bau. Die Erfahrungswerte werden immer mehr.

Das Beispiel Erding in Bayern verdeutlicht darüber hinaus, dass geothermische Energie nicht nur für Strom und Wärme genutzt werden kann. Anstatt des gesuchten „Schwarzen Goldes" in Form von Öl wurde 1983 in 2359 Metern Tiefe 65 Grad heißes Thermalwasser gefunden. Für das heiße Wasser hatte das Erdölunternehmen keine Verwendung. Im Jahr 1989 startete das Vorhaben „Geowärmeprojekt Erding", das mit einem nicht alltäglichen und für die damaligen Verhältnisse hoch innovativen Konzept das Thermalwasser zu Thermalbade- und Trinkwassernutzung aufzubereiten und über ein Fernwärmenetz circa 15 % des Erdinger Wärmebedarfs zu decken. Doch nicht nur die Wärmelieferungen haben sich stetig erhöht. Auch die Besucherzahlen der mit Thermalwasser betriebenen Thermenlandschaft. So hat es die Tiefengeothermie erreicht, über 4000 Besucher pro Tag nach Erding zu locken um einen Wohlfühltag in Europas größter Thermenlandschaft zu genießen.

In Unterföhring ist aus dem mit der Wärmeversorgung im Jahr 2009 gestarteten Geothermieprojekt ein zuverlässiger Fernwärme-Versorger geworden. In wenigen Jahren ist in Unterföhring ein Fernwärme-Netz entstanden, das weiter ausgebaut wird. Um eine Belieferung der Kunden zu gewährleisten, muss dazu die Fördermenge des Thermalwassers gesteigert werden. Und das passiert in einem bisher einzigarteigen Vorhaben in Deutschland. Unterföhring investiert in die zweite Bohrdublette. Durch die vorhandenen Strukturen im bekannten Untergrund und die gesammelten Erfahrungen in der ersten Projektentwicklung können etliche Kosten und Kinderkrankheiten vermieden werden.

Erwähnenswert ist es, dass die Stadt München den ehrgeizigen Plan verfolgt, sich bis 2040 vollkommen mit Wärmenergie aus der Tiefen Geothermie zu versorgen. Dass dies auch für den umliegenden Landkreis München möglich ist, zeigt ein erstmals erfolgter Zusammenschluss von zwei kommunalen Geothermie Fernwärmenetzen der Gemeinden Unterhaching und Grünwald mit dem Ziel sich gegenseitig bei Redundanzanforderung oder Spitzenlast zuerst auf die Wärme aus der Geothermie zuzugreifen, bevor fossile Primärenergie zugeheizt wird. Die im April 2013 in Betrieb genommene Verbindung funktioniert hervorragend und dient dazu, dass das Thermalwasser aus beiden Geothermie Dubletten immer zu 100 % genutzt werden kann. Eine weitere Vernetzung bereits bestehender Fernwärmenetze im Landkreis München sowie auch mit München selbst wäre – wenn der politische Wille vorhanden ist – auf lange Sicht problemlos machbar.

Um diese positiven Beispiele weiter zu entwickeln, um neue Projekte zu starten, um die Akzeptanz in manchen Bevölkerungsteilen zu verbessern ist es wichtig, dass sich die Bevölkerung, wie auch die Politik positiv für die wertvolle Nutzung geothermischer Energie einsetzt. So kann die Tiefe Geothermie als saubere, zuverlässige und zukunftsweisende Energiequelle das Gelingen der Energiewende und des Klimaschutzes, sowie den Erhalt des Wohlstandes in Deutschland sinnvoll mitgestalten.

Literatur

Hochschule Bochum/GeothermieZentrum Bochum: Analyse der Wertschöüfungskette Geothermie in der Metropole Ruhr. Bochum, S. 82 (2008)

Research Fellows: Strategische Marktanalyse, Marktstudien und Research Services von Research-Fellows. http://www.research-fellows.de/without_fl/Html/home.html (2012). Zugegriffen: 19. Januar 2012

Hüttner, M., Schwartig, U.: Grundzüge der Marktforschung. S. 585, München (2002)

Geothermie weltweit

27

Marietta Sander

Inhaltsverzeichnis

Zusammenfassung

Der globale Geothermiesektor wuchs in den letzten Jahren kontinuierlich und beständig. Geothermieressourcen werden in 78 Ländern genutzt, sowohl direkt als Wärmelieferant für landwirtschaftliche und industrielle Prozesse, balneologische Anwendungen, Wärme- und Kälteversorgung als auch zur Stromerzeugung. Die fünf Länder mit der höchsten installierten Kapazität sind die USA, China, Schweden, Norwegen und Deutschland. Regionen mit erhöhten Wachstumstrends liegen in Zentral- und Südamerika, vor allem in Ländern der Andenkordillere, in Ländern entlang des ostafrikanischen Rifts (Kenia, Äthiopien, Tansania, Ruanda) und in den bekannten asiatischen Geothermieländern wie Indonesien, Philippinen und Japan.

Marietta Sander (✉)
International Geothermal Association, Bochum, Deutschland
e-mail: marietta.sander@hs-bochum.de

M. Bauer et al. (Hrsg.), *Handbuch Tiefe Geothermie*, DOI 10.1007/978-3-642-54511-5_27,

Schlüsselwörter
Geothermie weltweit • geothermische Potenzale • Geothermiefelder • International Geothermal Association • IGA • regionale Geothermieressourcen • Nahwärmesystem • Fernwärmesystem • IRENA • International Renewable Energy Agency • Renewables Global Status Report • GSR • Policy • Erneuerbare Energien weltweit

27.1 Einleitung

Die Geothermie zeichnet sich weltweit durch einen regelmäßigen, stets wachsenden Aufwärtstrend aus. Verschiedene Faktoren beeinflussten den Marktzuwachs wesentlich: der ökonomische Aufschwung der sich entwickelnden Länder, die Erschließung neuer Märkte, Schaffung neuer Anreizmechanismen und geothermiefreundlichen Rahmenwerken, Besorgnis gegenüber anderen Energietechnologien und ihr Einfluss auf die Gesellschaft und die Umwelt.

Die Erschließungen neuer Geothermiefelder werden vor allem in den folgenden Regionen erwartet:

- Zentral- und Südamerika, vor allem in Ländern der Andenkordillere und in der Karibik,
- Ostafrika, vor allem in Kenia, Äthiopien, Tansania und Ruanda, und
- Asien/Pazifik, vor allem in Indonesien, Japan und auf den Philippinen.

Der Schwerpunkt der folgenden Betrachtungen zur Geothermie weltweit liegt auf Geothermieressourcen in tiefer gelegenen Reservoiren zur Stromproduktion. Die Geothermienutzung zur Wärme- und Kälteversorgung, für den Hausgebrauch oder in Nah- und Fernwärmesystemen werden im Folgenden nur partiell behandelt.

Die Struktur des Kapitels ist wie folgt: Nach einer ersten globalen Faktenzusammentragung erneuerbarer Energien werden zunächst die regionalen Entwicklungstrends pro Kontinent dargestellt. Daraufhin erfolgt eine Darstellung der technologischen Entwicklungen im Geothermiesektor in den letzten Jahren und am Ende eine Beschreibung der *International Geothermal Association* (IGA).

27.2 Erneuerbare Energien Daten und Fakten weltweit

Der Anteil erneuerbarer Energien an der globalen Energienutzung beträgt rund 19 % (REN21 2013). Die Hälfte hierzu liefert traditionelle Biomasse. Die installierte Kapazität zur Stromversorgung aus Erneuerbaren Energien betrug in 2012 weltweit etwa 1470 GW. Der Global Status Report von REN21 zeigt, dass 21,7 % der globalen Stromversorgung von Erneuerbaren Energieträgern geliefert wird. Den größten Anteil hieran liefert die Wasserkraft mit 16,5 % (REN21 2013).

Ein sich immer deutlicher abzeichnender Trend ist, dass Erneuerbare Energien verstärkt im Heiz- und Kühlungssektor genutzt werden, vor allem auch für Fern- und Nahwärmesysteme, welche ein großes Entwicklungspotenzial bieten. Auch kombinierte Heiz- und Kühlsysteme (CHP) oder die Nutzung Erneuerbarer Wärme in industriellen Prozessabläufen gewinnen an Bedeutung weltweit.

Im Jahre 2011 erreichten Investitionen in Erneuerbare Energien fast das Ausmaß der Investitionen, die in konventionelle Energietechnologien investiert wurden. Global überschritten die jährlichen Investitionen in Erneuerbaren Energien 250 Milliarden USD, Großwasserkraft eingeschlossen. Diese Zahl ist sechs Mal höher als die Zahlen in 2004 (Bloomberg New Energy Finance 2012).

Der dominante Anteil an oben genanntem Wachstum erfolgt in der Wind- und Wasserkraft, Solarthermie und Photovoltaik. Die Geothermie zeichnet sich weltweit durch einen regelmäßigen langsam, aber stets wachsenden Aufwärtstrend aus. Geothermieressourcen werden in etwa 78 Ländern genutzt, sowohl direkt als Wärmelieferant für landwirtschaftliche und industrielle Prozesse, balneologische Anwendungen, Heizung als auch zur Stromerzeugung. Das folgende Kapitel gibt Aufschluss über die Geothermieentwicklung weltweit.

Renewables Global Status Report

Einige der oben aufgeführten Daten entstammen dem Renewables Global Status Report (GSR). Dies ist eine exzellente Quelle aktualisierter weltweiter Daten und Fakten zu Erneuerbaren Energien. Der Bericht wird jährlich vom REN21 Sekretariat in Paris in enger Zusammenarbeit mit etwa 500 internationalen Experten zusammengestellt. Der GSR liefert Informationen zu Wachstumsraten der Erneuerbaren Energien, zu regulatorischen Rahmenbedingungen, Policy und regionale Informationen und wurde um die Themen Energiemärkte und Investitionen erweitert. In den letzten Jahren war der GSR der am häufigsten zitierte Bericht im Bereich Erneuerbare Energien Märkte und Policy. Der letzte GSR Bericht wurde im Juni 2013 veröffentlicht und ist auf der folgenden Webseite verfügbar: www.ren21.net/gsr.

27.3 Geothermie Entwicklung weltweit

Die weltweiten geothermischen Ressourcen sind unterschiedlich verteilt. Interessant für die Nutzung der Geothermie sind Gebiete mit deutlich höheren Temperaturen wie sie beispielsweise in vulkanischen Regionen vorkommen. Hier können die Temperaturen schon in geringer Tiefe mehrere hundert Grad betragen. In der Geothermie gelten sie als Hochenthalpie-Lagerstätten. Sie werden weltweit zur Stromerzeugung genutzt.

Abb. 27.1 Weltweite Wärmeanomalien (Hamza et al. 2008) mit aufgetragenen Werten in mW/m²

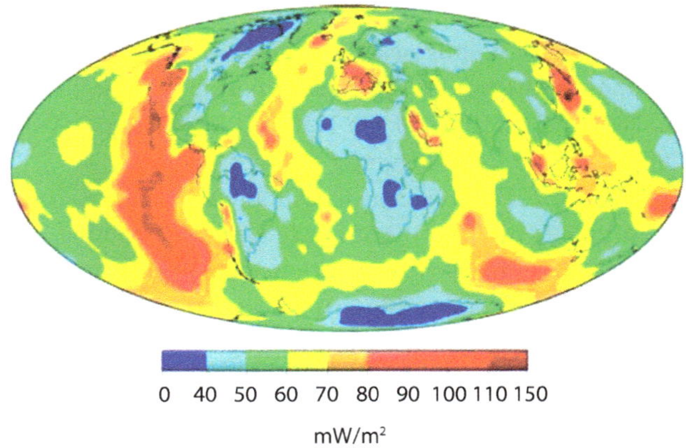

In den übrigen Regionen, die nicht in der Nähe von Plattengrenzen liegen, gilt der durchschnittliche Temperaturgradient. Dieser liegt zwischen 35–40 °C pro Kilometer Eindringtiefe. Abweichungen hiervon werden als Wärmeanomalien bezeichnet.

Abbildung 27.1 zeigt die Anomalien der globalen Wärmeflüsse sowohl auf den Kontinenten als auch in den Ozeanen. Besonders signifikante Anomalien treten im östlichen Pazifik, im südindischen Ozean und im westlichen Pazifik auf. Auch die Ozeanrücken im Atlantik, Pazifik und Indischen Ozean sind auffällig.

Abbildung 27.2 zeigt einen Überblick über das Wachstum der geothermischen Stromerzeugung seit 1950. In 2010 wurde die Geothermie in 24 Ländern zur Stromerzeugung genutzt (Bertani 2012).

Die weltweit installierte Kapazität beträgt derzeit etwa 11,7 GW (10,9 GW in 2010 laut Bertani 2012). Die top fünf Länder sind die USA, Philippinen, Indonesien, Mexiko und Italien (siehe auch Abb. 27.3). Die höchsten Anteile am landesweiten Energiemix liefert die Geothermie in Island und in El Salvador. Hier liefert die Geothermie jeweils etwa 25 % des elektrischen Stroms.

In 66 Ländern werden geothermische Ressourcen direkt genutzt. Ende 2009 wird die installierte thermische Direktnutzung auf rund 50.000 MWt geschätzt, fast ein 79%iger Zuwachs gegenüber 2005. Tabelle 27.1 zeigt die Verteilung thermischer Energie gemäß der Nutzungskategorien (Lund et al. 2010):

Die fünf Länder mit der höchsten installierten Kapazität sind die USA, China, Schweden, Norwegen und Deutschland. Errechnet man die installierte direkte Kapazität gemäß der Einwohnerzahl (MW/Einwohner), so dominieren hier Island, Schweden, Norwegen, Neuseeland und die Schweiz. Errechnet man die installierte Kapazität gemäß Landesgröße (MW/Landgröße), so führen hier Dänemark, die Niederlande, Island, Schweiz und Ungarn.

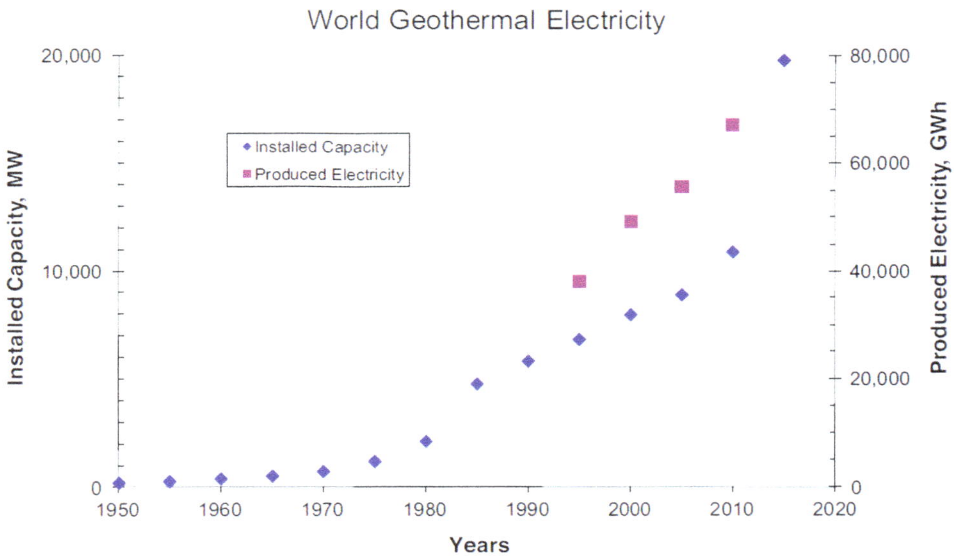

Abb. 27.2 Weltweite Stromerzeugung mit Geothermieressourcen (Bertani 2012)

Tab. 27.1 Geothermische Direktnutzung nach Nutzungskategorien (Lund et al. 2010)

Prozent	Direktwärmenutzungskategorien
49 %	Erdwärmepumpen
24,9 %	balneologische Anwendungen (baden, schwimmen)
14,4 %	Raumheizung (85 % hiervon fallen auf Fernwärmesysteme)
5,3 %	Gewächshäuser
2,6 %	Aquakultur
2,7 %	industrielle Prozesswärme
0,5 %	Schneeschmelzen und Kühlung
0,4 %	landwirtschaftliche Trocknungsprozesse
0,2 %	weitere Nutzungen

Die höchsten Zuwächse an direkter Geothermienutzung in den letzten 5 Jahren fallen auf England, die Niederlande, Korea, Norwegen und Irland. Alle genannten Zuwächse beruhen auf der steigenden Nutzung von Erdwärmepumpen (Lund et al. 2010).

Tabelle 27.2 liefert einen Überblick beider Nutzungsformen (Lund und Bertani 2010). Bei der Analyse der Daten muss beachtet werden, dass die Zahlen der geothermischen Direktnutzung aufgrund der Natur der oftmals sehr lokalen Applikationen nicht immer im Detail der Realität entsprechen. Da einige Länder ihre Daten nicht oder nur unzureichende Daten weitergeben, wird von einer Unterschätzung von 20 % ausgegangen.

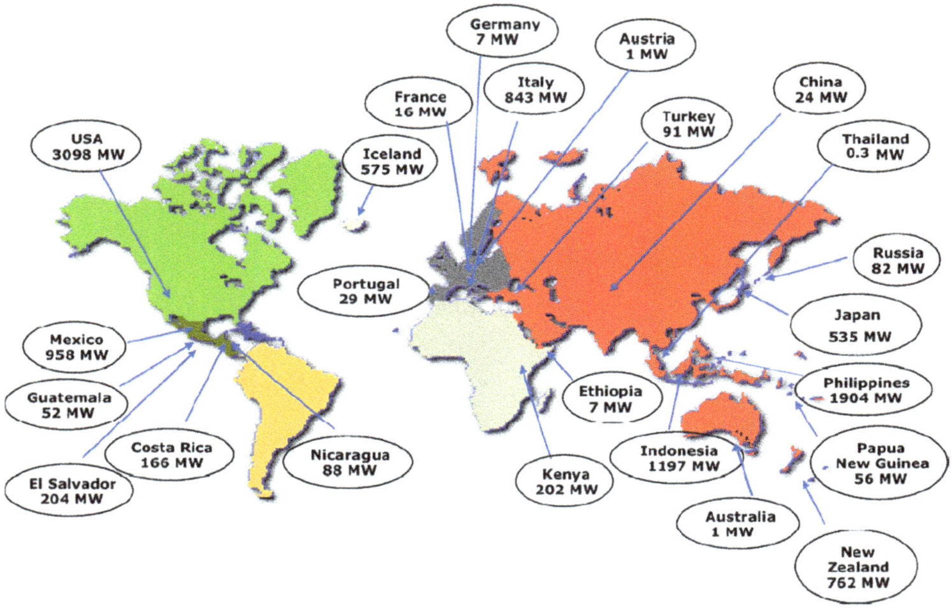

Abb. 27.3 Weltweit installierte Kapazität (10,9 GW) in 2010 (Bertani 2012)

Tab. 27.2 Weltweite Kapazität und Nutzung in 2010 (Lund und Bertani 2010)

Use	Installed power MW	Energy use GWh/yr	Capacity factor	Countries reporting
Electricity	10.715 (MWe)	67.246	0,72	24
Direct use	48.493 (MWt)	117.740	0,28	78

27.4 Regionale Entwicklungstrends

Im Folgenden werden Regionen und einzelne Länder mit ansteigenden Wachstumspotenzialen vorgestellt.

27.4.1 Afrika

Abbildung 27.4 zeigt die Plattengrenzen und Riftzonen in Ostafrika und der arabischen Halbinsel. Das veranschaulichte Riftsystem erstreckt sich über 6500 km vom Toten Meer/Jordanien im Norden bis in das nördliche Mosambik im Süden. Drei Hauptarme bestimmen das System: das Rift des Roten Meeres, der Golf von Aden und das ostafrikanische Rift. Das ostafrikanische Rift wird von zwei Riftbewegungen bestimmt, einem östlichen Arm mit niedrigerem Potenzial und einem westlichen Arm. Geothermische

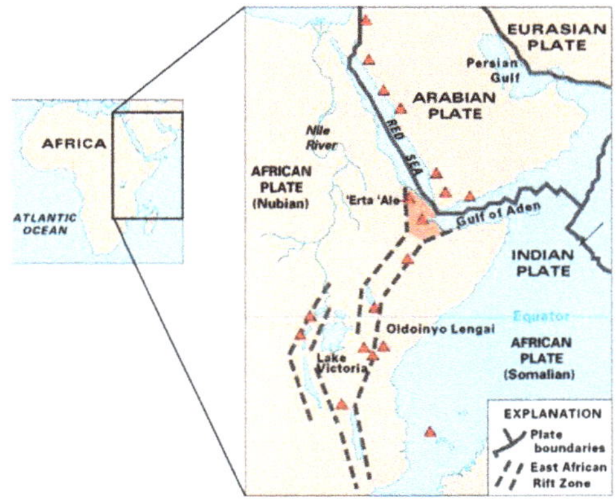

Abb. 27.4 Das Riftsystem in Ostafrika und auf der arabischen Halbinsel (Teklemariam 2006)

Ressourcen sind in 13 Ländern des östlichen und südlichen Afrikas zu finden: Äthiopien, Burundi, Djibouti, Eritrea, Kenia, Komoren, Kongo, Malawi, Mosambik, Ruanda, Sambia, Tansania und Uganda. Regelmäßig auftretende Erdbeben, Vulkanismus, heiße Quellen und Fumarolen zeigen die tektonischen Aktivitäten in der Region.

Neben traditioneller Biomasse nutzen die Länder vorwiegend konventionelle Brennstoffe, etwas Solarstrom und Wasserkraft. Wegen des häufigen Ausbleibens der Regenfälle in den letzten Jahren verliert die Wasserkraft für die Regierungen an Zuverlässigkeit. Dies führte häufig zum teuren Zukauf von Dieselgeneratoren, lässt die Staatsverschuldung wachsen, erhöht Strompreise für die Bevölkerung und erschwert Industrieansiedlungen.

Der stetig wachsende Strombedarf der ostafrikanischen Länder führt dazu, dass Regierungen mit zunehmender Sorge die sichere Stromversorgung ihres Landes betrachten. Seit 2009 arbeiten die ostafrikanischen Regierungen daher im Geothermiesektor zusammen und streben danach ihre geothermischen Ressourcen mit eigenen und ausländischen Mitteln zu erschließen. Da die Erschließung von Geothermieprojekten sehr langwierig ist, die Anfangsinvestitionen der Exploration und Bohrungen sehr risikobehaftet sind und finanzielle Sicherheiten häufig fehlen, installierte die Afrikanische Union mit finanziellen Mitteln der Kreditanstalt für Wiederaufbau (KfW) und der Europäischen Union in 2012 einen Anreizmechanismus, den *Geothermal Risk Mitigation Fund.*

Geothermal Risk Mitigation Fund (GRMF)

Der GRMF verfolgt das Ziel öffentliche und private Investoren in der Entwicklung von Geothermieprojekten zur geothermischen Stromversorgung in Ostafrika zu unterstützen. In Form einer Starthilfe werden Zuschüsse angeboten zur Teilfinanzierung oberflächennaher Studien zur Reservoirerschließung und für Testbohrungen. Die Finanzierungsunterstützung zielt somit darauf ab Explorationsrisiken im frühen

Entwicklungsstadium zu minimieren und so Anreize zu schaffen. In Ostafrika wird der GRMF von der Afrikanischen Union geleitet. http://www.grmf-eastafrica.org

Die KfW entwickelt derzeit einen weiteren Anreizmechanismus in Lateinamerika in Kooperation mit internationalen Partnern.

In 2012 waren in **Kenia** 212,5 MWe installiert (Omenda 2012). Insbesondere zwei halbstaatliche Institutionen erkundeten alle nationalen geothermischen Standorte in den letzten Jahren: die *Kenya Electricity Generating Company* (KenGen) und die *Geothermal Development Company Ltd* (GDC). Bohrungen erfolgen an den geothermischen Standorten Olkaria und Menengai. In 2010 entschloss sich die Regierung geothermische Ressourcen verstärkt auszubauen und legte dies dar im *Least Cost Power Development Plan (2010–2030).* Der Plan sieht vor, dass bis 2030 weitere 5000 MW Strom aus geothermischen Ressourcen installiert werden sollen. Für den Expansionsplan sucht die Regierung nach Projektfinanzierung durch *Public Private Partnerships* (PPP) und BOT Arrangements (BOT = Build-Operate-Transfer).

Die geothermischen Standorte des kenianischen Rifts von Süd nach Nord sind folgende: Lake Magadi, Suswa, Longonot, Olkaria, Eburru, Badlands, Menengai, Arus Bogoria, Lake Baringo, Korosi, Paka, Silali, Emuruangogolak, Namarunu und Barrier. Einige Standorte wurden bereits detailliert erkundet und man erwartet ein Potenzial von 10.000 MWe, die zusätzlich generiert werden könnten.

Neben Kenia sind signifikante Geothermieressourcen auch in den Nachbarländern vorhanden. In Äthiopien ist am Standort Aluto Langano seit 1969 ein Pilot-Kraftwerk am Netz mit einer installierten Kapazität von 7,3 MWe. Mit japanischer Unterstützung soll in Kürze eine Erweiterung auf 35 MWe erfolgen. Auch in Dschibuti erfolgten bereits erste Testbohrungen im Feld Assal.

In den Ländern entlang des westlichen Riftarmes (Sambia, Burundi, Ruanda, DRC, Uganda) erfolgten bis dato außer in Ruanda noch keine tiefgründigen Bohrungen, welche Basis liefern könnten für eine ökonomische Machbarkeitsstudie.

Insgesamt gesehen sind in Ostafrika signifikante Geothermieressourcen vorhanden, die teilweise bereits durch Testbohrungen verifiziert werden konnten. Finanzielle und technische bilaterale und multilaterale Entwicklungspartner unterstützen die Region in verschiedenen Themen (Regularien, Investmentbedingungen, Marktentwicklung, Geowissenschaften). Der Anreizmechanismus durch den GRMF eröffnet neue Möglichkeiten für sich noch zurückhaltende Entwickler.

27.4.2 Nordamerika

Die Länder Nordamerikas, Kanada, USA und teilweise Mexiko haben einen der höchsten Lebensstandards weltweit mit hohen Stromverbräuchen und Elektrifizierungsraten. Konventionelle fossile Energieressourcen dominieren die Energiemärkte. Weder Kanada noch die USA haben nationale Klimaschutzpläne, noch sind sie Unterzeichner des Kyoto Protokolls.

Die **USA** nehmen mit über 3000 MW installierter Kapazität die weltweite Führung ein in der geothermischen Stromerzeugung. Das geothermische Feld ‚*The Geysers*' ist auch an der Spitze mit seiner installierten Kapazität von 1595 MW. Das zweite ergiebigste Geothermiefeld ist Cierro Prieto in Mexiko. Es verfügt über 720 MW. Auch zahlreiche Kraftwerksbetreiber kommen aus den USA, z. B. Calpine, Chevron, Terra Gen oder CalEnergy Generation. Auch die *Comisión Federal de Electricidad* (CFE) aus Mexiko liegt weit vorn und unterhält zahlreiche Kraftwerke in Mexiko mit einer gesamten Kapazität von über 950 MW (World Bank ESMAP 2012).

In den USA sorgten schon früh in den 1970er Jahren unterstützende Maßnahmen der Regierung die geothermische Entwicklung. Hierzu gehörten direkte Zuschüsse zu geowissenschaftlichen Studien, staatlich geförderte technische Beratung in der Reservoirerschließung, vereinfachte Konzessionsvergaben, zinsfreie Kredite und andere Anreizmechanismen (Sander 2012).

27.4.3 Lateinamerika

In **Südamerika** konzentrieren sich die Gebiete mit hohen Temperaturressourcen auf Chile, das Altiplano in Bolivien, einige Zonen der westlichen peruanischen Anden und Gebiete entlang des magmatischen Bogens, der sich vom westlichen Ekuador über den zentralen Andenkamm in Kolumbien und das südliche Venezuela erstreckt (siehe Abb. 27.5).

In Lateinamerika unterstützen Initiativen der internationalen Entwicklungszusammenarbeit die Geothermieentwicklung tatkräftig. Die KfW plant beispielsweise ein ähnliches finanzielles Anreizsystem für Geothermiebohrungen und -studien in Lateinamerika aufzulegen wie in Ostafrika (siehe GRMF). In 2014 erfolgt hierfür die Konzipierung zur Bestimmung der Zielsetzung, des strukturellen Aufbau, der Konditionen, der institutionellen Verantwortlichkeiten, etc.

Eine weitere Initiative wird von der *International Renewable Energy Agency* (IRENA) in den fünf Andenländern Bolivien, Chile, Ekuador, Kolumbien und Peru durchgeführt. Das Projekt wird in Kooperation mit der *Organisación Latinoamericana de Energía* (OLADE) und der *International Geothermal Association* durchgeführt. Für jedes Land werden Studien erstellt, die geothermische Entwicklungen, Potenziale, Marktmöglichkeiten, regulatorische Rahmenbedingungen, bilaterale Partner und weitere Basisinformationen liefern. Weitere Projektaktivitäten sind Workshops mit Länderrepräsentanten zu regulatorischen und anderen Themen.

Anfang 2013 wurde als Netzwerkplattform zur regionalen Geothermieförderung in Zentralamerika ein regionales Büro eingerichtet, das *Regional Geothermal Office* (RGO). Fünf Partner unterstützen das RGO: *National Energy Council of El Salvador* (CNE), *German International Cooperation* (GIZ), *International Geothermal Centre Bochum*, Germany

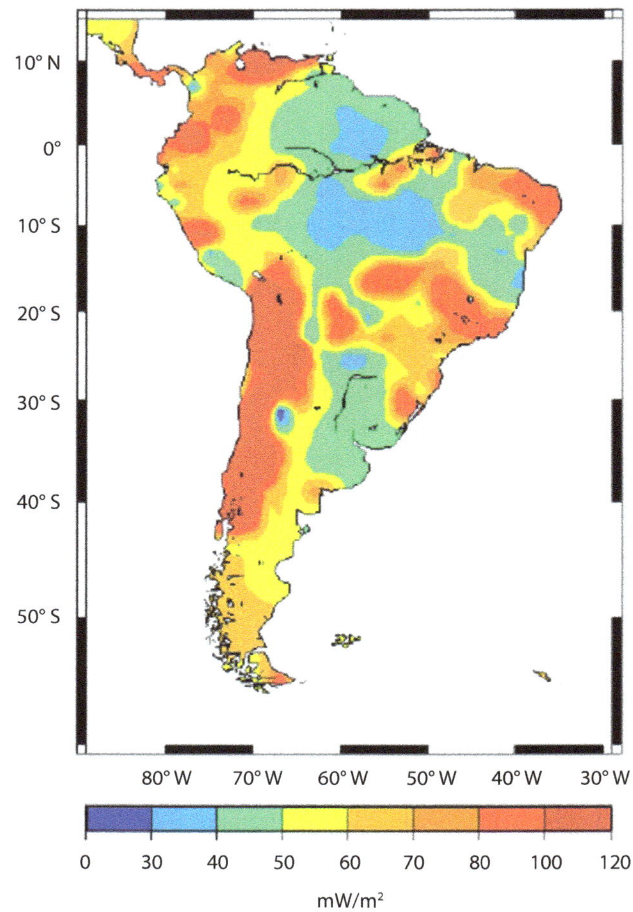

Abb. 27.5 Wärmeflüsse in Südamerika (Cardoso et al. 2010)

(GZB), *International Geothermal Association* (IGA) and LaGeo (geothermal energy company in El Salvador). Das RGO ist der Ansprechpartner für Unternehmen, soll Aus- und Fortbildungsmaßnahmen koordinieren, regionale Zusammenarbeit fördern, Informationsarbeit leisten und eine Geothermieplattform bereitstellen zum Informationsaustausch.

In **Zentralamerika** unterstützt auch die GIZ im Rahmen ihres Projektes „Erneuerbare Energien und Energieefizienz (4E) in Zentralamerika" die Geothermieentwicklung. Die Projektaktivitäten umfassen energiepolitische, institutionelle und regulatorische Beratung nationaler Regierungen, die Förderung privatwirtschaftlicher Initiativen im Bereich erneuerbare Energien und Informationsarbeit (siehe Webseite: http://www.energias4e.com/).

In **Südamerika** wurden bereits erste Studien in den 1970ern mit internationaler Hilfe durchgeführt (z. B. UNDP in Bolivien und Peru, OLADE-*Instituto Colombiano de Electricidad de Bolivia* (ICEL) in Kolumbien, AQATER und BRGM in Ecuador). In den meisten südamerikanischen Ländern sind die geothermischen Potenziale bekannt. Oftmals hindern die regulatorischen Rahmenbedingungen oder die Marktkonditionen Entwickler und Investoren daran in die Ressource zu investieren. Das oben angeführte IRENA-Projekt identifizierte Klärungs- und Entwicklungsbedarf in den Ländern in den folgenden Bereichen:

- Entwicklung bzw. geothermiespezifische Optimierung regulatorischer Rahmenbedingungen und Marktmechanismen, Konzessionsvergabe, *Power Purchase Agreements*, *Policies*, *Auctioning* und weitere Felder,
- Entwicklung finanzieller Anreizmechanismen/Versicherungsoptionen,
- Stärkere Involvierung des Privatsektors und von regionalen Kooperationen,
- Bewusstseinsschaffende Maßnahmen für Ministerien, Stromvertreibern und Regulierungsbehörden auf technischer- und Planungsebene als auch für die Leitungsfunktionen und
- Ausbildung von Fachkräften im Geothermiebereich.

Bis dato gibt es noch kein geothermisches Kraftwerk in Südamerika. Erste Testbohrungen wurden allerdings schon in Chile und in Bolivien im Feld *Sol de Mañana* an der Laguna Colorado durchgeführt.

In **Chile** wurden in 2012 geothermische Konzessionen von lokalen und internationalen Projektentwicklern akquiriert. 13 Firmen (u. a. Enel Green Power, Origin Energy, Alterra Power Corp., Ormat Technologies, GeoGlobal Energy LLC) erwarben bereits 20 Konzessionen in 2012 (GEA, April 2012).

In **Peru** werden die energiepolitischen Rahmenwerke geothermiefreundlicher mit Steuervergünstigungen und einem Mechanismus für Einspeisetarife. Die Regierung führte bereits Auktionen auch für Geothermieprojekte durch. Einige Firmen formten Konsortien zur Erschließung von Geothermiefeldern (GEA, April 2011).

In **Zentralamerika** haben bereits einige Länder ihre geothermischen Ressourcen entwickelt. Rund 25 % des Stroms in El Salvador zum Beispiel wird mit Geothermie erzeugt. Abbildung 27.6 liefert einen Überblick über die tektonischen Gegebenheiten Zentralamerikas und der Karibik. Der Subduktionsprozess der Kokos-Platte unter die Karibische-Platte führte zur Herausbildung der Vulkankette der Region. Diese in Verbindung mit nah an der Oberfläche befindlichen Magmakammern sorgen für abnormale Wärmeflüsse und liefern eine Grundlage zur Geothermienutzung.

In Zentralamerika verfügen bereits mehrere Länder über geothermische Kraftwerke (siehe Tab. 27.3). Auch in der **Karibik** steigt der Strombedarf. Auf Dominica und Nevis werden die geothermischen Potenziale jeweils auf 100 MW und 300 MW eingeschätzt. Die hohe Abhängigkeit von kostenintensiven fossilen Energieträgern führte zur intensiveren Auseinandersetzung mit den geothermischen Vorkommen und der Einladung ausländischer Firmen zur Unterstützung hierin seit 2011. Derzeitige Stromkosten liegen bei 20,4 USD cent pro khw bei der Nutzung fossiler Brennstoffe verglichen mit geschätzten 5,5 USD cent pro kwh, welche für Geothermiestrom entstünden (Gerner und Hansen 2011).

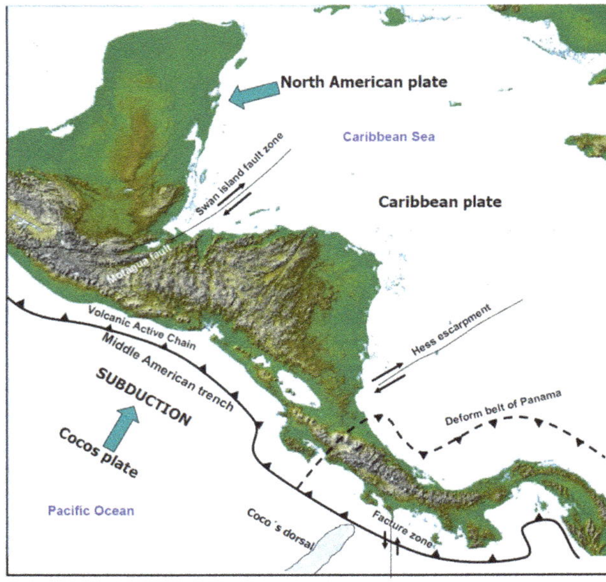

Abb. 27.6 Tektonik in Zentralamerika und Karibik (Chandrasekharam und Bundschuh 2008)

27.4.4 Asien, Ozeanien, Pazifik

Die Asien-Pazifik-Ozeanien Region mit ihrem markanten Feuerring gehört zu den Regionen mit den höchsten geothermischen Vorkommen. Allein auf den Philippinen, Indonesien und Neuseeland liegt die elektrisch installierte Kapazität bei fast 4000 MWe, mehr als einem Drittel der weltweit installierten Leistung. Die Märkte sind hier erschlossen, Technologien werden beherrscht und im Arbeitsmarkt ist die Geothermie eine feste Größe. In Neuseeland und Japan existier(t)en weltweit herausragende Fortbildungsmöglichkeiten für den Geothermiesektor. Abbildung 27.7 liefert einen Überblick der vulkanischen Bögen und Tiefseegräben entlang des asiatisch-pazifischen Feuerrings („*Ring of Fire*“).

Die **Philippinen** liegen an 2. Stelle weltweit mit einer installierten Leistung von knapp 2000 MWe. Schon früh, unmittelbar nach der Ölkrise in den 1970ern, steuerte die Regierung die geothermische Entwicklung. Die *Philippine National Oil Company – Energy Development Corporation* (PNOC-EDC) sorgte für eine frühe Erschließung der Felder auf der Luzon Insel, Cebu und in Leyte. Eine sichere regulatorische Grundlage, privatsektorförderliche Investitionsbedingungen und finanzielle Anreizmechanismen der Regierung sorgten dafür, dass der Privatsektor schon bald den Geothermiesektor übernahm (Penarroyo 2010; Catigtig 2008).

Indonesien ist bekannt als das Land mit dem prognostizierten höchsten geothermischen Potenzial weltweit von >20.000 MW (Darma et al. 2010). Von den mehr als 1300 MW installierter Kapazität werden etwa 1000 MW von IPPs (Independent Power Producer) gemeinsam mit PT Pertamina Geothermal Energy Ltd (PGE) geführt. Bis dato

Tab. 27.3 Übersicht der geothermischen Entwicklung in Zentralamerika. Quelle: Flyer GIZ Projekt (GeoT Expo, November 2013)

	Costa Rica	El Salvador	Guatemala	Honduras	Nicaragua
Stand der Geothermienutzung	2 Kraftwerke mit insgesamt 206 MW (ICE)	2 Kraftwerke mit insgesamt 204,4 MW (LaGeo)	2 Kraftwerke mit insgesamt 49 MW in Betrieb	noch kein Projekt/Kraftwerk realisiert	2 Kraftwerke mit insges. 153,5 MW in Betrieb
In Entwicklung	2 Projekte mit je 55 MW und 110 MW (ICE); 1 Projekt in Anfangsphase	2 Projekte à 40 MW und 30 MW (LaGeo), sowie mehrere Projekte < 5 MW in Entwicklung	1 Projekt unter Konzession, weitere 4 Projekte identifiziert mit insges. 108 MW	2 Projekte à 35 MW in Bohrphase und 40 MW in Machbarkeitsanalyse	4 Projekte, 225 MW und 111,5 MW, Konzessionen sowie 159 MW und 106 MW in Machbarkeitsanalyse
Anteil der Geothermie an nationaler Stromversorgung	15 %	25 %	3 %	–	17 %

erfolgt die Entwicklung teilweise zögerlich aufgrund verschiedener Unklarheiten zum Projektstart (z. B. Landrechte, Konzessionsvergabe, angesetzter Abnahmetarif, etc.). Sobald diese Schwierigkeiten überwunden sind, geht man von einer schnelleren Erschließung aus. Die Akteure der Geothermieentwicklung sind klar festgelegt. Die meisten Explorations- und Operationskonzessionen gehören PGE. Der geothermische Dampf oder bereits generierter Strom werden dann an den staatlichen Stromversorger PLN übertragen.

In **Neuseeland** liegt die installierte Kapazität derzeit bei 850 MWe. Die *New Zealand Energy Strategy to 2050* (Ministry of Economic Development of New Zealand 2007) und die *New Zealand Energy Efficiency and Conservation Strategy* (2011) zeigen einen konsolidierten Ansatz zur Stromversorgung des Landes. Bis 2025 plant das Land 90 % seiner Stromversorgung aus erneuerbaren Energien zu generieren (Ministry of Economic Development of New Zealand 2011). In Neuseeland ist die größte geothermische Turbine im Einsatz. Die Nga Awa Purua Einheit hat 147 MW und befindet sich am Standort Rotokawa.

Japan verfügt über eine installierte Kapazität von 536 MW (Bertani 2010) und Technologiefirmen, die weltweit ihre Geothermieprodukte vertreiben (Toshiba, Mitsubishi). Nach der Fukushima Katastrophe von 2011 verpflichtete sich die japanische Regierung dazu, ihre erneuerbaren Energieressourcen verstärkt auszubauen und auch die Geothermieentwicklung weiter voranzutreiben.

Weitere Länder wie China, Indien, Papua Neuguinea zeigen deutliches Interesse an der Geothermie und haben teilweise schon erste Kraftwerke installiert.

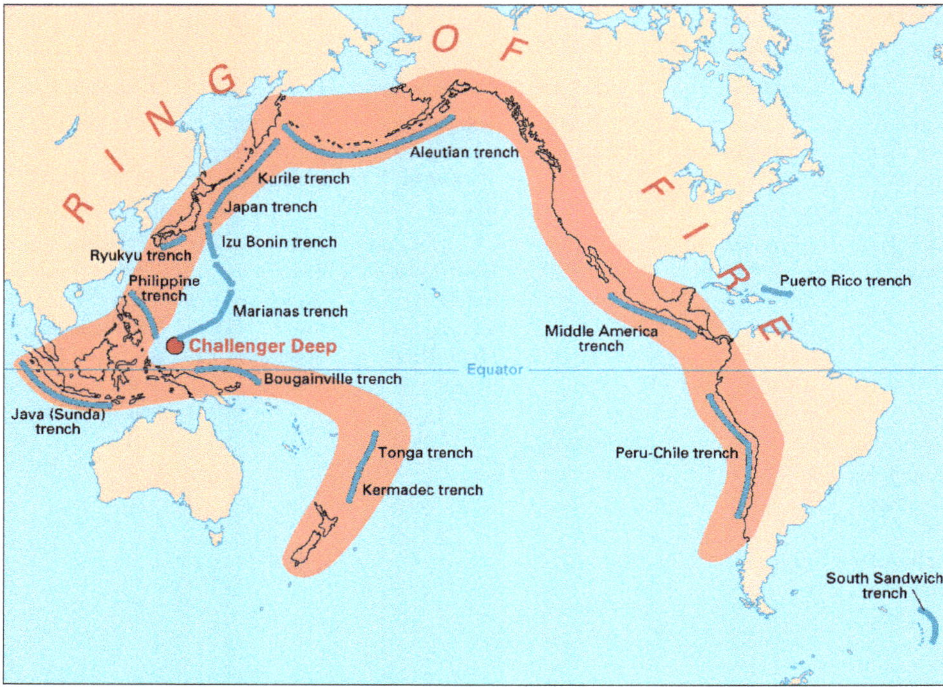

Abb. 27.7 Der pazifische Feuerring (US Geological Survey 2009). Die Gräben sind *blau-grün* markiert, die vulkanischen Inselbögen liegen meistens parallel landwärts der Gräben

27.4.5 Europa

In Europa lag die installierte Kapazität in 2013 bei 2 GWe (EGEC 2013). 68 geothermische Kraftwerke lieferten 11,7 TWh Strom an die Verbraucher. Die erste Stelle nahm hierbei Italien ein (880 MW), eng gefolgt von Island (660 MW) und schließlich der Türkei (100 MW). Portugal, Frankreich und Deutschland hatten in 2013 weniger als 50 MW installiert. Dominierende Kraftwerkstypen sind Dampfturbinen (Trockendampf) mit 33 Kraftwerken, gefolgt von Binärkraftwerken ORC (20), Single Flash (9) und drei Kalina Binärkraftwerke. Die installierte Kapazität nur in der EU belief sich auf 0,94 GWe.

Obwohl EGS Kraftwerke (Enhanced Geothermal Systems) ökonomisch noch nicht selbsttragend sind, gab es in Europa in 2013 bereits 11 EGS Projekte. Diese liegen in Deutschland, England, Frankreich, Irland, Kroatien, Slowenien, Spanien und Ungarn.

Insgesamt gibt es 237 Nah- und Fernwärmesysteme in Europa mit einer gesamten installierten Kapazität von 4,5 MWth in 2013 (EGEC 2013). Abbildung 27.8 zeigt die in 2013 installierten geothermisch unterstützten Nah- und Fernwärmesysteme Europas. Marktführer in 2012 ist Frankreich (42 Systeme), gefolgt von Island (33 Systeme), Deutschland (24 Systeme), Türkei (20 Systeme) und Ungarn (17 Systeme).

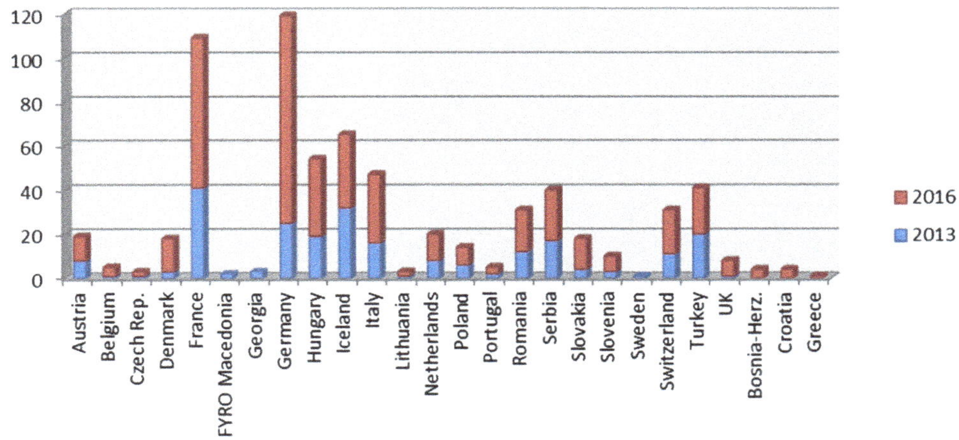

Abb. 27.8 Geothermisch unterstützte Nah- und Fernwärmesysteme in Europa in 2013 und eine Prognose für 2016 (EGEC 2013)

In der **Türkei** wird ein jährlich wachsender Strombedarf von 6–8 % bis 2020 erwartet. Derzeit verfügt die Türkei über etwa 100 MW installierte Kapazität (Serpen et al. 2010). Potenziale werden auf 800–2000 MW geschätzt (Harte 2011; Mertoğlu 2011). In 2012 waren 17 Unternehmen in die Entwicklung weiterer 484 MW involviert (Mertoğlu 2011). Auch Enel Green Power ist in die Entwicklung der türkischen Geothermiefelder involviert und bewarb sich bereits erfolgreich für 142 Explorationserlaubnisse in der westlichen Türkei. In 2011 erließ das Parlament eine neue Einspeisetarifregelung in der Einspeisetarife für Geothermie niedriger waren als für Solar und Biomasse, aber höher als Einspeisetarife für Windenergie und Wasserkraft. Das Investmentklima wird derzeit als sehr gut bewertet und zahlreiche Anfragen potenzieller Investoren liegen bei der Regierung vor.

Deutschland hat einige Projekte in der Tiefen Geothermie vorzuweisen. Diese beinhalten sowohl Strom- als auch Wärmeprojekte (Bundesministerium für Umwelt, Naturschutz und Reaktorsicherheit 2011). In 2010 wurden 27.700 MWh Geothermiestrom für 9000 Haushalte generiert (BMU 2011). Die installierte Kapazität liegt in Deutschland zwar noch unter 10 MWe, aber als Wärmelieferant für Nah- und Fernwärmesysteme ist binnen kurzer Zeit ein Zuwachs zu erwarten. Über 60 Projekte (Strom- und Nah-/Fernwärmesysteme) befinden sich in der Planung.

Island verfügte über 660 MW installierte Kapazität in 2013 (Ragnarsson 2013). Dies machte 69 % des nationalen Primärenergieverbrauchs aus. Auch für die Wärmeversorgung, landwirtschaftliche und industrielle Prozesse spielen geothermische Ressourcen in Island eine große Rolle. 90 % aller isländischen Häuser werden mit geothermischer Wärme versorgt. Abbildung 27.9 zeigt geothermische Standorte in Island. In 2012 wurden 77 % des generierten Stroms in den Aluminiumfabriken genutzt, die besonders von diesem günstigen nachhaltigen Energielieferanten profitieren.

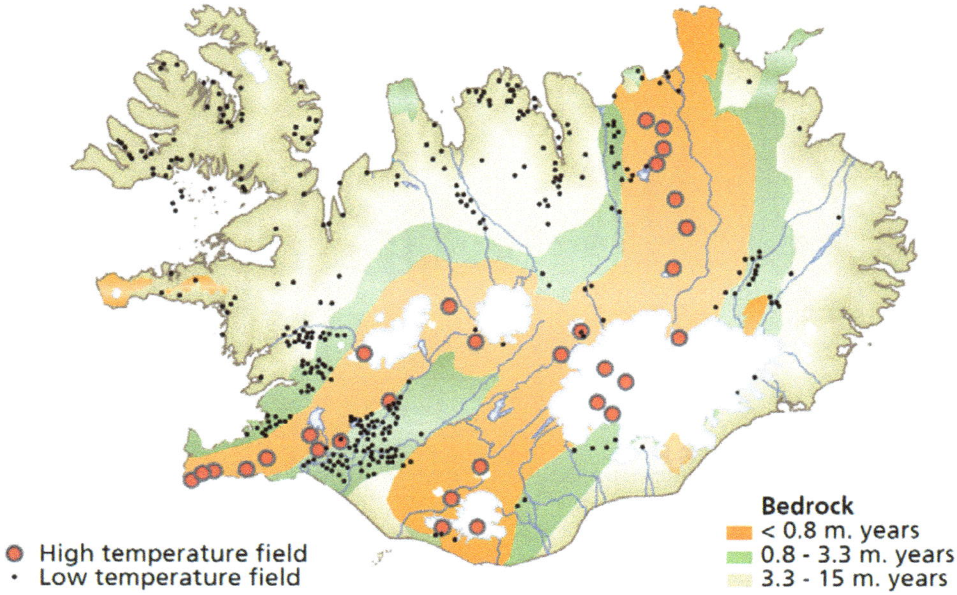

Abb. 27.9 Geothermische Zonen in Island (Ragnarsson 2013)

Die geothermischen Kraftwerke **Italiens** befinden sich in der Toskana in Larderello/Travale und Mount Amiata. Seit 1913 wird in Larderello erfolgreich geothermischer Strom generiert. Anzeichen einer Produktionsabnahme des Feldes sind nicht festzustellen. Enel Green Power leitet alle Kraftwerke des Landes und liefert damit über die Hälfte der installierten geothermischen Leistung Europas. Italien ist ein solides Geothermieland, welches selbstständig seine geothermischen Felder überwacht und neue Felder erschließt.

Neue geothermische Entwicklungen zeichnen sich ab in Portugal, Spanien, Frankreich und Griechenland mit bereits 13 Projektideen.

27.5 Technologische Entwicklungstrends

Neue Technologieentwicklungen sorgen für weitere Expansionen in einigen Regionen, die bereits signifikante Geothermievorkommen nutzen. Im Folgenden werden sich abzeichnende technologische Fortentwicklungen beschrieben:

- Binärkraftwerkstechnologie (auch in Kombination mit anderen Kraftwerkstypen),
- Enhanced Geothermal System Technologien,
- Kombinierung von Erneuerbaren Energien Technologien und
- Koproduktion von Fluiden.

In der geothermischen Stromerzeugung spielen **Binärkraftwerke** eine immer wichtiger werdende Rolle. In den USA und Europa beispielsweise werden diese verstärkt eingesetzt, da sie auch Ressourcen mit moderaten und niedrigen Temperaturen zur Stromproduktion nutzen können. Nach der ersten Dampfnutzung im Dampfkraftwerk liefert der etwas abgekühlte Dampf in einer Folgenutzung im Binärkreislauf weitere Elektrizität. Hierdurch wird eine höhere Effizienz des Gesamtsystems erreicht. In den meisten Kraftwerken geht der Großteil der thermischen Energie der extrahierten Fluide/Dämpfe verloren und wird unter hohen Temperaturen von 100–180 °C wieder in das Reservoir reinjeziert. Der Binärkreislauf liefert hier zusätzlichen Strom, ohne dass weitere Kosten zur Reservoirerschließung/-förderung anfallen.

In den letzten Jahren kam es auch verstärkt zur stufenweisen Nutzung von Flash- und Binärtechnologien in einem einzigen Kraftwerk. In Rotokawa in Neuseeland werden neben einer 16 MW Dampfturbine noch vier Binärturbinen eingesetzt, welche den bereits genutzten Dampf und Fluide nutzen um weiteren Strom zu produzieren (Legman 2003).

Enhanced Geothermal System (EGS) Technologien werden eingesetzt, um Wärme aus Gesteinen zu nutzen, in denen keine oder zu geringe Ressourcen an Dampf oder heißem Wasser vorkommen oder die Permeabilität unzureichend ist. So werden durch EGS große Wärmetauscherflächen im Gestein geschaffen, welche dann mithilfe von Pumpsystemen mit einem Transfermedium, gewöhnlicherweise Wasser, versorgt werden. Die erwärmten Fluide werden an der Oberfläche in ein Strom- oder Heizkraftwerk geleitet, genutzt und wieder reinjeziert. In Europa ist das Forschungsprojekt Soultz-sous-Forêts in Frankreich das erste Demonstrationskraftwerk, welches auf die Produktion von 1,5 MWe ausgelegt wurde. Weitere 20 EGS Projekte wurden in 2011 in anderen europäischen Ländern geplant. Auch in den USA und Australien erfolgen Studien, Testbohrungen und Entwicklungsprojekte zu EGS. Teilweise werden diese auch staatlich gefördert. Der Bericht *The Future of Geothermal Energy – Impact of Enhanced Geothermal Systems on the United States in the 21st Century* des Massachusettes Institute of Technology (MIT) in 2006 zeigte auf wie EGS in den USA genutzt werden kann, um das Land mit Grundlaststrom zu versorgen (siehe Abb. 27.10). Der Bericht zeigt auch die technische Durchführbarkeit und dass innerhalb der nächsten 50 Jahre in den USA 100.000 MWe EGS Kapazität installiert werden könnten.

Die **Kombinierung von Erneuerbaren Energien Technologien** stellt eine weitere Möglichkeit dar unabhängiger zu werden von fossilen Brennstoffen. Projekte wie das hybrid ausgelegte Biomasse-Geothermiekraftwerk Honey Lake in Nevada, USA oder das durch Solarenergie unterstützte Geothermiekraftwerk Ahuachapán in El Salvador zeigen, dass technische Innovationen zu einer umfassenderen Nutzung Erneuerbarer Technologien führen.

In den USA ist die **Koproduktion von Fluiden** bereits ein wichtiges Thema. In Wyoming wurde ein erstes Pilotprojekt gestartet, um Fluide aus Ölfeldern geothermisch zu nutzen. Auch im Huabei Ölfeld in China erfolgten erste Studien zur Koproduktion mit Fluiden, welche 110–120 °C aufwiesen. Ein 400 kW Stromgenerator wurde erfolgreich installiert, um die technische Durchführbarkeit zu beweisen (Shouliang Xin et al. 2012).

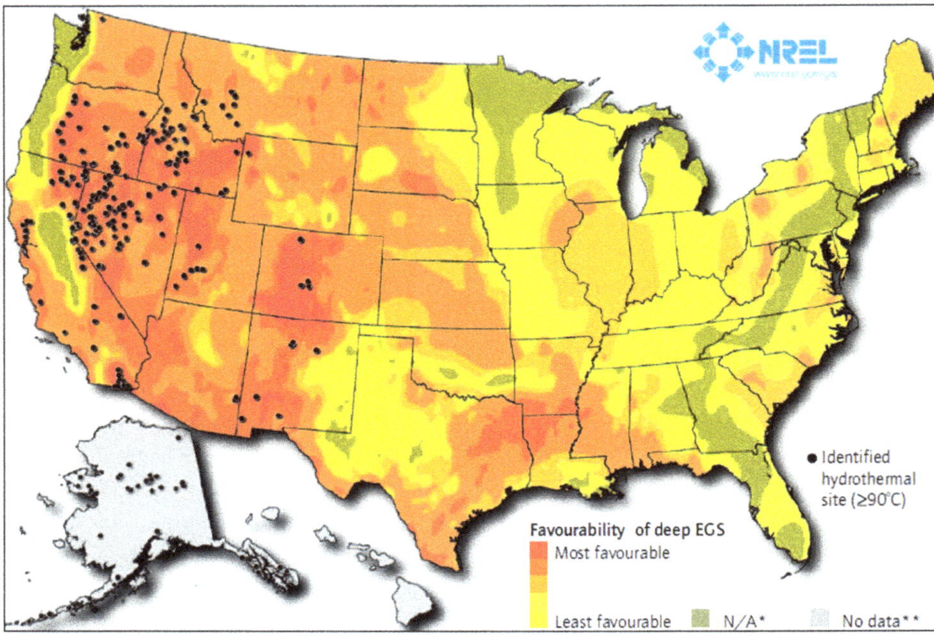

Source: NREL.

Map does not include shallow EGS resources located near hydrothermal sites or US Geological Survey assessment of undiscovered hydrothermal resources.

Source data for deep EGS includes temperature at depth from 3 to 10 km provided by Southern Methodist University Geothermal Laboratory and analyses (for regions with temperatures ≥ 150°C) performed by NREL.

Source data for identified hydrothermal sites from US Geological Survey assessment of Moderate- and High-temperature Geothermal Resources of the United States (2008).

N/A* regions have temperatures less than 150°C at 10 km depth and were not assessed for deep EGS potential.

No data**: Temperature at depth data for deep EGS in Alaska and Hawaii not available.

Abb. 27.10 EGS Ressourcen in den USA (NREL 2011)

27.6 International Geothermal Association

Der Geothermie-Weltverband (*International Geothermal Association - IGA*) wurde 1988 als wissenschaftlicher unabhängiger Dachverband in Neuseeland gegründet. Der Verband operiert weltweit und vernetzt mittlerweile über 5000 Mitglieder aus mehr als 65 Ländern. Die Mitglieder setzen sich zusammen aus Geothermie-Experten in Industrie und Wissenschaft, Gutachterfirmen, Mitarbeitern in Regierungen und Behörden, Banken, Dienstleistungsunternehmen und weiteren Institutionen. Die IGA wurde gegründet, um die Geothermienutzung durch gezielten Informationsaustausch, Beratung und Fortbildungsmaßnahmen zu fördern, Netzwerke zu bilden und Regierungsbehörden und internationale Organisationen strategisch zu beraten.

Ziele der IGA sind folgende:

- Unterstützung der Entwicklung und verstärkten Nutzung geothermischer Ressourcen,
- Informationsvermittlung technischer und wissenschaftlicher Informationen,
- Strategische Beratung und Kooperation mit internationalen Organisationen, Regierungen, Industrie, etc.,
- Entwicklung und Kommunikation internationaler Standards, Regelwerken und Kriterien sowie
- Plattform und Netzwerkarbeit zwischen Geothermieexperten, Regierungen, internationalen Organisationen, Industrie, Banken, Versicherungen, etc.

Die IGA ist ein Gründungspartner der *International Renewable Energy Alliance* (REN Alliance), einer Partnerschaft der fünf global operierenden Erneuerbaren Energien-Weltverbände. Gemeinsam mit den REN Alliance Partnern tritt die IGA auf internationalen Kongressen auf, wie den Rio Folgekonferenzen oder den Verhandlungsrunden der Klimarahmenkonvention. In diesem Rahmen werden Politikberatung, Potenzialabschätzungen und technologieübergreifende Nachhaltigkeitsuntersuchungen durchgeführt.

Weiterhin berät die IGA internationale Institutionen wie die *International Renewable Energy Agency* (IRENA), die *International Labor Organisation* (ILO), die *International Finance Cooperation* (IFC), die *Interamerican Development Bank* (IDB) oder andere internationale Stellen wie REN21, welche jährliche Status-updates der Erneuerbaren Energienutzung produzieren.

Für ihre Mitglieder bietet die IGA u. a. spezifische Informationen und Datenbanken zu:

1. Länderspezifische Aus- und Fortbildungsdatenbank weltweit: http://www.geothermal-energy.org/publications_and_services/global_geothermal_courses.html
2. IGA Sammlung wissenschaftlicher Geothermie-Beiträge (mittlerweile > 13.000 Beiträge): http://www.geothermal-energy.org/publications_and_services/conference_paper_database.html
3. Kartenbasierte IGA Geothermie-Datenbank: http://vmigg.iit.cnr.it/SpagoBI/servlet/AdapterHTTP?PAGE=LoginPage&NEW_SESSION=TRUE
4. Weltweiter Geothermie-Veranstaltungskalender: http://www.geothermal-energy.org/conferences_events/conference_database.html
5. Vierteljährlicher IGA Newsletter mit Informationen zu Projekten, Forschungen, neuesten Technologieentwicklungen und Beiträgen aus den Regionen: http://www.geothermal-energy.org/publications_and_services/iga_newsletter.html
6. Übersicht mit Studienschwerpunkten und Kontaktadressen von Universitäten mit Geothermiekursen: http://www.geothermal-energy.org/publications_and_services/global_geothermal_courses.html

Um die regionale Wirkung und IGA Leistungen zu erhöhen, gründete die IGA regionale Gruppierungen, welche regionale Aus- und Fortbildungsveranstaltungen durchführen und hierbei lokale Bedingungen stärker betrachten. Die regionalen Repräsentanzen der IGA sind in vier Regionen vorhanden und heißen wie folgt:

- IGA Asia Pacific Regional Branch
- IGA East Africa Regional Branch
- IGA European Regional Branch
- Regional Geothermal Office Central America

Der IGA Vorstand (*Board of Directors*) setzt sich aus 30 hoch anerkannten Geothermieexperten weltweit zusammen. Die Arbeiten im Board erfolgen demokratisch und fachlich strukturiert in Komitees.

Literatur

Agentur für erneuerbare Energien: Renews Spezial Nr. 60/November 2012, Akzeptanz und Bürgerbeteiligung für Erneuerbare Energien

Augustine, C., National Renewable Energy Laboratory NREL: Updated U.S. Geothermal Supply Characterization and Representation for Market Penetration Model Input. U.S. Department of Energy, Golden (2011)

African Union Commission: Objectives of the Geothermal Risk Mitigation Facility for Eastern Africa (2013). http://www.grmf-eastafrica.org/about/objectives. Zugegriffen: 18.12.2013

Bertani, R.: Geothermal Power Generation in the World 2005–2010 Update Report. Proceedings World Geothermal Congress 2010, Bali, Indonesia, 25–29 April 2010

Bertani, R.: Geothermal power generation in the world 2005–2010 update report. Geothermics **41**, 1–29 (2012)

Bertani, R.: Geothermal Energy Use, Country Update for Italy European Geothermal Congress, Pisa, Italy, 3–7 June 2013 (2013)

Bloomberg New Energy Finance: Global Trends in Renewable Energy Investment 2012. Frankfurt School of Finance & Management gGmbh, Frankfurt (2012)

Bundesministerium für Umwelt, Naturschutz und Reaktorsicherheit: Erneuerbare Energien in Zahlen (2011). http://www.erneuerbare-energien.de/fileadmin/ee-import/files/pdfs/allgemein/application/pdf/ee_zahlen_internet-update.pdf. Zugegriffen: 20.12.2013

Cardoso, R.R., Hamza, V.M., Alfaro, C.: Geothermal resource base for South America: A continental perspective Proceedings World Geothermal Congress 2010, Bali, Indonesia, 25–29 April 2010 (2010). 6 S.

Catigtig, D.C.: Geothermal energy development in the Philippines with the Energy Development Corporation embarking into power generation. In: Proceedings of the 30th Anniversary Workshop Reykjavik, Iceland, 26–27 Aug. 2008 (2008)

Chandrasekharam, D., Bundschuh, J.: Low-enthalpy geothermal resources for power generation. CRC Press/Balkema, Taylor & Francis Group, Leiden, The Netherlands (2008). 172 S.

Darma, S., Poernomo, A., Pramono, A., Brahmantio, E.A., Kamah, Y., Suhermanto, G.: The Role of Pertamina Geothermal Energy (PGE) in Completing Geothermal Power Plants – Achieving 10,000 MW in Indonesia. In: Proceedings World Geothermal Congress 2010 Bali, Indonesia, 25–30 April 2010 (2010)

European Geothermal Energy Council, 2013: Geothermal Market in Europe. http://egec.info/wp-content/uploads/2013/12/Geothermal-MR-2013-2014.pdf besteht großes Forschungsinteresse an *Enhanced Geothermal Systems* (EGS). 20.12.2013

Geothermal Energy Association (GEA): Geothermal Energy Weekly 15 April 2011 (2011)

Geothermal Energy Association (GEA): Geothermal Energy Weekly 20 April 2012 (2012)

Gerner, F., Hansen, M.: Caribbean Regional Electricity Supply Options. The World Bank Energy Unit of the Sustainable Development Department for Latin America and the Caribbean Region (2011)

GIZ 2013. Übersicht Geothermie-Zentralamerika. GeoT Expo, November 2013. Essen

GtV-Bundesverband Geothermie e. V., 2012. Tiefe Geothermieprojekte in Deutschland. http://www.geothermie.de

Hamza, V.M., Cardoso, R.R. und Ponte Neto, C.F.: Spherical harmonic representation of Earth's conductive heat flow. International Journal of Earth Sciences **97**, 205–226 (2008)

Harte, J.: Italy's Green Giant Enel to Tap Turkey's Geothermal Reserves (2011). http://www.reuters.com/article/2011/03/10/idUS317936995520110310. Zugegriffen: 20.12.2013

Legmann, H.: The 30 MW Rotokawa I geothermal project five years of operation. In: Proceedings of the International Geothermal Conference Reykjavík, Sept. 2003 (2003)

Lund, J., Bertani, R.: Worldwide Geothermal Utilization. GRC Transactions **34**, S. 195 (2010)

Lund, J.W., Freeston Derek, D.H., Boyd, T.L.: Direct Utilization of Geothermal Energy 2010 Worldwide Review. In: Proceedings World Geothermal Congress Bali, Indonesia, 25–29 April 2010 (2010)

Massachusetts Institute of Technology: The Future of Geothermal Energy – The Future of Impact of Enhanced Geothermal Systems (EGS) on the United States in the 21st Century. Idaho National Laboratory, Massachusetts (2006)

Mertoğlu, O.: Geothermal Resources for Power Generation and Development in Turkey. Turkish Geothermal Association (2011). http://www.geoelec.eu/wp-content/uploads/2012/01/6.-Geothermal-resources-of-Turkey-Mertoglu.pdf. Zugegriffen: 20.12.2013

Ministry of Economic Development of New Zealand 2007. New Zealand energy strategy to 2050 – powering our future: towards a sustainable low emission energy system. Wellington, New Zealnd (2007)

Ministry of Economic Development of New Zealand: Developing our Energy Potenzial and the New Zealand Energy Efficiency and Conservation Strategy 2011–2016 (2011). http://www.med.govt.nz/sectors-industries/energy/pdf-docs-library/energy-strategies/nz-energy-strategy-lr.pdf/view. Zugegriffen: 20.12.2013

Omenda, P.A.: Geothermal Development in Kenya: A Country Update – 2012. In: Proceedings of the African Rift Geothermal Facility (ARGeo) (2012)

Penarroyo, F.: Renewable Energy Act of 2008 – Legal and Fiscal Implications to Philippine Geothermal Exploration and Development. In: Proceedings World Geothermal Congress 2010 Bali, Indonesia, 25–29 April 2010 (2010)

Ragnarsson, A.: Geothermal Energy Use, Country Update for Iceland. In: Proceedings of the European Geothermal Congress Pisa, Italy, 3-7 June 2013 (2013)

REN21, 2013: Renewables 2013 Global Status Report. Paris: REN21 Secretariat

Sander, M.: Lessons Learnt From Geothermal-Friendly Regulatory Frameworks in Iceland, Kenya, New Zealand, Philippines and The United States of America. GRC Transactions **36**, S. 1239 (2012)

Serpen, U., Aksoyb, N., Öngürc, T.: Present Status of Geothermal. In: Proceedings of the Thirty-Fifth Workshop on Geothermal Reservoir Engineering at Stanford University February 1–3, 2010.

Energy, Stanford, California (2010). https://pangea.stanford.edu/ERE/pdf/IGAstandard/SGW/2010/serpen.pdf. Zugegriffen: 20.12.2013

Teklemariam, M.: Overview of Geothermal Resource Utilization and Potenzial in East African Rift System. GRC Transactions **30**, S. 711 (2006)

US Geological Survey: Volcanic arcs and oceanic trenches (2009). http://pubs.usgs.gov/gip/dynamic/fire.html. Zugegriffen: 6.01.2014

World Bank ESMAP: Geothermal Handbook: Planning and Financing Power Generation. World Bank, Washington DC (2012)

Xin, S., Liang, H., Hu, B., Li, K.: A 400 kW Geothermal Power Generator using Co-Produced Fluids from Huabei Oilfield. GRC Transactions **36**, S. 219 (2012)

Ausblick: Herausforderungen, Chancen und Perspektiven

28

Mathias Bauer, Willi Freeden, Hans Jacobi und Thomas Neu

Inhaltsverzeichnis

Zusammenfassung

Die geothermische Energie ist ein wichtiger Baustein bei zunehmendem Bedarf an erneuerbarer Energieproduktion. Tiefe Geothermie bedeutet eine gesicherte und stabile Grundversorgung an Strom und Wärme. Den Vorteilen (z. B. saisonale Unabhängigkeit von Wetterphänomenen, lokale Produktion, umweltfreundlicher Charakter, optisch-unauffälliger, geringer Flächenbedarf, optimale Energieausnutzung durch Kraft-Wärme Kopplung) steht als kritisches Moment die Minderung des Fündigkeitsrisikos gegenüber, deren dezentrale Bewältigung nur auf der Basis von Wissenschaftlichkeit und verstärkter Forschungstätigkeit gelingen kann. Speziell in Deutschland sind Anreize der Finanzierbarkeit und ein Interessenmanagement zur Schaffung sozio-politischer Akzeptanz als Chancen und Herausforderungen dringend geboten.

Schlüsselwörter

Tiefe Geothermie: Vor- und Nachteile, Chancen und Perspektiven

Prof. Dr.-Ing. habil. Dr. h.c. Mathias Bauer
Lehr- und Forschungsgebiet „Arbeits- und Gesundheitsschutz“, RWTH Aachen University, Wüllnerstraße 2, 52062 Aachen, Deutschland

Prof. Dr. Willi Freeden (✉)
Lehr- und Forschungsgebiet "Geomathematik", TU Kaiserslautern, Paul-Ehrlich-Straße 26, 67663 Kaiserslautern, Deutschland

Prof. Dr. Hans Jacobi
Jacobi & Partner Industrieberatung GmbH, Kennedyplatz 8, 45127 Essen, Deutschland

Thomas Neu
Tiefe Geothermie Saar GmbH, Elisabethenstraße 3, 66119 Saarbrücken, Deutschland

M. Bauer et al. (Hrsg.), *Handbuch Tiefe Geothermie*, DOI 10.1007/978-3-642-54511-5_28,

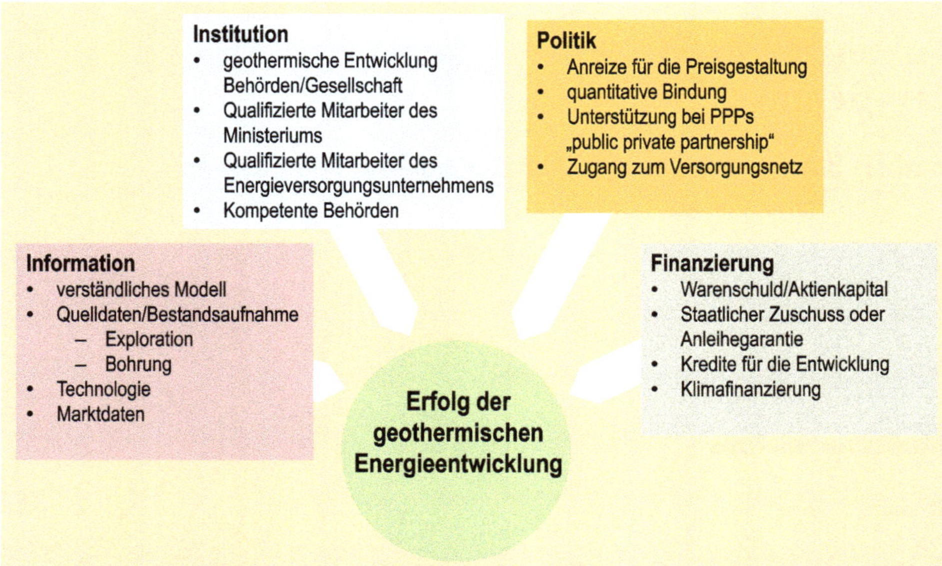

Abb. 28.1 Schlüsselelemente geothermischer Energieentwicklung (Modifizierte Illustration nach Gehringer und Loksha (2012))

Geothermische Energie ist bereits heute eine der wichtigen erneuerbaren Energiequellen mit vielfältigen Chancen und Verwendungsmöglichkeiten. Als besonders vorteilhaft gilt:

- *Globales permanentes Energiepotential:* Die Erdkruste bietet ein so großes Energiepotential, dass damit der gesamte Energiebedarf der Menschheit für einen Zeitraum von mehr als hunderttausend Jahren gesichert ist. Mit anderen Worten, es ist nicht zu befürchten, dass diese Energiequelle in einem vorstellbaren Zeitraum versiegen wird.
- *Saisonale Unabhängigkeit:* Geothermische Technologie ist nicht abhängig von irgendwelchen Wetterphänomenen (wie Sonnen- und Windeinfluss) und ist überall und jederzeit im Erdinneren verfügbar.
- *Umweltfreundlicher Charakter:* Tiefe geothermische Energieprojekte erzielen eine hervorragende CO_2-Bilanz. Nach der Installation einer geothermischen Energieanlage ist die Stromproduktion vollständig CO_2-frei. Weitere nützliche Argumente sind die Erzeugung eines lokalen Wertes und die Unabhängigkeit von fossilen Energieformen ebenso wie der geringe Platzbedarf geothermischer Anlagen.
- *Beitrag zur Entwicklung einer breit gefächterten Energieversorgung:* Geothermische Quellen bilden eine zuverlässige lokale Energiequelle, die in immer stärkerem Grad verwendet werden kann, um die auf fossilen Brennstoffen basierende Energieproduktion zu ersetzen. Geothermie schont somit unsere konventionellen nur begrenzt vorhandenen Energieressourcen und schafft Unabhängigkeit von der unsicheren Entwicklung von Fördermengen und Preisen bei Erdgas und Erdöl.

- *Optimale Energieausnutzung:* Geothermie garantiert die Möglichkeit optimaler Energieausnutzung durch die Kraft-Wärme-Kopplung, bei der Abwärme der Stromerzeugung zusätzlich zur Beheizung von Haushalten und Gebäuden nutzbar ist.

Infolgedessen weist der International Energy Agency Bericht (siehe Mongillo 2011) auf die Aussicht hin, dass geothermische Quellen das Potential haben, einen beträchtlichen Beitrag dafür zu leisten, bei der Deckung des weltweiten Energiebedarfs die Emissionen zu reduzieren und somit den Klimawandel abzuschwächen. Das globale geothermische Potential ist enorm.

Der GLITNIR geothermische Forschungsbericht (siehe Welding 2007) listet einige Herausforderungen auf, die aus heutiger Sicht Gültigkeit haben:

- Im Geothermiesektor ist eine gemeinsame weltweite Forschungsaktivität nicht durchführbar, da sich geologische und geothermische Bedingungen wesentlich zwischen den Ländern unterscheiden. *Geothermische Energie benötigt dezentrale Forschungsmöglichkeiten*, die aber durch ein enges Netz an Trainings- und Ausbildungsaktivitäten weltweit, d. h. auf globaler Ebene ergänzt werden sollten.
- Mit der schnellen Entwicklung der Industrie entsteht ein *sofortiger Bedarf an zusätzlichem Expertenwissen* (von Ressourcenentwicklung bis zu Business Management), unterstützende Dienstleistungen (Bohrkapazitäten, Daten-/Informationsbeschaffung und Verfügbarkeit, Technologie, Ausrüstung für die Energieerzeugung etc.), Fokussieren des Kapitals und Transparenz des Versicherungsmarktes. Allerdings gibt es heutzutage immer noch eine gewisse Aufsplitterung in diesem Sektor, die der sinnvollen Finanzierung und Entwicklung dieser Energiequelle entgegensteht.
- *Risikominimierung* unter Einbindung von geomathematischer wie auch geophysikalischer Forschungsarbeit ist absolut unabdingbar. Weitere universitäre Ausbildung ist nötig, um den Talentpool für die Industrie zu erweitern. Im allgemeinen steigt das Projektrisiko mit unerfahrenen Wissenschaftlern und geringem interdisziplinärem Austausch.
- Es besteht ein gewisser *Druck zur Beschleunigung von Geothermieprojekten*, wobei man das Engagement verschiedener Mitspieler und Institutionen einschließlich der Öffentlichkeit und der beteiligten Genehmigungsbehörden vor Ort benötigt.
- Geothermische Energie ist die einzige Alternative aus dem Bereich der erneuerbaren Energie zur Abdeckung der Grundlast, aber vielmals erhält sie *nicht genug politische Unterstützung*. Andere Anreize für die geothermische Exploration sind nötig, die helfen sollten, zumindest einen Teil des Bohrrisikos bei geothermischen Reservoiren abzudecken.
- Das *mögliche Risiko von induzierter Seismizität* verhindert häufig den nachhaltigen Erfolg der geothermischen Technologie und führt zu Problemen bei der Akzeptanz in der Bevölkerung. Es gibt eine Diskrepanz zwischen der Bereitschaft der Bevölkerung hinsichtlich einer intensiveren Nutzung von „grüner Energie“ und der Akzeptanz der Nachbarschaft in der Nähe von geothermischen Anlagen.

- Die weitere Expansion der Geothermie hängt davon ab, neue Felder zu erkunden und technische Schwierigkeiten in bekannten aber noch nicht erkundeten Feldern zu bewältigen. Ein wichtiges Thema, das derzeit die geothermische Gemeinschaft beschäftigt, ist die *Entwicklung von verlässlichen EGS Prozeduren*, die nachhaltige Fließraten sicherstellen.

Insgesamt ergeben sich die folgenden Perspektiven bei der Entwicklung der Geothermie (Gehringer und Loksha 2012; Stober et al. 2011; MIT 2006 (Massachusetts Institute of Technology)):

- Geothermische Energie ist hervorragend innerhalb der erneuerbaren Energien aufgestellt.
- Moderne Explorationsmethoden sind entscheidend zur Reduzierung des Misserfolgsrisikos bei der geothermischen Bohrung und bei relevanten Kosten während der Explorationsphase. Eine große und und zielorientierte Forschungsaktivität ist notwendig um die Resultate, die durch geothermische Explorationsmethoden erzielt werden, verbessern zu können.
- Beträchtliches geothermisches Wachstum könnte von der EGS Technologie bereitgestellt werden. Forschungsbedarf und wissenschaftlicher Rückhalt sind zwingend für die Umsetzung dieser Technologie. Gleichzeitig stellt jedoch die sozio-politische Akzeptanz in der Bevölkerung mehr und mehr einen Erfolgsfaktor bei der Realisierung geothermischer Projekte dar. Die Indikatoren „Risikoempfindung“ und „gesellschaftlicher und individueller Nutzen“ sind entscheidende Merkmale (siehe z. B. Freeden 2013; Aitken 2010).

Alles in Allem ist die geothermische Energie bereits heute auf der Schwelle, ein wichtiger Baustein in erneuerbarer Energieproduktion zu werden. Tiefe Geothermie bedeutet eine gesicherte und stabile Grundversorgung an Strom und (Ab-)Wärme. Alle Entwicklungen und Erfolgsfaktoren unterliegen selbstverständlich lokal abhängigem Verständnis von glaubwürdiger Forschungsarbeit und externem wie auch internem Interessengruppenmanagement. Ohne Zweifel wird die enorme Fülle an Vorteilen, d. h. dauerhafte Verfügbarkeit, Umweltverträglichkeit im Hinblick auf den Kohlendioxidausstoß und breites Spektrum der Anwendungsmöglichkeiten in der Energiegewinnung der Erdwärme einen vorderen Platz in der Branche regenerativer Energien verschaffen.

Die während der Explorationsphase zu ermitteltende Interdependenz von Finanzierung und Risiko ist bemerkenswerter Weise geprägt durch ein im Hinblick auf das totale Kostenbudget geringes Kostenaufkommen bei gleichzeitig hoher Gesamtsignifikanz für das Projekt. Trotz der eminenten Bedeutung ließ aber bis in die jüngste Vergangenheit der Gesamtbeitrag der Vor- und Explorationsphase typischer Weise nur eine sehr kritische und aussagenschwache Einschätzung zu (vgl. z. B. Abb. 28.2), sodass der Minimierungsprozess des Fündigkeitsrisikos als relativ ungewiss gelten musste. In der Tat ist auch für alle Zukunft ein beträchtliches Restrisiko resultierend aus noch so gewissenhaften Explorationsunter-

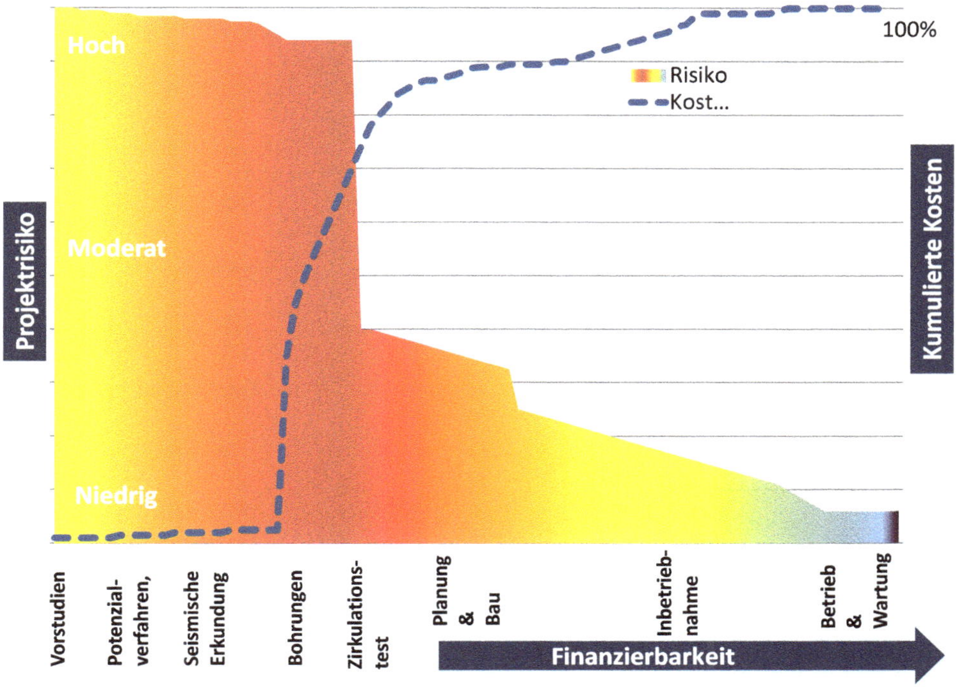

Abb. 28.2 Geothermische Projektrisiken, kumulierte Investitionskosten und Finanzierbarkeit – überkommene Sicht (Modifizierte Veranschaulichung einer Vorlage folgend nach Gehringer und Loksha (2012))

suchungen kanonisch und unvermeidbar. Der Grund liegt im spezifischen Charakter gravitativer und/oder magnetischer Potentialmethoden sowie seismischer akustisch/elastisch basierter Tomographieverfahren, die in inverser Weise von Wirkung auf Ursache schließen müssen, und zwar für Innengebiete der Erde, die in keinster Weise zugänglich für direkte Beobachtung oder Messung sind. Dieser Umstand bedeutet eine (immerwährend intrinsisch vorhandene) limitierende Unschärfe für ein Geothermieprojekt und stellt ohne Zweifel die größte Herausforderung aus Sicht eines Investors dar. Während der letzten Jahre hat jedoch die rasante Entwicklung der Computer und die enorme Steigerung von Mess- und Beobachtungsverfahren zu einer explosiven Ausbreitung neuer mathematischen Methoden geführt. Mathematik wird zu einer Schüsseltechnologie in fast allen Wissenschaftsbereichen (vgl. Freeden 2010; Pesch 2002). Sie wirkt als ein „Beschleuniger" in nahezu allen Wissenschaftszweigen, eben auch im Bereich der Exploration. Die heutige „Mathematisierung der Wissenschaften" erlaubt Modellierung, Visualisierung und Simulation selbst bei komplizierten Strukturen und Prozessen unter Verarbeitung riesiger Datenmengen im bisher nicht gekanntem Ausmaß. Als Resumee kann somit gelten, dass die aus inversen Problemen extrahierbare Information besser und besser heraus präpariert werden kann.

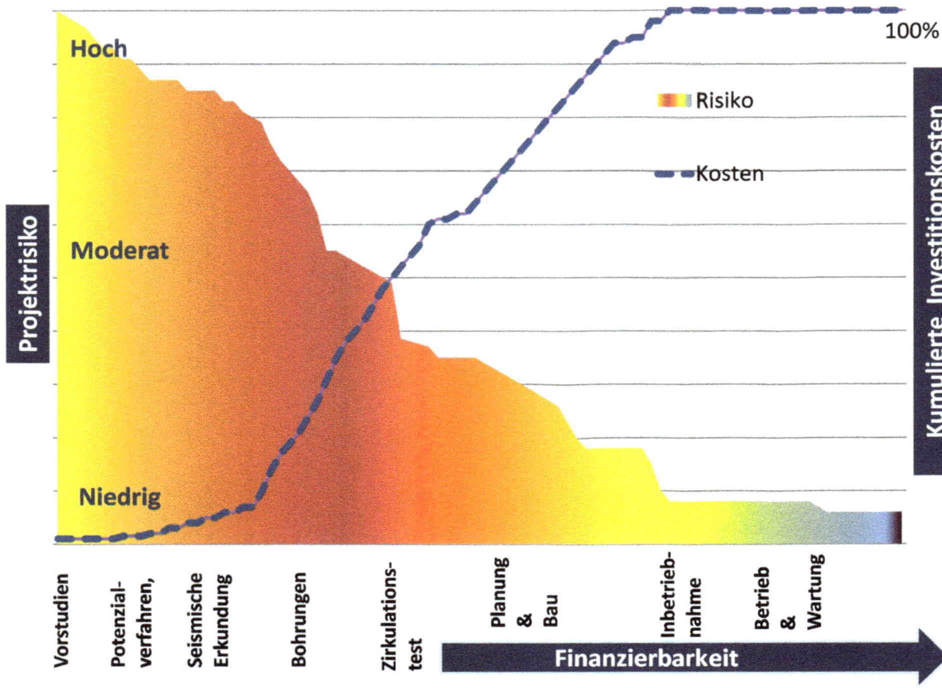

Abb. 28.3 Geothermische Projektrisiken, kumulierte Investitionskosten und Finanzierbarkeit – heutige Sicht.

Für die Beurteilung der Explorationsphase heute führt dies letztendlich zu der Überzeugung (vgl. auch Augustin et al. 2014), dass bei Anwendung geeigneter geomathematischer Löser und angemessener Datensituation ein verbessertes Kosten/Risikoverhältnis – etwa wie in Abb. 28.3 illustriert – erreichbar ist.

In der perspektivischen Konsequenz halten die Editoren dieses Handbuchs folgende Prognosen für nicht zu vermessen:

- Die heute als kritisch angesehenen Aspekte, wie Risikominimierung, finanzieller Aufwand, lokale Seismizität und sozio-politische Akzeptanz werden auf eine zukünftig positive Entwicklung allenfalls verzögernd wirken, auf Dauer ihre nachhaltige Etablierung aber nicht verhindern.
- Tiefe Geothermie wird langfristig ihren adäquaten Platz als eine führende Nutzform in der zukünftigen Energiegewinnung gewinnen und alternativlos langfristig inne haben.

Literatur

Aitken, M.: Why we still don't understand the social aspects of wind power: A critique of key assumptions with the literature. Energy Policy **38**, 1834–1841 (2010)

Freeden, C.: The role and the potential of communication by analysing the social acceptance of the German deep geothermal energy market. Master thesis. University of Plymouth (2013)

Gehringer, M., Loksha, V.: Handbook on planning and financing geothermal power generation. The International Bank for Reconstruction and Developement, Washington (2012)

MIT (Massachusetts Institute of Technology): The future of geothermal energy (2006). http://mitei.mit.edu/publications/reports-studies/future-geothermal-energy

Mongillo, M.: International efforts to promote global sustainable geothermal development. In: GIA Annual Report Executive Summary, S. 1–19 (2011)

Stober, I., Fritzer, T., Obst, K., Schultz, R.: Tiefe geothermie – nutzungsmöglichkeiten in deutschland. Bundesministerium für Umwelt, Naturschutz und Reaktorsicherheit (BMU), Berlin (2011). Redaktion: U. Bruchmann

Welding, L.: Glitnir geothermal research. In: United States Geothermal Energy Market Report, S. 1–37 (2007)

Sachverzeichnis

M. Bauer et al. (Hrsg.), *Handbuch Tiefe Geothermie*, DOI 10.1007/978-3-642-54511-5,

C

T

GPSR Compliance
The European Union's (EU) General Product Safety Regulation (GPSR) is a set of rules that requires consumer products to be safe and our obligations to ensure this.

If you have any concerns about our products, you can contact us on

ProductSafety@springernature.com

In case Publisher is established outside the EU, the EU authorized representative is:

Springer Nature Customer Service Center GmbH
Europaplatz 3
69115 Heidelberg, Germany

www.ingramcontent.com/pod-product-compliance
Ingram Content Group UK Ltd.
Pitfield, Milton Keynes, MK11 3LW, UK
UKHW050842101026
15624UKWH00018B/427

* 9 7 8 3 6 4 2 5 4 5 1 0 8 *